Mathematische Leitfäden

Herausgegeben von Prof. Dr. Dr. h.c. mult. G. Köthe,
Prof. Dr. K.-D. Bierstedt, Universität-Gesamthochschule Paderborn,
und Prof. Dr. G. Trautmann, Universität Kaiserslautern

Lineare Algebra und Geometrie

Von Prof. Dr. rer. nat. Heiner Zieschang
Universität Bochum

 B. G. Teubner Stuttgart 1997

Prof. Dr. rer. nat. Heiner Zieschang

Geboren 1936 in Kiel, Studium 1956 bis 1961 in Göttingen und Hamburg, Promotion 1961 in Göttingen, 1963/64 und 1967/68 Moskau, dazwischen Frankfurt, Habilitation 1965 in Frankfurt, seit 1968 ord. Professor für Mathematik an der Ruhr-Universität Bochum, längere Aufenthalte in Ann Arbor, Madison, Minneapolis, Moskau, Paris, Santa Barbara, Toulouse.

Die Deutsche Bibliothek – CIP-Einheitsaufnahme

Zieschang, Heiner:
Lineare Algebra und Geometrie / von Heiner Zieschang. – Stuttgart : Teubner, 1997
   (Mathematische Leitfäden)
   ISBN 3-519-02230-3

Das Werk einschließlich aller seiner Teile ist urheberrechtlich geschützt. Jede Verwertung außerhalb der engen Grenzen des Urheberrechtsgesetzes ist ohne Zustimmung des Verlages unzulässig und strafbar. Das gilt besonders für Vervielfältigungen, Übersetzungen, Mikroverfilmungen und die Einspeicherung und Verarbeitung in elektronischen Systemen.

© B. G. Teubner Stuttgart 1997
Printed in Germany
Druck und Bindung: Zechnersche Buchdruckerei GmbH, Speyer

Den heimlichen Chefs Ute und Marlene

Vorwort

Lineare Algebra und Geometrie sind grundlegend für nahezu alle Gebiete der Mathematik und ihrer Anwendungen in anderen Wissenschaften. Diese Disziplinen bilden den Einstieg in die mathematische Betrachtungsweise und verursachen zu Beginn (des Studiums) oftmals beträchtliche Schwierigkeiten. Der abstrakte Aufbau der Linearen Algebra führt aber bald dazu, daß die wesentlichen Begriffe und Resultate vertraut werden, so daß man schließlich gar nicht mehr weiß, was denn am Anfang so schwierig war. Für Lehramtskandidaten wird ein beträchtlicher Teil des für die Schule wichtigen Stoffes in der Vorlesung über Lineare Algebra und Geometrie – und häufig nur dort – angesprochen. Von der Fülle des Stoffes ist die Anfängervorlesung meistens überfordert, da sie eigentlich alles bringen sollte, was in späteren Vorlesungen vorausgesetzt wird bzw. was ein Lehrer in der Schule wissen muß. Da die Lineare Algebra in den letzten 40 Jahren an Bedeutung gewonnen und die Geometrie weitgehend verdrängt hat, kommt letztere in der Universitätsausbildung häufig zu kurz.

In diesem Buch soll sowohl der für das normale Mathematik-Studium erforderliche Stoff der Linearen Algebra und der (Analytischen) Geometrie bereitgestellt, als auch für einen Lehrer genügend viele geometrische Ansätze behandelt werden.

Einführend wird an die (aus der Schule bekannte) euklidische bzw. affine Geometrie erinnert und dadurch ein Beispiel für die folgende abstrakte Theorie angeboten; ferner werden die grundlegenden Begriffe der Mengenlehre und die mathematischen Beweismethoden erläutert. In den Kapiteln 3-9 wird dann – abstrakt beginnend – recht tief in die Lineare Algebra eingeführt; dabei werden auch Teile der Geometrie betrachtet und benutzt, um den algebraischen Ansätzen eine geometrische anschauliche Interpretation zur Seite zu stellen. Wird am Anfang das exakte Schließen an einfachen algebraischen Axiomen und Aussagen geübt, so werden später schwierigere Ergebnisse der linearen Algebra und die Grundbegriffe der Multilinearen Algebra behandelt. Das Verständnis einzelner Abschnitte wird oftmals durch die Verwendung der Hauptbegriffe und -resultate in der weiterführenden Theorie erleichtert; deshalb werden auch tiefere Ansätze schon recht früh dargestellt.

In den Kapiteln 11-14 werden zunächst Fragen der affinen, euklidischen und projektiven Geometrie besprochen. Dem Erlanger Programm von Felix Klein folgend, werden die elliptische und in die nicht-euklidische Geometrie der Ebene eingeführt. In Kapitel 14 werden einem Ansatz von Kurt Reidemeister folgend Grundlagen der Geometrie behandelt.

Kapitel 10 ist ein Abschnitt zur Gruppentheorie, in dem u.a. Normalteiler und Faktorgruppen sowie die endlich erzeugten kommutativen Gruppen besprochen werden. Hier handelt es sich um Begriffe und Ergebnisse, die oftmals in den

Anfängervorlesungen nicht besprochen, die aber ab dem vierten Semester oder in Büchern als bekannt vorausgesetzt werden.

Viele Ergebnisse und Methoden der Linearen Algebra, aber auch der Geometrie, können leicht in Computerprogramme übersetzt werden; hierfür werden in Kapitel 15 beispielhaft einige Probleme der Linearen Algebra herausgegriffen und für sie Struktogramme angegeben.

Natürlich werden zu den meisten Abschnitten Aufgaben gegeben, da das Lösen derselben für das Verständnis der Linearen Algebra und Geometrie unerläßlich ist. So manche dieser Aufgaben stellen auch selbst schöne Sätze dar.

Der vorliegende Text beruht auf einem Skriptum von Ralph Stöcker und mir zu der Standardvorlesung „Lineare Algebra und Geometrie", welche wir 1973/74 zusammen an der Ruhr-Universität gehalten haben. Zu einem solchen Vorlesungsskriptum wurden wir von meiner Frau Ute angeregt, um Studenten den Studienbeginn zu erleichtern. Die erste Fassung wurde in den folgenden Jahren erweitert. Eine völlige Neufassung ergab sich 1994-97 durch den Übergang von dem ursprünglich mit der modernen/vorsintflutlichen Kugelkopf-Schreibmaschinen geschriebenen Text zu einer modernen/altertümlichen TEX-Variante. Von den vielen Studenten und Assistenten, die das Skriptum benutzt und durch Anregungen verbessert oder erweitert haben, möchte ich hier nur denen danken, die an der letzte Fassung mitgearbeitet haben: Karsten Kroll für das genaue Durcharbeiten des mathematischen Textes sowie die Erstellung des Layouts, André Jäger für Korrekturen und Aufgaben, Bernt Karasch für die Abfassung des Kapitels 15 sowie für die Ausarbeitung des zugehörigen Programmes mit Studenten eines Proseminares, Astrid Butz und Claus Wiesmann für das letzte Korrekturlesen. Um nach Fehlnavigationen nicht als einziger Regressansprüchen ausgesetzt zu sein, möchte ich nicht vergessen, dankend Bärbel Wicha-Krause zu erwähnen. Last but not least möchte ich Marlene Schwarz meinen Dank für ihren unermüdlichen Einsatz aussprechen, aber auch dafür, daß sie nicht aufgab, mich zu drängen, die Arbeit an diesem Buch abzuschließen.

Bochum, im Juli 1997.
Heiner Zieschang

Hinweis zum Lesen

Definitionen, Hilfssätze und Sätze sind durchlaufend numeriert.
Beispiel 1: Der Ausdruck 6.3.2 bedeutet Kapitel 6, Abschnitt 3, Aussage 2.
Beispiel 2: Der Ausdruck 13.4.A8 bedeutet Kapitel 13, Abschnitt 4, Aufgabe 8.
Das Ende eines Beweises wird durch □ signalisiert. □ direkt nach einem Satz bedeutet, daß kein Beweis des Satzes mehr folgt. Im Index bzw. in der Symbolliste werden oftmals mehrere Seiten für dasselbe Wort bzw. Symbol angegeben; ist davon eine Zahl kursiv gedruckt, so findet sich auf dieser Seite die Definition.
Das Schema im Anschluß an dieses Vorwort beschreibt den Zusammenhang zwischen den einzelnen Abschnitten.

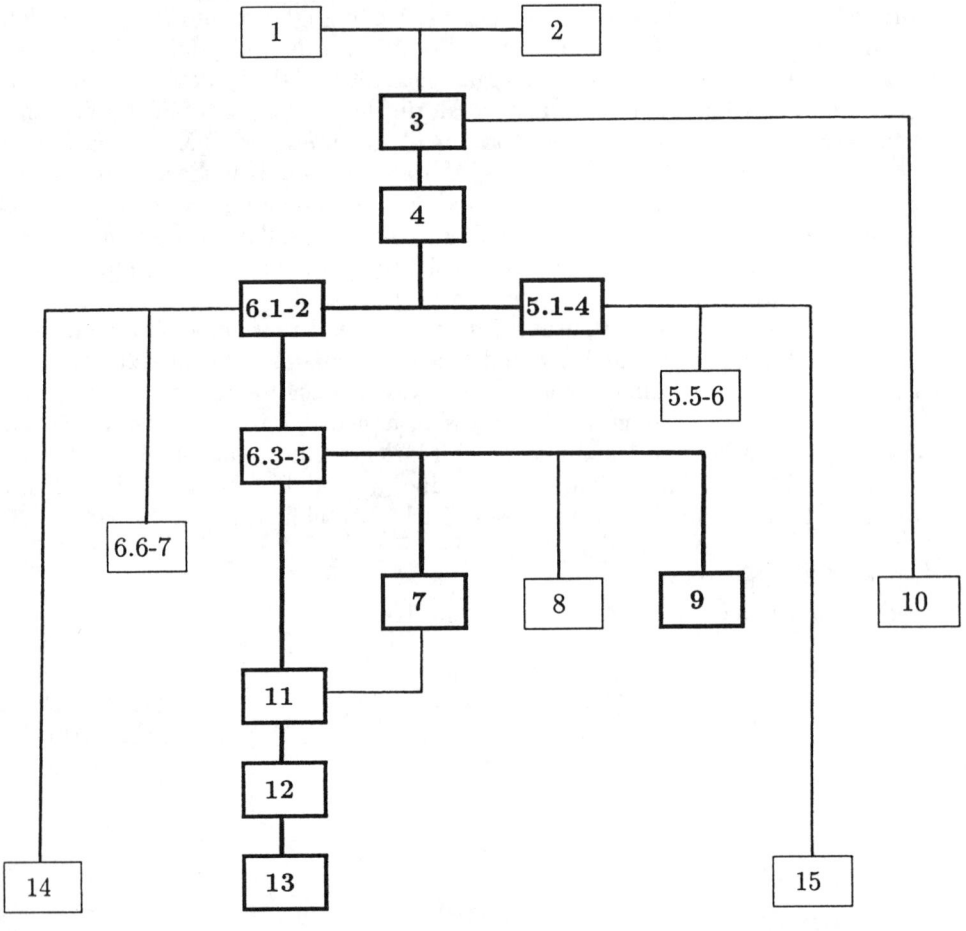

Inhaltsverzeichnis

Vorwort	v
1 Einführende Betrachtungen	1
1.1 Koordinaten	1
1.2 Vektoren	10
1.3 Abbildungen der Ebene	17
2 Vorbereitungen	22
2.1 Mengen	22
2.2 Vollständige Induktion und Widerspruchsbeweis und einige Anwendungen	31
2.3 Über transfinite Induktion und das Zornsche Lemma	42
3 Gruppen und Körper	45
3.1 Verknüpfungen: Definitionen und Beispiele	45
3.2 Gruppen	53
3.3 Körper und Ringe. Operationen	66
4 Vektorräume und affine Räume	78
4.1 Definition, Beispiele und einfache Eigenschaften	78
4.2 Unterraum, Summe und Faktorraum	81
4.3 Lineare Abhängigkeit, Basis und Dimension	90
4.4 Lineare Abbildungen, I	104
4.5 Lineare Abbildungen, II	113
4.6 Der duale Raum	121
4.7 Affine Räume	129
5 Matrizen, Determinanten, lineare Gleichungssysteme	142
5.1 Lineare Gleichungssysteme, I	142
5.2 Determinanten	153
5.3 Erneut Matrizen	158
5.4 Lineare Gleichungssysteme, II	177
5.5 Numerische Lösung linearer Gleichungssysteme	179
5.6 Fehleranalyse	189

6 Euklidische und unitäre Vektorräume und Räume — 196

6.1 Skalarprodukt und Orthogonalität — 196
6.2 Orthogonale und unitäre Abbildungen — 206
6.3 Normalform orthogonaler und unitärer Abbildungen — 212
6.4 Euklidische Räume — 220
6.5 Affine Abbildungen und Bewegungen — 229
6.6 Banachräume und Banachalgebren — 242
6.7 Gewöhnliche Differentialgleichungen mit konstanten Koeffizienten — 251

7 Polynome und Matrizen — 256

7.1 Polynome — 256
7.2 Eigenwerte, -vektoren und charakteristisches Polynom einer Matrix — 264
7.3 Diagonalisierbare Matrizen — 270
7.4 Allgemeine Normalformen — 274

8 Lineare Optimierung — 289

8.1 Beispiele und Problemstellung — 289
8.2 Konvexe Mengen und Funktionen — 295
8.3 Lineare Optimierung. Das Simplexverfahren — 302
8.4 Dualitätstheorie — 318

9 Multilineare Algebra — 323

9.1 Tensorprodukt — 323
9.2 Die Grassmannalgebra — 339
9.3 Vektorprodukt, Spatprodukt und Volumen — 352

10 Einführung in die Gruppentheorie — 359

10.1 Normalteiler, Faktorgruppen und Homomorphismen — 359
10.2 Abelsche Gruppen — 371
10.3 Fortführung der Gruppentheorie — 384
10.4 Die Sylow-Sätze — 394

11 Affine Geometrie — 402

11.1 Hyperflächen 2. Ordnung — 402
11.2 Keplersche Gesetze und Kegelschnitte — 412
11.3 Ellipsen — 416
11.4 Hyperbeln — 430
11.5 Parabeln — 435

12 Projektive Geometrie — 440

12.1 Die projektive Ebene — 440
12.2 Der projektive Raum — 456
12.3 Dualität in projektiven Räumen — 468
12.4 Der affine Raum als Teilraum des projektiven Raumes — 473
12.5 Das Doppelverhältnis — 481
12.6 Quadratische Formen und Kegelschnitte — 491
12.7 Kegelschnitte und Polaritäten in der projektiven Ebene — 504

13 Geometrien — 514

13.1 Erlanger Programm — 514
13.2 Gebrochen-lineare Transformationen — 534
13.3 Das Poincarésche Modell der nicht-euklidischen Ebene — 541
13.4 Sphärische Trigonometrie und Navigation — 557
13.5 Über die elliptische Ebene — 573
13.6 Projektive Maßbestimmungen — 576

14 Über Grundlagen der Geometrie — 587

14.1 Axiome der euklidischen Ebene — 587
14.2 Begründung der analytischen Geometrie — 594
14.3 Herleitung der benutzten Sätze aus den Axiomen — 604
14.4 Über den Satz des Pythagoras und ähnliche Dreiecke — 609

15 Umsetzung der Algorithmen in ein einfaches Algebrasystem — 614

Literatur — 636

Index — 640

Symbole — 651

1 Einführende Betrachtungen

Dieses einführende Kapitel soll Beispiele und Anschauungsmaterial für die später zu entwickelnde allgemeine Theorie bereitstellen. Vorausgesetzt wird, daß der Leser eine Vorstellung davon hat, was „Punkte", „Geraden" und „Ebenen" im Raum sind; diese Begriffe werden hier benutzt, ohne sie zu definieren.

Eine genauere Entwicklung der Begriffe und Methoden folgt in späteren Kapiteln.

1.1 Koordinaten

Die Punkte auf einer Geraden, einer Ebene oder im Raum kann man durch Koordinaten beschreiben. Auf einer Geraden genügt eine *Koordinate*, eine reelle Zahl, vgl. Abb. 1.1.1. In der Ebene braucht man zwei Koordinaten, vgl. Abb. 1.1.2; im Raum braucht man 3 Koordinaten, vgl. Abb. 1.1.3.

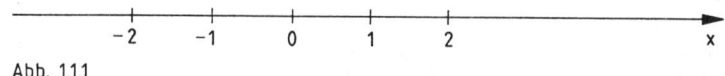

Abb. 1.1.1

Wenn ein Punkt P der Ebene die Koordinaten (x, y) hat, schreiben wir einfach $P = (x, y)$. Analog $P = (x, y, z)$ im Raum. Der Punkt, dessen sämtliche Koordinaten Null sind, heißt *Anfangspunkt*, *Nullpunkt* oder *Ursprung*; wir bezeichnen ihn mit 0. Die Punkte $(0,0)$, $(1,0)$ und $(0,1)$ bilden ein *Koordinatensystem*.

1.1.1 Geometrische Sachverhalte kann man jetzt durch Gleichungen beschreiben:
(a) Der *Abstand* zweier Punkte P und P' ist

$$\text{in der Ebene:} \quad \overline{PP'} = \sqrt{(x-x')^2 + (y-y')^2},$$
$$\text{im Raum:} \quad \overline{PP'} = \sqrt{(x-x')^2 + (y-y')^2 + (z-z')^2}.$$

(b) Die *Einheitssphäre* im Raum ist die Menge aller Punkte (x, y, z) mit $x^2 + y^2 + z^2 = 1$.
(c) Die Punkte (x, y) der Ebene, für die $xy = 1$ gilt, bilden eine *Hyperbel* mit den Koordinatenachsen als *Asymptoten*.
(d) a, b, c seien feste Zahlen. Die Menge der Punkte (x, y) der Ebene, für die $ax + by = c$ gilt, ist:

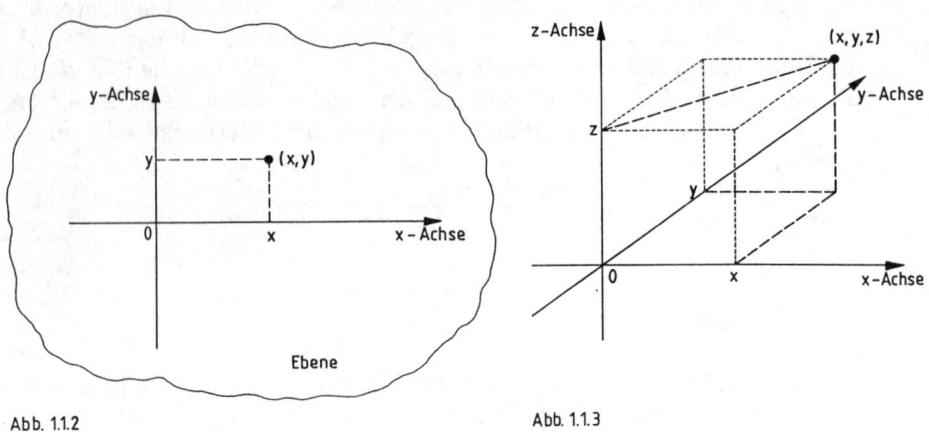

Abb. 1.1.2   Abb. 1.1.3

im Fall $a = b = c = 0$: die ganze Ebene,
im Fall $a = b = 0, c \neq 0$: die leere Menge,
im Fall $a^2 + b^2 \neq 0$: eine Gerade in der Ebene.

(e) a, b, c, d seien feste Zahlen. Die Menge der Punkte (x, y, z) des Raumes, für die $ax + by + cz = d$ gilt, ist:

im Fall $a = b = c = d = 0$: der ganze Raum,
im Fall $a = b = c = 0, d \neq 0$: die leere Menge,
im Fall $a^2 + b^2 + c^2 \neq 0$: eine Ebene im Raum.

1.1.2 Schnittpunkt von Geraden Es seien zwei Geraden g und g' der Ebene gegeben durch Gleichungen

$$g: ax + by = c, \ a^2 + b^2 \neq 0; \ g': a'x + b'y = c', \ a'^2 + b'^2 \neq 0.$$

Der Punkt (x, y) ist *Schnittpunkt* von g und g', wenn er auf beiden Geraden liegt, wenn (x, y) also die beiden Gleichungen

$(*)$ $\qquad ax + by = c; \ a'x + b'y = c'$

erfüllt. Das ist ein Gleichungssystem, bestehend aus zwei Gleichungen mit zwei Unbekannten x und y. Mögliche Fälle:

Geometrisch	Algebraisch	Entscheidungskriterium
$g = g'$	(∗) hat unendlich viele Lösungen.	Es gibt $\lambda \neq 0$ mit $a' = \lambda a$, $b' = \lambda b$, $c' = \lambda c$, also $a'b = b'a$.
$g \neq g'$, aber g, g' parallel	(∗) hat keine Lösung.	Es gibt kein λ wie oben, aber es gilt $a'b = ab'$.
$g \neq g'$, und $g \cap g' \neq \emptyset$	(∗) hat genau eine Lösung.	$a'b \neq ab'$

Im letzten Fall ist der Schnittpunkt von g und g' der Punkt

$$\left(\frac{cb' - bc'}{ab' - a'b}, \frac{ac' - ca'}{ab' - a'b}\right).$$

Man kann das auch noch anders schreiben: Ein geordnetes Zahlenschema der Form

$$A = \begin{pmatrix} a_{11} & a_{12} \\ a_{21} & a_{22} \end{pmatrix}$$

heißt *Matrix* (mit 2 Reihen und 2 Spalten). Die Zahl

$$|A| := \det A := a_{11}a_{22} - a_{12}a_{21}$$

heißt *Determinante der Matrix*. Die Matrix $\begin{pmatrix} a & b \\ a' & b' \end{pmatrix}$ heißt *Koeffizientenmatrix* des Gleichungssystems (∗). Dieses hat genau eine Lösung, wenn $\det A \neq 0$ ist und auch nur dann.

Den Schnittpunkt von g und g' kann man also auch als

$$\left(\frac{\begin{vmatrix} c & b \\ c' & b' \end{vmatrix}}{\begin{vmatrix} a & b \\ a' & b' \end{vmatrix}}, \frac{\begin{vmatrix} a & c \\ a' & c' \end{vmatrix}}{\begin{vmatrix} a & b \\ a' & b' \end{vmatrix}}\right)$$

schreiben; diese Formel zur Lösung von (∗) heißt *Cramersche Regel*.

1.1.3 Schnittpunkte von Ebenen Zwei Ebenen im Raum sind entweder parallel oder schneiden sich in einer Geraden. Wir untersuchen die Schnittpunktmenge von drei Ebenen. Die Koordinaten seien mit (x_1, x_2, x_3) bezeichnet. Die Ebenen seien

$$E_1: a_{11}x_1 + a_{12}x_2 + a_{13}x_3 = a_1, \quad a_{11}^2 + a_{12}^2 + a_{13}^2 \neq 0;$$
$$E_2: a_{21}x_1 + a_{22}x_2 + a_{23}x_3 = a_2, \quad a_{21}^2 + a_{22}^2 + a_{23}^2 \neq 0;$$
$$E_3: a_{31}x_1 + a_{32}x_2 + a_{33}x_3 = a_3, \quad a_{31}^2 + a_{32}^2 + a_{33}^2 \neq 0.$$

Die Koeffizienten fassen wir zur Koeffizientenmatrix

$$A = \begin{pmatrix} a_{11} & a_{12} & a_{13} \\ a_{21} & a_{22} & a_{23} \\ a_{31} & a_{32} & a_{33} \end{pmatrix}$$

zusammen: *Matrix mit 3 Zeilen und 3 Spalten*. Die Zahl

$$|A| := \det A := a_{11}a_{22}a_{33} + a_{12}a_{23}a_{31} + a_{13}a_{21}a_{32}$$
$$- a_{13}a_{22}a_{31} - a_{11}a_{23}a_{32} - a_{12}a_{21}a_{33}$$

heißt *Determinante der Matrix*.

Die Schnittpunkte (x_1, x_2, x_3) der drei Ebenen sind die Lösungen des Gleichungssystems

(∗∗)
$$a_{11}x_1 + a_{12}x_2 + a_{13}x_3 = b_1$$
$$a_{21}x_1 + a_{22}x_2 + a_{23}x_3 = b_2$$
$$a_{31}x_1 + a_{32}x_2 + a_{33}x_3 = b_3$$

Eine Tabelle wie in 1.1.2 würde jetzt zu unübersichtlich. Wir überlegen nur folgendes:

1.1.4 Satz *Das Gleichungssystem* (∗∗) *hat entweder unendlich viele, keine oder genau eine Lösung.*

B e w e i s   Wenn die drei Ebenen gleich sind, hat (∗∗) unendlich viele Lösungen. Seien zwei der drei Ebenen gleich und verschieden von der dritten, etwa $E_1 = E_2 \neq E_3$. Wenn E_1, E_3 parallel sind, hat (∗∗) keine Lösung; sind sie es nicht, so schneiden sie sich in einer Geraden und (∗∗) hat unendlich viele Lösungen. Es bleibt der Fall, daß alle drei Ebenen verschieden sind. Wenn auch nur zwei von ihnen parallel sind, hat (∗∗) keine Lösung. Sie seien also paarweise nicht parallel.

Dann schneiden sich E_1, E_2 in einer Geraden g, und E_1, E_3 in einer Geraden g'. Für die Geraden g, g', die beide in E_1 liegen, gibt es drei Möglichkeiten: entweder

$g = g'$, dann hat (∗∗) unendlich viele Lösungen, oder

$g \neq g'$ und g, g' sind parallel, dann hat (∗∗) keine Lösung, oder

g und g' schneiden sich in genau einem Punkt, dann hat (∗∗) genau eine Lösung. □

Die nächste Aufgabe ist es, Kriterien zu finden, wann (∗∗) unendlich viele oder keine oder genau eine Lösung besitzt. Wir lösen diese Aufgabe erst in Kapitel 5 und begnügen uns jetzt mit folgendem Teilresultat:

1.1.5 Satz *Folgende Aussagen sind äquivalent:*
  (i) *Das Gleichungssystem (∗∗) hat genau eine Lösung.*
  (ii) $\det A \neq 0$.
Wenn dies gilt, ist die Lösung (x_1, x_2, x_3) von (∗∗) gleich

$$\left(\frac{\begin{vmatrix} b_1 & a_{12} & a_{13} \\ b_2 & a_{22} & a_{23} \\ b_3 & a_{32} & a_{33} \end{vmatrix}}{|A|}, \frac{\begin{vmatrix} a_{11} & b_1 & a_{13} \\ a_{21} & b_2 & a_{23} \\ a_{31} & b_3 & a_{33} \end{vmatrix}}{|A|}, \frac{\begin{vmatrix} a_{11} & a_{12} & b_1 \\ a_{21} & a_{22} & b_2 \\ a_{31} & a_{32} & b_3 \end{vmatrix}}{|A|} \right)$$

Diese Formel zur Lösung von (∗∗) heißt wieder Cramersche Regel; *man beachte die Analogie zu 1.1.2.*

B e w e i s   Wenn $a_{11} = a_{21} = a_{31} = 0$ ist, ist erstens $\det A = 0$, und zweitens hat dann (∗∗), wenn es überhaupt eine Lösung hat, unendlich viele Lösungen. Wenn also (i) oder (ii) von (b) wahr ist, muß eine der Zahlen a_{11}, a_{21}, a_{31} ungleich 0 sein. Wir ordnen die Gleichungen so, daß $a_{11} \neq 0$ ist.

Wir eliminieren x_1 in (∗∗): Wir multiplizieren die erste Gleichung mit a_{21}, die zweite mit a_{11} und subtrahieren; ebenso die erste mit a_{31}, die dritte mit a_{11} und subtrahieren. Das liefert folgendes Gleichungssystem mit zwei Gleichungen und zwei Unbekannten (x_2, x_3):

(+) $\quad (a_{12}a_{21} - a_{11}a_{22})x_2 + (a_{13}a_{21} - a_{11}a_{23})x_3 = b_1 a_{21} - a_{11} b_2$
$\quad\quad (a_{12}a_{31} - a_{11}a_{32})x_2 + (a_{13}a_{31} - a_{11}a_{33})x_3 = b_1 a_{31} - a_{11} b_3.$

Die Koeffizientenmatrix ist

$$B = \begin{pmatrix} a_{12}a_{21} - a_{11}a_{22} & a_{13}a_{21} - a_{11}a_{23} \\ a_{12}a_{31} - a_{11}a_{32} & a_{13}a_{31} - a_{11}a_{33} \end{pmatrix}.$$

Eine einfache Rechnung ergibt $\det B = a_{11} \det A$. Aus einer Lösung (x_2, x_3) von (+) erhält man eine Lösung (x_1, x_2, x_3) von (∗∗), indem man x_1 aus der ersten Gleichung von (∗∗) ausrechnet:

$$x_1 = \frac{1}{a_{11}}\left(b_1 - a_{12}x_2 - a_{13}x_3\right).$$

Dann löst (x_1, x_2, x_3) auch die zweite Gleichung von (∗∗); denn diese ergibt sich, indem man vom a_{22}/a_{11}-fachen der ersten Gleichung das $1/a_{11}$-fache der ersten Gleichung von (+) abzieht; ebenso löst (x_1, x_2, x_3) die dritte Gleichung von (∗∗).

Nach diesen Vorbereitungen beweisen wir 1.1.5:

Aus (i) folgt (ii): Da (∗∗) genau eine Lösung hat, hat auch (+) genau eine Lösung. Nach 1.1.2 gilt $\det B \neq 0$, also $\det A \neq 0$.

Aus (ii) folgt (i): Aus $\det A \neq 0$ folgt $\det B \neq 0$ (wegen $a_{11} \neq 0$) und deshalb hat (+) genau eine Lösung, somit auch (∗∗) nach 1.1.2.

B e w e i s der Cramerschen Regel: Aus der Cramerschen Regel in 1.1.2 für das Gleichungssystem (+) folgt

$$x_3 = \frac{\det\begin{pmatrix} a_{12}a_{21} - a_{11}a_{22} & a_1 a_{21} - a_{11}a_2 \\ a_{12}a_{31} - a_{11}a_{32} & a_1 a_{31} - a_{11}a_3 \end{pmatrix}}{\det B}$$

$$= \frac{a_{11}\det\begin{pmatrix} a_{11} & a_{12} & a_1 \\ a_{21} & a_{22} & a_2 \\ a_{31} & a_{32} & a_3 \end{pmatrix}}{a_{11}\det A}.$$

Das ist die dritte Formel in 1.1.5. Entsprechend beweist man die zweite Formel. Man rechne nach, daß dann für

$$x_1 = \frac{1}{a_{11}}\left(b_1 - a_{12}x_2 - a_{13}x_3\right)$$

genau die erste Formel herauskommt. □

1.1.6 Koordinatentransformation Ein Koordinatensystem ist etwas Willkürliches: Man kann auf verschiedene Weise Koordinaten einführen. Sind die Koordinaten (x, y) eines Punktes P in einem Koordinatensystem bekannt, so lassen sich daraus die Koordinaten (x', y') von P bezüglich eines anderen Koordinatensystems berechnen.

Beispiele

(a) Das (x', y')-System entstehe aus dem (x, y)-System durch Parallelverschiebung. Sind (a, b) die Koordinaten des Nullpunktes des (x', y')-Systems im (x, y)-System, so ist $x' = x - a, y' = y - b$, vgl. Abb. 1.1.4.

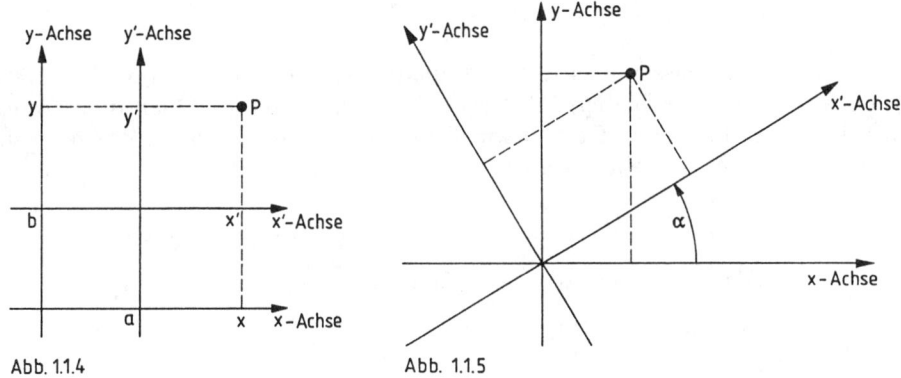

Abb. 1.1.4   Abb. 1.1.5

(b) Das (x', y')-System entstehe aus dem (x, y)-System durch Drehung um einen Winkel α um den Nullpunkt. Dann ist

$$\begin{array}{rl} x' = & x\cos\alpha + y\sin\alpha \\ y' = & -x\sin\alpha + y\cos\alpha \end{array} \quad \text{und} \quad \begin{array}{rl} x = & x'\cos\alpha - y'\sin\alpha \\ y = & x'\sin\alpha + y'\cos\alpha. \end{array}$$

$\begin{pmatrix} \cos\alpha & \sin\alpha \\ -\sin\alpha & \cos\alpha \end{pmatrix}$ heißt *Übergangsmatrix* oder *Transformationsmatrix*, vgl. Abb. 1.1.5.

Koordinatentransformationen im Raum werden wir in allgemeinerem Zusammenhang später untersuchen.

1.1.7 Kurven 2. Ordnung Die Menge der Punkte, deren Koordinaten (x, y) eine *Gleichung* 2. *Grades* der Form

(1) $\quad a_{11}x^2 + a_{12}xy + a_{22}y^2 + a_1 x + a_2 y + a = 0, \; a_{11}^2 + a_{12}^2 + a_{22}^2 \neq 0$

erfüllen, heißt *Kurve 2. Ordnung* (dabei denken wir uns ein festes Koordinatensystem gegeben).

Beispiel
$x^2 - y^2 = 2$ und $xy = 1$ beschreiben jeweils eine Hyperbel. Wird das (x, y)-System um $\frac{\pi}{4}$ in ein (x', y')-System gedreht, so geht die Gleichung $xy = 1$ über

1 Einführende Betrachtungen

in

$$1 = xy = \left(x' \cos \frac{\pi}{4} - y' \sin \frac{\pi}{4}\right)\left(x' \sin \frac{\pi}{4} + y' \cos \frac{\pi}{4}\right) = \frac{1}{2}\left(x'^2 - y'^2\right),$$

also in $x'^2 - y'^2 = 2$.

Allgemein lassen sich die Koordinaten so transformieren, daß (1) in eine einfache Normalform übergeht. Dieser Prozeß heißt *Hauptachsentransformation*. Wir führen ihn durch. Drehen wir das (x, y)-System um einen Winkel α in ein (x', y')-System, so geht (1) über in

$$a_{11}(x' \cos \alpha - y' \sin \alpha)^2 + a_{12}(x' \cos \alpha - y' \sin \alpha)(x' \sin \alpha + y' \cos \alpha) +$$
$$+ a_{22}(x' \sin \alpha + y' \cos \alpha)^2 + a_1(x' \cos \alpha - y' \sin \alpha) +$$
$$+ a_2(x' \sin \alpha + y' \cos \alpha) + a = 0.$$

Wir sammeln sämtliche Summanden, die $x'y'$ enthalten:

$$x'y' \left[2(a_{22} - a_{11}) \cos \alpha \sin \alpha + a_{12}(\cos^2 \alpha - \sin^2 \alpha)\right].$$

Wir wollen α mit $0 \leq \alpha < 2\pi$ so bestimmen, daß dieser Ausdruck zu 0 wird und $x'y'$ in der obigen Gleichung nicht mehr auftritt. Ist $a_{12} = 0$, so genügt $\alpha = 0$; sei also $a_{12} \neq 0$. Ist $\alpha = 0, \frac{\pi}{2}, \pi, \frac{3\pi}{2}$, so gilt $[\ldots] = \mp a_{12} \neq 0$; deshalb kann keiner dieser Winkel der gesuchte Drehwinkel sein. Es sei daher im folgenden $\alpha \neq 0, \frac{\pi}{2}, \pi, \frac{3\pi}{2}$. Dann ist $\cos \alpha \sin \alpha \neq 0$ und $[\ldots] = 0$ ist äquivalent zu $2(a_{22} - a_{11}) + a_{12}\left(\frac{1}{\text{tg}\,\alpha} - \text{tg}\,\alpha\right) = 0$. Dies ist, mit $u := \text{tg}\,\alpha$, äquivalent zu

$$u^2 + 2\frac{a_{11} - a_{22}}{a_{12}} u - 1 = 0.$$

Diese quadratische Gleichung hat zwei reelle Lösungen. Ist u_1 eine davon, so ist jeder Winkel α_1 mit $0 \leq \alpha_1 < 2\pi$ und $\text{tg}\,\alpha_1 = u_1$ (und es gibt zwei solche) eine Lösung unseres Problems.

1. Resultat. Das (x, y)-System läßt sich so in ein (x', y')-System drehen, daß (1) übergeht in eine Gleichung der Form
(2) $b_{11}x'^2 + b_{22}y'^2 + b_1 x' + b_2 y' + b = 0$ mit $b_{11} \neq 0$.
$b_{11} \neq 0$ folgt so: Zunächst ist $b_{11} \neq 0$ oder $b_{22} \neq 0$, da sonst durch Umkehrung dieser Koordinatentransformation $a_{11} = a_{22} = a_{12} = 0$ folgen würde. Ist $b_{11} = 0$, so drehen wir das (x', y')-System um $\frac{\pi}{2}$ in ein (x'', y'')-System, was einfach

$x' = -y'', y' = x''$ bedeutet. In diesem System ist dann $b_{11} \neq 0$ und deswegen läßt es sich auch als

$$b_{11}\left(x' + \frac{b_1}{2b_{11}}\right)^2 + b_{22}y'^2 + b_2y' + \left(b - \frac{b_1^2}{4b_{11}}\right) = 0$$

schreiben. Führen wir die neuen Koordinaten $x'' = x' + \frac{b_1}{2b_{11}}, y'' = y'$ ein, so enthält die Gleichung keinen Summanden der Form $c_1 x''$ mehr. Entsprechend wird im Fall $b_{22} \neq 0$ verfahren.

2. Resultat. Das (x', y')-System wird so in ein (x'', y'')-System parallel verschoben, daß (2) übergeht in eine Gleichung der Form

$$b_{11}x''^2 + b_{22}y''^2 + b_2 y'' + c = 0$$

mit $b_{11} \neq 0$ und $b_2 b_{22} = 0$. Jetzt erhalten wir die Normalformen durch eine Fallunterscheidung (statt (x'', y'') schreiben wir einfach wieder (x, y)):

Fall I: $b_{22} \neq 0$. Dann ist $b_2 = 0$.

Fall Ia: $c = 0$. Dann teilen wir durch b_{11} und erhalten eine Gleichung der Form $x^2 + dy^2 = 0$. Sie stellt dar:
Für $d > 0$: Den Nullpunkt, siehe Abb. 1.1.6 (a).
Für $d = 0$: Die y-Achse, siehe Abb. 1.1.6 (b).
Für $d < 0$: Die beiden Geraden $x \mp \sqrt{-d}y = 0$, siehe Abb. 1.1.6 (c).

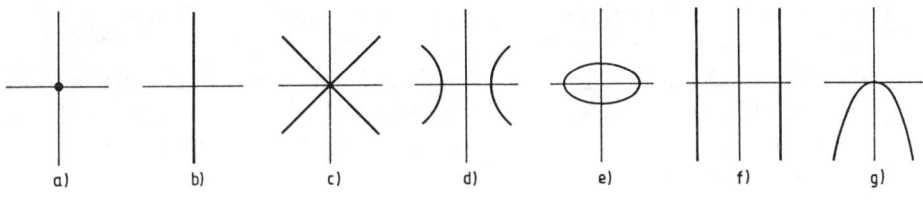

Abb. 1.1.6

Fall Ib: $c \neq 0$. Dann teilen wir durch $-c$, setzen

$$\frac{b_{11}}{-c} = \frac{\varepsilon_1}{a^2}, \quad \frac{b_{22}}{-c} = \frac{\varepsilon_2}{b^2} \quad \text{mit } \varepsilon_1 = \pm 1, \varepsilon_2 = \pm 1,$$

und erhalten die Gleichung

$$\varepsilon_1 \frac{x^2}{a^2} + \varepsilon_2 \frac{y^2}{b^2} = 1.$$

Sie stellt dar:
für $\varepsilon_1 = \varepsilon_2 = -1$: die leere Menge;
für $\varepsilon_1 = -\varepsilon_2$: eine Hyperbel, siehe Abb. 1.1.6 (d);
für $\varepsilon_1 = \varepsilon_2 = +1$: eine Ellipse, siehe Abb. 1.1.6 (e); speziell einen Kreis, falls $a^2 = b^2$ ist.

Fall II: $b_{22} = 0$. Wir teilen durch b_{11} und erhalten eine Gleichung der Form $x^2 + py + q = 0$.

Fall IIa: $p = 0$. Dann bleibt $x^2 + q = 0$, und das ergibt
für $q > 0$: die leere Menge;
für $q = 0$: die y-Achse, siehe Abb. 1.1.6 (b);
für $q < 0$: die beiden Parallelen $x = \pm\sqrt{-q}$ der y-Achse, siehe Abb. 1.1.6 (f).

Fall IIb: $p \neq 0$. Dann verschieben wir das Koordinatensystem noch einmal parallel in das System $\xi = x$, $\eta = y + \frac{q}{p}$, und erhalten aus $x^2 + p(y + \frac{q}{p}) = 0$ die Gleichung $\xi^2 + p\eta = 0$. Sie stellt eine Parabel dar, siehe Abb. 1.1.6 (g).

Damit haben wir gesehen, daß die Lösung einer quadratischen Gleichung mit zwei Variablen, also eine Kurve 2. Ordnung, eine der folgenden Formen hat: Ellipse, Parabel, Hyperbel, ein Paar sich schneidender Geraden, ein Paar paralleler Geraden, eine (Doppel-)Gerade, ein Punkt, die leere Menge.

Die Untersuchung der allgemeinen Gleichung 2. Grades in drei Variablen x, y, z

$$a_{11}x^2 + a_{22}y^2 + a_{33}z^2 + a_{12}xy + a_{13}xz + a_{23}yz + a_1x + a_2y + a_3z + a = 0$$

und der Hauptachsentransformation in diesem Fall verschieben wir auf ein späteres Kapitel. Die von dieser Gleichung dargestellten Punktmengen im Raum heißen *Flächen 2. Ordnung*; Beispiele sind Ellipsoide, Hyperboloide, Sattelflächen und Paraboloide.

1.2 Vektoren

1.2.1 „Definition" von Vektoren Es sei E eine Ebene. Ein geordnetes Paar von Punkten P, Q der Ebene E heißt eine *gerichtete Strecke in E*, Bezeichnung $\overrightarrow{PQ}$; P ist der *Anfangspunkt*, Q der *Endpunkt*. Es gilt $\overrightarrow{PQ} = \overrightarrow{P'Q'}$ per definitionem genau dann, wenn $P = P'$ und $Q = Q'$ ist. Der Fall $P = Q$ ist nicht verboten: auch $\overrightarrow{PP}$ ist eine „gerichtete Strecke".

Die Menge aller gerichteten Strecken, die aus einer festen gerichteten Strecke durch Parallelverschiebung hervorgehen, heißt ein *Vektor* in E.

Diese Beschreibung soll die anschauliche Vorstellung präzisieren, daß ein Vektor etwas ist, was Länge und Richtung hat, aber ansonsten von der Lage in der Ebene unabhängig ist. Die gerichteten Strecken in Abb. 1.2.1 gehören alle zum gleichen Vektor. Wir stellen einen Vektor $\mathfrak{x}$ dar, indem wir eine gerichtete Strecke aus der Menge $\mathfrak{x}$ zeichnen.

Die gerichteten Strecken der Form $\overrightarrow{PP}$ gehen alle durch Parallelverschiebung auseinander hervor. Sie bilden also einen Vektor, den *Nullvektor* $\mathfrak{o}$.

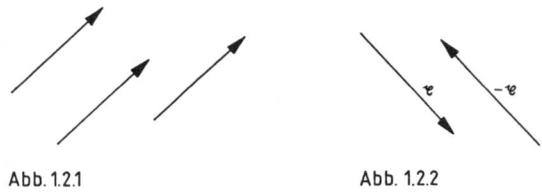

Abb. 1.2.1 Abb. 1.2.2

Sei $\mathfrak{x}$ ein Vektor und $\overrightarrow{PQ}$ eine gerichtete Strecke aus $\mathfrak{x}$. Die gerichtete Strecke $\overrightarrow{QP}$ bestimmt einen Vektor, der mit $-\mathfrak{x}$ bezeichnet wird; vgl. Abb. 1.2.2. Diese Bezeichnung ist gerechtfertigt, da $-\mathfrak{x}$ nur von $\mathfrak{x}$ und nicht von der Wahl von $\overrightarrow{PQ}$ abhängt: Geht $\overrightarrow{P'Q'}$ aus $\overrightarrow{PQ}$ durch eine Parallelverschiebung hervor, so auch $\overrightarrow{Q'P'}$ aus $\overrightarrow{QP}$. Offenbar ist $-\mathfrak{o} = \mathfrak{o}$.

1.2.2 Skalare Multiplikation Wir ordnen jeder reellen Zahl a und jedem Vektor $\mathfrak{x}$ einen neuen Vektor $a\mathfrak{x}$ zu: Sei $\overrightarrow{PQ}$ eine zu $\mathfrak{x}$ gehörige gerichtete Strecke, und g die Gerade, die $\overrightarrow{PQ}$ enthält, vgl. Abb. 1.2.3. Wir wählen auf g Koordinaten, so daß P der Nullpunkt ist. Ist x die Koordinate von Q, so sei Q' der Punkt mit der Koordinate ax. Dann ist $a\mathfrak{x}$ definiert als der Vektor, der die gerichtete Strecke $\overrightarrow{PQ'}$ enthält. Er ist unabhängig von der Wahl von $\overrightarrow{PQ}$ in $\mathfrak{x}$. Es gilt:

(a) $\qquad 1\mathfrak{x} = \mathfrak{x}, \ (-1)\mathfrak{x} = -\mathfrak{x}, \ 0\mathfrak{x} = \mathfrak{o}, \ a\mathfrak{o} = \mathfrak{o}$

(b) $\qquad a(b\mathfrak{x}) = (ab)\mathfrak{x}.$

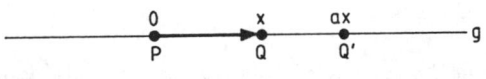

Abb. 1.2.3

12 1 Einführende Betrachtungen

1.2.3 Summe von Vektoren Die Summe $\mathfrak{x}+\mathfrak{y}$ zweier Vektoren $\mathfrak{x}$ und $\mathfrak{y}$ ist wieder ein Vektor, definiert durch folgende Fallunterscheidung:

Fall 1: $\mathfrak{x}$ oder $\mathfrak{y}$ ist der Nullvektor. Für alle Vektoren $\mathfrak{z}$ sei $\mathfrak{o}+\mathfrak{z} := \mathfrak{z} =: \mathfrak{z}+\mathfrak{o}$.

Fall 2: $\mathfrak{x} \neq \mathfrak{o}$, $\mathfrak{y} \neq \mathfrak{o}$ und $\mathfrak{x} = a\mathfrak{y}$. Dann sei $\mathfrak{x}+\mathfrak{y} := (a+1)\mathfrak{y}$.

Fall 3: $\mathfrak{x} \neq 0$, $\mathfrak{y} \neq 0$ und $\mathfrak{x}$ ist kein Vielfaches von $\mathfrak{y}$; wir nennen $\mathfrak{x}$ und $\mathfrak{y}$ dann *linear unabhängig*. Wählen wir jetzt aus $\mathfrak{x}$ bzw. $\mathfrak{y}$ gerichtete Strecken $\overrightarrow{PQ}$ bzw. $\overrightarrow{PR}$ mit demselben Anfangspunkt P, so spannen diese ein Parallelogramm auf. Ist P' dessen vierter Eckpunkt, so sei $\mathfrak{x}+\mathfrak{y}$ der durch die gerichtete Strecke $\overrightarrow{PP'}$ definierte Vektor. Er ist unabhängig von der Wahl der $\overrightarrow{PQ}$, $\overrightarrow{PR}$ in $\mathfrak{x}$, $\mathfrak{y}$, vgl. Abb. 1.2.4.

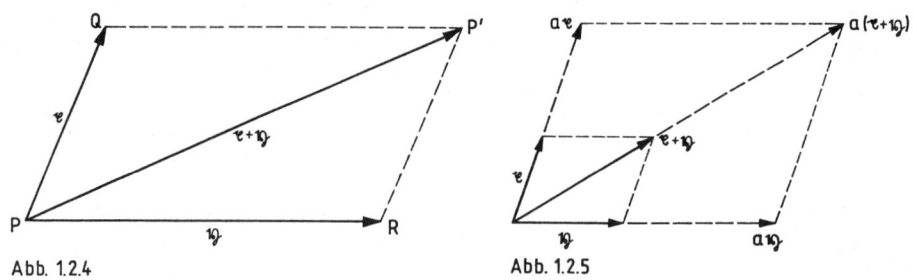

Abb. 1.2.4   Abb. 1.2.5

1.2.4 Satz *In der Menge V_E aller Vektoren der Ebene E gelten folgende Rechenregeln:*
  (a) *Kommutatives Gesetz:* $\mathfrak{x}+\mathfrak{y} = \mathfrak{y}+\mathfrak{x}$.
  (b) *Assoziatives Gesetz:* $(\mathfrak{x}+\mathfrak{y})+\mathfrak{z} = \mathfrak{y}+(\mathfrak{x}+\mathfrak{z})$.
  (c) *Gesetz über dann Nullelement:* $\mathfrak{x}+\mathfrak{o} = \mathfrak{o}+\mathfrak{x} = \mathfrak{x}$.
  (d) *Gesetz über das ixInverse:* $\mathfrak{x}+(-\mathfrak{x}) = (-\mathfrak{y})+\mathfrak{y} = \mathfrak{o}$.
  (e) *Distributivgesetze:* $(a+b)\mathfrak{x} = a\mathfrak{x}+b\mathfrak{x}$, $a(\mathfrak{x}+\mathfrak{y}) = a\mathfrak{x}+a\mathfrak{y}$.

Wir beweisen diesen Satz nicht. Der Beweis besteht aus einer mühsamen Fallunterscheidung und einigen einfachen elementargeometrischen Überlegungen. Z.B. folgt das zweite Distributivgesetz im Fall 2 oben (also $\mathfrak{x} = b\mathfrak{y}$) aus

$$a(\mathfrak{x}+\mathfrak{y}) = a((b+1)\mathfrak{y}) = (a(b+1))\mathfrak{y} = (ab+a)\mathfrak{y} = (ab)\mathfrak{y}+a\mathfrak{y} =$$
$$a(b\mathfrak{y})+a\mathfrak{y} = a\mathfrak{x}+a\mathfrak{y},$$

und im Fall 3 aus Abb. 1.2.5. □

1.2.5 Skalarprodukt Die *Länge (Norm, Betrag)* $\|\mathfrak{x}\|$ *eines Vektors* $\mathfrak{x}$ ist die Länge der zu $\mathfrak{x}$ gehörenden gerichteten Strecken. Der *Winkel α zwischen zwei Vektoren*

$\mathfrak{x}, \mathfrak{y} \neq \mathfrak{o}$ ist der kleinere der von den gerichteten Strecken $\overrightarrow{PQ}, \overrightarrow{PR}$ aus $\mathfrak{x}, \mathfrak{y}$ gebildeten Winkel, vgl. Abb. 1.2.6. Es folgt $0 \leq \alpha \leq \pi$. Die Zahl $\langle \mathfrak{x}, \mathfrak{y} \rangle :=$ $\|\mathfrak{x}\| \cdot \|\mathfrak{y}\| \cdot \cos \alpha$ heißt *Skalarprodukt von $\mathfrak{x}$ und $\mathfrak{y}$*; es ist $\langle \mathfrak{x}, \mathfrak{y} \rangle = 0$, wenn $\mathfrak{x} = \mathfrak{o}$ oder $\mathfrak{y} = \mathfrak{o}$. Offenbar ist $\langle \mathfrak{x}, \mathfrak{x} \rangle = \|\mathfrak{x}\|^2$.

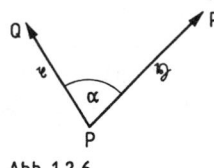

Abb. 1.2.6

1.2.6 Satz (Rechenregeln für Skalarprodukt und Norm)
(a) $\langle \mathfrak{x} + \mathfrak{y}, \mathfrak{z} \rangle = \langle \mathfrak{x}, \mathfrak{z} \rangle + \langle \mathfrak{y}, \mathfrak{z} \rangle$,
(b) $\langle a\mathfrak{x}, \mathfrak{z} \rangle = a\langle \mathfrak{x}, \mathfrak{z} \rangle$,
(c) $\langle \mathfrak{x}, \mathfrak{y} \rangle = \langle \mathfrak{y}, \mathfrak{x} \rangle$,
(d) $\mathfrak{x} \neq \mathfrak{o} \Rightarrow \langle \mathfrak{x}, \mathfrak{x} \rangle > 0$,
(e) $\|a\mathfrak{x}\| = |a| \cdot \|\mathfrak{x}\|$,
(f) $\langle \mathfrak{x}, \mathfrak{y} \rangle^2 \leq \langle \mathfrak{x}, \mathfrak{x} \rangle \langle \mathfrak{y}, \mathfrak{y} \rangle$ *(Cauchy-Schwarzsche Ungleichung)*,
(g) $\|\mathfrak{x} + \mathfrak{y}\| \leq \|\mathfrak{x}\| + \|\mathfrak{y}\|$ *(Dreiecksungleichung)*.

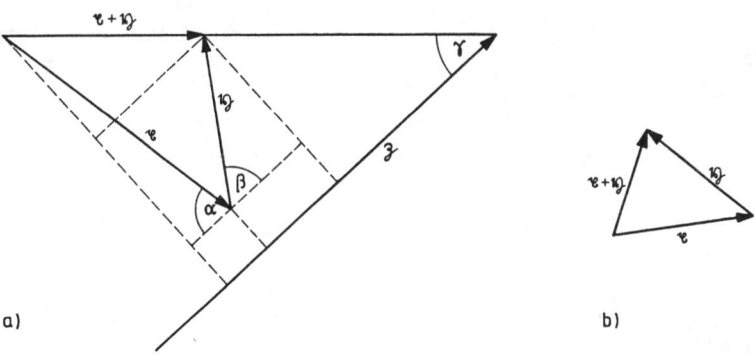

Abb. 1.2.7

B e w e i s (b) - (e) sind trivial. (f) folgt aus $(\cos \alpha)^2 \leq 1$. (a) ergibt sich aus Abb. 1.2.7 (a), weil
$\langle \mathfrak{x}, \mathfrak{z} \rangle = \|\mathfrak{x}\| \cdot \|\mathfrak{z}\| \cdot \cos \alpha, \quad \langle \mathfrak{y}, \mathfrak{z} \rangle = \|\mathfrak{y}\| \cdot \|\mathfrak{z}\| \cdot \cos \beta, \quad \langle \mathfrak{x} + \mathfrak{y}, \mathfrak{z} \rangle = \|\mathfrak{x} + \mathfrak{y}\| \cdot \|\mathfrak{z}\| \cdot \cos \gamma$
ist. (g) folgt aus Abb. 1.2.7 (b). □

14   1 Einführende Betrachtungen

1.2.7 Satz *Zwei Vektoren* $\mathfrak{x}, \mathfrak{y} \neq \mathfrak{o}$ *stehen genau dann senkrecht aufeinander, wenn ihr Skalarprodukt verschwindet, d.h.* $\langle \mathfrak{x}, \mathfrak{y} \rangle = 0$ *ist.* □

1.2.8 Parameterdarstellung Wir zeichnen einen festen Punkt P_0 in der Ebene E aus. Jeder Vektor $\mathfrak{x}$ in E enthält genau eine gerichtete Strecke $\overrightarrow{P_0 P}$ mit Anfangspunkt P_0. Sie heißt *Ortsvektor von P*; Ortsvektoren sind keine Vektoren! Der Punkt P ist durch $\mathfrak{x}$ eindeutig bestimmt. Um zu viele Symbole zu vermeiden, bezeichnen wir den Punkt P mit dem Symbol $\mathfrak{x}$: Jeder Vektor $\mathfrak{x}$ bestimmt also eindeutig einen Punkt $\mathfrak{x}$ der Ebene, vgl. Abb. 1.2.8.

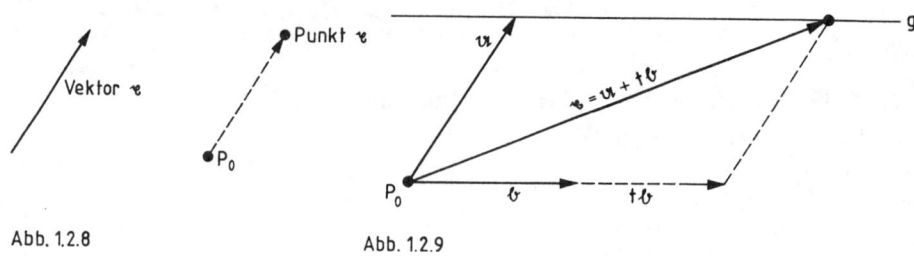

Abb. 1.2.8   Abb. 1.2.9

Seien $\mathfrak{a}, \mathfrak{b}$ zwei Vektoren und $\mathfrak{b} \neq \mathfrak{0}$. Die Menge der Punkte

(1) $$\mathfrak{x} = \mathfrak{a} + t\mathfrak{b}, \; t \in \mathbb{R},$$

ist eine Gerade g; diese Darstellung von g heißt *Parameterdarstellung* von g, vgl. Abb. 1.2.9.

Zwei Geraden

$$g: \mathfrak{x} = \mathfrak{a} + t\mathfrak{b} \quad \mathfrak{b} \neq \mathfrak{0}, \quad g': \mathfrak{x}' = \mathfrak{a}' + t\mathfrak{b}' \quad \mathfrak{b}' \neq \mathfrak{0},$$

sind genau dann parallel, wenn $\mathfrak{b}' = c\mathfrak{b}'$ für eine Zahl $c \neq 0$ ist. Sie stehen genau dann senkrecht aufeinander, wenn das Skalarprodukt $\langle \mathfrak{b}, \mathfrak{b}' \rangle = 0$ ist.

Seien $\mathfrak{b}_1, \mathfrak{b}_2$ zueinander senkrechte Vektoren gleicher Länge und $\mathfrak{a}$ ein beliebiger Vektor. Die Menge der Punkte

$$\mathfrak{x} = \mathfrak{a} + (\cos t)\mathfrak{b}_1 + (\sin t)\mathfrak{b}_2, \quad 0 \leq t < 2\pi,$$

ist ein Kreis *(Parameterdarstellung des Kreises)*; vgl. Abb. 1.2.10.

1.2.9 Analog zu den Vektoren in der Ebene werden Vektoren im Raum definiert: Oben wird nur das Wort „Ebene" durch „Raum" ersetzt. Sind $\mathfrak{a}, \mathfrak{b}$ Vektoren im

Raum, so stellt (1) eine Gerade im Raum dar. Die *Parameterdarstellung einer Ebene im Raum* ist

$$\mathfrak{x} = \mathfrak{a} + s\mathfrak{b}_1 + t\mathfrak{b}_2, \quad \mathfrak{b}_1, \mathfrak{b}_2 \text{ linear unabhängig},$$

wobei s und t die reellen Zahlen durchlaufen; vgl. Abb. 1.2.11.

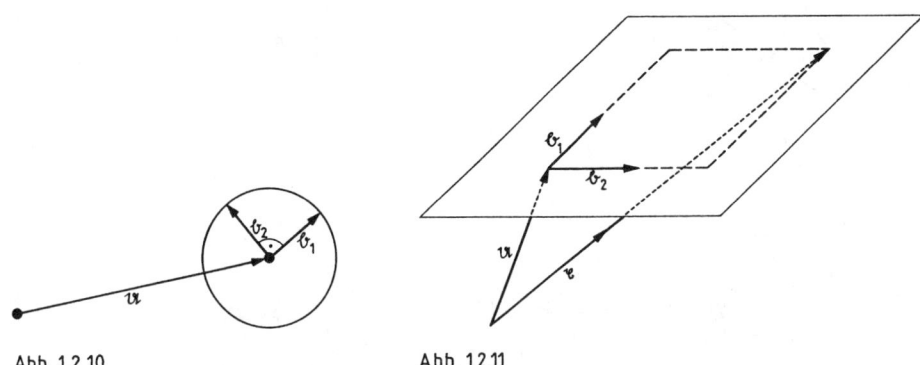

Abb. 1.2.10   Abb. 1.2.11

Bemerkung: Wir sind von den Begriffen Gerade, Ebene, Raum der Elementargeometrie ausgegangen (ohne sie zu definieren) und haben daraus Vektoren konstruiert. Jetzt zeigt sich: Die Punkte der Ebene und des Raumes lassen sich durch die Vektoren und Punktmengen mittels der Vektorrechnung eindeutig beschreiben. Das ist genau der Weg, den wir später gehen: Wir beginnen mit (axiomatisch eingeführten) Vektoren, und leiten daraus die Begriffe Gerade, Ebene usw. ab.

Wir wählen ein Koordinatensystem in der Ebene. Dadurch ist insbesondere ein Punkt P_0 ausgezeichnet, nämlich der Ursprung $P_0 = 0$, so daß die Verabredungen von 1.2.8 verwendet werden können. Sei $\mathfrak{x}$ ein Vektor. Die Koordinaten (x, y) des Punktes $\mathfrak{x}$ heißen auch *Komponenten des Vektors* $\mathfrak{x}$, Schreibweise $\mathfrak{x} = (x, y)$. Ein Vektor ist durch seine Komponenten eindeutig bestimmt:

1.2.10 Satz *Für zwei Vektoren* $\mathfrak{x}_1 = (x_1, y_1)$, $\mathfrak{x}_2 = (x_2, y_2)$ *und alle Zahlen a gilt:*

$$\mathfrak{x}_1 + \mathfrak{x}_2 = (x_1 + x_2, y_1 + y_2); \quad a\mathfrak{x}_1 = (ax_1, ay_1).$$

B e w e i s   ergibt sich aus Abb. 1.2.12. □

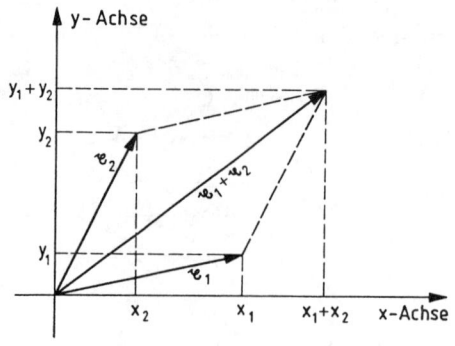

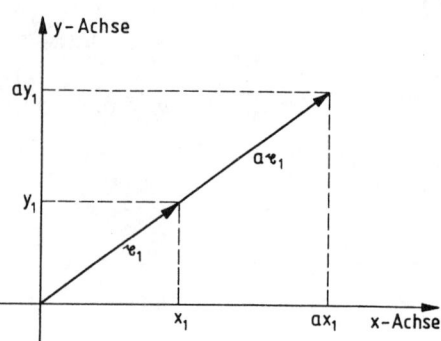

Abb. 1.2.12

1.2.11 Satz *Für das Skalarprodukt zweier Vektoren $\mathfrak{r}_1$, $\mathfrak{r}_2$ gilt*

$$\langle \mathfrak{r}_1, \mathfrak{r}_2 \rangle = x_1 x_2 + y_1 y_2.$$

B e w e i s Vgl. Abb. 1.2.13. Aus 1.2.5 und 1.2.6 folgt für das Dreieck PQR:

$$\|\mathfrak{r}_2 + (-\mathfrak{r}_1)\|^2 = \|\mathfrak{r}_1\|^2 + \|\mathfrak{r}_2\|^2 - 2\|\mathfrak{r}_1\| \cdot \|\mathfrak{r}_2\| \cos \alpha.$$

Für $\mathfrak{r} = (x, y)$ ist $\|\mathfrak{r}\|^2 = x^2 + y^2$. Wegen $\mathfrak{r}_2 + (-\mathfrak{r}_1) = (x_2 - x_1, y_2 - y_1)$ (nach 1.2.10) ist daher

$$(x_2 - x_1)^2 + (y_2 - y_1)^2 = x_1^2 + y_1^2 + x_2^2 + y_2^2 - 2\langle \mathfrak{r}_1, \mathfrak{r}_2 \rangle;$$

vgl. die Definition 1.2.5 des Skalarproduktes. Ausrechnen liefert den Satz. □

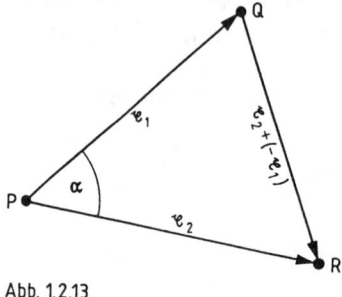

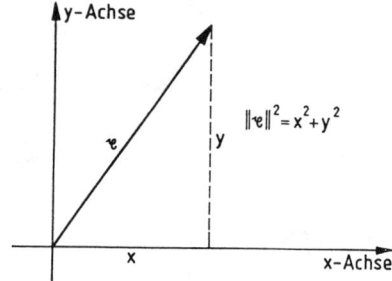

Abb. 1.2.13

1.3 Abbildungen der Ebene

Wir untersuchen Abbildungen einer Ebene in sich, also Vorschriften $f\colon E \to E$, die jedem Punkt P von E eindeutig einen Punkt $P' = f(P)$ von E zuordnen. Wir schreiben in dieser Situation oft $f\colon E \to E, P \mapsto P'$. Wir wählen ein festes Koordinatensystem. Sind (x, y) die Koordinaten von P, so seien (x', y') die Koordinaten von $P' = f(P)$; nun entspricht der Zuordnung $P \mapsto P'$ eine Zuordnung der Koordinaten $(x, y) \mapsto (x', y')$.

1.3.1 Beispiel Sei $f\colon E \to E$ die *Spiegelung an einer Geraden g*. Legen wir das Koordinatensystem so, daß g die x-Achse ist, so wird f beschrieben durch $x' = x$, $y' = -y$, vgl. Abb. 1.3.1 (a). Wählen wir g als y-Achse, so wird f durch $x' = -x$, $y' = y$ beschrieben, vgl. Abb. 1.3.1 (b). Legen wir das Koordinatensystem so, daß g die Gleichung $y = x$ hat, so gilt $x' = y$, $y' = x$, vgl. Abb. 1.3.1 (c). Ein und dieselbe Abbildung wird also in unterschiedlichen Koordinatensystemen durch verschiedene Gleichungen beschrieben!

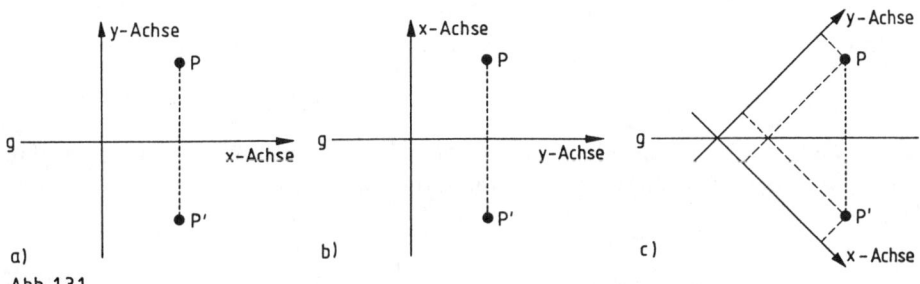

Abb. 1.3.1

1.3.2 Beispiel Die Gleichungen $x' = x \cos y$, $y' = x \sin y$ beschreiben bei festem Koordinatensystem eine Abbildung $h\colon E \to E$. Sie bildet die Parallelen zur y-Achse vom Abstand $r \neq 0$ zur y-Achse auf den Kreis vom Radius r um den Nullpunkt ab. Die y-Achse wird ganz auf den Nullpunkt abgebildet.

1.3.3 Affinitäten Eine Abbildung $f\colon E \to E$ heißt *affin*, wenn sie in einem Koordinatensystem durch Gleichungen der Form

$$\begin{aligned} x' &= a_{11}x + a_{12}y + a_1 \\ y' &= a_{21}x + a_{22}y + a_2 \end{aligned} \; ; \; A = \begin{pmatrix} a_{11} & a_{12} \\ a_{21} & a_{22} \end{pmatrix}$$

beschrieben wird. Es heißt A die *Matrix der affinen Abbildung in diesem Koordinatensystem*.

1 Einführende Betrachtungen

Aus 1.1.6 folgt durch Rechnen, daß f dann in jedem Koordinatensystem durch solche Gleichungen beschrieben wird.

Wenn alle $a_{ij} = 0$ sind, bildet f die ganze Ebene auf den Punkt (a_1, a_2) ab; diesen Fall schließen wir im folgenden aus. Ist $\det A = 0$, so gibt es nach 1.1.2 Zahlen m, n, nicht beide 0, mit $ma_{11} + na_{21} = 0$, $ma_{12} + na_{22} = 0$. Aus den Gleichungen oben folgt dann $mx' + ny' = ma_1 + na_2$. Das bedeutet, daß die ganze Ebene unter f auf eine Gerade abgebildet wird. Auch diesen Fall schließen wir im folgenden aus.

Wir setzen also $\det A \neq 0$ voraus. Dann heißt die Abbildung *Affinität*.

1.3.4 Hintereinanderschaltung von Abbildungen Sind $f, g \colon E \to E$ zwei Abbildungen der Ebene, so sei $g \circ f = gf \colon E \to E$ deren *Hintereinanderschaltung*, definiert durch $(gf)(P) = g(f(P))$ für jeden Punkt P von E. Ist z.B. f wie in 1.3.3 und g die *Translation*

$$x' = x - a_1, \quad y' = y - a_2,$$

so ist gf die folgende Abbildung:

$$x \xmapsto{f} a_{11} + a_{12}y + a_1 \xmapsto{g} (a_{11} + a_{12}y + a_1) - a_1 = a_{11}x + a_{12}y$$
$$y \xmapsto{f} a_{21} + a_{22}y + a_2 \xmapsto{g} (a_{21} + a_{22}y + a_2) - a_2 = a_{21}x + a_{22}y$$

Durch Dahinterschaltung einer Translation der Ebene erreicht man also, daß die a_1, a_2 verschwinden. Wir betrachten daher nur noch Affinitäten f der Form

$$\begin{aligned} x' &= a_{11}x + a_{12}y \\ y' &= a_{21}x + a_{22}y \end{aligned} \; ; \; A = \begin{pmatrix} a_{11} & a_{12} \\ a_{21} & a_{22} \end{pmatrix}.$$

Ist g eine zweite solche Affinität

$$\begin{aligned} x' &= b_{11}x + b_{12}y \\ y' &= b_{21}x + b_{22}y \end{aligned} , \; B = \begin{pmatrix} b_{11} & b_{12} \\ b_{21} & b_{22} \end{pmatrix}, \; \det B \neq 0,$$

so ist gf die Abbildung

$$x \xmapsto{f} a_{11} + a_{12}y + a_1 \xmapsto{g} (b_{11}x + a_{11}y + a_{12}y) + b_{12}(a_{21}x + a_{22}y),$$
$$y \xmapsto{f} a_{21} + a_{22}y + a_1 \xmapsto{g} (b_{21}x + a_{11}y + a_{12}y) + b_{22}(a_{21}x + a_{22}y).$$

Sie ist wieder eine Affinität. Die zugehörige Matrix

$$\begin{pmatrix} b_{11}a_{11} + b_{12}a_{21} & b_{11}a_{12} + b_{12}a_{22} \\ b_{21}a_{11} + b_{22}a_{21} & b_{21}a_{12} + b_{22}a_{22} \end{pmatrix} =: \begin{pmatrix} b_{11} & b_{12} \\ b_{21} & b_{22} \end{pmatrix} \begin{pmatrix} a_{11} & a_{12} \\ a_{21} & a_{22} \end{pmatrix}$$

heißt das *Produkt der Matrizen A und B* und wird mit BA bezeichnet. Ausrechnen liefert die Gleichung

$$\det(BA) = (\det A)(\det B)$$

so daß auch $\det(BA) \neq 0$ ist.

1.3.5 Satz *Eine Affinität bildet Geraden in Geraden und parallele Geraden in parallele Geraden ab.*

(Hiervon gilt auch die Umkehrung, so daß man Affinitäten auch unabhängig von Koordinaten definieren kann; der Beweis geht aber über den Rahmen dieser Einführung hinaus).

B e w e i s   Weil der Satz für Translationen gilt, genügt es, Affinitäten der Form

$$\begin{aligned} x' &= a_{11}x + a_{12}y \\ y' &= a_{21}x + a_{22}y \end{aligned}, \quad \det A \neq 0,$$

zu betrachten. Nach 1.1.2 kann man dieses Gleichungssystem nach x, y auflösen:

$$\begin{aligned} x &= b_{11}x' + b_{12}y' \\ y &= b_{21}x' + b_{22}y' \end{aligned}, \quad \det \begin{pmatrix} b_{11} & b_{12} \\ b_{21} & b_{22} \end{pmatrix} \neq 0.$$

Die Gerade $ax + by + c = 0$ mit $a^2 + b^2 \neq 0$ geht in

$$(ab_{11} + bb_{21})x' + (ab-12 + bb_{22})y' + c = 0$$

über. Wäre hier $ab_{11} + bb_{21} = 0$ und $ab_{12} + bb_{22} = 0$, so wäre $a = b = 0$, da dieses Gleichungssystem nach 1.1.2 nur eine Lösung hat. Folglich gehen Geraden in Geraden über. Daß parallele Geraden in parallele übergehen, folgt unmittelbar aus dem Entscheidungskriterium in 1.1.2. □

Eine Folge von 1.3.5 ist, daß die Abbildung h aus 1.3.2 keine Affinität ist.

1.3.6 Die induzierte lineare Abbildung Aus dem Satz folgt, daß jede Affinität f parallel-verschobene gerichtete Strecken in parallel-verschobene gerichtete Strecken abbildet, vgl. Abb. 1.3.2.

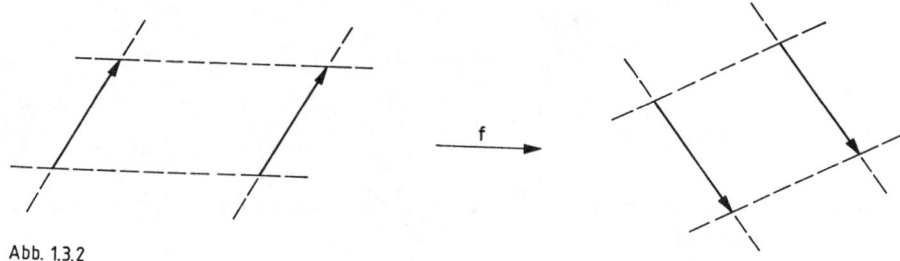

Abb. 1.3.2

Daher ordnet f jedem Vektor $\mathfrak{x}$ einen eindeutig bestimmten Vektor zu, den wir $f(\mathfrak{x})$ nennen. Sind (x,y) die Komponenten von $\mathfrak{x}$, so sind $(a_{11}x + a_{12}y, a_{21} + a_{22})$ die Komponenten von $f(\mathfrak{x})$. Daraus folgt, daß für je zwei Vektoren $\mathfrak{x}$, $\mathfrak{y}$ und alle Zahlen a

$$f(\mathfrak{x}+\mathfrak{y}) = f(\mathfrak{x}) + f(\mathfrak{y}), \; f(a\mathfrak{x}) = af(\mathfrak{x})$$

gilt. Solche Abbildungen der Vektormenge $V_E \to V_E$ heißen *linear*.

Eine *Drehung* der Ebene um den Nullpunkt des Koordinatensystems um den Winkel α wird beschrieben durch

$$\begin{aligned} x' &= x\cos\alpha + y\sin\alpha \\ y' &= -x\sin\alpha + y\cos\alpha \end{aligned} \quad \text{mit } \det\begin{pmatrix} \cos\alpha & \sin\alpha \\ -\sin\alpha & \cos\alpha \end{pmatrix} = 1.$$

Sie ist also eine Affinität.

Sei f eine Affinität wie in 1.3.3 mit $a_1 = a_2 = 0$. Es bildet f die y-Achse in eine Gerade g durch den Nullpunkt ab. Sei f_1 eine Drehung der Ebene um den Nullpunkt, die g in die y-Achse dreht. Dann ist $f_1 f$ eine Affinität, die die y-Achse in sich abbildet, also hat sie die Form

(*) $$\begin{aligned} x' &= b_{11}x \\ y' &= b_{21}x + b_{22}y \end{aligned} ; \; \det\begin{pmatrix} b_{11} & 0 \\ b_{21} & b_{22} \end{pmatrix} = b_{11}b_{22} \neq 0.$$

Wenn $b_{11} < 0$ ist, schalten wir hinter $f_1 f$ noch die Spiegelung $x' = -x, y' = y$ an der y-Achse; das liefert eine Affinität derselben Form mit positivem Koeffizienten bei x. Entsprechend verfahren wir (Spiegelung an der x-Achse), wenn $b_{22} < 0$ ist. Wir nehmen daher $b_{11}, b_{22} > 0$ an.

Eine Abbildung der Ebene heißt *Dehnung senkrecht zu einer* Geraden g, wenn es ein (ξ, η)-Koordinatensystem gibt, in dem g die η-Achse ist und die Abbildung durch $\xi' = a\xi, \eta' = \eta$ für ein $a > 0$ beschrieben wird. a heißt *Dehnungsfaktor* (bei $0 < a < 1$ spricht man auch von *Stauchung*), vgl. Abb. 1.3.3.

1.3 Abbildungen der Ebene

Schaltet man hinter die Affinität (∗) eine Dehnung senkrecht zur y-Achse um den Faktor $1/b_{11}$, so erhält man die Affinität

$$x' = x, \quad y' = b_{21}x + b_{22}y.$$

Schaltet man hinter diese noch eine Dehnung senkrecht zur x-Achse um den Faktor $1/b_{22}$, so ergibt sich die Affinität

$$x' = x, \quad y' = cx + y$$

mit $c = b_{21}/b_{22}$. Wenn $c = 0$ ist, ist das die identische Abbildung $E \to E$, die jeden Punkt auf sich selbst abbildet. Für $c \neq 0$ heißt diese Abbildung *Scherung*, vgl. Abb. 1.3.4 für $c = 1$.

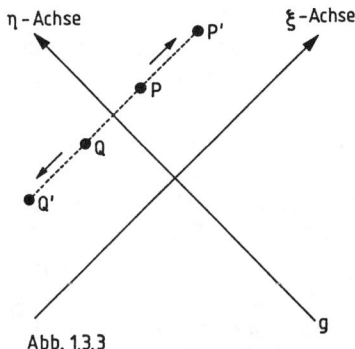

Abb. 1.3.3

Wir haben damit bewiesen:

1.3.7 Satz *Jede Affinität ergibt sich durch Hintereinanderschalten von Translationen, Drehungen, Spiegelungen, Dehnungen und Scherungen.* □

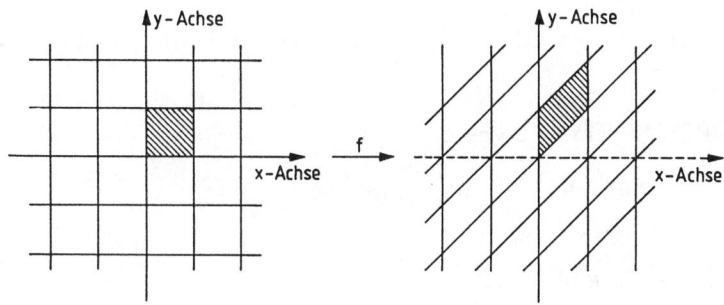

Abb. 1.3.4

2 Vorbereitungen

In diesem Abschnitt wollen wir einige grundlegende Begriffe und Methoden besprechen: die mengentheoretische Stenographie, einige Beweismethoden und gewisse Eigenschaften natürlicher Zahlen. Eine genaue Fundierung können wir an dieser Stelle nicht vornehmen, sondern werden lediglich versuchen, diese wichtigen Hilfsmittel zu verdeutlichen.

2.1 Mengen

2.1.1 = und : Wir verwenden das *Gleichheitszeichen* wie üblich, aber nicht nur für Zahlen. Die *Ungleichheit* wird mit $\neq$ bezeichnet. Der Doppelpunkt bedeutet oftmals „mit (folgender Eigenschaft)" oder „wie folgt". Durch „:=" wird eine definierende Gleichung bezeichnet, z.B. „sei a gleich 4" wird zu „$a := 4$".

2.1.2 Logische Pfeile Im folgenden seien $A, B \ldots$ irgendwelche Aussagen, die gelten können oder nicht. Wir verwenden die folgenden Pfeilsymbole:

$A \Longrightarrow B$: Wenn A gilt, so gilt auch B. Oder: A ergibt (impliziert) B. Oder: Aus A folgt B (seltener wird auch $B \Longleftarrow A$ benutzt).

$A \Longleftrightarrow B$: A gilt genau dann (dann und nur dann = d.u.n.d.), wenn B gilt. B gilt genau dann, wenn A gilt. A und B sind gleichwertig.

$A :\Longleftrightarrow B$: A wird definiert durch B. (Seltener auch $B \Longleftrightarrow: A$.)

$A \not\Longrightarrow B$: Aus A folgt B nicht. B folgt nicht aus A.

Beispiele $A :=$ „heute ist Samstag", $B :=$ „morgen ist Sonntag", $C :=$ „morgen ist Feiertag". Dann gilt:

$$A \Longleftrightarrow B, \ A \Longrightarrow C, \ C \not\Longrightarrow A, \ B \Longrightarrow C, \ C \not\Longrightarrow B.$$

„Langer Samstag" $:\Longleftrightarrow$ „Samstag, an dem die Geschäfte bis 18 Uhr geöffnet sind."[1]

2.1.3 $\forall$ und $\exists$ Die Kürzel besagen:

$\forall :=$ „für alle ..." oder „für jedes ..."

$\exists :=$ „es existiert (gibt)...", $\exists! :=$ „es gibt genau ein",

$\not\exists :=$ „es gibt kein...".

---

[1] Vor dem Gesetz von 1996 über die Öffnungszeiten.

Beispiele „*Eine natürliche Zahl m teilt die natürliche Zahl n*": $\iff \exists k \in \mathbb{N}: n = km \iff\, : m|n$. „*Eine natürliche Zahl größer 1 heißt Primzahl, wenn jede natürliche Zahl, die p teilt, entweder gleich 1 oder gleich p ist*" entspricht $1 < p \in \mathbb{N}$ *ist Primzahl* $:\iff (\forall n \in \mathbb{N}^*: n|p \Rightarrow n = 1$ oder $n = p)$.

„*Zu jeder natürlichen Zahl n größer 1 gibt es eine Primzahl p, welche n teilt*" entspricht $\iff$ „$\forall n \in \mathbb{N}, n > 1, \exists$ Primzahl $p: p|n$".

„*Jede gerade natürliche Zahl n ist das Doppelte einer eindeutig bestimmten natürlichen Zahl m*" entspricht „$\forall n \in 2\mathbb{N}\; \exists! \; m \in \mathbb{N}: n = 2m$".

„*Es gibt genau eine positive ganzzahlige Wurzel von 4*" entspricht „$\exists! \; x : x^2 = 4, x > 0, x \in \mathbb{Z}$".

„*Es gibt keine ganzzahlige Wurzel 2*" entspricht „$\not\exists x : x \in \mathbb{Z}, x^2 = 2$".

2.1.4 Mengen und ihre Elemente Eine *Menge* X besteht aus *Elementen*, und es ist genau festgelegt, ob ein Element zu X gehört oder nicht. Wenn das Element x zu X gehört, schreiben wir $x \in X$ oder $X \ni x$; wenn y nicht zu X gehört, so schreiben wir: $y \notin X$ oder $X \not\ni y$. Es ist praktisch, auch eine Menge einzuführen, die kein Element enthält. Sie heißt *die leere Menge* und wird mit $\emptyset$ bezeichnet.

Beispiele Die Studenten in einem Hörsaal bilden eine Menge S. Die natürlichen Zahlen $0, 1, 2, 3, 4, \ldots$ bilden eine Menge $\mathbb{N}$; ebenfalls ergeben die ganzen Zahlen $0, \pm 1, \pm 2, \pm 3, \ldots$ eine Menge $\mathbb{Z}$, die rationalen Zahlen $\frac{m}{n}$ mit $m, n \in \mathbb{Z}, n \neq 0$, ergeben die Menge $\mathbb{Q}$. Schließlich gibt es die Menge $\mathbb{R}$ der reellen Zahlen. Dann ist z.B. $\frac{1}{2} \notin \mathbb{Z}, \frac{1}{2} \in \mathbb{Q}, \frac{1}{2} \in \mathbb{R}$; $\sqrt{2} \notin \mathbb{Z}, \sqrt{2} \notin \mathbb{Q}$, aber $\sqrt{2} \in \mathbb{R}$.

Eine Menge X kann beschrieben werden, indem man die Elemente von X aufzählt. Enthält die Menge nur endliche viele (wenige) Elemente, kann man sie der Reihe nach angeben, z.B. die Menge der natürlichen Zahlen von 1 bis 5: $\{1, 2, 3, 4, 5\}$; hierbei geben die „geschwungenen" Klammern an, daß zwischen ihnen die Elemente einer Menge stehen. Allgemein benutzt man eine effektive Schreibweise, die wir an Beispielen vorstellen wollen. So sei M die Menge der Studenten männlichen Geschlechtes im Hörsaal, W die Menge der Studenten weiblichen Geschlechtes. Dieses schreibt sich wie folgt:

$$M = \{x : x \in S, x \text{ männlich}\}, \; W = \{x : x \in S, x \text{ weiblich}\},$$

in Worten: M besteht aus den Elementen von S, die männlich sind, usw. (Oftmals wird statt des Doppelpunktes „:" ein senkrechter Strich genommen: „|": $M = \{x \mid x \in S, x \text{ männlich}\}$.) Andere Beispiele: Das Symbol $2\mathbb{Z}$ bezeichne die Menge der geraden Zahlen. Dann ist

$$2\mathbb{Z} = \{n : n \in \mathbb{Z}, 2 \text{ teilt } n\} = \{n \in \mathbb{Z} : 2 \text{ teilt } n\};$$

die 2. Schreibweise ist kürzer und klarer. Verwenden wir das Symbol „|" für „teilt", so kommt die folgende noch knappere Form heraus:

$$2\mathbb{Z} = \{n \in \mathbb{Z} : 2|n\}.$$

2 Vorbereitungen

Die Menge $\mathbb{N}^*$ der positiven ganzen Zahlen ist (hier bedeutet „>" größer)

$$\mathbb{N}^* = \{n \in \mathbb{Z} : n > 0\}.$$

Die Gerade g von 1.1.2 ist die folgende Punktmenge:

$$g = \{(x,y) : x, y \in \mathbb{R}, \ ax + by - c = 0\},$$

wobei $a^2 + b^2 \neq 0$ ist; analog schreibt sich g'. Ist $g \cap g'$ die Schnittpunktmenge, so lautet die Aussage der Tabelle: Es kann $g \cap g' = g = g'$ oder $g \cap g' = \emptyset$ oder $g \cap g'$ ein Punkt sein.

2.1.5 Teilmenge Es seien X und U Mengen. Liegt jedes Element von U auch in X (d.h. $u \in U \Rightarrow u \in X$), so heißt U *Teilmenge von* X und man sagt „U *liegt in* X". Man schreibt $U \subset X$ oder $X \supset U$ (in Worten: X enthält U). Konvention: Die leere Menge ist Teilmenge jeder anderen Menge, was auch der Definition von Teilmengen entspricht. Enthält die Menge V ein Element v, welches nicht in X liegt (d.h. $v \in V$, aber $v \notin X$), so schreiben wir $V \not\subset X$ oder $X \not\supset V$.

Beispiele Mit den Bezeichnungen des vorangehenden Textes:

$$M \subset S, \ W \subset S, \ M \not\subset W, \ \mathbb{N}^* \subset \mathbb{N} \subset \mathbb{Z} \subset \mathbb{Q} \subset \mathbb{R}, \ \mathbb{Z} \not\subset \mathbb{N}, \ \mathbb{N} \not\subset 2\mathbb{Z}, \ 2\mathbb{Z} \subset \mathbb{Z}.$$

2.1.6 Vereinigung und Durchschnitt Es seien A und B zwei Mengen. Dann ist die *Vereinigung* $A \cup B$ von A und B die Menge, die aus allen Elementen von A und aus allen von B, aber keinen weiteren besteht. Diese Definition wird klarer in der Mengenschreibweise:

$$A \cup B := \{x : x \in A \text{ oder } x \in B\}.$$

Analog bestehe der *Durchschnitt* $A \cap B$ von A und B aus den Elementen, die sowohl in A wie auch in B liegen:

$$A \cap B := \{x : x \in A \text{ und } x \in B\}.$$

Offenbar gilt $A \cup B = B \cup A$ und $A \cap B = B \cap A$.

Beispiele $S = M \cup W$, $\mathbb{Z} = \mathbb{Z} \cup \mathbb{N}$, $M \cap W = \emptyset$, $\mathbb{Z} \cap \mathbb{N} = \mathbb{N}$. Sei $n\mathbb{Z} = \{x \in \mathbb{Z} : n \text{ teilt } x\}$. Dann gilt:

$$n\mathbb{Z} \subset m\mathbb{Z} \iff m \text{ teilt } n; \ n\mathbb{Z} \cap m\mathbb{Z} = k\mathbb{Z} \ \text{ mit } k = kgV(n,m).$$

Dabei ist $kgV(n,m)$ das kleinste gemeinsame Vielfache von n und m.

Dieses läßt sich auch verallgemeinern auf den Fall, daß mehrere Mengen, eventuell unendlich viele, vorliegen: Die Mengen seien mittels einer Menge I durchnumeriert und das System sei $(A_i)_{i \in I}$. Dann ist

$$\bigcap_{i \in I} A_i = \{x : x \in A_i,\ \forall i \in I\} \quad \text{und} \quad \bigcup_{i \in I} A_i = \{x : \exists i \in I, x \in X_i\},$$

wobei, vgl. 2.1.3, „$\forall i \in I$" „für alle $i \in I$" bedeutet, und „$\exists i \in I$" heißt „es gibt ein $i \in I$ mit" (der folgenden Eigenschaft). Z.B. gilt

$$\bigcap_{n \in \mathbb{N}_*} n\mathbb{Z} = \{0\}.$$

Sei $A_n := \{i \in \mathbb{Z} : -n \leq i \leq n\}$, $n \in \mathbb{N}$. Dann ist

$$\bigcap_{n \in \mathbb{N}} A_n = \{0\}, \quad \bigcup_{n \in \mathbb{N}} A_n = \mathbb{Z}.$$

2.1.7 Satz *Die Mengenoperationen $\cap$ und $\cup$ verhalten sich assoziativ und kommutativ. D.h.: Sind A, B, C Mengen, so gilt:*

$$\begin{aligned}(A \cap B) \cap C &= A \cap (B \cap C), & (A \cup B) \cup C &= A \cup (B \cup C); \\ A \cap B &= B \cap A, & A \cup B &= B \cup A.\end{aligned}$$

„Beweis" der ersten Formel.

$$\begin{aligned}x \in (A \cap B) \cap C &\iff (x \in A \cap B) \text{ und } (x \in C) \\ &\iff ((x \in A) \text{ und } (x \in B)) \text{ und } (x \in C) \\ &\stackrel{(*)}{\iff} (x \in A) \text{ und } ((x \in B) \text{ und } (x \in C)) \\ &\iff (x \in A) \text{ und } (x \in B \cap C) \iff x \in A \cap (B \cap C).\end{aligned}$$

Der mit $(*)$ gekennzeichnete Doppelpfeil ist der einzige, der sich nicht aus den Definitionen ergibt, sondern unserer Vorstellung entspricht, daß keine Klammern gesetzt werden müssen, wenn wir sagen, daß x in A und in B und in C liegt. (Hierbei handelt es sich um ein Axiom der Mengenlehre, also um eine Grundvoraussetzung, die nicht bewiesen werden kann, sondern „klar" ist. Logiker, entschuldigt bitte diese Banalisierung!)

Analog ergibt sich die zweite Formel. □

26 2 Vorbereitungen

Um die Gleichheit zweier irgendwie gegebener Mengen X und Y zu beweisen, ist es meistens vorteilhaft, die beiden Aussagen „$X \subset Y$" und „$X \supset Y$" getrennt zu beweisen. Dieses sei im Beweis der folgenden Regel verdeutlicht:

2.1.8 Voraussetzung A, A', B seien Mengen.

Behauptung $(A \cup A') \cap B = (A \cap B) \cup (A' \cap B)$.

B e w e i s   Nachweis von „$\subset$": Wir klammern im folgenden Beweis logische Aussagen mit eckigen Klammern ein.

$$\begin{aligned} x \in (A \cup A') \cap B &\implies [x \in A \text{ oder } x \in A'] \text{ und } [x \in B] \\ &\implies [x \in A \text{ und } x \in B] \text{ oder } [x \in A' \text{ und } x \in B] \\ &\implies x \in (A \cap B) \cup (A' \cap B), \end{aligned}$$

also jedes Element der Menge $(A \cup A') \cap B$ liegt in $(A \cap B) \cup (A' \cap B)$, d.h.

$$(A \cup A') \cap B \subset (A \cap B) \cup (A' \cap B).$$

Dieses läßt sich noch formalisieren, indem man für „und" das Zeichen „$\wedge$" und für „oder" das Zeichen „$\vee$" benutzt, wie wir es im folgenden tun werden. Nachweis von „$\supset$":

$$\begin{aligned} x \in (A \cap B) \cup (A' \cap B) &\implies [x \in A \cap B] \vee [x \in A' \cap B] \\ &\implies [[x \in A] \wedge [x \in B]] \vee [[x \in A'] \wedge [x \in B]] \\ &\implies [[x \in A] \vee [x \in A']] \wedge [x \in B] \\ &\implies [x \in A \cup A'] \wedge [x \in B] \\ &\implies x \in (A \cup A') \cap B, \end{aligned}$$

also

$$(A \cap B) \cup (A' \cap B) \subset (A \cup A') \cap B.$$

Die beiden Aussagen zusammen ergeben die Behauptung. □

Die Aussage von 2.1.7 läßt sich verschärfen zu

2.1.9 Lemma *A, A', B, B' seien Mengen. Dann gilt*

$$(A \cup A') \cap (B \cup B') = (A \cap B) \cup (A \cap B') \cup (A' \cap B) \cup (A' \cap B'),$$
$$(A \cap A') \cup (B \cap B') = (A \cup B) \cap (A \cup B') \cap (A' \cup B) \cap (A' \cup B').$$

Beweis der ersten Formel. Definiere $C := B \cup B'$. Nach 2.1.8 gilt:

(1) $\qquad (A \cup A') \cap C = (A \cap C) \cup (A' \cap C).$

Ferner ist wegen der Kommutativität der Durchschnitts- und Vereinigungsbildung und wegen 2.1.8:

$$A \cap C = C \cap A = (B \cup B') \cap A = (B \cap A) \cup (B' \cap A) = (A \cap B) \cup (A \cap B')$$

sowie $A' \cap C = (A' \cap B) \cup (A' \cap B')$. Setzt man das in (1) ein, ergibt sich die Formel von 2.1.9, allerdings mit Klammern in der Form

$$(A \cup A') \cap (B \cup B') = ((A \cap B) \cup (A \cap B')) \cup ((A' \cap B) \cup (A' \cap B')).$$

So sei die obige Formel zunächst verstanden. Nach 2.1.7 ist die rechte Seite gleich

$$(((A \cap B) \cup (A \cap B')) \cup (A' \cap B)) \cup (A' \cap B'),$$

und man macht sich leicht klar, daß eine beliebige Klammerung möglich ist, vgl. hierzu 3.1.4. $\qquad\square$

Die Formeln aus 2.1.9 wirken recht kompliziert. In allgemeinerer Form sehen sie einfacher aus, und es werden auch ihre Beweise durchsichtiger:

2.1.10 Regeln

$$\bigcup_{i \in I} A_i \cap \bigcup_{j \in J} B_j = \bigcup_{i \in I, j \in J} (A_i \cap B_j), \quad \bigcap_{i \in I} A_i \cup \bigcap_{j \in J} B_j = \bigcap_{i \in I, j \in J} (A_i \cup B_j).$$

,,B e w e i s`` der ersten Formel.

,,$\subset$``: $\quad x \in \bigcup_{i \in I} A_i \cap \bigcup_{j \in J} B_j \iff \left[x \in \bigcup_{i \in I} A_i \right] \wedge \left[x \in \bigcup_{j \in J} B_j \right]$

$\qquad\qquad\qquad \implies [\exists i_0 \in I : x \in A_{i_0}] \wedge [\exists j_0 \in J : x \in B_{j_0}]$

$\qquad\qquad\qquad \implies x \in A_{i_0} \cap B_{j_0}$

$\qquad\qquad\qquad \implies x \in \bigcup_{i \in I, j \in J} (A_i \cap B_j).$

„⊃ ": $x \in \bigcup_{i \in I, j \in J} (A_i \cap B_j) \Longrightarrow \exists i_1 \in I, \exists j_1 \in J : x \in A_{i_1} \cap B_{j_1}$

$$\Longrightarrow [x \in A_{i_1}] \wedge [x \in B_{j_1}] \Longrightarrow \left[x \in \bigcup_{i \in I} A_i\right] \wedge \left[x \in \bigcup_{j \in J} B_j\right]$$

$$\Longleftrightarrow x \in \bigcup_{i \in I} A_i \cap \bigcup_{j \in J} B_j. \qquad \square$$

2.1.11 Mengendifferenz Sind A, B Mengen, so sei ihre Differenz

$$A - B := \{x \in A : x \notin B\}$$

(oftmals wird auch $A \backslash B$ statt $A - B$ geschrieben). Für Mengen A, B, C gelten die Regeln:

$$A - B = A - (A \cap B),$$
$$(A - B) - C = A - (B \cup C),$$
$$(A \cap B) \cap (A - B) = \emptyset,$$
$$(A - B) \cup (A - C) = A - (B \cap C),$$
$$(A - B) \cap (A - C) = A - (B \cup C),$$
$$A \cup B = (A - B) \cup (A \cap B) \cup (B - A),$$

mit

$$(A - B) \cap (A \cap B) = \emptyset, (B - A) \cap (A \cap B) = \emptyset, (A - B) \cap (B - A) = \emptyset$$

(*disjunkte Vereinigung*). (Beweisen Sie die Formeln.)

Für viele Aufgaben werden Elemente zweier Mengen A, B gleichzeitig betrachtet. Dies führt zum Begriff des *geordneten Paares*, bei dem die Elemente aus A dem ersten Element des Paares, die aus B dem zweiten Element des Paares zugeordnet sind. Meist gilt das Interesse nicht einem einzigen Paar sondern vielen gleichzeitig; z.B. gilt für alle möglichen geordneten Paare aus zwei Mengen A, B:

2.1.12 Definition A, B seien Mengen. Das *cartesische Produkt* von A und B ist die Menge $A \times B := \{(a, b) : a \in A, b \in B\}$ aller geordneten Paare mit dem ersten Element aus A und dem zweiten Element aus B.

Um beliebige Beziehungen zwischen den Elementen zweier Mengen beschreiben zu können, benötigt man folgende

2.1.13 Definition A, B seien Mengen. Eine *Relation* zwischen Elementen aus A und Elementen aus B ist eine Teilmenge $R \subset A \times B$. Statt $(x, y) \in R$ wird oft xRy geschrieben.

2.1.14 Beispiel Für $A = \{1, 2, 3\}$ und $B = \{a, b\}$ ist $R = \{(1, a), (1, b), (3, b)\}$ eine Relation zwischen A und B.

2.1.15 Definition Sei A eine Menge, $R \subset A \times A$ eine Relation auf A.
(a) R heißt *reflexiv* : $\iff$ aRa $\forall a \in A$.
(b) R heißt *symmetrisch* : $\iff$ $[aRb \implies bRa$ $\forall a, b \in A]$.
(c) R heißt *transitiv* : $\iff$ $[\forall a, b, c \in A : aRb \land bRc \implies aRc]$.
(d) Besitzt R die Eigenschaften unter (a) – (c), so heißt R *Äquivalenzrelation*. Äquivalenzrelationen werden häufig mit $\sim_R$ bezeichnet.

2.1.16 Definition und Satz *Sei A eine Menge, $\sim_R$ eine Äquivalenzrelation auf A und $x \in A$. Dann heißt $A_x = \{y \in A \mid x \sim_R y\}$ die Äquivalenzklasse von x. Die Äquivalenzklassen bilden eine disjunkte Zerlegung von A, d.h. es gilt*

$$A = \bigcup_{x \in A} A_x \quad \text{und} \quad A_x \cap A_y \neq \emptyset \implies A_x = A_y.$$

B e w e i s   Wegen der Reflexivität 2.1.15 (a) ist $x \in A_x$, und deshalb gilt $A = \bigcup_{x \in A} A_x$.
Ist $z \in A_x \cap A_y$, d.h. $x \sim_R z$, $y \sim_R z$, so ergibt die Symmetrie (b) $z \sim_R y$ und die Transitivität (c) $x \sim_R y$. Also gilt $y \in A_x$. Ist $w \in A_y$, also $y \sim_R w$, so ergibt (c) $x \sim_R w$, d.h. $w \in A_x$. Somit ist $A_y \subset A_x$. Werden die Rollen von x und y vertauscht, ergibt sich $A_x \subset A_y$, also $A_x = A_y$. □

2.1.17 Beispiel Seien $m, n \in \mathbb{N}$ und $\sim_R$ die Äquivalenzrelation $m \sim_R n : \iff m + n \in \mathbb{N}$ ist gerade. Dann ist $A_x := \{y \in \mathbb{N} : x + y \in \mathbb{N}$ ist gerade$\}$. Insbesondere ist $A_1 = \{2n + 1 : n \in \mathbb{N}\}$, $A_2 = \{2n : n \in \mathbb{N}\}$ und $\mathbb{N} = A_1 \cup A_2$.

Einer der wichtigsten Begriffe in der Mathematik kann auch mit Hilfe von Relationen eingeführt werden:

2.1.18 Definition Seien A, B Mengen. Eine *Funktion* oder *Abbildung* $f : A \to B$ ordnet jedem Element $x \in A$ ein eindeutig bestimmtes Element $y \in B$ zu, geschrieben $y = f(x)$ oder $x \mapsto y$.

Diese Definition ist äquivalent zu der folgenden: Eine *Funktion* oder *Abbildung* $f\colon A \to B$ ist eine Relation $\tilde{f} \subset A \times B$ mit: $\forall x \in A \; \exists! \; y \in B : (x,y) \in \tilde{f}$. Man nennt das Element y den *Wert von f bei x*; statt $(x,y) \in f$ schreiben wir $y = f(x)$. Die Teilmenge $\{(x, f(x)) : x \in A\}$ von $A \times B$ heißt der *Graph von f*.

2.1.19 Beispiele
(a) $f\colon \mathbb{R} \to \mathbb{R}, f(x) = x^2$, ist eine Funktion.
(b) Sind $A = \{1,2,3,4\}$, und $B = \{1,2,3\}$, so definiert die Relation
$\tilde{f} = \{(1,2), (2,3), (3,1), (4,2)\} \subset A \times B$ ein Funktion.

Bemerkungen Weshalb steht oben mehrmals Beweis in Gänsefüßchen? Nun, wie anfangs gesagt, haben wir einige einleuchtende Schlüsse gemacht, die aber eigentlich hinterfragt werden müßten. Für unseren „Beweis" haben wir keine Begründung der Mengenlehre gegeben und werden das auch nicht nachholen, sondern diese Regeln ohne weitere Skrupel benutzen.

Das Lesen von Beweisen, in denen nur Pfeilsymbole usw. vorkommen, wird schnell unübersichtlich und schwer verständlich, wenn in einer Zeile mehrere $\forall$, $\exists$, :, $\vee$ oder $\wedge$ Symbole vorkommen; dem sollte ein guter Textteil abhelfen. Was heißt etwa

$$\forall n \in \mathbb{N} \; \exists m \in \mathbb{Z} : \big((m > n) \wedge (\forall k \in \mathbb{Z} : k^2 \neq m)\big)?$$

Klar: Zu jeder natürlichen Zahl gibt es eine größere ganze Zahl, aus der sich keine ganzzahlige Wurzel ziehen läßt. Andererseits erleichtern die Symbole oftmals das Lesen von Formeln wie auch von Textabschnitten. Wie auch schon oben werden wir i.a. auf die deutliche Unterscheidung der Klammern verzichten.

Aufgaben

2.1.A1 Seien $A := \{1,2,3\}$, $B := \{3,4,5\}$ und $C := \{1,3,5\}$ Mengen natürlicher Zahlen. Bestimmen Sie:

$$A \cap B, \; A \cup B, \; A \cap B \cap C, \; (A \cup B) \cap C, \; (A \cup B) - C.$$

2.1.A2 Sei X eine Menge, $A, B \subset X$ Teilmengen. Was ist richtig?
(a) $X - (A \cap B) = (X - A) \cup (X - B)$ oder
$X - (A \cap B) = (X - A) \cap (X - B)$ oder
$X - (A \cap B) = (X - A) \cap B$?
(b) $X - (A \cup B) = (X - A) \cup (X - B)$ oder
$X - (A \cup B) = (X - A) \cap (X - B)$ oder
$X - (A \cup B) = (X - A) \cup B$?

2.1.A3 Es seien A und B Mengen. Dann ist die *symmetrische Differenz* $A \triangle B$ definiert durch $A \triangle B := (A - B) \cup (B - A)$. Zeigen Sie:
(a) $A \triangle B = (A \cup B) - (A \cap B)$,
(b) $(A \triangle B) \triangle C = A \triangle (B \triangle C)$,
(c) $A \triangle B = A \iff B = \emptyset$,
(d) $A \triangle B = \emptyset \iff A = B$,
(e) $A \triangle B \subset A \iff B \subset A$.

2.1.A4 Für beliebige Mengen A und B gilt: $A \cup B = A \cap B \iff A = B$.

2.1.A5 Welche der folgenden Relationen auf $\mathbb{Z}$ sind Äquivalenzrelationen:
(a) $x \sim y :\iff x \leq y$,
(b) $x \sim y :\iff x = y$,
(c) $x \sim y :\iff x = |y|$,
(d) $x \sim y :\iff \exists k \in \mathbb{Z}$ mit $x - y = k \cdot 5$,
(e) $x \sim y :\iff x \mid y$.

2.2 Vollständige Induktion, Widerspruchsbeweis und einige Anwendungen

Eine Kette logischer Schlüsse verläuft nach dem folgenden Schema: Aus richtigen Aussagen werden mit logischen Schlüssen neue Aussagen als richtig nachgewiesen. In diesem Satz stecken mehrere „Begriffe", die nicht klar definiert sind. Was ist eine „richtige Aussage"? Was sind „logische Schlüsse"?

Betrachten wir einmal die folgende Schlußkette: Bekanntlich gelten die Aussagen (A) und (B):
(A) *Bochumer sind Westfalen.*
(B) *Westfalen sind stur.*
Also gilt auch
(C) *Bochumer sind stur.*

Hier steckt die immer wieder benutzte Schlußkette: *Folgt aus der Aussage A die Aussage B und aus B die Aussagen C, so folgt aus A auch C*. Diese Schlußweise wollen wir ohne Hinterfragen übernehmen. Gleich werden wir noch andere Schlußweisen kennenlernen, die wir im folgenden häufig benutzen werden. Sie allerdings sind zu hinterfragen, was in der *mathematischen Logik* auch geschieht.

Daß in dem obigen Beispiel irgend etwas nicht stimmt, werden hoffentlich nicht nur Bochumer meinen. Auch wenn die Aussagen A und B immer mal wieder gemacht werden, sind sie so ungenau, daß man sie so nicht als richtige Aussagen nehmen kann; man müßte z.B. die Begriffe „Bochumer" und

"Westfale" genau fassen. Wir werden im Hauptteil eine *Axiomatik* betreiben: Wir stellen an die Spitze ein System von Aussagen, die als wahr vorausgesetzt werden, sogenannte *Axiome*, und schließen aus ihnen andere Aussagen. Ein solches Axiomensystem ist zulässig, wenn aus ihm keine Widersprüche hergeleitet werden können; dieses läßt sich aber i.a. gar nicht „beweisen", sondern ist eine Erfahrungssache oder Meinung. Auch ohne Axiomatik wollen wir nun einige Schlußweisen beschreiben und illustrieren.

2.2.1 Prinzip der vollständigen Induktion *Zu $n \in \mathbb{N}^* := \mathbb{N} - \{0\}$ gebe es eine Aussage A_n. Wir setzen voraus:*

(a) *Induktionsanfang: A_1 ist richtig.*

(b) *Induktionsschritt: Gilt die Aussage A_n, so auch die Aussage A_{n+1}. d.h. $A_n \implies A_{n+1} \; \forall n \in \mathbb{N}^*$.*

Dann sind alle Aussagen $A_n, n \in \mathbb{N}^*$, richtig.

2.2.2 Beispiele (a) $1 + 2 + \ldots + n = \sum_{k=1}^{n} k = \frac{n(n+1)}{2}$. Diese Formel läßt sich natürlich einfach ohne Induktion beweisen, wie es der junge Gauß getan hat. Hier schauen wir uns einen Induktionsschluß an: Die Aussage A_n sei die obige Formel, $n = 1, 2, \ldots$. Dann lautet A_1: $1 = \frac{1(1+1)}{2}$, was offenbar stimmt. Nun gelte A_n, d.h. $\sum_{k=1}^{n} k = \frac{n(n+1)}{2}$, und wir wollen A_{n+1} bestätigen. Das ergibt sich so:

$$\sum_{k=1}^{n+1} k = \sum_{k=1}^{n} k + (n+1) \stackrel{(*)}{=} \frac{n(n+1)}{2} + (n+1) = \frac{(n+2)(n+1)}{2},$$

wobei die Gleichung $(*)$ aus A_n folgt. Also ist

$$\sum_{k=1}^{n+1} k = \frac{(n+1)(n+2)}{2};$$

das ist aber gerade die Aussage A_{n+1}.

Da A_1 richtig ist und $A_n \implies A_{n+1} \forall n \in \mathbb{N}_*$, gilt A_n für alle $n \in \mathbb{N}_*$.

(b) $\left(\sum_{k=1}^{n} k\right)^2 = \sum_{k=1}^{n} k^3$ sei die Aussage B_n. Für $n = 1$ haben wir $1^2 = 1^3$,

2.2 Vollständige Induktion, Widerspruchsbeweis und einige Anwendungen

was stimmt; B_1 ist also richtig. Nun gelte B_n, und wir wollen B_{n+1} erschließen:

$$\left(\sum_{k=1}^{n+1} k\right)^2 = \left(\sum_{k=1}^{n} k + (n+1)\right)^2$$

$$= \left(\sum_{k=1}^{n} k\right)^2 + 2\left(\sum_{k=1}^{n} k\right)(n+1) + (n+1)^2$$

$$\stackrel{(+)}{=} \sum_{k=1}^{n} k^3 + 2\frac{n(n+1)}{2}(n+1) + (n+1)^2$$

$$= \sum_{k=1}^{n} k^3 + (n+1)^3,$$

wobei die Gleichung (+) sich aus der Induktionsvoraussetzung B_n und der schon als richtig nachgewiesenen Formel A_{n+1} von 2.2.2 (a) ergibt; also ist auch B_{n+1} richtig. Deshalb ist B_n für alle $n \in \mathbb{N}^*$ richtig.

2.2.3 Induktive Definitionen Das Induktionsprinzip läßt sich auch benutzen, um Größen D_n zu definieren, indem zum einen das D_1 und ferner D_{n+1} mittels D_n definiert wird. Z.B. wird n-*Fakultät* $n!$ wie folgt definiert:

$$0! = 1, \quad (n+1)! = n! \cdot (n+1).$$

Eine andere Fassung des Induktionsprinzips ist indirekt, nämlich „die Suche nach dem kleinsten Verbrecher". Gegeben seien Aussagen A_n, $n \in \mathbb{N}$. Falls nicht alle A_n richtig sind, so gibt es ein kleinstes $n \in \mathbb{N}$, für das A_n falsch ist, d.h. für $k \in \mathbb{N}$, $k < n$ ist A_k richtig, aber A_n ist falsch. Anders gefaßt:

2.2.4 Satz *Jede nicht-leere Teilmenge M der natürlichen Zahlen besitzt ein kleinstes Element.*

B e w e i s   Für $n \in \mathbb{N}$ sei B_n die folgende Aussage: *Liegt in M eine natürliche Zahl $m \leq n$, so besitzt M ein kleinstes Element*. Durch Induktion beweisen wir die Aussage B_n, woraus dann wegen $M \neq \emptyset$ die Behauptung folgt.

Klar ist, daß B_0 gilt, da dann $m = 0$ ist, 0 das kleinste Element in $\mathbb{N}$ und, wegen $M \subset \mathbb{N}$, auch von M ist. Nun gelte B_n, und wir wollen B_{n+1} erschließen. Enthält M keine Zahl $m \leq n+1$, so ist nichts zu zeigen. Nun gebe es ein $m \in M$, $m \leq n + 1$. Liegt in M sogar ein Element $m \leq n$, so nach Induktionsannahme auch ein kleinstes. Andernfalls enthält M kein Element $\leq m$, aber mindestens eines $\leq m+1$; also enthält M die Zahl $m+1$, und dieses ist das kleinste Element von M. □

Häufig wird auch die folgende Form der vollständigen Induktion benutzt:

2.2.5 Satz *Vorausgesetzt wird, daß die Aussage A_0 gilt und daß A_{n+1} für $n \geq 0$ richtig ist, falls alle Aussagen A_k, $0 \leq k \leq n$, gelten. Als Folge erhält man, daß dann alle Aussagen A_m gelten.*

B e w e i s   Dieses komplizierter aussehende Prinzip läßt sich auf das anfängliche zurückführen. Dazu betrachten wir die Menge $M = \{n \in \mathbb{N}: A_n \text{ ist falsch}\}$. Sie hat ein kleinstes Element $n_0 \geq 0$. Nach Annahme ist $0 \notin M$, also $n_0 > 0$. Dann gilt $n_0 - 1 \in \mathbb{N}$ und für $k \leq n_0 - 1$ ist $k \notin M$, d.h. A_k gilt. Deshalb nach Annahme auch A_{n_0}; Widerspruch. □

Nun noch einen Induktionsschluß. Dazu eine

2.2.6 Definition Eine Abbildung $f: X \to Y$ heißt
— *injektiv*, wenn aus $f(x) = f(x')$, $x, x' \in X$, folgt, daß $x = x'$ ist;
— *surjektiv*, wenn für jedes $y \in Y$ ein $x \in X$ existiert mit $y = f(x)$;
— *bijektiv*, wenn sie in- und surjektiv ist.
Eine bijektive Abbildung $f: X \to X$ heißt auch *Permutation* von X.

2.2.7 Satz *Für $n \geq 1$ gibt es $n!$ Permutationen der Menge $\{1, 2, \ldots, n\}$.*

B e w e i s   Dieses gilt offenbar für $n = 1$. Nun gelte die Aussage für n. Betrachten wir die Permutationen von $\{1, 2, \ldots, n, n+1\}$, so kann die letzte Zahl $n+1$ auf $n+1$ verschiedene Elemente abgebildet werden. Zu jedem dieser Fälle werden die Zahlen $\{1, \ldots, n\}$ auf die übrigen n Zahlen von $\{1, \ldots, n, n+1\}$ abgebildet, d.h. für jede Wahl des Bildes von $n+1$ gibt es $n!$ verschiedene bijektive Abbildungen von $\{1, \ldots, n\}$ nach $\{1, \ldots, n, n+1\}$ ohne das Bild von $n+1$. Die Zahl der Abbildungen von $\{1, \ldots, n, n+1\}$ auf sich ist also $n! \cdot (n+1) = (n+1)!$. □

Das Prinzip der vollständigen Induktion verwenden wir in vielerlei abgewandelten Formen. Zum einen werden wir häufig eine andere Zahl als die 1 als Induktionsanfang nehmen oder auch statt von n auf $n+1$ von $n-1$ auf n schließen. Oftmals werden wir es gar nicht mit unendlich vielen Aussagen A_n zu tun haben, sondern nur mit endlich vielen. Ferner werden vollständige Induktionen auch ineinander verschachtelt.

Wir wollen nun mit vollständiger Induktion beweisen, daß die Studenten eines Hörsaals entweder alle weiblich oder alle männlich sind. Das ist klar, wenn

2.2 Vollständige Induktion, Widerspruchsbeweis und einige Anwendungen 35

im Hörsaal nur ein Student ist. Nun gelte die Aussage stets, wenn höchstens $n \geq 1$ Studenten im Hörsaal sind. Behandeln wir nun den Fall, in dem $n+1$ Studenten im Hörsaal sind. Ein studentisches Wesen verläßt mal kurz den Hörsaal. Nach Induktionsannahme sind dann alle Studenten weiblich oder alle männlich. Nehmen wir den ersten Fall an. Nach der Rückkehr des herausgegangenen Wesens ergibt es sich, daß jemand anderes (also eine sie) herausgeht. Nun bleiben wieder nur weibliche oder männliche zurück, nach Annahme also nur weibliche. Somit sind alle $n + 1$ von gleichem Geschlecht, was zu beweisen war. (Wo ist der Fehlschluß?)

Fehlschlüsse entstehen so manches Mal, wenn man einen für alle bis auf wenige Ausnahmen von $n \in \mathbb{N}^*$ richtigen Schluß benutzt! Wir wollen nun noch zwei richtige Induktionsschlüsse durchführen und dabei die gesellschaftliche Relevanz der reinen Mathematik herausstellen, allerdings in einer wohl postmodernen Form.

2.2.8 Das Heiratsproblem In einem Dorf mitten in der Wüste gibt es 67 Jungfrauen und 67 Jungmänner in heiratsfähigem Alter. Die Dorfälteste[1] will sich des Problems annehmen und die jungen Damen und Herren miteinander verheiraten, wobei nur bipolare Ehen erlaubt sind. Ferner soll jede Jungfrau nur mit einem Jungmann verheiratet werden, den sie auch kennt, wobei Kennen auf Gegenseitigkeit beruht. Zum Glück stellt sich heraus, daß jeweils k junge Damen auch mindestens k der Buben kennen. Dann, so erklärt die Dorfälteste, können die Paare festgelegt werden, und nach einem glänzenden Dorffest laufen alle in den Hafen der glücklichen Ehe ein.

Wir wollen uns nun überlegen, daß die Dorfälteste das Problem wirklich lösen konnte, und zwar durch vollständige Induktion nach der Anzahl der Jungfrauen. Der Induktionsanfang $n = 1$ ist klar. Nun gelte die Aussage für alle $k < n$, und wir wollen sie für n zeigen. Kennen für jedes $k < n$ je k Mädchen $k + 1$ Buben, so verheiraten wir eine der Damen mit irgendeinem ihrer Bekannten. Danach haben wir es nur noch mit $n - 1$ Jungfrauen bzw. Jungmännern zu tun, und es kennen je k Mädchen mindestens $(k + 1) - 1 = k$ der verbleibenden Jungen. Also lassen sie sich nach Induktionsannahme auch verheiraten.

Bleibt also der Fall, daß es k Jungfrauen gibt, $k < n$, die genau k Jungmänner kennen. Bei den verbleibenden $n - k$ Jungfrauen ist es wieder so, daß je l von ihnen auch mindestens l von den verbleibenden Jungmänner kennen; andernfalls wären $k + l$ Jungfrauen mit weniger als $k + l$ Jungmännern bekannt. Nach Induktionsannahme lassen sich die k anfänglich herausgepickten girls mit ihren Bekannten vermählen und die restlichen $(n - k)$ Jungfrauen mit den übriggebliebenen boys.

Das vervollständigt das allgemeine Glück.

---

[1] Vor ca. 10 Jahren war noch *der* Dorfälteste die Respektsperson.

2.2.9 Problem der untreuen Ehemänner Leider weist die Geschichte des Dorfes bald eine große Dramatik auf; denn ein Jahr nach der unbeschwerten Feier läßt die Dorfälteste wieder das Dorf versammeln und muß nun die unerfreuliche Feststellung machen, daß es untreue Ehemänner gibt. In dem Dorf hat jede Ehefrau, die von der Untreue ihres Ehemannes weiß, das Recht, ihn zu vergiften, muß allerdings den Leichnam am nächsten Morgen auf die Straße werfen. Wie es nun so ist, jede Frau weiß über die Treue bzw. Untreue aller anderen Männer Bescheid, ausgenommen ist jedoch ihr eigener, über den sie nichts weiß. Nach der ersten Nacht ... nichts auf der Straße. Nach der zweiten ... keiner ... Nach der 10. Nacht kein Leichnam, ... Nach der 13. Nacht ... liegen 13 Leichname da! Und zur allgemeinen Verwunderung, die Strafe war in allen Fällen berechtigt, aber auch nur in diesen!

Dieses gilt es nun zu ergründen. Stellen wir erst einmal eine behandelbare Behauptung auf. Auch wenn 13 uns besonders erscheint, daran kann's nicht liegen. Also versuchen wir, uns heranzutasten. Angenommen, es gäbe nur einen untreuen Ehemann. Seine Frau würde dann von allen anderen Männern wissen, daß sie treu sind. Aber nach Aussage der Dorfältesten gibt es Untreue; also her mit dem Gift. Angenommen, es gäbe 2 untreue Ehemänner, die von den Damen Alpha und Beta. Dann weiß Alpha unter den anderen Ehemännern nur von Beta's, daß er untreu ist. Da Beta aber ihren untreuen Mann nicht nach der ersten Nacht umgebracht hat, muß sie mindestens einen untreuen Ehemann kennen, es muß also der von Alpha sein. Genauso schließt Beta, und so liegen die beiden Übeltäter nach der zweiten Nacht auf der Straße.

Nun läßt sich hieraus ein sauberer Induktionsschluß machen. Sei A_n die folgende Aussage: Wenn es n untreue Ehemänner gibt, liegen sie nach der n-ten Nacht vergiftet auf der Straße. Wie oben gesehen, ist A_1 richtig. Nun gelte A_n. Gibt es $n+1$ untreue Ehemänner, so kennt jede der betrogenen Frauen n untreue Ehemänner. Wenn das alle wären, würde das nach der n-ten Nacht auf der Straße dargelegt. Also weiß nach dem $n+1$-ten Tag jede dieser Frauen über ihren Ehemann Bescheid und kann ...

Kehren wir zur reinen Mathematik zurück! Gegeben seien zwei natürliche Zahlen m, n mit $m \geq n > 0$; wir suchen ihren größten gemeinsamen Teiler $\mathrm{ggT}(m, n)$, d.h. gesucht wird eine natürliche Zahl d, so daß (i) $d|m$, $d|n$ und (ii) teilt $k \in \mathbb{N}$ sowohl m wie auch n, so teilt k auch d. Setze $m' = m - n$. Dann ist jeder Teiler von m und n auch einer von m', aber auch jeder Teiler von m' und n ein solcher von m. Deshalb gilt

$$\mathrm{ggT}(m, n) = \mathrm{ggT}(m', n'), \ m' = m - n.$$

Jetzt haben wir die Suche des größten gemeinsamen Teilers auf einen einfacheren Fall zurückgeführt, sofern nicht $m' = 0$ ist. In diesem Fall aber wäre $m = n$ und $\mathrm{ggT}(m, n) = m$.

2.2 Vollständige Induktion, Widerspruchsbeweis und einige Anwendungen   37

Diese Überlegung legt den Weg nahe, zum größten gemeinsamen Teiler zu gelangen. Um schneller dorthin zu kommen, teilen wir m durch n mit Rest und setzen $m = an + m'$ mit $0 \leq m' < n$, $a \in \mathbb{N}$. Z.B. sei $n_0 = 5725$, $n_1 = 135$. Dann folgt durch iterative Division mit Rest:

$$5725 = 42 \cdot 135 + 55,$$
$$135 = 2 \cdot 55 + 25,$$
$$55 = 2 \cdot 25 + 5,$$
$$25 = 5 \cdot 5 + 0;$$

also

$$\operatorname{ggT}(5725, 135) = \operatorname{ggT}(135, 55) = \operatorname{ggT}(55, 25) = \operatorname{ggT}(25, 5) = 5.$$

Ein Verfahren wie das oben beschriebene, aus vorgegebenen Daten in einer endlichen Zahl von festgelegten Schritten eine Frage zu beantworten, nennt man einen *Algorithmus*. Aus dem oben beschriebenen Verfahren erhalten wir

2.2.10 Euklidischer Algorithmus *Seien $n_0 \geq n_1 > 0$ zwei natürliche Zahlen.*
(a) *Dann gibt es Zahlen $n_2, \ldots, n_{k+1}$, so daß*

(j) $\qquad n_j = a_j n_{j+1} + n_{j+2}, \quad 0 \leq n_{j+1} < n_{j+1},$
$\qquad j = 0, 1, \ldots, k-1 \quad \text{und } n_{k+1} = 0.$

(b) $n_k = \operatorname{ggT}(n_0, n_1)$.

B e w e i s   Wir führen den Beweis von (a) durch Induktion und zwar sei die Aussage (A_n), daß die Behauptung stimmt für jede natürliche Zahl $n_0 \leq n$. Ist $n_0 = 1$, so ist $n_1 = 1$ und es gilt

$$n_0 = 1 \cdot n_1 + 0,$$

d.h., das gesuchte k ist 1 und die Aussage (A_1) ist richtig. Nun gelte (A_{n_0-1}). Dann teilen wir n_0 wieder mit Rest:

$$n_0 = a_0 \cdot n_1 + n_2, \quad 0 \leq n_2 < n_1.$$

Ist $n_2 = 0$, so stimmt die Behauptung (mit $k = 1$). Sonst ist $n_1 < n_0$ und die Aussage (A_{n_1}) ist Teilaussage von (A_{n_0-1}), also nach Induktionsannahme richtig, und wir können die Aussage für das Paar (n_1, n_2) übernehmen und finden die gewünschte Sequenz $n_1, n_2, n_3, \ldots, n_k, n_{k+1} = 0$. Deshalb ist (A_{n_0}) in Ordnung.

(b): Aus der Gleichung (j) für n_j ergibt sich

$$\gcd(n_j, n_{j+1}) = \gcd(n_{j+1}, n_{j+2})$$

und daraus durch Induktion nach j, $0 \leq j < k$:

$$\gcd(n_0, n_1) = \gcd(n_k, n_{k+1}) = \gcd(n_k, 0) = n_k. \qquad \square$$

Stellen wir noch einmal die grundlegenden Eigenschaften eines Algorithmus heraus:
(i) Jeder Schritt ist genau vorgeschrieben.
(ii) Nach endlich vielen Schritten gelangt man zum Ziel.
Es ist also sicher, daß die Aufgabe mit den gewählten Methoden zu einem Ende kommt. Natürlich wird ein „möglichst schnelles" Verfahren gesucht, etwa wird die Zahl der Schritte oder die Rechenzeit gehalten. Der euklidische Algorithmus ist recht schnell.

Kehren wir die Gleichungen (j), $0 \leq j < k-1$, um, so entstehen Gleichungen

$$n_{j+2} = n_j - a_j n_{j+1},$$

und durch iteriertes Einsetzen ergibt sich

$$n_k = A n_0 + B n_1 \quad \text{mit } A, B \in \mathbb{Z}.$$

Für das obige Beispiel erhalten wir:

$$\begin{aligned}
\gcd(5725, 135) &= 5 = 55 - 2 \cdot 25 \\
&= 55 - 2(135 - 2 \cdot 55) = 5 \cdot 55 - 2 \cdot 135 \\
&= 5 \cdot (5725 - 42 \cdot 135) - 2 \cdot 135 \\
&= 5 \cdot 5725 - 212 \cdot 135,
\end{aligned}$$

d.h. hier ist $A = 5, B = -212$. Durch den obigen Schluß erhalten wir das folgende wichtige Resultat:

2.2.11 Lemma von Bezout

(a) *Sind m, n natürliche Zahlen $m \geq n$, so gibt es natürliche Zahlen a, b, so daß*

$$\gcd(m, n) = am - bn, \quad 1 \leq a < n, \ 0 \leq b < m \quad \text{oder } a = 0, b = -1.$$

2.2 Vollständige Induktion, Widerspruchsbeweis und einige Anwendungen

(b) *Die Zahlen m und n sind genau dann teilerfremd, wenn es Zahlen a, b gibt mit $1 = am - bn$. Erfüllen a', b' dieselbe Gleichung, so gilt*

$$a' = a + j \cdot n, \quad b' = b + jm.$$

Insbesondere folgt, daß sich a so wählen läßt, daß $0 \leq a < n$. Dann gilt auch $0 \leq b < m$, und das Paar (a, b) ist eindeutig bestimmt.

B e w e i s (a) Aus dem euklidischen Algorithmus 2.2.10 erhalten wir, wie oben gezeigt, eine Gleichung

$$Am + Bn = \mathrm{ggT}(m, n).$$

Wir wählen ein $l \in \mathbb{Z}$, so daß $a = A + ln \geq 0$, aber $A + (l-1)n < 0$ ist, und setzen $b = -B + lm$. Dann gilt:

$$am - bn = \mathrm{ggT}(m, n), \quad a - n < 0 \leq a, \quad \text{also } 0 \leq a < n.$$

Ferner ist $0 < \mathrm{ggT}(m, n) \leq m$. Deshalb ist $b > 0$, falls $a > 0$. Für $a = 0$ folgt $b < 0$ und aus $0 < \mathrm{ggT}(m, n) \leq n$ sogar $b = -1$. Nun sei $a \neq 0$. Wäre $b \geq m$, so ergäbe sich der Widerspruch

$$0 < \mathrm{ggT}(m, n) = am - bn < nm - mn = 0.$$

(b) Sind m und n teilerfremd, so ergibt (a) eine Gleichung $1 = am - bn$. Gilt eine solche Gleichung, so teilt jeder gemeinsame Teiler von m und n auch $am - bn$, also 1; d.h. er ist gleich 1 oder -1. Für eine zweite Lösung a', b' erhalten wir

$$am - bn = 1 = a'm - b'n \iff (a - a')m = (b - b')n.$$

Da m und n teilerfremd sind, ergibt $n|(a - a')$, d.h. $a - a' = xn$. Deshalb ist $(b - b')n = xnm$, also $b - b' = xm$. □

Wie anfangs gesagt, werden bei logischen Schlüssen aus richtigen Aussagen weitere richtige Aussagen gewonnen. Oftmals aber wird ein solcher Beweis „andersherum" geführt.

2.2.12 Widerspruchsbeweis Um die Aussage A zu beweisen, nehmen wir an, daß A nicht wahr ist, und gewinnen daraus einen Widerspruch. Also ist die Aussage A doch richtig.

Ein schönes Beispiel stellt der Beweis der folgenden Aussage dar:

2.2.13 *$\sqrt{2}$ ist irrational, d.h. keine rationale Zahl.*

Beweis Angenommen, $\sqrt{2}$ ist rational. Dann besitzt $\sqrt{2}$ eine Darstellung

$$\sqrt{2} = \frac{m}{n}, \ m,n \in \mathbb{N}, \mathrm{ggT}(m,n) = 1.$$

Durch Quadrieren folgt $2 = \frac{m^2}{n^2}$, also $2n^2 = m^2$. Deshalb teilt 2 das m^2 und, da 2 eine Primzahl ist, sogar das m, d.h. $m = 2m'$. Hieraus folgt

$$2n^2 = 4m'^2 \implies n^2 = 2m'^2.$$

Wie eben folgt: $2|n$, d.h. 2 ist ein gemeinsamer Teiler von m und n, im Widerspruch zu $\mathrm{ggT}(m,n) = 1$. Also ist die Annahme „$\sqrt{2}$ ist rational" falsch. □

Über die Zulässigkeit dieser Beweismethode gibt es geteilte Meinungen, etwas, was auf dem Niveau dieses Textes nicht weiter verständlich gemacht werden kann, sondern erst, wenn Grundlagen der Mathematik oder Logik untersucht werden.

Zum Abschluß noch zwei Bemerkungen zu den Beweismethoden. Das Grundprinzip eines Beweises ist es, eine Aussage aus anderen „richtigen" zu gewinnen oder auch auf andere Aussagen zurückzuführen, die schon als richtig nachgewiesen sind. (So hatten wir z.B. schon in der Formel 2.2.2 (b) auf die Formel in 2.2.2 (a) zurückgeführt.) Dieses „Zurückführen" bitte nicht übertreiben und Aussagen nicht durch eigentlich komplizierte begründen, deren Beweis nur schon vorgelegen hat. (Eierkochen einer Hausfrau (H), eines Physikers (P) und eines Mathematikers (M): H nimmt das Ei aus dem Kühlschrank, und kocht es. P hat keine Eier im Kühlschrank, sondern lagert sie im Keller; er geht in den Keller, holt das Ei und kocht es. M nimmt das Ei vom Küchentisch, bringt es in den Keller, kehrt in die Küche zurück und hat damit den Fall auf den vorigen zurückgeführt.)

Natürlich lassen sich Aussagen nur aus richtigen erschließen. Wird dabei irgendwo eine falsche Aussage benutzt, so läßt sich formal richtig vielerlei Unsinn erschließen. Z.B. ist die Aussage „Wenn der Mond aus grünem Käse wäre, so wäre ich eine Steffi Graf" formal richtig; um einzusehen, daß es Unsinn ist, brauchen Sie mein Tennis gar nicht zu sehen.

Aufgaben

2.2.A1 Binomial-Koeffizienten sind folgendermaßen definiert: $\binom{n}{k}$ gibt die Anzahl der verschiedenen k-elementigen Teilmengen einer n-elementigen Menge an. Dabei gilt:

$$\binom{n}{k} = \frac{n!}{k! \cdot (n-k)!}.$$

2.2 Vollständige Induktion, Widerspruchsbeweis und einige Anwendungen

(a) Zeigen Sie:
$$\binom{n}{k} + \binom{n}{k+1} = \binom{n+1}{k+1}.$$

(b) Zeigen Sie durch vollständige Induktion:
$$(a+b)^n = \sum_{k=0}^{n} \binom{n}{k} a^k b^{n-k}.$$

2.2.A2 Zeigen Sie:

(a) $\quad \sum_{i=1}^{n} i^3 = \dfrac{n^2 \cdot (n+1)^2}{4}, \quad \forall n,$

(b) $\quad \prod_{i=1}^{n-1} \left(1 + \dfrac{1}{i}\right)^i = \dfrac{n^n}{n!}, \quad \forall n \geq 2.$

2.2.A3 Es seien n Briefe und n Umschläge an verschiedene Personen geschrieben worden. Wie viele Möglichkeiten gibt es, die Briefe so in die Umschläge zu tun, daß kein Brief im richtigen Umschlag ist?

2.2.A4 Gegeben seien n Städte. Der Bürgermeister einer jeden Stadt schreibt dem Bürgermeister der entfernungsmäßig nächsten Stadt einen Brief. Dabei sei die nächste Stadt immer eindeutig bestimmt. Zeigen Sie:
(a) Kein Bürgermeister erhält mehr als 5 Briefe.
(b) Ist n ungerade, so erhält mindestens ein Bürgermeister keinen Brief.

2.2.A5 Bestimmen Sie den größten gemeinsamen Teiler $d > 0$ von 700 und 128 und finden Sie alle ganzzahligen Lösungen x, y von $700x - 128y = \text{ggT}(700, 128)$ mit $0 \leq x < 128, 0 \leq y < 700$.

2.2.A6 Seien $n_1, n_2, \ldots, n_k$, $k \geq 2$, ganze Zahlen und $d = \text{ggT}(n_1, n_2, \ldots, n_k)$. Dann gibt es ganze Zahlen $x_1, x_2, \ldots, x_n$, so daß $x_1 n_1 + x_2 n_2 + \ldots + x_k n_k = d$.

2.2.A7 Sind m, n zwei natürliche Zahlen und ist $d = \text{ggT}(m, n)$, dann gibt es natürliche Zahlen $a > b$ mit
$$ma - nb = d, \quad 0 \leq a < \frac{n}{d}, \quad -1 \leq b < \frac{m}{d}.$$

Ferner ergeben die Paare $(a + k \cdot \frac{n}{d}, b + k \cdot \frac{m}{d})$, $0 \leq k < d$, alle Lösungen (x, y) von
$$mx - ny = d, \quad 0 \leq x < n, -1 \leq y < m.$$

2.2.A8

(a) Ist n eine natürliche Zahl und $\sqrt{n}$ (positive Wurzel) rational, so ist $\sqrt{n} \in \mathbb{N}$.
(b) Zeigen Sie $\sqrt{2} + \sqrt{3}$ ist irrational.

2.3 Über transfinite Induktion und das Zornsche Lemma

Der folgende Abschnitt ist für das Verständnis des Textes nicht erforderlich; die im Titel genannten Hilfsmittel werden nur an wenigen Stellen angewandt, um mittels vollständiger Induktion gewonnene Ergebnisse auch auf Systeme von überabzählbar vielen Aussagen zu übertragen.

Eine Menge heißt *abzählbar*, wenn sie sich durch natürliche Zahlen durchnumerieren läßt. Bekanntlich bilden z.B. die rationalen Zahlen eine abzählbare Menge, die reellen Zahlen dagegen nicht. So treten an verschiedenen Stellen in der Mathematik überabzählbare, d.h. nicht abzählbare, Mengen auf, und dabei entsteht das Problem, die Elemente dieser Mengen auch in irgendeiner Form durchzuzählen. Dieses wird genauer gefaßt mit den folgenden Begriffen:

2.3.1 Definition

(a) Zwei Mengen A, B heißen *gleichmächtig*, wenn es eine Bijektion von A nach B gibt. Es gibt Mengen, *Kardinalzahlen* genannt, so daß jede Menge A zu genau einer Kardinalzahl gleichmächtig ist; die Kardinalzahl von A bezeichnen wir mit $|A|$. (Üblich ist auch die Bezeichnung $card(A)$.)

(b) Ist A endlich und enthält n Elemente, so nehmen wir die Menge $\{1, 2, \ldots, n\} \subset \mathbb{N}$ als Kardinalzahl. Der Einfachheit halber nennen wir n die Kardinalzahl von A und schreiben $|A| = n$; die Kardinalzahl verallgemeinert so den Begriff der „Anzahl".

(c) Gibt es eine injektive Abbildung $f: A \to B$, so schreiben wir $|A| \leq |B|$; gibt es zudem keine injektive Abbildung $g: B \to A$ so schreiben wir $|A| < |B|$. Eine Menge A heißt (höchstens) *abzählbar*, falls $|A| \leq |\mathbb{N}|$ ist. Eine nicht abzählbare Menge heißt *überabzählbar*.

Zwei endliche Mengen sind genau dann gleichmächtig, wenn sie die gleiche Zahl von Elementen haben. Die Mengen der ganzen Zahlen $\mathbb{Z}$, der geraden Zahlen $2\mathbb{Z}$, der rationalen Zahlen $\mathbb{Q}$ sind unendlich und abzählbar und damit auch gleichmächtig. Dasselbe gilt für das Produkt zweier abzählbarer Mengen, von denen mindestens eine unendlich ist. Sind A_i, $i = 1, 2, \ldots$, abzählbare Mengen, von denen jede mindestens zwei Elemente enthält, so ist das Produkt $\prod_{i=1}^{\infty} A_i$ unendlich und auch abzählbar, also gleichmächtig zu $\mathbb{N}$. Dieses wollen wir nur

2.3 Über transfinite Induktion und das Zornsche Lemma

für den letzteren Fall klarmachen, wobei wir annehmen wollen, daß jedes A_i abzählbar unendlich viele Elemente enthält: $A_i = \{a_{i,j} : j \in \mathbb{N}^*\}$. Dann werden die Elemente von $\prod_{i=1}^{\infty} A_i$ im *Cantorschen Diagonal-Verfahren* aufgezählt, indem man von $a_{1,1}$ nach $a_{1,2}$, $a_{2,1}$, und von dort nach $a_{3,1}$, $a_{2,2}$, $a_{1,3}$ und weiter nach $a_{4,1}$, $a_{3,2}$, $a_{2,3}$, $a_{1,4}$ usw. geht, vgl. Abb. 2.3.1. (Leiten Sie die vollständige Durchnumerierung mittels Induktion her!) Die kleinste unendliche Kardinalzahl ist gleich $|\mathbb{N}|$.

Die reellen Zahlen $\mathbb{R}$ sind überabzählbar, ebenfalls das System aller Teilmengen von $\mathbb{N}$, d.h. die Potenzmenge $\mathcal{P}(\mathbb{N})$ (zur genauen Definition siehe 2.3.3 (b)). Allgemein gilt für eine beliebige nicht-leere Menge, daß $|A| < |\mathcal{P}(A)|$ ist.

2.3.2 Definition Sei A eine Menge und $\leq$ eine Relation auf A, welche reflexiv und transitiv (vgl. 2.1.15), aber *antisymmetrisch* ist, d.h. die Bedingung

$$a \leq b, \ b \leq a, \ a, b \in A \implies a = b$$

erfüllt. Dann heißt $\leq$ eine *Ordnung auf A*. Die Menge heißt *linear geordnet*, wenn für $a, b \in A$ eine (und nur eine) der beiden Beziehungen $a \leq b$ und $b \leq a$ gilt.

Ist $(A, \leq)$ eine geordnete Menge, so lassen sich die folgenden Begriffe einführen:

(a) $a_0 \in A$ heißt *kleinstes* (oder *minimales*) bzw. *größtes (oder maximales) Element* von A, wenn $a_0 \leq a$ bzw. $a \leq a_0$ für alle $a \in A$ gilt.

(b) Ist $B \subset A$ so heißt $a_0 \in A$ eine *untere* bzw. *obere Schranke von B*, wenn $a_0 \leq b$ bzw. $b \leq a_0$ gilt für alle $b \in B$.

(c) Ein Element $\inf B \in A$ heißt *Infimum von B*, wenn $\inf B$ eine untere Schranke ist und für jede untere Schranke $a_0 \in A$ von B gilt: $a_0 \leq \inf B$. Analog heißt $\sup B \in A$ *Supremum von A*, wenn $\sup B \leq a_1$ für jede obere Schranke $a_1 \in A$ von B gilt. Liegt $\inf B$ oder $\sup B$ in B, so heißt es *Minimum* bzw. *Maximum* von B und wird mit $\min B$ bzw. $\max B$ bezeichnet.

(d) Eine geordnete Menge $(A, \leq)$ heißt *wohlgeordnet*, wenn jede nicht leere Teilmenge von A ein kleinstes Element besitzt; dann heißt $\leq$ eine *Wohlordnung*. Offenbar ist jede wohlgeordnete Menge linear geordnet.

(e) Eine geordnete Menge $(A, \leq)$ heißt *induktiv geordnet*, wenn jede linear geordnete Teilmenge von A eine obere Schranke besitzt.

2.3.3 Beispiel

(a) Die natürlichen, rationalen und reellen Zahlen besitzen je eine Ordnung, und diese ist offenbar linear. Betrachten wir diese in $\mathbb{Q}$! Die Menge $\{r \in \mathbb{Q} :$

$r^2 \leq 2\}$ hat untere und obere Schranken in $\mathbb{Q}$, aber weder ein Infimum noch ein Supremum in $\mathbb{Q}$; in $\mathbb{R}$ dagegen schon, nämlich $-\sqrt{2}$ und $\sqrt{2}$. Es ist

$$\sqrt{2} = \max\{x \in \mathbb{R} : x^2 \leq 2\} = \sup\{x \in \mathbb{R} : x^2 < 2\};$$

die letzte Menge besitzt aber kein Maximum.

Diese Ordnung ist eine Wohlordnung in $\mathbb{N}$, siehe 2.2.4, aber nicht in $\mathbb{Q}$ und $\mathbb{R}$.

(b) Ist X eine Menge, so wird das System der Teilmengen von X *Potenzmenge von X* genannt und mit $\mathcal{P}(X)$ bezeichnet; zu diesen Teilmengen gehören immer die vorgegebene Menge X und die leere Menge $\emptyset$. Die Enthaltensein-Beziehung $\subset$ definiert auf $\mathcal{P}(X)$ eine Ordnung. Dafür gilt $X = \max \mathcal{P}(X)$ und $\emptyset = \min \mathcal{P}(X)$. Ist speziell $X = \mathbb{R}$ und $\mathcal{A} = \{[0, \frac{1}{n}], [0, 1 - \frac{1}{n}] : n \in \mathbb{N}^*\} \subset \mathcal{P}(\mathbb{R})$, so ist $\inf \mathcal{A} = \{0\}$ und $\sup \mathcal{A} = [0,1]$, aber diese beiden Mengen liegen nicht in $\mathcal{A}$, welches somit weder Minimum noch Maximum besitzt.

Ist $\mathcal{Q}$ eine linear geordnete Teilmenge von $\mathcal{P}(X)$, so ist $S := \bigcup_{A \in \mathcal{Q}} A$ eine Teilmenge von $\mathcal{P}(X)$ und eine obere Schranke von $\mathcal{Q}$. Deshalb ist $(\mathcal{P}(X), \subset)$ induktiv geordnet.

Die Beweismethode der vollständigen Induktion läßt sich auf überabzählbar viele Aussagen verallgemeinern zu einer sogenannten *transfiniten Induktion*. Dieses Induktionsprinzip werden wir - an wenigen Stellen der Vollständigkeit halber - in der folgenden abgewandelten Form benutzen:

2.3.4 Lemma (von Zorn) *Jede induktiv geordnete Menge besitzt ein maximales Element.*

Die Aussage des Zornschen Lemmas legen wir den Schlüssen als ein Axiom zugrunde. Daß wir es so machen müssen, liegt daran, daß sich die vollständige Induktion mit Hilfe des Zornschen Lemmas begründen läßt:

Es seien Aussagen A_n, $n \in \mathbb{N}$, gegeben, von denen A_0 richtig ist. Es bestehe $\mathcal{B}$ aus den Teilmengen $\mathbb{N}$ der Form $B_k := \{i \in \mathbb{N} : 0 \leq i \leq k\}$, für die A_j richtig ist für alle $j \in B_k$. Ferner gehöre $\mathbb{N}$ zu $\mathcal{B}$, wenn A_j für alle $j \in \mathbb{N}$ richtig ist. Den Schluß von 2.3.3 (b) können wir hier ebenfalls anwenden und sehen, daß $\mathcal{B}$ induktiv geordnet ist. Deshalb gibt es ein maximales Element $M \in \mathcal{B}$. Da $\{0\} \in \mathcal{B}$, ist $M \neq \emptyset$. Nun sind zwei Fälle möglich: $M = \mathbb{N}$ oder $M = B_k$ für ein $k \in \mathbb{N}$. Im zweiten Fall gelten also die Aussagen $A_0, A_1, \ldots, A_k$, aber A_{k+1} gilt nicht mehr, ist also der „kleinste Verbrecher", vgl. 2.2.4. Hier sehen wir, daß das Zornsche Lemma die vollständige Induktion impliziert.

3 Gruppen und Körper

In diesem Kapitel werden Grundbegriffe für einen strengen Aufbau der linearen Algebra zusammengestellt. Dazu wird zunächst ein Begriff einer *Menge mit Verknüpfung* eingeführt, der für das Folgende (und in der Mathematik überhaupt) unwichtig ist. Mit seiner Hilfe lassen sich allgemeine Gesetzmäßigkeiten für das Addieren, Multiplizieren, Hintereinanderausführen von Abbildungen u.a.m. auf einen Schlag beweisen, und es bedarf keiner neuen Überlegungen, wenn wir anschließend wichtige Objekte wie Gruppen und Zahlbereiche einführen und die Addition und Multiplikation betrachten.

3.1 Verknüpfungen: Definitionen und Beispiele

Das folgende Vorgehen ist typisch für eine abstrakte axiomatische Mathematik: Man formuliert definierende Eigenschaften, zieht einfache Schlußfolgerungen und wendet diese an verschiedenen Stellen an. Man kann an diesen kleinen Beweisschritten mathematisches Schließen kennenlernen. Das ist sehr abstrakt gehalten, simpel, unanschaulich und eigentlich uninteressant. Um die Dinge zu veranschaulichen (eine wichtige Aufgabe!), besprechen wir Beispiele bzw. Gegenbeispiele, bei denen wir aber oft auf die Anschauung zurückgreifen müssen; formale Strenge ist hier nicht beabsichtigt. Die Beispiele enthalten immer wieder Begriffe aus anderen Teilen der Mathematik, die zu definieren den Rahmen dieses Buches sprengen würde.

Wir wollen nun die algebraischen Rechenoperationen an einer Menge mit Verknüpfung einführen, also an einem abstrakten Begriff.

Verknüpfungen

3.1.1 Definition M sei eine nichtleere Menge. Eine *Verknüpfung* auf M ist eine Abbildung $M \times M \to M$; den Wert der Funktion auf dem Element $(a, b) \in M \times M$ bezeichnen wir mit $a \circ b$. Das Paar $(M, \circ)$, wobei $\circ$ die Funktion $M \times M \to M$ bezeichnet, heißt eine *Menge mit Verknüpfung*. Wenn klar ist, welche Verknüpfung gemeint ist, schreiben wir einfach M statt $(M, \circ)$.

3.1.2 Beispiele
(a) Die reellen Zahlen mit der Addition als Verknüpfung $(\mathbb{R}, +)$. Dabei ist $\mathbb{R} \times \mathbb{R} \to \mathbb{R}$ die Funktion $(a, b) \mapsto a + b =$ Summe der reellen Zahlen a und b. Analog sind die Beispiele in (d) zu verstehen.

46   3 Gruppen und Körper

(b) Ebenfalls ergibt $(a,b) \mapsto a - b$ eine Verknüpfung auf $\mathbb{R}$: $(\mathbb{R},-)$.

(c) Gegeben sei $(M,\circ)$ und $N \subset M$, und es gelte: Sind $a,b \in N$, so ist $a \circ b \in N$ $\forall a,b \in N$. Dann wird durch $N \times N \to N$, $(a,b) \mapsto a \circ b$, eine Verknüpfung auf N definiert, die *Beschränkung* der gegebenen Verknüpfung auf N heißt. — Durch Beschränken entstehen aus $(\mathbb{R},+)$ die Beispiele $(\mathbb{Z},+)$, $(\mathbb{N},+)$ und aus $(\mathbb{R},-)$ das $(\mathbb{Z},-)$, aber es ergibt sich *nicht* $(\mathbb{N},-)$, da z.B. $3-5 \notin \mathbb{N}$.

(d) $(\mathbb{R},\cdot)$ und die Beschränkungen $(\mathbb{Z},\cdot)$, $(\mathbb{N},\cdot)$.

(e) Die Menge $(V_E,+)$ der Vektoren einer Ebene E mit der Vektoraddition, vgl. 1.2.3.

(f) Für eine Menge $X \neq \emptyset$ sei $\operatorname{Abb} X := \{f\colon X \to X\}$ die Menge aller Abbildungen $X \to X$. Für $f,g \in \operatorname{Abb} X$ ist $f \circ g \in \operatorname{Abb} X$ durch

$$(f \circ g)(x) := f(g(x)) \quad \forall x \in X,$$

definiert *(Hintereinanderschaltung von Abbildungen)*. Es ist $(\operatorname{Abb} X, \circ)$ eine Menge mit Verknüpfung.

(g) Sei $M = \{a_1,\ldots,a_n\}$ eine endliche Menge mit einer Verknüpfung $\circ$. Letztere ist vollständig bestimmt, wenn man die n^2 Ausdrücke $a_i \circ a_j \in M$ kennt ($1 \leq i,j \leq n$), die man in einer sogenannten Verknüpfungstafel anordnen kann:

	a_1	$\ldots$	a_j	$\ldots$	a_n
a_1	$a_1 \circ a_1$	$\ldots$	$a_1 \circ a_j$	$\ldots$	$a_1 \circ a_n$
$\vdots$	$\vdots$		$\vdots$		$\vdots$
a_i	$a_i \circ a_1$	$\ldots$	$a_i \circ a_j$	$\ldots$	$a_i \circ a_n$
$\vdots$	$\vdots$		$\vdots$		$\vdots$
a_n	$a_n \circ a_1$	$\ldots$	$a_n \circ a_j$	$\ldots$	$a_n \circ a_n$

Im Schnittpunkt der i-ten Zeile mit der j-ten Spalte steht das Element $a_i \circ a_j \in M$.

(h) Das Skalarprodukt $\langle \mathfrak{x},\mathfrak{y} \rangle$ zweier Vektoren $\mathfrak{x},\mathfrak{y} \in V_E$ ist keine Verknüpfung, weil das Ergebnis dieser Operation nicht wieder ein Vektor ist, weil also keine Abbildung $V_E \times V_E \to V_E$ vorliegt.

(i) Sei M die Menge der Strecken in $\mathbb{R}$. Dem Paar (a,b), $a,b \in M$, sei der Inhalt des Rechtecks mit den Seiten a und b zugeordnet. Auch hier handelt es sich um keine Verknüpfung.

(j) Die Mengenoperationen $\cap$ und $\cup$ ordnen zwar jedem Paar von Mengen eine Menge zu, ergeben aber keine Verknüpfung, da die Menge, auf der die Verknüpfung gegeben ist, nicht definiert ist. Ist jedoch X eine Menge und

3.1 Verknüpfungen: Definitionen und Beispiele

$\mathcal{P}(X)$ die Menge der Teilmengen von X, also die *Potenzmenge*, so ergeben die Operationen $\bigcup$ und $\bigcap$ Verknüpfungen auf $\mathcal{P}(X)$.

3.1.3 Definition Die Verknüpfung $\circ$ auf M heißt *assoziativ*, wenn

$$(a \circ b) \circ c = a \circ (b \circ c) \quad \forall a, b, c \in M.$$

Die Klammern haben dabei die übliche Bedeutung: Umklammerte Elemente sind zuerst zu verknüpfen, also $(a \circ b) \circ c := d \circ c$ mit $d = a \circ b$. Die Beispiele 3.1.2 (a), (d), (e), (f) sind assoziative Verknüpfungen; aber $(\mathbb{R}, -)$ aus 3.1.2 (b) ist nicht assoziativ.

3.1.4 Satz (Allgemeine Klammerregel) *Ist $(M, \circ)$ eine Menge mit assoziativer Verknüpfung und $a_1, \ldots, a_n \in M$, $n \in \mathbb{N}^* := \{1, 2, 3, \ldots\}$, so sind alle Verknüpfungen der $a_1, \ldots, a_n$ in dieser Reihenfolge einander gleich, unabhängig von der Klammerung.*

B e w e i s   Für $n \leq 3$ ist entweder nichts zu zeigen, oder es handelt sich um das assoziative Gesetz. Sei $n > 3$. Wir beweisen den Satz durch vollständige Induktion und setzen voraus, daß er richtig ist für je k Elemente $b_1, \ldots, b_k \in M$, wenn $k < n$ ist; insbesondere ist $b_1 \circ \ldots \circ b_k \in M$ unabhängig von der Klammerung eindeutig definiert. Sei $a \in M$ entstanden durch Verknüpfung von $a_1, \ldots, a_n \in M$ in dieser Reihenfolge mit einer festgelegten Klammerung, etwa $a = (a_1 \circ a_2) \circ (a_3 \circ a_4)$ oder $a = ((a_1 \circ a_2) \circ a_3) \circ a_4$ im Fall $n = 4$. Es gibt entweder genau eine oder genau zwei maximale Klammern $(\ldots)$, d.h. solche, die nicht von einem weiteren Klammerpaar umgeben sind. Nach Induktionsannahme kann man a schreiben als $a = a_1 \circ (a_2 \circ \ldots \circ a_n)$ oder $a = (a_1 \circ \ldots \circ a_{n-1}) \circ a_n$ im ersten Fall und $a = (a_1 \circ \ldots \circ a_i) \circ (a_{i+1} \circ \ldots \circ a_n)$ mit $2 \leq i \leq n-2$ im zweiten Fall. Es genügt daher zu zeigen, daß die Ausdrücke $(a_1 \circ \ldots \circ a_i) \circ (a_{i+1} \circ \ldots \circ a_n)$ für $1 \leq i \leq n - 1$ stets denselben Wert annehmen. Durch $(i - 1)$-maliges Anwenden des Assoziativgesetzes ergibt sich:

$$\begin{aligned}(a_1 \circ \ldots \circ a_i) \circ (a_{i+1} \circ \ldots \circ a_n) &= ((a_1 \circ \ldots \circ a_{i-1}) \circ a_i) \circ (a_{i+1} \circ \ldots \circ a_n) \\ &= (a_1 \circ \ldots \circ a_{i-1}) \circ (a_i \circ (a_{i+1} \circ \ldots \circ a_n)) \\ &= (a_1 \circ \ldots \circ a_{i-1}) \circ (a_i \circ \ldots \circ a_n). \quad \square\end{aligned}$$

3.1.5 Definition Eine Verknüpfung $\circ$ auf M heißt *kommutativ*, wenn

$$a \circ b = b \circ a \quad \forall a, b \in M.$$

Die Verknüpfungen in den Beispielen 3.1.2 (a), (d), (e) sind kommutativ, 3.1.2 (b) dagegen nicht. Ebenfalls ist $(\text{Abb } X, \circ)$ nicht kommutativ, wenn X

48   3 Gruppen und Körper

mindestens 2 Elemente a, b enthält; denn sind nämlich $f, g \in \text{Abb}\, X$ wie folgt definiert:

$$f(x) := \begin{cases} a & \text{für } x = a \text{ oder } x = b \\ x & \text{sonst} \end{cases}, \quad g(x) := \begin{cases} b & \text{für } x = a \text{ oder } x = b \\ x & \text{sonst} \end{cases},$$

so ist $f \circ g = f \neq g = g \circ f$.

Ähnlich wie die allgemeine Klammerregel erhalten wir

3.1.6 Satz (Allgemeine Vertauschungsregel) *In einer assoziativen und kommutativen Verknüpfung $\circ$ auf M ist $a_1 \circ \ldots \circ a_n$ unabhängig von der Reihenfolge der $a_1, \ldots, a_n$ $\forall a_1, \ldots, a_n \in M$, $n \in \mathbb{N}^*$.* □

3.1.7 Definition Verknüpfungen werden meist additiv (d.h. $a + b$) oder multiplikativ (d.h. $a \cdot b$ oder ab) geschrieben. In diesen Fällen ist es üblich, die Verknüpfung mehrerer Elemente abkürzend mit dem *Summensymbol* $\sum$ bzw. dem *Produktsymbol* $\prod$ zu bezeichnen: Ist $+$ bzw. $\cdot$ eine assoziative Verknüpfung auf M, so sei für $a_1, \ldots, a_n \in M$, $n \in \mathbb{N}$:

$$\sum_{i=1}^{n} a_i := a_1 + \ldots + a_n \qquad \text{bzw.} \qquad \prod_{i=1}^{n} a_i := a_1 \cdot \ldots \cdot a_n.$$

Wegen der allgemeinen Klammerregel ist das wohldefiniert. Ferner ergibt sich leicht durch vollständige Induktion:

3.1.8 Satz *Ist die Verknüpfung $+$ bzw. $\cdot$ auch noch kommutativ, so gilt:*
(a) $(\sum_{i=1}^{n} a_i) + (\sum_{i=1}^{n} b_i) = \sum_{i=1}^{n}(a_i + b_i)$ bzw. $(\prod_{i=1}^{n} a_i)(\prod_{i=1}^{n} b_i) = \prod_{i=1}^{n}(a_i b_i)$ oder allgemeiner:
(b) $\sum_{i=1}^{m} \left(\sum_{j=1}^{n} a_{ij} \right) = \sum_{j=1}^{n} \left(\sum_{i=1}^{m} a_{ij} \right)$ bzw.
$\prod_{i=1}^{m} \left(\prod_{j=1}^{n} a_{ij} \right) = \prod_{j=1}^{n} \left(\prod_{i=1}^{m} a_{ij} \right)$.

□

Üblicherweise läßt man dann die Klammern weg und schreibt z.B.

$$\sum_{i=1}^{n} a_i + \sum_{i=1}^{n} b_i \quad \text{bzw.} \quad \sum_{i=1}^{n} \sum_{j=1}^{n} a_{ij}.$$

3.1.9 Definition $e \in M$ heißt *neutrales Element* bezüglich der Verknüpfung $\circ$ auf M, wenn $a \circ e = e \circ a = a$, $\forall a \in M$.

3.1 Verknüpfungen: Definitionen und Beispiele   49

Die Zahl 1 ist neutrales Element von $(\mathbb{R}, \cdot)$, $(\mathbb{Z}, \cdot)$ und $(\mathbb{N}, \cdot)$. Die Zahl 0 ist neutrales Element von $(\mathbb{R}, +)$, $(\mathbb{Z}, +)$ und $(\mathbb{N}, +)$. Der Nullvektor $\mathfrak{o}$ ist neutrales Element von $(V_E, +)$. Neutrales Element von $(\text{Abb } X, \circ)$ ist die *identische Abbildung* oder *Identität* $\mathrm{id}_X \colon X \to X$, definiert durch $\mathrm{id}_X(x) = x \ \forall x \in X$. $(\mathbb{N}^*, +)$ besitzt kein neutrales Element.

3.1.10 Satz *Auf jeder Menge mit Verknüpfung $(M, \circ)$ gibt es höchstens ein neutrales Element.*

B e w e i s   Sind e_1, e_2 neutral, so ist $e_1 = e_1 \circ e_2 = e_2$.   □

3.1.11 Definition $(M, \circ)$ sei eine Menge mit assoziativer Verknüpfung und neutralem Element e. Ein Element $a \in M$ heißt *invertierbar*, wenn es ein $a' \in M$ gibt mit $a \circ a' = a' \circ a = e$; es heißt a' *Inverses* von a. Die Menge der invertierbaren Elemente von M wird mit $(M, \circ)^*$ bezeichnet.

3.1.12 Beispiele $\mathbb{R}^* := (\mathbb{R}, \cdot)^* = \mathbb{R} - \{0\}$; $(\mathbb{R}, +)^* = \mathbb{R}$; $(\mathbb{N}, +)^* = \{0\}$; $(\mathbb{Z}, \cdot)^* = \{-1, 1\}$. Es ist $(\text{Abb } X, \circ)^*$ die Menge der bijektiven Abbildungen $X \to X$.

3.1.13 Satz $(M, \circ)$ *sei eine Menge mit assoziativer Verknüpfung und neutralem Element e. Dann gilt:*
(a) *Zu jedem $a \in M$ existiert höchstens ein Inverses a'.*
(b) $e \in (M, \circ)^*$ *und* $e' = e$.
(c) *Ist $a \in (M, \circ)^*$, so ist $a' \in (M, \circ)^*$ und $(a')' = a$.*
(d) *Sind $a, b \in (M, \circ)^*$, so ist $a \circ b \in (M, \circ)^*$ und $(a \circ b)' = b' \circ a'$.*

B e w e i s   (a) Ist auch $a \circ a'' = a'' \circ a = e$, so gilt
$$a' = a' \circ e = a' \circ (a \circ a'') = (a' \circ a) \circ a'' = e \circ a'' = a''.$$

(b) folgt aus (a), weil e Inverses von e ist.
(c) folgt aus (a), weil a Inverses von a' ist.
(d) Wegen $(b' \circ a') \circ (a \circ b) = b' \circ (a' \circ a) \circ b = b' \circ e \circ b = b' \circ b = e$ und analog $(a \circ b) \circ (b' \circ a') = e$ ist $b' \circ a'$ Inverses von $a \circ b$, also nach (a) gleich $(a \circ b)'$.   □

3.1.14 Bemerkungen (a) In der Regel für das inverse Element eines Produktes $a \circ b$ steht das Inverse des vorderen Elementes hinter dem des hinteren Elementes. Falls $a \circ b \neq b \circ a$ ist, muß dieses so sein; denn dann ist auch $a' \circ b' \neq b' \circ a'$. Sonst hätte nämlich $a' \circ b'$ zwei verschiedene Inverse, nämlich $a \circ b$ und $b \circ a$.

(b) Bei multiplikativ geschriebener Verknüpfung auf M wird das neutrale Element meist mit dem Symbol „1" bezeichnet und das Inverse von a mit a^{-1}. Dann gilt nach Definition 3.1.11 und Satz 3.1.13:

$$aa^{-1} = a^{-1}a = 1, \ 1^{-1} = 1, \ (a^{-1})^{-1} = a, \ (ab)^{-1} = b^{-1}a^{-1}.$$

3 Gruppen und Körper

Bei additiv geschriebener Verknüpfung auf M wird das neutrale Element meist mit dem Symbol „0" bezeichnet und das Inverse von a mit $-a$. Ferner setzt man $a + (-b) =: a - b$. Dann gilt:

$$a - a = -a + a = 0, \quad -0 = 0, \quad -(-a) = a, \quad -(a+b) = -b - a.$$

3.1.15 Definition und Satz *M sei eine Menge mit assoziativer, multiplikativ geschriebener Verknüpfung und neutralem Element 1. Es sei $a^0 := 1$ und $a^n := \underbrace{a \cdot \ldots \cdot a}_{n-\text{mal}}$ für $n \in \mathbb{N}^*$. Ist a invertierbar, so sei $a^{-n} := (a^{-1})^n$ für $n \in \mathbb{N}^*$. Die Elemente a^n, $n \in \mathbb{Z}$, heißen die* Potenzen *von a. Es gilt:*
(a) *Sind $m, n \in \mathbb{Z}$ und ist $a \in M$ invertierbar, so ist $a^m a^n = a^{m+n}$ und $(a^m)^n = a^{mn}$.*
(b) *Bei kommutativer Verknüpfung ist $(ab)^n = a^n b^n \; \forall n \in \mathbb{Z}, a, b \in (M, \cdot)^*$.*
Die Formeln gelten auch, wenn a, b nicht invertierbar sind, allerdings nur für $m, n \in \mathbb{N}$. □

3.1.16 Wenn auf M eine assoziative, additiv geschriebene Verknüpfung mit einem neutralem Element 0 gegeben ist, setzen wir für jedes invertierbare $a \in M$:

$$0a := 0, \quad na := \underbrace{a + \ldots + a}_{n-\text{mal}} \text{ für } n \in \mathbb{N}^*, \text{ und } (-n)a := n(-a) \text{ für } n \in \mathbb{N}$$

und erhalten so die *Vielfachen* von a.

Beachten Sie, daß in $0a = 0$ links die Zahl $0 \in \mathbb{N}$ und rechts das neutrale Element $0 \in M$ steht!

Es gilt wieder:
(a) *Sind $m, n \in \mathbb{Z}$ und ist $a \in M$ invertierbar, so ist $ma + na = (m+n)a$ und $m(na) = (mn)a$.*
(b) *Bei kommutativer Verknüpfung ist $n(a+b) = na + nb \; \forall n \in \mathbb{Z}, a, b \in (M, +)^*$.* □

3.1.17 Definition M und N seien Mengen mit Verknüpfungen, die der Einfachheit halber beide mit ∘ bezeichnet seien. Dann läßt sich auf dem cartesischen Produkt $M \times N$ eine Verknüpfung definieren durch

$$(a, x) \circ (b, y) := (a \circ b, x \circ y) \; \forall a, b \in M, \; x, y \in N.$$

Dann heißt $M \times N$ (als Menge mit Verknüpfung) *direktes Produkt von M und N*.

Diese Definition läßt sich auf mehrere, sogar auf unendlich viele Faktoren erweitern. Sei $I \neq \emptyset$ eine beliebige Indexmenge, und für jedes $i \in I$ sei eine nicht-leere Menge $(M_i, \circ)$ mit Verknüpfung ∘ gegeben. Dann wird auf dem cartesischen Produkt $\prod_{i\in I} M_i$, das aus allen $|I|$-Tupeln $(a_i)_{i\in I}$ mit $a_i \in M_i$ besteht, durch $(a_i)_{i\in I} \circ (b_i)_{i\in I} := (a_i \circ b_i)_{i\in I}$ eine Verknüpfung definiert; nun heißt $\prod_{i\in I} M_i$ (als Menge mit Verknüpfung) *direktes Produkt der* M_i, $i \in I$.

3.1.18 Satz
(a) $\prod_{i\in I} M_i$ *assoziativ* $\iff M_i$ *assoziativ* $\forall i \in I$.
(b) $\prod_{i\in I} M_i$ *kommutativ* $\iff M_i$ *kommutativ* $\forall i \in I$.
(c) $(e_i)_{i\in I} \in \prod_{i\in I} M_i$ *ist neutrales Element* $\iff e_i \in M_i$ *ist neutrales Element* $\forall i \in I$.
(d) $(a_i)_{i\in I} \in \prod_{i\in I} M_i$ *invertierbar* $\iff a_i \in M_i$ *invertierbar* $\forall i \in I$. *Wenn das gilt, ist* $(a_i)'_{i\in I} = (a'_i)_{i\in I}$. □

3.1.19 Definition Wenn jedes M_i ein neutrales Element e_i besitzt, definieren wir:

$$\bigoplus_{i\in I} M_i := \left\{ (a_i)_{i\in I} \in \prod_{i\in I} M_i : a_i = e_i \text{ für fast alle } i \in I. \right\}$$

Dabei ist „fast alle" gleich „alle bis auf endlich viele". Offenbar kann die Verknüpfung in $\prod_{i\in I} M_i$ auf $\bigoplus_{i\in I} M_i$ beschränkt werden. Es heißt $\bigoplus_{i\in I} M_i$ mit dieser Verknüpfung *direkte Summe der* $M_i, i \in I$. Bei einer endlichen Anzahl von Mengen fallen direkte Summe und direktes Produkt zusammen; statt $M \times N$ wird dann auch $M \oplus N$ geschrieben.

3.1.20 Satz *Die Aussagen von 3.1.18 bleiben richtig, wenn überall $\prod$ durch $\bigoplus$ ersetzt wird.* □

Homomorphismen

In der heutigen Mathematik werden häufig Abbildungen betrachtet, die zwischen Mengen mit Verknüpfungen laufen und verknüpfungstreu sind. Im folgenden stellen wir die wichtigsten Vokabeln zusammen, vgl. hierzu 2.2.6.

3.1.21 Definition $(M, \circ)$ und $(N, *)$ seien Mengen mit Verknüpfungen. Eine Abbildung $f: M \to N$ (genauer: $f: (M, \circ) \to (N, *)$) heißt *homomorph* oder ein *Homomorphismus*, wenn $f(a \circ b) = f(a) * f(b)$ $\forall a, b \in M$. Ferner werden folgende Bezeichnungen benutzt:

N a m e	Definierende Eigenschaften
monomorphe Abbildung, *Monomorphismus*	injektiv und homomorph
epimorphe Abbildung, *Epimorphismus*	surjektiv und homomorph
isomorphe Abbildung, *Isomorphismus*	bijektiv und homomorph
Endomorphismus (Selbstabbildung)	$(M, \circ) = (N, *)$, homomorph
Automorphismus	bijektiver Endomorphismus

$(M, \circ)$ und $(N, *)$ heißen *isomorph (als Mengen mit Verknüpfungen)*, wenn es einen Isomorphismus $(M, \circ) \to (N, *)$ gibt.

3.1.22 Beispiele
(a) Es ist $f \colon (\mathbb{R}^*, \cdot) \to (\mathbb{R}^*, \cdot)$, $f(x) := x^{-1}$ $\forall x \in \mathbb{R}^*$, ein Automorphismus.
(b) $\mathbb{R}_+ := \{x \in \mathbb{R} : x > 0\}$. Dann ist $f \colon (\mathbb{R}_+, \cdot) \to (\mathbb{R}, +)$, $f(x) := \log x$, $\forall x \in \mathbb{R}_+$, ein Isomorphismus.
(c) $f \colon (V_E, +) \to (\mathbb{R}, +)$, $f(\mathfrak{x}) := \langle \mathfrak{a}, \mathfrak{x} \rangle$ $\forall \mathfrak{x} \in V_E$, wobei $\mathfrak{a} \in V_E$ ein fester Vektor ist, ist ein Homomorphismus. Im Fall $\mathfrak{a} \neq 0$ ist er surjektiv, also ein Epimorphismus.
(d) Besitzt $(N, *)$ ein neutrales Element e, so ist $f \colon (M, \circ) \to (N, *)$, $f(x) := e$ $\forall x \in M$, ein Homomorphismus, der sogenannte *triviale Homomorphismus*.

3.1.23 Satz *$f \colon (M, \circ) \to (N, *)$ sei ein Homomorphismus. Beide Verknüpfungen seien assoziativ mit neutralen Elementen $e \in M$ bzw. $d \in N$. Ferner seien sämtliche Elemente von N invertierbar. Dann gilt:*
(a) $f(e) = d$;
(b) $f(a') = f(a)'$ *für jedes invertierbare $a \in M$.*

B e w e i s (a) Für $y = f(e)$ gilt
$$y = f(e) = f(e \circ e) = f(e) * f(e) = y * y.$$
Daraus folgt, wenn y' das Inverse von y ist:
$$y = y * d = y * y * y' = y * y' = d.$$

(b) Wegen $f(a') * f(a) = f(a' \circ a) = f(e) = d$ und analog $f(a) * f(a') = d$ ist $f(a')$ Inverses von $f(a)$, also $f(a)' = f(a')$ wegen 3.1.13 (a). □

3.1.24 Definition und Satz
(a) *Für $(M, \circ)$ bezeichnet $\text{Aut}(M, \circ)$ die Menge der Automorphismen von $(M, \circ)$; sie erhält die Hintereinanderausführung als Verknüpfung. Diese ist assoziativ, besitzt ein neutrales Element, nämlich die Identität, und jedes Element ist invertierbar.*

(b) *Analog wird die Menge $\text{End}(M, \circ)$ der Endomorphismen mit einer Verknüpfung versehen. Hier haben nur die Automorphismen inverse Elemente.* □

Aufgaben

3.1.A1 Sei X eine Menge, und $\mathcal{P}(X)$ die Menge der Teilmengen von X, vgl. 3.1.2 (j). Es seien A, B Teilmengen von X. Welche der folgenden Verknüpfungen auf $\mathcal{P}(X)$ sind assoziativ, welche kommutativ?
(a) $(A, B) \mapsto (A \cup B) - (A \cap B)$,
(b) $(A, B) \mapsto A - (A \cap B)$,
(c) $(A, B) \mapsto X - A$,
(d) $(A, B) \mapsto A \triangle B$.
Zur symmetrischen Differenz $\triangle$ vgl. 2.1.A3.

3.1.A2 Sind $(\mathbb{N}, +)$ und $(\mathbb{Z}, +)$ isomorph?

3.1.A3 Sind $f\colon (M, 0) \to (N, *)$ und $g\colon (M, *) \to (M, 0)$ Homomorphismen zwischen Mengen mit Verknüpfungen und sind $f \circ g$ und $g \circ f$ Isomorphismen, so sind es auch f und g.

3.1.A4 Welche der folgenden Abbildungen sind Homomorphismen?
(a) $x \mapsto x^2$ in $(\mathbb{Z}, +)$,
(b) $x \mapsto x^2$ in $(\mathbb{Z}, \cdot)$,
(c) $x \mapsto 2x + 4$ in $(\mathbb{Z}, +)$ oder $(\mathbb{Z}, \cdot)$.

3.2 Gruppen

In 3.1.24 haben wir als Beispiel für eine Menge M mit Verknüpfung die Menge $\text{Aut}(M, \circ)$ kennengelernt, mit einer Verknüpfung versehen und gewisse Regeln festgestellt. Diese sind von fundamentaler Bedeutung; Mengen mit einer Verknüpfung, welche diesen Regeln genügen, heißen Gruppen. Sie treten in vielen Gebieten der Mathematik auf und werden uns in diesem Buch noch oft begegnen.

Definition und Beispiele

3.2.1 Definition Eine Menge $(G, \circ)$ mit assoziativer Verknüpfung und neutralem Element heißt *Gruppe*, wenn jedes Element invertierbar ist.

Wir können nun 3.1.24 kurz so aussprechen: $\text{Aut}(M, \circ)$ ist eine Gruppe. Die Bedingungen in der Definition 3.2.1 lassen sich abschwächen:

3.2.2 Satz *$(G, \circ)$ sei eine Menge mit assoziativer Verknüpfung. Es gelte:*
(a) *Es existiert ein $e \in G$ mit $e \circ a = a \; \forall a \in G$.*
(b) *Zu $a \in G$ gibt es ein $a' \in G$ mit $a' \circ a = e$.*
Dann ist $(G, \circ)$ eine Gruppe, e ihr neutrales Element und a' das Inverse von a.

B e w e i s   Zu zeigen ist $a \circ e = a$ und $a \circ a' = e$. Nach (b) gibt es ein $b \in G$ mit $b \circ a' = e$. Also ist

$$a \circ a' \stackrel{(a)}{=} e \circ (a \circ a') = (b \circ a') \circ (a \circ a')$$
$$(*) \qquad = b \circ (a' \circ a) \circ a' \stackrel{(b)}{=} b \circ e \circ a' \stackrel{(a)}{=} b \circ a' = e \quad \Longrightarrow$$
$$a \circ e \stackrel{(b)}{=} a \circ (a' \circ a) = (a \circ a') \circ a \stackrel{(*)}{=} e \circ a = a.$$

□

Eine andere Möglichkeit, eine Gruppe zu definieren, ergibt sich aus

3.2.3 Satz *Eine Menge G mit assoziativer Verknüpfung $\circ$ ist genau dann eine Gruppe, wenn es zu beliebigen $a, b \in G$ Elemente $x, y \in G$ gibt mit $x \circ a = b$ und $a \circ y = b$; die Elemente x, y sind durch a und b eindeutig bestimmt.*

B e w e i s   Sei G eine Gruppe. Ist $x \circ a = b$, so folgt

$$x = x \circ e = x \circ a \circ a' = b \circ a',$$

so daß x eindeutig bestimmt ist. Wegen

$$(b \circ a') \circ a = b \circ e = b$$

ist $x = b \circ a'$ ein Element mit $x \circ a = b$. Analog schließen wir für y.

Es gelte die Bedingung des Satzes. Sei $a_0 \in G$. Dann gibt es ein $e \in G$ mit $e \circ a_0 = a_0$. Zu beliebigem $a \in G$ gibt es ein $y \in G$ mit $a_0 \circ y = a$. Nun folgt

$$e \circ a = e \circ (a_0 \circ y) = (e \circ a_0) \circ y = a_0 \circ y = a.$$

3.2 Gruppen

Also gilt Bedingung (a) des vorigen Satzes. Ebenso ist Bedingung (b) erfüllt, da es zu $a, e \in G$ ein $a' \in G$ gibt mit $a' \circ a = e$. Daher ist G eine Gruppe. □

3.2.4 Satz *In einer Gruppe folgt aus $a \circ b = a \circ c$, daß $b = c$ ist.* □

3.2.5 Definition Sei $(G, \circ)$ eine Gruppe. Die *Ordnung* $|G|$ von G ist die Anzahl der Elemente von G. Sie kann endlich oder unendlich sein; entsprechend heißt G *endliche* oder *unendliche Gruppe*. Die Gruppe G heißt *abelsch* oder *kommutativ*, wenn die Verknüpfung kommutativ ist. Eine Teilmenge $H \subset G$ heißt *Untergruppe* von G, wenn die Einschränkung auf H eine Verknüpfung ergibt und H damit zu einer Gruppe wird. Daß H Untergruppe von G ist, drücken wir schreibtechnisch durch $H < G$ aus.

3.2.6 Beispiele
(a) Es ist $(\mathbb{R}, +)$ eine unendliche abelsche Gruppe und $(\mathbb{Z}, +)$ eine Untergruppe von $(\mathbb{R}, +)$.
(b) Es ist $(\mathbb{R}^*, \cdot)$ eine unendliche abelsche Gruppe. Sie enthält die Untergruppe $(\mathbb{R}_+, \cdot)$, die zu $(\mathbb{R}, +)$ isomorph ist (Beispiel 3.1.22 (b)).
(c) Sei $(M, \circ)$ eine Menge mit assoziativer Verknüpfung und neutralem Element. Dann ist die Menge $(M, \circ)^*$ der invertierbaren Elemente von M mit der in M gegebenen Verknüpfung eine Gruppe. Z.B. ist für jede Menge $X \neq \emptyset$

$$S(X) := (\text{Abb } X, \circ)^* = \{\text{bijektive Abbildung } X \to X\}$$

eine Gruppe, die *Permutationsgruppe von X* oder *symmetrische Gruppe von X*. Wenn hierbei X bezüglich einer gegebenen Verknüpfung selbst eine Gruppe ist, enthält $S(X)$ die Untergruppe $\text{Aut } X$ der Automorphismen von X. *Permutationsgruppen sind i.a. nicht kommutativ.*

(d) Sei $(G, \circ)$ eine Gruppe. Für $a \in G$ ist

$$f_a \colon G \to G, \quad f_a(x) := a \circ x \ \forall x \in G,$$

eine bijektive Abbildung wegen 3.2.4, also ein Element von $S(G)$. Wegen

$$(f_b \circ f_a)(x) = b \circ a \circ x = f_{b \circ a}(x)$$

ist $H := \{f_a : a \in G\} \subset S(G)$ eine Untergruppe von $S(G)$, und $G \to H$, $a \mapsto f_a$, ist ein Isomorphismus. Folglich ist *jede Gruppe G isomorph zu einer Untergruppe einer Permutationsgruppe*.

(e) *Direkte Summen und direkte Produkte von Gruppen sind Gruppen.* Ist $\mathbb{R}$ die Gruppe der reellen Zahlen bezüglich der Addition, so ist $\mathbb{R} \oplus \mathbb{R}$ isomorph zur Gruppe $(V_E, +)$.

(f) In $\mathbb{R} \oplus \mathbb{R}$ liegt als Untergruppe die Gruppe $\mathbb{Z} \oplus \mathbb{Z}$ der Paare von ganzen Zahlen.

(g) Ist E eine Ebene, so bilden die Affinitäten (vgl. 1.3.3) eine Gruppe. Die Translationen bilden eine Untergruppe, ebenfalls die Drehungen um einen Punkt. Die Translationen und Drehungen zusammen genommen bilden ebenfalls eine Untergruppe.

Zyklische Gruppen

Nun behandeln wir detaillierter die Klasse der „einfachsten" Gruppen, die aber von großer Bedeutung sind.

3.2.7 Definition G sei eine Gruppe. Wir benutzen jetzt die additive Schreibweise und bezeichnen das neutrale Element mit 0. Für $a \in G$ ist $G_a := \{na : n \in \mathbb{Z}\}$ eine Untergruppe von G; sie besteht aus allen Vielfachen von a, und heißt die *von a erzeugte Untergruppe von G*. Es heißt G *zyklische Gruppe*, wenn es ein Element $a \in G$ mit $G = G_a$ gibt. Jedes solche Element heißt *erzeugendes Element der zyklischen Gruppe G*. Jede zyklische Gruppe ist abelsch.

3.2.8 Beispiele

(a) Die von $a \in G$ erzeugte Untergruppe $G_a < G$ ist zyklisch.

(b) Die Gruppe der ganzen Zahlen $\mathbb{Z}$ ist zyklisch mit erzeugendem Element $1 \in \mathbb{Z}$ mit der Addition als Verknüpfung. Aber auch $-1 \in \mathbb{Z}$ ist ein erzeugendes Element.

(c) Sei $m \in \mathbb{N}$ eine feste Zahl. Die Menge aller ganzzahligen Vielfachen von m ist eine zyklische Gruppe (eine Untergruppe von $\mathbb{Z}$). Wir bezeichnen sie mit $m\mathbb{Z} := \{mx : x \in \mathbb{Z}\}$. Ein erzeugendes Element ist $m \in m\mathbb{Z}$; ebenfalls erzeugt $-m$; andere erzeugende Elemente gibt es nicht. Für $m = 2$ ergibt sich speziell die Gruppe der geraden Zahlen. Ist $m > 0$, so wird durch $k \mapsto km$ ein Isomorphismus $\mathbb{Z} \to m\mathbb{Z}$ definiert (Beweis!).

(d) Die Drehungen der Ebene E um einen festen Punkt mit einem Drehwinkel $2\pi k/m$, wobei $m \in \mathbb{N}^*$ fest gewählt ist und k in $\mathbb{Z}$ variiert, bilden eine Gruppe R_m. Denn die Hintereinanderausführung der Drehungen mit den Winkeln $2\pi k/m$ bzw. $2\pi l/m$ ist die Drehung mit dem Winkel $2\pi(k+l)/m$. Offenbar erzeugt die Drehung mit dem Drehwinkel $2\pi/m$ diese Gruppe, d.h. R_m ist eine zyklische Gruppe. Da aber die Drehungen mit Winkel $2\pi k/m$ und $2\pi k'/m$ gleich sind, falls $2\pi k/m - 2\pi k'/m$ ein ganzes Vielfaches von 2π ist, d.h. $k - k'$ durch m teilbar ist, enthält R_m nur endlich viele Drehungen, nämlich die m Drehungen zu den Winkeln $0, \frac{2\pi}{m}, \frac{2\pi \cdot 2}{m}, \ldots, \frac{2\pi(m-1)}{m}$, d.h. $|R_m| = m$. M.a.W. ist R_m *eine zyklische Gruppe der Ordnung m*.

Wir kommen nun auf andere Art zu zyklischen Gruppen endlicher Ordnung, wobei wir ein sehr wichtiges Konstruktionsprinzip benutzen, das *Prinzip der Restklassenbildung*.

3.2.9 Definition Sei $m \in \mathbb{N}^*$ eine feste Zahl. Für $a, b \in \mathbb{Z}$ schreiben wir

$$a \equiv b \bmod m \quad \text{(lies: } a \text{ kongruent } b \text{ modulo } m\text{)},$$

wenn $a - b$ Vielfaches von m ist, d.h. $a - b = x \cdot m$ für ein $x \in \mathbb{Z}$ ist. Offenbar gilt:

(1) $\begin{aligned}&a \equiv a \bmod m; \\ &a \equiv b \bmod m \implies b \equiv a \bmod m; \\ &a \equiv b \bmod m \text{ und } b \equiv c \bmod m \implies a \equiv c \bmod m.\end{aligned}$

Für $a \in \mathbb{Z}$ heißt die Menge

$$\bar{a} := \{b \in \mathbb{Z} : b \equiv a \bmod m\} = \{xm + a : x \in \mathbb{Z}\} \subset \mathbb{Z},$$

bestehend aus allen ganzen Zahlen, die bei Division durch m denselben Rest wie a lassen, *Restklasse von a modulo m*. Zwei solche Restklassen sind identisch, wenn sie ein Element gemeinsam haben. Es sei $\mathbb{Z}_m$ die Menge aller Restklassen modulo m:

(2) $\mathbb{Z}_m = \{\bar{a} : a \in \mathbb{Z}\}$.

Hierbei handelt es sich um ein System von Teilmengen von $\mathbb{Z}$; z.B. besteht $\mathbb{Z}_2$ aus zwei Mengen: der Menge der geraden und der Menge der ungeraden Zahlen.

In der Sprechweise von 2.1.15 ergibt die Relation „kongruent mod m" eine Äquivalenzrelation, was aus (1) folgt. Die zueinander äquivalenten (kongruenten mod m) Elemente bilden Äquivalenzklassen, hier Restklassen genannt, und je zwei der Restklassen sind entweder identisch oder disjunkt, vgl. 2.1.16. Damit haben wir schon die ersten beiden Aussagen des folgenden Hilfssatzes gezeigt.

3.2.10 Hilfssatz

(a) *Zwei Restklassen* $\bmod m$ *sind entweder disjunkt oder identisch. Es ist $\mathbb{Z}$ die Vereinigung aller Restklassen* $\bmod m$.

(b) *Für $a, b \in \mathbb{Z}$ gilt:* $\bar{a} = \bar{b} \iff a - b \in m \cdot \mathbb{Z}$.

(c) *Es gibt genau m Restklassen* $\bmod m$*, nämlich* $\bar{0}, \bar{1}, \ldots, \overline{m-1}$.

B e w e i s Es bleibt nur (c) zu zeigen. Sei $a \in \mathbb{Z}$. Ist $a \leq 0$, so gibt es wegen $m > 0$ ein $x \in \mathbb{Z}$ mit $mx + a \geq 0$. Aus $\bar{a} = \overline{mx + a}$ folgt daher $\mathbb{Z}_m = \{\bar{a} : a \in \mathbb{Z}, a \geq 0\}$. Ist $a \geq m$, so kann man a durch m teilen mit einem Rest, der kleiner als m ist: $a = mx + r$ für gewisse $x, r \in \mathbb{Z}$ mit $0 \leq r < m$. Es folgt wegen $\bar{a} = \bar{r}$, daß $\mathbb{Z}_m = \{\bar{r} : 0 \leq r < m\}$. Das sind die in (c) genannten Restklassen. Zu zeigen bleibt, daß sie verschieden sind: Aus $\bar{r} = \bar{s}$ mit $0 \leq r, s < m$ folgt $r = s + xm$ für ein $x \in \mathbb{Z}$. Sei etwa $r \geq s$. Dann ist $0 \leq r - s < m - s \leq m$, und wegen $r - s = xm$ folgt $x = 0$, d.h. $r = s$. □

3.2.11 Satz *Mit der Addition $\bar{a} + \bar{b} := \overline{a+b}$ wird $\mathbb{Z}_m$ eine zyklische Gruppe.*

B e w e i s   Zu zeigen ist zunächst, daß die Addition eindeutig definiert oder — wie man sagt — *wohldefiniert* ist, d.h. unabhängig von der Wahl der Repräsentanten der Restklassen. Es ist zu zeigen:

$$\bar{a} = \overline{a_1},\ \bar{b} = \overline{b_1} \implies \overline{a+b} = \overline{a_1 + b_1}.$$

Nun bedeutet $\bar{a} = \overline{a_1}$, daß $a - a_1 = xm$ für ein $x \in \mathbb{Z}$; analog ergibt $\bar{b} = \overline{b_1}$, daß $b - b_1 = ym$ für ein $y \in \mathbb{Z}$. Deshalb ist

$$(a+b) - (a_1 + b_1) = (x+y)m \implies \overline{a+b} = \overline{a_1 + b_1}.$$

Assoziativität:

$$(\bar{a} + \bar{b}) + \bar{c} = \overline{a+b} + \bar{c} = \overline{(a+b)+c} = \overline{a+(b+c)} = \bar{a} + \overline{b+c} = \bar{a} + (\bar{b} + \bar{c}).$$

Neutrales Element: $\bar{0} + \bar{a} = \overline{0+a} = \bar{a}$.
Inverses Element: $\bar{a} + \overline{-a} = \overline{a-a} = \bar{0}$.
Ein erzeugendes Element ist z.B. $\bar{1}$. □

Mit den obigen Beispielen kennen wir bereits alle zyklischen Gruppen; denn es gilt:

3.2.12 Satz *G sei eine zyklische Gruppe. Dann gilt:*
(a) *Ist $|G| = \infty$, so ist G isomorph zu $\mathbb{Z}$.*
(b) *Ist $|G| = m \in \mathbb{N}^*$, so ist G isomorph zu $\mathbb{Z}_m$.*

B e w e i s   (a) Sei a ein erzeugendes Element von G. Es sei $f: \mathbb{Z} \to G$, $x \mapsto xa\ \forall x \in \mathbb{Z}$. Wegen

$$f(x+y) = (x+y)a = xa + ya = f(x) + f(y)$$

ist f ein Homomorphismus, und zwar offenbar ein surjektiver, d.h. f ist ein Epimorphismus. Nun gelte $f(x) = f(y)$. Dann ist

$$0 = f(x) - f(y) = xa - ya = (x-y)a.$$

Wäre $x \neq y$, so $n = x - y \neq 0$ und $na = 0$. Jedes $z \in \mathbb{Z}$ läßt sich als $z = qn + r$ schreiben für gewisse $q, r \in \mathbb{Z}$ und $0 \leq r < |n|$. Es folgt

$$za = (qn + r)a = q(na) + ra = ra,$$

so daß G nur aus den Elementen ra mit $0 \leq r < |n|$ besteht, im Widerspruch zu $|G| = \infty$. Also ist f auch injektiv, d.h. f ist ein Isomorphismus.

(b) Sei $a \in G$ ein erzeugendes Element. Wir zeigen gleich:

(∗) $\qquad\qquad xa = ya \iff x \equiv y \bmod m$

Daraus folgt, daß $h\colon G \to \mathbb{Z}_m$, $h(xa) := \bar{x}\ \forall x \in \mathbb{Z}$, bijektiv, also ein Isomorphismus, ist.

Beweis von (∗):

„⇐": Die Elemente $0, a, \ldots, (m-1)a \in G$ sind alle verschieden, da sonst ähnlich wie in (a) $|G| < m$ folgen würde. Weil es m Elemente sind, muß ma eines von ihnen sein. Aber $ma = ra$ mit $0 < r \leq m - 1$ impliziert $sa = 0$ für ein s mit $1 \leq s < m$, so daß die $0, a, \ldots, (m-1)a$ nicht verschieden sind; daher bleibt nur $ma = 0$. Daraus ergibt sich „⇐".

„⇒": Es genügt zu zeigen, daß aus $za = 0$ folgt $m|z$. Es gibt $q, r \in \mathbb{Z}$ mit $z = qm + r$ und $0 \leq r < m$. Aus $za = 0 = ma$ folgt $ra = 0$, was für $0 < r < m$ unmöglich ist. Also ist $r = 0$, d.h. m teilt z. □

Untergruppen und Restklassen

Die Konstruktion von Restklassen läßt sich wesentlich verallgemeinern auf beliebige Gruppen und Untergruppen:

3.2.13 Definition Sei $(G, \circ)$ eine Gruppe und $H < G$ eine Untergruppe. In Verallgemeinerung von 3.2.9 definieren wir für $a, b \in G$:

(∗) $\qquad\qquad a \equiv b \bmod H \colon \iff a \circ b' \in H.$

Hier bezeichnet b' wieder das inverse Elemente von b. Für $(G, \circ) = (\mathbb{Z}, +)$ und $H = m\mathbb{Z}$ ergibt sich 3.2.9.

3.2.14 Satz (∗) *definiert eine Äquivalenzrelation auf G.*

B e w e i s (i) Weil H als Untergruppe das neutrale Element enthält, gilt $e = a \circ a' \in H$, also $a \equiv a \bmod H$.

(ii) $a \equiv b \bmod H$ bedeutet $a \circ b' \in H$. Deshalb enthält H auch das Inverse $(a \circ b')' = b \circ a'$, d.h. $b \circ a' \in H$; also gilt $b \equiv a \bmod H$.

(iii) Aus $a \equiv b \bmod H$ und $b \equiv c \bmod H$ folgt $a \circ b' \in H$ und $b \circ c' \in H$, also $(a \circ b') \circ (b \circ c') = a \circ c' \in H$, weil H als Untergruppe das Produkt je zwei seiner Elemente enthält. Somit ist $a \equiv c \bmod H$. □

3.2.15 Definition Die Äquivalenzklasse von $a \in G$ bezüglich der Äquivalenzrelation $(*)$ ist

$$\{b \in G : a \equiv b \bmod H\} = \{b \in G : a \circ b' \in H\}$$
$$= \{b \in G : \exists x \in H \text{ mit } b = x \circ a\}$$
$$= \{x \circ a : x \in H\} =: H \circ a.$$

Sie heißt *Rechtsrestklasse von a modulo H* (analog ist die *Linksrestklasse $a \circ H$* definiert).

Je zwei Rechtsrestklassen sind entweder disjunkt oder identisch, und G ist die Vereinigung aller Rechtsrestklassen; das folgt aus 3.2.14 und 2.1.16.

3.2.16 Satz *Sei G eine endliche Gruppe und $H < G$ eine Untergruppe. Dann enthalten je zwei Restklassen modulo H in G dieselbe Anzahl von Elementen.*

B e w e i s Sei $a, b \in G$ und $g = a' \circ b$. Dann ist $f \colon H \circ a \to H \circ b$, $x \mapsto x \circ g$ $\forall x \in H \circ a$, eine Bijektion dieser Mengen. □

Sind $H_1, \ldots, H_n$ die sämtlichen Rechtsrestklassen, so ist $G = H_1 \cup \ldots \cup H_n$ mit $H_i \cap H_j = \emptyset$ für $i \neq j$. Alle $H_1, \ldots, H_n$ enthalten die gleiche Zahl m von Elementen. Es folgt $|G| = m \cdot n$. Weil $H = H \circ e$ eine der Rechtsrestklassen ist, ist $m = |H|$. Dieses drücken wir wie folgt aus:

3.2.17 Definition Die Anzahl der Restklassen modulo H in G heißt der *Index von H in G*, geschrieben $[G : H]$. Der Index kann auch ∞ sein.

3.2.18 Indexsatz *Ist G eine endliche Gruppe und H eine Untergruppe von G, so ist $|G| = |H| \cdot [G : H]$; speziell teilt also die Ordnung einer Untergruppe die Ordnung der Gruppe.* □

3.2.19 Korollar
(a) *Ist G eine Gruppe, deren Ordnung eine Primzahl ist, so ist G isomorph zu $\mathbb{Z}_{|G|}$.*
(b) *Ist $|G|$ prim, so erzeugt jedes nicht-neutrale Element von G die ganze Gruppe G.*

Beweis Sei $a \in G$ nicht das neutrale Element. Dann gilt für die von a erzeugte zyklische Gruppe G_a, daß $|G| = |G_a| \cdot [G : G_a]$ ist. Da $|G|$ prim und $|G_a| > 1$ ist, folgt $|G| = |G_a|$ und deshalb $G = G_a$. □

Wir ziehen noch eine wichtige Folgerung.

3.2.20 Definition Sei G eine additiv geschriebene Gruppe mit neutralem Element 0 und sei $a \in G$. Die kleinste positive Zahl $n \in \mathbb{N}$ mit $na = 0$ heißt die *Ordnung von a*; wenn es kein solches n gibt, heißt a ein Element *unendlicher Ordnung*. (Bei multiplikativer Schreibweise ist die Ordnung als $\min\{n \in \mathbb{N}^* : a^n = 1\}$ zu definieren.)

Mit den Methoden von 3.2.10 beweist man: *Die Ordnung von a ist die Ordnung der von a erzeugten Untergruppe $G_a < G$.* Aus dem Index-Satz folgt:

3.2.21 Kleiner Fermatscher Satz *Ist G eine endliche Gruppe und $a \in G$, so ist die Ordnung von a ein Teiler der Ordnung von G.* □

Symmetrische Gruppen

Zum Abschluß dieses Paragraphen untersuchen wir die Permutationsgruppe $S(X)$ im Fall, daß X eine endliche Menge ist. Wenn X und Y gleich viele Elemente enthalten, sind die Gruppen $S(X)$ und $S(Y)$ isomorph. Man kann daher für X die Teilmenge $T_n := \{1, \ldots, n\}$ der ersten n Zahlen von $\mathbb{N}^*$ nehmen.

3.2.22 Definition Die Gruppe $S_n := S(T_n)$ heißt die *$(n-te)$-symmetrische Gruppe*. Ihre Ordnung ist $n!$. Es besteht S_1 nur aus dem neutralen Element; S_2 ist isomorph zu $\mathbb{Z}_2$.

3.2.23 Satz *Für $n \geq 3$ ist S_n nicht kommutativ.*

Beweis Es seien $\sigma, \tau \in S_n$ wie folgt definiert:

$$\sigma(1) = 1, \ \sigma(2) = 3, \ \sigma(3) = 2, \ \sigma(i) = i \text{ für } 4 \leq i \leq n;$$
$$\tau(1) = 2, \ \tau(2) = 1, \ \tau(3) = 3, \ \tau(i) = i \text{ für } 4 \leq i \leq n.$$

Dann ist $(\tau \circ \sigma)(1) = 2$, aber $(\sigma \circ \tau)(1) = 3$. Also ist $\tau \circ \sigma \neq \sigma \circ \tau$. □

3.2.24 Definition Eine Permutation $\sigma \in S_n$ heißt *zyklisch* oder *Zyklus*, wenn es Zahlen $a_1, \ldots, a_r \in T_n$ gibt, so daß gilt:

$$\sigma(a_1) = a_2, \ \sigma(a_2) = a_3, \ldots, \sigma(a_{r-1}) = a_r, \ \sigma(a_r) = a_1,$$
$$\sigma(b) = b \text{ für } b \in T_n - \{a_1, \ldots, a_r\}.$$

Ordnet man die $a_1, \ldots, a_r$ auf einer Kreislinie an, so bildet σ jedes der a_i auf das nächste ab; vgl. Abb. 3.2.1.

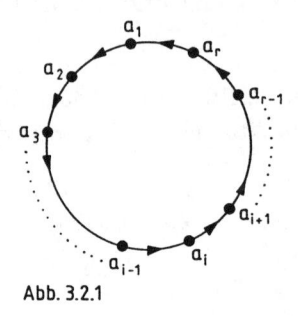

Abb. 3.2.1

Je r Elementen $a_1, \ldots, a_r \in T_n$ kann eine zyklische Permutation zugeordnet werden, nämlich die durch die obige Gleichung definierte. Diese zyklische Permutation wird mit $(a_1, \ldots, a_r)$ bezeichnet; die Zahl r heißt ihre *Länge*. Die Identität ist die einzige zyklische Permutation der Länge 1. Zyklische Permutationen der Länge 2 heißen *Transpositionen* oder *Vertauschungen*.

3.2.25 Satz
(a) *Jede Permutation ist ein Produkt von zyklischen Permutationen.*
(b) *Jede zyklische Permutation ist ein Produkt von Transpositionen.*
(c) *Jede Permutation ist ein Produkt von Transpositionen.*

B e w e i s (a) Ist $\sigma \in S_n$ nicht das neutrale Element, so gibt es ein $a_1 \in T_n$ mit $\sigma(a_1) \neq a_1$. Sei $i > 1$ der kleinste Index, für den in der Folge

$$a_1, a_2 := \sigma(a_1), \ a_3 := \sigma(a_2), \ldots$$

das Element $a_{i+1} := \sigma(a_i)$ gleich einem vorhergehenden Element ist. Es kann nicht $\sigma(a_i) = \sigma(a_j)$ für ein j mit $1 < j < i$ sein, da σ injektiv ist. Also ist $\sigma(a_i) = a_1$. Es folgt $\sigma = (a_1, \ldots, a_i) \circ \tau$, wobei τ durch

$$\tau(a_j) = a_j \quad \text{für } j = 1, \ldots, i, \quad \tau(b) = \sigma(b) \quad \text{für } b \in T_n - \{a_1, \ldots, a_i\}$$

gegeben ist. Wir setzen das eben beschriebene Verfahren fort und spalten aus τ eine zyklische Permutation ab. Nach endlich vielen Schritten entsteht eine Zerlegung der Permutation in zyklische Permutationen.

(b) Es ist $(a_1, \ldots, a_r) = (a_1, \ldots, a_{r-1}) \circ (a_{r-1}, a_r)$, woraus durch Induktion die Behauptung folgt. (c) ergibt sich aus (a) und (b). □

Wenn $\sigma \in S_n$ von der Identität verschieden ist, sind die Zahlen $\sigma(1)$, $\sigma(2), \ldots, \sigma(n)$ nicht mehr in der natürlichen Reihenfolge von $\mathbb{N}$ angeordnet.

3.2.26 Definition Ein Paar (i,j) mit $1 \leq i < j \leq n$ und $\sigma(i) > \sigma(j)$ heißt eine *Fehlstellung* oder eine *Inversion* von σ. Das *Vorzeichen* oder *Signum* von σ ist die Zahl
$$\mathrm{sgn}\,\sigma := (-1)^{\text{Anzahl der Inversionen von } \sigma};$$
es kann $+1$ oder -1 sein. Die Permutation σ heißt *gerade*, wenn $\mathrm{sgn}\,\sigma = +1$ ist, *ungerade*, wenn $\mathrm{sgn}\,\sigma = -1$ ist.

Für die zyklische Permutation $(1, 2, \ldots, n)$ ist $\mathrm{sgn}(1, 2, \ldots, n) = (-1)^{n-1}$.

3.2.27 Satz
(a) *Für $\sigma, \tau \in S_n$ gilt $\mathrm{sgn}(\sigma \circ \tau) = \mathrm{sgn}\,\sigma \cdot \mathrm{sgn}\,\tau$.*
(b) *Eine Permutation ist genau dann gerade, wenn sie Produkt einer geraden Anzahl von Transpositionen ist.*
(c) *Für $n > 1$ bilden die geraden Permutationen eine Untergruppe vom Index 2 in S_n;* sie heißt die *alternierende Gruppe und wird oftmals mit A_n bezeichnet. Ihre Ordnung ist $\frac{1}{2}n!$.*

B e w e i s   Wegen (c) von 3.2.25 genügt es zu beweisen:

3.2.28 Hilfssatz *Sind $\sigma, \tau \in S_n$ und ist τ Transposition, so gilt:*
$$\mathrm{sgn}(\sigma \circ \tau) = -\mathrm{sgn}\,\sigma.$$

B e w e i s   des Hilfssatzes. Es gibt i, j mit $1 \leq i < j \leq n$ und $\tau = (i,j)$. Dann ist
$$(\sigma \circ \tau)(k) = \begin{cases} \sigma(j) & k = i, \\ \sigma(i) & k = j, \\ \sigma(k) & \text{sonst}. \end{cases}$$

Wir müssen also die Zahl der Inversionen in den beiden Zahlenfolgen

$\sigma(1), \ldots, \sigma(i-1),\ \sigma(i),\ \sigma(i+1), \ldots, \sigma(j-1),\ \sigma(j),\ \sigma(j+1), \ldots, \sigma(n)$
$\sigma(1), \ldots, \sigma(i-1),\ \sigma(j),\ \sigma(i+1), \ldots, \sigma(j-1),\ \sigma(i),\ \sigma(j+1), \ldots, \sigma(n)$

miteinander vergleichen. Im Fall $i+1 = j$ entsteht die 2. Zeile aus der 1. durch Vertauschen der benachbarten Elemente $\sigma(i)$, $\sigma(j)$, was die Inversionenanzahl um 1 ändert; dann stimmt der Hilfssatz. Im Fall $i+1 < j$ entsteht die 2. aus der 1. Zeile so: Wir vertauschen erst $\sigma(i)$ mit $\sigma(i+1)$, dann mit $\sigma(i+2), \ldots$, dann mit $\sigma(j-1)$ (das sind $j-i-1$ Vertauschungen), und das führt zu

$$\sigma(1), \ldots, \sigma(i-1),\ \sigma(i+1), \ldots, \sigma(j-1),\ \sigma(i),\ \sigma(j),\ \sigma(j+1), \ldots, \sigma(n).$$

Danach wird noch $\sigma(j)$ mit $\sigma(i)$ vertauscht, dann mit $\sigma(j-1), \ldots$, dann mit $\sigma(i+1)$ (das sind $j-i$ Vertauschungen). Insgesamt haben wir $2(j-i)-1$ Vertauschungen vorgenommen, so daß sich das Vorzeichen der Permutation um $(-1)^{2(j-i)-1} = -1$ geändert hat. □

3.2.29 Sehr gebräuchlich ist auch die folgende Schreibweise für eine Permutation σ:

$$\sigma = \begin{pmatrix} 1 & 2 & \ldots & n \\ \sigma(1) & \sigma(2) & \ldots & \sigma(n). \end{pmatrix}$$

Allerdings wird das Produkt $\tau \circ \sigma$ dann so geschrieben, daß zuerst der Ausdruck für σ, dann der für τ kommt:

$$\tau \circ \sigma = \begin{pmatrix} 1 & 2 & \ldots & n \\ \sigma(1) & \sigma(2) & \ldots & \sigma(n) \end{pmatrix} \begin{pmatrix} 1 & 2 & \ldots & n \\ \tau(1) & \tau(2) & \ldots & \tau(n); \end{pmatrix}$$

wir arbeiten also von links nach rechts und somit nicht so, wie wir es bei Abbildungen vereinbart haben! Beispiel:

$$\begin{pmatrix} 1 & 2 & 3 & 4 \\ 2 & 1 & 4 & 3 \end{pmatrix} \begin{pmatrix} 1 & 2 & 3 & 4 \\ 1 & 3 & 2 & 4 \end{pmatrix} = \begin{pmatrix} 1 & 2 & 3 & 4 \\ 3 & 1 & 4 & 2 \end{pmatrix}.$$

Aufgaben

3.2.A1 Zeigen Sie: Untergruppen zyklischer Gruppen sind zyklisch. Bestimmen Sie alle Untergruppen einer zyklischen Gruppe.

3.2.A2 Widerlegen Sie (a) und zeigen Sie (b) und (c):
(a) Jedes Element aus S_n hat eine Ordnung $\leq n$.
(b) Zu $1 \leq k \leq n$ gibt es ein Element $\sigma \in S_n$ der Ordnung k.
(c) Ist $1 < k, l,\ k+l \leq n$ und $\mathrm{ggT}(k,l) = 1$, so gibt es ein $\sigma \in S_n$ der Ordnung $k \cdot l$.

3.2.A3 Es sei S_3 die Gruppe der Permutationen von drei Elementen. S_3 hat also sechs Elemente.

(a) Geben Sie die Elemente und die Verknüpfungstafel an und bestimmen Sie die Ordnungen der Elemente.
(b) Zeigen Sie: $\mathbb{Z}_2$ ist isomorph zu einer Untergruppe $\widetilde{\mathbb{Z}_2}$ von S_3, und $\mathbb{Z}_3$ ist isomorph zu einer Untergruppe $\widetilde{\mathbb{Z}_3}$ von S_3.
(c) Auf S_3 werden durch

$$a \sim_1 b :\iff a \circ b^{-1} \in \widetilde{\mathbb{Z}_2} \quad \text{bzw.} \quad a \sim_2 b :\iff a \circ b^{-1} \in \widetilde{\mathbb{Z}_3}$$

zwei Äquivalenzrelationen $\sim_1$ bzw. $\sim_2$ definiert, und es seien $S_3/\widetilde{\mathbb{Z}_2}$ und $S_3/\widetilde{\mathbb{Z}_3}$ die Mengen der Rechtsrestklassen bzgl. $\sim_1$ bzw. $\sim_2$. Geben Sie $S_3/\widetilde{\mathbb{Z}_2}$ und $S_3/\widetilde{\mathbb{Z}_3}$ konkret an. Zeigen Sie: Die durch

$$\bar{a} * \bar{b} := \overline{a \circ b} \quad \forall a, b \in S_3$$

definierte Verknüpfung ist auf $S_3/\widetilde{\mathbb{Z}_2}$ nicht wohldefiniert; auf $S_3/\widetilde{\mathbb{Z}_3}$ ist sie dagegen eindeutig definiert.
(d) In S_3 gibt es genau drei verschiedene zyklische Untergruppen der Ordnung 2 und genau eine der Ordnung 3.

3.2.A4 Für $n, m \in \mathbb{Z}$ ist $\mathbb{Z}_n \oplus \mathbb{Z}_m := \{(a,b) : a \in \mathbb{Z}_n, b \in \mathbb{Z}_m\}$ mit $(a,b)+(c,d) := (a+c, b+d)$ eine Gruppe. Zeigen Sie, daß $\mathbb{Z}_3 \oplus \mathbb{Z}_4 \cong \mathbb{Z}_{12}$ und $\mathbb{Z}_4 \oplus \mathbb{Z}_4 \not\cong \mathbb{Z}_{16}$ ist.

3.2.A5
(a) Bestimmen Sie alle Homomorphismen der additiven Gruppen $\mathbb{Z}_{12}$ nach $\mathbb{Z}_4$.
(b) Aut $\mathbb{Z}_5$ ist isomorph zu $\mathbb{Z}_4$.

3.2.A6 Sei G eine endliche Gruppe, und H_1, H_2 seien isomorphe Untergruppen von G. Zeigen Sie: $[G : H_1] = [G : H_2]$. Ist die Voraussetzung, daß G endlich ist, notwendig?

3.2.A7 Sei G eine Gruppe und H, K Untergruppen endlichen Indexes: $G > H > K$. Dann ist $[G : K] = [G : H][H : K]$.

3.2.A8 Beweisen oder widerlegen Sie die folgenden Aussagen.
(a) Jede abelsche Gruppe ist zyklisch.
(b) G ist kommutativ $\iff (ab)^n = a^n b^n \quad \forall a, b \in G \quad \forall n \in \mathbb{Z}$.
(c) Sei G eine Gruppe, H Untergruppe vom Index 2. Dann ist jede Rechtsrestklasse nach H auch eine Linksrestklasse.
(d) Sei G eine endliche Gruppe. H_1 und H_2 seien Untergruppen von G mit $H_1 \cong H_2$. Dann gilt $[G : H_1] = [G : H_2]$.
(e) Jede Gruppe von Primzahlordnung ist abelsch.

3.2.A9 Lösen Sie die folgenden Gleichungen bzw. Gleichungssysteme über $\mathbb{Z}_5$:
(a) $\bar{4}x = \bar{0}$;
(b) $\bar{5}x = \bar{3}$;
(c) $\bar{4}x = \bar{2}$;

66   3 Gruppen und Körper

(d) $\bar{2}x + \bar{1} = \bar{0}$, $\bar{1} - \bar{1}x + \bar{3}y = \bar{0}$;
(e) $\bar{1}x + \bar{4}y + \bar{2}z = \bar{3}$, $\bar{1}x + \bar{2}y + \bar{3}z = \bar{2}$, $\bar{2}x + \bar{3}z = \bar{2}$.

3.3 Körper und Ringe. Operationen

Als nächstes behandeln wir Mengen mit zwei Verknüpfungen, die sich wie uns bekannte Zahlen verhalten. Die folgenden abstrakten Rechenbereiche ergeben die grundlegenden Hilfsmittel für die Vektorrechnung und lineare Algebra.

Körper und Ringe

Wir beginnen mit zwei Beispielen:

3.3.1 Beispiele
(a) Mit der Addition und der Multiplikation wird $(\mathbb{Z}, +, \cdot)$ eine Menge mit zwei Verknüpfungen. Dabei ist $(\mathbb{Z}, +)$ eine abelsche Gruppe mit neutralem Element 0 und $(\mathbb{Z}, \cdot)$ ist assoziativ, kommutativ und besitzt das neutrale Element 1, ist jedoch keine Gruppe (weshalb?). Es gelten die *Distributivgesetze*

$$a(b + c) = ab + ac, \quad (b + c)a = ba + ca,$$

die wegen der Kommutativität der Multiplikation zueinander äquivalent sind; hier sind wie üblich die „$\cdot$"-Zeichen bei der Multiplikation weggelassen worden.

(b) Für eine Menge X sei wieder $\mathcal{P}(X) := \{A : A \subset X\}$ die Potenzmenge von X. Für $A, B \subset X$ sind Durchschnitt $A \cap B \subset X$ und Vereinigung $A \cup B \subset X$ definiert. Das liefert zwei Verknüpfungen $\cap$ und $\cup$ auf $\mathcal{P}(X)$. Dann sind $(\mathcal{P}(X), \cap)$ und $(\mathcal{P}(X), \cup)$ assoziativ, kommutativ und besitzen das neutrale Element X bzw. $\emptyset$. Es gelten die Distributivgesetze

$$A \cup (B \cap C) = (A \cup B) \cap (A \cup C), \quad (B \cap C) \cup A = (B \cup A) \cap (C \cup A),$$
$$A \cap (B \cup C) = (A \cap B) \cup (A \cap C), \quad (B \cup C) \cap A = (B \cap A) \cup (C \cap A),$$

wobei die nebeneinanderstehenden Gleichungen wegen der Kommutativität der Verknüpfungen äquivalent sind.

Wenn auf einer Menge zwei Verknüpfungen $\circ$ und $*$ gegeben sind, muß man i.a. zwischen $(a \circ b) * c$ und $a \circ (b * c)$ unterscheiden. Um Klammern zu sparen, werden wir im folgenden die eine Verknüpfung multiplikativ und die

3.3 Körper und Ringe. Operationen

andere additiv schreiben und die Multiplikation vor der Addition durchführen, also z.B. $ab + c := (ab) + c$ setzen, wobei wieder ab für $a \cdot b$ steht.

3.3.2 Definition Eine Menge $(K, +, \cdot)$ mit zwei Verknüpfungen heißt ein *Körper*, wenn folgendes gilt:
  (K1) $(K, +)$ ist eine abelsche Gruppe (das neutrale Element heiße 0).
  (K2) $(K - \{0\}, \cdot)$ ist eine abelsche Gruppe (das neutrale Element heiße 1).
  (K3) Für $a, b, c \in K$ gilt $a(b + c) = ab + ac$ (Distributivgesetz).
  Wenn nur (K1) und (K3) gelten und die Multiplikation assoziativ ist, heißt K ein *Ring*.

Die Rechenregeln, soweit sie nur die Addition bzw. die Multiplikation in $K - \{0\}$ betreffen, kennen wir schon. Aus (K3) ergeben sich Rechenregeln, die Addition und Multiplikation verbinden:

3.3.3 Satz
(a) *Multiplikative Eigenschaften der* 0:
  (1) $1 \neq 0$,   (2) $0a = 0$,   (3) *Aus* $ab = 0$ *folgt* $a = 0$ *oder* $b = 0$.
(b) *Multiplikative Eigenschaften des additiven Inversen:*
  (4) $a(-b) = (-a)b = -(ab)$,   (5) $(-a)(-b) = ab$
(c) *Multiplikation von Vielfachen:*
  $(na)(mb) = nm(ab)$ $n, m \in \mathbb{Z}$

B e w e i s
  (a1) folgt aus $1 \in K - \{0\}$. (a2) folgt mittels (K1) aus $0a = (0 + 0)a = 0a + 0a$. (a3) Wenn $a = 0$ ist, steht die Behauptung da. Sonst ist $a \in K - \{0\}$ und a^{-1} existiert, und es folgt aus (a2)
$$0 = a^{-1} \cdot 0 = a^{-1}ab = b.$$

(b4) folgt aus $a(-b) + ab = a(-b + b) = a0 = 0$, entsprechend für $(-a)b$. (b5) folgt aus
$$ab - (-a)(-b) \stackrel{(b4)}{=} ab + (-(-a))(-b) = a(b - b) = a0 = 0.$$

(c) folgt für $n, m > 0$ unmittelbar aus (K3), für $n = 0$ oder $m = 0$ aus (a2), und der Fall $n < 0$ (oder $m < 0$) läßt sich wegen $(-n)a = n(-a)$ und (b) auf den Fall $n > 0$ zurückführen. □

3.3.4 Beispiele
  (a) $\mathbb{R}$ ist ein Körper. Die Menge $\mathbb{Q} \subset \mathbb{R}$ aller rationalen Zahlen ist ein Körper. Dagegen ist $\mathbb{Z}$ ein Ring, aber kein Körper, da es nur zu 1 und -1 ein multiplikatives Inverses gibt.

3 Gruppen und Körper

(b) Sei i ein Symbol und $\mathbb{C} := \{a+ib \colon a,b \in \mathbb{R}\}$. Für $a,b,c,d \in \mathbb{R}$ definieren wir

$$(a+ib) + (c+id) := (a+c) + i(b+d),$$
$$(a+ib) \cdot (c+id) := (ac - bd) + i(ad + bc).$$

Dann wird $\mathbb{C}$ ein Körper, der *Körper der komplexen Zahl*. Ein Element $a+ib$ heißt *komplexe Zahl*. Hier gilt $i^2 = -1$. Aus $z^2 = -1$, $z \in \mathbb{C}$, folgt $z = \pm i$, wobei $-i = i(-1)$ ist.

(c) Diese Konstruktion läßt sich wie folgt verallgemeinern: i, j, k seien Symbole und

$$\mathbb{H} := \{x_0 + ix_1 + jx_2 + kx_3 : x_0, x_1, x_2, x_3 \in \mathbb{R}\}.$$

Für $x_\ell, y_\ell \in \mathbb{R}$ gelte:

$$(x_0 + ix_1 + jx_2 + kx_3) + (y_0 + iy_1 + jy_2 + ky_3) :=$$
$$(x_0 + y_0) + i(x_1 + y_1) + j(x_2 + y_2) + k(x_3 + y_3),$$
$$(c_0 + x_1 i + x_2) + x_3 k) \cdot (y_0 + y_1 + jy_2 + ky_3) :=$$
$$(x_0 y_0 - x_1 y_1 + x_2 y_2 - x_3 y_3) + (x_0 y_1 + x_1 y_0 + x_3 y_4 - x_4 y_3)i$$
$$+ (x_0 y_2 + x_2 y_0 - x_1 y_3 + x_3 y_1)j + (x_0 y_4 + x_4 y_0 + x_1 y_2 - x_2 y_1)k.$$

Dann erfüllt $\mathbb{H}$ alle Körpergesetze mit Ausnahme des kommutativen Gesetzes der Multiplikation; es gilt nämlich

$$i^2 = j^2 = k^2 = -1, \ ij = -ji, \ ik = -ki, \ jk = -kj.$$

Eine Menge mit zwei Verknüpfungen $+, \cdot$, in der alle Körpergesetze mit Ausnahme des kommutativen Gesetzes der Multiplikation gelten, heißt *Schiefkörper*.

Im Falle von $\mathbb{H}$ spricht man aber meistens vom *Körper der Quaternionen*, die Elemente heißen *Quaternionen*.

(d) Die Symbole 0 und 1 bilden bezüglich der Verknüpfungen

$$0 + 0 = 1 + 1 = 0, \ 0 + 1 = 1 + 0 = 1, \ 0 \cdot 0 = 0 \cdot 1 = 1 \cdot 0 = 0, \ 1 \cdot 1 = 1$$

einen Körper $(\{0,1\}, +, \cdot) = \mathbb{Z}_2$.

(e) Sei $m \geq 2$ eine natürliche Zahl und $\mathbb{Z}_m$ wie in 3.2.9. Die Restklasse von $a \in \mathbb{Z}$ modulo m bezeichnen wir wieder mit $\bar{a} := \{a + mx \colon x \in \mathbb{Z}\}$. Die Menge $\mathbb{Z}_m$ dieser Restklassen ist bezüglich der Addition $\bar{a} + \bar{b} := \overline{a+b}$ eine abelsche Gruppe mit neutralem Element $\bar{0}$, vgl. 3.2.11. Wir definieren ein Produkt der Restklassen:

$$\bar{a} \cdot \bar{b} := \overline{ab}.$$

Das Produkt ist wohldefiniert. Ist nämlich $\bar{a} = \overline{a'}$ und $\bar{b} = \overline{b'}$, so ist $a - a'$, $b - b' \in m\mathbb{Z}$ und deshalb auch $x := (a - a')b$, $y := (b - b')a' \in m\mathbb{Z}$. Nun folgt

$$ab - a'b' = x + y \in m\mathbb{Z} \implies \overline{ab} = \overline{a'b'}.$$

Das Produkt ist assoziativ: $(\bar{a}\bar{b})\bar{c} = \overline{(ab)}\bar{c} = \overline{(ab)c} \bar{a}\overline{(bc)} = \overline{a(bc)} = \bar{a}(\bar{b}\bar{c})$,
  kommutativ: $\bar{a}\bar{b} = \overline{ab} = \overline{ba} = \bar{b}\bar{a}$ und
  distributiv: $\bar{a}(\bar{b} + \bar{c}) = \bar{a}\overline{(b + c)} = \overline{a(b + c)} = \overline{ab + ac} = \overline{ab} + \overline{ac} = \bar{a}\bar{b} + \bar{a}\bar{c}$.
$\bar{1}$ ist neutrales Element: $\bar{1}\bar{a} = \overline{1a} = \bar{a}$

Also ist $\mathbb{Z}_m$ ein Ring, sogar ein Ring *mit kommutativer Multiplikation und Einselement*.

3.3.5 Satz $\mathbb{Z}_m$ *ist dann und nur dann ein Körper, wenn m eine Primzahl ist.*

B e w e i s   Ist m nicht prim, also $m = pq$ mit $1 < p, q < m$, so folgt $\bar{0} = \bar{m} = \bar{p}\bar{q}$ und $\bar{p} \neq \bar{0} \neq \bar{q}$. Somit folgt in $\mathbb{Z}_m$ aus $\bar{a}\bar{b} = \bar{0}$ nicht, daß $\bar{a} = \bar{0}$ oder $\bar{b} = \bar{0}$ ist. Wegen 3.3.3 (a3) kann $\mathbb{Z}_m$ kein Körper sein.

Nun sei m eine Primzahl. Dann folgt aus $\bar{a} \neq 0$, daß $a \notin m\mathbb{Z}$. Weil m prim ist, ist der größte gemeinsame Teiler von a und m gleich 1. Nach dem Lemma von Bezout 2.2.11 gibt es $x, y \in \mathbb{Z}$ mit $ax + my = 1$. Wegen $\bar{m} = \bar{0}$ ist $\bar{1} = \bar{a}\bar{x} + \bar{m}\bar{y} = \bar{a}\bar{x}$, und somit ist $\bar{a}$ invertierbar mit Inversem $\bar{x}$. Deshalb ist $(\mathbb{Z}_m - \{\bar{0}\}, \cdot)$ eine Gruppe und somit $\mathbb{Z}_m$ ein Körper. $\square$

Gilt in einem Ring eine Gleichung $xy = 0$, wobei $x \neq 0 \neq y$ ist, so gibt es „nicht-triviale Teiler" der 0, was wegen 3.3.3 (a3) bei Körpern nicht auftritt. Für diese besondere Situation wird ein eigener Begriff eingeführt.

3.3.6 Definition Sei R ein Ring. Ein Element $0 \neq x \in R$ heißt *Nullteiler*, wenn es ein Element $y \in R$, $y \neq 0$, gibt, so daß $x \cdot y = 0$ ist. Gibt es keine Nullteiler in R, so heißt R *nullteilerfrei*.

Körper sind nullteilerfrei. Dagegen besitzt $\mathbb{Z}_m$ Nullteiler, wenn m keine Primzahl ist, wie wir oben gezeigt haben.

Für eine Primzahl p ist also $(\mathbb{Z}_p - \{\bar{0}\}, \cdot)$ eine Gruppe. Ihre Ordnung ist $p - 1$. Nach dem kleinen Fermatschen Satz 3.2.21 ist $p - 1$ ein Vielfaches der Ordnung jedes Elements $\bar{a} \in \mathbb{Z}_p - \{\bar{0}\}$, also

$$\bar{a}^{p-1} = \bar{1} \implies a^{p-1} - 1 \in p\mathbb{Z} \implies a^p - a \in p\mathbb{Z}.$$

Das ist die in Zahlentheorie übliche Formulierung des kleinen Fermatschen Satzes.

3 Gruppen und Körper

3.3.7 Kleiner Fermatscher Satz *Ist $a \in \mathbb{Z}$ und p prim, so gilt $p \mid a^p - a$.* □

3.3.8 Definition Ist K ein Körper und $L \subset K$ eine Teilmenge, die mit den in K gegebenen Verknüpfungen selbst ein Körper ist, so heißt L ein *Unterkörper* von K. Der Durchschnitt beliebig vieler Unterkörper von K ist ein Unterkörper von K. Der Durchschnitt aller Unterkörper von K ist der kleinste in K enthaltene Unterkörper; er heißt der *Primkörper* von K

Den Primkörper K_0 von K definieren wir wie folgt: Er muß $1 \in K$ und deshalb $1+1, 1+1+1, \ldots, -1, -1-1, \ldots$, also alle Vielfachen von 1, enthalten. Ferner müssen die multiplikativen Inversen der von 0 verschiedenen Vielfachen von 1 in K_0 liegen und die Produkte derselben mit den Vielfachen der 1. Das aber genügt. Die Konstruktion läßt sich an den folgenden Beispielen verdeutlichen:

3.3.9 Beispiele
(a) Die Teilmenge $\{a + b\sqrt{2} \mid a, b \in \mathbb{Q}\} \subset \mathbb{R}$ ist ein Unterkörper von $\mathbb{R}$.
(b) Der Primkörper von $\mathbb{R}$ ist $\mathbb{Q}$.
(c) Ist p eine Primzahl, so ist $\mathbb{Z}_p$ ein Primkörper.

Polynome und rationale Funktionen

3.3.10 Der Polynomring $K[x]$ Es sei K ein Körper. Ein *Polynom* über K ist ein formaler Ausdruck der Form

$$f(x) = \sum_{i=0}^{\infty} a_i x^i, \ a_i \in K, \ a_i = 0 \text{ für fast alle } i \in \mathbb{N}.$$

Hier ist x ein unbestimmtes Symbol. Zwei Polynome $\sum a_i x^i$ und $\sum b_i x^i$ heißen gleich, wenn $a_i = b_i \ \forall i \in \mathbb{N}$. Polynome werden wie folgt addiert und multipliziert:

$$\left(\sum_{i=0}^{\infty} a_i x^i\right) + \left(\sum_{i=0}^{\infty} b_i x^i\right) := \sum_{i=0}^{\infty} (a_i + b_i) x^i,$$

$$\left(\sum_{i=0}^{\infty} a_i x^i\right) \cdot \left(\sum_{i=0}^{\infty} b_i x^i\right) := \sum_{i=0}^{\infty} \left(\sum_{\substack{r+s=i \\ r,s \geq 0}} a_r b_s\right) x^i = \sum_{i=0}^{\infty} \left(\sum_{r=0}^{i} a_r b_{i-r}\right) x^i.$$

Mit diesen Verknüpfungen wird die Menge aller Polynome über K ein Ring, der *Polynomring $K[x]$ über K*. Das Nullelement ist das *Nullpolynom* $0 := \sum a_i x^i$

mit $a_i = 0 \ \forall i \in \mathbb{N}$. Die Multiplikation ist kommutativ und besitzt das neutrale Element $1 := \sum a_i x^i$ mit $a_0 = 1$ und $a_i = 0 \ \forall i \geq 1$. Für $a \in K$ bezeichne a ebenfalls das *konstante Polynom* $a := \sum a_i x^i$ mit $a_0 = a$, $a_i = 0$, $i \geq 1$. Der *Grad* eines vom Nullpolynom verschiedenen Polynoms $f(x) = \sum a_i x^i$ ist die größte Zahl $n \in \mathbb{N}$ mit $a_n \neq 0$. Wir schreiben $n = \text{grad}\, f$. Sind $f(x)$ und $g(x)$ vom Nullpolynom verschiedene Polynome, so gilt:

$$\text{grad}(f(x)g(x)) = \text{grad}\, f(x) + \text{grad}\, g(x).$$

Meistens wird das Polynom in der Form $a_0 + a_1 x + \ldots + a_n x^n$ geschrieben; in konkreten Beispielen werden die Terme mit Koeffizienten 0 weggelassen, z.B. $x^n - 1$, $1 + 2x^2 + x^4$.

Jedes Polynom $f(x)$ definiert eine Abbildung $f \colon K \to K$ wie folgt: Ist $f(x) = \sum a_i x^i$ das Polynom, so sei die Abbildung definiert durch

$$c \mapsto f(c) := \sum_{i=0}^{\infty} a_i c^i \in K;$$

dieses Element ist definiert, weil nur endlich viele der $a_i \neq 0$ sind. Ein Element $c \in K$ heißt *Nullstelle* oder *Wurzel* des Polynoms $f(x)$, wenn $f(c) = 0$ ist.

Warnung: Definieren die Polynome $f(x)$, $g(x)$ dieselbe Abbildung $f = g \colon K \to K$, so folgt daraus nicht $f(x) = g(x)$. Ein Gegenbeispiel bilden $f(x) = x^2$ und $g(x) = x^4$ über dem Körper $\mathbb{Z}_2$ aus Beispiel 3.3.4 (b). Man kann also Polynome nicht als spezielle Abbildungen definieren.

3.3.11 Der Körper $K(x)$ der rationalen Funktionen Sei K ein Körper. Eine *rationale Funktion über K* ist ein formaler Ausdruck der Form

$$\frac{f(x)}{g(x)} = f(x)g^{-1}(x) \quad \text{mit } f(x),\ g(x) \in K[x],\ g(x) \neq 0.$$

Zwei rationale Funktionen heißen *gleich*, $f(x)g^{-1}(x) = f^*(x)g^{*-1}(x)$, wenn $f(x)g^*(x) = f^*(x)g(x)$ in $K[x]$ gilt. Mit den Verknüpfungen

$$\frac{f(x)}{g(x)} + \frac{f^*(x)}{g^*(x)} := \frac{f(x)g^*(x) + f^*(x)g(x)}{g(x)g^*(x)}, \quad \frac{f(x)}{g(x)} \frac{f^*(x)}{g^*(x)} := \frac{f(x)f^*(x)}{g(x)g^*(x)}$$

wird die Menge aller rationalen Funktionen über K ein Körper, der *Körper $K(x)$ der rationalen Funktionen über K*.

Charakteristik

3.3.12 Die Charakteristik eines Körpers Die Beispiele 3.3.4 (d), (e) zeigen, daß die Vielfachen des Elements 1 eines Körpers,

$$1,\ 1+1,\ 1+1+1,\ldots,\ n1 := \underbrace{1+\ldots+1}_{(n-\text{mal})},\ldots$$

nicht alle voneinander verschieden sein müssen. Die kleinste Zahl $p \in \mathbb{N}^*$ mit $p1 = 0$ heißt die *Charakteristik von K* und wird mit char K bezeichnet. Wenn es keine solche Zahl gibt, setzen wir char $K = 0$. Es sind $\mathbb{Q}$, $\mathbb{R}$ und $\mathbb{C}$ Körper der Charakteristik 0. Der Körper $\mathbb{Z}_p$, p prim, hat die Charakteristik p.

3.3.13 Satz
(a) *Ist* char $K = p > 0$, *so ist p eine Primzahl.*
(b) *Sei* char $K = p \neq 0$, $a \in K$. *Dann ist* $\underbrace{a + \ldots + a}_{p} = pa = 0$. *Ist $a \neq 0$ und $na = 0$, so folgt $p|n$.*
(c) *Ein Primkörper der Charakteristik 0 ist isomorph zu $\mathbb{Q}$, ein Primkörper der Charakteristik $p > 0$ ist isomorph zu $\mathbb{Z}_p$.*

B e w e i s von (a): Ist p nicht Primzahl, so ist $p = rs$ mit $r, s \in \mathbb{N}^*$ und $r < p$, $s < p$. Wegen

$$0 = p1 = (rs)1 = (r1)(s1)$$

ist nach 3.3.3 (a3) $r1 = 0$ oder $s1 = 0$, d.h. p ist nicht die kleinste Zahl in $\mathbb{N}^*$ mit $p1 = 0$.

(b) Es ist $pa = (p1) \cdot a = 0 \cdot a = 0$. Teilt p das n nicht, so ist nach Division mit Rest $n = kp + r$ mit $0 < r < p$. Also ist

$$0 = na = (kp+r)a = kpa + ra = ra, \text{ und } 0 = (ra)a^{-1} = r(aa^{-1}) = r \cdot 1$$

im Widerspruch zur Definition der Charakteristik p.

(c) ergibt sich aus der Konstruktion, die nach Definition 3.3.8 geschildert worden ist. □

Homomorphismen und Operationen

3.3.14 Definition Ein *Homomorphismus* $f \colon (K, +, \cdot) \to (L, +, \cdot)$ zwischen Mengen mit zwei Verknüpfungen ist eine Abbildung

$f \colon K \to L$ mit $f(a+b) = f(a) + f(b)$ und $f(ab) = f(a)f(b)$ $\forall a, b \in K$.

3.3 Körper und Ringe. Operationen   73

Die Begriffe Endomorphismus, Isomorphismus, ... von 3.1.21 übertragen sich entsprechend.

3.3.15 Hilfssatz *Ein Homomorphismus $f\colon K \to L$ von Körpern ist entweder injektiv, oder es ist $f(K) = \{0\} \subset L$.*

B e w e i s   Wenn $0 \neq a_0 \in K$ mit $f(a_0) = 0$ existiert, so ist

$$f(a) = f(aa_0^{-1}a_0) = f(aa_0^{-1})f(a_0) = 0 \; \forall a \in K.$$

Ist also nicht $f(K) = \{0\}$, so folgt aus $f(a) = 0$ stets $a = 0$. Aus $f(a) = f(b)$ folgt $0 = f(a) - f(b) = f(a-b)$, also $a - b = 0$, d.h. $a = b$. Daher ist f injektiv.
□

Wie aus dem obigen Beweis hervorgeht, brauchen wir die Injektivität eines Homomorphismus $f\colon K \to L$ nur „bei der 0" nachzuprüfen: Aus „$f(a) = 0 \implies a = 0$" folgt, daß f injektiv ist.

Neben den bisher diskutierten Verknüpfungen spielen die Operationen einer Menge auf einer anderen im folgenden eine große Rolle.

3.3.16 Operationen Es seien M und N nichtleere Mengen. Eine Funktion $M \times N \to N$ heißt *Operation von M auf N*; wir sagen auch, „M operiert auf N" (bezüglich der gegebenen Funktion). Den Wert der Funktion $M \times N \to N$ auf $(a,x) \in M \times N$ bezeichnen wir mit $ax \in N$. Für jedes $a \in M$ ist $N \to N$, $x \mapsto ax$, eine Abbildung von N. Daß M auf N operiert, bedeutet also, daß jedem $a \in M$ eine Abbildung $N \to N$ zugeordnet ist.

3.3.17 Beispiele
(a) G sei eine additiv geschriebene abelsche Gruppe. Dann operiert $\mathbb{Z}$ auf G durch $\mathbb{Z} \times G \to G$, $(n,x) \mapsto nx := \underbrace{x + \ldots + x}_{n\text{-mal}}$. Nach 3.1.16 gelten folgende Regeln:

$$(m+n)x = mx + nx, \; m(x+y) = mx + my, \; m(nx) = (mn)x.$$

(b) $(V_E, +)$ sei die abelsche Gruppe der Vektoren einer Ebene E. Dann operiert $\mathbb{R}$ auf V_E durch skalare Multiplikation:

$$\mathbb{R} \times V_E \to V_E, \; (\lambda, \mathfrak{x}) \mapsto \lambda\mathfrak{x}.$$

Nach 1.2.2, 1.2.4 gelten folgende Regeln:

$$(\lambda + \lambda')\mathfrak{x} = \lambda\mathfrak{x} + \lambda'\mathfrak{x}, \; \lambda(\mathfrak{x}+\mathfrak{y}) = \lambda\mathfrak{x} + \lambda\mathfrak{y}, \; \lambda(\lambda'\mathfrak{x}) = (\lambda\lambda')\mathfrak{x}.$$

(c) K sei ein Körper und $L \subset K$ ein Unterkörper. Dann operiert L auf K durch $L \times K \to K$, $(a,x) \mapsto ax$ (Multiplikation in K). Aus den Körperaxiomen folgen die Regeln:

$$(a+b)x = ax + bx, \quad a(x+y) = ax + by, \quad a(bx) = (ab)x.$$

In allen drei Beispielen ist die operierende Menge ein Ring (in (b) und (c) sogar ein Körper) und die Menge, auf der sie operiert, eine abelsche Gruppe. Man definiert allgemein:

3.3.18 Definition K sei ein Ring und G eine abelsche (additiv geschriebene) Gruppe. Es sei eine Operation $K \times G \to G$ gegeben, so daß für alle Elemente $a,b \in K$ und $x,y \in G$ gilt

$$(a+b)x = ax + bx, \quad a(x+y) = ax + ay, \quad a(bx) = (ab)x.$$

Dann heißt G ein *Modul* (bezüglich der gegebenen Operation). Hat K ein Einselement e, so soll $ex = x$ für alle $x \in G$ gelten.

Der (wichtige) Spezialfall, daß K sogar ein Körper ist, wird in den nächsten Kapiteln untersucht.

Über Gleichungssysteme

3.3.19 Eine Vorbetrachtung In den Körperaxiomen wird gefordert, daß sich in einem Körper K die lineare Gleichung $ax + b = c$ bei vorgegebenen Elementen $a,b,c \in K$ eindeutig lösen läßt; allerdings wird $a \neq 0$ vorausgesetzt. Dieses Problem ist sehr speziell. Aus Gründen mathematischen oder anwendungsorientierten Ursprunges legt sich die Untersuchung von Systemen linearer Gleichungen mit mehreren Unbekannten nahe, wie auch die Untersuchung von Gleichungen höheren Grades. Mit dem letzten Fragenkreis werden wir uns nur wenig beschäftigen (können); er wird in der Vorlesung „Algebra" behandelt.

In unseren Betrachtungen ist die Theorie der linearen Gleichungssysteme ein zentrales Thema. Die auftretenden Fragen sollen in dieser Vorbetrachtung erst einmal an Beispielen verdeutlicht werden.

(a) Der Einfachheit halber nehmen wir als zugrundeliegenden Körper die rationalen Zahlen $\mathbb{Q}$. Wir betrachten Gleichungen mit drei Unbekannten x,y,z. Das erste System sei

(1) $$\begin{array}{rcrcrcl} 2x & - & y & + & z & = & 2 \\ & & 3y & + & 2z & = & 5 \\ 7x & - & 8y & + & z & = & 0 \end{array}$$

3.3 Körper und Ringe. Operationen

Zur Lösung setzen wir $z = 8y - 7x$ und erhalten aus den beiden ersten Gleichungen
$$-5x + 7y = 2$$
$$-14x + 19y = 5$$
Wird das (-3)-fache der oberen Gleichung zu der unteren addiert, so entsteht die Gleichung $x - 2y = -1$, also $x = 2y - 1$. Setzen wir das in die obere Gleichung ein, so entsteht $-3y = -3$, und es folgt $y = 1$. Aus der zweiten Gleichung in (1) folgt $z = 1$ und nun aus der dritten $x = 1$.

Was haben wir damit gezeigt? Wir haben gesehen: Die einzige Möglichkeit für eine Lösung des Gleichungssystems (1) ist $x = y = z = 1$. Setzen wir diese in (1) ein, so zeigt sich, daß es sich auch wirklich um eine Lösung handelt. Wir sehen also: *Das Gleichungssystem* (1) *hat die Lösung* $x = y = z = 1$, *und dieses ist die einzige Lösung.*

Schon an diesem einfachen Beispiel wird deutlich, daß die Lösung einen beträchtlichen rechnerischen Aufwand erfordert und daß dieser mit der Zahl der Unbekannten schnell wachsen wird. So stellt sich hier die Aufgabe, Methoden zu entwickeln, um mit möglichst kleinem Aufwand (schnell) das Ergebnis zu finden.

(b) Als nächstes betrachten wir das Gleichungssystem

(2)
$$2x - y + z = 2$$
$$3y + 2z = 5$$
$$2x + 2y + 3z = 7$$

Wir gehen ähnlich vor: Aus der ersten Gleichung entnehmen wir
$$y = 2x + z - 2.$$
Dann werden die beiden anderen Gleichungen zu
$$6x + 5z = 11,$$
$$6x + 5z = 11.$$

Sie fallen also zusammen, und das Problem wird einfacher: Wir brauchen nur noch eine Gleichung zu lösen und bekommen $z = \frac{6}{5}x + \frac{11}{5}$. Das scheint aber gar keine Lösung zu sein; denn wir haben keine drei Zahlen für x, y, z gefunden, die (2) lösen. Setzen wir aber in die Gleichungen (2) die Ausdrücke $z = \frac{6}{5}x + \frac{11}{5}$ und $y = \frac{16}{5}x + \frac{1}{5}$ ein und rechnen „allgemein", so sehen wir, daß alle Gleichungen gelöst werden.

Unser Ergebnis ist: *Das Gleichungssystem* (2) *besitzt als Lösungen alle Tripel* (x, y, z) *der Form*
$$x, \quad y = \frac{16}{5}x + \frac{1}{5}, \quad z = -\frac{6}{5}x + \frac{11}{5}.$$

76   3 Gruppen und Körper

Dabei kann für x eine beliebige rationale Zahl genommen werden. Es gibt also unendlich viele Lösungen. Genauer gesagt, wir haben einen freien Parameter, etwa das x.

(c) Betrachten wir das System

(3)
$$\begin{aligned} 2x &- y + z = 2 \\ -6x &+ 3y - 3z = -6 \\ x &- \tfrac{1}{2}y + \tfrac{1}{2}z = 1, \end{aligned}$$

so sehen wir wie oben, daß wir nun die beiden Parameter x und y frei wählen können und $z = -2x + y + 2$ setzen müssen. Dann folgt durch „allgemeines" Rechnen wieder, daß x, y, z das Gleichungssystem (3) lösen. Hier ist also die Lösungsmenge „sehr viel größer" als in (2).

(d) Als letztes untersuchen wir das Gleichungssystem

(4)
$$\begin{aligned} 2x &- y + z = 2 \\ & 3y + 2z = 5 \\ 2x &+ 2y + 3z = 3. \end{aligned}$$

Wir setzen wieder $y = 2x + z - 2$ und erhalten dann die beiden Gleichungen

$$6x + 5z = 11$$
$$6x + 5z = 7.$$

Da in diesem Gleichungssystem die linken Seiten gleich, die rechten Seiten dagegen verschieden sind, kann es keine Lösung geben. Unser Ergebnis ist: *Das Gleichungssystem (4) besitzt keine Lösung.*

Das Letzte erstaunt umso mehr, als die beiden System (2) und (4) sehr ähnlich sind, sie unterscheiden sich nur in einer Zahl.

Im folgenden wollen wir uns klarmachen, warum es diese drei Varianten (1), (2) und (4) gibt, und auch den Unterschied zwischen (2) und (3) herausarbeiten. Wir wollen hier nur noch festhalten, daß es für die Untersuchung von linearen Gleichungssystemen die folgenden Hauptprobleme gibt:

(A) Besitzt das System überhaupt eine Lösung?

(B) Wie viele Lösungen gibt es, und wie hängen sie zusammen?

(C) Mit welchen Methoden kann man die beiden Fragen (A) und (B) behandeln, und zwar sicher und möglichst rationell?

Wir kommen auf diesen Fragenkreis erst in Kapitel 5 zurück. Mit dem geometrischen Begriff „Vektorraum" können wir ihn sehr viel durchsichtiger machen. Der Ansatz sei kurz angesprochen: Eine Gleichung wie $2x - y + z = 2$ beschreibt eine Ebene im dreidimensionalen Raum. Die Lösungsmenge eines Gleichungssystems wie (1), (2), (3) oder (4) entspricht also der Menge der Punkte, die allen drei Ebenen, die durch die einzelnen Gleichungen bestimmt werden,

angehören, also dem Durchschnitt dieser Ebenen. Für den Schnitt dreier Ebenen im dreidimensionalen Raum kann nun folgendes eintreten, vgl. 1.1.3-4:
 (1') Die Ebenen haben genau einen Punkt gemeinsam;
 (2') die Ebenen haben eine Gerade gemeinsam;
 (3') die drei Ebenen fallen zusammen;
 (4') die Ebenen haben keinen Punkt gemeinsam.

In Kapitel 4 werden nun Hilfsmittel bereitgestellt, um analoge Aussagen in beliebigen Dimensionen und für beliebige Körper formulieren und rechnerisch behandeln zu können.

Aufgaben

3.3.A1 Sei K ein Körper. Auf $M := K \times K$ werde eine Addition erklärt durch $(a,b) + (a_1, b_1) := (a + a_1, b + b_1)$, ferner eine Multiplikation wie in (a), (b) und (c). Welche Körperaxiome gelten in den verschiedenen Fällen für $(M, +, \cdot)$, und unter welchen Bedingungen an K ist $(M, +, \cdot)$ ein Körper?
 (a) $(a,b) \cdot (a_1, b_1) := (aa_1, bb_1)$
 (b) $(a,b) \cdot (a_1, b_1) := (aa_1 + 2bb_1, ab_1 + ba_1)$
 (c) $(a,b) \cdot (a_1, b_1) := (aa_1 - bb_1, a_1 b + ab_1)$

3.3.A2 Sei $K = \mathbb{Z}_2(x)$ der Körper der rationalen Funktionen über dem Körper $\mathbb{Z}_2$.
 (a) Welche Charakteristik hat K?
 (b) Wie viele Elemente besitzt K?
 (c) Wie viele Abbildungen $\mathbb{Z}_2 \longrightarrow \mathbb{Z}_2$ können durch Elemente von K beschrieben werden?
 (d) Wann beschreiben zwei Polynome aus $\mathbb{Z}_2[x]$ dieselbe Selbstabbildung von $\mathbb{Z}_2$?

3.3.A3 Ein endlicher, nullteilerfreier, kommutativer Ring mit mindestens zwei Elementen ist ein Körper.

3.3.A4 Betrachten Sie die Menge $\mathbb{Q}(\sqrt{2}) := \{a + b \cdot \sqrt{2} : a, b \in \mathbb{Q}\}$ mit den Verknüpfungen $(a_1 + b_1 \cdot \sqrt{2}) + (a_2 + b_2 \cdot \sqrt{2}) := (a_1 + a_2) + (b_1 + b_2) \cdot \sqrt{2}$ und $(a_1 + b_1 \cdot \sqrt{2}) \cdot (a_2 + b_2 \cdot \sqrt{2}) := (a_1 a_2 + 2 b_1 b_2) + (a_1 b_2 + a_2 b_1) \cdot \sqrt{2}$.
Zeigen Sie, daß $(\mathbb{Q}(\sqrt{2}), +, \cdot)$ ein Körper ist.

3.3.A5 Es sei $K \neq \emptyset$ ein Körper. Zeigen Sie: $(K, +)$ und $(K - \{0\}, \cdot)$ sind nicht isomorph.

3.3.A6 Bis auf Isomorphie gibt es einen und nur einen Körper mit 4 Elementen.

3.3.A7 Die Quaternionen $\mathbb{H}$, vgl. 3.3.4 (c), bilden einen Schiefkörper.

4 Vektorräume und affine Räume

In diesem Kapitel führen wir den für die lineare Algebra zentralen Begriff des „Vektorraumes" ein und gewinnen grundlegende Aussagen der linearen Algebra. Hier kann ein beliebiger Körper als Grundkörper genommen werden; damit ist keine „Begründung" der Theorie der reellen Zahlen von Nöten. Allerdings werden wir bei manchen Beispielen auf $\mathbb{R}$ zurückgreifen. Am Ende werden wir die algebraischen Begriffe geometrisch interpretieren.

4.1 Definition, Beispiele und einfache Eigenschaften

Wir beginnen mit dem wichtigen Begriff des Vektorraumes:

4.1.1 Definition Sei K ein Körper. Eine Menge V heißt *Vektorraum* oder *linearer Raum über K* oder auch *K-Vektorraum*, wenn auf ihr eine Verknüpfung, genannt *Addition*, sowie eine Operation von K, *skalare Multiplikation* genannt, erklärt sind, welche die folgenden Regeln erfüllen:

A. Vektoraddition. Bezüglich der Addition bildet V eine abelsche Gruppe. Im einzelnen heißt das:
(VA1) Je zwei Elementen $\mathfrak{x}, \mathfrak{y} \in V$ ist eindeutig ein Element $\mathfrak{z} \in V$, ihre *Summe* zugeordnet: $\mathfrak{z} = \mathfrak{x} + \mathfrak{y}$.
(VA2) *Assoziatives Gesetz:* $\mathfrak{x} + (\mathfrak{y} + \mathfrak{z}) = (\mathfrak{x} + \mathfrak{y}) + \mathfrak{z} \quad \forall \mathfrak{x}, \mathfrak{y}, \mathfrak{z} \in V$.
(VA3) *Kommutatives Gesetz:* $\mathfrak{x} + \mathfrak{y} = \mathfrak{y} + \mathfrak{x} \quad \forall \mathfrak{x}, \mathfrak{y} \in V$.
(VA4) Es existiert ein Element $\mathfrak{o} \in V$ mit $\mathfrak{x} + \mathfrak{o} = \mathfrak{x} \; \forall \mathfrak{x} \in V$, das *Nullelement*.
(VA5) Zu jedem $\mathfrak{x} \in V$ gibt es ein Element $(-\mathfrak{x}) \in V$ mit $\mathfrak{x} + (-\mathfrak{x}) = \mathfrak{o}$.

M. Multiplikation mit Skalaren.
(VM1) Jedem Paar $(a, \mathfrak{x})$, $a \in K$, $\mathfrak{x} \in V$, ist eindeutig ein Element $\mathfrak{y} \in V$ zugeordnet, das *Produkt von a mit $\mathfrak{x}$*; wir schreiben $\mathfrak{y} = a \cdot \mathfrak{x}$ oder $\mathfrak{y} = a\mathfrak{x}$.

Für beliebige $a, b \in K$ und $\mathfrak{x}, \mathfrak{y} \in V$ gelten die folgenden Regeln:
(VM2) *Assoziatives Gesetz:* $a(b\mathfrak{x}) = (ab)\mathfrak{x}$.

Distributivgesetze:

(VM3) $\qquad (a+b)\mathfrak{x} = a\mathfrak{x} + b\mathfrak{x}$,

(VM4) $\qquad a(\mathfrak{x} + \mathfrak{y}) = a\mathfrak{x} + a\mathfrak{y}$,

(VM5) $\qquad \qquad 1\mathfrak{x} = \mathfrak{x}$, wobei 1 das Einselement von K ist.

Die Elemente von V werden *Vektoren* genannt, die Elemente von K *Skalare* (oder auch *Koeffizienten*), K heißt *Koeffizientenkörper* o.ä.

4.1 Definition, Beispiele und einfache Eigenschaften

Bemerkung: Die Terminologie von 3.3 benutzend können wir sagen, daß ein Vektorraum ein K-Modul ist, wobei K ein Körper ist. Da ein Vektorraum bezüglich der Addition eine abelsche Gruppe ist, sind der Nullvektor bzw. der inverse Vektor eindeutig bestimmt, vgl. 3.1.10 bzw. 3.1.13 (a).

4.1.2 Beispiele

(a) *Der Vektorraum K^n.* Der Koeffizientenkörper K ist ein Vektorraum über sich selbst, wenn man als Vektoraddition die Körperaddition und als Multiplikation mit Skalaren die Körpermultiplikation nimmt.

Allgemeiner sei K^n die Menge der geordneten n-Tupel

$$x = \begin{pmatrix} x_1 \\ \vdots \\ x_n \end{pmatrix}$$

von Elementen $x_i \in K$. Sie werden als Spalten aufgefaßt, was für den später zu entwickelnden Matrizenkalkül von Vorteil ist. Aus Platzgründen schreiben wir jedoch meistens Zeilen statt Spalten und setzen

$$(x_1, \ldots, x_n)^t := \begin{pmatrix} x_1 \\ \vdots \\ x_n \end{pmatrix} \quad \text{bzw.} \quad (x_1, \ldots, x_n) := \begin{pmatrix} x_1 \\ \vdots \\ x_n \end{pmatrix}^t,$$

wo das „t" für *transponiert* steht. Für $x = (x_1, \ldots, x_n)^t$ und $y = (y_1, \ldots, y_n)^t$ wird die Summe erklärt durch

$$x + y = (x_1 + y_1, \ldots, x_n + y_n)^t,$$

sowie die Multiplikation von $a \in K$ mit $x \in K^n$ durch

$$ax = (ax_1, \ldots, ax_n)^t.$$

Dadurch wird K^n zu einem Vektorraum (Beweis!). Der Nullvektor ist das n-Tupel $(0, \ldots, 0)^t$.

Wir werden später sehen (vgl. 4.5.4), daß es sich hierbei um den Prototyp eines (endlich-dimensionalen) Vektorraumes handelt.

(b) Ist E die Ebene, so ist V_E ein Vektorraum, vgl. Abschnitt 1.2.

Das Beispiel (a) läßt sich verallgemeinern, indem man unendlich viele Indizes i zuläßt. Es gibt nach 3.1.17, 3.1.19 aber die beiden folgenden wesentlich verschiedene Möglichkeiten:

(c) Das direkte Produkt $V := \{(x_i)_{i \in \mathbb{N}} : x_i \in K\}$ wird durch komponentenweise Addition und die skalare Multiplikation

$$a(x_i)_{i \in \mathbb{N}} := (ax_i)_{i \in \mathbb{N}}$$

80   4 Vektorräume und affine Räume

zu einem Vektorraum über K.

(d) Die direkte Summe $W := \{(x_i)_{i\in\mathbb{N}} : x_i \in K,\ x_i \neq 0 \text{ nur endlich oft}\}$ mit der Addition und skalaren Multiplikation aus (c) ist ein Vektorraum über K. Den Polynomring $K[x]$, vgl. 3.3.10, kann man durch $\sum_{i=0}^{\infty} a_i x^i \mapsto (a_i)_{i\in\mathbb{N}}$ mit W identifizieren. Analog lassen sich die „formalen" Potenzreihen mit dem Vektorraum V aus (d) identifizieren.

(e) Eine nur aus einem Element bestehende Gruppe bildet einen Vektorraum über jedem Körper K. Er wird oftmals durch 0 bezeichnet.

(f) Ist I ein Intervall in $\mathbb{R}$, so bildet die Menge $\mathbb{R}^I$ der Funktionen $f\colon I \to \mathbb{R}$ einen Vektorraum über $\mathbb{R}$, wenn die Addition und skalare Multiplikation durch

$$(f_1 + f_2)(x) = f_1(x) + f_2(x),\ f_1, f_2 \in \mathbb{R}^I,$$
$$(af)(x) = af(x),\ a \in \mathbb{R},\ f \in \mathbb{R}^I$$

erklärt werden. Dieses können wir verallgemeinern, indem wir statt I irgendeine Menge A nehmen und statt $\mathbb{R}$ irgendeinen Körper K. Dann wird K^A ein Vektorraum. Beispiele dafür sind in (a) und (c) gegeben. (Was ist dort A?)

(g) Von großem Interesse sind oftmals auch Einschränkungen an die zugelassenen Funktionen. Ein Beispiel wurde in (d) behandelt. Aber auch die rationalen Funktionen $K(x)$ sowie die folgenden Mengen von Funktionen werden mit der Addition und skalaren Multiplikation aus (f) zu Vektorräumen:

$$C(I) := \{f\colon I \to \mathbb{R} : f \text{ stetig in } I\},$$
$$C^{(n)}(I) := \{f\colon I \to \mathbb{R} : f\ n\text{-mal stetig differenzierbar}\}$$

(h) Sind V und W Vektorräume über K, so wird

$$L(V, W) := \{f\colon V \to W : f \text{ Homomorphismus}\}$$

mit den Festsetzungen aus (f) zu einem Vektorraum über K.

4.1.3 Einfache Eigenschaften von Elementen in Vektorräumen Sei V ein Vektorraum über dem Körper K. Dann folgt aus der Gruppeneigenschaft von V bezüglich der Addition nach 3.1.10 und 3.1.13:

(a) *Es gibt nur ein Element* $\mathfrak{o} \in V$ *mit der Eigenschaft* (VA4). *Schärfer: Aus* $\mathfrak{x} = \mathfrak{x} + \mathfrak{a}$ *für* e i n $\mathfrak{x} \in V$ *folgt* $\mathfrak{a} = \mathfrak{o}$ (vgl. 3.2.4).

(b) *Zu* $\mathfrak{x} \in V$ *gibt es nur ein Inverses* $(-\mathfrak{x})$.

(c) *Zu* $\mathfrak{y}, \mathfrak{v} \in V$ *gibt es genau eine Lösung* $\mathfrak{x}$ *der Gleichung* $\mathfrak{x} + \mathfrak{y} = \mathfrak{v}$.

Es folgen Eigenschaften bezüglich der skalaren Multiplikation, wobei die Skalare $a, a_i \in K$ und die Vektoren $\mathfrak{x}, \mathfrak{x}_i \in V$ beliebig sind:

(d) $0 \cdot \mathfrak{x} = \mathfrak{o}$;

(e) $a \cdot \mathfrak{o} = \mathfrak{o}$;
(f) $a \cdot \mathfrak{x} = \mathfrak{o} \implies a = 0$ oder $\mathfrak{x} = \mathfrak{o}$;
(g) $(-a)\mathfrak{x} = -(a\mathfrak{x}) = a \cdot (-\mathfrak{x})$;
(h) $(\sum_{i=1}^{n} a_i) \mathfrak{x} = \sum_{i=1}^{n}(a_i \mathfrak{x})$, $a \sum_{i=1}^{n} \mathfrak{x}_i = \sum_{i=1}^{n} a\mathfrak{x}_i$.

Beweis
(d): $a\mathfrak{x} = (a+0)\mathfrak{x} \stackrel{(VM3)}{=} a\mathfrak{x} + 0\mathfrak{x} \stackrel{(a)}{\implies} 0\mathfrak{x} = \mathfrak{o}$;
(e): $a\mathfrak{x} = a(\mathfrak{x} + \mathfrak{o}) \stackrel{(VM4)}{=} a\mathfrak{x} + a\mathfrak{o} \stackrel{(a)}{\implies} a\mathfrak{o} = \mathfrak{o}$.
(f): Angenommen, es ist $a \neq 0$. Dann gibt es $a^{-1} \in K$ und es folgt:

$$\mathfrak{o} = a^{-1}\mathfrak{o} = a^{-1}(a\mathfrak{x}) \stackrel{(VM2)}{=} (a^{-1}a)\mathfrak{x} = 1 \cdot \mathfrak{x} \stackrel{(VM5)}{=} \mathfrak{x}.$$

(g) wird analog bewiesen.
(h) folgt aus (VM3) bzw. (VM4) durch vollständige Induktion. □

Wegen der in 4.1.3 angegebenen Beziehungen werden wir im folgenden die Null des Vektorraumes und die Null des Körpers typographisch nicht mehr unterscheiden. Allerdings müssen wir beachten, daß sie von verschiedener Natur sind. Ebenfalls werden wir mit dem Minuszeichen frei umgehen, also $\mathfrak{y} - \mathfrak{x}$ statt $\mathfrak{y} + (-\mathfrak{x})$ schreiben u.ä.

Aufgaben

4.1.A1 Sei K ein Körper und $K^{(n)}[x], n \in \mathbb{N}$, die Menge aller Polynome vom Grade $\leq n$. Dann ist $K^{(n)}[x]$ ein Vektorraum über K.

4.1.A2 Definieren Sie Operationen, so daß die rationalen Funktionen $K(x)$ einen Vektorraum über K bilden.

4.2 Unterraum, Summe und Faktorraum

Als nächstes behandeln wir in Analogie zu 3.1 und 3.2.9–11 Methoden, um aus Vektorräumen neue zu gewinnen.

Unterraum

4.2.1 Definition Eine nicht-leere Teilmenge U eines Vektorraumes V über einem Körper K heißt *Unterraum* oder *linearer Teilraum*, wenn U mit der auf V

erklärten Addition und skalaren Multiplikation selbst wieder ein Vektorraum über K ist.

Insbesondere beinhaltet diese Definition, daß mit $\mathfrak{x}, \mathfrak{y} \in U$ und $a \in K$ auch $\mathfrak{x} + \mathfrak{y} \in U$ sowie $a\mathfrak{x} \in U$ sind. Das ist aber schon hinreichend:

4.2.2 Satz
(a) *Eine nicht-leere Teilmenge $U \subset V$ ist genau dann ein Unterraum, wenn gilt:*
(i) $\mathfrak{x}, \mathfrak{y} \in U \implies \mathfrak{x} + \mathfrak{y} \in U$,
(ii) $a \in K, \mathfrak{x} \in U \implies a\mathfrak{x} \in U$.
(b) *Die Bedingungen (i) und (ii) können zusammengefaßt werden zu:*
(iii) $\mathfrak{x}, \mathfrak{y} \in U, a, b \in K \implies a\mathfrak{x} + b\mathfrak{y} \in U$.

B e w e i s (a) Als Addition bzw. Multiplikation mit Skalaren der Elemente aus U nehmen wir die von V induzierten. Wegen (i) und (ii) erfüllt damit U die Bedingungen 4.1.1 (VA1) und (VM1). Stammen alle Elemente in einer Gleichung, die für V gilt, aus U bzw. K, so gilt die Gleichung auch in U. Deshalb sind (VA2), (VA3), (VM2), (VM3), (VM4), (VM5) erfüllt. Da $U \neq \emptyset$, gibt es ein $\mathfrak{x} \in U$. Also gilt wegen (ii) auch $0 = 0 \cdot \mathfrak{x} \in U$, d.h. (VA4) ist erfüllt. Ebenfalls folgt aus (ii), daß mit $\mathfrak{x} \in U$ auch $(-1)\mathfrak{x} = -\mathfrak{x} \in U$ ist. — Daß die Bedingungen (i) und (ii) notwendig sind, damit U ein Vektorraum ist, ist offensichtlich.

(b) Es gelte (iii). Dann folgt (i), indem man $a = b = 1$ setzt, und (ii) für $b = 0$. Umgekehrt folgt aus (ii), daß mit $\mathfrak{x}, \mathfrak{y} \in U, a, b \in K$ auch $a\mathfrak{x}, b\mathfrak{y} \in U$, und aus (i), daß $a\mathfrak{x} + b\mathfrak{y} \in U$. □

4.2.3 Beispiele
(a) Sei K ein Körper und $V = K^n$, vgl. 4.1.2 (a). Dann bilden die Vektoren $x = (x_1, \ldots, x_n)^t$ mit $x_n = 0$ einen Unterraum. Ebenfalls ergibt für $1 \leq j \leq n$ die Menge
$$U_j := \{(x_1, \ldots, x_n)^t \in V : x_k = 0 \; \forall k \neq j\}$$
einen Unterraum. Allgemeiner bilden die Vektoren, die m linearen, homogenen Gleichungen
$$a_{11}x_1 + \ldots + a_{1n}x_n = 0$$
$$\vdots$$
$$a_{m1}x_1 + \ldots + a_{mn}x_n = 0$$
genügen, einen linearen Unterraum.

(b) Die direkte Summe W von 4.1.2 (d) ist ein Unterraum des direkten Produktes V von 4.1.2 (c). Ebenfalls ist $C^{(n)}(I)$, $n \geq 1$, Unterraum von $C(I)$ und $\mathbb{R}^I$, sowie $C(I)$ von $\mathbb{R}^I$, vgl. 4.1.2 (f), (g). Die Polynome $K[x]$ bilden einen

Unterraum des Vektorraums der rationalen Funktionen $K(x)$, vgl. 3.3.10 und 4.1.2 (d), (g).

(c) Eine Gerade durch P_0 definiert einen Unterraum von V_E, vgl. 1.2.8: Wir betrachten in V_E die Vektoren, deren Spitzen auf einer Geraden liegen, wenn sie von P_0 aus abgetragen werden. Die Menge dieser Vektoren bilden genau dann einen Unterraum, wenn die Gerade durch P_0 läuft. Allgemeiner ergibt sich die folgende Aussage:

(d) $\{(x_1,\ldots,x_n)^t : a_1 x_1 + \ldots + a_n x_n = c \text{ mit } a_i, x_i \in K,\, 0 \neq c \in K\}$ ist kein Unterraum von K^n.

(e) Für den Vektorraum $\mathbb{R}^n$ über $\mathbb{R}$ bildet die Teilmenge

$$A = \{(x_1,\ldots,x_n)^t : x_i \in \mathbb{Q}\}$$

keinen Unterraum (als Vektorraum über $\mathbb{R}$). Jedoch läßt sich $\mathbb{R}^n$ auch als Vektorraum über $\mathbb{Q}$ deuten. Dann ist A Unterraum. Offenbar tritt eine solche Situation stets auf, wenn der Koeffizientenkörper einen Teilkörper besitzt.

(f) Sind aus irgendeinem Anlaß in einem Vektorraum V Vektoren $\mathfrak{r}_1,\ldots,\mathfrak{r}_m$ gegeben, so wird häufig ein Unterraum gesucht, der sie enthält (ein solcher wäre natürlich V) und „möglichst klein" ist. Klar, er muß alle Vektoren der Form

$$a_1 \mathfrak{r}_1 + \ldots + a_m \mathfrak{r}_m,\ \forall a_1,\ldots,a_m \in K,$$

enthalten. Aber die Menge dieser Vektoren,

$$[\mathfrak{r}_1,\ldots,\mathfrak{r}_m] := \{\sum_{j=1}^m a_j \mathfrak{r}_j : a_j \in K,\ 1 \leq j \leq m\},$$

ist ein Unterraum (Beweis!) und ist somit der gesuchte.

Wir fassen nun diese Konstruktion etwas allgemeiner.

4.2.4 Definition Sei V ein Vektorraum über einem Körper K und $M = \{\mathfrak{r}_i : i \in I\}$ eine Menge von Vektoren aus V. Ein Vektor $\mathfrak{r} \in V$ läßt sich *linear* durch die $\mathfrak{r}_i$ *kombinieren*, wenn es Indizes $i_1,\ldots,i_m \in I$, ferner Zahlen $a_1,\ldots,a_m \in K$ gibt, so daß

$$\mathfrak{r} = a_1 \mathfrak{r}_{i_1} + \ldots + a_m \mathfrak{r}_{i_m}$$

ist. Der Ausdruck $a_1 \mathfrak{r}_{i_1} + \ldots + a_m \mathfrak{r}_{i_m}$ oder auch $\mathfrak{r}$ heißt dann *Linearkombination* in den Vektoren $\mathfrak{r}_i$. Man schreibt auch $\mathfrak{r} = \sum_{i \in I} b_i \mathfrak{r}_i$ mit $b_{i_j} = a_j$ für $j = 1,\ldots,m$ und $b_i = 0$ sonst.

84   4 Vektorräume und affine Räume

Die Menge der Linearkombinationen wird mit

$$[M] \text{ oder } [\{\mathfrak{x}_i\colon i\in I\}] \text{ oder } [\mathfrak{x}_i : i\in I]$$

bezeichnet. Sie heißt *lineare Hülle von* $M = \{\mathfrak{x}_i\colon i \in I\}$ oder der *von M aufgespannte Unterraum*.

Die letzte Benennung bedarf noch einer Rechtfertigung, die wir in der Aussage (a) des folgenden Satzes geben.

4.2.5 Satz *Es sei V ein Vektorraum über K.*

(a) *Ist M eine Teilmenge von V, so ist ihre lineare Hülle* $[M]$ *ein Unterraum von V, und zwar ist* $[M]$ *der „kleinste Unterraum" von V, der M enthält; d.h.: Ist U ein Unterraum von V mit* $M \subset U$*, so gilt* $[M] \subset U$*.*

(b) *Die lineare Hülle* $[M]$ *ist gleich dem Durchschnitt aller Unterräume, die M enthalten.*

B e w e i s   (a) Die erste Behauptung ergibt sich aus

$$\sum_{i\in I} a_i \mathfrak{x}_i + \sum_{i\in I} b_i \mathfrak{x}_i = \sum_{i\in I} (a_i + b_i)\mathfrak{x}_i,$$

$$a\sum_{i\in I} a_i \mathfrak{x}_i = \sum_{i\in I} (aa_i)\mathfrak{x}_i;$$

denn da links immer nur für endlich viele i die Koeffizienten a_i bzw. b_i von 0 verschieden sind, ist das auch rechts der Fall für die Koeffizienten $a_i + b_i$ bzw. aa_i.

Liegen Vektoren $\mathfrak{x}_i$, $i \in I$, in einem Unterraum U, so auch jede Linearkombination, in der ja nur e n d l i c h viele Koeffizienten $\neq 0$ sind; dieses folgt durch Induktion.

(b) ist klar, da $[M]$ nach (a) ein Unterraum ist. $\square$

4.2.6 Beispiele

(a) K^n ist die lineare Hülle der Vektoren $(1,0,\ldots,0)^t$, $(0,1,0,\ldots,0)^t,\ldots$, $(0,\ldots,0,1)^t$. Der in 4.2.3 (a) zuerst genannte Raum ist die lineare Hülle von $(1,0,\ldots,0)^t$, $(0,1,0,\ldots,0)^t,\ldots,(0,\ldots,0,1,0)^t$, der Raum U_j wird von $(0,\ldots,0,1,0,\ldots 0)^t$ aufgespannt, wobei die 1 an der j-ten Stelle steht.

(b) Es seien V und W die Vektorräume aus Beispiel 4.1.2 (c),(d):

$$V = \{(x_i)_{i\in\mathbb{N}} : x_i \in K\}, \ W = \{(x_i)_{i\in\mathbb{N}} : x_i \in K, \ x_i \neq 0 \text{ nur endlich oft}\}.$$

Für $j \in \mathbb{N}$ sei $\mathfrak{e}_j$ der Vektor aus V, dessen Koordinaten alle 0 sind, nur die j-te Koordinate sei gleich 1. *Dann ist V* n i c h t *die lineare Hülle von* $\{\mathfrak{e}_j : j \in \mathbb{N}\}$*, sondern diese ist* $W \subset V$*.*

4.2 Unterraum, Summe und Faktorraum

Der Schluß von oben läßt sich übertragen auf die folgende Situation.

4.2.7 Satz *Sind U_j, $j \in J$, Unterräume von V, so ist $\bigcap_{j \in J} U_j$ ein Unterraum von V, und zwar der größte Unterraum von V, der in allen U_j, $j \in J$, liegt.* □

Die Vereinigung $\bigcup_{j \in J} U_j$ von Unterräumen ist dagegen i.a. kein Unterraum und die lineare Hülle $\left[\bigcup_{j \in J} U_j\right]$ ist im allgemeinen verschieden von $\bigcup_{j \in J} U_j$. Z.B. gilt für die Unterräume U_i, $1 \leq i \leq n$, von K^n aus 4.2.3 (a), daß $[\bigcup_{i=1}^n U_i] = K^n$ und daß $(1, \ldots, 1)^t \notin \bigcup_{i=1}^n U_i$ für $n > 1$ ist.

Analog ergeben die x- und y-Achse Unterräume in V_E, deren Vereinigung nicht ganz V_E ist. Deshalb ist die richtige Prozedur zur Konstruktion von Unterräumen die Hüllenoperation und nicht das Vereinigen.

Summe von Vektorräumen

4.2.8 Definition Sind U_j, $j \in J$, Unterräume von V, so heißt die lineare Hülle von $\bigcup_{j \in J} U_j$ die *Summe der U_i* und wird mit $\sum_{j \in J} U_j$ bezeichnet. Für endlich viele Unterräume $U_1, \ldots, U_n$ wird die Summe auch durch $U_1 + \ldots + U_n$ bezeichnet.

4.2.9 Satz *Es seien U_j, $j \in J$, Unterräume von V. Zu $\mathfrak{x} \in \sum_{j \in J} U_j$ gibt es Elemente $\mathfrak{x}_j \in U_j$, so daß $\mathfrak{x}_j \neq 0$ nur für endlich viele Indizes ist und $\mathfrak{x} = \sum_{j \in J} \mathfrak{x}_j$ gilt.*

B e w e i s   Nach Definition 4.2.8 ist $\mathfrak{x}$ eine Linearkombination von endlich vielen Elementen von $\bigcup_{j \in J} U_j$. Fassen wir die Vektoren, die aus einem Teilraum U_j stammen in irgendeiner Form zusammen, so erhalten wir die gewünschte Darstellung. □

Da beim Zusammenfassen eine Willkür vorliegt, falls ein Vektor mehreren der U_j angehört, ist die Darstellung $\mathfrak{x} = \sum_{j \in J} \mathfrak{x}_j$ im allgemeinen nicht eindeutig bestimmt. Aber es gilt:

4.2.10 Hilfssatz *Es seien U_1, U_2 zwei Unterräume von V mit $U_1 \cap U_2 = 0$. Dann folgt aus*

$$\mathfrak{x}_1 + \mathfrak{x}_2 = \mathfrak{y}_1 + \mathfrak{y}_2 \text{ mit } \mathfrak{x}_i, \mathfrak{y}_i \in U_i,$$

daß $\mathfrak{x}_i = \mathfrak{y}_i$ ist für $i = 1, 2$.

B e w e i s   Es gilt nämlich:

$$U_1 \ni \mathfrak{x}_1 - \mathfrak{y}_1 = \mathfrak{y}_2 - \mathfrak{x}_2 \in U_2 \implies \mathfrak{x}_1 - \mathfrak{y}_1 = \mathfrak{y}_2 - \mathfrak{x}_2 = 0.$$ □

4 Vektorräume und affine Räume

Durch vollständige Induktion läßt sich dieses Ergebnis auf den Fall endlich vieler Unterräume übertragen. Aber Vorsicht! Es genügen z.B. bei 3 Unterräumen U_1, U_2, U_3 nicht allein die Voraussetzungen

$$U_1 \cap U_2 = U_1 \cap U_3 = U_2 \cap U_3 = 0,$$

wie das Beispiel der linearen Hüllen der Vektoren $(1,0)^t$, $(0,1)^t$, $(1,1)^t$ von K^2 zeigt.

4.2.11 Hilfssatz *Es seien $U_1, \ldots, U_n$ Unterräume von V, so daß*

$$(U_1 + \ldots + U_{i-1} + U_{i+1} + \ldots + U_n) \cap U_i = 0 \quad \text{für } 1 \leq i \leq n$$

ist. Dann folgt aus

$$\mathfrak{x}_1 + \ldots + \mathfrak{x}_n = \mathfrak{y}_1 + \ldots + \mathfrak{y}_n \quad \text{mit } \mathfrak{x}_i, \mathfrak{y}_i \in U_i,$$

daß $\mathfrak{x}_i = \mathfrak{y}_i$ ist für $1 \leq i \leq n$.

B e w e i s 4.2.10 angewandt auf $U_1 + \ldots + U_{n-1}$ und U_n ergibt

$$\mathfrak{x}_n = \mathfrak{y}_n \text{ und } \mathfrak{x}_1 + \ldots + \mathfrak{x}_{n-1} = \mathfrak{y}_1 + \ldots + \mathfrak{y}_{n-1}.$$

Nun läßt sich ein Induktionsschluß durchführen. □

Die Aussage 4.2.11 läßt sich leicht auf den Fall unendlich vieler Unterräume übertragen.

4.2.12 Satz *Seien U_j, $j \in J$, Unterräume von V, so daß für je endlich viele $U_{j_1}, \ldots, U_{j_n}, U_{j_{n+1}}$ mit $j_{n+1} \neq j_i$ ($1 \leq i \leq n$) gilt:*

$$\left(\sum_{i=1}^n U_{j_i}\right) \cap U_{j_{n+1}} = 0.$$

Dann besitzt jedes Element $\mathfrak{x} \in \sum_{j \in J} U_j$ eine eindeutig bestimmte Darstellung $\mathfrak{x} = \sum_{j \in J} \mathfrak{x}_j$ mit $\mathfrak{x}_j \in U_j$, wobei nur endlich oft $\mathfrak{x}_j \neq 0$ ist.

B e w e i s Wegen 4.2.9 bleibt nur die Eindeutigkeit nachzuweisen. Aber in einer Gleichung $\sum_{j \in J} \mathfrak{x}_j = \sum_{j \in J} \mathfrak{y}_j$ mit $\mathfrak{x}_j, \mathfrak{y}_j \in U_j$ sind $\mathfrak{x}_j$ oder $\mathfrak{y}_j$ nur für endlich viele $j \in J$ von 0 verschieden. Sind diese $j_1, \ldots, j_n$, so gilt $\mathfrak{x}_{j_1} + \ldots + \mathfrak{x}_{j_n} = \mathfrak{y}_{j_1} + \ldots + \mathfrak{y}_{j_n}$, und darauf läßt sich 4.2.11 anwenden. □

4.2.13 Definition Es seien $U_j, j \in J$, Unterräume von V, so daß für je endlich viele $U_{j_1}, \ldots, U_{j_{n+1}}$ mit $j_{n+1} \neq j_i$, $1 \leq i \leq n$, gilt:

$$\left(\sum_{i=1}^n U_{j_i}\right) \cap U_{j_{n+1}} = 0.$$

Dann heißt $\sum_{j \in J} U_j$ die *innere direkte Summe* der U_j, $j \in J$, und wird mit $\bigoplus_{j \in J} U_j$ bezeichnet. Für zwei Summanden schreiben wir $U_1 \oplus U_2$ oder für endlich viele $U_1 \oplus \ldots \oplus U_n$.

So ist $K^n = U_1 \oplus \ldots \oplus U_n$ mit $U_j = \{(0, \ldots, 0, x_j, 0, \ldots, 0)^t : x_j \in K\}$. Sei $W_j = \{(x_1, \ldots, x_j, 0, \ldots, 0)^t : x_1, \ldots, x_j \in K\}$. Dann ist $W_j + W_k = W_k$, falls $k \geq j$, und $W_k = U_1 \oplus \ldots \oplus U_k$.

Für den Vektorraum W aus 4.1.2 (d) gilt $W = \bigoplus_{j \in \mathbb{N}} V_j$; hier ist V_j die lineare Hülle des Vektors $(x_i)_{i \in \mathbb{N}}$ mit $x_j = 1$ und $x_i = 0$ für $i \neq j$.

Bei obiger Konstruktion haben wir vorausgesetzt, daß die Summanden Unterräume eines „großen" Raumes sind. Oftmals aber ist es notwendig zu gegebenen Räumen den „großen" Raum erst zu konstruieren.

4.2.14 Definition und Satz *Es seien* $V_i, i \in I$, *Vektorräume über dem Körper* K. *Dann sei*

$$\prod_{i \in I} V_i := \{(\mathfrak{x}_i)_{i \in I} : \mathfrak{x}_i \in V_i\}, \quad \bigoplus_{i \in I} V_i := \{(\mathfrak{x}_i)_{i \in I} : \mathfrak{x}_i \in V_i, \mathfrak{x}_i \neq 0 \text{ endlich oft}\}.$$

Durch

$$(\mathfrak{x}_i)_{i \in I} + (\mathfrak{y}_i)_{i \in I} := (\mathfrak{x}_i + \mathfrak{y}_i)_{i \in I} \quad und \quad a(\mathfrak{x}_i)_{i \in I} := (a\mathfrak{x}_i)_{i \in I}$$

werden auf $\prod_{i \in I} V_i$ *und* $\bigoplus_{i \in I} V_i$ *Addition und skalare Multiplikation definiert, und es entstehen Vektorräume über* K. *Sie heißen* direktes Produkt *bzw.* direkte Summe *der* V_i, $i \in I$. □

In $\bigoplus_{i \in I} V_i$ liegen die Unterräume $V_j' := \{(\mathfrak{x}_i)_{i \in I} : \mathfrak{x}_i = 0 \text{ für } i \neq j\}$. Dann ist $\bigoplus_{i \in I} V_i$ die innere direkte Summe $\bigoplus_{i \in I} V_i'$. Durch $\mathfrak{x}_j \mapsto (\mathfrak{y}_i)_{i \in I}$ mit $\mathfrak{y}_i = 0$ für $i \neq j$ und $\mathfrak{y}_j = \mathfrak{x}_j$ wird nämlich ein Isomorphismus $V_j \to V_j'$ definiert. Unsauber formuliert sind die V_j und die V_j' dasselbe (in den Abschnitten 4.4 und 4.5 wird das genauer besprochen).

In Beispiel 4.1.2 (d) ist $W = \bigoplus_{i \in \mathbb{N}} V_i$ und in 4.1.2 (c) $V = \prod_{i \in \mathbb{N}} V_i$, wobei $V_i = K$ ist für alle $i \in \mathbb{N}$.

Bilden wir das Produkt oder die Summe über endlich viele Räume, so erhalten wir offenbar dasselbe; wird es über unendlich viele Vektorräume gebildet, die alle $\neq 0$ sind, so ist das direkte Produkt echt größer, wenn die direkte Summe als Teilmenge des Produktes gedeutet wird.

Faktorraum

Der Abschluß dieses Abschnittes dient einer wichtigen Konstruktion, die des Faktorraumes, die analog zu der Konstruktion von $\mathbb{Z}_m$ in 3.2.9–11 verläuft. Im folgenden sei wieder V ein Vektorraum über dem Körper K und $U \subset V$ ein Unterraum.

4.2.15 Hilfssatz
(a) *Für $\mathfrak{x}, \mathfrak{y} \in V$ sei: $\mathfrak{x} \sim \mathfrak{y} :\iff \mathfrak{x} - \mathfrak{y} \in U$. Es ist $\sim$ eine Äquivalenzrelation.*

(b) *Sei $\mathfrak{x} + U := \{\mathfrak{x} + \mathfrak{u} : \mathfrak{u} \in U\}$. Dann hat die in (a) erklärte Äquivalenzrelation die Mengen $\mathfrak{x} + U$, $\mathfrak{x} \in V$, als Äquivalenzklassen. Eine Äquivalenzklasse heißt* Restklasse von V nach U.

B e w e i s (a): Zu prüfen sind die Reflexivität, Symmetrie und Transitivität von $\sim$; diese Eigenschaften ergeben sich aus dem Folgenden:

(i) $\qquad 0 \in U \implies \mathfrak{x} - \mathfrak{x} \in U \implies \mathfrak{x} \sim \mathfrak{x};$

(ii) $\qquad \mathfrak{x} \sim \mathfrak{y} \implies \mathfrak{x} - \mathfrak{y} \in U \implies \mathfrak{y} - \mathfrak{x} = -(\mathfrak{x} - \mathfrak{y}) \in U \implies \mathfrak{y} \sim \mathfrak{x};$

(iii) $\mathfrak{x} \sim \mathfrak{y}, \mathfrak{y} \sim \mathfrak{z} \implies \mathfrak{x} - \mathfrak{y}, \mathfrak{y} - \mathfrak{z} \in U \implies$
$$\mathfrak{x} - \mathfrak{z} = (\mathfrak{x} - \mathfrak{y}) + (\mathfrak{y} - \mathfrak{z}) \in U \implies \mathfrak{x} \sim \mathfrak{z};$$

(b) folgt aus
$$\mathfrak{y} \in \mathfrak{x} + U \iff \mathfrak{y} = \mathfrak{x} + \mathfrak{u}, \mathfrak{u} \in U \iff \mathfrak{x} - \mathfrak{y} = -\mathfrak{u} \in U. \qquad \square$$

Wie bei der Bildung von $\mathbb{Z}_m$ in 3.2.11 können wir auch hier die Operationen auf die Restklassen übertragen.

4.2.16 Definition und Satz *Ist U ein Unterraum von V, so sei*
$$(\mathfrak{x} + U) + (\mathfrak{y} + U) := (\mathfrak{x} + \mathfrak{y}) + U \ \textit{für } \mathfrak{x}, \mathfrak{y} \in V,$$
$$a(\mathfrak{x} + U) := a\mathfrak{x} + U \qquad \textit{für } \mathfrak{x} \in V, a \in K.$$
Hierdurch wird das System der Restklassen zu einem Vektorraum über K. Er heißt Faktorraum (Quotientenraum) *von V nach U und wird mit V/U bezeichnet.*

B e w e i s Summe und skalare Multiplikation der Restklassen sind wohldefiniert; ist nämlich z.B. $\mathfrak{x} + U = \mathfrak{x}' + U$ und $\mathfrak{y} + U = \mathfrak{y}' + U$, so ist $\mathfrak{x}' = \mathfrak{x} + \mathfrak{u}_1, \mathfrak{y}' =$

$\mathfrak{y} + \mathfrak{u}_2$ und deshalb ist $\mathfrak{x}' + \mathfrak{y}' = \mathfrak{x} + \mathfrak{y} + (\mathfrak{u}_1 + \mathfrak{u}_2)$, also $\mathfrak{x}' + \mathfrak{y}' - (\mathfrak{x} + \mathfrak{y}) \in U$. Daß es sich um einen Vektorraum handelt, ist einfach nachzuprüfen, vgl. den Beweis von 3.2.11. □

Aufgaben

4.2.A1 Sei $V = K[x]$ der Vektorraum der Polynome über einem Körper K. Welche der folgenden Teilmengen von V bilden einen Unterraum?

(a) $\qquad U_1 := \{f(x) \in K[x] : f(1) = 0\}$,
(b) $\qquad U_2 := \{f(x) \in K[x] : f(1) = 1\}$,
(c) $\qquad U_3 := \{f(x) \in K[x] : \exists a \in K : f(a) = 0\}$,
(d) $\qquad K^{(n)}[x] := \{f(x) \in K[x] : \operatorname{grad}(f) \leq n\}$.

4.2.A2 Sei V der Vektorraum $\mathbb{R}^3$ über $\mathbb{R}$. Welche der folgenden Systeme von Vektoren spannen V auf?

(a) $\qquad \mathfrak{r}_1 = \begin{pmatrix} 1 \\ 2 \\ 3 \end{pmatrix}, \mathfrak{r}_2 = \begin{pmatrix} 1 \\ -3 \\ 9 \end{pmatrix}$;

(b) $\qquad \mathfrak{r}_1 = \begin{pmatrix} 1 \\ 1 \\ 1 \end{pmatrix}, \mathfrak{r}_2 = \begin{pmatrix} 1 \\ 2 \\ 3 \end{pmatrix}, \mathfrak{r}_3 = \begin{pmatrix} 5 \\ 7 \\ 9 \end{pmatrix}$;

(c) $\qquad \mathfrak{r}_1 = \begin{pmatrix} 1 \\ 0 \\ 1 \end{pmatrix}, \mathfrak{r}_2 = \begin{pmatrix} 1 \\ 2 \\ 3 \end{pmatrix}, \mathfrak{r}_3 = \begin{pmatrix} 0 \\ 3 \\ 4 \end{pmatrix}$;

(d) $\qquad \mathfrak{r}_1 = \begin{pmatrix} 4 \\ 8 \\ 4 \end{pmatrix}, \mathfrak{r}_2 = \begin{pmatrix} 1 \\ 2 \\ 3 \end{pmatrix}, \mathfrak{r}_3 = \begin{pmatrix} 6 \\ 14 \\ 2 \end{pmatrix}, \mathfrak{r}_4 = \begin{pmatrix} 2 \\ 5 \\ -2 \end{pmatrix}$.

4.2.A3 Sei V der Vektorraum $\mathbb{R}^5$ über $\mathbb{R}$. Betrachten Sie für (feste) Zahlen a, b, c die Unterräume:

$$U_1 := \left[\begin{pmatrix} a \\ c \\ a \\ a \\ b \end{pmatrix}, \begin{pmatrix} a \\ b \\ c \\ a \\ b \end{pmatrix}\right] \quad \text{und} \quad U_2 := \left[\begin{pmatrix} a \\ a \\ c \\ c \\ a \end{pmatrix}, \begin{pmatrix} b \\ a \\ b \\ c \\ b \end{pmatrix}\right].$$

Für welche $a, b, c \in \mathbb{R}$ ist $U_1 + U_2 = U_1 \oplus U_2$?

4.2.A4 Betrachten Sie $V := \{(a_i)_{i \in \mathbb{N}} : (a_i)_{i \in \mathbb{N}} \text{ Cauchy-Folge in } \mathbb{R}\}$.
(a) Zeigen Sie: V läßt sich als Vektorraum über $\mathbb{R}$ auffassen.
(b) Sei $\mathfrak{e}_j$ das Element $(a_i)_{i \in \mathbb{N}}$ mit $a_i = 0$ für $i \neq j$ und $a_j = 1$. Wird V von der Menge $M := \{\mathfrak{e}_j : j \in \mathbb{N}\}$ aufgespannt?

4.2.A5 Sei V der Vektorraum $\mathbb{R}^3$ über $\mathbb{R}$ und $U = [(1,1,1)^t, (2,1,0)^t]$ ein Unterraum. Beweisen Sie, daß V/U von einem Vektor aufgespannt wird.

4.2.A6 Es sei K ein Körper, U und V seien Unterräume von K^3. Ist weder U noch V die lineare Hülle eines Elementes, so gilt $U \cap V \neq 0$.

4.3 Lineare Abhängigkeit, Basis und Dimension

In diesem Abschnitt werden Begriffe eingeführt, die für die Behandlung von Vektorräumen grundlegend sind und zu ihrer Klassifikation führen.

Lineare Abhängigkeit

Wir beginnen mit einem grundlegenden Begriff. Es sei V ein Vektorraum über dem Körper K.

4.3.1 Definition
(a) Vektoren $\mathfrak{v}_1, \ldots, \mathfrak{v}_n$, $n \geq 1$, aus V heißen *linear abhängig*, wenn es Elemente $a_1, \ldots, a_n \in K$ gibt, die nicht alle verschwinden (d.h. mindestens ein $a_i \neq 0$), so daß
$$a_1 \mathfrak{v}_1 + \ldots + a_n \mathfrak{v}_n = 0$$
ist. Falls die Vektoren $\mathfrak{v}_1, \ldots, \mathfrak{v}_n$ nicht linear abhängig sind, so heißen sie *linear unabhängig*. Positiv formuliert: Es sind $\mathfrak{v}_1, \ldots, \mathfrak{v}_n$ linear unabhängig, wenn eine Gleichung $a_1 \mathfrak{v}_1 + \ldots + a_n \mathfrak{v}_n = 0$ bedingt, daß alle Koeffizienten $a_i = 0$ sind.

(b) Allgemeiner heißt ein System $(\mathfrak{v}_i)_{i \in I}$ von Vektoren aus V *linear abhängig*, wenn es ein endliches Teilsystem enthält, welches linear abhängig ist. Das System heißt *linear unabhängig*, wenn jedes endliche Teilsystem linear unabhängig ist.

Einige Standardschlüsse finden sich im folgenden Hilfssatz.

4.3.2 Hilfssatz
(a) *Ein einzelner Vektor $\mathfrak{x}$ ist genau dann linear abhängig, wenn $\mathfrak{x} = 0$ ist.*

4.3 Lineare Abhängigkeit, Basis und Dimension 91

(b) *Sind die Vektoren* $\mathfrak{x}_1, \ldots, \mathfrak{x}_n$, $n > 1$, *linear abhängig, so läßt sich einer der Vektoren als Linearkombination der übrigen darstellen.*

(c) *Sind die Vektoren* $\mathfrak{v}_1, \ldots, \mathfrak{v}_n$ *linear abhängig, so sind es auch die Vektoren eines jeden größeren* $\mathfrak{v}_1, \ldots, \mathfrak{v}_n$ *enthaltenden Systems. Ein Teilsystem eines linear unabhängigen Systems von Vektoren ist linear unabhängig.*

Beweis
(a) $\mathfrak{x}$ linear abhängig $\iff \exists a \in K$, $a \neq 0$, mit $a\mathfrak{x} = 0 \overset{4.1.3(\text{f})}{\iff} \mathfrak{x} = 0$.
(b) Es gibt Zahlen $a_i \in K$, die nicht alle gleich 0 sind, so daß

$$a_1 \mathfrak{x}_1 + \ldots + a_n \mathfrak{x}_n = 0$$

ist. Es sei $a_k \neq 0$. Dann ist

$$\mathfrak{x}_k = -\frac{a_1}{a_k}\mathfrak{x}_1 - \ldots - \frac{a_{k-1}}{a_k}\mathfrak{x}_{k-1} - \frac{a_{k+1}}{a_k}\mathfrak{x}_{k+1} - \ldots - \frac{a_n}{a_k}\mathfrak{x}_n.$$

Die Aussage (c) ist klar. □

4.3.3 Beispiele
(a) In K^n sei $\mathfrak{e}_i = (\delta_{ji})_{1 \leq j \leq n}$. Dabei ist δ_{ij}, das *Kroneckersymbol*, definiert durch

$$\delta_{ij} = \begin{cases} 0, & i \neq j, \\ 1, & i = j. \end{cases}$$

Dann sind $\mathfrak{e}_1, \ldots, \mathfrak{e}_n$ *linear unabhängig*; denn aus $\sum_{i=1}^n a_i \mathfrak{e}_i = 0$ folgt

$$(a_1, \ldots, a_n)^t = (0, \ldots, 0)^t, \text{ d.h. } a_i = 0.$$

(b) In V_E, vgl. 1.2, sind zwei Vektoren genau dann linear abhängig, wenn sie die gleiche Richtung haben. Zwei Vektoren sind linear unabhängig, wenn sie die ganze Ebene aufspannen. Ein System aus mehr als zwei Vektoren ist linear abhängig.

(c) In dem Vektorraum $V = \{(x_i)_{i \in \mathbb{N}} : x_i \in K\}$ aus Beispiel 4.1.2 (c) sind die Vektoren $\mathfrak{e}_i = (\delta_{ji})_{j \in \mathbb{N}}$ linear unabhängig.

4.3.4 Test der linearen Unabhängigkeit Um in K^n nachzuprüfen, ob ein System $\mathfrak{v}_1, \ldots, \mathfrak{v}_m$ von Vektoren linear unabhängig ist oder nicht, können wir das folgende Verfahren anwenden:
Ist $\mathfrak{v}_1 = 0$, so liegt lineare Abhängigkeit vor.
Ist $\mathfrak{v}_1 \neq 0$, so ist für $\mathfrak{v}_1 = (a_{11}, \ldots, a_{1n})^t$ ein $a_{1j} \neq 0$. Durch Umnumerieren der Koordinaten läßt sich erreichen, daß $a_{11} \neq 0$. Dazu vertauschen wir bei allen $\mathfrak{v}_i$ die 1. und j-te Koordinate. An der linearen Abhängigkeit

bzw. Unabhängigkeit ändert das nichts. Sei $\mathfrak{v}_i = (a_{i1}, \ldots, a_{in})^t$. Wir setzen $\mathfrak{w}_i = \mathfrak{v}_i - \frac{a_{i1}}{a_{11}} \mathfrak{v}_1$ für $i = 2, \ldots, m$. Dann ist $\mathfrak{v}_1, \mathfrak{v}_2, \ldots, \mathfrak{v}_m$ genau dann linear unabhängig, wenn es $\mathfrak{v}_1, \mathfrak{w}_2, \ldots, \mathfrak{w}_m$ ist. In den $\mathfrak{w}_i$ verschwindet die erste Koordinate. Auf $\mathfrak{w}_2, \ldots, \mathfrak{w}_m$ läßt sich dasselbe Verfahren anwenden. Nach geeignetem Umnumerieren erhalten wir schließlich aus $\mathfrak{v}_1, \ldots, \mathfrak{v}_m$ ein System der Form

$$u_1 = (u_{11}, u_{12}, \ldots, u_{1n})^t$$
$$u_2 = (0, u_{22}, \ldots, u_{2n})^t$$
$$\vdots$$
$$u_m = (0, \ldots, 0, u_{mm}, \ldots, u_{m,n})^t,$$

wobei $u_j \neq 0$ nur dann gilt, wenn $u_{jj} \neq 0$ ist. Es ist $\mathfrak{v}_1, \ldots, \mathfrak{v}_m$ d.u.n.d. linear unabhängig, wenn es $u_1, \ldots, u_m$ sind, und das ist genau dann der Fall, wenn alle $u_{ii} \neq 0$, $1 \leq i \leq m$, sind.

Ist z.B. das erste System in der folgenden Formelzeile gegeben, so ergeben sich die dargestellten Schritte:

$$\begin{pmatrix} 1 \\ 1 \\ 2 \\ 3 \end{pmatrix}, \begin{pmatrix} 1 \\ 3 \\ -2 \\ 1 \end{pmatrix}, \begin{pmatrix} 5 \\ 9 \\ 2 \\ 11 \end{pmatrix}$$

$$\longrightarrow \begin{pmatrix} 1 \\ 1 \\ 2 \\ 3 \end{pmatrix}, \begin{pmatrix} 0 \\ 2 \\ -4 \\ -2 \end{pmatrix}, \begin{pmatrix} 0 \\ 4 \\ -8 \\ -4 \end{pmatrix} \longrightarrow \begin{pmatrix} 1 \\ 1 \\ 2 \\ 3 \end{pmatrix}, \begin{pmatrix} 0 \\ 2 \\ -4 \\ -2 \end{pmatrix}, \begin{pmatrix} 0 \\ 0 \\ 0 \\ 0 \end{pmatrix}.$$

Also ist das System linear abhängig.

4.3.5 Satz *Sei U ein Unterraum von V.*

(a) *Vektoren $\mathfrak{v}_i, i \in I$, aus U sind in U genau dann linear unabhängig, wenn sie es in V sind.*

(b) *Sind $\mathfrak{w}_j$, $j \in J$, linear abhängig in V, so sind auch $\mathfrak{w}_j + U$, $j \in J$, linear abhängig in V/U.* □

Basis eines Vektorraumes

4.3.6 Definition Ein System $\{\mathfrak{w}_i : i \in I\}$ von Vektoren eines Vektorraumes V über dem Körper K heißt *Basis von V*, wenn es V aufspannt, aber kein echtes Teilsystem dieses tut.

4.3 Lineare Abhängigkeit, Basis und Dimension

Beispiel $\mathfrak{e}_1, \ldots, \mathfrak{e}_n$ aus 4.3.3 (a) bilden eine Basis von K^n, die „natürliche" oder „kanonische" Basis oder „Standardbasis". Im Beispiel 4.3.3 (c) bildet $\{\mathfrak{e}_i : i \in \mathbb{N}\}$ eine Basis für den Unterraum $W \subset V$; zu W vgl. 4.1.2 (d).

4.3.7 Satz
(a) *Sei* $\{\mathfrak{v}_i : i \in I\}$ *eine Basis des Vektorraumes V über K. Zu jedem $\mathfrak{x} \in V$ gibt es eine eindeutig bestimmte Darstellung als Linearkombination in den $\mathfrak{v}_i$:*

$$\mathfrak{x} = \sum_{i \in I} a_i \mathfrak{v}_i, \quad a_i \in K, \ a_i \neq 0 \quad \text{nur endlich oft.}$$

(b) *Hat umgekehrt ein System $\{\mathfrak{v}_i : i \in I\}$ die Eigenschaft, daß sich jeder Vektor aus V in einer und nur einer Weise als Linearkombination in den $\mathfrak{v}_i$ darstellen läßt, so ist $\{\mathfrak{v}_i : i \in I\}$ eine Basis.*

B e w e i s (a) Es bleibt nur zu zeigen, daß für jedes $\mathfrak{x} \in V$ die lineare Kombination eindeutig bestimmt ist. Liegen für $\mathfrak{x}$ zwei verschiedene Darstellungen

$$\mathfrak{x} = \sum_{i \in I} a_i \mathfrak{v}_i = \sum_{i \in I} b_i \mathfrak{v}_i, \text{ mit } a_j \neq b_j \text{ für mindestens ein } j \in I,$$

vor, erhalten wir eine Darstellung des Nullvektors $0 = \sum_{i \in I}(a_i - b_i)\mathfrak{v}_i$ mit $a_j - b_j \neq 0$. Dann aber sind die $\mathfrak{v}_i$, $i \in I$, linear abhängig, und nach 4.3.2 (b) läßt sich eines der $\mathfrak{v}_i$ als Linearkombination der übrigen schreiben. Daher spannen die übrigen $\mathfrak{v}_i$ schon das V auf, also war $\{\mathfrak{v}_i : i \in I\}$ keine Basis.

(b) Nach Annahme spannen die $\mathfrak{v}_i$ das V auf. Würde dieses schon ein Teilsystem tun, so ließe sich ein $\mathfrak{v}_i$ durch die übrigen linear kombinieren, und das widerspräche der Eindeutigkeit der Darstellung. □

4.3.8 Korollar *Die Vektoren einer Basis sind linear unabhängig. Spannt ein System von linear unabhängigen Vektoren den Vektorraum auf, so handelt es sich um eine Basis.* □

Besitzt jeder Vektorraum eine Basis? Falls er von endlich vielen Vektoren aufgespannt wird, so lassen wir überzählige weg und finden schließlich ein System, aus dem nichts mehr weggelassen werden kann, also eine Basis. Dieser Schluß läßt sich präzise fassen und verallgemeinern.

4.3.9 Satz *Wird ein Vektorraum V von höchstens abzählbar vielen Elementen aufgespannt, so besitzt er eine Basis.*

B e w e i s Das System $\{\mathfrak{v}_i : i \in \mathbb{N}^*\}$ spanne V auf. (Falls das System endlich ist, so sei $\mathfrak{v}_i = 0$ für die größeren Indizes.) Wir konstruieren ein Teilsystem, welches ebenfalls V aufspannt, aber linear unabhängig ist. Zu $n \in \mathbb{N}^*$ wählen wir ein Teilsystem A_n von $\{\mathfrak{v}_1, \ldots, \mathfrak{v}_n\}$, so daß $A_{n-1} \subset A_n$, A_n linear unabhängig ist und denselben Teilraum wie $\{\mathfrak{v}_1, \ldots, \mathfrak{v}_n\}$ aufspannt. O.B.d.A. sei $\mathfrak{v}_1 \neq 0$ und $A_1 = \{\mathfrak{v}_1\}$. Als Induktionsannahme nehmen wir an, daß $A_1, A_2, \ldots, A_n$ schon konstruiert sind. Dann sei $A_{n+1} = A_n$, falls $\mathfrak{v}_{n+1}$ in der linearen Hülle von A_n liegt, sonst sei $A_{n+1} = A_n \cup \{\mathfrak{v}_{n+1}\}$. Man prüft leicht nach, daß die Induktionsbehauptung für $A_1, \ldots, A_{n+1}$ gilt.

Sei $A = \bigcup_{n \in \mathbb{N}^*} A_n$. Wir zeigen, daß A eine Basis ist. Sei $\mathfrak{x} \in V$. Dann läßt sich $\mathfrak{x}$ als Linearkombination von endlich vielen $\mathfrak{v}_i$ darstellen. Es gibt also ein n, so daß $\mathfrak{x}$ in dem von $\{\mathfrak{v}_1, \ldots, \mathfrak{v}_n\}$ aufgespannten Teilraum liegt, d.h. in dem von A_n aufgespannten. Somit erzeugt A das V. Wären die Vektoren aus A nicht linear unabhängig, so würden für endlich viele von ihnen eine nichttriviale Linearkombination verschwinden. Da sie alle schon in einem A_n lägen, wäre ein A_n linear abhängig: Widerspruch. □

Hat ein Vektorraum V eine endliche Basis $\mathfrak{v}_1, \ldots, \mathfrak{v}_n$, so kann man ihn mit K^n identifizieren durch

$$V \ni \mathfrak{x} = a_1 \mathfrak{v}_1 + \ldots + a_n \mathfrak{v}_n \mapsto (a_1, \ldots, a_n)^t.$$

Hierauf werden wir noch genauer eingehen. Jedenfalls stellt sich dann heraus, daß die Räume K^n schon alle Möglichkeiten für Vektorräume mit endlicher Basis erschöpfen.

Satz 4.3.9 läßt sich auf alle Vektorräume verallgemeinern. Nur muß dafür die vollständige Induktion durch transfinite Induktion oder etwas Äquivalentes wie Wohlordnungssatz oder Zornsches Lemma ersetzt werden, vgl. 2.3. Wir geben einen Beweis an, auch wenn nicht alles Rüstzeug bereitgestellt wird.

4.3.10 Satz *Jeder Vektorraum V besitzt eine Basis.*

B e w e i s   Sei $\mathcal{B}$ das System aller linear unabhängigen Teilsysteme von V. Es werde durch die Inklusion geordnet. Sei $\{B_i : i \in I\}$ eine linear geordnete Teilmenge von $\mathcal{B}$, d.h. für $i, j \in I$ gilt $B_i \subset B_j$ oder $B_j \subset B_i$. Dann ist $\bigcup_{i \in I} B_i \in \mathcal{B}$. Sind nämlich $\mathfrak{v}_1, \ldots, \mathfrak{v}_k$ endlich viele Vektoren aus $\bigcup_{i \in I} B_i$, und $\mathfrak{v}_j \in B_{i(j)}$, so sei ℓ so gewählt, daß $B_{i(j)} \subset B_{i(\ell)}$ für $j = 1, \ldots, k$ gilt. (Durch vollständige Induktion läßt sich die Existenz eines solchen ℓ erschließen.) Also sind $\mathfrak{v}_1, \ldots, \mathfrak{v}_k$ linear unabhängig. Nach Definition ist auch $\bigcup_{i \in I} B_i$ linear unabhängig, wenn es jedes endliche Teilsystem ist.

Nach dem Zornschen Lemma 2.3.4 besitzt $\mathcal{B}$ ein maximales Element B, d.h. ist C ein System linear unabhängiger Vektoren aus V mit $C \supset B$, so ist $C = B$. Wir behaupten, daß B das V aufspannt. Wäre nämlich ein $\mathfrak{x} \in V$ nicht in der linearen Hülle von B, so wäre auch $B \cup \{\mathfrak{x}\}$ linear unabhängig, im Widerspruch zur Maximalität von B.

4.3 Lineare Abhängigkeit, Basis und Dimension

Deshalb ist B eine Basis. □

4.3.11 Beispiele Erste Beispiele von Basen hatten wir im Anschluß an die Definition 4.3.6 betrachtet. Wir geben einige Weitere.
(a) $K[x]$ hat $1, x, x^2, x^3, \ldots$ als Basis.
(b) $W = \{(x_1, x_2, x_3, \ldots) : x_i \in K, \ x_i \neq 0 \text{ nur endlich oft}\}$ hat als Basis:

$$\{\mathfrak{e}_1 = (1, 0, 0, \ldots), \ \mathfrak{e}_2 = (0, 1, 0, \ldots), \ \mathfrak{e}_3 = (0, 0, 1, \ldots), \ \ldots\}.$$

Nun gilt $W \subset V = \{(x_1, x_2, x_3, \ldots) : x_i \in K, \ i = 1, 2, \ldots\}$. Die Basis $\mathfrak{e}_1, \mathfrak{e}_2, \mathfrak{e}_3, \ldots$ von W ergibt auch ein System linear unabhängiger Vektoren von V, jedoch erzeugen sie V nicht. So ist z.B. $(1, 1, 1, \ldots)$ keine endliche Linearkombination der $\mathfrak{e}_i$. *Hier ist keine generelle Vorschrift für eine Basis von W bekannt.* Die Existenz der Basis ist mit einem transzendenten Schluß bewiesen.

(c) Die reellen Zahlen $\mathbb{R}$ bilden einen Vektorraum über $\mathbb{Q}$. Dann gibt es eine Basis $B = \{r_i : i \in I\}$. Also schreibt sich jede reelle Zahl x eindeutig als

$$x = \sum_{i \in I} a_i r_i \text{ mit } a_i \in \mathbb{Q}, \ a_i \neq 0 \text{ nur endlich oft.}$$

Man kennt kein System B mit dieser Eigenschaft!

Wie verhalten sich nun verschiedene Basen eines Vektorraumes zueinander? Dieses klären wir nun. Dazu sei V wieder ein Vektorraum über K.

4.3.12 Hilfssatz *Es sei $\{\mathfrak{v}_i : i \in I, \mathfrak{v}_i \in V\}$ linear unabhängig, und es sei $\mathfrak{w} = \sum_{i \in I} a_i \mathfrak{v}_i, a_i \neq 0$ nur endlich oft. Ist für $j \in I$ das $a_j \neq 0$, so ist auch $\{\mathfrak{v}_i : i \in I, i \neq j\} \cup \{\mathfrak{w}\}$ linear unabhängig und spannt denselben Raum wie $\{\mathfrak{v}_i : i \in I\}$ auf.*

B e w e i s   Wegen

$$\mathfrak{v}_j = \frac{1}{a_j} \mathfrak{w} - \sum_{i \in I, i \neq j} \frac{a_i}{a_j} \mathfrak{v}_i$$

spannen $\{\mathfrak{v}_i : i \in I\}$ und $\{\mathfrak{w}, \mathfrak{v}_i : i \in I, i \neq j\}$ denselben Raum auf. Gilt eine Gleichung $0 = b\mathfrak{w} + \sum_{i \in I, i \neq j} b_i \mathfrak{v}_i$, so auch $0 = ba_j \mathfrak{v}_j + \sum_{i \in I, i \neq j} (ba_i + b_i) \mathfrak{v}_i$. Da $\{\mathfrak{v}_i : i \in I\}$ linear unabhängig ist, folgt $ba_j = 0$, also $b = 0$ und $0 = ba_i + b_i = b_i$ für $i \neq j$. □

Dieser Hilfssatz legt das Verfahren nahe, wie wir von einer Basis zu einer anderen kommen: Wir ersetzen sukzessiv einen Basisvektor der ersten Basis durch einen der zweiten. Allerdings müßten wir darauf achten, schon eingebaute

4 Vektorräume und affine Räume

Vektoren des zweiten Systemes nicht wieder herauszuwerfen. Das geht gut, wenn die zweite Basis endlich ist. (Machen Sie es sich klar!) Wir behandeln nun einen viel allgemeineren Basiswechsel:

4.3.13 Basisaustauschsatz *Sei* $\{\mathfrak{v}_i : i \in I\}$ *eine Basis von* V *und* $\{\mathfrak{w}_j : j \in J\}$ *ein System linear unabhängiger Vektoren aus* V. *Dann gibt es zu jedem* $j \in J$ *ein* i_j, *so daß* $\{\mathfrak{w}_j : j \in J\} \cup \{\mathfrak{v}_i : i \in I, i \neq i_j, \forall j \in J\}$ *eine Basis von* V *bildet. Gewisse Basisvektoren lassen sich also durch die* $\mathfrak{w}_j$ *austauschen.*

B e w e i s Wir beschränken uns im Beweis auf den Fall, daß J abzählbar ist, und identifizieren J mit $\mathbb{N}^*$. Durch Induktion nach n gewinnen wir Vektoren $\mathfrak{v}_{i_j}$, so daß

$$A_n = \{\mathfrak{w}_j : 1 \leq j \leq n\} \cup \{\mathfrak{v}_i : i \in I, i \neq i_j, 1 \leq j \leq n\}$$

eine Basis ist. Der Induktionsanfang folgt aus 4.3.12. Die Behauptung gelte für $n \geq 1$. Dann ist $\mathfrak{w}_{n+1}$ als Linearkombination in A_n darstellbar:

$$\mathfrak{w}_{n+1} = \sum_{j=1}^{n} a_j \mathfrak{w}_j + \sum_{i \in I_n} b_i \mathfrak{v}_i, \quad I_n = \{i \in I : i \neq i_j, j = 1, \ldots, n\}.$$

Da $\mathfrak{w}_1, \ldots, \mathfrak{w}_{n+1}$ linear unabhängig sind, muß es ein $i_{n+1} \in I_n$ mit $b_{i_{n+1}} \neq 0$ geben. Nach 4.3.12 läßt sich $\mathfrak{v}_{i_{n+1}}$ durch $\mathfrak{w}_{n+1}$ ersetzen.

Nun sei

$$A = \{\mathfrak{w}_j : j \in J\} \cup \{\mathfrak{v}_i : i \in I, i \neq i_j \,\forall j \in J\}.$$

Zu zeigen bleibt, daß A eine Basis ist. Um die lineare Unabhängigkeit nachzuprüfen, müssen wir dieses nur für endliche Teilsysteme untersuchen. In einem solchen gibt es ein $\mathfrak{w}_j$ mit größtem $j \in J$, also ist es ein Teilsystem von A_j und deshalb linear unabhängig. Daß A das V aufspannt, folgt analog: Für $\mathfrak{x} \in V$, $\mathfrak{x} = \sum a_i \mathfrak{v}_i$, gibt es nur endlich viele $\mathfrak{v}_i$ mit $a_i \neq 0$, die bei der Bildung von A weggelassen werden. Ist n der größte Index, so daß $\mathfrak{v}_{i_n}$ in der Darstellung von $\mathfrak{x}$ auftritt, so folgt die Behauptung daraus, daß A_n eine Basis ist.

Den allgemeinen Fall, in dem also über die Mächtigkeit von J keine Annahmen gemacht werden, muß man mit dem Zornschen Lemma oder transfiniter Induktion behandeln. □

Der Vollständigkeit (und der Gewöhnung an das Zornsche Lemma) halber sei auch der Beweis für den allgemeinen Fall gegeben. Sei $\mathcal{B}$ die Menge aller Systeme von folgender Art:
(1) $B(L, M) := \{\mathfrak{w}_\lambda : \lambda \in L\} \cup \{\mathfrak{v}_\mu : \mu \in M\}$ mit $L \subset J$, $M \subset I$;

4.3 Lineare Abhängigkeit, Basis und Dimension

(2) $B(L, M)$ ist linear unabhängig.
Wir erklären auf $\mathcal{B}$ eine Ordnung durch

$$B(L, M) \prec B(L', M') \iff L \underset{\neq}{\subset} L' \quad \text{oder} \quad L = L' \text{ und } M \underset{\neq}{\subset} M'.$$

Sei nun $\{B(L_r, M_r) : r \in R\}$ eine linear geordnete Teilmenge von $\mathcal{B}$, d.h. für $r, s \in R$ gilt entweder $B(L_r, M_r) = B(L_s, M_s)$ oder $B(L_r, M_r) \prec B(L_s, M_s)$ oder $B(L_s, M_s) \prec B(L_r, M_r)$. Wir definieren: $L := \bigcup_{\rho \in R} L_\rho$. Ist $L \neq L_r \; \forall r \in R$, so sei $M = \bigcap_{\rho \in R} M_\rho$; sonst sei $M = \bigcup_{\{\rho : L_\rho = L\}} M_\rho$.

Wir wollen zeigen, daß $B(L, M) \in \mathcal{B}$ und daß für $r \in R$ entweder $B(L_r, M_r) = B(L, M)$ oder $B(L_r, M_r) \prec B(L, M)$ ist.

Die zweite Aussage folgt einfach: Offenbar ist $L_r \subset L$. Falls $L_r \neq L$, so gilt $B(L_r, M_r) \prec B(L, M)$. Ist $L_r = L$, so gilt: $M = \bigcup_{\{\rho : L_\rho = L\}} M_\rho \supset M_r$. Für $M_r \neq M$ ist also $B(L_r, M_r) \prec B(L, M)$ und für $M_r = M$ besteht Gleichheit.

Aus $L_\rho \subset J$ und $M_\rho \subset I \; \forall \rho \in R$ folgt $L \subset J$ und $M \subset I$. Es bleibt zu zeigen, daß $B(L, M)$ ein linear unabhängiges System ist. Dazu betrachten wir die Gleichung

$$0 = a_1 \mathfrak{w}_{j_1} + \ldots + a_k \mathfrak{w}_{j_k} + a_{i_{k+1}} \mathfrak{v}_{i_{k+1}} + \ldots + a_n \mathfrak{v}_{i_n},$$

wobei $j_1, \ldots, j_k$ k verschiedene Indizes aus J und $i_{k+1}, \ldots, i_n$ $n-k$ verschiedene Indizes aus I sind.

Gibt es ein $r \in R$ mit $L_r = L$, so gibt es zu jedem ℓ, $k+1 \leq \ell \leq n$, ein r_ℓ mit $i_\ell \in M_{r_\ell}$ und $L_{r_\ell} = L$. Wegen der linearen Ordnung gibt es ein λ mit $M_\lambda \supset M_{r_\ell}$, $k+1 \leq \ell \leq n$. Dann liegen alle Vektoren $\mathfrak{w}_{j_1}, \ldots, \mathfrak{w}_{j_k}, \mathfrak{v}_{i_{k+1}}, \ldots, \mathfrak{v}_{i_n}$ in $B(L_\lambda, M_\lambda)$ und sind also linear unabhängig, d.h. die Koeffizienten a_ℓ, $1 \leq \ell \leq n$, verschwinden.

Nun sei $L_r \underset{\neq}{\subset} L \; \forall r \in R$. Dann gibt es zu jedem ℓ, $1 \leq \ell \leq k$, ein $s_\ell \in R$ mit $j_\ell \in L_{s_\ell}$. Unter den $B(L_{s_\ell}, M_{s_\ell})$, $1 \leq \ell \leq k$, gibt es ein „größtes" System, also gibt es ein s mit $\mathfrak{w}_{j_\ell} \in L_s$, $1 \leq \ell \leq k$. Aus $M \subset M_s$ folgt $\mathfrak{v}_{i_{k+1}}, \ldots, \mathfrak{v}_{i_n} \in M_s$, und deshalb gilt $a_\ell = 0$ für $1 \leq \ell \leq n$. Somit ist $B(L, M)$ linear unabhängig.

Wegen des Zornschen Lemmas gibt es (mindestens) ein maximales Element $B(L, M)$ in $\mathcal{B}$. Wir wollen zeigen, daß es eine Basis ist und daß $L = J$ ist. Angenommen, es gibt ein $q \in J$ mit $\mathfrak{w}_q \notin L$. Da $\{\mathfrak{w}_j : j \in J\}$ linear unabhängig ist, läßt sich $B(L, M)$ durch das „größere" $B(L \cup \{\mathfrak{w}_q\}, \emptyset)$ ersetzen, im Widerspruch zu der Maximalität von $B(L, M)$. Also ist $L = J$. Da $B(L, M)$ linear unabhängig ist, bleibt zu zeigen, daß die lineare Hülle von $B(L, M)$ gleich V ist. Sonst gäbe es einen Vektor $\mathfrak{x} \in V$, der sich nicht aus $B(L, M)$ linear kombinieren läßt. Da $\mathfrak{x}$ Linearkombination der $\{\mathfrak{v}_i : i \in I\}$ ist, gibt es ein $i \in I$ mit $\mathfrak{v}_i \notin [B(L, M)]$. Dann ist auch $B(L, M \cup \{\mathfrak{v}_i\}) \in \mathcal{B}$ und es ist $B(L, M) \prec B(L, M \cup \{\mathfrak{v}_i\})$, im Widerspruch zur Maximalität von $B(L, M)$. □

4 Vektorräume und affine Räume

4.3.14 Korollar *Jede Basis eines Teilraumes U von V läßt sich zu einer Basis von V ergänzen.* □

Beispiel In K^n bildet z.B. auch $(1, a_2, \ldots, a_n)^t$, $(0, 1, 0, \ldots, 0)^t, \ldots (0, \ldots, 0, 1)^t$ eine Basis. Ebenfalls $(1, a_{12}, \ldots, a_{1n})^t$, $(0, 1, a_{23}, \ldots, a_{2n})^t, \ldots, (0, \ldots, 0, 1)^t$.

4.3.15 Korollar *Besitzt ein Vektorraum V eine Basis aus endlich vielen Elementen, so enthält jede Basis die gleiche Zahl von Elementen.*

B e w e i s   Sei $\{\mathfrak{v}_1, \ldots, \mathfrak{v}_n\}$ eine Basis von V und $\{\mathfrak{w}_i : i \in I\}$ eine zweite, die mehr Elemente enthalten möge. Wegen des Basisaustauschsatzes lassen sich n Indizes $i(1), \ldots, i(n)$ in I finden, so daß $\{\mathfrak{v}_1, \ldots, \mathfrak{v}_n, \mathfrak{w}_i : i \in I, i \neq i(1), \ldots, i(n)\}$ eine Basis von V ist. Da aber schon $\mathfrak{v}_1, \ldots, \mathfrak{v}_n$ das V aufspannen, darf I außer $i(1), \ldots, i(n)$ keine Indizes mehr enthalten. □

Dimension

Die Anzahl der Elemente einer Basis von V ist also eine Invariante von V; sie bekommt nun einen einprägsamen Namen.

4.3.16 Definition Ein Vektorraum V über K heißt *endlich-dimensional*, falls V von endlich vielen Elementen aufgespannt wird, sonst *unendlich-dimensional*. Die Anzahl der Elemente einer Basis heißt die *Dimension* von V über K; sie wird mit $\dim_K V$ oder mit $\dim V$ bezeichnet. Es bedeutet $\dim V = \infty$, daß V unendlich-dimensional ist. Ferner besagt $\dim V = 0$, daß $V = 0$ ist.

Aus der Definition und dem Basisaustauschsatz 4.3.13 folgt:

4.3.17 Satz *Sei V ein n-dimensionaler Vektorraum über K. Dann gilt:*
 (a) *Je $n + 1$ (oder mehr) Vektoren sind linear abhängig.*
 (b) *Ein System $\{\mathfrak{v}_1, \ldots, \mathfrak{v}_m\}$ von Vektoren ist genau dann eine Basis, wenn es linear unabhängig und $m = n$ ist.* □

4.3.18 Beispiele $\dim K^n = n$, $\dim V_E = 2$, vgl. 1.1.
Für V aus 4.1.2 (c) ist $\dim V = \infty$, für W aus 4.1.2 (d) ist $\dim W = \infty$. Ebenfalls ist $\dim \mathbb{R}^I = \infty$. Übrigens lassen sich auch diese „unendlichen" Dimensionen noch in verschiedene Unendlich-Typen aufspalten, womit wir uns aber hier nicht abgeben.

4.3.19 Satz *In einem unendlich-dimensionalen Vektorraum in V gibt es unendlich viele Vektoren $\mathfrak{v}_1, \mathfrak{v}_2, \ldots$, die linear unabhängig sind.*

4.3 Lineare Abhängigkeit, Basis und Dimension

B e w e i s   Wir zeigen durch vollständige Induktion, daß es Vektoren $\mathfrak{v}_i$, $i \in \mathbb{N}^*$, gibt, so daß das System $\mathfrak{v}_1, \ldots, \mathfrak{v}_n$ für jedes $n \in \mathbb{N}^*$ linear unabhängig ist. Da $\dim V = \infty$ ist, gibt es einen Vektor $\mathfrak{v}_1 \neq 0$. Seien nun schon linear unabhängige $\mathfrak{v}_1, \ldots, \mathfrak{v}_n, n \geq 1$, gefunden. Da $\dim V = \infty$, können $\mathfrak{v}_1, \ldots, \mathfrak{v}_n$ das V nicht aufspannen. Es gibt also einen Vektor $\mathfrak{v}_{n+1} \in V$, der nicht zur linearen Hülle von $\mathfrak{v}_1, \ldots, \mathfrak{v}_n$ gehört. Dann sind auch $\mathfrak{v}_1, \ldots, \mathfrak{v}_{n+1}$ linear unabhängig; denn in einer Gleichung $\sum_{n=1}^{n+1} a_i \mathfrak{v}_i = 0$ muß $a_{n+1} = 0$ sein, da $\mathfrak{v}_{n+1}$ keine Linearkombination von $\mathfrak{v}_1, \ldots, \mathfrak{v}_n$ ist, und die übrigen Koeffizienten a_i müssen ebenfalls verschwinden, da nach Annahme $\mathfrak{v}_1, \ldots, \mathfrak{v}_n$ linear unabhängig sind. Jedes endliche Teilsystem von $\{\mathfrak{v}_i : i = 1, 2, \ldots\}$ ist linear unabhängig, deshalb auch $\{\mathfrak{v}_i : i \in \mathbb{N}^*\}$. □

4.3.20 Satz (Dimensionsformel) *Ist U ein Unterraum des Vektorraumes V, so gilt:*
$$\dim V = \dim U + \dim V/U.$$

Falls die Dimension ∞ auftritt, ist die Gleichung wie folgt zu verstehen: $\infty + \infty = \infty$, $\infty + n = \infty$ für $n \in \mathbb{N}$.

B e w e i s   Ist $\dim U = \infty$, so wegen 4.3.17 (a) auch $\dim V = \infty$. Sei nun $\dim V/U = \infty$. Dann gibt es nach 4.3.19 unendlich viele Elemente von V/U, die linear unabhängig sind. Wir wählen in jeder Klasse ein Element $\mathfrak{r}_i \in V$ aus. Nach Annahme sind $\mathfrak{r}_1 + U, \mathfrak{r}_2 + U, \ldots$ linear unabhängig. Wegen 4.3.5 (b) sind $\mathfrak{r}_1, \mathfrak{r}_2, \ldots$ in V linear unabhängig. Wegen 4.3.17 (a) ist deshalb $\dim V = \infty$.

Zu behandeln bleibt also nur noch der Fall $k = \dim U < \infty$ und $m = \dim V/U < \infty$. Wir wählen eine Basis $\mathfrak{v}_1, \ldots, \mathfrak{v}_k$ für U, ferner eine Basis für V/U. In jeder der Restklassen wählen wir einen Vektor $\mathfrak{v}_j, j = k+1, \ldots, k+m$, aus, d.h. die Basis von V/U ist $\mathfrak{v}_{k+1} + U, \ldots, \mathfrak{v}_{k+m} + U$. Sei $n = k + m$. Es ist 4.3.20 gezeigt, wenn nachgewiesen ist, daß $\{\mathfrak{v}_1, \ldots, \mathfrak{v}_n\}$ eine Basis von V ist. Dafür ist zu zeigen:
(i) $\mathfrak{v}_1, \ldots, \mathfrak{v}_n$ sind linear unabhängig.
(ii) $\mathfrak{v}_1, \ldots, \mathfrak{v}_n$ spannen V auf.

Zu (i): Es sei $\sum_{i=1}^{n} a_i \mathfrak{v}_i = 0$, $a_i \in K$. Zu zeigen ist, daß $a_i = 0$ für alle i ist. Es ist

$$0 + U = \sum_{i=1}^{n} a_i \mathfrak{v}_i + U = \sum_{j=1}^{m} a_{k+j} \mathfrak{v}_{k+j} + U \quad \text{(weil } \sum_{i=1}^{k} a_i \mathfrak{v}_i \in U\text{)}$$
$$= \sum_{j=1}^{m} a_{k+j} (\mathfrak{v}_{k+j} + U) \quad \text{(nach 4.2.16)}.$$

100   4 Vektorräume und affine Räume

Weil $\{\mathfrak{v}_{k+1}+U,\ldots,\mathfrak{v}_n+U\}$ eine Basis von V/U ist, gilt $a_{k+1}=\ldots=a_n=0$ und somit $\sum_{i=1}^{k} a_i\mathfrak{v}_i = 0$. Weil $\mathfrak{v}_1,\ldots,\mathfrak{v}_k$ eine Basis für U ist, sind $\mathfrak{v}_1,\ldots,\mathfrak{v}_k$ nach 4.3.8 linear unabhängig in U, also ist $a_1 = \ldots = a_k = 0$. Damit ist (i) gezeigt.

Zu (ii): Zu $\mathfrak{x} \in V$ gibt es Zahlen $x_{k+1},\ldots,x_n$, so daß

$$\mathfrak{x}+U = \sum_{j=k+1}^{n} x_j(\mathfrak{v}_j+U),$$

da $\{\mathfrak{v}_{k+1}+U,\ldots,\mathfrak{v}_n+U\}$ eine Basis für V/U ist. Sei $\mathfrak{y} = \mathfrak{x} - \sum_{j=k+1}^{n} x_j\mathfrak{v}_j$. Dann ist $\mathfrak{y}+U = U$, also $\mathfrak{y} \in U$. Deshalb gibt es Zahlen $x_1,\ldots,x_k$, so daß $\mathfrak{y} = \sum_{i=1}^{k} x_i\mathfrak{v}_i$, und es ist $\mathfrak{x} = \sum_{i=1}^{n} x_i\mathfrak{v}_i$. □

Aus 4.3.20 ergibt sich unmittelbar

4.3.21 Korollar *Hat V endliche Dimension, so folgt aus $\dim U = \dim V$, daß $U = V$ ist. Aus $\dim V/U = \dim V$ folgt $U = 0$.*

4.3.22 Satz (Dimensionsformel) *Sind U_1, U_2 Unterräume des Vektorraumes V, so gilt*
$$\dim(U_1+U_2) + \dim(U_1 \cap U_2) = \dim U_1 + \dim U_2.$$

B e w e i s   Da die Vektoren aus U_1 und U_2 den Raum U_1+U_2 aufspannen, gilt offenbar
$$\dim U_1 \cup U_2 \leq \dim U_i \leq \dim(U_1+U_2) \leq \dim U_1 + \dim U_2.$$

Deshalb dürfen wir uns darauf beschränken, daß alle Dimensionen endlich sind. Dann wählen wir für $U_1 \cap U_2$ eine Basis $\{\mathfrak{v}_1,\ldots,\mathfrak{v}_k\}$. Wegen des Basisaustauschsatzes läßt sie sich zu einer Basis $\{\mathfrak{v}_{i,1},\ldots,\mathfrak{v}_{i,n_i}\}$ von U_i ergänzen; dabei ist $\mathfrak{v}_{i,1} = \mathfrak{v}_1,\ldots,\mathfrak{v}_{i,k} = \mathfrak{v}_k$ und $n_i = \dim U_i$. Wenn wir nachweisen, daß

$$\{\mathfrak{v}_1,\ldots,\mathfrak{v}_k, \mathfrak{v}_{1,k+1},\ldots,\mathfrak{v}_{1,n_1},\ \mathfrak{v}_{2,k+1},\ldots,\mathfrak{v}_{2,n_2}\}$$

eine Basis von U_1+U_2 ist, so folgt die Behauptung:
$$(n_1+n_2-k)+k = n_1+n_2.$$

Daß die obigen Vektoren U_1+U_2 aufspannen, ist klar. Es muß also nur noch die lineare Unabhängigkeit nachgewiesen werden. Sei

$$0 = \sum_{i=1}^{k} a_i\mathfrak{v}_i + \sum_{i=k+1}^{n_1} a_{1,i}\mathfrak{v}_{1,i} + \sum_{i=k+1}^{n_2} a_{2,i}\mathfrak{v}_{2,i}.$$

4.3 Lineare Abhängigkeit, Basis und Dimension

Wir setzen

$$\mathfrak{a} = \sum_{i=1}^{k} a_i \mathfrak{v}_i, \quad \mathfrak{a}_j = \sum_{i=k+1}^{n_j} a_{j,i} \mathfrak{v}_{j,i} \text{ für } j = 1, 2.$$

Dann ist $\mathfrak{a} \in U_1 \cap U_2$, $\mathfrak{a}_j \in U_j$ und $0 = \mathfrak{a} + \mathfrak{a}_1 + \mathfrak{a}_2$. Deshalb gilt $-\mathfrak{a}_2 = \mathfrak{a} + \mathfrak{a}_1 \in U_1$. Also liegt $\mathfrak{a}_2$ in $U_1 \cap U_2$. Da $\mathfrak{v}_1, \ldots, \mathfrak{v}_k$ eine Basis von $U_1 \cap U_2$ und $\mathfrak{v}_1, \ldots, \mathfrak{v}_k, \mathfrak{v}_{2,k+1}, \ldots, \mathfrak{v}_{2,n_2}$ eine von U_2 ist, folgt $\mathfrak{a}_2 = 0$ und $a_{2,i} = 0$ für $i = k+1, \ldots, n_2$. Analog ergibt sich $a_{1,i} = 0$ für $i = k+1, \ldots, n_1$. Da $\mathfrak{v}_1, \ldots, \mathfrak{v}_k$ linear unabhängig sind, folgt aus $\sum_{i=1}^{k} a_i \mathfrak{v}_i = 0$, daß $a_1 = \ldots = a_k = 0$ ist. □

4.3.23 Korollar $\dim(V_1 \oplus V_2) = \dim V_1 + \dim V_2$. □

Koordinaten

In K^n haben wir jeden Vektor als n-Tupel $x = (x_1, \ldots, x_n)^t$ geschrieben, wobei x_i die „i-te Koordinate" von x ist. Stellen wir den Vektor als Linearkombination in den Basisvektoren $\mathfrak{e}_i$ dar, so ist $x = \sum_{i=1}^{n} x_i \mathfrak{e}_i$. Das Konzept von Koordinaten können wir für den allgemeinen Fall übernehmen.

4.3.24 Definition Sei $\{\mathfrak{v}_i : i \in I\}$ eine Basis des Vektorraumes V über K. Ist $\mathfrak{x} \in V$ und $\mathfrak{x} = \sum_{i \in I} x_i \mathfrak{v}_i$ mit $x_i \in K$, so heißen die Zahlen x_i die *Koordinaten von $\mathfrak{x}$* bezüglich der Basis $\{\mathfrak{v}_i : i \in I\}$.

Es sei wieder $\delta_{ij} = \begin{cases} 0 & i \neq j \\ 1 & i = j \end{cases}$ das *Kronecker-Symbol*. Der Vektorraum V habe die endliche Dimension n über K, und es seien $\{\mathfrak{v}_1, \ldots, \mathfrak{v}_n\}$ und $\{\mathfrak{w}_1, \ldots, \mathfrak{w}_n\}$ Basen von V. Dann lassen sich die Elemente der einen Basis durch die der anderen ausdrücken:

$$\mathfrak{w}_j = \sum_{i=1}^{n} a_{ij} \mathfrak{v}_i, \ a_{ij} \in K \quad \text{bzw.} \quad \mathfrak{v}_k = \sum_{\ell=1}^{n} b_{\ell k} \mathfrak{w}_\ell, \ b_{\ell k} \in K.$$

Durch Einsetzen folgt für $j = 1, \ldots, n$

$$\mathfrak{w}_j = \sum_{i=1}^{n} a_{ij} \left(\sum_{\ell=1}^{n} b_{\ell i} \mathfrak{w}_\ell \right) = \sum_{i,\ell=1}^{n} a_{ij} b_{\ell i} \mathfrak{w}_\ell$$

$$\iff \sum_{\ell=1}^{n} \left(\sum_{i=1}^{n} a_{ij} b_{\ell i} - \delta_{j\ell} \right) \mathfrak{w}_\ell = 0.$$

Aus der linearen Unabhängigkeit der $\mathfrak{w}_\ell$ folgt $\sum_{i=1}^n b_{\ell i} a_{ij} = \delta_{j\ell}$ für $j, \ell = 1, \ldots, n$. Analog ergibt sich $\sum_{\ell=1}^n a_{i\ell} b_{\ell k} = \delta_{ik}$ für $i, k = 1, \ldots, n$.

Sei nun $\mathfrak{x} \in V$ und $\mathfrak{x} = \sum_{k=1}^n x_k \mathfrak{v}_k = \sum_{j=1}^n y_j \mathfrak{w}_j$. Dann ist

$$\mathfrak{x} = \sum_{k=1}^n x_k \sum_{\ell=1}^n b_{\ell k} \mathfrak{w}_\ell = \sum_{\ell=1}^n \left(\sum_{k=1}^n b_{\ell k} x_k \right) \mathfrak{w}_\ell;$$

wegen der linearen Unabhängigkeit der $\mathfrak{w}_l$ gilt also $y_\ell = \sum_{k=1}^n b_{\ell k} x_k$ für $\ell = 1, \ldots, n$. Analog ergibt sich $x_k = \sum_{\ell=1}^n a_{k\ell} y_\ell$ für $k = 1, \ldots, n$.

Damit haben wir den folgenden

4.3.25 Satz *Sind* $\{\mathfrak{v}_1, \ldots, \mathfrak{v}_n\}$ *und* $\{\mathfrak{w}_1, \ldots, \mathfrak{w}_n\}$ *Basen eines Vektorraumes* V *und gilt die Basistransformation*

(i) $\quad \begin{cases} \mathfrak{w}_j = \sum_{i=1}^n a_{ij} \mathfrak{v}_i & \text{mit } a_{ij} \in K,\ j = 1, \ldots, n, \\ \mathfrak{v}_k = \sum_{\ell=1}^n b_{\ell k} \mathfrak{w}_\ell & \text{mit } b_{\ell k} \in K,\ k = 1, \ldots, n, \end{cases}$

so erfordert der Basiswechsel von $\{\mathfrak{v}_1, \ldots, \mathfrak{v}_n\}$ *zu* $\{\mathfrak{w}_1, \ldots, \mathfrak{w}_n\}$ *die Koordinatentransformation*

(ii) $$y_\ell = \sum_{k=1}^n b_{\ell k} x_k, \quad \ell = 1, \ldots, n,$$

und der umgekehrte Übergang ergibt

(ii′) $$x_k = \sum_{\ell=1}^n a_{k\ell} y_\ell, \quad k = 1, \ldots, n,$$

d.h. es gilt $\sum_{\ell=1}^n y_\ell \mathfrak{w}_\ell = \sum_{k=1}^n x_k \mathfrak{v}_k$, *wenn* (x_k) *und* (y_ℓ) *nach* (ii) *bzw.* (ii′) *zusammenhängen. Ferner gilt*

(iii) $$\sum_{i=1}^n b_{\ell i} a_{ij} = \delta_{\ell j} \quad \text{für } \ell, j = 1, \ldots, n,$$

(iii′) $$\sum_{\ell=1}^n a_{i\ell} b_{\ell k} = \delta_{ik} \quad \text{für } i, k = 1, \ldots, n.$$

□

4.3 Lineare Abhängigkeit, Basis und Dimension

Beachten Sie bitte: In den Formeln (i) für den Basiswechsel wird über den v o r d e r e n Index summiert, in den Formeln (ii) bzw. (ii') dagegen über den h i n t e r e n. Es läßt sich nicht vermeiden, daß über verschiedene Indizes summiert wird. Beim Ansatz des Basis- bzw. Koordinatenwechsels müssen Sie dieses immer im Auge haben, sonst ergeben sich sehr leicht Fehler in weiteren Berechnungen.

Aufgaben

4.3.A1 Beweisen oder widerlegen Sie:
(a) Jedes System von linear unabhängigen Vektoren ist eine Basis.
(b) Besitzt V eine Basis aus n Vektoren, so erzeugt jedes System mit mehr als n Vektoren V.
(c) Ist $\{\mathfrak{v}_1, \ldots, \mathfrak{v}_n\}, n \in \mathbb{N}^*$, eine Basis von V und $\mathfrak{r} = \sum_{i=1}^{n} a_i \mathfrak{v}_i$ mit $a_n \neq 0$, so ist auch $\{\mathfrak{v}_1, \ldots, \mathfrak{v}_{n-1}, \mathfrak{r}\}$ eine Basis.
(d) Wenn es zu jedem $n \in \mathbb{N}^*$ ein System von n linear unabhängigen Vektoren in V gibt, so ist $\dim V = \infty$.

4.3.A2
(a) Zeigen Sie, daß $\mathfrak{r} = (2,0,1,0)^t, \mathfrak{y} = (1,1,1,1)^t, \mathfrak{z} = (-1,0,0,1)^t$ im $\mathbb{R}^4$ linear unabhängig sind. Entscheiden Sie für jeden Vektor $\mathfrak{e}_1, \mathfrak{e}_2, \mathfrak{e}_3, \mathfrak{e}_4 \in \mathbb{R}^4$, ob er $\mathfrak{r}, \mathfrak{y}, \mathfrak{z}$ zu einer Basis ergänzt.
(b) Zeigen Sie dasselbe für $\mathfrak{u} = (1,0,2,0)^t, \mathfrak{v} = (2,0,1,0)^t$, wobei Sie jetzt natürlich zwei der $\mathfrak{e}_1, \mathfrak{e}_2, \mathfrak{e}_3, \mathfrak{e}_4$ hinzunehmen müssen.

4.3.A3 Sei V der Vektorraum $\mathbb{R}^4$ über $\mathbb{R}$ und seien

$$U_1 := \left[\begin{pmatrix} 1 \\ 0 \\ 0 \\ 1 \end{pmatrix}, \begin{pmatrix} 2 \\ 2 \\ 1 \\ 1 \end{pmatrix}, \begin{pmatrix} 0 \\ 1 \\ 0 \\ 0 \end{pmatrix}, \begin{pmatrix} 4 \\ 6 \\ 1 \\ 3 \end{pmatrix} \right] \text{ und } U_2 := \left[\begin{pmatrix} 3 \\ 1 \\ 0 \\ 0 \end{pmatrix}, \begin{pmatrix} 2 \\ 1 \\ 1 \\ 1 \end{pmatrix}, \begin{pmatrix} 3 \\ 3 \\ 0 \\ 2 \end{pmatrix} \right]$$

Unterräume. Bestimmen Sie eine Basis von $U_1 \cap U_2$. (Beachten Sie die Dimension von U_1!)

4.3.A4 Sei V der Vektorraum K^n über K und

$$U_1 := \{x \in K^n : x_1 + \ldots + x_n = 0\} \subset V,$$
$$U_2 := \{x \in K^n : x_1 - x_2 + x_3 - \ldots + (-1)^{n-1}x_n = 0\} \subset V.$$

(a) Zeigen Sie, daß U_1 und U_2 Untervektorräume sind, und bestimmen Sie die Dimension von $U_1, U_2, U_1 \cap U_2$ und $U_1 + U_2$.
(b) Ist V die (direkte) Summe von U_1 und U_2?

4.3.A5 Sei $C(\mathbb{R})$ der Vektorraum der stetigen Funktionen über $\mathbb{R}$. Zeigen Sie, daß die Funktionen sin, cos, $\mathrm{id}_\mathbb{R}$ und 1 (d.h. $f(x) = 1, \forall x \in \mathbb{R}$) linear unabhängig sind.

4.4 Lineare Abbildungen, I

Typisch für die heutige Behandlung von mathematischen Begriffen ist es, Objekte zusammen mit den strukturerhaltenden Abbildungen zwischen ihnen, den Homomorphismen, zu betrachten, vgl. 3.1.21. Erst durch diese Abbildungen können wir genau fassen, wann Vektorräume von gleicher Art bzw. echt verschieden sind.

4.4.1 Definition Es seien V und W Vektorräume über demselben Körper K. Eine Abbildung $f\colon V \to W$ heißt *linear* oder *Homomorphismus*, wenn gilt:

(a) $\qquad\qquad\qquad f(\mathfrak{x}+\mathfrak{y}) = f(\mathfrak{x}) + f(\mathfrak{y}) \quad \forall \mathfrak{x}, \mathfrak{y} \in V,$
(b) $\qquad\qquad\qquad f(a\mathfrak{x}) = af(\mathfrak{x}) \quad \forall a \in K, \forall \mathfrak{x} \in V.$

4.4.2 Beispiele

(a) Sei V ein Vektorraum über dem Körper K, $a \in K$. Dann ist $f\colon V \to V$, $\mathfrak{x} \mapsto a\mathfrak{x}$, eine lineare Abbildung; denn für $\mathfrak{x}, \mathfrak{y} \in V$, $b \in K$ gilt nach 4.1.1 (VM2),(VM4):

$$f(\mathfrak{x}+\mathfrak{y}) = a(\mathfrak{x}+\mathfrak{y}) \stackrel{(VM4)}{=} a\mathfrak{x} + a\mathfrak{y} = f(\mathfrak{x}) + f(\mathfrak{y}),$$
$$f(b\mathfrak{x}) = a(b\mathfrak{x}) \stackrel{(VM2)}{=} (ab)\mathfrak{x} \stackrel{(*)}{=} (ba)\mathfrak{x} \stackrel{(VM2)}{=} b(a\mathfrak{x}) = bf(\mathfrak{x}).$$

Bei (*) wurde das kommutative Gesetz der Multiplikation in K benutzt.

(b) Sei P das Produkt der Vektorräume V und W über K, vgl. 4.2.14: $P = \{(\mathfrak{v}, \mathfrak{w}) : \mathfrak{v} \in V, \mathfrak{w} \in W\}$. Dann sind die Projektionen

$$p_1\colon P \to V,\ (\mathfrak{v}, \mathfrak{w}) \mapsto \mathfrak{v}; \qquad p_2\colon P \to W,\ (\mathfrak{v}, \mathfrak{w}) \mapsto \mathfrak{w}$$

lineare Abbildungen. Ebenfalls sind es die Einbettungen

$$i_1\colon V \to P,\ \mathfrak{v} \mapsto (\mathfrak{v}, 0); \qquad i_2\colon W \to P,\ \mathfrak{w} \mapsto (0, \mathfrak{w}).$$

(c) Sei K^n der n-dimensionale Vektorraum über dem Körper K. Dann sind die folgenden Abbildungen linear:

$$p_i\colon K^n \to K,\ (x_1, \ldots, x_n)^t \mapsto x_i;$$
$$s\colon K^n \to K,\ (x_1, \ldots, x_n)^t \mapsto x_1 + \ldots + x_n;$$
$$h\colon K^n \to K,\ (x_1, \ldots, x_n)^t \mapsto \sum_{i=1}^n c_i x_i \quad \text{für feste } c_1, \ldots, c_n \in K.$$

Welche der Abbildungen in 1.3 sind linear?

(d) V sei ein Vektorraum über dem Körper K, $U \subset V$ ein Unterraum. Dann ist $p\colon V \to V/U$, $\mathfrak{x} \mapsto \mathfrak{x} + U$, eine lineare Abbildung. Sie heißt *Projektion* von V auf den Faktorraum V/U.

(e) $f\colon V \to V$, $\mathfrak{x} \mapsto \mathfrak{x} + \mathfrak{a}$, $\mathfrak{a} \in V$, $\mathfrak{a} \neq 0$ fest, ist n i c h t linear.

(f) Der Körper K ist ein Vektorraum über sich selbst. Die Abbildung $K \to K$, $x \mapsto x^3 + x^2 - x$ ist nicht linear für $K \neq \{0, 1\}$. *Eine Abbildung* $f\colon K \to K$ *ist eine lineare Abbildung des Vektorraumes* K *über* K *genau dann, wenn es ein* $a \in K$ *gibt, so daß* $f(x) = ax$ *ist für alle* $x \in K$.

Dieses folgt so: Die Abbildung $x \mapsto ax$ ist linear. Sei umgekehrt $f\colon K \to K$ linear. Wegen $x = x \cdot 1$ ist $f(x) = x \cdot f(1)$. Wir setzen $a = f(1)$.

Aus der Definition der linearen Abbildung folgt unmittelbar:

4.4.3 Hilfssatz *Es seien* V, W *Vektorräume über dem gleichen Körper* K.
(a) *Eine Abbildung* $f\colon V \to W$ *ist d.u.n.d. linear, wenn gilt:*

$$f(a\mathfrak{x} + b\mathfrak{y}) = af(\mathfrak{x}) + bf(\mathfrak{y}) \quad \forall a, b \in K, \forall \mathfrak{x}, \mathfrak{y} \in V.$$

(b) *Ist* $f\colon V \to W$ *linear, so ist* $f(0) = 0$. *Allgemeiner gilt: Sind* $\mathfrak{v}_1, \ldots, \mathfrak{v}_k \in V$ *linear abhängig, so auch* $f(\mathfrak{v}_1), \ldots, f(\mathfrak{v}_k)$. □

Daß eine lineare Abbildung linear unabhängige Vektoren in linear abhängige überführt, ist sehr wohl möglich, wie 4.4.2 (c) zeigt. Das Bild einer Basis braucht nicht Basis zu sein!

4.4.4 Hilfssatz *Sei* $f\colon V \to W$ *linear und* U *ein Unterraum von* V. *Dann ist* $f(U) := \{f(\mathfrak{x}) : \mathfrak{x} \in U\}$ *ein Unterraum von* W.

B e w e i s   Zu $\mathfrak{x}', \mathfrak{y}' \in f(U)$ gibt es Elemente $\mathfrak{x}, \mathfrak{y} \in U$ mit $f(\mathfrak{x}) = \mathfrak{x}'$, $f(\mathfrak{y}) = \mathfrak{y}'$. Sind $a, b \in K$ beliebig, so folgt $a\mathfrak{x} + b\mathfrak{y} \in U$. Dann gilt

$$f(U) \ni f(a\mathfrak{x} + b\mathfrak{y}) = af(\mathfrak{x}) + bf(\mathfrak{y}) = a\mathfrak{x}' + b\mathfrak{y}'.$$

Wegen 4.2.2 ist $f(U)$ ein Unterraum von W. □

Bild, Kern und Rang einer linearen Abbildung

Ist $f\colon V \to V'$ linear und U ein Unterraum von V, so ist wegen 4.4.3 (b) $\dim f(U) \leq \dim U$. Um was wird es kleiner? Dazu führen wir einen neuen, wesentlichen Begriff ein: den Kern eines Homomorphismus.

4 Vektorräume und affine Räume

4.4.5 Definition Es seien V, W Vektorräume über dem Körper K und $f: V \to W$ ein Homomorphismus. Dann heißt

Kern f $:= f^{-1}(0) = \{\mathfrak{x} \in V : f(\mathfrak{x}) = 0\}$ *Kern von* f,
Bild f $:= f(V) = \{\mathfrak{x}' \in W : (\exists \mathfrak{x} \in V: f(\mathfrak{x}) = \mathfrak{x}')\}$ *Bild von* f oder *Bild von* V *bei* f,
Rang f $:= \dim (\text{Bild f})$ heißt *Rang von* f.

4.4.6 Satz *Für eine lineare Abbildung* $f: V \to W$ *zwischen Vektorräumen über dem Körper* K *ist* Kern f *ein Unterraum von* V *und* Bild f *ein Unterraum von* W.

B e w e i s   Für Bild f handelt es sich um einen Teil der Aussage von 4.4.4. Sind nun $\mathfrak{x}, \mathfrak{y} \in$ Kern f und $a, b \in K$, so ist

$$f(a\mathfrak{x} + b\mathfrak{y}) = af(\mathfrak{x}) + bf(\mathfrak{y}) = a \cdot 0 + b \cdot 0 = 0,$$

also $a\mathfrak{x} + b\mathfrak{y} \in$ Kern f. □

4.4.7 Satz *Es seien* V *und* W *Vektorräume über dem Körper* K, *ferner sei* $\dim V = n < \infty$. *Dann gibt es zu jeder linearen Abbildung* $f: V \to W$ *eine Basis* $\mathfrak{v}_1, \ldots, \mathfrak{v}_n$ *von* V, *so daß für* $k = \text{Rang}\, f$ *die Vektoren* $f(\mathfrak{v}_1), \ldots, f(\mathfrak{v}_k)$ *eine Basis des Unterraumes* Bild $f = f(V)$ *von* W *bilden und* $\{\mathfrak{v}_{k+1}, \ldots, \mathfrak{v}_n\}$ *eine Basis des Unterraumes* Kern f *von* V *ausmachen.*

B e w e i s   Da Kern f ein Unterraum von V ist, sind die Vektoren einer Basis von Kern f linear unabhängig in V, vgl. 4.3.5. Wegen des Basisaustauschsatzes lassen sie sich zu einer Basis von V ergänzen, vgl. 4.3.14. Es gibt deshalb eine Basis $\{\mathfrak{v}_1, \ldots, \mathfrak{v}_n\}$ von V, so daß $\{\mathfrak{v}_{k+1}, \ldots, \mathfrak{v}_n\}$ eine Basis von Kern f ist, wobei $n - k = \dim(\text{Kern } f)$ ist.

Wir wollen nun zeigen, daß $\{f(\mathfrak{v}_1), \ldots, f(\mathfrak{v}_k)\}$ Basis von Bild f ist. Zu zeigen ist zweierlei:
(i) $f(\mathfrak{v}_1), \ldots, f(\mathfrak{v}_k)$ spannen Bild f auf.
(ii) $f(\mathfrak{v}_1), \ldots, f(\mathfrak{v}_k)$ sind linear unabhängig.

Zu (i): Ist $\mathfrak{x}' \in f(V)$, so gibt es ein $\mathfrak{x}_0 \in V$ mit $f(\mathfrak{x}_0) = \mathfrak{x}'$. Sei $\mathfrak{x}_0 = x_1\mathfrak{v}_1 + \ldots + x_n\mathfrak{v}_n$. Dann ist

$$\begin{aligned} f(\mathfrak{x}_0) &= x_1 f(\mathfrak{v}_1) + \ldots + x_k f(\mathfrak{v}_k) + x_{k+1} f(\mathfrak{v}_{k+1}) + \ldots + x_n f(\mathfrak{v}_n) \\ &= x_1 f(\mathfrak{v}_1) + \ldots + x_k f(\mathfrak{v}_k) + x_{k+1} \cdot 0 + \ldots + x_n \cdot 0 \\ &= x_1 f(\mathfrak{v}_1) + \ldots + x_k f(\mathfrak{v}_k) \end{aligned}$$

(Begründen Sie die verschiedenen Gleichheitszeichen!) Also wird Bild f von $f(\mathfrak{v}_1), \ldots, f(\mathfrak{v}_k)$ aufgespannt.

Zu (ii): Es gelte $0 = a_1 f(\mathfrak{v}_1) + \ldots + a_k f(\mathfrak{v}_k)$. Dann ist $a_1 \mathfrak{v}_1 + \ldots + a_k \mathfrak{v}_k \in \text{Kern } f$, d.h. es gibt nach Definition von $\mathfrak{v}_{k+1}, \ldots, \mathfrak{v}_n$ Zahlen $a_{k+1}, \ldots, a_n \in K$, so daß

$$a_1 \mathfrak{v}_1 + \ldots + a_k \mathfrak{v}_k = a_{k+1} \mathfrak{v}_{k+1} + \ldots + a_n \mathfrak{v}_n$$

ist. Aus der Basiseigenschaft von $\{\mathfrak{v}_1, \ldots, \mathfrak{v}_n\}$ für V folgt, daß alle $a_i = 0$ sind, speziell also $a_1 = \ldots = a_k = 0$. Deshalb sind $f(\mathfrak{v}_1), \ldots, f(\mathfrak{v}_k)$ linear unabhängig. □

Zu obigem Satz und Beweis vgl. 4.3.20.

4.4.8 Dimensionsformel

$$\dim V = \dim(\text{Kern } f) + \dim(\text{Bild } f) = \dim(\text{Kern } f) + \text{Rang } f.$$ □

Die Annahme $\dim V = n < \infty$ in Satz 4.4.7 ist nicht erforderlich; mittels vollständiger Induktion oder allgemeiner des Zornschen Lemmas läßt sich eine Basis von V finden, so daß ein Teil von ihr Basis von Kern f ist und die Bilder des restlichen Teils eine Basis des Bildes $f(V)$ ergeben. Die Formel in 4.4.8 muß dann mit ∞ (oder gar mit allgemeinen Kardinalzahlen) vernünftig interpretiert werden.

Der Raum der linearen Abbildungen

Als nächstes wollen wir die Gesamtheit der linearen Abbildungen zwischen zwei Vektorräumen behandeln.

4.4.9 Satz *Seien V und W Vektorräume über dem Körper K und $\{\mathfrak{v}_i : i \in I\}$ eine Basis für V, ferner seien $\mathfrak{w}_i$, $i \in I$, beliebige Elemente aus W. Dann gibt es eine und nur eine lineare Abbildung $f \colon V \to W$ mit $f(\mathfrak{v}_i) = \mathfrak{w}_i$ für alle $i \in I$.*

B e w e i s Seien $f_1, f_2 \colon V \to W$ lineare Abbildungen mit $f_j(\mathfrak{v}_i) = \mathfrak{w}_i$ für alle $i \in I$. Ist $\mathfrak{x} \in V$ beliebig, so ist $\mathfrak{x} = \sum_{i \in I} x_i \mathfrak{v}_i$, wobei $x_i \neq 0$ nur endlich oft. Dann ist für $j = 1, 2$

$$f_j(\mathfrak{x}) = \sum_{i \in I} x_i f_j(\mathfrak{v}_i) = \sum_{i \in I} x_i \mathfrak{w}_i,$$

also ist $f_1 = f_2$, und es gibt höchstens eine solche lineare Abbildung.

Das Obige legt auch nahe, wie die gewünschte lineare Abbildung zu definieren ist. Ist $\mathfrak{x} = \sum_{i \in I} x_i \mathfrak{v}_i$, so setzen wir $f(\mathfrak{x}) = \sum_{i \in I} x_i \mathfrak{w}_i$. Das ist wohldefiniert, da nur endlich viele $x_i \neq 0$. Zu zeigen bleibt, daß f linear ist. Sei $\mathfrak{x} = \sum_i x_i \mathfrak{v}_i$, $\mathfrak{y} = \sum_i y_i \mathfrak{v}_i$ und $a \in K$. Dann ist

$$f(\mathfrak{x} + \mathfrak{y}) = f(\sum_i (x_i + y_i) \mathfrak{v}_i) = \sum_i (x_i + y_i) \mathfrak{w}_i$$
$$= \sum_i x_i \mathfrak{w}_i + \sum_i y_i \mathfrak{w}_i = f(\mathfrak{x}) + f(\mathfrak{y}) \quad \text{und}$$
$$f(a\mathfrak{x}) = f(\sum_i a x_i \mathfrak{v}_i) = \sum_i a x_i \mathfrak{w}_i = a \sum_i x_i \mathfrak{w}_i = a f(\mathfrak{x}). \qquad \Box$$

Satz 4.4.9 gestattet es, einen Überblick über die linearen Abbildungen zwischen zwei Vektorräumen zu bekommen, indem nun die linearen Abbildungen als Elemente eines Vektorraumes aufgefaßt werden:

4.4.10 Definition Es seien V und W Vektorräume über dem Körper K. Es sei

$$L(V,W) := \operatorname{Hom}(V,W) := \{f \colon V \to W : f \text{ linear}\}$$

die Menge der linearen Abbildungen von V nach W. Für $f, g \in L(V, W)$ sei $f + g$ definiert durch

$$(f + g)(\mathfrak{x}) := f(\mathfrak{x}) + g(\mathfrak{x}) \ \forall \mathfrak{x} \in V,$$

ferner für $a \in K$, $f \in L(V,W)$ sei af definiert durch

$$(af)(\mathfrak{x}) := a(f(\mathfrak{x})).$$

4.4.11 Satz
(a) *$L(V,W)$ mit den Operationen aus 4.4.10 ist ein Vektorraum über K.*
(b) *Es habe V die endliche Dimension n, und es seien $\{\mathfrak{v}_1, \ldots, \mathfrak{v}_n\}$ und $\{\mathfrak{w}_j : j \in J\}$ Basen für V bzw. W. Sei f_{ij}, $1 \le i \le n$, $j \in J$, die gemäß 4.4.9 erklärte lineare Abbildung mit*

$$f_{ij}(\mathfrak{v}_k) = \begin{cases} 0 & k \neq i \\ \mathfrak{w}_j & k = i \end{cases} \quad \text{für } 1 \le k \le n.$$

Dann ist $\{f_{ij} : i = 1, \ldots, n; j \in J\}$ eine Basis für $L(V,W)$.
(c) $\dim L(V,W) = (\dim V) \cdot (\dim W)$.

4.4 Lineare Abbildungen, I

Beweis (a) Es sei $f, g \in L(V, W)$. Wir zeigen, daß $f + g$ wieder zu $L(V, W)$ gehört. Sind $\mathfrak{x}, \mathfrak{y} \in V$ und $a, b \in K$ beliebig, so ist

$$\begin{aligned}
(f + g)(a\mathfrak{x} + b\mathfrak{y}) &= f(a\mathfrak{x} + b\mathfrak{y}) + g(a\mathfrak{x} + b\mathfrak{y}) && \text{nach Definition 4.4.10} \\
&= af(\mathfrak{x}) + bf(\mathfrak{y}) + ag(\mathfrak{x}) + bg(\mathfrak{y}) && \text{da } f, g \text{ linear} \\
&= a(f(\mathfrak{x}) + g(\mathfrak{x})) + b(f(\mathfrak{y}) + g(\mathfrak{y})) \\
&= a(f + g)(\mathfrak{x}) + b(f + g)(\mathfrak{y}) && \text{nach Definition 4.4.10.}
\end{aligned}$$

Also ist $f + g$ eine lineare Abbildung. Analog folgt, daß mit $a \in K$, $f \in L(V, W)$ auch $af \in L(V, W)$ ist, und damit sind (VA1) und (VM1) aus 4.1.1 nachgeprüft. Es müssen nun die Rechenregeln 4.4.1 (VA2–5), (VM2–5) nachgeprüft werden. So folgt (VA3) „$f + g = g + f$ für $f, g \in L(V, W)$" durch

$$\begin{aligned}
(f + g)(\mathfrak{x}) &= f(\mathfrak{x}) + g(\mathfrak{x}) && \text{nach Definition 4.4.10} \\
&= g(\mathfrak{x}) + f(\mathfrak{x}) && \text{nach 4.1.1 (VA3) für } W \\
&= (g + f)(\mathfrak{x}) && \text{nach Definition 4.4.10.}
\end{aligned}$$

Deshalb ist $f + g = g + f$. Analog ergeben sich die assoziativen Gesetze (VA2), (VM2) und die Distributivgesetze (VM3) und (VM4), sowie (VM5), die Multiplikation mit $1 \in K$. Als das 0-Element $0 \in L(V, W)$ wird die „Nullabbildung" genommen:

$$0(\mathfrak{x}) := 0 \quad \text{für alle } \mathfrak{x} \in V.$$

Das inverse Element von $f \in L(V, W)$ ist die Abbildung $(-f) \in L(V, W)$ mit

$$(-f)(\mathfrak{x}) := -f(\mathfrak{x}) \quad \text{für alle } \mathfrak{x} \in V.$$

Also ist $L(V, W)$ ein Vektorraum.

(b) Sei $f \in L(V, W)$. Dann ist f nach 4.4.9 durch seine Werte auf der Basis $\mathfrak{v}_1, \ldots, \mathfrak{v}_n$ bestimmt. Ist nämlich $f(\mathfrak{v}_k) = \sum_{j \in J} a_{kj} \mathfrak{w}_j$, $k = 1, \ldots, n$ (dabei ist $a_{kj} \neq 0$ nur für endlich viele $j \in J$!), so ist $f = \sum_{i=1}^{n} \sum_{j \in J} a_{ij} f_{ij}$; denn

$$\left(\sum_{i=1}^{n} \sum_{j \in J} a_{ij} f_{ij} \right)(\mathfrak{v}_k) = \sum_{j \in J} \sum_{i=1}^{n} a_{ij} f_{ij}(\mathfrak{v}_k) = \sum_{j \in J} a_{kj} \mathfrak{w}_j = f(\mathfrak{v}_k).$$

Also spannen die Elemente $\{f_{ij} : i = 1, \ldots, n; j \in J\}$ das $L(V, W)$ auf. Die lineare Unabhängigkeit des Systems ergibt sich so: Sei

$$0 = \sum_{i=1}^{n} \sum_{j \in J} a_{ij} f_{ij}.$$

110   4 Vektorräume und affine Räume

Dann gilt für $k = 1, \ldots, n$

$$0 = \left(\sum_{i=1}^{n} \sum_{j \in J} a_{ij} f_{ij}\right)(\mathfrak{v}_k) = \sum_{j \in J} a_{kj} \mathfrak{w}_j.$$

Bei festem k ist also $a_{kj} = 0$ für $j \in J$. Da aber k beliebig war, verschwinden alle Koeffizienten.

(c) folgt aus (b). □

4.4.12 Über die Beschreibung einer linearen Abbildung mittels Koordinaten
Es seien V, W Vektorräume über dem Körper K der endlichen Dimensionen n und m. Es seien $\{\mathfrak{v}_1, \ldots, \mathfrak{v}_n\}$ und $\{\mathfrak{w}_1, \ldots, \mathfrak{w}_m\}$ Basen für V bzw. W. Ferner sei $f: V \to W$ eine lineare Abbildung. Es sei

$$f(\mathfrak{v}_i) = \sum_{j=1}^{m} a_{ji} \mathfrak{w}_j, \ i = 1, \ldots, n.$$

Ist $\mathfrak{x} = \sum_{i=1}^{n} x_i \mathfrak{v}_i$, so ist

$$f(\mathfrak{x}) = \sum_{i=1}^{n} x_i f(\mathfrak{v}_i) = \sum_{i=1}^{n} \sum_{j=1}^{m} x_i a_{ji} \mathfrak{w}_j = \sum_{j=1}^{m} \left(\sum_{i=1}^{n} a_{ji} x_i\right) \mathfrak{w}_j.$$

Bezogen auf Basen im Urbild und Bild wird damit einer linearen Abbildung ein Zahlenschema, eine $m \times n$-*Matrix*,

$$\begin{pmatrix} a_{11} & a_{12} & \cdots & a_{1n} \\ a_{21} & a_{22} & \cdots & a_{2n} \\ \vdots & \vdots & & \vdots \\ a_{m1} & a_{m2} & \cdots & a_{mn} \end{pmatrix}$$

zugeordnet. Ordnen wir den Vektoren aus V bzw. W ihre Koordinaten bezüglich der Basen als „Spaltenvektoren" $(x_1, x_2, \ldots, x_n)^t$ zu, so berechnen sich die Koordinaten des Bildes nach der Regel

$$\begin{pmatrix} a_{11} & a_{12} & \cdots & a_{1n} \\ a_{21} & a_{22} & \cdots & a_{2n} \\ \vdots & \vdots & & \vdots \\ a_{m1} & a_{m2} & \cdots & a_{mn} \end{pmatrix} \begin{pmatrix} x_1 \\ x_2 \\ \vdots \\ x_n \end{pmatrix} = \begin{pmatrix} y_1 \\ y_2 \\ \vdots \\ y_m \end{pmatrix} \quad \text{mit } y_i = \sum_{j=1}^{n} a_{ij} x_j,$$

d.h. die i-te Koordinate erhalten wir, indem wir die i-te Zeile der Matrix mit dem Vektor $\begin{pmatrix} x_1 \\ \vdots \\ x_n \end{pmatrix}$ komponentenweise multiplizieren und die Produkte addieren.

4.4.13 Bemerkungen

(a) Beachten Sie, daß auch hier zum Auffinden der Matrix bei den Basisvektoren über den vorderen, dagegen bei den Koeffizienten über den hinteren Index summiert. In anderen Büchern werden die Vektoren als Zeilen geschrieben (z.B. in [Lingenberg]); dann müssen die Summationsindizes vertauscht werden, d.h. die entstehende Matrix ist transponiert zu der unseren.

(b) Die obige Beschreibung einer linearen Abbildung mittels Basen ist natürlich abhängig von der Wahl der Basen. Was geschieht bei Basiswechsel? Was bedeutet, zwei Abbildungen sind „gleichartig"? Damit befassen wir uns später. Vorweg kommen einige allgemeine Betrachtungen über lineare Abbildungen, in denen wir fundamentale Begriffsbildungen der Algebra behandeln werden.

(c) In 4.4.11 (b) und (c) haben wir die Einschränkung gemacht, daß $\dim V < \infty$ ist. Anders als vorher bei den Sätzen über die Basis ist das hier wesentlich: Hätte V ein unendliche Basis $\{\mathfrak{v}_i : i \in I\}$, so würden die analog gebildeten linearen Abbildungen $\{f_{ij} : i \in I, j \in J\}$ zwar wieder linear unabhängig sein, aber sie spannen $L(V, W)$ nicht mehr auf; z.B. läßt sich die lineare Abbildung $g \colon V \to W$, $g(\mathfrak{v}_i) = w \neq 0$, $\forall i \in I$, $w \in W$ nicht als endliche Linearkombination dieser Basisvektoren schreiben. Aber auch dann besitzt $L(V, W)$ nach dem allgemeinen Existenzsatz 4.3.10 eine Basis, ohne daß man eine direkte Beschreibung angeben kann.

Aufgaben

4.4.A1 Im folgenden sei K ein fester Körper, V und W Vektorräume über K. Behandeln Sie die folgenden Aufgaben einmal für den allgemeinen Fall und einmal mit der weiteren Annahme, daß beide Vektorräume endliche Dimension haben. Beweisen oder widerlegen Sie:

(a) Wenn $\dim V < \dim W < \infty$, so gibt es einen injektiven Homomorphismus $f \colon V \to W$.
(b) Ist $\dim V = 1$, so ist jeder Homomorphismus $f \colon V \to W$ injektiv.
(c) Wenn es eine injektive, aber nicht surjektive lineare Abbildung $f \colon V \to W$ gibt, so gilt $\dim V < \dim W$.
(d) Ist $\dim V = \dim W$, so ist jede injektive lineare Abbildung ein Isomorphismus.
(e) Gibt es keine injektive lineare Abbildung $V \to W$, so gilt $\dim V > \dim W$.

4 Vektorräume und affine Räume

4.4.A2 Sei $V = \mathbb{R}^2$ und $\mathfrak{e}_1 = (1,0)^t$, $\mathfrak{e}_2 = (0,1)^t$ die Standardbasis. Geben Sie die Koordinaten der Vektoren $(1,1)^t$, $(1,2)^t$ und $(x,y)^t$ bzgl. der Basis $\mathfrak{v}_1 = (1,1)^t$ und $\mathfrak{v}_2 = (2,-2)^t$ an. Drücken Sie $\mathfrak{e}_1$ und $\mathfrak{e}_2$ bzgl. der neuen Basis aus.

Durch $f(\mathfrak{e}_1) = \mathfrak{v}_1$ und $f(\mathfrak{e}_2) = \mathfrak{v}_2$ wird eine lineare Abbildung $f : \mathbb{R}_1^2 \longrightarrow \mathbb{R}_2^2$ definiert. Wie sieht das Bild eines Vektors $(x,y)^t$ aus, wenn
 (i) $\mathbb{R}_1^2$ mit der Standardbasis und $\mathbb{R}_2^2$ mit der Basis $\mathfrak{v}_1$, $\mathfrak{v}_2$ versehen ist?
 (ii) beide Räume mit der Standardbasis versehen sind?
 (iii) Wie sieht das Bild von $(x,y)^t$ unter der Umkehrabbildung f^{-1} aus, wenn beide Räume mit der Standardbasis versehen sind?

4.4.A3 Seien V und W Vektorräume über dem Körper K, sowie U ein Unterraum von V und $p: V \to V/U$ die Projektion.
(a) Geben Sie ein notwendiges und hinreichendes Kriterium dafür an, daß sich eine lineare Abbildung $f: V \to W$ zu einer Abbildung $f^*: V/U \to W$ projizieren läßt, d.h. daß das folgende Diagramm kommutativ wird:

$$\begin{array}{ccc} V & & \\ p \downarrow & \searrow^{f} & \\ V/U & \xrightarrow[f^*]{} & W. \end{array}$$

(b) Ein Automorphismus $f: V \to V$ induziert genau dann einen Isomorphismus $f^*: V/U \to V/U$, wenn $f(U) = U$. Unter welcher Bedingung genügt es, hier $f(U) \subset U$ vorauszusetzen?
(c) Eine lineare Abbildung $f: V \to V$ mit $f(U) \subset U$ ist genau dann ein Automorphismus, wenn $f|_U: U \to U$ und $f^*: V/U \to V/U$ Automorphismen sind.

4.4.A4 Seien V, W_1, W_2 Vektorräume über einem Körper K und $h: W_1 \to W_2$ eine lineare Abbildung. Zeigen Sie:
(a) Durch $f \mapsto h \circ f$ wird eine lineare Abbildung $h_*: L(V, W_1) \to L(V, W_2)$ definiert.
(b) Es ist h_* genau dann injektiv (surjektiv), wenn h es ist.

4.4.A5 Sei V ein Vektorraum über K und $f: V \to V$ eine lineare Abbildung mit $f \circ f = f$. Dann gibt es Unterräume $U_1, U_2 \subset V$ mit:
(a) $V = U_1 \oplus U_2$
(b) $f(\mathfrak{x}_1 + \mathfrak{x}_2) = \mathfrak{x}_1$ für $x_1 \in U_1$ und $\mathfrak{x}_2 \in U_2$.

4.4.A6 Sei V ein endlich-dimensionaler K-Vektorraum und $f: V \to V$ ein Endomorphismus mit $f \circ f = 0$ (d.h. $f \circ f(\mathfrak{x}) = 0\ \forall \mathfrak{x} \in V$). Ferner sei $\dim_K V = 2 \cdot \mathrm{Rang}\, f$. Zeigen Sie: Bild $f = $ Kern f.

4.4.A7 Ist V ein Vektorraum über K und $0 \neq \mathfrak{x} \in V$, so gibt es eine lineare Abbildung $f: V \to K$ mit $f(\mathfrak{x}) = 1$.

4.5 Lineare Abbildungen, II

Es wird zunächst die allgemeine Theorie der linearen Abbildungen fortgeführt. Danach wird der Zusammenhang zwischen linearen Abbildungen und Koordinaten behandelt, was zum Rechnen mit Matrizen führt.

Lineare Abbildungen

4.5.1 Für lineare Abbildungen zwischen Vektorräumen werden die üblichen Begriffe wie Monomorphismus, Automorphismus etc. aus 3.1.21 übernommen. Ein Monomorphismus heißt ebenfalls *reguläre Abbildung*. Gebräuchlich sind auch Wendungen wie *injektiver Homomorphismus, reguläre lineare Abbildung* u.ä.

Wir betrachten nun die Beispiele aus 4.4.2. Dort gilt: In (a) ist f Automorphismus, falls $a \neq 0$, sonst Endomorphismus; in (b) sind p_1, p_2 Epimorphismen, i_1, i_2 Monomorphismen; in (c) sind p_i, s Epimorphismen, h ebenfalls, falls ein $c_i \neq 0$; in (d) ist p Epimorphismus; es ist p regulär d.u.n.d., wenn $U = 0$.

4.5.2 Satz *Es seien V, W Vektorräume über dem Körper K und $f\colon V \to W$ eine lineare Abbildung. Dann sind äquivalent:*
  (a) *Es ist $f\colon V \to W$ injektiv.*
  (b) *Kern $f = 0$.*
  (c) *Das Bild jedes linear unabhängigen Systems von Vektoren ist wieder linear unabhängig.*

Beweis
  (a) $\Rightarrow$ (b): Nun enthält das Urbild der 0, d.h. Kern f, höchstens ein Element, also Kern $f = 0$.
  (b) $\Rightarrow$ (a): Ist $f(\mathfrak{x}_1) = f(\mathfrak{x}_2)$, so ist $f(\mathfrak{x}_1 - \mathfrak{x}_2) = f(\mathfrak{x}_1) - f(\mathfrak{x}_2) = 0$, also $\mathfrak{x}_1 - \mathfrak{x}_2 \in$ Kern f, d.h. $\mathfrak{x}_1 - \mathfrak{x}_2 = 0$.
  (b) $\Rightarrow$ (c): Für Vektoren $\mathfrak{x}_1, \ldots, \mathfrak{x}_n$ seien $f(\mathfrak{x}_1), \ldots, f(\mathfrak{x}_n)$ linear abhängig. Dann gibt es Zahlen $a_i \in K$, nicht alle $a_i = 0$, mit $\sum_{i=1}^{n} a_i f(\mathfrak{x}_i) = 0$. Dann ist $\sum_{i=1}^{n} a_i \mathfrak{x}_i \in$ Kern f, also gilt auch $\sum_{i=1}^{n} a_i \mathfrak{x}_i = 0$, d.h. $\mathfrak{x}_1, \ldots, \mathfrak{x}_n$ sind auch linear abhängig.
  (c) $\Rightarrow$ (a): Falls $\mathfrak{x} \neq \mathfrak{y}$, so ist $\mathfrak{x} - \mathfrak{y} \neq 0$, also linear unabhängig, und deshalb ist auch $f(\mathfrak{x}-\mathfrak{y})$ linear unabhängig, d.h. $\neq 0$. Somit ist $0 \neq f(\mathfrak{x}-\mathfrak{y}) = f(\mathfrak{x})-f(\mathfrak{y})$.
  □

4.5.3 Satz *Sind V, W Vektorräume über K gleicher endlicher Dimension n und ist $f\colon V \to W$ eine lineare Abbildung, so gilt: f injektiv $\iff$ f surjektiv.*

Beweis Sei f injektiv. Ist $\mathfrak{v}_1, \ldots, \mathfrak{v}_n$ eine Basis von V, so sind nach 4.5.2 $f(\mathfrak{v}_1), \ldots, f(\mathfrak{v}_n)$ linear unabhängige Vektoren von W. Da $\dim W = n$ ist, bilden

4 Vektorräume und affine Räume

$f(\mathfrak{v}_1), \ldots, f(\mathfrak{v}_n)$ nach 4.3.17 (b) eine Basis von W, spannen also W auf, d.h. f ist surjektiv.

Ist f nicht injektiv, so gibt es eine Basis $\{\mathfrak{v}_1, \ldots, \mathfrak{v}_n\}$ von V, mit $\mathfrak{v}_1 \in$ Kern f. Dann erzeugen $f(\mathfrak{v}_2), \ldots, f(\mathfrak{v}_n)$ das Bild f. Also ist dim Bild $f < \dim W$, und deshalb gibt es einen Vektor $\mathfrak{w} \in W$ mit $\mathfrak{w} \notin$ Bild f. □

4.5.4 Satz *Zwei endlich-dimensionale Vektorräume über einem Körper K sind genau dann isomorph, wenn sie gleiche Dimension haben. Speziell ist also ein n-dimensionaler Vektorraum isomorph zu K^n.*

B e w e i s   Es seien V, W Vektorräume über K, $\dim V = n$, $\dim W = m$. Sei $f\colon V \to W$ ein Isomorphismus. Dann besteht das Bild einer Basis $\{\mathfrak{v}_1, \ldots, \mathfrak{v}_n\}$ von V aus linear unabhängigen Vektoren. Da f surjektiv ist, spannen $f(\mathfrak{v}_1), \ldots, f(\mathfrak{v}_n)$ auch W auf. Nach 4.3.8 und 4.3.17 (b) ist also $m = n$.

Nun sei $m = n$. Dann gibt es Basen $\{\mathfrak{v}_1, \ldots, \mathfrak{v}_n\}$ von V bzw. $\{\mathfrak{w}_1, \ldots, \mathfrak{w}_n\}$ von W. Nach 4.4.9 wird durch $\mathfrak{v}_i \mapsto \mathfrak{w}_i$, $i = 1, \ldots, n$, eine lineare Abbildung $f\colon V \to W$ definiert. Sie ist surjektiv, da $\mathfrak{w}_1, \ldots, \mathfrak{w}_n$ das W aufspannen, und deshalb nach 4.5.3 auch injektiv. □

4.5.5 Definition Wie üblich wird für Abbildungen $f\colon X \to Y$, $g\colon Y \to Z$ die *Hintereinanderausführung* $g \circ f\colon X \to Z$ durch $x \mapsto g(f(x))$ definiert.

Es folgt unmittelbar

4.5.6 Satz *Es seien V, V', V'' Vektorräume über dem Körper K und $f\colon V \to V'$, $g\colon V' \to V''$ seien lineare Abbildungen. Dann ist $g \circ f\colon V \to V''$ ebenfalls eine lineare Abbildung. Ferner gilt:*

$$\text{surjektiv} \circ \text{surjektiv} = \text{surjektiv},$$
$$\text{injektiv} \circ \text{injektiv} = \text{injektiv},$$
$$\text{Isomorphismus} \circ \text{Isomorphismus} = \text{Isomorphismus}.$$

□

Übrigens gelten alle drei Aussagen für beliebige Abbildungen.

4.5.7 Satz *Sind V, V', V'' Vektorräume über K, $f_i\colon V \to V'$, $g_i\colon V' \to V''$ ($i = 1, 2$) lineare Abbildungen und $a \in K$, so gelten die Distributivgesetze:*

$$g_1 \circ (f_1 + f_2) = (g_1 \circ f_1) + (g_1 \circ f_2),$$
$$(g_1 + g_2) \circ f_1 = (g_1 \circ f_1) + (g_2 \circ f_1),$$
$$g_1 \circ (af_1) = a(g_1 \circ f_1) = (ag_1) \circ f_1.$$

4.5 Lineare Abbildungen, II

B e w e i s   Dieses prüfen wir, indem wir einsetzen: Ist $\mathfrak{x} \in V$ beliebig, so ist

$$\begin{aligned}
[g_1 \circ (f_1 + f_2)](\mathfrak{x}) &= g_1([f_1 + f_2](\mathfrak{x})) & \text{nach 4.5.5,} \\
&= g_1(f_1(\mathfrak{x}) + f_2(\mathfrak{x})) & \text{nach 4.4.10,} \\
&= g_1(f_1(\mathfrak{x})) + g_1(f_2(\mathfrak{x})) & \text{nach 4.4.1 (a),} \\
&= (g_1 \circ f_1)(\mathfrak{x}) + (g_1 \circ f_2)(\mathfrak{x}) & \text{nach 4.5.5.}
\end{aligned}$$

Also ist $g_1 \circ (f_1 + f_2) = (g_1 \circ f_1) + (g_1 \circ f_2)$. Die anderen Regeln folgen analog.
$\square$

4.5.8 Satz *Sind $f: V \to V'$, $g: V' \to V''$ linear, so gilt*

$$\mathrm{Rang}(g \circ f) \leq \min\{\mathrm{Rang}\, f, \mathrm{Rang}\, g\}.$$

B e w e i s   Aus $f(V) \subset V'$ folgt $g(f(V)) \subset g(V')$, also

$$\mathrm{Rang}(g \circ f) = \dim g(f(V)) \leq \dim g(V') = \mathrm{Rang}\, g.$$

Außerdem ist nach 4.4.8

$$\mathrm{Rang}(g \circ f) = \dim g(f(V)) \leq \dim f(V) = \mathrm{Rang}\, f. \qquad \square$$

4.5.9 Satz *Es sei V ein Vektorraum über dem Körper K.*
(a) *Mit $+$ und $\circ$ wird $L(V,V)$ ein Ring mit Einselement.*
(b) *Mit $+, \cdot$ und $\circ$ wird $L(V,V)$ eine sogenannte* Algebra *über K, d.h. $L(V,V)$ ist bezüglich $+, \cdot$ ein Vektorraum über K, und es gelten für $f_1, f_2, g_1, g_2 \in L(V,V)$, $a \in K$ die Distributivgesetze aus 4.5.7.*
(c) *Für $\dim V \geq 2$ ist $L(V,V)$ nicht kommutativ (bzgl. $\circ$).*

B e w e i s
(a): Sind $f, g \in L(V,V)$, so ist es auch $f \circ g$. Das assoziative Gesetz gilt für $\circ$. Das Einselement ist $\mathrm{id}: V \to V$. Die Regeln für die Addition in einem Ring sind schon in 4.4.11 (a) und die Distributivgesetze sind in 4.5.7 gezeigt. Somit ist $L(V,V)$ ein Ring mit Einselement.
(b): bezüglich Addition und skalarer Multiplikation ist $L(V,V)$ nach 4.4.11 (a) ein Vektorraum. Die Distributivgesetze sind in 4.5.7 gezeigt.
(c): Sei $\{\mathfrak{v}_1, \mathfrak{v}_2, \mathfrak{v}_i : i \in I\}$ eine Basis von V. Gemäß 4.4.9 werden durch

$$\begin{aligned}
\mathfrak{v}_1 &\mapsto \mathfrak{v}_2, & \text{bzw. } \mathfrak{v}_1 &\mapsto \mathfrak{v}_2, \\
\mathfrak{v}_2 &\mapsto \mathfrak{v}_1 + \mathfrak{v}_2, & \text{bzw. } \mathfrak{v}_2 &\mapsto \mathfrak{v}_1, \\
\mathfrak{v}_i &\mapsto \mathfrak{v}_i,\ i \in I, & \text{bzw. } \mathfrak{v}_i &\mapsto \mathfrak{v}_i,\ i \in I,
\end{aligned}$$

4 Vektorräume und affine Räume

Homomorphismen und, da sie umkehrbar sind, Automorphismen f,g aus $L(V,V)$ definiert. Dann ist

$$(g \circ f)(\mathfrak{v}_1) = \mathfrak{v}_1 \quad \text{und} \quad (f \circ g)(\mathfrak{v}_1) = \mathfrak{v}_1 + \mathfrak{v}_2.$$

Also ist $f \circ g \neq g \circ f$. □

Zum Gruppenbegriff vgl. Abschnitt 3.2.

4.5.10 Satz *Die Automorphismen eines Vektorraumes V über K bilden eine Gruppe mit der Hintereinanderausführung als Verknüpfung. Für $\dim V \geq 2$ ist diese Gruppe nicht kommutativ. Sie wird mit $GL(V)$ bezeichnet und heißt allgemeine lineare (general linear) Gruppe.*

B e w e i s   Aus 4.5.6 folgt, daß mit f,g auch $f \circ g$ ein Automorphismus ist. Der Nachweis der Gruppeneigenschaften ist trivial, die Aussage über die Kommutativität ist im Beweis von 4.5.9 (c) ebenfalls gezeigt, weil dort f,g Automorphismen sind. □

Lineare Abbildungen und Matrizen

Wir folgen nun dem Ansatz von 4.4.12 und behandeln die Räume $L(V,W)$ mittels Koordinaten und Matrizen.

4.5.11 Matrizen und die Operationen von $L(V,W)$ Es seien V,W,U endlichdimensionale Vektorräume über K mit Basen $\{\mathfrak{v}_1,\ldots,\mathfrak{v}_n\}$, $\{\mathfrak{w}_1,\ldots,\mathfrak{w}_n\}$ bzw. $\{\mathfrak{u}_1,\ldots,\mathfrak{u}_r\}$. Es seien

$$f\colon V \to W, \quad \mathfrak{v}_i \mapsto \sum_{k=1}^{m} a_{ki}\mathfrak{w}_k \quad \text{für } i=1,\ldots,n,$$

$$g\colon V \to W, \quad \mathfrak{v}_i \mapsto \sum_{k=1}^{m} b_{ki}\mathfrak{w}_k \quad \text{für } i=1,\ldots,n,$$

$$h\colon W \to U, \quad \mathfrak{w}_k \mapsto \sum_{j=1}^{r} c_{jk}\mathfrak{u}_j \quad \text{für } k=1,\ldots,n$$

lineare Abbildungen, ferner $a \in K$. Dann entsprechen f,g,h nach 4.4.12 die

Matrizen

(a)
$$\begin{pmatrix} a_{11} & a_{12} & \cdots & a_{1n} \\ a_{21} & a_{22} & \cdots & a_{2n} \\ \vdots & \vdots & & \vdots \\ a_{m1} & a_{m2} & \cdots & a_{mn} \end{pmatrix}, \begin{pmatrix} b_{11} & b_{12} & \cdots & b_{1n} \\ b_{21} & b_{22} & \cdots & b_{2n} \\ \vdots & \vdots & & \vdots \\ b_{m1} & b_{m2} & \cdots & b_{mn} \end{pmatrix},$$
$$\begin{pmatrix} c_{11} & c_{12} & \cdots & c_{1m} \\ c_{21} & c_{22} & \cdots & c_{2m} \\ \vdots & \vdots & & \vdots \\ c_{r1} & c_{r2} & \cdots & c_{rm} \end{pmatrix}.$$

Es ist
$$af\colon V \to W,\ \mathfrak{v}_i \mapsto \sum_{k=1}^m aa_{ki}\mathfrak{w}_k \quad \text{für } i = 1,\ldots,n;$$

dem entspricht die Matrix

(b)
$$a \cdot \begin{pmatrix} a_{11} & a_{12} & \cdots & a_{1n} \\ a_{21} & a_{22} & \cdots & a_{2n} \\ \vdots & \vdots & & \vdots \\ a_{m1} & a_{m2} & \cdots & a_{mn} \end{pmatrix} := \begin{pmatrix} aa_{11} & aa_{12} & \cdots & aa_{1n} \\ aa_{21} & aa_{22} & \cdots & aa_{2n} \\ \vdots & \vdots & & \vdots \\ aa_{m1} & aa_{m2} & \cdots & aa_{mn} \end{pmatrix}$$

Der Abbildung $f + g\colon V \to W$, $\mathfrak{v}_i \mapsto \sum_{k=1}^m (a_{ki} + b_{ki})\mathfrak{w}_k$ entspricht

(c)
$$\begin{pmatrix} a_{11} & a_{12} & \cdots & a_{1n} \\ a_{21} & a_{22} & \cdots & a_{2n} \\ \vdots & \vdots & & \vdots \\ a_{m1} & a_{m2} & \cdots & a_{mn} \end{pmatrix} + \begin{pmatrix} b_{11} & b_{12} & \cdots & b_{1n} \\ b_{21} & b_{22} & \cdots & b_{2n} \\ \vdots & \vdots & & \vdots \\ b_{m1} & b_{m2} & \cdots & b_{mn} \end{pmatrix} :=$$
$$\begin{pmatrix} a_{11}+b_{11} & a_{12}+b_{12} & \cdots & a_{1n}+b_{1n} \\ a_{21}+b_{21} & a_{22}+b_{22} & \cdots & a_{2n}+b_{2n} \\ \vdots & \vdots & & \vdots \\ a_{m1}+b_{m1} & a_{m2}+b_{m2} & \cdots & a_{mn}+b_{mn} \end{pmatrix}.$$

Schließlich entspricht der Abbildung

$$h \circ f\colon V \to U,\ \mathfrak{v}_i \mapsto \sum_{k=1}^m a_{ki}\mathfrak{w}_k \mapsto \sum_{k=1}^m a_{ki}\left(\sum_{j=1}^r c_{jk}\mathfrak{u}_j\right) = \sum_{j=1}^r \left(\sum_{k=1}^m c_{jk}a_{ki}\right)\mathfrak{u}_j$$

die Matrix

(d)
$$\begin{pmatrix} c_{11} & c_{12} & \cdots & c_{1m} \\ c_{21} & c_{22} & \cdots & c_{2m} \\ \vdots & \vdots & & \vdots \\ c_{r1} & c_{r2} & \cdots & c_{rm} \end{pmatrix} \begin{pmatrix} a_{11} & a_{12} & \cdots & a_{1n} \\ a_{21} & a_{22} & \cdots & a_{2n} \\ \vdots & \vdots & & \vdots \\ a_{m1} & a_{m2} & \cdots & a_{mn} \end{pmatrix} :=$$
$$\begin{pmatrix} \sum_{k=1}^{m} c_{1k}a_{k1} & \sum_{k=1}^{m} c_{1k}a_{k2} & \cdots & \sum_{k=1}^{m} c_{1k}a_{kn} \\ \sum_{k=1}^{m} c_{2k}a_{k1} & \sum_{k=1}^{m} c_{2k}a_{k2} & \cdots & \sum_{k=1}^{m} c_{2k}a_{kn} \\ \vdots & \vdots & & \vdots \\ \sum_{k=1}^{m} c_{rk}a_{k1} & \sum_{k=1}^{m} c_{rk}a_{k2} & \cdots & \sum_{k=1}^{m} c_{rk}a_{kn} \end{pmatrix}$$

Dieses legt die folgenden Regeln für das Rechnen mit Matrizen nahe:

4.5.12 Regeln für das Rechnen mit Matrizen über einem Körper K

(a) Die Addition ist erklärt für je zwei $(m \times n)$-Matrizen und geschieht koeffizientenweise wie in 4.5.11 (c):

$$(a_{ij}) + (b_{ij}) = (a_{ij} + b_{ij}).$$

(b) Bei der Multiplikation der Matrix mit einem Skalar (=Element von K) wird jeder Koeffizient der Matrix mit dem Skalar wie in 4.5.11 (b) multipliziert:

$$a(a_{ij}) = (aa_{ij}).$$

(c) Die Multiplikation ist erklärt für je eine $(r \times m)$-Matrix als linken Faktor und eine $(m \times n)$-Matrix als rechten Faktor und ergibt eine $(r \times n)$-Matrix. Das Element in der i-ten Zeile und j-ten Spalte des Produktes ist die Summe über k der Produkte aus dem k-ten Element der i-ten Zeile der ersten Matrix mit dem k-ten Element der j-ten Spalte der zweiten Matrix, also wie in 4.5.11 (d):

$$(b_{ik})(a_{kj}) = \left(\sum_{k=1}^{m} b_{ik}a_{kj} \right). \qquad \Box$$

4.5.13 Bemerkung zu den Rechenregeln

Bezüglich der Addition und der skalaren Multiplikation bilden $(m \times n)$-Matrizen einen Vektorraum der Dimension $m \cdot n$, wie aus 4.5.12 (a) und (b) folgt. Daraus ergeben sich Assoziativ-, Distributiv- und Kommutativitätsregeln. Ferner folgt das assoziative Gesetz für das Produkt, sowie Distributivregeln für die Addition bzw. die skalare Multiplikation mit der Matrizen-Multiplikation.

Hier handelt es sich um eine Umformulierung von 4.4.11. Die *Nullmatrix*, welche also der 0 in $L(V,W)$ entspricht, hat die Form

$$0 = \underbrace{\begin{pmatrix} 0 & 0 & \cdots & 0 \\ 0 & 0 & \cdots & 0 \\ \vdots & \vdots & & \vdots \\ 0 & 0 & \cdots & 0 \end{pmatrix}}_{n} \Bigg\} m$$

Die *Einheitsmatrix*, die die 1 in $GL(K^n)$ darstellt, hat die Form

$$E_n = \begin{pmatrix} 1 & 0 & \cdots & 0 \\ 0 & 1 & \ddots & \vdots \\ \vdots & \ddots & \ddots & 0 \\ 0 & \cdots & 0 & 1 \end{pmatrix} \Bigg\} n$$

Rechnen Sie nach, daß für jede $(m \times n)$-Matrix A gilt:

$$0 \cdot A = A \cdot 0 = 0, \; E_m \cdot A = A \cdot E_n = A.$$

4.5.14 Beispiele

(a) $\begin{pmatrix} a_{11} & a_{12} \\ a_{21} & a_{22} \end{pmatrix} \begin{pmatrix} b_{11} & b_{12} \\ b_{21} & b_{22} \end{pmatrix} = \begin{pmatrix} a_{11}b_{11} + a_{12}b_{21} & a_{11}b_{12} + a_{12}b_{22} \\ a_{21}b_{11} + a_{22}b_{21} & a_{21}b_{12} + a_{22}b_{22} \end{pmatrix}$,

vgl. 4.5.11 (d).

(b) $\begin{pmatrix} a_{11} & a_{12} \\ a_{21} & a_{22} \end{pmatrix} \begin{pmatrix} a_{22} & -a_{12} \\ -a_{21} & a_{11} \end{pmatrix} = \begin{pmatrix} a_{22} & -a_{12} \\ -a_{21} & a_{11} \end{pmatrix} \begin{pmatrix} a_{11} & a_{12} \\ a_{21} & a_{22} \end{pmatrix}$

$$= \begin{pmatrix} a_{11}a_{22} - a_{12}a_{21} & 0 \\ 0 & a_{11}a_{22} - a_{12}a_{21}. \end{pmatrix}$$

(c) Die $(m \times n)$-Matrix $E_{i,j}^n$ habe an den Stellen (k,k) der Diagonalen mit $i \neq k \neq j$ sowie an den Stellen (i,j) und (j,i) den Wert 1 stehen; sonst seien

4 Vektorräume und affine Räume

alle Koeffizienten 0:

$$E_{i,j}^n := \begin{pmatrix} 1 & & & & 0 & & & & 0 & & \\ & \ddots & & & \vdots & & & & \vdots & & \\ & & 1 & & & & & & & & \\ 0 & \cdots & 0 & & \cdots & & 1 & & \cdots & & 0 \\ & & & 1 & & & & & & & \\ & & & & \vdots & \ddots & \vdots & & & & \\ & & & & & & 1 & & & & \\ 0 & \cdots & 1 & & \cdots & & 0 & & \cdots & & 0 \\ & & & & & & & 1 & & & \\ & & & \vdots & & & & & \vdots & \ddots & \\ & & & 0 & & & & & 0 & & 1 \end{pmatrix}$$

Die nicht-angegebenen Koeffizienten seien gleich 0. Dann vertauscht $E_{i,j}^n$ die i-te und j-te *Spalte* der Matrix

$$A = \begin{pmatrix} a_{11} & \cdots & a_{1i} & \cdots & a_{1j} & \cdots & a_{1n} \\ \vdots & & \vdots & & \vdots & & \vdots \\ a_{m1} & \cdots & a_{mi} & \cdots & a_{mj} & \cdots & a_{mn} \end{pmatrix},$$

wenn $A \cdot E_{i,j}^n$ gebildet wird:

$$A \cdot E_{i,j}^n = \begin{pmatrix} a_{11} & \cdots & a_{1j} & \cdots & a_{1i} & \cdots & a_{1n} \\ \vdots & & \vdots & & \vdots & & \vdots \\ a_{m1} & \cdots & a_{mj} & \cdots & a_{mi} & \cdots & a_{mn} \end{pmatrix}.$$

Es vertauscht $E_{i,j}^m$ die i-te und j-te *Zeile*, wenn von vorne multipliziert und $E_{i,j}^m \cdot A$ gebildet wird.

(d)
$$\begin{pmatrix} a_{11} & a_{12} & \cdots & a_{1n} \\ & a_{22} & \ddots & \vdots \\ 0 & & \ddots & a_{n-1,n} \\ & & & a_{nn} \end{pmatrix} \begin{pmatrix} b_{11} & b_{12} & \cdots & b_{1n} \\ & b_{22} & \ddots & \vdots \\ 0 & & \ddots & b_{n-1,n} \\ & & & b_{nn} \end{pmatrix}$$

$$= \begin{pmatrix} c_{11} & c_{12} & \cdots & c_{1m} \\ & c_{22} & \ddots & \vdots \\ 0 & & \ddots & c_{n-1,n} \\ & & & c_{nn} \end{pmatrix} \quad \text{mit } c_{kl} = \sum_{i=k}^{l} a_{ki} b_{il}.$$

Eine Matrix der obigen Gestalt heißt *Dreiecksmatrix*. Die $n \times n$ Dreiecksmatrizen bilden bzgl. + und skalarer Multiplikation einen Vektorraum, sowie mit dem Matrizen-Produkt eine Algebra (zur Definition siehe 4.5.9 (b)).

Aufgaben

4.5.A1 Seien V, W Vektorräume über einem Körper K, $f\colon V \to W$ ein Homomorphismus. Dann gilt:
(a) $f\colon V \to W$ ist genau dann injektiv, wenn es einen Homomorphismus $g\colon W \to V$ gibt mit $g \circ f = \mathrm{id}$.
(b) $f\colon V \to W$ ist genau dann surjektiv, wenn es eine lineare Abbildung $h\colon W \to V$ gibt mit $f \circ h = \mathrm{id}_W$.

4.5.A2 Sei V ein endlich-dimensionaler K-Vektorraum. Bestimmen Sie den Unterraum von $L(V,V)$ der Endomorphismen f mit $f \circ g = g \circ f$ für alle Endomorphismen $g \in L(V,V)$. Hinweis: Zeigen Sie, daß eine lineare Abbildung f mit der oben beschriebenen Eigenschaft von der Form $a \circ \mathrm{id}_V$ sein muß.

4.5.A3 Sei V ein Vektorraum über dem Körper K. Beweisen oder widerlegen Sie:
(a) Sei $\dim V = 5$ und $f \in L(V,V)$, dann ist Kern $f \neq$ Bild f.
(b) Ist $\dim V < \infty$ und $f \in L(V,V) - \mathrm{Aut}(V)$, so gibt es ein $g \in L(V,V)$, $g \neq 0$, mit $f \circ g = 0$.
(c) $\mathrm{GL}(V)$ ist ein Unterraum von $L(V,V)$.

4.5.A4 Sei V ein Vektorraum über einem Körper K, $\mathrm{char}\, K \neq 2$. Sind $p_1, p_2 \in L(V,V)$ Projektionen (d.h. $p_i^2 = p_i$) und ist $p_1 + p_2$ auch eine Projektion, so gilt

$$\mathrm{Bild}(p_1 + p_2) = \mathrm{Bild}\, p_1 \oplus \mathrm{Bild}\, p_2.$$

4.6 Der duale Raum

In verschiedenen mathematischen Gebieten spielt der Raum $L(V,K)$ der linearen Funktionen eine entscheidende Rolle. Wir leiten jetzt seine wichtigsten allgemeinen Eigenschaften her. Dieser Abschnitt kann beim ersten Lesen übergangen werden.

Der duale Raum V'

4.6.1 Definition Sei V ein Vektorraum über dem Körper K. Eine lineare Abbildung $f\colon V \to K$ heißt *lineare Funktion auf* V; hier wird K als 1-dimensionaler Vektorraum aufgefaßt, vgl. 4.1.2 (a). Die Menge $L(V, K)$ der linearen Funktionen auf V heißt der zu V *duale Raum* und wird mit V' bezeichnet. Gemäß 4.4.11 ist V' ein Vektorraum.

Ferner ergibt sich aus 4.4.11

4.6.2 Satz *Ist V ein n-dimensionaler Vektorraum über K und $\{\mathfrak{v}_1, \ldots, \mathfrak{v}_n\}$ eine Basis von V, so bilden die linearen Funktionen $f_1, \ldots, f_n$ mit $f_i(\mathfrak{v}_k) = \delta_{ik}$ eine Basis von V'. Es heißt $\{f_1, \ldots, f_n\}$ die zu $\{\mathfrak{v}_1, \ldots, \mathfrak{v}_n\}$ duale Basis. Es gilt $\dim V' = \dim V$.* □

4.6.3 Satz *Jeder linearen Abbildung $f\colon V \to W$ wird durch $f'(g)(\mathfrak{v}) := g(f(\mathfrak{v}))$ eine lineare Abbildung $f'\colon W' \to V'$ der dualen Räume zugeordnet ($\mathfrak{v} \in V, g \in W'$); sie heißt die zu f duale Abbildung.*

B e w e i s   Sei $g, h \in W'$ und $a, b \in K$. Für alle $\mathfrak{v} \in V$ gilt dann:

$$\begin{aligned} f'(ag + bh)(\mathfrak{v}) &= (ag + bh)(f(\mathfrak{v})) \\ &= ag(f(\mathfrak{v})) + bh(f(\mathfrak{v})) \\ &= af'(g)(\mathfrak{v}) + bf'(h)(\mathfrak{v}) \\ &= [af'(g) + bf'(h)](\mathfrak{v}). \end{aligned}$$

Also stimmen die linearen Abbildungen $f'(ag+bh)$ und $af'(g)+bf'(h)$ überein:

$$f'(ag + bh) = af'(g) + bf'(h).$$ □

Beachten Sie, daß der Pfeil von f' in die andere Richtung zeigt!

Der zweifach duale Raum V''

4.6.4 Satz *Sei V ein linearer Raum über K, V' der zu V duale Raum und V'' der zu V' duale Raum; er heißt der zweifach duale Raum zu V. Durch*

$$\Phi(\mathfrak{v})(f) := f(\mathfrak{v}) \text{ für } \mathfrak{v} \in V,\ f \in V',$$

wird eine injektive lineare Abbildung $\Phi = \Phi_V \colon V \to V''$ definiert. Ist $\dim V < \infty$, so ist Φ ein Isomorphismus.

B e w e i s Für festes $\mathfrak{v} \in V$ ist $V' \to K$, $f \mapsto f(\mathfrak{v})$, eine lineare Abbildung, also $\Phi(\mathfrak{v}) \in V''$. Wegen

$$\Phi(\mathfrak{v}_1 + \mathfrak{v}_2)(f) = f(\mathfrak{v}_1) + f(\mathfrak{v}_2) = \Phi(\mathfrak{v}_1)(f) + \Phi(\mathfrak{v}_2)(f) = (\Phi(\mathfrak{v}_1) + \Phi(\mathfrak{v}_2))(f)$$

ist $\Phi(\mathfrak{v}_1 + \mathfrak{v}_2) = \Phi(\mathfrak{v}_1) + \Phi(\mathfrak{v}_2)$; analog folgt $\Phi(a\mathfrak{v}) + a\Phi(\mathfrak{v})$, so daß Φ linear ist. Ist $\mathfrak{v} \neq 0$, so gibt es nach 4.3.10 und 4.3.13 eine Basis $\{v_i : i \in I\}$ von V mit $\mathfrak{v}_1 = \mathfrak{v}$. Durch $f(\mathfrak{v}) = 1$, $f(\mathfrak{v}_i) = 0$ für $i \neq 1$ wird eine lineare Funktion $f \colon V \to K$ definiert mit $1 = f(\mathfrak{v}) = \Phi(\mathfrak{v})(f)$. Daraus folgt $\Phi(\mathfrak{v}) \neq 0$, d.h. Φ ist injektiv. Im Falle endlicher Dimension ist Φ wegen $\dim V = \dim V' = \dim V''$ nach 4.5.3 ein Isomorphismus. □

Bemerkung Im Beweis haben wir die Existenz einer Basis, also das Zornsche Lemma benutzt. Dieses ist gemäß 4.3.9 nicht erforderlich, wenn V endliche oder abzählbare Dimension hat. Im Fall $\dim V = \infty$ ist Φ kein Isomorphismus: Jede Basis von V'' hat dann eine größere Mächtigkeit als die Basen von V.

4.6.5 Satz *Sei $f \colon V \to W$ eine lineare Abbildung, $f' \colon W' \to V'$ die duale und $f'' \colon V'' \to W''$ die zu f' duale. Dann ist $f''(\Phi_V(\mathfrak{v})) = \Phi_W(f(\mathfrak{v}))$ für alle $\mathfrak{v} \in V$, d.h. in dem Diagramm*

$$\begin{array}{ccc} V & \xrightarrow{\Phi_V} & V'' \\ f \downarrow & & \downarrow f'' \\ W & \xrightarrow{\Phi_W} & W'' \end{array}$$

führen beide Wege zu derselben Abbildung $\Phi_W \circ f = f'' \circ \Phi_V \colon V \to W''$.

Sprechweise: *Das Diagramm ist kommutativ.* Die Vertauschbarkeit der Abbildungen Φ mit den linearen Abbildungen f, f'' drücken wir auch dadurch aus, daß wir sagen: Φ ist eine natürliche Abbildung.

B e w e i s Für $g \in W'$ ist

$$f''(\Phi_V(\mathfrak{v}))(g) = \Phi_V(\mathfrak{v})(f'(g)) = f'(g)(\mathfrak{v}) = g(f(\mathfrak{v})) = \Phi_W(f(\mathfrak{v}))(g), \quad \text{also}$$
$$f''(\Phi_V(\mathfrak{v})) = \Phi_W(f(\mathfrak{v})). \qquad \square$$

Bemerkung Eine ähnliche Konstruktion wie oben läßt sich für Paare dualer Räume nicht durchzuführen. Die Isomorphie zwischen V und V' (falls $\dim V <$

∞) ist nicht natürlich: Ein Isomorphismus ergibt sich nach Wahl einer Basis von V durch duale Zuordnung einer Basis von V'! Die Isomorphismen zu verschiedenen Basen sind i.a. verschieden.

4.6.6 Satz *Es seien* $\dim V$ *und* $\dim W$ *endlich. Ist* $f\colon V \to W$ *eine lineare und* $f'\colon W' \to V'$ *die duale Abbildung, so gilt:* $\operatorname{Rang} f' = \operatorname{Rang} f$.

B e w e i s   Als Basis für V wählen wir $\mathfrak{v}_1, \ldots, v_k, \mathfrak{v}_{k+1}, \ldots,$ $\mathfrak{v}_n$, wobei $\mathfrak{v}_{k+1}, \ldots, \mathfrak{v}_n$ eine Basis für Kern f und also $k = \operatorname{Rang} f$ ist. Dann ist $f(\mathfrak{v}_1), \ldots, f(\mathfrak{v}_k)$ eine Basis von Bild f. Die Vektoren $\mathfrak{w}_{k+1}, \ldots \mathfrak{w}_m$ mögen sie zu einer Basis von W ergänzen. Es sei $g_1, \ldots, g_m$ die duale Basis in W'. Dann ist

$$\operatorname{Kern} f' = \left\{ \sum_{i=1}^m a_i g_i : 0 = \sum_{i=1}^m a_i g_i(f(\mathfrak{x})) \ \forall \mathfrak{x} \in V \right\}$$
$$= \left\{ \sum_{i=k+1}^m a_i g_i : a_i \in K \right\},$$

und es folgt

$$\operatorname{Rang} f' = \dim W' - \dim \operatorname{Kern} f' = m - (m-k) = k = \operatorname{Rang} f. \qquad \square$$

Paare dualer Räume

Identifizieren wir $\mathfrak{v}$ mit $\Phi(\mathfrak{v})$, so wird V zum dualen Raum von V' falls $\dim V < \infty$. Diese Symmetrie können wir in die Definition stecken.

4.6.7 Definition Seien V, V^* Vektorräume über K. Eine Abbildung

$$V \times V^* \to K, \ (\mathfrak{v}, \mathfrak{v}^*) \mapsto \langle \mathfrak{v}, \mathfrak{v}^* \rangle$$

heißt *bilinear*, falls für beliebige $\mathfrak{v}_1, \mathfrak{v}_2 \in V$, $\mathfrak{v}_1^*, \mathfrak{v}_2^* \in V^*$, $a, b \in K$, gilt

(a)
$$\langle a\mathfrak{v}_1 + b\mathfrak{v}_2, \mathfrak{v}_1^* \rangle = a\langle \mathfrak{v}_1, \mathfrak{v}_1^* \rangle + b\langle \mathfrak{v}_2, \mathfrak{v}_1^* \rangle$$
$$\langle \mathfrak{v}_1, a\mathfrak{v}_1^* + b\mathfrak{v}_2^* \rangle = a\langle \mathfrak{v}_1, \mathfrak{v}_1^* \rangle + b\langle \mathfrak{v}_1, \mathfrak{v}_2^* \rangle.$$

Eine solche Abbildung heißt *nicht-singulär*, wenn gilt

(b) $\langle \mathfrak{v}, \mathfrak{v}^* \rangle = 0 \ \forall \mathfrak{v} \in V \implies \mathfrak{v}^* = 0$ und
$\langle \mathfrak{v}, \mathfrak{v}^* \rangle = 0 \ \forall \mathfrak{v}^* \in V^* \implies \mathfrak{v} = 0.$

Ist die Abbildung $\langle \cdot, \cdot \rangle$ bilinear und nicht-singulär, so heißen V und V^* *dual* (bezüglich der Funktion $V \times V^* \to K$). Ist $V = V^*$, so heißt V *selbstdual* bezüglich $V \times V \to K$.

4.6.8 Beispiele

(a) V, V' sind dual bezüglich $(\mathfrak{x}, f) \mapsto f(\mathfrak{x})$.

(b) Sei $K = \mathbb{R}$ und V der Vektorraum der stetigen Funktionen $f \colon [0, 1] \to \mathbb{R}$. Durch $\langle f, g \rangle = \int_0^1 f(x)g(x)dx$ wird V selbstdual.

(c) $V = V^* = \mathbb{R}^n$ wird selbstdual bezüglich $\langle x, x^* \rangle = \sum_{i=1}^n x_i x_i^*$.

(d) V_E ist selbstdual bezüglich $V_E \times V_E \to \mathbb{R}$, $(\mathfrak{x}, \mathfrak{y}) \mapsto \langle \mathfrak{x}, \mathfrak{y} \rangle$, wobei $\langle \mathfrak{x}, \mathfrak{y} \rangle$ das Skalarprodukt von $\mathfrak{x}$ und $\mathfrak{y}$ ist, vgl. 1.2.5.

4.6.9 Satz *Ist V, V^* ein Paar endlich-dimensionaler zueinander dualer Vektorräume, so kann man jeder linearen Funktion f auf V ein $\mathfrak{v}^* \in V^*$ zuordnen, so daß $f(\mathfrak{v}) = \langle \mathfrak{v}, \mathfrak{v}^* \rangle \; \forall \mathfrak{v} \in V$. Das bedeutet: Die Abbildung $\mathfrak{v}^* \mapsto f_{\mathfrak{v}^*} = \langle \cdot, \mathfrak{v}^* \rangle$ ist ein Isomorphismus von V^* auf V'. Speziell folgt $\dim V^* = \dim V$.*

B e w e i s Die Abbildung $\mathfrak{v}^* \mapsto f_{\mathfrak{v}^*}$ ist linear, was unter Benutzung der Definition 4.6.7 wie im Beweis von 4.6.3 folgt. Die Abbildung ist injektiv; denn

$$f_{\mathfrak{v}^*} = 0 \implies f_{\mathfrak{v}^*}(\mathfrak{v}) = \langle \mathfrak{v}, \mathfrak{v}^* \rangle = 0 \; \forall \mathfrak{v} \in V, \text{ nach Definition von } f_{\mathfrak{v}^*}$$
$$\implies \mathfrak{v}^* = 0 \text{ nach 4.6.7 (b).}$$

Schließlich zeigen wir noch $\dim V^* = \dim V'$; aus 4.5.3 folgt dann die Behauptung. Wegen der Regularität der Abbildung $\mathfrak{v}^* \mapsto f$ ist $\dim V^* \leq \dim V'$, was aus 4.5.2 (c) folgt. Andererseits wird durch $\mathfrak{v} \mapsto \langle \mathfrak{v}, \cdot \rangle$ eine Abbildung $V \to (V^*)'$ definiert. Sie ist linear und injektiv, was wie eben folgt. Daraus und aus 4.6.2 folgt

$$\dim V' = \dim V \leq \dim(V^*)' = \dim V^*. \qquad \square$$

4.6.10 Definition und Satz *Es sei V, V^* ein Paar endlich-dimensionaler zueinander dualer Vektorräume. Zwei Basen $\{\mathfrak{v}_1, \ldots, \mathfrak{v}_n\}$ und $\{\mathfrak{v}_1^*, \ldots, \mathfrak{v}_n^*\}$ von V bzw. V^* heißen zueinander dual, wenn*

$$\langle \mathfrak{v}_i, \mathfrak{v}_j^* \rangle = \delta_{ij}, \; i, j = 1, \ldots, n.$$

Wegen 4.6.2 und 4.6.9 gibt es zu jeder Basis eine duale. $\qquad \square$

4.6.11 Satz *Sei V, V^* ein Paar endlich-dimensionaler zueinander dualer Vektorräume, ferner $\{\mathfrak{v}_1, \ldots, \mathfrak{v}_n\}$ und $\{\mathfrak{v}_1^*, \ldots, \mathfrak{v}_n^*\}$ ein Paar dualer Basen. Sind*

126   4 Vektorräume und affine Räume

$\mathfrak{x} = \sum_{i=1}^n x_i \mathfrak{v}_i \in V$ und $\mathfrak{y}^* = \sum_{i=1}^n y_i \mathfrak{v}_i^* \in V^*$, so gilt:

$$x_i = \langle \mathfrak{x}, \mathfrak{v}_i^* \rangle, \ y_i = \langle \mathfrak{v}_i, \mathfrak{y}^* \rangle \ und \ \langle \mathfrak{x}, \mathfrak{y}^* \rangle = \sum_{i=1}^n x_i y_i.$$

Beweis

$$\langle \mathfrak{x}, \mathfrak{y}^* \rangle = \langle \sum_{i=1}^n x_i \mathfrak{v}_i, \sum_{j=1}^n y_j \mathfrak{v}_j^* \rangle = \sum_{i,j=1}^n x_i y_j \langle \mathfrak{v}_i, \mathfrak{v}_j^* \rangle = \sum_{i,j=1}^n x_i y_j \delta_{ij} = \sum_{i=1}^n x_i y_i.$$

Die beiden anderen Formeln sind Spezialfälle. □

In dem Beispiel 4.6.8 (c) ist die kanonische Basis von K^n zu sich selbst dual.

4.6.12 Satz *Sei V, V^* ein Paar dualer Räume, und seien $\{\mathfrak{v}_1, \ldots, \mathfrak{v}_n\}$, $\{\mathfrak{v}_1^*, \ldots, \mathfrak{v}_n^*\}$ und $\{\mathfrak{v}_1, \ldots, \mathfrak{v}_n\}$, $\{\mathfrak{w}_1^*, \ldots, \mathfrak{w}_n^*\}$ zwei Paare dualer Basen von V und V^*. Ist $\mathfrak{w}_i = \sum_{l=1}^n a_{li} \mathfrak{v}_l$ bzw. $\mathfrak{w}_k^* = \sum_{j=1}^n b_{kj} \mathfrak{v}_j^*$ in V bzw. V^*, so gilt*

$$\sum_{j=1}^n a_{ji} b_{kj} = \delta_{ki} \quad \text{für } k, i = 1, \ldots, n.$$

Beweis

$$\delta_{ki} = \langle \mathfrak{w}_i, \mathfrak{w}_k^* \rangle = \sum_{\ell,j=1}^n a_{\ell i} b_{kj} \langle \mathfrak{v}_\ell, \mathfrak{v}_j^* \rangle = \sum_{\ell,j=1}^n a_{\ell i} b_{kj} \delta_{\ell j} = \sum_{j=1}^n a_{ji} b_{kj}. \quad \square$$

Das Beispiel 4.6.8 (d) legt die folgenden Begriffsbildungen nahe:

4.6.13 Definition Sei V, V^* ein Paar dualer Vektorräume über K. Zwei Vektoren $\mathfrak{x} \in V$, $\mathfrak{x}^* \in V^*$ heißen *zueinander orthogonal*, wenn $\langle \mathfrak{x}, \mathfrak{x}^* \rangle = 0$. Für einen Unterraum $U \subset V$ heißt

$$U^\perp := \{\mathfrak{x}^* \in V^* \mid \langle \mathfrak{x}, \mathfrak{x}^* \rangle = 0 \ \forall \mathfrak{x} \in U\},$$

das *orthogonale Komplement* von U; analog wird für $U^* \subset V^*$ das orthogonale Komplement $U^{*\perp}$ erklärt.

4.6.14 Satz *Sei V, V^* ein Paar dualer Räume, $\dim V < \infty$, und U ein Unterraum von V. Dann gilt:*
 (a) $U^\perp$ *ist ein Unterraum von V^*.*
 (b) $\dim U^\perp = \dim V - \dim U$.
 (c) $U^{\perp\perp} = U$.

B e w e i s   (a) Sei $a, b \in K$, $\mathfrak{x}_1^*, \mathfrak{x}_2^* \in U^\perp$. Dann gilt für $\mathfrak{x} \in U$:

$$\langle \mathfrak{x}, a\mathfrak{x}_1^* + b\mathfrak{x}_2^* \rangle = a\langle \mathfrak{x}, \mathfrak{x}_1^* \rangle + b\langle \mathfrak{x}, \mathfrak{x}_2^* \rangle = 0 + 0 = 0 \implies a\mathfrak{x}_1^* + b\mathfrak{x}_2^* \in U^\perp.$$

(b) Wir wählen eine Basis $\{\mathfrak{v}_1, \ldots, \mathfrak{v}_r\}$ von U, $r = \dim U$, und ergänzen sie zu einer Basis $\{\mathfrak{v}_1, \ldots, \mathfrak{v}_r, \mathfrak{v}_{r+1}, \ldots, \mathfrak{v}_n\}$ von V, $n = \dim V$. Sei $\{\mathfrak{v}_1^*, \ldots, \mathfrak{v}_n^*\}$ die duale Basis. Wir zeigen, daß $\{\mathfrak{v}_{r+1}^*, \ldots, \mathfrak{v}_n^*\}$ eine Basis für $U^\perp$ ist; daraus ergibt sich (b). Offenbar gilt $\{\mathfrak{v}_{r+1}^*, \ldots, \mathfrak{v}_n^*\} \subset U^\perp$; ferner sind die Vektoren linear unabhängig. Zu zeigen bleibt nur noch, daß sie $U^\perp$ erzeugen. Sei $\mathfrak{x}^* \in U^\perp$ mit $\mathfrak{x}^* = \sum_{i=1}^n x_i \mathfrak{v}_i^*$. Dann ist $x_k = \langle \mathfrak{v}_k, \mathfrak{x}^* \rangle = 0$ für $k = 1, \ldots, r$, d.h. $\mathfrak{x}^* = \sum_{i=r+1}^n x_i \mathfrak{v}_i^*$.

(c) Offenbar ist $U \subset U^{\perp\perp}$. Nach (b) ist

$$\dim U^{\perp\perp} = n - (n - r) = r = \dim U \implies U^{\perp\perp} = U.$$

Paare dualer Räume und linearer Abbildungen

4.6.15 Satz *Es seien V, V^* und W, W^* zwei Paare dualer endlich-dimensionaler Vektorräume über dem Körper K, und $f: V \to W$ sei eine lineare Abbildung.*
 (a) *Dann gibt es eine und nur eine lineare Abbildung $f^*: W^* \to V^*$, so daß $\langle f(\mathfrak{v}), \mathfrak{w}^* \rangle = \langle \mathfrak{v}, f^*(\mathfrak{w}^*) \rangle \, \forall \mathfrak{v} \in V, \mathfrak{w}^* \in W^*$, ist. Es heißt f^* die zu f duale Abbildung.*
 (b) $(\text{Bild } f)^\perp = \text{Kern } f^*$.
 (c) $\text{Rang } f = \text{Rang } f^*$.

B e w e i s
(a) folgt aus 4.6.4 und 4.6.9.

(b) $\quad \mathfrak{w}^* \in \text{Kern } f^* \iff f^*(\mathfrak{w}^*) = 0 \iff$
$\quad 0 = \langle \mathfrak{v}, f^*(\mathfrak{w}^*) \rangle = \langle f(\mathfrak{v}), \mathfrak{w}^* \rangle \, \forall \mathfrak{v} \in V \iff \mathfrak{w}^* \in (\text{Bild } f)^\perp$.

(c) Es sei Rang $f = \dim(\text{Bild } f) =: r$ und $m = \dim W = \dim W^*$. Dann ist nach (b) und 4.6.14 (b)

$$\dim(\text{Kern } f^*) = \dim(\text{Bild } f)^\perp = m - r, \quad \text{sowie}$$

$$\text{Rang } f^* = \dim(\text{Bild } f^*) = \dim W^* - \dim(\text{Kern } f^*)$$

$$= m - (m - r) = r = \text{Rang } f.$$

Wegen 4.6.9 handelt es sich in (c) um eine Umformulierung von 4.6.6. □

4.6.16 Satz

(a) *Es seien V, V^* und W, W^* Paare dualer Räume und $f_1, f_2: V \to W$ lineare Abbildungen, $a \in K$. Dann gilt $(f_1 + f_2)^* = f_1^* + f_2^*$, $(af_1)^* = a \cdot f_1^*$. Es ergibt sich ein Homomorphismus $L(V, W) \to L(W^*, V^*)$.*

(b) *Es seien (V, V^*), (W, W^*) und (U, U^*) Paare dualer Räume und $f: V \to W$ sowie $g: W \to U$ lineare Abbildungen. Dann gilt $(g \circ f)^* = f^* \circ g^*$. Beachten Sie: Die Reihenfolge hat sich geändert!*

B e w e i s (a) ist klar. (b) ergibt sich so: Für $\mathfrak{u}^* \in U^*$ und $\mathfrak{v} \in V$ gilt

$$\langle \mathfrak{v}, (g \circ f)^*(\mathfrak{u}^*) \rangle = \langle (g \circ f)(\mathfrak{v}), \mathfrak{u}^* \rangle = \langle g(f(\mathfrak{v})), \mathfrak{u}^* \rangle = \langle f(\mathfrak{v}), g^*(\mathfrak{u}^*) \rangle$$

$$= \langle \mathfrak{v}, f^*(g^*(\mathfrak{u}^*)) \rangle = \langle \mathfrak{v}, (f^* \circ g^*)(\mathfrak{u}^*) \rangle.$$

Da das für alle $\mathfrak{v} \in V$ gilt, folgt $(g \circ f)^*(\mathfrak{u}^*) = (f^* \circ g^*)(\mathfrak{u}^*)$; und da dieses für alle $\mathfrak{u}^* \in U^*$ richtig ist, ergibt sich $(g \circ f)^* = f^* \circ g^*$. □

Die Matrix der dualen Abbildung

Zum Abschluß dieses Paragraphen bestimmen wir die Matrix der dualen Abbildung.

4.6.17 Satz *Es seien V, V^* und W, W^* zwei Paare dualer Räume mit dualen Basen $\{\mathfrak{v}_1, \ldots, \mathfrak{v}_n\}$, $\{\mathfrak{v}_1^*, \ldots \mathfrak{v}_n^*\}$ bzw. $\{\mathfrak{w}_1, \ldots, \mathfrak{w}_m\}$, $\{\mathfrak{w}_1^*, \ldots \mathfrak{w}_m^*\}$. Hat die lineare Abbildung $f: V \to W$ bezüglich dieser Basen die Darstellung $f(\mathfrak{v}_i) = \sum_{k=1}^m a_{ki}\mathfrak{w}_k$, $i = 1, \ldots, n$, so hat die duale Abbildung f^* die Darstellung $f^*(\mathfrak{w}_i^*) = \sum_{k=1}^n a_{ik}\mathfrak{v}_k^*$, $i = 1, \ldots, m$.*

B e w e i s Sei $f^*(\mathfrak{w}_i^*) = \sum_{k=1}^n b_{ki}\mathfrak{v}_k^*$. Dann gilt für $1 \leq i \leq m$, $1 \leq k \leq n$:

$$b_{ki} = \sum_{j=1}^n b_{ji}\delta_{kj} = \sum_{j=1}^n b_{ji}\langle \mathfrak{v}_k, \mathfrak{v}_j^* \rangle = \langle \mathfrak{v}_k, \sum_{j=1}^n b_{ji}\mathfrak{v}_j^* \rangle = \langle \mathfrak{v}_k, f^*(\mathfrak{w}_i^*) \rangle$$

$$= \langle f(\mathfrak{v}_k), \mathfrak{w}_i^* \rangle = \langle \sum_{\ell=1}^m a_{\ell k}\mathfrak{w}_\ell, \mathfrak{w}_i^* \rangle = \sum_{\ell=1}^m a_{\ell k}\langle \mathfrak{w}_\ell, \mathfrak{w}_i^* \rangle = \sum_{\ell=1}^m a_{\ell k}\delta_{\ell i} = a_{ik}.$$

Also ist $f^*(\mathfrak{w}_i^*) = \sum_{k=1}^n a_{ik}\mathfrak{v}_k^*$ für $1 \leq i \leq n$. □

4.6.18 Anmerkung Beachten Sie, daß in $f(\mathfrak{v}_i)$ über den vorderen, dagegen in $f^*(\mathfrak{w}^*)$ über den hinteren Index summiert wird. Die zugehörigen Matrizen haben also die Form

$$\begin{pmatrix} a_{11} & a_{12} & \cdots & a_{1n} \\ a_{21} & a_{22} & \cdots & a_{2n} \\ \vdots & \vdots & & \vdots \\ a_{m1} & a_{m2} & \cdots & a_{mn} \end{pmatrix} \text{ bzw. } \begin{pmatrix} a_{11} & a_{21} & \cdots & a_{m1} \\ a_{12} & a_{22} & \cdots & a_{m2} \\ \vdots & \vdots & & \vdots \\ a_{1n} & a_{2n} & \cdots & a_{mn} \end{pmatrix}$$

Die Matrizen heißen zueinander *transponiert*.

Aufgaben

4.6.A1 Sei V, V^* ein Paar endlich-dimensionaler, zueinander dualer Vektorräume. Zeigen Sie: Jeder Untervektorraum von V^* ist das orthogonale Komplement eines Untervektorraumes von V.

4.6.A2 Seien V, V^* und W, W^* zwei Paare dualer endlich-dimensionaler Vektorräume über dem Körper K, und $f : V \longrightarrow W$ sei eine lineare Abbildung. Zeigen Sie:
(a) f surjektiv $\iff$ $f^* : W^* \longrightarrow V^*$ injektiv.
(b) f injektiv $\iff$ $f^* : W^* \longrightarrow V^*$ surjektiv.

4.6.A3 $V = \mathbb{R}^2$ bzw. $W = \mathbb{R}^3$ wird selbstdual bzgl.

$$\langle x, y \rangle = x_1 y_1 + x_2 y_2 \quad \text{bzw.} \quad \langle x, y \rangle = x_1 y_1 + x_2 y_2 + x_3 y_3.$$

(a) Sei $f : V \longrightarrow W$ die durch $(x, y) \mapsto (x, y, 0)^t$ gegebene Einbettung des $\mathbb{R}^2$ in den $\mathbb{R}^3$. Zeigen Sie: f^* ist surjektiv.
(b) Sei $g : V \longrightarrow W$ die durch $(x, y)^t \mapsto (x, 0, 0)^t$ definierte Abbildung. Zeigen Sie: g^* ist nicht surjektiv.

4.7 Affine Räume

Ist E eine Ebene, so ist die Menge V_E aller Vektoren in E ein 2-dimensionaler Vektorraum über $\mathbb{R}$. Ist nun ein fester Punkt $p_0 \in E$ gewählt, so lassen sich die Punkte von E eindeutig durch die Vektoren von V_E beschreiben: Jeder Vektor $\mathfrak{x} \in V_E$ definiert nämlich eine Abbildung $E \to E$ (die „Verschiebung"

130 4 Vektorräume und affine Räume

oder „Translation" längs $\mathfrak{x}$), die den Punkt p_0 auf $p \in E$ abbildet, wenn die gerichtete Strecke $\overrightarrow{p_0 p}$ zum Vektor $\mathfrak{x}$ gehört.

Im folgenden gehen wir umgekehrt vor, gewinnen einen „geometrischen" Raum aus einem Vektorraum und führen eine Reihe geometrischer Begriffe ein.

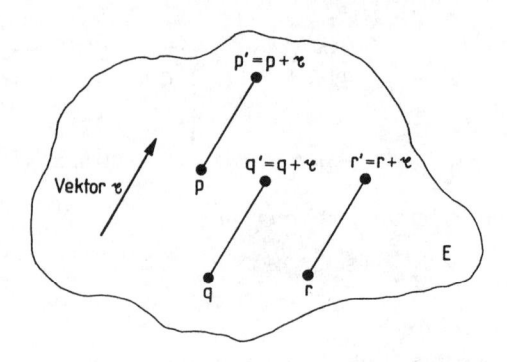

Abb. 4.7.1

Definitionen und einfache Eigenschaften

4.7.1 Definition Sei K ein Körper und V ein Vektorraum über K. Eine Menge $A \neq \emptyset$ heißt *affiner Raum über K bezüglich V*, wenn eine Operation $V \times A \to A$ gegeben ist (vgl. 3.3.16) — für die wir die Bezeichnung $(\mathfrak{x}, p) \mapsto p + \mathfrak{x}$ wählen (vgl. Abb. 4.7.1) —, so daß gilt:

(A1) $\quad p + (\mathfrak{x} + \mathfrak{y}) = (p + \mathfrak{x}) + \mathfrak{y} \quad \forall \mathfrak{x}, \mathfrak{y} \in V,\ p \in A;$

(A2) $\quad p + 0 = p \quad \forall p \in A;$

(A3) $\quad p + \mathfrak{x} = p,\ p \in A \Longrightarrow \mathfrak{x} = 0;$

(A4) $\quad p, q \in A \Longrightarrow \exists \mathfrak{x} \in V : p + \mathfrak{x} = q.$

Es heißt V der *dem affinen Raum zugrundeliegende Vektorraum*. Für $\mathfrak{x} \in V$ heißt die durch $p \mapsto p + \mathfrak{x}$ definierte Abbildung $A \to A$ *Verschiebung* oder *Translation längs $\mathfrak{x}$* (um $\mathfrak{x}$, mit $\mathfrak{x}$, ...). Die Elemente von A heißen *Punkte* und werden mit kleinen lateinischen Buchstaben $p, q, r, \ldots$ bezeichnet (Ausnahme: 4.7.7).

Warnung: Durch „$p + \mathfrak{x}$" wird keine Verknüpfung definiert; denn $\mathfrak{x}$ und p liegen i.a. in verschiedenen Mengen. Auch ist $\mathfrak{x} + p$ nicht definiert.

4.7.2 Satz *Ist $p_0 \in A$ ein beliebiger, aber fester Punkt, so wird durch $\mathfrak{x} \mapsto p_0 + \mathfrak{x}$ eine Bijektion $V \to A$ definiert. Also lassen sich (A3) bzw. (A4) wie folgt verschärfen:*
(A3') *Aus $p + \mathfrak{x} = p$ für ein $p \in A$ folgt $\mathfrak{x} = 0$*
(A4') *Zu $p, q \in A$ existiert genau ein $\mathfrak{x} \in V$ mit $p + \mathfrak{x} = q$.*

B e w e i s Die Surjektivität folgt aus (A4). Sei $p_0 + \mathfrak{x} = p_0 + \mathfrak{y}$. Ist $p \in A$ beliebig, so gibt es nach (A4) $\mathfrak{z} \in V$ mit $p_0 + \mathfrak{z} = p$. Es folgt:

$$p + (\mathfrak{x} - \mathfrak{y}) = (p_0 + \mathfrak{z}) + (\mathfrak{x} - \mathfrak{y}) \stackrel{(A1)}{=} p_0 + (\mathfrak{z} + (\mathfrak{x} - \mathfrak{y})) =$$
$$= p_0 + (\mathfrak{x} + \mathfrak{z} - \mathfrak{y}) \stackrel{(A1)}{=} (p_0 + \mathfrak{x}) + (\mathfrak{z} - \mathfrak{y}) =$$
$$= (p_0 + \mathfrak{y}) + (\mathfrak{z} - \mathfrak{y}) \stackrel{(A1)}{=} p_0 + (\mathfrak{y} + \mathfrak{z} - \mathfrak{y}) = p_0 + \mathfrak{z} = p.$$

Aus (A3) folgt $\mathfrak{x} - \mathfrak{y} = 0$. □

4.7.3 Definition und Rechenregeln Zu $p, q \in A$ existiert nach (A4) genau ein Vektor $\mathfrak{x} \in V$ mit $p + \mathfrak{x} = q$. Er wird mit $\mathfrak{x} = \overrightarrow{pq}$ bezeichnet, ist also eindeutig bestimmt durch die Gleichung $p + \overrightarrow{pq} = q$.

Rechenregeln: $\overrightarrow{pq} + \overrightarrow{qr} = \overrightarrow{pr}$, $\overrightarrow{pp} = 0$ und $\overrightarrow{pq} = -\overrightarrow{qp}$.

B e w e i s $p + (\overrightarrow{pq} + \overrightarrow{qr}) = (p + \overrightarrow{pq}) + \overrightarrow{qr} = q + \overrightarrow{qr} = r$. Ferner $p + 0 = p$, so daß $\overrightarrow{pp} = 0$. Deshalb ist $\overrightarrow{pq} + \overrightarrow{qp} = \overrightarrow{pp} = 0$. □

Eine andere Möglichkeit, affine Räume zu definieren, ist die folgende.

4.7.4 Satz *Sei V ein Vektorraum über K und $A \neq \emptyset$ eine Menge. Ferner sei eine Abbildung $f: A \times A \to V$ gegeben mit folgenden Eigenschaften:*
   (i) *Für jedes $p \in A$ wird durch $f_p(q) = f(p, q)$ eine Bijektion $f_p: A \to V$ definiert.*
   (ii) *$f(p, q) + f(q, r) = f(p, r) \; \forall p, q, r \in A$.*
   Dann wird durch $(\mathfrak{x}, p) \mapsto f_p^{-1}(\mathfrak{x})$ eine Operation $V \times A \to A$ definiert, und A wird ein affiner Raum über K bezüglich V. □

4.7.5 Ergänzung Eine Operation einer (multiplikativ geschriebenen) Gruppe G auf einer Menge X heißt:
   effektiv, wenn aus $gx = x \; \forall x \in X$ $g = 1$ folgt;
   transitiv, wenn es zu $x, y \in X$ ein $g \in G$ gibt mit $gx = y$.
   Ein affiner Raum ist folglich eine Menge, auf der die additive Gruppe eines Vektorraums effektiv und transitiv operiert.

4 Vektorräume und affine Räume

Wir wollen nun Beispiele behandeln. Zuerst überlegen wir, daß es bei festem V höchstens ein Beispiel eines affinen Raumes bezüglich V gibt (bis auf die Bezeichnung des Raumes und seiner Punkte):

4.7.6 Satz *Sind A und B affine Räume bezüglich V, so gibt es eine Bijektion $f\colon A \to B$ mit $f(p+\mathfrak{x}) = f(p) + \mathfrak{x}$ $\forall \mathfrak{x} \in V$, $p \in A$.*

Beweis Wir wählen $a \in A$, $b \in B$ fest und definieren
$$f\colon A \to B, \quad p \mapsto b + \overrightarrow{ap}, \; p \in A.$$

Sei $\mathfrak{x} \in V$, $p \in A$ und $p + \mathfrak{x} = q$, also $\mathfrak{x} = \overrightarrow{pq}$. Es folgt:
$$f(p) + \mathfrak{x} = (b + \overrightarrow{ap}) + \mathfrak{x} \stackrel{(A1)}{=} b + (\overrightarrow{ap} + \mathfrak{x}) = b + (\overrightarrow{ap} + \overrightarrow{pq})$$
$$= b + \overrightarrow{aq} = f(q) = f(p+\mathfrak{x}).$$

f ist surjektiv: Zu $b' \in B$ existiert nach (A4) ein $\mathfrak{x} \in V$ mit $b + \mathfrak{x} = b'$. Für $p = a + \mathfrak{x}$ folgt $f(p) = b + \overrightarrow{ap} = b + \mathfrak{x} = b'$.
f ist injektiv:
$$f(p) = f(q) \implies b + \overrightarrow{ap} = b + \overrightarrow{aq} \implies \overrightarrow{ap} = \overrightarrow{aq}$$
$$\implies p = a + \overrightarrow{ap} = a + \overrightarrow{aq} = q. \qquad \square$$

Wir können also eigentlich nur ein Beispiel eines affinen Raumes über einem Vektorraum bringen. Hier ist es:

4.7.7 Satz *Sei V ein Vektorraum über dem Körper K. Dann ist die Menge V ein affiner Raum über K bezüglich V, wenn man die Operation $V \times V \to V$ durch $(\mathfrak{x}, \mathfrak{y}) \mapsto \mathfrak{x} + \mathfrak{y}$ definiert, wobei rechts die Vektorsumme in V genommen wird.*

Beweis Weil V bezüglich $+$ eine abelsche Gruppe ist, gelten (A1)–(A4) von 4.7.1. $\qquad \square$

Bemerkungen zu diesem Beispiel:
 (a) Die Warnung nach 4.7.1 entfällt hier.
 (b) Für $\mathfrak{x}, \mathfrak{y} \in V$ ist $\overrightarrow{\mathfrak{xy}} = \mathfrak{y} - \mathfrak{x}$; denn $\mathfrak{x} + (\mathfrak{y} - \mathfrak{x}) = \mathfrak{y}$.
 (c) Für $n \geq 1$ ist K^n ein affiner Raum über K (der zugrundeliegende Vektorraum ist K^n).
 (d) Die Elemente des Vektorraumes V heißen Vektoren. Die Elemente des affinen Raumes V heißen Punkte. Die verschiedenen Bezeichnungen „Vektoren",

„Punkte" meinen also in diesem Fall dasselbe: die Elemente von V. Insbesondere ist dies der erwähnte Ausnahmefall zur Bezeichnung der Punkte eines affinen Raumes mit kleinen lateinischen Buchstaben: Nach wie vor bezeichnen wir die Elemente von V mit $\mathfrak{x}, \mathfrak{y}, \mathfrak{z}, \ldots$.

Affine Teilräume

Sei A ein affiner Raum über K bezüglich V und $\emptyset \neq A_0 \subset A$ eine Teilmenge.

4.7.8 Definition A_0 heißt *affiner Teilraum von A*, wenn es einen Punkt $p \in A_0$ und einen linearen Teilraum $V_0 \subset V$ gibt mit

(*) $$A_0 = \{p + \mathfrak{x} : \mathfrak{x} \in V_0\} =: p + V_0.$$

Das heißt: Affine Teilräume entstehen, indem ein Punkt um alle Vektoren eines linearen Teilraums verschoben wird, vgl. Abb. 4.7.2.

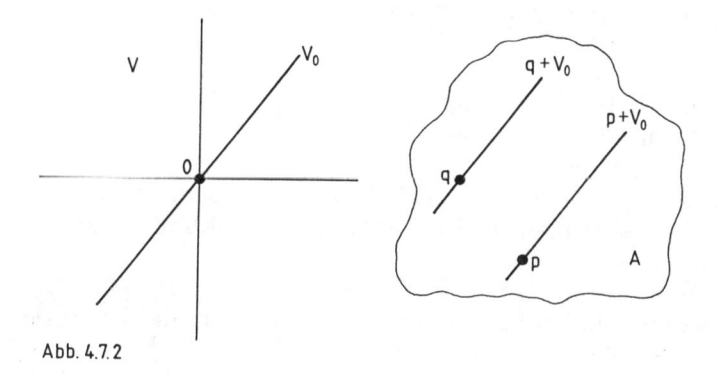

Abb. 4.7.2

4.7.9 Hilfssatz
(a) *Wenn* (*) *für einen Punkt $p \in A_0$ gilt, so auch für alle Punkte aus A_0. Es gilt: $q \in p + V_0 \iff p + V_0 = q + V_0$.*
(b) *Der lineare Teilraum V_0 in* (*) *ist durch A_0 eindeutig bestimmt; denn für jedes $p \in A_0$ gilt $V_0 = \{\overrightarrow{pq} : q \in A_0\}$.*
(c) $\mathfrak{x} \in V_0$, $q \in A$ *und* $q + \mathfrak{x} \in A_0 \implies q \in A_0$.
(d) *Sind $A_0 = p + V_0$ und $A_1 = q + V_1$ affine Teilräume von A, so gilt:*

$$A_0 = A_1 \iff V_0 = V_1 \text{ und } p \in A_1.$$

(e) *Es ist $A_0 = p + V_0$ ein affiner Raum über K bezüglich V_0.*

4 Vektorräume und affine Räume

Beweis (a): Zu $q \in A_0$ existiert $\mathfrak{y} \in V_0$ mit $p + \mathfrak{y} = q$. Also:

$$\{q + \mathfrak{x} : \mathfrak{x} \in V_0\} = \{p + (\mathfrak{y} + \mathfrak{x}) : \mathfrak{x} \in V_0\} = \{p + \mathfrak{x} : \mathfrak{x} \in V_0\}.$$

(b): $\mathfrak{x} \in V_0 \iff q := p + \mathfrak{x} \in A_0 \iff \overrightarrow{pq} = \mathfrak{x}$ mit $q \in A_0$.
(c): $q + \mathfrak{x} =: r \in A_0, \mathfrak{x} \in V_0 \implies r + (-\mathfrak{x}) = q \in A_0$.
(d): folgt direkt aus (a).
(e): Die gegebene Operation $V \times A \to A_0$, $(\mathfrak{x}, p) \mapsto p + \mathfrak{x}$, beschränkt sich wegen $(*)$ auf eine Operation $V_0 \times A_0 \to A_0$, für die (A1)–(A4) von 4.7.1 gelten. □

4.7.10 Definition Die *Dimension des affinen Raumes* A ist die Dimension des zugrundeliegenden Vektorraumes V: $\dim A := \dim V$. Die 0-dimensionalen Räume bestehen demnach aus genau einem Punkt. 1-dimensionale affine Räume heißen *Geraden*, 2-dimensionale affine Räume heißen *Ebenen*. Wegen 4.7.7 (c) ist jeder Körper eine Gerade. Ist A ein n-dimensionaler affiner Raum ($n \in \mathbb{N}^*$), so heißen die $(n-1)$-dimensionalen affinen Teilräume von A *Hyperebenen von* A.

4.7.11 Satz *Ist $A_0 \subset A$ ein affiner Teilraum mit $\dim A_0 = \dim A \in \mathbb{N}$, so ist $A_0 = A$.*

Beweis Die Behauptung folgt aus dem Satz 4.3.20 über Dimensionen von Unterräumen eines Vektorraumes. □

Damit der folgende Satz richtig ist und auch andere Aussagen sich kürzer fassen lassen, erweitern wir die Definitionen 4.7.1, 4.7.8 und 4.7.10 um die folgende

4.7.12 Definition Die leere Menge ist ein affiner Raum der Dimension -1; sie ist affiner Teilraum jedes affinen Raumes.

4.7.13 Satz *Für $i \in I$ seien die A_i affine Teilräume des affinen Raumes A. Dann ist $D = \bigcap_{i \in I} A_i$ ein affiner Teilraum.*

Beweis Der Fall $D = \emptyset$ wird durch die Definition 4.7.12 erledigt. Sei $D \neq \emptyset$, $p \in D$ und $A_i = p + V_i$, wobei V_i der zu A_i gehörige lineare Teilraum von V ist. Die Behauptung folgt wegen 4.2.7 aus

$$D = \bigcap_i (p + V_i) = p + \bigcap_i V_i. \qquad \square$$

Analog zu Vektorräumen ist die Vereinigung zweier affiner Teilräume i.a. kein affiner Teilraum (Beispiel!). Wir kopieren 4.2.4:

4.7.14 Definition Für eine Teilmenge $M \subset A$ sei die *affine Hülle* $[M]$ der kleinste affine Teilraum von A, der M enthält, d.h. $[M] = \bigcap A_0$ über alle affinen Teilräume A_0 von A mit $M \subset A_0$. Für eine endliche Menge $M = \{p_0, \ldots, p_n\}$ schreiben wir auch $[p_0, \ldots, p_n]$ statt $[\{p_0, \ldots, p_n\}]$.

4.7.15 Satz *Für $p \in A$ ist $[p] = \{p\}$ ein einpunktiger (d.h. 0-dimensionaler) Teilraum. Für $p, q \in A$ mit $p \neq q$ ist $[p, q]$ eine Gerade.*

B e w e i s   Ist $\mathfrak{x} = \overrightarrow{pq} \neq 0$, so ist $V_0 = \{a\mathfrak{x} : a \in K\}$ 1-dimensional, also ist $A_0 = p + V_0$ eine Gerade. Aus $p + \mathfrak{x} = q$ folgt $p, q \in A_0$, also $[p, q] \subset A_0$. Aus 4.7.11 folgt $[p, q] = A_0$. □

Die Gerade durch zwei Punkte $p \neq q$ hat also die Darstellung

$$[p, q] = \{p + a\overrightarrow{pq} : a \in K\}.$$

4.7.16 Satz (Dimensionsformel)
Für affine Teilräume $A_0 = p_0 + V_0$, $A_1 = p_1 + V_1$ gilt

$$\dim A_0 + \dim A_1 = \begin{cases} \dim[A_0 \cup A_1] + \dim(A_0 \cap A_1), & \text{falls } A_0 \cap A_1 \neq \emptyset, \\ \dim[A_0 \cup A_1] + \dim(V_0 \cap V_1) - 1, & \text{falls } A_0 \cap A_1 = \emptyset. \end{cases}$$

B e w e i s   Im Fall $A_0 \cap A_1 \neq \emptyset$ können wir $p_0 = p_1 =: p \in A_0 \cap A_1$ annehmen. Dann ist offenbar $[A_0 \cup A_1] = p + (V_0 + V_1)$ und $A_0 \cap A_1 = p + (V_0 \cap V_1)$, und die Behauptung folgt aus dem Dimensionssatz für zwei Unterräume eines Vektorraumes 4.3.22.

Im Fall $A_0 \cap A_1 = \emptyset$ zeigen wir: Für $W = \{a\overrightarrow{p_0p_1} : a \in K\}$ gilt:

(∗) $\dim W = 1$ und $(V_0 + V_1) \cap W = 0$

(∗∗) $[A_0 \cup A_1] = p_0 + (V_0 + V_1 + W)$.

Wenden wir wieder 4.3.22 an, so ergibt sich die Behauptung aus

$$\dim[A_0 \cup A_1] = \dim(V_0 + V_1 + W) = \dim(V_0 + V_1) + 1.$$

B e w e i s   von (∗): Es ist $p_0 \neq p_1$, also $\dim W = 1$. Die zweite Behauptung ergibt sich so:

$$(V_0 + V_1) \cap W \neq 0 \implies W \subset V_0 + V_1$$
$$\implies \exists a_i \in A_i : \overrightarrow{p_0p_1} = \overrightarrow{p_0a_0} + \overrightarrow{a_1p_1}$$
$$\implies \overrightarrow{a_0a_1} = \overrightarrow{a_0p_0} + \overrightarrow{p_0p_1} + \overrightarrow{p_1a_1} = 0$$
$$\implies A_0 \cap A_1 \neq \emptyset.$$

Beweis von (∗∗): Sei $B = p_0 + (V_0 + V_1 + W)$. Dann ist $A_0 \subset B$; ebenfalls $A_1 = p_1 + V_1 = (p_0 + \overrightarrow{p_0p_1}) + V_1 = p_0 + (\overrightarrow{p_0p_1} + V_1) \subset p_0 + (W + V_1) \subset B$, also $[A_0 \cup A_1] \subset B$. Sei $A' = p_0 + V'$ ein affiner Teilraum von A mit $[A_0 \cup A_1] \subset A'$. Aus $A_0 \subset A'$ folgt $V_0 \subset V'$. Aus $p_0, p_1 \in A'$ folgt $W \subset V'$. Wegen $A' = p_1 + V'$ folgt aus $A_1 \subset A'$ auch $V_1 \subset V'$. Weil V' ein linearer Teilraum ist, folgt: $V_0 + V_1 + W \subset V'$. Daher ist $B = p_0 + V_0 + V_1 + W \subset p_0 + V' = A'$; speziell ist $B \subset [A_0 \cup A_1]$. □

Bevor wir einige Beispiele zu 4.7.16 besprechen, noch ein neuer Begriff:

4.7.17 Definition Zwei nichtleere affine Teilräume $A_0 = p_0 + V_0$ und $A_1 = p_1 + V_1$ von A heißen *parallel*, Bezeichnung $A_0 \parallel A_1$, wenn $V_0 \subset V_1$ oder $V_1 \subset V_0$ gilt, vgl. Abb. 4.7.3.

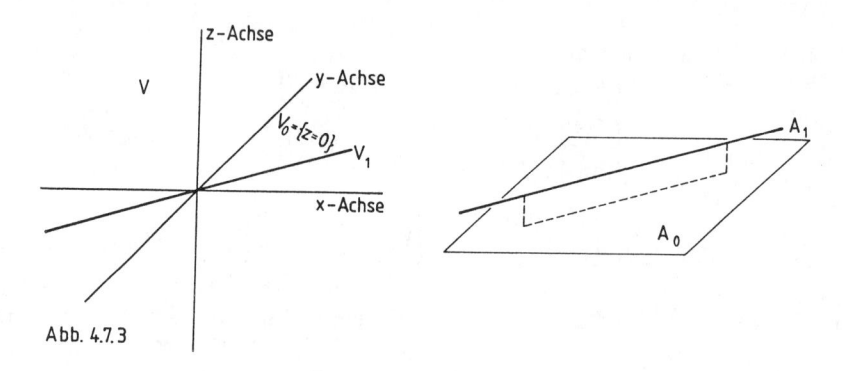

Abb. 4.7.3

Die 0-dimensionalen Teilräume (das sind die Punkte) sind zu jedem nichtleeren affinen Teilraum parallel. Aus $A_0 \subset A_1$ folgt $A_0 \parallel A_1$.

4.7.18 Satz *Sei* $\dim A = n \in \mathbb{N}^*$, $\emptyset \neq A_0 \subset A$ *ein affiner Teilraum und* $H \subset A$ *eine Hyperebene. Dann ist entweder* $H \parallel A_0$ *oder* $\dim(A_0 \cap H) = \dim A_0 - 1$.

Beweis Sei $A_0 = p_0 + V_0$ und $H = q + V_1$. Sei nicht $A_0 \subset H$ (da sonst $A_0 \parallel H$). Aus $\dim H = \dim V_1 = n - 1$ folgt $[A_0 \cup H] = A$. Im Fall $A_0 \cap H \neq \emptyset$ folgt $\dim(A_0 \cap H) = \dim A_0 - 1$ aus 4.7.16. Im Fall $A_0 \cap H = \emptyset$ folgt aus 4.7.16
$$\dim(V_0 \cap V_1) = \dim V_0 \implies V_0 \cap V_1 = V_0 \implies$$
$$V_0 \subset V_1 \implies A_0 \parallel H.$$ □

4.7.19 Beispiele Zwei Geraden einer affinen Ebene sind parallel oder schneiden sich in genau einem Punkt. Zwei Ebenen eines 3-dimensionalen affinen Raumes sind parallel oder schneiden sich in einer Geraden. Eine Ebene und eine Gerade im 3-dimensionalen affinen Raum sind entweder parallel oder schneiden sich in einem Punkt.

Mit dem Begriff der affinen Hülle können wir den Begriff der Hyperebene auch auf den unendlich-dimensionalen Fall erweitern.

4.7.20 Definition Sei A ein affiner Raum und H ein echter Teilraum, d.h. $H \subsetneq A$. Ist $[H \cup \{p\}] = A$ für ein $p \in A$, so heißt H *Hyperebene von A*.

Koordinaten in affinen Räumen

Sei A ein affiner Raum über K bezüglich V, und sei $\dim A = \dim V = n \in \mathbb{N}^*$.

4.7.21 Definition Ein $(n+1)$-Tupel $(p_0, \ldots, p_n)$ von Punkten aus A heißt ein *Koordinatensystem*, wenn die Vektoren $\overrightarrow{p_0 p_1}, \ldots, \overrightarrow{p_0 p_n} \in V$ linear unabhängig sind. Es heißt p_0 der *Anfangspunkt*, und die $p_1, \ldots, p_n$ heißen die *Einheitspunkte* des Koordinatensystems. Für $p \in A$ hat der Vektor $\overrightarrow{p_0 p} \in V$ eine eindeutige Darstellung

$$\overrightarrow{p_0 p} = x_1 \overrightarrow{p_0 p_1} + \ldots + x_n \overrightarrow{p_0 p_n}, \quad x_1, \ldots, x_n \in K.$$

Die Elemente $x_1, \ldots, x_n \in K$ (in dieser Reihenfolge!) heißen *Koordinaten von p im Koordinatensystem* $(p_0, \ldots, p_n)$. Die Gerade $[p_0, p_i]$, $i = 1, \ldots, n$, heißt i-*te Koordinatenachse*. Der Vektor $x = (x_1, \ldots, x_n)^t \in K^n$ heißt *Koordinatenvektor von p im Koordinatensystem* $(p_0, \ldots, p_n)$. Die Koordinaten $x_1, \ldots, x_n$ von p sind eindeutig bestimmt durch $p_0 + (x_1 \overrightarrow{p_0 p_1} + \ldots + x_n \overrightarrow{p_0 p_n}) = p$. Vgl. Abb. 4.7.4.

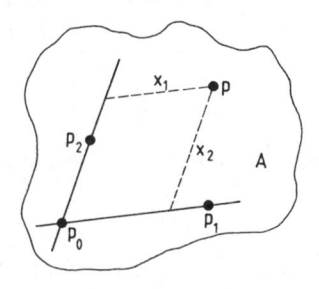

Abb. 4.7.4

4.7.22 (a) Wenn zwei Punkte p, q dieselben Koordinaten haben, ist $p = q$. Zu jedem n-Tupel $(x_1, \ldots, x_n)$ von Elementen aus K gibt es einen Punkt $p \in A$ mit den Koordinaten $x_1, \ldots, x_n$.

(b) Der Anfangspunkt p_0 hat die Koordinaten $0, \ldots, 0$. Die Einheitspunkte p_1 bzw. p_2 bzw. $\ldots$ bzw. p_n haben die Koordinaten $1, 0, 0, \ldots, 0$ bzw. $0, 1, 0, \ldots, 0$ bzw. $\ldots$ bzw. $0, 0, \ldots, 0, 1$.

Koordinatentransformation

Es seien $(p_0, \ldots, p_n)$ und $(p'_0, \ldots, p'_n)$ zwei Koordinatensysteme in A. Sei $p \in A$, und seien

$x_1, \ldots, x_n$ die Koordinaten von p bezüglich $(p_0, \ldots, p_n)$ und
$x'_1, \ldots, x'_n$ die Koordinaten von p bezüglich $(p'_0, \ldots, p'_n)$.

4.7.23 Satz *Sind $r_1, \ldots, r_n$ die Koordinaten von p'_0 bezüglich $(p_0, \ldots, p_n)$ und ist $T = (t_{ij})$ die reguläre Matrix über K mit*

$$\overrightarrow{p'_0 p'_j} = \sum_{i=1}^{n} t_{ij} \overrightarrow{p_0 p_i}, \quad j = 1, \ldots, n,$$

so gilt

(*) $$x_i = r_i + \sum_{j=1}^{n} t_{ij} x'_j, \quad i = 1, \ldots, n.$$

In Matrizenschreibweise: $\mathfrak{x} = \mathfrak{r} + T\mathfrak{x}'$; dabei bezeichnet $\mathfrak{x}$ bzw. $\mathfrak{x}'$ der Koordinatenvektor von p bezüglich $(p_0, \ldots, p_n)$ bzw. $(p'_0, \ldots, p'_n)$ und $\mathfrak{r} = (r_1, \ldots, r_n)^t \in K^n$.

Beweis   Nach Definition der Koordinaten gilt

$$\overrightarrow{p_0 p} = x_1 \overrightarrow{p_0 p_1} + \ldots + x_n \overrightarrow{p_0 p_n}, \quad \overrightarrow{p'_0 p} = x'_1 \overrightarrow{p'_0 p'_1} + \ldots + x'_n \overrightarrow{p'_0 p'_n}.$$

Es folgt

$$\overrightarrow{p_0 p} = \overrightarrow{p_0 p'_0} + \overrightarrow{p'_0 p} = \sum_{i=1}^{n} r_i \overrightarrow{p_0 p_i} + \sum_{j=1}^{n} x'_j \left(\sum_{i=1}^{n} t_{ij} \overrightarrow{p_0 p_i} \right)$$

$$= \sum_{i=1}^{n} \left(r_i + \sum_{j=1}^{n} x'_j t_{ij} \right) \overrightarrow{p_0 p_i}.$$

Ein Vergleich der ersten und der letzten Gleichung liefert (∗). □

Sind also die Koordinaten von p in einem Koordinatensystem bekannt, so lassen sich daraus die Koordinaten von p in jedem anderen Koordinatensystem berechnen. Die Matrix T heißt *Transformations-* oder *Übergangsmatrix*. Im Fall $T = E_n$ entsteht $(p'_0, \ldots p'_n)$ aus $(p_0, \ldots, p_n)$ durch „Parallelverschiebung" längs $\mathfrak{r}$. Im Fall $r = 0$, haben die beiden Koordinatensysteme den gleichen Anfangspunkt. Die Matrix T hat eine besondere Eigenschaft: Werden nämlich umgekehrt die x'-Koordinaten durch die x-Koordinaten ausgedrückt, so entsteht eine Darstellung $\mathfrak{r}' = -\mathfrak{w} + T'\mathfrak{r}$ für eine passende Matrix T'. Dann folgt, daß $T'T = TT' = E_n$ ist; eine $(n \times n)$-Matrix T, zu der es ein solches T' gibt, heißt *regulär*. Dieser Begriff wird in 5.3.13 genauer besprochen.

4.7.24 Satz *Es sei* $(p_0, \ldots, p_n)$ *ein Koordinatensystem in* A, $T = (t_{ij})$ *eine reguläre* $n \times n$-*Matrix über* K *und* $r = (r_1, \ldots, r_n)^t \in K^n$. *Dann gibt es ein Koordinatensystem* $(p'_0, \ldots, p'_n)$ *von* A, *so daß sich die Koordinaten gemäß 4.7.23* (∗) *transformieren*.

B e w e i s   Wir definieren p'_0 durch $\overrightarrow{p_0p'_0} = r_1\overrightarrow{p_0p_1} + \ldots + r_n\overrightarrow{p_0p_n}$ und p'_i durch $\overrightarrow{p'_0p'_i} = \sum_j t_{ji}\overrightarrow{p_0p_j}$ für $i = 1, \ldots, n$, und wenden 4.7.2 an. Da T eine reguläre Matrix ist, sind die Vektoren $\overrightarrow{p'_0p'_1}, \ldots, \overrightarrow{p'_0p'_n}$ linear unabhängig und deshalb bilden $p'_0, p'_1, \ldots, p'_n$ ein affines Koordinatensystem. □

Folgende bequeme Sprechweise ist üblich: Durch

$$x_i = r_i + \sum_{j=1}^{n} t_{ij}x'_j \text{ bzw. } x = r + Tx'$$

wird eine Koordinatentransformation definiert. Wir meinen damit, daß wir von einem Koordinatensystem $(p_0, \ldots, p_n)$ zu einem anderen, $(p'_0, \ldots, p'_n)$, übergehen, wobei T die Transformationsmatrix und r der Verschiebungsvektor wie in 4.7.23 ist. Zu beachten ist, daß T regulär sein muß.

Zur Darstellung affiner Teilräume durch Koordinaten vergleiche 5.1.16.

Ergänzungen und Beispiele

Ohne Beweis stellen wir einige Aussagen auf, die Sie sich zur Übung überlegen sollten.

4.7.25

(a) Sei char $K \neq 2$. Dann gilt für affine Teilräume A_0, A_1 von A:

$A_0 \cup A_1$ ist affiner Teilraum. $\iff A_0 \subset A_1$ oder $A_1 \subset A_0$.

(b) Sei $K = \{0,1\}$ der Körper aus zwei Elementen. Jede Gerade über K besteht aus 2 Punkten, jede Ebene aus 4 und jeder 3-dimensionale Raum über K aus 8 Punkten. Die Ebene enthält 6 Geraden. Der 3-dimensionale Raum enthält 28 Geraden und 14 Ebenen.

(c) Wenn $p,q,r \in A$ nicht auf einer Geraden liegen, ist $[p,q,r]$ eine Ebene. Es gibt die Parameterdarstellung der Ebene: $[p,q,r] = \{p + (a\overrightarrow{pq} + b\overrightarrow{pr}) : a,b \in K\}$.

(d) Sind $A_0, A_1 \subset A$ affine Teilräume mit $\dim A_0 + \dim A_1 = \dim A$, so gilt: $[A_0 \cup A_1] = A \iff A_0 \cap A_1$ ist ein Punkt oder $A_0 \cap A_1 = \emptyset$.

(e) Sei A eine affine Ebene über K, $g \subset A$ eine Gerade und $p \in A$ mit $p \notin g$. Dann gibt es genau eine Gerade $g' \subset A$ mit $p \in g'$ und $g' \parallel g$.

(f) $A_0 \subset A$ ist eine Hyperebene. $\iff A_0 \neq A$ und $[A_0 \cup \{p\}] = A$ für jeden Punkt $p \in A - A_0$. $\iff A_0 \neq A$ und $[A_0 \cup \{p\}] = A$ für einen Punkt $p \in A - A_0$.

(g) Ist $A_0 \subset A$ ein affiner Teilraum und $p,q \in A_0$, so ist $[p,q] \subset A_0$.

(h) Wenn der Grundkörper K mehr als 2 Elemente enthält, gilt die Umkehrung von (g), d.h.: Ist $A_0 \subset A$ eine Teilmenge, so daß aus $p,q \in A_0$ stets $[p,q] \subset A_0$ folgt, so ist A_0 ein affiner Teilraum.

Im Fall $K = \{0,1\}$ dagegen gilt für jede Teilmenge $A_0 \subset A$: Aus $p,q \in A_0$ folgt $[p,q] \subset A_0$ (warum?); aber nicht jede Teilmenge von A ist ein affiner Teilraum.

(i) Sei $\dim A = n \in \mathbb{N}^*$. Bestimmen Sie alle Paare natürlicher Zahlen p, q ($1 \leq p, q \leq n$), für die es in A affine Teilräume der Dimension p und q gibt, die weder parallel sind noch einen Punkt gemeinsam haben.

(j) Wenn $n+1$ Punkte eines affinen Raumes nicht in einem $(n-1)$-dimensionalen affinen Teilraum liegen, gibt es genau einen n-dimensionalen affinen Teilraum, der sie enthält (für $n = 2$ ergibt sich (c)).

(k) Sei A eine affine Ebene über einem beliebigen Körper, g_1, g_2, g_2 seien drei verschiedene Geraden, die sich in einem Punkt p_0 schneiden. Ferner seien p_i und p_i' verschiedene Punkte auf der Geraden g_i (von p_0 verschieden). Gilt

$[p_1, p_2] \parallel [p'_1, p'_2]$ und $[p_2, p_3] \parallel [p'_2, p'_3]$, so folgt $[p_1, p_3] \parallel [p'_1, p'_3]$, vgl. Abb. 4.7.5.

Abb. 4.7.5

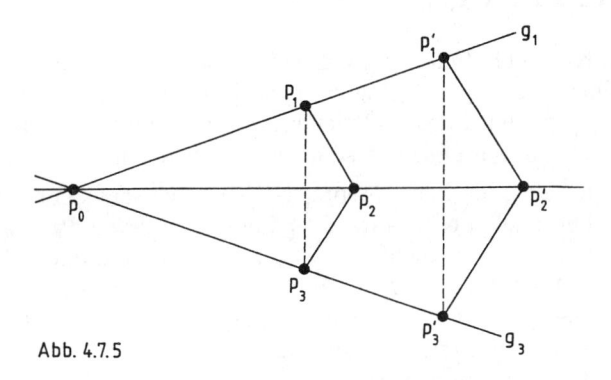

Aufgaben

4.7.A1 Geben Sie eine affine Konstruktion (d.h. mit Lineal) des Mittelpunktes einer Strecke in einen affinen Raum der Dimension ≥ 2 an.

4.7.A2 Beweisen Sie den Satz über die Seitenhalbierenden im Dreieck mit Mitteln der affinen Geometrie.

5 Matrizen, Determinanten, lineare Gleichungssysteme

Im vorigen Kapitel haben wir als abstrakte Begriffe Vektorräume und affine Räume eingeführt und eine allgemeine Theorie für sie entwickelt. Mit ihr behandeln wir im folgenden lineare Gleichungssysteme und – damit verbunden – Matrizen und Determinanten. Dem sind die ersten Abschnitte gewidmet.

Die Methoden der linearen Algebra werden in verschiedenen Gebieten der Wissenschaft, aber auch des praktischen Lebens angewandt. Dabei genügen selten allgemeine Ergebnisse, sondern es werden explizite Zahlergebnisse erwartet, die dann fast immer mit einem Computer gewonnen werden. Neben dem theoretischen Hintergrund gilt es dann zu entscheiden, welche Rechengenauigkeit erreichbar ist und wieviel Zeit die Berechnung schätzungsweise erfordert. Natürlich geht es auch darum, möglichst schnelle und sichere Berechnungsmethoden zu finden. Fragen dieser Art werden in der Numerischen Mathematik eingehend untersucht. In 5.5-6 wollen wir an linearen Gleichungssystemen einige der Grundüberlegungen dieser Theorie erläutern.

5.1 Lineare Gleichungssysteme, I

In diesem Kapitel wenden wir die entwickelten Methoden und Ergebnisse der Theorie der Vektorräume an, um eine übersichtliche Theorie linearer Gleichungssysteme zu gewinnen.

5.1.1 Die Hauptfragen für lineare Gleichungssysteme Sei K ein Körper. Ein *lineares Gleichungssystem* hat die Form

$$(*) \quad \begin{aligned} a_{11}x_1 + a_{12}x_2 + \ldots + a_{1n}x_n &= y_1 \\ &\vdots \\ a_{m1}x_1 + a_{m2}x_2 + \ldots + a_{mn}x_n &= y_m, \end{aligned}$$

wobei die $a_{ij} \in K$, sowie $y_i \in K$ sind. Die x_j bezeichnen die Unbekannten. Ist $y_1 = \ldots = y_m = 0$, so heißt das Gleichungssystem *homogen*.

Es entstehen die folgenden Probleme:

(a) Hat das System zu vorgegebenen a_{ij} und y_i eine Lösung $x_1, \ldots, x_n \in K$? Wie hängt die Lösung von den y_i ab?

(b) Wie viele Lösungen gibt es und wie hängen sie zusammen?

(c) Wie kann man die Lösungen berechnen?

(d) Welcher Rechenaufwand ist dazu erforderlich?

Zunächst beschäftigen wir uns mit den ersten beiden Fragenkreisen. Um einen Überblick über die Möglichkeiten zu bekommen, deuten wir lineare Gleichungssysteme als lineare Abbildungen und wenden die Theorie der Vektorräume an, wie sie in den vorangehenden Paragraphen entwickelt wurde. Vgl. hierzu 3.3.19.

Lineare Gleichungssysteme und Matrizen

5.1.2 Beschreibung von linearen Gleichungssystemen Seien $A = (a_{ik})$, $A' = (a'_{ik})$ zwei $m \times n$-Matrizen, $B = (b_{ik})$ eine $n \times p$-Matrix, ferner $a \in K$. Dann ist, vgl. 4.5.11,

$$A + A' = (a_{ik} + a'_{ik}), \quad AB = \left(\sum_{j=1}^{n} a_{ij}b_{jk}\right), \quad aA = (aa_{ik}).$$

Die transponierte Matrix (a_{ji}) zu $A = (a_{ij})$ wird mit A^t bezeichnet, zur Definition vgl. 4.6.18. Wir fassen $x = (x_1, \ldots, x_n)^t$ als Vektor des K^n auf.

Dann *entspricht dem linearen Gleichungssystem* 5.1.1 (∗) *die lineare Abbildung*

$$f\colon K^n \to K^m, \quad x \mapsto y = Ax$$

oder auch die Matrizengleichung $Ax = y$.

Umgekehrt entspricht einer linearen Abbildung zwischen einem n-dimensionalen und einem m-dimensionalen Vektorraum ein lineares Gleichungssystem, wenn in beiden Vektorräumen Basen gewählt werden.

5.1.3 Definition Sei $A = (a_{ik})_{i=1,\ldots,m, k=1,\ldots,n}$ eine $m \times n$-Matrix. Dann lassen sich die Zeilen $(a_{i1}, \ldots, a_{in})$ bzw. die Spalten $(a_{1k}, \ldots, a_{mk})^t$ als Vektoren von K^n bzw. K^m auffassen. Die Maximalzahl linear unabhängiger Zeilen (bzw. Spalten) heißt dann *Rang* oder *Zeilenrang* (bzw. *Spaltenrang*) der Matrix A.

5.1.4 Satz *Der Zeilenrang einer Matrix ist gleich dem Spaltenrang der Matrix.*

B e w e i s   Durch

$$x = \begin{pmatrix} x_1 \\ \vdots \\ x_n \end{pmatrix} \mapsto Ax = y = \begin{pmatrix} y_1 \\ \vdots \\ y_m \end{pmatrix}$$

wird eine lineare Abbildung $f\colon K^n \to K^m$ definiert. Die Basisvektoren $(1, 0, \ldots, 0)^t$, $(0, 1, 0, \ldots, 0)^t, \ldots, (0, 0, \ldots, 0, 1)^t$ von K^n werden dabei in die

Spalten der Matrix überführt. Der Spaltenrang ist deshalb gleich dem Rang von f. Da der Zeilenrang gleich dem Spaltenrang der transponierten Matrix A^t ist und diese der zu f dualen Abbildung f' entspricht, folgt die Behauptung aus Rang f = Rang f', vgl. 4.6.6. □

Betrachten wir ein lineares Gleichungssystem $Ax = y$ mit den Augen eines Vektor-Fans! Existiert eine Lösung x von $Ax = y$, so liegt der Spaltenvektor y in dem Unterraum V von K^m, der von den Spalten von A aufgespannt wird. Aus der Definition 5.1.3 des Ranges von Matrizen ergibt sich Rang(A, y) = Rang A, wobei (A, y) die Matrix ist, die aus A durch Zufügen der Spalte y entsteht. Umgekehrt folgt aus obiger Gleichung, daß y eine Linearkombination der Spaltenvektoren von A ist, das System also eine Lösung hat.

Ist speziell $y = 0$, so sind natürlich mit x und x' auch $x + x'$ sowie ax, $a \in K$, Lösungen von $Ax = 0$. Die Lösungen bilden also einen Unterraum U, und die Gleichung $Ax = 0$ besagt, daß x orthogonal zu den Zeilenvektoren von A liegt. Nehmen wir die lineare Abbildung $f: K^n \to K^m$, $x \mapsto Ax$, so ist

$$U = \operatorname{Kern} f \quad \text{und} \quad f^{-1}(y) \neq \emptyset \iff y \in \operatorname{Bild} f.$$

Offenbar

$$y = f(x^0) \implies f(x^0 + u) = f(x^0) + f(u) = y \; \forall u \in U.$$

Ferner

$$f(x^1) = y \implies f(x^1 - x^0) = 0 \implies x^1 \in x^0 + U.$$

Dieses fassen wir zusammen im

5.1.5 Hauptsatz für lineare Gleichungssysteme

(a) *Das Gleichungssystem $Ax = y$ ist genau dann lösbar, wenn* Rang A = Rang(A, y) *ist. Hier bezeichnet (A, y) die Matrix, die aus A durch Zufügen der Spalte y entsteht.*

(b) *Die Lösungen des homogenen Systems $Ax = 0$ bilden einen linearen Unterraum U von K^n. Es ist U das orthogonale Komplement zu dem von den Zeilenvektoren aufgespanntem Teilraum*, vgl. 4.6.14 (b). *Folglich ist* $\dim U = n - $ Rang A.

(c) *Ist x^0 eine Lösung des inhomogenen Systems, so sind die Vektoren aus $x^0 + U$ die sämtlichen Lösungen des inhomogenen Systems.* □

Der Satz 5.1.5 gibt die theoretischen Möglichkeiten für die Lösungen von linearen Gleichungssystemen an; wie man praktisch über die Lösungsmöglichkeit entscheidet oder Lösungen findet, wird im folgenden und in 5.4 behandelt.

5.1.6 Korollar *Ist $m < n$, so hat das homogene System $Ax = 0$ stets nichttriviale Lösungen, d.h. Lösungen verschieden von 0.*

1 . B e w e i s Da Bild f ein Teilraum ist, folgt aus 4.4.8

$$\dim(\text{Bild } f) \leq \dim K^m = m \quad \text{und}$$
$$\dim(\text{Kern } f) = \dim K^n - \dim(\text{Bild } f) \geq n - m > 0.$$

2 . B e w e i s Wegen Rang $A \leq m < n$ ist die Dimension $(n-\text{Rang } A)$ des Lösungsraumes positiv. $\square$

Elementare Umformungen

Wir benutzen nun die gut bekannte Methode „eine Gleichung von einer anderen abzuziehen", um über die Lösbarkeit eines linearen Gleichungssystems zu entscheiden und die Lösungen zu finden.

5.1.7 Definition und Satz *Als elementare Umformungen für Gleichungssysteme bezeichnen wir:*
 (a) *Vertauschung zweier Gleichungen, Umnumerieren der Unbekannten,*
 (b) *Addition des Vielfachen einer Gleichung zu einer anderen.*
Bis auf Permutationen der Unbekannten sind die Lösungen der Systeme vor und nach elementaren Umformungen dieselben. $\square$

Ein schnelles Lösungsverfahren bildet das

5.1.8 Gaußsches Eliminationsverfahren *Das Gleichungssystem $Ax = y$ kann durch elementare Umformungen 5.1.7 (a), (b) auf die Gestalt*

$$(**) \quad \begin{array}{rcl} b_{11}x'_1 + b_{12}x'_2 + \ldots + b_{1k}x'_k + \ldots + b_{1n}x'_n &=& z_1 \\ b_{22}x'_2 + \ldots + b_{2k}x'_k + \ldots + b_{2n}x'_n &=& z_2 \\ &\vdots& \\ b_{kk}x'_k + \ldots + b_{kn}x'_n &=& z_k \\ 0 \cdot x'_1 + 0 \cdot x'_2 + \ldots + 0 \cdot x'_k + \ldots + 0 \cdot x'_n &=& z_{k+1} \\ &\vdots& \\ 0 \cdot x'_1 + 0 \cdot x'_2 + \ldots + 0 \cdot x'_k + \ldots + 0 \cdot x'_n &=& z_m \end{array}$$

gebracht werden. Dabei ist $b_{ii} \neq 0$ für $i = 1, \ldots, k$; ferner entstehen die Unbekannten $\{x'_1, \ldots, x'_n\}$ durch eine Rück-Permutation aus $\{x_1, \ldots, x_n\}$. Das System $(**)$ ist genau dann lösbar, wenn $z_{k+1} = \ldots = z_m = 0$ ist; dabei können

$x'_{k+1}, \ldots, x'_n$ beliebig gewählt werden. *Die Lösungen stimmen mit denen des ursprünglichen Systems überein (nach Permutation der Unbekannten).*

B e w e i s d u r c h I n d u k t i o n n a c h m Für $m = 1$ ist alles trivial. Die Behauptung gelte nun für alle $m' < m$, wobei $m > 1$. Wir dürfen annehmen, daß ein $a_{ik} \neq 0$ ist, sonst läge schon die gesuchte Form vor. Durch Vertauschen der Gleichungen und Permutation der Unbekannten, d.h. elementare Umformungen vom Typ (a), bringen wir das a_{ik} an die Stelle $(1,1)$. Dann lassen sich durch die Umformungen (b) die Koeffizienten der neuen ersten Spalte zum Verschwinden bringen, und es entsteht ein System der Form

$$\begin{aligned} b_{11}x'_1 + & b_{12}x'_2 + \ldots + b_{1n}x'_n &= z_1 \\ & b_{22}x'_2 + \ldots + b_{2n}x'_n &= z_2 \\ & b_{32}x'_2 + \ldots + b_{3n}x'_n &= z_3 \\ & \quad\quad\quad \vdots \\ & b_{m2}x'_2 + \ldots + b_{mn}x'_n &= z_m, \end{aligned}$$

und darauf läßt sich die Induktion anwenden. □

5.1.9 Beispiel Elementare Umformungen ergeben aus

$$\begin{aligned} x_1 + 2x_2 - x_3 &= 1 & x_1 + 2x_2 - x_3 &= 1 \\ x_1 + x_2 + x_3 &= 3 \quad \text{das} & -x_2 + 2x_3 &= 2 \\ 3x_1 + 5x_2 - x_3 &= a & 0x_3 &= a - 5. \end{aligned}$$

Es gibt also genau dann Lösungen, wenn $a = 5$ ist. In diesem Fall sind die Lösungen $(x_1, x_2, x_3) = (-3x_3 + 5,\ 2x_3 - 2,\ x_3)$, wobei x_3 beliebig gewählt werden kann.

Bei der Behandlung von Matrizen ist es angebracht, auch Vielfache einer Spalte zu einer anderen zu addieren. Dem entspricht eine Substitution der Unbekannten. Dann ergibt sich wie in 5.1.8:

5.1.10 Definition und Satz *Elementare Umformungen einer Matrix sind:*

   (c) *Vertauschung zweier Zeilen bzw. zweier Spalten.*

   (d) *Addition eines beliebigen Vielfachen einer Zeile bzw. Spalte zu einer anderen Zeile bzw. Spalte.*

   Durch elementare Umformungen wird der Rang einer Matrix nicht geän-

dert. Jede Matrix kann durch elementare Umformungen auf die Gestalt

$$\left.\begin{pmatrix} a_{11} & 0 & \cdot & \cdot & \cdot & \ldots & 0 \\ 0 & a_{22} & 0 & \cdot & \cdot & \ldots & 0 \\ \vdots & \ddots & \ddots & \ddots & \vdots & & \vdots \\ 0 & \ldots & 0 & a_{rr} & 0 & \ldots & 0 \\ 0 & \ldots & 0 & 0 & 0 & \ldots & 0 \\ \vdots & & \vdots & \vdots & \vdots & \ddots & \vdots \\ 0 & \ldots & 0 & 0 & 0 & \ldots & 0 \end{pmatrix}\right\}n$$
$$\underbrace{}_{m}$$

gebracht werden, wobei $a_{ii} \neq 0$ für $i \leq r$ ist. Es ist r der Rang der Matrix. □

Das transponierte System

Zu der Abbildung f aus 5.1.2, die einer Gleichung $Ax = y$ entspricht, betrachten wir die duale Abbildung f^*. Hierbei wird K^n zu sich selbst dual aufgefaßt wie in 4.6.8 (c), und die kanonische Basis von K^n ist zu sich dual. Nach 4.6.18 gehört zur dualen Abbildung f^* das System

5.1.11
$$\begin{array}{c} a_{11}y_1^* + \ldots + a_{m1}y_m^* = x_1^* \\ \vdots \\ a_{1n}y_1^* + \ldots + a_{mn}y_m^* = x_n^* \end{array} \quad \text{oder } A^t y^* = x^*.$$

5.1.12 Satz *Das System 5.1.1 (∗) $Ax = y$ hat genau dann eine Lösung (bei vorgegebenem y), wenn für jede Lösung y^* des transponierten homogenen Systems $A^t y^* = 0$ gilt:*

$$\langle y, y^* \rangle = \sum_{k=1}^{m} y_k y_k^* = 0.$$

B e w e i s   Nach 4.6.15 (b) ist $(\text{Bild } f)^\perp = \text{Kern } f^*$, also nach 4.6.14 (c)

$$y \in \text{Bild } f \iff \langle y, y^* \rangle = 0 \quad \forall y^* \in \text{Kern } f^*.$$

Aber $y^* \in \text{Kern } f^*$ ist gleichbedeutend mit $A^t y^* = 0$. Ferner ist $\langle y, y^* \rangle = \sum_{k=1}^{m} y_k y_k^*$. □

5 Matrizen, Determinanten, lineare Gleichungssysteme

5.1.13 Korollar *Das System 5.1.1 (∗) hat genau dann für beliebige Wahl von $y_1, \ldots, y_m$ eine Lösung, wenn das transponierte homogene System nur die triviale Lösung $y^* = 0$ hat.*

B e w e i s   Aus $y^* = 0$ folgt $\langle y, y^* \rangle = 0$. Ist nun y^* die einzige Lösung von $A^t y^* = 0$, so hat $Ax = y$ nach 5.1.12 für beliebiges y eine Lösung.

Hat umgekehrt $Ax = y$ für beliebiges y eine Lösung, so muß für jedes $y^* \in \operatorname{Kern} f^*$ gelten: $\langle y, y^* \rangle = 0$, d.h. $\sum_{k=1}^{m} y_k y_k^* = 0 \; \forall y$. Für $y_i = 1$, $y_k = 0$ für $k \neq i$ folgt $y_i^* = 0$, d.h. $y^* = 0$. □

5.1.14 Beispiele

(a)   Gleichungssystem   transponiertes homogenes System

$$\begin{array}{rcrcrcl} x_1 & + & 2x_2 & - & x_3 & = & 1 \\ x_1 & + & x_2 & + & x_3 & = & 3 \\ 3x_1 & + & 5x_2 & - & x_3 & = & 5 \end{array} \qquad \begin{array}{rcrcrcl} y_1^* & + & y_2^* & + & 3y_3^* & = & 0 \\ 2y_1^* & + & y_2^* & + & 5y_3^* & = & 0 \\ -y_1^* & + & y_2^* & - & y_3^* & = & 0 \end{array}$$

(vgl. 5.1.9). Die Lösungen des transponierten homogenen Systems sind $(2, 1, -1)^t$ und seine Vielfachen. Da $1 \cdot 2 + 3 \cdot 1 + 5 \cdot (-1) = 0$ ist, hat das ursprüngliche System Lösungen. Wird im ursprünglichen System als rechte Seite z.B. $(1, 3, 4)^t$ genommen, so gibt es keine Lösung.

(b)   Gleichungssystem   transponiertes homogenes System

$$\begin{array}{rcrcrcl} x_1 & + & 2x_2 & - & x_3 & = & a \\ x_1 & + & x_2 & + & x_3 & = & b \end{array} \qquad \begin{array}{rcrcl} y_1^* & + & y_2^* & = & 0 \\ 2y_1^* & + & y_2^* & = & 0 \\ -y_1^* & + & y_2^* & = & 0 \end{array}$$

Das transponierte homogene System hat nur die Lösung $y_1^* = y_2^* = 0$. Deshalb hat das ursprüngliche System für beliebige a, b Lösungen.

5.1.15 Korollar *Die Lösung des Systems 5.1.1 (∗) ist genau dann eindeutig bestimmt (falls sie existiert), wenn das transponierte System 5.1.11 für beliebige rechte Seiten $x_1^*, \ldots, x_n^*$ lösbar ist.*

B e w e i s   Das transponierte System 5.1.11 hat nach 5.1.13 für beliebige $x_1^*, \ldots, x_n^*$ genau dann eine Lösung, wenn das zu ihm transponierte homogene System, also das ursprüngliche homogene System, nur die triviale Lösung hat. Nach 5.1.5 (c) ist das die Behauptung. □

Darstellung von affinen Teilräumen durch Koordinaten

Wir wollen nun lineare Gleichungssysteme geometrisch interpretieren, um anschauliche Vorstellungen von den Hauptsätzen zu bekommen. Dazu sei A ein affiner Raum über K bezüglich V und $(p_0, \ldots, p_n)$ ein festes Koordinatensystem.

5.1.16 Satz *Die Menge A_0 aller Punkte $p \in A$, deren Koordinaten $x_1, \ldots, x_n$ Lösungen eines linearen Gleichungssystems*

$$\begin{aligned} a_{11}x_1 + \ldots + a_{1n}x_n &= y_1 \\ &\vdots \\ a_{m1}x_1 + \ldots + a_{mn}x_n &= y_m \end{aligned}$$

sind, ist ein affiner Teilraum von A. Im Fall $A_0 \neq \emptyset$ ist $\dim A_0 = n - r$, wobei r der Rang der Koeffizientenmatrix (a_{ij}) ist.

B e w e i s Es ist $A_0 = \emptyset$ genau dann, wenn das Gleichungssystem keine Lösung hat. Sei das nicht der Fall und $x' = (x'_1, \ldots, x'_n)^t \in K^n$ eine Lösung des Systems; ferner sei $p' \in A$ der Punkt mit den Koordinaten $x'_1, \ldots, x'_n$. Dann ist $p' \in A_0$. Sei $V_0 \subset K^n$ die Menge der Lösungen des homogenen Systems. Nach 5.1.5 ist $\dim V_0 = n - r$, und es sind $\{x' + x : x \in V_0\}$ alle Lösungen des inhomogenen Systems, d.h.

$$A_0 = \{p' + \sum_i x_i \overrightarrow{p_0 p_i} : x \in V_0, \, x = (x_1, \ldots, x_n)^t\}$$

ist ein affiner Teilraum der Dimension $n - r$ von A. □

Wir sagen kurz „lineare Gleichungssysteme beschreiben affine Teilräume", und meinen damit den in 5.1.16 dargestellten Sachverhalt. Zu beachten ist, daß der durch ein lineares Gleichungssystem beschriebene affine Teilraum vom vorgegebenen Koordinatensystem abhängt.

Die Lösungen einer einzelnen Gleichung

$$a_{j1}x_1 + \ldots + a_{jn}x_n = y_j$$

stellen also eine Hyperebene dar (falls nicht alle $a_{ji} = 0$). Das lineare Gleichungssystem 5.1.1 (∗) hat also als Lösung den Schnitt von m Hyperebenen. Die Aussage des Hauptsatzes 5.1.5 besagt u.a., daß m Hyperebenen entweder keinen Schnitt oder einen affinen Teilraum als Schnitt haben. Die Dimension dieses Teilraumes läßt sich aus dem Rang der Matrix (a_{ij}) bestimmen.

5.1.17 Satz *Zu jedem affinen Teilraum $\emptyset \neq A_0 \subset A$ gibt es (bei vorgegebenem Koordinatensystem) ein lineares Gleichungssystem, das diesen Teilraum beschreibt.*

5 Matrizen, Determinanten, lineare Gleichungssysteme

B e w e i s Sei $A_0 = p + V_0$, und sei $\mathfrak{r}'_1, \ldots, \mathfrak{r}'_n$ eine Basis von V, so daß $\mathfrak{r}'_1, \ldots, \mathfrak{r}'_s$ eine Basis von V_0 ist, also

$$V_0 = \{x'_1 \mathfrak{r}'_1 + \ldots + x'_n \mathfrak{r}'_n : x'_{s+1} = \ldots = x'_n = 0\}.$$

Sei $(p'_0, \ldots, p'_n)$ das durch $p'_0 = p$, $\overrightarrow{p'_0 p'_i} = \mathfrak{r}'_i$ definierte Koordinatensystem von A. Dann ist A_0 die Menge aller Punkte von A, deren Koordinaten im System $(p'_0, \ldots, p'_n)$ das Gleichungssystem

$$x'_{s+1} = 0, \ldots, \ x'_n = 0$$

lösen. Ist $(p_0, \ldots, p_n)$ das vorgegebene Koordinatensystem und ist

$$x'_i = r_i + \sum_{j=1}^n t_{ij} x_j, \quad i = 1, \ldots, n,$$

die Koordinatentransformation, so ist A_0 die Menge aller Punkte von A, deren Koordinaten im System $(p_0, \ldots, p_n)$ das Gleichungssystem

$$\sum_{j=1}^n t_{ij} x_j = -r_i, \quad i = s+1, \ldots, n,$$

lösen. □

5.1.18 Korollar *Für $T = (t_{ij})$ gilt $\dim A_0 = n - \text{Rang } T$.* □

5.1.19 Beispiele Eine beliebige Hyperebene wird durch eine Gleichung

$$a_1 x_1 + \ldots + a_n x_n = y \quad (\text{nicht alle } a_i = 0)$$

beschrieben. So beschreibt

$$a_1 x_1 + a_2 x_2 + a_3 x_3 = y, \quad (a_1, a_2, a_3) \neq (0, 0, 0),$$

bzw.

$$a_1 x_1 + a_2 x_2 = y, \quad (a_1, a_2) \neq (0, 0),$$

eine Ebene bzw. Gerade im 3- bzw. 2-dimensionalen affinen Raum.

5.1.20 Ergänzungen und Beispiele Ohne Beweis stellen wir zwei Aussagen auf, die man sich zur Übung überlege.

(a) *Die durch die Gleichungen*

$$a_1 x_1 + \ldots + a_n x_n = y \quad \text{(nicht alle } a_i = 0\text{)},$$
$$a'_1 x_1 + \ldots + a'_n x_n = y' \quad \text{(nicht alle } a'_i = 0\text{)}$$

beschriebenen Hyperebenen eines affinen Raumes über K sind genau dann parallel, wenn die Vektoren $(a_1, \ldots, a_n)^t$, $(a'_1, \ldots, a'_n)^t \in K^n$ linear abhängig sind.

(b) Es seien $A_1, \ldots, A_n \subset A$ Hyperebenen des n-dimensionalen affinen Raumes A, und es werde A_i durch die Gleichung

$$a_{i1} x_1 + \ldots + a_{in} x_n = y_i, \quad (a_{i1}, \ldots, a_{in}) \neq (0, \ldots, 0),$$

beschrieben, $i = 1, \ldots, n$. Dann gilt:
Die Matrix (a_{ij}) ist regulär $\iff A_1 \cap \ldots \cap A_n$ besteht aus genau einem Punkt.
(Zum Begriff „regulär" siehe Text vor 4.7.24.)

Aufgaben

5.1.A1 Lösen Sie durch Zeilenumformungen der zugehörigen Matrizen folgende Gleichungssysteme (Grundkörper $\mathbb{R}$).

$$\begin{array}{rrrr} x & -2y & +2z & = 0 \\ 2x & +y & -2z & = 0 \\ 3x & +4y & -6z & = 0 \\ 3x & -11y & +12z & = 0 \end{array}, \qquad \begin{array}{rrrrr} p & +5q & +4r & -13s & = 3 \\ 3p & -q & +2r & +5s & = 2 \\ 2p & +2q & +3r & -4s & = 1 \end{array}.$$

5.1.A2 Zeigen Sie durch Zeilenumformungen der zugehörigen Matrix:

$$\begin{array}{rrrrr} u & & -w & +3x & = 1 \\ 2u & +v & +2w & -x & = 8 \\ 3u & -v & & -3x & = b \\ 2u & +3v & +3w & +4x & = 2 \end{array} \text{ ist lösbar} \implies b = 15.$$

5.1.A3 Entscheiden Sie mit Hilfe des transponierten homogenen Systems, ob folgende Gleichungssysteme lösbar sind.

$$\begin{array}{rrrr} x & +2y & +3z & = 3 \\ 2x & +3y & +8z & = 4 \\ 3x & +2y & +17z & = 1 \end{array}, \qquad \begin{array}{rrrr} u & +2v & +2w & = 2 \\ 3u & -2v & -w & = 5 \\ 2p & -5v & +3w & = -4 \\ u & +4v & +6w & = 0 \end{array}.$$

5.1.A4

(a) Jede $n \times n$-Matrix A mit Rang $A = n$ kann durch Zeilenumformungen in Hauptdiagonalgestalt überführt werden.

(b) Seien A und B quadratische Matrizen. Es entstehe A' aus A durch eine Kette von elementaren Zeilenumformungen. Dann entsteht $A'B$ aus AB durch dieselben Zeilenumformungen. (Hinweis: Zeigen Sie zunächst: Entsteht A' aus A durch eine „elementare Zeilenumformung", so gibt es eine „elementare Matrix" E mit $A' = E \cdot A$.)

(c) Sei A eine $n \times n$-Matrix mit Rang $A = n$, die durch gewisse elementare Zeilenumformungen in die Einheitsmatrix überführt wird. Wenn man dieselben Zeilenumformungen (in derselben Reihenfolge) auf die Einheitsmatrix anwendet, erhält man die Matrix A^{-1}. (Hinweis: Wenden Sie (b) auf $B = A^{-1}$ an.)

(d) Wenden Sie das Verfahren aus (c), um das Inverse der folgenden Matrix zu berechnen, auf die folgende Matrix an (Grundkörper $\mathbb{R}$):

$$\begin{pmatrix} 2 & 3 \\ 1 & 2 \end{pmatrix}, \begin{pmatrix} 1 & 2 \\ 4 & -7 \end{pmatrix}, \begin{pmatrix} 1 & 0 & 2 \\ 2 & 2 & 1 \\ 1 & 1 & 1 \end{pmatrix}$$

und für die Scherung $T_{k,l} = (t_{ij})$, $t_{ii} = 1$, $1 \leq i \leq n$, $t_{kl} = 1$, $k < l$, $t_{ij} = 0$ sonst.

5.1.A5 Seien $U, V, W \subset \mathbb{R}^3$ die Lösungsmengen der linearen Gleichungssysteme

(U) $x + y - 3z = 3$, $3x - 2y + z = 4$;

(V) $x - y + z = 1$;

(W) $3x - y - 2z = -3$.

Nach Satz 5.1.16 lassen sich die Mengen U, V, W als affine Unterräume von $\mathbb{R}^3$ auffassen. Bestimmen Sie die Dimensionen der Unterräume

$$U, \ V, \ W, \ U \cap V, \ U \cap W, \ V \cap W, \ U \cap V \cap W.$$

Geben Sie auch für U, $U \cap V$, $U \cap W$, $V \cap W$ eine Parameterdarstellung an, d.h. geben sie jeweils Vektoren $\mathfrak{b}, \mathfrak{w}_1, \ldots, \mathfrak{w}_m \in \mathbb{R}^3$ an, so daß sich der entsprechende Unterraum schreiben läßt als

$$\{\mathfrak{b} + c_1 \mathfrak{w}_1 + \ldots + c_m \mathfrak{w}_m : c_1, \ldots, c_m \in \mathbb{R}\}.$$

5.1.A6 Für welche $c_i \in \mathbb{R}$ ist das folgende Gleichungssystem lösbar?

$$\begin{pmatrix} 2x_1 & - & x_2 & - & x_3 & & & = & c_1 \\ & & 3x_2 & - & x_3 & - & x_4 & = & c_2 \\ -x_1 & & & & 2x_3 & - & x_4 & = & c_3 \\ -x_1 & - & x_2 & & & - & 2x_4 & = & c_4 \end{pmatrix}.$$

Geben Sie im Falle der Lösbarkeit alle Lösungen an!

5.1.A7 Die Lösungen (x_i), $i = 0, \ldots, n$ des folgenden Gleichungssystems über $\mathbb{Q}$:

$$\sum_{k=0}^{m} \binom{m}{k} x_k = m!, \ m = 0, 1, \ldots, n,$$

sind eindeutig bestimmt und erfüllen die folgende Rekursionsformel:

$$x_{k+1} = (k+1)x_k + (-1)^{k+1}, \ k = 0, \ldots, n-1.$$

5.2 Determinanten

Im vorigen Abschnitt haben wir gelernt, durch elementare Umformungen lineare Gleichungssysteme $Ax = y$ zu behandeln und z.B. Rang A zu berechnen. Diese „zu Fuß"-Methode wirkt umständlich und nicht gerade elegant. Wir wollen nun einer $n \times n$-Matrix eine Zahl, ihre Determinante, zuordnen, welche es dann gestattet, mit der Cramerschen Regel einen allgemeinen Ausdruck für die Lösung von $Ax = b$ hinzuschreiben und Rang A zu berechnen. Vorausgesetzt werden in diesem Abschnitt neben den Grundtatsachen über Vektorräume die wichtigsten Eigenschaften der Permutationen aus S_n, wie sie in 3.2.22–29 behandelt worden sind.

Determinantenfunktionen

Es sei V ein n-dimensionaler Vektorraum über dem Körper K.

5.2.1 Definition Eine Funktion von n Variablen $D(\mathfrak{x}_1, \ldots, \mathfrak{x}_n)$, $\mathfrak{x}_i \in V$, mit Werten in K heißt *Determinantenfunktion*, wenn gilt:
  (i) D ist *multilinear (n-fach linear)*, d.h. linear in jeder Komponente:

$$D(\mathfrak{x}_1, \ldots, a\mathfrak{x}_i + b\mathfrak{y}_i, \ldots, \mathfrak{x}_n) = aD(\mathfrak{x}_1, \ldots, \mathfrak{x}_i, \ldots, \mathfrak{x}_n) + bD(\mathfrak{x}_1, \ldots, \mathfrak{y}_i, \ldots, \mathfrak{x}_n)$$

für $i = 1, \ldots, n$ und $a, b \in K$, $\mathfrak{x}_1, \ldots, \mathfrak{x}_n, \mathfrak{y}_i \in V$.
  (ii) Ist $\mathfrak{x}_i = \mathfrak{x}_j$ für ein Paar $i \neq j$, so ist $D(\mathfrak{x}_1, \ldots, \mathfrak{x}_n) = 0$.

Wir stellen zunächst einige Rechenregeln für Determinantenfunktionen zusammen, ohne zu wissen, ob es solche Funktionen überhaupt gibt.

5.2.2 Satz

(a) *Jede Determinantenfunktion ist schiefsymmetrisch, d.h. für alle Paare* $1 \leq i < j \leq n$ *gilt* $D(\mathfrak{x}_1, \ldots, \mathfrak{x}_i, \ldots, \mathfrak{x}_j, \ldots \mathfrak{x}_n) = -D(\mathfrak{x}_1, \ldots, \mathfrak{x}_j, \ldots, \mathfrak{x}_i, \ldots, \mathfrak{x}_n)$.

(b) *Für eine Permutation* σ *gilt* $D(\mathfrak{x}_{\sigma(1)}, \ldots, \mathfrak{x}_{\sigma(n)}) = (\operatorname{sgn} \sigma) \cdot D(\mathfrak{x}_1, \ldots, \mathfrak{x}_n)$.

(c) *Sind* $\mathfrak{x}_1, \ldots, \mathfrak{x}_n$ *linear abhängig, so ist* $D(\mathfrak{x}_1, \ldots, \mathfrak{x}_n) = 0$.

B e w e i s (a) Es ist nach 5.2.1 (ii) und (i) (zweimal angewendet!) und noch einmal (ii)

$$\begin{aligned}
0 &= D(\mathfrak{x}_1, \ldots, \mathfrak{x}_i + \mathfrak{x}_j, \ldots, \mathfrak{x}_j + \mathfrak{x}_i, \ldots, \mathfrak{x}_n) \\
&= D(\mathfrak{x}_1, \ldots, \mathfrak{x}_i, \ldots, \ldots, \mathfrak{x}_j + \mathfrak{x}_i, \ldots, \mathfrak{x}_n) + D(\mathfrak{x}_1, \ldots, \mathfrak{x}_j, \ldots, \mathfrak{x}_j + \mathfrak{x}_i, \ldots, \mathfrak{x}_n) \\
&= D(\mathfrak{x}_1, \ldots, \mathfrak{x}_i, \ldots, \mathfrak{x}_j, \ldots, \mathfrak{x}_n) + D(\mathfrak{x}_1, \ldots, \mathfrak{x}_i, \ldots, \mathfrak{x}_i, \ldots, \mathfrak{x}_n) \\
&\quad + D(\mathfrak{x}_1, \ldots, \mathfrak{x}_j, \ldots, \mathfrak{x}_j, \ldots, \mathfrak{x}_n) + D(\mathfrak{x}_1, \ldots, \mathfrak{x}_j, \ldots, \mathfrak{x}_i, \ldots, \mathfrak{x}_n) \\
&= D(\mathfrak{x}_1, \ldots, \mathfrak{x}_i, \ldots, \mathfrak{x}_j, \ldots, \mathfrak{x}_n) + D(\mathfrak{x}_1, \ldots, \mathfrak{x}_j, \ldots, \mathfrak{x}_i, \ldots, \mathfrak{x}_n).
\end{aligned}$$

(b) folgt aus (a) wegen 3.2.25 (c) und 3.2.27 (b).

(c) Wegen der linearen Abhängigkeit läßt sich nach 4.3.2 ein Vektor als Linearkombination der übrigen schreiben; wegen (b) dürfen wir annehmen, daß es sich um $\mathfrak{x}_n$ handelt:

$$\mathfrak{x}_n = a_1 \mathfrak{x}_1 + \ldots + a_{n-1} \mathfrak{x}_{n-1}.$$

Dann folgt aus (i) und (ii)

$$D(\mathfrak{x}_1, \ldots, \mathfrak{x}_{n-1}, \mathfrak{x}_n) = D(\mathfrak{x}_1, \ldots, \mathfrak{x}_{n-1}, \sum_{i=1}^{n-1} a_i \mathfrak{x}_i) = \sum_{i=1}^{n-1} a_i D(\mathfrak{x}_1, \ldots, \mathfrak{x}_{n-1}, \mathfrak{x}_i) = 0.$$

$\square$

5.2.3 Satz *Ist* $\{\mathfrak{v}_1, \ldots, \mathfrak{v}_n\}$ *eine Basis von* V *und ist* $\mathfrak{x}_i = \sum_{j=1}^{n} x_{ij} \mathfrak{v}_j$, $1 \leq i \leq n$, *so ist*

(∗) $\qquad D(\mathfrak{x}_1, \ldots, \mathfrak{x}_n) = D(\mathfrak{v}_1, \ldots, \mathfrak{v}_n) \sum_{\sigma \in S_n} (\operatorname{sgn} \sigma) x_{1\sigma(1)} \cdots x_{n\sigma(n)}.$

B e w e i s Aus der Multilinearität 5.2.1 (i) folgt

$$D(\mathfrak{x}_1, \ldots, \mathfrak{x}_n) = \sum_{i_1, \ldots, i_n = 1}^{n} x_{i_1} \ldots x_{i_n} D(\mathfrak{v}_{i_1}, \ldots, \mathfrak{v}_{i_n}).$$

Da $D(\mathfrak{v}_{i_1}, \ldots, \mathfrak{v}_{i_n})$ für $i_j \neq i_k$ bei $j \neq k$ verschwindet, genügt es, über die Permutationen zu summieren. Nach 5.2.2 (b) ist

$$D(\mathfrak{v}_{\sigma(1)}, \ldots, \mathfrak{v}_{\sigma(n)}) = (\text{sgn } \sigma) \cdot D(\mathfrak{v}_1, \ldots, \mathfrak{v}_n),$$

und daraus folgt die Behauptung. □

5.2.4 Korollar
(a) *Verschwindet eine Determinantenfunktion nicht konstant, so nimmt sie auf jedem System von linear unabhängigen Vektoren, d.h. auf jeder Basis, einen von 0 verschiedenen Wert an.*
(b) *Sind D_1 und D_2 zwei Determinantenfunktionen und ist $D_1 \neq 0$, so gibt es ein $a \in K$, so daß $D_2 = aD_1$, d.h.*

$$D_2(\mathfrak{x}_1, \ldots, \mathfrak{x}_n) = aD_1(\mathfrak{x}_1, \ldots, \mathfrak{x}_n) \quad \forall \mathfrak{x}_1, \ldots, \mathfrak{x}_n \in V.$$

B e w e i s (a): Es sei $D(\mathfrak{x}_1, \ldots, \mathfrak{x}_n) \neq 0$. Ist $\{\mathfrak{v}_1, \ldots, \mathfrak{v}_n\}$ linear unabhängig, so gibt es Zahlen $x_{ij} \in K$, so daß $\mathfrak{x}_i = \sum_{j=1}^{n} x_{ij}\mathfrak{v}_j$, und für sie gilt die Formel 5.2.3 (*). Aus $D(\mathfrak{x}_1, \ldots, \mathfrak{x}_n) \neq 0$ folgt also $D(\mathfrak{v}_1, \ldots, \mathfrak{v}_n) \neq 0$.
(b): Sei $\{\mathfrak{v}_1, \ldots, \mathfrak{v}_n\}$ eine Basis von V und $\mathfrak{x}_1, \ldots, \mathfrak{x}_n \in V$, $\mathfrak{x}_i = \sum_{j=1}^{n} x_{ij}\mathfrak{v}_j$. Dann ist nach 5.2.3 für $k = 1, 2$

$$D_k(\mathfrak{x}_1, \ldots, \mathfrak{x}_n) = D_k(\mathfrak{v}_1, \ldots, \mathfrak{v}_n) \sum_{\sigma \in S_n} (\text{sgn } \sigma) x_{1\sigma(1)} \cdots x_{n\sigma(n)}.$$

Wir setzen $a = \frac{D_2(\mathfrak{v}_1, \ldots, \mathfrak{v}_n)}{D_1(\mathfrak{v}_1, \ldots, \mathfrak{v}_n)}$; das geht, weil wegen (a) $D_1(\mathfrak{v}_1, \ldots, \mathfrak{v}_n) \neq 0$ ist. □

Die obigen Berechnungen legen nahe, wie wir eine Determinantenfunktion anzusetzen haben, nämlich durch die Formel (*) aus 5.2.3. Es bleibt allerdings nachzuprüfen, ob diese Funktion die gewünschten Eigenschaften hat.

5.2.5 Satz *Es gibt eine nicht-triviale Determinantenfunktion auf V.*

B e w e i s Sei $\{\mathfrak{v}_1, \ldots, \mathfrak{v}_n\}$ eine Basis von V. Für $\mathfrak{x}_i = \sum_{j=1}^{n} x_{ij}\mathfrak{v}_j$, $i = 1, \ldots, n$ definieren wir:

(*) $$D(\mathfrak{x}_1, \ldots, \mathfrak{x}_n) = \sum_{\sigma \in S_n} (\text{sgn } \sigma) x_{1\sigma(1)} \cdots x_{n\sigma(n)}.$$

Wegen $\mathfrak{v}_i = \sum_{j=1}^{n} \delta_{ij}\mathfrak{v}_j$ und $\delta_{i\sigma(i)} = 0$, falls $\sigma(i) \neq i$, ist

$$D(\mathfrak{v}_1, \ldots, \mathfrak{v}_n) = \sum_{\sigma \in S_n} (\text{sgn } \sigma)\delta_{1\sigma(1)} \cdots \delta_{n\sigma(n)} = 1.$$

156   5 Matrizen, Determinanten, lineare Gleichungssysteme

Wie man leicht nachrechnet, ist D multilinear. Es bleibt 5.2.1 (ii) nachzuprüfen. Sei nun $\mathfrak{x}_i = \mathfrak{x}_j$, $i < j$. Dann ist

$$x_{1\sigma(1)} \cdots x_{i\sigma(i)} \cdots x_{j\sigma(j)} \cdots x_{n\sigma(n)} = x_{1\tau(1)} \cdots x_{i\tau(i)} \cdots x_{j\tau(j)} \cdots x_{n\tau(n)},$$

wenn $\sigma(k) = \tau(k)$ für $k \neq i, j$ und $\sigma(i) = \tau(j)$, $\sigma(j) = \tau(i)$ ist. Dann unterscheiden sich σ und τ um eine Transposition, d.h. sgn $\sigma = -$ sgn τ. So wird jedes Glied in (∗) durch ein anderes aufgehoben:

$$D(\mathfrak{x}_1, \ldots, \mathfrak{x}_i, \ldots, \mathfrak{x}_j, \ldots, \mathfrak{x}_n) =$$

$$\sum_{\substack{\sigma \in S_n \\ \sigma(i) < \sigma(j)}} (\operatorname{sgn} \sigma) x_{1\sigma(1)} \cdots x_{i\sigma(i)} \cdots x_{j\sigma(j)} \cdots x_{n\sigma(n)}$$

$$+ \sum_{\substack{\tau \in S_n \\ \tau(i) > \tau(j)}} (\operatorname{sgn} \tau) x_{1\tau(1)} \cdots x_{i\tau(i)} \cdots x_{j\tau(j)} \cdots x_{n\tau(n)}$$

$$= \sum_{\substack{\sigma \in S_n \\ \sigma(i) < \sigma(j)}} [(\operatorname{sgn} \sigma) x_{1\sigma(1)} \cdots x_{i\sigma(i)} \cdots x_{j\sigma(j)} \cdots x_{n\sigma(n)}$$

$$- (\operatorname{sgn} \sigma) x_{1\sigma(1)} \cdots x_{i\sigma(j)} \cdots x_{j\sigma(i)} \cdots x_{n\sigma(n)}] = 0.$$

Dabei erhalten wir den 2. Übergang, indem wir dem τ aus der 2. Summe die Transposition (i, j) vorschalten und ausnutzen, daß $x_{ik} = x_{jk}$ für $k = 1, \ldots, n$ ist. □

Determinanten linearer Abbildungen

Sei V ein n-dimensionaler Vektorraum und $f\colon V \to V$ eine lineare Abbildung. Ferner sei D eine nicht-triviale Determinantenfunktion auf V. Dann ist D_1, definiert durch

$$D_1(\mathfrak{x}_1, \ldots, \mathfrak{x}_n) = D(f(\mathfrak{x}_1), \ldots, f(\mathfrak{x}_n)),$$

wieder eine Determinantenfunktion, da f linear, D multilinear ist und da f linear abhängige Vektoren in linear abhängige überführt. Nach 5.2.4 (b) gibt es eine Zahl $\det f$, so daß

$$D_1(\mathfrak{x}_1, \ldots, \mathfrak{x}_n) = (\det f) \cdot D(\mathfrak{x}_1, \ldots, \mathfrak{x}_n).$$

Wird D durch eine andere nicht-triviale Determinantenfunktion D' ersetzt, so gibt es ein $c \in K$, $c \neq 0$, so daß $D' = cD$. Dann ist

$$D'(f(\mathfrak{x}_1), \ldots, f(\mathfrak{x}_n)) = cD(f(\mathfrak{x}_1), \ldots, f(\mathfrak{x}_n)) = c(\det f)D(\mathfrak{x}_1, \ldots, \mathfrak{x}_n)$$
$$= (\det f)D'(\mathfrak{x}_1, \ldots, \mathfrak{x}_n).$$

Also hängt det f nicht von der gewählten Determinantenfunktion ab. Wir haben damit:

5.2.6 Definition und Satz *Zu jeder linearen Abbildung $f\colon V \to V$ gibt es eine Zahl* det f, *Determinante von f genannt, so daß für jede Determinantenfunktion D auf V gilt:*
$$D(f(\mathfrak{x}_1),\ldots,f(\mathfrak{x}_n)) = (\det f)D(\mathfrak{x}_1,\ldots,\mathfrak{x}_n).\qquad\square$$

5.2.7 Beispiele
(a) Sei $f\colon V \to V$, $\mathfrak{x} \mapsto a\mathfrak{x}$, $a \in K$. Wegen
$$D(f(\mathfrak{x}_1),\ldots,f(\mathfrak{x}_n)) = D(a\mathfrak{x}_1,\ldots,a\mathfrak{x}_n) = a^n D(\mathfrak{x}_1,\ldots,\mathfrak{x}_n)$$
folgt det $f = a^n$. Setzen wir speziell $f = \mathrm{id}$ oder $f = 0$, so ergibt sich det id = 1 bzw. det 0 = 0.

(b) $\{\mathfrak{v}_1,\ldots,\mathfrak{v}_n\}$ sei Basis von V. Sei $f\colon V \to V$ definiert durch $\mathfrak{v}_i \mapsto \mathfrak{v}_i + a\mathfrak{v}_j$, $j \neq i$, und $\mathfrak{v}_k \mapsto \mathfrak{v}_k$ für $k \neq i$. Dann ist det $f = 1$, da
$$D(f(\mathfrak{v}_1),\ldots,f(\mathfrak{v}_n)) = D(\mathfrak{v}_1,\ldots,\mathfrak{v}_i + a\mathfrak{v}_j,\ldots,\mathfrak{v}_j,\ldots,\mathfrak{v}_n) =$$
$$= D(\mathfrak{v}_1,\ldots,\mathfrak{v}_i,\ldots,\mathfrak{v}_j,\ldots,\mathfrak{v}_n) + aD(\mathfrak{v}_1,\ldots,\mathfrak{v}_j,\ldots,\mathfrak{v}_j,\ldots,\mathfrak{v}_n) =$$
$$= D(\mathfrak{v}_1,\ldots,\mathfrak{v}_i,\ldots,\mathfrak{v}_j,\ldots,\mathfrak{v}_n).$$

5.2.8 Satz *Sind $f, g\colon V \to V$ zwei Homomorphismen, so gilt:*
$$\det(g \circ f) = (\det f) \cdot (\det g).$$

Beweis
$$D((g \circ f)(\mathfrak{x}_1),\ldots,(g \circ f)(\mathfrak{x}_n)) =$$
$$= (\det g)D(f(\mathfrak{x}_1),\ldots,f(\mathfrak{x}_n)) = (\det g)(\det f)D(\mathfrak{x}_1,\ldots,\mathfrak{x}_n).\qquad\square$$

5.2.9 Satz *Eine lineare Selbstabbildung f von V ist genau dann regulär, wenn* det $f \neq 0$.

Beweis Ist f regulär, so sind mit $\{\mathfrak{x}_1,\ldots,\mathfrak{x}_n\}$ auch $\{f(\mathfrak{x}_1),\ldots,f(\mathfrak{x}_n)\}$ linear unabhängig. Wegen 5.2.4 (a) gilt für jede nicht-triviale Determinantenfunktion D:
$$0 \neq D(f(\mathfrak{x}_1),\ldots,f(\mathfrak{x}_n)) = (\det f)D(\mathfrak{x}_1,\ldots,\mathfrak{x}_n).$$

Also ist $\det f \neq 0$.

Ist $\det f \neq 0$, so sind mit $f(\mathfrak{x}_1), \ldots, f(\mathfrak{x}_n)$ auch $\mathfrak{x}_1, \ldots, \mathfrak{x}_n$ linear abhängig, vgl. 5.2.2 (c) und 5.2.4 (a); also ist f regulär. □

5.2.10 Satz *Die lineare Abbildung $f\colon V \to V$ werde bzgl. der Basis $\{\mathfrak{v}_1, \ldots, \mathfrak{v}_n\}$ durch die Matrix (a_{ik}) beschrieben: $f(\mathfrak{v}_i) = \sum_{k=1}^n a_{ki}\mathfrak{v}_k$ für $1 \leq i \leq n$. Dann ist $\det f = \sum_{\sigma \in S_n} (\mathrm{sgn}\ \sigma) a_{\sigma(1)1} \cdots a_{\sigma(n)n}$.*

B e w e i s Die Behauptung ergibt sich aus der Definition von $\det f$ in 5.2.6 und aus 5.2.3. □

Aufgaben

5.2.A1 Es sei $M(n, K)$ der Vektorraum der $n \times n$-Matrizen über K. Sei $D\colon M(n, K) \to K$ eine Funktion mit folgenden Eigenschaften:
(a) $D(E_n) = 1$; hier ist E_n wieder die Einheitsmatrix, vgl. 4.5.13.
(b) Entsteht B aus A durch Multiplikation einer Spalte von A mit $\lambda \in K$, so ist $D(B) = \lambda \cdot D(A)$.
(c) Entsteht B aus A, indem eine Spalte von A zu einer anderen addiert wird, so ist $D(B) = D(A)$.
Beweisen Sie: Für alle $A \in M(n, K)$ ist $D(A) = \det A$.

5.3 Erneut Matrizen

In diesem Paragraphen wollen wir die Eigenschaften von Matrizen, die wir in Kapitel 4 erhalten haben, ohne Beweis zusammenstellen und einige wichtige Ergänzungen geben. Die Begriffe und Aussagen sollten auch ohne Kenntnis des vorigen Kapitels verständlich sein. Im folgenden sei K ein fest gewählter Körper.

Rechenregeln für Matrizen

5.3.1 Matrizen Eine $m \times n$-*Matrix* über K ist ein Schema

$$A = (a_{ij}) = \begin{pmatrix} a_{11} & a_{12} & \ldots & a_{1n} \\ a_{21} & a_{22} & \ldots & a_{2n} \\ \vdots & \vdots & & \vdots \\ a_{m1} & a_{m2} & \ldots & a_{mn} \end{pmatrix} \quad \text{mit } a_{ij} \in K.$$

Dann heißt $(a_{i1}, \ldots, a_{in})$ die *i-te Zeile*, $\begin{pmatrix} a_{1j} \\ \vdots \\ a_{mj} \end{pmatrix}$ die *j-te Spalte*. Eine $m \times n$-Matrix hat also m Zeilen und n Spalten. Eine $n \times n$-Matrix heißt *quadratisch*. Die zu A transponierte Matrix A^t ist die folgende $n \times m$-Matrix

$$A^t = (a_{ji}) = \begin{pmatrix} a_{11} & a_{21} & \ldots & a_{m1} \\ a_{12} & a_{22} & \ldots & a_{m2} \\ \vdots & \vdots & & \vdots \\ a_{1n} & a_{2n} & \ldots & a_{mn} \end{pmatrix},$$

vgl. 4.4.12 und 4.6.18. Sind alle Koeffizienten einer Matrix gleich 0, so heißt die Matrix *Nullmatrix*, für $m = n$ heißt die Matrix $E_n = (\delta_{ij})$ *Einheitsmatrix*, vgl. 4.5.13.

5.3.2 Summe und skalare Multiplikation von Matrizen Für $m \times n$-Matrizen $A = (a_{ij})$, $B = (b_{ij})$ und $a \in K$ wird eine *Summe* erklärt durch

$$A + B = \begin{pmatrix} a_{11} + b_{11} & a_{12} + b_{12} & \ldots & a_{1n} + b_{1n} \\ \vdots & \vdots & & \vdots \\ a_{m1} + b_{m1} & a_{m2} + b_{m2} & \ldots & a_{mn} + b_{mn} \end{pmatrix},$$

sowie eine skalare *Multiplikation* durch

$$aA = a \cdot A = \begin{pmatrix} aa_{11} & \ldots & aa_{1n} \\ \vdots & & \vdots \\ aa_{m1} & \ldots & aa_{mn} \end{pmatrix}, \quad Aa = A \cdot a = \begin{pmatrix} a_{11}a & \ldots & a_{1n}a \\ \vdots & & \vdots \\ a_{m1}a & \ldots & a_{mn}a \end{pmatrix}.$$

(Da K kommutativ ist, gilt $aA=Aa$.) Damit wird aus dem Raum der $m \times n$-Matrizen ein $m \times n$-dimensionaler Vektorraum; als Basis können etwa die Matrizen dienen, die einen Koeffizienten gleich 1 haben und für die alle übrigen verschwinden, vgl. 4.5.11 (b),(c). Die Aussage, daß die $m \times n$-Matrizen über K einen Vektorraum bilden, faßt zusammen, daß die Addition assoziativ und kommutativ ist, eine 0 (d.i. die Nullmatrix) und zu jeder Matrix eine additive inverse existiert, daß die skalare Multiplikation assoziativ und kommutativ ist und daß Distributivgesetze gelten, ferner daß die Multiplikation mit der Körper 1 die Matrix festläßt.

5.3.3 Produkt von Matrizen Für eine $m \times n$-Matrix $A = (a_{ij})$ und eine $n \times p$-Matrix $B = (b_{jk})$ läßt sich ein *Produkt* AB erklären durch

$$\begin{pmatrix} a_{11} & \cdots & a_{1n} \\ \vdots & & \vdots \\ a_{m1} & \cdots & a_{mn} \end{pmatrix} \cdot \begin{pmatrix} b_{11} & \cdots & b_{1p} \\ \vdots & & \vdots \\ b_{n1} & \cdots & b_{np} \end{pmatrix} = \begin{pmatrix} \sum_{j=1}^{n} a_{1j}b_{j1} & \cdots & \sum_{j=1}^{n} a_{1j}b_{jp} \\ \vdots & & \vdots \\ \sum_{j=1}^{n} a_{mj}b_{j1} & \cdots & \sum_{j=1}^{n} a_{mj}b_{jp} \end{pmatrix},$$

also $(a_{ij})(b_{jk}) = \left(\sum_j a_{ij}b_{jk}\right)$, und es entsteht eine $m \times p$-Matrix. Sofern alle auftretenden Produkte erklärt sind, verhält sich das Produkt assoziativ, im allgemeinen aber nicht kommutativ. Die Produktbildung ist linear in jedem Faktor:

$$\begin{array}{rcl} (A_1 + A_2)B & = & A_1B + A_2B, \\ A(B_1 + B_2) & = & AB_1 + AB_2, \\ (aA)B & = & a(AB) = A(aB). \end{array}$$

Es gilt $AE_n = E_m A = A$ für die Einheitsmatrizen E_m, E_n; dabei ist E_n die $n \times n$-Matrix (δ_{ij}). Ferner ergibt das Produkt mit einer Nullmatrix wieder eine Nullmatrix, vgl. 4.5.11 (d).

Wir müssen beachten, daß weder Summe noch Produkt für beliebige Paare von Matrizen erklärt sind, sondern stets Bedingungen an die Zeilen- oder Spaltenzahl erfüllt sein müssen!

5.3.4 Quadratische Matrizen Für quadratische Matrizen gleicher Zeilenzahl sind aber alle Operationen erklärt und führen nicht aus dem Bereich heraus. So folgt, daß die $n \times n$-Matrizen einen Ring bezüglich der Addition und Multiplikation bilden, mit allen Operationen eine Algebra über K, vgl. 4.5.9 und 4.5.11–13.

5.3.5 Transponieren Für das Transponieren gelten die folgenden Regeln

$$(A + B)^t = A^t + B^t, \quad (aA)^t = aA^t, \quad (AB)^t = B^t A^t,$$

vgl. 4.6.18.

Determinante einer Matrix

Die Ausführungen über Determinantenfunktionen legen die Definition der Determinanten für quadratische Matrizen nahe:

5.3.6 Definition Sei $A = (a_{jk})$ eine $n \times n$-Matrix über K. Dann ist die *Determinante der Matrix A* gleich

$$\det A := \det(a_{jk}) := \begin{vmatrix} a_{11} & \cdots & a_{1n} \\ \vdots & & \vdots \\ a_{n1} & \cdots & a_{nn} \end{vmatrix} := \sum_{\sigma \in S_n} (\text{sgn } \sigma) a_{\sigma(1)1} \cdot \ldots \cdot a_{\sigma(n)n}.$$

Aus den Rechenregeln 5.2.1-4 und 5.2.8 für Determinantenfunktionen und Determinanten linearer Abbildungen ergeben sich unmittelbar die folgenden Rechenregeln 5.3.7 (b-g) für Operationen an den Spaltenvektoren.

Ist $A = (a_{ik})$, so ist $A^t = (b_{ik})$ mit $b_{ik} = a_{ki}$. Dann folgt:

$$\det A = \sum_{\sigma \in S_n} (\text{sgn } \sigma) a_{\sigma(1)1} \cdots a_{\sigma(n)n} = \sum_{\tau \in S_n} (\text{sgn } \tau^{-1}) a_{\tau^{-1}(1)1} \cdots a_{\tau^{-1}(n)n}$$
$$= \sum_{\tau \in S_n} (\text{sgn } \tau) a_{1\tau(1)} \cdots a_{n\tau(n)} = \sum_{\tau \in S_n} (\text{sgn } \tau) b_{\tau(1)1} \cdots b_{\tau(n)n} = \det A^t.$$

5.3.7 Rechenregeln für Determinanten von Matrizen

(a) $\det A = \det A^t$.

(b) *Die Determinante einer Matrix ist bezüglich jeder Spalte und bezüglich jeder Zeile linear:*

$$\begin{vmatrix} a_{11} & \cdots & a_{1i} + b_{1i} & \cdots & a_{1n} \\ \vdots & & \vdots & & \vdots \\ a_{n1} & \cdots & a_{ni} + b_{ni} & \cdots & a_{nn} \end{vmatrix} =$$
$$\begin{vmatrix} a_{11} & \cdots & a_{1i} & \cdots & a_{1n} \\ \vdots & & \vdots & & \vdots \\ a_{n1} & \cdots & a_{ni} & \cdots & a_{nn} \end{vmatrix} + \begin{vmatrix} a_{11} & \cdots & b_{1i} & \cdots & a_{1n} \\ \vdots & & \vdots & & \vdots \\ a_{n1} & \cdots & b_{ni} & \cdots & a_{nn} \end{vmatrix},$$
$$\begin{vmatrix} a_{11} & \cdots & a \cdot a_{1i} & \cdots & a_{1n} \\ \vdots & & \vdots & & \vdots \\ a_{n1} & \cdots & a \cdot a_{ni} & \cdots & a_{nn} \end{vmatrix} = a \cdot \begin{vmatrix} a_{11} & \cdots & a_{1i} & \cdots & a_{1n} \\ \vdots & & \vdots & & \vdots \\ a_{n1} & \cdots & a_{ni} & \cdots & a_{nn} \end{vmatrix};$$

analog für Zeilen.

(c) *Die Determinante multipliziert sich mit -1, wenn zwei Zeilen oder zwei Spalten miteinander vertauscht werden.*

(d) *Die Determinante ändert sich nicht, wenn zu einer Zeile oder Spalte eine beliebige Linearkombination der übrigen Zeilen bzw. Spalten addiert wird.*

(e) *Die Determinante ist genau dann gleich 0, wenn die Zeilen oder die Spalten linear abhängig sind.*

(f) *Zusammengefaßt können wir sagen, daß $n \times n$-Matrizen, die durch elementare Umformungen auseinander hervorgehen, bis auf das Vorzeichen gleiche Determinante haben, vgl. 5.1.10.*

(g) *Die Determinante eines Produktes ist gleich dem Produkt der Determinanten der Faktoren. Es ist $\det E_n = 1$.*

(h) *Ist $\det A \neq 0$, so gibt es eine Matrix A^{-1} mit $A^{-1}A = E_n$; sie heißt* inverse Matrix von A *und ist eindeutig bestimmt. Es gilt ebenfalls $AA^{-1} = E_n$. Ferner ist $\det(A^{-1}) = (\det A)^{-1}$.*

B e w e i s Es bleibt noch (h) zu zeigen. Der Matrix A entspricht die lineare Abbildung $f\colon K^n \to K^n$, $x \mapsto Ax$. Ist $\det A \neq 0$, so ist das Bild einer Basis von K^n wieder eine Basis und deshalb existiert eine eindeutig bestimmte lineare Abbildung $f^{-1}\colon K^n \to K^n$ mit $f^{-1} \circ f = \mathrm{id}_{K^n}$. Zu f^{-1} gehört ebenfalls eine Matrix, und sie werde mit A^{-1} bezeichnet. Zu $A^{-1}A$ gehört die lineare Abbildung $f^{-1} \circ f = \mathrm{id}_{K^n}$, also $A^{-1}A = E_n$. Durch diese Gleichung ist A^{-1} eindeutig bestimmt. Nach 4.5.10 gilt auch $f \circ f^{-1} = \mathrm{id}_{K^n}$ und somit $AA^{-1} = E_n$. Es gilt:

$$1 = \det E_n = \det(A^{-1}A) = \det A^{-1} \cdot \det A.$$

(Mit einer detaillierten Beschreibung von A^{-1} beschäftigen wir uns in 5.3.14–15). □

5.3.8 Beispiele

(a) $\begin{vmatrix} a_{11} & a_{12} \\ a_{21} & a_{22} \end{vmatrix} = a_{11}a_{22} - a_{12}a_{21}$ folgt unmittelbar aus Definition 5.3.6.

(b) Die *Regel von Sarrus*:

$$\begin{vmatrix} a_{11} & a_{12} & a_{13} \\ a_{21} & a_{22} & a_{23} \\ a_{31} & a_{32} & a_{33} \end{vmatrix} =$$

$a_{11}a_{22}a_{33} + a_{12}a_{23}a_{31} + a_{13}a_{21}a_{32} - a_{11}a_{23}a_{32} - a_{12}a_{21}a_{33} - a_{13}a_{22}a_{31};$

folgt ebenfalls aus 5.3.6. Diese Determinantenberechnung können wir uns wie folgt merken: Wir schreiben

$$\begin{vmatrix} a_{11} & a_{12} & a_{13} \\ a_{21} & a_{22} & a_{23} \\ a_{31} & a_{32} & a_{33} \end{vmatrix} \begin{matrix} a_{11} & a_{12} \\ a_{21} & a_{22} \\ a_{31} & a_{32} \end{matrix}$$

Danach gehen wir von den ersten drei oberen Koeffizienten in Richtung der Hauptdiagonalen, bilden das Produkt der Koeffizienten und addieren sie, anschließend gehen wir von den letzten drei Koeffizienten in Richtung der Nebendiagonalen, multiplizieren die drei Koeffizienten auf jeder dieser Geraden und subtrahieren sie von der Summe.

(c) Im allgemeinen hätten wir $n!$ Produkte auszurechnen und zu addieren, um die Determinante zu berechnen. Sind aber in der Matrix viele Koeffizienten gleich 0, wird die Berechnung natürlich erheblich erleichtert. Z.B.

$$\begin{vmatrix} a_{11} & a_{12} & \cdots & a_{1n} \\ 0 & a_{22} & \cdots & a_{2n} \\ \vdots & \ddots & \ddots & \vdots \\ & & & a_{n-1\,n} \\ 0 & \cdots & 0 & a_{nn} \end{vmatrix} = a_{11} \cdot \ldots \cdot a_{nn},$$

da für eine nicht-triviale Permutation σ in $a_{\sigma(1)1} \ldots a_{\sigma(n)n}$ mindestens einmal $\sigma(i) > i$ ist, d.h. ein Faktor $= 0$ ist.

(d) Diese einfache Formel legt nahe, wie praktisch Determinanten auszurechnen sind: Wir bringen eine Zeile, deren erster Koeffizient $\neq 0$ ist, nach oben; das ändert höchstens das Vorzeichen in Abhängigkeit von der Zahl der Vertauschungen von Zeilen. Danach ziehen wir Vielfache der (neuen) ersten Zeile so von allen anderen ab, daß deren erster Koeffizient verschwindet; dabei ändert sich die Determinante nicht. Dann bringen wir eine Zeile mit zweitem Koeffizienten $\neq 0$ in die zweite Zeile, ziehe diese von allen anderen außer der ersten mit einem geeigneten Koeffizienten multipliziert ab, usw. Beispiel:

$$\begin{vmatrix} 0 & 3 & 1 & 2 \\ 5 & 1 & 3 & 3 \\ 0 & 2 & 0 & 0 \\ 1 & 3 & 1 & 1 \end{vmatrix} = - \begin{vmatrix} 1 & 3 & 1 & 1 \\ 5 & 1 & 3 & 3 \\ 0 & 2 & 0 & 0 \\ 0 & 3 & 1 & 2 \end{vmatrix} = - \begin{vmatrix} 1 & 3 & 1 & 1 \\ 0 & -14 & -2 & -2 \\ 0 & 2 & 0 & 0 \\ 0 & 3 & 1 & 2 \end{vmatrix}$$

$$= \begin{vmatrix} 1 & 3 & 1 & 1 \\ 0 & 2 & 0 & 0 \\ 0 & -14 & -2 & -2 \\ 0 & 3 & 1 & 2 \end{vmatrix} = \begin{vmatrix} 1 & 3 & 1 & 1 \\ 0 & 2 & 0 & 0 \\ 0 & 0 & -2 & -2 \\ 0 & 0 & 1 & 2 \end{vmatrix} = \begin{vmatrix} 1 & 3 & 1 & 1 \\ 0 & 2 & 0 & 0 \\ 0 & 0 & -2 & -2 \\ 0 & 0 & 0 & 1 \end{vmatrix} = -4.$$

Analog kann mit Spalten statt Zeilen vorgegangen werden bzw. wechselweise mit Spalten und Zeilen.

(e) Wir betrachten die $n \times n$-Matrix $M = \begin{pmatrix} A & B \\ 0 & D \end{pmatrix}$, wobei A eine $m \times m$ und D eine $(n-m) \times (n-m)$-Matrix ist. Alle Koeffizienten in der unteren vorderen $(n-m) \times m$-Matrix verschwinden. Dann bringen wir A durch geeignete Vertauschungen und Additionen von Spaltenvektoren auf Dreiecksgestalt A'. Hiervon sind nur die ersten m Spalten betroffen. Deshalb verhalten sich die Vorzeichen bei den Übergängen $\det A \rightsquigarrow \det A'$ und $\det \begin{pmatrix} A & B \\ 0 & D \end{pmatrix} \rightsquigarrow \det \begin{pmatrix} A' & B \\ 0 & D \end{pmatrix}$ in gleicher Weise:

$$\det A' = \varepsilon \det A, \quad \det \begin{pmatrix} A' & B \\ 0 & D \end{pmatrix} = \varepsilon \det \begin{pmatrix} A & B \\ 0 & D \end{pmatrix} \quad \text{mit } \varepsilon \in \{1, -1\}.$$

Durch Zeilenoperationen können wir dann erreichen, daß D in Dreiecksgestalt D' übergeht. Auch diese Operationen lassen sich auf $\begin{pmatrix} A' & B \\ 0 & D \end{pmatrix}$ erweitern und ergeben Operationen der letzten $n-m$-Zeilen. Somit erhalten wir die Matrix $\begin{pmatrix} A' & B \\ 0 & D' \end{pmatrix}$, welche Dreiecksgestalt hat, also

$$\det \begin{pmatrix} A' & B \\ 0 & D' \end{pmatrix} = (\det A')(\det D').$$

Auch hier gilt

$$\det D' = \eta \det D, \quad \det \begin{pmatrix} A' & B \\ 0 & D' \end{pmatrix} = \eta \det \begin{pmatrix} A' & B \\ 0 & D \end{pmatrix} \quad \text{mit } \eta \in \{1, -1\}.$$

Durch Anwenden der vorangehenden Formeln ergibt sich:

$$\det \begin{pmatrix} A & B \\ 0 & D \end{pmatrix} = (\det A) \cdot (\det D).$$

Der Entwicklungssatz

Als nächstes wollen wir ein allgemeines Verfahren kennenlernen, um die Berechnung der Determinante einer $n \times n$-Matrix auf die Berechnung von (höchstens) n Determinanten von $(n-1) \times (n-1)$-Matrizen zurückzuführen.

5.3.9 Entwicklungssatz *Sei $A = (a_{ik})$ eine $n \times n$-Matrix über K. Ferner bezeichne M_{jl} die $(n-1) \times (n-1)$-Matrix, die entsteht, wenn wir aus (a_{ik}) die j-te Zeile und die l-te Spalte herausstreichen. Sei $A_{jl} = \det M_{jl}$. Dann gilt:*

$$\sum_{j=1}^n (-1)^{i+j} a_{jk} A_{ji} = \begin{cases} 0 & i \neq k, \\ \det A & i = k, \end{cases} \quad \text{und} \quad \sum_{j=1}^n (-1)^{i+j} a_{kj} A_{ij} = \begin{cases} 0 & i \neq k, \\ \det A & i = k. \end{cases}$$

B e w e i s   Es sei $\{\mathfrak{e}_i = (0, \ldots, \overset{i\text{-te Stelle}}{1}, \ldots, 0)^t : i = 1, \ldots, n\}$ die kanonische Basis von K^n. Sei $\mathfrak{a}_j = (a_{1j}, \ldots, a_{nj})^t$. Ferner sei D die Determinantenfunktion auf $K^n \times \ldots \times K^n$ (n Faktoren) mit $D(\mathfrak{e}_1, \ldots, \mathfrak{e}_n) = 1$. Dann ist nach Definition:

(i) $$\det A = D(\mathfrak{a}_1, \ldots, \mathfrak{a}_n).$$

Wir setzen $\tilde{A}_{ji} = D(\mathfrak{a}_1, \ldots, \mathfrak{a}_{i-1}, \mathfrak{e}_j, \mathfrak{a}_{i+1}, \ldots, \mathfrak{a}_n)$. Dann ist nach 5.3.7 (b)

$$\det A = \sum_{j=1}^n a_{ji} \tilde{A}_{ji}.$$

Wir wollen zunächst zeigen: $\tilde{A}_{ji} = (-1)^{i+j} A_{ji}$. Es ist

$$\tilde{A}_{ji} = \begin{vmatrix} a_{11} & \cdots & a_{1i-1} & 0 & a_{1i+1} & \cdots & a_{1n} \\ \vdots & & \vdots & \vdots & \vdots & & \vdots \\ & & & 0 & & & \\ a_{j1} & \cdots & a_{ji-1} & 1 & a_{ji+1} & \cdots & a_{jn} \\ & & & 0 & & & \\ \vdots & & \vdots & \vdots & \vdots & & \vdots \\ a_{n1} & \cdots & a_{ni-1} & 0 & a_{ni+1} & \cdots & a_{nn} \end{vmatrix}$$

$$\overset{(\alpha)}{=} \begin{vmatrix} a_{11} & \cdots & a_{1i-1} & 0 & a_{1i+1} & \cdots & a_{1n} \\ \vdots & & \vdots & & \vdots & & \vdots \\ a_{j-11} & \cdots & a_{j-1i-1} & 0 & a_{j-1i+1} & \cdots & a_{j-1n} \\ 0 & \cdots & 0 & 1 & 0 & \cdots & 0 \\ a_{j+11} & \cdots & a_{j+1i-1} & 0 & a_{j+1i+1} & \cdots & a_{j+1n} \\ \vdots & & \vdots & & \vdots & & \vdots \\ a_{n1} & \cdots & a_{ni-1} & 0 & a_{ni+1} & \cdots & a_{nn} \end{vmatrix}$$

166 5 Matrizen, Determinanten, lineare Gleichungssysteme

$$\stackrel{(\beta)}{=} (-1)^{(n-j)+(n-i)} \begin{vmatrix} a_{11} & \cdots & a_{1i-1} & a_{1i+1} & \cdots & a_{1n} & 0 \\ \vdots & & & & & \vdots & \vdots \\ a_{j-11} & \cdots & a_{j-1i-1} & a_{j-1i+1} & \cdots & a_{j-1n} & 0 \\ a_{j+11} & \cdots & a_{j+1i-1} & a_{j+1i+1} & \cdots & a_{j+1n} & 0 \\ \vdots & & \vdots & \vdots & & \vdots & \vdots \\ a_{n1} & \cdots & a_{ni-1} & a_{ni+1} & \cdots & a_{nn} & 0 \\ 0 & \cdots & 0 & 0 & \cdots & 0 & 1 \end{vmatrix}$$

$$\stackrel{(\gamma)}{=} (-1)^{j+i} \begin{vmatrix} & & 0 \\ M_{ji} & & \vdots \\ & & 0 \\ 0 \cdots 0 & & 1 \end{vmatrix} \stackrel{(\delta)}{=} (-1)^{j+i} A_{ji}.$$

Die Gleichung (α) ergibt sich aus der Multilinearität der Determinantenfunktion. Um von der zweiten Matrix zur dritten zu gelangen, benötigen wir $(n-i)$ Vertauschungen von Spalten, um die i-te Spalte in die letzte zu bringen; daran schließen sich $(n-j)$ Vertauschungen von Zeilen an. Das ergibt die Gleichung (β). Danach wurde in (γ) nur an die Definition von A_{ji} erinnert, und (δ) folgt aus 5.3.8 (e). Also gilt

(ii) $$\tilde{A}_{ji} = (-1)^{j+i} A_{ji}.$$

Nun ist

$$D(\mathfrak{a}_1, \ldots, \mathfrak{a}_i, \ldots, \mathfrak{a}_n) = D(\mathfrak{a}_1, \ldots, \sum_{j=1}^n a_{ji} \mathfrak{e}_j, \ldots, \mathfrak{a}_n)$$

$$= \sum_{j=1}^n a_{ji} D(\mathfrak{a}_1, \ldots, \mathfrak{e}_j, \ldots, \mathfrak{a}_n)$$

$$= \sum_{j=1}^n a_{ji} \tilde{A}_{ji} = \sum_{j=1}^n (-1)^{i+j} a_{ji} A_{ji} \quad \text{wegen (ii)}.$$

Aus (i) folgt dann die erste Formel für $i = k$. Ist $i \neq k$, so ersetzen wir in der obigen Zeile $\mathfrak{a}_i$ durch $\mathfrak{a}_k$. Dann entsteht nach 5.3.7 (e)

$$0 = D(\mathfrak{a}_1, \ldots, \mathfrak{a}_{i-1}, \mathfrak{a}_k, \mathfrak{a}_{i+1}, \ldots, \mathfrak{a}_n) = \sum_{j=1}^n (-1)^{i+j} a_{jk} A_{ji}.$$

Die anderen Formeln ergeben sich durch Transponieren. □

Die Formeln aus dem Entwicklungssatz lassen sich mittels Matrizen bequem zusammenfassen: Für $A = \begin{pmatrix} a_{11} & \cdots & a_{1n} \\ \vdots & & \vdots \\ a_{n1} & \cdots & a_{nn} \end{pmatrix}$ ist

$$A_* = \begin{pmatrix} A_{11} & -A_{12} & \cdots & (-1)^{1+n} A_{1n} \\ -A_{21} & A_{22} & \cdots & (-1)^{2+n} A_{2n} \\ \vdots & \vdots & & \vdots \\ (-1)^{n+1} A_{n1} & (-1)^{n+2} A_{n2} & \cdots & A_{nn} \end{pmatrix}$$
$$= \begin{pmatrix} \tilde{A}_{11} & \tilde{A}_{12} & \cdots & \tilde{A}_{1n} \\ \tilde{A}_{21} & \tilde{A}_{22} & \cdots & \tilde{A}_{2n} \\ \vdots & \vdots & & \vdots \\ \tilde{A}_{n1} & \tilde{A}_{n2} & \cdots & \tilde{A}_{nn} \end{pmatrix},$$

also $A = (a_{ij})$ und $A_* = ((-1)^{i+j} A_{ji})$. Die Matrix A_*^t wird auch *adjungierte Matrix* genannt. Dann gilt:

5.3.10 Korollar *Für die adjungierte Matrix A_*^t gilt*

$$AA_*^t = A_*^t A = (\det A) \cdot E_n.$$ □

5.3.11 Korollar $\det A_* = (\det A)^{n-1}$.

B e w e i s   Aus 5.3.10 folgt nach 5.3.7 (a) und (g) $(\det A)(\det A_*) = (\det A)^n$. Somit folgt $\det A_* = (\det A)^{n-1}$, falls $\det A \neq 0$ ist.

Es bleibt zu zeigen, daß $\det A = 0$ auch $\det A_* = 0$ ergibt. Angenommen, $\det A_* \neq 0$. Indem wir A_* in die Rolle des A setzen, finden wir ein A_{**}, so daß $A_* A_{**}^t = A_{**}^t A_* = (\det A_*) E_n$. Durch Transponieren und Multiplikation mit A folgt:

$$(\det A_*)A = (\det A_*)AE_n = A(A_*^t A_{**}) = (AA_*^t)A_{**} = (\det A)E_n A_{**} = 0.$$

Also ist A die Nullmatrix; nach Definition ist dann auch A_* die Nullmatrix, was $\det A_* \neq 0$ widerspricht. □

Voreilige Bemerkung: Für $K = \mathbb{R}$ können wir det als Funktion auf $\mathbb{R}^{n^2}$ auffassen, die wegen 5.3.6 stetig ist. Ebenfalls wird durch $A \mapsto A_*$ eine stetige

168   5 Matrizen, Determinanten, lineare Gleichungssysteme

Abbildung $\mathbb{R}^{n^2} \to \mathbb{R}^{n^2}$ definiert. Da es in jeder Umgebung eines Punktes solche gibt, auf denen det nicht verschwindet, gilt die Formel auch in dem Punkt. Solche Schlüsse für algebraische Aussagen mittels Analysis sind sehr oft durchsichtiger als rein algebraische Beweise.

5.3.12 Beispiele

(a) $\begin{vmatrix} 0 & 3 & 1 & 2 \\ 5 & 1 & 3 & 3 \\ 0 & 2 & 0 & 0 \\ 1 & 3 & 1 & 1 \end{vmatrix} = (-1)^{3+2} \cdot 2 \begin{vmatrix} 0 & 1 & 2 \\ 5 & 3 & 3 \\ 1 & 1 & 1 \end{vmatrix} = -2 \begin{vmatrix} 0 & 1 & 2 \\ 0 & -2 & -2 \\ 1 & 1 & 1 \end{vmatrix}$

$= (-2)(-1)^{3+1} \begin{vmatrix} 1 & 2 \\ -2 & -2 \end{vmatrix} = -2(1 \cdot (-2) - 2(-2)) = -4.$

(b) *Vandermondesche Determinante*

$$V_n = \begin{vmatrix} 1 & x_1 & x_1^2 & \cdots & x_1^{n-1} \\ 1 & x_2 & x_2^2 & \cdots & x_2^{n-1} \\ \vdots & \vdots & \vdots & & \vdots \\ 1 & x_n & x_n^2 & \cdots & x_n^{n-1} \end{vmatrix}$$

$$\stackrel{(\alpha)}{=} \begin{vmatrix} 1 & x_1 & x_1^2 & \cdots & x_1^{n-1} \\ 0 & x_2 - x_1 & x_2^2 - x_1^2 & \cdots & x_2^{n-1} - x_1^{n-1} \\ \vdots & \vdots & \vdots & & \vdots \\ 0 & x_n - x_1 & x_n^2 - x_1^2 & \cdots & x_n^{n-1} - x_1^{n-1} \end{vmatrix} \stackrel{(\beta)}{=}$$

$$\prod_{i=2}^{n}(x_i - x_1) \begin{vmatrix} 1 & x_2 + x_1 & \cdots & \sum_{j=1}^{i-1} x_2^j x_1^{i-1-j} & \cdots & \sum_{j=1}^{n-2} x_2^j x_1^{n-2-j} \\ \vdots & \vdots & & \vdots & & \vdots \\ 1 & x_n + x_1 & \cdots & \sum_{j=1}^{i-1} x_n^j x_1^{i-1-j} & \cdots & \sum_{j=1}^{n-2} x_n^j x_1^{n-2-j} \end{vmatrix};$$

dabei folgt (α) aus 5.3.7 (d) und (β) aus dem Entwicklungssatz und 5.3.7 (b). Sei

$$A_i = \begin{vmatrix} 1 & x_2 & \cdots & x_2^{i-1} & \sum_{j=1}^{i} x_2^j x_1^{i-j} & \cdots & \sum_{j=1}^{n-2} x_2^j x_1^{n-2-j} \\ \vdots & \vdots & & \vdots & \vdots & & \vdots \\ 1 & x_n & \cdots & x_n^{i-1} & \sum_{j=1}^{i} x_n^j x_1^{i-j} & \cdots & \sum_{j=1}^{n-2} x_n^j x_1^{n-2-j} \end{vmatrix}$$

$=: \det(\mathfrak{v}_0, \mathfrak{v}_1, \ldots, \mathfrak{v}_{i-1}, \mathfrak{w}_i, \ldots, \mathfrak{w}_{n-2}).$

Es ist $V_n = \prod_{i=2}^{n}(x_i - x_1)A_1$. Ferner ist $\mathfrak{w}_i = \mathfrak{v}_i + x_1\mathfrak{v}_{i-1} + \ldots + x_1^{i-1}\mathfrak{v}_1$, daraus folgt nach 5.3.7 (d):

$$A_i = \det(\mathfrak{v}_0, \ldots, \mathfrak{v}_{i-1}, \mathfrak{w}_i, \ldots, \mathfrak{w}_{n-2})$$
$$= \det(\mathfrak{v}_0, \ldots, \mathfrak{v}_{i-1}, \mathfrak{v}_i, \mathfrak{w}_{i+1}, \ldots, \mathfrak{w}_{n-2}) = A_{i+1},$$

also ist $V_n = \prod_{i=2}^{n}(x_i - x_1)A_{n-1}$. Aber A_{n-1} ist die Vandermondesche Determinante für $n-1$ statt n. Durch Induktion folgt

$$\begin{vmatrix} 1 & x_1 & x_1^2 & \ldots & x_1^{n-1} \\ \vdots & \vdots & \vdots & & \vdots \\ 1 & x_n & x_n^2 & \ldots & x_n^{n-1} \end{vmatrix} = \prod_{1 \leq j < i \leq n}(x_i - x_j). \qquad \Box$$

Reguläre Matrizen

Wir kommen nun zu einem Begriff zurück, den wir am Ende von 4.7 beiläufig eingeführt haben, nämlich:

5.3.13 Definition Die $n \times n$- Matrix A heißt *regulär*, wenn es eine $n \times n$-Matrix A^{-1} gibt, so daß $AA^{-1} = E_n$ ist. Es bezeichne $\mathrm{GL}_n(K)$ die Menge aller regulären $n \times n$-Matrizen über K, versehen mit der Multiplikation als Verknüpfung.

Das koordinatenunabhängige Analogon zu $\mathrm{GL}_n(K)$, nämlich $\mathrm{GL}(V)$, hatten wir in 4.5.10 eingeführt. Offenbar sind $\mathrm{GL}(V)$ und $\mathrm{GL}_n(K)$ isomorph, falls V ein n-dimensionaler Vektorraum über K ist.

5.3.14 Satz *Es ist* $\mathrm{GL}_n(K) = \mathrm{GL}(K^n)$ *eine Gruppe, die* allgemeine lineare Gruppe. *Sie besteht aus den $n \times n$-Matrizen, deren Determinante nicht verschwindet. Anders ausgedrückt ist eine Matrix A d.u.n.d. regulär, wenn $\det A \neq 0$ ist. Speziell ist $\mathrm{GL}_1(K) = K^*$.*
Durch $A \mapsto \det A$ wird ein Homomorphismus $\det: \mathrm{GL}_n(K) \to K$ *definiert.*

B e w e i s   Es muß nur noch nachgewiesen werden, daß es zu jeder Matrix A mit $\det A \neq 0$ ein inverses Element gibt. 5.3.10 legt nahe, wie wir die inverse Matrix von $A = (a_{ik})$ bilden können. Es sei wieder A_{ik} die Determinante der Matrix, die aus A durch Streichen der i-ten Zeile und der k-ten Spalte entsteht,

170   5 Matrizen, Determinanten, lineare Gleichungssysteme

ferner $\tilde{A}_{ik} = (-1)^{i+k} A_{ik}$. Dann ist die Matrix

$$\frac{1}{\det A} \begin{pmatrix} \tilde{A}_{11} & \tilde{A}_{21} & \cdots & \tilde{A}_{n1} \\ \tilde{A}_{12} & \tilde{A}_{22} & \cdots & \tilde{A}_{n2} \\ \vdots & \vdots & \ddots & \vdots \\ \tilde{A}_{1n} & \tilde{A}_{2n} & \cdots & \tilde{A}_{nn} \end{pmatrix}$$

die inverse Matrix zu A. (Beachten Sie, daß hier der vordere Index die Spalte und der hintere die Zeile angibt, also ein Transponieren vorliegt.)   □

5.3.15 Korollar *Ist A eine reguläre $n \times n$-Matrix, so gilt:*

$$\begin{pmatrix} a_{11} & \cdots & a_{1n} \\ \vdots & & \vdots \\ a_{n1} & \cdots & a_{nn} \end{pmatrix}^{-1} = \frac{1}{\det A} \begin{pmatrix} A_{11} & \cdots & (-1)^{n+1} A_{n1} \\ \vdots & & \vdots \\ (-1)^{1+n} A_{1n} & \cdots & A_{nn} \end{pmatrix}.$$

5.3.16 Beispiele

(a)
$$\begin{pmatrix} a_{11} & a_{12} \\ a_{21} & a_{22} \end{pmatrix}^{-1} = \frac{1}{\det A} \begin{pmatrix} a_{22} & -a_{12} \\ -a_{21} & a_{11} \end{pmatrix},$$

wo $|A| = \det A = a_{11}a_{22} - a_{12}a_{21}$ ist. Ist speziell $\det A = 1$, so ist

$$\begin{pmatrix} a_{11} & a_{12} \\ a_{21} & a_{22} \end{pmatrix}^{-1} = \begin{pmatrix} a_{22} & -a_{12} \\ -a_{21} & a_{11} \end{pmatrix}.$$

Z.B.
$$\begin{pmatrix} -2 & 5 \\ -1 & 2 \end{pmatrix}^{-1} = \begin{pmatrix} 2 & -5 \\ 1 & -2 \end{pmatrix}.$$

(b) Sei A eine 3×3-Matrix. Dann ist

$$A^{-1} = \begin{pmatrix} a_{11} & a_{12} & a_{13} \\ a_{21} & a_{22} & a_{23} \\ a_{31} & a_{32} & a_{33} \end{pmatrix}^{-1} =$$

$$\frac{1}{\det A} \cdot \begin{pmatrix} \begin{vmatrix} a_{22} & a_{23} \\ a_{32} & a_{33} \end{vmatrix} & -\begin{vmatrix} a_{12} & a_{13} \\ a_{32} & a_{33} \end{vmatrix} & \begin{vmatrix} a_{12} & a_{13} \\ a_{22} & a_{23} \end{vmatrix} \\ -\begin{vmatrix} a_{21} & a_{23} \\ a_{31} & a_{33} \end{vmatrix} & \begin{vmatrix} a_{11} & a_{13} \\ a_{31} & a_{33} \end{vmatrix} & -\begin{vmatrix} a_{11} & a_{13} \\ a_{21} & a_{23} \end{vmatrix} \\ \begin{vmatrix} a_{21} & a_{22} \\ a_{31} & a_{32} \end{vmatrix} & -\begin{vmatrix} a_{11} & a_{12} \\ a_{31} & a_{32} \end{vmatrix} & \begin{vmatrix} a_{11} & a_{12} \\ a_{21} & a_{22} \end{vmatrix} \end{pmatrix}.$$

Für die Matrix aus 5.3.12 (a) mit Determinante $= +2$ gilt speziell

$$\begin{pmatrix} 0 & 1 & 2 \\ 0 & -2 & -2 \\ 1 & 1 & 1 \end{pmatrix}^{-1} = \begin{pmatrix} 0 & \frac{1}{2} & 1 \\ -1 & -1 & 0 \\ 1 & \frac{1}{2} & 0 \end{pmatrix}.$$

Der Rang von Matrizen

Vgl. hierzu 5.1.3-4. Dort wurde gezeigt, daß die maximale Zahl der linear unabhängigen Spalten einer Matrix A gleich der maximalen Zahl der linear unabhängigen Zeilen ist, und diese Zahl wurde Rang der Matrix genannt, geschrieben Rang A. Aus dem Bisherigen ergibt sich direkt

5.3.17 Satz *Eine $n \times n$-Matrix A hat genau dann den Rang n, wenn sie regulär ist, d.h. wenn* $\det A \neq 0$. □

Dieser Satz läßt sich auch auf nicht notwendig quadratische Matrizen verallgemeinern, und es läßt sich der Rang einer Matrix mittels Determinanten bestimmen.

5.3.18 Satz *Sei A eine $m \times n$-Matrix, ferner sei r so gewählt, daß es eine $r \times r$-Teilmatrix gibt, deren Determinante nicht verschwindet, aber für alle $k \times k$-Teilmatrizen mit $k > r$ die Determinante 0 ist. Dann gilt:* Rang $A = r$.

B e w e i s Geht die Matrix A' aus A durch eine elementare Umformung hervor, so bleibt der Rang erhalten, vgl. 5.1.10. Es folgt leicht, daß auch die oben erklärte Zahl r sich nicht ändert. Nach endlich vielen solchen Umformungen erhält die Matrix die Diagonalform aus 5.1.10, und offenbar ist dafür $r =$ Rang A. □

5.3.19 Satz Rang $AB \leq \min\{$Rang $A,$ Rang $B\}$.

B e w e i s Die Matrizen A, B entsprechen linearen Abbildungen $f \colon K^n \to K^m$, $g \colon K^m \to K^p$. Dann ist Rang $A =$ Rang f, Rang $B =$ Rang g und Rang$(B \cdot A) =$ Rang$(g \circ f)$, und die Behauptung folgt aus 4.5.8. □

Der Laplacesche Entwicklungssatz

5.3.20 Hilfssatz *Es sei $1 \leq p \leq n$ und G_p die Menge aller Permutationen $\sigma \in S_n$, für die*

$$\sigma(1) < \sigma(2) < \ldots < \sigma(p) \quad \text{und} \quad \sigma(p+1) < \sigma(p+2) < \ldots < \sigma(n)$$

ist. Dann gilt für $\sigma \in G_p$

$$\operatorname{sgn} \sigma = (-1)^{1+\ldots+p+\sigma(1)+\ldots+\sigma(p)}.$$

B e w e i s Für $n = 1$ ist das offenbar richtig. Nun gelte die Formel für $n - 1$. Ist $\sigma(p) \neq n$, so ist $\sigma(n) = n$. Deshalb ist

$$\operatorname{sgn} \sigma = \operatorname{sgn} \begin{pmatrix} 1 & \ldots & n-1 \\ \sigma(1) & \ldots & \sigma(n-1) \end{pmatrix}$$

und dafür gilt die Formel nach Induktionsannahme.

Sei nun $\sigma(n) = k$, dann ist $k + 1 = \sigma(p - n + k + 1)$ und

$$\sigma = \begin{pmatrix} 1 & \ldots & p-n+k+1 & \ldots & n \\ \sigma(1) & \ldots & k+1 & \ldots & k \end{pmatrix}; \quad \text{sei}$$

$$\tau = \begin{pmatrix} 1 & \ldots & p-n+k+1 & \ldots & n \\ \sigma(1) & \ldots & k & \ldots & k+1 \end{pmatrix}.$$

Es entsteht also τ aus σ, indem die Transposition $(k, k+1)$ hinterhergeschaltet wird, und deshalb ist $\operatorname{sgn} \tau = -\operatorname{sgn} \sigma$. Ist

$$\operatorname{sgn} \tau = (-1)^{1+\ldots+p+\tau(1)+\ldots+\tau(p)},$$

so folgt

$$\begin{aligned}\operatorname{sgn} \sigma &= (-1) \cdot \operatorname{sgn} \tau = -(-1)^{1+\ldots+p+\tau(1)+\ldots+\tau(p-n+k+1)+\ldots+\tau(p)} \\ &= -(-1)^{1+\ldots+p+\sigma(1)+\ldots+[\sigma(p-n+k+1)-1]+\ldots+\sigma(p)} \\ &= (-1)^{1+\ldots+p+\sigma(1)+\ldots+\sigma(p)}.\end{aligned}$$

Es folgt also die Formel für festes n durch Induktion nach $n - k + 1$. □

Zu $\sigma \in G_p$ sei P_σ die Menge der Permutationen τ mit

$$\tau(\sigma(1)) = \sigma(1), \ldots, \tau(\sigma(p)) = \sigma(p),$$

und P_σ^* enthalte die Permutationen τ mit

$$\tau(\sigma(p+1)) = \sigma(p+1), \ldots, \tau(\sigma(n)) = \sigma(n).$$

Dann gibt es für festes p $(1 \leq p \leq n)$ zu jeder Permutation $\pi \in S_n$ eine eindeutig bestimmte Zerlegung

$$\pi = \beta \circ \alpha \circ \gamma \quad \text{mit } \gamma \in G_p,\ \alpha \in P_\gamma^*,\ \beta \in P_\gamma.$$

Dann ist

$$\det A = \sum_{\pi \in S_n} (\text{sgn } \pi) a_{\pi(1)1} \cdots a_{\pi(n)n}$$

$$= \sum_{\gamma \in G_p} (\text{sgn } \gamma) \cdot \left(\sum_{\alpha \in P_\gamma^*} (\text{sgn } \alpha) a_{\alpha(\gamma(1)),1} \cdots a_{\alpha(\gamma(p)),p} \right) \times$$

$$\left(\sum_{\beta \in P_\gamma} (\text{sgn } \beta) a_{\beta(\gamma(p+1)),p+1} \cdots a_{\beta(\gamma(n)),n} \right).$$

Die in den großen Klammern stehenden Zahlen können nun ihrerseits als Determinanten gedeutet werden. Es sei A_γ die Matrix, die aus A entsteht, indem die letzten $(n-p)$ Spalten und die Zeilen mit den Nummern $\gamma(p+1), \ldots, \gamma(n)$ herausgestrichen werden. Dann ist die erste Klammer gleich $\det A_\gamma$. Ist A_γ^* die Matrix, die aus A durch Streichen der ersten p Spalten und der Zeilen $\gamma(1), \ldots, \gamma(p)$ hervorgeht, so ist die zweite Klammer die Determinante von A_γ^*. Es folgt also der

5.3.21 Entwicklungssatz von Laplace *Mit der obigen Bezeichnung gilt*

$$\det A = \sum_{\gamma \in G_p} (\text{sgn } \gamma)(\det A_\gamma)(\det A_\gamma^*). \qquad \square$$

5.3.22 Bemerkungen

(a) Wir können $\{1, \ldots, n\}$ auch in zwei Teilmengen mit $i_1 < \ldots < i_p$, $k_1 < \ldots < k_{n-p}$ zerlegen und eine analoge Formel beweisen. Statt wie hier Spalten auszuzeichnen, können wird auch Zeilen auszeichnen. Hier kann höchstens eine Vorzeichenänderung eintreten, aber das geschieht in Wahrheit nicht.

(b) Die Entwicklungsformel 5.3.9 ist ein Spezialfall von 5.3.21.

(c) Als Beispiel betrachten wir die Matrix aus 5.3.12 (a):

$$\begin{vmatrix} 0 & 3 & 1 & 2 \\ 5 & 1 & 3 & 3 \\ 0 & 2 & 0 & 0 \\ 1 & 3 & 1 & 1 \end{vmatrix} = \begin{vmatrix} 0 & 3 \\ 5 & 1 \end{vmatrix} \cdot \begin{vmatrix} 0 & 0 \\ 1 & 1 \end{vmatrix} - \begin{vmatrix} 0 & 3 \\ 0 & 2 \end{vmatrix} \cdot \begin{vmatrix} 3 & 3 \\ 1 & 1 \end{vmatrix}$$

$$+ \begin{vmatrix} 0 & 3 \\ 1 & 3 \end{vmatrix} \cdot \begin{vmatrix} 3 & 3 \\ 0 & 0 \end{vmatrix} + \begin{vmatrix} 5 & 1 \\ 0 & 2 \end{vmatrix} \cdot \begin{vmatrix} 1 & 2 \\ 1 & 1 \end{vmatrix}$$

$$- \begin{vmatrix} 5 & 1 \\ 1 & 3 \end{vmatrix} \cdot \begin{vmatrix} 1 & 2 \\ 0 & 0 \end{vmatrix} + \begin{vmatrix} 0 & 2 \\ 1 & 3 \end{vmatrix} \cdot \begin{vmatrix} 1 & 2 \\ 3 & 3 \end{vmatrix}$$

$$= 0 - 0 + 0 + 10 \cdot (-1) - 0 + (-2) \cdot (-3) = -4;$$

dabei waren die Permutationen γ der Reihe nach wie folgt:

$\gamma(1)$	$\gamma(2)$	$\gamma(3)$	$\gamma(4)$	sgn
1	2	3	4	$+1$
1	3	2	4	-1
1	4	2	3	$+1$
2	3	1	4	$+1$
2	4	1	3	-1
3	4	1	2	$+1$.

Aufgaben

5.3.A1 Sei K ein Körper, und seien A, B Matrizen der Form

$$A = \begin{pmatrix} A_{11} & A_{12} \\ A_{21} & A_{22} \end{pmatrix}, \quad B = \begin{pmatrix} B_{11} & B_{12} & B_{12} \\ B_{21} & B_{22} & B_{23} \end{pmatrix},$$

wobei jedes A_{ik} eine $m \times n$-Matrix, jedes B_{kj} eine $n \times \ell$-Matrix über K ist. Dann gilt

$$AB = \begin{pmatrix} A_{11}B_{11} + A_{12}B_{21} & A_{11}B_{12} + A_{12}B_{22} & A_{11}B_{13} + A_{12}B_{23} \\ A_{21}B_{11} + A_{22}B_{21} & A_{21}B_{12} + A_{22}B_{22} & A_{21}B_{13} + A_{22}B_{23} \end{pmatrix}.$$

5.3.A2 Die Matrizen der Form $\begin{pmatrix} a & b \\ -b & a \end{pmatrix}$, $a, b \in R$, bilden bezüglich der Addition und der Multiplikation von Matrizen einen Körper.

5.3 Erneut Matrizen

5.3.A3 Für eine $m \times n$-Matrix A eine $\ell \times m$-Matrix B ist die $\ell \times n$-Matrix BA definiert, und es gilt: $\operatorname{Rang} A + \operatorname{Rang} B - m \leq \operatorname{Rang}(BA)$.

5.3.A4 Berechnen Sie die Determinante der nachfolgenden $n \times n$-Matrix über $\mathbb{R}$:

$$\begin{pmatrix} 1 & 2 & 3 & \cdots & n \\ n & 1 & 2 & \cdots & n-1 \\ n-1 & n & 1 & \cdots & n-2 \\ \vdots & \vdots & \vdots & \ddots & \vdots \\ 2 & 3 & 4 & \cdots & 1 \end{pmatrix}.$$

5.3.A5 Berechnen Sie mit Hilfe des Laplaceschen Entwicklungssatzes die Determinante folgender Matrix:

$$\begin{pmatrix} 5 & 4 & 1 & 2 & 3 \\ 3 & \frac{2}{5} & 0 & 0 & 0 \\ 5 & 2 & \frac{1}{3} & 2 & 4 \\ 0 & 0 & 6 & 0 & 8 \\ 0 & 0 & \frac{1}{2} & 0 & 2 \end{pmatrix}.$$

5.3.A6 Berechnen Sie die Determinanten von folgenden $n \times n$-Matrizen über $\mathbb{Z}$:

$$\begin{pmatrix} x & y & y & \cdots & y \\ y & x & y & \cdots & y \\ \vdots & \vdots & \vdots & \ddots & \vdots \\ y & y & y & \cdots & x \end{pmatrix}, \quad \begin{pmatrix} 1 & 2 & 3 & \cdots & n \\ n+1 & n+2 & n+3 & \cdots & 2n \\ 2n+1 & 2n+2 & 2n+3 & \cdots & 3n \\ \vdots & \vdots & \vdots & \ddots & \vdots \\ (n-1)n+1 & (n-1)n+2 & (n-1)n+3 & \cdots & n^2 \end{pmatrix}.$$

5.3.A7 Zeigen Sie:

$$\begin{vmatrix} 1 & 1^2 & 0 & \cdots & \cdots & \cdots & 0 \\ -1 & 1 & 2^2 & 0 & \cdots & \cdots & 0 \\ 0 & -1 & 1 & 3^2 & 0 & \cdots & 0 \\ \vdots & \ddots & \ddots & \ddots & \ddots & \ddots & \vdots \\ 0 & \cdots & 0 & -1 & 1 & (n-2)^2 & 0 \\ 0 & \cdots & \cdots & 0 & -1 & 1 & (n-1)^2 \\ 0 & \cdots & \cdots & \cdots & 0 & -1 & 1 \end{vmatrix} = n!.$$

5.3.A8 Berechnen Sie die Determinanten folgender Matrizen:

$$\begin{pmatrix} a & a & -b & 0 \\ -a & 0 & 0 & b \\ b & 0 & 0 & -a \\ 0 & -b & a & 0 \end{pmatrix}, \quad \begin{pmatrix} \cos\alpha & \sin\alpha & 0 & 0 \\ -\sin\alpha & \cos\alpha & 0 & 0 \\ 0 & 0 & \cos\beta & \sin\beta \\ 0 & 0 & -\sin\beta & \cos\beta \end{pmatrix}.$$

5.3.A9 Bestimmen Sie die Inversen der folgenden Matrizen:

$$\begin{pmatrix} 4 & 0 & 1 \\ 0 & 3 & -1 \\ 5 & 1 & 1 \end{pmatrix}, \quad \begin{pmatrix} 1 & 5 & 0 & 1 \\ \frac{1}{2} & 2 & 0 & 0 \\ \frac{2}{3} & 1 & 1 & 0 \\ \frac{1}{4} & \frac{1}{4} & 1 & 0 \end{pmatrix}.$$

5.3.A10 Seien A und B invertierbare $n \times n$-Matrizen über einem Körper K, wobei $n \geq 2$. Beweisen Sie für die adjungierte Matrix $\operatorname{adj} A$ von A – zur Definition vgl. den Text vor 5.3.10 – die folgenden Formeln:
(a) $\operatorname{adj}(AB) = \operatorname{adj} A \cdot \operatorname{adj} B$;
(b) $\det(\operatorname{adj} A) = (\det A)^{n-1}$;
(c) $\operatorname{adj} \operatorname{adj} A = (\det A)^{n-2} A$;
(d) $\operatorname{adj} A^{-1} = (\operatorname{adj} A)^{-1}$.
Die ersten drei Formeln gelten übrigens auch für nicht-invertierbare Matrizen!

5.3.A11 Um die Determinante einer $n \times n$-Matrix A zu berechnen, kennen wir verschiedene Methoden, darunter
i) Zeilenreduzierung mittels elementarer Zeilenumwandlung,
ii) die explizite Formel $\det A = \sum_{\sigma \in \mathcal{S}_n} (\operatorname{sgn} \sigma) \prod_{i=1}^{n} a_{i\sigma(i)}$,
iii) Entwicklung nach einer bestimmten Zeile oder Spalte.
Bestimmen Sie Formeln für die Gesamtzahl α_n der Additionen, der Gesamtzahl μ_n der Multiplikationen und der Gesamtzahl δ_n der Inversionen (Berechnung von A^{-1}), die im ungünstigsten Fall notwendig sind zur Berechnung der Determinante einer $n \times n$-Matrix nach den Methoden i), ii) und iii). Rekursive Formeln sind ausreichend; Sie müssen nicht unbedingt einen geschlossenen Ausdruck finden. Bestimmen Sie auch jeweils die genauen Zahlenwerte für $n = 8$ und vergleichen Sie!

5.3.A12 Sei A eine $p \times p$-Matrix, B eine $p \times q$-Matrix, D eine $q \times q$-Matrix und T die $(p+q) \times (p+q)$-Matrix mit der Blockform

$$T = \begin{pmatrix} A & B \\ C & D \end{pmatrix}$$

und reellen Koeffizienten. Zeigen Sie, daß $\det T = \det A \cdot \det D$ gilt, und geben Sie T^{-1} in Blockform an (falls T^{-1} existiert). Gilt ein ähnliches Resultat – in Analogie zu Beispiel 5.3.16 (a) – auch allgemein für eine Matrix

$$\begin{pmatrix} A & B \\ C & D \end{pmatrix}?$$

5.4 Lineare Gleichungssysteme, II

Wir kehren zur Behandlung linearer Gleichungssysteme zurück und benutzen jetzt Determinanten.

5.4.1 Satz (Cramersche Regel) *Das Gleichungssystem $\sum_{k=1}^{n} a_{ik}x_k = y_i$, $i = 1,\ldots,n$, $Ax = y$ hat genau dann eine eindeutig bestimmte Lösung, wenn $\det A \neq 0$. Die Lösung ist gegeben durch die* Cramersche Regel:

$$(*) \qquad x_j = \frac{1}{\det A} \sum_{k=1}^{n} (-1)^{j+k} A_{kj} y_k.$$

Hier ist A_{kj} wie in 5.3.9 die Determinante der Matrix, die aus A durch Streichen der k-ten Zeile und der j-ten Spalte entsteht. (Beachten Sie die Transposition der Matrix (A_{kj}) in der Summe!)

B e w e i s Nach 5.3.15 ist die inverse Matrix von A gegeben durch

$$A^{-1} = \frac{1}{\det A} \begin{pmatrix} A_{11} & \cdots & (-1)^{j+1}A_{j1} & \cdots & (-1)^{n+1}A_{n1} \\ \vdots & & \vdots & & \vdots \\ (-1)^{1+i}A_{1i} & \cdots & (-1)^{j+i}A_{ji} & \cdots & (-1)^{n+i}A_{ni} \\ \vdots & & \vdots & & \vdots \\ (-1)^{1+n}A_{1n} & \cdots & (-1)^{j+n}A_{jn} & \cdots & A_{nn} \end{pmatrix}.$$

Aus $Ax = y$ ergibt sich $x = A^{-1}y$. □

Die Formel aus 5.4.1 läßt sich so nur verwenden, wenn $\det A \neq 0$. Wir behandeln nun ein Gleichungssystem $\sum_{k=1}^{n} a_{ik}x_k = y_i$, $i = 1,\ldots,m$, d.h. $Ax = y$. Es sei Rang $A = r$, und es seien die Gleichungen und Unbekannten so numeriert, daß die $r \times r$-Matrix

$$A' = \begin{pmatrix} a_{11} & \cdots & a_{1r} \\ \vdots & & \vdots \\ a_{r1} & \cdots & a_{rr} \end{pmatrix}$$

eine von Null verschiedene Determinante D hat. Daß es eine solche Matrix gibt, haben wir in 5.3.18 bewiesen. Es sei A'_{ki} die Determinante der $(r-1) \times (r-1)$-Matrix, die aus A' durch Streichen der k-ten Zeile und i-ten Spalte entsteht. Dann gilt:

5.4.2 Satz *Falls eine Lösung existiert, so ist sie gegeben durch*

$$x_i = \frac{1}{\det A'} \sum_{k=1}^{r} (-1)^{i+k} A'_{ki} \left(y_k - \sum_{j=r+1}^{n} a_{kj} x_j \right) \quad \text{für } i = 1,\ldots,r.$$

5 Matrizen, Determinanten, lineare Gleichungssysteme

Es sind $x_{r+1}, \ldots, x_n$ frei wählbar.

Beweis Wir wählen $x_{r+1}, \ldots, x_n$ beliebig und betrachten das System

$$a_{11}x_1 + \ldots + a_{1r}x_r = y_1 - \sum_{j=r+1}^{n} a_{1j}x_j$$
$$\vdots$$
$$a_{r1}x_1 + \ldots + a_{rr}x_r = y_r - \sum_{j=r+1}^{n} a_{rj}x_j.$$

Da die Matrix A den Rang r hat, sind entweder die übrigen Gleichungen lineare Kombinationen der ersten r (also gelöst, wenn es die ersten r sind) oder es gibt keine Lösung, vgl. 5.1.5. Die Formel ist eine Konsequenz der Formel 5.4.1 $(*)$. □

Die Cramersche Regel aus 5.4.1 bzw. die Verallgemeinerung aus 5.4.2 gibt eine allgemeine Lösung durch eine Formel an, und damit haben wir das zu Beginn von 5.2 gesteckte Ziel erreicht. Jedoch sind dabei viele Determinanten zu berechnen, was i.a. einen großen Rechenaufwand erfordert, und es wird meistens schneller gehen, eine Lösung mittels elementarer Umformungen wie in 5.1.18 zu berechnen, vgl. 5.5.2 und 5.5.4 (b).

Aufgaben

5.4.A1 Es seien $a_{ij}(t)$, $1 \leq i, j \leq n$, $a \leq t \leq b$, stetig differenzierbare Funktionen, und es sei $A(t) = (a_{ij}(t))$ die zugehörigen $n \times n$-Matrix. Zeigen Sie:
(a) $\det A(t)$ ist eine stetig differenzierbare Funktion.
(b) Ist $\det A(t_0) \neq 0$ für ein $t_0 \in \,]a, b[$, so gibt es ein $\delta > 0$, so daß $A(t)$ für $|t - t_0| < \delta$ invertierbar ist und $A^{-1}(t)$ stetig differenzierbar von t abhängt.

5.4.A2 Berechnen Sie mit Hilfe der Cramerschen Regel die Lösungen der folgenden Gleichungssysteme:

(a) $\begin{pmatrix} 4x &+& 3y &=& 5 \\ 5x &+& 7y &=& 8 \end{pmatrix}$,

(b) $\begin{pmatrix} 3 &+& 2y &+& 2z &=& 2 \\ 3x &-& 2y &-& z &=& 5 \\ 2x &-& 5y &+& 3z &=& -4 \end{pmatrix}$.

5.4.A3 Geben sie mit Hilfe der Cramerschen Regel die allgemeine Lösung für Gleichungssysteme mit 2 bzw. 3 Gleichungen und 2 bzw. 3 Unbekannten an.

5.4.A4 Sei $Ax = y$ ein Gleichungssystem, in dem die Koeffizienten von A (feste) ganze Zahlen sind. Zeigen Sie, daß das Gleichungssystem für jedes y mit ganzzahligen Koeffizienten genau dann eine Lösung x mit ebenfalls ganzzahligen Koeffizienten besitzt, wenn $\det A = \pm 1$ ist.

5.5 Numerische Lösung linearer Gleichungssysteme

Nach dem Hauptsatz 5.1.5 kann ein lineares Gleichungssystem $Ax = b$, A eine $m \times n$-Matrix, x eine n-Spalte, b eine m-Spalte eine Lösung haben oder auch nicht. Im ersten Fall werden alle Lösungen erhalten, indem zu einer Lösung $x^{(0)}$ alle Lösungen des homogenen Gleichungssystems $Ax = 0$ addiert werden, die einen Vektorraum der Dimension $n - \text{Rang}\, A$ ergeben. Wir beschränken uns hier auf den Fall, daß die Anzahlen m der Gleichungen und der Variablen übereinstimmen.

Zur Berechnung der Lösung kennen wir schon zwei Methoden: die Cramersche Regel 5.4.1 und das Gaußsche Eliminationsverfahren 5.1.8. Wir wollen nun die Schnelligkeit der beiden Verfahren vergleichen. *Dabei zählen wir nur die Anzahl der Multiplikationen und Divisionen, die den entscheidenden Anteil an der Rechenzeit haben.*

5.5.1 Cramersche Regel, vgl. 5.4.1. Die Lösung von $Ax = b$ wird durch $x = A^{-1}b$ gegeben. Dabei läßt sich die inverse Matrix A^{-1} „leicht" berechnen, jedenfalls läßt sich eine klare Formel angeben:

$$A^{-1} = \left(\frac{(-1)^{i+j}}{\det A} A_{ij}\right)^t,$$

wobei die Zahl A_{ij} gleich der Determinante der $(m-1) \times (m-1)$-Matrix ist, die aus A entsteht, indem die i-te Zeile und die j-te Spalte gestrichen werden. Natürlich kann diese Formel nur benutzt werden, wenn $\det A \neq 0$ ist.

Zur Berechnung der Determinante mittels der allgemeinen Formel aus 5.3.6,

$$\det A = \sum_{\sigma \in S_m} (\text{sgn}\ \sigma) a_{\sigma(1)1} \cdot \ldots \cdot a_{\sigma(m)m},$$

müssen für jedes der $m!$ Glieder $m-1$ Multiplikationen durchgeführt werden. Zur Lösung des linearen Gleichungssystems mittels der Cramerschen Regel sind also $m^2 \cdot (m-1)! \cdot (m-2)$ Multiplikationen für die Koeffizienten A_{ij} sowie $m!(m-1)$ Multiplikationen für $\det A$ und m^2 Multiplikationen zum Heranmultiplizieren der letzteren an die A_{ij} notwendig. Somit ergibt sich:

5.5.2 Lemma *Bei der Verwendung der Cramerschen Regel sind im allgemeinen Fall*

$$m^2 \cdot (m-1)!(m-2) + m!(m-1) + m^2 > (m+1)! \quad (\text{falls } m > 1)$$

Produktoperationen nötig. □

5 Matrizen, Determinanten, lineare Gleichungssysteme

Als nächstes wollen wir das Gaußsche Eliminationsverfahren behandeln, allerdings für spätere Zwecke in der Durchführung genauer als notwendig für die Abschätzung der Anzahl der Produktoperationen. Den Eingangsdaten A und b fügen wir einen oberen Index (0) zu und gewinnen aus $A^{(0)}x = b^{(0)}$ sukzessiv äquivalente Gleichungssysteme

$$A^{(k)}x = b^{(k)}, \quad 0 \leq k \leq m-1.$$

5.5.3 Gaußsches Eliminationsverfahren, vgl. 5.1.8. In dem Gleichungssystem

$$\begin{aligned}
a_{11}^{(0)}x_1 &+ a_{12}^{(0)} + \ldots + a_{1m}^{(0)}x_m = b_1^{(0)} \\
a_{21}^{(0)}x_1 &+ a_{22}^{(0)} + \ldots + a_{2m}^{(0)}x_m = b_2^{(0)} \\
&\vdots \\
a_{m1}^{(0)}x_1 &+ a_{m2}^{(0)} + \ldots + a_{mm}^{(0)}x_m = b_m^{(0)}
\end{aligned}$$

sei $a_{11} \neq 0$. Dann ziehen wir das $\ell_{i,1} = a_{i1}/a_{11}$-fache der ersten Gleichung von der i-ten ab, $1 < i \leq m$, und erhalten ein Gleichungssystem

$$\begin{aligned}
a_{11}^{(1)}x_1 &+ a_{12}^{(1)} + \ldots + a_{1m}^{(1)}x_m = b_1^{(1)} \\
&+ a_{22}^{(1)} + \ldots + a_{2m}^{(1)}x_m = b_2^{(1)} \\
&\vdots \\
&+ a_{m2}^{(1)} + \ldots + a_{mm}^{(1)}x_m = b_m^{(1)},
\end{aligned}$$

wobei

$$\begin{aligned}
a_{1j}^{(1)} &= a_{1j}^{(0)}, & 1 \leq j \leq m, & \quad b_1^{(1)} = b_1^{(0)}, \\
a_{ij}^{(1)} &= a_{ij}^{(0)} - \tfrac{a_{i1}^{(0)}}{a_{11}^{(0)}} a_{1j}^{(0)}, & 1 \leq j \leq m, & \quad b_i^{(1)} = b_i^{(0)} - \tfrac{a_{i1}^{(0)}}{a_{11}^{(0)}} b_1^{(0)}, \quad 2 \leq i \leq m.
\end{aligned}$$

Dieses läßt sich geschickt in Matrixform schreiben. Ist

$$L^{(1)} = \begin{pmatrix} 1 & & & & \\ \ell_{21} & 1 & & & \\ \ell_{31} & & 1 & & 0 \\ \vdots & & 0 & & \ddots \\ \ell_{m1} & & & & 1 \end{pmatrix},$$

so ist $A^{(0)} = L^{(1)} \cdot A^{(1)}$, und die Lösungen von $A^{(0)}x = b^{(0)}$ und $A^{(1)}x = b^{(1)}$ stimmen überein. Wir wollen uns nur noch merken, daß bei diesem Eliminationsschritt $m(m-1)$ Produktoperationen nötig waren.

5.5 Numerische Lösung linearer Gleichungssysteme

Dieses können wir als Induktionsschritt auffassen und nun als Induktionsvoraussetzung annehmen, daß wir mit diesem Ersetzungsverfahren, angewandt auf die letzten $m - 1$ Gleichungen und Variablen, eine Dreiecksgestalt bekommen. Die rekursiven Formeln lassen sich auch direkt angeben: Im k-ten Eliminationsschritt dient die k-te Gleichung von

$$A^{(k-1)}x = b^{(k-1)}$$

dazu, die Variable x_k aus der $(k+1)$-ten, $(k+2)$-ten, ..., m-ten Gleichung zu entfernen, und es entsteht das neue Gleichungssystem

$$A^{(k)}x = b^{(k)}$$

mit

$a_{ij}^{(k)} := a_{ij}^{(k-1)}$ für $1 \leq i \leq k$, $1 \leq j \leq m$; $b_i^{(k)} := b_i^{(k-1)}$ für $1 \leq i \leq k$;

$\ell_{ik} := \dfrac{a_{ik}^{(k-1)}}{a_{kk}^{(k-1)}}$, $a_{ik}^{(k)} := 0$, $b_i^{(k)} := b_i(k-1) - \ell_{ik}b_k^{(k-1)}$ für $k+1 \leq i \leq m$;

$a_{ij}^{(k)} := a_{ij}^{(k-1)} - \ell_{ik}a_{kj}^{(k-1)}$, $k+1 \leq i,j \leq m$.

Natürlich läßt sich dieser Schritt nur durchführen, wenn der Nenner $a_{kk}^{(k-1)} \neq 0$ ist. Die Lösungsmenge von $A^{(k)}x = b^{(k)}$ stimmt mit der von $A^{(k-1)}x = b^{(k-1)}$ überein.

Lassen sich die Ersetzungen $m-1$ mal durchführen, so ensteht eine obere Dreiecksmatrix $A^{(m-1)} =: R = (r_{ij})$. Fassen wir die Multiplikatoren ℓ_{ij} zu einer unteren Dreiecksmatrix zusammen, so erhalten wir

5.5.4 Satz
(a) *Sind im Gauß-Algorithmus alle Elemente $a_{kk}^{(k-1)} \neq 0$, $1 \leq k \leq m$, so läßt sich der Algorithmus durchführen, und es entsteht eine LR-Zerlegung $A = L \cdot R$ von A mit Dreiecksmatrizen*

$$L = \begin{pmatrix} 1 & & & & \\ \ell_{21} & 1 & & & \\ \ell_{31} & \ell_{32} & 1 & & \\ \vdots & \vdots & \vdots & \ddots & \\ \ell_{m1} & \ell_{m2} & \ell_{m3} & \cdots & 1 \end{pmatrix}, \quad R = \begin{pmatrix} r_{11} & r_{12} & r_{13} & \cdots & r_{1m} \\ & r_{22} & r_{23} & \cdots & r_{2m} \\ & & r_{33} & \cdots & r_{3m} \\ & & & \ddots & \vdots \\ & & & & r_{mm} \end{pmatrix}$$

mit $r_{ij} = a_{ij}^{(m-1)} = \ldots = a_{ij}^{(i-1)}$. Die Gleichungssysteme $A^{(0)}x = b^{(0)}$ und $Rx = b^{(m-1)}$ haben die gleichen Lösungssysteme.

(b) *Zur Lösung des Gleichungssystemes $Ax = b$ sind Produktoperationen in der Größenordnung von $\frac{m^3}{3}$ notwendig.*

B e w e i s Nach dem Eliminieren wird die Lösung von $Rx = b^{(m-1)}$ durch Rückwärtseinsetzen gefunden:

$$x_m = \frac{b_m^{(m-1)}}{r_{mm}},$$

$$x_i = \frac{1}{r_{ii}}\left(b_i - \sum_{j=i+1}^{m} r_{ij} x_j\right), \quad i = m-1, m-2, \ldots, 1.$$

Hierzu sind

$$1 + 2 + \ldots + m = \frac{m(m+1)}{2}$$

Produktoperationen erforderlich. Zur Durchführung der Elimination sind nach der Bemerkung anschließend an die Schilderung des ersten Schrittes insgesamt

$$m(m-1) + (m-1)(m-2) + \ldots + 2 \cdot 1 = \frac{m^3}{3} - \frac{m}{3}$$

Produktoperationen erforderlich. Das Nachführen der rechten Seite erfordert weitere $\frac{m(m-1)}{2}$ Produktbildungen, so daß insgesamt

$$\left(\frac{m^3}{3} - \frac{m}{3}\right) + \frac{m(m-1)}{2} + \frac{m(m+1)}{2} \approx \frac{m^3}{3}$$

für den allgemeinen Fall erforderlich sind. □

In dem obigen haben wir mehrmals die Voraussetzung hineingesteckt, daß $a_{kk}^{(k-1)} \neq 0$ ist, was natürlich keineswegs der Fall zu sein braucht. Falls der Rang der Koeffizientenmatrix $A^{(0)}$ gleich m ist, läßt sich das aber nach einem Umnumerieren der Gleichungen erreichen. Andernfalls muß das Existenzkriterium 5.1.5 erneut herangezogen werden, was aber prinzipiell keine Schwierigkeiten macht.

Problematisch wird das Verfahren auch, wenn Koeffizienten $a_{kk}^{(k-1)}$ klein sind, weil dann beim Rechnen mit einem Computer die Divisionen zu Überläufen führen können. Deshalb wird in der aktuellen Spalte als Pivotelement (zur Erklärung des Namens vgl. 8.3.19 (b)) das vom Betrag her größte genommen (Stichwort: Spaltenpivotisierung). Dieses sei an dem folgenden Beispiel demonstriert.

5.5 Numerische Lösung linearer Gleichungssysteme

5.5.5 Beispiel Wir wollen das Gleichungssystem

$$\begin{pmatrix} 0,00031 & 1 \\ 1 & 1 \end{pmatrix} \begin{pmatrix} x_1 \\ x_2 \end{pmatrix} = \begin{pmatrix} -3 \\ -7 \end{pmatrix}$$

lösen und nehmen dabei an, daß wir nur vierstellig rechnen können und entsprechend auf- und abrunden. Der Faktor $\ell_{2,1} = 1/0,00031$ wird dann durch 3226 ersetzt, und wir bekommen mit den Bezeichnungen von 5.5.3

$$\left(A^{(1)}, b^{(1)}\right) \approx \begin{pmatrix} 0,00031 & 1 & \vdots & -3 \\ 0 & -3225 & \vdots & -7 - (-3/0,00031) \end{pmatrix}$$

$$\approx \begin{pmatrix} 0,00031 & 1 & \vdots & -3 \\ 0 & -3225 & \vdots & 9670 \end{pmatrix},$$

welches die Lösung

$$x_1 \sim -6,452, \quad x_2 \sim -2,998$$

ergibt. Ein Rechnen mit einer achtstelligen Genauigkeit ergibt

$$x_1 = -4,00124\ldots, \quad x_2 = -2,998759\ldots.$$

Vertauschen wir nun die Gleichungen, erhalten wir die Matrix

$$(A^{(0)}, b^{(0)}) = \begin{pmatrix} 1 & 1 & \vdots & -7 \\ 0,00031 & 1 & \vdots & -3 \end{pmatrix}$$

und

$$\left(A^{(1)}, b_1\right) \approx \begin{pmatrix} 1 & 1 & \vdots & -7 \\ 0 & 0,9997 & \vdots & -2,999 \end{pmatrix},$$

welches die Lösung $x_1 \sim -4,001$, $x_2 = -2,999$ ergibt, die offenbar sehr viel dichter an der exakten Lösung liegt.

Daß die Cramersche Regel für $m > 3$ nicht benutzt werden soll, zeigen die angegebenen Anzahlen von Punktrechnungen. Eindruckvoller verdeutlicht wohl Tabelle 5.5.1, welche unterschiedlichen Rechenzeiten auftreten. (Diese Tabelle ist dem Vorlesungsskriptum von R. Jeltsch entnommen.) Neben Angaben zur Cramerschen Regel und dem Gaußschen Eliminierungsverfahren ist der von Volker Strassen gefundene Algorithmus behandelt. Übrigens kann mit Methoden

5 Matrizen, Determinanten, lineare Gleichungssysteme

der Komplexitätstheorie gezeigt werden, daß die Anzahl der Multiplikationen zum direkten Lösen des Gleichungssystemes $Ax = b$ mit $m^{2,7}$ wächst. Aus der Tabelle ergibt sich, daß der Algorithmus von Strassen nur für sehr große m effizienter wird als die Gaußsche Elimination. Deren Programmierung ist wesentlich einfacher, so daß es angebracht ist, die Gaußsche Eliminierungsmethode zu benutzen.

Verfahren	Cramersche Regel	Gauß-Elimination	Strassen-Algorithm.
Zahl Multipl.	$(m+1)!$	$\frac{m^3}{3}$	$2,76 \cdot m^{2,8}$
m			
9	$4 \cdot 10^{-2}$ sec		
10		$3 \cdot 10^{-6}$ sec	$2 \cdot 10^{-5}$ sec
11	$4,8$ sec		
12	1 min		
13	$14,5$ min		
15	$3,6$ Stunden		
16	41 Tage		
17	2 Jahre		
18	38 Jahre		
19	770 Jahre		
20	16 Jahrtausende	$3 \cdot 10^{-5}$ sec	$1,2 \cdot 10^{-4}$ sec
50	$2,5 \cdot 10^{40}$ LU	$4 \cdot 10^{-4}$ sec	$1,6 \cdot 10^{-3}$ sec
100	$> 1,5 \cdot 10^{134}$ LU	$3 \cdot 10^{-3}$ sec	$1,1 \cdot 10^{-2}$ sec
500		$4 \cdot 10^{-1}$ sec	1 sec
1000		3 sec	7 sec
10000		55 min	73 min
100000		39 Tage	32 Tage
1000000		106 Jahre	55 Jahre

Schätzungen für die Rechenzeit, die zum Auflösen linearer Gleichungssysteme auf einem Rechner benötigt wird. Dabei wird von einem Rechner ausgegangen, der 10^8 Multiplikationen pro Sekunde ausführen kann (LU = Lebensalter unseres Universums, ca. 10^{10} Jahre).

Tabelle 5.5.1

Oftmals treten spezielle Matrizen auf, in denen viele Koeffizienten verschwinden. Dann läßt sich der Gaußsche Algorithmus viel schneller als im allgemeinen Fall durchführen; die inverse Matrix besitzt jedoch eventuell nur wenig Nullen.

5.5.6 Definition Eine $m \times m$-Matrix $A = (a_{ij})$ heißt *Bandmatrix*, falls natürliche Zahlen p, q gibt, so daß $a_{ij} = 0$ für $j > i+p$, $i > j+q$. Dann heißt $w = p+q+1$ *Bandbreite* der Matrix.

5.5.6 Definition Eine $m \times m$-Matrix $A = (a_{ij})$ heißt *Bandmatrix*, falls natürliche Zahlen p, q gibt, so daß $a_{ij} = 0$ für $j > i+p$, $i > j+q$. Dann heißt $w = p+q+1$ *Bandbreite* der Matrix.

Eine *Bandmatrix* hat die Form

$$\begin{pmatrix}
a_{11} & a_{12} & \cdots & a_{1,p+1} & & & & & \\
a_{21} & a_{22} & \cdots & a_{2,p+1} & a_{2,p+2} & & & & \\
\vdots & & \ddots & \vdots & \vdots & \ddots & & & \\
a_{q+1,1} & a_{q+1,2} & \cdots & a_{q+1,p+1} & a_{q+1,p+2} & \cdots & a_{q+1,w} & & \\
& a_{q+2,2} & \cdots & a_{q+2,p+2} & a_{q+2,p+2} & \cdots & a_{q+2,w} & a_{q+2,w+1} & \\
& & \ddots & & & & \vdots & \vdots & \ddots \\
& & & & \cdots & & & & \cdots & a_{m-p,m} \\
& & \ddots & & \vdots & & \vdots & \vdots & & \vdots \\
& & & a_{m,m-q} & \cdots & a_{m,w} & a_{m,w+1} & \cdots & a_{m,m}
\end{pmatrix}$$

Bandmatrizen treten in Anwendungen sehr häufig auf, z.B. wenn in einem Modell sich nur geometrische benachbarte Größen gegenseitig direkt beeinflussen (Stabwerke, elektrische Netze, FE-Modelle) Dazu müssen wir den „bezgl. gegenseitiger Einflußnahme benachbarte Größen" auch „benachbarte Indizes" gegeben werden. Für große Systeme können wir geeignete Algorithmen heranziehen, die eine optimale Indizierung der Größen herstellen. Den Vorteil von Bandmatrizen zeigt der folgende

5.5.7 Satz

(a) *Läßt sich die Gaußsche Elimination der Bandmatrix 5.5.6 durchführen, so besitzt die Linksdreiecksmatrix L der LR-Zerlegung die Bandbreite $q + 1$, die Rechtsdreiecksmatrix R die Bandbreite $p + 1$.*

(b) *Um zur LR-Zerlegung zu gelangen, sind etwa $p \cdot q \cdot m$ Multipikationen erforderlich; Vorwärts-und Rückwärtseinsetzen benötigen zusammen ca. $(p + q + 1) \cdot m$ Produktoperationen.* □

Dagegen ist A^{-1} auch für eine Bandmatrix i.a. eine vollbesetze Matrix. Z.B. kann das Inverse einer Linksdreiecksmatrix der Bandbreite 2 eine solche der Bandbreite m sein:

$$\begin{pmatrix} 1 & & & & & \\ \ell_2 & 1 & & & & \\ & \ell_3 & 1 & & & \\ & & \ddots & \ddots & & \\ & & & \ell_{m-1} & 1 & \\ & & & & \ell_m & 1 \end{pmatrix}^{-1}$$

$$= \begin{pmatrix} 1 & 0 & & & & \\ -\ell_2 & 1 & & & & \\ \ell_2\ell_3 & -\ell_3 & & & & \\ \vdots & \vdots & \ddots & & & \\ (-1)^{m-2}\ell_2\ldots\ell_{m-1} & (-1)^{m-3}\ell_3\ldots\ell_{m-1} & & & 1 & 0 \\ (-1)^{m-1}\ell_2\ldots\ell_m & (-1)^{m-2}\ell_3\ldots\ell_m & & & -\ell_m & 1 \end{pmatrix}.$$

Für die spezielle Klasse der positiv definiten Matrizen läßt sich der Arbeits- und Speicheraufwand zur Gewinnung der LR-Zerlegung stark reduzieren; diese Matrizen entsprechen den verschiedenen Metriken auf dem Vektorraum. Sie spielen diese Rolle bei der Behandlung von quadratischen Formen oder deren geometrischen Äquivalenten: den Hyperflächen 2. Ordnung, vgl. Kapitel 11.

5.5.8 Definition Eine Matrix A heißt *symmetrisch*, wenn $A = A^t$ ist. Eine symmetrische reelle Matrix A heißt *positiv semi-definit*, wenn $x^t A x \geq 0$ $\forall x \in \mathbb{R}^m$ ist, sie heißt *positiv definit*, wenn $x^t A x > 0$ $\forall x \in \mathbb{R}^m$, $x \neq 0$ ist.

Das Gaußsche Eliminationsverfahren läßt sich für positiv definite Matrizen stets durchführen.

5.5.10 Satz *Zu jeder reellen positiv definiten Matrix A gibt es eine obere Dreiecksmatrix $R = (r_{ij})$ mit den folgenden Eigenschaften:*

(i) $\qquad\qquad r_{ij} = 0, \quad i > j,$
(ii) $\qquad\qquad r_{ii} > 0, \quad 1 \leq i \leq m,$
(iii) $\qquad\qquad A = R^t R \qquad (Cholesky - Zerlegung).$

Sind umgekehrt für eine reelle Matrix R die Bedingungen (i – iii) erfüllt, so ist A positiv definit.

5.5 Numerische Lösung linearer Gleichungssysteme

B e w e i s   Es mögen nun die Bedingungen (i–iii) gelten. Dann gilt:

$$A^t = (RR^t)^t = R^t R = A,$$

$$x^t A x = x^t R^t R x = (Rx)^t Rx = y^t y = \sum_{i=1}^{m} y_i^2 \geq 0 \quad \text{mit } y = Rx.$$

Ist $\det R = \prod_{i=1}^{m} r_{ii} > 0$, so folgt:

$$x^t A x = 0 \iff y = Rx = 0 \iff x = 0.$$

Um die entgegengesetzte Richtung zu beweisen, müssen wir für eine obere Dreieckmatrix $R = (r_{ij})$ das Gleichungssystem $R^t R = A$ lösen, d.h.

$$\begin{pmatrix} r_{11} & & & & & \\ r_{12} & r_{22} & & & & \\ \vdots & \vdots & \ddots & & 0 & \\ r_{1j} & r_{2j} & \cdots & r_{jj} & & \\ \vdots & \vdots & \ddots & \vdots & \ddots & \\ r_{1m} & r_{2m} & \cdots & r_{km} & \cdots & r_{mm} \end{pmatrix} \begin{pmatrix} r_{11} & r_{12} & \cdots & r_{1j} & \cdots & r_{1m} \\ & r_{22} & \cdots & r_{2j} & \cdots & r_{2m} \\ & & \ddots & \vdots & & \vdots \\ & & & r_{jj} & \cdots & r_{jm} \\ & 0 & & & \ddots & \cdots \\ & & & & & r_{mm} \end{pmatrix}$$

$$= \begin{pmatrix} a_{11} & a_{12} & \cdots & a_{1j} & \cdots & a_{1m} \\ a_{21} & a_{22} & \cdots & a_{2j} & \cdots & a_{2m} \\ \vdots & \vdots & \ddots & \vdots & \ddots & \vdots \\ a_{k1} & a_{k2} & \cdots & a_{kj} & \cdots & a_{km} \\ \vdots & \vdots & \ddots & \vdots & \ddots & \vdots \\ a_{m1} & a_{m2} & \cdots & a_{mj} & \cdots & a_{mm} \end{pmatrix},$$

also sind zu lösen

$$a_{kj} = r_{1k} r_{1j} + r_{2k} r_{2j} + \ldots + r_{k-1,k} r_{k-1,j} + r_{kk} r_{kj}.$$

Es seien nun die ersten $k-1$ Zeilen von R schon bekannt. Dann erhalten wir für $j = k$

$$a_{kk} = \sum_{\ell=1}^{k-1} r_{\ell k}^2 + r_{kk}^2,$$

wobei die in der Summe stehenden Terme schon berechnet sind, also gewinnen wir r_{kk}. Für $j > k$ ist zu lösen

$$a_{kj} = \sum_{\ell=1}^{k-1} r_{\ell k} r_{\ell j} + r_{kk} r_{kj},$$

188   5 Matrizen, Determinanten, lineare Gleichungssysteme

wo alle Terme bis auf r_{kj} schon bekannt sind, weshalb wir

$$r_{kj} = \frac{1}{r_{kk}} \left(a_{kj} - \sum_{\ell=1}^{k-1} r_{\ell k} r_{\ell j} \right), \quad k < j \leq m,$$

(mit $r_{kk} \neq 0$) setzen. Dies ergibt einen Algorithmus, wenn $a_{kk} - \sum_{\ell=1}^{k-1} r_{\ell k}^2 > 0$. Die letzte Bedingung ist aber notwendig dafür, daß A positiv definit ist: Zum Nachweis betrachten wir zunächst die linken oberen $k \times k$-Untermatrizen A_k und R_k von A und R. Indem wir zum Testen die Spalten nehmen, deren letzten $(n-k)$ Koeffizienten verschwinden, sehen wir, daß auch A_k positiv definit ist. Ferner ist schon $A_k = R_k^t R_k$. Wäre $r_{kk} = 0$, so wäre $\det R_k = 0$, also auch $\det A_k = 0$, und dann könnte A_k nicht positiv definit sein. □

5.5.11 Cholesky-Verfahren. Ist A eine symmetrische Matrix, so berechnen wir für $k = 1, \ldots, m$

(i) $$S := a_{kk} - \sum_{\ell=1}^{k-1} r_{\ell k}^2.$$

Ist $S \leq 0$, so bricht das Verfahren ab und A ist nicht positiv definit; sonst setzen wir $r_{kk} = \sqrt{S} > 0$ und

$$r_{kj} = \frac{1}{r_{kk}} \left(a_{kj} - \sum_{\ell=1}^{k-1} r_{\ell k} r_{\ell j} \right), \quad k+1 \leq j \leq m.$$

Dieses *Cholesky-Verfahren* kann auch genommen werden, um die positive Definitheit zu verifizieren.

5.5.12 Beispiel Die Matrix

$$\begin{pmatrix} 1 & 2 & 1 \\ 2 & 8 & -4 \\ 1 & -4 & 14 \end{pmatrix}$$

ist symmetrisch. Für die erste Zeile, d.h. $k = 1$, von R sind

$$r_{11} = \sqrt{a_{11}} = 1, \quad r_{12} = \frac{a_{12}}{r_{11}} = 2, \quad r_{13} = \frac{a_{13}}{r_{11}} = 1,$$

zu nehmen, für die zweite, d.h. $k = 2$,

$$r_{22} = \sqrt{a_{22} - r_{12}^2} = \sqrt{4} = 2, \quad r_{23} = \frac{a_{23} - r_{12} r_{13}}{r_{22}} = -3$$

und schließlich für die dritte Zeile, d.h. $k = 3$,
$$r_{33} = \sqrt{a_{33} - r_{13}^2 - r_{23}^2} = 2.$$
Also erhalten wir die Zerlegung
$$A = \begin{pmatrix} 1 & 0 & 0 \\ 2 & 2 & 0 \\ 1 & -3 & 2 \end{pmatrix} \begin{pmatrix} 1 & 2 & 1 \\ 0 & 2 & -3 \\ 0 & 0 & 2 \end{pmatrix} = R^t R.$$
Die positive Definitheit läßt sich an diesem Beispiel gut verifizieren:
$$x^t A x = x_1^2 + 8x_2^2 + 14x_3^2 + 2(2x_1x_2 + 1x_1x_3 - 4x_2x_3) =$$
$$x^t R^t R x = (Rx)^t Rx = (1x_1 + 2x_2 + 1x_3)^2 + (2x_2 - 3x_3)^2 + (2x_3)^2.$$
Dieser Ausdruck ist nicht negativ und verschwindet nur, wenn $x_3 = 0$, $x_2 = 0$ und schließlich auch $x_1 = 0$ ist.

Aufgaben

5.5.A1 Lösen Sie das lineare Gleichungssystem $\begin{pmatrix} 1 & \frac{1}{2} & \frac{1}{3} \\ \frac{1}{2} & \frac{1}{3} & \frac{1}{4} \\ \frac{1}{3} & \frac{1}{4} & \frac{1}{5} \end{pmatrix} x = \begin{pmatrix} 1 \\ 0 \\ 0 \end{pmatrix}$ mittels des Gaußschen Eliminationsverfahrens.

5.5.A2 Bestimmen Sie die LR-Zerlegung der Matrix aus 5.5.A1.

5.5.A3 Bestimmen Sie die Cholesky-Zerlegung der Matrix aus 5.5.A1.

5.5.A4 Für die Invertierung einer Matrix und für die Lösung von linearen Gleichungssystemen kennen wir verschiedene Methoden: einmal das Gauß-Verfahren (elementare Zeilenumformungen) oder alternativ die Berechnung der adjungierten Matrix bzw. die Cramersche Regel. Für die letztgenannten Methoden müssen einige Determinanten berechnet werden. Schätzen Sie unter der Annahme, daß die Determinanten nach der effizientesten Methode gemäß 5.3.A11 berechnet werden, ab, wie viele Rechenschritte der verschiedenen Arten notwendig sind zur Invertierung einer $n \times n$-Matrix sowie zur Lösung eines linearen Gleichungssystems mit n Gleichungen in n Unbekannten und zwar nach dem Gauß-Eliminationsverfahren oder dem „Determinantenverfahren". Vergleichen Sie wieder die Werte für $n = 8$.

5.6 Fehleranalyse

In diesem Abschnitt wollen wir einen kleinen Abstecher in die Fehlertheorie machen. Prinzipiell ergeben schon die Eingaben von Größen Fehler und diese

5 Matrizen, Determinanten, lineare Gleichungssysteme

werden sich beim Rechnen dann möglicherweise vergrößern. Um die Genauigkeit des Ergebnisses abschätzen zu können, müssen wir uns ein Vorstellung davon verschaffen, wie sich Fehler fortpflanzen.

Statt des exakten Gleichungssystemes $Ax = b$ löst der Rechner ein System $\tilde{A}\tilde{x} = \tilde{b}$, wobei die Fehler $\Delta A := \tilde{A} - A$ und $\Delta b := \tilde{b} - b$ als klein angenommen werden können. Untersucht wird der Fehler $\Delta x := \tilde{x} - x$ oder auch der relative Fehler $\frac{\Delta x}{x}$. Letzterer läßt sich im eindimensionalen Fall gut bilden. Dann liegt eine Gleichung und ihre fehlerhafte Variante vor:

$$ax = b, \quad \tilde{a}\tilde{x} = (a + \Delta a)(x + \Delta x) = b + \Delta b = \tilde{b}$$

mit $a, b, x, \tilde{a}, \tilde{b}, \tilde{x} \in \mathbb{R}$. Dann ist

$$\Delta x = a^{-1}(\Delta b - \Delta a \cdot x - \Delta a \cdot \Delta x) \sim a^{-1}(\Delta b - \Delta a \cdot x),$$

und der relative Fehler ist

$$\frac{\Delta x}{x} \sim \frac{\Delta b}{b} - \frac{\Delta a}{a}$$

und somit

$$\frac{|\Delta x|}{|x|} \lesssim \frac{|\Delta b|}{|b|} + \frac{|\Delta a|}{|a|}.$$

Für lineare Gleichungssysteme läßt sich der absolute Fehler ganz analog durch

$$\Delta x \sim A^{-1}(\Delta b - \Delta A \cdot x)$$

approximieren (wieder wird ein $\Delta A \cdot \Delta x$ vernachlässigt). Auch hier läßt sich nicht voraussagen, wie sich die Fehler Δb und $\Delta A \cdot x$ zueinander verhalten, und wir müssen annehmen, daß sie sich gegenseitig verstärken. Zum Messen der Fehler brauchen wir ein Größenmaß für die Vektoren Δx, das den Betrag vom Fall der Dimension 1 ersetzt. Gebräuchlich sind die folgenden Normen.

5.6.1 Definition Für $x \in \mathbb{R}^m$ werden die folgenden *Normen* häufig benutzt:

$\|x\|_2 := \sqrt{x_1^2 + \ldots + x_m^2}$ (euklidische Norm, Länge),
$\|x\|_\infty := \max_{1 \leq i \leq m} |x_i|$ (Maximumsnorm, ∞-Norm),
$\|x\|_1 := |x_1| + \ldots + |x_m|$ (1-Norm, Summennorm).

Offenbar gilt

$$\|x\|_\infty \leq \|x\|_2 \leq \|x\|_1 \leq \sqrt{m}\|x\|_2 \leq \|x\|_\infty,$$

und deshalb lassen sich aus Abschätzungen in einer Norm auch solche für die anderen gewinnen, die Normen sind also in dem folgenden Sinne äquivalent:

5.6 Fehleranalyse

5.6.2 Definition Zwei Normen $\|\cdot\|$, $\|\cdot\|_*$ heißen *äquivalent*, wenn es zwei positive Zahlen c, C gibt, so daß

$$c\|x\| \leq \|x\|_* \leq C\|x\| \quad \text{für alle } x \in \mathbb{R}^m.$$

5.6.3 Definition Gegeben sei eine Norm $\|\cdot\|$ des $\mathbb{R}^m$, ferner eine $m \times m$-Matrix A. Dann heißt

$$\|A\| := \max_{\|x\|=1} \|Ax\| = \max_{x \neq 0} \frac{\|Ax\|}{\|x\|}$$

die zugehörige Matrix- oder Grenzennorm. Es ist $\|A\|$ die *maximale Streckung* der Abbildung $x \mapsto Ax$.

Die folgenden Aussagen ergeben sich unmittelbar aus den Definitionen.

5.6.4 Rechenregeln.

(a) $\quad \|Ax\| \leq \|A\| \, \|x\| \quad$ (Verträglichkeitsbedingung),
(b) $\quad \|AB\| \leq \|A\| \, \|B\|$;

denn

$$\|AB\| = \max_{\|x\|=1} \|ABx\| \leq \max_{\|x\|=1} \|A\| \, \|Bx\| \quad \text{nach (a)}$$
$$= \|A\| \max_{\|x\|=1} \|Bx\| = \|A\| \, \|B\|.$$

5.6.5 Satz *Für die Normen $\|\cdot\|_2$, $\|\cdot\|_\infty$, $\|\cdot\|_1$ des $\mathbb{R}^m$ gilt:*

(a) $\|A\|_2 = \sqrt{|\lambda_{\max}(A^t A)|}$, *wobei $\lambda_{\max}(A^t A)$ der Spektralradius, d.h. der betragsmäßig größte Eigenwert von $A^t A$, ist,*

(b) $\|A\|_\infty = \max_{1 \leq i \leq m} \sum_{j=1}^{m} |a_{ij}| \quad$ (*Zeilensummenmaximumsnorm*),

(c) $\|A\|_1 = \max_{1 \leq j \leq m} \sum_{i=1}^{m} |a_{ij}| \quad$ (*Spaltensummenmaximumsnorm*).

(d) $\dfrac{1}{m}\|A\|_\infty \leq \dfrac{1}{\sqrt{m}}\|A\|_2 \leq \|A\|_1 \leq \sqrt{m}\|A\|_2 \leq m\|A\|_\infty.$

Beweis Zu (a): Die euklidische Norm $\|\cdot\|_2$ ist invariant gegenüber orthogonalen Abbildungen. Da die Matrix $A^t A$ symmetrisch ist, läßt sie sich durch Konjugation mit einer orthogonalen Matrix auf Diagonalgestalt bringen. Für eine Diagonalmatrix D aber ist klar, daß $\|Dx\|_2 \leq |\lambda_{\max}| \cdot \|x\|$ ist. □

Als nächstes wollen wir nun den Einfluß eines Eingabefehlers abschätzen. Der Einfachheit halber nehmen wir an, daß die Matrix A fehlerfrei gegeben, aber die Eingabe $\tilde{b}$ fehlerhaft ist. Dann ist

$$A\tilde{x} = \tilde{b},\ A\Delta x = \Delta b \implies \Delta x = A^{-1}\Delta b \implies \|\Delta x\| \leq \|A^{-1}\| \cdot \|\Delta b\|,$$
$$Ax = b \implies \|A\| \cdot \|x\| \geq \|b\|,$$

und für den relativen Fehler gilt

$$\frac{\|\Delta x\|}{\|x\|} \leq \frac{\|A^{-1}\| \cdot \|\Delta b\|}{\|A\|^{-1} \cdot \|b\|} = \|A^{-1}\| \cdot \|A\| \frac{\|\Delta b\|}{\|b\|},$$

falls $b \neq 0$ ist. Dieses fassen wir zusammen in

5.6.6 Definition und Satz

(a) *Es heißt* $\mathrm{cond}_{\|\ \|}(A) := \|A^{-1}\| \cdot \|A\|$ *Konditionszahl der Matrix A.*

(b) *Der durch den Fehler der rechten Seite b von $Ax = b$ entstandene relative Fehler von $\tilde{x}$ läßt sich unter der Voraussetzung, daß A exakt und $b \neq 0$ ist, wie folgt abschätzen:*

(i) $$\frac{\|\Delta x\|}{\|x\|} \leq \mathrm{cond}_{\|\ \|}(A) \cdot \frac{\|\Delta b\|}{\|b\|}.$$

Hier gilt Gleichheit, wenn

(ii) $$\|\Delta x\| = \|A^{-1}\|\ \|\Delta b\|, \quad \|x\| = \frac{\|b\|}{\|A\|}.$$

(c) *Es gilt stets* $\mathrm{cond}_{\|\ \|}(A) \geq 1$.

Beweis Es bleibt nur noch (c) zu zeigen, und das ergibt sich aus

$$1 = \|E_m\| = \|A^{-1}A\| \leq \|A^{-1}\| \cdot \|A\| \quad \text{nach 5.6.4 (b)}$$
$$= \mathrm{cond}_{\|\ \|}(A).$$
□

Die Konditionszahl hängt natürlich von der Norm ab; dem wird durch den Index Rechnung getragen. Sind $\text{cond}_1(A)$, $\text{cond}_2(A)$ und $\text{cond}_\infty(A)$ die zu den Normen $\|\ \|_1$, $\|\ \|_2$ und $\|\ \|_\infty$ gehörigen Konditionszahlen, so ergibt sich aus 5.6.5 (d) unmittelbar

$$\frac{1}{m^2}\text{cond}_\infty(A) \leq \frac{1}{m}\text{cond}_2(A) \leq \text{cond}_1(A) \leq m\cdot \text{cond}_2(A) \leq m^2 \text{cond}_\infty.$$

5.6.7 Geometrische Deutung Die lineare Abbildung $y \mapsto z = A^{-1}y$ hat die *maximale Streckung* $\|A^{-1}\|$, siehe 5.6.3. Die *minimale Streckung* oder *maximale Stauchung* ist gegeben durch

$$\min_{\|y\|=1} \|A^{-1}y\| = \min_{z\neq 0} \frac{\|z\|}{\|Az\|} = \frac{1}{\|A\|}, \quad \text{also}$$

$$\|z\| = \|A^{-1}y\| \geq \frac{1}{\|A\|}\|y\|.$$

Wenn wir beachten, daß Δx und x die Bilder von Δb und b unter der linearen Abbildung $y \mapsto z = A^{-1}y$ sind, so erhalten für den absoluten Fehler die Abschätzung

(1) $$\|\Delta x\| \leq \|A^{-1}\|\ \|\Delta b\|;$$

denn $\|A^{-1}\|$ ist ja der größte Streckungsfaktor. Der relative Fehler wird am größten, wenn zu einer maximalen Streckung von Δb eine maximale Stauchung von b hinzukommt, d.h.

(2) $$\|x\| = \frac{1}{\|A\|}\cdot\|b\|.$$

Zusammen ergeben (1) und (2) die Bedingung 5.6.6 (i) und dort tritt das Gleichheitszeichen genau dann ein, wenn b so ist, daß es durch A^{-1} maximal gestaucht wird, während Δb durch A^{-1} dagegen maximal gestreckt wird. Die Konditionszahl von A ist somit das Verhältnis von maximaler zu minimaler Streckung bei der Abbildung $y \mapsto z = A^{-1}y$ und mißt also, wieweit das Bild einer Sphäre von der Sphärengestalt abweicht.

Eine Schätzung der Konditionszahl ist gegeben durch $|\lambda_{\max}|/|\lambda_{\min}|$, wobei $\lambda_{\max}$ und $\lambda_{\min}$ die betragsmäßig größten bzw. kleinsten Eigenwerte von A sind. Übrigens stimmen die Konditionszahlen von A und A^{-1} überein, so daß also das Berechnen von Az genauso gut/schlecht konditioniert ist wie das von $A^{-1}z$.

Unterliegt auch die Matrix A einer Störung, so gilt

5 Matrizen, Determinanten, lineare Gleichungssysteme

5.6.8 Satz *Sind A und $\tilde{A} = A + \Delta A$ reguläre relle quadratische Matrizen und gilt*

$$\operatorname{cond}_{\|\ \|}(A)\frac{\|\Delta A\|}{\|A\|} < 1,$$

so gilt

$$\frac{\|\Delta x\|}{\|x\|} \leq \frac{\operatorname{cond}_{\|\ \|}(A)}{1 - \operatorname{cond}_{\|\ \|}(A)\frac{\|\Delta A\|}{\|A\|}} \left(\frac{\|\Delta A\|}{\|A\|} + \frac{\|\Delta b\|}{\|b\|}\right).$$

Zum Beweis siehe J. Stoer [1979], S. 154. Für $\Delta A = 0$ ergibt sich die alte Abschätzung. Bei schlecht konditionierten Matrizen können Input- und Rundungsfehler große Auswirkungen haben.

5.6.9 Beispiel Es seien die exakten Größen

$$A = \begin{pmatrix} 3 & 1,001 \\ 6 & 1,997 \end{pmatrix} \quad \text{und} \quad b = \begin{pmatrix} 1,999 \\ 4,003 \end{pmatrix}$$

gegeben. Dann ist

$$\|A\|_\infty = \max\{|3| + |1,0001|,\ |6| + |1,997|\} = 7,997,$$
$$A^{-1} = \frac{1}{-0,015}\begin{pmatrix} 1,997 & -1,001 \\ -6 & 3 \end{pmatrix},$$
$$\|A^{-1}\|_\infty = 600 \quad \text{und} \quad \operatorname{cond}_\infty(A) = 4798,2.$$

Werden A und b durch

$$\tilde{A} = \begin{pmatrix} 3 & 1 \\ 6 & 1,997 \end{pmatrix} \quad \text{bzw.} \quad \tilde{b} = \begin{pmatrix} 2,002 \\ 4 \end{pmatrix}$$

ersetzt, so ist

$$\Delta A = \begin{pmatrix} 0 & 0,001 \\ 0 & 0 \end{pmatrix}, \quad \text{also} \quad \|\Delta A\|_\infty = 0,001,$$
$$\Delta b = \begin{pmatrix} -0,003 \\ 0,003 \end{pmatrix}, \quad \text{also} \quad \|\Delta b\|_\infty = 0,003,$$

und somit nach 5.6.8
$$\frac{\|\Delta x\|_\infty}{\|x\|_\infty} \leq 10,4898.$$

Die Lösungen sind $x = (1, -1)^t$, $\tilde{x} = (0,2229 , 1,\bar{3})^t$ und der tatsächliche relative Fehler ist
$$\frac{\|\Delta x\|_\infty}{\|x\|_\infty} \approx 2,333.$$
Die Abschätzung in 5.6.8 wird umso schlechter, je näher die Größe $\text{cond}_{\|\ \|}(A)\frac{\|\Delta A\|}{\|A\|}$ bei 1 liegt.

6 Euklidische und unitäre Vektorräume und Räume

In diesem Kapitel betrachten wir Vektorräume über dem Körper $\mathbb{R}$ der reellen und dem Körper $\mathbb{C}$ der komplexen Zahlen. $\mathbb{R}$ ist ein angeordneter Körper, in dem jede positive Zahl ein Quadrat ist. In $\mathbb{C}$ ist sogar jedes Element ein Quadrat, mehr noch: Nach dem Fundamentalsatz der Algebra hat jedes nichtkonstante Polynom über $\mathbb{C}$ eine Nullstelle in $\mathbb{C}$. Wegen dieser Eigenschaften lassen sich für $\mathbb{R}$- bzw. $\mathbb{C}$-Vektorräume Aussagen beweisen, die bei beliebigen Grundkörpern nicht zu erzielen sind.

Ferner leiten wir geometrische Eigenschaften aus algebraischen Sätzen über Vektorräume her. Als weitere Anwendung behandeln wir Banachräume und lineare gewöhnliche Differentialgleichungen.

6.1 Skalarprodukt und Orthogonalität

Wir beginnen mit Vektorräumen über $\mathbb{R}$, in denen wir einen Längenbegriff einführen.

Euklidische Vektorräume

Die folgende Definition ist durch 4.6.8–11 motiviert.

6.1.1 Definition Sei V ein Vektorraum über $\mathbb{R}$. Ein *Skalarprodukt* oder ein *inneres Produkt auf* V ist eine Funktion $s\colon V \times V \to \mathbb{R}$, so daß für alle $\mathfrak{x}, \mathfrak{y}, \mathfrak{z} \in V$ und $a \in \mathbb{R}$ gilt:

(S1) $\quad s(\mathfrak{x} + \mathfrak{y}, \mathfrak{z}) = s(\mathfrak{x}, \mathfrak{z}) + s(\mathfrak{y}, \mathfrak{z}),$
(S2) $\quad s(a\mathfrak{x}, \mathfrak{y}) = as(\mathfrak{x}, \mathfrak{y}),$
(S3) $\quad s(\mathfrak{x}, \mathfrak{y}) = s(\mathfrak{y}, \mathfrak{x}),$
(S4) $\quad \mathfrak{x} \neq 0 \implies s(\mathfrak{x}, \mathfrak{x}) > 0.$

6.1.2 Beispiele
(a) Es ist $s\colon \mathbb{R}^n \times \mathbb{R}^n \to \mathbb{R}$, $s(\mathfrak{x}, \mathfrak{y}) := x_1 y_1 + \ldots + x_n y_n$, ein Skalarprodukt auf $\mathbb{R}^n$; es heißt das *kanonische Skalarprodukt auf* $\mathbb{R}^n$. Weil jeder endlichdimensionale Vektorraum über $\mathbb{R}$ zu einem $\mathbb{R}^n$ isomorph ist, besitzt somit jeder Vektorraum über $\mathbb{R}$ ein Skalarprodukt.

(b) Das folgende Skalarprodukt ist verschieden von dem kanonischen:

$$s\colon \mathbb{R}^2 \times \mathbb{R}^2 \to \mathbb{R}, \quad s(\mathfrak{x}, \mathfrak{y}) := 4x_1y_1 - 2x_1y_2 - 2x_2y_1 + 3x_2y_2.$$

(Verifizieren Sie die Eigenschaften (S1-4)!)

(c) Seien $a, b \in \mathbb{R}$, $a < b$, und V die Menge aller stetigen Funktionen $f\colon [a, b] \to \mathbb{R}$. Für $f, g \in V$ und $c \in \mathbb{R}$ war $f+g \in V$, $cf \in V$ durch $(f+g)(x) := f(x) + g(x)$ bzw. $(cf)(x) := cf(x)$ $\forall x \in [a, b]$ definiert worden. Mit diesen Operationen ist V ein Vektorraum über $\mathbb{R}$, vgl. 4.1.2 (f). Durch

$$s(f, g) := \int_a^b f(t)g(t)dt$$

wird auf V ein Skalarprodukt definiert. (Beweis!)

(d) Es sei $\ell^2 = \{(x_1, x_2, x_3, \ldots) : x_i \in \mathbb{R}, \sum_{i=1}^{\infty} x_i^2 < \infty\}$. Durch komponentenweise Addition bzw. Multiplikation jeder Komponente mit einem Skalar wird ℓ^2 zu einem Vektorraum. Das innere Produkt auf ℓ^2 wird erklärt durch

$$s((x_1, x_2, \ldots), (y_1, y_2, \ldots)) := \sum_{i=1}^{\infty} x_i y_i.$$

Der erhaltene Raum mit Skalarprodukt heißt *Hilbertscher Folgenraum*.

6.1.3 Definition Ein Vektorraum über $\mathbb{R}$, auf dem ein festes Skalarprodukt gegeben ist, heißt *euklidischer Vektorraum*. Wir bezeichnen das Skalarprodukt mit $\langle \mathfrak{x}, \mathfrak{y} \rangle := s(\mathfrak{x}, \mathfrak{y})$. Es gelten dann folgende Rechenregeln:

Bilinearität: $\quad \langle a\mathfrak{x}_1 + b\mathfrak{x}_2, \mathfrak{y} \rangle = a\langle \mathfrak{x}_1, \mathfrak{y} \rangle + b\langle \mathfrak{x}_2, \mathfrak{y} \rangle,$
$\quad\quad\quad\quad\quad\quad \langle \mathfrak{x}, a\mathfrak{y}_1 + b\mathfrak{y}_2 \rangle = a\langle \mathfrak{x}, \mathfrak{y}_1 \rangle + b\langle \mathfrak{x}, \mathfrak{y}_2 \rangle.$
Speziell: $\quad \langle 0, \mathfrak{y} \rangle = \langle \mathfrak{x}, 0 \rangle = 0.$
Symmetrie: $\quad \langle \mathfrak{x}, \mathfrak{y} \rangle = \langle \mathfrak{y}, \mathfrak{x} \rangle.$
Positiv definit: $\quad \langle \mathfrak{x}, \mathfrak{x} \rangle \geq 0$ und $\langle \mathfrak{x}, \mathfrak{x} \rangle = 0 \iff \mathfrak{x} = 0.$

In der Sprechweise von 4.6.7 gilt: Jeder euklidische Vektorraum ist selbstdual.

Unitäre Vektorräume

Ist $z = a + ib$, $a, b \in \mathbb{R}$, eine komplexe Zahl, so heißt a *Realteil* und b *Imaginärteil* von z. Wir schreiben $a = \operatorname{Re} z$, $b = \operatorname{Im} z$. Es heißt $\bar{z} := a - ib$

198 6 Euklidische und unitäre Vektorräume und Räume

die *konjugiert-komplexe Zahl*. Die Zuordnung $\mathbb{C} \to \mathbb{C}$, $z \mapsto \bar{z}$, ist ein Körperautomorphismus, d.h. $\overline{z_1 + z_2} = \bar{z}_1 + \bar{z}_2$ und $\overline{z_1 z_2} = \bar{z}_1 \bar{z}_2$. Der Betrag von z ist $|z| := {}_+\sqrt{a^2 + b^2} = {}_+\sqrt{z\bar{z}}$. Genau dann ist $z = \bar{z}$, wenn z reell ist.

6.1.4 Definition Ein *Skalarprodukt* oder ein *inneres Produkt auf* einem Vektorraum V über $\mathbb{C}$ ist eine Funktion $s\colon V \times V \to \mathbb{C}$, so daß für alle $\mathfrak{x}, \mathfrak{y}, \mathfrak{z} \in V$ und $a \in \mathbb{C}$ gilt:

(S1) $\qquad s(\mathfrak{x} + \mathfrak{y}, \mathfrak{z}) = s(\mathfrak{x}, \mathfrak{z}) + s(\mathfrak{y}, \mathfrak{z}),$

(S2) $\qquad s(a\mathfrak{x}, \mathfrak{y}) = a s(\mathfrak{x}, \mathfrak{y}),$

(S3) $\qquad s(\mathfrak{x}, \mathfrak{y}) = \overline{s(\mathfrak{y}, \mathfrak{x})},$

(S4) $\qquad \mathfrak{x} \neq 0 \implies s(\mathfrak{x}, \mathfrak{x}) > 0.$

Die Aussage $s(\mathfrak{x}, \mathfrak{x}) > 0$ in (S4) ist möglich, da $s(\mathfrak{x}, \mathfrak{x}) = \overline{s(\mathfrak{x}, \mathfrak{x})}$ aus (S3) folgt, also $s(\mathfrak{x}, \mathfrak{x})$ reell ist. Es ist $s(\mathfrak{x}, a\mathfrak{x}) = \bar{a} s(\mathfrak{x}, \mathfrak{y})$.

6.1.5 Beispiele
(a) Das *kanonische Skalarprodukt* auf $\mathbb{C}^n$ ist definiert durch

$$s(\mathfrak{x}, \mathfrak{y}) = x_1 \bar{y}_1 + \ldots + x_n \bar{y}_n.$$

Weil jeder endlich-dimensionale Vektorraum über $\mathbb{C}$ zu einem $\mathbb{C}^n$ isomorph ist, besitzt jeder endlich-dimensionale Vektorraum über $\mathbb{C}$ ein Skalarprodukt.

(b) Analog zum Hilbertschen Folgenraum ℓ^2 aus 6.1.2 (d) können wir den Folgenraum über $\mathbb{C}$ erklären; jetzt aber ist das Skalarprodukt durch $\sum_{i=1}^{\infty} x_i \bar{y}_i$ gegeben.

6.1.6 Definition Ein Vektorraum über $\mathbb{C}$, auf dem ein festes Skalarprodukt gegeben ist, heißt *unitärer Vektorraum*. Wir schreiben $\langle \mathfrak{x}, \mathfrak{y} \rangle := s(\mathfrak{x}, \mathfrak{y})$. Es gelten dann folgende Rechenregeln:

„Bilinearität": $\qquad \langle a\mathfrak{x}_1 + b\mathfrak{x}_2, \mathfrak{y} \rangle = a\langle \mathfrak{x}_1, \mathfrak{y} \rangle + b\langle \mathfrak{x}_2, \mathfrak{y} \rangle,$

(hermitesch) $\qquad \langle \mathfrak{x}, a\mathfrak{y}_1 + b\mathfrak{y}_2 \rangle = \bar{a}\langle \mathfrak{x}, \mathfrak{y}_1 \rangle + \bar{b}\langle \mathfrak{x}, \mathfrak{y}_2 \rangle.$ (!)

Speziell: $\qquad \langle \mathfrak{x}, 0 \rangle = \langle 0, \mathfrak{y} \rangle = 0.$

Symmetrie: $\qquad \langle \mathfrak{x}, \mathfrak{y} \rangle = \overline{\langle \mathfrak{y}, \mathfrak{x} \rangle}.$

Positiv definit: $\qquad \langle \mathfrak{x}, \mathfrak{x} \rangle \geq 0.$

Ferner gilt $\langle \mathfrak{x}, \mathfrak{x} \rangle = 0$ genau dann, wenn $\mathfrak{x} = 0$ ist.

Längen von Vektoren

6.1.7 Definition und Satz *Sei V ein euklidischer oder unitärer Vektorraum. Für $\mathfrak{x} \in V$ heißt die reelle Zahl $\|\mathfrak{x}\| := \sqrt{\langle \mathfrak{x}, \mathfrak{x} \rangle}$* Länge, Norm *oder* Betrag *von $\mathfrak{x}$. Es heißt $\mathfrak{x}$* normierter Vektor *oder* Einheitsvektor, *wenn $\|\mathfrak{x}\| = 1$ ist. Für alle $\mathfrak{x}, \mathfrak{y} \in V$ und $a \in \mathbb{R}$ bzw. $a \in \mathbb{C}$ gilt:*

(a) $\|\mathfrak{x}\| \geq 0$; ferner $\|\mathfrak{x}\| = 0 \iff \mathfrak{x} = 0$;

(b) $\|a\mathfrak{x}\| = |a| \cdot \|\mathfrak{x}\|$;

(c) $\|\mathfrak{x} + \mathfrak{y}\| \leq \|\mathfrak{x}\| + \|\mathfrak{y}\|$.

B e w e i s   von (b)

$$\|a\mathfrak{x}\| = \sqrt{\langle a\mathfrak{x}, a\mathfrak{x} \rangle} = \sqrt{a\bar{a}\langle \mathfrak{x}, \mathfrak{x} \rangle} = \sqrt{a\bar{a}} \cdot \sqrt{\langle \mathfrak{x}, \mathfrak{x} \rangle} = |a| \cdot \|\mathfrak{x}\|.$$

Diese Rechnung gilt auch im reellen Fall, weil dann $\bar{a} = a$ ist.

Zum Beweis von 6.1.7 (c) brauchen wir

6.1.8 Cauchy-Schwarzsche Ungleichung *Für $\mathfrak{x}, \mathfrak{y} \in V$ gilt*

$$|\langle \mathfrak{x}, \mathfrak{y} \rangle| \leq \|\mathfrak{x}\| \cdot \|\mathfrak{y}\|,$$

wobei das Gleichheitszeichen genau dann gilt, wenn $\mathfrak{x}$ und $\mathfrak{y}$ linear abhängig sind.

B e w e i s   Für $\mathfrak{y} = 0$ ist das richtig. Sei $\mathfrak{y} \neq 0$ und $t = -\frac{\langle \mathfrak{x}, \mathfrak{y} \rangle}{\langle \mathfrak{y}, \mathfrak{y} \rangle}$. Es folgt

$$0 \leq \langle \mathfrak{x} + t\mathfrak{y}, \mathfrak{x} + t\mathfrak{y} \rangle = \|\mathfrak{x}\|^2 - \frac{|\langle \mathfrak{x}, \mathfrak{y} \rangle|^2}{\|\mathfrak{y}\|^2},$$

wobei das Gleichheitszeichen genau dann gilt, wenn $\mathfrak{x} + t\mathfrak{y} = 0$ ist. Durch Multiplikation mit der positiven Zahl $\|\mathfrak{y}\|^2$ folgt $|\langle \mathfrak{x}, \mathfrak{y} \rangle|^2 \leq \|\mathfrak{x}\|^2 \cdot \|\mathfrak{y}\|^2$ und daraus durch Wurzelziehen die Behauptung. $\square$

B e w e i s   von 6.1.7 (c):

$$\begin{aligned}\|\mathfrak{x} + \mathfrak{y}\|^2 &= \|\mathfrak{x}\|^2 + \langle \mathfrak{x}, \mathfrak{y} \rangle + \overline{\langle \mathfrak{x}, \mathfrak{y} \rangle} + \|\mathfrak{y}\|^2 = \|\mathfrak{x}\|^2 + 2\operatorname{Re}\langle \mathfrak{x}, \mathfrak{y} \rangle + \|\mathfrak{y}\|^2 \\ &\leq \|\mathfrak{x}\|^2 + 2|\langle \mathfrak{x}, \mathfrak{y} \rangle| + \|\mathfrak{y}\|^2 \quad\quad\quad (\text{da } \operatorname{Re}(z) \leq |z| \; \forall z \in \mathbb{C}) \\ &\leq \|\mathfrak{x}\|^2 + 2\|\mathfrak{x}\| \cdot \|\mathfrak{y}\| + \|\mathfrak{y}\|^2 \quad\quad\quad (\text{Cauchy} - \text{Schwarzsche Ungl.}) \\ &= (\|\mathfrak{x}\| + \|\mathfrak{y}\|)^2. \end{aligned}$$

$\square$

Orthogonalität und Winkel

6.1.9 Definition Sei V ein euklidischer oder unitärer Vektorraum. Zwei Vektoren $\mathfrak{x}, \mathfrak{y} \in V$ heißen *senkrecht* oder *orthogonal zueinander*, in Zeichen $\mathfrak{x} \perp \mathfrak{y}$, wenn $\langle \mathfrak{x}, \mathfrak{y} \rangle = 0$ gilt (vgl. 4.6.13). Eine Teilmenge $M \subset V$ heißt *Orthogonalsystem*, wenn $0 \notin M$ und für $\mathfrak{x}, \mathfrak{y} \in M$ mit $\mathfrak{x} \neq \mathfrak{y}$ gilt $\mathfrak{x} \perp \mathfrak{y}$; gilt außerdem noch $\|\mathfrak{x}\| = 1 \; \forall \mathfrak{x} \in M$, so heißt M *Orthonormalsystem* oder *orthonormiertes System von Vektoren*.

6.1.10 Satz
(a) $\mathfrak{x} \perp \mathfrak{y} \iff \mathfrak{y} \perp \mathfrak{x}$.
(b) $\mathfrak{x} \perp \mathfrak{y} \; \forall \mathfrak{y} \in V \iff \mathfrak{x} = 0$.
(c) *Jedes Orthonormalsystem M ist linear unabhängig.*
(d) *Ist $M = \{\mathfrak{v}_1, \ldots, \mathfrak{v}_n\}$ ein Orthonormalsystem und liegt $\mathfrak{x}$ in der linearen Hülle $[M]$ von M, so gilt:* $\mathfrak{x} = \sum_{j=1}^{n} \langle \mathfrak{x}, \mathfrak{v}_j \rangle \cdot \mathfrak{v}_j$. □

6.1.11 Beispiel In $\mathbb{R}^2$, versehen mit dem kanonischen Skalarprodukt, ist

$$\begin{pmatrix} \cos \alpha \\ \sin \alpha \end{pmatrix}, \begin{pmatrix} \mp \sin \alpha \\ \pm \cos \alpha \end{pmatrix}$$

ein Orthonormalsystem für $0 \leq \alpha < 2\pi$. Wir zeigen nun, daß das alle Orthonormalsysteme in $\mathbb{R}^2$ sind, d.h. *jedes Orthonormalsystem hat die Form* $\begin{pmatrix} \cos \alpha \\ \sin \alpha \end{pmatrix}$, $\pm \begin{pmatrix} -\sin \alpha \\ \cos \alpha \end{pmatrix}$, $0 \leq \alpha < 2\pi$. Ist $(a,c)^t, (b,d)^t$ ein Orthonormalsystem, so gilt

$$a^2 + c^2 = 1 = b^2 + d^2, \quad ab + cd = 0.$$

Ist $a = 0$, so ist auch $d = 0$, und es folgt $b, c \in \{1, -1\}$. Es liegt also einer der Fälle $(0, \sin(\pm\frac{\pi}{2}))^t$, $(\sin(\mp\frac{\pi}{2}), 0)^t$ vor.

Ähnlich schließen wir für $a = \pm 1$, daß ein Fall wie oben mit $\alpha = 0$ oder π vorliegt. Nun sei $0 < |a| < 1$. Dann gibt es $\alpha \in [0, 2\pi[$ mit $a = \cos\alpha$, $c = \sin\alpha$, vgl. Abb. 6.1.1. Ferner ergeben $b^2 + d^2 = 1$ und $ab + cd = 0$, daß $b \neq 0 \neq d$ ist. Für ein geeignetes β, $0 < \beta < 2\pi$, ist also $b = -\sin\beta$, $d = \cos\beta$. Dann ist

$$0 = ab + cd = -\cos\alpha \sin\beta + \sin\alpha \cos\beta = \sin(\alpha - \beta) \iff \alpha - \beta \equiv 0 \bmod \pi.$$

Auch jetzt liegt wieder ein Fall wie oben vor.

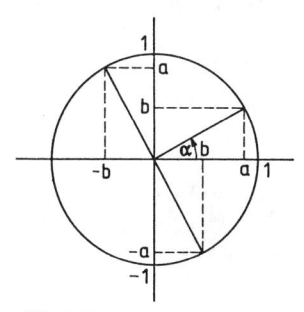

Abb. 6.1.1

6.1.12 Satz *Zu je k linear unabhängigen Vektoren $\mathfrak{x}_1, \ldots, \mathfrak{x}_k \in V$ gibt es ein orthonormiertes System $\mathfrak{e}_1, \ldots, \mathfrak{e}_k \in V$, das denselben linearen Teilraum wie $\mathfrak{x}_1, \ldots, \mathfrak{x}_k$ aufspannt.*

B e w e i s   durch Induktion nach k. Für $k = 1$ setzen wir

$$\mathfrak{e}_1 = \frac{\mathfrak{x}_1}{\|\mathfrak{x}_1\|}.$$

Sei $k > 1$. Haben wir schon ein orthonormiertes System $\mathfrak{e}_1, \ldots, \mathfrak{e}_{k-1} \in V$, das denselben linearen Teilraum wie die $\mathfrak{x}_1, \ldots, \mathfrak{x}_{k-1}$ aufspannt, so setzen wir

$$\mathfrak{e}'_k = \mathfrak{x}_k - \sum_{i=1}^{k-1} \langle \mathfrak{x}_k, \mathfrak{e}_i \rangle \mathfrak{e}_i.$$

Wäre $\mathfrak{e}'_k = 0$, so wäre $\mathfrak{x}_k$ Linearkombination der $\mathfrak{e}_1, \ldots, \mathfrak{e}_{k-1}$, also auch von $\mathfrak{x}_1, \ldots, \mathfrak{x}_{k-1}$, was der linearen Unabhängigkeit der $\mathfrak{x}_1, \ldots, \mathfrak{x}_k$ widerspricht. Also ist $\mathfrak{e}_k = \frac{\mathfrak{e}'_k}{\|\mathfrak{e}'_k\|}$ definiert und ein Einheitsvektor. Weil für $j < k$

$$\langle \mathfrak{e}'_k, \mathfrak{e}_j \rangle = \langle \mathfrak{x}_k, \mathfrak{e}_j \rangle - \sum_{i=1}^{k-1} \langle \mathfrak{x}_k, \mathfrak{e}_i \rangle \langle \mathfrak{e}_i, \mathfrak{e}_j \rangle = \langle \mathfrak{x}_k, \mathfrak{e}_j \rangle - \langle \mathfrak{x}_k, \mathfrak{e}_j \rangle = 0$$

ist, stellt $\mathfrak{e}_1, \ldots, \mathfrak{e}_k$ ebenfalls ein Orthonormalsystem dar. Jede Linearkombination der $\mathfrak{e}_1, \ldots, \mathfrak{e}_k$ ist eine Linearkombination der $\mathfrak{x}_1, \ldots, \mathfrak{x}_k$ und umgekehrt. □

Der Beweis liefert ein explizites Verfahren, $(\mathfrak{e}_1, \ldots, \mathfrak{e}_k)$ aus $(\mathfrak{x}_1, \ldots, \mathfrak{x}_k)$ zu berechnen; es heißt das *Schmidtsche Orthogonalisierungsverfahren*.

6 Euklidische und unitäre Vektorräume und Räume

6.1.13 Korollar *Jeder euklidische und jeder unitäre Vektorraum endlicher Dimension besitzt eine orthonormierte Basis.* □

Z.B. ist die kanonische Basis des $\mathbb{R}^n$ bzw. $\mathbb{C}^n$ eine orthonormierte Basis bezüglich des kanonischen Skalarprodukts.

6.1.14 Beispiele
(a) Wir betrachten in $\mathbb{R}^3$ mit dem kanonischen Skalarprodukt die linear unabhängigen Vektoren $\mathfrak{r}_1 = (2, 2, 1)^t$, $\mathfrak{r}_2 = (5, 3, 0)^t$. Beim Schmidtschen Orthogonalisierungsverfahren erhalten wir

$$\mathfrak{e}_1 = \frac{\mathfrak{r}_1}{\|\mathfrak{r}_1\|} = \frac{1}{3}\begin{pmatrix} 2 \\ 2 \\ 1 \end{pmatrix} = \begin{pmatrix} \frac{2}{3} \\ \frac{2}{3} \\ \frac{1}{3} \end{pmatrix},$$

$$\mathfrak{e}_2' = \mathfrak{r}_2 - \langle \mathfrak{r}_2, \mathfrak{e}_1 \rangle \cdot \mathfrak{e}_1 = \begin{pmatrix} 5 \\ 3 \\ 0 \end{pmatrix} - \left(\frac{10}{3} + \frac{6}{3} + 0\right)\begin{pmatrix} \frac{2}{3} \\ \frac{2}{3} \\ \frac{1}{3} \end{pmatrix} = \begin{pmatrix} \frac{13}{9} \\ -\frac{5}{9} \\ -\frac{16}{9} \end{pmatrix},$$

$$\mathfrak{e}_2 = \frac{1}{\sqrt{450}}\begin{pmatrix} 13 \\ -5 \\ -16 \end{pmatrix}.$$

Nehmen wir noch $\mathfrak{r}_3 = (0, 0, 1)^t$ hinzu, so erhalten wir

$$\mathfrak{e}_3' = \mathfrak{e}_3 - \langle \mathfrak{r}_3, \mathfrak{e}_1 \rangle \mathfrak{e}_1 - \langle \mathfrak{r}_3, \mathfrak{e}_2 \rangle \mathfrak{e}_2 = \frac{1}{25}\begin{pmatrix} 6 \\ -10 \\ 8 \end{pmatrix},$$

$$\mathfrak{e}_3 = \frac{1}{10\sqrt{2}}\begin{pmatrix} 6 \\ -10 \\ 8 \end{pmatrix},$$

und $\mathfrak{e}_1, \mathfrak{e}_2, \mathfrak{e}_3$ ist eine Orthonormalbasis von $\mathbb{R}^3$.

(b) Ist in $\mathbb{R}^n$, versehen mit dem kanonischen Skalarprodukt, ein System von Vektoren der Form

$$\mathfrak{r}_1 = (1, 0, \ldots, 0)^t, \ \mathfrak{r}_2 = (a_{12}, 1, 0, \ldots, 0)^t, \ldots,$$
$$\mathfrak{r}_i = (a_{1i}, \ldots, a_{i-1,i}, 1, 0, \ldots, 0)^t, \ldots, \mathfrak{r}_n = (a_{1n}, \ldots, a_{n-1,n}, 1)^t$$

gegeben und wird das Schmidtsche Orthogonalisierungsverfahren angewandt, so resultiert die kanonische Basis $(1, 0, \ldots, 0)^t, (0, 1, 0, \ldots, 0)^t, \ldots, (0, \ldots, 0, 1)^t$.

(c) Wir betrachten $\mathbb{C}^n$ mit dem kanonischen Skalarprodukt. Als Teilmenge liegt $\mathbb{R}^n$ in $\mathbb{C}^n$, ist aber kein (komplexer) Unterraum von $\mathbb{C}^n$. Jedoch ist ein

System von Vektoren aus $\mathbb{R}^n$, welches orthonormiert bzgl. des Skalarproduktes von $\mathbb{R}^n$ ist, auch orthonormiert in $\mathbb{C}^n$.

(d) Ein orthonormiertes „System" in $\mathbb{C}^1$ ist eine Einheitswurzel $e^{i\alpha}$, $0 \leq \alpha < 2\pi$. Nun wenden wir das Orthogonalisierungsverfahren auf $(1,i)^t, (i,i)^t$ an.

$$\mathfrak{e}_1 = \frac{1}{\sqrt{2}}\begin{pmatrix}1\\i\end{pmatrix};$$

$$\mathfrak{e}_2' = \begin{pmatrix}i\\i\end{pmatrix} - \langle\begin{pmatrix}i\\i\end{pmatrix}, \frac{1}{\sqrt{2}}\begin{pmatrix}1\\i\end{pmatrix}\rangle \begin{pmatrix}\frac{1}{\sqrt{2}}\\ \frac{i}{\sqrt{2}}\end{pmatrix} = \begin{pmatrix}i\\i\end{pmatrix} - \left(i \cdot \overline{\frac{1}{\sqrt{2}}} + i\overline{\frac{i}{\sqrt{2}}}\right)\begin{pmatrix}\frac{1}{\sqrt{2}}\\ \frac{i}{\sqrt{2}}\end{pmatrix}$$

$$= \begin{pmatrix}i\\i\end{pmatrix} - \frac{1}{2}\begin{pmatrix}i+1\\i-1\end{pmatrix} = \frac{1}{2}\begin{pmatrix}i-1\\i+1\end{pmatrix};$$

$$\mathfrak{e}_2 = \mathfrak{e}_2'.$$

6.1.15 Definition Sei V ein euklidischer oder unitärer Vektorraum und $M \subset V$ eine Teilmenge. Der *Lotraum von M* oder das *orthogonale Komplement* von M ist die Teilmenge $M^\perp := \{\mathfrak{y} \in V : \mathfrak{x} \perp \mathfrak{y}\ \forall \mathfrak{x} \in M\}$. Zwei Teilräume U_1, U_2 von V heißen *zueinander orthogonal* oder *stehen senkrecht aufeinander*, wenn $\mathfrak{x}_1 \perp \mathfrak{x}_2$ für alle $\mathfrak{x}_1 \in U_1$, $\mathfrak{x}_2 \in U_2$ gilt, m.a.W. wenn $U_1 \subset U_2^\perp$ oder $U_2 \subset U_1^\perp$ gilt.

Aus 4.6.14 oder durch direkte einfache Schlüsse erhalten wir:

6.1.16 Satz
(a) $M \subset V$ *Teilmenge* $\implies$ $M^\perp \subset V$ *ist linearer Teilraum.*
(b) $M \subset V$ *Teilraum und* $\dim V < \infty$ $\implies$ $(M^\perp)^\perp = M$.
(c) $M \subset V$ *Teilraum und* $\dim V < \infty$ $\implies$ $\dim V = \dim M + \dim M^\perp$.
(d) $M \subset V$ *Teilraum und* $\dim V < \infty$ $\implies$ $V = M \oplus M^\perp$. □

6.1.17 Definition Sei V ein euklidischer Vektorraum. Für $\mathfrak{x}, \mathfrak{y} \in V$, beide $\neq 0$, folgt aus der Cauchy-Schwarzschen Ungleichung, daß

$$-1 \leq \frac{\langle \mathfrak{x}, \mathfrak{y} \rangle}{\|\mathfrak{x}\| \cdot \|\mathfrak{y}\|} \leq +1.$$

Weil die Funktion $y = \cos x$ auf dem Intervall $[0, \pi]$ streng monoton ist und alle Werte zwischen 1 und -1 annimmt, gibt es genau eine reelle Zahl α mit $0 \leq \alpha \leq \pi$ und

$$\cos \alpha = \frac{\langle \mathfrak{x}, \mathfrak{y} \rangle}{\|\mathfrak{x}\| \cdot \|\mathfrak{y}\|}.$$

Es heißt α *der Winkel zwischen* $\mathfrak{x}$ *und* $\mathfrak{y}$, Bezeichnung: $\alpha = \sphericalangle(\mathfrak{x}, \mathfrak{y})$.

6 Euklidische und unitäre Vektorräume und Räume

6.1.18 Satz *Für $\mathfrak{x}, \mathfrak{y} \in V$, beide $\neq 0$, gilt: $\mathfrak{x} \perp \mathfrak{y} \iff \sphericalangle(\mathfrak{x}, \mathfrak{y}) = \frac{\pi}{2}$.* □

Nach Definition ist also $\langle \mathfrak{x}, \mathfrak{y} \rangle = \|\mathfrak{x}\| \cdot \|\mathfrak{y}\| \cdot \cos \sphericalangle(\mathfrak{x}, \mathfrak{y})$. Wegen

$$\|\mathfrak{x} - \mathfrak{y}\|^2 = \langle \mathfrak{x} - \mathfrak{y}, \mathfrak{x} - \mathfrak{y} \rangle = \langle \mathfrak{x}, \mathfrak{x} \rangle + \langle \mathfrak{y}, \mathfrak{y} \rangle - 2\langle \mathfrak{x}, \mathfrak{y} \rangle$$

gilt der

6.1.19 Cosinus-Satz *Sind $\mathfrak{x}, \mathfrak{y} \in V$, so gilt:*

$$\|\mathfrak{x} - \mathfrak{y}\|^2 = \|\mathfrak{x}\|^2 + \|\mathfrak{y}\|^2 - 2\|\mathfrak{x}\| \cdot \|\mathfrak{y}\| \cos \sphericalangle(\mathfrak{x}, \mathfrak{y}).$$ □

6.1.20 Korollar (Satz von Pythagoras) *Sind $\mathfrak{x}, \mathfrak{y} \in V$ und gilt $\mathfrak{x} \perp \mathfrak{y}$, so ist*

$$\|\mathfrak{x} - \mathfrak{y}\|^2 = \|\mathfrak{x}\|^2 + \|\mathfrak{y}\|^2.$$ □

Aufgaben

6.1.A1 Beweisen oder widerlegen Sie:
(a) Auf $\mathbb{C}^n$ wird durch $\langle \mathfrak{x}, \mathfrak{y} \rangle := x_1 y_1 + \ldots + x_n y_n$ ein Skalarprodukt definiert, hier ist $\mathfrak{x} = (x_1, \ldots, x_n)^t$ und $\mathfrak{y} = (y_1, \ldots, y_n)^t$.
(b) Auf $V = \{\mathfrak{x} = (x_1, x_2, \ldots) : x_i \in \mathbb{R}, x_i \neq 0 \text{ nur für endlich viele } i\}$ wird durch $\langle \mathfrak{x}, \mathfrak{y} \rangle := \sum_{i=1}^{\infty} x_i y_i$ ein Skalarprodukt definiert.
(c) Für $f(x) = a_0 + a_1 x + \ldots + a_m x^m$ und $g(x) = b_0 + b_1 x + \ldots + b_n x^n$ sei

$$\langle f(x), g(x) \rangle := \sum_{i \geq 0} a_i b_i,$$

wobei $a_i = 0$ bzw. $b_j = 0$ für $i \geq m$ bzw. $j \geq n$. Durch diese Formel wird auf dem Vektorraum $\mathbb{R}[x]$ ein Skalarprodukt definiert.
(d) Die Spur einer $k \times k$-Matrix $C = (c_{ij})$ ist definiert durch $\text{Spur}(C) = c_{11} + \ldots + c_{kk}$. Durch die Formel $\langle A, B \rangle := \text{Spur}(B^t A)$ wird auf dem Vektorraum $M(m, n; \mathbb{R})$ der reellen $m \times n$-Matrizen ein Skalarprodukt definiert.

6.1.A2
(a) Bestimmen Sie eine orthonormierte Basis des von den Vektoren $\mathfrak{x}_1 = (1, 1, 0, 1)^t$, $\mathfrak{x}_2 = (1, -2, 0, 0)^t$, $\mathfrak{x}_3 = (1, 0, -1, 2)^t$ aufgespannten Teilraums des $\mathbb{R}^4$.
(b) V sei der Vektorraum aller auf $[0, 1]$ definierten, stetigen, reellwertigen Funktionen mit dem Skalarprodukt $\langle f, g \rangle = \int_0^1 f(x) g(x) dx$. Es sei $U \subset V$ der von den

Funktionen $f_1(x) = (2\sqrt{5})x^2$ und $f_2(x) = 6x^3$ aufgespannte lineare Teilraum. Bestimmen Sie eine orthonormierte Basis von U. (Sie dürfen ohne Beweis alle Regeln der Integralrechnung benutzen, die Sie brauchen.)

6.1.A3 Sei $\mathfrak{v}_1, \ldots, \mathfrak{v}_n$ ein Orthonormalsystem im euklidischen bzw. unitären Vektorraum V. Zeigen Sie:
(a) Für alle $\mathfrak{x} \in V$ gilt die *Besselsche Ungleichung*:

$$\sum_{i=1}^n |\langle \mathfrak{x}, \mathfrak{v}_i \rangle|^2 \leq \|\mathfrak{x}\|^2.$$

(b) Genau dann ist $\mathfrak{v}_1, \ldots, \mathfrak{v}_n$ eine Basis von V, wenn in dieser Ungleichung für alle $\mathfrak{x} \in V$ das Gleichheitszeichen gilt.

6.1.A4
(a) In jedem euklidischen oder unitären Vektorraum V gilt die *Parallelogrammgleichung*

$$\|\mathfrak{u} + \mathfrak{v}\|^2 + \|\mathfrak{u} - \mathfrak{v}\|^2 = 2(\|\mathfrak{u}\|^2 + \|\mathfrak{v}\|^2) \quad \text{für } \mathfrak{u}, \mathfrak{v} \in V.$$

(b) In jedem euklidischen Vektorraum V gilt für beliebige $\mathfrak{u}, \mathfrak{v}$:

$$\langle \mathfrak{u}, \mathfrak{v} \rangle = \frac{1}{4}(\|\mathfrak{u} + \mathfrak{v}\|^2 - \|\mathfrak{u} - \mathfrak{v}\|^2)$$

6.1.A5 Gegeben sei ein lineares homogenes Gleichungssystem über $\mathbb{R}$ mit n Unbekannten, m Gleichungen und der Koeffizientenmatrix (a_{ij}). Es sei $U \subset \mathbb{R}^n$ der von den Vektoren $\{(a_{i1}, \ldots, a_{in})^t : 1 \leq i \leq m\}$ aufgespannte Teilraum. Zeigen Sie: Die Menge der Lösungen des Gleichungssystems ist der Lotraum $U^\perp$ von U.

6.1.A6 Sei V ein Vektorraum über $\mathbb{R}$ und $q: V \to \mathbb{R}$ eine Funktion. Zeigen Sie: Genau dann ist q die quadratische Form einer symmetrischen Bilinearform auf V, wenn $q(\lambda \mathfrak{v}) = \lambda^2 q(\mathfrak{v})$ für alle $\lambda \in \mathbb{R}$ und $\mathfrak{v} \in V$ ist und für alle $\mathfrak{v}$ und $\mathfrak{w} \in V$ die Parallelogrammgleichung gilt:

$$q(\mathfrak{v} + \mathfrak{w}) + q(\mathfrak{v} - \mathfrak{w}) = 2(q(\mathfrak{v}) + q(\mathfrak{w})).$$

6.1.A7 Für $x = (x_1, \ldots, x_n) \in \mathbb{R}$ setzen wir $\|x\|_\infty := \max\{|x_i| : i = 1, \ldots, n\}$. Zeigen Sie: $\|\cdot\|_\infty$ ist eine Norm auf $\mathbb{R}^n$, ist aber nicht die Norm eines Skalarprodukts auf $\mathbb{R}^n$.

6.1.A8 Sei $V = \mathbb{R}[x]$ und $W = M(2 \times 2; \mathbb{R})$, der $\mathbb{R}$-Vektorraum der reellen 2×2-Matrizen. Welche der folgenden Abbildungen $\varphi : V \times V \to \mathbb{R}$ oder $\psi : W \times W \to \mathbb{R}$ sind Skalarprodukte?
(a) $\varphi(f, g) := \int_{-1}^1 x f(x) g(x) dx$;

(b) $\varphi(f,g) := \int_{-1}^{1} | f(x)g(x) | \, dx$;
(c) $\varphi(f,g) := \int_{-1}^{1} f(x)dx \int_{-1}^{1} g(x)dx$;
(d) $\psi(A,B) := \det AB$;
(e) $\psi(A,B) := (1,1)AB(1,1)^t$;
(f) $\psi(A,B) := xABy^t$ für geeignete Vektoren x und $y \in \mathbb{R}^2$.

6.1.A9 Sei V der unitäre Vektorraum $\mathbb{C}^3$ mit dem kanonischen Skalarprodukt. Wenden Sie das Schmidtsche Orthonormalisierungsverfahren auf die Vektoren $\mathfrak{y}_1 = (1+i, 1, 1)^t$, $\mathfrak{y}_2 = (1+2i, 1-2i, 1+i)^t$ an.

6.2 Orthogonale und unitäre Abbildungen

Nach dem allgemeinen Ansatz in Kapitel 4 untersuchen wir als nächstes die Abbildungen zwischen euklidischen oder unitären Vektorräumen, die die spezielle Struktur erhalten. Natürlich bewahren sie u.a. die Vektorraumstruktur, sind also lineare Abbildungen.

6.2.1 Definition und Satz *Sei V ein euklidischer bzw. unitärer Vektorraum. Eine lineare Abbildung $f\colon V \to V$ heißt orthogonale bzw. unitäre Abbildung, wenn eine der folgenden äquivalenten Bedingungen erfüllt ist:*
(a) *f bildet Einheitsvektoren auf Einheitsvektoren ab.*
(b) *$\|f(\mathfrak{x})\| = \|\mathfrak{x}\| \ \forall \mathfrak{x} \in V$.*
(c) *$\langle f(\mathfrak{x}), f(\mathfrak{y}) \rangle = \langle \mathfrak{x}, \mathfrak{y} \rangle \ \forall \mathfrak{x}, \mathfrak{y} \in V$.*

B e w e i s der Äquivalenz.
(a) $\Longrightarrow$ (b): Sei $\mathfrak{x} \in V$. Für $\mathfrak{x} = 0$ gilt (b). Ist $\mathfrak{x} \neq 0$, so bildet f den Einheitsvektor $\frac{\mathfrak{x}}{\|\mathfrak{x}\|}$ auf einen Einheitsvektor ab, d.h.

$$1 = \left\| f\left(\frac{\mathfrak{x}}{\|\mathfrak{x}\|}\right) \right\| = \left\| \frac{f(\mathfrak{x})}{\|\mathfrak{x}\|} \right\| = \frac{1}{\|\mathfrak{x}\|} \cdot \|f(\mathfrak{x})\|.$$

(b) $\Longrightarrow$ (c): Für $\mathfrak{x}, \mathfrak{y} \in V$ sei $\langle \mathfrak{x}, \mathfrak{y} \rangle =: a + ib \in \mathbb{C}$. Dann ist

$$2a = \|\mathfrak{x} + \mathfrak{y}\|^2 - \|\mathfrak{x}\|^2 - \|\mathfrak{y}\|^2, \quad 2b = \|\mathfrak{x} + i\mathfrak{y}\|^2 - \|\mathfrak{x}\|^2 - \|\mathfrak{y}\|^2.$$

Wenn (b) gilt, ändern sich die rechten Seiten dieser Gleichungen nicht, wenn $\mathfrak{x}, \mathfrak{y}$ durch $f(\mathfrak{x}), f(\mathfrak{y})$ ersetzt wird. Also ändern sich auch die linken Seiten nicht, d.h. $a + ib = \langle f(\mathfrak{x}), f(\mathfrak{y}) \rangle$.

(c) $\Longrightarrow$ (a): $\|\mathfrak{x}\| = 1 \implies \|f(\mathfrak{x})\|^2 = \langle f(\mathfrak{x}), f(\mathfrak{x}) \rangle = \langle \mathfrak{x}, \mathfrak{x} \rangle = \|\mathfrak{x}\|^2 = 1$
$\implies \|f(\mathfrak{x})\| = 1$. □

6.2 Orthogonale und unitäre Abbildungen

Aus (b) folgt, daß jede orthogonale bzw. unitäre Abbildung injektiv ist, also auch surjektiv, wenn V endlich-dimensional ist. Daher gilt:

6.2.2 Satz *Die orthogonalen bzw. unitären Abbildungen eines euklidischen bzw. unitären Vektorraumes endlicher Dimension bilden eine Gruppe. Sie heißt die orthogonale bzw. unitäre Gruppe von V.* □

Für eine Matrix $A = (a_{ji})$ über $\mathbb{C}$ ist die *konjugiert-komplexe Matrix* $\bar{A}$ definiert durch $\bar{A} := (\bar{a}_{ij})$. Aus den entsprechenden Gleichungen für komplexe Zahlen folgt $\overline{A+B} = \bar{A} + \bar{B}$ und $\overline{AB} = \bar{A}\,\bar{B}$. Wir setzen $A^* := (\bar{A})^t = \overline{A^t}$. Dann gilt:
$$(A+B)^* = A^* + B^*, \quad (AB)^* = B^*A^*, \quad E^* = E.$$
Wenn die Elemente von A reelle Zahlen sind, ist einfach $\bar{A} = A$ und $A^* = A^t$.

6.2.3 Definition und Satz *Eine $n \times n$- Matrix A über $\mathbb{R}$ bzw. $\mathbb{C}$ heißt orthogonal bzw. unitär, wenn eine der folgenden äquivalenten Bedingungen erfüllt ist:*
(a) *A ist regulär und $A^{-1} = A^*$.*
(b) *Die Zeilenvektoren von A bilden ein orthonormiertes System von Vektoren.*
(c) *Die Spaltenvektoren von A bilden ein orthonormiertes System von Vektoren.*
Dabei wird in (b) und (c) das kanonische Skalarprodukt in $\mathbb{R}^n$ bzw. $\mathbb{C}^n$ zugrundegelegt.

B e w e i s der Äquivalenz. Sei $A = (a_{ij})$, $1 \le i,j \le n$. (b) ist äquivalent zu
$$\sum_{j=1}^{n} a_{ij}\bar{a}_{kj} = \delta_{ik} \iff AA^* = E \iff A^* = A^{-1}.$$
(c) ist äquivalent zu
$$\sum_{i=1}^{n} a_{ij}\bar{a}_{ik} = \delta_{jk} \iff A^*A = E \iff A^* = A^{-1}. \qquad \square$$

Für unitäres A gilt
$$E = E^* = (AA^{-1})^* = (A^{-1})^*A^* = (A^{-1})^*A^{-1} \implies (A^{-1})^{-1} = (A^{-1})^*,$$
also ist A^{-1} unitär. Für unitäre A, B gilt
$$(AB)^{-1} = B^{-1}A^{-1} = B^*A^* = (AB)^*,$$

208   6 Euklidische und unitäre Vektorräume und Räume

d.h. AB ist unitär. Also:

6.2.4 Definition und Satz *Die orthogonalen bzw. unitären $n \times n$-Matrizen bilden eine Gruppe $O(n)$ bzw. $U(n)$. Die orthogonalen bzw. unitären Matrizen, deren Determinante 1 ist, bilden eine Untergruppe $SO(n) < O(n)$ bzw. $SU(n) < U(n)$: die spezielle orthogonale bzw. spezielle unitäre Gruppe. Dieselben Bezeichnungen sind auch für die Gruppen von Abbildungen gebräuchlich.* □

6.2.5 Satz *Sei V ein euklidischer bzw. unitärer Vektorraum der endlichen Dimension n und $f \colon V \to V$ eine lineare Abbildung. Ist die Matrix von f bezüglich einer orthonormierten Basis orthogonal bzw. unitär, so ist f orthogonal bzw. unitär. Ist umgekehrt f orthogonal bzw. unitär, so ist die Matrix von f bezüglich jeder orthonormierten Basis orthogonal bzw. unitär. Es folgt: Die Gruppe der orthogonalen bzw. unitären Abbildungen $V \to V$ ist isomorph zur Gruppe der orthogonalen bzw. unitären $n \times n$-Matrizen.*

B e w e i s   Sei $e_1, \ldots, e_n$ eine orthonormierte Basis von V und $f(e_i) = \sum_{j=1}^{n} a_{ji} e_j$ für $i = 1, \ldots, n$. Dann ist

$$\langle f(e_i), f(e_j) \rangle = \left\langle \sum_{k=1}^{n} a_{ki} e_k, \sum_{\ell=1}^{n} a_{lj} e_\ell \right\rangle = \sum_{k,l=1}^{n} a_{ki} \bar{a}_{lj} \langle e_k, e_\ell \rangle = \sum_{k=1}^{n} a_{ki} \bar{a}_{kj}.$$

Ist f nach 6.2.1 orthogonal bzw. unitär, so ist die Summe gleich $\langle e_i, e_j \rangle = \delta_{ij}$, so daß $A := (a_{ij})$ gemäß 6.2.3 (c) orthogonal bzw. unitär ist. Ist umgekehrt A orthogonal bzw. unitär, so ist $\langle f(e_i), f(e_j) \rangle = \langle e_i, e_j \rangle \; \forall i, j$. Für $\mathfrak{x} = \sum_i x_i e_i$ und $\mathfrak{y} = \sum_j y_j e_j$ gilt deshalb

$$\langle f(\mathfrak{x}), f(\mathfrak{y}) \rangle = \sum_{i,j} x_i \bar{y}_j \langle f(e_i), f(e_j) \rangle = \sum_{i,j} x_i \bar{y}_j \langle e_i, e_j \rangle = \langle \mathfrak{x}, \mathfrak{y} \rangle. \qquad \square$$

6.2.6 Beispiele orthogonaler Abbildungen Sei V ein euklidischer Vektorraum und $f \colon V \to V$ eine orthogonale Abbildung.

(a) Ist $\dim V = 1$ und $e \in V$ eine normierte Basis, so ist $f(e) = ae$ mit orthogonaler Matrix (a), d.h. $a^2 = 1 \iff a = \pm 1$. Entweder ist f die Identität oder die Spiegelung $f(\mathfrak{x}) = -\mathfrak{x} \; \forall \mathfrak{x} \in V$.

(b) Sei $\dim V = 2$ und $e_1, e_2 \in V$ eine orthonormierte Basis, ferner

$$\begin{array}{l} f(e_1) = ae_1 + ce_2, \\ f(e_2) = be_1 + de_2, \end{array} \quad A := \begin{pmatrix} a & b \\ c & d \end{pmatrix}$$

6.2 Orthogonale und unitäre Abbildungen

Aus $1 = \det E = \det(AA^t) = (\det A)(\det A^t) = (\det A)^2$ folgt $\det A = \pm 1$. Wir unterscheiden die Fälle $\det A = +1$ und $\det A = -1$.

Sei zunächst $\det A = +1$. Nach 5.3.16 ist dann

$$A^{-1} = \begin{pmatrix} d & -b \\ -c & a \end{pmatrix} = A^t \implies a = d \text{ und } b = -c \implies$$

$$A = \begin{pmatrix} a & -c \\ c & a \end{pmatrix} \text{ mit } a^2 + c^2 = 1.$$

Umgekehrt ist jede solche Matrix orthogonal mit Determinante $+1$.

Die Betrachtungen von 6.1.11 zeigen, daß es eine Zahl α, $0 \leq \alpha < 2\pi$, gibt mit $a = \cos\alpha$ und $c = \sin\alpha$.

Für jeden Vektor $\mathfrak{x} = x\mathfrak{e}_1 + y\mathfrak{e}_2 \neq 0$ aus V gilt für den Winkel $\sphericalangle(\mathfrak{x}, f(\mathfrak{x}))$ zwischen $\mathfrak{x}$ und $f(\mathfrak{x})$:

$$\cos \sphericalangle(\mathfrak{x}, f(\mathfrak{x})) = \frac{\langle \mathfrak{x}, f(\mathfrak{x}) \rangle}{\|\mathfrak{x}\| \cdot \|f(\mathfrak{x})\|} = \frac{\langle x\mathfrak{e}_1 + y\mathfrak{e}_2, x(a\mathfrak{e}_1 + c\mathfrak{e}_2) + y(-c\mathfrak{e}_1 + a\mathfrak{e}_2)\rangle}{\|\mathfrak{x}\|^2}$$

$$= \frac{x^2 a + y^2 a}{x^2 + y^2} = a = \cos\alpha.$$

Also ist dieser Winkel α stets derselbe, was folgende Bezeichnung rechtfertigt:

Eine orthogonale Abbildung $f: V \to V$ eines 2-dimensionalen euklidischen Raumes heißt *Drehung*, wenn $\det f = +1$ ist.

Wenn $\det A = -1$ ist, folgt aus 5.3.16:

$$A^{-1} = \begin{pmatrix} -d & b \\ c & -a \end{pmatrix} = A^t \implies a = -d \text{ und } b = c \implies$$

$$A = \begin{pmatrix} a & b \\ b & -a \end{pmatrix} \text{ mit } a^2 + b^2 = 1.$$

Umgekehrt ist jede solche Matrix orthogonal mit Determinante -1. Wir definieren Vektoren $\mathfrak{e}'_1, \mathfrak{e}'_2 \in V$ durch

$$\mathfrak{e}'_1 = \frac{b}{\sqrt{2}\sqrt{a+1}}\mathfrak{e}_1 - \frac{\sqrt{a+1}}{\sqrt{2}}\mathfrak{e}_2, \quad \mathfrak{e}'_2 = \frac{\sqrt{a+1}}{\sqrt{2}}\mathfrak{e}_1 + \frac{b}{\sqrt{2}\sqrt{a+1}}\mathfrak{e}_2,$$

falls $a \neq -1$, und $\mathfrak{e}'_1 = \mathfrak{e}_2$, $\mathfrak{e}'_2 = \mathfrak{e}_1$ für $a = -1$.

Dann ist in jedem Fall $\mathfrak{e}'_1, \mathfrak{e}'_2$ eine orthonormierte Basis von V, und $f: V \to V$ ist die *Spiegelung* $f(\mathfrak{e}'_1) = -\mathfrak{e}'_1$, $f(\mathfrak{e}'_2) = \mathfrak{e}'_2$ an dem Unterraum $[\mathfrak{e}'_2]$.

(c) Mit Hilfe von (a) und (b) können wir für jeden endlich-dimensionalen euklidischen Vektorraum V orthogonale Abbildungen konstruieren: Dazu wählen wir paarweise orthogonale Teilräume $V_1, \ldots, V_k$ von V der Dimension 1 oder 2, die zusammen V erzeugen, und für $1 \leq i \leq k$ orthogonale Abbildungen $f_i \colon V_i \to V_i$, d.h. es ist f_i die Identität, eine Drehung oder eine Spiegelung. Jedes $\mathfrak{x} \in V$ schreibt sich eindeutig als $\mathfrak{x} = \mathfrak{x}_1 + \ldots + \mathfrak{x}_k$ mit $\mathfrak{x}_i \in V_i$ für $i = 1, \ldots, k$, und durch $f(\mathfrak{x}) := f_1(\mathfrak{x}_1) + \ldots + f_k(\mathfrak{x}_k)$ wird eine orthogonale Abbildung $f \colon V \to V$ definiert. Wir werden in 6.3 sehen, daß jede orthogonale Abbildung auf diese Weise konstruiert werden kann.

6.2.7 Beispiele unitärer Abbildungen Sei V ein unitärer Vektorraum und $f \colon V \to V$ eine unitäre Abbildung. Für die Matrix A von f bezüglich einer orthonormierten Basis von V gilt wegen

$$1 = \det E = \det A\bar{A}^t = (\det A)(\det \bar{A}^t) = (\det A)(\det \bar{A}) = (\det A)(\overline{\det A}),$$

daß $\det A$ eine komplexe Zahl vom Betrag 1 ist.

Wenn $\mathfrak{e}_1, \ldots, \mathfrak{e}_n \in V$ eine orthonormierte Basis von V ist, so definieren je n komplexe Zahlen $a_1, \ldots, a_n$ vom Betrage 1 durch

$$f(\mathfrak{e}_i) = a_i \mathfrak{e}_i \quad \text{für } 1 \leq i \leq n$$

eine lineare Abbildung $f \colon V \to V$ und diese ist unitär. Wir werden in 6.3 sehen, daß jede unitäre Abbildung $V \to V$ von dieser Form ist.

Sei speziell $\dim V = 1$, $\mathfrak{e} \in V$ eine normierte Basis und $a = e^{i\alpha}$ eine komplexe Zahl vom Betrag 1. Wir können die unitäre Abbildung $f \colon V \to V$, $f(\mathfrak{e}) = a\mathfrak{e}$, wie folgt als eine Drehung auffassen: Wegen $\mathbb{R} \subset \mathbb{C}$ ist der $\mathbb{C}$-Vektorraum V auch ein $\mathbb{R}$-Vektorraum. Weil sich jedes $\mathfrak{x} \in V$ eindeutig als

$$\mathfrak{x} = z\mathfrak{e} = x\mathfrak{e} + y(i\mathfrak{e}) \quad \text{mit } z = x + iy \in \mathbb{C}, x, y \in \mathbb{R},$$

schreibt, ist $\mathfrak{e}, i\mathfrak{e}$ eine Basis von V als $\mathbb{R}$-Vektorraum. Durch die Forderung, daß diese Basis orthonormiert ist, wird ein Skalarprodukt auf V definiert, d.h. V wird ein euklidischer Vektorraum. Nun ist

$$f(\mathfrak{e}) = a\mathfrak{e} = \cos\alpha \cdot \mathfrak{e} + \sin\alpha \cdot (i\mathfrak{e}),$$
$$f(i\mathfrak{e}) = ai\mathfrak{e} = -\sin\alpha \cdot \mathfrak{e} + \cos\alpha \cdot (i\mathfrak{e}).$$

Die Matrix von f bezüglich der orthonormierten Basis $\mathfrak{e}, i\mathfrak{e}$ ist also die orthogonale Matrix $\begin{pmatrix} \cos\alpha & -\sin\alpha \\ \sin\alpha & \cos\alpha \end{pmatrix}$; somit ist f eine Drehung des euklidischen Vektorraumes V.

6.2.8 Änderung der Matrix bei Basiswechsel Die einer linearen Abbildung $f \colon V \to W$ zugeordnete Matrix hängt von den in V und W gewählten Basen

6.2 Orthogonale und unitäre Abbildungen

ab: Es seien $\{\mathfrak{v}_1,\ldots,\mathfrak{v}_m\}$ und $\{\mathfrak{v}'_1,\ldots,\mathfrak{v}'_m\}$ zwei Basen von V, $\{\mathfrak{w}_1,\ldots,\mathfrak{w}_n\}$ und $\{\mathfrak{w}'_1,\ldots,\mathfrak{w}'_n\}$ zwei Basen von W; dabei sei

$$\mathfrak{v}_i = \sum_{k=1}^m c_{ki}\mathfrak{v}'_k \quad \text{für } i=1,\ldots,m \quad \text{und } C=(c_{ki}),$$

$$\mathfrak{w}_j = \sum_{l=1}^n d_{lj}\mathfrak{w}'_l \quad \text{für } j=1,\ldots,n \quad \text{und } D=(d_{lj}).$$

Ferner sei

$$f(\mathfrak{v}_i) = \sum_{j=1}^n a_{ji}\mathfrak{w}_j \quad \text{und} \quad f(\mathfrak{v}'_k) = \sum_{l=1}^n a'_{lk}\mathfrak{w}'_l \quad \text{mit } 1 \leq i,k \leq m;$$

es seien $A = (a_{ji})$ und $A' = (a'_{lk})$ die zugehörigen $n \times m$-Matrizen. Dann gilt:

$$f(\mathfrak{v}_i) = \sum_{j=1}^n a_{ji}\mathfrak{w}_j = \sum_{j=1}^n a_{ji}\sum_{l=1}^n d_{lj}\mathfrak{w}'_l \quad \text{und}$$

$$f(\mathfrak{v}_i) = f(\sum_{k=1}^m c_{ki}\mathfrak{v}'_k) = \sum_{k=1}^m c_{ki}f(\mathfrak{v}'_k) = \sum_{k=1}^m c_{ki}\sum_{l=1}^n a'_{lk}\mathfrak{w}'_l.$$

Daraus folgt $DA = A'C$, also

(a) $$A' = DAC^{-1}.$$

Wird ein Endomorphismus $f\colon V \to V$ betrachtet, so gehen bei einem Basiswechsel von $\{\mathfrak{v}_1,\ldots,\mathfrak{v}_n\}$ nach $\{\mathfrak{v}'_1,\ldots,\mathfrak{v}'_n\}$ die Matrizen durch Konjugation mit der Matrix zu dem Basiswechsel auseinander hervor:

(b) $$A' = CAC^{-1}.$$

Handelt es sich bei V um einen euklidischen (unitären) Vektorraum und sind die betrachteten Basen orthonormiert, so ist die Matrix C orthogonal (bzw. unitär), und es gilt

(c) $$A' = CA\bar{C}^t.$$

Aufgaben

6.2.A1
(a) Die lineare Abbildung $S: \mathbb{R}^2 \to \mathbb{R}^2$, die durch eine der Matrizen

$$S(\alpha) := \begin{pmatrix} \cos\alpha & \sin\alpha \\ \sin\alpha & -\cos\alpha \end{pmatrix}, \quad D(\alpha) := \begin{pmatrix} \cos\alpha & -\sin\alpha \\ \sin\alpha & \cos\alpha \end{pmatrix}, \quad 0 \le \alpha \le 2\pi,$$

beschrieben wird, ist orthogonal.
(b) Bestimmen Sie die Fixpunkte von $S(\alpha)$.

6.2.A2 Von einer orthogonalen bzw. unitären $n \times n$-Matrix seien die ersten $(n-1)$ Spalten gegeben. Wieweit ist die n−te Spalte bestimmt?

6.2.A3 V sei ein euklidischer Vektorraum, dim $V = n < \infty$.
(a) Zeigen Sie: Zu einer linearen Abbildung $f: V \to V$ definiert $\langle f(\mathfrak{y}), \mathfrak{y}\rangle = \langle \mathfrak{y}, f^*(\mathfrak{y})\rangle$ eine lineare Abbildung $f^*: V \to V$. Ist f orthogonal, so auch f^*.
(b) Sei $\mathfrak{e}_1, ..., \mathfrak{e}_n$ eine Basis von V und $f(\mathfrak{e}_j) = \sum_{k=1}^{n} a_{kj}\mathfrak{e}_k$. Sei $A = (a_{kj})$, wobei k der Zeilenindex ist. Bestimmen Sie die zu f^* gehörige Matrix.

6.2.A4 Sei A eine antisymmetrische $n \times n$-Matrix über $\mathbb{R}$, d.h. $A^t = -A$. Die Matrizen $E_n + A$ und $E_n - A$ seien regulär. Zeigen Sie: $(E_n + A)^{-1}(E_n - A)$ ist eine orthogonale Matrix.

6.3 Normalform orthogonaler und unitärer Abbildungen

Ziel dieses Paragraphen ist der Beweis der beiden folgenden Sätze:

6.3.1 Satz *Ist V ein endlich-dimensionaler unitärer Vektorraum und $f: V \to V$ eine unitäre Abbildung, so gibt es eine orthonormierte Basis $\mathfrak{e}_1, ..., \mathfrak{e}_n \in V$, so daß $f(\mathfrak{e}_j) = a_j\mathfrak{e}_j$ für $j = 1, ..., n$. Die Zahlen $a_1, ..., a_n$ sind komplexe Zahlen vom Betrag 1 und sind durch f bis auf die Reihenfolge eindeutig bestimmt. Sie heißen die* Eigenwerte *von f.*

6.3.2 Satz *Ist V ein endlich-dimensionaler euklidischer Vektorraum und $f: V \to V$ eine orthogonale Abbildung, so gibt es eine orthonormierte Basis $\mathfrak{e}_1, ..., \mathfrak{e}_n \in$*

6.3 Normalform orthogonaler und unitärer Abbildungen

V, so daß f bezüglich dieser Basis eine Matrix folgender Form entspricht:

$$\begin{pmatrix} 1 & & & & & & & \\ & \ddots & & & & & & \\ & & 1 & & & & 0 & \\ & & & -1 & & & & \\ & & & & \ddots & & & \\ & & & & & -1 & & \\ & & & & & & \square & \\ & 0 & & & & & & \ddots \\ & & & & & & & & \square \end{pmatrix}$$

Dabei sind die Kästchen 2×2-Matrizen der Form $\begin{pmatrix} \cos\alpha & -\sin\alpha \\ \sin\alpha & \cos\alpha \end{pmatrix}$ mit $0 < \alpha < \pi$. Die Anzahl der 1 bzw. der -1 bzw. der Kästchen ist durch f eindeutig bestimmt; ferner sind die in den Kästchen stehenden Matrizen bis auf die Reihenfolge durch f festgelegt.

Daß $|a_i| = 1$ ist und die Kästchen obige Form haben, folgt aus 6.2.5; denn die Matrix von f bezüglich einer orthonormierten Basis ist unitär bzw. orthogonal.

Beweis von Satz 6.3.1.

Wir zeigen zunächst die Eindeutigkeitsaussage, welche sich aus dem folgenden Satz ergibt:

6.3.3 Hilfssatz *Sei $f(\mathfrak{x}) = a\mathfrak{x}$ und $\mathfrak{x} \neq 0$. Dann gibt es ein k, so daß $a = a_k$ ist und $\mathfrak{x}$ in der linearen Hülle von $\{\mathfrak{e}_j: a_j = a_k\}$ liegt.*

B e w e i s Sei $\mathfrak{x} = \sum_{j=1}^{n} x_j \mathfrak{e}_j$. Dann gilt:

$$\sum_{j=1}^{n} a x_j \mathfrak{e}_j = a\mathfrak{x} = f(\mathfrak{x}) = \sum_{j=1}^{n} x_j f(\mathfrak{e}_j) = \sum_{j=1}^{n} x_j a_j \mathfrak{e}_j \implies$$

$$0 = \sum_{j=1}^{n} x_j(a - a_j)\mathfrak{e}_j \implies 0 = x_j(a - a_j) \text{ für } 1 \leq j \leq n.$$

Da mindestens ein Koeffizient $x_k \neq 0$ ist, ist $a = a_k$, und es folgt, daß höchstens die $x_j \neq 0$ sein können, für die $a_j = a_k$ ist. □

6 Euklidische und unitäre Vektorräume und Räume

6.3.4 Korollar *Ist $e'_1, \ldots, e'_n$ eine orthonormierte Basis von V und ist $f(e'_k) = a'_k e'_k$ für $1 \leq k \leq n$, so gibt es eine Permutation*

$$\begin{pmatrix} 1 & \ldots & n \\ p(1) & \ldots & p(n) \end{pmatrix} \quad \text{mit } a'_k = a_{p(k)} \text{ für } 1 \leq k \leq n.$$

Sind speziell $a_1, \ldots, a_n$ n verschiedene Zahlen, so ist die Basis bis auf eine Permutation und Multiplikation mit Zahlen vom Betrag 1 eindeutig bestimmt.

B e w e i s   Jede Zahl, die unter $a'_1, \ldots, a'_n$ vorkommt, erscheint auch unter $a_1, \ldots, a_n$ und umgekehrt. Die Anzahl der e'_j, deren Eigenwert a'_j gleich einem festen a_i ist, ist nach 6.3.3 höchstens so groß wie die Dimension der linearen Hülle von $\{e_j : a_j = a_k\}$, da die e'_j linear unabhängig sind. Vertauschen wir in diesen Schlüssen die Basen, so erhalten wir die umgekehrte Ungleichung. □

Die Existenzaussage ergibt sich aus

6.3.5 Satz *Sei $f: V \to V$ eine unitäre Abbildung eines endlich-dimensionalen unitären Vektorraumes. Dann gibt es einen 1-dimensionalen Teilraum $V_1 \subset V$ mit $f(V_1) = V_1$.*

Hieraus folgt Satz 6.3.1 durch Induktion nach $\dim V$, indem wir V in $V = V_1 \oplus V_1^\perp$ zerlegen. Der Induktionsbeginn ist trivial.

B e w e i s   von Satz 6.3.5. Sei $0 \neq \mathfrak{x}_1 \in V$ ein beliebiger Vektor. Wir betrachten die Vektoren $\mathfrak{x}_1, \mathfrak{x}_2 = f(\mathfrak{x}_1), \mathfrak{x}_3 = f(\mathfrak{x}_2), \ldots, \mathfrak{x}_k = f(\mathfrak{x}_{k-1})$; dabei sei $k \geq 1$ die größte Zahl aus $\mathbb{N}^*$, so daß $\mathfrak{x}_1, \ldots, \mathfrak{x}_k$ linear unabhängig sind. Ist $k = 1$, so ist die Behauptung bewiesen. Sei nun $k > 1$. Es gibt dann $b_1, \ldots, b_k \in \mathbb{C}$ mit $f(\mathfrak{x}_k) = b_1 \mathfrak{x}_1 + \ldots + b_k \mathfrak{x}_k$. Ferner ist $b_1 \neq 0$; sonst würde f den von $\mathfrak{x}_1, \ldots, \mathfrak{x}_k$ aufgespannten Teilraum der Dimension k auf den von $\mathfrak{x}_2, \ldots, \mathfrak{x}_k$ aufgespannten Teilraum der Dimension $k-1$ abbilden, im Widerspruch dazu, daß jede unitäre Abbildung injektiv ist.

Wir suchen einen Vektor $0 \neq \mathfrak{x} = x_1 \mathfrak{x}_1 + \ldots + x_k \mathfrak{x}_k$ mit $f(\mathfrak{x}) = \lambda \mathfrak{x}$ für ein $\lambda \in \mathbb{C}$. Dann spannt $\mathfrak{x}$ den gesuchten Teilraum V_1 auf. Die Gleichung $f(\mathfrak{x}) = \lambda \mathfrak{x}$ ist gleichbedeutend mit

$$\lambda x_1 = b_1 x_k \quad \text{und} \quad \lambda x_j = x_{j-1} + b_j x_k \quad \text{für } j = 2, \ldots, k.$$

Es gibt stets $k + 1$ Zahlen $\lambda, x_1, \ldots, x_k$, die diese Gleichungen erfüllen: Wir setzen $x_k = 1$ und, für zunächst beliebiges λ,

$$\begin{aligned} x_{k-1} &= \lambda x_k - b_k \\ x_{k-2} &= \lambda x_{k-1} - b_{k-1} \\ &\vdots \\ x_1 &= \lambda x_2 - b_2. \end{aligned}$$

6.3 Normalform orthogonaler und unitärer Abbildungen

Dann bleibt nur noch die Gleichung $\lambda x_1 = b_1$, d.h.

$$b_1 = \lambda(\lambda x_2 - b_2) = \lambda(\lambda(\lambda x_3 - b_3) - b_2) = \ldots$$
$$= \lambda^k - \lambda^{k-1}b_k - \ldots - \lambda^2 b_3 - \lambda b_2$$

zu erfüllen. Ein solches $\lambda \in \mathbb{C}$ gibt es, weil nach dem Fundamentalsatz der Algebra jedes nicht konstante Polynom über $\mathbb{C}$ mindestens eine Nullstelle in $\mathbb{C}$ besitzt. □

Die Methode dieses Beweises werden wir im nächsten Kapitel verallgemeinern.

B e w e i s von 6.3.2. Wir zeigen, daß Satz 6.3.2 aus Satz 6.3.1 folgt.

Sei V ein $\mathbb{R}$-Vektorraum und $W := V \oplus V$ die direkte Summe von V mit sich selbst. Die Elemente von W sind die geordneten Paare $\mathfrak{z} = (\mathfrak{x}, \mathfrak{y})$ mit $\mathfrak{x}, \mathfrak{y} \in V$. Für $c = a + ib \in \mathbb{C}$ sei

(1) $$c\mathfrak{z} := (a\mathfrak{x} - b\mathfrak{y}, b\mathfrak{x} + a\mathfrak{y}) \in W.$$

(a) Bezüglich dieser Operation von $\mathbb{C}$ auf W wird W ein $\mathbb{C}$-Vektorraum, die *Komplexifizierung von V*. Ist V ein euklidischer Vektorraum, so wird W ein unitärer Vektorraum, wenn für $\mathfrak{z} = (\mathfrak{x}, \mathfrak{y})$, $\mathfrak{z}' = (\mathfrak{x}', \mathfrak{y}') \in W$ das Skalarprodukt durch

(2) $$\langle \mathfrak{z}, \mathfrak{z}' \rangle = (\langle \mathfrak{x}, \mathfrak{x}' \rangle + \langle \mathfrak{y}, \mathfrak{y}' \rangle) + i(\langle \mathfrak{y}, \mathfrak{x}' \rangle - \langle \mathfrak{x}, \mathfrak{y}' \rangle) \in \mathbb{C}$$

definiert wird. Ein Endomorphismus $f: V \to V$ induziert einen Endomorphismus $\hat{f}: W \to W$ durch $\hat{f}((\mathfrak{x}, \mathfrak{y})) = (f(\mathfrak{x}), f(\mathfrak{y}))$. *Ist f orthogonal, so ist $\hat{f}$ unitär.* Alle diese Aussagen ergeben sich unmittelbar durch Ausrechnen.

(b) Sei V ein euklidischer Vektorraum endlicher Dimension n, und sei $f: V \to V$ eine orthogonale Abbildung. Für $n \leq 2$ gilt Satz 6.3.2 nach 6.2.6, so daß jetzt $n > 2$ sei. Wir beweisen Satz 6.3.2 durch Induktion nach n.

Die Komplexifizierung W von V ist ein endlich-dimensionaler unitärer Vektorraum, und $\hat{f}: W \to W$ ist eine unitäre Abbildung. Nach Satz 6.3.1 gibt es eine orthonormierte Basis

$$\mathfrak{z}_j = (\mathfrak{x}_j, \mathfrak{y}_j) \in W, \ j = 1, \ldots, n = \dim_\mathbb{C} W, \ \text{mit} \ \hat{f}(\mathfrak{z}_j) = c_j \mathfrak{z}_j$$

für komplexe Zahlen $c_j = a_j + ib_j$ vom Betrag 1, die durch $\hat{f}$ (also durch f) bis auf die Reihenfolge eindeutig bestimmt sind.

Sei $V_1 \subset V$ der von $\mathfrak{x}_1, \mathfrak{y}_1$ erzeugte lineare Teilraum. Es ist $1 \leq \dim_{\mathbb{R}} V_1 \leq 2$, da $\mathfrak{z}_1 \neq 0$ ist. Sei $V_0 = V_1^{\perp}$ der Lotraum zu V_1. Nach 6.1.16 ist $V_0 \oplus V_1 = V$, also ist V in zwei orthogonale Teilräume kleinerer Dimension als n zerlegt.

Aus $(f(\mathfrak{x}_1), f(\mathfrak{y}_1)) = \hat{f}(\mathfrak{z}_1) = c_1 \mathfrak{z}_1$ und Formel (1) folgt $f(V_1) \subset V_1$ und daraus $f(V_1) = V_1$ und $f(V_0) \subset V_0$, da f orthogonal ist. Die Beschränkungen

$$f|V_1 \colon V_1 \to V_1, \quad f|V_0 \colon V_0 \to V_0$$

sind orthogonale Abbildungen von euklidischen Vektorräumen kleinerer Dimension als n, für die Satz 6.3.2 nach Induktionsannahme richtig ist: Es gibt orthonormierte Basen $\mathfrak{e}_1, \ldots, \mathfrak{e}_m$ ($m = \dim_{\mathbb{R}} V_1$) bzw. $\mathfrak{e}'_1, \ldots, \mathfrak{e}'_{n-m}$ von V_1 bzw. V_0, bezüglich der $f|V_1$ bzw. $f|V_0$ Matrizen wie in Satz 6.3.2 besitzen. Dann ist $\mathfrak{e}'_1, \ldots, \mathfrak{e}'_{n-m}, \mathfrak{e}_1, \ldots, \mathfrak{e}_m$ eine orthonormierte Basis von V und die zugehörige Matrix von f hat die Form

$$\begin{pmatrix} \boxtimes & & & & & & & 0 \\ & 1 & & & & & & \\ & & \ddots & & & & & \\ & & & 1 & & & & \\ & & & & -1 & & & \\ & & & & & \ddots & & \\ & & & & & & -1 & \\ & & & & & & & \square \\ & & & & & & & & \ddots \\ 0 & & & & & & & & & \square \end{pmatrix}$$

mit

$$\boxtimes = (1),\ (-1),\ \begin{pmatrix} 1 & 0 \\ 0 & 1 \end{pmatrix},\ \begin{pmatrix} 1 & 0 \\ 0 & -1 \end{pmatrix},\ \begin{pmatrix} -1 & 0 \\ 0 & -1 \end{pmatrix} \quad \text{oder} \quad \begin{pmatrix} a & -b \\ b & a \end{pmatrix}$$

mit $a^2 + b^2 = 1$ und $|a| < 1$; die übrigen Kästchen sind wie in Satz 6.3.2. Indem wir die Basisvektoren geeignet vertauschen, erhalten wir die gewünschte Matrix.

Es bleibt zu zeigen, daß die Bestimmungsstücke dieser Matrix durch f eindeutig bestimmt sind. Es seien $s \geq 0$ und $t \geq 0$ die Anzahlen, in der 1 bzw. -1 in der Matrix in Satz 6.3.2 vorkommen, und es sei

$$\begin{pmatrix} a_j & -b_j \\ b_j & a_j \end{pmatrix} \quad \text{mit } a_j^2 + b_j^2 = 1 \quad \text{und } 0 < a_j < 1$$

das j-te Kästchen ($1 \leq j \leq k = \frac{n-s-t}{2}$). Sei $\mathfrak{e}_1, \ldots, \mathfrak{e}_n \in V$ die Basis von Satz 6.3.2. Aus Formel (2) folgt, daß $\hat{\mathfrak{e}}_1 = (\mathfrak{e}_1, 0), \ldots, \hat{\mathfrak{e}}_{s+t} = (\mathfrak{e}_{s+t}, 0), \hat{\mathfrak{e}}_{s+t+1}, \ldots, \hat{\mathfrak{e}}_n$

mit

$$\hat{e}_{s+t+2\kappa-1} = \left(\frac{1}{\sqrt{2}}e_{s+t+2\kappa-1}, -\frac{1}{\sqrt{2}}e_{s+t+2\kappa}\right),$$

$$\hat{e}_{s+t+2\kappa} = \left(\frac{1}{\sqrt{2}}e_{s+t+2\kappa-1}, \frac{1}{\sqrt{2}}e_{s+t+2\kappa}\right),$$

für $1 \leq \kappa \leq k$ eine orthonormierte Basis von W ist. Aus der Definition von $\hat{f}$ und Formel (1) folgt

$$\hat{f}(e_j, 0) = d_j(e_j, 0) \quad \text{mit } d_j = 1 \quad \text{für } 1 \leq j \leq s \text{ und}$$
$$d_j = -1 \quad \text{für } s+1 \leq j \leq s+t.$$

Ferner gilt für $\varepsilon \in \{1, -1\}$ und $j = s+t+2\kappa - 1$ mit $1 \leq \kappa \leq k$:

$$\hat{f}(e_j, \varepsilon e_{j+1}) = (a_\kappa + \varepsilon i b_\kappa) \cdot (e_j, \varepsilon e_{j+1}), \text{ also}$$
$$\hat{f}(\hat{e}_j) = c_\kappa \hat{e}_j \text{ und } \hat{f}(\hat{e}_{j+1}) = \bar{c}_\kappa \hat{e}_{j+1},$$

wobei wieder $c_\kappa = a_\kappa + ib_\kappa$ ist.

Wir betrachten nun ein festes $c = a + ib$, $a^2 + b^2 = 1$, $0 < a < 1$. Es sei n_c die Anzahl der Kästchen in der Normalform von Satz 6.3.2 mit den Zahlen a, b, und $V_c \subset V$ sei von den Vektoren $\{e_{s+t+2\kappa-1}, e_{s+t+2\kappa} : c_\kappa = c\}$ aufgespannt, ferner sei $W_c = \{\mathfrak{z} \in W : \hat{f}(\mathfrak{z}) = c\mathfrak{z}\}$. Aus der linearen Unabhängigkeit der zu verschiedenen Kästchen gehörigen Basisvektoren folgt:

(3) $\qquad 2n_c = \dim_\mathbb{R} V_c \leq \dim_\mathbb{C} W_c + \dim_\mathbb{C} W_{\bar{c}}.$

Es ist n, betrachtet als $\dim_\mathbb{R} V$, die Summe von $s+t$ und den Anzahlen n_c für die verschiedenen c. Betrachtet als $\dim_\mathbb{C} W$ ist n gleich $s+t$ plus der Anzahl der auftretenden Eigenwerte c_κ von $\hat{f}$. Deshalb muß in (3) Gleichheit gelten. Da die Eigenwerte von $\hat{f}$ eindeutig bestimmt sind, kann es keine anderen Paare a, b als die in Satz 6.3.2 angegebenen geben, und deren Anzahl ist, wie wir eben gesehen haben, gleich der Häufigkeit des Eigenwertes $c = a + ib$, also nach Satz 6.3.1 durch $\hat{f}$ auch eindeutig bestimmt. □

Aus 6.2.8 ergeben sich sofort die folgenden zu den Sätzen 6.3.1 und 6.3.2 äquivalenten Aussagen über Matrizen.

6.3.7 Satz *Zu jeder unitären Matrix A gibt es eine unitäre Matrix S, so daß $S^{-1}AS$ eine Diagonalmatrix*

$$\begin{pmatrix} a_1 & & 0 \\ & \ddots & \\ 0 & & a_n \end{pmatrix}$$

ist; die $a_1, \ldots, a_n$ sind komplexe Zahlen vom Betrag 1, die durch A bis auf die Reihenfolge eindeutig bestimmt sind.

6.3.8 Satz *Zu jeder orthogonalen Matrix A gibt es eine orthogonale Matrix S, so daß $S^{-1}AS$ die in Satz 6.3.2 angegebene Gestalt hat; dabei sind die Bestimmungsgrößen der letzten Matrix durch A eindeutig bestimmt.*

Daß $|a_i| = 1$ ist, folgt daraus, daß $S^{-1}AS$ wieder unitär bzw. orthogonal ist.

Satz 6.3.1 $\Longrightarrow$ *Satz* 6.3.7: Sei A eine unitäre $n \times n$-Matrix, $A = (a_{ik})$ und $f: \mathbb{C}^n \to \mathbb{C}^n$ der Endomorphismus $f(e'_j) = \sum_{k=1}^n a_{kj} e'_k$ für $j = 1, \ldots, n$, wobei $e'_1, \ldots, e'_n \in \mathbb{C}^n$ die kanonische Basis bezeichnet. Es ist $\mathbb{C}^n$ ein unitärer Vektorraum bezüglich des kanonischen Skalarprodukts, und die Basis $e'_i, \ldots, e'_n$ ist orthonormiert. Folglich ist f unitär, weil A es ist, und nach Satz 6.3.1 gibt es eine Basis $e_1, \ldots, e_n \in \mathbb{C}^n$ mit $f(e_h) = a_h e_h$ für $h = 1, \ldots, n$. Werden die Matrizen $S = (s_{hj})$ und $S^{-1} = (s'_{hj})$ definiert durch

$$e_h = \sum_{j=1}^n s_{jh} e'_j \quad \text{und} \quad e'_h = \sum_{j=1}^n s'_{jh} e_j \quad \text{für } h = 1, \ldots, n,$$

so ist

$$a_h e_h = f(e_h) = \sum_j s_{jh} f(e'_j) = \sum_{j,k} s_{jh} a_{kj} e'_k = \sum_{j,k,l} s_{jh} a_{kj} s'_{lk} e_l,$$

also ist $S^{-1}AS$ die angegebene Diagonalmatrix. Wegen

$$\delta_{hj} = \langle e_h, e_j \rangle = \langle \sum_k s_{kh} e'_k, \sum_l s_{lj} e'_l \rangle = \sum_k s_{kh} \bar{s}_{kj}$$

ist S unitär, vgl. 6.2.3. Nach Satz 6.3.1 sind $a_1, \ldots, a_n$ durch f, also durch A, eindeutig bestimmt. $\square$

Wir können die Aussage von Satz 6.3.1 auch aus der von Satz 6.3.7 gewinnen, indem wir das Korollar 6.3.4 benutzen. Daß die Sätze 6.3.2 und 6.3.8 äquivalent sind, können wir ähnlich zeigen.

6.3.9 Bemerkung Die Sätze 6.3.1 und 6.3.3 legen einen Weg nahe, die Normalform einer unitären Abbildung bzw. Matrix zu finden. Die gesuchte Matrix A_0 hat Diagonalgestalt wie in 6.3.7 und deshalb gilt z.B.

$$A_0 e_1 = \begin{pmatrix} a_1 & & 0 \\ & \ddots & \\ 0 & & a_n \end{pmatrix} \begin{pmatrix} 1 \\ 0 \\ \vdots \\ 0 \end{pmatrix} = a_1 E \begin{pmatrix} 1 \\ 0 \\ 0 \\ \vdots \\ 0 \end{pmatrix} = a_1 E e_1$$

6.3 Normalform orthogonaler und unitärer Abbildungen

und somit hat die Gleichung $(A_0 - a_1 E)x = 0$ eine nicht-triviale Lösung x. Das ist dann und nur dann der Fall, wenn $\det(A_0 - a_1 E) = 0$ ist. Nun fassen wir $\det(A_0 - \lambda E)$ als Polynom in λ auf. Aus der Definition 5.3.6 der Determinante folgt, daß

$$\det(A_0 - \lambda E) = (-1)^n \lambda^n + (-1)^{n-1}(a_{11} + \ldots + a_{nn})\lambda^{n-1} + \ldots + \det A$$

ist.

Die Zahlen $a_1, \ldots, a_n$ von 6.3.7 sind also die Nullstellen des sogenannten *charakteristischen Polynoms* $\det(A_0 - \lambda E)$. Wegen

$$\det(A_0 - \lambda E) = \det(SAS^{-1} - \lambda E) = \det(S(A - \lambda E)S^{-1})$$
$$= \det S \cdot \det(A - \lambda E) \cdot \det S^{-1} = \det(A - \lambda E)$$

stimmen die charakteristischen Polynome von A und A_0 überein und daraus folgt, daß die Zahlen $a_1, \ldots, a_n$ genau die Nullstellen mit entsprechenden Vielfachheiten des Polynoms $\det(A - \lambda E)$ sind.

Das charakteristische Polynom $\det(A - \lambda E)$ wird in Kapitel 7 das wichtige Hilfsmittel zur Klassifikation von linearen Abbildungen bzw. Matrizen sein, und zwar für beliebige Körper K. Daß es dann komplizierter wird, zeigen schon die Sätze 6.3.2 bzw. 6.3.8 für orthogonale Abbildungen und Matrizen.

Aufgaben

6.3.A1 Sei G eine endliche Gruppe von $n \times n$-Matrizen mit reellen Koeffizienten. Für $x, y \in \mathbb{R}^n$ sei $Q(x, y) := \sum_{A \in G} \langle Ax, Ay \rangle$, wobei $\langle \cdot, \cdot \rangle$ das euklidische Skalarprodukt ist. Zeigen Sie:
(a) $\mathbb{R}^n$, versehen mit dem neuen Skalarprodukt Q, ist ein euklidischer Vektorraum.
(b) Für $B \in G$ gilt:

$$(*) \qquad Q(Bx, By) = Q(x, y)$$

(d.h. G läßt sich auffassen als Untergruppe der orthogonalen Gruppe zum Skalarprodukt Q.)
(c) Es gibt ein C aus $GL(n, \mathbb{R})$, so daß $C^{-1}GC \subset O(n)$ ist. (M.a.W.: Jede endliche Gruppe von linearen Abbildungen ist konjugiert zu einer Untergruppe von $O(n)$.)

6.3.A2 Bringen Sie die folgenden Matrizen auf Normalform für orthogonale Matrizen:

$$A = \begin{pmatrix} -\frac{1}{2} & -\frac{\sqrt{2}}{2} & \frac{1}{2} \\ -\frac{\sqrt{2}}{2} & 0 & -\frac{\sqrt{2}}{2} \\ \frac{1}{2} & -\frac{\sqrt{2}}{2} & -\frac{1}{2} \end{pmatrix}, \quad B = \begin{pmatrix} \frac{5}{\sqrt{30}} & 0 & \frac{1}{\sqrt{6}} \\ \frac{1}{\sqrt{30}} & -\frac{2}{\sqrt{5}} & -\frac{1}{\sqrt{6}} \\ \frac{2}{\sqrt{30}} & \frac{1}{\sqrt{5}} & -\frac{2}{\sqrt{6}} \end{pmatrix}.$$

6.3.A3 Bestimmen Sie die Normalgestalt der folgenden unitären Matrizen:

$$\begin{pmatrix} \frac{1}{9} & \frac{2}{9}\sqrt{2} - i\frac{2}{3}\sqrt{2} \\ -\frac{2}{9}\sqrt{2} - i\frac{2}{3}\sqrt{2} & \frac{1}{9} \end{pmatrix}, \quad \begin{pmatrix} \frac{1}{9} & \frac{2}{9}\sqrt{2} + i\frac{2}{3}\sqrt{2} \\ \frac{2}{9}\sqrt{2} - i\frac{2}{3}\sqrt{2} & -\frac{1}{9} \end{pmatrix}.$$

6.4 Euklidische Räume

Der Grundkörper ist jetzt $\mathbb{R}$. Ferner sei V ein euklidischer Vektorraum über $\mathbb{R}$, d.h. es ist ein Skalarprodukt $V \times V \to \mathbb{R}$, $(\mathfrak{x}, \mathfrak{y}) \mapsto \langle \mathfrak{x}, \mathfrak{y} \rangle$ gegeben, vgl. 6.1.4. Nun gewinnen wir für den affinen Raum über V neue Eigenschaften und geben ihm einen neuen Namen:

6.4.1 Definition Ein affiner Raum E über $\mathbb{R}$ bezüglich V heißt *euklidischer Raum*, wenn V ein euklidischer Vektorraum ist. Die bisher eingeführten Begriffe wie affiner Teilraum, Dimension, Parallelität usw. gelten natürlich auch für euklidische Räume. Statt „E_0 ist affiner Teilraum von E" sagen wir „E_0 ist *euklidischer Teilraum* von E".

In diesem Abschnitt 6.4 verwenden wir topologische Grundbegriffe, die u.a. aus der Analysis-Vorlesung bekannt sind.

6.4.2 Definition und Satz *Der Abstand $d(p,q)$ der Punkte $p, q \in E$ ist definiert durch $d(p,q) = \|\overrightarrow{pq}\|$. Damit wird E ein metrischer (also auch topologischer) Raum.*

Dabei ist eine Menge E zusammen mit einer Abbildung $d\colon E \times E \to \mathbb{R}$ ein *metrischer Raum*, wenn die folgenden drei Forderungen erfüllt sind:

(1) $\quad d(p,q) \geq 0 \quad \forall p, q \in E$, ferner: $d(p,q) = 0 \iff p = q$;
(2) $\quad d(p,q) = d(q,p) \quad \forall p, q \in E$;
(3) $\quad d(p,r) \leq d(p,q) + d(q,r) \quad \forall p, q, r \in E$ (Dreiecksungleichung).

B e w e i s Es sind die Bedingungen (1-3) zu verifizieren.
  (1) ist 6.1.7 (a). Aus $d(p,q) = \|\overrightarrow{pq}\| = \|\overrightarrow{-qp}\|$ und 6.1.7 (b) folgt (2). Aus 6.1.7 (c) folgt (3):

$$d(p,r) = \|\overrightarrow{pr}\| = \|\overrightarrow{pq} + \overrightarrow{qr}\| \leq \|\overrightarrow{pq}\| + \|\overrightarrow{qr}\| = d(p,q) + d(q,r). \quad \square$$

6.4 Euklidische Räume

Das Standardbeispiel für einen n-dimensionalen euklidischen Raum gibt der affine Raum $\mathbb{R}^n$ (vgl. 4.7.7); zugrundeliegender euklidischer Vektorraum ist $\mathbb{R}^n$ mit dem kanonischen Skalarprodukt 6.1.2 (a). Der Abstand der Punkte $\mathfrak{x} = (x_1, \ldots, x_n)^t$, $\mathfrak{y} = (y_1, \ldots, y_n)^t$ ist

$$d(\mathfrak{x}, \mathfrak{y}) = \|\overrightarrow{\mathfrak{xy}}\| = \|\mathfrak{y} - \mathfrak{x}\| = \sqrt{(y_1 - x_1)^2 + \ldots + (y_n - x_n)^2}.$$

In euklidischen Räumen lassen sich die üblichen Begriffe der euklidischen Geometrie einführen, und damit wie gewohnt arbeiten. Wir geben nur einige Beispiele.

6.4.3 Definition

(a) Sei E ein euklidischer Raum. Für $p \neq q \in E$ heißt die Menge

$$\{p + a\overrightarrow{pq} : a \in \mathbb{R},\ 0 \leq a \leq 1\} \subset E$$

die *Strecke von p nach q*; p ist ihr *Anfangspunkt*, q ihr *Endpunkt*. Der Abstand $d(p,q)$ heißt *Länge der Strecke*.

(b) Sind drei Punkte $r \neq p \neq q$ gegeben, so heißt, vgl. 6.1.17, $\sphericalangle(p; q, r) := \sphericalangle(\overrightarrow{pq}, \overrightarrow{pr})$ *Winkel zwischen den Strecken von p nach q bzw. von p nach r* oder *Winkel zwischen den Geraden $[p, q]$ und $[p, r]$*, vgl. Abb. 6.4.1. Zur Definition von $\sphericalangle(\overrightarrow{pq}, \overrightarrow{pr})$ vgl. 6.1.17.

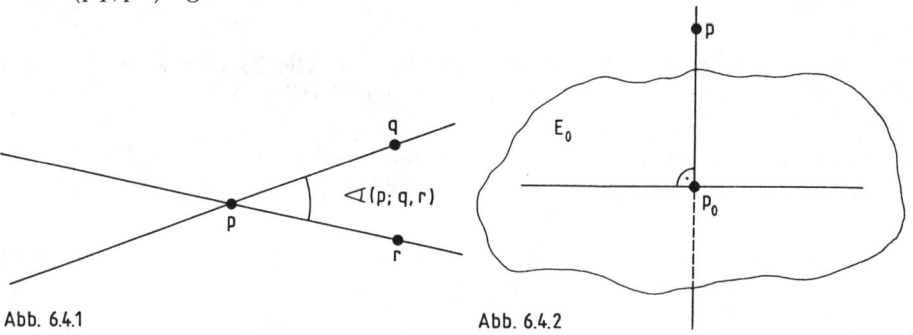

Abb. 6.4.1 Abb. 6.4.2

Es ist $\alpha = \sphericalangle(p; q, r)$ eine reelle Zahl mit $0 \leq \alpha \leq \pi$. Wenn $\alpha = \frac{\pi}{2}$ ist, stehen die beiden Geraden *senkrecht* oder *orthogonal* aufeinander. Es gilt

$$\langle \overrightarrow{pq}, \overrightarrow{pr} \rangle = \|\overrightarrow{pq}\| \cdot \|\overrightarrow{pr}\| \cos \alpha.$$

(c) Es sei $E_0 \subset E$ eine Hyperebene und $p \notin E_0$, $p \in E$. Für $p_0 \in E_0$ heißt die Gerade $[p_0, p]$ *Lot von p auf E_0*, wenn jede Gerade in E_0 durch p_0 senkrecht zu $[p_0, p]$ ist; der Punkt p_0 heißt dann *Fußpunkt des Lotes*, vgl. Abb. 6.4.2.

(d) Für $p \in E$ und $r \in \mathbb{R}$, $r > 0$, heißt die Menge

$$S_r(p) = \{q \in E : d(p,q) = r\} \subset E$$

Sphäre vom Radius r mit Mittelpunkt p. Ist $\dim E = n \in \mathbb{N}^*$, so heißt $n-1$ die *Dimension der Sphäre.* Eine 0-dimensionale Sphäre besteht aus genau 2 Punkten (Beweis!). 1-dimensionale Sphären werden meistens *Kreise* oder *Kreislinien* genannt, vgl. Abb. 6.4.3.

(d) Für zwei Teilmengen A, B des metrischen Raumes E ist der *Abstand*

$$d(A,B) := \inf\{d(a,b) : a \in A, b \in B\}.$$

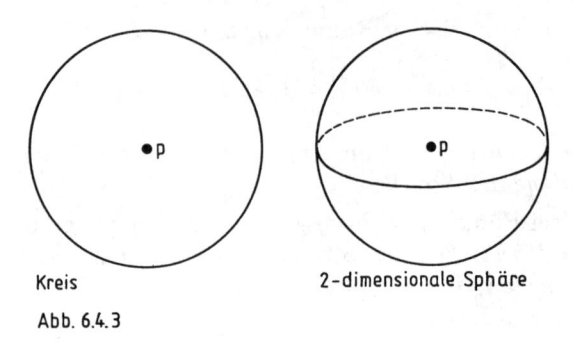

Kreis   2-dimensionale Sphäre

Abb. 6.4.3

Als Teilmenge des metrischen Raumes E ist jede Sphäre $S_r(p) \subset E$ ein metrischer Raum (versehen mit der induzierten Metrik).

6.4.4 Satz *Es gibt genau ein Lot von einem Punkt p auf eine Hyperebene E_0, und für dessen Fußpunkt p_0 ist $d(p, E_0) := \inf\{d(p,x) : x \in E_0\} = d(p, p_0)$.*

B e w e i s   Für jedes $x \in E_0$ ist $d(p,x) = \sqrt{d^2(p,p_0) + d^2(p_0,x)} \geq d(p,p_0)$, und das Gleichheitszeichen gilt hier nur, wenn $p_0 = x$ ist.   □

6.4.5 Satz *Folgende Aussagen sind äquivalent:*
(i) $S_r(p)$ *ist kompakt* $(r > 0, p \in E)$.
(ii) $\dim E < \infty$.

B e w e i s
(i) $\Longrightarrow$ (ii): Sei $\dim E = \infty$. Ist V der zugrundeliegende Vektorraum, so ist $\dim V = \infty$. In V gibt es ein orthonormiertes System $\mathfrak{x}_1, \mathfrak{x}_2, \ldots$, das aus unendlich vielen Vektoren besteht. Sei $p \in E$ und $p_i = p + r\mathfrak{x}_i \in E$, $r > 0$, $i = 1, 2, \ldots$. Wegen

$$d(p, p_i) = \|\overrightarrow{pp_i}\| = \|r\mathfrak{x}_i\| = |r|$$

ist $p_1, p_2, \ldots \in S_r(p)$. Für $i \neq j$ ist

$$d(p_i, p_j)^2 = \|\overrightarrow{p_i p_j}\|^2 = \|\overrightarrow{p_i p} + \overrightarrow{p p_j}\|^2 =$$
$$\|-r\mathfrak{x}_i + r\mathfrak{x}_j\|^2 = r^2 \|\mathfrak{x}_j - \mathfrak{x}_i\|^2 \stackrel{!}{=} r^2(\|\mathfrak{x}_i\|^2 + \|\mathfrak{x}_j\|^2) = 2r^2.$$

Dabei ergibt sich „$\stackrel{!}{=}$" aus dem Satz des Pythagoras 6.1.20. Also ist $d(p_i, p_j) = \sqrt{2} \cdot r$ für $i \neq j$. Deshalb hat die Folge $p_1, p_2, \ldots$ keinen Häufungspunkt in E, also auch nicht in $S_r(p)$, und somit ist $S_r(p)$ nicht kompakt.

(ii) $\Longrightarrow$ (i): Es sei $\dim E = \dim V = n \in \mathbb{N}^*$ und $\mathfrak{x}_1, \ldots, \mathfrak{x}_n \in V$ eine orthonormierte Basis. Sei $p \in E$ fest und

$$f\colon \mathbb{R}^n \to E, \ f(x_1, \ldots, x_n)^t = p + \left(\sum_{i=1}^n x_i \mathfrak{x}_i\right).$$

Es ist f ein Homöomorphismus, der die Sphäre vom Radius r um $0 \in \mathbb{R}^n$,

$$X = \{(x_1, \ldots, x_n)^t \in \mathbb{R}^n \colon x_1^2 + \ldots + x_n^2 = r^2\} \subset \mathbb{R}^n,$$

auf $S_r(p)$ abbildet. Da X eine abgeschlossene Teilmenge der kompakten Menge $[-r, r]^n$ ist, ist X kompakt, somit auch $S_r(p)$. $\square$

6.4.6 Definition Sei $\dim E = n \in \mathbb{N}^*$. Eine Gerade g in E heißt *Tangente* an die Sphäre $S_r(p)$ im *Berührpunkt* q, wenn $g \cap S_r(p) = \{q\}$. Die Menge aller Tangenten der Sphäre in einem festen Punkt q ist eine Hyperebene von E, die *Tangentialhyperebene der Sphäre im Punkt* q, vgl. Abb. 6.4.4 (Beweis!).

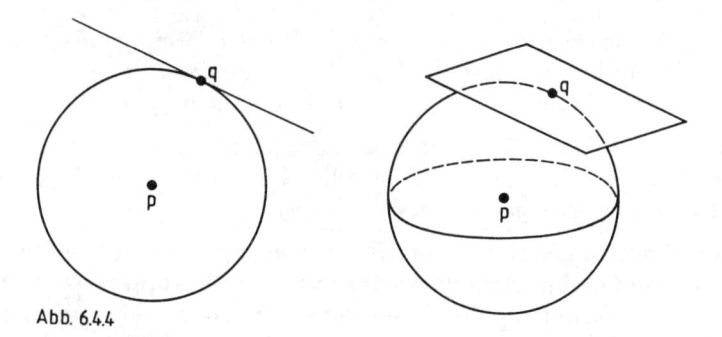

Abb. 6.4.4

6.4.7 Ergänzungen und Beispiele Ohne Beweis stellen wir einige Aussagen zusammen, die als Übungsaufgaben dienen können.

(a) Sei E ein euklidischer Raum mit $p, q, r \in E$. Wenn in der Dreiecksungleichung $d(p, r) \leq d(p, q) + d(q, r)$ das Gleichheitszeichen gilt, liegen p, q, r auf einer Geraden.

(b) Sei E eine euklidische Ebene, $p \in E$ und $r > 0$. Sei $S_r(p)$ der Kreis vom Radius r um p wie in 6.4.3 (d). Seien $a, b, c \in S_r(p)$ drei verschiedene Punkte, so daß p auf der Strecke von a nach b liegt. Dann stehen die Strecken von c nach a bzw. von c nach b senkrecht aufeinander (*Satz von Thales*), vgl. Abb. 6.4.5.

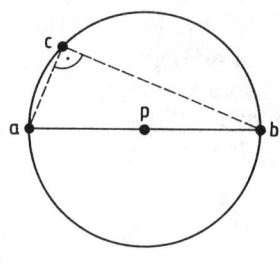

Abb. 6.4.5

(c) Der Durchschnitt zweier $(n-1)$-dimensionaler, verschiedener Sphären in einem n-dimensionalen euklidischen Raum ist entweder leer oder genau ein Punkt oder eine in einer Hyperebene liegende, $(n-2)$-dimensionale Sphäre ($n \geq 2$).

(d) E_0, E_1 seien disjunkte euklidische Teilräume positiver Dimension eines euklidischen Raumes E. Eine Gerade $g \subset E$ heißt *gemeinsames Lot von E_0 und E_1*, wenn jede Gerade g' aus E_0 oder E_1, die g schneidet, senkrecht zu g ist. Beweisen Sie: *Es gibt ein gemeinsames Lot von E_0 und E_1* (i.a. ist es nicht eindeutig bestimmt, z.B. dann nicht, wenn E_0 und E_1 parallele Geraden einer Ebene sind).

(e) E_0, E_1 seien wie in (d). Es gilt: *Die Funktion $f\colon E_0 \times E_1 \to \mathbb{R}$, $f(p,q) = d(p,q)$, hat bei $(p,q) \in E_0 \times E_1$ genau dann ein Minimum, wenn $[p,q]$ gemeinsames Lot von E_0 und E_1 ist. Also ist $d(p,q) = d(E_0, E_1)$.*

(f) Zwei Geraden eines 3-dimensionalen euklidischen Raumes E heißen *windschief*, wenn sie nicht in einer Ebene liegen. Beweisen Sie: *Zu je zwei windschiefen Geraden gibt es genau ein gemeinsames Lot.*

(g) Sei A ein affiner Raum über $\mathbb{R}$, und seien $p, q, r \in A$ Punkte, die nicht auf einer Geraden liegen. Dann heißt das Punktetripel $\{p, q, r\}$ *Dreieck mit den Ecken p, q, r*. Die Gerade g_p durch die Punkte p und $q + \frac{1}{2}\overrightarrow{qr}$ (die verschieden sind!) heißt *Mittellinie durch p*. Beweisen Sie: *Die Mittellinien g_p, g_q, g_r schneiden sich in einem Punkt.*

(h) Überlegen Sie sich für eine euklidische Ebene, daß sich die Höhen bzw. Mittelsenkrechten eines Dreiecks in einem Punkte schneiden. Dabei ist eine *Höhe* das Lot von einer Ecke auf die gegenüberliegende Seite und eine *Mittelsenkrechte* die Senkrechte auf eine Seite durch den Mittelpunkt der Seite.

6.4.8 Sei ABC ein Dreieck mit den Seiten a, b, c und den Seitenmittelpunkten M_a, M_b, M_c. Dann schneiden sich die Mittellinien AM_a, BM_b, CM_c in einem Punkt S, vgl. 6.4.7 (g). Wegen des Strahlensatzes gilt

$$AB\|M_aM_b, \quad BC\|M_bM_c, \quad CA\|M_cM_a,$$

und *die Seiten des Dreieckes $M_aM_bM_c$ sind halb so lang wie die von ABC.* Die beiden Dreiecke befinden sich in „perspektiver" Lage mit dem *Ähnlichkeitspunkt* S, die Projektionsstrahlen liegen auf den Seitenhalbierenden. Ferner folgt hieraus, daß der Punkt S *jede Seitenhalbierende im Verhältnis* 2 : 1 *teilt*; deshalb ist S der *Schwerpunkt* von ABC.

Die Höhen h_a, b_b, h_c des Dreieckes ABC gehen bei einer geeigneten zentrischen Streckung mit Zentrum S in die des Dreieckes $M_aM_bM_c$ über; letztere sind gleichzeitig die Mittelsenkrechten G_a, G_b, G_c des Dreieckes ABC. Bei der zentrischen Streckung geht also der Höhenschnittpunkt H in den Schnittpunkt M der Mittelsenkrechten von ABC über; die drei Punkte S, M, H liegen deshalb auf einer Geraden, der *Eulerschen Geraden* e von ABC. Dabei liegt S zwischen M und H, und es gilt $\overline{HS} : \overline{SM} = 2 : 1$.

Als nächstes stauchen wir das Dreieck ABC von H ausgehend mit dem Faktor $\frac{1}{2}$ und erhalten ein Dreieck $A'B'C'$, dessen Ecken die Mitten der Höhenabschnitte sind, die näher an den Ecken liegen. Dieses Dreieck ist punktsymmetrisch zu $M_aM_bM_c$, der Symmetriepunkt F liegt ebenfalls auf der Eulerschen Geraden, und er ist ebenfalls der Mittelpunkt von $\overline{HM}$. Ferner ist F Mittelpunkt der Umkreise der beiden Dreiecke $M_aM_bM_c$ und $A'B'C'$. Wegen des Satzes von Thales liegen auf diesem Umkreis auch die Höhenfußpunkte von ABC. Dieser Kreis heißt *Feuerbach-Kreis* oder *Neunpunktekreis*, vgl. Abb. 6.4.6.

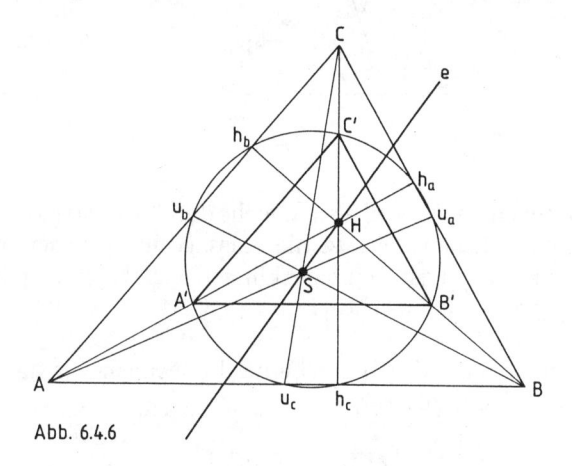

Abb. 6.4.6

226   6 Euklidische und unitäre Vektorräume und Räume

6.4.9 Satz *In jedem Dreieck liegen der Höhenschnittpunkt H, der Schnittpunkt der Seitenhalbierenden S und der Schnittpunkt der Mittelsenkrechten M auf der Eulerschen Geraden. Der Mittelpunkt der Strecke $\overline{HM}$ ist Mittelpunkt des Feuerbach-Kreises, der die drei Mittelpunkte der Seiten von ABC, die drei Mittelpunkte der den Ecken nahen Strecken der Höhen und die drei Höhenfußpunkte enthält.* □

6.4.10 Es sei ein rechtwinkliges Dreieck mit Seiten der Längen a, b, c und den Winkeln $\alpha, \beta, \gamma = \frac{\pi}{2}$ gegeben. Dann folgt aus der Definition von $\cos \alpha$, daß $\cos \alpha = \frac{b}{c}$, und aus $\cos^2 \alpha + \sin^2 \alpha = 1$ und $a^2 + b^2 = c^2$ (Satz des Pythagoras) ergibt sich $\sin \alpha = \frac{a}{c}$. Daraus folgt für ein beliebiges Dreieck der *Sinussatz* $\frac{\sin \alpha}{a} = \frac{\sin \beta}{b} = \frac{\sin \gamma}{c}$.

Wir schließen einen einfach klingenden, wenig bekannten Satz an.

6.4.11 Morley's Satz *Sei ABC ein Dreieck in der euklidischen Ebene. Wir dritteln die Winkel des Dreieckes durch Halbstrahlen und bringen jeweils die beiden Halbstrahlen, die einer Seite am nächsten sind, zum Schnitt. Die erhaltenen Schnittpunkte bilden dann ein gleichseitiges Dreieck XYZ, vgl. Abb. 6.4.7.*

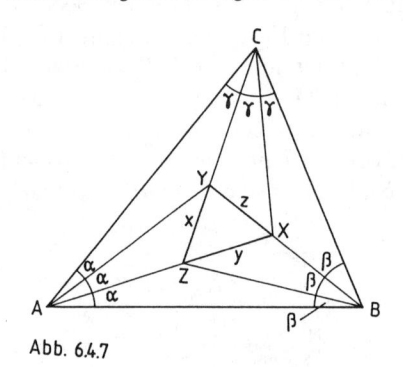

Abb. 6.4.7

Da sich das Dreiteilen eines Winkels i.a. nicht durch Konstruktionen mittels Zirkel und Lineal verwirklichen läßt, ist die Aussage in Wahrheit unerwartet, wohl ein Grund dafür, daß dieser einfach klingende Satz erst spät gefunden wurde. Sein Beweis ist nicht offensichtlich.

B e w e i s   Zur Vereinfachung der Bezeichnung bezeichnen wir die Winkel bei A, B, C mit $3\alpha, 3\beta, 3\gamma$. Dann gilt

(1) $$\frac{|\overline{BC}|}{\sin 3\alpha} = \frac{|\overline{CA}|}{\sin 3\beta} = \frac{|\overline{AB}|}{\sin 3\gamma} = 2R,$$

wobei R der Radius des Umkreises ist. Die Formel (1) ergibt sich aus Abb. 6.4.8. Wir wenden sie nun auf das Dreieck ABC, die Seite $\overline{AB}$ und den Winkel 3γ an, sowie auf das Dreieck ABZ, die Seiten $\overline{AZ}$ und $\overline{AB}$ und Winkel β und $\sphericalangle(AZB) = \pi - \alpha - \beta$ an und erhalten

(2) $\quad \dfrac{|\overline{AB}|}{\sin 3\gamma} = 2 \cdot R, \quad \dfrac{|\overline{AZ}|}{\sin \beta} = \dfrac{|\overline{AB}|}{\sin(\pi - \alpha - \beta)} \quad \Longrightarrow$

$$|\overline{AZ}| = 2 \cdot R \cdot \dfrac{\sin\beta \cdot \sin(3\alpha + 3\gamma)}{\sin(\alpha+\beta)} = \dfrac{\sin(\pi - 3\gamma)}{\sin(\frac{\pi}{3} - \gamma)} = \dfrac{\sin 3\gamma}{\sin(\frac{\pi}{3} - \gamma)}.$$

Aus den Additionstheoremen der trigonometrischen Funktionen ergibt sich

$$\sin(\frac{\pi}{3} + \gamma) \cdot \sin(\frac{\pi}{3} - \gamma) = \cos^2\gamma - \frac{1}{4}, \quad \sin 3\gamma = \sin\gamma \cdot (4\cos^2\gamma - 1)$$

und daraus zusammen mit (2)

$$|\overline{AZ}| = 8 \cdot R \cdot \sin\beta \cdot \sin\gamma \cdot \sin(\frac{\pi}{3} + \gamma).$$

Analog

$$|\overline{AY}| = 8 \cdot R \cdot \sin\beta \cdot \sin\gamma \cdot \sin(\frac{\pi}{3} + \beta).$$

Deshalb gilt

$$\dfrac{|\overline{AZ}|}{\sin(\frac{\pi}{3} + \gamma)} = \dfrac{|\overline{AY}|}{\sin(\frac{\pi}{3} + \beta)} = 8 \cdot R \cdot \sin\beta \cdot \sin\gamma.$$

Wegen $(\frac{\pi}{3} + \gamma) + (\frac{\pi}{3} + \beta) + \alpha = \pi$ ergibt die Anwendung von (1) auf das Dreieck mit den Winkeln $(\frac{\pi}{3} + \gamma)$, $(\frac{\pi}{3} + \beta)$ und α und der Seite $\overline{AZ}$, daß dieses Dreieck zum Dreieck mit den Ecken AZY kongruent ist (vgl. 6.5.21). Aus (1) folgt

$$\overline{ZY} = R \sin\alpha \sin\beta \sin\gamma.$$

Da der Term auf der rechten Seite symmetrisch in α, β, γ ist, gilt $\overline{XY} = \overline{YZ} = \overline{XZ}$. $\quad\square$

228 6 Euklidische und unitäre Vektorräume und Räume

Aufgaben

6.4.A1 Beweisen Sie die folgende Verallgemeinerung des Satzes von Thales:

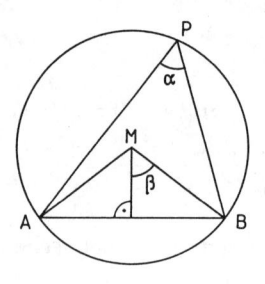

Abb. 6.4.8

$\alpha = \beta$, wobei M der Mittelpunkt eines Kreises mit Radius r und P ein beliebiger Punkt auf dem Kreis oberhalb der Strecke AB ist. Was gilt für α, wenn P auf dem unteren Kreisbogen zwischen A und B liegt?

6.4.A2 Gegeben sei ein Dreieck in einem euklidischen Raum (beliebiger Dimension). Definieren Sie den Begriff Winkelhalbierende und zeigen Sie, daß sich die drei Winkelhalbierenden eines Dreiecks in einem Punkte schneiden.

6.4.A3 Gegeben sei ein Dreieck $\{p, q, r\}$ in einem euklidischen Raum (beliebiger Dimension). Die Punktmenge

$$\Delta(p,q,r) = \{x = p + (\lambda \overrightarrow{pq} + \mu \overrightarrow{pr}) : 0 \leq \lambda, \mu \leq 1\}$$

heißt das *abgeschlossene Dreieck* mit den Ecken p, q, r. Zeigen Sie, daß $\Delta(p, q, r)$ *konvex* ist, d.h. daß mit zwei Punkten x, y auch alle Punkte der *Strecke* $\overline{xy} := \{z = x + \xi \overrightarrow{xy} : 0 \leq \xi \leq 1\}$ in $\Delta(p, q, r)$ liegen.

6.4.A4 Gegeben sei ein Dreieck $\{p, q, r\}$ in einer euklidischen Ebene. Zeigen Sie:
(a) Es gibt einen eindeutig bestimmten *Umkreis*, d.h. einen Kreis $\mathcal{K}_U$, der die drei Eckpunkte des Dreiecks enthält.

Geben Sie eine Konstruktion des Umkreises und bestätigen Sie, daß der Umkreis $\mathcal{K}_U$ auch durch eine der beiden folgenden Eigenschaften charakterisiert werden kann:
(1) Jeder Kreis, der das Dreieck enthält, besitzt einen größeren Radius als $\mathcal{K}_U$.
(2) Jede Kreisscheibe, die das Dreieck enthält, enthält die Kreisscheibe mit dem Rand $\mathcal{K}_U$. Dabei besteht die *Kreisscheibe vom Radius r mit dem Mittelpunkt p* aus den Punkten der euklidischen Ebene, die einen Abstand $\leq r$ von p haben.
(b) Es gibt einen eindeutig bestimmten *Innkreis* $\mathcal{K}_I$, d.h. einen Kreis, der die durch die Dreiecksseiten bestimmten Geraden als Tangenten besitzt. Die Berührpunkte liegen auf den Dreiecksseiten. Geben Sie eine Konstruktion des Innkreises.

6.5 Affine Abbildungen und Bewegungen

Der Innkreis hat den maximalen Radius unter allen Radien der ganz im Dreieck $\Delta(p,q,r)$ liegenden Kreise; er ist der einzige Kreis mit diesem Radius.

6.5 Affine Abbildungen und Bewegungen

In diesem Abschnitt behandeln wir strukturerhaltende Abbildungen von affinen und euklidischen Räumen.

Definition und einfache Eigenschaften

Sei A ein affiner Raum bezüglich V, $f\colon A \to A$ eine Abbildung und $a \in A$ fest. Weil $A \to V$, $p \mapsto \overrightarrow{ap}$, eine Bijektion ist, wird durch $f_a(\overrightarrow{ap}) = \overrightarrow{f(a)f(p)}$ eine Abbildung $f_a\colon V \to V$ definiert.

6.5.1 Hilfssatz *Wenn $f_a\colon V \to V$ für ein $a \in A$ eine lineare Abbildung ist, gilt $f_b = f_a\colon V \to V$ für alle $b \in A$.*

B e w e i s   Für $b, q \in A$ gilt
$$f_a(\overrightarrow{aq}) = \overrightarrow{f(a)f(q)} = \overrightarrow{f(a)f(b)} + \overrightarrow{f(b)f(q)} = f_a(\overrightarrow{ab}) + f_b(\overrightarrow{bq}),$$
$$f_a(\overrightarrow{aq}) = f_a(\overrightarrow{ab} + \overrightarrow{bq}) = f_a(\overrightarrow{ab}) + f_a(\overrightarrow{bq}) \quad (f_a \text{ linear!}).$$
Daraus folgt $f_a(\overrightarrow{bq}) = f_b(\overrightarrow{bq})$ für alle $q \in A$, also $f_a(\mathfrak{x}) = f_b(\mathfrak{x})$ für alle $\mathfrak{x} \in V$. □

Unter der Voraussetzung von 6.5.1 ist der Abbildung $f\colon A \to A$ folglich eindeutig eine lineare Abbildung $f_*\colon V \to V$ zugeordnet durch $f_* = f_a$, wobei $a \in A$ beliebig ist. Wenn diese Konstruktion möglich ist, heißt f affine Abbildung:

6.5.2 Definition $f\colon A \to A$ heißt *affine Abbildung* oder *Affinität*, wenn es eine lineare Abbildung $f_*\colon V \to V$ gibt mit $f_*(\overrightarrow{pq}) = \overrightarrow{f(p)f(q)}$ $\forall p, q \in A$. Dann ist f_* eindeutig bestimmt.

Genauso lassen sich affine Abbildungen $f\colon A \to B$ zwischen verschiedenen affinen Räumen definieren. Dabei dürfen deren zugrundeliegende Vektorräume V, W ebenfalls verschieden sein, jedoch muß der Grundkörper derselbe sein. Der Einfachheit halber beschränken wir uns auf den (wichtigsten) Spezialfall $A = B$ und $V = W$. Man überlegt sich leicht, welche der folgenden Aussagen auch im allgemeineren Fall gelten.

6 Euklidische und unitäre Vektorräume und Räume

6.5.3 Rechenregeln *Für $\mathfrak{x} \in V$ und $p \in A$ gilt*

$$f(p) + f_*(\mathfrak{x}) = f(p+\mathfrak{x}) \quad \text{und} \quad f_*(\mathfrak{x}) = \overrightarrow{f(p)f(p+\mathfrak{x})}.$$

Durch jede dieser Gleichungen ist f_* bestimmt; denn beide sind äquivalent nach Definition von $\overrightarrow{ab}$, und mit $p + \mathfrak{x} =: q$ ist die zweite gleich der in 6.5.2.

6.5.4 Beispiele und Definition Die Identität $f = \mathrm{id}_A \colon A \to A$ ist eine Affinität; denn mit $f_* = \mathrm{id}_V \colon V \to V$ ist $f_*(\overrightarrow{pq}) = \overrightarrow{pq} = \overrightarrow{f(p)f(q)}$. Jedes $\mathfrak{x} \in V$ definiert eine Affinität $t_\mathfrak{x} \colon A \to A$ durch $t_\mathfrak{x}(p) = p + \mathfrak{x}$; denn

$$f(p) + \mathfrak{y} = (p + \mathfrak{x}) + \mathfrak{y} = (p + \mathfrak{x}) + \mathfrak{y} = t_\mathfrak{x}(p + \mathfrak{y}),$$

so daß die erste Gleichung in 6.5.3 mit $(t_\mathfrak{x})_* = \mathrm{id}_V$ gilt. Die Affinität $t_\mathfrak{x}$ heißt *Translation von A mit $\mathfrak{x}$*. Dieses Beispiel zeigt, daß $f_* = g_*$ sein kann, obwohl $f \neq g$ ist.

6.5.5 Satz *Zu $a, b \in A$ und einer linearen Abbildung $\varphi \colon V \to V$ gibt es genau eine Affinität $f \colon A \to A$ mit $f(a) = b$ und $f_* = \varphi$.*

B e w e i s   Falls f eine solche Affinität ist, so gilt für $p \in A$:

$$f(p) = f(a + \overrightarrow{ap}) = f(a) + \varphi(\overrightarrow{ap}) = b + \varphi(\overrightarrow{ap}).$$

Es gibt also höchstens eine Affinität mit den geforderten Eigenschaften. Andererseits wird durch $f(p) = b + \varphi(\overrightarrow{ap})$ eine solche Affinität definiert. □

6.5.6 Satz *Sind $f, g \colon A \to A$ Affinitäten, so gilt:*
(a) *Es ist $f \circ g \colon A \to A$ eine Affinität und $(f \circ g)_* = f_* \circ g_*$.*
(b) *f injektiv (surjektiv) $\iff f_*$ injektiv (surjektiv).*
(c) *Ist f bijektiv, so ist f^{-1} eine Affinität und $(f^{-1})_* = (f_*)^{-1}$.*

B e w e i s   (a) folgt aus

$$(f \circ g)_*(\overrightarrow{pq}) = \overrightarrow{(f \circ g)(p)\,(f \circ g)(q)} = \overrightarrow{f(g(p))\,f(g(q))} = f_*(\overrightarrow{g(p)g(q)}) = f_*(g_*(\overrightarrow{pq})).$$

(b) ergibt sich aus $f(p) + f_*(\mathfrak{x}) = f(p + \mathfrak{x})$ und (c) aus:
Sind $p, q \in A$ und $p' = f^{-1}(p)$, $q' = f^{-1}(q)$, so folgt $\overrightarrow{f^{-1}(p)\,f^{-1}(q)} = (f_*)^{-1}(\overrightarrow{pq})$ aus $f_*(\overrightarrow{p'q'}) = \overrightarrow{f(p')f(q')}$. □

6.5.7 Definition und Satz *Die Menge aller bijektiven Affinitäten $A \to A$ ist bezüglich der Hintereinanderschaltung von Abbildungen eine Gruppe. Sie heißt* *die* affine Gruppe Aff(A) *von* A. *Durch* $f \mapsto f_*$ *wird ein surjektiver Homomorphismus* Aff(A) $\to$ GL(V) *definiert (vgl. 4.5.10 zu* GL(V)*), dessen Kern aus den Translationen* $A \to A$ *besteht.*

Beweis Nach 6.5.4 und 6.5.6 ist Aff(A) eine Gruppe. Durch $f \mapsto f_*$ wird nach 6.5.6 (a) und 6.5.5 ein Epimorphismus Aff(A) $\to$ GL(V) definiert. Nach 6.5.4 liegen die Translationen im Kern. Zu zeigen bleibt, daß $f \colon A \to A$ mit $f_* = \mathrm{id}_V$ eine Translation ist. Sei $a \in A$ fest und $\mathfrak{x} = \overrightarrow{af(a)}$. Für $p \in A$ ist

$$f(p) = f(a + \overrightarrow{ap}) = f(a) + f_*(\overrightarrow{ap}) \stackrel{\text{Vor.}}{=} f(a) + \overrightarrow{ap} =$$
$$f(a) + \left(\overrightarrow{af(a)} + \overrightarrow{f(a)p}\right) = \left(f(a) + \overrightarrow{f(a)p}\right) + \mathfrak{x} = p + \mathfrak{x},$$

d.h. f ist die Translation $t_{\mathfrak{x}}$ mit $p \mapsto p + \mathfrak{x}$. □

6.5.8 Korollar *Die Menge* $T(A)$ *aller Translationen ist eine Untergruppe der affinen Gruppe* Aff(A). □

6.5.9 Definition Eine bijektive Affinität heißt auch *regulär* oder *nichtausgeartet*, eine nicht-bijektive Affinität heißt *ausgeartet*.

Darstellung von Affinitäten durch Koordinaten

Sei A ein affiner Raum über K bezüglich V und $(p_0, \ldots, p_n)$ ein Koordinatensystem von A. Sei $f \colon A \to A$ eine Affinität. Für $p \in A$ seien $x_1, \ldots, x_n \in K$ die Koordinaten von p im System $(p_0, \ldots, p_n)$, $x'_1, \ldots, x'_n \in K$ die Koordinaten von $f(p)$ im System $(p_0, \ldots, p_n)$. Kurz: $\mathfrak{x} := (x_1, \ldots, x_n)^t$ und $\mathfrak{x}' := (x'_1, \ldots, x'_n)^t$ sind die Koordinatenvektoren von p bzw. $f(p)$ im gegebenen Koordinatensystem.

6.5.10 Satz und Definition *Es gibt genau eine* $n \times n$-*Matrix* $F = (f_{ij})$ *über* K *und genau einen Vektor* $\mathfrak{t} = (t_1, \ldots, t_n)^t \in K^n$, *so daß für alle Punkte* $p \in A$ *gilt:*

$$x'_i = t_i + \sum_{j=1}^n f_{ij} x_j, \quad i = 1, \ldots, n;$$

in Matrizenschreibweise:

(*) $\qquad\qquad\qquad\qquad \mathfrak{x}' = \mathfrak{t} + F\mathfrak{x}.$

232 6 Euklidische und unitäre Vektorräume und Räume

Dann heißt F die Matrix und t *der Translationsvektor der Affinität f bezüglich des Koordinatensystems* $(p_0, \ldots, p_n)$. *Es ist* t *der Koordinatenvektor von* $f(p_0)$ *im System* $(p_0, \ldots, p_n)$.

Wir sagen kurz, daß die Affinität durch die Gleichungen

$$x'_i = t_i + \sum_j f_{ij} x_j \quad \text{bzw.} \quad \mathfrak{x}' = \mathfrak{t} + F\mathfrak{x}$$

beschrieben wird.

B e w e i s Wir betrachten die zugehörige lineare Abbildung $f_*: V \to V$. Weil $\overrightarrow{p_0 p_1}, \ldots, \overrightarrow{p_0 p_n}$ eine Basis von V ist, gibt es genau eine Matrix $F = (f_{ij})$ über K mit

$$f_*(\overrightarrow{p_0 p_j}) = \sum_{i=1}^n f_{ij} \overrightarrow{p_0 p_i}, \quad j = 1, \ldots, n.$$

Für $\mathfrak{x} = x_1 \overrightarrow{p_0 p_1} + \ldots + x_n \overrightarrow{p_0 p_n}$ ist dann

$$f_*(\mathfrak{x}) = \sum_{i=1}^n \left(\sum_{j=1}^n f_{ij} x_j \right) \overrightarrow{p_0 p_i}.$$

Wir definieren t als Koordinatenvektor von $f(p_0)$ durch

$$f(p_0) = p_0 + (t_1 \overrightarrow{p_0 p_1} + \ldots + t_n \overrightarrow{p_0 p_n}).$$

Sind $x_1, \ldots, x_n$ die Koordinaten von p, so ist $p_0 + \mathfrak{x} = p$ für $\mathfrak{x} = \sum_{i=1}^n x_i \overrightarrow{p_0 p_i}$. Nach 6.5.3 ist

$$f(p_0) + f_*(\mathfrak{x}) = f(p_0 + \mathfrak{x}) = f(p).$$

Setzen wir hier $f(p_0)$ und $f_*(\mathfrak{x})$ von oben ein, so erhalten wir

$$p_0 + \left(\sum_{i=1}^n \left(t_i + \sum_{j=1}^n f_{ij} x_j \right) \overrightarrow{p_0 p_i} \right) = f(p).$$

Nach Definition sind daher die $t_i + \sum_j f_{ij} x_j$, $1 \leq i \leq n$, die Koordinaten von $f(p)$. Das war zu beweisen. □

Achtung: Die Gleichungen in 6.5.10 hängen nicht nur von der Affinität, sondern auch von dem Koordinatensystem ab! Folgende Fragen entstehen: Beschreibt umgekehrt ein solches System von Gleichungen eine Affinität? Wie hängen t, F von der Affinität ab? Wie vom Koordinatensystem?

6.5.11 Satz

(a) *Sei* $\mathfrak{t} \in K^n$ *beliebig und* F *eine beliebige* $n \times n$-*Matrix über* K. *Dann gibt es zu vorgegebenem Koordinatensystem* $(p_0, \ldots, p_n)$ *von* A *genau eine Affinität* $f\colon A \to A$, *so daß* F *und* $\mathfrak{t}$ *die Matrix und der Translationsvektor von* f *bezüglich* $(p_0, \ldots, p_n)$ *sind.*

(b) *Läßt eine Affinität* $f\colon A \to A$ *irgendwelche* $(n+1)$ *Punkte, die* A *aufspannen, fest, so ist* f *die Identität.*

Beweis (a) Wir definieren f durch die Gleichung (∗) von 6.5.10 und rechnen wie oben. Die Aussage (b) folgt daraus unmittelbar. □

6.5.12 Beispiele Eine Affinität f ist genau dann eine Translation, wenn die Matrix F von f die Einheitsmatrix ist. Translationen werden in Koordinaten durch $\mathfrak{x}' = \mathfrak{x} + \mathfrak{t}$ beschrieben. Für f gilt genau dann $f(p_0) = p_0$, wenn $\mathfrak{t} = 0$ ist: Affinitäten, die den Koordinatenanfangspunkt p_0 festlassen, entsprechen Gleichungen der Form $\mathfrak{x}' = F\mathfrak{x}$. Es ist f genau dann eine reguläre Affinität, wenn F eine reguläre Matrix ist.

6.5.13 Satz
Sind $f, f'\colon A \to A$ *Affinitäten mit Translationsvektor* $\mathfrak{t}$ *bzw.* $\mathfrak{t}'$ *und Matrix* F *bzw.* F' *(bei festem Koordinatensystem), so ist* $\mathfrak{t}' + F'\mathfrak{t}$ *der Translationsvektor und* $F'F$ *die Matrix der Affinität* $f' \circ f\colon A \to A$.

Beweis In Koordinaten werden f bzw. f' durch $\mathfrak{x}' = \mathfrak{t} + F\mathfrak{x}$ bzw. $\mathfrak{x}'' = \mathfrak{t}' + F'\mathfrak{x}'$ beschrieben, also $f' \circ f$ durch

$$\mathfrak{x}'' = \mathfrak{t}' + F'(\mathfrak{t} + F\mathfrak{x}) = (\mathfrak{t}' + F'\mathfrak{t}) + (F'F)\mathfrak{x}. \qquad \square$$

Jetzt sei neben $(p_0, \ldots, p_n)$ ein zweites Koordinatensystem $(\bar{p}_0, \ldots, \bar{p}_n)$ von A gegeben. Die Affinität $f\colon A \to A$ beschreibe sich bezüglich $(p_0, \ldots, p_n)$ durch: $\mathfrak{x}' = \mathfrak{t} + F\mathfrak{x}$, und bezüglich $(\bar{p}_0, \ldots, \bar{p}_n)$ durch: $\bar{\mathfrak{x}}' = \bar{\mathfrak{t}} + \bar{F}\bar{\mathfrak{x}}$, also sind $\mathfrak{x}, \mathfrak{x}'$ bzw. $\bar{\mathfrak{x}}, \bar{\mathfrak{x}}'$ die Koordinatenvektoren von $p, f(p)$ bezüglich $(p_0, \ldots, p_n)$ bzw. $(\bar{p}_0, \ldots, \bar{p}_n)$.

Nach 4.7.23 gibt es eine reguläre Matrix T und einen Vektor $\mathfrak{r} \in K^n$, so daß für alle $q \in A$ gilt: Sind $\mathfrak{y}$ und $\bar{\mathfrak{y}} \in K^n$ die Koordinatenvektoren von q bezüglich $(p_0, \ldots, p_n)$ bzw. $(\bar{p}_0, \ldots, \bar{p}_n)$, so ist $\mathfrak{y} = \mathfrak{r} + T\bar{\mathfrak{y}}$. Es ergibt sich $\mathfrak{x} = \mathfrak{r} + T\bar{\mathfrak{x}}$ für $q = p$ und $\mathfrak{x}' = \mathfrak{r} + T\bar{\mathfrak{x}}'$ für $q = f(p)$. Setzen wir diese Ausdrücke für $\mathfrak{x}, \mathfrak{x}'$ in $\mathfrak{x}' = \mathfrak{t} + F\mathfrak{x}$ ein, so erhalten wir

$$\begin{aligned}\mathfrak{r} + T\bar{\mathfrak{x}}' &= \mathfrak{t} + F(\mathfrak{r} + T\bar{\mathfrak{x}}) \implies T\bar{\mathfrak{x}}' = (\mathfrak{t} + F\mathfrak{r} - \mathfrak{r}) + (FT)\bar{\mathfrak{x}} \implies \\ \bar{\mathfrak{x}}' &= T^{-1}(\mathfrak{t} + F\mathfrak{r} - \mathfrak{r}) + (T^{-1}FT)\bar{\mathfrak{x}}.\end{aligned}$$

Damit haben wir bewiesen:

6.5.14 Satz (a) *Sind F und $\bar{F}$ die Matrizen der Affinität $f\colon A \to A$ bezüglich der Koordinatensysteme $(p_0, \ldots, p_n)$ bzw. $(\bar{p}_0, \ldots, \bar{p}_n)$, so gibt es eine reguläre Matrix T mit $\bar{F} = T^{-1}FT$. Die Matrizen F und $\bar{F}$ heißen dann ähnlich.*

(b) *Ist F die Matrix der Affinität $f\colon A \to A$ bezüglich $(p_0, \ldots, p_n)$ und ist T eine reguläre Matrix, so gibt es ein Koordinatensystem $(\bar{p}_0, \ldots, \bar{p}_n)$ von A, bezüglich derer $f\colon A \to A$ die Matrix $T^{-1}FT$ besitzt.* □

6.5.15 Bemerkung Es sei $\mathfrak{a} = (a_1, \ldots, a_n)^t \in K^n$ und $C = (c_{ij})$ eine reguläre $n \times n$-Matrix über K. Ein System von Gleichungen

$$(*) \quad \begin{aligned} x'_1 &= a_1 + c_{11}x_1 + \ldots + c_{1n}x_n \\ &\vdots \\ x'_n &= a_n + c_{n1}x_1 + \ldots + c_{nn}x_n \end{aligned} \quad , \text{ kurz: } \mathfrak{x}' = \mathfrak{a} + C\mathfrak{x},$$

können wir auf zwei Weisen deuten.

1. D e u t u n g $(*)$ beschreibt eine Affinität $f\colon A \to A$. D.h. zu einem festen Koordinatensystem $(p_0, \ldots, p_n)$ wird f so definiert: Hat $p \in A$ die Koordinaten $x_1, \ldots, x_n$, so hat $f(p)$ die Koordinaten $x'_1, \ldots, x'_n$.

2. D e u t u n g $(*)$ beschreibt einen Koordinatenwechsel. D.h. es ist ein Koordinatensystem $(p_0, \ldots, p_n)$ vorgegeben, und ein zweites, $(p'_0, \ldots, p'_n)$, wird so definiert: Hat $p \in A$ in $(p_0, \ldots, p_n)$ die Koordinaten $x_1, \ldots, x_n$, so hat p in $(p'_0, \ldots, p'_n)$ die Koordinaten $x'_1, \ldots, x'_n$.

Geometrische Eigenschaften von Affinitäten

Sei A ein affiner Raum über K bezüglich V.

6.5.16 Satz *Sei $f\colon A \to A$ eine Affinität und $A_0, A_1 \subset A$ affine Teilräume. Dann gilt:*
(a) *$f(A_0) \subset A$ ist ein affiner Teilraum.*
(b) *$f^{-1}(A_0) \subset A$ ist ein affiner Teilraum.*
(c) *$A_0 \| A_1 \implies f(A_0) \| f(A_1)$.*
(d) *$A_0 \| A_1 \implies f^{-1}(A_0) \| f^{-1}(A_1)$.*
(e) *$\dim f(A_0) \leq \dim A_0$.*
(f) *f ist genau dann regulär, wenn $\dim f(A_0) = \dim A_0$ für jeden Teilraum A_0 von A gilt.*
(g) *Ist $\dim A < \infty$, so ist f genau dann regulär, wenn $f(A) = A$.*

Beweis Für $A_0 = p + V_0$ gilt $f(A_0) = f(p) + f_*(V_0)$, woraus (a), (c), (e), (f) und (g) folgen. Ist $q \in f^{-1}(A_0)$, so $f^{-1}(A_0) = q + f_*^{-1}(V_0)$, woraus (b) und (d) folgen. Vgl. hierzu 4.7.9 und 4.4. □

6.5.17 Definition Drei Punkte $p, q, r \in A$ heißen *kollinear*, wenn sie auf einer Geraden liegen. Im Fall $p \neq q$ heißt das $r \in [p, q]$. Es gibt dann genau ein $a \in K$ mit $p + a\overrightarrow{pq} = r$, vgl. 4.7.15. Dann heißt a das *Teilverhältnis der drei Punkte*, Bezeichnung $a = \mathrm{Tv}(p, q, r)$. Es ist nur für $p \neq q$ definiert; dann ist (p, q) ein Koordinatensystem auf $[p, q]$ und a ist die Koordinate von r. Speziell gilt $\mathrm{Tv}(p, q, p) = 0$, $\mathrm{Tv}(p, q, q) = 1$.

6.5.18 Satz *Jede Affinität $f : A \to A$ bildet kollineare Punkte auf kollineare Punkte ab. Im Fall $f(p) \neq f(q)$ gilt $\mathrm{Tv}(p, q, r) = \mathrm{Tv}(f(p), f(q), f(r))$.*

Beweis Der erste Teil folgt aus 6.5.16 (a) und (e). Aus $r = p + a\overrightarrow{pq}$ folgt

$$f(r) = f(p + a\overrightarrow{pq}) = f(p) + f_*(a\overrightarrow{pq}) = f(p) + af_*(\overrightarrow{pq}) = f(p) + a\overrightarrow{f(p)f(q)};$$

daraus ergibt sich die Aussage über das Teilverhältnis. □

6.5.19 Bemerkung Im Falle eines Körpers, der keinen nicht-trivialen Automorphismus besitzt, werden Affinitäten durch die Eigenschaft, daß kollineare Punkte auf kollineare Punkte abgebildet werden und daß Teilverhältnisse erhalten bleiben, gekennzeichnet. Besitzt der Körper aber echte Automorphismen, so ist das nicht mehr der Fall. So ist zum Beispiel für $K = \mathbb{C}$ die Abbildung $z \mapsto \bar{z}$ keine Affinität, hat aber die obigen Eigenschaften.

Bewegungen und Ähnlichkeiten

Wir beschränken uns auf den Fall $K = \mathbb{R}$. Sei E ein euklidischer Raum, d.h. der zugrundeliegende Vektorraum V ist ein euklidischer Vektorraum. Sei $\dim E = n \in \mathbb{N}^*$. Für euklidische Räume wählen wir natürlich spezielle Koordinatensysteme:

6.5.20 Definition und Satz *Ein System $(p_0, \ldots, p_n)$ von Punkten $p_i \in E$ heißt cartesisches Koordinatensystem, wenn $(\overrightarrow{p_0 p_1}, \ldots, \overrightarrow{p_0 p_n})$ eine Orthonormalbasis von V ist. Ist $(p'_0, \ldots, p'_n)$ ein affines Koordinatensystem von E, so erhalten wir aus ihm mittels des Schmidtschen Orthonormalisierungsverfahrens, vgl. 6.1.12, ein cartesisches Koordinatensystem $(p_0, \ldots, p_n)$. Dabei gilt:*

$$[p'_0, \ldots, p'_k] = [p_0, \ldots, p_k] \quad \text{für } 0 \leq k \leq n. \qquad \square$$

Die Aussagen 6.5.21-23 ergeben sich unmittelbar aus den Definitionen.

6.5.21 Definition und Satz *Eine Affinität* $f\colon E \to E$ *heißt* Bewegung *(Kongruenz, Isometrie), wenn* $d(f(p), f(q)) = d(p,q)$ $\forall p, q \in E$, *d.h.* f *erhält Streckenlängen. Dann ist* f *bijektiv. Die Bewegungen von* E *bilden eine Untergruppe der affinen Gruppe von* E, *die* Bewegungsgruppe *von* E. *Jede Translation ist eine Bewegung.* □

6.5.22 Satz *Folgende Eigenschaften der Affinität* $f\colon E \to E$ *sind äquivalent:*
(a) f *ist eine Bewegung.*
(b) $f_*\colon V \to V$ *ist eine orthogonale Abbildung.*
(c) *Die Matrix* F *von* f *bezüglich eines cartesischen Koordinatensystems von* E *ist eine orthogonale Matrix.*
(d) *Mit* $(p_0, \ldots, p_n)$ *ist* $(f(p_0), \ldots, f(p_n))$ *ein cartesisches Koordinatensystem von* E. □

6.5.23 Satz *Jede Bewegung* $f\colon E \to E$ *erhält Winkel: Aus* $p, q, r \in E$ *und* $q \neq p \neq r$ *folgt* $\sphericalangle(p; q, r) = \sphericalangle(f(p); f(q), f(r))$. □

Insbesondere werden senkrechte Geraden auf senkrechte Geraden abgebildet, Lote auf Lote; sowie Sphären auf Sphären vom gleichen Radius.

6.5.24 Beispiele
(a) Ist $H \subset E$ eine Hyperebene, so gibt es genau eine Bewegung $f\colon E \to E$ mit $f \neq \mathrm{id}_E$ und $f(p) = p$ $\forall p \in H$; f heißt *Spiegelung an* H.

Dieses folgt so: Sei $p'_0, \ldots, p'_{n-1}$ ein affines Koordinatensystem von H und $p'_n \in E - H$. Mittels des Schmidtschen Orthogonalisierungsverfahrens, vgl. 6.1.12, finden wir ein cartesisches Koordinatensystem $(p_0, \ldots, p_n)$ von E mit $p_0 = p'_0, p_1, \ldots, p_{n-1} \in H$. Zu diesem Koordinatensystem hat f eine Matrix

$$F = \begin{pmatrix} 1 & & & a_{n1} \\ & & 0 & \\ & 0 & \ddots & \vdots \\ & & & 1 \\ a_{1n} & \cdots & & a_{nn} \end{pmatrix}.$$

Weil sie orthogonal und $\neq E_n$ ist, folgt $a_{in} = a_{ni} = 0$ für $i \neq n$ und $a_{nn} = -1$.

(b) Wenn die Bewegung $f\colon E \to E$ alle Punkte eines $(n-2)$-dimensionalen euklidischen Teilraums festläßt, ist sie bei einem geeigneten cartesischen Koordinatensystem beschrieben durch eine Matrix der Form

$$\begin{pmatrix} 1 & & & & \\ & \ddots & & 0 & \\ & & 1 & & \\ & 0 & & a & b \\ & & & c & d \end{pmatrix} = F.$$

Im Fall $\det F = +1$ können wir nach 6.2.6 (b) annehmen, daß $a = d$, $b = -c$ und $a^2 + b^2 = 1$ ist. Dann gibt es genau ein $\alpha \in \mathbb{R}$, $0 \leq \alpha < 2\pi$, mit

$$\begin{pmatrix} a & b \\ c & d \end{pmatrix} = \begin{pmatrix} a & -c \\ c & a \end{pmatrix} = \begin{pmatrix} \cos\alpha & -\sin\alpha \\ \sin\alpha & \cos\alpha \end{pmatrix};$$

f heißt wieder *Drehung*.

Aus 6.3.2 folgt:

6.5.25 Satz *Jede Bewegung $E \to E$ ist Hintereinanderschaltung von Translationen, Spiegelungen und Drehungen. Natürlich läßt sich jede Drehung als Produkt zweier Spiegelungen schreiben.* □

6.5.26 Definition Eine Affinität $f\colon E \to E$ heißt *Ähnlichkeit*, wenn es eine reelle Zahl $c > 0$ gibt mit $d(f(p), f(q)) = c \cdot d(p, q)$ für alle $p, q \in E$. Dann ist f bijektiv.

Die Ähnlichkeiten von E bilden eine Untergruppe der affinen Gruppe von E. Jede Bewegung ist eine Ähnlichkeit; Ähnlichkeiten sind winkeltreu.

6.5.27 Beispiel Sei $p \in E$ fest. Für $c > 0$ wird durch $f(q) = p + c\overrightarrow{pq}$ eine Ähnlichkeit $f\colon E \to E$ definiert. Es heißt f *Streckung mit Streckungsfaktor c und Streckungszentrum p*.

6.5.28 Satz *Jede Ähnlichkeit ist die Hintereinanderschaltung einer Bewegung und einer Streckung.*

B e w e i s   Sei $f\colon E \to E$ eine Ähnlichkeit. Dann gibt es ein $c > 0$ mit

$$d(f(p), f(q)) = c \cdot d(p, q) \quad \forall p, q \in E.$$

Sei $g\colon E \to E$ eine Streckung mit dem Faktor $\frac{1}{c}$ (und beliebigem Streckungszentrum). Dann ist

$$d(g(a), g(b)) = \frac{1}{c} d(a, b) \quad \forall a, b \in E.$$

Für $a = f(p)$, $b = f(q)$ folgt

$$d((g \circ f)(p), (g \circ f)(q)) = d(p, q) \; \forall p, q \in E.$$

Also ist $h := g \circ f \colon E \to E$ eine Bewegung, und es ist $f = g^{-1} \circ h$, wobei h eine Bewegung und g^{-1} eine Streckung ist. □

Volumen und Affinitäten

In dem n-dimensionalen euklidischen Raum E sei $(p_0, p_1, \ldots, p_n)$ ein cartesisches Koordinatensystem.

6.5.29 Definition und Satz *Sind $q_0, q_1, \ldots, q_n \in E$, so sei h_* die lineare Abbildung, die durch $h_*(\overrightarrow{p_0 p_j}) = \overrightarrow{q_0 q_j}$, $1 \le j \le n$, definiert wird. Dann sei*

$$I(q_0, \ldots, q_n) := |\det h_*|.$$

Die Zahl $I(q_0, \ldots, q_n)$ ist unabhängig von dem cartesischen Koordinatensystem $(p_0, p_1, \ldots, p_n)$.

B e w e i s   Ist $(p'_0, p'_1, \ldots, p'_n)$ ein anderes cartesisches Koordinatensystem, so wird durch

$$g_*(\overrightarrow{p'_0 p'_j}) = \overrightarrow{p_0 p_j}, \; 1 \le j \le n,$$

der Koordinatenwechsel definiert und zwar ergibt sich eine orthogonale Abbildung g_*. Die lineare Abbildung $h'_* = h_* \circ g_*$ sendet $\overrightarrow{p'_0 p'_1}, \ldots, \overrightarrow{p'_0 p'_n}$ nach $\overrightarrow{q_0 q_1}, \ldots, \overrightarrow{q_0 q_n}$. Aus

$$\det h'_* = (\det h_*)(\det g_*) = \pm \det h_*$$

folgt die Unabhängigkeit des $I(q_0, \ldots, q_n)$ von dem Koordinatensystem. □

6.5.30 Definition Wenn die Vektoren $\overrightarrow{q_0 q_1}, \ldots, \overrightarrow{q_0 q_n}$ linear unabhängig sind, heißt die Teilmenge

$$P = \{q_0 + (x_1 \overrightarrow{q_0 q_1} + \ldots + x_n \overrightarrow{q_0 q_n}) : x_i \in \mathbb{R}, \; 0 \le x_i \le 1 \; \text{ für } i = 1, \ldots, n\}$$

von E das *Parallelflach* (*Parallelepiped*) mit den Ecken $q_0, \ldots, q_n$. Speziell liegt ein Intervall im Fall $n = 1$ und ein Parallelogramm im Fall $n = 2$ vor. Die Zahl $I(q_0, \ldots, q_n) =: I(P)$ heißt *Inhalt* oder *Volumen des Parallelflachs*. Der Inhalt jedes Parallelflachs ist eine positive reelle Zahl. Das Parallelflach mit den Ecken $p_0, \ldots, p_n$ heißt *Koordinateneinheitswürfel*; sein Inhalt ist 1.

6.5 Affine Abbildungen und Bewegungen 239

6.5.31 Definition Ist $f\colon A \to A$ eine Affinität eines affinen Raumes (Grundkörper beliebig), und sind $F, \bar{F}$ die Matrizen von f in verschiedenen Koordinatensystemen, so ist $\bar{F} = T^{-1}FT$ für eine reguläre Matrix T. Es folgt $\det \bar{F} = \det F$, so daß die Determinante von F vom Koordinatensystem unabhängig ist. Sie heißt *Determinante der Affinität f* und wird mit $\det f$ bezeichnet.

Sei E wieder wie oben und $f\colon E \to E$ eine reguläre Affinität. Ein Parallelflach P mit den Ecken $q_0, \ldots, q_n$ wird von f auf ein Parallelflach $f(P)$ mit den Ecken $f(q_0), \ldots, f(q_n)$ abgebildet. Dann folgt mit der Bezeichnung von 6.5.29:

$$I(f(q_0), \ldots, f(q_n)) = |\det f_* \circ h_*| = |\det f_*| \cdot |\det h_*|.$$

Das ergibt

6.5.32 Satz $I(f(P)) = |\det f| \cdot I(P)$.

6.5.33 Korollar *Das Volumen ist bewegungsinvariant, d.h. ist $f\colon E \to E$ eine Bewegung, so ist $I(f(P)) = I(P)$ für ein – und damit für jedes – Parallelflach P gilt. Ist f eine Ähnlichkeitstransformation mit dem Faktor c, vgl. 6.5.26, so ist $I(f(P)) = c^n I(P)$.* □

6.5.34 Definition und Korollar *Eine reguläre Affinität $f\colon E \to E$ heißt volumentreu, wenn $I(f(P)) = I(P)$ für jedes Parallelflach P. Das ist genau dann der Fall, wenn $\det f = \pm 1$ ist. Die volumentreuen Affinitäten bilden eine Untergruppe der Gruppe aller regulären Affinitäten von E, nämlich den Kern des Gruppenhomomorphismus* $\mathrm{Aff}(E) \xrightarrow{|\det|} (\mathbb{R}_+, \cdot)$, $f \mapsto |\det f|$. □

6.5.35 Definition Sei A ein affiner Raum über $\mathbb{R}$ und T die Transformationsmatrix, die zwei Koordinatensysteme verbindet. Weil T regulär ist, ist $\det T \neq 0$. Die beiden Koordinatensysteme heißen äquivalent, wenn $\det T > 0$ ist. Eine Klasse äquivalenter Koordinatensysteme heißt *Orientierung des affinen Raumes A*.

6.5.36 Ergänzungen und Beispiele Ohne Beweise stellen wir wieder einige Aussagen zusammen, die Sie sich zur Übung überlegen sollten.

(a) Sei A ein affiner Raum über dem Körper K und $f\colon A \to A$ eine affine Abbildung. Für die lineare Abbildung $f_*\colon V \to V$ (vgl. Definition 6.5.2) gelte: $f_*(\mathfrak{x}) = \mathfrak{x} \implies \mathfrak{x} = 0$; d.h. 1 ist kein Eigenwert von f_*. Dann besitzt f einen Fixpunkt, d.h. einen Punkt mit $f(p) = p$. Diskutieren Sie das Fixpunktverhalten auch für den Fall, daß der Eigenwert 1 auftritt.

(b) Sei A ein affiner Raum über dem Körper $\mathbb{R}$. *Jede bijektive Abbildung $f\colon A \to A$, die kollineare Punkte in kollineare abbildet und das Teilverhältnis erhält, ist eine affine Abbildung.*

(c) Jede Ähnlichkeitstransformation mit einem Faktor $c \neq 1$ besitzt genau einen Fixpunkt.

(d) Jede Bewegung eines n-dimensionalen euklidischen Raumes ist das Produkt von Spiegelungen, und zwar von höchstens $n+1$. (Machen Sie sich das zunächst für $n=2$ klar!)

(e) Sei A ein affiner Raum über $\mathbb{R}$. Eine affine Abbildung $f\colon A \to A$ mit $\det f > 0$ erhält die Orientierung.

(f) Eine orientierungserhaltende Bewegung eines zweidimensionalen euklidischen Raumes ist entweder die Identität oder eine Translation oder eine Drehung. Eine orientierungsändernde Bewegung ist eine Spiegelung oder Gleitspiegelung, die eine Gerade g in sich verschiebt und die Seiten vertauscht (Prototyp: $(x,y) \mapsto (x+c, -y), c \neq 0$).

(g) Eine orientierungserhaltende Bewegung eines dreidimensionalen euklidischen Raumes ist entweder die Identität oder eine Translation oder sie überführt eine Gerade in sich. Im letzteren Fall ist sie entweder eine Drehung um diese Gerade und läßt alle Punkte derselben fest, oder aber sie geht aus einer solchen Drehung hervor, indem eine Translation in Richtung der Geraden angeschlossen wird (Schraubung). Orientierungsändernde Bewegungen sind Spiegelungen an einer Ebene H oder entstehen aus einer solchen Spiegelung, indem eine Drehung um eine zu H senkrechte Achse (Drehspiegelung) oder eine Translation in einer Richtung aus H (Gleitspiegelung) angeschlossen wird.

(h) Sei A ein dreidimensionaler affiner Raum, g_0, g_1 und h_0, h_1 zwei Paare windschiefer Geraden in A. Dann gibt es eine reguläre Affinität $f\colon A \to A$, so daß $f(g_0) = h_0$ und $f(g_1) = h_1$ ist.

Gruppentheoretische Beschreibung von Geometrien

Sei A ein affiner Raum über $\mathbb{R}$. Wir haben bisher folgende Gruppen von Abbildungen $A \to A$ kennengelernt:

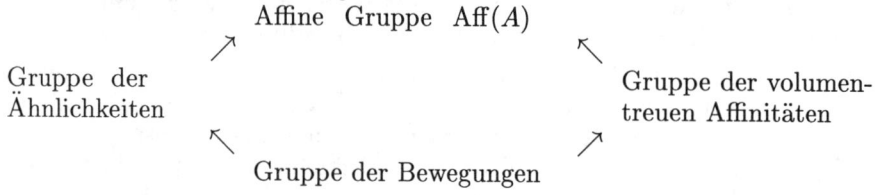

$$\begin{array}{ccc} & \text{Affine Gruppe } \mathrm{Aff}(A) & \\ \nearrow & & \nwarrow \\ \text{Gruppe der} & & \text{Gruppe der volumen-} \\ \text{Ähnlichkeiten} & & \text{treuen Affinitäten} \\ \nwarrow & & \nearrow \\ & \text{Gruppe der Bewegungen} & \end{array}$$

6.5.37 Definition Sei $U < \mathrm{Aff}(A)$ eine Untergruppe. Eine Aussage über Teilmengen von A heißt *U-invariant*, wenn folgendes gilt: Ist die Aussage wahr für die Teilmenge $M \subset A$, so auch für die Teilmenge $f(M) \subset A$, wobei $f \in U$

6.5 Affine Abbildungen und Bewegungen

beliebig ist. Die Menge aller U-invarianten Aussagen ist die *zur Untergruppe U gehörende Geometrie*.

Im Fall $U = \text{Aff}(A)$ sprechen wir von „affiner Geometrie". Affin-invariante Aussagen, also Sätze der affinen Geometrie, sind z.B. die Sätze über affine Teilräume aus 6.5.17 und 6.5.19. Begriffe der affinen Geometrie sind z.B. affine Teilräume, Parallelität, Teilverhältnis.

Im Fall U = Gruppe der Ähnlichkeiten bzw. Bewegungen sprechen wir von „Ähnlichkeitsgeometrie" bzw. „euklidischer Geometrie". Jeder Satz der affinen Geometrie gilt auch in diesen Geometrien, jedoch nicht umgekehrt. Die Begriffe Abstand, Winkel, Lot z.B. sind Begriffe der euklidischen Geometrie.

6.5.38 Definition Zwei Teilmengen $M, M' \subset A$ heißen *U-äquivalent*, wenn es $f \in U$ mit $f(M) = M'$ gibt. Im Fall $U = \text{Aff}(A)$ bzw. U = Gruppe der Ähnlichkeiten bzw. der Bewegungen spricht man von *affin-äquivalenten* bzw. *ähnlichen* bzw. *kongruenten* Teilmengen. Z.B. sind zwei affine Teilräume genau dann affin-äquivalent, wenn sie dieselbe Dimension haben, zwei Dreiecke genau dann ähnlich, wenn ihre Winkel dieselben sind, und zwei Sphären genau dann kongruent, wenn sie denselben Radius haben.

Dieses Prinzip, Geometrien durch Untergruppen der affinen Gruppe zu ordnen, ist der Inhalt des *Erlanger Programms* (1872) von Felix Klein (1849—1925). Wir werden darauf in Kapitel 13 näher eingehen.

Aufgaben

6.5.A1 Zu je zwei nichtparallelen kongruenten Strecken $\overline{AB}, \overline{A'B'}$ in $\mathbb{R}^2$ gibt es genau eine Drehung, die sie ineinander überführt. Geben Sie eine geometrische Konstruktion des Drehpunktes an.

6.5.A2 Formulieren und beweisen Sie die zu 6.5.A1 analoge Aussage für zwei kongruente Dreiecke.

6.5.A3 Sei E eine euklidische Ebene und F ein dreidimensionaler euklidischer Raum. Zeigen Sie:
(a) Zwei Drehungen f und g von E mit verschiedenen Drehpunkten kommutieren nicht, d.h. $fg \neq gf$, und ihr sogenannter *Kommutator* $fgf^{-1}g^{-1}$ ist immer eine Translation.
(b) Sei G eine Untergruppe der Bewegungen von E, die keine Translation enthält. Dann haben die Elemente von G einen gemeinsamen Fixpunkt.
(c) Das Produkt zweier Drehungen f und g von F ist genau dann eine Schraubung, wenn die Drehachsen von f und g windschief sind.
(d) Sei H eine Untergruppe der Bewegungen von F, die keine Translation und keine Schraubung enthält. Dann haben die Elemente von H einen gemeinsamen Fixpunkt.

6 Euklidische und unitäre Vektorräume und Räume

6.5.A4 Bestimmen Sie den Typ der folgenden Bewegungen von $\mathbb{R}^2$ oder $\mathbb{R}^3$, sowie, je nach Typ, die Drehachse, die Spiegelungshyperebene, den Schubvektor, oder den Translationsvektor:

(a) $\quad f(x,y) = \left(\dfrac{3}{5}x + \dfrac{4}{5}y + 1, \dfrac{4}{5}x - \dfrac{3}{5}y + 2\right);$

(b) $\quad g(x,y) = \left(\dfrac{3}{5}x + \dfrac{4}{5}y + 1, \dfrac{4}{5}x - \dfrac{3}{5}y - 2\right);$

(c) $\quad h(x,y,z) = (-y+1, x-1, -z+2);$

(d) $\quad k(x,y,z) = \left(\dfrac{-x+2y+2z}{3}, \dfrac{2x-y+2z}{3}, \dfrac{2x+2y-z}{3} + 6\right).$

6.6 Banachräume und Banachalgebren

In der Theorie der Vektorräume hatten wir für einige wichtige Resultate – wie z.B. Isomorphie des zweifach dualen Raumes mit dem ursprünglichen oder der Aussagen über Basen – voraussetzen müssen, daß es sich um Vektorräume endlicher Dimension handelt. Dieses liegt auch den geometrischen Interpretationen nahe. So mag der Eindruck entstehen, daß die lineare Algebra, speziell die euklidischen Vektorräume, für unendlich dimensionale Räume keine große Bedeutung hat. Dieses wollen wir nun in diesem und dem nächsten Abschnitt widerlegen und Anwendungen in der Analysis besprechen; allerdings sind sie für die späteren Kapitel nicht von Bedeutung, werden deshalb knapp gefaßt und können übergangen werden, ohne das Erarbeiten des weiteren Textes zu erschweren.

Banachräume

Funktionenräume ergeben unendlich dimensionale Vektorräume und besitzen deshalb kein so wertvolles Hilfsmittel wie Basen ... jedenfalls wenn dieser Begriff so direkt übernommen wird. Das läßt sich durch die Einführung einer Konvergenztheorie beheben, indem eine Norm zu ihrer naheliegenden Definition benutzt wird. Da die wichtigen Beispiele Funktionsräume sind, benutzen wir die Buchstaben $f, g, h, \ldots$ für die Elemente. Der zugrundeliegende Körper K sei $\mathbb{R}$ oder $\mathbb{C}$. Wir übernehmen jetzt die Eigenschaften 6.1.7 zur Definition einer Norm.

6.6 Banachräume und Banachalgebren

6.6.1 Definition Eine *Norm* auf einem Vektorraum E über K ist eine Abbildung $\|\cdot\|\colon E \to \mathbb{R}$ mit den folgenden Eigenschaften: Für alle $f, g \in E$ und $a \in K$ gilt

(a) $\quad\quad\quad \|f\| \geq 0; \quad \text{dabei} \quad \|f\| = 0 \iff f = 0;$
(b) $\quad\quad\quad \|af\| = |a|\|f\|;$
(c) $\quad\quad\quad \|f + g\| \leq \|f\| + \|g\| \quad (Dreiecksungleichung).$

Dann heißt E ein *normierter Raum*.

Beispiele von normierten Räumen bieten natürlich die euklidischen oder unitären Vektorräume, vgl. 6.1.7. Wir geben einige weitere Beispiele, die in der Analysis auftreten; dabei setzen wir eine Reihe von Ergebnissen aus ihr voraus.

6.6.2 Beispiele
(a) Die Vektoren von K^n, $n \in \mathbb{N}$, schreiben wir als Zeilen von $x = (x_1, \ldots, x_n)$, nicht mehr als Spalten. Auf K^n sind verschiedene Normen gebräuchlich, die wir z.T. schon in 5.6 benutzt haben:
— die *Maximumsnorm* $\|x\|_\infty := \max\{|x_k| : 1 \leq k \leq n\}$;
— für $r \geq 1$ die $\ell^r(n)$-*Norm* $\|x\|_r := \left(\sum_{k=1}^n |x_k|^r\right)^{1/r}$, speziell die *euklidische Norm* für $r = 2$.

Diese Normen sind alle äquivalent in dem folgenden Sinne, daß es zu je zweien von ihnen, $\|\cdot\|$ und $\|\cdot\|^*$, positive Zahlen $a, b \in \mathbb{R}$ gibt mit $a\|x\| \leq \|x\|^* \leq b\|x\|$, $\forall x \in K^n$. (Hierzu siehe 5.6.1 oder [Heuser, 109.6].)

(b) Ist X eine Menge, so bilden die beschränkten Funktionen $f\colon X \to \mathbb{R}$ einen Vektorraum $B(X)$. Durch

$$\|f\|_\infty := \sup_{x \in X} |f(x)|$$

wird auf $B(X)$ eine Norm definiert: die *Supremumsnorm*.

(c) Die auf einem Intervall $I = [a, b]$ stetigen reellwertigen Funktionen bilden mit der *Maximumsnorm*

$$\|f\|_\infty := \max_{a \leq x \leq b} |f(x)|$$

einen normierten Raum $C(I)$. Nun bilden die Polynome, ebenfalls nur auf I betrachtet, mit der Maximumsnorm einen normierten Raum $\mathbb{R}_I[x]$. Natürlich bilden auch die n-fach stetig differenzierbaren Funktionen auf I mit dieser Norm einen normierten Unterraum $C^{(n)}(I)$, jedoch verhält sich diese Norm nicht gut bei Limesbetrachtungen, da Grenzfunktionen zwar noch stetig, aber eventuell nicht mehr differenzierbar sind. Deshalb ist es geschickter, $C^{(n)}(I)$ mit der Norm

$$\|f\|^{(n)} := \sum_{k=0}^{n} \|f^{(k)}\|_\infty = \sum_{k=0}^{n} \max_{a \leq t \leq b} |f^{(k)}(t)|$$

zu versehen.

(d) Wir wählen eine feste reelle Zahl $r \geq 1$. Dann wird aus der Menge von Folgen

$$\ell^r = \{x := (x_1, x_2, \ldots) : \sum_{j=1}^{\infty} |x_j|^r < \infty\} \quad \text{mit } \|x\|_r := \Big(\sum_{j=1}^{\infty} |x_j|^r\Big)^{1/r}$$

einen normierten Raum. Für $r = 2$ erhalten wir die Norm, die aus dem Skalarprodukt des Hilbertschen Folgenraumes ℓ^2 gewonnen wird, vgl. 6.1.2 (d).

6.6.3 Topologie auf einem normierten Raum (a) Ist E ein normierter Raum, so definiert die Norm $\|\cdot\|$ eine *Metrik*, vgl. 6.4.2,

$$d: E \times E \to \mathbb{R}, \quad d(f, g) := \|f - g\|,$$

d.h. für $\forall f, g, h \in E$ gilt

$$d(f, f) = 0, \quad d(f, g) = d(f, g) \quad \text{und} \quad d(f, g) \leq d(f, h) + d(h, g);$$

letztere Ungleichung entspricht der Dreiecksungleichung

$$\|f - g\| \leq \|f - h\| + \|h - g\|.$$

Diese Metrik ist *translationsinvariant*: $d(f, g) = d(f + h, g + h)$.

(b) Wie üblich für metrische Räume werden die *offenen* bzw. *abgeschlossenen Kugeln* mit dem Mittelpunkt $f \in E$ und Radius ε definiert:

$$U_\varepsilon(f) := \{g \in E : \|g - f\| < \varepsilon\} \quad \text{bzw.} \quad \overline{U}_\varepsilon(f) := \{g \in E : \|g - f\| \leq \varepsilon\}.$$

Die offene Kugel $U_\varepsilon(f)$ heißt *ε-Umgebung von f*. Eine Teilmenge von E heißt *offen*, wenn jedes seiner Elemente eine Umgebung besitzt, die ganz in der Menge liegt. Das System $\mathcal{O}$ aller offenen Teilmengen heißt dann eine *Topologie auf E*.

(c) Eine Folge $(f_n)_{n \in \mathbb{N}}$ von Elementen $f_n \in E$ *konvergiert* gegen $f \in E$, wenn $\|f_n - f\| \to 0$ geht, d.h. wenn

$$\forall \varepsilon > 0 \; \exists n_0 : \|f_n - f\| < \varepsilon \; \forall n > n_0.$$

Dann heißt f *Grenzwert* oder *Limes* von (f_n), und wir schreiben $f_n \to f$ oder $\lim f_n = \lim_{n\to\infty} = f$.

(d) Eine *unendliche Reihe* $\sum_{k=0}^{\infty} f_k$ bezeichnet die Folge $s_n = f_0 + \ldots + f_n$. Wenn $s_n \to s \in E$, so sagen wir, daß die Reihe gegen s konvergiert, und wir schreiben $s = \sum_{k=0}^{\infty} f_k$.

(e) Wenn $\sum_{k=0}^{\infty} \|f_k\|$ konvergiert, so heißt die Reihe $\sum_{k=0}^{\infty} f_k$ *absolut konvergent*.

Die Konvergenz bezüglich der Supremums- oder Maximumsnorm von $B(I)$, $C(I)$, $C^n(I)$, $\mathbb{R}_I[x]$ in 6.6.2 (b) ist die gleichmäßige Konvergenz. Aus den Definitionen ergeben sich mit Standardschlüssen der Analysis die folgenden Eigenschaften.

6.6.4 Satz *E sei ein normierter Raum.*

(a) *Je zwei verschiedene Punkte von E besitzen disjunkte ε-Umgebungen.*

(b) *Konvergiert eine Folge in E, so ist der Grenzwert eindeutig bestimmt. Ferner ist die Folge beschränkt.*

(c) *Aus $f_n \to f$, $g_n \to g$ mit $f_n, g_n, f, g \in E$ und $a_n \to a$, $a_n, a \in K$ folgt*

$$f_n + g_n \to f + g, \quad a_n f_n \to af \quad und \quad \|f_n\| \to \|f\|.$$

(d) *Konvergieren $\sum_{k=0}^{\infty} f_k$ und $\sum_{k=0}^{\infty} g_k$, $f_k, g_k \in E$, so konvergiert für $a, b \in K$ auch $\sum_{k=0}^{\infty} (af_k + bg_k)$, und es ist*

$$\sum_{k=0}^{\infty} (af_k + bg_k) = a \sum_{k=0}^{\infty} f_k + b \sum_{k=0}^{\infty} g_k. \qquad \square$$

Betrachten wir z.B. die Folge $f_n(x) = \sum_{k=0}^{n} x^k/k!$ von Polynomen auf $[-a, a]$, $a > 0$. Dann gilt $f_n(x) \to e^x$ für jedes $x \in [-a, a]$. Aber bezüglich der Maximumsnorm konvergiert die Cauchy-Folge (f_n) in dem normierten Raum $\mathbb{R}_I[x]$ nicht: Die Limesfunktion e^x ist kein Polynom. Es mangelt dem $\mathbb{R}_I[x]$ an Vollständigkeit, und dieses legt den folgenden Ansatz nahe, der eine der Konstruktionen der reellen Zahlen kopiert.

6.6.5 Definition

(a) Eine Folge (f_n) von Elementen eines normierten Raumes E heißt *Cauchy-Folge*, wenn es zu jedem $\varepsilon > 0$ ein n_0 gibt, so daß $\|f_k - f_n\| < \varepsilon \; \forall k, n > n_0$. Klar ist, daß eine konvergente Folge eine Cauchy-Folge ist.

(b) Der normierte Raum E heißt *vollständig* oder *Banachraum*, wenn jede Cauchy-Folge aus E gegen ein Element aus E konvergiert.

Da die Supremums- bzw. Maximumsnorm bzw. die Norm $\|\cdot\|^{(n)}$ in $B(I)$, $C(I)$ bzw $C^{(n)}(I)$ der gleichmäßigen Konvergenz der Funktionen und gegebenenfalls ihrer ersten n Ableitungen entspricht, ergibt jede Cauchy-Folge wieder eine Funktion aus dem entsprechenden Funktionsraum. Dagegen ist der Limes einer konvergenten Folge von Polynomen i.a. kein Polynom, ebenfalls ist der Limes von stetig differenzierbaren Funktionen bzgl. der Maximsnorm nicht notwendig differenzierbar. Somit erhalten wir

6.6.6 Satz *Für ein abgeschlossenes Intervall I sind die Räume $B(I)$, $C(I)$ – versehen mit der Maximumsnorm $\|\cdot\|_\infty$ – und $C^{(n)}(I)$ – versehen mit der Norm $\|\cdot\|^{(n)}$ von 6.6.2 (c) – vollständig, also Banachräume. Dagegen ist der normierte Raum $\mathbb{R}_I[x]$ der Polynome nicht vollständig, also kein Banachraum. Auch bildet der lineare Unterraum $C^{(n)}(I)$ von $C(I)$ keine abgeschlossene Menge in $C(I)$ bzgl. der Maximumsnorm und ist deshalb in dieser Norm nicht vollständig.* □

6.6.7 Satz *Ist E ein Banachraum und ist in ihm die Reihe $\sum_{k=0}^\infty f_k$ absolut konvergent, so ist sie auch konvergent, und es gilt $\|\sum_{k=0}^\infty f_k\| \leq \sum_{k=0}^\infty \|f_k\|$.* □

6.6.8 Stetige lineare Abbildungen zwischen normierten Räumen Sind E, F zwei normierte Räume, dann bilden die linearen Abbildungen $A: E \to F$ einen Vektorraum $L(E, F)$, vgl. 4.4.11. Gibt es zu $A \in L(E, F)$ eine Konstante $\lambda \in \mathbb{R}$, so daß

(1) $$\|A(f)\| \leq \lambda \|f\| \quad \forall f \in E$$

gilt, so folgt

$$\|A(f) - A(g)\| \leq \|A(f - g)\| \leq \lambda \|f - g\| \quad \forall f, g \in E,$$

und die Abbildung $A: E \to F$ ist stetig (sogar *Lipschitz-stetig*). Wenn (1) gilt, so heißt A *beschränkt*. M.a.W. ist *eine lineare Abbildung $E \to F$ genau dann stetig, wenn sie beschränkt ist.* In diesem Falle definieren wir die *Norm von A* durch

(2) $$\|A\| := \sup_{f \neq 0} \frac{\|A(f)\|}{\|f\|}.$$

Die Menge aller stetigen, linearen Abbildungen $E \to F$ werde mit $\mathcal{L}(E, F)$ bezeichnet; für $E = F$ schreiben wir kürzer $\mathcal{L}(E)$. Klar, $\mathcal{L}(E, F)$ ist ein linearer Unterraum von $L(E, F)$. Es ist $\|A\| \geq 0$ und gleich 0 nur, wenn A jedes $f \in E$ nach 0 abbildet. Für $a \in K$ ist $\|aA\| = |a|\|A\|$. Ferner gilt für $A, B \in \mathcal{L}(E, F)$:

$$\|(A + B)(f)\| = \|A(f) + B(f)\| \leq \|A(f)\| + \|B(f)\|$$
$$\leq \|A\| \cdot \|f\| + \|B\| \cdot \|f\| = (\|A\| + \|B\|)\|f\| \implies$$
$$\|A + B\| \leq \|A\| + \|B\|.$$

Also definiert $A \to \|A\|$ eine Norm auf $\mathcal{L}(E,F)$, eine sogenannte *Abbildungsnorm*. Damit haben wir den Teil (a) des folgenden Satzes gewonnen. Auf $\mathcal{L}(E,F)$ ergeben sich zwei Konvergenzbegriffe: die *punktweise Konvergenz* $A_n \to A$, definiert durch $A_n(f) \to A(f)$ $\forall f \in E$, und die *Norm-* oder *gleichmäßige Konvergenz* $A_n \Rightarrow A$, definiert durch $\|A_n - A\| \to 0$. Natürlich ist die punktweise Konvergenz eine Folge der gleichmäßigen.

6.6.9 Satz *Es seien E, F normierte Räume.*

(a) *Mit der in (2) definierten Norm wird $\mathcal{L}(E,F)$ zu einem normierten Raum.*

(b) *Ist F ein Banachraum, so ist auch $\mathcal{L}(E,F)$ ein Banachraum.*

Beweis von (b) Ist (A_n) eine Cauchy-Folge in dem normierten Raum $\mathcal{L}(E,F)$, so gibt es zu jedem $\varepsilon > 0$ ein n_0, so daß $\|A_m - A_n\| < \varepsilon$ für $m, n \geq n_0$. Dann gilt für ein beliebiges $f \in E$

$$(3) \quad \|A_m(f) - A_n(f)\| = \|(A_m - A_n)(f)\| \leq \|A_m - A_n\| \cdot \|f\| < \varepsilon \|f\|,$$

d.h. $(A_n(f))$ ist eine Cauchy-Folge in F und konvergiert also wegen der Vollständigkeit gegen ein Element von F, welches wir mit $A(f)$ bezeichnen: $A(f) := \lim A_n(f)$. Aus $A_n(af + bg) = aA_n(f) + bA_n(g)$ für $a, b \in K$, $f, g \in E$ ergibt sich die Linearität von A. Für $n \to \infty$ ergibt (3) $\|A_m(f) - A(f)\| \leq \varepsilon \|f\|$ für alle $f \in E$ und $m \geq n_0$. Für dieses m ist also $A_m - A$ beschränkt und $\|A_m - A\| \leq \varepsilon$. Daraus ergibt sich, daß auch $A = (A - A_m) + A_m$ beschränkt ist, also in $\mathcal{L}(E,F)$ liegt, und daß $A_m \Rightarrow A$ gilt. □

Banachalgebren

6.6.10 Definition Ein normierter Raum E heißt *normierte Algebra*, wenn neben der Addition und skalaren Multiplikation eine Multiplikation zwischen den Elementen von E erklärt ist, also eine Algebra vorliegt, und die Multiplikation die Ungleichungen

$$\|fg\| \leq \|f\| \cdot \|g\| \quad \forall f, g \in E$$

erfüllt. Wenn die Algebra als normierter Raum vollständig ist, so heißt E *Banachalgebra*.

6.6.11 Satz *Ist E ein Banachraum, so ist $\mathcal{L}(E)$ eine Banachalgebra (mit der Hintereinanderausführung als Multiplikation).*

Beweis Sind E, F, G normierte Räume und $A \in \mathcal{L}(E, F)$, $B \in \mathcal{L}(F, G)$, so gilt für $f \in E$

$$\|(BA)(f)\| = \|B(A(f))\| \leq \|B\| \cdot \|A(f)\| \leq \|B\| \cdot \|A\| \cdot \|f\|,$$

und daraus folgt $\|BA\| \leq \|B\| \cdot \|A\|$. Für $E = F = G$ ergibt sich die Vollständigkeit von $\mathcal{L}(E)$ und damit die Behauptung aus 6.6.9. □

6.6.12 Beispiel Sei E ein Banachraum und $A \in \mathcal{L}(E)$. Dann bildet

$$S_n = \sum_{k=0}^{n} \frac{A^k}{k!} \quad \text{wegen} \quad \|S_n\| \leq \sum_{k=0}^{n} \frac{\|A\|^k}{k!} < e^{\|A\|}$$

eine Cauchy-Folge und besitzt also nach 6.6.9 einen Grenzwert, der mit e^A bezeichnet wird. Es gilt dann

$$e^A(f) = \sum_{k=0}^{\infty} \frac{A^k(f)}{k!} \quad \forall f \in E.$$

Kommutieren $A, B \in \mathcal{L}(E)$, d.h. $AB = BA$, so gilt

$$(A+B)^n = \sum_{k=0}^{n} \binom{n}{k} A^k B^{n-k} \quad \text{für} \quad n \geq 1,$$

und daraus folgt

(0) $$e^{A+B} = e^A \cdot e^B.$$

Das für uns wichtige Beispiel ist die Algebra $L(V, V)$ der linearen Abbildungen eines Vektorraumes V in sich, vgl. 4.5.9, welche wir nun als Algebra von $n \times n$-Matrizen auffassen.

6.6.13 Beispiel Die Menge $\mathcal{M}$ der $n \times n$-Matrizen (a_{jk}) mit Koeffizienten in $K = \mathbb{R}$ oder $\mathbb{C}$ wird durch die Addition, die skalare Multiplikation und die Matrizenmultiplikation zu einer nicht-kommutativen (falls $n > 1$) Algebra über K. Nehmen wir auf K^n eine Norm, vgl. 6.6.2 (a), so bekommt $\mathcal{M}$ die zugehörige Abbildungsnorm und wird zu einer Banachalgebra. Andere gebräuchliche Normen auf $\mathcal{M}$ sind, vgl. 5.6.8:

(∞) $\|(a_{jk})\|_\infty := \max_{j=1}^{n} \sum_{k=1}^{n} |a_{jk}|$ (Zeilensummennorm)
(1) $\|(a_{jk})\|_1 := \max_{k=1}^{n} \sum_{j=1}^{n} |a_{jk}|$ (Spaltensummennorm)

(2) $\|(a_{jk})\|_2 := \left(\sum_{j=1}^n \sum_{k=1}^n |a_{jk}|^2\right)^{1/2}$ (Quadratsummennorm)

6.6.14 Beispiel Ist A eine Diagonalmatrix bzw. besteht aus Kästchen an der Diagonalen

(3) $A = \begin{pmatrix} \lambda_1 & 0 & 0 & \cdots & 0 \\ 0 & \lambda_2 & 0 & \cdots & 0 \\ 0 & 0 & \lambda_3 & \cdots & 0 \\ \vdots & \vdots & & \ddots & \vdots \\ 0 & 0 & 0 & \cdots & \lambda_n \end{pmatrix}$ bzw. $A = \begin{pmatrix} A_1 & & & \\ & A_2 & & \\ & & \ddots & \\ & & & A_m \end{pmatrix}$,

wobei die A_k $n_k \times n_k$-Matrizen sind mit $n = \sum_{k=1}^m n_k$, so gilt

(4) $e^A = \begin{pmatrix} e^{\lambda_1} & 0 & \cdots & 0 \\ 0 & e^{\lambda_2} & \cdots & 0 \\ \vdots & \vdots & \ddots & \vdots \\ 0 & 0 & \cdots & e^{\lambda_n} \end{pmatrix}$ bzw. $e^A = \begin{pmatrix} e^{A_1} & & & \\ & e^{A_2} & & \\ & & \ddots & \\ & & & e^{A_m} \end{pmatrix}$.

Nun sei
(5)
$B = \begin{pmatrix} 0 & 1 & 0 & \cdots & 0 & 0 \\ 0 & 0 & 1 & \cdots & 0 & 0 \\ \vdots & \vdots & & \ddots & \vdots & \vdots \\ 0 & 0 & 0 & \cdots & 1 & 0 \\ 0 & 0 & 0 & \cdots & 0 & 1 \\ 0 & 0 & 0 & \cdots & 0 & 0 \end{pmatrix} \implies B^2 = \begin{pmatrix} 0 & 0 & 1 & \cdots & 0 & 0 \\ 0 & 0 & 0 & \cdots & 0 & 0 \\ \vdots & \vdots & \vdots & \ddots & \vdots & \vdots \\ 0 & 0 & 0 & \cdots & 0 & 1 \\ 0 & 0 & 0 & \cdots & 0 & 0 \\ 0 & 0 & 0 & \cdots & 0 & 0 \end{pmatrix}$,

und daraus folgt induktiv

$$e^B = E + B + \frac{B^2}{2!} + \ldots + \frac{B^{n-1}}{(n-1)!}$$

(6) $= \begin{pmatrix} 1 & 1 & \frac{1}{2!} & \frac{1}{3!} & \cdots & \frac{1}{(n-2)!} & \frac{1}{(n-1)!} \\ 0 & 1 & 1 & \frac{1}{2!} & \cdots & \frac{1}{(n-3)!} & \frac{1}{(n-1)!} \\ \vdots & \vdots & \vdots & \vdots & \ddots & \vdots & \vdots \\ 0 & 0 & 0 & 0 & \cdots & \frac{1}{2!} & \frac{1}{3!} \\ 0 & 0 & 0 & 0 & \cdots & 1 & \frac{1}{2!} \\ 0 & 0 & 0 & 0 & \cdots & 1 & 1 \\ 0 & 0 & 0 & 0 & \cdots & 0 & 1 \end{pmatrix}$.

250   6 Euklidische und unitäre Vektorräume und Räume

Daraus ergibt sich für $t \in \mathbb{R}$

$$e^{tB} = E + tB + \frac{1}{2!}t^2 B^2 + \ldots + \frac{1}{(n-1)!}t^{n-1} B^{n-1} =$$

(7)
$$\begin{pmatrix} 1 & t & \frac{t^2}{2!} & \frac{t^3}{3!} & \cdots & \frac{t^{n-2}}{(n-2)!} & \frac{t^{n-1}}{(n-1)!} \\ 0 & 1 & t & \frac{t^2}{2!} & \cdots & \frac{t^{n-3}}{(n-3)!} & \frac{t^{n-2}}{(n-2)!} \\ \vdots & \vdots & \vdots & \vdots & \ddots & \vdots & \vdots \\ 0 & 0 & 0 & 0 & \cdots & \frac{t^2}{2!} & \frac{t^3}{3!} \\ 0 & 0 & 0 & 0 & \cdots & 1 & \frac{t^2}{2!} \\ 0 & 0 & 0 & 0 & \cdots & 1 & t \\ 0 & 0 & 0 & 0 & \cdots & 0 & 1 \end{pmatrix}.$$

Für

(8)
$$C = \begin{pmatrix} \lambda & 1 & 0 & 0 & \cdots & 0 & 0 \\ 0 & \lambda & 1 & 0 & \cdots & 0 & 0 \\ 0 & 0 & \lambda & 1 & \cdots & 0 & 0 \\ \vdots & \vdots & \vdots & \vdots & \ddots & \vdots & \vdots \\ 0 & 0 & 0 & 0 & \cdots & \lambda & 1 \\ 0 & 0 & 0 & 0 & \cdots & 0 & \lambda \end{pmatrix} = \lambda E + B$$

ist wegen (0)

$$e^{tC} = e^{\lambda t} e^{tB} =$$

(9)
$$\begin{pmatrix} e^{\lambda t} & e^{\lambda t} & \frac{1}{2!}t^2 e^{\lambda t} & \frac{1}{3!}t^3 e^{\lambda t} & \cdots & \frac{1}{(n-2)!}t^{n-2} e^{\lambda t} & \frac{1}{(n-1)!}t^{n-1} e^{\lambda t} \\ 0 & e^{\lambda t} & e^{\lambda t} & \frac{1}{2!}e^{\lambda t} & \cdots & \frac{1}{(n-3)!}t^{n-3} e^{\lambda t} & \frac{1}{(n-2)!}t^{n-2} e^{\lambda t} \\ 0 & 0 & e^{\lambda t} & e^{\lambda t} & \cdots & \frac{1}{(n-4)!}t^{n-4} e^{\lambda t} & \frac{1}{(n-3)!}t^{n-3} e^{\lambda t} \\ \vdots & \vdots & \vdots & \vdots & \ddots & \vdots & \vdots \\ 0 & 0 & 0 & 0 & \cdots & e^{\lambda t} & e^{\lambda t} \\ 0 & 0 & 0 & 0 & \cdots & 0 & e^{\lambda t} \end{pmatrix}.$$

Für $A, B \in \mathrm{GL}(n, \mathbb{R})$ gilt $e^{B^{-1}AB} = B^{-1} e^A B$ und $e^{tB^{-1}AB} = B^{-1} e^{tA} B$. Da jede Matrix A, deren charakteristisches Polynom über $\mathbb{R}$ in Linearfaktoren zerfällt, mittels einer Konjugation sich in eine Matrix mit Kästchen der Form des obigen C zerlegen läßt, lassen sich e^A und e^{tA} berechnen.

Der Analysis genügt der Normbegriff nicht, vor allem wenn Funktionen auf nicht-kompakten Räumen untersucht werden. Dafür stellt die *Funktionalanalysis* stärkere Hilfsmittel bereit.

Aufgaben

6.6.A1 Die Menge aller Nullfolgen $x := (x_1, x_2, \ldots)$, d.h. $\lim_{n \to \infty} x_n = 0$, wird mit $\|x\| := \sup_{k=1}^{\infty} |x_k|$ zu einem Banachraum.

6.6.A2
(a) $\|f\| := \sqrt{\int_a^b f^2 dx}$ definiert eine Norm für $f \in C[a,b]$.
(b) $C[a,b]$ mit der Norm aus (a) ist nicht vollständig.

6.7 Gewöhnliche Differentialgleichungen mit konstanten Koeffizienten

Im folgenden sei K wieder gleich $\mathbb{C}$ oder $\mathbb{R}$ und I ein Intervall $[a,b]$. Ist $f: I \to K$ eine differenzierbare Funktion, so sei $\dot{f} = \frac{df}{dt}$ die Ableitung. Ferner sei $f^{(n)} := \frac{d^n f}{dt^n}$, die n-fache Ableitung. Eine einfache Differentialgleichung ist z.B. $\dot{x} = x$; sie hat bekanntlich die Lösungen $x = ce^t$, wobei c frei wählbar ist. Aber durch eine Vorgabe, z.B. $x(0) = x_0$, wird die Lösung eindeutig bestimmt: $x = x_0 e^t$. Dieses läßt sich in vieler Hinsicht verallgemeinern, wie es in der Theorie der gewöhnlichen Differentialgleichungen geschieht. Wir behandeln hier nur die Verallgemeinerung auf Systeme gewöhnlicher linearer Differentialgleichungen mit konstanten Koeffizienten, da sich hier viele von uns gewonnenen Ergebnisse der linearen Algebra erfolgreich anwenden lassen. Diese Systeme treten an vielen Stellen in Anwendungen der Mathematik auf, z.B. in der Mechanik und Ökonomie.

Problemstellung

6.7.1 Definition Ein *System linearer gewöhnlicher Differentialgleichungen erster Ordnung mit konstanten Koeffizienten* hat die Form

(1)
$$\begin{aligned} \dot{y}_1 &= a_{11}y_1 + \ldots + a_{1n}y_n + f_1 \\ \dot{y}_2 &= a_{21}y_1 + \ldots + a_{2n}y_n + f_2 \\ &\vdots \\ \dot{y}_n &= a_{n1}y_1 + \ldots + a_{nn}y_n + f_n \end{aligned}$$

oder in Matrizenschreibweise

(1) $$\dot{y} = Ay + f$$

252   6 Euklidische und unitäre Vektorräume und Räume

mit den Spalten $\dot{y} = (\dot{y}_1, \ldots, \dot{y}_n)^t$, $(y_1, \ldots, y_2)^t$, $f = (f_1, \ldots, f_n)^t$ und der Matrix (a_{jk}). Dabei setzen wir voraus, daß die Koeffizienten a_{jk} aus K und die $f_j \in C(I)$ sind. Ferner werden *Anfangsbedingungen* $(y_j^{(0)})$ gegeben: Für ein $t_0 \in I$ sei $y_j(t_0) = y_j^{(0)}$, $1 \le j \le n$. Gesucht werden Funktionen $y_j \colon I \to K$, so daß die y_j und ihre Ableitungen $\dot{y}_j$ die Gleichungen $\dot{y} = Ay + f$ erfüllen und für ein $t_0 \in I$ den Anfangsbedingungen $y(t_0) = y^{(0)}$ genügt. Falls die Funktionen f_j trivial sind, d.h. wenn das System von Differentialgleichungen $\dot{y} = Ay$ vorliegt, heißt das System *homogen* sonst heißt es *inhomogenen*.

6.7.2 Satz *Das homogene Anfangswertproblem*

$$\text{(2)} \qquad \dot{y} = Ay, \quad y(0) = y^{(0)}$$

besitzt eine eindeutig bestimmte und auf ganz $\mathbb{R}$ definierte Lösung, nämlich $y(t) := e^{At} y^{(0)}$.

Vor dem Beweis einige Definitionen, bei denen wir Begriffe der Analysis heranziehen. Sei I ein Intervall, eine Halbgerade oder $\mathbb{R}$. Dann wird auf $C^n(I)$ durch $f \to \dot{f}$ ein linearer Operator $C^n(I) \to C^{n-1}(I)$, der *Differentialoperator*, erklärt. Ist $\mathbb{R} \to \mathrm{GL}(n, \mathbb{R})$, $t \mapsto A(t)$ eine Funktion, so existiert der Grenzwert

$$\lim_{t \to t_0} \frac{A(t) - A(t_0)}{t - t_0} =: \dot{A}(t_0) = (\dot{a}_{ij}(t_0)),$$

sofern jede Koeffizientenfunktion $a_{ij}(t)$ bei t_0 differenzierbar ist. Nun können wir den Differentialoperator übertragen auf Matrizen, deren Koeffizienten differenzierbare Funktionen sind:

$$\dot{A}(t) := \frac{d}{dt}(a_{ij}(t)) := (\dot{a}_{ij}).$$

Dann entsteht ein linearer Operator von der Algebra von Matrizen mit n-fach stetig differenzierbaren Koeffizienten in die der mit $(n-1)$-fach stetig differenzierbaren Koeffizienten. Durch Betrachtung der Koeffizienten erhalten wir die ersten beiden der folgenden Regeln, in denen $A(t)$, $B(t)$ differenzierbare Matrizen sind und f eine differenzierbare Funktion ist:

$$\frac{d}{dt}(A(t) \cdot B(t)) = \dot{A}(t) \cdot B(t) + A(t) \cdot \dot{B}(t),$$

$$\frac{d}{dt}(f(t) A(t)) = \dot{f}(t) A(t) + f(t) \dot{A}(t),$$

$$\frac{d}{dt} e^{A(t)} = \dot{A}(t) e^{A(t)};$$

6.7 Gewöhnliche Differentialgleichungen mit konstanten Koeffizienten

die dritte Regel folgt aus

$$\frac{d}{dt}\bigl(\sum_{n=0}^{\infty} \frac{A^n(t)}{n!}\bigr) = \sum_{n=1}^{\infty} \frac{n\dot{A}(t) \cdot A^{n-1}}{n!}.$$

Nun ergibt sich leicht der

B e w e i s   von 6.7.2 Für $y(t) = e^{At}y_0$ gilt

$$\dot{y}(t) = \frac{d}{dt}(At) \cdot e^{At}y_0 = Ay(t) \quad \text{und} \quad y(0) = e^{0 \cdot A}y_0 = E_n y_0;$$

also löst $y(t)$ das Anfangswertproblem (2). Ist $z(t)$ irgendeine Lösung, so gilt

$$\frac{d}{dt}\bigl(e^{-At}z(t)\bigr) = e^{-At}\dot{z}(t) - Ae^{-At}z(t) = e^{-At}\dot{z}(t) - e^{-At}Az(t)$$
$$= e^{-At}\dot{z}(t) - e^{-At}\dot{z}(t) = 0,$$

und deshalb ist die Funktion $e^{-At}z(t)$ konstant, d.h. $z(t) = e^{At}c$ für $c \in \mathbb{R}^n$. Aus $y_0 = z(0) = E_n c = c$ ergibt sich $z(t) = e^{At}y_0 = y(t)$, was die Eindeutigkeit der Lösung zeigt. □

Der obige Satz vermittelt den Eindruck, daß die Lösung des Systemes $\dot{y} = Ay$ linearer Differentialgleichungen sich einfach berechnen läßt. Wegen der Ergebnisse von 6.6.14 ist dieses jedenfalls so, wenn die sogenannte Jordansche Normalform der Matrix A und die zur Konjugation benötige Matrix bekannt ist. Auf diese Normalform gehen wir in 7.4 ein. Um diese Matrizen jedoch zu finden, müßen wir die Nullstellen des charakteristischen Polynomes bestimmen, was i.a. nicht genau geht und numerische Schwierigkeiten mit sich bringt.

6.7.3 Satz *Das Anfangswertproblem*

$$\dot{y}(t) = Ay(t) + f(t), \quad y(0) = y_0,$$

mit $A \in GL(n, \mathbb{R})$, $f: [0,a] \to \mathbb{R}^n$ eine stetige Funktion und $y_0 \in \mathbb{R}^n$ besitzt genau eine Lösung $y: [0,a] \to \mathbb{R}$, nämlich

$$y(t) = e^{At}y_0 + \int_0^t e^{A(t-s)}f(t)ds,$$

wobei die Integration komponentenweise durchzuführen ist.

Beweis Daß die Lösung eindeutig ist, folgt daraus, daß die Differenz zweier Lösungen das Anfangswertproblem

$$\dot{u}(t) = Au(t), \quad u(0) = 0$$

löst und deshalb nach 6.7.2 identisch 0 ist. Die Behauptung folgt nun durch Verifizieren:

$$\dot{y} = Ae^{At}y_0 + \frac{d}{dt}\int_0^t e^{A(t-s)}f(s)ds = Ae^{At}y_0 + e^{A(t-s)}f(s)|_{s=t}$$
$$= Ae^{At}y_0 + f(t). \qquad \square$$

Eine lineare Differentialgleichung n-ter Ordnung

(3) $\quad y^{(n)} + a_{n-1}y^{(n-1)} + \ldots a_1\dot{y} + a_0 y = 0 \quad \text{mit } a_0, a_1, \ldots, a_{n-1} \in \mathbb{R}$

läßt sich in das folgende homogene lineare System verwandeln:

(4)
$$\begin{aligned}\dot{y}_0 &= y_1 \\ \dot{y}_1 &= y_2 \\ &\vdots \\ \dot{y}_{n-2} &= y_{n-1} \\ \dot{y}_{n-1} &= -a_{n-1}y_{n-1} - \ldots - a_1 y_1 - a_0 y_0.\end{aligned}$$

Eine Lösung $y(t)$ von (3) liefert durch

$$y_0(t) := y(t), \; y_1(t) := \dot{y}(t), \; \ldots, u_{n-1}(t) := y^{(n-1)}(t)$$

eine Lösung von (4), und umgekehrt ergibt jede Lösung $y_0(t), \ldots, y_{n-1}(t)$ von (4) mit $y(t) := y_0(t)$ ein solche von (3). Daher ergibt Satz 6.7.2

6.7.4 Satz *Das Anfangswertproblem*

$$y^{(n)} + a_{n-1}y^{(n-1)} + \ldots + a_1\dot{y}(t) + a_0 y(t) = 0,$$
$$y(0) = y_0, \; \dot{y}(0) = y_0^{(1)}, \ldots, \; y^{(n-1)}(0) = y_0^{(n-1)},$$

besitzt bei jeder Wahl der Anfangswerte $y_0, y_0^{(1)}, \ldots, y_0^{(n-1)}$ genau eine Lösung, und diese ist auf ganz $\mathbb{R}$ erklärt. $\qquad \square$

6.7 Gewöhnliche Differentialgleichungen mit konstanten Koeffizienten

Analog ergibt sich aus 6.7.3

6.7.5 Satz *Das Anfangswertproblem*

$$y^{(n)} + a_{n-1}y^{(n-1)} + \ldots + a_1\dot{y}(t) + a_0 y(t) = f,$$
$$y(0) = y_0,\ \dot{y}(0) = y_0^{(1)}, \ldots, y^{(n-1)}(0) = y_0^{(n-1)},$$

mit einer stetigen Funktion $f\colon [0,a] \to \mathbb{R}$ *besitzt bei jeder Wahl der Anfangswerte* $y_0, y_0^{(1)}, \ldots y_0^{(n-1)}$ *genau eine Lösung, und diese ist auf ganz* $\mathbb{R}$ *definiert.* □

Aufgaben

6.7.A1 Berechnen Sie Lösungen für die folgenden Systeme von Differentialgleichungen:

(a) $$\dot{y}(t) = \begin{pmatrix} 0 & 1 \\ -1 & 0 \end{pmatrix} y(t)$$

(b) $$\dot{y}(t) = \begin{pmatrix} 2 & 10 \\ -2 & -7 \end{pmatrix} y(t)$$

7 Polynome und Matrizen

Nach Kapitel 6 gibt es zu jeder unitären bzw. orthogonalen Abbildung $f\colon V \to V$ eines endlich-dimensionalen Vektorraumes auf sich eine Basis von V, bezüglich der f eine besonders einfache Matrix hat. Das *allgemeine Normalformenproblem* ist das Problem, ob eine ähnliche Aussage für beliebige Endomorphismen beliebiger Vektorräume gilt. Wir untersuchen es in diesem Kapitel mit dem in 6.3.9 beschriebenen Ansatz. Dieser allgemeinere Zugang wirft auch Licht auf die in 6.3 durchgeführten Beweise. Vorweg müssen wir einen Abstecher in die Algebra machen.

7.1 Polynome

Am Anfang dieses Abschnittes leiten wir grundlegende Teilbarkeitseigenschaften von Polynomen her.

7.1.1 Der Polynomring $K[x]$ Sei K ein Körper. Dann besteht der *Polynomring* $K[x]$ aus den formalen Ausdrücken

$$f = f(x) = a_0 + a_1 x + \ldots + a_n x^n,\ a_i \in K,\ a_n \neq 0.$$

Es heißt n der *Grad von f*; wir schreiben $n = \mathrm{grad}\, f$. Die Polynome vom Grade 0 identifizieren wir mit den Elementen des Grundkörpers K.

Ist $g(x) = b_0 + b_1 x + \ldots + b_m x^m$ ein anderes Polynom vom Grade m, so wird definiert
(a) $(f+g)(x) = (a_0 + b_0) + (a_1 + b_1)x + \ldots + (a_k + b_k)x^k$,
(b) $(f \cdot g)(x) = c_0 + c_1 x + \ldots + c_{n+m} x^{n+m}$ mit $c_j = \sum_{i=0}^{j} a_i b_{j-i}$.

Hierbei treffen wir die Vereinbarung, daß $a_i = 0$ bzw. $b_\ell = 0$ ist, wenn $i > n$ bzw. $\ell > m$ ist. Ferner ist $k = \max(n, m)$. Offenbar gilt:
(c) $\mathrm{grad}(f+g) \leq \max(\mathrm{grad}\, f, \mathrm{grad}\, g)$,
(d) $\mathrm{grad}(f \cdot g) = \mathrm{grad}\, f + \mathrm{grad}\, g$, falls $f, g \neq 0$.

Teilbarkeitseigenschaften von Polynomen

Für Polynome über irgendeinem Körper gelten Teilbarkeitsaussagen ganz ähnlich zu denen von natürlichen Zahlen. Ebenfalls gibt es größte gemeinsame Teiler, und ein Satz wie das Bezoutsche Lemma 2.2.11 ist gültig.

7.1 Polynome

7.1.2 Definition Das Polynom f *teilt* das Polynom g oder ist *Teiler von g*, Bezeichnung: $f|g$, wenn es ein Polynom h mit $g = fh$ gibt. Ist hierbei $0 < \operatorname{grad} f < \operatorname{grad} g$, so heißt f *echter Teiler* von g. Das Polynom g heißt *irreduzibel* oder *prim*, wenn $\operatorname{grad} g > 0$ und wenn g keine echten Teiler besitzt.

7.1.3 Einfache Eigenschaften
(a) *Alle* linearen Polynome $g = a_0 + a_1 x$, $a_1 \neq 0$, sind irreduzibel.
(b) $fh_1 = fh_2$ und $f \neq 0 \implies h_1 = h_2$ *(Kürzungsregel)*.
(c) $f|g$ und $g|h \implies f|h$.
(d) $f|g$ und $f|h \implies f|(g+h)$.

B e w e i s von (b). Es genügt zu zeigen, daß aus $f \neq 0$, $g \neq 0$ folgt $fg \neq 0$. Ist $\operatorname{grad} f > 0$ oder $\operatorname{grad} g > 0$, so folgt das aus 7.1.1 (d). Ist $\operatorname{grad} f = \operatorname{grad} g = 0$, so gilt $f, g \in K$, und für Körperelemente f, g folgt aus $fg = 0$, daß $f = 0$ oder $g = 0$ ist. □

Ist $f, g \in K[x]$, $g \neq 0$, so können wir f durch g teilen, wobei eventuell ein Rest bleibt. Genauer:

7.1.4 Satz über die Division mit Rest *Sind $f, g \in K[x]$ und $g \neq 0$, so gibt es $q, r \in K[x]$ mit*

$$f = qg + r \quad \text{mit } r = 0 \quad \text{oder } \operatorname{grad} r < \operatorname{grad} g.$$

B e w e i s Für $f = 0$ genügt es, $q = r = 0$ zu setzen. Sei $f \neq 0$. Der Beweis geschieht durch Induktion nach $\operatorname{grad} f$. Sei

$$f = a_0 + \ldots + a_n x^n, \quad g = b_0 + \ldots + b_m x^m \quad \text{mit } a_n \neq 0, b_m \neq 0.$$

Für $n < m$ genügt es, $q = 0$ und $r = f$ zu setzen. Für $n \geq m$ setzen wir

$$f_1 = f - a_n b_m^{-1} x^{n-m} \cdot g.$$

Dann ist $\operatorname{grad} f_1 < \operatorname{grad} f$ und nach Induktionsannahme gibt es $q_1, r \in K[x]$ mit $f_1 = q_1 g + r$ und $r = 0$ oder $\operatorname{grad} r < \operatorname{grad} g$. Jetzt ist

$$f = q_1 g + r + a_n b_m^{-1} x^{n-m} g = (q_1 + a_n b_m^{-1} x^{n-m})g + r.$$

Es genügt also, $q = q_1 + a_n b_m^{-1} x^{n-m}$ zu setzen. Es fehlt noch der Induktionsbeginn: Für $\operatorname{grad} f = 0$, d.h. $f = a_0 \neq 0$ aus K, sei $q = 0$, $r = a_0$ für $\operatorname{grad} g > 0$ und $q = a_0 g^{-1}$, $r = 0$ für $\operatorname{grad} g = 0$. □

7 Polynome und Matrizen

7.1.5 Korollar *Sei $0 \neq f \in K[x]$ und $a \in K$ eine Nullstelle von f, d.h. $f(a) = 0$. Dann existiert $q \in K[x]$ mit $f(x) = (x-a)q(x)$.*

B e w e i s Aus Satz 7.1.4 folgt $f(x) = (x-a)q(x) + r$ mit $r \in K$. Einsetzen von $x = a$ liefert $r = 0$. □

7.1.6 Korollar *Ist grad $f = n$, so hat f höchstens n Nullstellen.*

B e w e i s Wenn $a_1, \ldots, a_m$ verschiedene Nullstellen von f sind, so folgt aus Korollar 7.1.5, daß $f(x) = (x-a_1)\ldots(x-a_m)q(x)$ für ein $q \in K[x]$. Also ist $m \leq m + \operatorname{grad} q = \operatorname{grad} f = n$. □

7.1.7 Definition Es sei $f, g \in K[x]$. Ein Polynom $d \in K[x]$ heißt *gemeinsamer Teiler von f und g*, wenn $d|f$ und $d|g$; wenn zudem $\operatorname{grad} d > 0$ ist, heißt d *echter gemeinsamer Teiler von f und g*. Die Polynome f und g heißen *teilerfremd* oder *relativ prim*, wenn sie keine echten gemeinsamen Teiler besitzen.

Ein Polynom d heißt ein *größter gemeinsamer Teiler* von f und g, wenn gilt: Ist $h \in K[x]$ mit $h|f$ und $h|g$, so gilt $h|d$. Wir schreiben: $d = \operatorname{ggT}(f, g)$. Jedoch ist $\operatorname{ggT}(f, g)$ immer noch nicht eindeutig durch f und g bestimmt, sondern nur bis auf Multiplikation mit einer Zahl aus K. Wir können es eindeutig machen, wenn wir verlangen, daß der höchste Koeffizient gleich 1 wird, aber wir führen diese Normierung nicht durch.

7.1.8 Satz *Sind $f, g \in K[x]$ von 0 verschiedene Polynome, so gibt es einen größten gemeinsamen Teiler von f und g und dieser ist bis auf die Multiplikation mit einer Konstanten $a \in K$ eindeutig bestimmt.*

B e w e i s Sei $A := \{q_1 f + q_2 g : q_1, q_2 \in K[x]\}$ und $0 \neq d = h_1 f + h_2 g \in A$ ein nicht-verschwindendes Polynom kleinsten Grades aus A. Es gilt $d|f$: Die Division mit Rest von f durch d liefert nämlich

$$f = (h_1 f + h_2 g)q + r \quad \text{mit } r = 0 \quad \text{oder grad } r < \operatorname{grad} d.$$

Es ist $r = (1 - h_1 q)f + (-h_2 q)g \in A$; aus der Minimalität von d folgt also $r = 0$. Analog ergibt sich $d|g$, so daß also d ein gemeinsamer Teiler von g und f ist.

Gilt $h|f$ und $h|g$, so ist $f = f_* h, g = g_* h$ und

$$d = h_1 f + h_2 g = (h_1 f_* + h_2 g_*)h,$$

d.h. $h|d$. Daher ist d ein größter gemeinsamer Teiler von f und g. Zeigen Sie die „Eindeutigkeit" von d. □

7.1.9 Satz *Sei $f, g \in K[x]$.*

(a) *Ist $d = \mathrm{ggT}(f, g)$, so gibt es $h_1, h_2 \in K[x]$, mit $d = h_1 f + h_2 g$. Diese Gleichung und $d|f, d|g$ kennzeichnen d – bis auf Multiplikation mit einem $a \in K$, $a \neq 0$ (Lemma von Bezout).*

(b) *Sei $1 = \mathrm{ggT}(f, g)$ und $f|gh$ mit $f, g, h \in K[x]$, so gilt $f|h$.*

(c) *Sind f, g teilerfremd, so gibt es $h_1, h_2 \in K[x]$ mit $1 = h_1 f + h_2 g$. Diese Gleichung ist auch hinreichend dafür, daß f und g teilerfremd sind. Für $h_1^*, h_2^* \in K[x]$ gilt genau dann $1 = h_1^* f + h_2^* g$, wenn es ein $r \in K[x]$ mit $h_1^* = h_1 + rg$ und $h_2^* = h_2 - rf$ gibt.*

(d) *Sind f,g teilerfremd und beide nicht konstant, so gibt es ein eindeutig bestimmtes Paar $h_1, h_2 \in K[x]$ mit $1 = fh_1 + gh_2$ und $\mathrm{grad}\, h_2 < \mathrm{grad}\, f$ sowie $\mathrm{grad}\, h_1 < \mathrm{grad}\, g$.*

B e w e i s   Zu (a): Daß es $h_1, h_2 \in K[x]$ mit $d = h_1 f + h_2 g$ gibt, haben wir im Beweis von 7.1.8 gesehen. Die „Eindeutigkeit" von d folgt so: Gilt für $e \in K[x]$ ebenfalls $e|f, e|g$ und ist $e = k_1 f + k_2 g$ mit $k_1, k_2 \in K[x]$, so folgt $e|d$ aus $e|f, e|g$ und $d = h_1 f + h_2 g$ sowie $d|e$ aus $d|f, d|g$ und $e = k_1 f + k_2 g$. Also ist $\mathrm{grad}\, d = \mathrm{grad}\, e$ und d und e stimmen bis auf einen Faktor $a \neq 0$ aus K überein.

Zu (b): Für $d := \mathrm{ggT}(f, h)$ gilt:

$$f = f_* d, \quad h = h_* d \quad \text{mit } f_*, h_* \in K[x] \text{ und } \mathrm{ggT}(f_*, h_*) = 1.$$

Wegen (a) gibt es $k_1, k_2 \in K[x]$ mit $1 = k_1 f + k_2 g$, und deshalb gilt

$$h_* = k_1 f h_* + k_2 g h_* = k_1 h d f_* + k_2 g h_*.$$

Weil $f_* d = f$ das $gh = gh_* d$ teilt, folgt hieraus $f_*|h_*$. Wegen $\mathrm{ggT}(f_*, h_*) = 1$ ist somit $f_* \in K$.

Zu (c): Aus $d = \mathrm{ggT}(f, g)$ folgt $d \mid (h_1 f + h_2 g) = 1$, also $d \in K$. Aus

(∗) $\qquad (h_1 - h_1^*)f = (h_2^* - h_2)g \quad \text{und } 1 = \mathrm{ggT}(f, g)$

folgt nach (b), daß $f|(h_2^* - h_2)$, also $h_2^* - h_2 = -rf$ für ein $r \in K[x]$. Wegen 7.1.3 (b) ist dann $h_1 - h_1^* = -rg$.

Zu (d): Wegen (c) gibt es h_1 und h_2 mit $1 = fh_1 + gh_2$ und $\mathrm{grad}\, h_2 < \mathrm{grad}\, f$. Die Gleichung kann nur gelten, wenn sich die höchsten Glieder von fh_1 und gh_2 gegenseitig aufheben; also ist

$$\mathrm{grad}\, f + \mathrm{grad}\, h_1 = \mathrm{grad}\, g + \mathrm{grad}\, h_2 < \mathrm{grad}\, g + \mathrm{grad}\, f \quad \Longrightarrow$$
$$\mathrm{grad}\, h_1 < \mathrm{grad}\, g.$$

Gilt ebenfalls $1 = fh_1^* + gh_2^*$ mit $\operatorname{grad} h_2^* < \operatorname{grad} f$, so ist $0 = f(h_1^* - h_1^*) + g(h_2 - h_2^*)$, und es folgt $f|(h_2 - h_2^*)$ bei $\operatorname{grad} f > \operatorname{grad}(h_2 - h_2^*)$, woraus $h_2 = h_2^*$ und daraus $h_1 = h_1^*$ folgt. □

Aus (b) ergibt sich

7.1.10 Korollar *Sei $p \in K[x]$ irreduzibel, ferner $f, g \in K[x]$. Dann gilt*
(a) *$p|f$ oder $1 = \operatorname{ggT}(p, f)$.*
(b) *Aus $p|fg$ folgt $p|f$ oder $p|g$.* □

Euklidischer Algorithmus

Existenz und „Eindeutigkeit" eines ggT von zwei Polynomen haben wir inzwischen nachgewiesen und haben den ggT schon mehrfach benutzt. Unser Existenzbeweis ist aber sehr abstrakt gehalten – dafür recht kurz – und gibt kein Verfahren, den ggT zu bestimmen. Welches ist z.B. (für $K = \mathbb{R}$) der ggT von $x^8 - 1$ und $x^{12} - 1$?

Zur Berechnung benutzen wir Satz 7.1.4 über die Teilung mit Rest. Für $f, g \in K[x]$, $g \in K$, gilt also

$$f = qg + r, \quad q, r \in K[x], \quad \operatorname{grad} r < \operatorname{grad} g.$$

Daraus folgt $\operatorname{ggT}(f, g) = \operatorname{ggT}(r, g)$. Damit haben wir die Bestimmung des ggT von f und g auf die des ggT von r und g zurückgeführt. Das läßt sich jetzt iterieren, indem g die Rolle des f und r die Rolle des g übernimmt. Dieses Verfahren erinnert an den euklidischen Algorithmus aus 2.2.10.

7.1.11 Beispiele
(a) Für die obigen Polynome bekommen wir nacheinander die folgenden Polynome und Gleichungen:
(1) $f_0 = x^{12} - 1$, $f_1 = x^8 - 1$;
(2) $f_0 = x^4(x^8 - 1) + x^4 - 1 = q_1 f_1 + f_2$ mit $q_1 = x^4$, $f_2 = x^4 - 1$;
0(3) $f_1 = (x^4 + 1)(x^4 - 1) + 0 = q_2 f_2$ mit $q_2 = x^4 + 1$, $d = f_2$.

Also ist $\operatorname{ggT}(x^{12} - 1, x^8 - 1) = \operatorname{ggT}(x^8 - 1, x^4 - 1) = x^4 - 1$. Um die Gleichung aus 7.1.9 (a) zu erhalten, brauchen wir nur die Gleichung (2) $d = h_1 f + h_2 g$ nach $f_2 = d$ auflösen:

$$x^4 - 1 = d = f_0 - q_1 f_1 = 1 \cdot (x^{12} - 1) - x^4 \cdot (x^8 - 1),$$

also $h_1 = 1$, $h_2 = -x^4$.

(b) Bestimmung von $\ggT(x^{11} - 2, x^7 - 1)$. Jetzt ergibt sich die Folge der Polynome:
(1) $f_0 = x^{11} - 2$, $f_1 = x^7 - 1$;
(2) $f_0 = x^4 \cdot (x^7 - 1) + x^4 - 2 = q_1 f_1 + f_2$ mit $q_1 = x^4$, $f_2 = x^4 - 2$;
(3) $f_1 = x^3 \cdot (x^4 - 2) + 2x^3 - 1 = q_2 f_2 + f_3$ mit $q_2 = x^3$, $f_3 = 2x^3 - 1$;
(4) $f_2 = \frac{x}{2} \cdot (2x^3 - 1) + \frac{x}{2} - 2 = q_3 f_3 + f_4$ mit $q_3 = \frac{x}{2}$, $f_4 = \frac{x}{2} - 2$;
(5) $f_3 = (4x^2 + 16x + 64)(\frac{x}{2} - 2) + 127 = q_4 f_4 + f_5$ mit $q_4 = 4x^2 + 16x + 64$, $f_5 = 127$.

Aus $\grad f_5 = 0$ folgt, daß $x^{11} - 2$ und $x^7 - 1$ teilerfremd sind, d.h. $d = \ggT(x^{11}-2, x^7-1) = 1$. Um die typische Gleichung $d = h_1 f + h_2 g$ zu bekommen, gehen wir nun rückwärts vor:

(6) $127 \cdot d = f_5$
$= f_3 - q_4 f_4$
$= f_3 - q_4(f_2 - q_3 f_3) = -q_4 f_2 + (1 + q_3 q_4) f_3$
$= -q_4 f_2 + (1 + q_3 q_4)(f_1 - q_2 f_2) = (1 + q_3 q_4) f_1 - (q_4 + q_2 + q_2 q_3 q_4) f_2$
$= (1 + q_3 q_4) f_1 - (q_4 + q_2 + q_2 q_3 q_4)(f_0 - q_1 f_1)$
$= -(q_4 + q_2 + q_2 q_3 q_4) f_0 + (1 + q_3 q_4 + q_1 q_4 + q_1 q_2 + q_1 q_2 q_3 q_4) f_1$
$= -\underbrace{(2x^6 + 8x^5 + 32x^4 + x^3 + 4x^2 + 16x + 64)}_{h_1} \cdot f_0 +$
$+ \underbrace{(2x^{10} + 8x^9 + 32x^8 + x^7 + 4x^6 + 16x^5 + 64x^4 + 2x^3 + 8x^2 + 32x + 1)}_{h_2} \cdot f_1.$

Da das Verfahren, den ggT zu finden, nach demselben Schema wie bei zwei ganzen Zahlen verläuft, wird es ebenfalls *euklidischer Algorithmus* genannt. Wir formulieren diese Methoden in:

7.1.12 Euklidischer Algorithmus für Polynome *Gegeben seien $f, g \in K[x]$, $f, g \neq 0$. Dann entstehen durch iterative Division mit Rest zwei Folgen $f_0, f_1, \ldots, f_k, q_1, \ldots, q_k$ von Polynomen aus $K[x]$, $k \leq \grad g$, mit folgenden Eigenschaften:*

(a) $f_0 = f$, $f_1 = g$;
(b) $f_j = q_{j+1} f_{j+1} + f_{j+2}$ *für* $0 \leq j \leq k-2$ *mit* $q_j \neq 0$ *für* $2 \leq j \leq k$; $f_{k-1} = q_k f_k$;
(c) $\grad f_{j+1} < \grad f_j$ *für* $1 \leq j \leq k-1$, $f_k \neq 0$;
(d) $\ggT(f, g) = f_k$.

Dabei ist $k \leq \grad f_1 = \grad g$. Ist $\grad g \leq \grad f$, so ist $q_1 \neq 0$.
Werden die Gleichungen (b), ausgehend von der mit $j = k-2$, sukzessive nach f_{j+2} aufgelöst, so entstehen Polynome $h_0, h_1 \in K[x]$, so daß

(e) $\text{ggT}(f, g) = f_k = h_0 f_0 + h_1 f_1 = h_0 f + h_1 g$;

(f) $\text{grad}\, h_0 < \text{grad}\, f_1 = \text{grad}\, g$, $\text{grad}\, h_1 < \text{grad}\, f_0 = \text{grad}\, f$.

Sind f und g teilerfremd und gilt $1 = h_0 f + h_1 g$, so sind h_0 und h_1 bis auf Multiplikation mit einer von 0 verschiedenen Konstanten eindeutig durch (f) bestimmt. □

Eindeutige Primfaktorzerlegung

Wie für natürliche Zahlen gibt es auch für Polynome eine Primfaktorzerlegung.

7.1.13 Satz *Jedes Polynom $f \in K[x]$ vom grad ≥ 1 läßt sich als $f = p_1 \ldots p_m$ schreiben mit irreduziblen Polynomen $p_1, \ldots, p_m$, die bis auf die Reihenfolge und Multiplikation mit Elementen aus K eindeutig bestimmt sind.*

B e w e i s Die Existenz einer solchen Zerlegung erhalten wir, indem wir immer weitere Faktoren aus f abspalten, bis es nicht mehr geht; das Verfahren ist endlich, da der Grad des Produktes die Summe der Grade der Faktoren ist. Sei jetzt

(∗) $$p_1 \ldots p_m = q_1 \ldots q_n,$$

wobei alle Faktoren irreduzibel sind. Wegen $p_1 | q_1 \ldots q_n$ gilt entweder $p_1 | q_2 \ldots q_n$ oder $p_1 | q_1$, d.h. $p_1 = c_1 q_1$ für ein $c_1 \in K$. Ist ersteres der Fall, so gilt entweder $p_1 | q_3 \ldots q_n$ oder $p_1 | q_2$, d.h. $p_1 = c_1 q_2$ für ein $c_1 \in K$. Es folgt: $p_1 = c_1 q_i$ für ein i mit $1 \leq i \leq n$. Wir kürzen p_1 gegen q_i aus (∗) heraus und verfahren mit der neuen Gleichung genauso. Nach endlich vielen Schritten ergibt sich, daß $n = m$ und bei geeigneter Numerierung $p_1 = c_1 q_1, \ldots, p_m = c_m q_m$ ist. □

Anders als bei den natürlichen Zahlen ist es i.a. nicht möglich, zu entscheiden, ob ein Polynom irreduzibel ist, bzw. seine Primfaktorzerlegung zu finden. Es gibt auch Polynome von beliebig hohem Grad, die irreduzibel sind. Z.B. sind für Primzahlen p die Polynome $x^{p-1} + x^{p-2} + \ldots + x + 1$ über $\mathbb{Q}$ irreduzibel. Das aber kann bei Polynomen über $\mathbb{R}$ und $\mathbb{C}$ nicht auftreten. Jedoch können wir das hier nicht beweisen, sondern übernehmen ohne Beweis den Fundamentalsatz der Algebra, der übrigens keinen algebraischen Beweis besitzt.

7.1.14 Fundamentalsatz der Algebra *Jedes nichtkonstante Polynom über $\mathbb{C}$ hat mindestens eine Nullstelle in $\mathbb{C}$.* □

Aus Korollar 7.1.5 folgt, daß die irreduziblen Polynome über $\mathbb{C}$ genau die linearen sind; daraus folgt:

7.1.15 Satz *Ein Polynom f über $\mathbb{C}$ vom $\operatorname{grad} n \geq 1$ besitzt eine eindeutig bestimmte Darstellung*

$$f(z) = a(z - a_1)\ldots(z - a_n), \; a, a_1, \ldots, a_n \in \mathbb{C}$$

wobei $a_1, \ldots, a_n$ die nicht notwendig voneinander verschiedenen Nullstellen des Polynoms sind. □

Ist nun $f(z) = a(z - a_1)\ldots(z - a_n)$ ein Polynom mit reellen Koeffizienten, so gilt $f(\bar{z}) = \overline{f(z)}$. Daraus folgt, daß mit a_j auch $\bar{a}_j$ eine Nullstelle von f ist. Deshalb läßt sich f wie folgt schreiben:

$$f(z) = a \cdot \prod_{j=1}^{k}(z - c_1)(z - \bar{c}_1) \cdot \prod_{i=k+1}^{k+m}(z - c_j)$$

mit $2k + m = n$, $c_{k+1}, \ldots, c_{k+m} \in \mathbb{R}$, $c_1, \ldots, c_k \in \mathbb{C} - \mathbb{R}$, $a \in \mathbb{R}$. Dann ist $(z - c_j)(z - \bar{c}_j) = z^2 - (c_j + \bar{c}_j)z + c_j\bar{c}_j = z^2 + b_1 z + b_0$ ein Polynom vom Grade 2 mit reellen Koeffizienten b_j. Es folgt

$$c_j = -\frac{1}{2}b_1 \pm \frac{1}{2}\sqrt{b_1^2 - 4b_0} \text{ und } b_1^2 - 4b_0 < 0.$$

Damit bekommen wir

7.1.16 Satz *Ein Polynom f über $\mathbb{R}$ vom Grade $n \geq 1$ besitzt eine eindeutig bestimmte Darstellung*

$$f(x) = a(x - a_1)\ldots(x - a_m)(x^2 + b_1 x + c_1) \cdot \ldots \cdot (x^2 + b_k x + c_k)$$

mit $a_1, \ldots, a_m, b_1, c_1, \ldots, b_k, c_k \in \mathbb{R}$, $n = m + 2k$, $b_j^2 - 4c_j < 0$ für $1 \leq j \leq k$. Dabei sind $a_1, \ldots, a_m$ die nicht notwendig voneinander verschiedenen reellen Nullstellen von f. Hierbei handelt es sich um die Primfaktorzerlegung von f. □

Aufgaben

7.1.A1
(a) Berechnen Sie den größten gemeinsamen Teiler und das kleinste gemeinsame Vielfache der Polynome $f(x) = x^6 + x^5 - x^4 - 4x^3 - 2x^2 + 2x - 4$ und $g(x) =$

$x^5 + 2x^4 - 2x^3 - 5x^2 - 5x + 2$ über $\mathbb{R}$, und bestimmen Sie Polynome p und $q \in \mathbb{R}[x]$, so daß $\mathrm{ggT}(f, g) = pf + qg$.
(b) Bestimmen Sie den größten gemeinsamen Teiler und das kleinste gemeinsame Vielfache der Polynome

$$f(x) = x^5 - 2x^4 + 3x^3 - 6x^2 + 2x - 4, \quad g(x) = x^4 + x^3 - 5x^2 + x - 6 \quad \text{und}$$
$$h(x) = x^6 + 2x^5 + 6x^3 - 7x^2 + 4x - 6$$

aus $\mathbb{R}[x]$, und bestimmen Sie Polynome $p, q, r \in \mathbb{R}[x]$, so daß
$\mathrm{ggT}(f, g, h) = pf + qg + rh$.

7.1.A2 Bestimmen Sie die Primfaktorzerlegung folgender Polynome über den Körpern $\mathbb{Q}, \mathbb{R}, \mathbb{C}$:
(a) $x^4 - 5$, (b) $x^4 + 5$, (c) $x^3 - 2x^2 + 2x - 1$,
(d) $x^5 + 2x^4 + 2x^3 + 4x^2 + x + 2$, (e) $x^5 - x^4 + 3x^3 - 3x^2 + 2x - 2$.

7.1.A3 Beweisen oder widerlegen Sie:
(a) Sei f ein Polynom über $\mathbb{R}$. Ein Element $a \in \mathbb{R}$ ist Nullstelle von $f \iff (x-a)^2$ ist Teiler von f^2.
(b) Ist K ein Körper und sind f, g Polynome aus $K[x]$, so gilt:
$$\mathrm{grad}(f + g) = \max(\mathrm{grad}\, f, \mathrm{grad}\, g)$$
(c) Es gibt ein Polynom über $\mathbb{C}$ von einem Grade höchstens 5 mit Nullstellen bei den Punkten $\{e^{2\phi i k/6} | k = 0, \ldots, r\}$.

7.2 Eigenwerte, -vektoren und charakteristisches Polynom einer Matrix

Entscheidend für den Klassifikationssatz 6.3.1 für unitäre Abbildungen $f \colon V \to V$ war das Lösen einer Gleichung $f(\mathfrak{x}) = \lambda \mathfrak{x}$ mit $\lambda \in \mathbb{C}$ und $0 \neq \mathfrak{x} \in V$. Den Ansatz von 6.3.5 übernehmen wir nun für den allgemeinen Fall.

7.2.1 Definition Sei V ein Vektorraum über dem Körper K und $f \colon V \to V$ ein Endomorphismus. Ein linearer Teilraum $U \subset V$ heißt *invariant bezüglich f* oder *f-invariant*, wenn $f(U) \subset U$ gilt. Z.B. sind $\{0\}$ und V f-invariante Teilräume. Von besonderer Bedeutung sind die 1-dimensionalen f-invarianten Teilräume. Einen solchen gibt es genau dann, wenn es ein $0 \neq \mathfrak{x} \in V$ gibt mit $f(\mathfrak{x}) = \lambda \mathfrak{x}$ für ein $\lambda \in K$. Jeder solche Vektor $\mathfrak{x}$ heißt ein *Eigenvektor von f*, und λ heißt der zugehörige *Eigenwert*.

7.2 Eigenwerte, -vektoren und charakteristisches Polynom einer Matrix

Sei V endlich-dimensional, $\mathfrak{e}_1,\ldots,\mathfrak{e}_n \in V$ eine Basis und $A = (a_{ij})$ die Matrix von f bezüglich dieser Basis. Für $\mathfrak{x} = \sum_{i=1}^{n} x_i \mathfrak{e}_i \in V$ gilt $f(\mathfrak{x}) = \lambda \mathfrak{x}$ genau dann, wenn

$$\begin{aligned} a_{11}x_1 + \ldots + a_{1n}x_n &= \lambda x_1 \\ &\vdots \\ a_{n1}x_1 + \ldots + a_{nn}x_n &= \lambda x_n \end{aligned}$$

gilt. Das können wir auch so schreiben:

(*) $\quad \begin{aligned} (a_{11} - \lambda)x_1 + \ldots + a_{1n}x_n &= 0 \\ &\vdots \\ a_{n1}x_1 + \ldots + (a_{nn} - \lambda)x_n &= 0 \end{aligned} \quad$ oder $\quad (A - \lambda E_n)\mathfrak{x} = 0$.

Das ist ein lineares homogenes Gleichungssystem für $(x_1,\ldots,x_n)^t$ mit der Koeffizientenmatrix

$$\begin{pmatrix} a_{11} - \lambda & \ldots & a_{1n} \\ \vdots & & \vdots \\ a_{n1} & \ldots & a_{nn} - \lambda \end{pmatrix} = A - \lambda E_n.$$

Gilt für $\lambda \in K$ daß $\det(A - \lambda E_n) = 0$ ist, so hat das Gleichungssystem (*) eine nichttriviale Lösung $(x_1,\ldots,x_n)^t$, und $\mathfrak{x} = \sum x_i \mathfrak{e}_i$ ist ein Eigenvektor von f.

7.2.2 Definition Es sei x ein unbestimmtes Symbol. Wir bilden den formalen Ausdruck

$$\det(A - xE_n) = \begin{vmatrix} a_{11} - x & \ldots & a_{1n} \\ \vdots & & \vdots \\ a_{n1} & \ldots & a_{nn} - x \end{vmatrix};$$

mit den Ausdrücken a_{ij} und $a_{ii} - x$ rechnen wir wie mit Polynomen aus $K[x]$. Dann wird $\det(A - xE_n)$ ein Polynom über K der Form

$$\det(A - xE_n) = a_0 + a_1 x + \ldots + a_{n-1} x^{n-1} + (-1)^n x^n;$$

es heißt *charakteristisches Polynom der Matrix A*. Sein Grad ist n. Seine Nullstellen heißen *Eigenwerte von A*; nach obigem sind es die Eigenwerte von f. Ist $\lambda \in K$ ein Eigenwert von A, so hat (*) nichttriviale Lösungen $(x_1,\ldots,x_n)^t \in K^n$; sie heißen *Eigenvektoren von A*.

7 Polynome und Matrizen

7.2.3 Eigenschaften Es folgen einfache Eigenschaften und Beispiele.

(a) *Es ist $0 \in K$ genau dann Eigenwert von f bzw. A, wenn f nicht injektiv bzw. A nicht regulär ist;* das folgt aus $\det(A - 0E_n) = \det A = 0$.

(b) *Ist A unitär (also $K = \mathbb{C}$), so gibt es ein $\lambda \in \mathbb{C}$ mit $\det(A - \lambda E_n) = 0$; es ist $|\lambda| = 1$.*

(c) *Die Eigenvektoren von f, die zu einem festen Eigenwert $\lambda \in K$ gehören, bilden einen linearen Teilraum $V_\lambda \subset V$ auf, der f-invariant ist;* er heißt *der zu λ gehörende Eigenraum von f.*

(d) *Aus $\lambda \neq \lambda'$ folgt $V_\lambda \cap V_{\lambda'} = \{0\}$.*

B e w e i s Aus $f(\mathfrak{x}) = \lambda\mathfrak{x}, f(\mathfrak{y}) = \lambda\mathfrak{y}$ folgt $f(\mathfrak{x} + \mathfrak{y}) = \lambda(\mathfrak{x} + \mathfrak{y})$, $f(a\mathfrak{x}) = \lambda(a\mathfrak{x})$. Aus $\lambda \neq \lambda'$ folgt $V_\lambda \cap V_{\lambda'} = \{0\}$; denn

$$\mathfrak{x} \in V_\lambda \cap V_{\lambda'} \implies \lambda\mathfrak{x} = f(\mathfrak{x}) = \lambda'\mathfrak{x} \implies (\lambda - \lambda')\mathfrak{x} = 0 \implies \mathfrak{x} = 0.$$

(e) *Allgemeiner sind Eigenvektoren $\mathfrak{x}_1, \ldots, \mathfrak{x}_m$, die zu verschiedenen Eigenwerten $\lambda_1, \ldots, \lambda_m$ gehören, linear unabhängig.*

B e w e i s Seien $\mathfrak{x}_1, \ldots, \mathfrak{x}_k$ linear unabhängige Eigenvektoren zu den Eigenwerten $\lambda_1, \ldots, \lambda_k$. Sei $\mathfrak{x}_0 = \sum_{j=1}^{k} x_j\mathfrak{x}_j$ ein nicht-trivialer Eigenvektor mit Eigenwert λ_0, der von jedem der λ_j $(1 \leq j \leq k)$ verschieden ist. Dann ergibt sich der Widerspruch

$$\lambda_0\mathfrak{x}_0 = f(\mathfrak{x}_0) = f\left(\sum_{j=1}^{k} x_j\mathfrak{x}_j\right) = \sum_{j=1}^{k} \lambda_j x_j\mathfrak{x}_j \neq \sum_{j=1}^{k} \lambda_0 x_j\mathfrak{x}_j = \mathfrak{x}_0. \quad \square$$

7.2.4 Diagonalmatrizen

(a) Für jede Basis $\mathfrak{e}_1, \ldots, \mathfrak{e}_r \in V_\lambda$ gilt $f(\mathfrak{e}_i) = \lambda\mathfrak{e}_i$, so daß $f|V_\lambda\colon V_\lambda \to V_\lambda$ eine sehr einfache Matrix hat:

$$\begin{pmatrix} \lambda & & 0 \\ & \ddots & \\ 0 & & \lambda \end{pmatrix}.$$

Wenn V von den Eigenräumen von f aufgespannt wird, also

$$V = V_{\lambda_1} \oplus \ldots \oplus V_{\lambda_m},$$

7.2 Eigenwerte, -vektoren und charakteristisches Polynom einer Matrix

wobei $\lambda_1, \ldots, \lambda_m$ die Eigenwerte von f sind, so gibt es nach 7.2.3 (d) eine Basis von V, bezüglich derer f die Matrix

$$\begin{pmatrix} \lambda_1 & & & & & & \\ & \ddots & & & & 0 & \\ & & \lambda_1 & & & & \\ & & & \ddots & & & \\ & & & & \lambda_m & & \\ & 0 & & & & \ddots & \\ & & & & & & \lambda_m \end{pmatrix}$$

besitzt. In diesem speziellen Fall hat das Normalformenproblem also eine sehr einfache Lösung: Die Normalform ist eine *Diagonalmatrix* (d.h. $a_{ij} = 0$ für $i \neq j$). Dieses ist z.B. der Fall für unitäre Abbildungen, vgl. 6.3.1 und 6.3.7.

Ein Endomorphismus, der bezüglich einer geeigneten Basis eine Diagonalmatrix besitzt, heißt *diagonalisierbar*. Die Elemente in der Hauptdiagonalen sind dann seine Eigenwerte, und die Basisvektoren sind Eigenvektoren.

(b) Wenn $f\colon V \to V$ n verschiedene Eigenwerte besitzt, $n = \dim V$, so ist f diagonalisierbar. Das folgt aus 7.2.3 (d).

Sei A die Matrix von $f\colon V \to V$ bezüglich einer Basis von V. Ist B die Matrix von f bezüglich einer anderen Basis, so gibt es ja eine reguläre Matrix S mit $B = S^{-1}AS$. Umgekehrt: Zu jeder regulären Matrix S gibt es eine Basis von V, so daß $S^{-1}AS$ die Matrix von f bezüglich dieser Basis ist.

7.2.5 Definition Zwei Matrizen A, B heißen *ähnlich*, wenn es eine reguläre Matrix S mit $B = S^{-1}AS$ gibt. Dadurch wird eine Äquivalenzrelation zwischen den $n \times n$-Matrizen erklärt.

Zum Normalformenproblem

Das Normalformenproblem läßt sich nun auch so formulieren: *In jeder Äquivalenzklasse ähnlicher Matrizen werde eine Matrix bestimmt, die eine einfache Normalform hat.*

7.2.6 Diagonalisierbare Matrizen Die $n \times n$-Matrix A heißt *diagonalisierbar*, wenn sie einer Diagonalmatrix ähnlich ist. In 6.3.1 haben wir gezeigt, daß unitäre Matrizen diagonalisierbar sind. Wenn A n verschiedene Eigenwerte $\lambda_1, \ldots, \lambda_n$

hat, so ist A diagonalisierbar: Das ist eine Neuformulierung von 7.2.4 (b). Eine Matrix S, für die $S^{-1}AS$ Diagonalgestalt hat, finden wir so:

Für $i = 1, \ldots, n$ sei $\mathfrak{x}_i \in K^n$ ein Eigenvektor zu λ_i, also $(A - \lambda_i E_n)\mathfrak{x}_i = 0$, wobei $\mathfrak{x}_i = (x_{1i}, \ldots, x_{ni})^t$ als Spaltenvektor geschrieben ist. Ist

$$S = \begin{pmatrix} x_{11} & x_{12} & \ldots & x_{1n} \\ x_{21} & x_{22} & \ldots & x_{2n} \\ \vdots & \vdots & & \vdots \\ x_{n1} & x_{n2} & \ldots & x_{nn} \end{pmatrix} = (\mathfrak{x}_1, \mathfrak{x}_2, \ldots, \mathfrak{x}_n),$$

so gilt

$$AS = (\lambda_1 \mathfrak{x}_1, \ldots, \lambda_n \mathfrak{x}_n) = S \begin{pmatrix} \lambda_1 & & \\ & \ddots & \\ & & \lambda_n \end{pmatrix}.$$

7.2.7 Beispiele

(a) Sei jetzt $K = \mathbb{C}$. Aus dem Fundamentalsatz der Algebra folgt: *Jede Matrix über $\mathbb{C}$ besitzt einen Eigenwert.* Oder: *Jeder Endomorphismus eines endlich-dimensionalen Vektorraums über $\mathbb{C}$ besitzt einen 1-dimensionalen invarianten Teilraum* (vgl. 6.3.5).

Es folgt aber nicht, daß jede Matrix über $\mathbb{C}$ diagonalisierbar ist, wie das folgende Beispiel zeigt. Sei

$$A = \begin{pmatrix} 1 & a \\ 0 & 1 \end{pmatrix} \quad \text{mit } 0 \neq a \in \mathbb{C}.$$

Das charakteristische Polynom ist $\det(A - xE_2) = (1 - x)^2$. Der einzige Eigenwert ist $\lambda = 1$. Der zugehörige Eigenraum wird von $(1, 0)^t \in \mathbb{C}^2$ erzeugt, ist also nicht ganz $\mathbb{C}^2$.

(b) $K = \mathbb{R}$. *Die orthogonale Matrix*

$$\begin{pmatrix} \cos \alpha & -\sin \alpha \\ \sin \alpha & \cos \alpha \end{pmatrix}$$

hat im Fall $\sin \alpha \neq 0$ keine reellen Eigenwerte; denn ihr charakteristisches Polynom

$$\begin{vmatrix} \cos \alpha - x & -\sin \alpha \\ \sin \alpha & \cos \alpha - x \end{vmatrix} = x^2 - 2 \cos \alpha \, x + 1$$

hat zwar in $\mathbb{C}$ die Nullstellen $\lambda_{1,2} = \cos \alpha \pm \sqrt{\cos^2 \alpha - 1}$, aber diese sind wegen $\cos^2 \alpha < 1$ nicht rell.

Eigenschaften des charakteristischen Polynoms

Ähnliche Matrizen haben gleiche Eigenwerte; denn diese sind die Eigenwerte des zugehörigen Endomorphismus. Es gilt sogar:

7.2.8 Satz
(a) *Ähnliche Matrizen haben das gleiche charakteristische Polynom, so daß wir vom* charakteristischen Polynom eines Endomorphismus *sprechen können.*
(b) *Sei* $A = (a_{ij})$, $1 \leq i, j \leq n$, *und*

$$\det(A - xE_n) = a_0 + a_1 x + \ldots + a_{n-1} x^{n-1} + (-1)^n x^n.$$

Dann ist $a_0 = \det A$ *und* $a_{n-1} = (-1)^{n-1}(a_{11} + \ldots + a_{nn})$. *Die Zahl* $a_{11} + \ldots + a_{nn} \in K$ *heißt* Spur der Matrix A.

B e w e i s von (a). Wegen $S^{-1}AS - xE_n = S^{-1}(A - xE_n)S$ folgt (a) aus

$$\det(A - xE_n) = \det(S^{-1}(A - xE_n)S) = \det(S^{-1}AS - S^{-1}(xE_n)S)$$
$$= \det(S^{-1}AS - xE_n).$$

(b) Offenbar gilt $a_0 = \det A$. Aus der in 5.3.6 benutzten Formel zur Definition der Determinante einer Matrix folgt

$$\det(A - xE_n) = \prod_{i=1}^{n}(a_{ii} - x) + h(x) \quad \text{mit grad} \, h(x) < n - 1.$$

Ferner ist

$$\prod_{i=1}^{n}(a_{ii} - x) = (-1)^n x^n + (-1)^{n-1}(a_{11} + \ldots + a_{nn}) x^{n-1} + h_1(x),$$

wobei auch $\text{grad} \, h_1(x) < n - 1$ ist. □

Aufgaben

7.2.A1 Berechnen Sie für die folgenden Matrizen über $\mathbb{R}$ das charakteristische Polynom, die Eigenwerte und die Eigenräume (durch explizite Angabe der Elemente oder durch Angabe einer Basis):

$$\begin{pmatrix} -3 & 1 & -3 \\ 2 & 2 & 1 \\ 6 & 1 & 6 \end{pmatrix}, \quad \begin{pmatrix} 3 & 2 & 4 \\ 2 & 0 & 2 \\ 4 & 2 & 3 \end{pmatrix}.$$

7.2.A2
(a) Sei $\sigma \in S_n$ eine Permutation. Sei $f: \mathbb{R}^n \to \mathbb{R}^n$ die lineare Abbildung $f(x_1, ..., x_n) := (x_{\sigma(1)}, ..., x_{\sigma(n)})$. Welche Eigenwerte kann f haben?
(b) Sei $g: \mathbb{R}^n \to \mathbb{R}^n$ die lineare Abbildung $g(x_1, ..., x_n) := (x_n, x_{n-1}, ..., x_1)$. Bestimmen Sie für jedes n alle Eigenwerte von g mit ihren Vielfachheiten, die Dimensionen der zugehörigen Eigenräume sowie das charakteristische Polynom von g.

7.2.A3 Entscheiden Sie für jede der folgenden Matrizen A über $\mathbb{R}$, ob die Matrix diagonalisierbar ist; wenn ja, geben Sie eine Basis für $\mathbb{R}^3$ aus Eigenvektoren an und eine invertierbare Matrix P, so daß PAP^{-1} eine Diagonalmatrix ist:

(a) $\begin{pmatrix} -1 & 2 & 2 \\ 2 & 2 & 2 \\ -3 & -6 & -6 \end{pmatrix}$, (b) $\begin{pmatrix} 3 & 1 & -1 \\ 2 & 2 & -1 \\ 2 & 2 & 0 \end{pmatrix}$,

(c) $\begin{pmatrix} 6 & -3 & -2 \\ 4 & -1 & -2 \\ 10 & -5 & -3 \end{pmatrix}$, (d) $\begin{pmatrix} 5 & -6 & -6 \\ -1 & 4 & 2 \\ 3 & -6 & -4 \end{pmatrix}$.

7.2.A4 Sei A eine $n \times n$-Matrix und B eine $p \times p$-Matrix über dem Körper K, und sei C die $(n+p) \times (n+p)$-Matrix mit der Blockform $\begin{pmatrix} A & 0 \\ 0 & B \end{pmatrix}$. Zeigen Sie: C ist genau dann diagonalisierbar, wenn A and B diagonalisierbar sind.

7.3 Diagonalisierbare Matrizen

Zunächst behandeln wir das Normalformenproblem für Abbildungen reeller und komplexer Vektorräume und verwenden Skalarprodukte, verlangen aber nicht, daß die Abbildungen das Skalarprodukt erhalten, also orthogonal bzw. unitär sind.

7.3.1 Satz *Sei V ein euklidischer bzw. unitärer Vektorraum endlicher Dimension. Zu jeder linearen Abbildung $f: V \to V$ gibt es genau eine lineare Abbildung $f^*: V \to V$ mit*
$$\langle f(\mathfrak{x}), \mathfrak{y} \rangle = \langle \mathfrak{x}, f^*(\mathfrak{y}) \rangle \quad \forall \mathfrak{x}, \mathfrak{y} \in V.$$

Sie heißt die zu f adjungierte lineare Abbildung. (Hier wird nicht vorausgesetzt, daß f das Skalarprodukt erhält.) Wird f relativ zu einer Orthonormalbasis durch die Matrix A beschrieben, so wird f^* zu derselben Basis durch die Matrix $\bar{A}^t$

dargestellt. Die Matrix $\bar{A}^t$ heißt die zu A adjungierte Matrix und wird auch mit adj A *bezeichnet.*

B e w e i s Sei $e_1, \ldots, e_n \in V$ eine Orthonormalbasis und $A = (a_{ij})$ die Matrix von f zu dieser Basis. Der Ansatz $f^*(e_j) = \sum_k b_{kj} e_k$ mit einer Matrix $(b_{jk}) = B$ liefert

$$\begin{aligned}\langle f(e_i), e_j \rangle &= \langle \sum_m a_{mi} e_m, e_j \rangle = \sum_m a_{mi} \langle e_m, e_j \rangle = a_{ji}, \\ \langle e_i, f^*(e_j) \rangle &= \langle e_i, \sum_k b_{kj} e_k \rangle = \sum_k \bar{b}_{kj} \langle e_i, e_k \rangle = \bar{b}_{ij}.\end{aligned}$$

Also ist notwendig $A = \bar{B}^t$, woraus die Eindeutigkeit folgt. Nehmen wir die durch $B = \bar{A}^t$ definierte lineare Abbildung als f^*, folgt die Existenz. □

Im reellen Fall ist die adjungierte Matrix einfach die transponierte Matrix A^t. Ein Beweis des obigen Satzes ergibt sich auch aus 4.6.15 (a). In der Sprechweise von 4.6.3 ist f^* die zu f duale Abbildung; bezüglich des Skalarproduktes ist V im reellen Fall zu sich selbst dual. Die adjungierte Matrix spielte eine wichtige Rolle beim Bilden der inversen Matrix von orthogonalen bzw. unitären Matrizen, vgl. 6.2.3.

7.3.2 Satz *Sei V ein unitärer Vektorraum endlicher Dimension und $f\colon V \to V$ eine lineare Abbildung. Dann sind folgende Aussagen äquivalent:*
  (a) *Es besitzt V eine orthonormierte Basis aus Eigenvektoren von f.*
  (b) *Es ist f mit seiner adjungierten Abbildung f^* vertauschbar: $f \circ f^* = f^* \circ f$.*

B e w e i s Es gelte (a), und es sei $e_1, \ldots, e_n$ eine orthonormierte Basis aus Eigenvektoren. Sei λ_i der Eigenwert von e_i, also $f(e_i) = \lambda_i e_i$, $1 \leq i \leq n$. Sei $g\colon V \to V$ die durch $g(e_i) = \bar{\lambda}_i e_i$ definierte lineare Abbildung. Aus

$$f(g(e_i)) = f(\bar{\lambda}_i e_i) = \bar{\lambda}_i f(e_i) = \bar{\lambda}_i \lambda_i e_i, \quad g(f(e_i)) = g(\lambda_i e_i) = \lambda_i g(e_i) = \lambda_i \bar{\lambda}_i e_i$$

folgt $g \circ f = f \circ g$. Aus

$$\langle f(e_i), e_j \rangle = \langle \lambda_i e_i, e_j \rangle = \lambda_i \langle e_i, e_j \rangle = \begin{cases} \lambda_i & \text{für } i = j, \\ 0 & \text{für } i \neq j, \end{cases}$$

$$\langle e_i, g(e_j) \rangle = \langle e_i, \bar{\lambda}_j e_j \rangle = \lambda_j \langle e_i, e_j \rangle = \begin{cases} \lambda_j & \text{für } i = j, \\ 0 & \text{für } i \neq j, \end{cases}$$

folgt $\langle f(e_i), e_j \rangle = \langle e_i, g(e_j) \rangle$ für $i, j = 1, \ldots, n$ und daraus ergibt sich

$$\langle f(\mathfrak{x}), \mathfrak{y} \rangle = \langle \mathfrak{x}, g(\mathfrak{y}) \rangle \; \forall \mathfrak{x}, \mathfrak{y} \in V \implies g = f^*.$$

7 Polynome und Matrizen

Gelte umgekehrt (b). Weil im komplexen Fall jede lineare Abbildung einen Eigenwert und also einen Eigenvektor besitzt, ist (a) richtig für $\dim V = 1$. Wir beweisen nun (a) durch Induktion nach $n = \dim V$. Sei λ_1 ein Eigenwert von f und $\mathfrak{r}_1$ ein zugehöriger Eigenvektor der Länge 1. Es ist dann

$$\begin{aligned}
0 &= \langle f(\mathfrak{r}_1) - \lambda_1 \mathfrak{r}_1, f(\mathfrak{r}_1) - \lambda_1 \mathfrak{r}_1 \rangle \\
&= \langle f(\mathfrak{r}_1), f(\mathfrak{r}_1) \rangle - \lambda_1 \langle \mathfrak{r}_1, f(\mathfrak{r}_1) \rangle - \bar{\lambda}_1 \langle f(\mathfrak{r}_1), \mathfrak{r}_1 \rangle + \lambda_1 \bar{\lambda}_1 \langle \mathfrak{r}_1, \mathfrak{r}_1 \rangle \\
&= \langle \mathfrak{r}_1, f^*(f(\mathfrak{r}_1)) \rangle - \lambda_1 \overline{\langle f(\mathfrak{r}_1), \mathfrak{r}_1 \rangle} - \bar{\lambda}_1 \langle \mathfrak{r}_1, f^*(\mathfrak{r}_1) \rangle + \lambda_1 \bar{\lambda}_1 \langle \mathfrak{r}_1, \mathfrak{r}_1 \rangle \\
&\stackrel{(b)}{=} \langle \mathfrak{r}_1, f(f^*(\mathfrak{r}_1)) \rangle - \lambda_1 \overline{\langle \mathfrak{r}_1, f^*(\mathfrak{r}_1) \rangle} - \bar{\lambda}_1 \langle \mathfrak{r}_1, f^*(\mathfrak{r}_1) \rangle + \lambda_1 \bar{\lambda}_1 \langle \mathfrak{r}_1, \mathfrak{r}_1 \rangle \\
&= \overline{\langle f(f^*(\mathfrak{r}_1)), \mathfrak{r}_1 \rangle} - \lambda_1 \langle f^*(\mathfrak{r}_1), \mathfrak{r}_1 \rangle - \bar{\lambda}_1 \langle \mathfrak{r}_1, f^*(\mathfrak{r}_1) \rangle + \lambda_1 \bar{\lambda}_1 \langle \mathfrak{r}_1, \mathfrak{r}_1 \rangle \\
&= \overline{\langle f^*(\mathfrak{r}_1), f^*(\mathfrak{r}_1) \rangle} - \lambda_1 \overline{\langle f^*(\mathfrak{r}_1), \mathfrak{r}_1 \rangle} - \bar{\lambda}_1 \langle \mathfrak{r}_1, f^*(\mathfrak{r}_1) \rangle + \overline{\lambda_1 \bar{\lambda}_1 \langle \mathfrak{r}_1, \mathfrak{r}_1 \rangle} \\
&= \langle f^*(\mathfrak{r}_1) - \bar{\lambda}_1 \mathfrak{r}_1, f^*(\mathfrak{r}_1) - \bar{\lambda}_1 \mathfrak{r}_1 \rangle
\end{aligned}$$

und daher $f^*(\mathfrak{r}_1) = \bar{\lambda}_1 \mathfrak{r}_1$. Damit haben wir gezeigt:

(c) *Ist $\mathfrak{r}_1$ ein Eigenvektor von f zum Eigenwert λ_1, so ist $\mathfrak{r}_1$ auch Eigenvektor von f^* aber zum Eigenwert $\bar{\lambda}_1$.*

Sei $V_1 \subset V$ der von $\mathfrak{r}_1$ erzeugte Teilraum. Dann ist $V_1^\perp$ ein $(n-1)$-dimensionaler Teilraum, und es gilt

$$\mathfrak{r} \in V_1^\perp \implies \langle \mathfrak{r}, \mathfrak{r}_1 \rangle = 0 \implies$$
$$\langle f(\mathfrak{r}), \mathfrak{r}_1 \rangle = \langle \mathfrak{r}, f^*(\mathfrak{r}_1) \rangle = \langle \mathfrak{r}, \bar{\lambda}_1 \mathfrak{r}_1 \rangle = \lambda_1 \langle \mathfrak{r}, \mathfrak{r}_1 \rangle = 0 \implies f(\mathfrak{r}) \in V_1^\perp.$$

Analog folgt $f^*(\mathfrak{r}) \in V_1^\perp$. Also sind $f|V_1^\perp$, $f^*|V_1^\perp$ vertauschbare, adjungierte lineare Abbildungen $V_1^\perp \to V_1^\perp$, so daß nach Induktionsannahme eine orthonormierte Basis $e_2, \ldots, e_n \in V$ von Eigenvektoren von $f|V_1^\perp$ existiert. Dann ist $\mathfrak{r}_1, e_2, \ldots, e_n$ eine orthonormierte Basis von V aus Eigenvektoren von f. □

7.3.3 Folgerungen

(a) *Jede Matrix A über $\mathbb{C}$ mit $A\bar{A}^t = \bar{A}^t A$ ist diagonalisierbar; es gibt sogar stets eine unitäre Matrix S, für die $S^{-1}AS$ Diagonalgestalt hat.*

B e w e i s Es definiert A eine lineare Abbildung $f: \mathbb{C}^n \to \mathbb{C}^n$, deren Matrix bezüglich der kanonischen Basis von $\mathbb{C}^n$ gleich A ist. Aus $A\bar{A}^t = \bar{A}^t A$ folgt $f \circ f^* = f^* \circ f$, und deshalb gibt es eine orthonormierte Basis von $\mathbb{C}^n$ aus Eigenvektoren von f; ist S die Übergangsmatrix von dieser Basis zur kanonischen, so hat $S^{-1}AS$ Diagonalgestalt. Weil beide Basen orthonormiert sind, ist S unitär. □

(b) *Die lineare Abbildung f heißt* selbstadjungiert, *wenn* $f^* = f$ *ist. Weil dann* $f \circ f^* = f \circ f = f^* \circ f$ *ist, gibt es zu jeder selbstadjungierten linearen Abbildung eines unitären Vektorraumes endlicher Dimension eine orthonormierte Basis aus Eigenvektoren. Es ist f genau dann selbstadjungiert, wenn*

$$\langle f(\mathfrak{x}), \mathfrak{y} \rangle = \langle \mathfrak{x}, f(\mathfrak{y}) \rangle \quad \forall \mathfrak{x}, \mathfrak{y} \in V.$$

Wegen 7.3.2 (c) ist jeder Eigenwert einer selbstadjungierten linearen Abbildung reell.

(c) *Die Matrix A über* $\mathbb{C}$ *heißt* selbstadjungierte *oder* hermitesche Matrix, *wenn* $A = \bar{A}^t$ *ist. Dann gilt*: $A\bar{A}^t = \bar{A}^t A$, *also ist A diagonalisierbar. Eine hermitesche Matrix hat nur reelle Eigenwerte.*

(d) *Ist* $f: V \to V$ *unitär, so gilt stets* $\langle f(\mathfrak{x}), f(\mathfrak{y}) \rangle = \langle \mathfrak{x}, \mathfrak{y} \rangle$. *Setzen wir* $\mathfrak{y} = f^{-1}(\mathfrak{z})$, *so folgt*: $\langle f(\mathfrak{x}), \mathfrak{z} \rangle = \langle \mathfrak{x}, f^{-1}(\mathfrak{z}) \rangle$. *Daher ist* $f^* = f^{-1}$, *also* $f \circ f^* = f^* \circ f$. *7.3.2 enthält also wieder unser früheres Resultat, daß unitäre Abbildungen diagonalisierbar sind.*

Für euklidische Vektorräume muß 7.3.2 nicht mehr gelten; jedoch haben wir beim dortigen Beweis nur an einer Stelle benutzt, daß der Grundkörper $\mathbb{C}$ ist, nämlich um die Existenz von Eigenwerten zu garantieren. Wenn wir das also zusätzlich fordern, überträgt sich 7.3.2 auf euklidische Vektorräume.

7.3.4 Satz *Für einen euklidischen Vektorraum V endlicher Dimension und eine lineare Abbildung* $f: V \to V$ *sind folgende Eigenschaften äquivalent:*

(a) *Es gibt eine orthonormierte Basis von V aus Eigenvektoren von f.*

(b) *Die Abbildung f hat nur reelle Eigenwerte und ist mit ihrer adjungierten vertauschbar*: $f \circ f^* = f^* \circ f$. □

Analog zu 7.3.3 erhalten wir die beiden folgenden Aussagen.

7.3.5 Korollar *Eine Matrix A über* $\mathbb{R}$ *mit* $AA^t = A^t A$ *und lauter reellen Eigenwerten ist diagonalisierbar; es gibt sogar stets eine orthogonale Matrix S, für die* $S^{-1}AS$ *Diagonalgestalt hat.* □

Die lineare Abbildung f heißt – analog zum komplexen Fall – selbstadjungiert, wenn

$$f^* = f, \quad \text{also } \langle f(\mathfrak{x}), \mathfrak{y} \rangle = \langle \mathfrak{x}, f(\mathfrak{y}) \rangle \; \forall \mathfrak{x}, \mathfrak{y} \in V$$

ist. Eine reelle Matrix A heißt *selbstadjungiert* oder *symmetrisch*, wenn $A = A^t$ ist. Die Zusatzforderung in 7.3.4 (b) und 7.3.5, daß alle Eigenwerte reell sind, ist jetzt überflüssig, wie aus 7.3.3 (b) folgt. Also gilt

7.3.6 Satz *Jede selbstadjungierte lineare Abbildung eines euklidischen Vektorraumes bzw. jede symmetrische Matrix über* $\mathbb{R}$ *besitzt lauter reelle Eigenwerte.*

Insbesondere folgt, daß jede reelle symmetrische Matrix — als komplexe Matrix aufgefaßt — hermitesch ist. Deshalb ist jede solche lineare Abbildung bzw. jede solche Matrix diagonalisierbar. □

7.4 Allgemeine Normalformen

In diesem Paragraphen sei K wieder ein beliebiger Grundkörper und V ein endlich-dimensionaler Vektorraum über K. Endomorphismen werden jetzt wie Matrizen mit $A, B, C, \ldots$ bezeichnet. Polynome aus $K[x]$ werden mit f, g, p usw. bezeichnet.

Wir wollen Normalformen für Endomorphismen gewinnen. Dabei können wir nicht erwarten, stets eine Diagonalgestalt zu erreichen, wie es schon für orthogonale Matrizen nicht geht, sondern müssen uns damit begnügen, der Matrix eine „Kästchengestalt" zu geben. Dabei sollen die Kästchen einfach und für den Endomorphismus charakteristisch sein. Kästchen sollen zu invarianten Unterräumen gehören.

Polynome in Endomorphismen

7.4.1 Definition Der Vektorraum V *zerfällt bezüglich des Endomorphismus* A, wenn es A-invariante Teilräume W_1, W_2 von V gibt mit $W_1 \oplus W_2 = V$ und $W_1 \neq \{0\} \neq W_2$. Offenbar läßt sich V bezüglich A in A-invariante Teilräume W_i zerlegen, so daß $A|W_i$ nicht mehr zerfällbar ist.

Die folgende Definition erweist sich als nützlich bei der Gewinnung von Zerfällungen.

7.4.2 Definition und Hilfssatz *Für* $f(x) = a_0 + a_1 x + \ldots + a_m x^m \in K[x]$ *bezeichne* $f(A) : V \to V$ *den durch*

$$f(A)(\mathfrak{x}) = a_0 \mathfrak{x} + a_1 A(\mathfrak{x}) + \ldots + a_m A^m(\mathfrak{x}), \quad \mathfrak{x} \in V,$$

gegebenen Homomorphismus. Die Abbildung $K[x] \to \mathrm{Hom}(V, V)$, $f \mapsto f(A)$, *ist ein Ringhomomorphismus, d.h. für* $f, g \in K[x]$ *gilt*

$$(fg)(A) = f(A) \cdot g(A) \text{ und } (f+g)(A) = f(A) + g(A). \qquad \square$$

7.4 Allgemeine Normalformen

7.4.3 Hilfssatz *Sei $f, f_1, f_2 \in K[x]$, $f = f_1 \cdot f_2$ und $\mathrm{ggT}(f_1, f_2) = 1$. Ferner sei $W_i = \mathrm{Kern}\, f_i(A)$, $i = 1, 2$. Ist $f(A)(\mathfrak{x}) = 0$ für alle $\mathfrak{x} \in V$, so ist $V = W_1 \oplus W_2$, und es sind W_1 und W_2 A-invariante Teilräume, d.h. V zerfällt bzgl. A.*

B e w e i s   Aus 7.1.9 (c) folgt, daß Polynome $h_1, h_2 \in K[x]$ mit

$$h_1(x)f_1(x) + h_2(x)f_2(x) = 1$$

existieren; also gilt

(*) $\qquad h_1(A)f_1(A)(\mathfrak{x}) + h_2(A)f_2(A)(\mathfrak{x}) = \mathfrak{x} \quad \forall \mathfrak{x} \in V.$

Wegen $f_2(A)h_1(A)f_1(A) = h_1(A)f(A)$ ist $h_1(A)f_1(A)(\mathfrak{x}) \in W_2$, entsprechend folgt $h_2(A)f_2(A)(\mathfrak{x}) \in W_1$. Daher ist $V = W_1 + W_2$. Aus (*) folgt $W_1 \cap W_2 = 0$.

Ist $\mathfrak{x} \in W_i$, so folgt $f_i(A)(A\mathfrak{x}) = A(f_i(A)(\mathfrak{x})) = A(0) = 0$, d.h. $A\mathfrak{x} \in W_i$. Daher ist W_i A-invariant. □

Minimalpolynome

Im folgenden suchen wir zu einem festen Endomorphismus $A\colon V \to V$ ein Polynom f, das für alle $\mathfrak{x} \in V$ die Bedingung $f(A)(\mathfrak{x}) = 0$ erfüllt, und zwar eines vom kleinsten Grade. Dann legt 7.4.3 Zerfällungen von V in invariante Teilräume nahe.

7.4.4 Hilfssatz *Zu jedem $0 \neq \mathfrak{x} \in V$ gibt es genau ein Polynom $f \in K[x]$ mit den folgenden Eigenschaften:*
(a) $f(x) = a_0 + a_1 x + \ldots + a_{m-1} x^{m-1} + x^m$, $m \geq 1$;
(b) $f(A)(\mathfrak{x}) = 0$;
(c) *ist $g \in K[x]$ und gilt $g(A)(\mathfrak{x}) = 0$, so gilt $f | g$.*

B e w e i s   Ist $m \geq 0$ die kleinste Zahl, für die die Vektoren $\mathfrak{x}, A\mathfrak{x}, \ldots, A^m \mathfrak{x}$ linear abhängig sind, so gibt es $a_0, \ldots, a_{m-1} \in K$ mit

$$a_0 \mathfrak{x} + \ldots + a_{m-1} A^{m-1} \mathfrak{x} + A^m \mathfrak{x} = 0,$$

und für $f(x) = a_0 + a_1 x + \ldots + a_{m-1} x^{m-1} + x^m$ gilt dann (a) und (b).

Zu (c): Division mit Rest ergibt $g(x) = q(x)f(x) + r(x)$ mit $r(x) = 0$ oder $\mathrm{grad}\, r < \mathrm{grad}\, f$, vgl. 7.1.4. Es folgt $r(A)(\mathfrak{x}) = 0$. Wäre $r(x) = b_0 + \ldots + b_s x^s \neq 0$, so wäre $b_0 \mathfrak{x} + \ldots + b_s A^s \mathfrak{x} = 0$, was wegen $s < \mathrm{grad}\, f(x) = m$ der linearen Unabhängigkeit der Vektoren $\mathfrak{x}, \ldots, A^{m-1} \mathfrak{x}$ widerspricht. Also ist $r(x) = 0$ und $f | g$.

Es bleibt zu zeigen, daß f eindeutig bestimmt ist. Hat $\bar f \in K[x]$ dieselben Eigenschaften wie f, so gilt $f|\bar f$ und $\bar f|f$. Also ist $\bar f = a \cdot f$ mit $a \in K$, und es folgt aus (a), daß $a = 1$ ist. □

7.4.5 Definition Jedes Polynom $g \in K[x]$ mit $g(A)(\mathfrak{x}) = 0$ heißt ein *Annihilator von $\mathfrak{x}$ bezüglich A*. Das obige Polynom f ist ein Annihilator kleinsten Grades von $\mathfrak{x}$ bezüglich A; wir nennen f das *Minimalpolynom von $\mathfrak{x}$ bezüglich A*.

7.4.6 Hilfssatz *Es gibt genau ein Polynom $m \in K[x]$ mit folgenden Eigenschaften:*

(a) $m(x) = a_0 + \ldots + a_{s-1}x^{s-1} + x^s$ *mit* $s \geq 1$;

(b) $m(A)(\mathfrak{x}) = 0$ *für alle* $\mathfrak{x} \in V$;

(c) *ist* $g \in K[x]$ *und gilt* $g(A)(\mathfrak{x}) = 0$ *für alle* $\mathfrak{x} \in V$, *so gilt* $m|g$.

B e w e i s   Sei $\mathfrak{x}_1, \ldots, \mathfrak{x}_n \in V$ eine Basis und seien $f_1, \ldots, f_n \in K[x]$ die Minimalpolynome von $\mathfrak{x}_1, \ldots, \mathfrak{x}_n$ bezüglich A. Für das Produkt $f = f_1 \cdot \ldots \cdot f_n \in K[x]$ gilt nach 7.4.4 (b) $f(A)(\mathfrak{x}) = 0$ für alle $\mathfrak{x} \in V$. Also gibt es Polynome, für die (b) gilt. Unter all diesen sei m eines von kleinstem Grad und von der Form (a). Dann gilt (c). Wie für 7.4.4 folgt, daß m eindeutig bestimmt ist. □

7.4.7 Definition und Hilfssatz *Das Polynom $m(x)$ heißt* Minimalpolynom von A.

(a) *Es ist das kleinste gemeinschaftliche Vielfache der f_i.*

(b) *Ist f das Minimalpolynom von $\mathfrak{x} \in V$ bezüglich A, so gilt $f|m$.* □

Die vorausgehenden Betrachtungen zeigen auch, wie wir das Minimalpolynom für A finden können. Zu jedem Basisvektor $\mathfrak{x}_i$ finden wir sein Minimalpolynom f_i bzgl. A wie am Anfang des Beweises von 7.4.4. Mit dem euklidischen Algorithmus 7.1.12 finden wir $\mathrm{ggT}(f_1, f_2) = d_1$ und setzen $m_2 = \frac{f_1 \cdot f_2}{d_1} = \mathrm{kgV}(f_1, f_2)$. Dieses wiederholen wir mit m_2, f_3 usw.

7.4.8 Hilfssatz *Sei W ein A-invarianter Teilraum von V und $\bar A$ der auf V/W induzierte Endomorphismus. Sind m und $\bar m$ die Minimalpolynome von A bzw. $\bar A$, so gilt $\bar m | m$.*

B e w e i s   Bezeichnet $\bar{\mathfrak{x}}$ das Bild von $\mathfrak{x}$ unter der Faktorabbildung $V \to V/W$, so gilt

$$m(\bar A)(\bar{\mathfrak{x}}) = \overline{m(A)(\mathfrak{x})} = \bar 0 = 0 \quad \text{für alle } \mathfrak{x} \in V;$$

also $\bar m | m$ nach 7.4.6 (c). □

Das Minimalpolynom ist Potenz eines irreduziblen

Zur Untersuchung der Endomorphismen können wir uns wegen 7.4.3 auf den Fall beschränken, daß das Minimalpolynom die Potenz eines irreduziblen Polynomes ist; der allgemeine Fall wird durch eine Matrix in „Kästchengestalt" beschrieben.

Das Minimalpolynom von A habe die Form $m = p^n$, wobei

$$p(x) = c_0 + c_1 x + \ldots + c_{k-1} x^{k-1} + x^k$$

ein irreduzibles Polynom ist. Es sei nun

$$V_i := \operatorname{Kern} p(A)^i = \{\mathfrak{x} \in V : p(A)^i(\mathfrak{x}) = 0\}.$$

Wegen $m(A)(\mathfrak{x}) = 0$ für alle $\mathfrak{x} \in V$ ist $V_n = V$.

7.4.9 Hilfssatz $0 = V_0 \underset{\neq}{\subset} V_1 \underset{\neq}{\subset} \ldots \underset{\neq}{\subset} V_n = V$.

B e w e i s Sei $i < n$ und $\mathfrak{x} \notin V_i$. Dann gibt es ein $j > i$ mit $p(A)^j(\mathfrak{x}) = 0$, aber $p(A)^l(\mathfrak{x}) \neq 0$ für $0 \leq l < j$. Sei $\mathfrak{y} := p(A)^{j-i-1}(\mathfrak{x})$. Dann ist $p(A)^{i+1}(\mathfrak{y}) = p(A)^j(\mathfrak{x}) = 0$ und $p(A)^i(\mathfrak{y}) = p(A)^{j-1}(\mathfrak{x}) \neq 0$, also $\mathfrak{y} \in V_{i+1}$ und $\mathfrak{y} \notin V_i$. Deshalb gilt $V_i \underset{\neq}{\subset} V_{i+1}$, solange $V_i \neq V$ ist. □

7.4.10 Hilfssatz *Sind die Vektoren* $\mathfrak{x}_1, \ldots, \mathfrak{x}_r \in V_i$, $i \geq 2$, *linear unabhängig relativ* V_{i-1}, *d.h.*

$$a_1 \mathfrak{x}_1 + \ldots + a_r \mathfrak{x}_r \in V_{i-1} \implies a_1 = \ldots = a_r = 0,$$

so sind $p(A)(\mathfrak{x}_1), \ldots, p(A)(\mathfrak{x}_r)$ *linear unabhängig relativ* V_{i-2}.

Allgemeiner sind $p(A)^l(\mathfrak{x}_1), \ldots, p(A)^l(\mathfrak{x}_r)$ *linear unabhängig relativ* V_{i-l-1} *für* $0 \leq l < i$.

B e w e i s Es sei $\mathfrak{y} = a_1 p(A)(\mathfrak{x}_1) + \ldots + a_r p(A)(\mathfrak{x}_r) \in V_{i-2}$ mit $a_1, \ldots, a_r \in K$. Dann ist $0 = p(A)^{i-2}(\mathfrak{y}) = p(A)^{i-1}(a_1 \mathfrak{x}_1 + \ldots + a_r \mathfrak{x}_r)$, also $a_1 \mathfrak{x}_1 + \ldots + a_r \mathfrak{x}_r \in V_{i-1}$. Nach Annahme über die lineare Unabhängigkeit von $\mathfrak{x}_1, \ldots, \mathfrak{x}_r$ relativ V_{i-1} ist $a_1 = \ldots = a_r = 0$. □

Daraus folgt unmittelbar, daß die Vektoren $\mathfrak{x}_1, \ldots, \mathfrak{x}_r, p(A)(\mathfrak{x}_1), \ldots, p(A)(\mathfrak{x}_r)$ relativ V_{i-2} linear unabhängig sind. Allgemeiner:

7.4.11 Hilfssatz *Sind* $\mathfrak{x}_1, \ldots, \mathfrak{x}_r \in V_i$ *linear unabhängig relativ* V_{i-1}, *so ist* $\{p(A)^h(\mathfrak{x}_j)\}$, $0 \leq h < i$, $1 \leq j \leq r$, *linear unabhängig.* □

Für $\mathfrak{x} \in V$ spannen die Vektoren $\mathfrak{x}$, $A(\mathfrak{x})$, $A^2(\mathfrak{x})$,... einen A-invarianten Teilraum auf. Unser Ziel ist es, geeignete $\mathfrak{x}_i$ zu finden, so daß V in die direkte Summe der durch die $\mathfrak{x}_i$ definierten invarianten Teilräume zerfällt.

7.4.12 Hilfssatz *In V_n gibt es Vektoren $\mathfrak{x}_1, \ldots, \mathfrak{x}_r$, so daß die Vektoren $A^l(\mathfrak{x}_j)$, $0 \leq l \leq k-1$, $1 \leq j \leq r$, linear unabhängig relativ V_{n-1} sind und zusammen mit V_{n-1} das V_n aufspannen (hier ist k wieder der Grad von $p(x)$).*

B e w e i s Sei $\mathfrak{x}_1, \ldots, \mathfrak{x}_r$ ein maximales System mit der ersten Unabhängigkeits-Eigenschaft. Es sei W der von den Vektoren $A^l(\mathfrak{x}_j)$, $0 \leq l < k$ und $1 \leq j \leq r$, sowie V_{n-1} aufgespannte Vektorraum. Es ist W A-invariant. Ist $W = V_n$, so ist nichts mehr zu zeigen. Sonst gibt es einen Vektor $\mathfrak{x} \in V_n$, $\mathfrak{x} \notin W$. Wir betrachten V_n/W und bezeichnen das Bild eines Vektors $\mathfrak{y} \in V_n$ in V_n/W mit $\bar{\mathfrak{y}}$. Sei $\bar{A}$ von A induziert. Sind die Vektoren $\mathfrak{x}, A(\mathfrak{x}), \ldots, A^{k-1}(\mathfrak{x})$ linear abhängig relativ W, so gäbe es ein Polynom $q(x)$ vom Grade kleiner k, so daß $q(\bar{A})(\bar{\mathfrak{x}}) = 0$ ist. Wir dürfen annehmen, daß $q(x)$ das Minimalpolynom von $\bar{\mathfrak{x}}$ bezüglich $\bar{A}$ ist. Aus 7.4.7 (b) und 7.4.8 folgt $q(x)|p(x)^n$. Das aber steht in einem Widerspruch dazu, daß $q(x)$ einen kleineren, aber positiven Grad als $p(x)$ hat und $p(x)$ irreduzibel ist. □

7.4.13 Hilfssatz *Die Vektoren $A^l(\mathfrak{x}_j)$, $0 \leq l \leq nk-1$, $1 \leq j \leq r$, sind linear unabhängig. Der von ihnen und V_{n-1} aufgespannte Raum ist V_n.*

B e w e i s Nach 7.4.12 sind die Vektoren $A^i(\mathfrak{x}_j)$, $0 \leq i \leq k-1$, $1 \leq j \leq r$, linear unabhängig relativ V_{n-1}. Aus 7.4.11 folgt, daß die Vektoren

$$p(A)^l A^i(\mathfrak{x}_j), \ 0 \leq i \leq k-1, \ 1 \leq j \leq r, \ 0 \leq l < n,$$

linear unabhängig sind. Wegen $p(A) = a_0 A^0 + \ldots + a_{k-1} A^{k-1} + A^k$ ist der von $\mathfrak{x}, A(\mathfrak{x}), \ldots, A^{k-1}(\mathfrak{x})$ und $p(A)(\mathfrak{x})$ aufgespannte Teilraum derselbe wie der von $\mathfrak{x}, A(\mathfrak{x}), \ldots, A^{k-1}(\mathfrak{x})$ und $A^k(\mathfrak{x})$ aufgespannte. Induktiv lassen sich deshalb die Vektoren $p(A)^l A^i(\mathfrak{x}_j)$ durch $A^{kl+i}(\mathfrak{x}_j)$ ersetzen. Die letzteren Vektoren spannen also denselben Teilraum auf, und es sind genauso viele wie die $p(A)^l A^i(\mathfrak{x}_j)$. □

Nach 7.4.13 gibt es Vektoren $\mathfrak{x}_1, \ldots, \mathfrak{x}_{r(n)}$ (wir schreiben jetzt $r(n)$ statt r), so daß $B_n = \{A^l(\mathfrak{x}_j) : 1 \leq j \leq r(n), 0 \leq l < nk\}$ linear unabhängig ist und mit V_{n-1} das V_n aufspannt. Es ist offenbar $[B_n]$ ein A-invarianter Unterraum; deshalb induziert A auf

$$\bar{V} = V/[B_n] = V_{n-1}/[B_n] \cap V_{n-1} = V_{n-1}/[p(A)B_n]$$

eine lineare Abbildung $\bar{A}$. Es folgt, daß $p(\bar{A})^{n-1}(\bar{V}) = 0$ ist. Nun können wir auf $\bar{V}, \bar{A}$ Induktion anwenden und eine Zerlegung nach dem folgenden Schema konstruieren:

$$\begin{array}{rlllllll}
V_n &=& [B_n] & & & & & + V_{n-1}, \\
V_{n-1} &=& p(A)[B_n] &+& [B_{n-1}] & & & + V_{n-2}, \\
&\vdots& & & & & & \\
V_2 &=& p(A)^{n-2}[B_n] &+& p(A)^{n-3}[B_{n-1}] &+\ldots+& [B_2] & + V_1, \\
V_1 &=& p(A)^{n-1}[B_n] &+& p(A)^{n-2}[B_{n-1}] &+\ldots+& p(A)[B_2] \;+\; [B_1] \;+\; V_0.
\end{array}$$

Damit erhalten wir

7.4.14 Satz *Ist $p(x)$ ein irreduzibles Polynom vom Grade k und $p(A)^n$ das Minimalpolynom von A, so gibt es Vektoren $\mathfrak{x}_{ij}$, $1 \leq i \leq n$, $1 \leq j \leq r_i$, mit den folgenden Eigenschaften:*

(1) *$\{A^l(\mathfrak{x}_{ij}) : 1 \leq i \leq n, \; 1 \leq j \leq r_i, \; 0 \leq l < ik\}$ ist Basis von V; dabei ist $r_n > 0$, aber für $i < n$ kann $r(i) = 0$ sein.*
(2) *V_s, $1 \leq s \leq n$, hat die Basis $\{A^l(\mathfrak{x}_{ij}) : 1 \leq i \leq n, \; 1 \leq j \leq r_i, \; 0 \leq l < sk\}$.*
(3) *Werden die Basisvektoren lexikographisch nach ijl geordnet, so ergibt der Endomorphismus A eine Matrix der folgenden Form:*

$$\begin{pmatrix}
B_{11} & & & & & & \\
& \ddots & & & & & \\
& & B_{1r_1} & & & & \\
& & & \ddots & & & \\
& & & & B_{n1} & & \\
& & & & & \ddots & \\
& & & & & & B_{nr_n}
\end{pmatrix}$$

mit

$$B_{ij} = \begin{pmatrix}
0 & 0 & \cdots & \cdots & 0 & a_{i,0} \\
1 & 0 & \cdots & \cdots & 0 & a_{i,1} \\
0 & 1 & 0 & & 0 & a_{i,2} \\
\vdots & \ddots & \ddots & \ddots & \vdots & \vdots \\
& \cdots & 0 & 1 & 0 & a_{i,ik-2} \\
0 & \cdots & 0 & 0 & 1 & a_{i,ik-1}
\end{pmatrix},$$

wobei $p(x)^i = -a_{i,0} - a_{i,1}x - \ldots - a_{i,ki-2}x^{ik-2} - a_{i,ik-1}x^{ik-1} + x^{ik}$ ist. Wenn gewisse r_i, $1 \leq i < n$, gleich 0 sind, treten die entsprechenden Kästen B_{ij} nicht auf. Den Kasten B_{n1} gibt es immer. Es zerfällt V genau dann nicht bezüglich A, wenn es nur den einen Kasten $B_{n1} = B_{nr_n}$ gibt.

B e w e i s Für $n = 1$ ist diese Aussage in 7.4.12 bewiesen. Nun gelte sie für alle Exponenten kleiner n. Auf $\bar{V} = V/[B_n]$, siehe den Text vor Satz 7.4.14, können wir den Satz anwenden und erhalten Vektoren $\{\bar{\mathfrak{x}}_{ij} : 1 \leq i < n,\ 1 \leq j \leq r_i\}$, so daß $\{\bar{A}^l(\bar{\mathfrak{x}}_{ij}) : 1 \leq i \leq n,\ 1 \leq j \leq r_i,\ 0 \leq l < ik\}$ eine Basis von $\bar{V}$ ist. Repräsentieren wir die Klassen $\bar{\mathfrak{x}}_{ij}$ durch Vektoren $\mathfrak{x}_{ij} \in V_{n-1}$, so bilden die Vektoren $\{A^l(\mathfrak{x}_{ij}) : 1 \leq i \leq n,\ 1 \leq j \leq r_i,\ 0 \leq l < ki\}$ eine Basis von V mit den gewünschten Eigenschaften. □

7.4.15 Korollar $k(r_s + \ldots + r_n) = \dim V_s - \dim V_{s-1}$. □

Die Zerlegung von V im allgemeinen Fall

Ist das Minimalpolynom nicht Potenz eines irreduziblen Polynomes, so läßt sich V nach Hilfssatz 7.4.3 in eine direkte Summe von A-invarianten Teilräumen zerlegen, auf denen die induzierten Endomorphismen Potenzen von irreduziblen Polynomen als Minimalpolynome besitzen. Auf die direkten Summanden können wir das im vorigen Abschnitt gewonnene Resultat anwenden, und wir bekommen den Satz über Normalformen:

7.4.16 Theorem *Sei A ein Endomorphismus des m-dimensionalen Vektorraumes V über dem Grundkörper K.*

(a) *Es gibt Zahlen r, $m_{i1}, \ldots, m_{ir}$ mit $m_{ii} \geq 1$ und $m_{i1} + \ldots + m_{ir} = m$ sowie eine Basis $\mathfrak{w}_{1,0}, \ldots, \mathfrak{w}_{1,m_i(1)-1}, \ldots, \mathfrak{w}_{r,0}, \ldots, \mathfrak{w}_{r,m_i(r)-1}$ von V, so daß*

$$A(\mathfrak{w}_{i,j}) = \mathfrak{w}_{i,j+1} \quad \text{für } 1 \leq i \leq r,\ 0 \leq j < m_i - 1,$$
$$A(\mathfrak{w}_{i,m_i-1}) = a_{i,0}\mathfrak{w}_{i,0} + a_{i,1}\mathfrak{w}_{i,1} + \ldots + a_{i,m_i-1}\mathfrak{w}_{i,m_i-1} \quad \text{mit } a_{i,j} \in K.$$

Relativ zu der Basis $\{\mathfrak{w}_{ij} : 1 \leq i \leq r,\ 0 \leq j < m_i\}$ wird der Endomorphismus A beschrieben durch eine Kästchenmatrix

$$\begin{pmatrix} B_1 & & & \\ & B_2 & & \\ & & \ddots & \\ & & & B_r \end{pmatrix} \quad \text{mit } B_i = \begin{pmatrix} 0 & 0 \ldots 0 & 0 & a_{i0} \\ 1 & 0 \ldots 0 & 0 & a_{i1} \\ 0 & 1 \ldots 0 & 0 & a_{i2} \\ \vdots & \vdots & & \vdots \\ 0 & 0 \ldots 0 & 1 & a_{i,m_i-1} \end{pmatrix}.$$

Ist V_i der von $\mathfrak{w}_{i,0}, \ldots, \mathfrak{w}_{i,m_i-1}$ aufgespannte Teilraum, $A_i: V_i \to V_i$ der induzierte Endomorphismus und

$$f_i(x) := -a_{i0} - a_{i1}x - \ldots - a_{i,m_i-1}x^{m_i-1} + x^{m_i},$$

so gilt:

(b) f_i ist Potenz eines irreduziblen Polynoms aus $K[x]$;
(c) V_i ist nicht zerfällbar bezüglich A_i;
(d) f_i ist das Minimalpolynom von A_i;
(e) das charakteristische Polynom von A_i ist $(-1)^{m_i} f_i$.

B e w e i s Wir können annehmen, daß $\mathrm{ggT}(f_i, f_j) = 1$ ist für $i \neq j$. Ausgehend vom Minimalpolynom von A finden wir gemäß 7.4.3 eine A-invariante Zerlegung von V in Teilräume, auf denen die induzierten Endomorphismen Minimalpolynome besitzen, die Potenzen von irreduziblen sind. Auf jeden der erhaltenen Teilräume W_i können wir nun 7.4.14 anwenden und erhalten eine Basis wie in (a) beschrieben, so daß die Teilräume V_i nicht mehr bezüglich A_i zerlegbar sind. Damit haben wir (b) und (c). Da f_i das Minimalpolynom des Vektors $\mathfrak{w}_{i,0}$ ist, teilt f_i das Minimalpolynom von A_i. Andererseits annulliert $f_i(A_i)$ jeden Vektor aus V_i; denn das ist der Fall für die Basis $\mathfrak{w}_{i,0}, \ldots \mathfrak{w}_{i,m_i-1}$. Damit haben wir (d). Um (e) zu zeigen betrachten wir eine Matrix

$$B = \begin{pmatrix} 0 & 0 & \cdots & 0 & 0 & b_0 \\ 1 & 0 & \cdots & 0 & 0 & b_1 \\ 0 & 1 & & 0 & 0 & b_2 \\ \vdots & & \ddots & & \vdots & \vdots \\ 0 & 0 & & 1 & 0 & b_{k-1} \\ 0 & 0 & & 0 & 1 & b_k \end{pmatrix}$$

und wollen $\det(B - xE_{k+1}) = (-1)^{k+1}(-b_0 - \ldots - b_k x^k + x^{k+1})$ nachweisen. Für $k = 0$ ist $B = (b_0)$, also $\det(B - xE_{k+1}) = b_0 - x = (-1)^{0+1}(-b_0 + x)$, d.h. die Behauptung ist richtig. Im allgemeinen Fall folgt durch Entwickeln nach der ersten Zeile:

$$\begin{vmatrix} -x & 0 & \cdots & 0 & b_0 \\ 1 & -x & \cdots & 0 & b_1 \\ 0 & 1 & & & \\ & & \ddots & \vdots & \vdots \\ 0 & 0 & \cdots & 1 & b_k - x \end{vmatrix} = -x \begin{vmatrix} -x & & 0 & b_1 \\ 1 & & 0 & b_2 \\ & \ddots & \vdots & \vdots \\ 0 & \cdots & 1 & b_k - x \end{vmatrix} + (-1)^{k+2} b_0,$$

und durch Induktion nach k

$$\det(B - xE_{k+1}) = -x \cdot (-1)^k(-b_1 - \ldots - b_k x^{k-1} + x^k) + (-1)^{k+2} b_0$$
$$= (-1)^{k+1}(-b_0 - b_1 x - \ldots - b_k x^k + x^{k+1}). \qquad \square$$

7.4.17 Satz von Hamilton-Cayley *Sei $A: V \to V$ ein Endomorphismus eines endlich-dimensionalen Vektorraumes V über einem beliebigen Grundkörper K.*

282   7 Polynome und Matrizen

Ist c das charakteristische Polynom von A, so ist $c(A) = 0$, d.h. $c(A)(\mathfrak{x}) = 0$ für alle $\mathfrak{x} \in V$. Das Minimalpolynom m von A teilt folglich das charakteristische Polynom c von A: $m|c$.

B e w e i s   Wir übernehmen die Bezeichnungsweise auf 7.4.16. Nach (e) und (a) ist $c = \pm f_1 \ldots f_r$. Aus (d) folgt $c(A)(\mathfrak{x}) = 0$ für $\mathfrak{x} \in V_i$, $1 \leq i \leq r$, und deshalb für alle $\mathfrak{x} \in V$. □

7.4.18 Praktische Bestimmung der Normalform Der Satz von Hamilton-Cayley ergibt eine Möglichkeit, die Normalform eines Endomorphismus A tatsächlich zu bestimmen. Das kann in den folgenden Schritten geschehen:

(a) Das charakteristische Polynom c von A wird in Potenzen irreduzibler Faktoren zerlegt: $c = p_1^{n(1)} \ldots p_r^{n(r)}$, wobei $n(1), \ldots, n(r) \geq 1$ und $p_1, \ldots, p_r$ irreduzible, paarweise verschiedene Polynome sind. Eine solche Zerlegung existiert nach 7.1.13 und ist eindeutig bestimmt, wenn etwa vorausgesetzt wird, daß alle Polynome normiert sind. Die Bestimmung der Primfaktor-Zerlegung kann allerdings im Einzelfall eine unlösbare Aufgabe und nur approximativ möglich sein.

(b) Der Zerlegung von c entspricht nach 7.4.3 eine Zerfällung von V in A-invariante Teilräume: $V = W_1 \oplus \ldots \oplus W_r$ mit $W_i := \text{Kern} \, p_i(A)^{n(i)}$. Die Bestimmung eines jeden W_i entspricht dem Lösen eines homogenen linearen Gleichungssystems. Sei $A_i \colon W_i \to W_i$ definiert durch $A_i(\mathfrak{x}) = A(\mathfrak{x})$. Das Minimalpolynom von A_i ist dann von der Form $p_i^{m_i}$ mit $1 \leq m_i \leq n(i)$.

(c) Um eine Basis wie in 7.4.14 zu bestimmen, suchen wir zunächst die größte Zahl m, so daß $p_i(A)^m(\mathfrak{w}) = 0$ ist für die Elemente einer beliebigen Basis, aber $p_i(A)^{m-1}(\mathfrak{w}) \neq 0$ für mindestens ein Basiselement. Dann nehmen wir einen Basisvektor $\mathfrak{w}$, der zu diesem Maximum m führt. Ist p_i vom Grade k_i, so sind nach 7.4.13 die Vektoren $\{A^i(\mathfrak{w}) : 0 \leq i \leq mk_i - 1\}$ linear unabhängig und aus W_i.

Danach wählen wir unter den Basisvektoren von W_i, die nicht in der linearen Hülle der $A^i(\mathfrak{w})$ liegen, wieder einen aus, dessen Minimalpolynom maximale Ordnung hat. Nach 7.4.12, 13 können wir ihn und seine Bilder unter A zur Basis von V zufügen. So gehen wir vor, bis die ganze Basis ausgeschöpft ist. Damit haben wir für W_i eine Basis der in 7.4.14 beschriebenen Art gefunden. Indem wir die Basen der verschiedenen W_i zusammenfügen, erhalten wir zu dieser Basis die gewünschte Normalform. Bildet B die Matrix mit diesen Basisvektoren, geschrieben bzgl. der ursprünglichen Basis, als Spaltenvektoren, so hat die Matrix $B^{-1}AB$ die Normalform. Oftmals wird B *Transformationsmatrix genannt*.

In 7.4.21 wird die Durchführung an Beispielen demonstriert.

Die Eindeutigkeit der Normalform

Im vorigen Abschnitt haben wir für jeden Endomorphismus eines Vektorraumes eine besondere Basis ausgewählt, bezüglich welcher der Endomorphismus eine einfache Matrix besitzt. Nun entsteht die Frage, wieweit diese Matrix eindeutig bestimmt ist. Anders gefragt, wie unterscheiden sich verschiedene Normalformen desselben Endomorphismus. Die Frage läßt sich auch so stellen: Es seien zwei Endomorphismen A und A' in Normalform gegeben. Wann gibt es einen Automorphismus B, so daß $B^{-1}AB = A'$ ist? Es gilt nun:

7.4.19 Satz *Zwei Matrizen in der Normalform von 7.4.16 können dann und nur dann die Matrizen desselben Endomorphismus bezüglich verschiedener Basen sein, wenn die Kästchen bis auf eine Permutation übereinstimmen.*

Beweis Das Minimalpolynom ist gemäß seiner Definition eine Invariante des Endomorphismus. Die Primzerlegung des Minimalpolynomes ist nach 7.1.13 (im wesentlichen) eindeutig bestimmt. Somit sind auch die Unterräume W_i aus 7.4.18 (b) eindeutig bestimmt. Es brauchen deshalb nur noch die verschiedenen Möglichkeiten für die Darstellung der auf diesen Unterräumen induzierten Endomorphismen bestimmt zu werden. Nennen wir einen solchen Unterraum V, so können wir auf ihn die Ergebnisse aus 7.4.9–14 anwenden. Dort haben die Unterräume V_i eine invariante Definition und sind unabhängig von der Basis.

Die Zahl $r(i)$ der Kästchen der Länge k_i läßt sich gemäß Korollar 7.4.15 durch Invarianten berechnen. Deshalb sind die Kästchen bis auf die Anordnung eindeutig bestimmt. □

7.4.20 Jordansche Normalform Zum Schluß betrachten wir noch einmal den Fall $K = \mathbb{C}$. Weil über $\mathbb{C}$ die linearen Polynome die einzigen irreduziblen sind, ist nach 7.4.16 (a, b) $f_i(x) = (x - \lambda_i)^{m_i}$ für ein $\lambda_i \in \mathbb{C}$. Wegen 7.2.2 sind $\lambda_1, \ldots, \lambda_r$ die verschiedenen Eigenwerte von A. Sei

$$f_{i,j}(x) := (x - \lambda_i)^j \quad \text{für } j = 1, \ldots, m_i.$$

Sei $\mathfrak{x}_i$ ein Vektor mit Minimalpolynom f_{i,m_i}, und es seien

(*) $\quad \mathfrak{x}_i^{(0)} := \mathfrak{x}_i, \ \mathfrak{x}_i^{(1)} := f_{i,1}(A)(\mathfrak{x}_i), \ldots, \mathfrak{x}_i^{(m_i-1)} := f_{i,m_i-1}(A)(\mathfrak{x}_i).$

Aus der Identität

$$xf_{i,j}(x) = (x - \lambda_i)^{j+1} + \lambda_i(x - \lambda_i)^j$$

und $f_i(A)(\mathfrak{x}_i) = 0$ folgt

$$A\mathfrak{x}_i^{(j)} = \begin{cases} \mathfrak{x}_i^{(j+1)} + \lambda_i \mathfrak{x}_i^{(j)} & \text{für } 0 \leq j < m_i - 1, \\ \lambda_i \mathfrak{x}_i^{(j)} & \text{für } j = m_i - 1. \end{cases}$$

Hieraus ergibt sich

$$A^j(\mathfrak{x}_i) = A^j(\mathfrak{x}_i^{(0)}) = A^{j-1}(\mathfrak{x}_i^{(1)} + \lambda_i\mathfrak{x}_i^{(0)}) = \ldots$$
$$= \mathfrak{x}_i^{(j)} + \lambda_i\mathfrak{x}_i^{(j-1)} + \lambda_i^2\mathfrak{x}_i^{(j-2)} + \ldots + \lambda_i^j\mathfrak{x}_i^{(0)}.$$

Also ist jeder Vektor $A^j(\mathfrak{x}_i)$ eine Linearkombination der Vektoren (∗).

Da die Anzahlen gleich sind, bilden die Vektoren (∗) eine Basis des von $\{A^j(\mathfrak{x}_i) : 0 \leq j < m_i\}$ aufgespannten Teilraumes. Bezüglich dieser Basis (∗) wird der von A induzierte Endomorphismus A_i dargestellt durch die $m_i \times m_i$-Matrix

$$\begin{pmatrix} \lambda_i & & & & \\ 1 & \lambda_i & & & 0 \\ & 1 & \ddots & & \\ & & \ddots & \lambda_i & \\ 0 & & & 1 & \lambda_i \end{pmatrix}$$

Diese Normalform heißt *Jordansche Normalform*.

7.4.21 Beispiele
(a) Allgemeine Normalform. Es sollen die Normalformen der folgenden beiden Endomorphismen des $\mathbb{R}^4$ bestimmt werden. Die Endomorphismen seien bezüglich der kanonischen Basis des $\mathbb{R}^4$ durch folgende Matrizen gegeben:

$$A = \begin{pmatrix} 1 & 1 & 0 & 0 \\ -1 & 3 & 0 & 0 \\ 0 & 0 & 2 & 0 \\ 0 & 0 & 0 & 2 \end{pmatrix} \qquad B = \begin{pmatrix} 9 & -7 & 0 & 2 \\ 7 & -5 & 0 & 2 \\ 4 & -4 & 2 & 1 \\ 0 & 0 & 0 & 2 \end{pmatrix}$$

(1) **Bestimmung des charakteristischen Polynoms.**

$$\begin{aligned} \det(A - xE_4) &= (2-x)^2 \\ &\quad [(1-x)(3-x)+1] \\ &= (x-2)^4 \end{aligned} \qquad \begin{aligned} \det(B - xE_4) &= (2-x)^2 \\ &\quad [(9-x)(-5-x)+49] \\ &= (x-2)^4 \end{aligned}$$

(2) **Bestimmung des Minimalpolynoms und Zerlegung in die irreduziblen Faktores.** Nach 7.4.17 ist das Minimalpolynom ein Teiler des charakteristischen Polynoms, also von der Gestalt

$m(A) = (x-2)^n$ $\qquad$ $m(B) = (x-2)^m$
Wegen $A - 2E_4 \neq 0$ und $\qquad$ Wegen $B - 2E_4 \neq 0$ und
$(A - 2E_4)^2 = 0$ gilt $\qquad$ $(B - 2E_4)^2 = 0$ gilt
$m(A) = (x-2)^2$ $\qquad$ $m(B) = (x-2)^2$

7.4 Allgemeine Normalformen

(3) Bestimmung der Transformationsbasis nach 7.4.18 (c).

Als Ausgangsbasis für den $\mathbb{R}^4$ wählen wir die kanonische Basis.

$$p(A) = A - 2E_4 = \begin{pmatrix} -1 & 1 & 0 & 0 \\ -1 & 1 & 0 & 0 \\ 0 & 0 & 0 & 0 \\ 0 & 0 & 0 & 0 \end{pmatrix} \qquad p(B) = B - 2E_4 = \begin{pmatrix} 7 & -7 & 0 & 2 \\ 7 & -7 & 0 & 2 \\ 4 & -4 & 0 & 1 \\ 0 & 0 & 0 & 0 \end{pmatrix}$$

$$p(A)e_1 = \begin{pmatrix} -1 \\ -1 \\ 0 \\ 0 \end{pmatrix} \neq 0 \qquad p(B)e_1 = \begin{pmatrix} 7 \\ 7 \\ 4 \\ 0 \end{pmatrix} \neq 0$$

Als erste Basisvektoren erhalten wir also

$$\mathfrak{r}_1 = \mathfrak{e}_1, \mathfrak{r}_2 = A\mathfrak{e}_1 = \begin{pmatrix} 1 \\ -1 \\ 0 \\ 0 \end{pmatrix}, \qquad \mathfrak{r}_1 = \mathfrak{e}_1, \mathfrak{r}_2 = B\mathfrak{e}_1 = \begin{pmatrix} 9 \\ 7 \\ 4 \\ 0 \end{pmatrix},$$

Es gilt $[\mathfrak{r}_1, \mathfrak{r}_2] = [\mathfrak{e}_1, \mathfrak{e}_2]$, $\qquad p(B)\mathfrak{e}_4 = \begin{pmatrix} 2 \\ 2 \\ 1 \\ 0 \end{pmatrix} \neq 0,$

und $p(A)\mathfrak{e}_3 = p(A)\mathfrak{e}_4 = 0.$ $\qquad \mathfrak{r}_3 = \mathfrak{e}_4; \; \mathfrak{r}_4 = B\mathfrak{e}_4 = \begin{pmatrix} 2 \\ 2 \\ 1 \\ 2 \end{pmatrix}.$

Als Basis für die Normalform erhalten wir also

$$\mathfrak{r}_1 = \mathfrak{e}_1, \; \mathfrak{r}_2 = \begin{pmatrix} 1 \\ -1 \\ 0 \\ 0 \end{pmatrix}, \qquad \mathfrak{r}_1 = \mathfrak{e}_1, \; \mathfrak{r}_2 = \begin{pmatrix} 9 \\ 7 \\ 4 \\ 0 \end{pmatrix},$$

$\mathfrak{r}_3 = \mathfrak{e}_3, \; \mathfrak{r}_4 = \mathfrak{e}_4 \qquad\qquad \mathfrak{r}_3 = \mathfrak{e}_4, \; \mathfrak{r}_4 = \begin{pmatrix} 2 \\ 2 \\ 1 \\ 2 \end{pmatrix},$

d.h. die Transformationsmatrizen C, D sind

$$C = \begin{pmatrix} 1 & 1 & 0 & 0 \\ 0 & -1 & 0 & 0 \\ 0 & 0 & 1 & 0 \\ 0 & 0 & 0 & 1 \end{pmatrix}, \qquad D = \begin{pmatrix} 1 & 9 & 0 & 2 \\ 0 & 7 & 0 & 2 \\ 0 & 4 & 0 & 1 \\ 0 & 0 & 1 & 2 \end{pmatrix},$$

und die Normalform hat die Gestalt:

$$A \sim \begin{pmatrix} 0 & -4 & 0 & 0 \\ 1 & 4 & 0 & 0 \\ 0 & 0 & 2 & 0 \\ 0 & 0 & 0 & 2 \end{pmatrix} \qquad B \sim \begin{pmatrix} 0 & -4 & 0 & 0 \\ 1 & 4 & 0 & 0 \\ 0 & 0 & 0 & -4 \\ 0 & 0 & 1 & 4 \end{pmatrix}.$$

(b) **Jordansche Normalform.** Es sollen die Jordanschen Normalformen zu den unter (a) angegebenen Endomorphismen bestimmt werden. 7.4.20 folgend bestimmen wir die zu den Normalformen gehörenden Basen

Anstelle von $\mathfrak{r}_2 = A\mathfrak{e}_1$ haben wir nun für $\mathfrak{r}_2$

$$p(A)\mathfrak{e}_1 = (A - 2E_4)\mathfrak{e}_1 = \begin{pmatrix} -1 \\ -1 \\ 0 \\ 0 \end{pmatrix}$$

zu wählen. Die Basis lautet also

$$\mathfrak{r}_1 = \mathfrak{e}_1, \ \mathfrak{r}_2 = \begin{pmatrix} -1 \\ -1 \\ 0 \\ 0 \end{pmatrix}$$

$$\mathfrak{r}_3 = \mathfrak{e}_3, \mathfrak{e}_4 = \mathfrak{e}_4$$

und die Normalform ist

$$A \sim \begin{pmatrix} 2 & 0 & 0 & 0 \\ 1 & 2 & 0 & 0 \\ 0 & 0 & 2 & 0 \\ 0 & 0 & 0 & 2 \end{pmatrix}.$$

Anstelle von $\mathfrak{r}_2 = B\mathfrak{e}_1$ und $\mathfrak{r}_4 = B\mathfrak{e}_4$ haben wir

$$\mathfrak{r}_2 = (B - 2E_4)\mathfrak{e}_1 = \begin{pmatrix} 7 \\ 7 \\ 4 \\ 0 \end{pmatrix} \text{ und}$$

$$\mathfrak{r}_4 = (B - 2E_4)\mathfrak{e}_4 = \begin{pmatrix} 2 \\ 2 \\ 1 \\ 0 \end{pmatrix}$$

zu wählen. Die Basis lautet also

$$\mathfrak{r}_1 = \mathfrak{e}_1, \ \mathfrak{r}_2 = \begin{pmatrix} 7 \\ 7 \\ 4 \\ 0 \end{pmatrix},$$

$$\mathfrak{r}_3 = \mathfrak{e}_4, \mathfrak{r}_4 = \begin{pmatrix} 2 \\ 2 \\ 1 \\ 0 \end{pmatrix}$$

und die Normalform ist

$$B \sim \begin{pmatrix} 2 & 0 & 0 & 0 \\ 1 & 2 & 0 & 0 \\ 0 & 0 & 2 & 0 \\ 0 & 0 & 1 & 2 \end{pmatrix}.$$

Soll nur die Normalform eines Endomorphismus A bestimmt werden, ohne die Transformationsbasis zu berechnen, so reicht es oft aus, das Minimalpolynom $m(A)$ und das charakteristische Polynom $c(A)$ zu kennen. Wegen 7.4.8 genügt es, als charakteristisches Polynom und als Minimalpolynom Potenzen eines irreduziblen Polynoms $p(x)$ zu betrachten.

Aufgaben

7.4.A1 Berechnen Sie die Jordan-Normalform folgender Matrizen über $\mathbb{C}$:

$$A = \begin{pmatrix} 1 & 2 \\ 3 & 4 \end{pmatrix}, \qquad B = \begin{pmatrix} 0 & -1 & -1 \\ 2 & -3 & -2 \\ -1 & 1 & 0 \end{pmatrix},$$

$$C = \begin{pmatrix} -18 & 7 & -4 \\ -34 & 13 & -8 \\ 45 & -18 & 8 \end{pmatrix}, \qquad D = \begin{pmatrix} 3 & 1 & 1 & -1 \\ 13 & 10 & 6 & -7 \\ -14 & -10 & -6 & 7 \\ 7 & 4 & 3 & -3 \end{pmatrix},$$

$$E = \begin{pmatrix} 6 & -3 & -2 \\ 4 & -1 & -2 \\ 10 & -5 & -3 \end{pmatrix}, \qquad F = \begin{pmatrix} 9 & -6 & -2 \\ 18 & -12 & -3 \\ 18 & -9 & -6 \end{pmatrix}.$$

7.4.A2 Wie viele Ähnlichkeitsklassen von $n \times n$-Matrizen A über $\mathbb{R}$ gibt es die jeweils die folgenden Daten erfüllen? Geben Sie zu jeder Ähnlichkeitsklasse eine Matrix aus dieser Klasse an. – Im folgenden bezeichnen c_A und m_A das charakteristische und das minimale Polynom von A.

(a) $n = 6$, $m_A = (x-1)(x^2+1)^2$;

(b) $n = 8$, $m_A = x^2(x-1)^3$;

(c) $n = 10$, $m_A = (x+1)(x^2-x+1)(x^2+1)^2$;

(d) $c_A = x^4$, $m_A = x^3$;

(e) $c_A = (x-1)^2(x+1)^2$, $m_A = (x-1)^2(x+1)$;

(f) $c_A = (x-1)^2(x+1)^4$, $m_A = (x-1)^2(x+1)^2$.

7.4.A3 Sei $f\colon V \to V$ ein Endomorphismus eines endlich-dimensionalen Vektorraums über einem Körper K und $V = W_1 \oplus \cdots \oplus W_k$ die Zerlegung von V bzgl. f. Sei W ein f-invarianter Unterraum von V. Zeigen Sie, daß

$$W = (W \cap W_1) \oplus \cdots \oplus (W \cap W_k)$$

und dieses die Zerlegung von W bzgl. $f|W$ ergibt, wenn Summanden, die gleich 0 sind, weggelassen werden.

7.4.A4 Sei V ein n-dimensionaler Vektorraum und f ein Endomorphismus von V, ferner gelte $V = U_1 \oplus \cdots \oplus U_r$ mit f-invarianten Unterräumen U_i, $i = 1, \ldots, r$. Auf jedem Unterraum induziert f auf einen Endomorphismus f_i. Zeigen Sie, daß das charakteristische Polynom von f das Produkt der charakteristischen Polynome der f_i, $i = 1, \ldots, r$, ist.

7.4.A5 Bestimmen Sie die Diagonalgestalt der folgenden Matrix:
$$\begin{pmatrix} \frac{1}{9} & -\frac{2}{9}\sqrt{2} + \frac{2}{3}i\sqrt{2} \\ -\frac{2}{9}\sqrt{2} - \frac{2}{3}i\sqrt{2} & -\frac{1}{9} \end{pmatrix}.$$

7.4.A6 Eine lineare Abbildung $f \colon \mathbb{R}^n \to \mathbb{R}^n$ ist genau dann eine Projektion (d.h. $f \circ f = f$), wenn das Minimalpolynom von f ein Teiler von $x(1-x)$ ist.

8 Lineare Optimierung

In diesem Kapitel soll kurz eine Anwendung der linearen Algebra besprochen werden, die sich zur Lösung zahlreicher Probleme der Wirtschaft, der Verwaltung und der (militärischen) Logistik verwenden läßt.

8.1 Beispiele und Problemstellung

8.1.1 Beispiel (Übernommen aus [Collatz-Wetterling].) In einem landwirtschaftlichen Betrieb werden Kühe und Schafe gehalten. Es sind Ställe für 50 Kühe und 200 Schafe vorhanden. Weiterhin sind 72 Morgen Weideland verfügbar. Für eine Kuh wird 1 Morgen, für ein Schaf 0,2 Morgen benötigt. Zur Versorgung des Viehs sind Arbeitskräfte einzusetzen, und zwar können jährlich bis zu 10.000 Arbeitsstunden geleistet werden. Auf eine Kuh entfallen jährlich 150 Arbeitsstunden, auf ein Schaf 25. Der jährlich erzielte Reingewinn beträgt pro Kuh 250 DM, pro Schaf 45 DM.

Die Anzahlen x_1 und x_2 der gehaltenen Kühe bzw. Schafe sind so zu bestimmen, daß der Gesamtgewinn möglichst groß ist.

Offenbar handelt es sich hier nicht um ein Problem der linearen Algebra, wie wir sie in den Kapiteln 4–7 besprochen haben. Dort wurden Gleichungen, Abbildungen, lineare Räume und dergleichen untersucht, während in dieser Aufgabe Anzahl-Beschränkungen auftreten. Dieses entspricht wohl mehr der Wirklichkeit; denn Lösungen eines Problems mit astronomisch großen Zahlen sind für wirtschaftliche oder technische Fragen keine ernstzunehmenden Antworten, und es müssen Schranken, vorgegeben durch Materialvorrat, Zeitbegrenzungen u.a., berücksichtigt werden. Außerdem machen in der Wirklichkeit oft negative Lösungen keinen Sinn, so daß man sich auf die positiven Lösungen beschränken muß.

8.1.2 Problemstellung In dem in 8.1.1 geschilderten Beispiel entsteht die folgende Aufgabe:

(1) Max: $Q = 250\, x_1 + 45 x_2$
(2) $x_1 \leq 50$ Zahl der Stellplätze für Kühe,
(3) $x_2 \leq 200$ bzw. Schafe,
(4) $x_1 + 0,2 x_2 \leq 72$ verfügbares Ackerland,
(5) $150\, x_1 + 25 x_2 \leq 10000$ verfügbare Arbeitsstunden,
(6) $x_1, x_2 \geq 0$ Anzahlen nicht-negativ.

Abb. 8.1.1

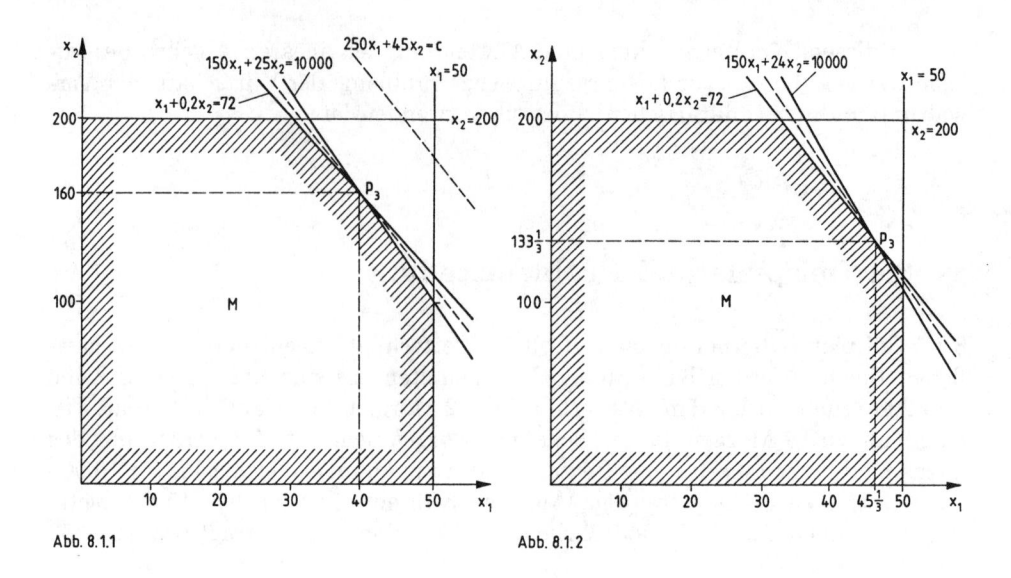

Abb. 8.1.2

Wir suchen nun nach einer Lösung x_1, x_2 dieser Aufgabe. Natürlich muß die Lösung auch noch ganzzahlig sein. In Abb. 8.1.1 ist M der Bereich, dessen Punkte (x_1, x_2) den Ungleichungen (2) – (6) genügen. Jetzt suchen wir eine Gerade der Form (in der Skizze gestrichelt)

$$250x_1 + 45x_2 = c, \text{ wobei } c > 0 \text{ reell ist,}$$

mit einem größtmöglichen c, die noch den Bereich M schneidet. Es ist anschaulich klar, daß sie durch einen der Eckpunkte des Sechseckes M gehen muß. In diesem Fall geht sie durch den Punkt P_3, und wir bekommen die Lösung

$$x_1 = 40, \quad x_2 = 160 \text{ und } Q = 17200 \text{ DM}.$$

8.1.3 Erfordert in demselben Problem die Betreuung eines Schafes nur noch 24 Arbeitsstunden im Jahr, so wird die Ungleichung (5) durch

(5′) $$150x_1 + 24x_2 \leq 10000$$

ersetzt. Jetzt erhalten wir aus der Abb. 8.1.2, daß wieder in dem Punkt P_3 der bestmögliche Gewinn erzielt wird. Dieser Schnittpunkt der beiden Geraden hat die Koordinaten $(45\frac{1}{3}, 133\frac{1}{3})$ und bringt den Gewinn 17333,33 DM. Da (außer

8.1 Beispiele und Problemstellung

(45, 135), die 17325 DM Gewinn bringt. Dagegen scheidet (46, 133) wegen Arbeitszeitüberschreitung und wegen Landmangels aus. In der folgenden Tabelle wird im ersten Teil die Arbeitszeit, die für ein Schaf benötigt wird, variiert, im zweiten die für eine Kuh; alle anderen Größen bleiben unverändert.

Zeit für Kuh	Zeit für Schaf	Zahl der Kühe	Zahl der Schafe	G_1	G_2	Land ungenutzt	Zeit ungenutzt	Zugabe an Schafen	G_3
150	28	-8	400	16000	16000	0	0		
150	27	$18\frac{2}{3}$	$266\frac{2}{3}$	16666,67	16470	0,8	118		
150	26	32	200	17000	17000	0	0		
150	25	40	160	17200	17200	0	0		
150	24	$45\frac{1}{3}$	$133\frac{1}{3}$	17333,33	17235	0,4	58	2	17325
150	23	$48\frac{1}{7}$	$114\frac{2}{7}$	17428,57	17380	0,2	28	1	17425
150	22	52	100	17500	17500	0	0		
140	25	$66\frac{2}{3}$	$26\frac{2}{3}$	17866,67	17670	0,8	110		
145	25	50	110	17450	17450	0	0		
149	25	$41\frac{2}{3}$	$151\frac{2}{3}$	17241,67	17045	0,8	116	4	17225
150	25	40	160	17200	17200	0	0		
151	25	38,5	167,7	17161,53	17015	0,6	87	3	17150
155	25	$33\frac{1}{3}$	$193\frac{1}{3}$	17033,33	16935	0,4	60	2	17025
157	25	$31\frac{1}{3}$	$203\frac{3}{4}$	16981,25	16885	0,4	58	2	16975

Dabei ist mit G_1 derjenige Gewinn bezeichnet, der an an der besten Stelle erhalten würde, wenn es Drittelkühe und dergleichen gäbe. Als G_2 ist angegeben, was wir erhalten, wenn diese Bruchteile weggelassen werden. Daß sich der Ertrag verbessern läßt, liegt auf der Hand: Je nach der Arbeitszeit und dem Land, das noch zur Verfügung steht, werden Schafe hinzugefügt. Das Ergebnis ist G_3. Jedoch ist es auch denkbar, daß eine Kuh hinzugefügt wird und dafür weniger Schafe genommen werden. (Dieses kommt in diesem Beispiel nicht vor.) Es entsteht nun das Problem, die beste ganzzahlige Lösung zu finden, und diese kann von der errechneten sehr verschieden sein. Z.B. haben wir im obigen Beispiel immer angenommen, daß das Maximum an ‚derselben' Ecke angenommen wird; davon müßten wir uns aber eigentlich erst überzeugen. An Abb. 8.1.1 und 8.1.2 ist ja zu sehen, wie schnell sich der Punkt aus dem zulässigen Bereich entfernt.

Interessant erscheint, daß die kleine Änderung der Arbeitszeiten von 150/25 zu 150/24 einen so beträchtlichen Wechsel des Viehbestandes erfordert, nämlich 5 Kühe hinzuzunehmen (also 12,5%) und 25 Schafe (15,6%) wegzulassen; andernfalls ist eine um 125 DM geringere Einnahme, also 0,7%, die Folge. Diese dann doch geringe Gewinnänderung mag dem Bauern als Trost dienen: Gegenüber den Änderungen und Ungenauigkeiten der vielen eingehenden Größen spielt sie wohl kaum eine bestimmende Rolle.

8 Lineare Optimierung

8.1.4 Beispiel (Höchst amerikanisch, übernommen aus [Strang].) Ein Diät-Problem: Ein Käufer will entscheiden, wie er seinen Eiweißbedarf am preiswertesten decken kann; zur Auswahl stehen Erdnuß-Butter und Steaks. Dabei enthalte ein Pfund Erdnuß-Butter eine Einheit Eiweiß, jedes Pfund Steak enthält zwei Einheiten, und in der Diät werden mindestens vier Einheiten benötigt. Die Diät enthalte x Pfund Erdnuß-Butter und y Pfund Steak. Dann haben wir

$$x + 2y \geq 4,$$
$$x, y \geq 0.$$

Dadurch wird in der xy-Ebene der zulässige Bereich beschrieben. Nun koste ein Pfund Erdnuß-Butter $ 2, ein Pfund Steak $ 3. Dann sind die Kosten der Diät $2x + 3y$, und man möchte diese minimieren. Zum Glück ist die optimale Diät Steak: $x_0 = 0, y_0 = 2$, vgl. Abb. 8.1.3, und der Preis ist $ 6.

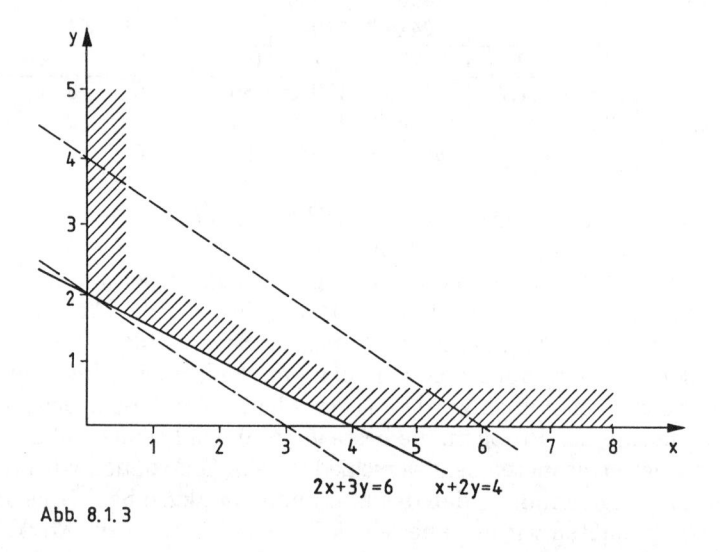

Abb. 8.1.3

8.1.5 Eine solche Minimierungsaufgabe hat ihre duale Maximierungsaufgabe. Und zwar wird das Minimum der ersten Aufgabe dann gleich dem Maximum der zweiten. Hierzu vgl. 8.4. Diese Dualität läßt sich an dem Diätproblem illustrieren: An die Stelle des Käufers, der zwischen Steak und Erdnuß-Butter so wählt, daß die Kosten minimal werden, tritt ein Drogist, der synthetisches Eiweiß verkauft. Er muß einem Vergleich mit Steak und Erdnuß-Butter standhalten, möchte aber einen möglichst hohen Preis p pro Einheit erzielen. Deshalb darf das synthetische Eiweiß nicht teurer sein als das Eiweiß aus Erdnuß-Butter ($ 2 pro Einheit) oder aus Steak ($ 3 für 2 Einheiten). Ferner ist der Preis nicht negativ, sonst würde der Drogist nichts verkaufen. Es entsteht die Aufgabe:

$$\begin{aligned}\text{Max:}\quad & 4p, \\ & p \leq 2, \\ & 2p \leq 3, \\ & p \geq 0.\end{aligned}$$

Die Bedingung $2p \leq 3$ erweist sich als maßgebend, und es folgt, daß der Maximalpreis gleich \$ 1.50 ist (im Amerikanischen entspricht unserem "," der Dezimalpunkt und unserem "." etwa bei DM 10.000 ein ","). Also ist der Gesamtpreis für das benötigte Eiweiß gleich $4p = \$\,6$. Dieses war aber auch der Minimalpreis für den Käufer in dem ursprünglichen Problem.

Aufgaben ähnlicher Art lassen sich viele finden. Wir wollen nun als nächstes diese Probleme mathematisch genauer fassen. Anschließend werden wir uns mit ihrer Behandlung beschäftigen.

8.1.6 Lineares Optimierungsproblem (LOP) Gegeben sei eine Teilmenge X eines $\mathbb{R}^n$. Sie werde durch lineare Ungleichungen definiert, und kein Punkt $x \in X$ habe negative Koordinaten. Ferner ist eine lineare Funktion $z = c^t x$ gegeben. Gesucht wird ein Punkt x^0, der diese Funktion maximiert. Es heißt X *zulässiger Bereich*, die Punkte aus X heißen *zulässig*, und z heißt *Zielfunktion*. Die X definierenden Ungleichungen heißen *Nebenbedingungen*, und x^0 heißt eine *optimale Lösung*. Wir fassen das Problem in der Form:

$$\begin{aligned}\text{Max:}\quad z &= c^t x, \\ Ax &\leq b, \\ x &\geq 0,\end{aligned}$$

wobei A eine $m \times n$-Matrix und b ein Vektor aus $\mathbb{R}^m$ ist. Dabei bedeutet $x \geq 0$, daß jede Komponente von x nicht-negativ ist. Entsprechend ist die andere Ungleichung zu verstehen.

Analog wird das Minimierungsproblem gefaßt. Dann heißt die zu minimierende Funktion oftmals *Kostenfunktion*.

Aufgaben

8.1.A1 Eine Fabrik für Metallverarbeitung stellt Hämmer und Zirkel her. Beide erfordern gewisse Zeiten für Fertigung, Vergütung und Montage. Für jeden Hammer werden 3 bzw. 1 bzw. 2 Minuten Arbeitszeit benötigt und für jeden Zirkel 2 bzw. 1 bzw. 1 Minute. Insgesamt stehen 300 Stunden für Fertigung, 100 für Vergütung und 200 Stunden für Montage zur Verfügung. Der Gewinn für jede Zehnerpackung Hämmer beträgt 3 DM. Für eine Zehnerpackung Zirkel liegt er bei 2 DM.

8 Lineare Optimierung

Bestimmen Sie mit graphischen Methoden die Produktionsziffern, so daß der Gewinn maximal wird.

8.1.A2 Eine Firma stellt Fernsehgeräte und Rundfunkapparate her. Bei der Herstellung muß folgendes beachtet werden:

(a) Die Abteilung, die die Geräte herstellt, kann in einem Monat höchstens 1000 Gehäuse für Rundfunk- oder Fernsehgeräte herstellen.

(b) Die Montageabteilung für Fernsehapparate kann höchstens 600 Stück im Monat zusammenbauen.

(c) Die Montageabteilung für Rundfunkgeräte kann im Monat höchstens 800 Stück montieren.

(d) Die Abteilung für elektrische Installation kann höchstens 800 Fernsehapparate bzw. anstelle von 2 Fernsehapparaten 3 Rundfunkgeräte im Monat fertigstellen.

Der Gewinn bei einem Fernsehapparat beträgt 120 DM, bei einem Rundfunkgerät 90 DM. Wie viele Fernsehapparate und Rundfunkgeräte muß die Firma herstellen, damit die Produktion optimal, d.h. der Gesamtgewinn möglichst hoch ist? (Graphische Lösung ist zugelassen.)

8.1.A3 In dem Land Ainamreg verdient ein fahrender, unter freiem Himmel auftretender Musiker durchschnittlich 0,2 Kram in jeder Minute, die einer seiner Auftritte dauert. Er muß bei der Ausübung seines Gewerbes folgende Bestimmungen beachten, deren Einhaltung auch genau überwacht wird:

§1 Fahrender Musiker im Sinne dieser Verordnung ist nur, wer während eines Arbeitstages, d.h. vom Beginn des ersten Auftritts bis zum Ende des letzten Auftritts, mindestens genau so lange gereist ist, wie er gespielt hat.

§2 Das Musizieren in der Öffentlichkeit ist nur zwischen 8 Uhr und 18 Uhr gestattet.

§3 Der erste Auftritt eines Arbeitstages muß 3 km von der Unterkunft der vergangenen Nacht entfernt erfolgen. Alle weiteren Auftritte eines Tages dürfen (in Minuten gerechnet) höchstens das zehnfache der Zeit dauern, die der Reiseweg von dem Ort des letzten Auftritts in km gemessen hat. Jeder Auftritt ist auf 30 Minuten limitiert.

§4 Das Musizieren in öffentlichen Verkehrsmitteln ist nicht gestattet.

Wie viele km sollte ein fahrender Musiker, der diese Bestimmungen einhalten und im übrigen möglichst viel verdienen will, am Tag zu Fuß gehen (was als kostenfrei angesehen werden darf) und wie viele km mit der Straßenbahn fahren, wenn er 4 km pro Stunde laufen kann, die Straßenbahn aber 20 km pro Stunde schafft, dafür allerdings 0,5 Kram pro km kostet?

(a) Überlegen Sie sich, daß hinter dieser Fragestellung ein LOP mit zwei Unbekannten (zu-Fuß-km und Straßenbahn-km) steckt, da davon ausgegangen werden darf, daß der Mann keine im Sinne von §3 erworbenen Rechte auf Spielzeit ungenutzt verstreichen läßt.

(b) Lösen Sie das LOP graphisch.

(c) Bestätigen Sie die Lösung noch einmal rechnerisch.

Hinweis: Eine solche rechnerische Bestätigung ist i.a. möglich, wenn eine Koordinatentransformation derart vorgenommen wird, daß die Lösung auf dem neuen Koordinatenursprung liegt und die Achsen nach den Rändern des zulässigen Bereiches ausgerichtet werden.

8.2 Konvexe Mengen und Funktionen

In diesem Absatz sollen die Hilfsmittel aus der Theorie der konvexen Mengen bereitgestellt werden, die für die Lineare Optimierung benötigt werden. Wir bezeichnen die Punkte des $\mathbb{R}^n$ mit $x, y, \ldots$ und schreiben sie als Spalten $(x_1, \ldots, x_n)^t$, $x_i \in \mathbb{R}$. Addition von Punkten etc. geschieht koordinatenweise.

Konvexe Mengen

Wir beginnen mit den grundlegenden Definitionen und wichtigen Beispielen.

8.2.1 Definition

(a) Es seien $x, y \in \mathbb{R}^n$. Dann ist die Punktmenge

$$\{s : s = tx + (1-t)y, 0 \leq t \leq 1\}$$

die *Strecke* zwischen x und y, vgl. 6.4.3; es heißt $\{s : s = tx + (1-t)y, 0 < t < 1\}$ die *offene Strecke* oder das *Innere der Strecke* zwischen x und y.

(b) Eine Teilmenge $K \subset \mathbb{R}^n$ heißt *konvex*, wenn für je zwei Punkten x, $y \in K$ auch die Strecke zwischen x und y in K liegt.

8.2.2 Beispiele

(a) Jeder lineare Teilraum von $\mathbb{R}^n$ ist konvex.

(b) Sei $b \in \mathbb{R}$ und $a = (a_1, \ldots, a_n)^t$ mit $a_i \in \mathbb{R}$ eine Spalte, in der nicht alle a_i verschwinden. Dann ist $H = \{x \in \mathbb{R}^n : a^t x = a_1 x_1 + \ldots + a_n x_n \leq b\}$ eine konvexe Menge. Eine solche Menge heißt *Halbraum*. Ein Punkt x heißt *innerer Punkt* von H, wenn $a_1 x_1 + \ldots + a_n x_n < b$; die Punkte der Hyperebene $\{x \in \mathbb{R}^n : a_1 x_1 + \ldots + a_n x_n = b\}$ heißen *Randpunkte* von H.

(c) Wegen der Dreiecksungleichung ist der *Einheitsball*

$$\{x \in \mathbb{R}^n : x_1^2 + \ldots + x_n^2 \leq 1\}$$

konvex. Jedoch ist die Einheitssphäre $\{x \in \mathbb{R}^n : x_1^2 + \ldots + x_n^2 = 1\}$ nicht konvex.

Weitere Beispiele finden sich in Abb. 8.2.1.

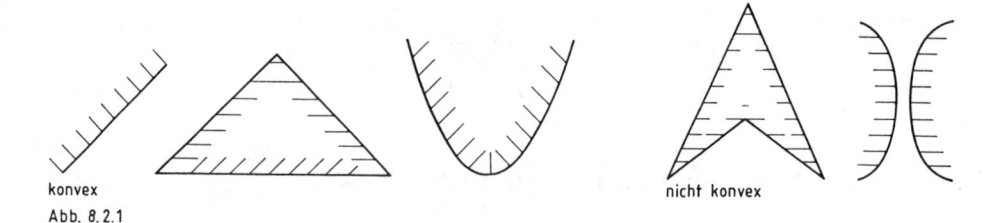

konvex

nicht konvex

Abb. 8.2.1

Aus der Definition ergibt sich unmittelbar

8.2.3 Satz *Der Durchschnitt konvexer Mengen ist konvex.* □

Konvexe Polyeder und Extrempunkte

Als nächstes führen wie die für die lineare Optimierung wichtigen konvexen Mengen und Begriffe ein.

8.2.4 Definition Ein *konvexes Polyeder der Dimension n* ist der Durchschnitt e n d l i c h vieler Halbräume des $\mathbb{R}^n$, die mindestens einen inneren Punkt gemeinsam haben.

Ein Polyeder P heißt *beschränkt*, wenn es eine Zahl $a > 0$ gibt, so daß für alle $x = (x_1, \ldots, x_n)^t \in P$ gilt: $|x_i| \leq a$. Eine konvexe Untermenge W eines Polyeders P heißt *extrem*, wenn für je zwei Punkte $x, y \in P$ die offene Strecke zwischen x und y das W genau dann schneidet, wenn beide Punkte in W liegen. Ist P ein konvexes Polyeder, H ein Halbraum mit Randhyperebene E, so daß $P \subset H$ und $P \cap E \neq \emptyset$, so heißt $P \cap E$ eine *Randseite* von P.

Ein Punkt x aus einer konvexen Menge heißt *Extrempunkt* von K, wenn x nicht im Innern einer in K enthaltenen Strecke liegt. Genauer besagt dies:

$$x_1, x_2 \in K, \quad x = tx_1 + (1-t)x_2 \quad \text{mit } 0 < t < 1 \quad \Longrightarrow \quad x = x_1 = x_2.$$

Ist P ein konvexes Polyeder, so sind seine Extrempunkte extreme konvexe Untermengen. In dem Dreieck aus Abb. 8.2.2 sind die Punkte x, y, z die Extrempunkte von D. Neben ihnen sind die extremen konvexen Untermengen die drei Seiten a, b, c sowie D selbst. Offenbar ist D die kleinste konvexe Menge, die die drei Punkte x, y, z enthält.

Abb. 8.2.2

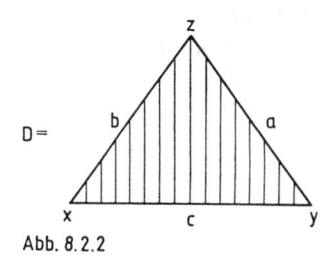

8.2.5 Definition und Satz *Die kleinste konvexe Menge K, die eine Menge M enthält, heißt* konvexe Hülle *von M. Eine beschränkte konvexe Menge ist die konvexe Hülle ihrer Extrempunkte.*

Dieses läßt sich für konvexe Polyeder direkt verifizieren. □

Zur Topologie konvexer Mengen

Wir schließen einige Bemerkungen zur Topologie konvexer Mengen an. Bekanntlich heißt ein Punkt $x \in \mathbb{R}^n$ *Randpunkt einer Menge* $M \subset \mathbb{R}^n$, wenn jede Umgebung von x sowohl Punkte von M wie auch Punkte von $\mathbb{R}^n - M$ enthält. Es heißt x *innerer Punkt von M*, wenn es eine Umgebung von x gibt, die ganz in M liegt; mit $\mathring{M}$ wird das Innere, d.h. die Menge der inneren Punkte, von M bezeichnet. Der *Abschluß* $\bar{M}$ einer Menge $M \subset \mathbb{R}^n$ ist die kleinste abgeschlossene Menge in $\mathbb{R}^n$, die M enthält, d.h. ist $A \subset \mathbb{R}^n$ eine beliebige abgeschlossene Menge mit $M \subset A$, so gilt $\bar{M} \subset A$.

8.2.6 Satz *Sei $P \subset \mathbb{R}^n$ ein konvexes Polyeder der Dimension n.*
 (a) *P ist eine abgeschlossene Teilmenge des $\mathbb{R}^n$. Das Innere $\mathring{P}$ von P ist konvex, und P ist der Abschluß von $\mathring{P}$.*
 (b) *Ist W eine extreme Untermenge von P, $W \neq P$, so sind alle Punkte von W Randpunkte von P.*

B e w e i s (a) Jeder Halbraum ist abgeschlossen, da er das Urbild einer abgeschlossenen Halbgerade unter einer stetigen Abbildung ist, und deshalb ist auch P als Durchschnitt von Halbräumen abgeschlossen. Das Innere von P ist der Durchschnitt von endlich vielen offenen Halbräumen, also offen, sowie als Durchschnitt konvexer Mengen ebenfalls konvex. Da jeweils die abgeschlossenen Halbräume die Abschlüsse der offenen sind, ist P der Abschluß von $\mathring{P}$.

(b) Sei $x \in W$. Wäre x kein Randpunkt von P, so gäbe es ein $\varepsilon > 0$, so daß $U := \{y \in \mathbb{R}^n : \sum_{j=1}^n (x_j - y_j)^2 < \varepsilon\} \subset P$. Da $W \neq P$, gibt es ein $y^0 \in P - W$. Auf der Geraden durch x und y^0 gibt es ein $y' \in U$, so daß x zwischen y^0 und y' liegt. Die Strecke zwischen y^0 und y' liegt in P und hat den einen Punkt x mit W gemeinsam. Also liegt sie nach Definition 8.2.4 in W, und damit ist $y^0 \in W$ im Widerspruch zur Annahme. $\square$

Konvexe und konkave Funktionen

8.2.7 Definition Eine Funktion $f\colon [a,b] \to \mathbb{R}$ heißt *konvex* in dem Intervall $[a,b]$, wenn für $a \leq x, y \leq b$ und $0 < t < 1$ gilt:

$$f(tx + (1-t)y) \leq t \cdot f(x) + (1-t) \cdot f(y).$$

Die Funktion heißt *konkav*, wenn in der obigen Zeile statt des $\leq$-Zeichens ein $\geq$ steht.

Als Beispiel mögen die beiden Skizzen aus Abb. 8.2.3 dienen. Eine differenzierbare Funktion ist konvex, wenn die zweite Ableitung nirgends negativ ist, und sie ist konkav, wenn diese nirgends positiv ist.

8.2.8 Satz *Ist $f\colon [a,b] \to \mathbb{R}$ konvex, so ist jedes lokale Minimum in $[a,b]$ auch ein globales Minimum. Analog sind für konkave Funktionen lokale Maxima auch globale Maxima.*

B e w e i s Sei $x^0 \in [a,b]$ ein lokales Minimum von f und sei $x' \in [a,b]$, so daß $f(x^0) > f(x')$. Nach Voraussetzung gilt für $0 < t < 1$:

$$\begin{aligned}f(tx' + (1-t)x^0) &\leq t \cdot f(x') + (1-t) \cdot f(x^0) \\ &< t \cdot f(x^0) + (1-t) \cdot f(x^0) = f(x^0).\end{aligned}$$

Aber in jeder Umgebung von x^0 gibt es Punkte der Form $tx' + (1-t)x^0$ mit $0 < t < 1$; die obige Ungleichung steht im Widerspruch zu der Annahme, daß x^0 ein lokales Minimum ist. $\square$

8.2 Konvexe Mengen und Funktionen

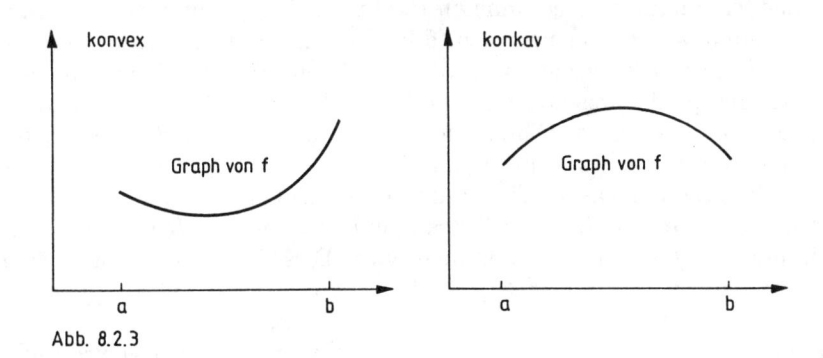

Abb. 8.2.3

8.2.9 Satz *Eine konvexe Funktion $f\colon [a,b] \to \mathbb{R}$ nimmt ihr globales Maximum in einem Endpunkt des Intervalles an, also in a oder b.* □

Die Definition von konvexen und konkaven Funktionen läßt sich verallgemeinern auf Funktionen auf konvexen Mengen.

8.2.10 Definition und Satz *Sei $K \subset \mathbb{R}^n$ konvex. Eine Funktion $f\colon K \to \mathbb{R}$ heißt konvex, wenn für alle $x, y \in K$ und $0 < t < 1$ gilt*

$$f(tx + (1-t)y) \leq t \cdot f(x) + (1-t) \cdot f(y).$$

Auch hier ergibt sich, daß jedes lokale Minimum auch ein globales ist. Ferner nimmt f sein Supremum — wenn überhaupt — auf dem Rand von K an. Analog ist die Definition und Situation für konkave Funktionen. □

Für beschränkte konvexe Polyeder gilt sogar schärfer:

8.2.11 Satz *Ist P ein beschränktes konvexes Polyeder und $f\colon P \to \mathbb{R}$ eine konvexe Funktion, so nimmt f sein Maximum in einem Extrempunkt von P an.*

B e w e i s   Es nehme f sein globales Maximum bei $x^0 \in P$ an. Sei nun $x', x'' \in P$ und $0 < t < 1$ und $x^0 = t \cdot x' + (1-t) \cdot x''$. Da f bei x^0 das Maximum annimmt, ist

$$f(x^0) \geq f(x'), f(x'').$$

Da f konvex ist, gilt

$$f(x^0) \leq t \cdot f(x') + (1-t) \cdot f(x'').$$

Beide Ungleichungen zusammen ergeben $f(x^0) = f(x') = f(x'')$. Hieraus folgt: Wird das Maximum in einem inneren Punkt von P angenommen, so wird es auf allen Punkten von P angenommen, d.h. f ist konstant. Da jedes beschränkte Polyeder Extrempunkte hat, wird also in diesem Fall das Maximum auch in einem Extrempunkt angenommen. Sonst wird das Maximum in einem Randpunkt x^0 von P erreicht. Dieser Punkt liegt in einer Hyperebene H, die zur Definition von P benutzt wurde. Dann ist $P \cap H$ ein konvexes Polyeder von einer niedrigeren Dimension als $n = \dim P$. Als Induktionsannahme können wir nehmen, daß es in $P \cap H$ einen Extrempunkt x^* von $P \cap H$ gibt, auf dem das Maximum von $f|P \cap H$ angenommen wird. Dieses Maximum ist aber gleich dem Maximum von f, da $x^0 \in P \cap H$. Ist nun x^* kein Extrempunkt von P, so gibt es $y', y'' \in P$ mit $x^* = sy' + (1-s)y''$ für ein s, $0 < s < 1$. Da x^* Extrempunkt von $P \cap H$ ist, gilt $y', y'' \notin H$. Wegen $x^* \in H$ liegen y' und y'' in den verschiedenen offenen Halbräumen, die von H definiert werden. Das aber steht im Widerspruch zu der Annahme, daß P in einem dieser Halbräume liegt. Also ist x^* auch Extrempunkt von P. □

8.2.12 Satz *Sei P ein beschränktes konvexes n-dimensionales Polyeder im $\mathbb{R}^n$ und $z\colon P \to \mathbb{R}$ linear.*

(a) *Dann nimmt z sein Maximum in (mindestens) einem Extrempunkt an.*

(b) *Es sei x^0 ein Extrempunkt, in dem z sein Maximum nicht annimmt. Dann gibt es einen weiteren Extrempunkt x^1, so daß die Strecke zwischen x^0 und x^1 extrem bzgl. P ist und so daß $z(x^1) \geq z(x^0)$.*

(c) *Zu x^0 gibt es eine Folge $x^1, x^2, \ldots, x^k$ von Extrempunkten, so daß x^i und x^{i+1} jeweils extreme Strecken beranden und so daß*

$$z(x^0) = z(x^1) = \ldots = z(x^{k-1}) < z(x^k).$$

B e w e i s (a) folgt aus 8.2.11.

(b) Wenn es eine Randseite P' von P gibt, die x^0 sowie einen Extrempunkt x' mit $z(x') \geq z(x^0)$ enthält, so erschließen wir mit einem Induktionsschluß die Behauptung für P', x^0. (Für $\dim P' = 1$ ergibt sich die Behauptung unmittelbar; dieses diene als Induktionsanfang.) Da jede Randseite von P' auch eine von P ist, haben wir für diesen Fall die Behauptung gezeigt.

Nun gelte für alle Randseiten von P, die x^0 enthalten, daß z auf den anderen darin auftretenden Extrempunkten kleinere Werte als $z(x^0)$ annimmt. Dann liegen alle Punkte der an x^0 anstoßenden Randseiten, ausgenommen x^0, in dem offenen Halbraum $\{x \in \mathbb{R}^n : z(x) < z(x^0)\}$. Deshalb ist x^0 ein lokales Maximum. Nun ist z eine konkave Funktion, und nach 8.2.8 ist ein lokales Maximum globales Maximum, im Widerspruch zur Annahme, daß $z(x^0)$ nicht das Maximum ist.

8.2 Konvexe Mengen und Funktionen

(c) Sei Q die konvexe Hülle aller Extrempunkte, die sich mit x^0 durch Ketten der obigen Art mit konstantem Wert von z verbinden lassen. Nun wenden wir den Schluß von (b) auf Q statt auf P an und finden eine extreme Strecke von Q zu einem Extrempunkt x'' von P mit $z(x'') > z(x^0)$. Der Endpunkt dieser Strecke in Q kann ebenfalls als Extrempunkt von P gewählt werden; von ihm gibt es dann die gewünschte Folge nach x^0. □

Aufgaben

8.2.A1 Beweisen oder widerlegen Sie:

(a) f, g konvex über $\mathbb{R}^n$, $a, b \in \mathbb{R}$ $\implies$ $k(x) = af(x) + bg(x)$ ist konvex.

(b) f, g konvex über $\mathbb{R}^n$ $\implies$ $k(x) = f(x) \cdot g(x)$ ist konvex.

(c) $f : \mathbb{R} \to \mathbb{R}$ sei zweimal differenzierbar mit $\frac{d^2 f(x)}{dx^2} \geq 0$ $\implies$ f ist konvex.

(d) $f, g : \mathbb{R} \to \mathbb{R}$ konvex $\implies$ $f \circ g : \mathbb{R} \to \mathbb{R}$ konvex.

8.2.A2 Beweisen oder widerlegen Sie, daß die folgenden Mengen konvex sind:

(a) $\{x \in \mathbb{R}^2 : \|x\| \leq 1\}$ und $\{x \in \mathbb{R}^2 : \|x\| < 1\}$

(b) $\{x \in \mathbb{R}^2 : \|x\| < 1\} \cup \{(\cos(t), \sin(t)) : t \in [0, 2\pi] \cap \mathbb{Q}\}$

(c) $\{x \in \mathbb{R}^2 : |x_1| \leq 1, |x_2| \leq 1\}$ und $\{x \in \mathbb{R}^2 : |x_1| < 1, |x_2| < 1\}$

(d) $\{x \in \mathbb{R}^2 : |x_1|, |x_2| < 1\} \cup (\{0, 1\} \times ([0, 1] \cap \mathbb{Q})) \cup (([0, 1] \cap \mathbb{Q}) \times \{0, 1\})$

8.2.A3 Für $x_1, \ldots, x_m \in \mathbb{R}^n$ heißt $\sum_{i=1}^m d_i x_i$ konvexe Kombination der x_i, falls $d_i \geq 0$ für $i = 1, \ldots, m$ und $\sum_{i=1}^m d_i = 1$ ist. Zeigen Sie: Die Menge der konvexen Kombinationen der x_i ist konvex.

8.2.A4 Finden Sie ein einfaches Verfahren, um zu entscheiden, ob ein auf der gesamten reellen Achse definiertes Polynom vom Grad ≤ 5 eine konvexe Funktion beschreibt.

8.2.A5

(a) Veranschaulichen Sie die Begriffe *innerer Punkt, Randpunkt* und *äußerer Punkt* an einfachen Beispielen.

(b) Untersuchen Sie den Zusammenhang zwischen den Begriffen *sternförmig* und *konvex*. Dabei heißt eine Teilmenge $S \subset \mathbb{R}^2$ sternförmig bzgl. eines Punktes $s \in S$, wenn die Verbindungsstrecke zwischen s und einem beliebigen anderen Punkt aus S ganz in S liegt.

8.2.A6 Beweisen oder widerlegen Sie:

(a) Ist $M \subset \mathbb{R}^n$ konvex, so ist $\mathbb{R}^n - M$ nicht konvex.

(b) Erfüllen zwei konvexe Polyeder A und B die Bedingung, daß die Verbindungsstrecke jedes Extrempunktes von A mit jedem Extrempunkt von B in der Vereinigung von A und B enthalten ist, so ist $A \cup B$ konvex.

(c) Sei $A \subset \mathbb{R}^n$ die Menge aller optimalen Lösungen eines LOPs, dessen Nebenbedingungen durch m lineare Ungleichungen gegeben sind. Dann ist A konvex.

(d) A genüge denselben Voraussetzungen wie in (c). Dann ist A ein konvexes Polyeder.

8.2.A7

(a) Es seien A und B konvexe Teilmengen des $\mathbb{R}^n$. Zeigen Sie, daß

$$A + B = \{a+b : a \in A, b \in B\} \quad \text{und} \quad A - B = \{a-b : a \in A, b \in B\}$$

ebenfalls konvex sind.

(b) Es seien A und B konvexe, kompakte (= abgeschlossene und beschränkte) und disjunkte Teilmengen des $\mathbb{R}^2$. Zeigen Sie, daß es eine Gerade in $\mathbb{R}^2$ gibt, die A und B trennt, d.h. A und B liegen in verschiedenen durch die Gerade definierten Halbebenen.

8.3 Lineare Optimierung. Das Simplexverfahren

In einem Linearen Optimierungsproblem (LOP) sind die Nebenbedingungen i.a. Ungleichungen. Durch Einführen weiterer Variablen kommt man zu einer

8.3.1 Normierung

(a) *Durch Einführung von* Schlupfvariablen $x_{n+1}, \ldots, x_{n+m}$ *wird eine Ungleichung*

$$\sum_{j=1}^{n} a_{ij} x_j \leq b_i \quad \text{mit } b_i \geq 0 \quad \text{durch} \quad \sum_{j=1}^{n} a_{ij} x_j + x_{n+i} = b_i, \; x_{n+i} \geq 0,$$

sowie eine Ungleichung

$$\sum_{j=1}^{n} a_{ij} x_j \geq b_i \quad \text{mit } b_i \geq 0 \quad \text{durch} \quad \sum_{j=1}^{n} a_{ij} x_j - x_{n+i} = b_i, \; x_{n+i} \geq 0,$$

ersetzt. Dadurch wird die Anzahl der Variablen größer, aber die Nebenbedingungen werden Gleichungen. Allerdings sind nur nicht-negative Lösungen zugelassen.

(b) *Das LOP hat jetzt die normierte Form*

$$\begin{aligned} \text{Max}: \quad z &= c^t x, \\ Ax &= b, \\ x &\geq 0. \end{aligned}$$

Dabei sind an das alte c noch m Nullen angehängt.

Der zulässige Bereich X wird nun durch $Ax = b$ und $x \geq 0$ beschrieben. Dabei ist A eine $m \times n$-Matrix, x eine n-Spalte, b eine m-Spalte. Beachten Sie: Das n hier ist gleich dem $n + m$ aus (a); die Matrix A besteht aus dem alten A sowie einer $m \times m$ Diagonalmatrix mit 1 und -1 in der Diagonalen.

8.3.2 Beispiel Das System 8.1.2 wird zu dem folgenden normierten System:

$$\text{Max: } z = (250, 45, 0, 0, 0, 0)\, x,$$

$$\begin{pmatrix} 1 & 0 & 1 & 0 & 0 & 0 \\ 0 & 1 & 0 & 1 & 0 & 0 \\ 1 & 0{,}2 & 0 & 0 & 1 & 0 \\ 150 & 25 & 0 & 0 & 0 & 1 \end{pmatrix} \begin{pmatrix} x_1 \\ x_2 \\ x_3 \\ x_4 \\ x_5 \\ x_6 \end{pmatrix} = \begin{pmatrix} 50 \\ 200 \\ 72 \\ 10000 \end{pmatrix}, \quad x \geq 0.$$

8.3.3 Hilfssatz *Die Spalten $a_1, \ldots, a_k$ der Matrix A des LOP seien linear unabhängig. Ferner seien $x_1, \ldots, x_k$ nicht-negative Zahlen mit*

$$x_1 a_1 + \ldots + x_k a_k = b, \quad \text{also } x = (x_1, \ldots, x_k, 0, \ldots, 0)^t \in X.$$

Dann ist x ein Extrempunkt von X.

B e w e i s Seien $x', x'' \in X$ und $0 < t < 1$, so daß $x = tx' + (1-t)x''$. Die Koordinaten von x' und x'' sind nicht-negativ, ferner sind t sowie $1 - t$ positiv. Deshalb verschwinden die letzten $n - k$ Koordinaten von x' und x'' ebenfalls, also

$$x' = (x'_1, \ldots, x'_k, 0, \ldots, 0)^t, \quad x'' = (x''_1, \ldots, x''_k, 0, \ldots, 0)^t.$$

Da x, x' und x'' zulässig sind, gilt

$$x_1 a_1 + \ldots + x_k a_k = b,$$
$$x'_1 a_1 + \ldots + x'_k a_k = b,$$
$$x''_1 a_1 + \ldots + x''_k a_k = b.$$

Also

$$(x_1 - x'_1)a_1 + \ldots + (x_k - x'_k)a_k = 0,$$
$$(x_1 - x''_1)a_1 + \ldots + (x_k - x''_k)a_k = 0.$$

Da $a_1, \ldots, a_k$ linear unabhängig sind, ist $x_i = x'_i = x''_i$ für $1 \leq i \leq k$. Also ist x ein Extrempunkt, vgl. 8.2.4. □

Als nächstes beweisen wir die Umkehrung:

8.3.4 Hilfssatz *Sei $x = (x_1, \ldots, x_n)^t$ ein Extrempunkt von X. Dann sind die Spalten von A zu den Indizes i mit $x_i \neq 0$ linear unabhängig. Es gibt also höchstens m Indizes mit $x_i \neq 0$.*

B e w e i s   Wir können nach Umnumerieren annehmen, daß die Koeffizienten $x_1, \ldots, x_k$ und nur diese ungleich 0 sind. Dann ist

$$x_1 a_1 + \ldots + x_k a_k = b.$$

Sind $a_1, \ldots, a_k$ linear abhängig, so gibt es Zahlen $y_1, \ldots, y_k$, die nicht alle verschwinden, mit $y_1 a_1 + \ldots + y_k a_k = 0$, und für jedes $s > 0$ gilt:

$$\sum_{j=1}^{k}(x_j + sy_j)a_j = b \quad \text{und} \quad \sum_{j=1}^{k}(x_j - sy_j)a_j = b.$$

Wegen $x_j > 0$ für $1 \leq j \leq k$ gibt es ein $s > 0$, so daß $x_j + sy_j$, $x_j - sy_j$ positiv sind für $1 \leq j \leq k$. Somit sind

$$x' := (x_1 + sy_1, \ldots, x_k + sy_k, 0, \ldots, 0) \neq x,$$
$$x'' := (x_1 - sy_1, \ldots, x_k - sy_k, 0, \ldots, 0) \neq x$$

zulässig. Dann aber ist $x = \frac{1}{2}x' + \frac{1}{2}x''$, im Widerspruch zur Voraussetzung, daß x ein Extrempunkt ist. Also sind $a_1, \ldots, a_k$ linear unabhängig, und daraus folgt $k \leq m$. □

Wegen 8.2.12 sind für das LOP nur die endlich vielen Extrempunkte zu untersuchen, obwohl es unendlich viele zulässige Punkte gibt. Die Koordinaten der Extrempunkte sind nach 8.3.3-4 die Lösungen von Gleichungssystemen

$$x_1 a_{i_1} + \ldots + x_m a_{i_m} = b,$$

wobei $a_{i_1}, \ldots, a_{i_m}$ linear unabhängige Spalten von A sind. Davon kann es aber in der Größenordnung $\binom{n}{m} = \frac{n!}{m!(n-m)!}$ Möglichkeiten geben, was schnell sehr groß wird. Für $m = 10$ und $n = 30$ sind das schon 30.045.015 Möglichkeiten. Deshalb müssen wir ein weniger aufwendiges Verfahren suchen, den geeigneten Extrempunkt zu finden.

8.3.5 Bemerkung Daß wir oben davon ausgingen, daß es m linear unabhängige Spalten gibt, bedeutet im allgemeinen keine Einschränkung; denn durch das Einführen der Schlupfvariablen 8.3.1 wird Rang $A = m$.

Das Simplexverfahren

8.3.6 Gegeben sei wieder das LOP

$$\text{Max}: \quad z = c^t x,$$
$$Ax = b,$$
$$x \geq 0,$$

wobei A eine $m \times n$-Matrix, $c, x \in \mathbb{R}^n$, $b \in \mathbb{R}^m$. Die Spalten von A heißen wieder a_j, $1 \leq j \leq n$; sie sind Elemente aus $\mathbb{R}^m$.

Sei x ein Extrempunkt des zulässigen Bereiches X. Wenn x kein Maximum der Zielfunktion liefert, so gibt es in jeder Umgebung von x zulässige Punkte x' mit $z(x) \leq z(x')$. Deshalb gibt es mindestens einen 'benachbarten' Extrempunkt x', mit $z(x') \geq z(x)$. Das *Simplexverfahren* von Dantzig ist eine systematische Methode, einen solchen Extrempunkt zu finden.

8.3.7 Nach der Bemerkung 8.3.5 können wir annehmen, daß die Matrix A den Rang m hat. Jede Untermatrix B von A aus m linear unabhängigen Spalten heißt *Basismatrix*. Ihre Spalten bilden eine Basis des $\mathbb{R}^m$. Der einfacheren Bezeichnungsweise wegen bestehe B aus den ersten Spalten von A. Dann gibt es Skalare y_{ij}, so daß

(1) $$a_j = \sum_{i=1}^{m} y_{ij} a_i, \quad j = 1, \ldots, n,$$

oder in Matrix-Schreibweise

$$a_j = B y_j \quad \text{mit } y_j = (y_{1j}, \ldots, y_{mj})^t.$$

Dabei ist $y_{ij} = \delta_{ij}$ für $1 \leq j \leq m$.

Nun läßt sich die Matrix A zerlegen in der Form $A = (B, N)$ mit $N = (a_{m+1}, \ldots, a_n)$. Ferner hat jeder Vektor x eine Zerlegung $x = (x_B, x_N)^t$, wobei x_B aus den ersten m Komponenten besteht. Deshalb ist

$$Ax = (B, N) \begin{pmatrix} x_B \\ x_N \end{pmatrix} = B x_B + N x_N = b.$$

Nach 8.3.3 ergibt jede zulässige Lösung, die $a_1, \ldots, a_m$ entspricht, genau einen Extrempunkt x, und für ihn ist $x_N = 0$ und $B x_B = b$. Eine solche Lösung x heißt *Basislösung*. Sie ist gegeben durch

$$x_B = B^{-1} b, \quad x_N = 0.$$

Die Komponenten von x_B heißen *Basisvariable*. Entsprechend wird c^t zerlegt in $c^t = (c_B^t, c_N^t)$, wobei $c_B^t = (c_{B1}, \ldots, c_{Bm})$. Für die Basislösung x gilt $z = c^t x = c_B^t x_B$.

Beginn des Simplexverfahrens. Wir nehmen irgendeinen Extrempunkt x. Dann entstehen zwei Fragen: *Liefert x ein Maximum für die Zielfunktion z und, wenn nicht, wie ist x zu ändern, um zu einem* optimalen *Punkt zu gelangen?* Im Simplexverfahren versuchen wir den Punkt zu verbessern, indem wir genau einen Basisvektor durch einen neuen ersetzen. In diesem Sinne gehen wir zu einem *benachbarten Punkt* über.

Als neuen Basisvektor wollen wir a_j, $m < j \leq n$, nehmen. Zu ihm wählen wir a_r, $1 \leq r \leq m$, so daß $y_{rj} \neq 0$. Dann erhalten wir aus (1)

$$(2) \qquad a_r = \frac{1}{y_{rj}} a_j - \sum_{\substack{i=1 \\ i \neq r}}^{m} \frac{y_{ij}}{y_{rj}} a_i.$$

Ersetzen wir nun a_r in der Basislösung durch (2), so erhalten wir die Gleichung

$$\sum_{\substack{i=1 \\ i \neq r}}^{m} \left(x_{Bi} - x_{Br} \frac{y_{ij}}{y_{rj}} \right) a_i + \frac{x_{Br}}{y_{rj}} a_j = b.$$

Sie stellt ebenfalls eine Basislösung dar. Es muß allerdings gewährleistet sein, daß die neuen x_{Bi} nicht negativ sind. Bezeichnen wir sie mit $\hat{x}_{Bi}$, so verlangen wir

$$(3) \qquad \hat{x}_{Bi} = x_{Bi} - x_{Br} \frac{y_{ij}}{y_{rj}} \geq 0 \quad \text{für } i \neq r,$$

$$(4) \qquad \hat{x}_{Br} = \frac{x_{Br}}{y_{rj}} \geq 0.$$

Es gilt $x_{Br} \geq 0$, da x eine zulässige Lösung ist. Wir erhalten deshalb für (3) und (4) die notwendigen und hinreichenden Bedingungen

$$\frac{x_{Bi}}{y_{ij}} - \frac{x_{Br}}{y_{rj}} \geq 0 \quad \text{für alle } i \text{ mit } y_{ij} > 0, \text{ sowie } y_{rj} > 0,$$

falls $x_{Br} > 0$ ist.

8.3.8 Lemma *Zu gewähltem j mit $m < j \leq n$ legt die Bedingung*

$$(5) \qquad \frac{x_{Br}}{y_{rj}} = \min_i \left\{ \frac{x_{Bi}}{y_{ij}} : y_{ij} > 0 \right\}$$

die Indizes r fest, für die a_r durch a_j ersetzt werden kann. □

8.3.9 Wir wollen nun versuchen, j so zu bestimmen, daß sich der Wert der Zielfunktion beim Basiswechsel vergrößert. Der alte Zielwert ist

$$z = c^t x = c_B^t x_B = \sum_{i=1}^{m} c_{Bi} x_{Bi}.$$

Der neue Zielwert wird $\hat{z} = \sum_{i=1}^{m} \hat{c}_{Bi} \hat{x}_{Bi}$, wobei $\hat{c}_{Bi} = c_{Bi}$ für $i \neq r$ und $\hat{c}_{Br} = c_j$ ist. Also ist wegen (3) und (4)

(6) $$\hat{z} = \left(\sum_{\substack{i=1 \\ i \neq r}}^{m} c_{Bi} \left(x_{Bi} - x_{Br} \frac{y_{ij}}{y_{rj}} \right) \right) + \frac{x_{Br}}{y_{rj}} c_j = z - \frac{x_{Br}}{y_{rj}} (z_j - c_j)$$

mit

(7) $$z_j = c_B^t y_j.$$

Um den Zielwert zu vergrößern, muß nach (6) $z_j - c_j < 0$ sein. Die beste Vergrößerung erhalten wir mit dem j, für das $\frac{x_{Br}}{y_{rj}}(z_j - c_j)$ ein Miminum ist. (Dabei wird das r zu jedem j durch die Gleichung (5) bestimmt.) In der numerischen Behandlung wird einfach das j mit minimalem $z_j - c_j$ gewählt.

8.3.10 Ergebnis *Wir können den Zielwert vergrößern, falls es*
1. *einen Index j ($m < j \leq n$) mit $z_j - c_j < 0$ und darüber hinaus*
2. *einen Index r ($1 \leq r \leq m$) mit $y_{rj} > 0$ und $x_{Br} \neq 0$ gibt.*

Wir wollen nun in 8.3.11–13 die Fälle untersuchen, in denen mindestens eine der Bedingungen nicht erfüllt ist.

8.3.11 Hilfssatz *Gilt $z_j - c_j \geq 0$ für $m < j \leq n$ für eine Basislösung $x^* = (x_1^*, \ldots, x_m^*, 0, \ldots, 0)^t$, so hat die Zielfunktion in x^* ihr Maximum.*

B e w e i s   Sei $x = (x_1, \ldots, x_n)^t$ eine beliebige zulässige Lösung, d.h. $Ax = b$. Also gilt nach (1)

$$\sum_{i=1}^{m} a_i x_i^* = b = \sum_{i=1}^{n} x_i a_i = \sum_{i=1}^{n} x_i \sum_{j=1}^{m} y_{ji} a_j = \sum_{j=1}^{m} a_j \left(\sum_{i=1}^{n} y_{ji} x_i \right).$$

Da die Vektoren a_j, $1 \leq j \leq m$, linear unabhängig sind, folgt

$$x_j^* = \sum_{i=1}^{n} y_{ji} x_i, \; 1 \leq j \leq m.$$

308   8 Lineare Optimierung

Nun ist $y_{ji} = \delta_{ji}$ für $i, j \leq m$. Also

$$x_j = x_j^* - \sum_{k=m+1}^{n} y_{jk} x_k, \quad 1 \leq j \leq m.$$

Für den Zielwert z bei x ergibt sich

$$\begin{aligned}
z &= \sum_{j=1}^{n} c_j x_j = \sum_{j=1}^{m} c_j x_j + \sum_{k=m+1}^{n} c_k x_k \\
&= \sum_{j=1}^{m} c_j \left(x_j^* - \sum_{k=m+1}^{n} y_{jk} x_k \right) + \sum_{k=m+1}^{n} c_k x_k \\
&= z^* - \sum_{k=m+1}^{n} \left(\left(\sum_{j=1}^{m} c_j y_{jk} \right) - c_k \right) x_k \\
&= z^* - \sum_{k=m+1}^{n} (z_k - c_k) x_k \quad \text{mit } z_k = \sum_{j=1}^{m} c_j y_{jk} \,;
\end{aligned}$$

dabei ist z^* der Zielwert bei x^*. Da x zulässig ist, gilt $x_k \geq 0$, und nach Voraussetzung ist $(z_k - c_k) \geq 0$ für alle k, also $z \leq z^*$. □

8.3.12 Hilfssatz *Gilt $z_j - c_j < 0$ für ein j mit $m < j \leq n$ und ist $y_{ij} \leq 0$ für alle $i \leq m$, so besitzt das LOP keine Lösung. Der Zielwert ist nicht nach oben beschränkt.*

B e w e i s   Für beliebiges $s > 0$ ist $\hat{x}$ mit

$$\begin{aligned}
\hat{x}_i &= x_i - s y_{ij}, & i \leq m, \\
\hat{x}_j &= s, & \\
\hat{x}_i &= 0, & i > m, i \neq j,
\end{aligned}$$

eine zulässige Lösung; denn

$$\sum_{i=1}^{n} a_i \hat{x}_i = \sum_{i=1}^{m} a_i x_i - s \sum_{i=1}^{m} y_{ij} a_i + s a_j = \sum_{i=1}^{m} a_i x_i = b,$$

wie aus (1) folgt. Die Zielwerte bei $\hat{x}$ und x unterscheiden sich um $-s \sum_{i=1}^{m} c_i y_{ij} + sc_j = -s(z_j - c_j) > 0$; der Zielwert bei $\hat{x}$ ist also größer als bei x. □

8.3 Lineare Optimierung. Das Simplexverfahren

Dieser Fall hat für die Praxis keine Bedeutung, da dort nach oben nicht beschränkte Zielfunktionen nicht vorkommen.

8.3.13 Es ist möglich, daß es ein j mit $z_j - c_j < 0$, $j > m$ gibt, aber das nach (5) zu bildende Minimum Null ist, weil $x_{Br} = 0$ gilt; ein solches Minimum heißt *entartete Ecke*. Aus (6) folgt, daß sich dann beim Wechsel von a_j zu a_r der Zielwert nicht ändert. Ist nun für alle j mit $z_j - c_j < 0$ das entsprechende $x_{Br} = 0$, so können wir den Wert der Zielfunktion nicht verbessern, und es besteht die Möglichkeit, daß wir beim Basiswechsel in einen Zyklus geraten, also nach einigen Schritten wieder bei der Ausgangsbasis angelangen. Es gibt Beispiele dafür, die aber alle nicht aus der Praxis stammen. In der Wirklichkeit ist die Wahrscheinlichkeit dafür, in einen solchen Zyklus zu geraten, sehr gering. Mittels einer lexikographischen Ordnung lassen sich solche Zyklen vermeiden, vgl. [Collatz-Wetterling, §3.3]. Beim Rechenverfahren wird beim Auftreten des Falles $x_{Br} = 0$ einfach die Ersetzung durchgeführt und dann normal weitergerechnet.

8.3.14 Zusammenfassung *Da es nur endlich viele Basislösungen gibt, stoßen wir – den Fall 8.3.13 einmal ausgeschlossen – nach endlich vielen Schritten auf einen Fall 8.3.11 oder 8.3.12. Dann haben wir das Maximum bestimmt (Fall 8.3.11), oder das Problem hat keine Lösung (Fall 8.3.12).*

8.3.15 Beispiel

(a) *Problem*   Max :
$$z = 2x_1 - 4x_2,$$
$$3x_1 + 5x_2 \geq 15,$$
$$4x_1 + 9x_2 \leq 36,$$
$$x_1, x_2 \geq 0.$$

Zunächst bringen wir die Nebenbedingungen auf die Form $Ax = b$:

$$\begin{aligned} 3x_1 + 5x_2 - x_3 &= 15, \\ 4x_1 + 9x_2 + x_4 &= 36, \\ x_1, x_2, x_3, x_4 &\geq 0, \end{aligned}$$

$$A = \begin{pmatrix} 3 & 5 & -1 & 0 \\ 4 & 9 & 0 & 1 \end{pmatrix}, \quad b = \begin{pmatrix} 15 \\ 36 \end{pmatrix},$$

$$a_1 = \begin{pmatrix} 3 \\ 4 \end{pmatrix}, \ldots, a_4 = \begin{pmatrix} 0 \\ 1 \end{pmatrix}, \quad c^t = (2, -4, 0, 0).$$

(b) 1. *Versuchspunkt.* Wir nehmen zunächst a_1, a_4 als Basisvektoren. Dann müssen wir $x_1 a_1 + x_4 a_4 = b$ für x_1, x_4 lösen, d.h. $x_1 \binom{3}{4} + x_4 \binom{0}{1} = \binom{15}{36}$. Die Lösung ist $x_1 = 5$, $x_4 = 16$. Es ist $c_B = \binom{2}{0}$, $x_B = \binom{5}{16}$, und der Zielwert ist

$$z = c_B^t \cdot x_B = (2,0) \binom{5}{16} = 10.$$

Der erste Versuchspunkt ist damit $(5, 0, 0, 16)$. Nun sind a_2, a_3 als Linearkombination von a_1, a_4 darzustellen, und zwar ist

$$a_2 = \frac{5}{3} a_1 + \frac{7}{3} a_4, \quad \text{d.h. } y_2 = \begin{pmatrix} \frac{5}{3} \\ \frac{7}{3} \end{pmatrix},$$

$$a_3 = -\frac{1}{3} a_1 + \frac{4}{3} a_4, \quad \text{d.h. } y_3 = \begin{pmatrix} -\frac{1}{3} \\ \frac{4}{3} \end{pmatrix};$$

$$z_2 = (2,0) \begin{pmatrix} \frac{5}{3} \\ \frac{7}{3} \end{pmatrix} = \frac{10}{3}, \quad z_3 = (2,0) \begin{pmatrix} -\frac{1}{3} \\ \frac{4}{3} \end{pmatrix} = -\frac{2}{3},$$

$$z_2 - c_2 = \frac{22}{3}; \quad z_3 - c_3 = -\frac{2}{3};$$

$z_2 - c_2 \geq 0$ und $z_3 - c_3 < 0$. Der neue Basisvektor muß a_3 sein ($j = 3$). Um r zu bestimmen, betrachten wir

$$\min_i \left\{ \frac{x_{Bi}}{y_{i3}} : y_{i3} > 0 \right\}, \quad \text{wobei } i \in \{1, 4\}.$$

Da aber $y_{13} < 0$ und $y_{43} = \frac{4}{3}$ ist, liegt das Minimum für $i = 4$ vor, d.h. a_4 wird aus der Basis herausgenommen.

(c) 2. *Versuchspunkt.* Die neuen Basisvektoren sind a_1, a_3. Der Zielwert war beim ersten Versuchspunkt

$$z = c_B^t x_B = 10.$$

Der neue Zielwert ist nach 8.3.9 Formel (6)

$$\hat{z} = z - \frac{x_4}{y_{43}}(z_3 - c_3) = 10 - \frac{16}{4/3}\left(-\frac{2}{3}\right) = 18.$$

Um die neue Basislösung zu bestimmen, lösen wir

$$x_1 a_1 + x_3 a_3 = b.$$

Die Lösung ist $x_1 = 9$, $x_3 = 12$. Der zweite Versuchspunkt ist damit $(9, 0, 12, 0)$. Nun werden a_2, a_4 als Linearkombination von a_1, a_3 dargestellt, und zwar ist

$$a_2 = \frac{9}{4}a_1 + \frac{7}{4}a_3, \quad y_2 = \begin{pmatrix} \frac{9}{4} \\ \frac{7}{4} \end{pmatrix},$$

$$a_4 = \frac{1}{4}a_1 + \frac{3}{4}a_3, \quad y_4 = \begin{pmatrix} \frac{1}{4} \\ \frac{3}{4} \end{pmatrix},$$

$$z_2 = c_B^t y_2 = \frac{9}{2}, \; z_4 = c_B^t y_4 = \frac{1}{2}, \; z_2 - c_2 = \frac{17}{2} > 0, \; z_4 - c_4 = \frac{1}{2} > 0.$$

Der zweite Versuchspunkt liefert also nach 8.3.11 das Maximum $z = 18$, und zwar bei $x_1 = 9$ und $x_2 = 0$. Die Schlupfvariablen sind jetzt überflüssig.

Die Umformungen bei einem Schritt

Wir fangen nochmals mit dem LOP an. Angenommen, a_k ersetzt bei einem Schritt in dem Simplexverfahren das a_r aus einer Basis. Dann ist

$$a_k = y_{rk} a_r + \sum_{\substack{i=1 \\ i \neq r}}^{m} y_{ij} a_i \quad \text{und} \quad a_r = \frac{1}{y_{rk}} a_k - \sum_{\substack{i=1 \\ i \neq r}}^{m} \frac{y_{ik}}{y_{rk}} a_i.$$

Für jedes a_j mit $j > m$ gilt:

$$a_j = y_{rj} a_r + \sum_{\substack{i=1 \\ i \neq r}}^{m} y_{ij} a_i,$$

so daß

(8)
$$a_j = \sum_{\substack{i=1 \\ i \neq r}}^{m} \left(y_{ij} - \frac{y_{rj} y_{ik}}{y_{rk}} \right) a_i + \frac{y_{rj}}{y_{rk}} a_k$$

bezüglich der neuen Basis ist. Wir schreiben diese Gleichungen in der Form

$$a_j = \sum_{i=1}^{m} \hat{y}_{ij} \hat{a}_i,$$

8 Lineare Optimierung

wobei

(9) $\quad \hat{a}_i = \begin{cases} a_i \\ a_k \end{cases}, \quad \hat{y}_{ij} = \begin{cases} y_{ij} - \frac{y_{rj}y_{ik}}{y_{rk}} & 1 \leq i \leq m,\ i \neq r, \\ \frac{y_{rj}}{y_k} & i = r. \end{cases}$

Bilden wir nun zu der neuen Basis das $\hat{c}_B$ und die $\hat{z}_j$ (vgl. 8.3.9), so erhalten wir

$$\hat{c}_B = (\hat{c}_{B1}, \ldots, \hat{c}_{Bm})^t \text{ mit } \hat{c}_{Bi} = \begin{cases} c_{Bi} & i \neq r, \\ c_k & i = r, \end{cases}$$

$$\hat{z}_j = \hat{c}_B^t \hat{y}_j.$$

Ferner ist $\hat{c}_j = c_j$ für alle $j > m$. Es gilt

(10) $\qquad \hat{z}_j - \hat{c}_j = z_j - c_j - \dfrac{y_{rj}}{y_{rk}}(z_k - c_k)$;

denn

$$\hat{z}_j - \hat{c}_j = \hat{c}_B^t \hat{y}_j - \hat{c}_j = \sum_{\substack{i=1 \\ i \neq r}}^{m}\left(c_{Bi} y_{ij} - c_{Bi}\frac{y_{rj}y_{ik}}{y_{rk}}\right) + c_k \frac{y_{rj}}{y_{rk}} - c_j,$$

$$z_j - c_j - \frac{y_{rj}}{y_{rk}}(z_k - c_k) = \sum_{\substack{i=1 \\ i \neq r}}^{m} c_{Bi}y_{ij} + c_{Br}y_{rj} - \frac{y_{rj}}{y_{rk}}\sum_{\substack{i=1 \\ i \neq r}}^{m} c_{Bi}y_{ik}$$

$$- \frac{y_{rj}}{y_{rk}} c_{Br} y_{rk} + \frac{y_{rj}}{y_{rk}} c_k - c_j.$$

Es bleibt das Problem, einen Ausgangspunkt zu bestimmen. Hat das LOP die Form

$$\text{Max}: \quad z = c^t x,$$
$$Dx_D \leq b,$$
$$x_D \geq 0$$

mit $b \geq 0$, dann erhalten wir nach dem Hinzufügen von Schlupfvariablen Nebenbedingungen der Form

$$Dx_D + E_m x_s = b,$$
$$x_s \geq 0,$$
$$x_D \geq 0,$$

d.h. $A = (D, E_m)$ und $Ax = b$, wobei $x = (x_D, x_s)^t$. In diesem Fall kann $x_D = 0$, $x_s = b$ als Ausgangsversuchspunkt dienen.

8.3.16 Simplextableau (Simplexschema)
In dem Simplextableau stehen

[1] die Basisvektoren,
[2] die entsprechende Basislösung,
[3] der Wert der Zielfunktion z,
[4] die Skalare y_{ij} in der Darstellung der a_j als Linearkombination der Basisvektoren,
[5] die Werte $z_j - c_j$ mit $z_j = c_B^t y_j = c_{B1} y_{1j} + \ldots + c_{Bm} y_{mj}$,
[6] das entsprechende c_B.

Das Schema sieht folgendermaßen aus:

	c_B		Basisvektoren		$x_B \backslash c_j$		c_1 a_1	c_2 a_2	$\ldots$	c_n a_n
[6]	c_{B1}	[1]	$a_{i(1)}$	[2]	x_{B1}	[4]	y_{11}	y_{12}	$\ldots$	y_{1n}
	$\vdots$		$\vdots$		$\vdots$		$\vdots$	$\vdots$		$\vdots$
	c_{Bm}		$a_{i(m)}$		x_{Bm}		y_{m1}	y_{m2}	$\ldots$	y_{mn}
				[3] $z = c^t x$		[5]	$z_1 - c_1$	$z_2 - c_2$	$\ldots$	$z_n - c_n$

Um einen neuen Basisvektor zu bestimmen, wählen wir k so, daß $z_k - c_k < 0$ gilt und $z_k - c_k$ ein Minimum ist. Sei a_k der neue Basisvektor. (Wenn $z_k - c_k = z_i - c_i$, $i \neq k$, dürfte man auch a_i nehmen.) Wenn alle $y_{ik} \leq 0$ sind, dann gibt es eine unbegrenzte Lösung. Wenn mindestens ein $y_{ik} > 0$ ist, können wir das Verfahren fortsetzen. Zunächst berechnen wir

$$\frac{x_{Br}}{y_{rk}} = \min_i \left\{ \frac{x_{Bi}}{y_{ik}} : y_{ik} > 0 \right\}.$$

Das Minimum bestimmt den Vektor a_r, der aus der Basis herausgenommen wird. Die neuen Werte sind dann:

$$\hat{y}_{ij} = y_{ij} - \frac{y_{rj} y_{ik}}{y_{rk}}, \ i \neq r, \ \hat{y}_{rj} = \frac{y_{rj}}{y_{rk}}, \quad \text{(nach (8))},$$

$$\hat{x}_{Bi} = x_{Bi} - \frac{y_{ik} x_{Br}}{y_{rk}}, \ i \neq r, \ \hat{x}_{Br} = \frac{x_{Br}}{y_{rk}}, \quad \text{(nach (3,4))},$$

$$\hat{z} = z - \frac{x_{Br}}{y_{rk}} (z_k - c_k), \quad \text{(nach (6))},$$

$$\hat{z}_j - \hat{c}_j = z_j - c_j - \frac{y_{rj}}{y_{rk}} (z_k - c_k), \quad \text{(nach (10))}.$$

8 Lineare Optimierung

Beispiel Wir wollen nun das Simplexverfahren einmal mit dem Simplextableau durchführen. Dazu nehmen wir das Beispiel 8.1.1. In der mathematischen Beschreibung 8.1.2 treten noch Ungleichungen auf, die wir durch Schlupfvariable in Gleichungen verwandeln. Wir bekommen nun das System, vgl. 8.3.2,

(a)
$$\text{Max}: z = 250x_1 + 45x_2$$

$$\begin{aligned}
x_1 \phantom{{}+{}} & + x_3 \phantom{{}+{} x_4 {}+{} x_5 {}+{} x_6} = 50 \\
& x_2 \phantom{{}+{} x_3} + x_4 \phantom{{}+{} x_5 {}+{} x_6} = 200 \\
x_1 + 0{,}2x_2 \phantom{{}+{} x_3 {}+{} x_4} + x_5 \phantom{{}+{} x_6} = 72 \\
150x_1 + 25x_2 \phantom{{}+{} x_3 {}+{} x_4 {}+{} x_5} + x_6 = 10000
\end{aligned}$$

$$x_1, \quad x_2, \quad x_3, \quad x_4, \quad x_5, \quad x_6 \geq 0.$$

Zu diesem LOP gehört die Matrix

$$A = \begin{pmatrix} 1 & 0 & 1 & 0 & 0 & 0 \\ 0 & 1 & 0 & 1 & 0 & 0 \\ 1 & 0{,}2 & 0 & 0 & 1 & 0 \\ 150 & 25 & 0 & 0 & 0 & 1 \end{pmatrix}, \text{ sowie } b = \begin{pmatrix} 50 \\ 200 \\ 72 \\ 10000 \end{pmatrix}.$$

Die Spalten von A ergeben die Vektoren $a_1, \ldots, a_6$.

(b) Wir nehmen als erste Basis $B = (a_3, a_4, a_5, a_6)$. Dann erhalten wir das Schema:

c_B	BV	$x_B \backslash c_j$	250 a_1	45 a_2	0 a_3	0 a_4	0 a_5	0 a_6
0	a_3	50	[1]	0	1	0	0	0
0	a_4	200	0	1	0	1	0	0
0	a_5	72	1	0,2	0	0	1	0
0	a_6	10000	150	25	0	0	0	1
		0	-250	-45	0	0	0	0

Hierbei sind die $z_j - c_j$ einfach zu berechnen: wir multiplizieren die Elemente derselben Zeile unter c_B und a_j und addieren die Produkte. Davon wird das c_j aus der ersten Zeile subtrahiert.

8.3 Lineare Optimierung. Das Simplexverfahren

Das Minimum der $z_j - c_j$ wird bei a_1 angenommen. Deshalb wird dieser Vektor in die Basis aufgenommen. Nach 8.3.9 und 8.3.8 muß der alte Basisvektor weggelassen werden, für den x_{Bi}/y_{i1} ein Minimum ist, wobei allerdings $y_{i1} > 0$ sein muß. In unserem Fall bekommen wir die Zahlen 50/1 für a_3, 200/0 für a_4 (welche wegen $y_{41} \leq 0$ ausscheidet), 72/1 für a_5, $\frac{10000}{150}$ für a_6.

Das Minimum ist 50, und deshalb ist a_3 durch a_1 zu ersetzen. Der eingeklammerte Koeffizient heißt *Pivot* (franz.: Angelpunkt, Drehpunkt) oder *Pivotelement*. Er ist das y_{rk}, welches in den Formeln 8.3.16 (9) im Nenner vorkommt. Der Vektor neben dem Pivotelement ist durch den über ihm zu ersetzen, es wird also eine Drehung um das Pivotelement vorgenommen.

(c) Als nächstes haben wir die Basislösung für die Basis (a_1, a_4, a_5, a_6) zu finden, also das lineare Gleichungssystem

$$\begin{pmatrix} 1 & 0 & 0 & 0 \\ 0 & 1 & 0 & 0 \\ 1 & 0 & 1 & 0 \\ 150 & 0 & 0 & 1 \end{pmatrix} \begin{pmatrix} x_1 \\ x_4 \\ x_5 \\ x_6 \end{pmatrix} = \begin{pmatrix} 50 \\ 200 \\ 72 \\ 10000 \end{pmatrix}$$

zu lösen. Es ergibt sich die Lösung $(50, 200, 22, 2500)^t$. Nun erhalten wir das neue Schema:

c_B	BV	$x_B \backslash c_j$	250 a_1	45 a_2	0 a_3	0 a_4	0 a_5	0 a_6
250	a_1	50	1	0	1	0	0	0
0	a_4	200	0	1	0	1	0	0
0	a_5	22	0	0,2	-1	0	1	0
0	a_6	2500	0	[25]	-150	0	0	1
		12500	0	-45	250	0	0	0

Als neuen Vektor haben wir a_2 zur Basis hinzunehmen. Um den Vektor zu bestimmen, der durch a_2 ersetzt wird, haben wir diesmal das Minimum von $\frac{200}{1}, \frac{22}{0,2}$ und $\frac{2500}{25}$ zu suchen, welche zu a_4, a_5 bzw. a_6 gehören. Deshalb wird a_6 ersetzt.

(d) Nun suchen wir nach der Basislösung zur Basis (a_1, a_2, a_4, a_5), lösen also

$$\begin{pmatrix} 1 & 0 & 0 & 0 \\ 0 & 1 & 1 & 0 \\ 1 & 0,2 & 0 & 1 \\ 150 & 25 & 0 & 0 \end{pmatrix} \begin{pmatrix} x_1 \\ x_2 \\ x_4 \\ x_5 \end{pmatrix} = \begin{pmatrix} 50 \\ 200 \\ 72 \\ 10000 \end{pmatrix}.$$

8 Lineare Optimierung

Dann entsteht das folgende Schema:

c_B	BV	$x_B \backslash c_j$	250 a_1	45 a_2	0 a_3	0 a_4	0 a_5	0 a_6
250	a_1	50	1	0	1	0	0	0
45	a_2	100	0	1	-6	0	0	$\frac{1}{25}$
0	a_4	100	0	0	6	1	0	$-\frac{1}{25}$
0	a_5	2	0	0	$\left[\frac{1}{5}\right]$	0	1	$-\frac{1}{125}$
		17000	0	0	-20	0	0	$\frac{45}{25}$

Deshalb nehmen wir nun a_3 als neuen Basisvektor. Da $2/\frac{1}{5} < 100/6 < 50/1$ und $-6 < 0$ ist, wird a_5 durch a_3 ersetzt.

(e) Als Basislösung zur Basis (a_1, a_2, a_3, a_4) erhalten wir $x_1 = 40$, $x_2 = 160$, $x_3 = 10$ und $x_4 = 40$ und bekommen das neue Schema:

c_B	BV	$x_B \backslash c_j$	250 a_1	45 a_2	0 a_3	0 a_4	0 a_5	0 a_6
250	a_1	40	1	0	0	0	-5	$\frac{1}{25}$
45	a_2	160	0	1	0	0	30	$-\frac{1}{5}$
0	a_3	10	0	0	1	0	5	$-\frac{1}{25}$
0	a_4	40	0	0	0	1	-30	$-\frac{1}{5}$
		17200	0	0	0	0	100	1

Da hier alle $z_j - c_j \geq 0$ sind, endet das Verfahren hier. Also ist die beste Lösung 40 Kühe und 160 Schafe: Das ist dieselbe Lösung wie in 8.1.2.

Aufgaben

8.3.A1 Lösen Sie mit Hilfe des Simplexverfahrens folgende Optimierungsaufgabe: Ein Bauer hat 50 ha Land zu bebauen, und zwar der Marktlage entsprechend mit

Weizen, Rüben oder Mais, wobei die Anbaufläche für Rüben 20 ha nicht übersteigen soll. Es stehen Arbeitskräfte für insgesamt maximal 1300 Stunden zur Verfügung. Arbeitsstunden und Gewinn pro ha sind für die drei Produkte in folgender Tabelle zusammengefaßt:

	Arbeitszeit in Stunden/ha	Gewinn in DM/ha
Weizen	20	5000
Rüben	40	8000
Mais	30	6000

Im vergangenen Jahr hat der Bauer nur Weizen angebaut. Sollte er das wieder tun?

8.3.A2 Lösen Sie Aufgabe 8.1.A3 mit Hilfe der Simplexmethode. Gehen Sie dabei von vier unabhängigen Variablen aus: den Minuten, die der Mann zu Fuß geht, den Minuten, die er mit der Straßenbahn fährt, der Dauer seines ersten Auftritts und der Dauer aller weiteren Auftritte zusammen.

8.3.A3 Gegeben sei folgendes LOP:

$$\text{Max:} \quad z = x_1 + x_2,$$
$$2x_1 + x_2 \leq 8, \quad -x_1 + x_2 \leq 4,$$
$$x_1 + 2x_2 \leq 6, \quad x_1, x_2 \geq 0.$$

(a) Bestimmen Sie graphisch die Lösung dieses Problems.

(b) Bestimmen Sie die Lösung des Systems durch das Simplexverfahren.

(c) Welchen Punkten in dem in (a) erstellten Diagramm sind die einzelnen im Simplexverfahren auftretenden Basislösungen zugeordnet?

8.3.A4 Sei

$$\text{Max} \quad z = c^t x$$
$$Ax + Ex_s = b \quad \text{mit } c, x \in \mathbb{R}^n, \, b \in \mathbb{R}^m, \, \text{Rang } A = m, x_s \in \mathbb{R}^m$$
$$x, x_s \geq 0$$

ein LOP. Beweisen oder widerlegen Sie:

(a) Jeder Vektor (x, x_s) mit $n - m$ verschwindenden Komponenten ist eine Basislösung.

(b) Hat eine Basislösung weniger als m positive Komponenten, so läßt sich ein Basistausch ausführen, ohne daß sich der Wert der Zielfunktion ändert.

(c) Der Punkt $(x, x_s)^t = (0, b^t)^t$ ist eine zulässige Lösung.

(d) Ist (x_*, x_{s^*}) eine optimale Lösung des LOPs, so gilt $x_{s^*} = 0$.

8.4 Dualitätstheorie

In 8.1.5 sind wir schon auf das Dualitätsprinzip eingegangen, welches daraus entsteht, daß es neben Käufern, die eine Kostenfunktion minimieren wollen, Anbieter gibt, die den Gewinn maximieren wollen. Wir wollen das zunächst noch einmal am Diätproblem besprechen.

8.4.1 (a) In dem Minimierungsproblem will jemand m Vitamine in den Mindestmengen $b_1, \ldots, b_m$ zu sich nehmen, indem er n Nahrungsmittel in den (nichtnegativen) Mengen $x_1, \ldots, x_n$ verzehrt. Die Zahl a_{ij} gebe an, wieviel des i-ten Vitamines in dem j-ten Nahrungsmittel enthalten ist; ferner bezeichnet A die Matrix der a_{ij} mit i als Zeilenindex. Dann ist $Ax \geq b$ (für die offensichtlichen Matrizen). Schließlich bezeichne c_j den Preis des j-ten Nahrungsmittels. Dann sind $c_1 x_1 + \ldots c_n x_n = c^t x$ die *Kosten* der Diät. Sie sind zu minimieren: *Das Minimierungsproblem.*

(b) Im dualen Problem verkauft der Drogist Vitamintabletten statt Nahrungsmittel. Als Preise y_i kommen nur nicht-negative Zahlen in Frage. Allerdings darf der Preis $a_{1j}y_1 + \ldots + a_{mj}y_m$ des Drogisten für die Vitamine, die das j-te Nahrungsmittel liefert, nicht die Kosten c_j des j-ten Nahrungsmittels übersteigen. Das ergibt die Ungleichung $A^t y \leq c$. Unter diesen Einschränkungen kann er Mengen b_i des i-ten Vitamines verkaufen mit einem *Gesamtgewinn* von $y_1 b_1 + \ldots + y_m b_m = y^t b$, welchen er *maximieren* will.

Hier ist zu beachten, daß die zulässigen Mengen für die beiden Probleme sehr verschieden sind. Im ersten Fall wird der Bereich im $\mathbb{R}^n$ durch die Matrix A und den Spaltenvektor b gegeben; im zweiten handelt es sich um eine Teilmenge des $\mathbb{R}^m$, beschrieben durch die transponierte Matrix A^t und den anderen Vektor c. Dieses führt uns zu der folgenden Definition der Dualität:

8.4.2 Definition Die beiden folgenden Probleme sind *dual zueinander*:

Minimierungsproblem: Maximierungsproblem:
Min: $k = c^t x$ Max: $z = b^t y$
   $Ax \geq b$ $A^t y \leq c$
   $x \geq 0$; $y \geq 0$.

Dabei sind die auf beiden Seiten gleichzeitig auftretenden Vektoren bzw. Matrizen b, c und A dieselben.

Offenbar ist die Dualitätsbeziehung symmetrisch. In 8.1.5 hatten wir erhalten, daß der beste Preis, den der Drogist erzielen konnte, gleich den minimalen Kosten ist, die für den Käufer beim Kauf von Erdnuß-Butter und Steaks entstehen. Dies ist ein Spezialfall von

8.4.3 Dualitätssatz *Hat das vorgegebene Problem oder sein duales einen optimalen Lösungsvektor, so auch das andere und ihre Werte sind dieselben: Das Minimum von $c^t x$ ist gleich dem Maximum von $b^t y$. Falls keine optimalen Vektoren existieren, so gibt es zwei Möglichkeiten: Entweder sind beide zulässigen Mengen leer, oder eine ist leer und das andere Problem ist unbeschränkt (d.h. das Maximum ist $+\infty$ oder das Minimum ist $-\infty$).*

Der Beweis findet sich in 8.4.9.

Da sich jedes Nahrungsmittel durch sein Vitamin-Äquivalent ohne Kostenerhöhung ersetzen läßt, müssen die Nahrungsmittelpreise mindestens so hoch sein wie jeder mögliche Preis des Drogisten.

8.4.4 Schwache Dualität *Sind x und y zulässige Vektoren in den dualen Minimierungs- und Maximierungsproblemen, so gilt*

$$y^t b \leq c^t x.$$

B e w e i s Da die Vektoren zulässig sind, erfüllen sie

$$Ax \geq b \text{ und } A^t y \leq c.$$

Da $x \geq 0$ und $y \geq 0$, können wir die erste Ungleichung von links mit y^t multiplizieren, ohne sie zu zerstören. Analoges gilt für die transponierte zweite Ungleichung bei der Multiplikation mit x von rechts:

$$y^t A x \geq y^t b, \quad y^t A x \leq c^t x \quad \Longrightarrow \quad y^t b \leq c^t x. \qquad \square$$

Aus dem schwachen Dualitätssatz ergibt sich unmittelbar:

8.4.5 *Kann der Erlös $y^t b$ beliebig groß gemacht werden, dann kann es keinen zulässigen Vektor x geben; denn sonst wäre $c^t x$ eine obere Grenze für das Maximum. Analog können die Kosten für $c^t x$ für das duale Problem nicht beliebig klein sein, wenn es ein zulässiges y des Maximierungsproblemes gibt.*

Eine andere Konsequenz ist

8.4.6 Lemma *Sind die Vektoren x_0 und y_0 zulässig, und ist $c^t x_0 = y_0^t b$, so sind beide Vektoren optimal (für ihre Probleme).*

B e w e i s Ist y zulässig, so gilt nach 8.4.4

$$y^t b \leq c^t x_0 = y_0^t b.$$

8 Lineare Optimierung

Deshalb ist der Gewinn bei y_0 maximal. Analog folgt die Aussage für x_0. □

8.4.7 Beispiel Es gebe zwei Nahrungsmittel und zwei Vitamine. Die Probleme sind:

Primär:
Min: $x_1 + 4x_2$,
$2x_1 + x_2 \geq 6$,
$5x_1 + 3x_2 \geq 7$,
$x_1, x_2 \geq 0$,

Dual:
Max: $6y_1 + 7y_2$,
$2y_1 + 5y_2 \leq 1$,
$y_1 + 3y_2 \leq 4$,
$y_1, y_2 \geq 0$.

Für das Minimierungsproblem ist $(3,0)^t$ zulässig und verursacht die Kosten $x_1 + 4x_2 = 3$. Im dualen Problem ergibt $\left(\frac{1}{2}, 0\right)^t$ denselben Wert $6y_1 + 7y_2 = 3$ der Zielfunktion. Deshalb müssen beide Vektoren optimal sein.

Wegen 8.4.6 können wir versuchen, eine optimale Lösung zu finden, indem wir das Gleichungssystem $c^t x = y^t b$ nach x und y löst. Dabei kann das Simplexverfahren helfen; denn das Maximum von $c^t x$ findet sich in einem Extrempunkt des zulässigen Bereiches, falls $c^t x$ nicht beliebig große Werte annehmen kann. Über die Extrempunkte wissen wir aber schon, daß ihre Koordinaten nicht beliebig sein können. Nach 8.3.4 hat ein solcher optimaler Vektor nur m von 0 verschiedene Komponenten. Es bleibt natürlich noch die Frage, welcher Extrempunkt es ist. Bevor wir darauf weiter eingehen, wollen wir die Antwort an dem obigen Beispiel illustrieren: Die Diät x und die Vitaminpreise y sind optimal, wenn

(1) der Kaufmann nichts von den Nahrungsmitteln verkauft, deren Preis zu hoch ist verglichen mit ihrem Vitamin-Äquivalent;

(2) der Drogist nichts für die Vitamine verlangt, die in der Diät in Überdosis gegeben werden.

In dem Beispiel ist $x_2 = 0$, weil das zweite Nahrungsmittel zu teuer ist. Sein Preis übersteigt denjenigen des Drogisten, da $y_1 + 3y_2 \leq 4$ die strenge Ungleichung $\frac{1}{2} + 0 < 4$ ist. Analog ist $y_i = 0$, wenn das i-te Vitamin in Überdosis gegeben wird; es ist dann eine freie Zugabe, also wertlos. Im Beispiel werden 7 Einheiten des zweiten Vitamins verlangt. Aber die Diät gibt tatsächlich $5x_1 + 3x_2 = 15$. Deshalb ist $y_2 = 0$. Für ein optimales Paar sind also diese Bedingungen erfüllt. Allgemein bekommen wir:

8.4.8 Satz *Es seien x und y zulässige Vektoren für die dualen Probleme 8.4.2. Dann ist äquivalent:*

(a) *Für $(Ax)_i > b_i$ ist $y_i = 0$, und für $(A^t y)_j < c_j$ ist $x_j = 0$.*

(b) *Die Vektoren x und y sind optimal.*

B e w e i s   Wir haben nach 8.4.4
$$y^t b \leq y^t(Ax) = (y^t A)x \leq c^t x.$$

Notwendig und hinreichend für Gleichheit in der ersten Ungleichung ist, daß aus $b_i < (Ax)_i$ folgt $y_i = 0$, da $y \geq 0$. Gleichheit in der zweiten Ungleichung impliziert analog für $(A^t y)_j < c_j$, daß $x_j = 0$ ist. Diese beiden Bedingungen sind notwendig und hinreichend für die Gültigkeit der Gleichung $y^t b = c^t x$, die nach 8.4.6 optimale Vektoren charakterisiert. □

8.4.9 Beweis des Dualitätssatzes 8.4.3 (a) Nach 8.4.5 brauchen wir nur noch den Fall zu behandeln, daß eines der Probleme – und damit beide – einen optimalen Vektor besitzt. Wir nehmen diesen für das Maximierungsproblem an. Dazu wandern wir nun noch einmal den Weg zur optimalen Lösung. Im ersten Schritt werden die Ungleichungen $A^t y \leq c$ durch Schlupfvariable in Gleichungen verwandelt, und wir bekommen für den zulässigen Bereich die Bedingungen

$$(A^t, E) \begin{pmatrix} y \\ w \end{pmatrix} = c, \quad \begin{pmatrix} y \\ w \end{pmatrix} \geq 0.$$

Bei jedem Schritt der Simplexmethode werden m Spalten aus der Matrix (A^t, E) als Basis genommen, und es werden nur die zugehörigen m-Werte aus dem Vektor $(y, w)^t$ genommen, sowie die übrigen gleich 0 gesetzt. Der Übersichtlichkeit und einfacheren Schreibweise halber haben wir die Basisvektoren nach vorne gebracht. Dieses gab eine Änderung der Matrix (A^t, E) in (B, F) und ein Verschieben der ausgewählten Komponenten von $(y, w)^t$ nach oben zu einer Spalte $(B^{-1}c, 0)^t$. Der Zielvektor wurde zunächst erweitert zu $(b, 0)^t$ und dann permutiert zu $(b_B, b_F)^t$ durch dieselben Prozesse, die B in die vordere Hälfte und $B^{-1}c$ nach oben brachten. Die Bedingung für das Ende des Verfahrens ist nach 8.3.11

(1) $$F^t (B^t)^{-1} b_B - b_F \geq 0.$$

Schließlich wird diese Bedingung erreicht, da es nur endlich viele Extrempunkte gibt. Dann nimmt die Zielfunktion bei einem Extrempunkt y_* ihren maximalen Wert an, und zwar

(2) $$(b_B^t, b_F^t) \begin{pmatrix} B^{-1}c \\ 0 \end{pmatrix} = b_B^t B^{-1} c.$$

(b) Nun müssen wir nur noch ein Vektor x für das duale Problem finden, so daß $c^t x$ denselben Wert hat. Wir vollziehen dazu die in (besprochenen Schritte für das Minimierungsproblem. Das Zufügen der Schlupfvariablen im dualen System ergibt

(3) $$\begin{pmatrix} A \\ E \end{pmatrix} x \geq \begin{pmatrix} b \\ 0 \end{pmatrix};$$

322 8 Lineare Optimierung

dann ergeben die ersten Komponenten $Ax \geq b$ und die letzten $x \geq 0$. Deshalb beschreibt diese Ungleichung den zulässigen Bereich. Wenn wir in der Simplexmethode die Matrix (A^t, E) ändern, um die Basisvektoren nach vorne zu bringen, vertauschen wir die Komponenten von x. Aus der Zulässigkeitsbedingung (3) entsteht

(4) $$\begin{pmatrix} B^t \\ F^t \end{pmatrix} x \geq \begin{pmatrix} b_B \\ b_F \end{pmatrix}.$$

Nun setzen wir $x_* := (B^t)^{-1} b_B$. Dann gilt:
(5) Es ist $c^t x_* = c^t (B^t)^{-1} b_B$, also gleich dem maximalen Wert (2).
(6) x_* ist zulässig; denn im oberen Teil von (4) erhalten wir eine Gleichung, und unten entsteht $F^t x_* = F^t (B^t)^{-1} b_B \geq b_F$, welches gerade die Stoppbedingung (1) ist.
Deshalb ist x_* minimal, womit 8.4.3 bewiesen ist. □

Übrigens hat die Simplexmethode durch das Auffinden der kritischen $m \times m$-Matrix B die optimalen Werte x_* wie auch y_* ergeben.

Aufgaben

8.4.A1 Es sei gegeben:

$$\begin{aligned} \text{Min: } k = \quad & 72y_1 \;+\; 10000y_2 \\ & y_1 \;+\; 150y_2 \;\geq\; 250 \\ & 0{,}2y_1 \;+\; 25y_2 \;\geq\; 45 \\ & y_1, y_2 \;\geq\; 0 \end{aligned}$$

mit der optimalen Lösung $y^* = \begin{pmatrix} 100 \\ 1 \end{pmatrix}$. Dualisieren Sie das Problem und bestimmen Sie dessen optimale Lösung.

8.4.A2 Gegeben sei das folgende LOP

$$\begin{aligned} \text{Max: } z = \quad & x_1 \;+\; 3x_2 \;+\; 2x_3 \;-\; 3x_5 \;-\; x_6 \\ & 2x_1 \;+\; 2x_2 \;+\; x_3 \;+\; x_4 \;+\; 2x_5 \;+\; x_6 \;=\; 1 \\ & 4x_1 \;+\; 3x_2 \;-\; x_3 \;-\; 2x_4 \;-\; 2x_5 \;+\; 2x_6 \;=\; 1 \\ & \qquad x_1,\; x_2,\; x_3,\; x_4,\; x_5,\; x_6 \;\geq 0. \end{aligned}$$

(a) Wie lautet das duale Optimierungsproblem?
(b) Sind die Vektoren $x^* = (0, \frac{2}{5}, \frac{1}{5}, 0, 0, 0)^t$ und $x^{**} = (0, \frac{3}{7}, 0, \frac{1}{7}, 0, 0)^t$ bzw. $y^* = (3, 1)$ und $y^{**} = (\frac{9}{5}, -\frac{1}{5})$ optimale Lösungen für das gegebene Optimierungsproblem bzw. für das duale Problem?

9 Multilineare Algebra

In diesem Kapitel sollen mit dem Tensorprodukt und der Grassmannalgebra zwei Konstruktionen der multilinearen Algebra besprochen werden, die zwar nicht für den weiteren Stoff dieser Vorlesung, aber in vielen Gebieten der Mathematik wie Algebra, Analysis, algebraische Topologie u.a.m. von großer Bedeutung sind. Ferner ergibt sich eine gute Übung im Gebrauch der Grundbegriffe und Methoden der entwickelten linearen Algebra. Angeschlossen wird die Behandlung des Vektorproduktes im $\mathbb{R}^3$ u.ä.

9.1 Tensorprodukt

Als erstes verallgemeinern wir den Begriff der linearen Abbildung in der Richtung, wie wir es schon bei der Einführung von Skalarprodukten und der Determinantenfunktion getan haben.

Der Raum der multilinearen Abbildungen

9.1.1 Definition Seien $V_1, \ldots, V_n, W$ Vektorräume über demselben Körper K. Eine Abbildung $F: V_1 \times \ldots \times V_n \to W$ heißt *n-fach linear* oder *multilinear*, wenn sie in jeder Komponente linear ist:

$$F(\mathfrak{x}_1, \ldots, \mathfrak{y}_j + \mathfrak{x}_j, \ldots, \mathfrak{x}_n) = F(\mathfrak{x}_1, \ldots, \mathfrak{x}_j, \ldots, \mathfrak{x}_n) + F(\mathfrak{x}_1, \ldots, \mathfrak{y}_j, \ldots, \mathfrak{x}_n),$$
$$F(\mathfrak{x}_1, \ldots, a\mathfrak{x}_j, \ldots, \mathfrak{x}_n) = aF(\mathfrak{x}_1, \ldots, \mathfrak{x}_j, \ldots, \mathfrak{x}_n)$$

für alle $\mathfrak{x}_j, \mathfrak{y}_j \in V_j, a \in K$ und $j = 1, \ldots, n$. Ist $W = K$, so heißt die Abbildung *n-fache Linearform*; statt 2-fach linear wird meistens *bilinear* benutzt.

9.1.2 Beispiele

(a) Lineare Abbildungen sind 1-fach linear.

(b) Determinantenfunktionen auf einem Vektorraum der Dimension n sind n-fach linear (vgl. 5.2.1).

(c) Das skalare Produkt in euklidischen Räumen ist bilinear (vgl. 6.1.1); das gilt ebenfalls für Paare dualer Räume (vgl. 4.6.7).

(d) Das Skalarprodukt bei unitären Räumen ist nicht bilinear (vgl. 6.1.6); denn für $a \in \mathbb{C}, a \notin \mathbb{R}$, ist $\langle \mathfrak{x}, a\mathfrak{y} \rangle = \bar{a}\langle \mathfrak{x}, \mathfrak{y} \rangle \neq a\langle \mathfrak{x}, \mathfrak{y} \rangle$, falls $\langle \mathfrak{x}, \mathfrak{y} \rangle \neq 0$.

324   9 Multilineare Algebra

(e) Sind $V_1, \ldots, V_n$ Vektorräume über K und ist $f_i\colon V_i \to K$, $1 \leq i \leq n$, linear, so ist $F\colon V_1 \times \ldots \times V_n \to K$, $(\mathfrak{x}_1, \ldots, \mathfrak{x}_n) \mapsto f_1(\mathfrak{x}_1) \cdot \ldots \cdot f_n(\mathfrak{x}_n)$ n-fach linear.

Die folgende Aussage ergibt sich unmittelbar aus der Definition:

9.1.3 Definition und Satz Es sei $L(V_1, \ldots, V_n; W)$ die Menge aller n-fach linearen Abbildungen von $V_1 \times \ldots \times V_n$ nach W. Sind $F, G \in L(V_1, \ldots, V_n; W)$ und $a \in K$, so wird durch

$$(F+G)(\mathfrak{x}_1, \ldots, \mathfrak{x}_n) := F(\mathfrak{x}_1, \ldots, \mathfrak{x}_n) + G(\mathfrak{x}_1, \ldots, \mathfrak{x}_n),$$
$$(aF)(\mathfrak{x}_1, \ldots, \mathfrak{x}_n) := aF(\mathfrak{x}_1, \ldots, \mathfrak{x}_n)$$

in der üblichen Weise eine Addition und eine skalare Multiplikation erklärt. Dadurch wird $L(V_1, \ldots, V_n; W)$ zu einem Vektorraum über K. □

Im Fall $n = 1$ benutzen wir wie früher wieder die Schreibweise $L(V_1, W)$. Wir kopieren nun die Schlüsse von 4.4.9:

9.1.4 Satz *Sind* $\{\mathfrak{v}_{ij(i)} : j(i) \in J_i\}$, $i = 1, \ldots, n$, *Basen von* $V_1, \ldots, V_n$ *und ist*

$$\{\mathfrak{w}_{j(1)\ldots j(n)} \in W : (j(1), \ldots, j(n)) \in J_1 \times \ldots \times J_n\}$$

gegeben, so gibt es genau eine n-fach lineare Abbildung $F\colon V_1 \times \ldots \times V_n \to W$ *mit* $F(\mathfrak{v}_{1j(1)}, \ldots, \mathfrak{v}_{nj(n)}) = \mathfrak{w}_{j(1)\ldots j(n)}$.

B e w e i s wie zu 4.4.9. Es gibt höchstens ein F: Ist nämlich

$$\mathfrak{x}_i = \sum_{j(i) \in J_i} x_{ij(i)} \mathfrak{v}_{ij(i)} \quad \text{für } i = 1, \ldots, n,$$

wobei nur endlich oft $x_{ij(i)} \neq 0$, so gilt für ein n-fach lineares F:

$$F(\mathfrak{x}_1, \ldots, \mathfrak{x}_n) = \sum_{i=1}^{n} \sum_{j(i) \in J_i} x_{1j(1)} \cdots x_{nj(n)} \mathfrak{w}_{j(1)\ldots j(n)}.$$

Umgekehrt definiert obige Gleichung eine n-fach lineare Abbildung. □

Die Analogie der Aussagen 4.4.11 (b) und (c) bietet der folgende Satz:

9.1.5 Satz

(a) *Sind* $\{\mathfrak{v}_{i1}, \ldots, \mathfrak{v}_{ik(i)}\}$, $i = 1, \ldots, n$, *und* $\{\mathfrak{w}_1, \ldots, \mathfrak{w}_k\}$ *(endliche) Basen von* $V_1, \ldots, V_n$ *und* W, *so bilden die n-fach linearen Abbildungen*

$$F_{i(1)\ldots i(n)j} \ (i(1) = 1, \ldots, k(1); \ldots; i(n) = 1, \ldots, k(n); \ j = 1, \ldots, k),$$

die nach 9.1.4 durch

$$F_{i(1)\ldots i(n)j}(\mathfrak{w}_{1j(1)}, \ldots, \mathfrak{w}_{nj(n)}) = \begin{cases} \mathfrak{w}_j & \text{falls } i(1) = j(1), \ldots, i(n) = j(n), \\ 0 & \text{sonst} \end{cases}$$

definiert werden, eine Basis für $L(V_1, \ldots, V_n; W)$.

(b) $\dim L(V_1, \ldots, V_n; W) = (\dim V_1) \cdot \ldots \cdot (\dim V_n) \cdot (\dim W)$.

B e w e i s   Ist für $F \in L(V_1, \ldots, V_n; W)$

$$F(\mathfrak{v}_{1i(1)}, \ldots, \mathfrak{v}_{ni(n)}) = \sum_{j=1}^{k} a_{i(1)\ldots i(n)j} \mathfrak{w}_j,$$

so gilt

$$F = \sum_{\ell=1}^{n} \sum_{i(\ell)=1}^{k(\ell)} \sum_{j=1}^{k} a_{i(1)\ldots i(n)j} F_{i(1)\ldots i(n)j}.$$

Also spannen die angegebenen multilinearen Abbildungen das $L(V_1, \ldots, V_n; W)$ auf. Umgekehrt folgt aus

$$0 = \sum_{\ell=1}^{n} \sum_{i(\ell)=1}^{k(\ell)} \sum_{i=1}^{k} a_{i(1)\ldots i(n)j} F_{i(1)\ldots i(n)j}$$

durch Einsetzen der n-Tupel $(\mathfrak{v}_{j(1)}, \ldots, \mathfrak{v}_{j(n)})$ für $j(i) = 1, \ldots, k(i), j = 1, \ldots, n$:

$$0 = \sum_{j=1}^{k} a_{j(1)\ldots j(n)j} \mathfrak{w}_j \quad \Longrightarrow \quad a_{j(1)\ldots j(n)j} = 0.$$

Also sind die angegebenen multilinearen Abbildungen linear unabhängig. □

9.1.6 Bemerkung Sei $F \in L(V_1, \ldots, V_n; W)$. Durch

$$(I(F)(\mathfrak{x}_1))(\mathfrak{x}_2, \ldots, \mathfrak{x}_n) := F(\mathfrak{x}_1, \ldots, \mathfrak{x}_n), \ \mathfrak{x}_i \in V_i,$$

wird eine lineare Abbildung $I(F)\colon V_1 \to L(V_2,\ldots,V_n;W)$ definiert und

$$I\colon L(V_1,\ldots,V_n;W) \to L(V_1,L(V_2,\ldots,V_n;W)), \quad F \mapsto I(F)$$

ist ein Isomorphismus. Die Umkehrabbildung H ist so definiert: Für

$$f \in L(V_1,L(V_2,\ldots,V_n;W)) \text{ sei } H(f)(\mathfrak{x}_1,\ldots,\mathfrak{x}_n) := f(\mathfrak{x}_1)(\mathfrak{x}_2,\ldots,\mathfrak{x}_n).$$

Damit können wir 9.1.5 auch aus 4.4.11 (c) durch Induktion nach n gewinnen.

Das Tensorprodukt

Wir ordnen jetzt n Vektorräumen $V_1,\ldots,V_n$ einen neuen „großen" Vektorraum $V_1 \otimes \ldots \otimes V_n$ zu, so daß jede multilineare Abbildung von $V_1 \times \ldots \times V_n$ in eindeutiger Weise einer linearen Abbildung von $V_1 \otimes \ldots \otimes V_n$ entspricht. Diese Zuordnung geschieht mittels einer sogenannten „universellen" Konstruktion.

9.1.7 Definition Seien $V_1,\ldots,V_n$ Vektorräume über dem Körper K. Eine Abbildung $T\colon V_1 \times \ldots \times V_n \to U$ in einen Vektorraum U über K heißt *universell* für $V_1,\ldots,V_n$, wenn gilt:

(a) T ist multilinear.

(b) Zu jeder n-fach linearen Abbildung $F\colon V_1 \times \ldots \times V_n \to W$ in einen beliebigen Vektorraum W gibt es genau eine lineare Abbildung $f\colon U \to W$ mit $F = f \circ T$; in einem Diagramm:

$$\begin{array}{ccc} V_1 \times \ldots \times V_n & \xrightarrow{T} & U \\ {\scriptstyle F} \searrow & & \swarrow {\scriptstyle \exists! f} \\ & W. & \end{array}$$

Wenn T universell ist, heißt U (ein) *Tensorprodukt von* $V_1,\ldots,V_n$.

Falls es von $V_1,\ldots,V_n$ ein Tensorprodukt gibt, so wird die Betrachtung der multilinearen Abbildungen auf die Behandlung von linearen Abbildungen zurückgeführt. Wir zeigen, daß stets Tensorprodukte existieren und daß sie bis auf Isomorphie eindeutig bestimmt sind. Zunächst behandeln wir zwei Beispiele, in denen das Tensorprodukt „trivial" erscheint.

9.1.8 Beispiele

(a) Sei V ein Vektorraum über K. Dann ist $T\colon K \times V \to V$ mit $(a,\mathfrak{x}) \mapsto a\mathfrak{x}$ universell für K,V; *also ist V ein Tensorprodukt von K und V.*

Beweis Sei $F\colon K\times V\to W$ bilinear. Dann gilt $F(a,\mathfrak{x})=a\cdot F(1,\mathfrak{x})$. Setzen wir $f(\mathfrak{x})=F(1,\mathfrak{x})$, so erhalten wir

$$\begin{array}{ccc} K\times V & \xrightarrow{T} & V \\ & \searrow_{F} \quad \swarrow_{f} & \\ & W. & \end{array}$$

Da T surjektiv ist, ist f durch das Diagramm eindeutig bestimmt. □

Aus (a) ergibt sich

(b) $T\colon K\times\ldots\times K\to K$ mit $(a_1,\ldots,a_n)\mapsto a_1\ldots a_n$ ist universell, d.h. K ist ein Tensorprodukt von n Kopien von K. □

Allgemein gilt, falls U ein Tensorprodukt ist:

9.1.9 Satz *Es wird U von dem Bild von T aufgespannt.*

Beweis Wenn es einen Vektor $\mathfrak{u}\in U$ gibt, der nicht Linearkombination von Bild-Vektoren ist, gibt es eine lineare Abbildung $f\colon U\to K$ mit $f(\mathfrak{u})=1$ und $f\circ T=0$; dies folgt aus dem Basisaustauschsatz 4.3.13. Aus $f\circ T=0=0\circ T$ und der Eindeutigkeitsforderung in 9.1.7 (b) folgt $f=0$, im Widerspruch zu $f(\mathfrak{u})=1$. □

Eindeutigkeit des Tensorproduktes und Folgerungen

Bevor wir die Existenz eines Tensorproduktes zeigen, behandeln wir die Eindeutigkeit und führen einige Rechnungen durch. Dabei wird sich der Konstruktionsansatz des Tensorproduktes ergeben. Ähnlich sind wir z.B. schon in 5.2 vorgegangen.

9.1.10 Satz *Sind $T\colon V_1\times\ldots\times V_n\to U$ und $T'\colon V_1\times\ldots\times V_n\to U'$ universell, so gibt es einen eindeutig bestimmten Isomorphismus $\varphi\colon U\to U'$ mit $T'=\varphi\circ T$; in Diagrammform:*

$$\begin{array}{ccc} & V_1\times\ldots\times V_n & \\ {}_{T}\swarrow & & \searrow^{T'} \\ U & \xrightarrow[\exists!\varphi]{\cong} & U'. \end{array}$$

9 Multilineare Algebra

Beweis Da T universell ist, gibt es nach 9.1.7 (b) genau ein $\varphi\colon U \to U'$ mit $T' = \varphi \circ T$. Da T' universell ist, gibt es genau ein $\varphi'\colon U' \to U$ mit $T = \varphi' \circ T'$. Es folgt $T' = \varphi \circ T = \varphi \circ \varphi' \circ T'$. Aber es gilt auch $T' = \mathrm{id}_{U'} \circ T'$. Da f nach 9.1.7 (b) eindeutig bestimmt ist, gilt $\varphi \circ \varphi' = \mathrm{id}_{U'}$. Analog folgt $\varphi' \circ \varphi = \mathrm{id}_U$. Deshalb sind φ und φ' Isomorphismen, und zwar eindeutig bestimmte, wie am Anfang bemerkt. □

9.1.11 Korollar *Je zwei Tensorprodukte von $V_1, \ldots, V_n$ sind isomorph.* □

Wir schreiben für ein Tensorprodukt $V_1 \otimes \ldots \otimes V_n$. Wir werden erst in 9.1.22–24 eine direkte Konstruktion angeben; bislang beschreibt dieses Symbol nur eines der möglichen Tensorprodukte, deren Existenz wir aber noch nachweisen müssen.

9.1.12 Definition Für die universelle Abbildung (ihre Existenz sei hier stillschweigend vorausgesetzt) $T\colon V_1 \times \ldots \times V_n \to V_1 \otimes \ldots \otimes V_n$ schreiben wir

$$T(\mathfrak{x}_1, \ldots, \mathfrak{x}_n) =: \mathfrak{x}_1 \otimes \ldots \otimes \mathfrak{x}_n.$$

Ist nun $T\colon V_1 \times \ldots \times V_n \to U = V_1 \otimes \ldots \otimes V_n$ universell, so gibt es zu $F \in L(V_1, \ldots, V_n; U)$ genau ein $f \in L(U, U)$ mit $F = f \circ T$. Ferner ergibt jedes $f \in L(U, U)$ ein $F \in L(V_1, \ldots, V_{n(i)}; U)$ mit $F = f \circ T$. Daher definiert $f \mapsto f \circ T$ einen Isomorphismus $L(U, U) \to L(V_1, \ldots, V_n; U)$. Aus 9.1.5 (b) folgt:

$$(\dim U) \cdot (\dim U) = \dim L(U, U) = \dim L(V_1, \ldots, V_n; U) =$$
$$(\dim V_1) \cdot \ldots \cdot (\dim V_n) \cdot (\dim U).$$

Also gilt:

9.1.13 Satz $\dim(V_1 \otimes \ldots \otimes V_n) = (\dim V_1) \cdot \ldots \cdot (\dim V_n)$. □

9.1.14 Korollar $V_1 \otimes \ldots \otimes V_n = 0$ *gilt genau dann, wenn ein $V_i = 0$ ist.* □

9.1.15 Rechnen mit Tensorprodukten Es seien $V_1, \ldots, V_n$ Vektorräume über K. Stets sei $\mathfrak{x}_i$ o.ä. aus V_i.
(a) $\mathfrak{x}_1 \otimes \ldots \otimes (\mathfrak{x}_i + \mathfrak{y}_i) \otimes \ldots \otimes \mathfrak{x}_n = \mathfrak{x}_1 \otimes \ldots \otimes \mathfrak{x}_i \otimes \ldots \otimes \mathfrak{x}_n + \mathfrak{x}_1 \otimes \ldots \otimes \mathfrak{y}_i \otimes \ldots \otimes \mathfrak{x}_n$.
(b) $\mathfrak{x}_1 \otimes \ldots \otimes (a\mathfrak{x}_i) \otimes \ldots \otimes \mathfrak{x}_n = a(\mathfrak{x}_1 \otimes \ldots \otimes \mathfrak{x}_i \otimes \ldots \otimes \mathfrak{x}_n)$.
(c) $\mathfrak{x}_1 \otimes \ldots \otimes \mathfrak{x}_n = 0 \iff \exists i \text{ mit } \mathfrak{x}_i = 0$.

Beweis (a) und (b) folgen aus der Multilinearität von T. Bei (c) ist „⇐" eine Folge von (b). „⇒" folgt so: Es seien alle $\mathfrak{x}_i \neq 0$. Es gibt deshalb lineare

Abbildungen $f_i\colon V_i \to K$ mit $f_i(\mathfrak{r}_i) = 1$, was aus dem Basisaustauschsatz 4.3.13 und 4.4.9 folgt (vgl. 4.4.A5). Durch

$$(\mathfrak{y}_1,\ldots,\mathfrak{y}_n) \mapsto f_1(\mathfrak{y}_1)\cdot\ldots\cdot f_n(\mathfrak{y}_n)$$

wird eine multilineare Abbildung $F\colon V_1 \times \ldots \times V_n \to K$ mit $F(\mathfrak{r}_1,\ldots,\mathfrak{r}_n) = 1$ definiert. Dann gibt es nach Definition des Tensorproduktes eine lineare Abbildung

$$f\colon V_1 \otimes \ldots \otimes V_n \to K \quad \text{mit } F = f \circ T,$$

also speziell

$$1 = F(\mathfrak{r}_1,\ldots,\mathfrak{r}_n) = (f \circ T)(\mathfrak{r}_1,\ldots,\mathfrak{r}_n) = f(\mathfrak{r}_1 \otimes \ldots \otimes \mathfrak{r}_n).$$

Deshalb ist $\mathfrak{r}_1 \otimes \ldots \otimes \mathfrak{r}_n \neq 0$. □

Der Einfachheit halber beschränken wir uns bei den folgenden Regeln auf den Fall der Tensorprodukte zweier Vektorräume; es läßt sich alles leicht auf den allgemeinen Fall übertragen.

(d) *Jedes von 0 verschiedene Element von $V_1 \otimes V_2$ besitzt eine Darstellung*

$$\mathfrak{r}_{11} \otimes \mathfrak{r}_{21} + \mathfrak{r}_{12} \otimes \mathfrak{r}_{22} + \ldots + \mathfrak{r}_{1k} \otimes \mathfrak{r}_{2k}$$

mit $\mathfrak{r}_{1i} \in V_1$, $\mathfrak{r}_{2i} \in V_2$, wobei $\mathfrak{r}_{11},\ldots,\mathfrak{r}_{1k}$ und $\mathfrak{r}_{21},\ldots,\mathfrak{r}_{2k}$ linear unabhängig sind.

B e w e i s   Nach 9.1.9 wird $V_1 \otimes V_2$ von den Vektoren $\mathfrak{r}_1 \otimes \mathfrak{r}_2$, $\mathfrak{r}_i \in V_i$, aufgespannt. Also hat jedes Element aus $V_1 \otimes V_2$ eine Gestalt

$$\sum_i a_i(\mathfrak{r}'_{1i} \otimes \mathfrak{r}_{2i}) = \sum_i \mathfrak{r}_{1i} \otimes \mathfrak{r}_{2i} \quad \text{mit } \mathfrak{r}_{1i} = a_i\mathfrak{r}'_{1i}.$$

Daß wir uns auf linear unabhängige Vektoren beschränken können, zeigt das folgende Beispiel. Sei etwa $\mathfrak{r}_{1k} = a_1\mathfrak{r}_{11} + a_2\mathfrak{r}_{12} + \ldots + a_{k-1}\mathfrak{r}_{1k-1}$, so gilt:

$$\sum_{i=1}^{k} \mathfrak{r}_{1i} \otimes \mathfrak{r}_{2i} = \sum_{i=1}^{k-1} \mathfrak{r}_{1i} \otimes \mathfrak{r}_{2i} + \left(\sum_{i=1}^{k-1} a_i\mathfrak{r}_{1i}\right) \otimes \mathfrak{r}_{2k} = \sum_{i=1}^{k-1} \mathfrak{r}_{1i} \otimes \mathfrak{r}_{2i} + \sum_{i=1}^{k-1} a_i(\mathfrak{r}_{1i} \otimes \mathfrak{r}_{2k})$$

$$= \sum_{i=1}^{k-1} \mathfrak{r}_{1i} \otimes \mathfrak{r}_{2i} + \sum_{i=1}^{k-1} \mathfrak{r}_{1i} \otimes (a_i\mathfrak{r}_{2k}) = \sum_{i=1}^{k-1} \mathfrak{r}_{1i} \otimes (\mathfrak{r}_{2i} + a_i\mathfrak{r}_{2k}).$$

Durch iteriertes Reduzieren ergibt sich die Behauptung (d).

(e) $\quad \mathfrak{r}_1 \otimes \mathfrak{r}_2 = \mathfrak{y}_1 \otimes \mathfrak{y}_2 \neq 0 \quad \Longrightarrow \quad \exists a \in K, a \neq 0\colon \mathfrak{y}_1 = a\mathfrak{r}_1, \mathfrak{y}_2 = a^{-1}\mathfrak{r}_2.$

9 Multilineare Algebra

Beweis Aus $\mathfrak{y}_1 = a\mathfrak{x}_1$ und $\mathfrak{x}_1 \neq 0$ folgt

$$0 = \mathfrak{x}_1 \otimes \mathfrak{x}_2 - \mathfrak{y}_1 \otimes \mathfrak{y}_2 = \mathfrak{x}_1 \otimes \mathfrak{x}_2 - \mathfrak{x}_1 \otimes a\mathfrak{y}_2 = \mathfrak{x}_1 \otimes (\mathfrak{x}_2 - a\mathfrak{y}_2)$$

und daraus $\mathfrak{x}_2 = a\mathfrak{y}_2$ wegen (c). Es genügt daher zu beweisen, daß $\mathfrak{x}_1, \mathfrak{y}_1$ oder $\mathfrak{x}_2, \mathfrak{y}_2$ linear abhängig sind. Wenn das falsch ist, gibt es lineare Abbildungen

$$f_i \colon V_i \to K \quad \text{mit } f_i(\mathfrak{x}_i) = 1, \; f_i(\mathfrak{y}_i) = 0.$$

Es ist

$$F \colon V_1 \times V_2 \to K \quad \text{mit } F(\mathfrak{z}_1, \mathfrak{z}_2) = f_1(\mathfrak{z}_1) f_2(\mathfrak{z}_2)$$

bilinear; also gibt es genau eine lineare Abbildung $f \colon V_1 \otimes V_2 \to K$ mit $F = f \circ T$. Es ergibt sich der Widerspruch

$$1 = f_1(\mathfrak{x}_1) f_2(\mathfrak{x}_2) = F(\mathfrak{x}_1, \mathfrak{x}_2) = (f \circ T)(\mathfrak{x}_1, \mathfrak{x}_2) = f(\mathfrak{x}_1 \otimes \mathfrak{x}_2) = f(\mathfrak{y}_1 \otimes \mathfrak{y}_2)$$
$$= F(\mathfrak{y}_1, \mathfrak{y}_2) = f_1(\mathfrak{y}_1) f_2(\mathfrak{y}_2) = 0. \qquad \square$$

9.1.16 Satz *Sind $\{\mathfrak{w}_{11}, \ldots, \mathfrak{w}_{1k(1)}\}$ und $\{\mathfrak{w}_{21}, \ldots, \mathfrak{w}_{2k(2)}\}$ Basen für V_1 bzw. V_2, so ist $\{\mathfrak{w}_{1i} \otimes \mathfrak{w}_{2j} : i = 1, \ldots, k(1), j = 1, \ldots, k(2)\}$ Basis für $V_1 \otimes V_2$.*

Beweis Wegen 9.1.15 spannen die $\mathfrak{w}_{1i} \otimes \mathfrak{w}_{2j}$, $1 \leq i \leq k(1)$, $1 \leq j \leq k(2)$ das Tensorprodukt $V_1 \otimes V_2$ auf und bilden deshalb wegen 9.1.13 eine Basis. $\square$

Existenz des Tensorproduktes endlich-dimensionaler Vektorräume

Die bisherigen Betrachtungen beruhen auf der Eindeutigkeit des Tensorproduktes und wurden gemacht, ohne daß wir nachgewiesen hatten, daß eines existiert. 9.1.16 gibt, jedenfalls für endlich-dimensionale Vektorräume, einen Hinweis, wie wir ein Tensorprodukt konstruieren können.

Seien V_1, V_2 Vektorräume über K, $\dim V_i = k(i) < \infty$. Sei $\{\mathfrak{w}_{11}, \ldots, \mathfrak{w}_{1k(1)}\}$ Basis für V_1, $\{\mathfrak{w}_{21}, \ldots, \mathfrak{w}_{2k(2)}\}$ für V_2. Ferner sei $U = K^{k(1)k(2)}$ mit einer Basis $\{\mathfrak{z}_{ij} \colon i = 1, \ldots, k(1), j = 1, \ldots, k(2)\}$. Alle diese Basen können in ihrem Vektorraum beliebig gewählt werden. Dann gilt

9.1.17 Satz *Die Abbildung*

$$T \colon V_1 \times V_2 \to U, \quad \left(\sum_{i=1}^{k(1)} a_i \mathfrak{w}_{1i}, \; \sum_{j=1}^{k(2)} b_j \mathfrak{w}_{2j} \right) \mapsto \sum_{i=1}^{k(1)} \sum_{j=1}^{k(2)} a_i b_j \mathfrak{z}_{ij},$$

ist universell für V_1, V_2.

B e w e i s   Offenbar ist T bilinear. Es bleibt also nur 9.1.7 (b) nachzuprüfen. Sei $F\colon V_1 \times V_2 \to W$ eine bilineare Abbildung in einen Vektorraum W. Es wird $f\colon U \to W$ als lineare Abbildung definiert durch

$$f(\mathfrak{z}_{ij}) = F(\mathfrak{w}_{1i}, \mathfrak{w}_{2j}), \quad i = 1, \ldots, k(1), \quad j = 1, \ldots, k(2).$$

Dann gilt $F = f \circ T$:

$$\begin{array}{ccc} V_1 \times V_2 & \xrightarrow{T} & U \\ & \searrow^{F} \quad \swarrow_{f} & \\ & W & \end{array}$$

Es gelte nun ebenfalls $F = f' \circ T$, d.h. $0 = (f - f') \circ T$. Da aber das Bild von $V_1 \times V_2$ unter T den Raum U aufspannt und $f - f'$ linear ist, folgt $f - f' = 0$, d.h. es ist f durch $F = f \circ T$ eindeutig bestimmt. □

Diese Konstruktion können wir auf mehrere Faktoren verallgemeinern und erhalten

9.1.18 Satz *$V_1, \ldots, V_n$ seien Vektorräume über K, $\dim V_i = k(i) < \infty$. Sei $\{\mathfrak{w}_{i1}, \ldots, \mathfrak{w}_{ik(i)}\}$ eine Basis von V_i, ferner*

$$\{\mathfrak{z}_{i(1)\ldots i(n)} : i(j) = 1, \ldots, k(j);\ j = 1, \ldots, n\}$$

eine Basis von $U = K^{k(1) \cdots k(n)}$. Dann ist $T\colon V_1 \times \ldots \times V_n \to U$,

$$T\left(\sum_{j(1)=1}^{k(1)} a_{1j(1)} \mathfrak{w}_{1j(1)}, \ldots, \sum_{j(n)=1}^{k(n)} a_{nj(n)} \mathfrak{w}_{nj(n)}\right)$$

$$= \sum_{i=1}^{n} \sum_{j(i)=1}^{k(i)} a_{1j(1)} \cdots a_{nj(n)} \mathfrak{z}_{j(1)\ldots j(n)},$$

eine universelle Abbildung für $V_1, \ldots, V_n$. □

Existenz des Tensorproduktes im allgemeinen Fall

Im vorigen Abschnitt haben wir das Tensorprodukt für endlich-dimensionale Vektorräume konstruiert. Für den allgemeinen Fall sind zwei neue Konstruktionsprinzipien erforderlich.

9.1.19 Sei M eine Menge, K ein Körper. Dann sei

$$[M] = \bigoplus_{m \in M} V_m \text{ mit } V_m = K \quad \forall m \in M.$$

Dabei ist $[M] = \{(x_m)_{m \in M} : x_m \in K,\ x_m \neq 0 \text{ nur endlich oft}\}$, vgl. 4.2.14. Für $\ell \in M$ sei

$$[\ell] := (u_m)_{m \in M} \text{ mit } u_m = \delta_{\ell m} = \begin{cases} 1 & m = \ell, \\ 0 & m \neq \ell. \end{cases}$$

Dann ist

$$(x_m)_{m \in M} = \sum_{m \in M} x_m[m],$$

und es folgt, daß $\{[m] : m \in M\}$ eine Basis für $[M]$ ist.

9.1.20 Beispiel Ist $M = \{1, 2, \ldots, n\}$, so ist $[M] = K^n$ und $[i] = \mathfrak{e}_i$, vgl. 4.3.3.

Es seien V_1, V_2 Vektorräume über K. Dann ist $[V_1 \times V_2]$ Vektorraum über K mit der Basis $\{[(\mathfrak{r}_1, \mathfrak{r}_2)] : \mathfrak{r}_1 \in V_1, \mathfrak{r}_2 \in V_2\}$. Die Elemente von $[V_1 \times V_2]$ haben die Form $\sum_{(\mathfrak{r}_1, \mathfrak{r}_2) \in V_1 \times V_2} a_{\mathfrak{r}_1 \mathfrak{r}_2}[(\mathfrak{r}_1, \mathfrak{r}_2)]$, $a_{\mathfrak{r}_1 \mathfrak{r}_2} \in K$ nur endlich oft $\neq 0$.

Wir haben die Abbildung $V_1 \times V_2 \to [V_1 \times V_2]$, $(\mathfrak{r}_1, \mathfrak{r}_2) \mapsto [(\mathfrak{r}_1, \mathfrak{r}_2)]$ und möchten daraus eine bilineare gewinnen. Dagegen stehen die folgenden Elemente von $[V_1 \times V_2]$ als „Hindernisse":

9.1.21
$$\begin{cases} [(\mathfrak{r}_1, \mathfrak{r}_2)] + [(\mathfrak{r}'_1, \mathfrak{r}_2)] - [(\mathfrak{r}_1 + \mathfrak{r}'_1, \mathfrak{r}_2)] \\ [(\mathfrak{r}_1, \mathfrak{r}_2)] + [(\mathfrak{r}_1, \mathfrak{r}'_2)] - [(\mathfrak{r}_1, \mathfrak{r}_2 + \mathfrak{r}'_2)] \\ [(a\mathfrak{r}_1, \mathfrak{r}_2)] - a[(\mathfrak{r}_1, \mathfrak{r}_2)] \\ [(\mathfrak{r}_1, a\mathfrak{r}_2)] - a[(\mathfrak{r}_1, \mathfrak{r}_2)] \end{cases}$$

mit $\mathfrak{r}_1, \mathfrak{r}'_1 \in V_1$, $\mathfrak{r}_2, \mathfrak{r}'_2 \in V_2$, $a \in K$. Sei Z der von diesen Elementen aufgespannte Teilraum in $[V_1 \times V_2]$.

9.1.22 Definition Es sei

$$V_1 \otimes V_2 := [V_1 \times V_2]/Z, \quad \mathfrak{r}_1 \otimes \mathfrak{r}_2 := [(\mathfrak{r}_1, \mathfrak{r}_2)] + Z.$$

Ferner bedeute $p\colon V_1 \times V_2 \to V_1 \otimes V_2$ die Projektion, definiert durch $(\mathfrak{r}_1, \mathfrak{r}_2) \mapsto \mathfrak{r}_1 \otimes \mathfrak{r}_2$.

Bemerkung Von jetzt ab hat $\otimes$ diese Bedeutung; es fällt die frühere Unbestimmtheit weg.

9.1 Tensorprodukt   333

9.1.23 Satz *Die Abbildung $T\colon V_1 \times V_2 \to V_1 \otimes V_2$ mit $(\mathfrak{x}_1, \mathfrak{x}_2) \mapsto \mathfrak{x}_1 \otimes \mathfrak{x}_2$ ist universell für V_1 und V_2. Es heißt $V_1 \otimes V_2$ das Tensorprodukt von V_1 und V_2.*

B e w e i s   (vgl. die Definition 9.1.7) (a) T ist bilinear; das wurde gerade durch das Kürzen von Z erreicht. Z.B.:

$$T(\mathfrak{x}_1 + \mathfrak{x}_1', \mathfrak{x}_2) = [(\mathfrak{x}_1 + \mathfrak{x}_1', \mathfrak{x}_2)] + Z$$
$$= [(\mathfrak{x}_1, \mathfrak{x}_2)] + [(\mathfrak{x}_1', \mathfrak{x}_2)] + Z = T(\mathfrak{x}_1, \mathfrak{x}_2) + T(\mathfrak{x}_1', \mathfrak{x}_2).$$

(b) Sei $F\colon V_1 \times V_2 \to W$ bilinear. Nach 4.4.9 gibt es eine lineare Abbildung $\tilde{F}\colon [V_1 \times V_2] \to W$ mit $\tilde{F}([(\mathfrak{x}_1, \mathfrak{x}_2)]) = F(\mathfrak{x}_1, \mathfrak{x}_2)$, da die Elemente $[(\mathfrak{x}_1, \mathfrak{x}_2)]$ eine Basis von $[V_1 \times V_2]$ bilden. Wegen der Bilinearität von F enthält Kern $\tilde{F}$ die Elemente 9.1.21, also $Z \subset$ Kern $\tilde{F}$. Deshalb gibt es eine lineare Abbildung $f\colon [V_1 \times V_2]/Z \to W$ mit $\tilde{F} = f \circ p$. Die Abbildung $f\colon V_1 \otimes V_2 \to W$ ist linear, und es gilt

$$(f \circ T)(\mathfrak{x}_1, \mathfrak{x}_2) = \tilde{F}([(\mathfrak{x}_1, \mathfrak{x}_2)]) = F(\mathfrak{x}_1, \mathfrak{x}_2),$$

also $F = f \circ T$. Da die Elemente $[(\mathfrak{x}_1, \mathfrak{x}_2)]$ eine Basis von $[V_1 \times V_2]$ bilden und $V_1 \otimes V_2$ ein Faktorraum ist, wird $V_1 \otimes V_2$ von dem Bild aufgespannt, und f ist durch die Gleichung $F = f \circ T$ eindeutig bestimmt. □

Eine analoge Konstruktion können wir für mehrere Räume $V_1, \ldots, V_n$ durchführen und $[V_1 \times \ldots \times V_n]$ bilden, Z analog erklären und $V_1 \otimes \ldots \otimes V_n = [V_1 \times \ldots \times V_n]/Z$ setzen. Diese Definition nehmen wir für das Folgende, wobei wieder $\mathfrak{x}_1 \otimes \ldots \otimes \mathfrak{x}_n$ gleich $[(\mathfrak{x}_1, \ldots, \mathfrak{x}_n)] + Z$ sei.

9.1.24 Satz *Die Abbildung*

$$T\colon V_1 \times \ldots \times V_n \to V_1 \otimes \ldots \otimes V_n \text{ mit } T(\mathfrak{x}_1, \ldots, \mathfrak{x}_n) = \mathfrak{x}_1 \otimes \ldots \otimes \mathfrak{x}_n$$

ist universell für $V_1, \ldots, V_n$. Es heißt $V_1 \otimes \ldots \otimes V_n$ das Tensorprodukt von $V_1, \ldots, V_n$.   □

Erzeugende und Basis von $V_1 \otimes \ldots \otimes V_n$

Wir wollen die Aussagen über Erzeugende und Basen, die im Vorangegangenen explizit oder implizit vorkamen, sammeln und verallgemeinern.

9.1.25 Satz *$V_1, \ldots, V_n$ seien nicht-triviale Vektorräume über K und $B_1 \subset V_1, \ldots, B_n \subset V_n$ Teilmengen. Sei*

$$B = \{\mathfrak{w}_1 \otimes \ldots \otimes \mathfrak{w}_n : \mathfrak{w}_i \in B_i \text{ für } 1 \leq i \leq n\} \subset V_1 \otimes \ldots \otimes V_n.$$

Dann gilt:

(a) *Erzeugt B_i das V_i für $i = 1,\ldots,n$, so erzeugt B das $V_1 \otimes \ldots \otimes V_n$.*
(b) *Ist B_i linear unabhängig für $i = 1,\ldots,n$, so ist B linear unabhängig.*
(c) *Ist B_i Basis von V_i für $i = 1,\ldots,n$, so ist B Basis von $V_1 \otimes \ldots \otimes V_n$.*

B e w e i s (a) Es wird $V_1 \otimes \ldots \otimes V_n$ erzeugt von den Elementen $\mathfrak{r}_1 \otimes \ldots \otimes \mathfrak{r}_n$, $\mathfrak{r}_i \in V_i$. Nun ist für jedes solche Element jedes $\mathfrak{r}_i$ eine endliche Linearkombination von Elementen aus B_i:

$$\mathfrak{r}_i = \sum_{j(i)=1}^{k(i)} a_{ij(i)} \mathfrak{w}_{ij(i)} \quad \text{mit } \mathfrak{w}_{ij(i)} \in B_i.$$

Also ist

$$\mathfrak{r}_1 \otimes \ldots \otimes \mathfrak{r}_n = \sum_{i=1}^{n} \sum_{j(i)=1}^{k(i)} a_{1j(1)} \ldots a_{nj(n)} \mathfrak{w}_{1j(1)} \otimes \ldots \otimes \mathfrak{w}_{nj(n)}.$$

(b) Sei B linear abhängig. Dann gilt eine Gleichung

$$0 = a_1(\mathfrak{w}_{11} \otimes \ldots \otimes \mathfrak{w}_{n1}) + \ldots + a_\ell(\mathfrak{w}_{1\ell} \otimes \ldots \otimes \mathfrak{w}_{n\ell})$$

mit $\mathfrak{w}_{ij} \in B_i$ für $i = 1,\ldots,n, j = 1,\ldots,\ell$ und nicht alle $a_j = 0$. Ferner können wir annehmen, daß $(\mathfrak{w}_{i1},\ldots,\mathfrak{w}_{in}) \neq (\mathfrak{w}_{j1},\ldots,\mathfrak{w}_{jn})$ ist für $i \neq j$ und daß $a_1 = 1$ ist; dieses bedeutet keine Einschränkung der Allgemeinheit. Zu jedem Index $i = 1,\ldots,n$ gibt es eine lineare Abbildung

$$f_i \colon V_i \to K \text{ mit } f_i(\mathfrak{w}_{i1}) = 1 \text{ und } f_i(B_i - \{\mathfrak{w}_{i1}\}) = 0,$$

weil B_i linear unabhängig ist. Sei

$$F \colon V_1 \times \ldots \times V_n \to K, \quad F(\mathfrak{r}_1,\ldots,\mathfrak{r}_n) = f_1(\mathfrak{r}_1) \cdot \ldots \cdot f_n(\mathfrak{r}_n).$$

Es ist F multilinear, und deshalb gibt es ein $f \colon V_1 \otimes \ldots \otimes V_n \to K$, so daß $F = f \circ T$. Nun ergibt sich der Widerspruch

$$1 = f_1(\mathfrak{w}_{11}) \cdot \ldots \cdot f_n(\mathfrak{w}_{n1}) = F(\mathfrak{w}_{11},\ldots,\mathfrak{w}_{n1}) = f(\mathfrak{w}_{11} \otimes \ldots \otimes \mathfrak{w}_{n1})$$

$$= f(-\sum_{j=2}^{\ell} a_j \mathfrak{w}_{1j} \otimes \ldots \otimes \mathfrak{w}_{nj}) = -\sum_{j=2}^{\ell} a_j F(\mathfrak{w}_{1j},\ldots,\mathfrak{w}_{nj})$$

$$= -\sum_{j=2}^{\ell} a_j f_1(\mathfrak{w}_{1j}) \cdot \ldots \cdot f_n(\mathfrak{w}_{nj}) = 0.$$

Die letzte Gleichung folgt daraus, daß in dem j-ten Summanden mindestens ein $\mathfrak{w}_{ij} \in B_i - \{\mathfrak{w}_{i1}\}$ vorkommt. □

Von dem vorangehenden Satz gibt es eine Umkehrung. Allerdings müssen wir voraussetzen, daß keine trivialen Faktoren vorkommen, sonst können wir wegen $V_1 \otimes \ldots \otimes V_n = 0$ auch keine Aussagen erwarten.

9.1.26 Satz *Die Voraussetzungen seien wie in 9.1.25, und es sei $V_i \neq 0$ für $i = 1, \ldots, n$. Dann gilt:*

(a) *Erzeugt B das Tensorprodukt $V_1 \otimes \ldots \otimes V_n$, so erzeugt B_i das V_i für $i = 1, \ldots, n$.*

(b) *Ist B linear unabhängig, so ist B_i linear unabhängig für $i = 1, \ldots, n$.*

(c) *Ist B Basis von $V_1 \otimes \ldots \otimes V_n$, so ist B_i Basis von V_i für $i = 1, \ldots, n$.*

B e w e i s (a) Es sei etwa der von B_n erzeugte Unterraum U_n von V_n echt kleiner als V_n: $U_n \neq V_n$. Die Projektion $p\colon V_n \to V_n/U_n = V_n' \neq 0$ ist eine surjektive Abbildung. Durch $(\mathfrak{x}_1, \ldots, \mathfrak{x}_n) \mapsto (\mathfrak{x}_1, \ldots, \mathfrak{x}_{n-1}, p(\mathfrak{x}_n))$ wird eine surjektive Abbildung

$$\tilde{\Phi}\colon V_1 \times \ldots \times V_{n-1} \times V_n \to V_1 \times \ldots \times V_{n-1} \times V_n'$$

definiert, und $\tilde{\Phi}$ ergibt eine surjektive Abbildung

$$\Phi\colon V_1 \otimes \ldots \otimes V_{n-1} \otimes V_n \to V_1 \otimes \ldots \otimes V_{n-1} \otimes V_n' \quad \text{mit} \quad \Phi \circ T = T' \circ \tilde{\Phi},$$

also

$$\begin{array}{ccc} V_1 \times \ldots \times V_{n-1} \times V_n & \xrightarrow{\tilde{\Phi}} & V_1 \times \ldots \times V_{n-1} \times V_n' \\ {\scriptstyle T}\downarrow & & \downarrow{\scriptstyle T'} \\ V_1 \otimes \ldots \otimes V_{n-1} \otimes V_n & \xrightarrow{\Phi} & V_1 \otimes \ldots \otimes V_{n-1} \otimes V_n' \end{array}$$

Das folgt daraus, daß $\tilde{\Phi}$ die Elemente aus 9.1.21 bezüglich $V_1, \ldots, V_{n-1}, V_n$ in ebensolche bezüglich $V_1, \ldots, V_{n-1}, V_n'$ überführt.

Für $(\mathfrak{w}_1, \ldots, \mathfrak{w}_n)$ mit $\mathfrak{w}_n \in B_n$ gilt $\tilde{\Phi}(\mathfrak{w}_1, \ldots, \mathfrak{w}_n) = (\mathfrak{w}_1, \ldots, \mathfrak{w}_{n-1}, 0)$, also $\Phi(\mathfrak{w}_1 \otimes \ldots \otimes \mathfrak{w}_n) = 0$. Es folgt $\Phi(B) = 0$ und daraus $\Phi = 0$, weil B das Tensorprodukt erzeugt. Wegen $V_1 \otimes \ldots \otimes V_{n-1} \otimes V_n' \neq 0$ widerspricht das der Surjektivität von Φ.

(b) Sei etwa B_1 linear abhängig. Dann gibt es eine Gleichung

$$a_1 \mathfrak{w}_{11} + a_2 \mathfrak{w}_{12} + \ldots + a_\ell \mathfrak{w}_{1\ell} = 0,$$

nicht alle $a_j = 0$ und $\mathfrak{w}_{1j} \in B_1$, $j = 1, \ldots, \ell$. Sei nun $\mathfrak{w}_i \in B_i$ für $i = 2, \ldots, \ell$. Dann gilt:

$$0 = (a_1\mathfrak{w}_{11} + \ldots + a_\ell\mathfrak{w}_{1\ell}) \otimes \mathfrak{w}_2 \otimes \ldots \otimes \mathfrak{w}_n$$
$$= a_1(\mathfrak{w}_{11} \otimes \mathfrak{w}_2 \otimes \ldots \otimes \mathfrak{w}_n) + \ldots + a_\ell(\mathfrak{w}_{1\ell} \otimes \mathfrak{w}_2 \otimes \ldots \otimes \mathfrak{w}_n).$$

Deshalb ist auch B linear abhängig. □

Das Tensorprodukt von Abbildungen

Im bisherigen haben wir entgegen unserer Gewohnheit Homomorphismen nicht untersucht, sondern nur gelegentlich in Beweisen benutzt. Wir holen dieses nun kurz nach.

9.1.27 Satz und Definition $V_1, \ldots, V_n$ und $V_1', \ldots, V_n'$ seien Vektorräume über K und $h_i\colon V_i \to V_i'$ lineare Abbildungen, sowie $T\colon V_1 \times \ldots \times V_n \to V_1 \otimes \ldots \otimes V_n$ und $T'\colon V_1' \times \ldots \times V_n' \to V_1' \otimes \ldots \otimes V_n'$ die universellen Abbildungen. Dann gibt es eine eindeutig bestimmte lineare Abbildung $h\colon V_1 \otimes \ldots \otimes V_n \to V_1' \otimes \ldots \otimes V_n'$, so daß $h \circ T = T' \circ (h_1 \times \ldots \times h_n)$ gilt, d.h. das folgende Diagramm wird kommutativ:

$$\begin{array}{ccc} V_1 \times \ldots \times V_n & \xrightarrow{h_1 \times \ldots \times h_n} & V_1' \times \ldots \times V_n' \\ T \downarrow & & \downarrow T' \\ V_1 \otimes \ldots \otimes V_n & \xrightarrow{h} & V_1' \otimes \ldots \otimes V_n' \end{array}$$

Die Abbildung h heißt das Tensorprodukt der Abbildungen $h_1, \ldots, h_n$ und wird mit $h_1 \otimes \ldots \otimes h_n$ bezeichnet.

B e w e i s   Durch $(\mathfrak{x}_1, \ldots, \mathfrak{x}_n) \mapsto h_1(\mathfrak{x}_1) \otimes \ldots \otimes h_n(\mathfrak{x}_n)$ wird eine n-fach lineare Abbildung $H\colon V_1 \times \ldots \times V_n \to V_1' \otimes \ldots \otimes V_n'$ definiert; sie entspricht im Diagramm dem $\to \downarrow$. Deshalb gibt es genau ein $h\colon V_1 \otimes \ldots \otimes V_n \to V_1' \otimes \ldots \otimes V_n'$, so daß $H = h \circ T$; dieses entspricht dem $\downarrow \to$. □

9.1.28 Beispiele

(a) In den Beweisen von 9.1.15 (e), 9.1.25 (b), 9.1.26 (a) haben wir Tensoren von linearen Abbildungen zur Hilfe genommen; beachten Sie: $K \otimes \ldots \otimes K = K$.

(b) $\quad \mathrm{id}_{V_1} \otimes \ldots \otimes \mathrm{id}_{V_n} = \mathrm{id}_{V_1 \otimes \ldots \otimes V_n}$.

Der Einfachheit halber beschränken wir uns im folgenden wieder auf den Fall von Tensorprodukten aus zwei Faktoren.

9.1.29 Satz *Sind $h_i\colon V_i \to V_i'$ und $h_i'\colon V_i' \to V_i''$, $i = 1, 2$, lineare Abbildungen, so gilt*

$$(h_1' \circ h_1) \otimes (h_2' \circ h_2) = (h_1' \otimes h_2') \circ (h_1 \otimes h_2). \qquad \square$$

9.1.30 Korollar *Sind $h_i\colon V_i \to V_i'$ Monomorphismen, so ist $h_1 \otimes h_2\colon V_1 \otimes V_2 \to V_1' \otimes V_2'$ injektiv.*

B e w e i s Es gibt lineare Abbildungen $f_i\colon V_i' \to V_i$, so daß $f_i \circ h_i = \mathrm{id}_{V_i}$, was aus 4.5.A1 (a) folgt. Aus 9.1.29 und 9.1.28 (b) ergibt sich

$$(f_1 \otimes f_2) \circ (h_1 \otimes h_2) = (f_1 \circ h_1) \otimes (f_2 \circ h_2) = \mathrm{id}_{V_1} \otimes \mathrm{id}_{V_2} = \mathrm{id}_{V_1 \otimes V_2},$$

und daraus folgt die Injektivität von $h_1 \otimes h_2$. $\qquad \square$

9.1.31 Satz *Es seien $h_i\colon V_i \to V_i'$ lineare Abbildungen, $i = 1, 2$. Dann gilt:*
(a) Bild$(h_1 \otimes h_2) \subset V_1' \otimes V_2'$ *wird von den $\mathfrak{x}_1' \otimes \mathfrak{x}_2'$ mit $\mathfrak{x}_i' \in \mathrm{Bild}\, h_i$ erzeugt. Bis auf Isomorphie gilt:*

$$\mathrm{Bild}(h_1 \otimes h_2) = \mathrm{Bild}\, h_1 \otimes \mathrm{Bild}\, h_2.$$

Speziell: Sind h_1, h_2 surjektiv, so ist auch $h_1 \otimes h_2$ surjektiv.

(b) Kern$(h_1 \otimes h_2) \subset V_1 \otimes V_2$ *wird von den $\mathfrak{w}_1 \otimes \mathfrak{x}_2 + \mathfrak{x}_1 \otimes \mathfrak{w}_2$ erzeugt mit $\mathfrak{w}_i \in \mathrm{Kern}\, h_i$, $\mathfrak{x}_i \in V_i$. Bis auf Isomorphie gilt:*

$$\mathrm{Kern}(h_1 \otimes h_2) = \mathrm{Kern}\, h_1 \otimes V_2 + V_1 \otimes \mathrm{Kern}\, h_2.$$

Speziell: Sind h_1, h_2 injektiv, so ist auch $h_1 \otimes h_2$ injektiv, vgl. 9.1.30.

B e w e i s (a) folgt aus der Definition 9.1.27 und der Tatsache, daß die Elemente $h(\mathfrak{x}_1) \otimes h(\mathfrak{x}_2)$, $\mathfrak{x}_i \in V_i$, den Vektorraum $\mathrm{Bild}\, h_1 \otimes \mathrm{Bild}\, h_2$ erzeugen.

Zu (b): Wir wählen Basen $B_i = B_i' \cup B_i''$ von V_i mit
(1) B_i' ist Basis von Kern h_i;
(2) $\{h_i(\mathfrak{x}) : \mathfrak{x} \in B_i''\}$ ist Basis von Bild h_i.

Nach 9.1.25 (c) ist $B = \{\mathfrak{x}_1 \otimes \mathfrak{x}_2 : \mathfrak{x}_i \in B_i\}$ Basis von $V_1 \otimes V_2$. Nach (a) und 9.1.25 (b) ist $\{h_1(\mathfrak{x}_1) \otimes h_2(\mathfrak{x}_2): \mathfrak{x}_i \in B_i''\}$ Basis von Bild$(h_1 \otimes h_2)$. Weil die übrigen Basiselemente $\{\mathfrak{x}_1 \otimes \mathfrak{x}_2 : \mathfrak{x}_1 \in B_1'$ oder $\mathfrak{x}_2 \in B_2'\}$ im Kern $(h_1 \otimes h_2)$ liegen, bilden sie folglich eine Basis von Kern $(h_1 \otimes h_2)$. Sie spannen aber genau den in (b) genannten Teilraum auf. $\qquad \square$

9.1.32 Ergänzungen und Beispiele Wir geben einige weitere Eigenschaften des Tensorproduktes an, deren Beweise sich aus dem vorangegangenen unschwer ergeben. Im folgenden sind $V, W, V_i, \ldots$ Vektorräume über einem Körper K.

(a) Sei $M_{n,m}(K)$ der Vektorraum aller $n \times m$-Matrizen über K. Dann ist die Abbildung

$$K^n \times K^m \to M_{n,m}(K), \quad \left(\begin{pmatrix} x_1 \\ \vdots \\ x_n \end{pmatrix}, \begin{pmatrix} y_1 \\ \vdots \\ y_m \end{pmatrix}\right) \mapsto \begin{pmatrix} x_1 y_1 & \cdots & x_1 y_m \\ \vdots & & \vdots \\ x_n y_1 & \cdots & x_n y_m \end{pmatrix},$$

universell für K^n, K^m.

(b) Die Abbildung

$$K^n \times V \to V \otimes \ldots \otimes V \ (n\text{-mal}), \quad ((x_1, \ldots, x_n)^t, v) \mapsto (x_1 v, \ldots, x_n v)$$

ist universell für K^n, V.

(c) Sind $\mathfrak{y}_1, \ldots, \mathfrak{y}_n \in W$ linear unabhängig und ist $\sum_{i=1}^{n} \mathfrak{x}_i \otimes \mathfrak{y}_i = 0$ in $V \otimes W$, so ist $\mathfrak{x}_1 = \ldots = \mathfrak{x}_n = 0$.

(d) Aus $\mathfrak{x}_1 \otimes \ldots \otimes \mathfrak{x}_n \neq 0$ in $V_1 \otimes \ldots \otimes V_n$ und $\mathfrak{x}_1 \otimes \ldots \otimes \mathfrak{x}_n = \mathfrak{y}_1 \otimes \ldots \otimes \mathfrak{y}_n$ folgt $\mathfrak{y}_i = a_i \mathfrak{x}_i$ für gewisse $a_1, \ldots, a_n \in K$ mit $a_1 \cdot \ldots \cdot a_n = 1$, vgl. 9.1.15 (e).

(e) Sei $\sum_{i=1}^{n} \mathfrak{x}_i \otimes \mathfrak{y}_i = \sum_{j=1}^{m} \mathfrak{x}'_j \otimes \mathfrak{y}'_j$ in $V \otimes W$, wobei jeweils die $\mathfrak{x}_i$ bzw. $\mathfrak{y}_i$ bzw. $\mathfrak{x}'_j$ bzw. $\mathfrak{y}'_j$ linear unabhängig sind. Dann ist $n = m$, aber i.a. nicht $\mathfrak{x}_i = \mathfrak{x}'_i$, $\mathfrak{y}_i = \mathfrak{y}'_i$ (auch nicht nach Umnumerieren).

(f) Die Vektorräume der folgenden Paare
  i) $V \otimes W$ und $W \otimes V$, ii) $(V_1 \otimes V_2) \otimes V_3$ und $V_1 \otimes V_2 \otimes V_3$,
  iii) $(V_1 \oplus V_2) \otimes W$ und $(V_1 \otimes W) \oplus (V_2 \otimes W)$
sind isomorph.

(g) Sei $\dim V = n$, $\dim W = m$ mit $n, m \in \mathbb{N}$. Sind $f \colon V \to \bar{V}$, $g \colon W \to \bar{W}$ linear, so ist Rang $(f \otimes g) = (\text{Rang } f)(\text{Rang } g)$.

(h) Ist zusätzlich $V = \bar{V}$ und $W = \bar{W}$, so gilt:

$$\det(f \otimes g) = (\det f)^m \cdot (\det g)^n.$$

(i) Sind V' und W' die zu V bzw. W dualen Räume, so gilt: Durch

$$F(f \otimes g)(\mathfrak{x} \otimes \mathfrak{y}) = f(\mathfrak{x}) \cdot g(\mathfrak{y})$$

wird ein Monomorphismus $F \colon V' \otimes W' \to (V \otimes W)'$ definiert. Haben V und W endliche Dimension, so ist F ein Isomorphismus.

(j) Sei $K = \mathbb{R}$. Sind V, W euklidische Vektorräume, so gibt es auf $V \otimes W$ ein Skalarprodukt mit

$$\langle \mathfrak{x}_1 \otimes \mathfrak{x}_2, \mathfrak{y}_1 \otimes \mathfrak{y}_2 \rangle := \langle \mathfrak{x}_1, \mathfrak{y}_1 \rangle \cdot \langle \mathfrak{x}_2, \mathfrak{y}_2 \rangle, \quad \mathfrak{x}_1, \mathfrak{y}_1 \in V, \; \mathfrak{x}_2, \mathfrak{y}_2 \in W,$$

d.h. $V \otimes W$ ist ein euklidischer Vektorraum.

Aufgaben

9.1.A1 Beweisen oder widerlegen Sie:
(a) $(V \otimes W) \otimes Y \cong V \otimes (W \otimes Y)$
(b) $(V_1 \otimes V_2) \oplus W \cong (V_1 \oplus W) \otimes (V_2 \oplus W)$
(c) $(V_1 \oplus V_2) \otimes W \cong (V_1 \otimes W) \oplus (V_2 \otimes W)$
(d) Die Abbildung $f : V \times V \to V \otimes V$, $f(\mathfrak{x}, \mathfrak{y}) := \mathfrak{x} \otimes \mathfrak{y}$ ist injektiv oder surjektiv.

9.1.A2 Beweisen Sie 9.1.32 (c), (d) und (e).

9.1.A3 Sei V ein Vektorraum der Dimension n über K. Eine Abbildung $V^k \to K$ heißt symmetrisch, wenn sie auf je zwei durch Permutation auseinander hervorgehenden Argumentlisten $(\mathfrak{x}_1, \ldots, \mathfrak{x}_k)$ und $(x_{\sigma(1)}, \ldots, \mathfrak{x}_{\sigma(k)})$, $\sigma \in S_k$, denselben Wert annimmt. Zeigen Sie, daß die symmetrischen multilinearen Abbildungen $V^k \to K$ einen Vektorraum der Dimension $\binom{n+k-1}{k}$ bilden.

9.1.A4
(a) Sei $\mathfrak{x} = (1,2)^t \in \mathbb{R}^2$ und $\mathfrak{y} = (3,2)^t \in \mathbb{R}^2$. Bestimmen Sie eine Basis von $\mathbb{R}^2 \otimes \mathbb{R}^2$ aus der Standardbasis des $\mathbb{R}^2$, und berechnen Sie die Koeffizienten von $\mathfrak{x} \otimes \mathfrak{y}$ bezüglich dieser Basis.
(b) Stellen Sie dem die Basisentwicklung von $\mathfrak{x} + \mathfrak{y}$ in $\mathbb{R}^2 \oplus \mathbb{R}^2$ gegenüber.
(c) Wie verhalten sich die Dimensionen von $U \otimes V$ und $U \oplus V$ im allgemeinen und hier im besonderen zueinander?

9.1.A5 Seien $f : V \to V$, $g : W \to W$ lineare Abbildungen mit $\dim V = n$, $\dim W = m$. Beweisen Sie $\det(f \otimes g) = (\det f)^m \cdot (\det g)^n$.

9.1.A6 Beweisen Sie 9.1.32 (i).

9.2 Die Grassmannalgebra

In diesem Abschnitt werden spezielle multilineare Abbildungen untersucht, nämlich alternierende, die die Determinantenfunktionen aus 5.2 verallgemeinern. Sie gestatten es zum Beispiel, Inhalte für niederdimensionale Quader (und andere Figuren) im $\mathbb{R}^n$ zu erklären, und werden deshalb in der Integrationstheorie verwendet, vor allem im Zusammenhang mit sogenannten Differentialformen.

Alternierende Abbildungen

Es seien V und W Vektorräume über dem Körper K.

9.2.1 Definition
(a) Eine *p-fach lineare Abbildung* F von V nach W ist eine p-fach lineare Abbildung $F\colon V^p \to W$, $p \in \mathbb{N}^*$. Sie heißt *alternierend*, wenn $F(\mathfrak{x}_1,\ldots,\mathfrak{x}_p) = 0$ ist, falls zwei der Vektoren $\mathfrak{x}_1,\ldots,\mathfrak{x}_p$ übereinstimmen. Sie heißt *schiefsymmetrisch*, wenn gilt:

$$F(\ldots,\mathfrak{x}_i,\ldots,\mathfrak{x}_j,\ldots) = -F(\ldots,\mathfrak{x}_j,\ldots,\mathfrak{x}_i,\ldots) \quad \forall i \neq j.$$

(b) Es bezeichne $\bigotimes^p V = V \otimes \ldots \otimes V$ (p-mal) das p-fache Tensorprodukt von V und $T\colon V \times \ldots \times V \to \bigotimes^p V$ die universelle Abbildung. Eine lineare Abbildung $f\colon \bigotimes^p V \to W$ heißt *p-fach alternierend*, wenn $f(\mathfrak{x}_1 \otimes \ldots \otimes \mathfrak{x}_p) = 0$ ist, falls zwei der Vektoren $\mathfrak{x}_i$ gleich sind. Sie heißt *schiefsymmetrisch*, wenn gilt:

$$f(\ldots \otimes \mathfrak{x}_i \otimes \ldots \otimes \mathfrak{x}_j \otimes \ldots) = -f(\ldots \otimes \mathfrak{x}_j \otimes \ldots \otimes \mathfrak{x}_i \otimes \ldots) \quad \forall i \neq j.$$

Aus den Definitionen folgt unmittelbar:

9.2.2 Satz *Für $F = f \circ T\colon V \times \ldots \times V \to W$ gilt:*
F alternierend $\iff$ f alternierend;
F schiefsymmetrisch $\iff$ f schiefsymmetrisch.

Wir werden uns deshalb erlauben, frei zwischen den beiden Begriffen von alternierend bzw. schiefsymmetrisch zu springen.

9.2.3 Satz *Jede alternierende Abbildung $f\colon \bigotimes^p V \to W$ ist schiefsymmetrisch. Für eine Permutation $\sigma \in S_p$ gilt*

$$f(\mathfrak{x}_{\sigma(1)} \otimes \ldots \otimes \mathfrak{x}_{\sigma(n)}) = (\operatorname{sgn}\sigma) f(\mathfrak{x}_1 \otimes \ldots \otimes \mathfrak{x}_n).$$

Ist die Charakteristik von K ungleich 2, so ist jede schiefsymmetrische Abbildung auch alternierend. Die analogen Aussagen gelten für p-fach lineare Abbildungen $F\colon V \times \ldots \times V \to W$.

B e w e i s   Die erste Aussage folgt wie 5.2.2 (a). Die Umkehrung folgt aus

$$f(\ldots \otimes \mathfrak{x}_i \otimes \ldots \otimes \mathfrak{x}_j \otimes \ldots) = -f(\ldots \otimes \mathfrak{x}_j \otimes \ldots \otimes \mathfrak{x}_i \otimes \ldots) =: a$$

Ist nämlich $\mathfrak{x}_i = \mathfrak{x}_j$, so ist $a = -a$. Es folgt $a = 0$, wenn char $K \neq 2$. □

9.2.4 Satz *Sind $\mathfrak{x}_1, \ldots, \mathfrak{x}_p$ linear abhängig und ist f alternierend, so ist*
$$f(\mathfrak{x}_1 \otimes \ldots \otimes \mathfrak{x}_p) = 0.$$
Für $p > \dim V$ ist jede p-fach alternierende Abbildung die Nullabbildung. □

Als Beispiel kennen wir schon die Determinantenfunktionen aus 5.2. Dazu sei $\dim V = n$. Dann ist
$$\det: \underbrace{V \times \ldots \times V}_{n} \to K, \quad (\mathfrak{x}_1, \ldots, \mathfrak{x}_n) \mapsto \det(\mathfrak{x}_1, \ldots, \mathfrak{x}_n),$$
n-fach alternierend. Natürlich auch
$$\det: \bigotimes^n V \to K, \quad \mathfrak{x}_1 \otimes \ldots \otimes \mathfrak{x}_n \mapsto \det(\mathfrak{x}_1, \ldots, \mathfrak{x}_n).$$

9.2.5 Der Raum $A_p(V, W)$ der alternierenden Abbildungen Wie für die multilinearen Abbildungen folgt, daß die alternierenden Abbildungen $F: V^p \to W$ einen linearen Raum bilden. Die alternierenden linearen Abbildungen $f: \bigotimes^p V \to W$ bilden einen Unterraum $A_p(V, W)$ von $L(\bigotimes^p V, W)$. Darauf gehen wir hier nicht näher ein.

Das äußere Produkt $\wedge^p V$

Wie für die multilinearen Abbildungen in 9.1 durch das Tensorprodukt wollen wir nun für die p-fach alternierenden Abbildungen einen Vektorraum $\wedge^p V$ konstruieren, dessen lineare Abbildungen in einen Vektorraum W umkehrbar eindeutig den p-fach alternierenden Abbildungen von $\otimes^p V$ nach W entsprechen.

9.2.6 Definition Eine Abbildung $Q: \bigotimes^p V \to U$, U Vektorraum, heißt *universell*, wenn gilt:
 (a) Q ist alternierend.
 (b) Zu jeder alternierenden Abbildung $F: \bigotimes^p V \to W$ gibt es genau eine lineare Abbildung $f: U \to W$ mit $F = f \circ Q$. Das folgende Diagramm ist also kommutativ:

$$\begin{array}{ccc} \bigotimes^p V & \xrightarrow{Q} & U \\ & \searrow F \quad \swarrow_{\exists! f} & \\ & W. & \end{array}$$

Liegt diese Situation vor, so heißt U ein *p-faches äußeres Produkt* oder *Dachprodukt* von V.

Wir beginnen mit zwei (einfachen) Beispielen, von denen das erste allerdings sehr wichtig ist.

9.2.7 Satz *Ist* $\dim V = n$, *so ist* $\det\colon \bigotimes^n V \to K$ *universell, und deshalb ist* K *ein* $(\dim V)$-*faches äußeres Produkt von* V. *Hier bezeichnet* $\det$ *eine nichttriviale Determinantenfunktion.*

B e w e i s (vgl. 5.2.3.) Sei $\mathfrak{v}_1, \ldots, \mathfrak{v}_n$ eine Basis von V mit $\det(\mathfrak{v}_1, \ldots, \mathfrak{v}_n) = 1$. Ist $F\colon \bigotimes^n V \to W$ alternierend und $\mathfrak{x}_i = \sum_{j=1}^n x_{ij} \mathfrak{v}_j$, so gilt:

$$F(\mathfrak{x}_1 \otimes \ldots \otimes \mathfrak{x}_n) = \sum_{\sigma \in S_n} (\operatorname{sgn} \sigma) x_{1\sigma(1)} \ldots x_{n\sigma(n)} F(\mathfrak{v}_1 \otimes \ldots \otimes \mathfrak{v}_n)$$
$$= \det(x_{ij}) \cdot F(\mathfrak{v}_1 \otimes \ldots \otimes \mathfrak{v}_n).$$

Setze $f\colon K \to W$ durch $a \mapsto a \cdot F(\mathfrak{v}_1 \otimes \ldots \otimes \mathfrak{v}_n)$ fest. Dann gilt $F = f \circ \det$. □

9.2.8 Satz *Für* $p > \dim V$ *verschwindet jedes p-fache äußere Produkt von* V. □

Die Eindeutigkeit des p-fachen äußeren Produktes ergibt sich durch Kopie des Beweises von 9.1.10:

9.2.9 Satz *Sind* $Q\colon \bigotimes^p V \to U$ *und* $Q'\colon \bigotimes^p V \to U'$ *universell, so gibt es einen eindeutig bestimmten Isomorphismus* $\varphi\colon U \to U'$ *mit* $Q' = \varphi \circ Q$; *im Diagramm:*

$$\begin{array}{ccc} \bigotimes^p V & \xrightarrow{Q} & U \\ & {}_{Q'}\searrow & \cong \downarrow \exists! \varphi \\ & & U'. \end{array}$$

□

Die Existenz des äußeren Produktes ergibt sich mittels des Tensorproduktes auch sehr schnell.

9.2.10 Definition und Satz *Sei* W_p *der von* $\{\mathfrak{x}_1 \otimes \ldots \otimes \mathfrak{x}_p : \exists i < j\colon \mathfrak{x}_i = \mathfrak{x}_j\}$ *aufgespannte Unterraum von* $\bigotimes^p V$. *Sei* $\wedge^p V := \bigotimes^p V / W_p$ *und* $Q_p\colon \bigotimes^p V \to \wedge^p V$ *die kanonische Projektion. Wir schreiben*

$$\mathfrak{x}_1 \wedge \ldots \wedge \mathfrak{x}_p := Q_p(\mathfrak{x}_1 \otimes \ldots \otimes \mathfrak{x}_p) = \mathfrak{x}_1 \otimes \ldots \otimes \mathfrak{x}_p + W_p.$$

9.2 Die Grassmannalgebra

Das Element $\mathfrak{x}_1 \wedge \ldots \wedge \mathfrak{x}_p \in \wedge^p V$ *heißt das* äußere *oder* Dach-Produkt *von* $\mathfrak{x}_1, \ldots, \mathfrak{x}_p$. *Es ist*

$$Q_p\colon \bigotimes^p V \to \wedge^p V, \quad \mathfrak{x}_1 \otimes \ldots \otimes \mathfrak{x}_p \mapsto \mathfrak{x}_1 \wedge \ldots \wedge \mathfrak{x}_p$$

universell.

Beweis Ist $F\colon \bigotimes^p V \to W$ alternierend, W beliebig, so gilt $F(\mathfrak{x}_1 \otimes \ldots \otimes \mathfrak{x}_p) = 0$, falls für $\mathfrak{x}_i = \mathfrak{x}_j$ $i < j$ ist, also $W_p \subset \operatorname{Kern} F$. Die p-fach lineare Abbildung F läßt sich deshalb mittels Q_p faktorisieren:

$$\begin{array}{ccc} \bigotimes^p V & \xrightarrow{Q_p} & \wedge^p V \\ {\scriptstyle F} \searrow & & \swarrow {\scriptstyle f} \\ & W. & \end{array}$$

Da Q_p surjektiv ist, ist f eindeutig bestimmt. □

9.2.11 Korollar *Der Raum* $A_p(V,W)$ *der alternierenden Abbildungen ist isomorph zu* $L(\wedge^p V, W)$, *vermittelt durch* $F \mapsto f$, *falls* $F = f \circ Q_p$. □

9.2.12 Korollar *Ist* $\dim V = p$, *so ist* $\dim \wedge^p V = 1$. *Ist* $\mathfrak{v}_1, \ldots, \mathfrak{v}_p$ *Basis von* V, *so erzeugt* $\mathfrak{v}_1 \wedge \ldots \wedge \mathfrak{v}_p$ *das* $\wedge^p V$.

Beweis Folgt aus 9.2.7. □

9.2.13 Rechenregeln für $\wedge$

(a) $\quad \mathfrak{x}_1 \wedge \ldots \wedge \mathfrak{x}_i \wedge \ldots \wedge \mathfrak{x}_j \wedge \ldots \wedge \mathfrak{x}_p = 0$ *falls* $\mathfrak{x}_i = \mathfrak{x}_j$ *für* $i \neq j$;

(b) $\quad \mathfrak{x}_1 \wedge \ldots \wedge (\mathfrak{x}_i + \mathfrak{y}_i) \wedge \ldots \wedge \mathfrak{x}_p = (\mathfrak{x}_1 \wedge \ldots \wedge \mathfrak{x}_i \wedge \ldots \wedge \mathfrak{x}_p) + (\mathfrak{x}_1 \wedge \ldots \wedge \mathfrak{y}_i \wedge \ldots \wedge \mathfrak{x}_p)$;

(c) $\quad \mathfrak{x}_1 \wedge \ldots \wedge (a\mathfrak{x}_i) \wedge \ldots \wedge \mathfrak{x}_p = a(\mathfrak{x}_1 \wedge \ldots \wedge \mathfrak{x}_i \wedge \ldots \wedge \mathfrak{x}_p)$;

(d) $\quad \mathfrak{x}_{\sigma(1)} \wedge \ldots \wedge \mathfrak{x}_{\sigma(p)} = (\operatorname{sgn} \sigma)\, \mathfrak{x}_1 \wedge \ldots \wedge \mathfrak{x}_p$;

(e) $\quad$ *für* $\mathfrak{v}_1, \ldots, \mathfrak{v}_n \in V$ *und* $\mathfrak{x}_i = \sum_{j=1}^n x_{ij} \mathfrak{v}_j$, $i = 1, \ldots, p$, *ist*

$$\mathfrak{x}_1 \wedge \ldots \wedge \mathfrak{x}_p =$$

$$\sum_{1 \leq i(1) < \ldots < i(p) \leq n} \left(\sum_{\sigma \in S_p} (\operatorname{sgn}\sigma) x_{1i(\sigma(1))} \cdot \ldots \cdot x_{pi(\sigma(p))} \right) \mathfrak{v}_{i(1)} \wedge \ldots \wedge \mathfrak{v}_{i(p)};$$

(e') $\qquad$ *für $n = p$ folgt* $\mathfrak{x}_1 \wedge \ldots \wedge \mathfrak{x}_p = \det(x_{ij}) \cdot \mathfrak{v}_1 \wedge \ldots \wedge \mathfrak{v}_n$.

Die Aussage (e) ist allgemeiner als die Aussage über Determinantenfunktionen (hier (e')), weil hier p nicht die Dimension von V zu sein braucht. In (e) haben wir die Konvention übernommen, daß die Produktoperation $\wedge$ vor der Addition $+$ ausgeführt wird.

B e w e i s $\quad$ (a) folgt aus der Definition von W_p und $\wedge^p V$ in 9.2.1; (b) und (c) sind die multilinearen Eigenschaften von $\wedge$; (d) ist die Schiefsymmetrie. Zu (e):

$$\mathfrak{x}_1 \wedge \ldots \wedge \mathfrak{x}_p = \left(\sum_{i(1)} x_{1i(1)} \mathfrak{v}_{i(1)}\right) \wedge \ldots \wedge \left(\sum_{i(p)} x_{pi(p)} \mathfrak{v}_{i(p)}\right)$$

$$= \sum_{i(1),\ldots,i(p)} x_{1i(1)} \ldots x_{pi(p)} \mathfrak{v}_{i(1)} \wedge \ldots \wedge \mathfrak{v}_{i(p)} \quad \text{wegen (b) und (c)}$$

$$= {\sum_{i(1),\ldots,i(p)}}' x_{1i(1)} \ldots x_{pi(p)} \mathfrak{v}_{i(1)} \wedge \ldots \wedge \mathfrak{v}_{i(p)}.$$

Hier bedeutet $\sum'$, daß nur über die Indextupel mit verschiedenen $i(j)$ zu summieren ist. Die Gleichheit folgt aus (a). Aus (d) folgt nun:

$$\mathfrak{x}_1 \wedge \ldots \wedge \mathfrak{x}_p =$$

$$\sum_{1 \leq i(1) < \ldots < i(p) \leq n} \left(\sum_{\sigma \in S_p} (\operatorname{sgn}\sigma) x_{1i(\sigma(1))} \cdot \ldots \cdot x_{pi(\sigma(p))} \right) \mathfrak{v}_{i(1)} \wedge \ldots \wedge \mathfrak{v}_{i(p)}.$$

(e') folgt nun aus der Determinantenformel 5.3.6. $\qquad \square$

Aus 9.2.13 ergibt sich:

9.2.14 Korollar *Erzeugt* $\{\mathfrak{v}_1, \ldots, \mathfrak{v}_n\}$ *das V, so erzeugt* $\{\mathfrak{v}_{i_1} \wedge \ldots \wedge \mathfrak{v}_{i_p} : 1 \leq i_1 < \ldots < i_p \leq n\}$ *das* $\wedge^p V$. $\qquad \square$

9.2.15 Satz $\mathfrak{x}_1 \wedge \ldots \wedge \mathfrak{x}_p = 0 \iff \mathfrak{x}_1, \ldots, \mathfrak{x}_p$ *linear abhängig.*

9.2 Die Grassmannalgebra

Beweis „⇐" klar, vgl. 9.2.4. „⇒": Seien $\mathfrak{x}_1, \ldots, \mathfrak{x}_p$ linear unabhängig. Dann können wir sie zu einer Basis von V durch Vektoren $\mathfrak{v}_i$, $i \in I$, ergänzen. Sei U ein p-dimensionaler Vektorraum mit Basis $\mathfrak{u}_1, \ldots, \mathfrak{u}_p$. Durch $\mathfrak{v}_i \mapsto 0$, $i \in I$, und $\mathfrak{x}_j \mapsto \mathfrak{u}_j$, $j = 1, \ldots, p$, wird eine lineare Abbildung $h\colon V \to U$ definiert. Dann induziert h eine Abbildung

$$\otimes^p h = \tilde{H} \colon \otimes^p V \to \otimes^p U, \quad \mathfrak{y}_1 \otimes \ldots \otimes \mathfrak{y}_p \mapsto h(\mathfrak{y}_1) \otimes \ldots \otimes h(\mathfrak{y}_p).$$

Dabei überführt $\tilde{H}$ den Unterraum W_p, der in 9.2.10 zur Konstruktion von $\wedge^p V$ benutzt wurde, in den analogen Raum W'_p für $\wedge^p U$ und induziert deshalb eine lineare Abbildung $H\colon \wedge^p V \to \wedge^p U$. Dabei gilt $H(\mathfrak{x}_1 \wedge \ldots \wedge \mathfrak{x}_p) = \mathfrak{u}_1 \wedge \ldots \wedge \mathfrak{u}_p$. Nun können wir 9.2.12 anwenden und sehen, daß $\mathfrak{u}_1 \wedge \ldots \wedge \mathfrak{u}_p \neq 0$ gilt. Deshalb ist $\mathfrak{x}_1 \wedge \ldots \wedge \mathfrak{x}_p \neq 0$. □

9.2.16 Satz *Sind $\mathfrak{v}_1, \ldots, \mathfrak{v}_n$ linear unabhängige Vektoren, so ist für $1 \leq p \leq n$ $\{\mathfrak{v}_{i(1)} \wedge \ldots \wedge \mathfrak{v}_{i(p)} : 1 \leq i(1) < i(2) < \ldots < i(p) \leq n\}$ linear unabhängig.*

Beweis Indem wir denselben Trick wie im Beweis von 9.2.15 anwenden, können wir erreichen, daß $\{\mathfrak{v}_1, \ldots, \mathfrak{v}_n, \ldots\}$ Basis von V ist. Es gelte nun

$$(*) \qquad 0 = \sum_{i(1)<\ldots<i(p)} a_{i(1)\ldots i(p)} \mathfrak{v}_{i(1)} \wedge \ldots \wedge \mathfrak{v}_{i(p)}.$$

Nach fester Wahl von $j(1) < \ldots < j(p)$ bilden wir V auf K^p ab durch

$$\mathfrak{v}_{j(k)} \mapsto (0, \ldots, 1, \ldots, 0)^t = \mathfrak{e}_k, \ k = 1, \ldots, p, \text{ und}$$

$$\mathfrak{v}_i \mapsto 0 \text{ für } i \notin \{j(1), \ldots, j(p)\}.$$

Das definiert eine lineare Abbildung $f\colon V \to K^p$ sowie eine lineare Abbildung $F\colon \wedge^p V \to \wedge^p K^p$ durch $F(\mathfrak{x}_1 \wedge \ldots \wedge \mathfrak{x}_p) = f(\mathfrak{x}_1) \wedge \ldots \wedge f(\mathfrak{x}_p)$. Es ist $\wedge^p(K^p)$ nach 9.2.12 eindimensional und wird von $\mathfrak{e}_1 \wedge \ldots \wedge \mathfrak{e}_p$ erzeugt. Aus $(*)$ folgt

$$0 = F(0) = F\left(\sum a_{i(1)\ldots i(p)} \mathfrak{v}_{i(1)} \wedge \ldots \wedge \mathfrak{v}_{i(p)}\right) =$$

$$\sum a_{i(1)\ldots i(p)} f(\mathfrak{v}_{i(1)}) \wedge \ldots \wedge f(\mathfrak{v}_{i(p)}) = a_{j(1)\ldots j(p)} \mathfrak{e}_1 \wedge \ldots \wedge \mathfrak{e}_p,$$

also $a_{j(1)\ldots j(p)} = 0$. □

Aus 9.2.14 und 9.2.16 ergibt sich

9.2.17 Korollar *Für $n = \dim V$ ist $\{\mathfrak{v}_{i(1)} \wedge \ldots \wedge \mathfrak{v}_{i(p)} : 1 \leq i(1) < \ldots < i(p) \leq n\}$ eine Basis von $\wedge^p V$. Deshalb ist $\dim \wedge^p V = \binom{\dim V}{p}$.* □

9.2.18 Beispiele Es sei V ein Vektorraum mit Basis $\mathfrak{v}_1,\ldots,\mathfrak{v}_n$. Dann gilt:
(a) $\wedge^1 V = V$.
(b) $\wedge^2 V$ hat die Basis

$$\begin{array}{ll} \mathfrak{v}_1 \wedge \mathfrak{v}_2, \quad \mathfrak{v}_1 \wedge \mathfrak{v}_3, \ldots, & \mathfrak{v}_1 \wedge \mathfrak{v}_n, \\ \mathfrak{v}_2 \wedge \mathfrak{v}_3, \ldots, & \mathfrak{v}_2 \wedge \mathfrak{v}_n, \\ \ddots & \vdots \\ & \mathfrak{v}_{n-1} \wedge \mathfrak{v}_n. \end{array}$$

(c) $\wedge^{n-1} V$ hat die Basis $\{\mathfrak{v}_1 \wedge \ldots \wedge \mathfrak{v}_{i-1} \wedge \mathfrak{v}_{i+1} \wedge \ldots \wedge \mathfrak{v}_n : i = 1,\ldots,n\}$.
(d) $\wedge^n V$ hat die Basis $\mathfrak{v}_1 \wedge \ldots \wedge \mathfrak{v}_n$.

9.2.19 Satz über die alternierenden Abbildungen von V nach W *Es seien V und W Vektorräume über K. Sei ferner*

$$Q_p \colon V^p \to \wedge^p V, \quad (\mathfrak{v}_1,\ldots,\mathfrak{v}_p) \mapsto \mathfrak{v}_1 \wedge \ldots \wedge \mathfrak{v}_p.$$

Dann wird durch $f \mapsto F = f \circ Q_p$ ein Isomorphismus $L(\wedge^p V, W) \xrightarrow{\cong} A_p(V, W)$ vermittelt.

B e w e i s   Das ist nur eine Umformulierung des Korollars 9.2.11, wobei beachtet wird, wie die alternierenden Abbildungen $V \times \ldots \times V \to W$ mit denen der Form $\bigotimes^p V \to W$ zusammenhängen, vgl. 9.2.2 und 9.2.5. □

Die äußere Algebra oder Grassmann-Algebra

Die Rechenregeln 9.2.13 (a)-(c) legen es nahe, den „Raum aller Ausdrücke"

$$a_0 + \sum a_i \mathfrak{x}_i + \sum a_{ij} \mathfrak{x}_i \wedge \mathfrak{x}_j + \sum a_{ik} \mathfrak{x}_i \wedge \mathfrak{x}_j \wedge \mathfrak{x}_k + \ldots$$

zu betrachten und darauf eine Addition, skalare Multiplikation und eine $\wedge$-Multiplikation als weitere Verknüpfung einzuführen. Das wollen wir gleich tun, stellen nur ein allgemeines Schema für solche Konstruktionen voran.

9.2.20 $V_0, V_1, V_2, \ldots$ seien Vektorräume über K, und es sei $W = V_0 \oplus V_1 \oplus V_2 \oplus \ldots$ die direkte Summe, vgl. 4.2.14. Durch $\mathfrak{x}_i \mapsto (0,\ldots,0,\mathfrak{x}_i,0,\ldots)$, $\mathfrak{x}_i$ an der i-te Stelle, wird ein Monomorphismus $f_i \colon V_i \to W$ definiert. Den Teilraum Bild$f_i \subset W$ bezeichnen wir wieder mit V_i und den Vektor $(0,\ldots,0,\mathfrak{x}_i,0,\ldots)$ auch mit $\mathfrak{x}_i$. Ist $\mathfrak{x}_i + \mathfrak{y}_i = \mathfrak{z}_i$ in V_i, so ist

$$(0,\ldots,0,\mathfrak{x}_i,0,\ldots) + (0,\ldots,0,\mathfrak{y}_i,0,\ldots) = (0,\ldots,0,\mathfrak{z}_i,0,\ldots)$$

in W; analoges gilt für die skalare Multiplikation, so daß die Identifikation von V_i mit Bild f_i verträglich ist mit den Vektorraumoperationen. Mit dieser Verabredung können wir sagen: *W ist die innere direkte Summe der $V_0, V_1, \ldots$,* vgl. 4.2.14. Insbesondere wird W von den Teilräumen $V_0, V_1, \ldots \subset W$ erzeugt, d.h. jeder Vektor aus W ist eine endliche Summe $\sum_{p \geq 0} \mathfrak{x}_p$, $\mathfrak{x}_p \in V_p, \mathfrak{x}_p \neq 0$ nur endlich oft. Bis auf die Reihenfolge der Summanden ist diese Darstellung eindeutig.

9.2.21 Hilfssatz *Ist für alle $p, q \geq 0$ eine bilineare Abbildung $V_p \times V_q \to V_{p+q}$ gegeben, bezeichnet durch $(\mathfrak{x}, \mathfrak{y}) \mapsto \mathfrak{x} * \mathfrak{y}$, so wird durch*

$$(\sum_{p \geq 0} \mathfrak{x}_p) * (\sum_{q \geq 0} \mathfrak{y}_q) := \sum_{r \geq 0} (\sum_{\substack{p+q=r \\ p,q \geq 0}} \mathfrak{x}_p * \mathfrak{y}_q)$$

eine Verknüpfung $W \times W \to W$ definiert, so daß für $\mathfrak{x}, \mathfrak{x}', \mathfrak{y}, \mathfrak{y}' \in W, a \in K$ gilt:

(a) $(\mathfrak{x} + \mathfrak{x}') * \mathfrak{y} = (\mathfrak{x} * \mathfrak{y}) + (\mathfrak{x}' * \mathfrak{y})$,
(b) $\mathfrak{x} * (\mathfrak{y} + \mathfrak{y}') = (\mathfrak{x} * \mathfrak{y}) + (\mathfrak{x} * \mathfrak{y}')$,
(c) $(a\mathfrak{x}) * \mathfrak{y} = \mathfrak{x} * (a\mathfrak{y}) = a(\mathfrak{x} * \mathfrak{y})$.

B e w e i s von (a) Es ist

$$\left(\sum_p \mathfrak{x}_p + \sum_p \mathfrak{x}'_p\right) * \left(\sum_q \mathfrak{y}_q\right) = \left(\sum_p (\mathfrak{x}_p + \mathfrak{x}'_p)\right) * \left(\sum_q \mathfrak{y}_q\right)$$

$$= \sum_r \left(\sum_{p+q=r} (\mathfrak{x}_p + \mathfrak{x}'_p) * \mathfrak{y}_q\right)$$

$$= \sum_r \left(\sum_{p+q=r} (\mathfrak{x}_p * \mathfrak{y}_q + \mathfrak{x}'_p * \mathfrak{y}_q)\right)$$

$$= \sum_r \left(\sum_{p+q=r} \mathfrak{x}_p * \mathfrak{y}_q\right) + \sum_r \left(\sum_{p+q=r} \mathfrak{x}'_p * \mathfrak{y}_q\right)$$

$$= \left((\sum_p \mathfrak{x}_p) * (\sum_q \mathfrak{y}_q)\right) + \left((\sum_p \mathfrak{x}'_p) * (\sum_q \mathfrak{y}_q)\right).$$

Dabei wurde benutzt, daß $V_p \times V_q \to V_{p+q}$ in der 1. Koordinate linear ist. Analog folgen die übrigen Aussagen. □

Durch Ausrechnen ergibt sich:

9.2.22 Hilfssatz *Wenn* $(\mathfrak{x} * \mathfrak{y}) * \mathfrak{z} = \mathfrak{x} * (\mathfrak{y} * \mathfrak{z})$ *für alle* $\mathfrak{x} \in V_p, \mathfrak{y} \in V_q, \mathfrak{z} \in V_r$, $p, q, r \geq 0$ *gilt, ist die Verknüpfung* $*$ *in 9.2.21 assoziativ.* □

Wir sagen, daß wir die Verknüpfung $W \times W \to W$ durch „*lineares Fortsetzen der Abbildungen* $V_p \times V_q \to V_{p+q}$" bekommen.

Es sei an die Definition 3.3.18 eines Moduls A über einem Ring R erinnert: A ist eine (additiv geschriebene) abelsche Gruppe und R operiert auf A, d.h. $R \times A \to A$, $(r, a) \mapsto ra$, so daß $(r + s)a = ra + sa$, $r(a + b) = ra + rb$ und $r(sa) = (rs)a$ gilt.

9.2.23 Definition Es sei R ein Ring und A ein Modul über R. Ist in A eine weitere Verknüpfung $A \times A \to A$, $(a, a') \mapsto aa'$, gegeben, die bezüglich der Operation von R auf A bilinear ist, so heißt A eine *Algebra über* R. Es gilt also für $a, a', a'' \in A, r \in R$:

$$(ra)a' = r(aa') = a(ra'), \quad (a+a')a'' = aa'' + a'a'', a(a'+a'') = aa' + aa''.$$

Die Algebra heißt *assoziativ*, wenn $(aa')a'' = a(a'a'')$.

9.2.24 Beispiele Der Endomorphismenring eines Vektorraumes V über dem Körper K ist eine Algebra über K, vgl. 4.5.9; dort hatten wir den Begriff schon eingeführt. Der Polynomring $K[x]$ über K ist eine Algebra über K, vgl. 3.3.10. Unter der Voraussetzung von 9.2.21 ist W eine Algebra über K. Diese ist assoziativ, wenn die Voraussetzung aus 9.2.22 erfüllt ist.

Nun kommen wir zu dem wichtigen Begriff der äußeren Algebra.

9.2.25 Definition und Satz *Sei* V *ein Vektorraum über* K. *Wir setzen* $\wedge^0 V := K$ *und* $a \wedge \mathfrak{x} = a\mathfrak{x}$ *für* $a \in \wedge^0 V$, $\mathfrak{x} \in \wedge^p V$, $p \geq 0$. *Dann wird durch*

$$(\mathfrak{x}_1 \wedge \ldots \wedge \mathfrak{x}_p, \mathfrak{y}_1 \wedge \ldots \wedge \mathfrak{y}_q) \mapsto \mathfrak{x}_1 \wedge \ldots \wedge \mathfrak{x}_p \wedge \mathfrak{y}_1 \wedge \ldots \wedge \mathfrak{y}_q$$

für $p, q \geq 0$ *eine bilineare Abbildung* $\wedge^p V \times \wedge^q V \to \wedge^{p+q} V$ *definiert. Nach 9.2.21 und 9.2.22 wird dann*

$$\wedge V := \bigoplus_{p \geq 0} \wedge^p V = \wedge^0 V \oplus \wedge^1 V \oplus \wedge^2 V \oplus \ldots$$

eine assoziative Algebra über K, *die* äußere Algebra *oder* Grassmann-Algebra *von* V.

9.2 Die Grassmannalgebra

B e w e i s   Zu zeigen ist, daß die Abbildung eindeutig definiert ist, d.h.

$$\mathfrak{x}_1 \wedge \ldots \wedge \mathfrak{x}_p = \mathfrak{x}'_1 \wedge \ldots \wedge \mathfrak{x}'_p, \quad \mathfrak{y}_1 \wedge \ldots \wedge \mathfrak{y}_q = \mathfrak{y}'_1 \wedge \ldots \wedge \mathfrak{y}'_q$$
$$\implies \mathfrak{x}_1 \wedge \ldots \wedge \mathfrak{x}_p \wedge \mathfrak{y}_1 \wedge \ldots \wedge \mathfrak{y}_q = \mathfrak{x}'_1 \wedge \ldots \wedge \mathfrak{x}'_p \wedge \mathfrak{y}'_1 \wedge \ldots \wedge \mathfrak{y}'_q.$$

Wenn wir das haben, ist die Bilinearität und Assoziativität klar. Aus der Definition in 9.2.10 folgt

$$\mathfrak{x}_1 \otimes \ldots \otimes \mathfrak{x}_p - \mathfrak{x}'_1 \otimes \ldots \otimes \mathfrak{x}'_p \in W_p, \quad \mathfrak{y}_1 \otimes \ldots \otimes \mathfrak{y}_q - \mathfrak{y}'_1 \otimes \ldots \otimes \mathfrak{y}'_q \in W_q.$$

Dann ist offenbar

$$\mathfrak{x}_1 \otimes \ldots \otimes \mathfrak{x}_p \otimes \mathfrak{y}_1 \otimes \ldots \otimes \mathfrak{y}_q - \mathfrak{x}'_1 \otimes \ldots \otimes \mathfrak{x}'_p \otimes \mathfrak{y}_1 \otimes \ldots \otimes \mathfrak{y}_q \in W_{p+q},$$
$$\mathfrak{x}'_1 \otimes \ldots \otimes \mathfrak{x}'_p \otimes \mathfrak{y}_1 \otimes \ldots \otimes \mathfrak{y}_q - \mathfrak{x}'_1 \otimes \ldots \otimes \mathfrak{x}'_p \otimes \mathfrak{y}'_1 \otimes \ldots \otimes \mathfrak{y}'_q \in W_{p+q}.$$

Daher liegt die Summe dieser Elemente in W_{p+q}, und das war zu zeigen. □

9.2.26 Rechenregeln für das äußere Produkt Wir bezeichnen die Elemente von $\wedge V$ mit großen deutschen Buchstaben. Sie sind von der Form

$$\mathfrak{X} = a + \mathfrak{x} + \sum_{i(1),i(2)} \mathfrak{x}_{i(1)} \wedge \mathfrak{x}_{i(2)} + \sum_{j(1),j(2),j(3)} \mathfrak{x}_{j(1)} \wedge \mathfrak{x}_{j(2)} \wedge \mathfrak{x}_{j(3)} + \ldots.$$

Das nach 9.2.25 definierte Produkt von $\mathfrak{X}, \mathfrak{Y} \in \wedge V$ heißt das *äußere* oder *Dach-Produkt* von $\mathfrak{X}$ und $\mathfrak{Y}$ und wird mit $\mathfrak{X} \wedge \mathfrak{Y}$ bezeichnet. Für dieses gilt:

(a) $(\mathfrak{X}_1 + \mathfrak{X}_2) \wedge \mathfrak{Y} = \mathfrak{X}_1 \wedge \mathfrak{Y} + \mathfrak{X}_2 \wedge \mathfrak{Y}, \quad \mathfrak{X} \wedge (\mathfrak{Y}_1 + \mathfrak{Y}_2) = \mathfrak{X} \wedge \mathfrak{Y}_1 + \mathfrak{X} \wedge \mathfrak{Y}_2$

(Konvention: $\wedge$ ist vor $+$ auszuführen.).

(b) $$(\mathfrak{X} \wedge \mathfrak{Y}) \wedge \mathfrak{Z} = \mathfrak{X} \wedge (\mathfrak{Y} \wedge \mathfrak{Z}).$$

Ein Spezialfall ist:

(c) $\quad (a\mathfrak{X}) \wedge \mathfrak{Y} = \mathfrak{X} \wedge (a\mathfrak{Y}) = a(\mathfrak{X} \wedge \mathfrak{Y}) \quad$ für $a \in K$.

Die Grassmann-Algebra ist nicht kommutativ, aber es gilt:

(d) $\quad \mathfrak{X} \in \wedge^p V, \mathfrak{Y} \in \wedge^q V \implies \mathfrak{X} \wedge \mathfrak{Y} = (-1)^{pq} \mathfrak{Y} \wedge \mathfrak{X}.$

B e w e i s von (d) Es genügt, dies für $\mathfrak{X} = \mathfrak{x}_1 \wedge \ldots \wedge \mathfrak{x}_p$ und $\mathfrak{Y} = \mathfrak{y}_1 \wedge \ldots \wedge \mathfrak{y}_q$ zu beweisen. Um $\mathfrak{Y} \wedge \mathfrak{X}$ aus $\mathfrak{X} \wedge \mathfrak{Y}$ zu erhalten, müssen wir alle $\mathfrak{y}_i$ nacheinander mit allen $\mathfrak{x}_j$ vertauschen; das sind $p \cdot q$ Vertauschungen. □

9.2.27 Ergänzungen und Beispiele Ohne Beweis bringen wir einige weitere Eigenschaften des äußeren Produkts.

(a) Der Spezialfall $V = K$. Es ist $\wedge K = K \oplus K$, und das äußere Produkt ist durch $(x, y) \wedge (x', y') = (xx', xy' + x'y)$ gegeben.

(b) Der Spezialfall $V = K^2$. Ist $\mathfrak{x}_1, \mathfrak{x}_2$ eine Basis von K^2, so schreibt sich jedes Element aus $\wedge K^2$ eindeutig als

$$\mathfrak{X} = x + x_1 \mathfrak{x}_1 + x_2 \mathfrak{x}_2 + x_{12} \mathfrak{x}_1 \wedge \mathfrak{x}_2 \text{ mit } x, x_1, x_2, x_{12} \in K.$$

Das Produkt zweier solcher Elemente ist

$$\mathfrak{X} \wedge \mathfrak{Y} = xy + (xy_1 + x_1 y) \mathfrak{x}_1 + (xy_2 + x_2 y) \mathfrak{x}_2 + (xy_{12} + x_{12} y + x_1 y_2 - x_2 y_1) \mathfrak{x}_1 \wedge \mathfrak{x}_2.$$

(c) Das $\wedge$-Produkt in $\wedge V$ besitzt das neutrale Element $1 \in K \subset \wedge V$.

(d) Für $\mathfrak{X} \in \wedge^p V$ und ungerades p gilt $\mathfrak{X} \wedge \mathfrak{X} = 0$, falls Char $K \neq 2$ ist. Für gerades p ist das i.a. falsch; denn ist Char $K \neq 2$, dim $V = 4$ und $\mathfrak{x}_1, \ldots, \mathfrak{x}_4 \in V$ eine Basis, so gilt

$$\mathfrak{X} = \mathfrak{x}_1 \wedge \mathfrak{x}_2 + \mathfrak{x}_3 \wedge \mathfrak{x}_4 \in \wedge^2 V \implies \mathfrak{X} \wedge \mathfrak{X} = 2 \mathfrak{x}_1 \wedge \mathfrak{x}_2 \wedge \mathfrak{x}_3 \wedge \mathfrak{x}_4 \neq 0.$$

(e) Ein Vektor $\mathfrak{X} \in \wedge^p V$ heißt *zerlegbar*, wenn $\mathfrak{X} = \mathfrak{x}_1 \wedge \ldots \wedge \mathfrak{x}_p$ für gewisse $\mathfrak{x}_1, \ldots, \mathfrak{x}_p \in V$. Für $p = 0, 1, \dim V$ ist jedes $\mathfrak{X} \in \wedge^p V$ zerlegbar. Der Vektor $\mathfrak{x}_1 \wedge \mathfrak{x}_2 + \mathfrak{x}_3 \wedge \mathfrak{x}_4$ aus (d) ist nicht zerlegbar.

(f) Ist $\dim V = n \in \mathbb{N}^*$, so ist jeder Vektor aus $\wedge^{n-1} V$ zerlegbar.

(g) Ist Char $K \neq 2$, so gilt: $\mathfrak{X} \in \wedge^2 V$ ist zerlegbar $\iff \mathfrak{X} \wedge \mathfrak{X} = 0$.

(h) Für $\mathfrak{X} \in \wedge V$ und $k \in \mathbb{N}^*$ sei $\mathfrak{X}^k = \mathfrak{X} \wedge \ldots \wedge \mathfrak{X}$ (k Faktoren) und $\mathfrak{X}^0 = 1$. Ist $\mathfrak{X} \in \wedge^p V$ und p ungerade sowie Char $K \neq 2$, so ist $\mathfrak{X}^k = 0$ für $k \geq 2$. Ist $\mathfrak{X}, \mathfrak{Y} \in \wedge^p V$ und p gerade, so ist

$$(\mathfrak{X} + \mathfrak{Y})^k = \sum_{i=0}^{k} \binom{k}{i} \mathfrak{X}^i \wedge \mathfrak{Y}^{k-i}.$$

(i) Zu jeder linearen Abbildung $f \colon V \to W$ gibt es genau eine lineare Abbildung $f_\wedge \colon \wedge V \to \wedge W$, so daß

$$f_\wedge(\mathfrak{X} \wedge \mathfrak{Y}) = f_\wedge(\mathfrak{X}) \wedge f_\wedge(\mathfrak{Y}) \quad \text{für } \mathfrak{X}, \mathfrak{Y} \in \wedge V.$$

9.2 Die Grassmannalgebra

Mit f ist $f_\wedge$ ein Isomorphismus. Speziell folgt $\wedge V \cong \wedge W$ aus $V \cong W$.

(j) Als Vektorraum hat $\wedge V$ die Dimension 2^n, wenn $n = \dim V$.

Aufgaben

9.2.A1 Sei K ein Körper der Charakteristik 2, V ein Vektorraum über K und $f : K \times K \to K$ definiert durch $f(x,y) = x \cdot y$. Beweisen oder widerlegen Sie:

(a) f ist schiefsymmetrisch.

(b) f ist alternierend.

(c) $\wedge^n V \cong V$ für $n \in \mathbb{N}$. (Was gilt, falls $\operatorname{char} K \neq 2$?)

(d) Jeder Vektor aus $\wedge^m V$, $m \in \mathbb{N}$, besitzt eine Darstellung als ein Dachprodukt von Vektoren aus V.

9.2.A2

(a) Sei V ein Vektorraum über K, $\operatorname{char} K \neq 2$. Für $\mathfrak{X} \in \wedge^p V$ und ungerades p gilt $\mathfrak{X} \wedge \mathfrak{X} = 0$.

(b) Für gerades p ist dies im allgemeinen falsch.

(c) Was gilt für $\operatorname{char} K = 2$?

9.2.A3

(a) Sei $\dim V = 2$. Bestimmen Sie jeweils eine Basis für $V \otimes V \otimes V$ und $V \wedge V \wedge V$.

(b) Sei $\dim V = 3$. Bestimmen Sie jeweils eine Basis für $V \otimes V$ und $V \wedge V$.

9.2.A4 Sei V ein endlich-dimensionaler Vektorraum, $k \in \mathbb{N}$. Zeigen Sie:

$$\wedge^k V = 0 \iff k > \dim V.$$

9.2.A5 Beweisen oder widerlegen Sie:

(a) Sei $V = K$ ein K-Vektorraum der Dimension 1. Dann gilt $\wedge K \cong K \oplus K$ und $(x,y) \wedge (x',y') = (xx' - yy', xy' + x'y)$.

(b) Für $K = \mathbb{R}$ gibt es einen Algebra-Isomorphismus $\wedge K \longrightarrow \mathbb{C}$.

(c) Jede Grassmann-Algebra besitzt ein neutrales Element.

(d) $\dim \otimes^p V > \dim \wedge^p V$.

(e) $\dim \otimes^p V = \dim \wedge^p V \iff p = 1$ oder $\dim V = 0$.

9.2.A6 Sei V ein Vektorraum der Dimension $n \in \mathbb{N}$. Beweisen Sie, daß sich alle Elemente aus $\wedge^1 V, \wedge^n V$ und $\wedge^{n-1} V$ durch jeweils ein Dachprodukt von Vektoren aus V darstellen lassen. Was ist mit $\wedge^0 V$?

9.2.A7 Sei V ein Vektorraum über einem Körper K. Zeigen Sie, daß durch

$$\mathfrak{A}\colon \otimes^p V \to \otimes^p V, \quad \mathfrak{v}_1 \otimes \ldots \otimes \mathfrak{v}_p \mapsto \frac{1}{p!} \sum_{\sigma \in S_p} (\operatorname{sgn}\sigma) \mathfrak{v}_{\sigma(1)} \otimes \ldots \otimes \mathfrak{v}_{\sigma(p)}$$

eine lineare Abbildung (!) definiert wird. Beweisen Sie:
(a) $\mathfrak{A} \circ \mathfrak{A} = \mathfrak{A}$.
(b) Es gibt einen surjektiven Vektorraum-Homomorphismus $\mathfrak{B}\colon \wedge^p V \to \mathfrak{A}(\otimes^p V)$.
(c) Für ein endlich-dimensionales V ist $\mathfrak{B}$ ein Isomorphismus.

9.3 Vektorprodukt, Spatprodukt und Volumen

In diesem Paragraphen wollen wir zunächst als Anwendung des Dachproduktes einen Spezialfall untersuchen, der jedoch auch ohne den Aufwand von 9.2 behandelt werden kann und so auch seit langem z.B. in der Physik benutzt wird, vgl. die geometrische Deutung in 9.3.10–11. Danach verbinden wir die Ergebnisse in 9.2 mit den Begriffen Volumen und Orientierung von 6.5.29–35.

Das Vektorprodukt

Sei V ein Vektorraum über K der Dimension $n \in \mathbb{N}^*$. Es ist $\dim V = \dim \wedge^2 V$ genau dann, wenn $n = \binom{n}{2}$, also $n = 3$ ist. Dann ist $V \cong \wedge^2 V$, und

$$V \times V \to \wedge^2 V \xrightarrow[\cong]{f} V, \quad (\mathfrak{x}, \mathfrak{y}) \mapsto \mathfrak{x} \wedge \mathfrak{y} \mapsto f(\mathfrak{x} \wedge \mathfrak{y})$$

ergibt eine Abbildung $V \times V \to V$, also eine Verknüpfung auf V (die von der Wahl von f abhängt). Solche Verknüpfungen wollen wir untersuchen.

9.3.1 Definition Sei $\mathfrak{v}_1, \mathfrak{v}_2, \mathfrak{v}_3$ eine Basis von V (fest gewählt für diesen Abschnitt 9.3). Der Homomorphismus

$$f\colon \wedge^2 V \to V, \quad \mathfrak{v}_1 \wedge \mathfrak{v}_2 \mapsto \mathfrak{v}_3, \quad \mathfrak{v}_2 \wedge \mathfrak{v}_3 \mapsto \mathfrak{v}_1, \quad \mathfrak{v}_3 \wedge \mathfrak{v}_1 \mapsto \mathfrak{v}_2$$

ist ein Isomorphismus. Dann heißt $\mathfrak{x} \times \mathfrak{y} := f(\mathfrak{x} \wedge \mathfrak{y}) \in V$ *Vektorprodukt (vektorielles Produkt) von* $\mathfrak{x}$ *und* $\mathfrak{y}$ für $\mathfrak{x}, \mathfrak{y} \in V$.

9.3.2 Rechenregeln

(a) $$(a\mathfrak{x}_1 + b\mathfrak{x}_2) \times \mathfrak{y} = a(\mathfrak{x}_1 \times \mathfrak{y}) + b(\mathfrak{x}_2 \times \mathfrak{y}),$$
$$\mathfrak{x} \times (a\mathfrak{y}_1 + b\mathfrak{y}_2) = a(\mathfrak{x} \times \mathfrak{y}_1) + b(\mathfrak{x} \times \mathfrak{y}_2).$$

(b) $$\mathfrak{x} \times \mathfrak{y} = -\mathfrak{y} \times \mathfrak{x},$$

(c) $\mathfrak{x} \times \mathfrak{y} = 0 \iff \mathfrak{x}$ und $\mathfrak{y}$ sind linear abhängig.

(d) $$\mathfrak{v}_1 \times \mathfrak{v}_2 = \mathfrak{v}_3, \quad \mathfrak{v}_2 \times \mathfrak{v}_3 = \mathfrak{v}_1, \quad \mathfrak{v}_3 \times \mathfrak{v}_1 = \mathfrak{v}_2.$$

(e) Für $\mathfrak{x} = x_1\mathfrak{v}_1 + x_2\mathfrak{v}_2 + x_3\mathfrak{v}_3$, $\mathfrak{y} = y_1\mathfrak{v}_1 + y_2\mathfrak{v}_2 + y_3\mathfrak{v}_3$ ist
$$\mathfrak{x} \times \mathfrak{y} = (x_2y_3 - x_3y_2)\mathfrak{v}_1 + (x_3y_1 - x_1y_3)\mathfrak{v}_2 + (x_1y_2 - x_2y_1)\mathfrak{v}_3.$$

B e w e i s (a)-(c) folgen aus den entsprechenden Eigenschaften von $\wedge$, weil f ein Isomorphismus ist; (d) ist Teil der Definition und (e) folgt aus (a)-(c) durch Ausrechnen. $\square$

Die Regel (e) können wir uns wie folgt leicht merken: wir entwickeln die „Determinante"
$$\begin{vmatrix} \mathfrak{v}_1 & \mathfrak{v}_2 & \mathfrak{v}_3 \\ x_1 & x_2 & x_3 \\ y_1 & y_2 & y_3 \end{vmatrix}$$
formal nach der ersten Zeile. Dann erhalten wir $\mathfrak{x} \times \mathfrak{y}$.

9.3.3 Definition Für $\mathfrak{x} = x_1\mathfrak{v}_1 + x_2\mathfrak{v}_2 + x_3\mathfrak{v}_3$, $\mathfrak{y} = y_1\mathfrak{v}_1 + y_2\mathfrak{v}_2 + y_3\mathfrak{v}_3$ sei $\mathfrak{x}\mathfrak{y} := x_1y_1 + x_2y_2 + x_3y_3 \in K$. Achtung: $\mathfrak{x}\mathfrak{y}$ hängt von der Basis $\mathfrak{v}_1, \mathfrak{v}_2, \mathfrak{v}_3$ ab!

Ist speziell $K = \mathbb{R}$, so gibt es genau ein Skalarprodukt $\langle \mathfrak{x}, \mathfrak{y} \rangle$ auf V, so daß $\mathfrak{v}_1, \mathfrak{v}_2, \mathfrak{v}_3$ eine orthonormierte Basis ist. Dann ist $\mathfrak{x}\mathfrak{y}$ das Skalarprodukt $\langle \mathfrak{x}, \mathfrak{y} \rangle$ der Vektoren $\mathfrak{x}$ und $\mathfrak{y}$. Ist z.B. $V = \mathbb{R}^3$ und $\mathfrak{v}_1, \mathfrak{v}_2, \mathfrak{v}_3$ die kanonische Basis des $\mathbb{R}^3$, so ist $\mathfrak{x}\mathfrak{y}$ das kanonische Skalarprodukt in $\mathbb{R}^3$.

9.3.4 Formel für das 3-fache Vektorprodukt $(\mathfrak{x} \times \mathfrak{y}) \times \mathfrak{z} = (\mathfrak{x}\mathfrak{z})\mathfrak{y} - (\mathfrak{y}\mathfrak{z})\mathfrak{x}$.

B e w e i s Die Abbildungen
$$g\colon V \times V \times V \to V, \quad (\mathfrak{x}, \mathfrak{y}, \mathfrak{z}) \mapsto (\mathfrak{x} \times \mathfrak{y}) \times \mathfrak{z},$$
$$h\colon V \times V \times V \to V, \quad (\mathfrak{x}, \mathfrak{y}, \mathfrak{z}) \mapsto (\mathfrak{x}\mathfrak{z})\mathfrak{y} - (\mathfrak{y}\mathfrak{z})\mathfrak{x},$$

9 Multilineare Algebra

sind multilinear, so daß die Behauptung $g = h$ richtig ist, wenn die Formel für die Basisvektoren $\mathfrak{v}_1, \mathfrak{v}_2, \mathfrak{v}_3$ gilt. Es ist nicht nötig, alle Möglichkeiten nachzuprüfen, die sich durch Einsetzen der $\mathfrak{v}_i$ ergeben: Offenbar gilt die Formel im Fall $\mathfrak{x} = \mathfrak{y}$, und wenn sie für $\mathfrak{x}, \mathfrak{y}, \mathfrak{z}$ gilt, so auch für $\mathfrak{y}, \mathfrak{x}, \mathfrak{z}$. Wenn $\mathfrak{x}, \mathfrak{y}, \mathfrak{z}$ gleich
— $\mathfrak{v}_1, \mathfrak{v}_2, \mathfrak{v}_3$ ist, sind beide Seiten gleich 0,
— $\mathfrak{v}_1, \mathfrak{v}_3, \mathfrak{v}_3$ ist, sind beide Seiten gleich $-\mathfrak{v}_1$,
— $\mathfrak{v}_2, \mathfrak{v}_3, \mathfrak{v}_3$ ist, sind beide Seiten gleich $-\mathfrak{v}_2$.
Andere Möglichkeiten mit $\mathfrak{z} = \mathfrak{v}_3$ brauchen wir nicht zu betrachten. Entsprechend werden die Fälle $\mathfrak{z} = \mathfrak{v}_2$ bzw. $= \mathfrak{v}_1$ untersucht. □

Es folgt, daß das Vektorprodukt i.a. nicht assoziativ ist. Statt dessen ergibt sich aus 9.3.4:

9.3.5 Jacobi-Identität $(\mathfrak{x} \times \mathfrak{y}) \times \mathfrak{z} + (\mathfrak{y} \times \mathfrak{z}) \times \mathfrak{x} + (\mathfrak{z} \times \mathfrak{x}) \times \mathfrak{y} = 0$. □

9.3.6 Lagrange-Identität $(\mathfrak{a} \times \mathfrak{b})(\mathfrak{c} \times \mathfrak{d}) = (\mathfrak{a}\mathfrak{c})(\mathfrak{b}\mathfrak{d}) - (\mathfrak{a}\mathfrak{d})(\mathfrak{b}\mathfrak{c})$.

B e w e i s   Für jeden Vektor $\mathfrak{x} \in V$ gilt nach 9.3.2 (e) die Gleichung

$$(\mathfrak{a} \times \mathfrak{b})\mathfrak{x} = (a_2 b_3 - a_3 b_2)x_1 + (a_3 b_1 - a_1 b_3)x_2 + (a_1 b_2 - a_2 b_1)x_3$$

$$= \begin{vmatrix} x_1 & x_2 & x_3 \\ a_1 & a_2 & a_3 \\ b_1 & b_2 & b_3 \end{vmatrix} = \begin{vmatrix} a_1 & b_1 & x_1 \\ a_2 & b_2 & x_2 \\ a_3 & b_3 & x_3 \end{vmatrix}$$

oder für die eindeutig bestimmte Determinantenfunktion D mit $D(\mathfrak{v}_1, \mathfrak{v}_2, \mathfrak{v}_3) = 1$:

9.3.7 $(\mathfrak{a} \times \mathfrak{b})\mathfrak{x} = D(\mathfrak{a}, \mathfrak{b}, \mathfrak{x})$.

Für $\mathfrak{x} = \mathfrak{c} \times \mathfrak{d}$ folgt

$$\begin{aligned}(\mathfrak{a} \times \mathfrak{b})\mathfrak{x} &= D(\mathfrak{a}, \mathfrak{b}, \mathfrak{x}) = -D(\mathfrak{x}, \mathfrak{b}, \mathfrak{a}) = -(\mathfrak{x} \times \mathfrak{b})\mathfrak{a} \\ &= -((\mathfrak{c} \times \mathfrak{d}) \times \mathfrak{b})\mathfrak{a} = -((\mathfrak{c}\mathfrak{b})\mathfrak{d} - (\mathfrak{d}\mathfrak{b})\mathfrak{c})\mathfrak{a} \quad \text{(nach 9.3.4)} \\ &= (\mathfrak{a}\mathfrak{c})(\mathfrak{b}\mathfrak{d}) - (\mathfrak{a}\mathfrak{d})(\mathfrak{b}\mathfrak{c}). \end{aligned}$$ □

Spatprodukt

9.3.8 Definition Für $\mathfrak{a}, \mathfrak{b}, \mathfrak{c} \in V$ heißt $(\mathfrak{a}\mathfrak{b}\mathfrak{c}) := (\mathfrak{a} \times \mathfrak{b})\mathfrak{c} \in K$ das *Spatprodukt der Vektoren* $\mathfrak{a}, \mathfrak{b}, \mathfrak{c}$.

Achtung: Ebenso wie $\mathfrak{a} \times \mathfrak{b}$ und $\mathfrak{ab}$ hängt das Spatprodukt von der Wahl der Basis in V ab!

9.3.9 Rechenregeln (a) Die Abbildung $V \times V \times V \to K$, $(\mathfrak{a}, \mathfrak{b}, \mathfrak{c}) \mapsto (\mathfrak{abc})$, ist multilinear.

(b) Es ist

$$(\mathfrak{abc}) = D(\mathfrak{a}, \mathfrak{b}, \mathfrak{c}) = \begin{vmatrix} a_1 & b_1 & c_1 \\ a_2 & b_2 & c_2 \\ a_3 & b_3 & c_3 \end{vmatrix} \text{ mit } D(\mathfrak{v}_1, \mathfrak{v}_2, \mathfrak{v}_3) = 1.$$

(c) $\qquad (\mathfrak{abc}) = (\mathfrak{bca}) = (\mathfrak{cab}) = -(\mathfrak{acb}) = -(\mathfrak{bac}) = -(\mathfrak{cba}).$

(d) $\qquad (\mathfrak{abc}) = 0 \quad \Longleftrightarrow \quad \mathfrak{a}, \mathfrak{b}, \mathfrak{c}$ linear abhängig.

$\square$

Geometrische Deutung von Vektorprodukt und Spatprodukt

Jetzt setzen wir voraus: $K = \mathbb{R}$, $V = \mathbb{R}^3$, $\mathfrak{v}_1 = \mathfrak{e}_1$, $\mathfrak{v}_2 = \mathfrak{e}_2$, $\mathfrak{v}_3 = \mathfrak{e}_3$ ist die kanonische Basis des $\mathbb{R}^3$. Dann ist $\mathfrak{xy}$ das kanonische Skalarprodukt der Vektoren $\mathfrak{x}, \mathfrak{y} \in \mathbb{R}^3$.

9.3.10 Definition

(a) Eine Basis $\mathfrak{x}_1, \mathfrak{x}_2, \mathfrak{x}_3 \in \mathbb{R}^3$ *definiert dieselbe Orientierung wie* $\mathfrak{e}_1, \mathfrak{e}_2, \mathfrak{e}_3$ oder *bildet ein Rechtssystem im* $\mathbb{R}^3$, wenn $\mathfrak{x}_i = \sum_j x_{ij} \mathfrak{e}_j$ mit $\det(x_{ij}) > 0$ ist, vgl. 6.5.35.

(b) Für linear unabhängige Vektoren $\mathfrak{x}, \mathfrak{y} \in \mathbb{R}^3$ heißt $\|\mathfrak{x}\| \cdot \|\mathfrak{y}\| \cdot \sin \sphericalangle(\mathfrak{x}, \mathfrak{y})$ *Inhalt des von $\mathfrak{x}$ und $\mathfrak{y}$ aufgespannten Parallelogramms.*
Diese Formel entspricht der bekannten Berechnung des Inhaltes im Parallelo-

gramm, denn $\|\mathfrak{x}\| \cdot \sin \sphericalangle(\mathfrak{x}, \mathfrak{y})$ ist die Länge der Höhe h auf $\mathfrak{x}$, vgl. Abb. 9.3.1.

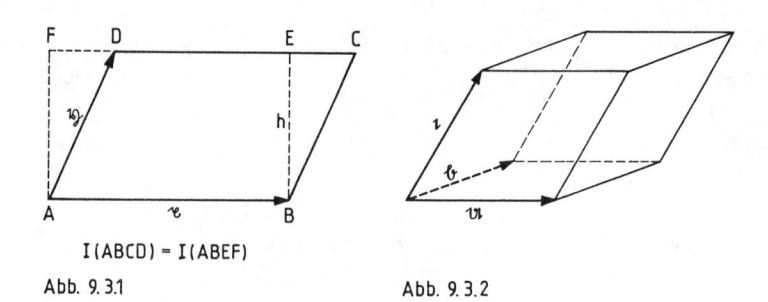

I(ABCD) = I(ABEF)
Abb. 9.3.1   Abb. 9.3.2

9.3.11 Satz *Für linear unabhängige Vektoren $\mathfrak{x}, \mathfrak{y} \in \mathbb{R}^3$ gilt:*
(a) $(\mathfrak{x} \times \mathfrak{y}) \perp \mathfrak{x}$ *und* $(\mathfrak{x} \times \mathfrak{y}) \perp \mathfrak{y}$.
(b) $\mathfrak{x}, \mathfrak{y}, \mathfrak{x} \times \mathfrak{y}$ *bilden ein Rechtssystem im $\mathbb{R}^3$.*
(c) $\|\mathfrak{x} \times \mathfrak{y}\|$ *ist der Inhalt des von $\mathfrak{x}, \mathfrak{y}$ aufgespannten Parallelogramms.*
Ferner ist $\mathfrak{x} \times \mathfrak{y}$ durch (a)-(c) eindeutig bestimmt. Also ist $\mathfrak{x} \times \mathfrak{y}$ das z.B. aus der Physik bekannte Vektorprodukt.

B e w e i s   (a) Weil das Skalarprodukt $(\mathfrak{x} \times \mathfrak{y})\mathfrak{x} = D(\mathfrak{x}, \mathfrak{y}, \mathfrak{x}) = 0$ ist, gilt $(\mathfrak{x} \times \mathfrak{y}) \perp \mathfrak{x}$; analog $(\mathfrak{x} \times \mathfrak{y}) \perp \mathfrak{y}$.

(b) folgt aus
$$D(\mathfrak{x}, \mathfrak{y}, \mathfrak{x} \times \mathfrak{y}) \stackrel{9.3.7}{=} (\mathfrak{x} \times \mathfrak{y})(\mathfrak{x} \times \mathfrak{y}) = \|\mathfrak{x} \times \mathfrak{y}\|^2 > 0.$$
($= 0$ würde nach 9.3.2 (c) heißen, daß $\mathfrak{x}, \mathfrak{y}$ linear abhängig sind.)

(c) folgt aus:
$$\begin{aligned}\|\mathfrak{x} \times \mathfrak{y}\|^2 &= (\mathfrak{x} \times \mathfrak{y})(\mathfrak{x} \times \mathfrak{y}) \\ &= (\mathfrak{x}\mathfrak{x})(\mathfrak{y}\mathfrak{y}) - (\mathfrak{x}\mathfrak{y})^2 & \text{(Lagrange-Identität)} \\ &= \|\mathfrak{x}\|^2 \cdot \|\mathfrak{y}\|^2 - \|\mathfrak{x}\|^2 \cdot \|\mathfrak{y}\|^2 \cos^2 \sphericalangle(\mathfrak{x}, \mathfrak{y}) & \text{(Definition von } \sphericalangle(\mathfrak{x}, \mathfrak{y})) \\ &= \|\mathfrak{x}\|^2 \cdot \|\mathfrak{y}\|^2 \cdot \sin^2 \sphericalangle(\mathfrak{x}, \mathfrak{y}).\end{aligned}$$

Sei jetzt $\mathfrak{z}$ ein Vektor, für den (a) - (c) gelten. Weil der Lotraum des von $\mathfrak{x}, \mathfrak{y}$ aufgespannten Teilraumes 1-dimensional ist, ist $\mathfrak{z} = a(\mathfrak{x} \times \mathfrak{y})$ für ein $a \in \mathbb{R}$ nach (a). Aus (c) folgt $|a| = 1$, aus (b) $a = 1$, also $\mathfrak{z} = \mathfrak{x} \times \mathfrak{y}$. □

9.3.12 Damit können wir auch das Spatprodukt geometrisch deuten: Sind $\mathfrak{a}, \mathfrak{b}, \mathfrak{c} \in \mathbb{R}^3$ linear unabhängig, so ist $(\mathfrak{abc}) \neq 0$, und wegen $(\mathfrak{abc}) = D(\mathfrak{a}, \mathfrak{b}, \mathfrak{c})$ gilt:
$$(\mathfrak{abc}) > 0 \iff \mathfrak{a}, \mathfrak{b}, \mathfrak{c} \text{ ist ein Rechtssystem.}$$

Ferner ist

$$|(\mathfrak{abc})| = |(\mathfrak{a} \times \mathfrak{b})\mathfrak{c}| = \|\mathfrak{a} \times \mathfrak{b}\| \cdot \|\mathfrak{c}\| \cdot |\cos\sphericalangle(\mathfrak{a} \times \mathfrak{b}, \mathfrak{c})|$$

das Volumen des von den Vektoren $\mathfrak{a}, \mathfrak{b}, \mathfrak{c}$ aufgespannten „Spats" (Parallelepipeds, Parallelflachs), vgl. Abb. 9.3.2.

Äußeres Produkt und Volumen

Im folgenden wollen wir die Betrachtungen von der Ebene auf höhere Dimensionen verallgemeinern. Dabei sei $K = \mathbb{R}$ und V ein euklidischer Vektorraum der Dimension n mit einer orthonormalen Basis $\mathfrak{e}_1, \ldots, \mathfrak{e}_n$. Sie definiert auf V ein Volumen und eine Orientierung, wenn wir V als euklidischen Raum auffassen, vgl. 6.5.30 und 6.5.35.

9.3.12 Satz *Seien $\mathfrak{x}_1, \ldots, \mathfrak{x}_n \in V$ und sei $\mathfrak{x}_1 \wedge \ldots \wedge \mathfrak{x}_n = a \cdot \mathfrak{e}_1 \wedge \ldots \wedge \mathfrak{e}_n$ mit $a \in \mathbb{R}$. Dann ist $|a| = I(0, \mathfrak{x}_1, \ldots, \mathfrak{x}_n)$ das Volumen des Parallelepipeds mit den Ecken $0, \mathfrak{x}_1, \ldots, \mathfrak{x}_n$, und die Vektoren bestimmen dieselbe Orientierung genau dann, wenn $a > 0$.* □

Der Begriff des Volumens oder Inhaltes läßt sich nun unschwer auf Parallelepipede niedrigerer Dimension verallgemeinern.

9.3.13 Definition. Seien $\mathfrak{x}_1, \ldots, \mathfrak{x}_m$, $m \leq n$, linear unabhängige Vektoren in V, und sei $\{\mathfrak{v}_1, \ldots, \mathfrak{v}_m\}$ ein Orthonormalsystem in dem von $\mathfrak{x}_1, \ldots, \mathfrak{x}_m$ aufgespannten m-dimensionalen Unterraum. Ist $\mathfrak{x}_1 \wedge \ldots \wedge \mathfrak{x}_m = a \cdot \mathfrak{v}_1 \wedge \ldots \wedge \mathfrak{v}_m$, so heißt $I(P) = |a|$ *Inhalt* oder *Volumen* des m-dimensionalen Parallelepipedes P mit den Ecken $0, \mathfrak{x}_1, \ldots, \mathfrak{x}_m$.

Es folgt, daß das so definierte Volumen unabhängig von dem gewählten Orthonormalsystem ist; denn das äußere Produkt eines anderen Orthonormalsystems in dem aufgespannten Unterraum unterscheidet sich von $\mathfrak{v}_1 \wedge \ldots \wedge \mathfrak{v}_m$ höchstens um das Vorzeichen. Der in 9.3.10 definierte Inhalt des von Vektoren $\mathfrak{x}, \mathfrak{y}$ aufgespannten Parallelogramms stimmt mit dem in 9.3.13 definierten überein: Orthonormieren wir die Vektoren, so erhalten wir

$$\mathfrak{v}_1 = \frac{\mathfrak{x}}{\|\mathfrak{x}\|}, \mathfrak{v}_2 = \frac{1}{\|\mathfrak{y} - \langle\mathfrak{y}, \mathfrak{v}_1\rangle\mathfrak{v}_1\|}(\mathfrak{y} - \langle\mathfrak{y}, \mathfrak{v}_1\rangle\mathfrak{v}_1), \quad \text{also}$$

$$\mathfrak{x} \wedge \mathfrak{y} = (\|\mathfrak{x}\| \cdot \|\mathfrak{y} - \langle\mathfrak{y}, \mathfrak{v}_1\rangle\mathfrak{v}_1\|) \cdot \mathfrak{v}_1 \wedge (\mathfrak{v}_2 + \langle\mathfrak{y}, \mathfrak{v}_1\rangle\mathfrak{v}_1)$$
$$= (\|\mathfrak{x}\| \cdot \|\mathfrak{y} - \langle\mathfrak{y}, \mathfrak{v}_1\rangle\mathfrak{v}_1\|) \cdot \mathfrak{v}_1 \wedge \mathfrak{v}_2$$
$$= \|\mathfrak{x}\| \cdot \|\mathfrak{y}\| \cdot \sin^2\sphericalangle(\mathfrak{x}, \mathfrak{y}) \cdot \mathfrak{v}_1 \wedge \mathfrak{v}_2;$$

9 Multilineare Algebra

das ist die definierende Formel von 9.3.10.

Allgemein habe V die Dimension n, und es seien $\mathfrak{x}_1, \ldots \mathfrak{x}_{n-1} \in V$ linear unabhängige Vektoren und $\mathfrak{v}$ ein Einheitsvektor senkrecht auf der von $\mathfrak{x}_1, \ldots, \mathfrak{x}_{n-1}$ aufgespannten Hyperebene H, so daß $(\mathfrak{x}_1, \ldots, \mathfrak{x}_{n-1}, \mathfrak{v})$ ein Rechtssystem ist, d.h. $\langle \mathfrak{v}, \mathfrak{x}_j \rangle = 0$ für $1 \leq j < n$, $\|\mathfrak{v}\| = 1$ und $\mathfrak{x}_1 \wedge \ldots \wedge \mathfrak{x}_{n-1} \wedge \mathfrak{v} = a \cdot \mathfrak{e}_1 \wedge \ldots \wedge \mathfrak{e}_n$ mit $a > 0$. Ferner sei $\mathfrak{x}_n \in V$. Dann gilt:

$$\mathfrak{x}_n = \mathfrak{y} + \langle \mathfrak{x}_n, \mathfrak{v} \rangle \mathfrak{v} \quad \text{mit } \mathfrak{y} \in H$$

$$\varepsilon I(\mathfrak{x}_1, \ldots, \mathfrak{x}_n) \cdot \mathfrak{e}_1 \wedge \ldots \wedge \mathfrak{e}_n = \mathfrak{x}_1 \wedge \ldots \wedge \mathfrak{x}_{n-1} \wedge \mathfrak{x}_n$$
$$= \langle \mathfrak{x}_n, \mathfrak{v} \rangle \cdot \mathfrak{x}_1 \wedge \ldots \wedge \mathfrak{x}_{n-1} \wedge \mathfrak{v}$$
$$= \langle \mathfrak{x}_n, \mathfrak{v} \rangle \cdot I(\mathfrak{x}_1, \ldots, \mathfrak{x}_{n-1}) \cdot \mathfrak{e}_1 \wedge \ldots \wedge \mathfrak{e}_n,$$

also

$$I(\mathfrak{x}_1, \ldots, \mathfrak{x}_n) = |\langle \mathfrak{x}_n, \mathfrak{v} \rangle| \cdot I(\mathfrak{x}_1, \ldots, \mathfrak{x}_{n-1}).$$

Diese Formel gibt uns eine induktive Methode, das Volumen eines Parallelflachs zu berechnen: wir müssen sukzessive die Längen von Loten, gegeben durch Skalarprodukte von Vektoren mit Normalenvektoren (hier $\|\langle \mathfrak{x}_n, \mathfrak{v} \rangle\|$), heranmultiplizieren.

Aufgaben

9.3.A1 Wenden Sie Ihren Blick 10 Zeilen nach oben. Was hat das ε zu bedeuten?

9.3.A2 Für $V = \mathbb{R}^3$ sind $(\wedge V, +, \wedge)$ und $(V, +, \times)$ isomorph.

9.3.A3 Im affinen Raum $\mathbb{R}^n$ seien die Punkte $p_0, \ldots, p_k$ ($k \leq n$) gegeben. Sind die Vektoren $\overrightarrow{p_0 p_i}$, $i = 1, \ldots, k$, linear unabhängig, so heißt

$$P = \{p_0 + (x_1 \overrightarrow{p_0 p_1} + \ldots + x_k \overrightarrow{p_0 p_k}) : x_i \in \mathbb{R}, 0 \leq x_i \leq 1, 1 \leq i \leq k\}$$

nieder-dimensionales Parallelflach in $\mathbb{R}^n$. Sei $\mathfrak{e}_1, \ldots, \mathfrak{e}_n$ eine Orthonormal-Basis, so daß $\mathfrak{e}_1, \ldots, \mathfrak{e}_k$ den von $\overrightarrow{p_0 p_1}, \ldots, \overrightarrow{p_0 p_k}$ aufgespannten Teilraum aufspannen. Dann gilt:

$$\overrightarrow{p_0 p_1} \wedge \ldots \wedge \overrightarrow{p_0 p_k} = a \cdot \mathfrak{e}_1 \wedge \ldots \wedge \mathfrak{e}_k.$$

Wir definieren $a = I(P)$ als das Volumen von P. Zeigen Sie:
(a) $I(P)$ ist wohldefiniert.
(b) Seien $p_0, \ldots, p_{k_1}, p_{k_1+1}, \ldots, p_{k_2}$, $k_2 \leq n$, Punkte im $\mathbb{R}^n$, so daß $\overrightarrow{p_0 p_i}$, $1 \leq i \leq k_2$ linear unabhängig sind und $[\overrightarrow{p_0 p_1}, \ldots, \overrightarrow{p_0 p_{k_1}}]$ senkrecht zu $[\overrightarrow{p_0 p_{k_1+1}}, \ldots, \overrightarrow{p_0 p_{k_2}}]$ ist. Beweisen Sie die Produktformel $I(P_1) \cdot I(P_2) = I(P)$, wobei P_1 das von $p_0, \ldots, p_{k_1}$, P_2 das von $p_{k_1+1}, \ldots, p_{k_2}, p_0$ erzeugte niederdimensionale Parallelflach ist.
(c) Sei $n = 1$ und p_0, p_1, p_2 Punkte im $\mathbb{R}^n$, so daß $\overrightarrow{p_0 p_i}$ ($i = 1, 2$) linear unabhängig sind, dann ist $I(P) = \|\overrightarrow{p_0 p_1}\| \cdot \|\overrightarrow{p_0 p_2}\| \cdot \sin \sphericalangle(p_0; p_1, p_2)$, wenn P das von p_0, p_1, p_2 erzeugte Parallelflach ist.

10 Einführung in die Gruppentheorie

Zwischen Vektorräumen und Gruppen besteht ein fundamentaler Unterschied darin, daß jeder Unterraum eines Vektorraumes einen Faktorraum definiert, dagegen nicht zu jeder Untergruppe einer Gruppe die Restklassen eine Faktorgruppe bilden. Dazu ist nur eine eingeschränkte Klasse von Untergruppen, die *Normalteiler*, in der Lage. Mit diesem wichtigen sowie anderen grundlegenden Begriffen beschäftigen wir uns in 10.1 und 10.3. In 10.2 werden die endlich erzeugten kommutativen Gruppen klassifiziert, und in 10.4 werden zur Verdeutlichung der gruppentheoretischen Grundbegriffe und -methoden die Sylow-Sätze bewiesen, die eigentlich nicht zur linearen Algebra oder Geometrie gehören.

10.1 Normalteiler, Faktorgruppen und Homomorphismen

In diesem Paragraphen werden Gruppen i.a. multiplikativ geschrieben. Es bezeichne $\cong$ Isomorphie zwischen Gruppen. Für eine Menge X bezeichnet $|X|$ die Mächtigkeit von X, im endlichen Falle also die Anzahl der Elemente. Dieses stimmt überein mit dem Symbol $|G|$ für die Ordnung der Gruppe G, vgl. 3.2.5.

Normalteiler und Faktorgruppen

Es soll die elementare Theorie der Gruppen, vgl. 3.2, fortgeführt werden. Vorausgesetzt werden die Grundbegriffe aus 3.2 wie *Gruppe, Untergruppe, abelsche Gruppe, zyklische Gruppe, Restklasse, Index* und *Ordnung*. Außerdem sollten sie sich die bisher besprochenen Beispiele von Gruppen ins Gedächtnis rufen: die zyklischen Gruppen $\mathbb{Z}$, $\mathbb{Z}_m$, die symmetrischen Gruppen S_n, die alternierenden Gruppen (3.2.27), die allgemeinen linearen Gruppen $GL(n,K)$, die orthogonalen und unitären Gruppen $O(n)$ und $U(n)$ sowie die speziellen orthogonalen bzw. unitären Gruppen $SO(n)$ und $SU(n)$.

Wir stellen nun noch einige Eigenschaften von Untergruppen zusammen. Zur Definition von Untergruppen vgl. 3.2.5.

10.1.1 Satz *Ist G eine Gruppe und $H \neq \emptyset$ eine Teilmenge von G, so sind äquivalent:*
(a) *H ist Untergruppe von G.*
(b) $h_1, h_2 \in H \implies h_1 h_2 \in H, \quad h \in H \implies h^{-1} \in H.$

(c) $h_1, h_2 \in H \implies h_1 h_2^{-1} \in H$. □

10.1.2 Satz *Ist H Untergruppe von G und K Untergruppe von H, so ist K auch Untergruppe von G. Sind H_i, $i \in I$, Untergruppen von G, so ist $\bigcap_{i \in I} H_i$ Untergruppe von G, aber auch Untergruppe eines jeden H_i.*

Sind H_1, H_2 Untergruppen von G, so ist $H_1 \cup H_2$ genau dann Untergruppe von G, wenn $H_1 \subset H_2$ oder $H_2 \subset H_1$. □

Während die Restklassen nach einem Unterraum eines Vektorraumes in natürlicher Weise einen Vektorraum bilden, vgl. 4.2.16, und jeder Unterraum der Kern einer linearen Abbildung sein kann, vgl. 4.4.2 (d), ist das für Untergruppen nicht so, vgl. 3.2.A2(c). Es wird ein neuer Begriff erforderlich.

10.1.3 Sei G eine Gruppe und H eine Untergruppe. Durch

$$a \equiv_r b \bmod H :\iff ab^{-1} \in H \quad \text{und} \quad a \equiv_\ell b \bmod H :\iff b^{-1}a \in H$$

werden auf G zwei Äquivalenzrelationen definiert, vgl. 3.2.14. Die Äquivalenzklassen eines Elementes $g \in G$ bezüglich dieser Äquivalenzrelation sind die Mengen

$$\{x \in G : x \equiv_r g \bmod H\} = \{hg : h \in H\} =: Hg \quad \text{bzw.}$$
$$\{x \in G : x \equiv_\ell g \bmod H\} = \{gh : h \in H\} =: gH.$$

Es heißt Hg *Rechtsrestklasse von g nach H*, vgl. 3.2.15, und gH *Linksrestklasse von g nach H*. Es ist G die Vereinigung aller Rechtsrestklassen; je zwei verschiedene Rechtsrestklassen sind disjunkt, H selbst ist eine Rechtsrestklasse. Analog für Linksrestklassen. Im allgemeinen brauchen Rechts- und Linksrestklassen nicht übereinzustimmen. Zum Beispiel sei V ein Vektorraum über $\mathbb{R}$ und U ein echter Unterraum. Sei G die Gruppe aller Automorphismen von V und H die Untergruppe derjenigen Automorphismen, welche U in sich überführen. Für $g \in G$, $g \notin H$, besteht die Restklasse $H \circ g$ aus den Automorphismen von V, welche $g^{-1}(U)$ nach U überführen, und $g \circ H$ aus denjenigen, die U nach gU abbilden. Diese brauchen nicht übereinzustimmen: Z.B. sei $V = \mathbb{R}^2$ und U die reelle Achse. Ferner sei g die Drehung um $45°$ um den Nullpunkt. Sie überführt die reelle Achse in die Hauptdiagonale. Sei ferner $h \in H$ die lineare Abbildung $(x, y) \mapsto (2x, y)$. Dann überführt $h \circ g$ die reelle Achse in $\{(2x, x) : x \in \mathbb{R}\}$, während jedes Element aus $g \circ H$ die reelle Achse in die Hauptdiagonale abbildet.

Wir geben jetzt Kriterien dafür, daß Rechts- und Linksrestklassen übereinstimmen.

10.1 Normalteiler, Faktorgruppen und Homomorphismen

10.1.4 Satz *Sei G eine Gruppe und N eine Untergruppe von G. Dann sind die folgenden Bedingungen äquivalent:*
(a) *Für alle $a, b \in G$ ist $a \equiv_r b \mod N$ gleichbedeutend mit $a \equiv_\ell b \mod N$;*
(b) $Na = aN \quad \forall a \in G$;
(c) $a^{-1}Na = N \quad \forall a \in G$;
(d) $a^{-1}Na \subset N \quad \forall a \in G$;
(e) $(aN)(bN) = abN \quad \forall a, b \in G$.

Beweis (a) $\Longrightarrow$ (b):

$$x \in aN \iff a^{-1}x \in N \iff x \equiv_\ell a \mod N \overset{(a)}{\iff} x \equiv_r a \mod N$$
$$\iff xa^{-1} \in N \iff x \in Na.$$

(b) $\Longrightarrow$ (a):

$$x \equiv_\ell a \mod N \iff x \in aN \overset{(b)}{\iff} x \in Na \iff x \equiv_r a \mod N.$$

(b) $\iff$ (c) und (c) $\Longrightarrow$ (d) sind klar.
(d) $\Longrightarrow$ (c):

$$a^{-1}Na \subset N \quad \forall a \in G \implies N = a(a^{-1}Na)a^{-1} \subset aNa^{-1} \quad \forall a \in G$$
$$\implies a^{-1}Na = N \quad \forall a \in G.$$

(c) $\Longrightarrow$ (e): $aNbN = abb^{-1}NbN \overset{(c)}{=} abNN = abN$, da N Untergruppe ist.
(e) $\Longrightarrow$ (d): Wir setzen in (e) $a = 1$. Dann ist $NbN = bN$ und $Nb \subset NbN = bN$, also $N \subset bNb^{-1}$ für alle $b \in G$. $\square$

10.1.5 Definition Eine Untergruppe N einer Gruppe G heißt *Normalteiler* oder *invariante Untergruppe*, wenn eine der Bedingungen aus 10.1.4 gilt. Wir schreiben dann: $N \triangleleft G$. Wenn Rechts- und Linksrestklassen zusammenfallen, sprechen wir nur noch von Restklassen: Die Restklasse von $g \in G$ nach N ist die Teilmenge $gN = Ng$ von G. Die Menge aller Restklassen wird mit G/N bezeichnet (lies: G nach N).

10.1.6 Satz *In einer kommutativen Gruppe G ist jede Untergruppe Normalteiler.* $\square$

10.1.7 Satz und Definition *Ist N ein Normalteiler der Gruppe G, so wird durch*

$$(G/N) \times (G/N) \to G/N, \quad (g_1N, g_2N) \mapsto (g_1g_2)N$$

eine Verknüpfung auf den Restklassen definiert, und die Menge G/N der Restklassen wird dadurch zu einer Gruppe. Sie heißt Faktorgruppe *von G nach N.*

Beweis Wegen 10.1.4 (e) ist das Produkt wohldefiniert. Da die Multiplikation in G assoziativ ist, ist sie es auch für die Restklassen. In G/N ist N das neutrale Element und $(gN)^{-1} = g^{-1}N$. □

10.1.8 Korollar *Durch $g \mapsto gN$ wird der kanonische Epimorphismus $G \to G/N$ definiert. Die Ordnung von G/N ist gleich dem Index von N in G: $|G/N| = [G:N]$.*

Die zweite Aussage ist die Definition des Index, vgl. 3.2.17. □

Zur Einübung der neuen Begriffe können Sie sich Beweise der beiden folgenden Aussagen überlegen.

10.1.9 Satz *Ist H eine Untergruppe von G und N ein Normalteiler von G, so ist HN eine Untergruppe von G. Jedoch gilt diese Aussage nicht immer, wenn über N nur vorausgesetzt wird, daß N eine Untergruppe ist.* □

10.1.10 Satz *Es sei X ein Raum mit einer „Struktur" und G eine Gruppe strukturerhaltender Transformationen $X \to X$, z.B. ein Vektorraum mit Automorphismen. Ist $Y \subset X$, so gilt:*
  (a) *Der Stabilisator $\text{Stab}_G(Y) = \{g \in G : g(Y) = Y\}$ von Y ist eine Untergruppe von G, aber im allgemeinen kein Normalteiler in G.*
  (b) *Gilt $g(Y) = Y$ für alle $g \in G$, so gilt: $T = \{t \in G : t|Y = \text{id}_Y\} \triangleleft G$. Diese Aussage ist ohne die Voraussetzung $g(Y) = Y \ \forall g \in G$ nicht allgemein richtig.* □

Homomorphismen

Für verknüpfungstreue Abbildungen waren in 3.1.21 eine Reihe von Termini angegeben, die danach in der Theorie der Vektorräume benutzt worden waren. Analog gehen wir bei Gruppen vor. Wir kopieren aus der Definition 4.4.5:

10.1.11 Definition Seien G, G' Gruppen und $f \colon G \to G'$ ein Homomorphismus. Dann heißt
$$f(G) := \text{Bild}\, f := \{g' \in G' : \exists g \in G \text{ mit } f(g) = g'\}$$
Bild bei f und
$$\text{Kern}\, f := \{g \in G : f(g) = 1\} = f^{-1}(1)$$

10.1 Normalteiler, Faktorgruppen und Homomorphismen

der *Kern von f*.

10.1.12 Satz *Ist $f\colon G \to G'$ ein Homomorphismus, so gilt:*
(a) Bild f *ist Untergruppe von G'. Ist $H < G$ Untergruppe, so ist $f(H)$ Untergruppe von G'.*
(b) Kern $f \triangleleft G$.
(c) f *ist ein Monomorphismus* $\iff$ Kern $f = 1 := \{1\}$.
(d) $H' < G' \implies f^{-1}(H') < G$.
(e) $N' \triangleleft G' \implies f^{-1}(N') \triangleleft G$.

B e w e i s   (a) und (c) sind klar. Zu (d):

$$g_1, g_2 \in f^{-1}(H') \implies f(g_1 g_2^{-1}) = f(g_1)f(g_2)^{-1} \in H' \implies g_1 g_2^{-1} \in f^{-1}(H').$$

Aus 10.1.1 folgt, daß $f^{-1}(H')$ Untergruppe von G ist.

(e) folgt wegen 10.1.4 (d) aus $f(g^{-1}ng) = f(g)^{-1}f(n)f(g) \in N'$, falls $n \in f^{-1}(N')$ und $g \in G$. (b) folgt nun aus (e), da $1 \triangleleft G'$. □

10.1.13 Satz *Ist $f\colon G \to G'$ ein Homomorphismus, so ist $F\colon G/\operatorname{Kern} f \to$ Bild f mit $F(g \cdot \operatorname{Kern} f) = f(g)$ ein Isomorphismus.*

B e w e i s   Sei $N = \operatorname{Kern} f$. Die Abbildung F ist wohldefiniert, d.h. unabhängig von den Repräsentanten; denn sind g_1, g_2 aus derselben Restklasse, so ist $g_2 = ng_1$ mit $n \in N$, und es folgt $f(g_2) = f(n)f(g_1) = f(g_1)$. Wegen $(g_1 N)(g_2 N) = (g_1 g_2)N$ ist F ein Homomorphismus:

$$\begin{array}{ccc} G & \xrightarrow{f} & f(G) \subset G' \\ \searrow & \nearrow_F^{\cong} & \\ & G/N = G/\operatorname{Kern} f & \end{array}$$

Da $g' \in \operatorname{Bild} f$ bedeutet, daß es ein $g \in G$ gibt mit $f(g) = g'$, also $F(gN) = g'$, ist F surjektiv. Es ist

$$F(gN) = 1 \iff f(g) = 1 \iff g \in \operatorname{Kern} f = N \iff gN = N.$$

Also ist $\operatorname{Kern} F = N$, das Eins-Element von G/N, d.h. F ist injektiv. □

10.1.14 Korollar
(a) *Ist $f\colon G \to G'$ surjektiv, so ist $G' \cong G/\operatorname{Kern} f$.*

(b) *Ist $f: G \to G'$ injektiv, so ist $\mathrm{Bild}\, f \cong G$, und damit erweist sich G als isomorph einer Untergruppe von G'.*

(c) *Ist $\mathrm{Kern}\, f = G$, so ist $\mathrm{Bild}\, f = 1$.* □

10.1.15 Korollar *Sind G, G' Gruppen und $f: G \to G'$ ein surjektiver Homomorphismus mit dem Kern K, dann wird durch $U \mapsto f(U)$ eine bijektive Abbildung von $\{U : K < U < G\}$ nach $\{U' : U' < G'\}$ definiert. Ist dabei $K < U \leq V < G$, so gilt auch $f(U) \leq f(V)$. Gilt $K < N \triangleleft G$, so ist $f(N) \triangleleft G'$.* □

Beispiele

In jeder nicht-trivialen Gruppe G gibt es mindestens zwei Normalteiler: 1 und G. Dabei ist $G/1 \cong G$, und G/G besteht nur aus dem 1-Element.

10.1.16 Die symmetrische Gruppe S_n enthält die alternierende Gruppe A_n als Untergruppe vom Index 2. Es ist $A_n = \mathrm{Kern}\,\mathrm{sgn}$, wobei $\mathrm{sgn}: S_n \to \mathbb{Z}_2$ aus 3.2.26 das Vorzeichen der Permutation angibt. Da sgn ein Homomorphismus ist, vgl. 3.2.27, *ist A_n ein Normalteiler von S_n.*

10.1.17 Satz *Jede Untergruppe vom* Index 2 *ist Normalteiler.*

B e w e i s   Sei G eine Gruppe, $U < G$ eine Untergruppe vom Index 2. Für $x \notin U$ ist $xU = G - U = Ux$. □

Für jeden höheren Index gilt keine solche Aussage. Als Beispiel für den Index 3 nehmen wir in S_3 die Untergruppe $U = \{1, (1\ 2)\}, [S_3 : U] = 3$. Es ist $(2\ 3)U(2\ 3)^{-1} = (2\ 3)U(2\ 3) = \{1, (1\ 3)\} \neq U$.

Ein anderes Beispiel kennen wir auch gut: Es ist $n\mathbb{Z} = \{nx : x \in \mathbb{Z}\}$ Untergruppe und Normalteiler, da in einer abelschen Gruppe jede Untergruppe normal ist. Die Faktorgruppe $\mathbb{Z}/n\mathbb{Z}$ ist die endliche zyklische Gruppe $\mathbb{Z}_n$ aus 3.2.11.

10.1.18 Als *unendliche Diedergruppe* $\mathbb{D}_\infty$ wird die Gruppe der Transformationen $\mathbb{R} \to \mathbb{R}$, $x \mapsto \varepsilon x + n$ mit $\varepsilon \in \{1, -1\}, n \in \mathbb{Z}$, bezeichnet. Sie enthält die Gruppe der Translationen um ganze Zahlen, die offenbar isomorph zu $\mathbb{Z}$ ist und die wir hier mit $\mathbb{Z}$ identifizieren. Es gilt sogar $\mathbb{Z} \triangleleft \mathbb{D}_\infty$, und es ist $\mathbb{D}_\infty/\mathbb{Z} = \mathbb{Z}_2$. Da $\mathbb{D}_\infty$ nicht abelsch ist, ist $\mathbb{Z} \not\cong \mathbb{D}_\infty$. Hier haben wir nun dreimal dieselbe Situation

10.1 Normalteiler, Faktorgruppen und Homomorphismen

von exakten Sequenzen (d.h. Kern ψ_i = Bild φ_i)

$$0 \to \mathbb{Z} \xrightarrow{\varphi_1} \mathbb{Z} \xrightarrow{\psi_1} \mathbb{Z}_2 \to 0, \quad 0 \to \mathbb{Z} \xrightarrow{\varphi_2} \mathbb{D}_\infty \xrightarrow{\psi_2} \mathbb{Z}_2 \to 0,$$

$$0 \to \mathbb{Z} \xrightarrow{\varphi_3} \mathbb{Z}_2 \oplus \mathbb{Z} \xrightarrow{\psi_3} \mathbb{Z}_2 \to 0,$$

in denen Kern (hier $\mathbb{Z}$) und Bild (hier $\mathbb{Z}_2$) isomorph sind, aber die „großen" Gruppen nicht. Die Situation ist also anders als bei Vektorräumen, wo aus der Isomorphie der Kern- und der Bildräume auch die der „großen" Räume folgt, vgl. 4.4.8 und 4.5.4.

10.1.19 Es gilt $O(n) < U(n)$ und $SO(n) < SU(n)$, aber für $n > 1$ sind $O(n)$ und $SO(n)$ keine Normalteiler in $U(n)$ bzw. $SU(n)$. Durch $A \mapsto \begin{pmatrix} A & 0 \\ 0 & 1 \end{pmatrix}$ erhalten wir eine Einbettung von $O(n)$ nach $O(n+1)$, d.h. es läßt sich $O(n) < O(n+1)$ auffassen. Jedoch ist $O(n)$ kein Normalteiler von $O(n+1)$.

Es ist det: $O(n) \to \mathbb{R}^*$ ein Homomorphismus und $SO(n) = \det^{-1}(1)$ der Kern. Da Determinanten orthogonaler Matrizen nur die Werte $1, -1$ annehmen können, ist $[O(n) : SO(n)] = 2$. Analog ist $SU(n)$ der Kern von det : $U(n) \to S^1 = \{z \in \mathbb{C} : |z| = 1\}$. Es ist $[U(n) : SU(n)] = \infty$. Da es sich um Kerne von Homomorphismen handelt, gilt $SO(n) \triangleleft O(n)$ und $SU(n) \triangleleft U(n)$. Durch die Multiplikation komplexer Zahlen wird S^1 zu einer abelschen Gruppe, und det: $U(n) \to S^1$ wird ein Epimorphismus.

Isomorphiesätze

Wir schließen zwei allgemeine Sätze über Faktorgruppen an.

10.1.20 Erster Isomorphiesatz *Ist G eine Gruppe, $N \triangleleft G$ ein Normalteiler und $H < G$ eine Untergruppe, so ist $H \cap N$ normal in H, und $h(H \cap N) \mapsto hN$ definiert einen Isomorphismus d: $H/H \cap N \xrightarrow{\cong} HN/N$.*

B e w e i s Sei $f: G \to G/N$ der kanonische Epimorphismus aus 10.1.8. Dann ist $HN = f^{-1}(f(H))$ nach 10.1.12 (a),(d) Untergruppe von G, die N enthält, und zwar wegen 10.1.4 (c) offenbar als Normalteiler. Deshalb ist HN/N definiert und eine Gruppe.

Der Durchschnitt zweier Untergruppen ist nach 10.1.2 ebenfalls eine Gruppe, also ist $H \cap N$ Untergruppe von H. Für beliebiges $h \in H$ folgt

$$h^{-1}(H \cap N)h \subset h^{-1}Hh = H, \quad h^{-1}(H \cap N)h \subset h^{-1}Nh \subset N;$$

dabei ergibt sich die zweite Aussage aus der Normalteilereigenschaft von N. Durch $h \mapsto hN$ wird ein surjektiver Homomorphismus $e\colon H \to HN/N$ definiert. Dafür ist

$$\operatorname{Kern} e = \{h \in H : hN = N\} = \{h \in H : h \in N\} = H \cap N.$$

Deshalb faktorisiert sich e über einen Isomorphismus $d\colon H/H \cap N \xrightarrow{\cong} HN/N$, vgl. 10.1.13:

$$\begin{array}{ccc} H & \xrightarrow{e} & HN/N \\ \searrow & \cong \nearrow_{d} & \\ & H/H \cap N. & \end{array} \qquad \square$$

10.1.21 Zweiter Isomorphiesatz *Sei G eine Gruppe, $N \triangleleft G$, $\bar{G} := G/N$ und $f\colon G \to G/N = \bar{G}$ die kanonische Abbildung. Ist $\bar{H} \triangleleft \bar{G}$, so ist $H := f^{-1}(\bar{H}) \triangleleft G$ sowie $\bar{H} \cong H/N$, und $gH \mapsto f(g)\bar{H}$ definiert einen Isomorphismus*

$$c\colon G/H \xrightarrow{\cong} \bar{G}/\bar{H} = G/N \big/ {}_{H/N}.$$

B e w e i s   Es definiert $g \mapsto f(g)\bar{H}$ einen Epimorphismus $e\colon G \to \bar{G}/\bar{H}$, und es ist

$$\operatorname{Kern} e = \{g \in G : f(g) \in \bar{H}\} = f^{-1}(\bar{H}) = H.$$

Es folgt $H \triangleleft G$ aus 10.1.12 (b) und $G/H \cong \bar{G}/\bar{H}$ aus 10.1.13. $\qquad \square$

Direkte Summen und direkte Produkte

In 3.1.17 und 3.1.18 haben wir die allgemeine Konstruktion von direkten Summen und Produkten für Mengen mit Verknüpfungen kennengelernt und haben diese Begriffe in 4.2.14 für Vektorräume behandelt. Aus 3.1.18 und 3.1.20 folgt, daß direkte Summen und Produkte von Gruppen wieder Gruppen sind. Es sei noch einmal an die Definition erinnert: Sind G_i, $i \in I$ Gruppen, so ist

$$\prod_{i \in I} G_i = \{(g_i)_{i \in I} : g_i \in G_i\}, \quad \bigoplus_{i \in I} G_i = \{(g_i)_{i \in I} : g_i \in G_i,\ g_i \neq 1 \text{ endlich oft}\}$$

mit $(g_i)(g_i') = (g_i g_i')$. Vergleiche auch 4.2.11 zu folgendem Satz.

10.1 Normalteiler, Faktorgruppen und Homomorphismen

10.1.22 Satz *Seien A, B Untergruppen der Gruppe G mit den folgenden Eigenschaften:*
  (a) $A \triangleleft G$, $B \triangleleft G$,
  (b) $A \cap B = 1$,
  (c) $A \cup B$ *erzeugt* G, *d.h. jede Untergruppe von G, die $A \cup B$ enthält, ist gleich G.*
Dann ist G isomorph der direkten Summe (= direktes Produkt) von A und B. Die Eigenschaften (a)-(c) kennzeichnen die direkte Summe. Ist nämlich umgekehrt $\varphi \colon G \to A' \oplus B'$ ein Isomorphismus, so erfüllen die Untergruppen $A = \varphi^{-1}(A'')$ für $A'' = \{(a', 1) : a' \in A'\}$ und $B = \varphi^{-1}(B'')$ für $B'' = \{(1, b') : b' \in B'\}$ die Bedingungen (a), (b) und (c) und sind isomorph zu A' bzw. B'.

B e w e i s   Sind $a \in A$, $b \in B$, so ist wegen $A \triangleleft G$
$$aba^{-1}b^{-1} = a(ba^{-1}b^{-1}) \in aA = A;$$
wegen $B \triangleleft G$ gilt auch $aba^{-1}b^{-1} \in B$. Da $A \cap B = 1$, ist $aba^{-1}b^{-1} = 1$, d.h. es gilt

(*) $\qquad\qquad ab = ba \quad \forall a \in A, b \in B.$

Daraus folgt ferner, daß sich jedes Element aus der kleinsten Untergruppe von G, welche A und B enthält, in der Form $a \cdot b$ mit $a \in A$, $b \in B$ schreiben läßt; denn diese Untergruppe besteht aus den Produkten $x_1 x_2 \ldots x_n$ mit $x_i \in A \cup B$ (Beweis!). Wegen

$$ab = a'b' \implies A \ni a'^{-1}a = b'b^{-1} \in B \implies a'^{-1}a = b'b^{-1} \in A \cap B = 1$$
$$\implies a'^{-1}a = 1, \; b'b^{-1} = 1$$

gilt

(**) $\qquad ab = a'b'$ mit $a, a' \in A$ und $b, b' \in B \iff a = a', b = b'$.

Wir bilden nun die direkte Summe $A \oplus B$ und definieren eine Abbildung

$$f \colon A \oplus B \to G \text{ durch } (a, b) \mapsto ab.$$

Diese Abbildung ist surjektiv, da G nach Annahme die kleinste Untergruppe ist, die $A \cup B$ enthält. Wegen (**) ist sie auch injektiv. Sei nun $(a_1, b_1), (a_2, b_2) \in A \oplus B$. Dann ist

$$f((a_1, b_1)(a_2, b_2)) = f((a_1 a_2, b_1 b_2)) = a_1 a_2 \cdot b_1 b_2 \stackrel{(*)}{=}$$
$$a_1 b_1 \cdot a_2 b_2 = f((a_1, b_1)) f((a_2, b_2)),$$

also ist f ein Isomorphismus. □

Dieser Satz läßt sich auf den allgemeinen Fall der direkten Summe verallgemeinern; vgl. hierzu 4.2.12–13.

10.1.23 Satz *Sei G eine Gruppe, $A_i, i \in I$, seien Untergruppen mit den folgenden Eigenschaften:*
(a) $A_i \triangleleft G, i \in I$,
(b) $A_i \cap \langle \bigcup_{j \in I, j \neq i} A_j \rangle = 1 \quad \forall i \in I$,
(c) $G = \langle \bigcup_{i \in I} A_i \rangle$.
(Hier bezeichnet $\langle X \rangle$ die kleinste Untergruppe von G, welche die Menge X enthält.) Dann ist $G \cong \bigoplus_{i \in I} A_i$. □

10.1.24 Beispiel Sei $G = \mathbb{Z}_6 = \{\bar{0}, \bar{1}, \bar{2}, \bar{3}, \bar{4}, \bar{5}\}$ wie in 3.2.9. Sei $A = \{\bar{0}, \bar{2}, \bar{4}\}$ und $B = \{\bar{0}, \bar{3}\}$. Da G abelsch ist, gilt $A \triangleleft G$, $B \triangleleft G$. Es ist $A \cap B = \{\bar{0}\}$, $\langle A \cup B \rangle = G$; also gilt $\mathbb{Z}_6 \cong A \oplus B \cong \mathbb{Z}_3 \oplus \mathbb{Z}_2$.

Rang

Für Gruppen gibt es keinen Begriff wie den der Dimension für Vektorräume. Ein Versuch wäre die nun folgende Begriffsbildung; sie führt aber zu einem weniger gut handlichen Konzept, wie z.B. 10.1.24 zeigt.

10.1.25 Definition Eine Gruppe G hat den *Rang n*, Bezeichnung: $\operatorname{Rang} G = n$, wenn es n Elemente gibt, die G erzeugen, aber G nicht von weniger als n Elementen erzeugt werden kann. Wird G nicht von endlich vielen Elementen erzeugt, so ist $\operatorname{Rang} G = \infty$.

10.1.26 Beispiele
(a) $\operatorname{Rang} \mathbb{Z} = 1$, $\operatorname{Rang} \mathbb{Z}_m = 1$. Jede Gruppe vom Rang 1 ist zyklisch, also isomorph zu einem $\mathbb{Z}_m$ oder $\mathbb{Z}$.
(b) $\operatorname{Rang} \mathbb{Z}^n = n$, wobei $\mathbb{Z}^n = \mathbb{Z} \oplus \ldots \oplus \mathbb{Z}$ (n-mal) ist. Ein gruppentheoretischer Beweis findet sich in 10.2. Hier geben wir einen Beweis mittels Vektorräumen. Wir fassen $\mathbb{Z}^n$ als Teilmenge von $\mathbb{Q}^n$ auf, die Gruppenverknüpfung wird additiv geschrieben. Dann enthält $\mathbb{Z}^n$ in $(1, 0, \ldots, 0)^t, \ldots, (0, \ldots, 0, 1)^t$ eine Basis von $\mathbb{Q}^n$. Hätte $\mathbb{Z}^n$ einen Rang kleiner als n, so ließen sich die obigen Basisvektoren als Summe von weniger als n Vektoren ausdrücken. Daraus würde $\dim \mathbb{Q}^n < n$ folgen, was ein Widerspruch zu 4.3.17 ist.

10.1 Normalteiler, Faktorgruppen und Homomorphismen

(c) $\text{Rang}(\mathbb{Q}, +) = \infty$. Die Elemente der von gewissen Elementen $\frac{p_1}{q_1}, \ldots, \frac{p_m}{q_m}$ erzeugten Untergruppen sind $\sum_{i=1}^{m} a_i \frac{p_i}{q_i}$, $a_i \in \mathbb{Z}$, und haben deshalb eine Form $\frac{p}{q}$ mit $q | q_1 \cdot \ldots \cdot q_m$. Es kann sich also nicht um alle rationalen Zahlen handeln. Deshalb läßt sich die Gruppe $(\mathbb{Q}, +)$ nicht von endlich vielen Elementen erzeugen. Jede nicht-triviale Untergruppe von $(\mathbb{Q}, +)$, die von endlich vielen Elementen erzeugt wird, hat den Rang 1, ist also zyklisch (Beweis!).

(d) $\mathbb{Q} \bmod 1 = \mathbb{Q}/\mathbb{Z}$ und $\mathbb{R} \bmod 1 = \mathbb{R}/\mathbb{Z}$ sind ebenfalls nicht endlich erzeugt, auch $\mathbb{R}/\mathbb{Q}$ nicht.

Warnungen

Obgleich die Begriffsbildungen und Konstruktionen bei Gruppen und Vektorräumen ähnlich sind, gelten in der Gruppentheorie eine Reihe von Sätzen der linearen Algebra nicht. Eine Komplikation haben wir schon kennengelernt, nämlich jene, die mit dem Begriff des Normalteilers zusammenhängt.

10.1.27

(a) Bei Normalteilern ist immer anzugeben, in welcher Gruppe sie normal sind. Selbst bei $N \triangleleft H \triangleleft G$ braucht $N \triangleleft G$ nicht zu gelten! Sei z.B. G die Gruppe der Bewegungen der euklidischen Ebene $\mathbb{R}^2$, H die Untergruppe der Translationen und N die Gruppe der Translationen in Richtung der x-Achse. Dann ist H abelsch, also $N \triangleleft H$. Es besteht H aus den Bewegungen, welche keinen Fixpunkt haben, und der Identität. Wäre $g^{-1}Hg \not\subset H$ für ein $g \in G$, so enthielte $g^{-1}Hg$ eine Bewegung x mit einem Fixpunkt $p \in \mathbb{R}^2$. Dann hätte gxg^{-1} den Fixpunkt $g(p)$, müßte aber in H liegen; Widerspruch. Es folgt $H \triangleleft G$. Aber $N \triangleleft G$ ist falsch, was analog wie im Beispiel in 10.1.3 folgt.

(b) Ist $N \triangleleft G$ und $G/N \cong H$, so braucht G keineswegs isomorph zu $H \oplus N$ zu sein (vgl. dagegen 4.4.8 und 4.5.4). Z.B. für $G = \mathbb{Z}$, $N = n\mathbb{Z}$ ist $H = \mathbb{Z}_n$. Aber $H \oplus N$ enthält Elemente endlicher Ordnung, $\mathbb{Z}$ dagegen keine. Ein anderes Beispiel ergab die Diedergruppe $\mathbb{D}_\infty$ in 10.1.18.

(c) Die Ränge von Gruppen brauchen sich beim Bilden der direkten Summe nicht zu addieren, vgl. dagegen die Situation bei Vektorräumen in 4.3.20! Als Gegenbeispiel kann $\mathbb{Z}_6 \cong \mathbb{Z}_2 \oplus \mathbb{Z}_3$ dienen. Der Rang von Gruppen verhält sich also nicht wie die Dimension von Vektorräumen.

(d) Im Falle abelscher Gruppen A bilden die Elemente endlicher Ordnung eine Untergruppe $\text{Tor}(A)$, und es wird oftmals der Rang von $\text{Tor}(A)$ als der Rang von A bezeichnet, vgl. 10.2.3. Dieser „Rang" wird auch „Betti-Zahl" genannt, eine Bezeichnung, die wir im weiteren benutzen werden.

Aufgaben

10.1.A1
(a) Sei G eine endliche Gruppe und M, N seien Normalteiler von G. Ferner sei H eine Untergruppe mit $\mathrm{ggT}(|H|,|N|) = 1 = \mathrm{ggT}(|H|,|M|)$. Zeigen Sie: $HN/N \cong HM/M$.
(b) Sind A und B Untergruppen von G, M eine Rechtsrestklasse nach A in G und N eine Rechtsrestklasse nach B in G mit $M = N$, so folgt $A = B$.

10.1.A2 S_3 ist die Permutationsgruppe der Menge $\{1,2,3\}$.
(a) Bestimmen Sie alle Untergruppen von S_3.
(b) Entscheiden Sie, welche davon Normalteiler sind.
(c) Entscheiden Sie, welche Untergruppen zueinander konjugiert sind.
(d) Bestimmen Sie die Links- und Rechtsnebenklassen der von $\begin{pmatrix} 1 & 2 & 3 \\ 2 & 1 & 3 \end{pmatrix}$ erzeugten Untergruppe.

10.1.A3 Sei $V = \mathbb{R}^n$ mit Basis $\mathfrak{v}_1, \ldots, \mathfrak{v}_n$ und
$$H = \{f \in L(V,V) : f(\mathfrak{v}_1) \wedge \ldots \wedge f(\mathfrak{v}_n) = \mathfrak{v}_1 \wedge \ldots \wedge \mathfrak{v}_n\}.$$
Dann ist $H \triangleleft GL(V)$. Was bedeutet das geometrisch?

10.1.A4 Seien G, G' Gruppen und $f: G \to G'$ ein Homomorphismus. Beweisen oder widerlegen Sie:
(a) $H \triangleleft G \implies f(H) \triangleleft G'$.
(b) Bild f ist Normalteiler von G'.
(c) Jede Untergruppe vom Index 2^n ist normal.
(d) $SL(n, \mathbb{R}) \triangleleft GL(n, \mathbb{R})$.

10.1.A5 Zeigen Sie:
(a) $SO(n) \triangleleft O(n)$.
(b) $SU(n) \triangleleft U(n)$.
(c) Ist $n > 2$ und φ die Einbettung von $O(n-1)$ nach $O(n)$ aus 10.1.19, so ist $\varphi(O(n-1))$ kein Normalteiler in $O(n)$.

10.1.A6 Sei $\mathfrak{e} := (0,0,\ldots,0,1)^t$. Betrachten Sie die Gruppe $O(n)$, operierend auf $\mathbb{R}^n$.
(a) Bestimmen Sie $\mathrm{Stab}_{O(n)}(0)$, $\mathrm{Stab}_{O(n)}(\mathfrak{e})$ und zeigen Sie, daß $O(n)\mathfrak{e} = S^{n-1}$.
(b) Bestimmen Sie die Elemente aus $O(n)$, die $\mathfrak{e}$ nach $x_0 = (\cos(\alpha), \sin(\alpha), 0, \ldots, 0) \in S^{n-1}$ abbilden, $0 \leq \alpha \leq 2\pi$.
(c) Beschreiben Sie die analoge Menge für einen beliebigen Punkt $x_0 \in S^{n-1}$.

10.1.A7 Sei G eine Gruppe.
(a) Zeigen Sie für $K < G$, $F < G$, daß $[F : (K \cap F)] \leq [G : K]$ ist, und geben Sie im Fall $F < G$, $F \neq G$, Beispiele für "=" und "<" an.
(b) Zeigen Sie für $K < F < G$: $[G : K] = [G : F] \cdot [F : K]$.

10.2 Abelsche Gruppen

Nach der Definition 3.2.5 heißt eine Gruppe G *abelsch* oder *kommutativ*, wenn $x \cdot y = y \cdot x$ für alle $x, y \in G$ gilt. Abelsche Gruppen werden sehr oft additiv geschrieben, was wir nun auch tun werden.

Einfache Eigenschaften abelscher Gruppen

10.2.1 Erzeugende Bei additiver Schreibweise besteht für eine Teilmenge $M \subset G$ die kleinste Untergruppe $\langle M \rangle$ von G, die M enthält, aus allen endlichen Summen $x_1 m_1 + \ldots + x_r m_r$ mit $r \geq 1$, $m_i \in M$ und $x_i \in \mathbb{Z}$. Ist $\langle M \rangle = G$, so heißt M *Erzeugendensystem* von G. Wenn es ein endliches Erzeugendensystem $M = \{m_1, \ldots, m_n\} \subset G$ gibt, heißt G *endlich erzeugt* (das ist genau dann der Fall, wenn der Rang von G endlich ist).

Für $n \geq 0$ war $\mathbb{Z}_n = \mathbb{Z}/n\mathbb{Z}$, speziell $\mathbb{Z}_0 = \mathbb{Z}$, $\mathbb{Z}_1 = 0$. Die Elemente von $\mathbb{Z}_n$ bezeichnen wir jetzt einfach mit $0, 1, 2, \ldots$ statt mit $\bar{0}, \bar{1}, \bar{2}, \ldots$. Das *kanonische Erzeugendensystem* der Gruppe $\mathbb{Z}_{n_1} \oplus \ldots \oplus \mathbb{Z}_{n_r}$ ($n_i > 1$ oder $n_i = 0$) besteht aus den Elementen $(1, 0, \ldots, 0), \ldots, (0, \ldots, 0, 1)$. Für jede Gruppe G und $n \geq 1$ sei $G^n = G \oplus \ldots \oplus G$, n-mal, und $G^0 = 0$.

10.2.2 Beispiele
(a) Zyklische Gruppen sind abelsch, ferner sind $\mathbb{Q}$, $\mathbb{R}$ bzgl. + abelsche Gruppen; allgemeiner bilden Vektorräume bzgl. + abelsche Gruppen. Die symmetrischen Gruppen S_n, $n > 2$, sind nicht abelsch.
(b) Direkte Summen und Produkte abelscher Gruppen sind abelsch.
(c) Faktorgruppen abelscher Gruppen sind abelsch.
(d) Jede Untergruppe einer abelschen Gruppe ist abelsch.

10.2.3 Satz *Die Elemente endlicher Ordnung einer abelschen Gruppe G bilden eine Untergruppe* Tor G, *Torsionsuntergruppe genannt; es enthält $G/$ Tor G außer dem Null-Element keine Elemente endlicher Ordnung.*

B e w e i s   Sind $x, y \in G$, $n, m \in \mathbb{N}^*$ mit $nx = my = 0$, so ist $nm(x - y) = 0$ (diese Gleichung benutzt die Kommutativität von G), also:

$$x, y \in \text{Tor } G \implies x - y \in \text{Tor } G.$$

Deshalb ist Tor G eine Untergruppe, vgl. 10.1.1.

Ist nun $x + \text{Tor } G$ ein Element endlicher Ordnung von $G/\text{Tor } G$, so gibt es ein $n \in \mathbb{N}^*$, so daß $n(x + \text{Tor } G) = \text{Tor } G$ ist. Dann folgt:

$$nx \in \text{Tor } G \implies \exists m \in \mathbb{N}^*: m(nx) = 0 \implies x \in \text{Tor } G.$$

Also ist $x + \text{Tor } G$ das Nullelement von $G/\text{Tor } G$. □

Ein solcher Satz ist für nicht-kommutative Gruppen falsch: Die Drehungen um 180° um $(0,0)$ und $(1,0)$ von $\mathbb{R}^2$ haben die Ordnung 2. Ihr Produkt ist die Schiebung in Richtung der x-Achse um 2, hat also unendliche Ordnung. Im wesentlichen dasselbe Gegenbeispiel ist die unendliche Diedergruppe aus 10.1.18.

Untergruppen von abelschen Gruppen

Wir wollen die abelschen Gruppen endlichen Ranges bzgl. Isomorphie klassifizieren.

10.2.4 Definition Eine Gruppe G ist *zerlegbar*, wenn G isomorph zur direkten Summe zweier echter Untergruppen ist, d.h. die beide nicht nur aus dem 0-Element bestehen. Sonst heißt G *unzerlegbar*.

10.2.5 *Beispiele für unzerlegbare abelsche Gruppen sind die zyklischen Gruppen, deren Ordnung eine Primzahlpotenz* $q = p^n$ *ist.* Wäre nämlich $\mathbb{Z}_q \cong A \oplus B$ mit $|A|, |B| > 1$, so teilten die Ordnungen von A und B das p^n, wären also ebenfalls p-Potenzen: p^a bzw. p^b mit $a, b \geq 1$. Ferner wäre $|\mathbb{Z}_q| = |A| \cdot |B|$, also $n = a + b$. Deshalb würde die Ordnung eines jeden Elementes aus A und aus B schon p^{n-1} teilen, und jedes Element aus $\mathbb{Z}_q$ hätte eine Ordnung, die p^{n-1} teilt, im Widerspruch dazu, daß die Ordnung von 1 gleich $q = p^n$ ist.

Ein anderes Beispiel ist die Gruppe $\mathbb{Z}$. Wäre $\mathbb{Z} \cong A \oplus B$ und ist $m \geq 1$ die kleinste positive Zahl aus A, so ist $A \cong m\mathbb{Z}$ und deshalb $B \cong \mathbb{Z}/m\mathbb{Z} \cong \mathbb{Z}_m$. Dem aber widerspricht, daß $\mathbb{Z}$ kein nicht-triviales Element endlicher Ordnung besitzt. Damit haben wir die eine Richtung des nachfolgenden Satzes bewiesen. Die andere Richtung wird in 10.2.16 nachgewiesen.

10.2.6 Satz *Eine abelsche Gruppe endlichen Ranges ist genau dann unzerlegbar, wenn sie isomorph zu $\mathbb{Z}$ oder zu einer zyklischen Gruppe von Primzahlpotenzordnung ist.*

Die Voraussetzung, daß die Gruppe *endlichen Rang* hat, ist wesentlich, denn $\mathbb{Q}$ ist ebenfalls unzerlegbar; zum Beweis kann ein Schluß wie in 10.1.26 (c) verwendet werden. Nun kommen wir zum zentralen Satz dieses Abschnittes.

10.2.7 Zerlegungssatz *Jede endlich erzeugte abelsche Gruppe G ist isomorph zur direkten Summe von unzerlegbaren Gruppen.*
Sind $G \cong A_1 \oplus \ldots \oplus A_n$ und $G \cong B_1 \oplus \ldots \oplus B_m$ zwei Zerlegungen von G in unzerlegbare Faktoren A_i bzw. B_j, so ist $m = n$, und es gibt eine Permutation $(i(1), \ldots i(n))$ mit $A_j \cong B_{i(j)}$ für $j = 1, \ldots, n$. (Bis auf die Numerierung ist die Art der Zerlegung demnach eindeutig bestimmt.)

Der Beweis wird erst in 10.2.22 gegeben.

10.2.8 Hilfssatz *Ist G eine abelsche Gruppe vom Rang n und H eine Untergruppe, so gibt es Erzeugende $e_1, \ldots, e_n$ von G, so daß gilt:*

$$\sum_{i=1}^{n} x_i e_i \in H \iff x_i e_i \in H \text{ für } i = 1, \ldots, n.$$

B e w e i s   Wir beweisen den Satz durch Induktion nach n. Für $n = 1$ ist er trivial. Er gelte nun für $n - 1 \geq 1$. Sei

$$M = \{x > 0 : \exists \text{ Erzeugende } d_1, \ldots, d_n \text{ von } G, \exists h \in H \text{ und Index } i,$$
$$1 \leq i \leq n, \text{ mit } h = \sum_{j=1}^{n} x_j d_j \text{ und } x = x_i\}.$$

Fall $M = \emptyset$: Für jedes Erzeugendensystem $d_1, \ldots, d_n$ von G gilt dann:

$$\sum_{j=1}^{n} x_j d_j \in H \implies x_j \leq 0.$$

Wäre ein $x_i < 0$, so wäre auch $\sum_{j=1}^{n}(-x_j)d_j \in H$, also $M \neq \emptyset$. Also gilt $x_j = 0$ für alle j und daraus folgt $x_j d_j = 0 \in H$ für $j = 1, \ldots, n$. Deshalb hat jedes Erzeugendensystem $d_1, \ldots, d_n$ die gewünschte Eigenschaft.

Fall $M \neq \emptyset$: Sei

(∗) $$m = \min\{x : x \in M\}$$

und $d_1, \ldots, d_n$ ein System von Erzeugenden, so daß es ein $v \in H$ gibt mit $v = \sum_{j=1}^{n} x_j d_j$, wobei $x_i = m$ für ein i ist. Nach Umnumerieren dürfen wir annehmen, daß der erste Koeffizient gleich m ist:

$$v = md_1 + \sum_{j=2}^{n} a_j d_j \in H.$$

Sei $a_i = k_i m + s_i$ mit $0 \leq s_i < m$ für $i = 2, \ldots, n$. Wir setzen

$$e_1 := d_1 + \sum_{j=2}^{n} k_j d_j.$$

Dann sind $e_1, d_2, \ldots, d_n$ ebenfalls Erzeugende von G, und es ist

$$v = md_1 + \sum_{j=2}^{n} k_j m d_j + \sum_{j=2}^{n} s_j d_j = me_1 + \sum_{j=2}^{n} s_j d_j.$$

Da nach (∗) m minimal ist, folgt $s_j = 0$ für $j = 2, \ldots, n$ und $v = me_1 \in H$.

Ist nun $y_1 e_1 + \sum_{j=2}^{n} y_j d_j \in H$, so setzen wir $y_1 = km + s$ mit $0 \leq s < m$. Dann gilt

$$H \ni y_1 e_1 + \sum_{j=2}^{n} y_j d_j = kme_1 + se_1 + \sum_{j=2}^{n} y_j d_j;$$

wegen $me_1 \in H$ und der Definition von m ist $s = 0$. Deshalb ergibt sich $y_1 e_1 \in H$ und $\sum_{j=2}^{n} y_j d_j \in H$. Auf die von $d_2, \ldots, d_n$ erzeugte Untergruppe von G können wir die Induktionsannahme anwenden. □

10.2.9 Satz *Eine Untergruppe H einer abelschen Gruppe G vom Rang n hat höchstens den Rang n.*

B e w e i s Wir nehmen Erzeugende für G wie in Hilfssatz 10.2.8. Gibt es zu i, $1 \leq i \leq n$, ein $x_i e_i \in H$ mit $x_i \neq 0$, so sei x_{i0} der kleinste positive Koeffizient, für den $x_i e_i \in H$ gilt. Seien $i(1), \ldots, i(k)$ die Indizes, für die die obige Situation auftreten kann. Wegen 10.2.8 erzeugen die Elemente $x_{i(1)0} e_{i(1)}, \ldots, x_{i(k)0} e_{i(k)}$ das H. □

Zerlegung abelscher Gruppen

10.2.10 Satz *Eine abelsche Gruppe G vom Rang n ist isomorph zur direkten Summe von n zyklischen Gruppen.*

B e w e i s   Wir setzen $H = 0 < G$, wenden 10.2.8 an und übernehmen die dortigen Bezeichnungen. Sei $a(i)$ die kleinste positive Zahl mit $a(i)e_i = 0$. Falls es eine solche nicht gibt, so sei $a(i)$ gleich 0. Dann ist $xe_i = 0$ genau dann, wenn $a(i)|x$. Daraus folgt, daß e_i in G eine zyklische Gruppe $\mathbb{Z}_{a(i)}$ mit $a(i) \geq 2$ bzw. $\mathbb{Z}$ erzeugt und daß $G \cong \mathbb{Z}_{a(1)} \oplus \ldots \oplus \mathbb{Z}_{a(n)}$ ist; dabei wird $\mathbb{Z}_0$ als $\mathbb{Z}$ aufgefaßt. □

Aus dem Beweis von 10.2.10 und Umnumerieren erhalten wir:

10.2.11 Satz *Sei G eine abelsche Gruppe vom Rang n. Dann ist $G/\operatorname{Tor} G \cong \mathbb{Z}^k$ für ein $k \geq 0$; dabei sei $\mathbb{Z}^0 = 0$. Die Zahl k heißt* Betti-Zahl *von G; sie ist eine Invariante gegenüber Isomorphismen. Es ist $G \cong \operatorname{Tor} G \oplus \mathbb{Z}^k$ und $\operatorname{Tor} G \cong \bigoplus_{i=1}^{\ell} \mathbb{Z}_{a(i)}$ mit $\ell + k = n$ für gewisse $a(1), \ldots, a(\ell) > 1$.* □

Bemerkung In der Theorie der abelschen Gruppen wird, wie schon erwähnt, oftmals die Betti-Zahl von G als Rang von G bezeichnet.

10.2.12 Korollar $\operatorname{Rang} \mathbb{Z}^n = n$ *und deshalb folgt aus $\mathbb{Z}^n \cong \mathbb{Z}^m$, daß $n = m$ ist.* □

Direkte Summe endlicher zyklischer Gruppen

Als nächstes untersuchen wir die direkten Summen endlicher zyklischer Gruppen. Hilfsmittel ist dabei der folgende Hilfssatz, der auch Licht auf das Beispiel 10.1.4 wirft.

10.2.13 Hilfssatz *Sind $n, m \in \mathbb{N}^*$, $d = \operatorname{ggT}(n, m)$ sowie $f = \frac{nm}{d}$ das kleinste gemeinsame Vielfache (kgV (m, n)) von n und m, so gilt $\mathbb{Z}_n \oplus \mathbb{Z}_m \cong \mathbb{Z}_d \oplus \mathbb{Z}_f$.*

B e w e i s   Sei $n = n'd$, $m = m'd$. Dann ist $\operatorname{ggT}(n', m') = 1$, und es gibt nach dem Lemma von Bezout 2.2.11 zwei Zahlen $a, b \in \mathbb{Z}$, so daß $an' + bm' = 1$ ist. Offenbar gilt $f = nm' = mn'$. Für Erzeugende x, y von $\mathbb{Z}_n$ bzw. $\mathbb{Z}_m$ setzen wir

$$v = (n'x, m'y) \in \mathbb{Z}_n \oplus \mathbb{Z}_m, \quad w = (-bx, ay) \in \mathbb{Z}_n \oplus \mathbb{Z}_m.$$

Dann gilt für $c \in \mathbb{Z}$:

$$cv = 0 \iff n|cn', \, m|cm' \iff n'd|cn', \, m'd|cm' \iff d|c,$$

also:

(1)   *Die Ordnung von v ist d.*

Ferner gilt:

$$cw = 0 \iff n|cb, \; m|ca \iff f = nm'|cbm', \; f = mn'|can'$$
$$\iff f|(cbm' + can') = c;$$

also:

(2)   *Die Ordnung von w ist f.*

Wir zeigen noch:

(3) *Die von v und w erzeugten Untergruppen haben nur das Nullelement gemeinsam.*

Dann folgt aus 10.1.22, daß die von beiden Elementen erzeugte Gruppe das direkte Produkt der von v bzw. w erzeugten zyklischen Gruppen ist. Sie ist also isomorph $\mathbb{Z}_d \oplus \mathbb{Z}_f$ und enthält deshalb $d \cdot f$ Elemente, d.h. genauso viele wie $G = \mathbb{Z}_n \oplus \mathbb{Z}_m$. Deshalb ist die Untergruppe gleich G, und 10.2.13 ist gezeigt.

B e w e i s von (3). Sei $sv = -tw$ mit $s, t \in \mathbb{Z}$. Dann gilt

$$((sn' - tb)x, \; (sm' + ta)y) = (0, 0) \quad \text{in } \mathbb{Z}_n \oplus \mathbb{Z}_m.$$

Also gibt es $\alpha, \beta \in \mathbb{Z}$ mit

(4) $sn' - tb = \alpha n = \alpha d n'$ und $sm' + ta = \beta m = \beta d m'.$

Daraus folgt

$$n'|tb, \; m'|ta, \quad \text{da } n'|n \text{ und } m'|m, \quad \Longrightarrow$$
$$n'|t, \; m'|t, \quad \text{da } \mathrm{ggT}(n', b) = 1 \text{ und } \mathrm{ggT}(m', a) = 1, \quad \Longrightarrow$$
$$n'm'|t, \quad \text{da } \mathrm{ggT}(n', m') = 1.$$

Sei $t' = t/n'm'$. Wir setzen $t = t'n'm'$ in (4) ein und kürzen n' bzw. m' heraus:

$$s - t'm'b = \alpha d, \; s + t'n'a = \beta d \quad \Longrightarrow \quad t' \underbrace{(m'b + n'a)}_{=1} = d(\beta - \alpha) \quad \Longrightarrow$$

$$d|t' \quad \Longrightarrow \quad f = dn'm'|t.$$

Nach (2) ist $tw = 0$ und somit auch $sv = 0$.   □

10.2.14 Hilfssatz *Für $d > 1$ ist die Gruppe $\mathbb{Z}_d \oplus \mathbb{Z}_f \cong \mathbb{Z}_n \oplus \mathbb{Z}_m$ nicht zyklisch.*

B e w e i s In einer zyklischen Gruppe der Ordnung $n \cdot m$ gibt es d Elemente, deren Ordnung d teilt. In $\mathbb{Z}_d \oplus \mathbb{Z}_f$ gibt es aber wegen $d|f$ mindestens $2d - 1$ solcher Elemente; es stammen nämlich d aus dem Faktor $\mathbb{Z}_d$ sowie d aus $\mathbb{Z}_f$ und die Faktoren haben nur das Nullelement gemeinsam. □

Aus 10.2.13 folgt direkt durch Induktion nach q:

10.2.15 Hilfssatz *Ist $n = p_1^{r(1)} \ldots p_q^{r(q)}$ mit paarweise verschiedenen Primzahlen $p_1, \ldots, p_q$ und $r(i) \geq 1$, so gilt*

$$\mathbb{Z}_n \cong \mathbb{Z}_{p_1^{r(1)}} \oplus \ldots \oplus \mathbb{Z}_{p_q^{r(q)}}.$$
□

B e w e i s von 10.2.6. Aus 10.2.10 folgt, daß endlich erzeugte unzerlegbare Gruppen zyklisch sind. Nach 10.2.15 sind neben $\mathbb{Z}$ höchstens die zyklischen Gruppen mit Primzahlpotenzordnung unzerlegbar, und für diese ist es in 10.2.5 gezeigt worden. □

10.2.16 Satz *Jede endliche abelsche Gruppe G besitzt eine Zerlegung*

$$\mathbb{Z}_{a(1)} \oplus \ldots \oplus \mathbb{Z}_{a(s)} \quad \text{mit } 1 < a(s)|a(s-1)|\ldots|a(1).$$

B e w e i s Die Gruppe läßt sich nach 10.2.10 in eine direkte Summe $\mathbb{Z}_{n(1)} \oplus \ldots \oplus \mathbb{Z}_{n(k)}$ zerlegen. Indem wir 10.2.13 auf $\mathbb{Z}_{n(1)} \oplus \mathbb{Z}_{n(2)}$ anwenden, erreichen wir $\mathbb{Z}_{n(1)} \oplus \mathbb{Z}_{n(2)} \cong \mathbb{Z}_{n'(1)} \oplus \mathbb{Z}_{n'(2)}$ mit $n'(2)|n'(1)$. Danach wenden wir 10.2.13 auf $\mathbb{Z}_{n'(1)} \oplus \mathbb{Z}_{n(3)}$ an und erhalten $\mathbb{Z}_{n'(1)} \oplus \mathbb{Z}_{n(3)} \cong \mathbb{Z}_{n''(1)} \oplus \mathbb{Z}_{n'(3)}$ mit $n'(3)|n''(1)$. Schließlich erhalten wir eine Zerlegung $G \cong \mathbb{Z}_{a(1)} \oplus \mathbb{Z}_{n'(2)} \oplus \ldots \oplus \mathbb{Z}_{n'(k)}$ mit $n'(i)|a(1)$ für $i = 2, \ldots, k$. Dabei ist $a(1)$ das kleinste gemeinsame Vielfache von $n(1), \ldots, n(k)$. Daß sich $\mathbb{Z}_{n'(2)} \oplus \ldots \oplus \mathbb{Z}_{n'(k)}$ wie gewünscht zerlegen läßt, können wir als Induktionsannahme annehmen: $\mathbb{Z}_{n'(2)} \oplus \ldots \oplus \mathbb{Z}_{n'(k)} \cong \mathbb{Z}_{a(2)} \oplus \ldots \oplus \mathbb{Z}_{a(s)}$ mit $1 < a(s)|a(s-1)|\ldots|a(2)$. Dabei ist $a(2)$ das kleinste gemeinsame Vielfache von $n'(2), \ldots, n'(k)$, also $a(2)|a(1)$. □

Über die Eindeutigkeit der Zerlegung von 10.2.16 sprechen wir später in 10.2.24.

Sylow-Zerlegung

Um eine Zerlegung in irreduzible Faktoren zu bekommen, legt es Hilfssatz 10.2.15 nahe, endliche abelsche Gruppen in zyklischen Gruppen von Primzahlpotenzordnung zu zerlegen. Diesem Ansatz folgen wir nun.

10.2.17 Satz *Sei G eine abelsche Gruppe, deren Elemente alle endliche Ordnung besitzen. Es sei P die Menge aller Primzahlen. Für $p \in P$ sei*

$$S_p = \{x \in G : \text{Ordnung von } x \text{ ist eine Potenz von } p\}.$$

Dann ist jedes S_p eine Untergruppe von G und $G \cong \bigoplus_{p \in P} S_p$. Diese Zerlegung von G heißt Sylow-Zerlegung von G. Ist S_p endlich, so ist $|S_p| = p^k$ für ein geeignetes k.

B e w e i s   Hat das Element $x \in G$ die Ordnung $n = p_1^{a(1)} \ldots p_q^{a(q)}$, wobei rechts die Primfaktorzerlegung von n steht, so läßt sich x nach 10.2.15 als eine Summe von Elementen der Ordnung $p_1^{a(1)}, \ldots, p_q^{a(q)}$ schreiben. Diese Elemente liegen aber in $S_{p_1}, \ldots, S_{p_q}$. Deshalb ist $G = \langle \bigcup_{p \in P} S_p \rangle$.

Sind $x, y \in S_p$, so ist auch $x + y \in S_p$, denn sind die Ordnungen von x und y gleich p^a bzw. p^b und ist $a \geq b$, so ist

$$p^a(x + y) = p^a x + p^a y = 0 + 0 = 0.$$

Deshalb ist die Ordnung von $x + y$ ein Teiler von p^a, somit eine p-Potenz. Also ist S_p eine Untergruppe von G.

Sei nun $x = x_1 + \ldots + x_m$ mit $x_i \in S_{p(i)}$. Dann hat x_i eine Ordnung $p_i^{a(i)}$. Daraus folgt $p_1^{a(1)} \ldots p_m^{a(m)} x = 0$; deshalb enthält die Ordnung von x keine Primzahl ungleich $p_1, \ldots, p_m$. Sei nun q eine Primzahl. Den eben gemachten Schluß können wir auf jedes Element x aus $\langle \bigcup_{p \in P, p \neq q} S_p \rangle$ anwenden, und es folgt, daß q die Ordnung von x nicht teilt. Da aber die Ordnung eines jeden Elementes aus S_q eine Potenz von q ist, folgt $S_q \cap \langle \bigcup_{p \in P, p \neq q} S_p \rangle = 0$. Jetzt können wir 10.1.23 anwenden und erhalten $G = \bigoplus_{p \in P} S_p$.

Sei jetzt S_p endlich. Dann ist S_p nach 10.2.10 die direkte Summe zyklischer Gruppen. Da in S_p jedes Element eine p-Potenz als Ordnung hat, hat jeder der Faktoren eine p-Potenz als Ordnung, also auch S_p. □

Hat nun G selbst die endliche Ordnung $p_1^{r(1)} \ldots p_q^{r(q)}$, so ist

$$G \cong S_{p_1} \oplus \ldots \oplus S_{p_q} \text{ mit } |S_{p_i}| =: p_i^{\ell(i)} > 0,$$

und es folgt

$$p_1^{r(1)} \ldots p_q^{r(q)} = p_1^{\ell(1)} \ldots p_q^{\ell(q)},$$

also $\ell(i) = r(i)$. Damit haben wir

10.2.18 Korollar *Sei G eine abelsche Gruppe der Ordnung $n = p_1^{r(1)} \ldots p_q^{r(q)}$, wobei die p_i paarweise verschiedene Primzahlen sind und $r(i) \geq 1$. Dann ist*

$$G \cong S_{p_1} \oplus \ldots \oplus S_{p_q},$$

und S_{p_i} hat die Ordnung $p_i^{r(i)}$. □

10.2.19 Korollar *Es seien G und H abelsche Gruppen, und die Sylow-Zerlegungen ihrer Torsionen seien*

$$\mathrm{Tor}\ G = \bigoplus_{p \in P} S_p, \quad \mathrm{Tor}\ H = \bigoplus_{p \in P} T_p.$$

Ist $f: G \to H$ ein Homomorphismus, so ist $f(S_p) < T_p$ für jedes $p \in P$. Ist f ein Isomorphismus, so ist $f(S_p) = T_p$ für jedes p, und f induziert einen Isomorphismus $S_p \xrightarrow{\cong} T_p$.

B e w e i s Hat $x \in G$ die Ordnung p^a, so ist die Ordnung von $f(x)$ ein Teiler von p^a, also auch eine p-Potenz. Also ist $f(x) \in T_p$. □

Klassifikation der Sylow-Faktoren

Die Klassifikation der endlichen abelschen Gruppen auf Grund ihrer Sylowzerlegung erfordert somit nur noch die Klassifikation der Gruppen $S_{p(i)}$. Dies geschieht im folgenden.

10.2.20 Hilfssatz *Sei p eine Primzahl und $A = \mathbb{Z}_{p^{\alpha(1)}} \oplus \ldots \oplus \mathbb{Z}_{p^{\alpha(k)}}$ mit $\alpha(1) \geq \alpha(2) \geq \ldots \geq \alpha(k) \geq 1$. Ferner seien $e_1, \ldots, e_k$ Erzeugende, die zu der obigen Zerlegung gehören. Sei $B = \mathbb{Z}_{p^{\beta(1)}} \oplus \ldots \oplus \mathbb{Z}_{p^{\beta(h)}}$ mit $\beta(1) \geq \beta(2) \geq \ldots \geq \beta(h) \geq 1$, und seien $d_1, \ldots, d_h$ Erzeugende zu der Zerlegung. Ist $A \cong B$, so gibt es einen Isomorphismus $f: A \to B$ mit $f(e_1) = d_1$.*

B e w e i s Es ist $p^{\alpha(1)}$ die maximale Ordnung von Elementen aus A, analog $p^{\beta(1)}$ die maximale Ordnung von Elementen aus B. Da $A \cong B$, ist $\alpha(1) = \beta(1)$. Sei $g: A \to B$ ein Isomorphismus. Dann hat $g(e_1) = x_1 d_1 + \ldots + x_h d_h$ die Ordnung $p^{\alpha(1)} = p^{\beta(1)}$. Deshalb muß es einen Index i, $1 \leq i \leq h$, geben mit $\mathrm{ggT}(x_i, p) = 1$ und $p^{\beta(i)} = p^{\alpha(1)}$. Nach Umnumerieren der Faktoren $\mathbb{Z}_{p^{\beta(j)}}$ mit $p^{\beta(j)} = p^{\alpha(1)}$ können wir erreichen, daß $i = 1$ ist, also $\mathrm{ggT}(x_1, p) = 1$.

Dieses Umnumerieren entspricht einem Automorphismus von B, und wir können annehmen, daß der Isomorphismus g mit ihm multipliziert ist. Sei nun B_1 die von d_1 erzeugte Untergruppe von B, B_2 die von $d_2, \ldots, d_h$ erzeugte. Wir setzen $g(e_1) = x_1 d_1 + b_2$ mit $b_2 \in B_2$. Sei B_1' die von $g(e_1)$ erzeugte Gruppe. Dann ist $B_1' \cap B_2 = 0$, denn

$$ng(e_1) \in B_2 \iff nx_1 d_1 \in B_2 \iff p^{\beta(1)} | nx_1$$
$$\iff p^{\beta(1)} | n, \text{ da ggT}(x_1, p) = 1 \iff ng(e_1) = 0.$$

Da $x_1 d_1$ dieselbe Ordnung wie d_1 hat, ist $|B_1'| = p^{\alpha(1)} = |B_1|$, und es folgt aus Anzahlgründen, daß $B_1' \oplus B_2$ isomorph zu B ist. Durch $d_1 \mapsto g(e_1), d_2 \mapsto d_2, \ldots, d_h \mapsto d_h$ wird ein Isomorphismus $\gamma \colon B \to B$ definiert, welcher B_1 nach B_1' überführt und B_2 festläßt. Dann ist $f = \gamma^{-1} \circ g \colon A \to B$ der gesuchte Isomorphismus. □

10.2.21 Satz *Ist p eine Primzahl und*

$$A = \mathbb{Z}_{p^{\alpha(1)}} \oplus \ldots \oplus \mathbb{Z}_{p^{\alpha(k)}} \cong \mathbb{Z}_{p^{\beta(1)}} \oplus \ldots \oplus \mathbb{Z}_{p^{\beta(h)}} = B$$

mit $\alpha(1) \geq \ldots \geq \alpha(k) \geq 1$ und $\beta(1) \geq \ldots \geq \beta(h) \geq 1$, so ist $h = k$ und $\alpha(i) = \beta(i)$ für $i = 1, \ldots, k$.

B e w e i s   Sei $A = A_1 \oplus A_2$ mit $A_1 = \mathbb{Z}_{p^{\alpha(1)}}$ und $A_2 = \mathbb{Z}_{p^{\alpha(2)}} \oplus \ldots \oplus \mathbb{Z}_{p^{\alpha(k)}}$; analog $B = B_1 \oplus B_2$. Nach 10.2.20 gibt es einen Isomorphismus $f \colon A \to B$ mit $f(A_1) = B_1$. Dann ist $A/A_1 \cong f(A)/f(A_1) = B/B_1$, also $A_2 \cong B_2$. Nun läßt sich Induktion anwenden. □

10.2.22 *Beweis des Zerlegungssatzes* 10.2.7 Seien $A_1 \oplus \ldots \oplus A_n$ und $B_1 \oplus \ldots \oplus B_m$ Zerlegungen von G in unzerlegbare Faktoren A_i und B_i. Dann ergeben die Faktoren endlicher Ordnung die Torsion Tor G. Nach 10.2.11 stimmen in beiden Zerlegungen die Anzahlen der Faktoren der Form $\mathbb{Z}$, also die Betti-Zahlen, überein. Nach Umnumerieren dürfen wir annehmen, daß es sich in beiden Fällen um die letzten k Faktoren handelt. Dann ist $A_1 \oplus \ldots \oplus A_{n-k} = $ Tor $G = B_1 \oplus \ldots \oplus B_{m-k}$. Die Faktoren A_i und B_j sind nach 10.2.6 zyklische Gruppen von Primzahlpotenzordnung. Durch Umnumerieren und Anwendung von 10.2.19 können wir erreichen, daß die Faktoren mit gleicher Primzahl in beiden Zerlegungen nebeneinander stehen und ferner die Primzahlen entsprechend ihrer Größe aufeinander folgen. Die direkte Summe der Faktoren mit derselben Primzahl p ist dann der p-Bestandteil der Sylow-Zerlegung, welche nach 10.2.19 eindeutig bestimmt ist. Nach 10.2.21 stimmen deren Faktoren in beiden Zerlegungen bis auf die Reihenfolge überein. □

Das Ergebnis besagt:

10.2.23 Satz *Ist* $|\operatorname{Tor} G| = p_1^{r(1)} \ldots p_q^{r(q)}$ *mit paarweise verschiedenen Primzahlen* $p_1, \ldots, p_q$ *und* $r(i) \geq 1$, *so ist für geeignete* $\alpha(i,j)$

$$G \cong \mathbb{Z}_{p_1^{\alpha(1,1)}} \oplus \ldots \oplus \mathbb{Z}_{p_1^{\alpha(1,k(1))}} \oplus \ldots \oplus \mathbb{Z}_{p_q^{\alpha(q,1)}} \oplus \ldots \oplus \mathbb{Z}_{p_q^{\alpha(q,k(q))}} \oplus \mathbb{Z}^\ell$$

mit

$$\alpha(i,1) \geq \alpha(i,2) \geq \ldots \geq \alpha(i,k(i)) \geq 1 \quad \text{und} \quad \alpha(i,1) + \ldots + \alpha(i,k(i)) = r(i).$$

Die Zerlegung ist nicht weiter zu verfeinern. Je zwei solche Zerlegungen von G haben – bis auf die Numerierung der Primzahlen – die gleichen Zahlen p_i, $\alpha_{(i,j)}$ und ℓ. □

Andere Normalform endlich erzeugter abelscher Gruppen

Während wir oben den Hilfssatz 10.2.13 benutzt haben, um eine Zerlegung in möglichst viele zyklische Faktoren zu erhalten, verwenden wir diese nun, um eine direkte Summenzerlegung in möglichst wenige zyklische Faktoren zu bekommen.

10.2.24 Satz

(a) *Eine endlich erzeugte abelsche Gruppe ist isomorph zu einer direkten Summe* $\mathbb{Z}^k \oplus \mathbb{Z}_{a(1)} \oplus \ldots \oplus \mathbb{Z}_{a(s)}$, *wobei* $1 < a(s)|a(s-1)|\ldots|a(1)$ *und* $k+s$ *der Rang ist.*

(b) *Zwei Gruppen* $\mathbb{Z}^k \oplus \mathbb{Z}_{a(1)} \oplus \ldots \oplus \mathbb{Z}_{a(s)}$ *und* $\mathbb{Z}^\ell \oplus \mathbb{Z}_{b(1)} \oplus \ldots \oplus \mathbb{Z}_{b(t)}$ *mit* $1 < a(s)|a(s-1)|\ldots|a(1)$ *bzw.* $1 < b(t)|b(t-1)|\ldots|b(1)$ *sind genau dann isomorph, wenn* $k = \ell$, $s = t$ *und* $a(i) = b(i)$ *für* $i = 1, \ldots, s$ *ist.*

B e w e i s   Die Aussage (a) folgt aus 10.2.11 und 10.2.16. Sie folgt auch unmittelbar aus 10.2.15 und 10.2.7. Letzterer Beweis steht dem nun folgenden Beweis von (b) so nahe, daß er sich daraus unmittelbar ergibt.

Für (b) haben wir

$$\mathbb{Z}_{a(1)} \oplus \ldots \oplus \mathbb{Z}_{a(s)} = \operatorname{Tor} G = \mathbb{Z}_{b(1)} \oplus \ldots \oplus \mathbb{Z}_{b(t)}.$$

Es ist $n = a(1) \cdot \ldots \cdot a(s) = b(1) \cdot \ldots \cdot b(t) = p_1^{r(1)} \cdot \ldots \cdot p_q^{r(q)}$, wobei die p_i verschiedene Primzahlen sind und $r(i) \geq 1$. Wir bekommen

$$a(i) = p_1^{\alpha(1,i)} \cdot \ldots \cdot p_q^{\alpha(q,i)}, \ b(j) = p_1^{\beta(1,j)} \cdot \ldots \cdot p_q^{\beta(q,j)} \quad \text{mit } \alpha(k,i), \beta(h,j) \geq 0.$$

Aus $1 < a(s)|a(s-1)|\ldots|a(1)$ folgt $\alpha(k,1) \geq \alpha(k,2) \geq \ldots \geq \alpha(k,s) \geq 0$ für $1 \leq k \leq s$, ferner ist $r(j) = \alpha(j,1) + \ldots + \alpha(j,s)$. Analog ergibt sich $\beta(k,1) \geq \beta(k,2) \geq \ldots \geq \beta(k,t) \geq 0$ und $r(j) = \beta(j,1) + \ldots + \beta(j,t)$. Wegen 10.2.15 bekommen wir aus den beiden obigen Zerlegungen die folgenden Zerlegungen in unzerlegbare Faktoren:

$$(\mathbb{Z}_{p_1^{\alpha(1,1)}} \oplus \ldots \oplus \mathbb{Z}_{p_1^{\alpha(1,s)}}) \oplus \ldots \oplus (\mathbb{Z}_{p_q^{\alpha(q,1)}} \oplus \ldots \oplus \mathbb{Z}_{p_q^{\alpha(q,s)}})$$
$$\cong (\mathbb{Z}_{p_1^{\beta(1,1)}} \oplus \ldots \oplus \mathbb{Z}_{p_1^{\beta(1,t)}}) \oplus \ldots \oplus (\mathbb{Z}_{p_q^{\beta(q,1)}} \oplus \ldots \oplus \mathbb{Z}_{p_q^{\beta(q,t)}}).$$

Aus der Eindeutigkeit der Sylow-Zerlegung, vgl. 10.2.19, und der Zerlegung der Sylow-Untergruppen S_i, vgl. 10.2.21, folgt für $s \leq t$:

$$\alpha(i,j) = \beta(i,j) \quad \text{für } 1 \leq i \leq q,\ 1 \leq j \leq s.$$

Daraus ergibt sich nun $s = t$. Somit ist

$$a(j) = p_1^{\alpha(1,j)} \cdot \ldots \cdot p_q^{\alpha(q,j)} = p_1^{\beta(1,j)} \cdot \ldots \cdot p_q^{\beta(q,j)} = b(j). \qquad \square$$

Die multiplikative Gruppe endlicher Körper

Als erste Anwendung zeigen wir nun, daß die multiplikative Gruppe eines endlichen Körpers zyklisch ist.

10.2.25 Satz *Es sei p eine Primzahl. Dann gilt:*
(a) $\text{Aut}(\mathbb{Z}_p, +) \cong (\mathbb{Z}_p - \{0\}, \cdot)$.
(b) *Die multiplikative Gruppe des Körpers $\mathbb{Z}_p$, d.h. $(\mathbb{Z}_p - \{0\}, \cdot)$, ist zyklisch, also isomorph zu $(\mathbb{Z}_{p-1}, +)$.*
(c) *Die multiplikative Gruppe eines jeden Körpers endlicher Ordnung ist zyklisch.*

B e w e i s (b) $\Longrightarrow$ (a): Ein Automorphismus φ von $(\mathbb{Z}_p, +)$ ist durch $\varphi(1)$ festgelegt, denn $\varphi(x) = x\varphi(1)$. Für $\varphi, \psi \in \text{Aut}(\mathbb{Z}_p, +)$ folgt $(\varphi \circ \psi)(1) = \psi(1)\varphi(1)$. Deshalb ist $\text{Aut}(\mathbb{Z}_p, +) \cong (\mathbb{Z}_p - \{0\}, \cdot) \cong (\mathbb{Z}_{p-1}, +)$.
(b) $(\mathbb{Z}_p - \{0\}, \cdot)$ ist abelsch. Nach 10.2.24 gilt also

$$(\mathbb{Z}_p - \{0\}, \cdot) \cong \mathbb{Z}_{a(1)} \oplus \ldots \oplus \mathbb{Z}_{a(s)}$$

mit

$$1 < a(s)|a(s-1)|\ldots|a(1) \text{ und } a(1) \cdot \ldots \cdot a(s) = p - 1.$$

Sei $m = a(s)$. Wäre $s > 1$, so gäbe es mindestens m^2 Elemente $g \in \mathbb{Z}_p$ mit $g^m = 1 \neq 0$. Das Polynom $x^m - 1$ besitzt aber höchstens m Nullstellen im Körper $\mathbb{Z}_p$. Deshalb müßte $m^2 \leq m$ sein, im Widerspruch zu $m > 1$. Also ist $s = 1$, $m = p - 1$ und $(\mathbb{Z}_p - \{0\}, \cdot) \cong (\mathbb{Z}_{p-1}, +)$.

(c) Der Beweis geht im allgemeinen Fall analog. Sei K ein Körper der Ordnung q. Da $(K - \{0\}, \cdot)$ eine Gruppe der Ordnung $q - 1$ ist, ist $x^{q-1} = 1$ für alle $x \in K - \{0\}$. Deshalb sind alle Elemente des Körpers Nullstellen des Polynoms $x^q - x$ (und zwar nach 7.1.6 alle Nullstellen). Wie oben folgt, daß die multiplikative Gruppe zyklisch ist. □

Aus der Tatsache, daß die Elemente der Körper die Nullstellen des Polynoms $x^q - x$ sind, ergibt sich mittels Sätzen der Algebra, daß endliche Körper durch den Grad bis auf Isomorphie bestimmt sind.

Aufgaben

10.2.A1 Bestimmen Sie alle Isomorphietypen von abelschen Gruppen der Ordnung 36 bzw. 360.

10.2.A2 Beweisen oder widerlegen Sie:

(a) $(\mathbb{R}^*, \cdot)$ ist direkte Summe zweier abelscher Gruppen.

(b) $(\mathbb{Q}, +)$ ist zerlegbar.

(c) Es existiert ein Isomorphismus $\varphi: A_3 \oplus \mathbb{Z}_2 \to S_3$.

(d) Es gibt zwei nicht-isomorphe abelsche Gruppen der Ordnung 6.

(e) Ist $G \neq \{0\}$ eine Gruppe, die außer $\{0\}$ und G keine Untergruppen enthält, so ist G eine zyklische Gruppe von Primzahlordnung.

(f) Ist U_i Untergruppe der abelschen Gruppe G_i ($i = 1, 2$), so ist $U_1 \oplus U_2$ Untergruppe von $G_1 \oplus G_2$, und es gilt $(G_1 \oplus G_2)/(U_1 \oplus U_2) \cong G_1/U_1 \oplus G_2/U_2$.

10.2.A3 $(\mathbb{Q}/\mathbb{Z}, +)$ ist die Torsionsuntergruppe von $(\mathbb{R}/\mathbb{Z}, +)$ ist.

10.2.A4 Ist $U < \mathbb{Z} \oplus \mathbb{Z}$ eine Untergruppe mit $(\mathbb{Z} \oplus \mathbb{Z})/U \cong \mathbb{Z}$, so gibt es teilerfremde ganze Zahlen x_1, x_2 mit $U = \{(nx_1, nx_2) : n \in \mathbb{Z}\}$

10.2.A5 Sei G eine abelsche Gruppe und $n \in \mathbb{N}^*$. Zeigen Sie:

(a) $nG := \{nx : x \in G\}$ und $G(n) := \{x \in G : nx = 0\}$ sind Untergruppen von G.

(b) Alle Elemente von G/nG haben eine endliche Ordnung, die ein Teiler von n ist.

(c) Im Fall $G = \mathbb{Q}/\mathbb{Z}$ ist $G(n) \neq \{0\}$ für $n \geq 2$ und dennoch $G/G(n) \cong G$.

10.2.A6 Beweisen oder widerlegen Sie:

(a) $(\mathbb{C}^*, \cdot) \cong \mathbb{R}_+^* \oplus S^1$. (Hierbei ist wieder $S^1 := \{z \in \mathbb{C} : |z| = 1\}$).

(b) Ist G eine abelsche Gruppe und M die Menge aller Elemente unendlicher Ordnung, so ist $M \cup \{0\}$ eine Untergruppe von G.

(c) Zu einer Primzahl p und $n \in \mathbb{N}^*$ gibt es bis auf Isomorphie nur eine Gruppe der Ordnung p^n.

(d) Ist G abelsch und $f: G \to G'$ ein Homomorphismus mit Kern $f = K$ und Bild $f = B$, so ist $G \cong K \oplus B$.

10.2.A7 Sei $G = \mathbb{Z} \oplus \mathbb{Z} \oplus \mathbb{Z}$ und H die von Elementen $a = (2, 5, 12)$, $b = (2, 20, 12)$ und $c = (6, 30, 48)$ erzeugte Untergruppe. Bestimme Erzeugende x_1, x_2, x_3 von G so, daß H von $n_1 x_2, n_2 x_2$ und $n_3 x_3$ erzeugt wird für geeignete $n_i \in \mathbb{Z}$.

10.3 Fortführung der Gruppentheorie

In diesem Abschnitt führen wir noch einige Grundbegriffe der allgemeinen Gruppentheorie ein, die auch Bedeutung in der Geometrie haben. Dabei lassen wir häufig Gruppen auf Mengen operieren, was zur Herleitung der Begriffe und Sätze nicht nötig wäre, aber einen wichtigen Aspekt der Gruppentheorie widerspiegelt.

Automorphismen von Gruppen

So wie für Vektorräume die Automorphismen eine Gruppe bilden (die allgemeinen linearen Gruppen, vgl. 4.5.10), tun dies auch die Automorphismen einer Gruppe, vgl. 3.2.6 (c).

10.3.1 Satz *Sei G eine Gruppe. Dann bildet die Menge* $\operatorname{Aut} G$ *der Automorphismen von G eine Gruppe (mit der Hintereinanderausführung als Verknüpfung).*
□

Für einige einfache Fälle kennen wir die Automorphismengruppe. So hat $\mathbb{Z}$ neben der Identität nur den Automorphismus $n \mapsto -n$, d.h. $\operatorname{Aut} \mathbb{Z} \cong \mathbb{Z}_2$. Allgemeiner ist $\operatorname{Aut} \mathbb{Z}^n \cong GL(n, \mathbb{Z})$, die multiplikative Gruppe der ganzzahligen umkehrbaren Matrizen. Ferner haben wir in 10.2.25 für eine Primzahl p gezeigt, daß $\operatorname{Aut}(\mathbb{Z}_p, +) \cong (\mathbb{Z}_{p-1}, +)$ ist. Die Sylow-Zerlegung einer abelschen Gruppe ist offenbar invariant gegenüber Automorphismen. Daraus folgt z.B. $\operatorname{Aut}(\mathbb{Z}_2 \oplus \mathbb{Z}_3) \cong \operatorname{Aut} \mathbb{Z}_2 \oplus \operatorname{Aut} \mathbb{Z}_3 \cong \mathbb{Z}_2$, ein Ergebnis, was auch direkt daraus folgt, daß es in $\mathbb{Z}_6$ nur zwei Elemente der Ordnung 6 gibt.

Die folgenden drei Aussagen ergeben sich leicht aus den Definitionen.

10.3.2 Satz und Definition *Ist $h \in G$, so wird durch $g \mapsto h^{-1}gh$ ein Automorphismus $\varphi_h \colon G \to G$ definiert. Es heißt φ_h* innerer Automorphismus *mit dem Faktor h.*
□

10.3.3 Satz und Definition

(a) *Die Menge* Inn G *der inneren Automorphismen von G ist ein Normalteiler in* Aut G. *Durch* $h \mapsto \varphi_h$ *wird ein Epimorphismus* $\varphi\colon G \to$ Inn G *definiert. Der Kern besteht aus den Elementen, die mit allen Elementen von G vertauschbar sind. Er heißt* Zentrum *und wird mit $Z(G)$ bezeichnet*:

$$Z(G) = \{z \in G : zg = gz \quad \forall g \in G\}.$$

(b) *Das Zentrum $Z(G)$ ist Normalteiler von G und ist eine abelsche Gruppe. Die Sequenz*

$$\begin{array}{ccccccc} 1 \to & Z(G) \to & G & \to & \text{Inn}\, G & \to 1 \\ & & h & \mapsto & \varphi_h & \end{array}$$

ist exakt, d.h. an jeder Stelle der Sequenz stimmen das Bild der eingehenden mit dem Kern der ausgehenden Abbildung überein.

(c) *Die Faktorgruppe* Out $G =$ Aut $G/$ Inn G *heißt* äußere Automorphismengruppe *von G (*Group of Outer Automorphisms*). Es ist*

$$1 \to \text{Inn}\, G \to \text{Aut}\, G \to \text{Out}\, G \to 1$$

exakt. Für eine abelsche Gruppe A ist Inn $A = 1$, *also* Aut $A \cong$ Out A; *diese Eigenschaft ist auch hinreichend dafür, daß A abelsch ist.* □

Operation einer Gruppe auf einer Menge

10.3.4 Definition

(a) Eine (multiplikativ geschriebene) Gruppe G *operiert auf einer Menge* X, vgl. 3.3.16, wenn es eine Abbildung $X \times G \to X$, $(x, g) \mapsto x \cdot g$, gibt mit

(1) $\qquad x \cdot (g_1 g_2) = (x \cdot g_1) \cdot g_2 \quad \forall x \in X,\ g_1, g_2 \in G.$
(2) $\qquad x \cdot 1 = x \quad \forall x \in X.$

Es folgt: *Für festes $g \in G$ wird durch $x \mapsto x \cdot g$ eine Bijektion $X \to X$ gegeben mit Inversem $x \mapsto x \cdot h$, wobei $h = g^{-1} \in G$.*

(b) Durch „$x \sim y :\iff \exists g \in G\colon x \cdot g = y$" wird auf X eine Äquivalenzrelation erklärt (Beweis!). Die Äquivalenzklassen heißen *Transitivitätsgebiete*, *Orbite* oder *Bahnen*. Die Klasse $K(x)$, welche $x \in X$ enthält, heißt *Bahn* oder *Orbit* von x, die Anzahl $|K(x)|$ ihrer Elemente heißt *Länge der Bahn*. Sind je zwei Punkte aus X äquivalent, so sagen wir, daß G *transitiv auf X operiert*. Gibt es zu je zwei Punkten $x, y \in X$ genau ein $g \in G$ mit $x \cdot g = y$, so operiert G *einfach transitiv auf X*.

(c) Für $x \in X$ heißt $S_x := \{g \in G : x \cdot g = x\}$ die *Stabilitätsuntergruppe von x* oder der *Stabilisator von x*, also mit der Bezeichnung von 10.1.10: $S_x = \mathrm{Stab}_G(x)$.

Jede Gruppe operiert auf jeder Menge durch die langweilige Festsetzung $x \cdot g = x \; \forall g \in G \; \forall x \in X$. Diese Operation von G auf X heißt *triviale Operation*. Andere Beispiele haben wir schon kennengelernt, vgl. auch 10.1.10. Weitere Beispiele folgen in 10.3.6 und 10.4.

10.3.5 Satz *Die Gruppe G operiere auf der Menge X. Es sei $x \in X$ und S_x die Stabilitätsuntergruppe von x. Dann gilt:*
(a) *Für $y \in X$ ist $\{g \in G : x \cdot g = y\}$ entweder leer oder Rechtsrestklasse von G nach S_x.*
(b) *Die Punkte der Bahn von x entsprechen eindeutig den Rechtsrestklassen von S_x in G. Speziell folgt $|K(x)| = [G : S_x]$.*

B e w e i s (a) Sei $A = \{g \in G : x \cdot g = y\} \neq \emptyset$ und $g_1 \in A$. Dann gilt:

$$g \in A \iff x \cdot g = y \iff (x \cdot g) \cdot g_1^{-1} = y \cdot g_1^{-1} = x$$
$$\iff gg_1^{-1} \in S_x \iff g \in S_x g_1.$$

(b) $S_x g \mapsto x \cdot g$ ist eine Bijektion von der Menge der Rechtsrestklassen von S_x in G auf die Bahn von x. □

10.3.6 Beispiele
(a) Eine Gruppe G operiert auf sich selbst durch

$$G \times G \to G, \quad (x, g) \mapsto x \cdot g = xg;$$

dabei wird der erste Faktor und das Bild als Raum X aufgefaßt und der zweite Faktor als operierende Gruppe. Die Operation ist einfach transitiv: Zu $x, y \in G$ ist $g = x^{-1}y$ das einzige Element von G mit $xg = y$. Für jedes x ist $S_x = \{1\}$ und $K(x) = G$.

(b) Nun operiere die Gruppe auf sich durch

$$G \times G \to G, \; (x, g) \mapsto g^{-1}xg;$$

die Abbildung $x \mapsto g^{-1}xg$, $x \in G$, heißt *Konjugation mit g*. Die Elemente $g \in G$, die trivial operieren (d.h. $g^{-1}xg = x \; \forall x \in G$), bilden das *Zentrum $Z(G)$ von G*.

(c) Ist G eine Gruppe und $\mathcal{U}(G)$ die Menge aller Untergruppen von G, so operiert G auf $\mathcal{U}(G)$ durch

$$\mathcal{U}(G) \times G \to \mathcal{U}(G), \; (U, g) \mapsto g^{-1}Ug.$$

Eine Untergruppe U von G ist genau dann ein Normalteiler in G, wenn die Bahn von U aus nur einem Element besteht, d.h. die Untergruppe ist bei der obigen Operation fixiert.

Konjugierte Untergruppen und Normalisatoren

Um die Bahnen und Stabilisatoren in den Beispielen 10.3.6 (b) und (c) zu beschreiben, ist es angebracht, einige neue gruppentheoretische Konzepte einzuführen; der Klarheit wegen geschieht dies hier mit rein gruppentheoretischen Begriffen, auch wenn es sehr natürlich mittels der obigen Operationen ginge.

10.3.7 Definition Zwei *Untergruppen* U_1, U_2 von G heißen *konjugiert*, wenn ein $g \in G$ existiert mit $g^{-1} U_1 g = U_2$. Zwei *Elemente* $a, b \in G$ heißen *konjugiert*, wenn ein $g \in G$ existiert mit $g^{-1} a g = b$. Durch „Konjugiert-Sein" wird eine Äquivalenzrelation zwischen Untergruppen bzw. Elementen von G definiert. Die Äquivalenzklassen der Elemente heißen *Konjugationsklassen*.

Die beiden folgenden Sätze ergeben sich unmittelbar aus den Definitionen.

10.3.8 Satz
  (a) *Ist G eine Gruppe, U eine Untergruppe von G und $g \in G$, so ist $g^{-1} U g$ eine zu U isomorphe Untergruppe.*
  (b) *Die Bahn einer Untergruppe U unter der Operation von G aus Beispiel 10.3.6 (c) besteht aus den zu U konjugierten Untergruppen.* □

10.3.9 Satz
  (a) *Ist U Untergruppe von G, so gilt $[G : U] = [G : g^{-1} U g]$ für alle $g \in G$.*
  (b) $N \triangleleft G \iff$ *Jede zu N konjugierte Untergruppe ist gleich N.*
  (c) *Ist U Untergruppe von G, so ist $\bigcap_{g \in G} g^{-1} U g \triangleleft G$. Es ist $\bigcap_{g \in G} g^{-1} U g$ der größte Normalteiler von G, der in U enthalten ist.*
  (d) *Ist U Untergruppe von G, so ist die kleinste Untergruppe von G, die alle Konjugierten von U enthält, normal in G.* □

10.3.10 Satz *Ist $[G : U] < \infty$, so ist auch $[G : \bigcap_{g \in G} g^{-1} U g] < \infty$.*

B e w e i s Seien $g_1, \ldots, g_k$ Repräsentanten der Rechtsrestklassen von U in G. Dann ist $\bigcap_{g \in G} g^{-1} U g = \bigcap_{i=1}^{k} g_i^{-1} U g_i$, da jedes $g \in G$ die Form $u g_i$ für ein geeignetes $i \in \{1, \ldots, k\}$ und $u \in U$ hat. Der Rest der Behauptung ergibt sich aus dem folgenden Hilfssatz (vgl. 3.2.A6). □

10 Einführung in die Gruppentheorie

10.3.11 Hilfssatz *Sind U_1, U_2 Untergruppen von G und ist $[G:U_1] < \infty$, so ist $[U_2: U_1 \cap U_2] \leq [G:U_1]$.*

Beweis Sind $(U_1 \cap U_2)x$, $(U_1 \cap U_2)y$ verschiedene Rechtsrestklassen von $U_1 \cap U_2$ in U_2, also $x, y \in U_2$, so sind auch die Rechtsrestklassen $U_1 x, U_1 y$ von U_1 in G verschieden; sonst ergäbe sich

$$xy^{-1} \in U_1 \implies xy^{-1} \in U_1 \cap U_2 \implies (U_1 \cap U_2)x = (U_1 \cap U_2)y.$$

Also besitzt U_1 in G mindestens so viele Rechtsrestklassen wie $U_1 \cap U_2$ in U_2. □

10.3.12 Definition Ist g Element einer Gruppe G und U eine Untergruppe von G, so heißen

$$N(U) := \{g \in G: g^{-1}Ug = U\}$$

Normalisator von U in G und

$$Z(U) := \{h \in G : h^{-1}uh = u \quad \forall u \in U\} \quad \text{und} \quad Z(g) := \{h \in G : h^{-1}gh = g\}$$

Zentralisator von U bzw. g in G.

Der Normalisator eines Normalteilers ist die ganze Gruppe; das ist die kennzeichnende Eigenschaft für Normalteiler.

Kehren wir nun zu dem Beispiel 10.3.6 (b) zurück. Die Bahn eines Elementes $x \in G$ unter der Konjugationsoperation von G auf G besteht aus den zu x konjugierten Elementen und entspricht den Rechtsrestklassen von $Z(x)$ in G; ferner ist $Z(x)$ der Stabilisator S_x. Aus 10.3.5 und dem Index-Satz 3.2.18 folgt nun:

10.3.13 Satz *Für $g \in G$ ist $Z(g)$ Untergruppe von G. Die Anzahl der Konjugierten von g ist gleich dem Index von $Z(g)$ in G. Ist G endliche Gruppe, so ist die Anzahl der Konjugierten von $g \in G$ ein Teiler von $|G|$.* □

Analog können wir Beispiel 10.3.6 (c) neu formulieren. Es ist $S_U = N(U)$, also eine Untergruppe von G. Aus der Definition von $N(U)$ folgt $U \triangleleft N(U)$. Mehr noch: Ist $U \triangleleft K < G$, so gilt $k^{-1}Uk = U \; \forall k \in K$, also $K < N(U)$. Damit haben wir bewiesen:

10.3.14 Satz *Für eine Untergruppe U von G ist der Normalisator $N(U)$ eine Untergruppe von G, und zwar die größte, in der U Normalteiler ist. Die Anzahl der Konjugierten von U ist gleich dem Index $[G:N(U)]$. Ist $|G| < \infty$, so teilt die Anzahl der konjugierten Untergruppen die Ordnung $|G|$.* □

10.3 Fortführung der Gruppentheorie

Mit den neuen Begriffen können wir 10.3.5 ergänzen:

10.3.15 Satz *Die Gruppe G operiere auf der Menge X. Liegt y in der Bahn von x, d.h. $y \in K(x)$, so sind die Stabilisatoren S_x und S_y konjugiert.*

B e w e i s   Es gibt ein $g_1 \in G$ mit $x \cdot g_1 = y$. Es folgt:

$$g \in S_y \iff y \cdot g = y \iff x \cdot (g_1 g) = (x \cdot g_1) \cdot g = x \cdot g_1 \iff g_1 g g_1^{-1} \in S_x.$$
□

10.3.16 Die Operation von $O(n)$ auf $\mathbb{R}^n$ Die Gruppe $O(n)$ der orthogonalen $(n \times n)$-Matrizen operiert auf dem euklidischen Vektorraum $\mathbb{R}^n$. Die Bahn eines Vektors $\mathfrak{x} \in \mathbb{R}^n$ besteht aus allen Vektoren der gleichen Länge (Beweis!). Die Stabilitätsuntergruppe eines Vektors $\mathfrak{x} \neq 0$ ist isomorph zu $O(n-1)$; denn die orthogonalen Abbildungen $\mathbb{R}^n \to \mathbb{R}^n$, die $\mathfrak{x}$ festhalten, entsprechen bijektiv den orthogonalen Abbildungen des $(n-1)$-dimensionalen Lotraums $\{c\mathfrak{x} : c \in \mathbb{R}\}^\perp$. Nach 10.3.5 (b) entsprechen die Restklassen von $O(n-1)$ in $O(n)$ bijektiv den Punkten der Bahn $\{\mathfrak{x} \in \mathbb{R}^n : \|\mathfrak{x}\| = \text{const} > 0\}$, die eine $(n-1)$-dimensionale Sphäre ist. (Dieses auch topologisch: Auf der Menge der Restklassen und auf der Bahn lassen sich Topologien definieren, so daß beide Räume homöomorph werden. Dieses Beispiel wird benutzt in der Topologie, der Differentialgeometrie, der Theorie der Lieschen Gruppen u.a.) Je zwei Stabilitätsuntergruppen $S_\mathfrak{x}$, $S_\mathfrak{y}$ mit $\mathfrak{x}, \mathfrak{y} \neq 0$ sind konjugiert: Wegen $S_\mathfrak{x} = S_{a\mathfrak{x}}$ für $0 \neq a \in \mathbb{R}$ folgt das aus den Aussagen über die Bahnen und 10.3.15.

Der Normalisator $N(S_\mathfrak{x})$ einer Stabilitätsuntergruppe $S_\mathfrak{x}$ besteht aus $S_\mathfrak{x}$ und den orthogonalen Abbildungen aus $S_\mathfrak{x} g_0$, wobei $g_0 \in O(n)$ durch $g_0(\mathfrak{x}) = -\mathfrak{x}$ und $g_0|\{c\mathfrak{x} : c \in \mathbb{R}\}^\perp = $ Identität definiert ist. Es ist $N(S_\mathfrak{x}) \cong \mathbb{Z}_2 \oplus S_\mathfrak{x}$.

Zum Nachweis der letzten Behauptungen über den Normalisator dürfen wir wegen des schon Festgestellten $\mathfrak{x} = \mathfrak{e}_n = (0, \ldots, 0, 1)^t$ annehmen. Dann ist $S_\mathfrak{x}$ die Gruppe der orthogonalen Matrizen der Form $\begin{pmatrix} A & 0 \\ 0 & 1 \end{pmatrix}$. Sei nun

$$B = \begin{pmatrix} & & b_{1n} \\ & B_{n-1} & \vdots \\ b_{n1} & \cdots & b_{nn} \end{pmatrix}.$$

Ist B eine Abbildung aus $N(S_{\mathfrak{r}})$, so muß gelten

$$\begin{pmatrix} & & b_{1n} \\ & B_{n-1} & \vdots \\ b_{n1} & \cdots & b_{nn} \end{pmatrix} \begin{pmatrix} & & 0 \\ & A & \vdots \\ & & 0 \\ 0 & \cdots & 0 & 1 \end{pmatrix} = $$

$$\begin{pmatrix} & & 0 \\ & A' & \vdots \\ & & 0 \\ 0 & \cdots & 0 & 1 \end{pmatrix} \begin{pmatrix} & & b_{1n} \\ & B_{n-1} & \vdots \\ b_{n1} & \cdots & b_{nn} \end{pmatrix},$$

und zwar muß es zu jedem $A = (a_{ij}) \in O(n-1)$ ein $A' = (a'_{ij}) \in O(n-1)$ geben, das diese Gleichung erfüllt, und umgekehrt. Es folgt durch Berechnen der letzten Zeile bzw. Spalte

$$\begin{array}{rll} \sum_{j=1}^{n-1} b_{nj} a_{jk} &= b_{nk}, & k = 1, \ldots, n-1; \\ b_{in} &= \sum_{j=1}^{n-1} a'_{ij} b_{jn}, & i = 1, \ldots, n-1. \end{array}$$

Nun wählen wir $A \in O(n-1)$ so, daß in der k-ten Spalte alle Koeffizienten bis auf den i-ten verschwinden. Dann ist $a_{jk} = 0$ für $j \neq i$ und $a_{ik} = \pm 1$. Es folgt $b_{ni} a_{ik} = b_{nk}$. Da für a_{ik} beide Möglichkeiten $+1$ und -1 bestehen, muß $b_{nk} = 0$ sein. Dieser Schluß trifft für $k = 1, \ldots, n-1$ zu. Analog schließen wir für b_{in}, $i = 1, \ldots, n-1$. Also hat B die Form

$$\begin{pmatrix} & & 0 \\ & B_{n-1} & \vdots \\ & & 0 \\ 0 & \cdots & 0 & \pm 1 \end{pmatrix}.$$

Die Transformation g_0 gehört zu der Matrix

$$\begin{pmatrix} 1 & & & 0 \\ & \ddots & & \\ & & 1 & \\ 0 & & & -1 \end{pmatrix}.$$

Sie kommutiert offenbar mit allen Transformationen aus $S_{\mathfrak{e}_n}$. (Geben Sie einen Beweis mit geometrischen Schlüssen!)

Kommutatorgruppe

Nun sei noch eine wichtige Untergruppe vorgestellt, die das Hindernis gegen „Abelsch-sein" ist.

10.3.17 Definition Für Elemente g_1, g_2 einer Gruppe G heißt $g_1^{-1} g_2^{-1} g_1 g_2 = [g_1, g_2]$ *Kommutator* von g_1 und g_2. Die kleinste Untergruppe von G, die alle Kommutatoren von Elementen aus G enthält, heißt *Kommutatorgruppe* und wird mit $[G, G]$ bezeichnet. (In der Literatur ist auch die Bezeichnung G' üblich.)

Für den Kommutator von g_1 und g_2 gilt:

$$g_1 g_2 = g_2 g_1 \cdot g_1^{-1} g_2^{-1} g_1 g_2;$$

er ist also das „Hindernis" dagegen, daß g_1 und g_2 kommutieren.

10.3.18 Satz *Es ist $[G, G]$ der kleinste Normalteiler N von G, für den die Faktorgruppe G/N abelsch ist, d.h.*
(a) $G/[G, G]$ *ist abelsch;*
(b) *ist $N \triangleleft G$ und G/N abelsch, so enthält N die Kommutatorgruppe.*

B e w e i s   Nach Definition ist $[G, G]$ eine Gruppe. Für $g_1, g_2, h \in G$ gilt:

$$h^{-1} g_1^{-1} g_2^{-1} g_1 g_2 h = (h^{-1} g_1 h)^{-1} (h^{-1} g_2 h)^{-1} (h^{-1} g_1 h)(h^{-1} g_2 h).$$

Deshalb ist das Konjugierte eines Kommutators wieder ein Kommutator, und es folgt $h^{-1}[G, G]h \subset [G, G]$ $\forall h \in G$, d.h. $[G, G] \triangleleft G$. Wegen

$$g_2 g_1 = g_1 g_2 g_2^{-1} g_1^{-1} g_2 g_1 \in g_1 g_2 [G, G]$$

gilt

$$(g_2[G, G])(g_1[G, G]) = (g_1[G, G])(g_2[G, G]),$$

also ist $G/[G, G]$ abelsch.

Ist nun $N \triangleleft G$ und G/N abelsch, so ist $g_1^{-1} g_2^{-1} g_1 g_2 \in N$ $\forall g_1, g_2 \in G$; denn

$$N = g_1^{-1} N g_2^{-1} N g_1 N g_2 N = g_1^{-1} g_2^{-1} g_1 g_2 N.$$

Daraus folgt $[G, G] < N$. $\qquad \square$

Umgekehrt gilt auch

10.3.19 Satz *Ist H Untergruppe von G, $H > [G, G]$, so gilt $H \triangleleft G$, und G/H ist abelsch.* $\qquad \square$

p-Gruppen

Zum Abschluß dieses Abschnittes stellen wir noch eine spezielle Klasse von Gruppen vor.

10.3.20 Definition und Satz *Sei $p \geq 2$ eine Primzahl. Eine endliche Gruppe heißt p-Gruppe, wenn die Ordnung $|G|$ eine Potenz von p ist: $|G| = p^n$ für ein $n \geq 1$. Dann hat G ein nicht-triviales Zentrum.*

B e w e i s $K_1, \ldots, K_r$ seien die Konjugationsklassen von G. Weil sie disjunkt sind, ist $|G| = |K_1| + \ldots + |K_r|$. Eine dieser Klassen, etwa K_1, ist die Konjugationsklasse der $1 \in G$, die nur aus 1 besteht. Es folgt $|G - \{1\}| = |K_2| + \ldots + |K_r|$.

Angenommen, es ist $Z(G) = 1$. Ist $x \in K_i$ für $i > 1$, so ist $x \neq 1$ und $g^{-1}xg \neq x$ für ein $g \in G$, sonst wäre ja $x = 1$ wegen $Z(G) = 1$. Also ist $|K_i| > 1$. Aus 10.3.13 folgt $|K_i| = p^{n(i)}$, wobei $n(i) > 0$ ist. Es folgt:

$$p^n - 1 = p^{n(2)} + \ldots + p^{n(r)} \text{ mit } n(2), \ldots, n(r) > 0 \implies p | p^n - 1.$$

Wegen dieses Widerspruchs ist $|Z(G)| > 1$. □

Aufgaben

10.3.A1 Sei $G = \{\pm 1, \pm i, \pm j, \pm k\}$ eine Menge mit folgenden Multiplikationsregeln:
(1) 1 ist das neutrale Element.
(2) Die Multiplikation mit -1 bewirkt einen Vorzeichenwechsel.
(3) $i^2 = j^2 = k^2 = -1$.
(4) $i \cdot j = k$, $j \cdot k = i$, $k \cdot i = j$, $j \cdot i = -k$, $k \cdot j = -i$, $i \cdot k = -j$.

(a) Zeigen Sie, daß G bezüglich dieser Multiplikation eine Gruppe ist.

(b) Bestimmen Sie die Ordnung aller Elemente, alle Untergruppen und alle Normalteiler von G.

(c) Zeigen Sie, daß für jeden Normalteiler N in G, $1 \neq N \neq G$, entweder $G/N \cong \mathbb{Z}_2$ oder $G/N \cong \mathbb{Z}_2 \oplus \mathbb{Z}_2$ gilt.

10.3.A2 Sei G eine Gruppe, $g \in G$ und U eine Untergruppe von G. Zeigen Sie:
(a) $g^{-1}Ug < G$ und $[G : U] = [G : g^{-1}Ug]$.
(b) Ist $[G : U] < \infty$, so gibt es eine Untergruppe N von U, die in G Normalteiler mit endlichem Index ist.

10.3.A3 Sei $s_k : \mathbb{R} \to \mathbb{R}$ die Spiegelung an dem Punkt k und $t : \mathbb{R} \to \mathbb{R}$ die durch Addition von 1 beschriebene Translation. Dann ist

$$\mathbb{D}_\infty := \{t^n : n \in \mathbb{Z}\} \cup \left\{s_k : k \in \mathbb{Z} \cup \left(\mathbb{Z} + \frac{1}{2}\right)\right\}.$$

10.3 Fortführung der Gruppentheorie

die *unendliche Diedergruppe*, vgl. 10.1.18.

(a) Berechnen Sie $s_{k_1} \circ s_{k_2}$, $t^n \circ s_k$ und $s_k \circ t^n$.

(b) Setzen Sie die Zuordnungen $\tau : t \mapsto t$, $s_0 \mapsto s_{\frac{1}{2}}$ und $\sigma : t \mapsto t^{-1}$, $s_0 \mapsto s_0$ zu Endomorphismen (!) $\tau, \sigma : \mathbb{D}_\infty \to \mathbb{D}_\infty$ fort.

(c) Untersuchen Sie σ und τ auf Injektivität und Surjektivität.

(d) Für $k \in \mathbb{Z}$ sei $\sigma_k := \tau^{2k} \circ \sigma$. Berechnen Sie $\sigma_k \circ \sigma_{k'}$, $\tau^n \circ \sigma_k$, $\sigma_k \circ \tau^n$.

(e) Zeigen Sie Aut $\mathbb{D}_\infty \cong \mathbb{D}_\infty$.

(f) Bestimmen Sie die Konjugationsklassen der einzelnen Elemente von $\mathbb{D}_\infty$.

(g) Bestimmen Sie zu id, $s_0, t, \langle t \rangle, \langle t^3 \rangle, \langle t^7, s_1 \rangle, \langle t^8, s_2 \rangle, \mathbb{D}_\infty$ jeweils Zentralisator und Normalisator.
Geben Sie auch geometrische Deutungen.

10.3.A4 Sei G eine Gruppe, $N \triangleleft G$ und $\alpha \in $ Aut G. Zeigen Sie:

(a) $\alpha(N) \triangleleft G$

(b) Falls $\alpha(N) = N$, dann wird durch $\bar{\alpha} : G/N \to G/N$, $g + N \mapsto \alpha(g) + N$ ein Automorphismus $\bar{\alpha}$ von G/N induziert.

(c) $\alpha \in $ Aut G induziert einen Automorphismus von $G/[G,G]$.

10.3.A5 Sei G eine Gruppe und N ein Normalteiler von G. Weiterhin sei $H < N$ eine Untergruppe mit $\alpha(H) = H$ $\forall \alpha \in $ Aut N. Zeigen Sie, daß H ein Normalteiler in G ist.

10.3.A6

(a) Bestimmen Sie das Zentrum von $GL(n, \mathbb{R})$.

(b) Bestimmen Sie das Zentrum von $O(n)$.

(c) Sei $n > 2$ und φ die Einbettung von $O(n-1)$ nach $O(n)$ wie in 10.1.19. Bestimmen Sie den Normalisator von Bild φ in $O(n)$. Hinweis: Geometrische Vorstellungen erleichtern die Lösung.

10.3.A7 Sei $G = \{\varphi : \mathbb{R}^2 \to \mathbb{R}^2 : \varphi(\mathfrak{x}) = A \cdot \mathfrak{x} + b, A \in O(2), b \in \mathbb{R}^2\}$ die Menge der Bewegungen der euklidischen Ebene, vgl. 6.5.36 (f). Zeigen Sie:

(a) G bildet mit der Hintereinanderausführung als Verknüpfung eine Gruppe.

(b) Charakterisieren Sie Drehungen, Translationen, Spiegelungen und Gleitspiegelungen in G und zeigen Sie, daß sie nicht zueinander konjugiert sind.

(c) $T = \{\varphi \in G : \varphi(\mathfrak{x}) = \mathfrak{x} + b\}$ ist ein Normalteiler von G.

(d) Zu welcher Gruppe ist G/T isomorph? Geben Sie die Standardbezeichnung an.

(e) Bestimmen Sie $N(U)$, wobei $U = \{\varphi \in G : \varphi(\mathfrak{x}) = A \cdot \mathfrak{x}\}$.

10.4 Die Sylow-Sätze

Als Beispiel zur Übung gruppentheoretischer Schlußweisen wollen wir die sogenannten Sylow-Sätze beweisen, in denen Aussagen über die Existenz und Anzahl von Untergruppen von Primzahlpotenzordnung gemacht werden. Der hier dargestellte Beweis, der auf Wielandt zurückgeht, benutzt in starkem Maße Schlüsse, die auch in der Untersuchung von Gruppen von geometrischen Interesse gemacht werden.

Die Sylow-Sätze

Im folgenden sei G eine Gruppe der Ordnung $n = p^r m$, wobei $r \geq 1$, p eine Primzahl und $\mathrm{ggT}(m, p) = 1$ ist.

10.4.1 Hilfssatz *Der Binomialkoeffizient* $\binom{n}{p^s}$, $s \leq r$, *hat die Gestalt* $p^{r-s} m\ell$ *mit* $\ell \equiv 1 \bmod p$.

Beweis Es ist

$$\binom{n}{p^s} = \frac{n(n-1)\ldots(n-(p^s-1))}{p^s(p^s-1)\ldots(p^s-(p^s-1))} = \frac{n}{p^s}\binom{n-1}{p^s-1} =: p^{r-s} m\ell.$$

In $\ell = \prod_{i=1}^{p^s-1} \frac{p^r m - i}{p^s - i}$ setzen wir $i =: p^{q(i)} t_i$ mit $0 \leq q(i) < s$, $p \nmid t_i$ und kürzen im i-ten Faktor durch $p^{q(i)}$:

$$\ell = \prod_{i=1}^{p^s-1} \frac{m p^{r-q(i)} - t_i}{p^{s-q(i)} - t_i}.$$

Es ist $0 < s - q(i) \leq r - q(i)$. Daraus folgt durch Ausmultiplizieren

$$\ell = \frac{Ap + a}{Bp + a} \quad \text{mit} \quad a = (-1)^{p^s-1} \prod_{i=1}^{p^s-1} t_i, \quad A, B \in \mathbb{Z}.$$

Insbesondere gilt $p \nmid a$, da $p \nmid t_i$. Es folgt

$$Ap + a = Bp\ell + a\ell \implies a(\ell - 1) = p(A - \ell B) \implies p \mid a(\ell - 1) \implies p \mid \ell - 1,$$

d.h. $\ell \equiv 1 \bmod p$. □

10.4.2 1. Sylow-Satz *Sei G eine Gruppe, $|G| = p^r m$, p prim und $\gcd T(p,m) = 1$. Zu jedem s, $0 \le s \le r$, besitzt G mindestens eine Untergruppe der Ordnung p^s. Für die Anzahl k der Untergruppen der Ordnung p^s gilt $k \equiv 1 \bmod p$.*

B e w e i s   Der Beweis erfolgt mit Hilfe von fünf kleinen Hilfssätzen, die mit (i) bis (v) bezeichnet sind. Sei $\mathcal{X} := \{T \subset G : |T| = p^s\}$ das System aller Teilmengen von G, die p^s Elemente enthalten. Auf $\mathcal{X}$ operiert G durch $(T,g) \mapsto Tg$.

(i) Lemma *Es ist $|\mathcal{X}| = \binom{n}{p^s}$. Nicht jede Bahn der Operation von G auf $\mathcal{X}$ hat eine durch p^{r-s+1} teilbare Länge.*

Denn $|\mathcal{X}| = \sum_i |\mathcal{K}_i|$, wobei $\mathcal{K}_i$ die Bahnen der Operation von G auf $\mathcal{X}$ sind. Nach 10.4.1 ist $|\mathcal{X}|$ nicht durch p^{r-s+1} teilbar, also auch mindestens ein $|\mathcal{K}_i|$ nicht.

(ii) Lemma *Die Stabilitätsgruppe S_T eines jeden $T \in \mathcal{X}$ enthält höchstens p^s Elemente, d.h. $|S_T| \le p^s$.*

Für $t \in T$, $x \in S_T$ ist nämlich $tx \in T$. Daraus ergibt sich $tS_T \subset T$, ferner $|S_T| = |tS_T| \le |T| = p^s$.

(iii) Lemma *Es sei $\mathcal{K}$ eine Bahn, so daß $p^{r-s+1} \nmid |\mathcal{K}|$. Für $T \in \mathcal{K}$ gilt $|S_T| \ge p^s$.*

Es ist nämlich $p^r m = n = |S_T|[G : S_T] = |S_T||\mathcal{K}|$.

Nun folgt aus (i), (ii), (iii), *daß G eine Untergruppe der Ordnung p^s enthält.* Sei $\mathcal{Y}$ die Menge aller Rechtsrestklassen von allen Untergruppen der Ordnung p^s.

(iv) Lemma *Es ist $\mathcal{Y} \subset \mathcal{X}$ und $|\mathcal{Y}| = p^{r-s} \cdot m \cdot k$.*

Es gibt nämlich $p^{r-s}m$ Rechtsrestklassen zu jeder der k Untergruppen der Ordnung p^s. Zwei Restklassen stimmen höchstens dann überein, wenn zu ihnen dieselbe Untergruppe gehört; denn

$$U_1 g_1 = U_2 g_2 \implies g_1 \in U_2 g_2 \implies U_2 g_1 = U_2 g_2 = U_1 g_1 \implies U_2 = U_1.$$

Insgesamt gibt es also $p^{r-s} \cdot m \cdot k$ Rechtsrestklassen.

(v) Lemma *Die Bahn von $T \in \mathcal{X}$ hat eine nicht durch p^{r-s+1} teilbare Länge. $\iff T \in \mathcal{Y}$.*

„⇐=": Die Stabilitätsgruppe S_T von T ist konjugiert zu der Untergruppe, zu der T eine Rechtsrestklasse ist. Nach 10.3.5 ist die Länge der Bahn von T gleich $n/p^s = p^{r-s}m$.

„=⇒": Aus (ii) und (iii) folgt $|S_T| = p^s$. Für $t \in T$ gilt $tS_T \subset T$, also wegen $|S_T| = p^s = |T|$ ist $T = tS_T = tS_T t^{-1} \cdot t$, d.h. $T \in \mathcal{Y}$.

Nun folgt aus $|\mathcal{X}| = \binom{n}{p^s} = p^{r-s} \cdot m \cdot \ell$ mit $\ell \equiv 1 \bmod p$ (vgl. 10.4.1), $|\mathcal{Y}| = p^{r-s} \cdot m \cdot k$ (vgl. (iv)) und aus (v), daß es in $\mathcal{X}$ genau $p^{r-s}m(\ell-k)$ Elemente gibt, deren Bahnen eine durch p^{r-s+1} teilbare Länge haben. Die Gesamtanzahl dieser Elemente ist ebenfalls durch p^{r-s+1} teilbar, also:

$$p^{r-s+1} | p^{r-s}m(\ell-k) \implies p | \ell - k.$$

Da nach 10.4.1 $\ell \equiv 1 \bmod p$ gilt, ist $k \equiv 1 \bmod p$. □

Eine Gruppe der Ordnung n braucht i.a. nicht zu jedem Teiler d von n eine Untergruppe der Ordnung d zu besitzen. So enthält die alternierende Gruppe A_4 keine Untergruppe der Ordnung 6, obgleich $|A_4| = 12$. Wie der 1. Sylow-Satz aussagt, ist das anders bei Potenzen von Primzahlen. Insbesondere gibt es Untergruppen der Ordnung p^r.

10.4.3 Definition Die Untergruppen der Ordnung p^r, p prim, von G heißen *p-Sylowgruppen* von G. Dabei ist $|G| = n = p^r m$ mit $\mathrm{ggT}(m,p) = 1$.

Es entsteht die Frage, wie sich die p-Untergruppen zueinander verhalten. Eine Antwort gibt der

10.4.4 2. Sylow-Satz *Sei G eine Gruppe, $|G| = p^r m$, $(p,m) = 1$, p prim, U eine Untergruppe von G der Ordnung p^s, $0 \le s \le r$, und V eine p-Sylowgruppe von G. Dann ist U in einer zu V konjugierten Sylowgruppe enthalten. Insbesondere sind je zwei p-Sylowgruppen zueinander konjugiert.*

B e w e i s Es sei $\mathcal{Z}$ die Menge aller Rechtsrestklassen zu V, und es operiere U auf $\mathcal{Z}$ durch $(T,u) \mapsto Tu$, $u \in U$, $T \in \mathcal{Z}$. In $\mathcal{Z}$ liegen $[G:V] = m$ Elemente. Wegen $p \nmid m$ gibt es eine Bahn, deren Länge nicht durch p teilbar ist. Andererseits teilt die Länge jeder Bahn die Ordnung p^s der Gruppe U, und deshalb muß die Länge der obigen Bahn gleich 1 sein. Also gibt es ein $g \in G$ mit $Vgu = Vg$ $\forall u \in U$. Es folgt

$$u \in g^{-1}Vg \quad \forall u \in U \implies U < g^{-1}Vg.$$ □

10.4.5 Korollar *Für die Anzahl k der p-Sylowgruppen von G gilt $k | m$.*

Beweis Aus dem 2. Sylow-Satz und 10.3.14 folgt $k = [G : N(V)]$; dabei ist $N(V)$ der Normalisator von V. Also gilt $k | p^r m$ und, da nach dem 1. Sylow-Satz $k \equiv 1 \bmod p$ ist, folgt $k|m$. □

Eine Anwendung der Sylow-Sätze

Es seien p, q Primzahlen, $1 < p \leq q$. Ferner sei G eine Gruppe der Ordnung pq. Wir möchten die Gruppen dieser Ordnung bis auf Isomorphie bestimmen.

10.4.6 Satz *Ist $|G| = p^2$, so ist G abelsch.*

Beweis Jetzt ist G eine p-Gruppe und nach 10.3.20 ist das Zentrum $Z(G)$ von G nicht-trivial. Also gilt $|Z(G)| = p$ oder $|Z(G)| = p^2$. In jedem Fall ist $G/Z(G)$ zyklisch und daraus ergibt sich, daß G abelsch ist: Es repräsentiere $x \in G$ eine Erzeugende von $G/Z(G)$. Für $g_1, g_2 \in G$ ist $g_1 = x^\alpha z_1$, $g_2 = x^\beta z_2$ für geeignete $\alpha, \beta \in \mathbb{Z}$, $z_i \in Z(G)$, und es folgt

$$g_1 g_2 = x^\alpha z_1 x^\beta z_2 = x^{\alpha+\beta} z_1 z_2 = x^\beta z_2 x^\alpha z_1 = g_2 g_1.$$ □

Aus 10.2.24 folgt direkt

10.4.7 Satz *Ist $|G| = p \cdot q$ und ist G abelsch, so gilt:*
(a) $G \cong \mathbb{Z}_{pq}$ *für $p \neq q$;*
(b) $G \cong \mathbb{Z}_p \oplus \mathbb{Z}_p$ *oder* $G \cong \mathbb{Z}_{p^2}$ *für $p = q$.*

Im folgenden sei nun $p < q$ vorausgesetzt.

10.4.8 Satz *In G gibt es einen Normalteiler N mit $|N| = q$.*

Beweis Sei k die Anzahl der q-Sylowgruppen von G. Nach dem 1. Sylow-Satz 10.4.2 gilt $k \equiv 1 \bmod q$ und aus dem Korollar 10.4.5 zum 2. Sylow-Satz ergibt sich $k|p$. Also gilt $k = 1$, und damit folgt die Behauptung. □

10.4.9 *Gilt $p \nmid q - 1$, so ist G abelsch.*

Beweis Es bezeichne h die Anzahl der p-Sylowgruppen von G. Analog zum Beweis von 10.4.8 gilt:

$$h \equiv 1 \bmod p \implies h = sp + 1 \implies h = 1 \text{ oder } h = q, \text{ da nach 10.4.5 } h|q.$$

10 Einführung in die Gruppentheorie

Ist $h = 1$, so folgt $G = \langle V_q, V_p \rangle$, wobei V_q bzw. V_p die eindeutig bestimmte q-Potenz bzw. p-Sylowgruppe von G ist. Da $q > p$, folgt $V_q \cap V_p = 1$, und V_p, V_q sind Normalteiler von G. Nach 10.1.23 ist $G \cong V_q \oplus V_p$. Da $|V_q|$ ein q-Potenz, $|V_p|$ eine p-Potenz ist und $|G| = pq$, folgt $V_q \cong \mathbb{Z}_q$ und $V_p \cong \mathbb{Z}_p$ und damit $G \cong \mathbb{Z}_p \oplus \mathbb{Z}_q \cong \mathbb{Z}_{p\cdot q}$. Also ist G abelsch.

Ist G nicht abelsch, so muß $h = q$ sein, also

$$h = q = sp + 1 \implies q - 1 = sp \implies p | q - 1.$$ □

10.4.10 Hilfssatz *Ist G nicht abelsch, so gibt es Elemente $v, w \in G$ mit $v^q = 1 = w^p$, so daß jedes Element $g \in G$ eine eindeutige Darstellung $g = v^a w^b$ mit $0 \le a < q$, $0 \le b < p$ besitzt.*

B e w e i s Sei $\mathbb{Z}_q \cong N$ der nach 10.4.8 existierende Normalteiler der Ordnung q in G. Sei v eine Erzeugende von N. Dann gilt $v^q = 1$.

Es gilt $G/N \cong \mathbb{Z}_p$. Sei $\bar{w}$ eine Erzeugende von G/N und w bezeichne einen Restklassenvertreter von $\bar{w}$. Wegen $\bar{w}^p = \bar{1}$ folgt $w^p \in N$. Da G nicht abelsch ist, gibt es in G kein Element der Ordnung $p \cdot q$; denn sonst wäre $G \cong \mathbb{Z}_{pq}$. Wäre aber $w^p \ne 1$, so hätte w die Ordnung $p \cdot q$ (Beweis!). Also gilt $w^p = 1$. Es ist $\{N, Nw, \ldots, Nw^{p-1}\}$ die Zerlegung von G in Restklassen bezüglich N. Für $g \in G$ gilt $g \in Nw^b$, $0 \le b < p$, d.h. $g = v^a w^b$, und a, b sind $\bmod q$ bzw. p eindeutig bestimmt. □

10.4.11 *Ist G nicht abelsch, so gibt es Erzeugende $v, w \in G$, die die Gleichungen*

(1) $$v^q = 1, \; w^p = 1, \; w^{-1}vw = v^c$$

erfüllen. Dabei ist c mit $1 < c < q$ die kleinste Zahl mit $c^p \equiv 1 \bmod q$.

B e w e i s Aus 10.4.10 folgt die Existenz der Erzeugenden v, w, die die ersten beiden Gleichungen erfüllen. Weil $N = \langle v \rangle$ ein Normalteiler in G ist, gilt $w^{-1}vw = v^d$. Da G nicht abelsch ist, kann $1 < d < q$ vorausgesetzt werden. Daraus folgt $w^{-i}vw^i = v^{d^i}$ und, da $w^{-i}vw^i \ne v$ für $0 < i < p$, gilt auch:

$$d^i \equiv d^j \bmod q, \; 1 \le i, j \le p \iff i = j.$$

Wegen $w^p = 1$ muß dann $w^{-pi}vw^{pi} = v^{d^{pi}} = v$ gelten, also $(d^i)^p \equiv 1 \bmod q$. Für $1 \le i \le p$ ist d^i also in $\mathbb{Z}_q$ Nullstelle des Polynoms $x^p - 1$, und wir erhalten p verschiedene Nullstellen als Potenzen von $d \bmod q$, also alle. Sei c die kleinste Zahl $1 < c < q$, die eine Kongruenz $c \equiv d^j \bmod q$ erfüllt. Wir wählen nun als neue Erzeugende w das alte w^j. Dann gilt für das neue w neben der zweiten Gleichung auch die gewünschte Bedingung für c. □

10.4.12 *Je zwei nicht-abelsche Gruppen der Ordnung pq sind isomorph.*

Beweis Ist $x = v^a w^b$ und $y = v^{a'} w^{b'}$ mit $0 \leq b, b' < p$, so folgt aus $w^{-1} v w = v^c$:

(2) $\qquad xy = v^a w^b v^{a'} w^{b'} = v^a (w^b v^{a'} w^{-b}) w^{b+b'} = v^{a+a' c^{p-b}} w^{b+b'}.$

Die Regeln (1) legen also die Produktbildung in G fest. Sind zwei Gruppen G, G' der Ordnung pq mit Erzeugenden v, w bzw. v', w', die beide den Gleichungen aus (1) genügen, gegeben, so wird durch $v \mapsto v'$ und $w \mapsto w'$ ein Isomorphismus definiert. □

10.4.13 *Sind $p, q \geq 2$ Primzahlen und gilt $p | q - 1$, so gibt es eine nicht-kommutative Gruppe der Ordnung pq.*

Beweis Wir nehmen Symbole v, w und setzen $G = \{v^a w^b : 0 \leq a < q, 0 \leq b < p\}$. Hier werden auch die $v^a w^b$ als Symbole aufgefaßt. Die multiplikative Gruppe von $\mathbb{Z}_q - \{0\} = \{1, 2, \ldots, q-1\}$ hat die Ordnung $q - 1$. Da $p | q - 1$, gibt es wegen des 1. Sylow-Satzes ein Element c der Ordnung p, d.h. $c^p \equiv 1 \bmod q$. Nun rechnen wir mit den Paaren gemäß (2) aus 10.4.12 und reduzieren die Exponenten von $v \bmod q$ und die von $w \bmod p$. Es entsteht eine Gruppe. (Nachrechnen!) □

Vergleichen Sie hierzu auch den folgenden Spezialfall.

Diedergruppen

10.4.14 Definition Sei C_n das reguläre n-Eck in der euklidischen Ebene mit dem Nullpunkt als Zentrum und den Ecken $p_k = (\cos 2\pi k/n, \sin 2\pi k/n)$, $k = 0, \ldots, n-1$. Die Gruppe $\mathbb{D}_n$ der Bewegungen der euklidischen Ebene, welche C_n in sich abbilden, heißt die *n-te Diedergruppe*. Speziell ist $\mathbb{D}_3 \cong S_3$. Vgl. Abb. 10.4.1.

10 Einführung in die Gruppentheorie

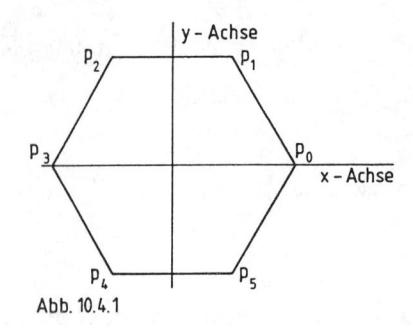

Abb. 10.4.1

Sei u die Drehung um den Winkel $2\pi/n$, ferner v die Spiegelung an der x-Achse. Dann gilt:

(a) $u, v \in D_n$;

(b) $u^n = 1, v^2 = 1, v \cdot u = u^{-1} \cdot v$.

(a) ist klar; verdeutlichen Sie sich (b). Sei nun $w \in \mathbb{D}_n$. Ist $w(p_0) = p_k$, so gilt: $(u^{-k} \cdot w)(p_0) = p_0$. Ist auch $(u^{-k} \cdot w)(p_1) = p_1$, so läßt die Bewegung $u^{-k} \cdot w$ die drei Punkte $0, p_0, p_1$, die nicht auf einer Geraden liegen, fest, und es folgt $u^{-k} \cdot w = \mathrm{id}$. Sonst ist

$$(u^{-k} \cdot w)(p_1) = p_{n-1} = v(p_1)$$

und es folgt $v^{-1} u^{-k} w = \mathrm{id}$. Also:

(c) *Die Diedergruppe $\mathbb{D}_n$ wird von u und v erzeugt.*

Genauer: es läßt sich jedes Element in der Form $v^\ell u^k$ mit $0 \le k < n$, $0 \le \ell < 2$ darstellen. Sei nun $v^\ell u^k = v^{\ell'} u^{k'}$. Dann ist

$$p_{n-k} = u^{-k}(p_0) = u^{-k} v^{-\ell}(p_0) = u^{-k'} v^{-\ell'}(p_0) = u^{-k'}(p_0) = p_{n-k'},$$

also $k \equiv k' \bmod n$ und $v^\ell = v^{\ell'}$. Es folgt $\ell \equiv \ell' \bmod 2$. Damit haben wir

(d) $\qquad v^\ell u^k = v^{\ell'} u^{k'} \iff k \equiv k' \bmod n,\ \ell \equiv \ell' \bmod 2.$

Also hat die Diedergruppe $\mathbb{D}_n$ die Ordnung $|\mathbb{D}_n| = 2n$.

Für $n \ge 3$ ist $\mathbb{D}_n$ nicht abelsch. Wenn n eine Primzahl $p > 2$ ist, so ist $\mathbb{D}_p$ die „einzige" nicht-kommutative Gruppe der Ordnung $2p$, vgl. 10.4.12-13.

Eine andere Darstellung für $\mathbb{D}_n$ ist die folgende: Sei S_n die n-te Permutationsgruppe und sei

$$\mu = \begin{pmatrix} 1 & 2 & \ldots & n-1 & n \\ 2 & 3 & \ldots & n & 1 \end{pmatrix} \text{ und } \nu = \begin{pmatrix} 1 & 2 & \ldots & n-1 & n \\ n-1 & n-2 & \ldots & 1 & n \end{pmatrix}.$$

Dann wird durch $u \mapsto \mu$ und $v \mapsto \nu$ ein Isomorphismus von $\mathbb{D}_n$ auf die von μ und ν erzeugte Untergruppe von S_n gegeben.

Aufgaben

10.4.A1 Eine Gruppe G der Ordnung 30 besitzt einen nicht-trivialen Normalteiler.

10.4.A2 Beweisen oder widerlegen Sie:

(a) Jede Untergruppe von $\mathbb{Z} \oplus \mathbb{Z}$ ist von der Form $U_1 \oplus U_2$ für gewisse Untergruppen $U_1, U_2 < \mathbb{Z}$.

(b) Es gibt zwei nicht-isomorphe Gruppen der Ordnung 15.

(c) Jede Gruppe der Ordnung 40 besitzt einen Normalteiler der Ordnung 5.

(d) Sei G eine p-Gruppe. Die Gruppe der inneren Automorphismen von G operiert auf G mit nicht-trivialen Fixpunkten.

10.4.A3 Eine Gruppe G mit $|G| = p \cdot q \cdot r$ und $p < q < r$ prim besitzt einen nicht-trivialen Normalteiler.
Hinweis: Überlegen Sie sich, wie groß die Ordnung von G sein müßte, wenn es für jedes $i \in \{p, q, r\}$ mehr als eine i-Sylow-Untergruppe gäbe.

10.4.A4 Betrachten Sie die 6-te Diedergruppe $\mathbb{D}_6$, vgl. 10.4.14. Sei u die Drehung um den Winkel $\pi/3$ und v die Spiegelung an der x-Achse.

(a) Bestimmen Sie die Konjugationsklassen der einzelnen Elemente von $\mathbb{D}_6$.

(b) Bestimmen Sie zu id, u, v, $\langle u \rangle$, $\langle u^3 \rangle$, $\langle u^2, v \rangle$, $\mathbb{D}_6$ jeweils Zentralisator und Normalisator ($\langle x \rangle$ bezeichnet wieder die von x erzeugte Untergruppe).

(c) Untersuchen Sie analog die Konjugationsklassen und Zentralisatoren der unter (b) genannten Elemente und Gruppen in der Gruppe aller orthogonalen Abbildungen der euklidischen Ebene.

10.4.A5 Ist G eine p-Gruppe mit $|G| = p^3$, p prim, und $Z(G)$ das Zentrum von G, so ist $G/Z(G)$ abelsch.

11 Affine Geometrie

In früheren Abschnitten, nämlich in 4.7, 6.4 und 6.5, hatten wir affine und euklidische Räume eingeführt und ihre wichtigsten linearen Eigenschaften nachgewiesen. In diesem Kapitel beschäftigen wir uns mit quadratischen Gebilden, d.h. Punktmengen, die durch eine quadratische Gleichung in den Koordinaten beschrieben werden. Darunter fallen z.B. Kreise. Wir werden in 11.1 alle Typen angeben, stellen die vollständige Klassifikation allerdings zurück, bis wir zur Vereinfachung Hilfsmittel der projektiven Geometrie bereitgestellt haben. In 11.2–5 behandeln wir die quadratischen Gebilde im $\mathbb{R}^2$, die Kegelschnitte, detaillierter. An dieser Stelle sei das Buch von W. Blaschke „Analytische Geometrie" besonders empfohlen, ist es doch voll an Aussagen zur Geometrie der Kegelschnitte und Hyperflächen des $\mathbb{R}^3$; ebenfalls sei das Buch von M. Berger „Geometry I" genannt.

Die Theorie quadratischer Gleichungen wird auch für beliebige Körper behandelt. Wir beschränken uns auf $\mathbb{R}$ und behandeln nur gelegentlich quadratische Formen über $\mathbb{C}$. Dafür stellen wir geometrische Gesichtspunkte in den Vordergrund.

11.1 Hyperflächen 2. Ordnung

11.1.1 Problemstellung Sei E ein n-dimensionaler euklidischer Raum ($n \in \mathbb{N}$, $n \geq 2$) mit zugrundeliegendem Vektorraum V und $(p_0, \ldots, p_n)$ ein cartesisches Koordinatensystem. Die Lösungen linearer Gleichungssysteme sind die euklidischen Teilräume von E. Jetzt interessieren wir uns für die Lösungen „quadratischer Gleichungen" der Form

$$\sum_{i,j=1}^{n} \alpha_{ij} x_i x_j + \sum_{i=1}^{n} \beta_i x_i + \gamma = 0 \quad \text{mit } \alpha_{ij}, \beta_i, \gamma \in \mathbb{R}.$$

Ersetzen wir α_{ij} durch $a_{ij} = \frac{\alpha_{ij} + \alpha_{ji}}{2}$, so ändert sich die Gleichung nicht, aber wir haben $a_{ij} = a_{ji}$ erreicht. Ferner ist es zweckmäßig, $b_j = \frac{\beta_j}{2}$ zu setzen. Also betrachten wir Gleichungen der Form

$$(*) \quad \sum_{i,j=1}^{n} a_{ij} x_i x_j + 2 \sum_{i=1}^{n} b_i x_i + c = 0 \quad \text{mit } a_{ij}, b_i, c \in \mathbb{R} \text{ und } a_{ij} = a_{ji},$$

oder mit $A = (a_{ij})$, $\mathfrak{x} = (x_1, \ldots, x_n)^t$ und $b = (b_1, \ldots, b_n)^t$ in Matrizenschreibweise:

$$(*) \quad \mathfrak{x}^t A \mathfrak{x} + 2 b^t \mathfrak{x} + c = 0.$$

11.1 Hyperflächen 2. Ordnung

11.1.2 Definition Die Menge $Q \subset E$ aller Punkte, deren Koordinaten eine Gleichung der Form (∗) mit $A \neq 0$ erfüllen, heißt eine *Hyperfläche* 2. *Ordnung* oder *Quadrik* oder *quadratisches Gebilde*.

Wie viele Hyperflächen gibt es? Welche geometrischen Eigenschaften haben sie? Die Antwort hängt davon ab, welche Geometrie zugrunde liegt. Wir werden die Hyperflächen zuerst im Sinn der euklidischen Geometrie, dann im Sinn der affinen Geometrie untersuchen.

Hauptachsentransformation

Der Übergang von $(p_0, \ldots, p_n)$ zu einem zweiten cartesischen Koordinatensystem $(p'_0, \ldots, p'_n)$ wird durch einen Koordinatenwechsel $\mathfrak{x} = \mathfrak{t} + T\mathfrak{x}'$ beschrieben, wo T eine orthogonale Matrix ist, d.h. $T^{-1} = T^t$, vgl. 4.7.23 und 6.2.8. Im Fall $\mathfrak{t} = 0$ ergibt sich durch Einsetzen von $\mathfrak{x} = T\mathfrak{x}'$ in (∗):

11.1.3 $$\mathfrak{x}'^t(T^tAT)\mathfrak{x}' + 2(b^tT)\mathfrak{x}' + c = 0$$

Wir wählen T so, daß T^tAT möglichst einfach wird. Die Eigenwerte $\lambda_1, \ldots, \lambda_n$ von A sind reell, weil A symmetrisch ist, vgl. 7.3.6. Sei $\mathfrak{t}_1, \ldots, \mathfrak{t}_n \in \mathbb{R}^n$ ein orthonormiertes System von Eigenvektoren, vgl. 7.3.4. Dann gilt:

$$T = \begin{pmatrix} | & & | \\ \mathfrak{t}_1 & \cdots & \mathfrak{t}_n \\ | & & | \end{pmatrix} \implies T^tAT = \begin{pmatrix} \lambda_1 & & 0 \\ & \ddots & \\ 0 & & \lambda_n \end{pmatrix},$$

und T ist orthogonal, vgl. 7.3.5. Nun wird (∗) zu:

$$\lambda_1 {x'_1}^2 + \ldots + \lambda_n {x'_n}^2 + 2b'_1 x'_1 + \ldots + 2b'_n x'_n + c = 0$$

für gewisse $b'_1, \ldots, b'_n$. Die Eigenwerte seien so numeriert, daß $\lambda_1, \ldots, \lambda_r \neq 0$ und $\lambda_{r+1} = \ldots = \lambda_n = 0$ für ein r mit $1 \leq r \leq n$. Es ist $r = \text{Rang } A > 0$. Dann können wir die letzte Gleichung in der Form

11.1.4 $\lambda_1(x'_1 + \dfrac{b'_1}{\lambda_1})^2 + \ldots + \lambda_r(x'_r + \dfrac{b'_r}{\lambda_r})^2 + 2b'_{r+1}x'_{r+1} + \ldots + 2b'_n x'_n + c' = 0$

für ein $c' \in \mathbb{R}$ schreiben.

11.1.5 Hilfssatz *Es gibt ein cartesisches Koordinatensystem* $(p_0'', \ldots, p_n'')$ *mit*
(a) $x_j'' = x_j' + \frac{b_j'}{\lambda_j}$ *für* $j = 1, \ldots, r$, *und, falls* $r < n$,
(b) $ax_{r+1}'' = 2b_{r+1}' x_{r+1}' + \ldots + 2b_n' x_n'$ *für ein* $a \in \mathbb{R}$.

B e w e i s   Wir wählen zuerst $p_0'', \ldots, p_r''$ in $(p_0', \ldots, p_n')$ so, daß (a) gilt; hier handelt es sich um eine Translation des Koordinatensystems. Im Fall $b_{r+1}' = \ldots = b_n' = 0$ gilt (b) mit $a = 0$ bei jeder Wahl von $p_{r+1}'', \ldots, p_n''$. Andernfalls ist

$$2b_{r+1}' \overrightarrow{p_0' p_{r+1}'} + \ldots + 2b_n' \overrightarrow{p_0' p_{r+1}'} = \mathfrak{r} \neq 0$$

ein zu $\overrightarrow{p_0' p_i'}$, $i = 1, \ldots, r$, orthogonaler Vektor, und wir definieren p_{r+1}'' durch $\overrightarrow{p_0'' p_{r+1}''} = \frac{\mathfrak{r}}{\|\mathfrak{r}\|}$ und wählen $p_{r+2}'', \ldots, p_n''$ beliebig, jedoch so, daß ein cartesisches Koordinatensystem entsteht. □

Aus 11.1.5 folgt

11.1.6 $$\lambda_1 x_1''^2 + \ldots + \lambda_r x_r''^2 + ax_{r+1}'' + c' = 0.$$

Im Fall $a = 0$, $c' \neq 0$ teilen wir durch $-c'$ und erhalten

11.1.7 (a) $$a_1 x_1''^2 + \ldots + a_r x_r''^2 = 1$$

für gewisse $a_1, \ldots, a_r$.
Im Fall $a \neq 0$ teilen wir durch a und führen durch $x_i''' = x_i''$ für $i \neq r+1$, $x_{r+1}''' = x_{r+1}'' + \frac{c'}{a}$ neue cartesische Koordinaten ein

11.1.7 (b) $$a_1 x_1'''^2 + \ldots + a_r x_r'''^2 = -x_{r+1}'''.$$

Im Fall $a = c = 0$ hat 11.1.6 die Form

11.1.7 (c) $$a_1 x_1''^2 + \ldots + a_r x_r''^2 = 0.$$

Wir numerieren in 11.1.7 (a–c) die Koordinaten so, daß $a_1, \ldots, a_d > 0$ und $a_{d+1}, \ldots, a_r < 0$, $0 \leq d \leq r$, ist. Mit

$$c_i = \sqrt{\frac{1}{a_i}} \quad \text{für } 1 \leq i \leq d, \quad c_i = \sqrt{\frac{1}{-a_i}} \quad \text{für } d < i \leq r,$$

wird die linke Seite von 11.1.7 (a–c) zu

$$\frac{x_1''^2}{c_1^2} + \ldots + \frac{x_d''^2}{c_d^2} - \frac{x_{d+1}''^2}{c_{d+1}^2} - \ldots - \frac{x_r''^2}{c_r^2}$$

(drei Striche im Fall (b)). Im Fall 11.1.7 (c) können wir $r-d \leq d$ annehmen: Wir multiplizieren die Gleichung mit -1. Ebenso gehen wir im Fall 11.1.7 (b) vor, indem wir erst die Gleichung mit -1 multiplizieren und dann durch $x_i^{iv} = x_i'''$ für $i \neq r+1$, $x_{r+1}^{iv} = -x_{r+1}'''$ neue cartesische Koordinaten einführen. Damit ist bewiesen:

11.1.8 Satz und Definition *Zu jeder Hyperfläche $Q \subset E$ gibt es ein cartesisches Koordinatensystem $(p_0, \ldots, p_n)$, in dem Q durch eine der Gleichungen des folgenden Typs (Normalform) beschrieben wird:*

(I) $\quad \dfrac{x_1^2}{c_1^2} + \ldots + \dfrac{x_d^2}{c_d^2} - \dfrac{x_{d+1}^2}{c_{d+1}^2} - \ldots - \dfrac{x_r^2}{c_r^2} = 1,$

(II) $\quad \dfrac{x_1^2}{c_1^2} + \ldots + \dfrac{x_d^2}{c_d^2} - \dfrac{x_{d+1}^2}{c_{d+1}^2} - \ldots - \dfrac{x_r^2}{c_r^2} = -x_{r+1} \quad$ mit $r - d \leq d,$

(III) $\quad \dfrac{x_1^2}{c_1^2} + \ldots + \dfrac{x_d^2}{c_d^2} - \dfrac{x_{d+1}^2}{c_{d+1}^2} - \ldots - \dfrac{x_r^2}{c_r^2} = 0 \qquad$ mit $r - d \leq d.$

Dabei ist $1 \leq r \leq n$ bzw. $r \leq n-1$ im Fall (II) und $0 \leq d \leq r$. Die Koordinatenachsen dieses Systems heißen Hauptachsen *von Q.* □

Das Koordinatensystem ist i.a. nicht eindeutig bestimmt, wie das Beispiel des Kreises in der euklidischen Ebene zeigt.

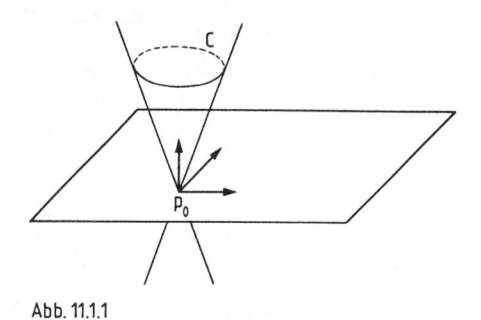

Abb. 11.1.1

Kegelschnitte und Flächen 2. Ordnung

Das allgemeine Resultat 11.1.8 soll als nächstes in den Dimensionen 2 und 3 durch Beschreibung der auftretenden Fälle veranschaulicht werden.

11.1.9 Beispiel $n = 2$ Die Hyperflächen einer euklidischen Ebene heißen *Kegelschnitte*. Wir können sie wie folgt konstruieren, vgl. Abb. 11.1.1: Wir nehmen einen Kreis $\mathcal{C} \subset \mathbb{R}^3$ und einen Punkt $p_0 \in \mathbb{R}^3$, der nicht in der $\mathcal{C}$ enthaltenden Ebene liegt. Dann heißt die Menge $\mathcal{K}$ der Punkte, die auf einer Geraden durch p_0 und einen Punkt $q \in \mathcal{C}$ liegen, *(Doppel-)Kegel*. Durch Einführen geeigneter euklidischer Koordinaten können wir $\mathcal{K}$ beschreiben durch

$$\mathcal{K} = \{x \in \mathbb{R}^3 : \overrightarrow{p_0 x} = \lambda(r\cos\varphi, r\sin\varphi, 1);\ \lambda \in \mathbb{R},\ r > 0,\ 0 \leq \varphi < 2\pi\}.$$

Typ	(r,d)	Gleichung	Bezeichnung	Bild
I	$(1,0)$	$-\frac{x_1^2}{c_1^2} = 1$	leere Menge	
I	$(1,1)$	$\frac{x_1^2}{c_1^2} = 1\quad x_1 = \pm c_1$	2 parallele Geraden	
I	$(2,0)$	$-\frac{x_1^2}{c_1^2} - \frac{x_2^2}{c_2^2} = 1$	leere Menge	
I	$(2,1)$	$\frac{x_1^2}{c_1^2} - \frac{x_2^2}{c_2^2} = 1$	Hyperbel	
I	$(2,2)$	$\frac{x_1^2}{c_1^2} + \frac{x_2^2}{c_2^2} = 1$	Ellipse (Kreis für $c_1 = c_2$)	
II	$(1,1)$	$\frac{x_1^2}{c_1^2} = -x_2$	Parabel	
III	$(1,1)$	$\frac{x_1^2}{c_1^2} = 0 \iff x_1 = 0$	Gerade	
III	$(2,1)$	$\frac{x_1^2}{c_1^2} - \frac{x_2^2}{c_2^2} = 0 \iff c_2 x_1 = \pm c_1 x_2$	2 sich schneidende Geraden	
III	$(2,2)$	$\frac{x_1^2}{c_1^2} + \frac{x_2^2}{c_2^2} = 0 \iff x_1 = x_2 = 0$	ein Punkt	

Tabelle der Kegelschnitte — 11.1.1

Die Kegelschnitte entstehen, indem $\mathcal{K}$ mit einer Ebene geschnitten wird. Die Normalformen der Kegelschnitte gemäß 11.1.8 sind in Tabelle 11.1.1 beigefügt. Das ist unser früheres Resultat aus 1.1.7.

11.1.10 Beispiel $n = 3$ Die Hyperflächen eines 3-dimensionalen euklidischen Raumes heißen *Flächen 2. Ordnung*. Auf einige ihrer geometrischen Eigenschaften gehen wir später ein. Zunächst stellen wir sie geordnet nach (Typ, r,d) in Tabelle 11.1.2 zusammen.

(I,1,0) $\quad -\frac{x_1^2}{c_1^2} = 1$

leere Menge.

(I,1,1) $\quad \frac{x_1^2}{c_1^2} = 1 \iff x_1 = \pm c_1$

parallele Ebenen.

(I,2,0) $\quad -\frac{x_1^2}{c_1^2} - \frac{x_2^2}{c_2^2} = 1$

leere Menge.

(I,2,1) $\quad \frac{x_1^2}{c_1^2} - \frac{x_2^2}{c_2^2} = 1$

Hyperbelzylinder
(unendlicher Zylinder, entsteht durch
Verschieben einer Hyperbel längs
einer zu ihrer Ebene senkrechten Geraden.
Analog bei den folgenden Zylindern).

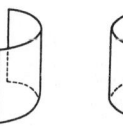

(I,2,2) $\quad \frac{x_1^2}{c_1^2} + \frac{x_2^2}{c_2^2} = 1$

Ellipsenzylinder
(Kreiszylinder für $c_1 = x_2$).

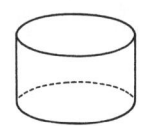

(I,3,0) $\quad -\frac{x_1^2}{c_1^2} - \frac{x_2^2}{c_2^2} - \frac{x_3^2}{c_3^2} = 1$ leere Menge.

(I,3,1) $\quad \frac{x_1^2}{c_1^2} - \frac{x_2^2}{c_2^2} - \frac{x_3^2}{c_3^2} = 1$

zweischaliges Hyperboloid
(entsteht im Fall $c_2 = c_3$
durch Rotation einer Hyperbel).

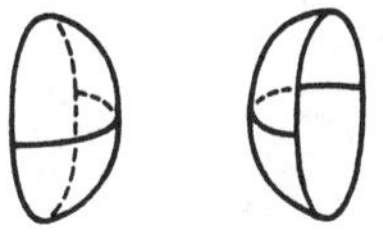

408 11 Affine Geometrie

(I,3,2) $\frac{x_1^2}{c_1^2} + \frac{x_2^2}{c_2^2} - \frac{x_3^2}{c_3^2} = 1$

einschaliges Hyperboloid
(entsteht im Fall $c_1 = c_2$
durch Rotation einer Hyperbel).

(I,3,3) $\frac{x_1^2}{c_1^2} + \frac{x_2^2}{c_2^2} + \frac{x_3^2}{c_3^2} = 1$

Ellipsoid
(2-dim. Sphäre im Fall $c_1 = c_2 = c_3$).

(II,1,1) $\frac{x_1^2}{c_1^2} = -x_2$

Parabelzylinder.

(II,2,1) $\frac{x_1^2}{c_1^2} - \frac{x_2^2}{c_2^2} = -x_3$

hyperbolisches Paraboloid (Sattelfläche).

(II,2,2) $\frac{x_1^2}{c_1^2} + \frac{x_2^2}{c_2^2} = -x_3$

elliptisches Paraboloid.

(III,1,1) $\frac{x_1^2}{c_1^2} = 0 \iff x_1 = 0$

Ebene.

(III,2,1) $\frac{x_1^2}{c_1^2} - \frac{x_2^2}{c_2^2} = 0 \iff c_2 x_1 \pm c_1 x_2 = 0$

2 sich schneidende Ebenen.

(III,2,2) $\frac{x_1^2}{c_1^2} + \frac{x_2^2}{c_2^2} = 0 \iff x_1 = x_2 = 0$

Gerade.

(III,3,2) $\frac{x_1^2}{c_1^2} + \frac{x_2^2}{c_2^2} - \frac{x_3^2}{c_3^2} = 0$

Doppelkegel.

(III,3,3) $\frac{x_1^2}{c_1^2} + \frac{x_2^2}{c_2^2} + \frac{x_3^2}{c_3^2} = 0$

1 Punkt.

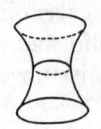

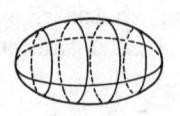

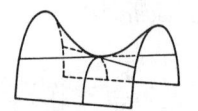

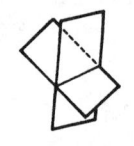

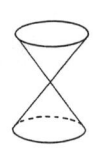

Tabelle 11.1.2

Affine Normalformen

Wenn wir uns nicht auf cartesische Koordinatensysteme beschränken, sondern beliebige affine Koordinatensysteme zulassen und in 11.1.8 durch

$$x'_i = \frac{x_i}{c_i} \text{ für } i = 1, \ldots, r \text{ und } x'_i = x_i \text{ für } i = r+1, \ldots, n$$

neue Koordinaten einführen, werden die Gleichungen noch einfacher:

11.1.11 Satz *Zu jeder Hyperfläche* $\mathcal{Q} \subset E$ *gibt es ein affines Koordinatensystem* $(p_0, \ldots, p_n)$, *in dem* $\mathcal{Q}$ *durch eine der Gleichungen des folgenden Typs beschrieben wird:*

(I) $\quad x_1^2 + \ldots + x_d^2 - x_{d+1}^2 - \ldots - x_r^2 = 1,$

(II) $\quad x_1^2 + \ldots + x_d^2 - x_{d+1}^2 - \ldots - x_r^2 = -x_{r+1} \qquad$ *mit* $r - d \leq d$,

(III) $\quad x_1^2 + \ldots + x_d^2 - x_{d+1}^2 - \ldots - x_r^2 = 0 \qquad$ *mit* $r - d \leq d$.

Dabei ist $0 \leq r \leq n$ *und* $d \leq v$; *im Fall (II) ist* $r \leq n - 1$. $\square$

Klassifikation der Hyperflächen

Wegen des Zusammenhanges zwischen Abbildungen und Koordinatensystemen, vgl. 6.5.16, können wir 11.1.8 bzw. 11.1.11 auch wie folgt formulieren:

11.1.12 Satz *Ist* $(p_0, \ldots, p_n)$ *ein cartesisches bzw. affines Koordinatensystem in* E, *so gibt es zu jeder Hyperfläche* $\mathcal{Q} \subset E$ *eine Bewegung bzw. reguläre Affinität* $f: E \to E$, *so daß die Hyperfläche* $f(\mathcal{Q})$ *im Koordinatensystem* $(p_0, \ldots, p_n)$ *durch eine der Gleichungen in 11.1.8 bzw. 11.1.11 beschrieben wird.* $\square$

Um zu untersuchen, ob zwei Hyperflächen kongruent bzw. affin-äquivalent sind, genügt es daher, die Normalformen zu betrachten.

11.1.13 Satz *Zwei Hyperflächen in* E, *die durch Gleichungen der Form 11.1.11 beschrieben sind, sind genau dann affin-äquivalent, wenn die Gleichungen vom gleichen Typ sind, und in den Zahlen* r *und* d *übereinstimmen.*

Den Beweis mit unseren bisherigen Mitteln zu führen, erfordert viel Rechenaufwand. Bei der Untersuchung der Hyperflächen 2. Ordnung im projektiven Raum (Kapitel 12) wird sich 11.1.13 auf einfachere Weise ergeben, vgl. 12.6.24. Die Klassifikation der Hyperflächen in der euklidischen Geometrie (also die Bestimmung der Kongruenzklassen) wird in dem folgenden Satz gegeben:

11 Affine Geometrie

11.1.14 Satz *Zwei Hyperflächen in E, die durch Gleichungen der Form 11.1.8 beschrieben sind, sind genau dann kongruent, wenn sie vom gleichen Typ (I), (II) oder (III) sind und die Zahlen $c_1^2, \ldots, c_d^2$ sowie $c_{d+1}^2, \ldots c_r^2$ jeweils bis auf eine Permutation übereinstimmen, ausgenommen die Fälle (II) und (III) mit $r = 2d$, in denen die Invarianten $c_1^2, \ldots, c_d^2$ und $c_{d+1}^2, \ldots, c_r^2$ vertauscht sein können.*

B e w e i s   Beschreibt

$$Q(x) = x^t A x + 2b^t x + c = 0$$

eine Hyperfläche $\mathcal{Q}$, so ist die Beschreibung bei dem euklidischen Koordinatenwechsel $x = Ux' + v$, $U \in O(n)$, gleich

$$x'^t A U x' + (v^t A U x' + x'^t U^t A v + 2b^t U x') + (v^t A v + 2b^t v + c) = 0.$$

Deshalb sind die Zahlen $c_1^2, \ldots, c_d^2, -c_{d+1}^2, \ldots, -c_v^2$ die von 0 verschiedenen Eigenwerte sowohl von A wie auch von $U^t A U$ und sind dadurch bis auf Permutationen eindeutig bestimmt. Da die Typen (I) - (III) von Affinitäten nicht geändert werden, ist die euklidische Klassifikation in allen gegebenen Fällen, außer für $2d = r$ in den Fällen (II) und (III). Dann wird dieselbe Hyperfläche auch durch die quadratische Form $-Q(x)$ beschrieben, welche ebenfalls eine Normalform ist. □

Ergänzungen und Beispiele

Ohne Beweis stellen wir wieder einige Aussagen zusammen.

11.1.15 Wir betrachten das einschalige Hyperboloid, d.h. die Fläche 2. Ordnung $\mathcal{F}$ vom Typ (I,3,2), die durch die Gleichung

$$x_1^2 + x_2^2 - x_3^2 = 1$$

über $\mathbb{R}$ gegeben ist. Die durch

(1) $\qquad x_1 + 1 = a(x_2 + x_3), \quad a \in \mathbb{R}, \ a \neq 0,$
$\qquad\qquad x_1 - 1 = -\dfrac{1}{a}(x_2 - x_3)$

beschriebenen Ebenen schneiden sich in einer Geraden g_a. Außerdem seien die Geraden g_0 und g_∞ durch

$$\begin{array}{lll} x_1 = -1, & x_2 = x_3 & \text{bzw.} \\ x_1 = 1, & x_2 = -x_3 & \end{array}$$

definiert. Dann gilt:

$$g_a \subset \mathcal{F} \quad \text{für } a \in \mathbb{R} \cup \{\infty\};$$
$$g_a \cap g_b = \emptyset \quad \text{und } g_a \nparallel g_b, \quad \text{falls } a,b \in \mathbb{R} \cup \{\infty\} \text{ und } a \neq b;$$
$$\mathcal{F} = \bigcup_{a \in \mathbb{R}} g_a \cup g_\infty.$$

M.a.W. ist $\mathcal{F}$ die Vereinigung einer Schar *windschiefer Geraden*. Eine analoge Situation erhalten wir durch die Geraden h_b, die durch

(2) $$x_1 + 1 = b(x_2 - x_3), \quad b \in \mathbb{R}, \ b \neq 0,$$
$$x_1 - 1 = -\frac{1}{b}(x_2 + x_3)$$

definiert werden. Ferner seien h_0 und h_∞ durch

$$\begin{array}{lll} x_1 = -1, & x_2 = -x_3 & \text{bzw.} \\ x_1 = 1, & x_2 = x_3 & \end{array}$$

definiert. Dann ist $\{h_b : b \in \mathbb{R} \cup \{\infty\}\}$ eine zweite Schar windschiefer Geraden, so daß durch jeden Punkt aus $\mathcal{F}$ genau eine Gerade h_b läuft. Die Gerade g_a mit $a \in \mathbb{R} \cup \{\infty\}$ schneidet jede Gerade h_b in genau einem Punkt, ausgenommen die Gerade $h_{-1/a}$ (siehe die Abbildung im Seminarraum NA 4/24 der Ruhr-Universität).

Die beiden Zerlegungen des einschaligen Hyperboloides $\mathcal{F}$ in Scharen windschiefer Geraden ist der Grund für die recht einfache und stabile Konstruktion dieser Fläche wie sie (näherungsweise) bei Kühltürmen benutzt wird.

11.1.16 (a) Für $a_1, a_2, b \in \mathbb{R}_+^*$ und $t \in \mathbb{R}$ sei g_t die Gerade in $\mathbb{R}^3$ durch die beiden Punkte $(a_1 \cos t, a_2 \sin t, 1)$ und $(a_1 \cos(t+b), a_2 \sin(t+b), -1)$. Dann ist $\mathcal{F} = \bigcup_{t \in \mathbb{R}} g_t$ ein einschaliges Hyperboloid, ein Zylinder oder ein Kegel.

Für zwei verschiedene Werte b und b' ergibt sich genau dann dieselbe Fläche, wenn $b + b'$ oder $b - b'$ ein ganzzahliges Vielfaches von 2π ist.

Speziell ergibt sich: verdrillen wir den Zylinder zu $a_1 = a_2 = 1$, $b = 0$ in das $\mathcal{F}$ zu $a_1 = a_2 = 1$, $0 < b < \pi$, so entsteht ein einschaliges Hyperboloid.

(b) Analoges wie für das einschalige Hyperboloid gilt für die Sattelfläche (II,2,1). Die Existenz der Geraden ergibt die Bequemlichkeit des Sattels.

11.1.17 (a) Für zwei verschiedene Punkte p und p' in $\mathbb{R}^2$ und $s \in \mathbb{R}_+^*$ mit $s > d(p,p')$ ist $\mathcal{F} := \{\mathfrak{x} \in \mathbb{R}^2 : d(\mathfrak{x},p) + d(\mathfrak{x},p') = s\}$ eine Ellipse, und alle Ellipsen lassen sich auf diese Art beschreiben, vgl. 11.3.2.

Für einen Punkt q der Ellipse stimmen die beiden Winkel zwischen den Vektoren $\overrightarrow{pq}$ bzw. $\overrightarrow{p'q}$ und der Tangente durch q an die Ellipse überein. Diese Eigenschaft führt zu der Bezeichnung „Brennpunkt" für p und p', vgl. 11.3.9.

(b) Für zwei verschiedene Punkte p und p' in $\mathbb{R}^2$ und $s \in \mathbb{R}_+^*$ mit $s < d(p, p')$ ist $\mathcal{F} := \{\mathfrak{x} \in \mathbb{R}^2 : |d(\mathfrak{x}, p) - d(\mathfrak{x}, p')| = s\}$ eine Hyperbel, und alle Hyperbeln lassen sich auf diese Art beschreiben, vgl. 11.4.2.

11.2 Keplersche Gesetze und Kegelschnitte

Wir wiederholen kurz einige Gesetze der Mechanik, die im Schulstoff besprochen worden sind. Dabei lassen wir es an mathematischer Strenge fehlen.

11.2.1 Newtonsches Gesetz Um einen Körper zu beschleunigen, muß eine Kraft auf ihn wirken. Es wurde empirisch festgestellt: *Für einen gegebenen Körper ist die Größe der Kraft proportional der Größe der Beschleunigung. Gleiche Kräfte beschleunigen Körper verschiedener Massen verschieden stark.* Isaac Newton (1643–1727) faßte die Erfahrungstatsachen in dem Newtonschen Gesetz zusammen:

Ist $\mathfrak{r}$ der Ortsvektor, so ist $\mathfrak{v} = \dot{\mathfrak{r}} = \frac{d\mathfrak{r}}{dt}$ die *Geschwindigkeit* und $\mathfrak{a} = \ddot{\mathfrak{r}} = \frac{d^2\mathfrak{r}}{dt^2}$ die *Beschleunigung*. Hierbei ist die Ableitung $\frac{d}{dt}$ eines Vektors durch koordinatenweise Ableitung gegeben. Bezeichnet m die *Masse*, so gilt für die *Kraft* $\mathfrak{F}$ das *Newtonsche Gesetz*:

(a) $$\mathfrak{F} = m \cdot \mathfrak{a} = \frac{d}{dt}(m \cdot \mathfrak{v}).$$

Die Größe $m \cdot \mathfrak{v}$ heißt *Impuls*. Aus dem Newtonschen Gesetz und der Definition der Energie $E = \int \mathfrak{F} d\mathfrak{r} = \int \mathfrak{F} \frac{d\mathfrak{r}}{dt} dt$ ergibt sich für die *kinetische Energie*:

$$E_{\text{kin}} = \int \mathfrak{F} d\mathfrak{r} = \int \langle \mathfrak{F}, \frac{d\mathfrak{r}}{dt} \rangle dt = \int m \langle \frac{d}{dt}\dot{\mathfrak{r}}, \dot{\mathfrak{r}} \rangle dt = \frac{m\dot{\mathfrak{r}}^2}{2},$$

also

(b) $$E_{\text{kin}} = \frac{m}{2}\mathfrak{v}^2 = \frac{m}{2}\dot{\mathfrak{r}}^2,$$

und für die *potentielle Energie*, die ein Körper aufgrund der auf ihn wirkenden Gravitationskraft besitzt,

(c) $$E_{\text{pot}} = m \cdot g \cdot h,$$

wobei h die Höhe (in Metern) und g die Erdbeschleunigung von 9,81 m/s² auf der Erdoberfläche angibt. In einem System ohne äußere Einflüsse gilt der *Energiesatz*

(d) $$\frac{d}{dt}(E_{\text{kin}} + E_{\text{pot}}) = 0.$$

11.2.2 Zentralkräfte Eine Kraft $\mathfrak{F} = m \cdot \mathfrak{a}$, die ausschließlich in gleicher bzw. entgegengesetzter Richtung des Ortsvektors $\mathfrak{r}$ wirkt, heißt *Zentralkraft*. Für Zentralkräfte gilt:

$$\mathfrak{r} \times \mathfrak{F} = \mathfrak{r} \times m\mathfrak{a} = 0,$$

da $\mathfrak{F}$ nach Definition parallel zu $\mathfrak{r}$ ist. (Zum Vektorprodukt $\mathfrak{a} \times \mathfrak{r}$ vgl. 9.3.1-7, 9.3.11). Für den *Drehimpulsvektor* $\mathfrak{L} = \mathfrak{r} \times m\dot{\mathfrak{r}}$ gilt:

(a) $$\frac{d}{dt}\mathfrak{L} = \frac{d}{dt}(\mathfrak{r} \times m\dot{\mathfrak{r}}) = \mathfrak{r} \times m\mathfrak{a} + \dot{\mathfrak{r}} \times m \times \dot{\mathfrak{r}} = \mathfrak{r} \times m\mathfrak{a} = 0.$$

Besteht ein System aus einer (festen) Sonne und einem (bewegten) Planeten und wirkt keine äußere Kraft auf das System, so spielt nur die zentrale Anziehungskraft der Sonne eine Rolle, und es ergibt sich aus (a) und dem Erhalt des Drehimpulsbetrages der *Flächensatz*:

In einem Zentralfeld ist der Drehimpuls eines Massenpunktes in Bezug auf das Zentrum konstant. Da $\mathfrak{L}$ die Richtung nicht ändert, erfolgt die Bewegung des Massenpunktes in einer Ebene senkrecht zu $\mathfrak{L}$. Die vom Fahrstrahl $\mathfrak{r}$ in der Zeit dt überstrichene Fläche dA ist konstant („Zweites Keplersches Gesetz"):

$$\frac{dA}{dt} = \frac{1}{2}\|\mathfrak{r} \times \dot{\mathfrak{r}}\| = \frac{\|\mathfrak{L}\|}{2m}.$$

11.2.3 Planetenbahn Durch Umrechnen in Polarkoordinaten erhalten wir

— für den *Ortsvektor:* $\mathfrak{r} = re^{i\varphi} \sim (r, \varphi)$ mit $r = |\mathfrak{r}|$;

— für die *Geschwindigkeit* $\mathfrak{v} = \dot{\mathfrak{r}}$, zerlegt in eine Richtungskomponente parallel zu $\mathfrak{r}$ und eine senkrecht zu $\mathfrak{r}$:

$$\mathfrak{v} = \frac{d}{dt}\mathfrak{r} = \dot{r}e^{i\varphi} + ir\dot{\varphi}e^{i\varphi} = \mathfrak{v}_r + \mathfrak{v}_\varphi$$

mit $\mathfrak{v}_r := \dot{r}e^{i\varphi}$ und $\mathfrak{v}_\varphi := ir\dot{\varphi}e^{i\varphi}$, also $\mathfrak{v}_r \perp \mathfrak{v}_\varphi$;

— für den *Drehimpuls*:

$$L = |\mathfrak{L}| = mrv_\varphi = mr^2\dot{\varphi}.$$

Daraus ergibt sich wegen $\dot\varphi = \frac{L}{mr^2}$

$$E_{\text{kin}} = \frac{m}{2}(\dot r^2 + r^2\dot\varphi^2) = \frac{m}{2}\left(\dot r^2 + \frac{L^2}{m^2 r^2}\right).$$

Es ist
$$E_{\text{pot}} = -\frac{k}{r} \qquad \text{für eine Konstante } k > 0,$$
$$=: -\frac{L^2}{mrp}; \quad \text{dadurch wird } p \text{ definiert.}$$

Aus dem Energiesatz 11.2.1 (d) ergibt sich für ein konstantes E:

$$E = E_{\text{kin}} + E_{\text{pot}} = \frac{m}{2}\left(\dot r^2 + \frac{L^2}{m^2 r^2}\right) - \frac{L^2}{mrp}$$
$$= \frac{m}{2}\dot r^2 + \frac{L^2}{mr}\left(\frac{1}{2r} - \frac{1}{p}\right).$$

Es ist
$$\frac{dr}{dt} = \sqrt{\frac{2E}{m} - \frac{2L^2}{m^2}\left(\frac{1}{2r^2} - \frac{1}{rp}\right)},$$

und mit der Substitution
$$\frac{dr}{dt} = \frac{dr}{d\varphi}\frac{d\varphi}{dt} = \frac{L}{mr^2}\frac{dr}{d\varphi}$$

ergibt sich
$$\frac{d\varphi}{dr} = \frac{\frac{L}{mr^2}}{\sqrt{\frac{2E}{m} - \frac{2L^2}{m^2}\left(\frac{1}{2r^2} - \frac{1}{rp}\right)}},$$

$$\varphi - \varphi_0 = \int \frac{dr}{r^2 \cdot \sqrt{\frac{2Em}{L^2} - 2\left(\frac{1}{2r^2} - \frac{1}{rp}\right)}}.$$

Mit $\omega = \frac{1}{r}$, also $d\omega = -\frac{1}{r^2}dr$, gilt:

(1) $\qquad \varphi - \varphi_0 = -\int \frac{d\omega}{\sqrt{\frac{2Em}{L^2} - \omega^2 + \frac{2}{p}\omega}} = \arccos \frac{p\omega - 1}{\sqrt{\frac{2Emp^2}{L^2} + 1}}.$

Die letzte Formel ergibt sich so: Es ist

$$-\int \frac{d\omega}{\sqrt{a + b\omega - \omega^2}} = -\int \frac{d\omega}{\sqrt{a + \frac{b^2}{4} - (\omega - \frac{b}{2})^2}}$$
$$= -\frac{1}{\sqrt{a + \frac{b^2}{4}}} \cdot \int \frac{d\omega}{\sqrt{1 - \frac{(\omega - \frac{b}{2})^2}{a + \frac{b^2}{4}}}}.$$

Für $a = \frac{2Em}{L^2}$, $b = \frac{2}{p}$ und

$$x = \frac{\omega - \frac{b}{2}}{\sqrt{a + \frac{b^2}{4}}} = \left(\frac{p}{r} - 1\right) \cdot \frac{1}{\sqrt{\frac{2Emp^2}{L^2} + 1}},$$

also $dx = d\omega/\sqrt{a + \frac{b^2}{4}}$, erhalten wir

$$-\int \frac{d\omega}{\sqrt{a + b\omega - \omega^2}} = -\int \frac{dx}{\sqrt{1 - x^2}} = \arccos x.$$

Also ergibt (1):

$$\cos(\varphi - \varphi_0) = \left(\frac{p}{r} - 1\right) \cdot \frac{1}{\sqrt{\frac{2Emp^2}{L^2} + 1}}.$$

Setzen wir $\varepsilon := \sqrt{\frac{2Emp^2}{L^2} + 1}$, erhalten wir nach Umformung die Bahngleichung eines Planeten:

$$r(\varphi) = \frac{p}{1 + \varepsilon \cos(\varphi - \varphi_0)}.$$

O.B.d.A. können wir $\varphi_0 = 0$ oder π annehmen; dies entspricht nur einer Änderung der Koordinaten. Dann erhalten wir als Endresultat, daß die *Planetenbahn eine Gleichung*

(2) $$r = \frac{p}{1 \pm \varepsilon \cos \varphi} \quad \text{mit } p > 0$$

erfüllt. Im Fall $|\varepsilon| > 1$ allerdings besteht die Bahn nur aus den Punkten mit $1 + \varepsilon \cos \varphi > 0$ oder aus denen mit $1 - \varepsilon \cos \varphi > 0$. Jede Kurve, die durch (2) beschrieben ist, heißt *Kegelschnitt*. Für sie gilt der folgende Satz:

11.2.4 Satz (Pappus) *Kegelschnitte, die keine Kreise sind, bestehen aus den Punkten, deren Abstände von einem festen Punkt und einer festen Geraden (Leitlinie) ein festes Verhältnis haben. So ist der in* (2) *beschriebene Kegelschnitt gleich der Punktmenge*

$$\mathcal{K} = \{\mathfrak{r} \in \mathbb{R}^2 : d(\mathfrak{r}, \underbrace{\{(x,y) : x = -\frac{p}{\varepsilon}\}}_{\text{Leitline}}) = d(\mathfrak{r}, 0) \cdot \frac{1}{|\varepsilon|}\}.$$

Die Kegelschnitte unterscheiden sich durch die Exzentrizität $\varepsilon = \sqrt{\frac{2Emp^2}{L^2} + 1}$:

$|\varepsilon| < 1 :$ $\mathcal{K}$ *ist Ellipse* ($\varepsilon = 0 \iff \mathcal{K}$ *ist Kreis*);

$|\varepsilon| > 1 :$ $\mathcal{K}$ *ist Hyperbel*;

$|\varepsilon| = 1 :$ $\mathcal{K}$ *ist Parabel.*

11 Affine Geometrie

Beweis   Ist $\mathfrak{r} = (x,y)$, so besagt die Bedingung an $\mathcal{K}$:

$$r^2 = x^2 + y^2 = \varepsilon^2(x + \frac{p}{\varepsilon})^2 = (\varepsilon x + p)^2 = (\varepsilon r \cos\varphi + p)^2.$$

Das ist gleichbedeutend mit

$$r = \pm(\varepsilon r \cos\varphi + p), \quad \text{d.h.} \quad r = \frac{p}{1 \pm \varepsilon \cos\varphi}. \qquad \square$$

Der Beweis zeigt, weshalb wir das Wort „Kegelschnitt" wieder wie in 11.1.9 verwenden dürfen.

11.3 Ellipsen

Ellipsen erhalten wir, indem man in 11.2.4 für die Exzentrizität ε die Einschränkung $0 \leq |\varepsilon| < 1$ macht. Aus $\varepsilon = \sqrt{2Emp^2/L^2 + 1}$ folgt, daß die Gesamtenergie E des sich auf einer Ellipsenbahn bewegenden Körpers negativ ist. Wir behandeln nun die Ellipse $\mathcal{E}$, die zur Gleichung $r = \frac{p}{1+\varepsilon\cos\varphi}$ gehört:

$$\mathcal{E} = \{re^{i\varphi} : r = \frac{p}{1 + \varepsilon \cos\varphi}\}.$$

Im folgenden identifizieren wir oftmals die euklidische Ebene mit $\mathbb{C}$.

11.3.1 Definition   Wir benutzen die folgenden Größen, deren geometrische Deutung gleich gegeben wird:

$$a = \frac{1}{2}(r(0) + r(\pi)) = \frac{1}{2}\left(\frac{p}{1+\varepsilon} + \frac{p}{1-\varepsilon}\right) = \frac{p}{1-\varepsilon^2},$$

$$c = a - r(0) = a - \frac{p}{1+\varepsilon} = \frac{\varepsilon p}{1-\varepsilon^2} = \varepsilon \cdot a \quad \text{und}$$

$$b = \frac{p}{\sqrt{1-\varepsilon^2}}, \quad \text{also } c^2 = a^2 - b^2.$$

Dann heißen:
— a und b die *Längen* der *großen* und der *kleinen Halbachsen*;
— die reelle Achse *Hauptachse* und die Parallele zur imaginären Achse durch den *Mittelpunkt* $-c$ *Nebenachse*;

— die Punkte 0 und $-2c$ auf der reellen Achse *Brennpunkte* der Ellipse;
— *Haupt-* bzw. *Nebenscheitelpunkte* der Ellipse die Schnittpunkte der Ellipse mit der Hauptachse bzw. der Nebenachse;
— *Brennstrahlen*, die Vektoren von den beiden Brennpunkten zu den Punkten der Ellipse.

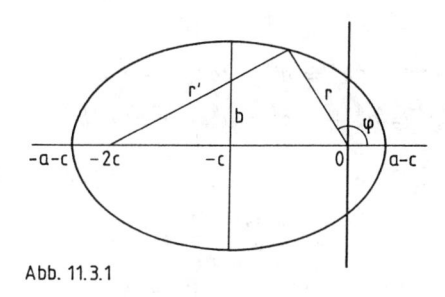

Abb. 11.3.1

11.3.2 Satz über die Gärtnerkonstruktion *Die Summe der Längen r und r' der Brennstrahlen, vgl. Abb. 11.3.1, ist konstant, und zwar ist $r + r' = 2a$.*

Beweis Es ist
$$r'^2 = r^2 + 4c^2 - 2 \cdot r \cdot 2c \cdot \cos(\pi - \varphi) = r^2 + 4c^2 + 4rc\cos\varphi,$$

vgl. Abb. 11.3.1. Setzen wir die für die Definition benutzten Gleichungen für a, b, c ein, so erhalten wir:
$$(2a - r)^2 - r'^2 = 4b^2 - 4ar - 4rc\cos\varphi$$
$$= \frac{4p}{1-\varepsilon^2}\left(p - \frac{p}{1+\varepsilon\cos\varphi} - \frac{\varepsilon p \cos\varphi}{1+\varepsilon\cos\varphi}\right) = 0;$$

also $2a - r = \pm r'$, und daraus folgt die Behauptung, da $2a > r$. □

Aus diesem Satz ergibt sich eine praktisch durchführbare Konstruktion von Ellipsen: Der Gärtner nimmt eine Kordel der Länge $2a$, setzt die Endstöcke in zwei Punkte und zieht eine Linie mit einem Stock, den er entlang der Kordel so gleiten läßt, daß sie immer gespannt bleibt. Das Resultat ist eine Ellipse.

Durch Einführen von cartesischen Koordinaten x, y und Verschiebung nach $-c$ erhalten wir als äquivalente Beschreibung eine Ellipse.

11.3.4 Satz *(Ursprungsform der Ellipsengleichung)*.
$$\frac{x^2}{a^2} + \frac{y^2}{b^2} = 1$$

11 Affine Geometrie

B e w e i s   Es ist $r = \sqrt{(x-c)^2 + y^2}$ und $r' = \sqrt{(x+c)^2 + y^2}$. Außerdem gilt $2a - r = r'$. Daraus folgt:

$$0 = (2a-r)^2 - r'^2 = 4a^2 - 4ar + r^2 - r'^2$$
$$= 4a^2 - 4ar + (x-c)^2 + y^2 - (x+c)^2 - y^2 \implies$$
$$a^2 r^2 = (a^2 - cx)^2 ,$$
$$a^2(x-c)^2 + a^2 y^2 = a^2 r^2 = a^4 - 2a^2 cx + c^2 x^2 \implies$$
$$a^2 x^2 + a^2 c^2 + a^2 y^2 = a^4 + c^2 x^2 = a^4 + a^2 x^2 - b^2 x^2.$$

Substituieren wir $c^2 = a^2 - b^2$, so erhalten wir die Behauptung

$$b^2 x^2 + a^2 y^2 = a^2 b^2.$$ □

In der Darstellung von 11.3.4 ist der Koordinatenursprung der *Mittelpunkt der Ellipse*. Ist dies nicht der Fall, so geht 11.3.4 über in die *Verschiebungsform der Ellipsengleichung*:

11.3.5
$$\frac{(x-x_M)^2}{a^2} + \frac{(y-y_M)^2}{b^2} = 1.$$ □

Liegt insbesondere der Koordinatenursprung im linken Hauptscheitel der Ellipse, so erhalten wir die *Scheitelgleichung* der Ellipse:

11.3.6
$$y^2 = 2px - (1-\varepsilon^2)x^2.$$

B e w e i s   Der Ellipsenmittelpunkt hat hier die Koordinaten $(a, 0)$. Eingesetzt in 11.3.5 ist dann

$$\frac{(x-a)^2}{a^2} + \frac{y^2}{b^2} = 1 \implies y^2 = 2\frac{b^2}{a}x - \frac{b^2}{a^2}x^2.$$

Aus $a = p/(1-\varepsilon^2)$ und $b = p/\sqrt{1-\varepsilon^2}$ ergibt sich die Behauptung. □

Durch Ableiten von 11.3.4 erhalten wir die *Tangentengleichung* für die Tangente an die Ellipse im Punkt $P = (x_0, y_0)$:

11.3.7 Satz Für $(x_0, y_0) \in \mathcal{E}$ ist $\{(x,y) : \frac{x_0 x}{a^2} + \frac{y_0 y}{b^2} = 1\}$ die Tangente an die Ellipse $\mathcal{E}$ im Punkt (x_0, y_0).

1. **Beweis** Wir nehmen einen Kurvenparameter t, so daß die Ellipse bei (x_0, y_0) durch $\frac{\xi^2(t)}{a^2} + \frac{\eta^2(t)}{b^2} = 1$ und $x_0 = \xi(0)$, $y_0 = \eta(0)$ beschrieben wird. Speziell gilt also

(1) $$\frac{x_0^2}{a^2} + \frac{y_0^2}{b^2} = 1.$$

Für die Tangente im Punkte (x_0, y_0) erhalten wir

(2) $$\frac{y - y_0}{x - x_0} = \left.\frac{d\eta}{d\xi}\right|_{(\xi,\eta)=(x_0,y_0)} \iff (y - y_0)\frac{d\xi}{dt}(0) = (x - x_0)\frac{d\eta}{dt}(0).$$

Der einfacheren Schreibweise halber setzen wir $\frac{d\xi}{dt} = \dot{\xi}$ und $\frac{d\eta}{dt} = \dot{\eta}$ und erhalten

(2') $$(y - y_0)\dot{\xi}(0) = (x - x_0)\dot{\eta}(0).$$

Wegen 11.3.4 ist

(3) $$0 = \frac{2\dot{\xi}(t)\xi(t)}{a^2} + \frac{2\dot{\eta}(t)\eta(t)}{b^2}.$$

Für $t = 0$ erhalten wir wegen (2') und $(x_0, y_0) = (\xi(0), \eta(0))$

$$\left[\frac{x_0(x - x_0)}{a^2} + \frac{y_0(y - y_0)}{b^2}\right]\dot{\xi}(0)\dot{\eta}(0) = (x - x_0)\dot{\eta}(0)\left[\frac{x_0\dot{\xi}(0)}{a^2} + \frac{y_0\dot{\eta}(0)}{b^2}\right] \stackrel{(3)}{=} 0,$$

$$\frac{x_0 x}{a^2} + \frac{y_0 y}{b^2} = \frac{x_0^2}{a^2} + \frac{y_0^2}{b^2} = 1.$$

Den letzten Schluß können wir für alle Punkte mit $\dot{\xi}(0) \neq 0 \neq \dot{\eta}(0)$ durchführen, also für alle Punkte der Ellipse mit Ausnahme der Scheitelpunkte, d.h. den Schnittpunkten mit den Achsen. Aus Stetigkeitsgründen gilt die Aussage auch für sie.

2. **Beweis** Einfacher und geometrischer erscheint die folgende Schlußkette. Die Tangente g an den Einheitskreis $S^1 = \{(\xi, \eta): \xi^2 + y^2 = 1\}$ im Punkte (ξ_0, η_0) ist

$$\{(\xi, \eta) : (\xi_0 - t\eta_0, \eta_0 + t\xi_0), t \in \mathbb{R}\}$$

und erfüllt deshalb die Gleichung $\xi\xi_0 + \eta\eta_0 = 1$. Nun wenden wir die affine Abbildung $(\xi, \eta) \mapsto (a\xi, b\eta) = (x, y)$ auf S^1 an und erhalten aus S^1 die Ellipse $\mathcal{E}$ und aus g die Tangente $\frac{xx_0}{a^2} + \frac{yy_0}{b^2} = 1$ an $\mathcal{E}$. □

420   11 Affine Geometrie

F_1 und F_2 seien die Brennpunkte einer Ellipse.

11.3.8 Satz *Die Fußpunkte der Lote, die von F_1 oder F_2 auf die Tangenten gefällt werden, liegen auf dem Kreis durch die beiden Hauptscheitel.*

B e w e i s   Vgl. Abb. 11.3.2. Sei $P = (x_0, y_0)$ auf der Ellipse $\frac{x^2}{a^2} + \frac{y^2}{b^2} = 1$ gegeben und sei

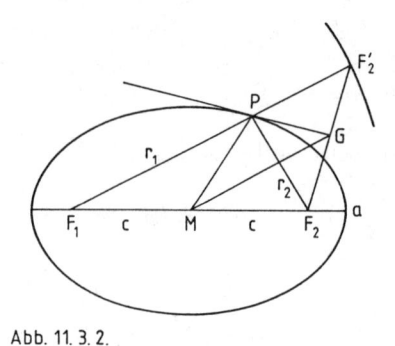

Abb. 11.3.2.

$$\mathfrak{r}_1 = \overrightarrow{F_1P}, \quad \mathfrak{r}_2 = \overrightarrow{F_2P}, \quad r_i = \|\mathfrak{r}_i\| = d(F_i, P).$$

Verlängern wir $\overrightarrow{F_1P}$ um ein Stück der Länge r_2 bis zu F_2', so erhalten wir ein gleichschenkliges Dreieck F_2PF_2'. Da $r_1 + r_2 = 2a$ ist, liegt F_2' auf dem Kreis mit dem Radius $2a$ um F_1.

Die Mittelsenkrechte auf $\overline{F_2F_2'}$ geht durch P, da F_2PF_2' ein gleichschenkliges Dreieck ist; deshalb bleibt zu zeigen, daß der Mittelpunkt G der Strecke $\overline{F_2F_2'}$ auf der Tangente durch P liegt. Dazu bestimmen wir die Koordinaten von G: Es ist

$$\overrightarrow{MP} = (x_0, y_0), \quad \overrightarrow{F_1P} = \mathfrak{r}_1 = (x_0 + c, y_0), \quad \overrightarrow{F_2P} = \mathfrak{r}_2 = (x_0 - c, y_0),$$
$$\overrightarrow{F_1F_2'} = \frac{2a}{r_1}(x_0 + c, y_0),$$
$$\overrightarrow{F_2F_2'} = \overrightarrow{F_2F_1} + \overrightarrow{F_1F_2'} = \frac{1}{r_1}(2ax_0 + (2a - 2r_1)c, 2ay_0),$$
$$\overrightarrow{F_2G} = \frac{1}{2}\overrightarrow{F_2F_2'} = \frac{1}{r_1}(ax_0 + (a - r_1)c, ay_0) \quad \text{und}$$
$$\overrightarrow{MG} = \overrightarrow{MF_2} + \overrightarrow{F_2G} = \frac{1}{r_1}(ax_0 + ac, ay_0).$$

Nach 11.3.7 liegt G auf der Tangente durch P, wenn

$$\frac{1}{r_1}\left(\frac{(ax_0+ac)x_0}{a^2} + \frac{ay_0 \cdot y_0}{b^2}\right) = 1$$

ist. Aus

$$\begin{aligned}
r_1^2 &= c^2 + 2x_0c + x_0^2 + y_0^2 \\
&= c^2 + 2x_0c + x_0^2 + b^2 - \tfrac{b^2}{a^2}x_0^2, & \text{da } \tfrac{x_0^2}{a^2} + \tfrac{y_0^2}{b^2} = 1, \\
&= a^2 + \tfrac{c^2}{a^2}x_0^2 + 2x_0c, & \text{da } c^2 = a^2 - b^2, \\
&= \tfrac{1}{a^2}(c^2x_0^2 + 2a^2x_0c + a^4) = \tfrac{1}{a^2}(cx_0+a^2)^2
\end{aligned}$$

folgt

$$r_1 = \frac{cx_0+a^2}{a}, \qquad \text{denn } |cx_0| < a^2.$$

Also ist

$$\begin{aligned}
\frac{1}{r_1}\left(\frac{ax_0^2+acx_0}{a^2} + \frac{ay_0^2}{b^2}\right) &= \frac{a}{cx_0+a^2}\left(\frac{acx_0}{a^2} + a(\tfrac{x_0^2}{a^2}+\tfrac{y_0^2}{b^2})\right) \\
&= \frac{a}{cx_0+a^2}\left(\frac{acx_0+a^3}{a^2}\right) = 1.
\end{aligned}$$

Somit liegt G auf der Tangente durch P, und die Mittelsenkrechte durch G im Dreieck F_2PF_2' ist Teil der Tangente durch P an die Ellipse. Also gilt $PG \perp GF_2$, d.h. G ist der Fußpunkt des Lotes vom Brennpunkt F_2 auf die Tangente durch P. Da G die Seite $\overline{F_2F_2'}$ im Dreieck F_2PF_2' und M die Seite $\overline{F_1F_2}$ im Dreieck $F_1F_2F_2'$ halbieren, ist $\overrightarrow{MG}$ parallel zu $\overrightarrow{F_1F_2'}$, und es gilt

$$d(M,G) = \frac{1}{2}d(F_1,F_2') = \frac{1}{2}\cdot 2a = a. \qquad \square$$

Aus $\sphericalangle(P;F_2,G) = \sphericalangle(P;F_2',G)$ folgt:

11.3.9 Winkelsatz für Ellipsen *Für einen Punkt P der Ellipse sind die Winkel zwischen der Tangente an P und den beiden Brennstrahlen $\overrightarrow{F_1P}$ und $\overrightarrow{F_2P}$ gleich groß; vgl. Abb. 11.3.3.* $\qquad \square$

Aus 11.3.2 folgt, daß von F_1 ausgesandte und an der Ellipse gespiegelte Lichtstrahlen zum gleichen Zeitpunkt bei F_2 eintreffen. Dieses rechtfertigt die

422   11 Affine Geometrie

Bezeichnung Brennpunkt. Der Winkelsatz ergibt eine Konstruktion der Tangenten an eine Ellipse, vgl. Abb. 11.3.3. Die Tangente ist das Lot auf der Winkelhalbierenden von $\sphericalangle(P; F_1, F_2)$.

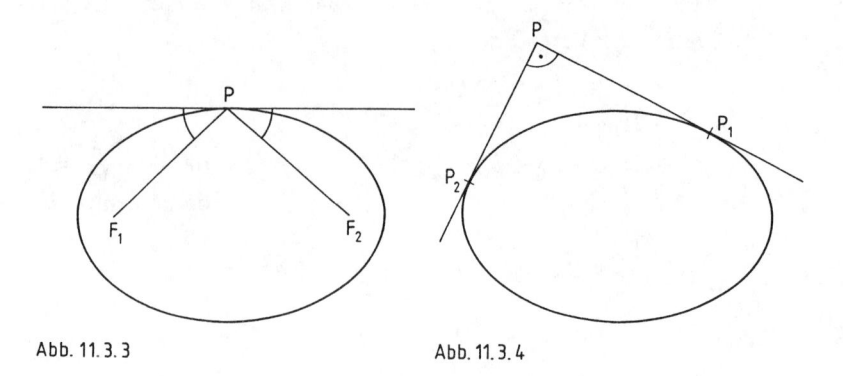

Abb. 11.3.3   Abb. 11.3.4

Auf Grund von 11.3.9 und 11.3.2 entsteht das folgende Reflexionsphänomen: Es seien zwei Menschen in einem Raum mit Wänden, die senkrecht auf einer Ellipse des Bodens stehen. Halten sie sich bei den beiden Brennpunkten auf, so könnten sie sich gut und leise unterhalten, ohne daß andere entfernt von den Brennpunkten es ausmachen können. (Vgl. Karl May, Winnetous Erben, Teufelkanzel I und Teufelkanzel II, S. 117, 163ff., 373ff. Bamberger Ausgabe.)

11.3.10 Satz *Die Punkte, unter denen die Ellipse $\frac{x^2}{a^2} + \frac{y^2}{b^2} = 1$ unter rechtem Winkel gesehen wird, liegen auf dem Kreis vom Radius $\sqrt{a^2 + b^2}$ um den Nullpunkt, dem sogenannten* Richtkreis; *vgl. Abb. 11.3.4.*

B e w e i s   Die Punkte $P_1 = (x_1, y_1)$ und $P_2 = (x_2, y_2)$ liegen auf der Ellipse, d.h.

(1) $$\frac{x_i^2}{a^2} + \frac{y_i^2}{b^2} = 1 \quad \text{für } i = 1, 2.$$

Es ist $P = (x, y)$ der Schnittpunkt der Tangenten an die Ellipse in P_1 und P_2, d.h.

(2) $$\frac{xx_i}{a^2} + \frac{yy_i}{b^2} = 1 \quad \text{für } i = 1, 2.$$

Die Tangenten schneiden sich unter einem rechten Winkel, d.h.

(3) $$\langle \left(\frac{x_1}{a^2}, \frac{y_1}{b^2}\right), \left(\frac{x_2}{a^2}, \frac{y_2}{b^2}\right) \rangle = 0 \quad \Longleftrightarrow \quad \frac{x_1 x_2}{a^4} + \frac{y_1 y_2}{b^4} = 0.$$

Zu zeigen ist $x^2 + y^2 = a^2 + b^2$. Es gilt für $y_2 \neq 0$:

$$y = \frac{b^2}{y_2} - \frac{b^2 x_2}{a^2 y_2} x \qquad \text{nach (2)} \implies$$

$$1 = \frac{x x_1}{a^2} + \frac{y_1}{y_2} - \frac{y_1}{y_2}\frac{x_2}{a^2} x \qquad \text{nach (2)} \implies$$

$$x = a^2 \frac{y_2 - y_1}{x_1 y_2 - x_2 y_1}.$$

Diese Formel für x in die Gleichung für y eingesetzt ergibt

$$y = b^2 \frac{x_1 - x_2}{x_1 y_2 - x_2 y_1} \quad \text{und} \quad (x_1 y_2 - x_2 y_1)^2 (x^2 + y^2 - a^2 - b^2) =$$
$$a^4 (y_2 - y_1)^2 + b^4 (x_2 - x_1)^2 - a^2 (x_1 y_2 - x_2 y_1)^2 - b^2 (x_1 y_2 - x_2 y_1)^2.$$

Für die rechte Seite ergibt sich

$$a^4 y_2^2 - 2a^4 y_1 y_2 + a^4 y_1^2 + b^4 x_1^2 - 2b^4 x_1 x_2 + b^4 x_2^2$$
$$- a^2 x_1^2 y_2^2 + 2a^2 x_1 x_2 y_1 y_2 - a^2 x_2^2 y_1^2 - b^2 x_1^2 y_2^2 + 2b^2 x_1 x_2 y_1 y_2 - b^2 x_2^2 y_1^2$$
$$\stackrel{(3)}{=} a^4 (y_2^2 - y_2^2 \frac{x_1^2}{a^2}) + a^4 (y_1^2 - y_1^2 \frac{x_2^2}{a^2}) + b^4 (x_1^2 - x_1^2 \frac{y_2^2}{b^2}) + b^4 (x_2^2 - x_2^2 \frac{y_1^2}{b^2})$$
$$+ 2a^2 x_1 x_2 y_1 y_2 + 2b^2 x_1 x_2 y_1 y_2$$
$$\stackrel{(1)}{=} a^4 y_2^2 \frac{y_1^2}{b^2} + a^4 y_1^2 \frac{y_2^2}{b^2} + b^4 x_1^2 \frac{x_2^2}{a^2} + b^4 x_2^2 \frac{x_1^2}{a^2} + 2a^2 x_1 x_2 y_1 y_2 + 2b^2 x_1 x_2 y_1 y_2$$
$$= 2a^4 \left(\frac{y_1^2 y_2^2}{b^2} + \frac{x_1 x_2 y_1 y_2}{a^2} \right) + 2b^4 \left(\frac{x_1^2 x_2^2}{a^2} + \frac{y_1 y_2 x_1 x_2}{b^2} \right)$$
$$\stackrel{(3)}{=} 2a^4 \left(\frac{y_1^2 y_2^2}{b^2} - \frac{a^2 y_1^2 y_2^2}{b^4} \right) + 2b^4 \left(\frac{x_1^2 x_2^2}{a^2} - \frac{b^2 x_1^2 x_2^2}{a^4} \right)$$
$$= 2 \frac{a^4}{b^4} y_1^2 y_2^2 (b^2 - a^2) + 2 \frac{b^4}{a^4} x_1^2 x_2^2 (a^2 - b^2)$$
$$= 2a^4 b^4 \left(\frac{y_1^2 y_2^2}{b^8} - \frac{x_1^2 x_2^2}{a^8} \right) (b^2 - a^2) \stackrel{(3)}{=} 0. \qquad \square$$

11.3.11 Satz *Als* Durchmesser *einer Ellipse werden Strecken durch den Mittelpunkt mit Endpunkten auf der Ellipse bezeichnet. Ein Durchmesser teilt die Sehnen, die parallel zu den Tangenten in seinen Endpunkten sind, in zwei gleichlange Teile; vgl. Abb. 11.3.5.*

Beweis Das ist klar für Kreise, also erhalten wir 11.3.11 durch Anwendung affiner Abbildungen. □

Abb. 11.3.5

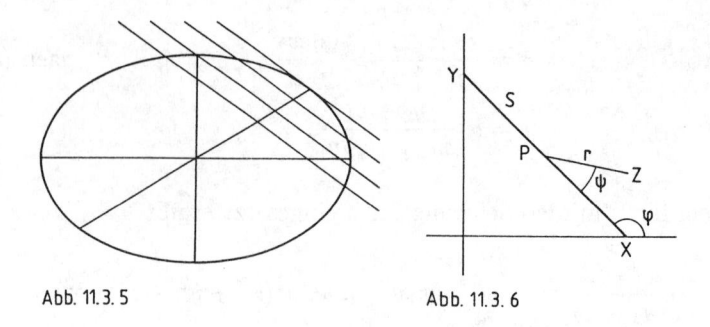

Abb. 11.3.6

11.3.12 Satz über Ellipsenschieber

(a) $\{\mathfrak{a}\cos\varphi + \mathfrak{b}\sin\varphi : 0 \leq \varphi < 2\pi,\ \mathfrak{a},\mathfrak{b} \in \mathbb{R}^2\ linear\ unabhängig\}$ *ist eine Ellipse.*

(b) *Gegeben seien zwei sich schneidende Geraden g und h. Ein Stab S der Länge d sei so gelegt, daß sein Anfangspunkt X auf h und sein Endpunkt Y auf g liegt. An dem Stab S sei unter einem festen Winkel ψ ein weiterer Stab der Länge r im Mittelpunkt P von S befestigt. Das freie Ende dieses Stabes sei Z. Vgl. Abb. 11.3.6. Wird der Stab S auf den beiden Geraden entlang geschoben, so beschreibt Z eine Ellipse, es sei denn, es ist $r = \frac{1}{2}d$, und dann beschreibt Z eine Strecke.*

Beweis (a) folgt durch Anwendung einer affinen Abbildung.

(b) O.B.d.A. sei $g \perp h$; der allgemeine Fall ergibt sich daraus durch Anwendung einer affinen Abbildung. Wir nehmen g und h als die Achsen eines Koordinatensystems von $\mathbb{C} \cong \mathbb{R}^2$ und erhalten; vgl. Abb. 11.3.6:

$$X = (x, 0) \text{ mit } x = d\cos(\pi - \varphi) = -d\cos\varphi,$$
$$Y = (0, y) \text{ mit } y = d\sin(\pi - \varphi) = d\sin\varphi,$$
$$P = \frac{x + iy}{2} \text{ und } Z = \frac{1}{2}(x + iy) + r\cos\alpha - ir\sin\alpha,$$

wobei $-\alpha$ der Winkel zwischen $\overrightarrow{PZ}$ und der Parallelen zur x-Achse durch P ist.

Dann ist $\varphi + \alpha + \psi = \pi$, und es gilt:

$$Z = \frac{x+iy}{2} + r\cos(\pi - (\varphi+\psi)) - ir\sin(\pi - (\varphi+\psi))$$
$$= -\frac{d}{2}\cos\varphi + i\frac{d}{2}\sin\varphi - r\cos(\varphi+\psi) - ir\sin(\varphi+\psi)$$
$$= \cos\varphi \cdot (-\frac{d}{2} - r\cos\psi - ir\sin\psi) + \sin\varphi \cdot (i\frac{d}{2} + r\sin\psi - ir\cos\psi).$$

Sei $\mathfrak{a} := -\frac{d}{2} - r\cos\psi - ir\sin\psi$ und $\mathfrak{b} := r\sin\psi + i(\frac{d}{2} - r\cos\psi)$. Dann ist $Z = \mathfrak{a}\cos\varphi + \mathfrak{b}\sin\varphi$. Wegen (a) bleibt zu zeigen, daß $\mathfrak{a}$ und $\mathfrak{b}$ linear unabhängig sind. Es ist

$$\begin{vmatrix} -\frac{d}{2} - r\cos\psi & -r\sin\psi \\ r\sin\psi & \frac{d}{2} - r\cos\psi \end{vmatrix} = -\frac{d^2}{4} + r^2\cos^2\psi + r^2\sin^2\psi = -\frac{d^2}{4} + r^2.$$

Daraus folgt, daß $\mathfrak{a}$ und $\mathfrak{b}$ genau dann linear unabhängig sind, wenn $d \neq 2r$. Im Falle $d = 2r$ entsteht also eine Strecke. Wir legen nun den Stab so, daß ein Ende im Nullpunkt und P auf der x-Achse liegt. Dann ist OPZ ein gleichschenkliges Dreieck mit dem Winkel $\pi - \psi$ bei P. Deshalb schneidet die Strecke die x-Achse im Winkel $\frac{1}{2}(\pi - (\pi - \psi)) = \frac{1}{2}\psi$, und die halbe Länge der Strecke ist $2 \cdot \frac{d}{2}\cos\frac{\psi}{2} = 2r\cos\frac{\psi}{2}$. □

Pol-Polare, konjugierte Durchmesser

11.3.13 Definition Gegeben sei die Ellipse $\mathcal{K} := \{(x,y) : \frac{x^2}{a^2} + \frac{y^2}{b^2} = 1\}$.
(a) Ist $Q = (q_1, q_2) \neq 0$, so heißt $\text{Pol}(Q) = \{(x,y) : \frac{xq_1}{a^2} + \frac{yq_2}{b^2} = 1\}$ die *Polare* zu Q.
(b) Der *Pol* der Geraden

$$g = \{(x,y) : a_1 x + a_2 y = d\} = \{(x,y) : \frac{\frac{a_1 a^2 x}{d}}{a^2} + \frac{\frac{a_2 b^2 y}{d}}{b^2} = 1\} \quad (d \neq 0)$$

ist der Punkt $\text{Pol}(g) = \left(\frac{a_1 a^2}{d}, \frac{a_2 b^2}{d}\right)$.

11.3.14 Satz
(a) *Die Abbildung* Pol *bildet $\mathbb{R}^2 - \{0\}$ auf das System G der Geraden ab, die nicht durch 0 gehen.* Pol *ist bijektiv und* $\text{Pol}(\text{Pol}(Q)) = Q$, $\text{Pol}(\text{Pol}(g)) = g$.
(b) $Q \in g \iff \text{Pol}(Q) \ni \text{Pol}(g)$, *falls* $Q \in \mathbb{R}^2 - \{0\}$.

(c) *Die Pol-Polaren-Beziehung ist invariant gegenüber* $\mathrm{Aff}(\mathbb{R}^2)$.

(d) $Q \in \mathcal{K} \iff \mathrm{Pol}(Q)$ *ist Tangente an* $\mathcal{K}$ *durch* Q.

Beweis (a)–(c) sind klar.

(d): Nach affinem Koordinatenwechsel sei $\mathcal{K} = S^1 = \{(x,y) : x^2 + y^2 = 1\}$.

„$\Longleftarrow$": Für $Q = (q_1, q_2) \neq 0$ ist $\mathrm{Pol}(Q) = \{(x,y) : xq_1 + yq_2 = 1\}$ und $Q \in \mathrm{Pol}\, Q$ bedeutet $q_1^2 + q_2^2 = 1$, d.h. $Q \in S^1$. Ferner ist $\mathrm{Pol}(Q)$ nach 11.3.7 die Tangente an S^1 in Q.

„$\Longrightarrow$": $q_1^2 + q_2^2 = 1$ impliziert $Q \in \mathrm{Pol}(Q)$. Ist ferner $(x,y) \in \mathrm{Pol}(Q)$, so gilt

$$xq_1 + yq_2 = 1 \implies q_1(x - q_1) + q_2(y - q_2) = 0, \quad (x - q_1, y - q_2)^t \perp (q_1, q_2)^t,$$

d.h. (x,y) liegt auf der Tangente an S^1 durch Q. $\square$

11.3.15 Konstruktion der Polare und des Pols Hier soll nur die Konstruktion der Polare zu einem Punkt beschrieben werden. Die Konstruktion des Pols läuft invers dazu. Wir unterscheiden die Fälle, daß der Punkt innerhalb, auf oder außerhalb der Ellipse liegt.

(a) Der Punkt P, zu dem die Polare konstruiert werden soll, liege innerhalb der Ellipse. Wir legen durch P zwei Geraden, die die Ellipse in jeweils zwei Punkten schneiden und nicht durch den Mittelpunkt gehen. Zu jedem Schnittpunktepaar gehört ein sich schneidendes Tangentenpaar. (Die Tangenten lassen sich nach 11.3.9 mit Zirkel und Lineal konstruieren.) Die Gerade, die durch die beiden Tangentenschnittpunkte geht, ist die zu P gehörende Polare, vgl. Abb. 11.3.7.

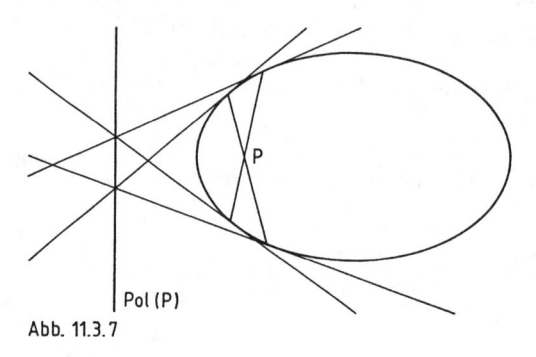

Abb. 11.3.7

(b) Der Punkt P liege auf der Ellipse. Dann ist die Polare die durch P

Abb. 11.3.8   Abb. 11.3.9

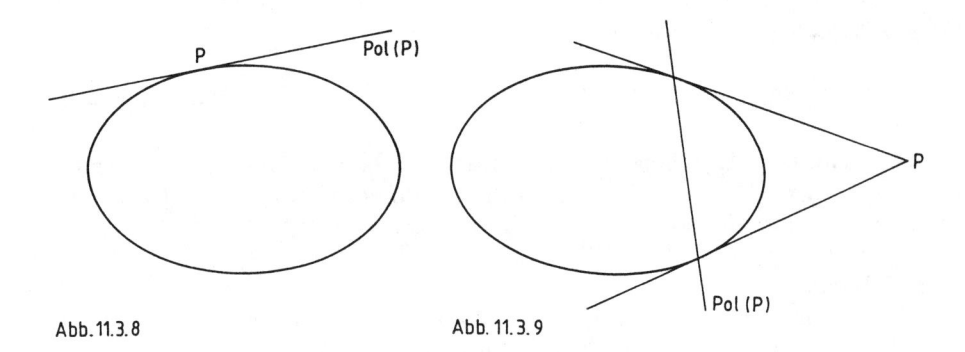

(c) Der Punkt P liegt außerhalb der Ellipse, vgl. Abb. 11.3.9. Wir zeichnen das Tangentenpaar an die Ellipse, das sich im Punkt P schneidet. Die Gerade durch die Berührpunkte der Tangenten an die Ellipse ist die gesuchte Polare.

11.3.16 Beispiel Sei $\mathcal{K} = S^1$. Gesucht ist die Polare zu $Q \in \mathbb{R}_+$, $0 < Q < 1$. Ein Punkt $Q = (q, 0)$ hat die Polare $\{(x, y) \colon qx = 1\}$, d.h. die Gerade senkrecht zur x-Achse durch den Punkt $1/Q$. Wir wählen nun eine zweite Gerade g durch Q, die also nicht durch den Ursprung O läuft, legen an deren Schnittpunkte mit dem Kreis die Tangente. Nun sei P' der Schnittpunkt der Tangenten und P der Schnittpunkt der Gerade durch O und P' mit g. Dann ist P das Lot von O auf g und der Mittelpunkt der im Kreis liegenden Teilstrecke von g. Ferner sei R der Fußpunkt des Lotes von P' auf die x-Achse. Nach Abb. 11.3.10 gilt

$$\cos \varphi = \frac{|OP|}{|OQ|} = \frac{|OR|}{|OP'|} = |OR| \cdot |OP| \implies |OR| = \frac{1}{|OQ|};$$

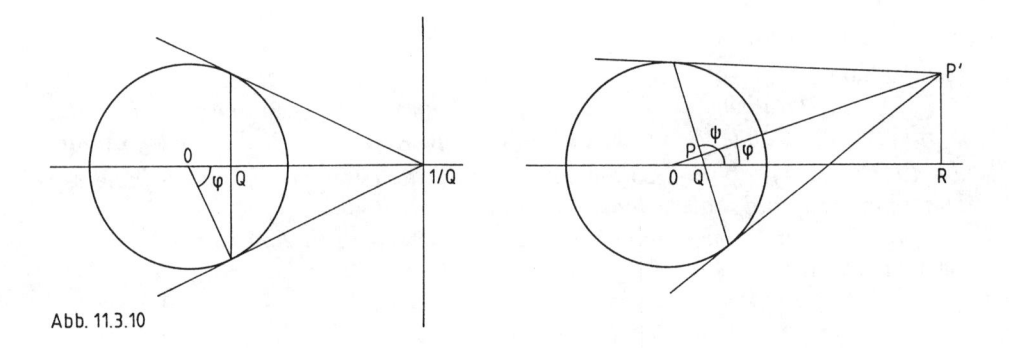

Abb. 11.3.10

dabei wird die Gleichung $|OP||OP'| = 1$ durch eine Drehung aus dem am Anfang behandelten Spezialfall gewonnen.

Übrigens ergibt dies eine Konstruktion von $1/Q$ mit Zirkel und Lineal.

11.3.17 Definition Gegeben sei eine Ellipse $\frac{x^2}{a^2} + \frac{y^2}{b^2} = 1$. Die Strecken der Geraden $g_1 x + g_2 y = 0$ und $h_1 x + h_2 y = 0$ innerhalb der Ellipse heißen *konjugierte Durchmesser der Ellipse*, wenn gilt: $a^2 g_1 h_1 + b^2 g_2 h_2 = 0$.

11.3.18 Lemma

(a) *Konjugierte Durchmesser eines Kreises stehen senkrecht aufeinander.*

(b) *Aus dem Kreis $x'^2 + y'^2 = 1$ entsteht durch die affine Abbildung $x' = x/a$, $y' = y/b$ eine Ellipse. Unter affinen Abbildungen sind die Bilder konjugierter Durchmesser wieder konjugierte Durchmesser. Konjugiert-Sein ist also für Durchmesser eine affine Invariante.*

B e w e i s $(\cos\varphi, \sin\varphi)$ und $(-\sin\varphi, \cos\varphi)$ definieren die Geraden

$$\sin\varphi\, x' + (-\cos\varphi) y' = 0 \quad \text{bzw.} \quad \cos\varphi\, x' + \sin\varphi\, y' = 0,$$

die offenbar nach Definition konjugierte Durchmesser ergeben. Durch Anwendung der in (b) angegebenen affinen Abbildung ergeben sich die Geraden

$$\frac{\sin\varphi}{a} x - \frac{\cos\varphi}{b} y = 0 \quad \text{und} \quad \frac{\cos\varphi}{a} x + \frac{\sin\varphi}{b} y = 0.$$

Offenbar ist die definierende Eigenschaft von 11.3.17 erfüllt:

$$a^2 \frac{\sin\varphi}{a} \cdot \frac{\cos\varphi}{a} + b^2 \frac{(-\cos\varphi)}{b} \cdot \frac{\sin\varphi}{b} = 0. \qquad \square$$

11.3.19 Satz

(a) *Ein Parallelogramm umläuft eine Ellipse, wenn jede Seite des Parallelogramms eine Tangente an die Ellipse ist, vgl. Abb. 11.3.11. Parallelogramme, die die Ellipse $\frac{x^2}{a^2} + \frac{y^2}{b^2} = 1$ so umlaufen, daß ihre Seiten parallel zu konjugierten Durchmessern sind, haben denselben Flächeninhalt $4ab$.*

(b) *Die Quadratsumme der Längen konjugierter Durchmesser ist fest, und zwar gleich $4(a^2 + b^2)$.*

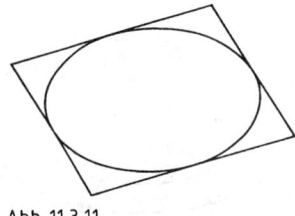

Abb. 11.3.11

B e w e i s (a) Nach 11.3.18 (a) sind die Bilder konjugierter Durchmesser des Einheitskreises unter affiner Abbildung wieder konjugierte Durchmesser. Ein Parallelogramm, das den Einheitskreis wie gewünscht umfaßt, ist ein Quadrat mit Seitenlänge 2 und Mittelpunkt 0. Es gilt aber, wenn wir die affine Abbildung von 11.3.18 (b) benutzen:

$$4 = \iint_\Box dx'dy' = \iint_P \left|\frac{\partial(x',y')}{\partial(x,y)}\right| dxdy = \frac{1}{ab}\iint_P dxdy.$$

Hier deutet $\Box$ (wie Quadrat) bzw. P (wie Parallelogramm) an, daß es sich um die Situation bei dem Einheitskreis bzw. der Ellipse handelt.

(b) Konjugierte Durchmesser ergeben die Vektoren
$2\begin{pmatrix} a\cos\varphi \\ b\sin\varphi \end{pmatrix}$, $2\begin{pmatrix} -a\sin\varphi \\ b\cos\varphi \end{pmatrix}$. Für die Quadratsumme der Längen ergibt sich dann:

$$4(a^2\cos^2\varphi + b^2\sin^2\varphi + a^2\sin^2\varphi + b^2\cos^2\varphi) = 4(a^2+b^2). \qquad \Box$$

Ohne Beweis wollen wir noch ein schönes Ergebnis von C. Gravert angeben. Ein Beweis findet sich in [Blaschke, 92.III].

11.3.20 Satz *Um eine Ellipse $\mathcal{E}$ wird ein geschlossener Faden gelegt und von einem Punkt X aus gespannt. Dann ist X auf einer Ellipse $\mathcal{E}_1$ mit denselben Brennpunkten wie $\mathcal{E}$ beweglich, vgl. Abb. 11.3.12.*

Abb. 11.3.12

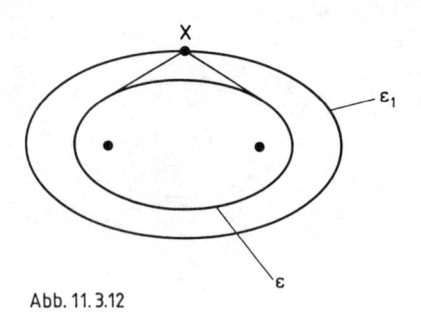

11.4 Hyperbeln

Hyperbeln erhalten wir nach 11.2.4, indem wir für ε die Einschränkung $|\varepsilon| > 1$ machen. Daraus ergibt sich, daß die Gesamtenergie E eines sich auf einer Hyperbelbahn bewegenden Körpers positiv ist. In Anlehnung an die Formeln und Bezeichnungen für Ellipsen in 11.3.1 definieren wir folgende Begriffe:

11.4.1 Definition Für die Hyperbel $r = \frac{p}{1+\varepsilon \cos \varphi}$ mit $|\varepsilon| > 1$ sei:

$$a = \frac{p}{\varepsilon^2 - 1}, \quad b = \frac{p}{\sqrt{\varepsilon^2 - 1}}, \quad c = \frac{\varepsilon p}{\varepsilon^2 - 1}, \quad \text{also } c^2 = a^2 + b^2.$$

Die Geraden durch den Mittelpunkt $-c$ unter den Winkeln φ_0 mit $1+\varepsilon \cos \varphi_0 = 0$ heißen die *Asymptoten der Hyperbel*. Die große Halbachse bildet mit der Asymptoten und der Scheiteltangente ein rechtwinkliges Dreieck, dessen vertikale Kathete die Länge b hat, vgl. Abb. 11.4.1. Die Punkte $(0,0)$ und $(-2c, 0)$ heißen *Brennpunkte der Hyperbel*. Die von den Brennpunkten ausgehenden Strahlen mit Endpunkt auf der Hyperbel heißen *Brennstrahlen*.

11.4 Hyperbeln

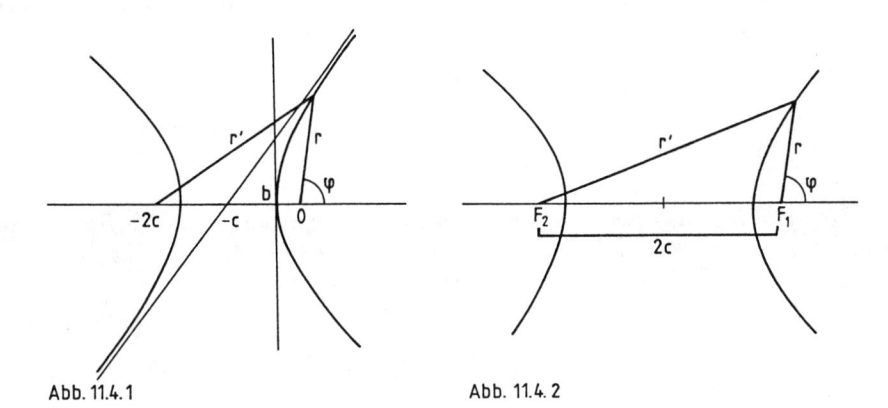

Abb. 11.4.1   Abb. 11.4.2

11.4.2 Satz *Die Differenz der Längen der Brennstrahlen r und r' einer Hyperbel ist konstant gleich $2a$. Es ist $r' - r = \pm 2a$.*

B e w e i s   Vgl. Abb. 11.4.2. Nach dem Cosinussatz ist

$$r'^2 = (2c)^2 + r^2 - 2(2c)r\cos\varphi \quad \Longrightarrow$$
$$(2a+r)^2 - r'^2 = 4a^2 + 4ar + r^2 - 4c^2 - r^2 + 4cr\cos\varphi$$
$$= 4\left(\frac{p^2 - \varepsilon^2 p^2}{(\varepsilon^2 - 1)^2} + \frac{p^2 + \varepsilon p^2 \cos\varphi}{(\varepsilon^2 - 1)(1 + \varepsilon\cos\varphi)}\right) = 0. \quad \square$$

Nehmen wir als neuen Koordinatenursprung den Punkt $-c$, so erhalten wir aus $r = \sqrt{(c-x)^2 + y^2}$, $r' = \sqrt{(c+x)^2 + y^2} = 2a + r$, daß

$$0 = (2a+r)^2 - (c+x)^2 - y^2 = 4a^2 + 4ar - 4cx \quad \Longrightarrow a^2 r^2 = (a^2 - cx)^2, \text{ d.h.}$$
$$a^2 c^2 - 2a^2 cx + a^2 x^2 + a^2 y^2 = a^4 - 2a^2 cx + c^2 x^2 \quad \Longrightarrow$$
$$(c^2 - a^2)x^2 - a^2 y^2 = -a^4 + a^2 c^2 = a^2(c^2 - a^2) = a^2 b^2.$$

Damit haben wir die erste Aussage des folgenden Satzes gezeigt:

11.4.3 Satz
(a) *Eine Hyperbel wird definiert durch*

$$\frac{x^2}{a^2} - \frac{y^2}{b^2} = 1 \quad (\text{Ursprungsform}).$$

Hierbei liegt der Mittelpunkt der Hyperbel im Koordinatenursprung.

(b) *Für den allgemeinen Mittelpunkt $M = (x_M, y_M)$ erhält die Hyperbel die Gleichung*

$$\frac{(x - x_M)^2}{a^2} - \frac{(y - y_M)^2}{b^2} = 1 \quad (\text{Verschiebungsform}).$$

(c) *Wird insbesondere der Koordinatenursprung in einen Hauptscheitel, d.h. einem der beiden Punkte der Hyperbel, die dem Mittelpunkt am nächsten liegen, gelegt, so entsteht die* Scheitelgleichung

$$y^2 = 2px - (1 - \varepsilon^2)x^2.$$

(d) *Für $a, b \in \mathbb{R}$, $a \neq 0 \neq b$, ist $\{(\pm a \cosh t, b \sinh t) : t \in \mathbb{R}\}$ eine Hyperbel.*

B e w e i s (a) ist schon bewiesen, (b) und (c) sind klar.

(d): Es gilt:

$$\cosh t = \frac{e^t + e^{-t}}{2}, \quad \sinh t = \frac{e^t - e^{-t}}{2} \implies \cosh^2 t - \sinh^2 t = 1.$$

Gilt $u^2 - v^2 = 1$, dann gibt es ein t, so daß

$$u = \pm \cosh t, \quad v = \sinh t.$$

Damit ist (d) für $a = b = 1$ gezeigt. Der allgemeine Fall folgt durch Anwendung einer affinen Abbildung. □

11.4.4 Differentiationsregeln

$$\frac{d}{dt} \cosh t = \sinh t, \quad \frac{d}{dt} \sinh t = \cosh t.$$

11.4.5 Winkelsatz für Hyperbeln
Bei jedem Punkt einer Hyperbel sind die Winkel, die von je einem Brennstrahl und der Hyperbeltangente in diesem Punkt gebildet werden, gleich groß.

11.4 Hyperbeln

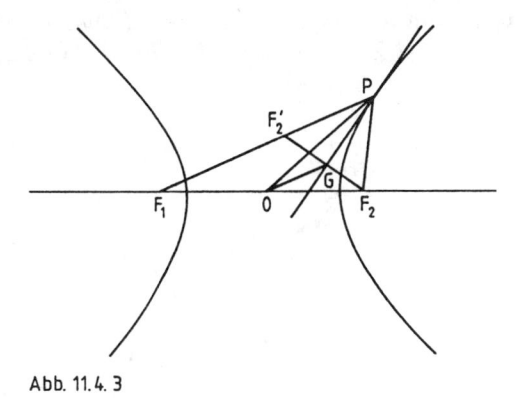

Abb. 11.4.3

Beweis Vgl. Abb. 11.4.3. Wird bei der Hyperbel die Strecke $\overline{F_1F_2'} = r_1$ um das Stück von der Länge $|F_2P| = r_2$ bis auf F_2' verkürzt, so erhalten wir die analoge Situation wie in 11.3.8 und 11.3.9 für die Ellipse. Unter Hinzuziehen der Beziehung $r_1 - r_2 = 2a$ können wir analog zu 11.3.8,9 die Koordinaten von G, des Fußpunktes der Mittelsenkrechten auf $\overline{F_2F_2'}$ im gleichschenkligen Dreieck F_2PF_2', bestimmen:

$$G = \frac{1}{r_1}(2ac + ax_0, ay_0),$$

und zeigen, daß die Koordinaten von G die Tangentengleichung

$$\frac{x_0 x}{a^2} - \frac{y_0 y}{b^2} = 1$$

für die Hyperbel durch den Punkt $P = (x_0, y_0)$ erfüllt. (Die Tangentengleichung entsteht wieder durch Ableiten.)

Da das Dreieck F_2PF_2' gleichschenklig ist, gilt:

$$\sphericalangle(P; F_2, G) = \sphericalangle(P; F_2', G) = \sphericalangle(P; F_1, G). \qquad \square$$

Durch eine Limesbetrachtung gewinnen wir

11.4.6 Satz *Die Hyperbel $\frac{x^2}{a^2} - \frac{y^2}{b^2} = 1$ besitzt die Asymptoten*

$$\{(x,y) \in \mathbb{R}^2 \colon \frac{y}{b} = \delta\frac{x}{a}\} \text{ mit } \delta \in \{1, -1\}. \qquad \square$$

434　11 Affine Geometrie

11.4.7 Inhaltssatz *Gegeben sei die Hyperbel $\frac{x^2}{a^2} - \frac{y^2}{b^2} = 1$ mit ihren beiden Asymptoten. Die Tangente an die Hyperbel in einem Punkt X treffe die Asymptoten in X_1 und X_{-1}. Dann ist X Mittelpunkt der Strecke $\overline{X_1 X_{-1}}$ und der Inhalt des Dreiecks $X_1 O X_{-1}$ ist $a \cdot b$. Vgl. Abb. 11.4.4.*

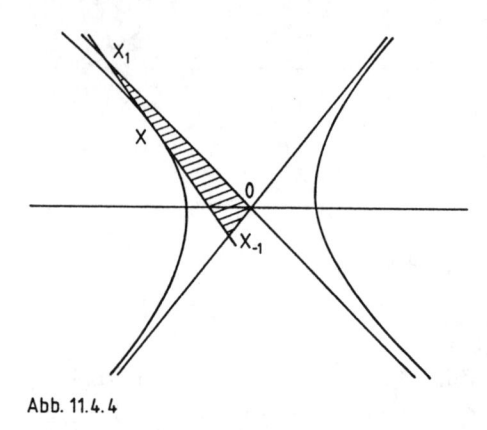

Abb. 11.4.4

B e w e i s　Die oben benutzten Punkte mögen folgende Koordinaten haben:

$$X = (x_0, y_0) \quad \text{mit} \quad \frac{x_0^2}{a^2} - \frac{y_0^2}{b^2} = 1, \quad X_i = (x_i, y_i).$$

Außerdem gilt:

$$\frac{xx_0}{a^2} - \frac{yy_0}{b^2} = 1 \qquad \text{(Tangentengleichung)},$$

$$\frac{y}{b} = \delta \frac{x}{a}, \quad \delta \in \{-1, 1\} \qquad \text{(Asymptotengleichung)}.$$

Mit Hilfe dieser Gleichungen errechnen sich die Koordinaten des Schnittpunktes zu:

$$x_\delta = \frac{a^2 b}{x_0 b - \delta y_0 a}, \quad y_\delta = \frac{\delta a b^2}{x_0 b - \delta y_0 a}$$

und der Mittelpunkt der Strecke zwischen den beiden Schnittpunkten ist

$$\frac{1}{2}((x_1, y_1) + (x_{-1}, y_{-1})) = (x_0, y_0).$$

Zur Berechnung des Flächeninhalts betrachten wir zunächst den Fall $a = b = 1$. Dann stehen die Asymptoten senkrecht aufeinander und für den Inhalt gilt

$$I = \frac{1}{2} \cdot |OX_1| \cdot |OX_{-1}|$$
$$= \frac{1}{2} \cdot \sqrt{\frac{1}{(x_0 - y_0)^2} + \frac{1}{(x_0 - y_0)^2}} \cdot \sqrt{\frac{2}{(x_0 + y_0)^2}}$$
$$= \frac{1}{2} \cdot \sqrt{\frac{4}{(x_0^2 - y_0^2)^2}} = \frac{1}{2} \cdot \sqrt{\frac{4}{1}} = 1.$$

Der Flächeninhalt ist also unabhängig von der Wahl des Punktes $X = (x_0, y_0)$. Den allgemeinen Fall erhalten wir durch die affine Abbildung:

$$(x, y) \mapsto (x', y') = (ax, by);$$

dann ist:
$$I = \iint_{\Delta'} dx' dy' = \iint_{\Delta} ab \, dx dy = ab \cdot 1. \qquad \square$$

11.5 Parabeln

Aus der Gleichung 11.2.4 erhalten wir Parabeln für $|\varepsilon| = 1$; o.B.d.A. sei $\varepsilon = -1$:

$$r = \frac{p}{1 - \cos \varphi}.$$

Parabeln nehmen in der Menge der Kegelschnitte insofern eine Sonderstellung ein, als daß ein sich auf einer Parabelbahn bewegender Körper die Gesamtenergie Null hat.

11.5.1 Parabeln als Limes von Ellipsen Die Parabel stellt einen Übergang von der Ellipse (geschlossene Bahn) zur Hyperbel (offene Bahn) dar. Wir können die Menge aller Parabeln

$$\mathcal{P}_p = \{re^{i\varphi} : r = \frac{p}{1 - \cos \varphi}\}, \quad p \in \mathbb{R}_+,$$

als Limes $\varepsilon \to 1$ der Menge aller Ellipsen betrachten:

$$\mathcal{E}_{p,\varepsilon} = \{re^{i\varphi} : r = \frac{p}{1 - \varepsilon \cos \varphi}\}, \quad p \in \mathbb{R}_+, |\varepsilon| < 1.$$

11 Affine Geometrie

Der eine Brennpunkt der Ellipse (gegeben in der Scheitelgleichung) ist $\frac{p}{1+\varepsilon}$, er geht beim Grenzübergang nach $\frac{p}{2}$; der andere Ellipsenbrennpunkt $\frac{p}{1-\varepsilon}$ wird nach ∞ überführt. Ebenso geht dabei der Mittelpunkt der Ellipse nach ∞.

Auf Grund dieses Grenzwertprozesses ergeben sich für die Parabel folgende Sätze:

11.5.2 Satz *Wird der Koordinatenursprung in den Scheitel der Parabel gelegt, zeigt sie nach rechts und fällt die x-Achse mit der Parabelachse zusammen, so lautet die beschreibende Gleichung der Parabel:*

$$y^2 = 2px \quad (\text{Scheitelgleichung der Parabel}).$$

B e w e i s   Mit 11.3.6 gilt für eine Ellipse mit gleichem Parameter p

$$y^2 = 2px - (1 - \varepsilon^2)x^2.$$

Mit $\varepsilon \to 1$ erhalten wir die behauptete Gleichung. □

11.5.3 Lemma *Liegt der Koordinatenursprung nicht im Parabelscheitel, so gilt*

$$(y - y_s)^2 = 2p(x - x_s) \quad (\text{Verschiebungsform}),$$

wobei (x_s, y_s) die Koordinaten des Parabelscheitels sind. □

11.5.4 Satz *Die Parabel von 11.5.2 ist der geometrische Ort aller Punkte, die von einem festen Punkt F, dem Brennpunkt, und einer festen Geraden g (Leitlinie) gleichweit entfernt sind. Die Leitlinie steht senkrecht auf der Parabelachse und schneidet diese im Abstand $\frac{p}{2}$ vom Scheitel auf der dem Brennpunkt entgegengesetzten Seite, vgl. Abb. 11.5.1.*

B e w e i s   Sei (x, y) ein Punkt auf der Parabel und $\mathfrak{r}_1$ der Vektor senkrecht auf g durch (x, y) und $\mathfrak{r}_2$ der Vektor von F dorthin. Zu zeigen ist $\|\mathfrak{r}_1\| = \|\mathfrak{r}_2\|$. Es ist

$$\mathfrak{r}_1 = (x + \frac{p}{2}, 0), \quad \mathfrak{r}_2 = (x - \frac{p}{2}, y).$$

Also gilt:

$$\|\mathfrak{r}_1\| = \sqrt{x^2 + px + \frac{p^2}{4}},$$

$$\|\mathfrak{r}_2\| = \sqrt{x^2 - px + \frac{p^2}{4} + y^2} = \sqrt{x^2 + px + \frac{p^2}{4}}, \quad \text{da } y^2 = 2px. \quad \square$$

11.5 Parabeln   437

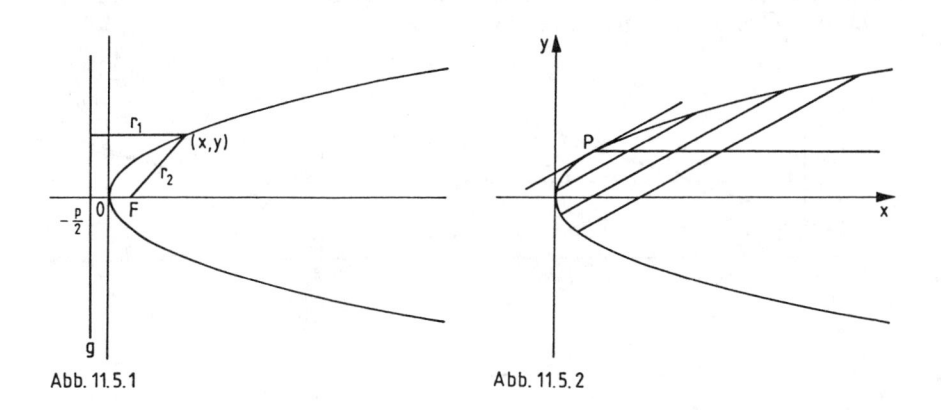

Abb. 11.5.1

Abb. 11.5.2

11.5.5 Definition Unter einem *Durchmesser der Parabel* verstehen wir eine Halbgerade, die zur Parabelachse parallel ist, deren Endpunkt auf der Parabel liegt und die mindestens eine Strecke schneidet, deren Endpunkte auf der Parabel liegen.

11.5.6 Lemma *Ein Durchmesser teilt jede Sehne, die der Tangente im Endpunkt des Durchmessers parallel ist, in zwei gleich lange Teile. Ist die Steigung dieser Sehne gleich K, so lautet die Gleichung des Durchmessers $y = p/K$.*

B e w e i s   Ergibt sich aus 11.3.11 und 11.5.1. □

11.5.7 Winkelsatz für Parabeln *Gegeben seien eine Parabel $y^2 = 2px$ und ein Punkt $P = (x_0, y_0)$ auf der Parabel. Der Winkel zwischen der Tangente an die Parabel in P und dem in P endenden Durchmesser ist gleich dem Winkel zwischen der Tangente und dem Brennstrahl $\overrightarrow{FP}$, vgl. Abb. 11.5.3.*

B e w e i s   Das folgt mit 11.5.1 aus 11.3.9. □

11.5.8 Lotsatz für Parabeln *Eine Parabel sei durch $y^2 = 2px$ gegeben. Die Fußpunkte der Lote durch den Brennpunkt F auf beliebige Tangenten an die Parabel liegen alle auf der Geraden h, die senkrecht zur Parabelachse steht und die Parabel im Scheitelpunkt (= Koordinatenursprung) berührt, vgl. Abb. 11.5.4.*

438   11 Affine Geometrie

Beweis   Hier handelt es sich um das Analogon zu 11.3.8, woraus es auch durch den Grenzübergang 11.5.1 folgt.   □

Abb. 11.5.3

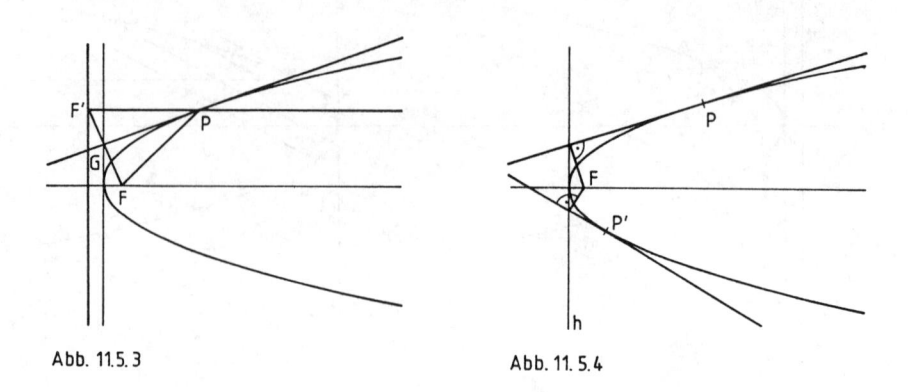

Abb. 11.5.4

11.5.9 Längensatz für Parabeln *Vgl. Abb. 11.5.5. Gegeben sei eine Parabel $\mathcal{P}$ durch $r = \frac{p}{1-\cos\varphi}$, ferner beliebige Punkte auf der Parabel, ebenso ihre Brennstrahlen und die Durchmesser durch diese Punkte. Ist h eine Gerade, die alle Durchmesser senkrecht schneidet, so sind für alle Punkte X der Parabel die Summen aus Länge des Brennstrahls und Länge der Strecke des Durchmessers d bis zum Schnittpunkt Q mit h gleich:*

$$d(F,X) + d(X,Q) = \text{const}, \quad \forall X \in \mathcal{P}.$$

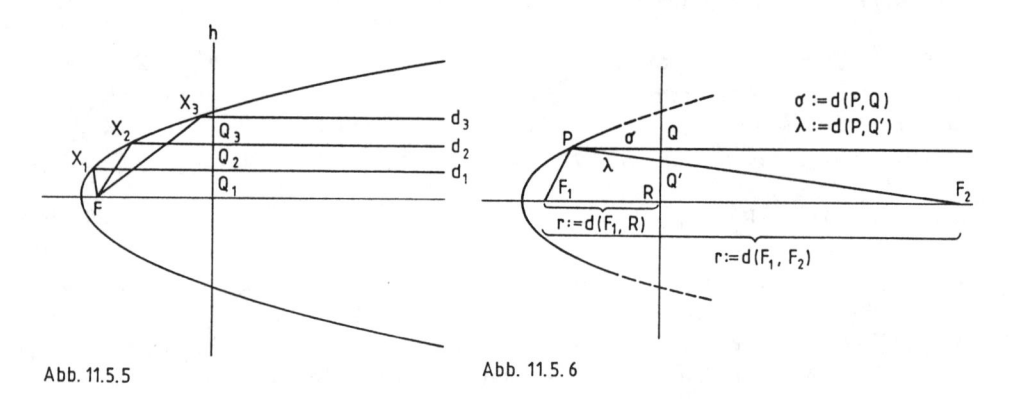

Abb. 11.5.5

Abb. 11.5.6

Beweis   Aus Abb. 11.5.1 und Satz 11.5.4 folgt, daß $d(F,X)$ gleich dem Abstand von X zur Leitlinie ist, und deshalb ist $d(F,X) + d(X,Q)$ gleich dem Abstand von h zur Leitlinie, also konstant.

Ein anderer Beweis ergibt sich aus der Gärtnerkonstruktion für Ellipsen: wir betrachten Ellipsen $r = \frac{p}{1-\varepsilon \cos \varphi}$ mit demselben p und lassen $\varepsilon \to 1$ gehen. Dann entsteht Abb. 11.5.6. Ist nun $T \ll \tau$, so ist λ ungefähr gleich σ und die Behauptung ergibt sich durch Grenzübergang. □

Der Wirkung der Parabolspiegel liegt der Winkelsatz 11.5.7 und der Längensatz 11.5.9 zu Grunde.

12 Projektive Geometrie

In der affinen Geometrie war es erforderlich, Fallunterscheidungen der Art „parallel oder nicht-parallel" zu machen. Durch Einführung uneigentlicher Punkte läßt sich dieses vermeiden, und es können dann Fragen über Schnitte von Unterräumen o.ä. einfacher behandelt werden. Wir führen in diese „projektive" Theorie ein, indem wir sie zunächst für Ebenen entwickeln. Danach wird die allgemeine Theorie besprochen. Am Ende beschäftigen wir uns wieder mit der projektive Ebene und verwenden sie in Kapitel 13 auch, um in die nicht-euklidische Geometrien einzuführen.

12.1 Die projektive Ebene

Affine und projektive Ebenen

Wir beginnen mit einer anschaulichen Beschreibung der projektiven Ebene, stets im Vergleich mit affinen Ebenen.

12.1.1 In einer affinen Ebene A über einem Körper K gelten die folgenden Aussagen:

(I) *Durch je zwei verschiedene Punkte geht genau eine Gerade.*

(II) *Zu jeder Geraden g und jedem Punkt P, der nicht auf g liegt, gibt es genau eine Gerade durch P, die g nicht schneidet.*

(III) *Es gibt drei Punkte, die nicht auf einer Geraden liegen.*

Wir können die affine Geometrie ohne den Körperbegriff axiomatisch betreiben: Gegeben seien zwei nichtleere, disjunkte Mengen $\mathcal{P}$ und $\mathcal{G}$ und eine Funktion
$$f\colon \{(P,Q) \in \mathcal{P} \times \mathcal{P} : P \neq Q\} \to \mathcal{G}.$$
Die Elemente von $\mathcal{P}$ bzw. $\mathcal{G}$ heißen „Punkte" bzw. „Geraden". Wenn $f(P,Q) = g$ gilt für ein Q, sagen wir, *die Gerade g geht durch den Punkt P* oder *der Punkt P liegt auf der Geraden g*. Zwei Geraden *schneiden sich*, wenn es einen Punkt $P \in \mathcal{P}$ gibt, der auf beiden Geraden liegt.

12.1.2 Definition Wenn für die Mengen $\mathcal{P}, \mathcal{G}$ und die Funktion f die Eigenschaften (I) — (III) gelten, so heißt das Tripel $(\mathcal{P}, \mathcal{G}, f)$ eine *affine Ebene*. Zwei Geraden einer affinen Ebene heißen *parallel*, wenn sie gleich sind oder sich nicht

12.1 Die projektive Ebene

schneiden. Eine affine Ebene über einem Körper, wie sie in 4.7.1 erklärt ist, ist auch eine affine Ebene in dem jetzt gegebenen abstrakten Sinne. Wir werden den Sonderfall als *affine Ebene über einem Körper* hervorheben. Wie wir sehen werden, gibt es abstrakte affine Ebenen, die sich nicht über einem Körper erklären lassen, vgl. 12.1.15.

Je zwei verschiedene Geraden einer affinen Ebene schneiden sich entweder in genau einem Punkt oder sie sind parallel. Die Existenz paralleler Geraden in affinen Ebenen hat zur Folge, daß in den Sätzen und Beweisen der affinen Geometrie eine oft mühsame Fallunterscheidung notwendig ist, je nachdem, ob dabei parallele Geraden auftreten oder nicht. Dieses wollen wir nun am Beispiel zweier wichtiger Sätze demonstrieren.

Dazu betrachten wir die affine Ebene über einem Körper, etwa über $\mathbb{R}$. Aus geometrischen Sätzen über Bewegungen oder Ähnlichkeiten oder aber analytisch mittels Vektorrechnung erschließen wir

12.1.3 Satz von Desargues *In einer affinen Ebene über einem Körper gilt: Sind in Abb. 12.1.1 (a,b) die dick ausgezogenen Strecken, die mit einem bzw. zwei Strichen bezeichnet sind, parallel, so auch die mit drei Strichen bezeichneten.*

Von anderer Art erscheint die Figur 12.1.1 (c). Hier ist die Aussage: Wenn die mit g und h bezeichneten Strecken parallel sind, so ist auch die mit k bezeichnete Verbindungsgerade der beiden Schnittpunkte zu g und h parallel.

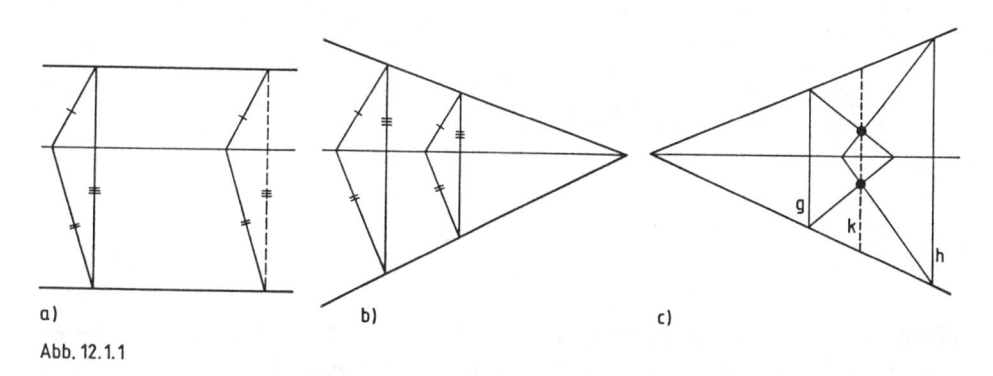

Abb. 12.1.1

Ein Beweis mit den uns bekannten Hilfsmitteln ist langwierig. Wir werden bald sehen, daß es sich in den drei Figuren „im wesentlichen" um dasselbe handelt. Ein anderes Beispiel von „gleichen" „Schließungssätzen" ist:

12.1.4 Satz von Pappus-Pascal *In einer affinen Ebene über einem Körper gilt: Sind in Abb. 12.1.2 (a,b) die mit einem Querstrich bzw. mit zwei Querstrichen* *bezeichneten Strecken parallel, so auch die mit drei Querstrichen. In Abb. 12.1.2 (c) liegen die entsprechenden Schnittpunkte auf einer Geraden.*

Hier sind Abb. 12.2.2 (a) und (b) schnell zu erschließen; jedoch ist es schwerer einzusehen, daß in Abb. 12.2.2 (c) die drei Schnittpunkte A, B, C auf einer Geraden liegen. Die „Gleichheit" der obigen Figuren erreichen wir auf die folgende Weise: Ordnen wir jeder Parallelenschar von Geraden einen „uneigentlichen" Punkt zu und fassen die Menge aller uneigentlichen Punkte als die „uneigentliche" Gerade auf, so wird in allen der obigen Figuren nur ausgesagt, daß drei eigentliche oder uneigentliche Punkte auf einer eigentlichen oder uneigentlichen Geraden liegen. Wir wollen nun die Sonderstellung der uneigentlichen Geraden aufheben und formalisieren wie folgt:

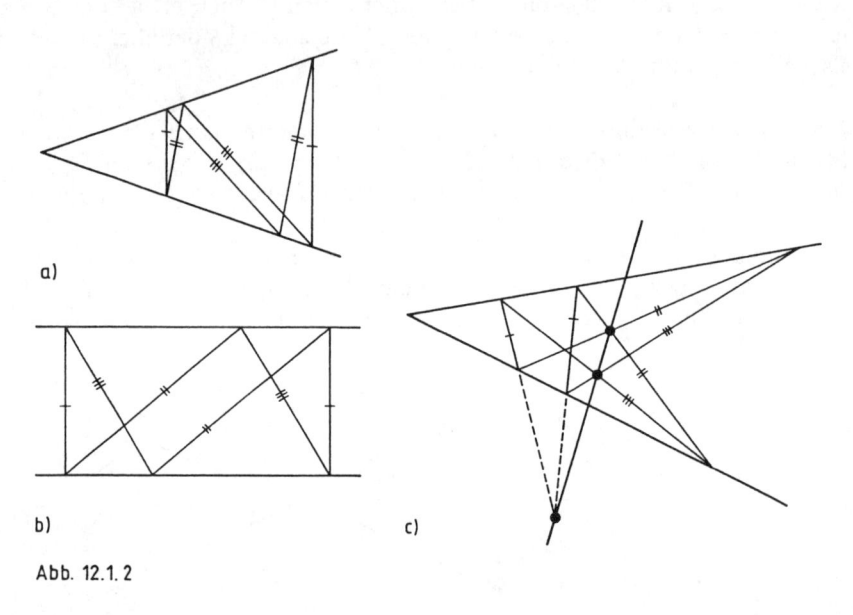

Abb. 12.1.2

12.1.5 Definition Wenn für die Mengen $\mathcal{P}$, $\mathcal{G}$ und die Funktion f die Eigenschaften (I) und (III) gelten sowie die folgende Eigenschaft (II'), so heißt das Tripel $(\mathcal{P}, \mathcal{G}, f)$ eine *projektive Ebene*; wir benutzen auch oft das Symbol $\mathbb{P}$ oder $\mathbb{P}^2$.

(II') *Je zwei verschiedene Geraden schneiden sich in genau einem Punkt.*

Wir vergleichen die Definitionen 12.1.2 und 12.1.5. Es sei $(\mathcal{P}', \mathcal{G}', f')$ eine projektive Ebene. Wir wählen eine feste Gerade $g_0 \in \mathcal{G}'$; es sei $\mathcal{P}_0 \subset \mathcal{P}'$ die

Menge aller Punkte auf g_0. Wir setzen

$$\mathcal{P} = \mathcal{P}' - \mathcal{P}_0 \quad \text{und} \quad \mathcal{G} = \mathcal{G}' - \{g_0\}.$$

Ist $P, Q \in \mathcal{P}, P \neq Q$, so ist die Gerade durch P und Q von g_0 verschieden. Daher können wir

$$f \colon \{(P, Q) \in \mathcal{P} \times \mathcal{P} : P \neq Q\} \to \mathcal{G}, \quad f(P, Q) := f'(P, Q)$$

definieren. Offenbar gilt:

12.1.6 Satz *Das Tripel $(\mathcal{P}, \mathcal{G}, f)$ ist eine affine Ebene. Zwei Geraden in $\mathcal{G}$ sind genau dann parallel, wenn sie sich – als Geraden in $\mathcal{G}'$ betrachtet – in einem Punkt aus $\mathcal{P}_0$ schneiden.* □

Kurz: Wird einer projektiven Ebene eine Gerade g_0 herausgenommen, so bleibt eine affine Ebene übrig. Zwei Geraden der affinen Ebene sind dann deswegen parallel, weil sie sich in einem Punkt der projektiven Ebene schneiden, der herausgenommen wurde. Umgekehrt kann jede affine Ebene durch Hinzunahme einer neuen Geraden zu einer projektiven Ebene erweitert werden. Nun führen wir das vor 12.1.5 Angedeutete durch:

12.1.7 Definition und Satz *Sei $(\mathcal{P}, \mathcal{G}, f)$ eine affine Ebene. Für $g \in \mathcal{G}$ heißt die Menge R_g aller zu g parallelen Geraden eine* Parallelenschar *oder eine* Richtung. *Sei $\mathcal{P}_0$ die Menge aller Richtungen, und sei g_0 ein Symbol. Wir setzen $\mathcal{P}' = \mathcal{P} \cup \mathcal{P}_0$, $\mathcal{G}' = \mathcal{G} \cup \{g_0\}$ und erweitern die Funktion f zu*

$$f' \colon \{(P, Q) \in \mathcal{P}' \times \mathcal{P}' : P \neq Q\} \to \mathcal{G}'$$

wie folgt:
  (i) *Ist $P = R_g \in \mathcal{P}_0$ und $Q \in \mathcal{P}$, so sei $f'(P, Q)$ die durch Q gehende Gerade der Schar R_g (sie ist nach (II) eindeutig bestimmt).*
  (ii) *Ist $P \in \mathcal{P}$ und $Q \in \mathcal{P}_0$, so sei $f'(P, Q) = f'(Q, P)$.*
  (iii) *Ist $P, Q \in \mathcal{P}_0$, so sei $f'(P, Q) = g_0$.*
Dann ist $(\mathcal{P}', \mathcal{G}', f')$ eine projektive Ebene, in der g_0 eine Gerade der projektiven Ebene und $\mathcal{P}_0$ die Menge der Punkte auf g_0 ist. □

Bei dieser Konstruktion nennen wir die Punkte von $\mathcal{P}_0$, die neu zur affinen Ebene hinzukommen, die *uneigentlichen Punkte*, und die Gerade g_0, die neu zur affinen Ebene hinzukommt, die *uneigentliche Gerade*. Jedoch hat diese Bezeichnung nur vom affinen Standpunkt aus einen Sinn. In den projektiven Ebenen sind je zwei Geraden gleichberechtigt, und wegen 12.1.6 kann jede Gerade einer projektiven Ebene die uneigentliche Gerade sein; denn egal, welche Gerade herausgenommen wird, es bleibt eine affine Ebene übrig.

Weil eine affine Ebene damit Teil einer projektiven Ebene ist, können aus Sätzen der projektiven Ebene solche der affinen Geometrie abgeleitet werden, indem geeignete Punkte oder eine Gerade als uneigentlich gewählt werden. Diese Sätze heißen *affine Sonderfälle der projektiven Sätze*. Als Beispiel dazu erwähnen wir nun einige wichtige Sätze der projektiven Geometrie.

Über die Sätze von Desargues und Pappus-Pascal

Wir machen für das folgende eine allgemeine

12.1.8 Voraussetzung Es seien A, B, C bzw. A', B', C' Punkte, die jeweils nicht auf einer Geraden liegen. Ferner schneiden sich die Geraden AA', BB' und CC' in einem Punkt S oder sind parallel. Letzteres macht natürlich nur für affine Ebenen Sinn.

12.1.9 Definition Eine projektive bzw. affine Ebene hat die *Desarguessche Eigenschaft*, wenn für jede Situation 12.1.8 gilt: Die Schnittpunkte der Geraden AB und $A'B'$ bzw. AC und $A'C'$ bzw. BC und $B'C'$ liegen auf einer Geraden g oder die drei Geradenpaare bestehen aus parallelen Geraden

$$AB \| A'B', \quad AC \| A'C' \quad \text{und} \quad BC \| B'C'$$

oder die Geraden BC und $B'C'$ sind nach geeigneter Numerierung parallel zu Verbindungsgeraden der Schnittpunkte $AB \cap A'B'$ und $AC \cap A'C'$. Letzteres macht wieder nur Sinn für affine Ebenen. Vgl. Abb. 12.1.3-4, Abb. 12.1.1 (a-c).

Jetzt läßt sich 12.1.3 so formulieren: *Jede affine Ebene über einem Körper hat die Desarguessche Eigenschaft*. Warnend sei gesagt: *Nicht jede projektive oder affine Ebene hat die Desarguessche Eigenschaft*, vgl. 12.1.15; hinreichende Bedingungen dafür werden wir in Kapitel 14 kennenlernen.

12.1.10 Lemma *Es sei $\mathbb{P}$ eine projektive Ebene, g eine Gerade in $\mathbb{P}$ und $A = \mathbb{P} - g$ die entstehende affine Ebene. Dann hat die projektive Ebene $\mathbb{P}$ genau dann die Desarguessche Eigenschaft, wenn es die affine Ebene A hat.*

B e w e i s   Hat $\mathbb{P}$ die Desarguessche Eigenschaft, so folgt diese für A unmittelbar, falls nicht S auf der uneigentlichen Geraden g oder Schnittpunkte der betrachteten Geraden auf g liegen; dann aber tritt eine der Situationen paralleler Geraden ein, wie sie in 12.1.9 beschrieben sind.

Nun habe A die Desarguessche Eigenschaft. Um diese für $\mathbb{P}$ nachzuweisen, genügt es, die Fälle zu betrachten, wo S oder einige der Schnittpunkte auf der uneigentlichen Geraden liegen. Dafür wird aber extra gefordert, daß die drei Schnittpunkte auf der uneigentlichen Geraden liegen oder nur einer und daß dann die Verbindungsgeraden der beiden anderen „affinen" Schnittpunkte zu der auch den uneigentlichen Punkt definierten Parallelenschar gehören. □

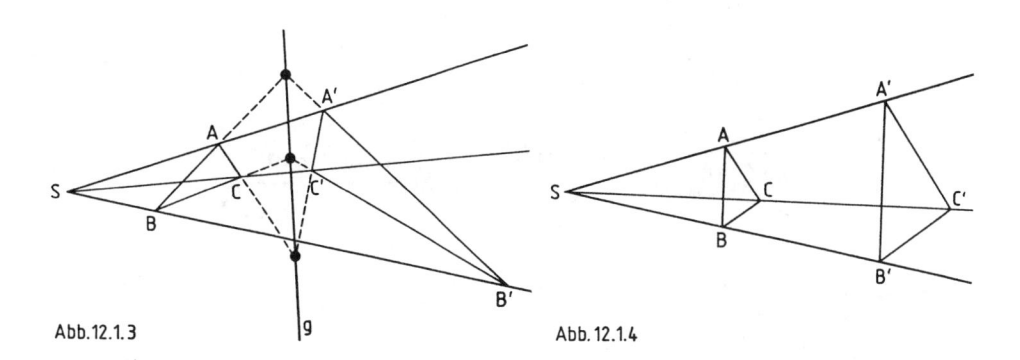

Abb. 12.1.3   Abb. 12.1.4

Eine unmittelbare Folge dieses Lemmas und Satz 12.1.3 ist

12.1.11 Korollar *Gibt es in der projektiven Ebene* $\mathbb{P}$ *eine Gerade* g, *so daß* $A = \mathbb{P} - g$ *eine affine Ebene über einem Körper ist, so hat* $\mathbb{P}$ *die Desarguessche Eigenschaft.* □

12.1.12 Konstruktion Als Anwendung des Desarguesschen Satzes wollen wir eine Konstruktion angeben: Gegeben seien zwei Geraden g_1, g_2 sowie ein Punkt P. *Gesucht ist die Gerade* k *durch* P *und den Schnittpunkt von* g_1 *und* g_2. Dieser Schnittpunkt kann weit außerhalb des Zeichenblattes liegen; die Konstruktion soll aber auf dem Zeichenblatt durchgeführt werden. Wir geben eine Konstruktion in Abb. 12.1.5. Hierbei werden h, r_1 ganz beliebig und die Gerade r_2 durch P – aber sonst beliebig – gewählt. Danach sind A_1, A_2 und A sowie B_1, B_2 und r_3 bestimmt, also auch der Schnittpunkt P' von r_1 und r_3. Die Gerade PP' ist die gesuchte. Wählen wir die Gerade h als uneigentliche Gerade, so bekommen wir die Situation von Abb. 12.1.6, wobei r_1 und r_1' sowie r_2 und r_3 parallel sind.

12.1.13 Harmonische Punkte (Vgl. Abb. 12.1.7.) Auf einer Geraden g seien A, B, C drei verschiedene Punkte. Wir zeichnen durch A zwei Geraden g_1, g_2 und durch B eine weitere h, die g_1 und g_2 in den Punkten P, R schneiden möge. Dann verbinden wir C mit P und R durch die Geraden g_3, g_4. Es seien Q, S die Schnittpunkte $g_4 \cap g_1$ und $g_3 \cap g_2$. Nun verbinden wir Q und S durch eine Gerade h'. Es sei $D = h' \cap g$. Dann ist D *unabhängig von der Konstruktion und heißt vierter harmonischer Punkt.* (Wir zeigen die Unabhängigkeit in 12.5.10.) Diese Konstruktion ist auch möglich, falls gewisse der Schnittpunkte nicht existieren. Dann müssen geeignete Parallelen gezogen werden; suchen Sie hierzu Beispiele.

Abb. 12.1.5

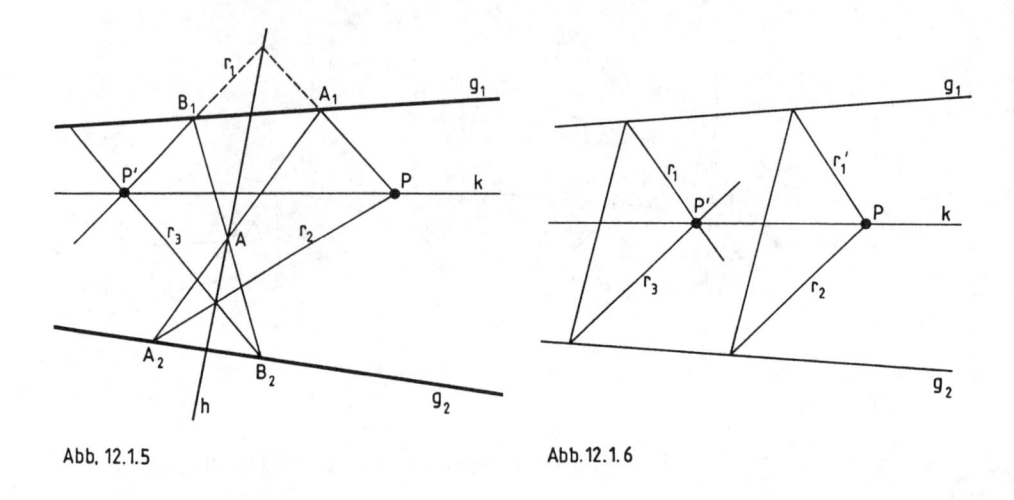

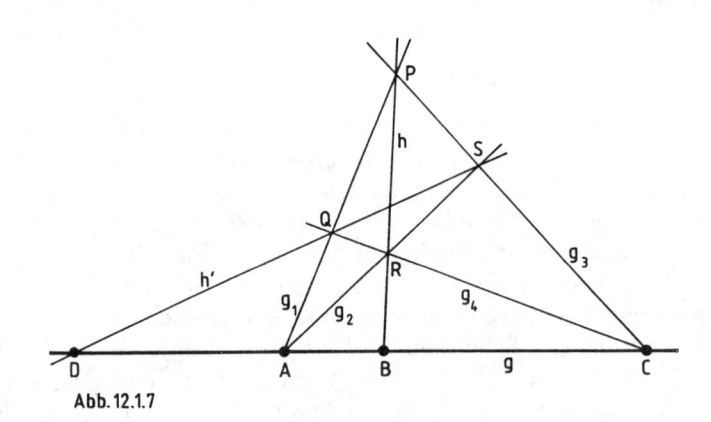

Abb. 12.1.6

Abb. 12.1.7

Wir wollen uns nun die besondere geometrische Bedeutung der Sätze von Desargues und Pappus-Pascal verdeutlichen.

12.1.14 * Gilt nämlich in einer affinen Ebene der Satz des Desargues, so können dieser Ebene Koordinaten in einem Schiefkörper gegeben werden, also in einem Bereich, in dem alle Rechenregeln eines Körpers gelten mit Ausnahme des kom-

---

* Die jetzt folgenden Punkte dieses Abschnittes können übersprungen werden, wenn man sich nur in die projektive Geometrie einlesen will.

12.1 Die projektive Ebene

mutativen Gesetzes der Multiplikation. Umgekehrt gilt der Satz des Desargues in jeder affinen Ebene über einem Schiefkörper. In jeder affinen Ebene über einem Körper gilt nach 12.1.4 der Satz von Pappus-Pascal. Gilt umgekehrt dieser Satz in einer affinen Ebene, so erfüllen die Koordinaten alle Körperregeln.

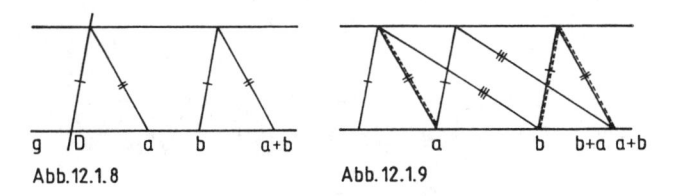

Abb. 12.1.8

Abb. 12.1.9

Zur Illustration sei hier aber schon der Ansatz geschildert. Auf einer beliebigen Geraden g der affinen Ebene zeichnen wir einen Punkt als 0-Punkt aus und fassen jeden anderen Punkt von g als ein Element des Zahlbereiches, den wir konstruieren wollen, auf. Die Addition wird durch Abb. 12.1.8 erklärt; dort (wie auch in Abb. 12.1.9-12) sind mit gleicher Anzahl von Strichen (bzw. Kreisen) bezeichnete Geraden parallel. Wir möchten, daß eine abelsche Gruppe entsteht. Dann muß z.B. für das kommutative Gesetz die schwache Variante des Pappus-Pascal aus Abb. 12.1.9 gelten; sie bedingt auch das assoziative Gesetz. Wir gehen hier nicht in Details.

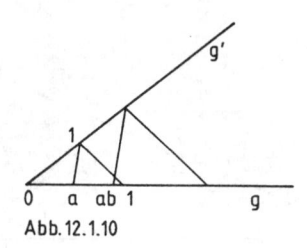

Abb. 12.1.10

Zur Erklärung der Multiplikation wählen wir eine zweite durch 0 gehende Gerade g' und zeichnen auf beiden Geraden (willkürlich) je einen von 0 verschiedenen Punkt als 1 aus. Dann erklären wir die Multiplikation mittels Abb. 12.1.10. Zur Gültigkeit des assoziativen Gesetzes muß in Abb. 12.1.11 die Verbindungsstrecke s' von bc auf g' mit $(ab)c$ auf g parallel zu der Verbindung s von 1 auf g' mit a auf g sein. Diese Aussage heißt *Scherensatz*. Er folgt jedoch aus dem Satz von Desargues durch zweimalige Anwendung, indem die Verbindungsgerade ℓ von 0 und P, dem Schnittpunkt der Geraden von b auf g' und b auf g mit der Geraden von 1 auf g' und ab auf g, herangezogen wird (Beweis!). Zeigen Sie auch, daß aus dem Scherensatz der Satz des Desargues folgt.

Abb. 12.1.11

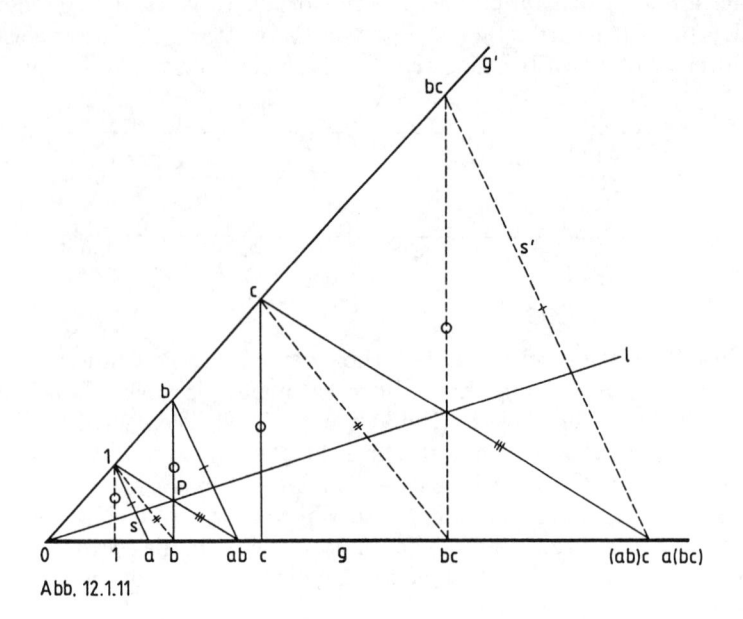

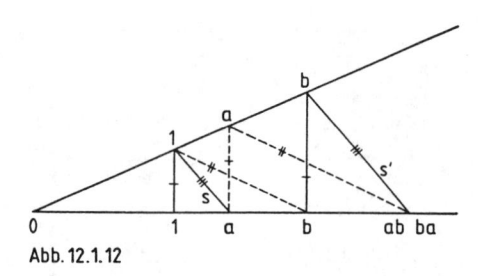

Abb. 12.1.12

Zur Gültigkeit des kommutativen Gesetzes der Multiplikation muß in Abb. 12.1.12 die mit s' bezeichnete Strecke parallel zu s sein. Das aber ist die Aussage des Satzes von Pappus-Pascal. Aus der Existenz von Schiefkörpern folgt, daß sich der Pappus-Pascal nicht aus dem Desargues — diese sprachliche Gewalttat sei, da üblich geworden, erlaubt — gewinnen läßt; aber Desargues folgt aus Pappus-Pascal, vgl. 12.1.A3.

12.1.15 Beispiel einer affinen Ebene ohne die Desarguessche Eigenschaft Wir nehmen die euklidische Ebene und betrachten die durch die x_1-Achse definierten

Halbräume E_+, E_-. Wir stellen uns vor, daß sich in E_+ und E_- verschiedene durchsichtige Substanzen befinden und daß an der x_1-Achse eine Brechung stattfindet. Als Geraden nehmen wir Lichtstrahlen, d.h. in jeder Halbebene sind es Teile von Geraden der euklidischen Ebene, an der x_1-Achse tritt eine Brechung ein. Für Einfalls- und Ausfallswinkel α und α' der Lichtstrahlen gilt das Brechungsgesetz der geometrischen Optik: $\frac{\sin\alpha}{\sin\alpha'}$ = const. Der Wert der Konstanten hängt von der Beschaffenheit des jeweiligen Mediums ab. Für einen Wechsel von Luft (E_+) nach Wasser (E_-) hat die Konstante z.B. den Wert 1,33. Offenbar handelt es sich um affine Ebenen. In Abb. 12.1.13 sehen wir, daß der Satz des Desargues nicht gilt: Es liegt die Situation aus 12.1.9 vor. Bei der Konstruktion müssen die Endpunkte der Strecken wieder auf den drei parallelen Geraden liegen. Aufgrund der Brechung sind nun zwei der konstruierten Strecken in E_- nicht mehr zu den entsprechenden Strecken in E_+ parallel. *Es gibt also affine Ebenen, die nicht zu einem Koordinaten-Schiefkörper führen.*

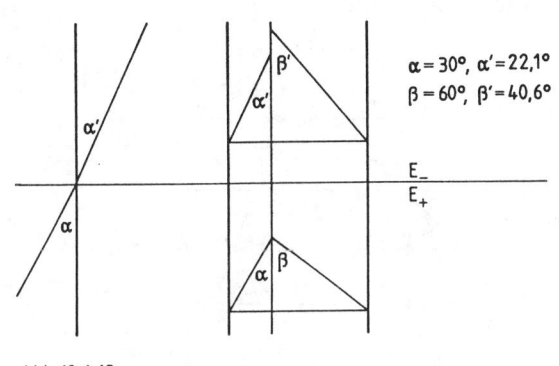

Abb. 12.1.13

Eine andere Konstruktion einer projektiven Ebene

Wir betrachten den affinen Raum $\mathbb{R}^3$. Sei $0 := (0,0,0)^t$ und $\mathbb{P}^2 :=$ Menge aller Geraden durch 0, $\mathcal{G} :=$ Menge aller Ebenen durch 0,

$$f\colon \{(P,Q) \in \mathbb{P}^2 \times \mathbb{P}^2 : P \neq Q\} \to \mathcal{G};\ f(P,Q) := [P,Q].$$

12.1.16 Satz $(\mathbb{P}^2, \mathcal{G}, f)$ *ist eine projektive Ebene; sie heißt die* reelle projektive Ebene.

Beweis Die Eigenschaften (I) bzw. (II) und (III) von 12.1.1 bzw. 12.1.5 lauten bei dieser Interpretation von $\mathcal{P}, \mathcal{G}, f$:

450   12 Projektive Geometrie

Zu je zwei verschiedenen Geraden durch $0 \in \mathbb{R}^3$ gibt es genau eine Ebene durch $0 \in \mathbb{R}^3$, die die beiden Geraden enthält.

Je zwei verschiedene Ebenen durch $0 \in \mathbb{R}^3$ schneiden sich in genau einer Geraden durch $0 \in \mathbb{R}^3$.

Es gibt drei Geraden durch 0, die nicht in einer Ebene liegen.
Alles drei sind triviale Aussagen der affinen Geometrie des $\mathbb{R}^3$. □

Damit haben wir ein konkretes Modell einer projektiven Ebene gefunden. In diesem Modell können wir der Tatsache, daß durch Herausnahme einer Geraden eine affine Ebene entsteht, eine neue und anschauliche Deutung geben. Wir betrachten zu diesem Zweck eine Ebene $E \subset \mathbb{R}^3$, die nicht durch 0 geht. Jeder Punkt $P \in E$ definiert eindeutig einen „Punkt" $P' \in \mathbb{P}^2$, nämlich die Gerade $P' = [0, P] \subset \mathbb{R}^3$, so daß wir eine Abbildung $E \to \mathbb{P}^2$ erhalten, vgl. Abb. 12.1.14. Offenbar gilt:

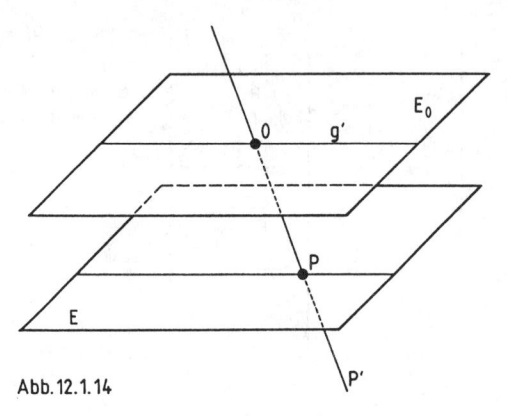

Abb. 12.1.14

12.1.17 Satz *Die beschriebene Abbildung $E \to \mathbb{P}^2$ ist injektiv; sie bildet Geraden in Geraden ab.* □

Wir bezeichnen ab jetzt den Bildpunkt eines Punktes P nicht mit P', sondern ebenfalls mit P, d.h. wir identifizieren die Punkte von E mit ihren Bildpunkten. Auf diese Weise wird E eine Teilmenge von $\mathbb{P}^2$, d.h. wieder ist die affine Ebene E Teil der projektiven Ebene. Die eigentlichen Punkte sind jetzt die Punkte von E, d.h. die Geraden durch 0, die E schneiden. Die uneigentlichen Punkte sind die Geraden durch 0, die E nicht schneiden. Sie bilden zusammen die uneigentliche Gerade g_0, d.h. die Ebene durch 0, die E nicht schneidet.

Bewegt sich ein Punkt $P \in E$ längs einer Geraden $g \subset E$, so durchläuft sein Bildpunkt $P' = [0, P]$ eine Ebene, und auf g ist $\lim_{P \to \infty} P' = g'$ (bezüglich der kanonischen Topologie des $\mathbb{R}^3$) die zu g parallele Gerade durch 0, also der

Schnittpunkt der Geraden g mit der uneigentlichen Geraden. Wir nennen daher bisweilen die uneigentlichen Punkte und die uneigentliche Gerade *unendlich fern*.

12.1.18 Über projektive Eigenschaften Die Wahl der Ebene E oben ist willkürlich. Wird eine nicht durch 0 gehende andere Ebene E' gewählt, so wird die affine Ebene über $\mathbb{R}$ auf andere Weise in $\mathbb{P}^2$ eingebettet. Das hat eine wichtige Konsequenz: Zwei Teilmengen $E_0 \subset E$, $E'_0 \subset E'$, die sich von 0 aus aufeinander projizieren, bestimmen dieselbe Teilmenge des $\mathbb{P}^2$ (nämlich die Menge aller Projektionsstrahlen); vgl. Abb. 12.1.15. Es kann sein, daß dabei E_0 und E'_0 nicht affin-äquivalent sind und dennoch (als Teilmengen von $\mathbb{P}^2$) $E_0 = E'_0$ gilt, vgl. Abb. 12.1.16, wo dieselbe Teilmenge der projektiven Ebene durch Kreise und Parabeln in affine Teilebenen realisiert werden. Es ist daher zu erwarten, daß es in der projektiven Geometrie weniger geometrische Figuren gibt. (Wie müssen die Ebenen liegen, damit aus dem Kreis eine Hyperbel wird?)

Offenbar hätten wir für die bisherigen Betrachtungen statt $\mathbb{R}$ einen beliebigen Körper nehmen können. Erst der folgende Abschnitt benutzt wesentliche Eigenschaften der reellen Zahlen.

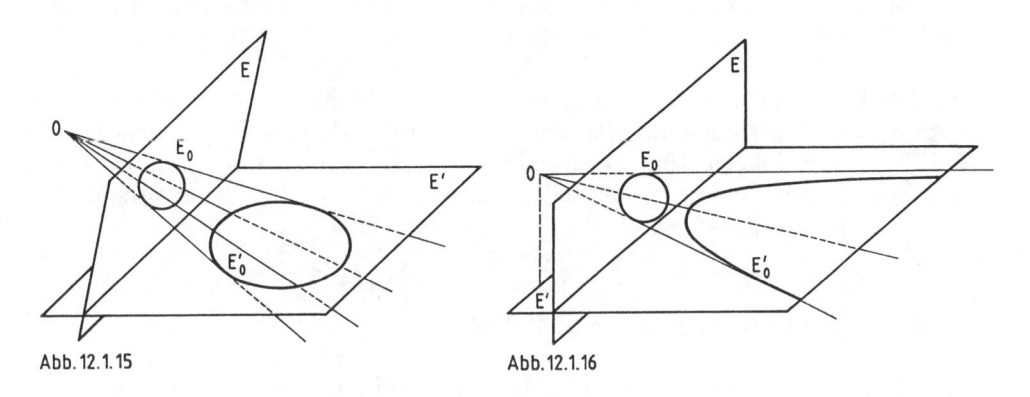

Abb. 12.1.15   Abb. 12.1.16

Topologie der reellen projektiven Ebene

Eine affine Ebene E über $\mathbb{R}$ wird, indem im zugrundeliegenden Vektorraum ein Skalarprodukt eingeführt wird, ein metrischer Raum, also ein topologischer Raum. Dann ist E ein nicht-kompakter Hausdorff-Raum. In der Topologie heißt E — aus naheliegenden Gründen der Anschauung — eine *Fläche*; andere Beispiele für solche Flächen sind die Ellipsoide (speziell die 2-Sphären), Paraboloide, Hyperboloide aus 11.1.10. Wir definieren nun in der projektiven Ebene

$\mathbb{P}^2$ eine Topologie, so daß auch sie eine Fläche wird, die jedoch ganz andere topologische Eigenschaften hat als E.

$\mathbb{P}^2$ ist die Menge aller Geraden durch $0 \in \mathbb{R}^3$. Wir wählen im $\mathbb{R}^3$ das kanonische Skalarprodukt. Sei $S^2 = \{x \in \mathbb{R}^3 : \|x\| = 1\}$ die Sphäre vom Radius 1 um 0 (das ist ebenfalls eine Fläche im Sinn der Topologie). Als Teilmenge des topologischen Raumes $\mathbb{R}^3$ wird S^2 mit der Relativ-Topologie ein topologischer Raum. Für $x \in S^2$ sei $f(x) \in \mathbb{P}^2$ die Gerade durch 0 und x; dadurch wird eine Abbildung $f: S^2 \to \mathbb{P}^2$ definiert.

12.1.19 Definition und Satz *Eine Teilmenge $V \subset \mathbb{P}^2$ heißt offen, wenn $f^{-1}(V)$ offen ist in S^2. Das System der so definierten offenen Mengen definiert eine Topologie in $\mathbb{P}^2$. Der topologische Raum $\mathbb{P}^2$ sei definiert als die Menge $\mathbb{P}^2$ mit dieser Topologie. Dann ist $f: S^2 \to \mathbb{P}^2$ eine stetige, surjektive Abbildung, und*

$$f(x) = f(y) \text{ für } x, y \in S^2 \iff y = \pm x.$$
□

12.1.20 Satz $\mathbb{P}^2$ *ist ein kompakter topologischer Raum.*

B e w e i s   Nach 6.4.5 ist S^2 kompakt. Weil $f: S^2 \to \mathbb{P}^2$ stetig und surjektiv ist, ist $\mathbb{P}^2$ kompakt. □

Ist $A \subset S^2$ eine offene Teilmenge, so daß $x \in A$ impliziert $-x \notin A$, so ist $f|A: A \to \mathbb{P}^2$ ein Homöomorphismus von A auf das Bild $f(A)$. Das bedeutet, daß $\mathbb{P}^2$ in einer kleinen Umgebung jedes Punktes so aussieht wie S^2, also wie eine Fläche. Wir deuten im folgenden an, wie man sich $\mathbb{P}^2$ global vorstellen kann. Die Teilmenge

$$H = \{(x_0, x_1, x_2)^t \notin \mathbb{R}^3 : x_0^2 + x_1^2 = 1, -1 \leq x_2 \leq 1\}$$

des $\mathbb{R}^3$ ist ein der S^2 umschriebener Zylinder.

12.1.21 Die Abbildung $g: H \to S^2$ ordne dem Punkt $x = (x_0, x_1, x_2)^t \in H$ den Schnittpunkt der Strecke von x nach $(0, 0, x_2)^t$ mit S^2 zu; vgl. Abb. 12.1.17. Der obere Zylinderrand $x_2 = 1$ wird durch g auf den Nordpol $(0, 0, 1)^t$ und der untere Zylinderrand $x_2 = -1$ auf den Südpol $(0, 0, -1)^t$ abgebildet. Sei R das Quadrat

$$R = \{(y_1, y_2)^t \in \mathbb{R}^2 : -1 \leq y_1, y_2 \leq 1\}$$

und $h: R \to H$ die Abbildung

$$h\left((y_1, y_2)^t\right) = \left(\sqrt{1 - y_1^2}, y_1, y_2\right)^t \in H.$$

12.1 Die projektive Ebene

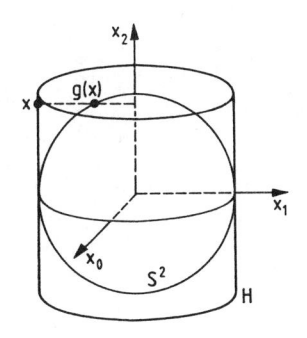

Abb. 12.1.17

Dann bildet h das R auf die vordere Hälfte $x_0 \geq 0$ von H ab. Die zusammengesetzte Abbildung $\varphi = f \circ g \circ h\colon R \to \mathbb{P}^2$ hat folgende Eigenschaften:
(a) φ *ist stetig und surjektiv.*
(b) φ *bildet das Rechtecksinnere* $\{(y_1, y_2)^t : -1 < y_1, y_2 < 1\}$ *injektiv ab.*
(c) φ *bildet die Strecken* $\{(y_1, \pm 1)^t : -1 \leq y_1 \leq 1\}$ *auf den Punkt* $P_1 \in \mathbb{P}^2$ *ab, der die Gerade* $x_1 = x_0 = 0$, *d.h. die* x_2-*Achse, ist.*
(d) *Für* $x, y \in \{(\pm 1, y_2)^t : -1 \leq y_2 \leq 1\}$ *gilt:*

$$\varphi(x) = \varphi(y) \iff x = y \quad \text{oder} \quad x = -y.$$

Sei $R' = \{(y_1, y_2)^t : -1 \leq y_1 \leq 1, -1 < y_2 < 1\}$ und $\psi\colon R' \to \mathbb{P}^2 - \{P_1\}$ die Abbildung $\psi(x) = \varphi(x)$. Dann ist ψ eine stetige, surjektive Abbildung und $\psi(x) = \psi(y)$ gilt genau dann, wenn $y = x$ ist oder x wie in (d) auf dem Rand von R' liegt und $x = -y$ ist. Wir stellen uns das Rechteck R' als einen Papierstreifen vor und kleben die beiden Ränder $y_1 = \pm 1$ so aneinander, daß jeder Punkt x mit $-x$ verklebt wird; vgl. Abb. 12.1.18. Die entstehende Teilmenge M des $\mathbb{R}^3$ heißt *offenes Möbiusband*; vgl. Abb. 12.1.19. Es definiert ψ eine Abbildung $\chi\colon M \to \mathbb{P}^2 - \{P_1\}$, die stetig und bijektiv ist und deren Inverses auch stetig ist. Es folgt

12.1.22 Satz *Wird aus der projektiven Ebene $\mathbb{P}^2$ ein Punkt herausgenommen, so entsteht ein topologischer Raum, der zum offenen Möbiusband homöomorph ist.* □

454   12 Projektive Geometrie

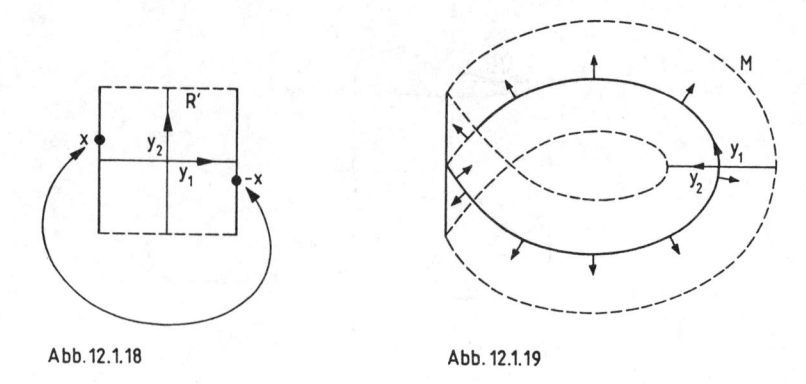

Abb. 12.1.18   Abb. 12.1.19

Das Möbiusband und damit auch die projektive Ebene hat die folgenden überraschenden Eigenschaften:

(a) *Sie sind nicht orientierbar:* Folgt jemand dem Weg in der Mitte des Möbiusbandes mit einem Spazierstock in der rechten Hand, so kommt er nach einem Umlauf zurück, hat nun aber den Spazierstock in der linken Hand. Eine Folge ist, daß das Möbiusband nicht in zwei Teile zerfällt, wenn es entlang der Mittellinie aufgeschnitten wird.

(b) *Das Möbiusband ist einseitig,* d.h. es ist unmöglich, das Möbiusband so anzustreichen, daß an jeder Stelle die eine Seite rot und die andere Seite blau gefärbt ist. (Schauen Sie in den Seminarraum NA 4/26 der Ruhr-Universität.)

Hat eine Fläche die Eigenschaft (a), so heißt sie *nicht-orientierbar*. Da $\mathbb{R}^3$ orientierbar ist, bedingt die Nicht-Orientierbarkeit einer Fläche ihre Einseitigkeit.

Über die Automorphismen projektiver Ebenen

Die Konstruktion vor 12.1.16 legt nahe, welche Abbildungen zu den Automorphismen von $\mathbb{P}^2$ gehören sollten: Die Transformationen aus $GL(3, \mathbb{R})$ überführen Geraden und Ebenen, die den Nullpunkt enthalten, wieder in solche Geraden bzw. Ebenen und induzieren deshalb Abbildungen von $\mathbb{P}^2$ auf sich, welche die Inzidenzeigenschaften, d.h. die Beziehungen „liegt auf" oder „liegt nicht auf" von Punkten und Geraden des $\mathbb{P}^2$ erhalten; sie heißen *Projektivitäten.* Daß es sich dabei um alle Abbildungen mit der letzten Eigenschaft handelt, sei hier nur erwähnt. Eine projektive Invariante ist eine Größe, die invariant unter der eben beschriebenen Gruppe ist. Wir wollen uns nun klar machen, daß wichtige affine Eigenschaften nicht invariant gegenüber Projektivitäten sind.

12.1 Die projektive Ebene

Wir wollen die Projektivitäten eine Dimension tiefer behandeln. Die Punkte der projektiven Gerade $\mathbb{P}^1$ sind die Geraden in $\mathbb{R}^2$ durch den Nullpunkt; d.h. wir erhalten $\mathbb{P}^1$ aus dem Einheitskreis, indem wir einander gegenüberliegende Punkte identifizieren. Daraus folgt, daß $\mathbb{P}^1 \cong S^1$ ist. Nehmen wir Koordinaten x, y für $\mathbb{R}^2$, so lassen sich die Punkte von $\mathbb{P}^1$ identifizieren mit den Punkten $(0,0) \neq (x,y) \in \mathbb{R}^2$, wobei (x,y) und (x',y') denselben Punkt aus $\mathbb{P}^1$ ergeben, wenn $x : y = x' : y'$ ist. Wir erhalten deshalb $\mathbb{P}^1$ aus $\mathbb{R}_1 = \{(x,1) : x \in \mathbb{R}\}$, indem wir einen Punkt ∞ mit Koordinaten $(1,0)$ hinzufügen: Die Bezeichnung ∞ ist sinnvoll; denn betrachten wir auf $\mathbb{R}_1$ $\lim_{x \to \infty}$, so läuft wegen $(x,1) = (1, \frac{1}{x})$ der projektive Punkt $(x,1)$ gegen den projektiven Punkt $(1,0)$. Die lineare Abbildung $(x,y)^t \mapsto \begin{pmatrix} a & b \\ c & d \end{pmatrix} \begin{pmatrix} x \\ y \end{pmatrix}$ bekommt die gebrochen-lineare Form $x = (x,1) \mapsto \frac{ax+b}{cx+d}$; dabei gilt: $\infty = (1,0) \mapsto \frac{a}{c} = \lim_{x \to \pm\infty} \frac{ax+b}{cx+d}$. Läßt die Transformation φ die Punkte 0 und ∞ fest, so hat sie die Form $x \mapsto ax$, $0 \neq a \in \mathbb{R}$, und überführt den Punkt $1 = (1,1)$ in $a = (a,1)$.

12.1.23 Bemerkung Es gibt also projektive Abbildungen der projektiven Gerade, die zwei Punkte festlassen, aber nicht die Identität sind; vgl. hierzu die Eigenschaften der Affinitäten, vgl. 6.5.11 (b). Dagegen *ist eine Projektivität von $\mathbb{P}^1$ die Identität, wenn sie drei Punkte festhält*: Sind es die Punkte $0, \infty$ und 1, so folgt aus

$$0 = \frac{a \cdot 0 + b}{c \cdot 0 + d}, \quad \infty = \frac{a \cdot \infty + b}{c \cdot \infty + d} \quad \text{und} \quad 1 = \frac{a+b}{c+d},$$

daß $b = 0$ und $c = 0$ sowie $a = d$ ist; also gilt $x \mapsto \frac{ax}{d} = x \; \forall x \in \mathbb{R}$. Überlegen Sie sich, daß es zu irgenddrei vorgegebenen Punkten $x_0, x_\infty, x_1 \in \mathbb{P}^1$ eine gebrochenlineare Transformation $\varphi \colon x \mapsto \frac{ax+b}{cx+d}$, $a,b,c,d \in \mathbb{R}$, $ad - bc \neq 0$ gibt mit $\varphi(x_0) = 0$, $\varphi(x_\infty) = \infty$, $\varphi(x_1) = 1$.

12.1.24 Über das Teilverhältnis Zum Abschluß dieses Abschnittes sei noch die Projektivität

$$\psi \colon x \mapsto \frac{2x}{x+1}$$

betrachtet. Offenbar gilt $\psi(0) = 0$, $\psi(1) = 1$ und $\psi(\frac{1}{2}) = \frac{2}{3}$, d.h. der Mittelpunkt der Strecke bleibt nicht fix, obgleich die Endpunkte es sind. M.a.W. ist *das Teilverhältnis keine projektive Invariante!* (Noch schlimmer wird es, wenn der Punkt ∞ mit ins Spiel kommt.)

456   12 Projektive Geometrie

Aufgaben

12.1.A1 Geben Sie ein Beispiel für die Konstruktion des vierten harmonischen Punktes D aus 12.1.13 für den Fall, daß der Schnittpunkt Q nicht existiert.

12.1.A2
(a) Beweisen Sie den Scherensatz.
(b) Zeigen Sie, daß der Satz von Desargues aus dem Scherensatz folgt (vgl. 12.1.14).

12.1.A3 Leiten Sie den Desarguesschen Satz aus dem Pascalschen her.

12.1.A4 Leiten Sie aus dem Desarguesschen Satz her:
(a) das kommutative Gesetz der Addition;
(b) die beiden distributiven Gesetze $a(b+c) = ab + ac$ und $(b+c)a = ba + ca$.

12.1.A5 Geben Sie in dem untenstehenden System von Geraden alle möglichen Desargues-Figuren an. (Färben Sie die Dreiecke mit verschiedenen Farben und wählen Sie auch für die „Desarguessche Gerade" eine neue Farbe. In Abb. 12.1.20 sind zwei Desargues-Figuren angegeben.)

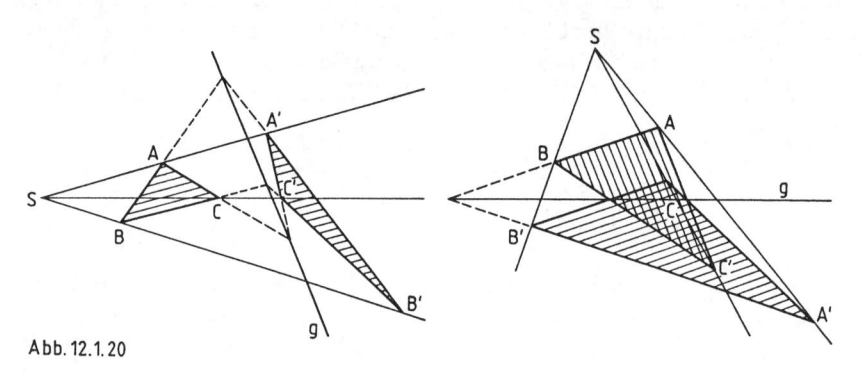

Abb. 12.1.20

12.2 Der projektive Raum

Ähnlich wie wir im vorigen Kapitel die affine Ebene erweitert haben, wollen wir dieses nun für beliebige affine Räume tun in der Hoffnung, auch hier wesentliche Vereinfachungen so mancher affiner Sätze zu erreichen.

Grundeigenschaften des projektiven Raumes

Die projektive Ebene $\mathbb{P}^2$ wurde realisiert als die Menge aller Geraden durch $0 \in \mathbb{R}^3$ oder, was dasselbe liefert, die Menge aller eindimensionalen linearen Teilräume des Vektorraums $\mathbb{R}^3$. Wir nehmen dieses in allgemeiner Form als Definition.

12.2.1 Definition Sei V ein Vektorraum über dem Körper K. Die Menge aller 1-dimensionalen linearen Teilräume von V heißt der *zu V gehörende projektive Raum* $\mathbb{P} = \mathbb{P}(V)$. Es heißt V der dem projektiven Raum $\mathbb{P}$ *zugrundeliegende Vektorraum*; er wird gelegentlich mit $V = V_\mathbb{P}$ bezeichnet. Die Elemente von $\mathbb{P}$ heißen die *Punkte* des projektiven Raumes $\mathbb{P}$ und werden mit $P, Q, R, \ldots$ bezeichnet. Ist $\dim V = n + 1 \in \mathbb{N}$, so heißt $\dim \mathbb{P} := n$ die *Dimension von* $\mathbb{P}$. Im Fall $V = 0$ ist $\mathbb{P} = \emptyset$, also $\dim \emptyset = -1$. Eine Teilmenge $X \subset \mathbb{P}$ heißt *projektiver Teilraum von* $\mathbb{P}$, wenn es einen linearen Teilraum $U \subset V$ mit $X = \mathbb{P}(U)$ gibt; dann ist X ein projektiver Raum mit zugrundeliegendem Vektorraum $V_X = U$. Die 0-dimensionalen projektiven Teilräume sind die Punkte von $\mathbb{P}$ (genauer: die einpunktigen Teilmengen). Die 1- bzw. 2-dimensionalen projektiven Teilräume heißen *(projektive) Geraden* bzw. *Ebene*. Die $(n-1)$-dimensionalen projektiven Teilräume eines n-dimensionalen projektiven Raumes heißen *Hyperebenen*. Da der Durchschnitt beliebiger Unterräume eines Vektorraumes auch ein Unterraum ist, folgt unmittelbar:

12.2.2 Satz *Der Durchschnitt beliebig vieler projektiver Teilräume $(U_j)_{j \in J}$ ist ein projektiver Teilraum. Es ist $\bigcap_{j \in J} U_j = \mathbb{P}(\bigcap_{j \in J} V_{U_j})$.* □

12.2.3 Definition und Satz *Sind $U_1, \ldots, U_k \subset \mathbb{P}$ projektive Teilräume, so sei $[U_1, \ldots, U_k] \subset \mathbb{P}$ der kleinste projektive Teilraum, der $U_1, \ldots, U_k$ enthält. Er heißt projektive Hülle von $U_1, \ldots, U_k$. Es ist $V_{[U_1, \ldots, U_k]} = V_{U_1} + \ldots + V_{U_k}$.* □

Aus 4.3.21 ergibt sich die wesentliche Vereinfachung der Dimensionsformel der affinen Geometrie, vgl. Satz 4.7.16.

12.2.4 Satz *Sind U_1, U_2 endlich-dimensionale projektive Teilräume von $\mathbb{P}$, so ist*
$$\dim U_1 + \dim U_2 = \dim[U_1, U_2] + \dim U_1 \cap U_2.$$
□

Zum Beispiel schneiden sich zwei verschiedene Geraden einer projektiven Ebene stets in genau einem Punkt und zwei verschiedene Ebenen eines 3-dimensionalen projektiven Raumes stets in einer Geraden.

Für $0 \neq \mathfrak{x} \in V$ ist $[\mathfrak{x}] := \{a\mathfrak{x} : a \in K\}$ der von $\mathfrak{x}$ aufgespannte 1-dimensionale lineare Teilraum. Es gilt $[\mathfrak{x}] = [\mathfrak{y}]$ d.u.n.d., wenn $\mathfrak{x} = a\mathfrak{y}$ für ein $a \in K$ mit $a \neq 0$.

Die $[\mathfrak{x}]$ mit $0 \neq \mathfrak{x} \in V$ sind die *Punkte* von $\mathbb{P} = \mathbb{P}(V)$. Ist $P = [\mathfrak{x}] \in \mathbb{P}$, so heißt $\mathfrak{x}$ ein *Repräsentant des Punktes P*.

12.2.5 Definition Sei $\dim \mathbb{P} = n \in \mathbb{N}^*$. Punkte $P_1, \ldots, P_k \in \mathbb{P}$ heißen *unabhängig* oder *Punkte in allgemeiner Lage*, wenn gilt:
  im Fall $k \leq n + 1$: $\dim[P_1, \ldots, P_k] = k - 1$;
  im Fall $k > n + 1$: je $n + 1$ der $P_1, \ldots, P_k$ sind unabhängig.

12.2.6 Satz *Die k Punkte $[\mathfrak{x}_1], \ldots, [\mathfrak{x}_k] \in \mathbb{P}$ mit $k \leq n + 1$ befinden sich genau dann in allgemeiner Lage, wenn die repräsentierenden Vektoren $\mathfrak{x}_1, \ldots, \mathfrak{x}_k \in V_\mathbb{P}$ linear unabhängig sind.* □

Insbesondere liegen drei verschiedene Punkte $A = [\mathfrak{a}]$, $B = [\mathfrak{b}]$ und $C = [\mathfrak{c}]$ genau dann auf einer Geraden, wenn die Vektoren $\mathfrak{a}, \mathfrak{b}, \mathfrak{c} \in V$ linear abhängig sind, d.h. wegen $\mathfrak{a}, \mathfrak{b}, \mathfrak{c} \neq 0$, wenn jeder von ihnen Linearkombination der beiden anderen ist.

Im Fall $\dim V = 3$ ist $\dim \mathbb{P} = 2$, und die Punkte und Geraden von $\mathbb{P}$ definieren eine projektive Ebene im Sinn von 12.1.5. In ihr gilt der Satz von Desargues wegen 12.1.10 und 12.1.3; wir geben hier noch einen anderen Beweis.

12.2.7 Satz *In jeder projektiven Ebene $\mathbb{P}$ über einem Körper K (d.h. $\mathbb{P} = \mathbb{P}(V)$ für einen 3-dimensionalen Vektorraum V über K) gilt der Satz von Desargues.*

B e w e i s   Zur Bezeichnung vgl. 12.1.8. Wenn S, A, A' auf einer Geraden liegen, ist $\mathfrak{s} = a\mathfrak{a} + a'\mathfrak{a}'$ für gewisse $a, a' \in K$. Entsprechend, wenn S, B, B' bzw. S, C, C' auf einer Geraden liegen, so ist

$$\mathfrak{s} = b\mathfrak{b} + b'\mathfrak{b}' \text{ und } \mathfrak{s} = c\mathfrak{c} + c'\mathfrak{c}'$$

für gewisse $b, b', c, c' \in K$. Aus allen drei Gleichungen folgt

(∗)
$$\begin{aligned} a\mathfrak{a} - b\mathfrak{b} &= -a'\mathfrak{a}' + b'\mathfrak{b}' =: \mathfrak{p}_1, \\ b\mathfrak{b} - c\mathfrak{c} &= -b'\mathfrak{b}' + c'\mathfrak{c}' =: \mathfrak{p}_2, \\ c\mathfrak{c} - a\mathfrak{a} &= -c'\mathfrak{c}' + a'\mathfrak{a}' =: \mathfrak{p}_3. \end{aligned}$$

Wegen $A \neq B$ ist $\mathfrak{p}_1 \neq 0$, entsprechend $\mathfrak{p}_2, \mathfrak{p}_3 \neq 0$. Daher ist $P_i = [\mathfrak{p}_i] \in \mathbb{P}$. Aus $a\mathfrak{a} - b\mathfrak{b} = \mathfrak{p}_1$ bzw. $-a'\mathfrak{a}' + b'\mathfrak{b}' = \mathfrak{p}_1$ folgt, daß A, B, P_1 bzw. A', B', P_1 auf einer Geraden liegen, d.h. P_1 ist der Schnittpunkt der Geraden durch A, B und A', B'. Entsprechend ist P_2 der Schnittpunkt der Geraden durch B, C und B', C' und P_3 der Schnittpunkt der Geraden durch A, C und A', C'. Aus (∗) folgt $\mathfrak{p}_1 + \mathfrak{p}_2 + \mathfrak{p}_3 = 0$, so daß P_1, P_2, P_3 auf einer Geraden liegen. Das aber ist die Behauptung. □

Projektive Koordinatensysteme

Wie wir in 12.1.23 gesehen haben, ist eine Abbildung der projektiven Geraden nicht durch die Wirkung auf 2 Punkten bestimmt (wie es im Falle der affinen Geraden der Fall ist). Ein weiterer Punkt jedoch genügt! Das führt zur folgenden Definition eines Koordinatensystems:

12.2.8 Definition Sei $\mathbb{P} = \mathbb{P}(V)$ ein projektiver Raum der Dimension $n \geq 1$. Ein geordnetes $(n+2)$-Tupel $(P_0, \ldots, P_n; E)$ von Punkten in allgemeiner Lage in $\mathbb{P}$ heißt ein *Koordinatensystem* in $\mathbb{P}$; die Punkte $P_0, \ldots, P_n$ heißen *Grundpunkte* und E heißt *Einheitspunkt* des Koordinatensystems.

12.2.9 Hilfssatz *Es gibt Repräsentanten $\mathfrak{p}_0, \ldots, \mathfrak{p}_n$ von $P_0, \ldots, P_n$ mit*

(*) $\qquad\qquad [\mathfrak{p}_0 + \ldots + \mathfrak{p}_n] = E.$

Sind $\mathfrak{p}'_0, \ldots, \mathfrak{p}'_n$ ebenfalls Repräsentanten von $P_0, \ldots, P_n$ mit $[\mathfrak{p}'_0 + \ldots + \mathfrak{p}'_n] = E$, so gibt es ein $a \in K$ mit $\mathfrak{p}'_i = a\mathfrak{p}_i$ für $i = 0, \ldots, n$.

B e w e i s   Weil $\dim V = n + 1$ ist, folgt aus $[\mathfrak{x}_i] = P_i$, daß $\mathfrak{x}_0, \ldots, \mathfrak{x}_n$ eine Basis von V ist, also ist $E = [a_0\mathfrak{x}_0 + \ldots + a_n\mathfrak{x}_n]$ für gewisse $a_i \in K$. Wäre ein $a_i = 0$, etwa $a_0 = 0$, so wäre $a_1\mathfrak{x}_1 + \ldots + a_n\mathfrak{x}_n \in E$, was der Annahme widerspricht, daß $E, P_1, \ldots, P_n$ unabhängig sind. Es folgt $a_0, \ldots, a_n \neq 0$. Daher ist $\mathfrak{p}_i = a_i\mathfrak{x}_i \neq 0$ ebenfalls ein Repräsentant von P_i und $[\mathfrak{p}_0 + \ldots + \mathfrak{p}_n] = E$. Sei auch $[\mathfrak{p}'_0 + \ldots \mathfrak{p}'_n] = E$. Dann ist $\mathfrak{p}'_0 + \ldots + \mathfrak{p}'_n = a(\mathfrak{p}_0 + \ldots + \mathfrak{p}_n)$ für ein $a \in K$. Wegen $\mathfrak{p}'_i = a_i\mathfrak{p}_i$ für ein $a_i \neq 0$ gilt $(a_0 - a)\mathfrak{p}_0 + \ldots + (a_n - a)\mathfrak{p}_n = 0$, und daraus folgt $a_0 = \ldots = a_n = a$. □

12.2.10 Definition und Satz *Ist $(P_0, \ldots, P_n; E)$ ein Koordinatensystem in $\mathbb{P}$ und sind $\mathfrak{p}_0, \ldots, \mathfrak{p}_n$ Repräsentanten von $P_0, \ldots, P_n$ mit $[\mathfrak{p}_0 + \ldots + \mathfrak{p}_n] = E$, so gibt es zu $P \in \mathbb{P}$ Elemente $x_0, \ldots, x_n \in K$ mit $P = [x_0\mathfrak{p}_0 + \ldots + x_n\mathfrak{p}_n]$; sie heißen* Koordinaten *von P im vorgegebenen Koordinatensystem, und $x = (x_0, \ldots, x_n)^t \in K^{n+1}$ heißt ein* Koordinatenvektor *von P (wir bezeichnen in diesem Zusammenhang die Elemente von K^{n+1} mit x, um sie nicht mit den Vektoren $\mathfrak{x} \in V$ zu verwechseln). Sind auch $x'_0, \ldots, x'_n$ Koordinaten von P (d.h. $P = [x'_0\mathfrak{p}'_0 + \ldots + x'_n\mathfrak{p}'_n]$ mit $[\mathfrak{p}'_i] = [\mathfrak{p}_i]$ und $[\mathfrak{p}'_0 + \ldots + \mathfrak{p}'_n] = E$), so ist $x'_i = ax_i$ für $i = 0, \ldots, n$ und ein $a \in K$ mit $a \neq 0$, kurz $x' = ax$ für die Koordinatenvektoren. Die Koordinaten sind also nur bis auf einen gemeinsamen Faktor $a \neq 0$ bestimmt; sie heißen* projektive *oder* homogene Koordinaten. *Ferner ist jeder Koordinatenvektor x nicht trivial und zu jedem $x \in K^{n+1}$ mit $x \neq 0$ gibt es einen Punkt $P \in \mathbb{P}$, so daß x ein Koordinatenvektor von P ist.*

460   12 Projektive Geometrie

B e w e i s   Die Existenz der $x_0, \ldots, x_n$ folgt daraus, daß $\mathfrak{p}_0, \ldots, \mathfrak{p}_n$ eine Basis von V ist. Die Eindeutigkeit bis auf einen gemeinsamen Faktor folgt wie in 12.2.9. □

12.2.11 Satz *Die Grundpunkte $P_0, \ldots, P_n$ haben die projektiven Koordinaten $(1, 0, \ldots, 0)^t, \ldots, (0, \ldots, 0, 1)^t$; der Einheitspunkt hat die projektiven Koordinaten $(1, \ldots, 1)^t$.* □

Um erste Praxis in der Verwendung von projektiven Koordinaten zu bekommen, zeigen wir den folgenden Satz:

12.2.12 Satz *Sei $(P_0, \ldots, P_n; E)$ ein Koordinatensystem von $\mathbb{P}$ und $X \in \mathbb{P}$ habe die Koordinaten $(x_0, x_1, \ldots, x_n)^t$, $X \neq P_n$. Sei H die von $P_0, \ldots, P_{n-1}$ aufgespannte Hyperebene, und es seien E' bzw. X' die Schnittpunkte der Geraden durch P_n und E bzw. X mit H. Dann ist $(P_0, \ldots, P_{n-1}; E')$ ein Koordinatensystem von H, in dem X' die Koordinaten $(x_0, x_1, \ldots, x_{n-1})^t$ hat.*

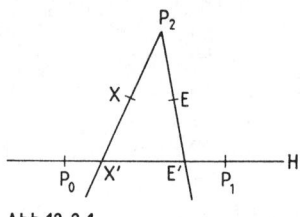

Abb.12.2.1

B e w e i s   (vgl. Abb. 12.2.1). Seien $\mathfrak{x}_0, \ldots \mathfrak{x}_n$ wieder Repräsentanten von $P_0, \ldots, P_n$, so daß $[\mathfrak{x}_0 + \ldots + \mathfrak{x}_n] = E$. Dann werden die Punkte der Geraden durch P_n und E repräsentiert durch Vektoren $a(\mathfrak{x}_0 + \ldots + \mathfrak{y}_n) + b\mathfrak{x}_n$, die der Hyperebene H durch $a_0\mathfrak{x}_0 + \ldots + a_{n-1}\mathfrak{x}_{n-1}$. Der Schnittpunkt E' wird also durch Vektoren der Form $a\mathfrak{x}_0 + \ldots + a\mathfrak{y}_{n-1}$ repräsentiert, d.h. $E' = [\mathfrak{x}_0 + \ldots + \mathfrak{x}_{n-1}]$ ist Einheitspunkt. Analog wird die Gerade durch P_n und X repräsentiert durch Vektoren $a(x_0\mathfrak{x}_0 + \ldots + x_n\mathfrak{x}_n) + b\mathfrak{x}_n$ und für X' ist zu lösen:

$$a(x_0\mathfrak{x}_0 + \ldots + x_n\mathfrak{x}_n) + b\mathfrak{x}_n = x'_0\mathfrak{x}_0 + \ldots + x'_{n-1}\mathfrak{x}_{n-1},$$

d.h. $ax_n = -b$ und $ax_j = x'_j$ für $0 \leq j \leq n - 1$. Die Koordinaten von X' im Koordinatensystem $(P_0, \ldots, P_{n-1}; E')$ sind also $(x_0, \ldots, x_{n-1})^t$. □

Es seien $(P_0, \ldots, P_n; E)$ bzw. $(P'_0, \ldots, P'_n; E')$ zwei Koordinatensysteme in $\mathbb{P}$. Wir wählen feste Repräsentanten $\mathfrak{p}_j$ bzw. $\mathfrak{p}'_i$ der P_i bzw. P'_i mit

$$[\mathfrak{p}_0 + \ldots + \mathfrak{p}_n] = E \quad \text{bzw.} \quad [\mathfrak{p}'_0 + \ldots + \mathfrak{p}'_n] = E'.$$

Sei $P \in \mathbb{P}$ ein Punkt mit den Koordinaten $x_0, \ldots, x_n$ bzw. $x'_0, \ldots, x'_n$ im System $(P_0, \ldots, P_n; E)$ bzw. $(P'_0, \ldots, P'_n; E')$. Dann ist

$$[x_0 \mathfrak{p}_0 + \ldots + x_n \mathfrak{p}_n] = P = [x'_0 \mathfrak{p}'_0 + \ldots + x'_n \mathfrak{p}'_n] \implies$$

$$\sum_{j=0}^{n} x_j \mathfrak{p}_j = a \sum_{i=0}^{n} x'_i \mathfrak{p}'_i \quad \text{für ein } 0 \neq a \in K.$$

Weil die $\mathfrak{p}_j$ bzw. $\mathfrak{p}'_i$ eine Basis von V bilden, ist $\mathfrak{p}'_i = \sum_j t_{ji} \mathfrak{p}_j$ für eine reguläre Matrix $T = (t_{ij})$. Es folgt

$$\sum_{j=0}^{n} x_j \mathfrak{p}_j = a \sum_{i,j=0}^{n} x'_i t_{ji} \mathfrak{p}_j \implies \sum_{j=0}^{n} \left(x_j - a \sum_{i=0}^{n} x'_i t_{ji} \right) \mathfrak{p}_j = 0$$

$$\implies x_j = a \sum_{i=0}^{n} t_{ji} x'_i \quad \text{für } j = 0, \ldots, n.$$

Daraus ergibt sich:

12.2.13 Satz *In $\mathbb{P}$ gibt es zu je zwei Koordinatensystemen $(P_0, \ldots, P_n; E)$ und $(P'_0, \ldots, P'_n; E')$ eine reguläre Matrix $T = (t_{ij})$ mit folgender Eigenschaft: Ist x' ein Koordinatenvektor von $P \in \mathbb{P}$ bezüglich $(P'_0, \ldots, P'_n; E')$, so ist $x = Tx'$ ein Koordinatenvektor von P bezüglich $(P_0, \ldots, P_n; E)$. Umgekehrt gibt es zu jedem Koordinatensystem $(P'_0, \ldots, P'_n; E')$ in $\mathbb{P}$ und jeder regulären Matrix T ein Koordinatensystem $(P_0, \ldots, P_n; E)$ mit folgender Eigenschaft: Ist x' ein Koordinatenvektor von P bezüglich $(P'_0, \ldots, P'_n; E')$, so ist $x = Tx'$ ein Koordinatenvektor von P bezüglich $(P_0, \ldots, P_n; E)$.* □

Koordinatentransformationen in projektiven Räumen beschreiben sich also wie im Affinen durch reguläre Matrizen. Die Matrix T ist jedoch im projektiven Fall nicht eindeutig bestimmt: Werden alle Zeilen (oder Spalten) mit demselben Faktor $\neq 0$ multipliziert (d.h. die Matrix mit einem Faktor $\neq 0$), so entsteht dieselbe Koordinatentransformation.

Projektive Teilräume und lineare Gleichungssysteme

Wir wollen den Ansatz aus der affinen Geometrie ins Projektive übertragen und projektive Teilräume durch lineare Gleichungssysteme beschreiben. Dazu sei jetzt $\mathbb{P}$ ein projektiver Raum mit festem Koordinatensystem $(P_0, \ldots, P_n; E)$.

12 Projektive Geometrie

12.2.14 Satz *Die Menge aller Punkte von $\mathbb{P}$, deren Koordinatenvektoren $x = (x_0, \ldots, x_n)^t$ ein homogenes Gleichungssystem*

$$\begin{aligned} a_{00}x_0 + \ldots + a_{0n}x_n &= 0 \\ &\vdots \\ a_{m0}x_0 + \ldots + a_{mn}x_n &= 0 \end{aligned} \quad \text{kurz: } Ax = 0 \text{ mit } A = (a_{ij}),$$

lösen, ist ein projektiver Teilraum der Dimension $n - (\text{Rang} A)$. Umgekehrt läßt sich jeder projektive Teilraum von $\mathbb{P}$ auf diese Weise durch ein lineares Gleichungssystem darstellen.

B e w e i s   Die Menge aller Vektoren der Form $x_0\mathfrak{p}_0 + \ldots + x_n\mathfrak{p}_n \in V$ (hier repräsentieren die $\mathfrak{p}_i$ wie in 12.2.10 das Koordinatensystem) mit $Ax = 0$ ist ein $(n + 1 - \text{Rang} A)$-dimensionaler Teilraum von V. Umgekehrt läßt sich jeder lineare Teilraum von V auf diese Weise (mit einer geeigneten Matrix A) darstellen. □

12.2.15 Satz und Definition *Die durch eine Gleichung der Form*

$$a_0 x_0 + \ldots + a_n x_n = 0, \text{ kurz } ax = 0, \text{ mit } a = (a_0, \ldots, a_n) \neq 0$$

beschriebene Teilmenge ist eine (projektive) Hyperebene. Sind $ax = 0$ und $bx = 0$ Gleichungen derselben Hyperebene, so ist $a = \gamma b$ für ein $\gamma \in K$. Die $a_0, \ldots, a_n \in K$ heißen Koordinaten und $a = (a_0, \ldots, a_n) \in K^{n+1}$ heißt Koordinatenvektor der Hyperebene $ax = 0$ zum Koordinatensystem $(P_0, \ldots, P_n; E)$. Die Hyperebenenkoordinaten sind wie die Punktkoordinaten stets $\neq (0, \ldots, 0)$ und nur bis auf einen gemeinsamen Faktor $\neq 0$ bestimmt.

B e w e i s   Die erste Aussage folgt aus 12.2.14. Sind $ax = 0$ und $bx = 0$ Gleichungen derselben Hyperebene, so ist, ebenfalls nach 12.2.14,

$$n - \text{Rang} \begin{pmatrix} a_0 & \cdots & a_n \\ b_0 & \cdots & b_n \end{pmatrix} = n - 1,$$

also $a = \gamma b$ für ein $\gamma \in K$. □

Projektivitäten

Sei wieder $\mathbb{P} = \mathbb{P}(V)$. Jeder Automorphismus $g: V \to V$ bildet 1-dimensionale lineare Teilräume von V auf ebensolche ab und induziert daher eine Abbildung $g': \mathbb{P} \to \mathbb{P}$ durch $g'([\mathfrak{x}]) = [g(\mathfrak{x})]$, $\mathfrak{x} \in V$, $\mathfrak{x} \neq 0$.

12.2 Der projektive Raum

12.2.16 Definition Eine Abbildung $f\colon \mathbb{P} \to \mathbb{P}$ heißt *projektive Abbildung* oder *Projektivität*, wenn es einen Automorphismus $g\colon V \to V$ mit $f = g'$ gibt, d.h. mit $f([\mathfrak{x}]) = [g(\mathfrak{x})] \; \forall \mathfrak{x} \in V, \; \mathfrak{x} \neq 0$.

Aus den Eigenschaften von Aut V ergibt sich unmittelbar:

12.2.17 Satz *Projektivitäten sind bijektiv. Hintereinanderschaltungen und Inverse von Projektivitäten sind Projektivitäten. Sämtliche Projektivitäten $\mathbb{P} \to \mathbb{P}$ bilden bezüglich der Hintereinanderschaltung eine Gruppe, die* projektive Gruppe $\mathrm{Proj}(\mathbb{P})$ *von* $\mathbb{P}$. □

Durch $g \mapsto g'$ wird ein Epimorphismus $\mathrm{GL}(V) \to \mathrm{Proj}(\mathbb{P})$ definiert. Sind $g_1, g_2 \in \mathrm{GL}(V)$ und ist $g_1' = g_2'$, so folgt:

$$[g_1(\mathfrak{x})] = [g_2(\mathfrak{x})] \implies g_1(\mathfrak{x}) = c_\mathfrak{x} g_2(\mathfrak{x}) \text{ für ein } c_\mathfrak{x} \in K^* = K - \{0\},$$
$$g_1(\mathfrak{x} + \mathfrak{y}) = g_1(\mathfrak{x}) + g_1(\mathfrak{y}) = c_\mathfrak{x} g_2(\mathfrak{x}) + c_\mathfrak{y} g_2(\mathfrak{y}),$$
$$g_1(\mathfrak{x} + \mathfrak{y}) = c_{\mathfrak{x}+\mathfrak{y}} g_2(\mathfrak{x} + \mathfrak{y}) = c_{\mathfrak{x}+\mathfrak{y}} g_2(\mathfrak{x}) + c_{\mathfrak{x}+\mathfrak{y}} g_2(\mathfrak{y}) \implies$$
$$(c_\mathfrak{x} - c_{\mathfrak{x}+\mathfrak{y}}) g_2(\mathfrak{x}) + (c_\mathfrak{y} - c_{\mathfrak{x}+\mathfrak{y}}) g_2(\mathfrak{y}) = 0.$$

Ist $\dim V \geq 2$, so wählen wir $\mathfrak{x}, \mathfrak{y}$ linear unabhängig, und es ist $c_\mathfrak{x} = c_{\mathfrak{x}+\mathfrak{y}} = c_\mathfrak{y}$, d.h. $c = c_\mathfrak{x}$ ist unabhängig von $\mathfrak{x}$, also $g_1 = cg_2$. Der durch $\mathfrak{x} \mapsto c\mathfrak{x}$ definierte Automorphismus $V \to V$ werde ebenfalls mit c bezeichnet. Durch $c \mapsto c \cdot \mathrm{id}$ wird eine Einbettung der multiplikativen Gruppe $K - \{0\}$ in $\mathrm{GL}(V)$ definiert. Ist K^* das Bild, so gilt der folgende Satz, der für $\dim \mathbb{P} = 0$, d.h. $\dim V = 1$, offensichtlich ist:

12.2.18 Satz *Es ist $\mathrm{GL}(V) \to \mathrm{Proj}(\mathbb{P})$, $g \mapsto g'$, ein surjektiver Homomorphismus. Sein Kern ist die Untergruppe $K^* \triangleleft \mathrm{GL}(V)$. Folglich ist $\mathrm{Proj}(\mathbb{P}) \cong \mathrm{GL}(V)/K^*$.* □

12.2.19 Satz *Jede Projektivität $\mathbb{P} \to \mathbb{P}$ bildet projektive Teilräume auf projektive Teilräume derselben Dimension ab.*

Beweis Jeder Automorphismus $V \to V$ bildet lineare Teilräume auf lineare Teilräume derselben Dimension ab. □

Als nächstes beschreiben wir Projektivitäten durch Koordinaten.

12.2.20 Satz *Sei $(P_0, \ldots, P_n; E)$ ein Koordinatensystem in $\mathbb{P}$ und $f\colon \mathbb{P} \to \mathbb{P}$ eine Projektivität mit zugehörigem Automorphismus $g\colon V \to V$, d.h. $f([\mathfrak{x}]) = [g(\mathfrak{x})]$, $0 \neq \mathfrak{x} \in V$. Dann gibt es eine reguläre $(n+1) \times (n+1)$–Matrix T über K*

mit folgender Eigenschaft: Ist $x \in K^{n+1}$ ein Koordinatenvektor von $P \in \mathbb{P}$, so ist $Tx \in K^{n+1}$ ein Koordinatenvektor von $f(P) \in \mathbb{P}$. Die Matrix T ist bis auf einen Faktor $0 \neq a \in K$ eindeutig bestimmt.

Ist umgekehrt T eine reguläre $(n+1) \times (n+1)$-Matrix über K und wird dem Punkt $P \in \mathbb{P}$ mit Koordinatenvektor $x \in K^{n+1}$ der Punkt mit Koordinatenvektor $Tx \in K^{n+1}$ zugeordnet, so wird dadurch eine Projektivität $\mathbb{P} \to \mathbb{P}$ definiert.

B e w e i s   Sind $\mathfrak{p}_0, \ldots, \mathfrak{p}_n$ Repräsentanten von $P_0, \ldots, P_n$ mit $[\mathfrak{p}_0 + \ldots + \mathfrak{p}_n] = E$, so schreibt sich $P = [x_0 \mathfrak{p}_0 + \ldots + x_n \mathfrak{p}_n]$, also ist

$$f(P) = [x_0 g(\mathfrak{p}_0) + \ldots + x_n g(\mathfrak{p}_n)].$$

Sei T die durch $g(\mathfrak{p}_i) = \sum_{j=0}^n t_{ji} \mathfrak{p}_j$ definierte reguläre Matrix. Wegen

$$f(P) = \left[\sum_{i=0}^n x_i g(\mathfrak{p}_i)\right] = \left[\sum_{i=0}^n x_i \left(\sum_{j=0}^n t_{ji} \mathfrak{p}_i\right)\right] = \left[\sum_{j=0}^n \left(\sum_{i=0}^n t_{ji} x_i\right) \mathfrak{p}_j\right]$$

ist Tx ein Koordinatenvektor von $f(P)$. Daß T bis auf eine Konstante eindeutig bestimmt ist, sei als Aufgabe 12.2.A gestellt. Damit ist der erste Teil bewiesen. Die Umkehrung folgt entsprechend; g und f werden jetzt durch T definiert. □

12.2.21 Definition Die Matrix T in 12.2.20 heißt *die Matrix der Projektivität zum gegebenen Koordinatensystem*. Sie ist wegen 12.2.20 bis auf ein von Null verschiedenes Vielfaches aus K bestimmt.

12.2.22 Satz *Sind T, T' die Matrizen einer Projektivität $\mathbb{P} \to \mathbb{P}$ in zwei verschiedenen Koordinatensystemen, so ist $T' = aC^{-1}TC$ für eine reguläre Matrix C und ein $0 \neq a \in K$.* □

12.2.23 Satz *Zu je zwei Systemen von $(n+2)$ unabhängigen Punkten des n-dimensionalen projektiven Raumes $\mathbb{P}$ gibt es genau eine Projektivität von $\mathbb{P}$, die das erste System in das zweite überführt.* □

12.2.24 Beispiel *Die Projektivitäten des 1-dimensionalen komplexen projektiven Raumes.* Der 1-dimensionale projektive Raum über dem Körper K entsteht aus K, indem ein uneigentlicher Punkt zufügt wird. Insbesondere läßt sich der 1-dimensionale komplexe projektive Raum mit $\mathbb{C} \cup \{\infty\} = \bar{\mathbb{C}} \cong S^2$ identifizieren. Nach Wahl eines Koordinatensystems $(P_0, P_1; E)$ bekommen wir homogene Koordinaten $(z_0, z_1)^t$, $z_i \in \mathbb{C}$, $|z_0|^2 + |z_1|^2 > 0$, und die Identifikation läßt sich durch

$$(z_0, z_1)^t \mapsto \frac{z_1}{z_0} \in \bar{\mathbb{C}}$$

vornehmen. Zum Koordinatensystem $(P_0, P_1; E)$ werde eine beliebige Projektivität durch

$$(z_0, z_1)^t \mapsto (dz_0 + cz_1, bz_0 + az_1)^t \text{ mit } ad - bc \neq 0$$

beschrieben. Die Matrix $\begin{pmatrix} a & b \\ c & d \end{pmatrix}$ ist bis auf einen skalaren Faktor eindeutig bestimmt; jede derartige Matrix definiert auch eine Projektivität. Übertragen wir dieses nach $\bar{\mathbb{C}} = \mathbb{C} \cup \{\infty\}$, so erhalten wir

$$z = \frac{z_1}{z_0} \mapsto \frac{az_1 + bz_0}{cz_1 + dz_0} = \frac{az + b}{cz + d},$$

eine sogenannte *gebrochen-lineare Transformation*; es folgt nun leicht:

Die Projektivitäten des 1-dimensionalen komplexen projektiven Raumes werden bei dessen Identifizierung mit $\bar{\mathbb{C}} = \mathbb{C} \cup \{\infty\}$ mit den gebrochen-linearen Transformationen identifiziert.

Die Gruppe der gebrochen-linearen Transformationen wird mit PSL(2, $\mathbb{C}$) bezeichnet. Die gebrochen-linearen Transformationen spielen in der Funktionentheorie eine große Rolle: Sie sind die konformen (= winkeltreuen) Abbildungen von $\bar{\mathbb{C}}$ auf $\bar{\mathbb{C}}$. Gewisse Untergruppen der Gruppen der gebrochen-linearen Transformationen bilden die Bewegungen der nicht-euklidischen Ebene, die wir in 13.3 behandeln werden. Vgl. auch das reelle Beispiel von 12.1.23.

Als ein weiteres Beispiel vom Umgang mit projektiven Koordinaten diene das folgende Beispiel. Verifizieren Sie bitte die Koordinaten der verschiedenen Punkte, denen in Abb. 12.2.2 Koordinaten gegeben sind.

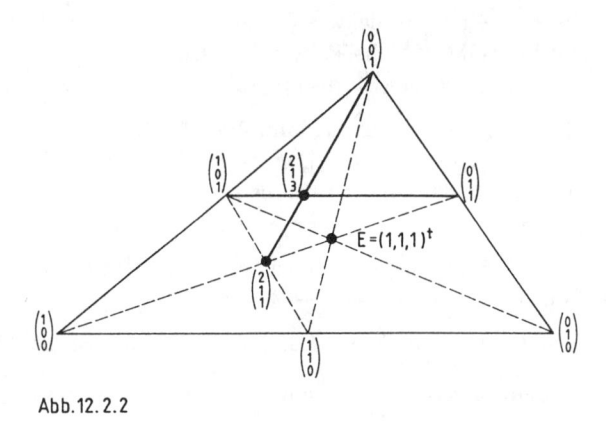

Abb. 12.2.2

12.2.25 Beispiel Konstruktion des Punktes $(2, 1, 3)^t$; vgl. Abb. 12.2.2. Der gesuchte Punkte $(2, 1, 3)^t$ liegt auf der Geraden durch $(1, 0, 1)^t$ und $(0, 1, 1)^t$ (denn

$(2,1,3)^t = (2,1,1)^t + 2(0,0,1)^t)$ und der Geraden durch $(0,0,1)^t$ und $(2,1,1)^t$, wobei sich $(2,1,1)^t$ als Schnittpunkt der Geraden durch $(1,0,0)^t$ und $(0,1,1)^t$ bzw. $(1,0,1)^t$ und $(1,1,0)^t$ ergibt.

Aufgaben

12.2.A1 Sei K ein endlicher Körper mit q Elementen.
(a) Wie viele Punkte hat ein n-dimensionaler projektiver Raum über K?
(b) Sei E eine projektive Ebene über K. Wie viele projektive Geraden gibt es in E? Wie vielen Geraden gehört ein Punkt an?
(c) Machen Sie auf Ihrem Blatt eine Skizze von $\mathbb{P}^2(F_2)$ (wo F_2 der Körper mit zwei Elementen ist), in der die endlich vielen Punkte und die sie verbindenen Geraden deutlich gekennzeichnet sind.

12.2.A2 Weisen Sie nach, daß die Matrix T von Satz 12.2.20 bis auf eine multiplikative Konstante eindeutig bestimmt ist.

12.2.A3 Sei $\mathbb{P}$ ein projektiver Raum. Zwei Geraden g und h in $\mathbb{P}$ heißen *windschief*, falls $g \cap h = \emptyset$.
(a) Sei $\mathbb{P}$ ein dreidimensionaler projektiver Raum; seien g und h windschiefe Geraden in $\mathbb{P}$ und sei P ein Punkt, der weder auf g noch auf h liegt. Zeigen Sie, daß es in $\mathbb{P}$ eine eindeutig bestimmte Gerade durch P gibt, die g und h schneidet.
(b) Sei $\mathbb{P}$ ein vierdimensionaler projektiver Raum und seien l, m und n paarweise windschiefe Geraden in $\mathbb{P}$, die nicht alle in einer Hyperebene liegen. Zeigen Sie, daß $l \cap [m \cup n]$ aus einem Punkt besteht. Schließen Sie daraus, daß es in $\mathbb{P}$ genau eine projektive Gerade gibt, die l, m und n schneidet.

12.2.A4 Im $\mathbb{R}^3$ realisieren wir die projektive Ebene. Als projektives Koordinatensystem (bzgl. der Standardbasis des $\mathbb{R}^3$) diene $P_0 = [(1,0,0)^t]$, $P_1 = [(1,1,0)^t]$, $P_2 = [(1,0,1)^t]$, $E = [(1,3,2)^t]$. Berechnen Sie die projektiven Koordinaten von $[(1,1,1)^t]$.

12.2.A5 Sei V ein 3-dimensionaler Vektorraum über $\mathbb{R}$ mit Basis $\mathfrak{r}_1, \mathfrak{r}_2, \mathfrak{r}_3$. Zeigen Sie, daß die Punkte $P_0 = [\mathfrak{r}_1 + \mathfrak{r}_2]$, $P_1 = [\mathfrak{r}_1]$, $P_2 = [\mathfrak{r}_1 + \mathfrak{r}_3]$, $E = [\mathfrak{r}_1 + \mathfrak{r}_2 + \mathfrak{r}_3]$ ein Koordinatensystem in $\mathbb{P}(V)$ bilden, und bestimmen Sie die homogenen Koordinaten des Punktes $P = [\mathfrak{r}_1 - \mathfrak{r}_2 - \mathfrak{r}_3]$.

12.2.A6 Es seien 3 Grundpunkte und ein Einheitspunkt in $\mathbb{P}^2(\mathbb{R})$ gegeben. Konstruieren Sie den Punkt mit den Koordinaten $(1, -2, 1)^t$.

12.2.A7 Gegeben seien drei Punkte P_0, P_1, E auf einer Geraden, die die Koordinaten $\begin{pmatrix} 1 \\ 0 \end{pmatrix}, \begin{pmatrix} 0 \\ 1 \end{pmatrix}, \begin{pmatrix} 1 \\ 1 \end{pmatrix}$ haben. Konstruieren Sie nur mit einem Lineal drei weitere Punkte und geben Sie deren Koordinaten an.

12.2.A8
(a) Sei $\mathbb{P}$ eine projektive Ebene und A, B, C, D ein projektives Koordinatensystem von $\mathbb{P}$. Sei g die projektive Gerade durch A und D und h die Gerade durch B und

C. Was sind die homogenen Koordinaten (bezüglich des gegebenen Koordinatensystems) des Schnittpunktes von g mit h? Wie lautet die Gleichung von g in homogenen Koordinaten?

(b) Sei $\mathbb{P} = \mathbb{P}^2(\mathbb{R})$. Die Gerade g habe die Gleichung $3x+4y-2z = 0$ und die Gerade h habe die Gleichung $x - y + 2z = 0$. Der Punkt P habe homogene Koordinaten $(2, 3, -1)$. Sei Q der Schnittpunkt von g und h. Bestimmen Sie die Gleichung der projektiven Geraden, die P mit Q verbindet.

(c) Sei $\mathbb{P} = \mathbb{P}^2(\mathbb{R})$. Zeigen Sie: Die Punkte $(1, 1, 0), (1, 1, 2), (0, 1, 4), (5, 9, 22)$ bilden ein projektives Koordinatensystem auf $\mathbb{P}$. Bestimmen Sie die neuen homogenen Koordinaten des Punktes mit den alten homogenen Koordinaten $(2, 3, -4)$.

12.2.A9 Bestimmen Sie jeweils die Matrix (in den Standardkoordinaten) der folgenden Projektivitäten von $\mathbb{P} = \mathbb{P}^1(\mathbb{R})$:
(a) $f(1,3) = (4,3)$, $f(2,4) = (3,2)$, $f(-1,1) = (0,1)$;
(b) $f(1,3) = (4,3)$, $f(2,4) = (3,2)$, $f(-1,1) = (1,1)$.

12.2.A10 Sei V ein 3-dimensionaler Vektorraum über $\mathbb{R}$. Geben Sie eine von der Identität verschiedene Projektivität $f : \mathbb{P}(V) \to \mathbb{P}(V)$ an, die 3 Fixpunkte besitzt.

12.2.A11 In der Ebene seien 4 Punkte und ihre Bildpunkte unter einer Projektivität von $\mathbb{P}^2$ vorgegeben. Konstruieren Sie den Bildpunkt eines beliebigen fünften Punktes.

12.2.A12 Es seien die Bildpunkte $f(0), f(1), f(\infty) \in \mathbb{P}(\mathbb{R}) = \bar{\mathbb{R}}$ von $0, 1, \infty$ unter einer Projektivität f von $\mathbb{P}^1$ vorgegeben. Konstruieren Sie $f(2), f(3), f(4), \ldots$; $f(-1), f(-2), f(-3), \ldots$.

12.2.A13 Sei V ein 3-dimensionaler Vektorraum über $\mathbb{R}$ mit Basis $\mathfrak{r}_1, \mathfrak{r}_2, \mathfrak{r}_3$. In $\mathbb{P} = \mathbb{P}(V)$ seien folgende Punkte gegeben:
$P_1 = [\mathfrak{r}_3]$, $P_2 = [\mathfrak{r}_1 + \mathfrak{r}_2 + \mathfrak{r}_3]$, $P_3 = [-\mathfrak{r}_1 + \mathfrak{r}_2 + \mathfrak{r}_3]$, $P_4 = [\mathfrak{r}_1 + 2\mathfrak{r}_2 + \mathfrak{r}_3]$,
$Q_1 = [\mathfrak{r}_1], Q_2 = [\mathfrak{r}_2], Q_3 = [\mathfrak{r}_3], Q_4 = [\mathfrak{r}_1 + \mathfrak{r}_2 + \mathfrak{r}_3]$.
Bestimmen Sie eine projektive Abbildung $f : \mathbb{P} \to \mathbb{P}$ mit $f(P_i) = Q_i, i = 1, 2, 3, 4$. Ist f eindeutig bestimmt?
Bezüglich des Koordinatensystems $\{[\mathfrak{r}_1], [\mathfrak{r}_2], [\mathfrak{r}_3], [\mathfrak{r}_1+\mathfrak{r}_2+\mathfrak{r}_3]\}$ sei eine Gerade $g \subset \mathbb{P}$ durch $g = \{(x_1, x_2, x_3)^t \in \mathbb{R}^3 : x_3 = 0\}$ gegeben. Auf welche Gerade wird g durch f abgebildet?

12.2.A14
(a) Sei g eine projektive Gerade, und seien P, Q, R, S vier verschiedene Punkte in g. Zeigen Sie: Es gibt eine eindeutig bestimmte Projektivität von g, die P mit Q und R mit S vertauscht.
(b) Sei g eine projektive Gerade und f eine Projektivität von g, die nicht die Identität ist. Zeigen Sie: f hat 0, 1 oder 2 Fixpunkte, und alle diese Fälle sind möglich.
Wie viele Fixpunkte haben die Projektivitäten mit den Matrizen (in geeigneten homogenen Koordinaten) $\begin{pmatrix} 4 & 1 \\ -1 & 2 \end{pmatrix}$, $\begin{pmatrix} 4 & 1 \\ 1 & 2 \end{pmatrix}$ bzw. $\begin{pmatrix} 1 & -4 \\ 2 & 1 \end{pmatrix}$?

12.2.A15 Sei $\mathbb{P} = \mathbb{P}(V)$ ein projektiver Raum und W, U projektive Unterräume von $\mathbb{P}$. Sei $S = [W \cup U]$ und $\operatorname{codim} W = \dim \mathbb{P} - \dim W$. Zeigen Sie:
(a) $\operatorname{codim}(W \cap U) + \operatorname{codim} S = \operatorname{codim} W + \operatorname{codim} U$.
Insbesondere gilt $\operatorname{codim}(W \cap U) = \operatorname{codim} W + \operatorname{codim} U$, wenn $[W \cup U] = \mathbb{P}$; sonst gilt „<".
(b) Für $\dim W + \dim U \geq \dim \mathbb{P}$, d.h. $\operatorname{codim} W + \operatorname{codim} U \leq \dim \mathbb{P}$, gilt $W \cap U \neq \emptyset$.
(c) Wie sieht dies im Affinen aus?

12.3 Dualität in projektiven Räumen

In diesem Abschnitt behandeln wir mit der Dualität eine Eigenschaft der projektiven Räume, für die es kein affines Analogon gibt und die interessante „Vertauschungsschlüsse" ermöglicht. Sei $\mathbb{P}$ ein n-dimensionaler projektiver Raum mit *festem Koordinatensystem* $(P_0, \ldots, P_n; E)$, $n \in \mathbb{N}^*$.

12.3.1 Definition Für $P \in \mathbb{P}$ mit Koordinatenvektor $x \in K^{n+1}$ sei $\delta(P) \subset \mathbb{P}$ die Hyperebene mit Koordinatenvektor x^t; sie heißt *dual zum Punkt P*. Für eine Hyperebene $H \subset \mathbb{P}$ mit Koordinatenvektor $a \in K^{n+1}$ sei $\delta(H) \in \mathbb{P}$ der Punkt $\delta(H)$ mit Koordinatenvektor a; er heißt *dual zur Hyperebene H*.

Offenbar ist $\delta(\delta(P)) = P$ und $\delta(\delta(H)) = H$ für jeden Punkt P bzw. jede Hyperebene H. Beachten Sie, daß die definierte *Dualität vom Koordinatensystem abhängt*.

12.3.2 Satz *Ist $V \subset \mathbb{P}$ ein projektiver Teilraum der Dimension $k \geq 0$, so ist $\bigcap_{P \in V} \delta(P)$ ein projektiver Teilraum der Dimension $n - k - 1$.*

B e w e i s   Der Durchschnitt ist ein projektiver Teilraum nach 12.2.2. Wir beschreiben V nach 12.2.14 durch ein Gleichungssystem $Ax = 0$ mit Rang $A = n - k$. Für $P \in \mathbb{P}$ mit Koordinatenvektor $x \in K^{n+1}$ ist also $P \in V$ genau dann, wenn $Ax = 0$. Sei $Q \in \mathbb{P}$ mit Koordinatenvektor $y \in K^{n+1}$. Es folgt:

$$Q \in \delta(P) \quad \forall P \in V \iff x^t y = 0 \quad \forall x \text{ mit } Ax = 0 \iff$$
$$x^{(i)t} y = 0 \text{ für eine Basis } x^{(0)}, \ldots, x^{(k)} \text{ des Lösungsraums von } Ax = 0.$$

Letzteres sind $k+1$ linear unabhängige Gleichungen der $n+1$ Unbekannten für y; die Lösungen bilden einen Teilraum der Dimension $(n+1) - (k+1)$, folglich hat $\bigcap_{P \in V} \delta(P)$ die Dimension $n - k - 1$. □

12.3.3 Hilfssatz *Für jede Hyperebene $H \subset \mathbb{P}$ ist $\delta(H) = \bigcap_{P \in H} \delta(P)$.*

B e w e i s   Nach 12.3.2 ist dieser Durchschnitt ein Punkt, so daß wir nur $\delta(H) \in \bigcap_{P \in H} \delta(P)$ zeigen müssen. Ist a Koordinatenvektor von H und $P \in H$ mit Koordinatenvektor x, so gilt $ax = 0$, also auch $x^t a^t = 0$: Daher liegt der Punkt $\delta(H)$, dessen Koordinatenvektor a^t ist, auf der Hyperebene $\delta(P)$, deren Koordinatenvektor x^t ist: $\delta(H) \in \delta(P) \; \forall P \in H$. □

12.3.4 Definition Für einen projektiven Teilraum $\emptyset \neq V \subset \mathbb{P}$ sei $\delta(V) = \bigcap_{P \in V} \delta(P)$. Ferner sei $\delta(\emptyset) = \mathbb{P}$. Ist V ein Punkt, so stimmt diese Definition mit 12.3.1 überein, ebenso nach 12.3.3 im Fall, daß V eine Hyperebene ist.

12.3.5 Satz *Die Funktion δ, die jedem projektiven Teilraum $V \subset \mathbb{P}$ einen projektiven Teilraum $\delta(V) \subset \mathbb{P}$ zuordnet, hat folgende Eigenschaften (dabei ist neben V auch U ein projektiver Teilraum in $\mathbb{P}$):*
(a) $\delta(\emptyset) = \mathbb{P}$, $\delta(\mathbb{P}) = \emptyset$;
(b) $\dim \delta(V) = n - \dim V - 1$;
(c) *aus $U \subset V$ folgt $\delta(U) \supset \delta(V)$;*
(d) $\delta(U \cap V) = [\delta(U), \delta(V)]$;
(e) $\delta([U,V]) = \delta(U) \cap \delta(V)$;
(f) $\delta(\delta(V)) = V$.

B e w e i s   (a) Der erste Teil ist Definition, der zweite folgt aus 12.3.2.
 (b) ist 12.3.2 – (c) ist trivial. – (d) folgt aus (e) und (f), indem U, V durch $\delta(U), \delta(V)$ ersetzt werden. (f) ergibt sich so:

$$P \in \delta(V) \implies P \in \delta(Q) \; \forall Q \in V \overset{(c)}{\implies} \delta(P) \ni \delta(\delta(Q)) = Q \; \forall Q \in V$$
$$\implies \delta(P) \supset V.$$

Weil das für alle $P \in \delta(V)$ gilt, folgt $V \subset \bigcap_{P \in \delta(V)} \delta(P) = \delta(\delta(V))$. Weil nach (b) $\dim V = \dim \delta(\delta(V))$, muß hier = statt $\subset$ stehen.
 (e) Sei $W = \delta(\delta(U) \cap \delta(V))$. Dann gilt $\delta(U) \supset \delta(W)$ und nach (c) und (f) $U \subset W$; analog $V \subset W$, also $[U,V] \subset W$. Sei X ein projektiver Teilraum mit $U, V \subset X$. Dann gilt

$$\delta(X) \subset \delta(U), \; \delta(X) \subset \delta(V) \implies \delta(X) \subset \delta(U) \cap \delta(V) \implies X \supset W$$

nach (c) und (f); speziell folgt $W = [U,V]$. Anwendung von δ liefert (e) wegen (f). □

Sei M eine Menge von projektiven Teilräumen von $\mathbb{P}$. Sei $\tilde{M} = \{\delta(V) : V \in M\}$ und $\tilde{V} := \delta(V)$ für $V \in M$. Sind $U, V \in M$ mit $U \subset V$, so gilt

$\tilde{U}, \tilde{V} \in \tilde{M}$ und $\tilde{U} \supset \tilde{V}$. Sind $U, V, W \in M$ mit $U = V \cap W$, so ist $\tilde{U}, \tilde{V}, \tilde{W} \in \tilde{M}$ und $\tilde{U} = [\tilde{V}, \tilde{W}]$. Entsprechend ist $\tilde{U} = \tilde{V} \cap \tilde{W}$, wenn $U = [V, W]$ ist. Ferner ist $\dim \tilde{U} = n - (\dim U) - 1$. Jede Beziehung dieser Art zwischen den Teilmengen aus M liefert also eine Beziehung zwischen den Teilmengen aus $\tilde{M}$. Das ergibt das

12.3.6 Dualitätsprinzip im projektiven Raum *Jede wahre Aussage über projektive Teilräume eines n-dimensionalen projektiven Raumes für $n \in \mathbb{N}$, die sich mit den Begriffen „$\dim U$", „$U \cap V$", „$U \subset V$" und „$[U, V]$" formulieren läßt, bleibt wahr, wenn jede Dimension k durch $n - k - 1$ ersetzt wird und die Symbole „$\subset$" und „$\supset$" sowie „$\cap$" und „$[\ ,\ ]$" vertauscht werden.* □

12.3.7 Beispiel Ist $P \in \mathbb{P}$ ein Punkt und $H \subset \mathbb{P}$ eine Hyperebene mit $[P, H] = \mathbb{P}$, so ist $P \notin H$. Das ist trivial. Die duale Aussage lautet: Ist $P \in \mathbb{P}$ ein Punkt und $H \subset \mathbb{P}$ eine Hyperebene mit $P \notin H$, so ist $[P, H] = \mathbb{P}$, vgl. 4.7.25 (f).

Im Fall $n = 2$ lautet das Dualitätsprinzip wie folgt: Jede wahre Aussage über Punkte und Geraden einer projektiven Ebene, die sich mit den Begriffen „liegen auf", „schneiden sich in" usw. formulieren läßt, bleibt wahr, wenn die Worte „Punkt" und „Gerade" vertauscht werden, und die genannten Begriffe sinngemäß geändert werden. Z.B. ergibt die Dualisierung der Desarguesschen Eigenschaft 12.1.9:

12.3.8 Satz *Es seien a, b, c bzw. a', b', c' Geraden, die nicht durch einen Punkt gehen. Wenn die Schnittpunkte $a \cap a'$ bzw. $b \cap b'$ bzw. $c \cap c'$ auf einer Geraden s liegen, so gehen die Geraden durch die Schnittpunkte $a \cap b$ und $a' \cap b'$ bzw. $a \cap c$ und $a' \cap c'$ bzw. $b \cap c$ und $b' \cap c'$ durch einen Punkt G, vgl. Abb. 12.3.1.* □

Offenbar ist 12.3.8 genau die Umkehrung des Satzes von Desargues. Als nächstes Beispiel betrachten wir:

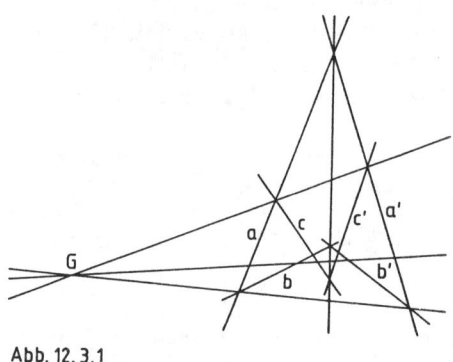

Abb. 12.3.1

12.3 Dualität in projektiven Räumen

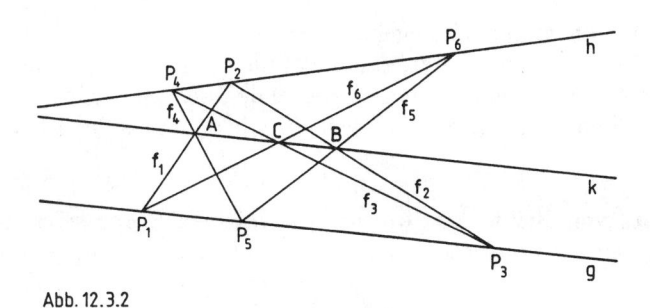

Abb. 12.3.2

12.3.9 Satz von Pappus-Pascal (projektive Form) *In einer projektiven Ebene seien sechs Punkte $P_1, P_2, \ldots, P_6$ gegeben, die abwechselnd auf zwei Geraden g und h liegen, aber nicht dem Durchschnitt angehören. Es sei f_i die Gerade durch P_i und P_{i+1} ($i+1 \bmod 6$). Dann liegen die Schnittpunkte $A = f_1 \cap f_4$, $B = f_2 \cap f_5$, $C = f_3 \cap f_6$ auf einer Geraden k;* vgl. Abb. 12.3.2.

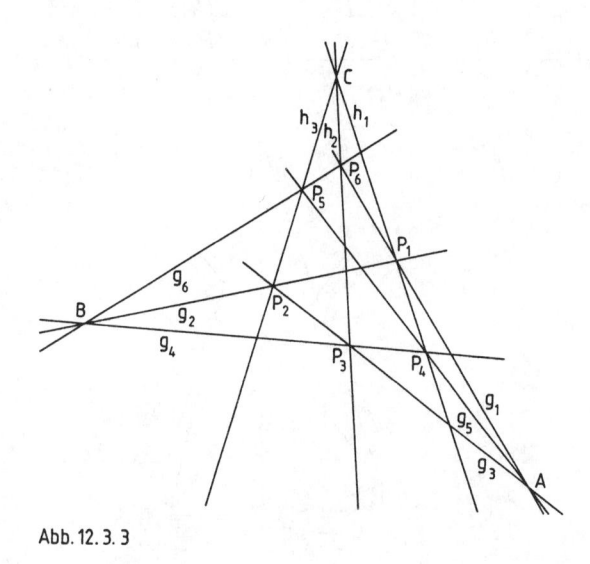

Abb. 12.3.3

B e w e i s (Er setzt den Abschnitt 12.4 voraus; jedoch ist die Methode schon in 12.1.3 angerissen worden.) Die Schnittpunkte $A = f_1 \cap f_4$ und $B = f_2 \cap f_5$ sind verschieden und definieren deshalb eine Gerade k. Nun deuten wir k als uneigentliche Gerade. Dann geht die Aussage des Satzes von Pappus-Pascal in die affine Variante von 12.1.4 über, die dort schon bewiesen ist. □

Hier müssen wir jedoch folgendes anmerken: In den Beweisen von 12.1.3 und 12.1.4 haben wir vorausgesetzt, daß die affine Ebene mittels eines Vektorraumes (also unter Zugrundelegung eines Körpers) definiert war; wir betrachten hier die projektive Ebene analog. Nun dualisieren wir den Satz des Pappus-Pascal und erhalten:

12.3.10 Satz von Brianchon *In einer projektiven Ebene seien zwei Punkte A und B gegeben sowie Geraden g_1, g_3, g_5 durch A und g_2, g_4, g_6 durch B. Es sei $P_i = g_i \cap g_{i+1}$ (hier wieder $i + 1 \bmod 6$); ferner bezeichne h_j die Gerade durch P_j und P_{j+3}, $j = 1, 2, 3$. Dann schneiden sich h_1, h_2 und h_3 in einen Punkt C. (Vgl. die Abb. 12.3.3.)* □

In der Brianchon-Figur finden sich mehrere Pappus-Pascal Konstellationen. In Abb. 12.3.4 haben wir eine durch die stärker ausgezeichneten Linien herausgestellt. Es entsprechen sich

Abb. 12.3.3	g_2	g_3	A	B	C	P_1	P_2	P_4	P_c
Abb. 12.3.4	g	h	P_1	P_4	B	P_6	P_2	P_5	C

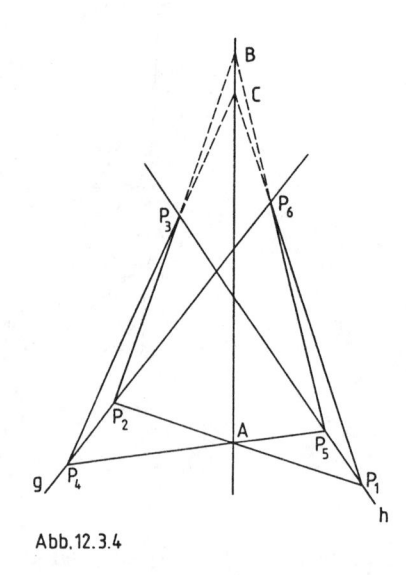

Abb. 12.3.4

Aufgaben

12.3.A1

(a) Dualisieren Sie die Aussagen von 12.2.2.
(b) Dualisieren Sie das untenstehende Haus aus $\mathbb{P}^3$; vgl. Abb. 12.3.5.

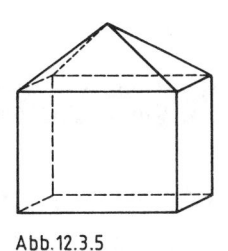

Abb.12.3.5

12.4 Der affine Raum als Teilraum des projektiven Raumes

Sei $\mathbb{P} = \mathbb{P}(V)$ ein n-dimensionaler projektiver Raum, $n \in \mathbb{N}^*$ (also $\dim V = n+1$), $H \subset \mathbb{P}$ eine Hyperebene und $V_H \subset V$ der zugehörige lineare Teilraum (also $\dim V_H = n$). Wir setzen $A := \mathbb{P} - H$, wählen einen festen Punkt $P_0 \in A$ und einen festen Repräsentanten $\mathfrak{p}_0$ von P_0, d.h. $[\mathfrak{p}_0] = P_0$. Es folgt $\mathfrak{p}_0 \notin V_H$.

12.4.1 Hilfssatz *Zu $P \in A$ existiert genau ein Vektor $\mathfrak{x}_P \in V$ mit $[\mathfrak{x}_P] = P$ und $\mathfrak{x}_P = \mathfrak{p}_0 + \mathfrak{y}$ für ein (eindeutig bestimmtes) $\mathfrak{y} \in V_H$.*

B e w e i s Offenbar ist $V = [\mathfrak{p}_0] \oplus V_H$, so daß jeder Repräsentant $\mathfrak{x}$ von P die Form $\mathfrak{x} = a\mathfrak{p}_0 + \mathfrak{z}$ hat für ein $a \in K$ und ein $\mathfrak{z} \in V_H$; ferner ist diese Darstellung eindeutig, vgl. 4.2.10. Da $P \in A$, ist $\mathfrak{x} \notin V_H$ und somit $a \neq 0$. Also ist $\mathfrak{x}_P = a^{-1}\mathfrak{x}$ der gesuchte Vektor. □

12.4.2 Definition und Satz *Durch $(\mathfrak{x}, P) \mapsto P + \mathfrak{x} := [\mathfrak{x}_P + \mathfrak{x}]$ wird eine Operation $V_H \times A \to A$ definiert. Mit dieser Operation ist A ein n-dimensionaler affiner Raum über K bezüglich V_H. Die Punkte von $\mathbb{P}$, die im affinen Raum A liegen, heißen* eigentliche Punkte; *die übrigen heißen* uneigentliche Punkte. *Die Menge der uneigentlichen Punkte ist eine Hyperebene H, sie heißt die* uneigentliche Hyperebene.

Kurz: Wird aus einem projektiven Raum eine Hyperebene herausgenommen, so bleibt ein affiner Raum derselben Dimension übrig. Oder – weil je zwei affine Räume gleicher endlicher Dimension isomorph sind: Wird einem affinen Raum in geeigneter Weise eine „uneigentliche Hyperebene" hinzugefügt, so entsteht ein projektiver Raum derselben Dimension. Beachten Sie: Die Operation $V_H \times A \to A$ hängt von der Wahl von $\mathfrak{p}_0$ ab. Ferner legt natürlich die Wahl von H fest, welche Punkte von $\mathbb{P}$ eigentlich bzw. uneigentlich sind.

B e w e i s von 12.4.2. Klar ist, daß $V_H \times A \to A$ eine Operation der abelschen Gruppe V_H auf der Menge A ist. Für $P, Q \in A$ setzen wir $\mathfrak{x} = \mathfrak{x}_Q - \mathfrak{x}_P$ (wegen 12.4.1 ist $\mathfrak{x} \in V_H$). Dann ist $P + \mathfrak{x} = Q$, d.h. die Operation ist transitiv. Aus

$$P + \mathfrak{x} = P \iff [\mathfrak{x}_P + \mathfrak{x}] = [\mathfrak{x}_P]$$

folgt wegen 12.4.1 $\mathfrak{x} = 0$, so daß die Operation auch effektiv ist. □

12.4.3 Hilfssatz *Für $P, Q \in A$ ist $\overrightarrow{PQ} = \mathfrak{x}_Q - \mathfrak{x}_P \in V_H$.* □

Wird V gemäß 4.7.7 als affiner Raum gedeutet, so ist V_H eine Hyperebene von V. Sei A' eine zu V_H parallele Hyperebene, die nicht durch 0 geht. Jede nicht in V_H liegende Gerade durch 0 schneidet A' in genau einem Punkt, und das liefert eine Bijektion $A \to A'$. Daher kann der affine Raum $A \subset \mathbb{P}$ wie vor 12.1.17 veranschaulicht werden; vgl. Abb. 12.4.1.

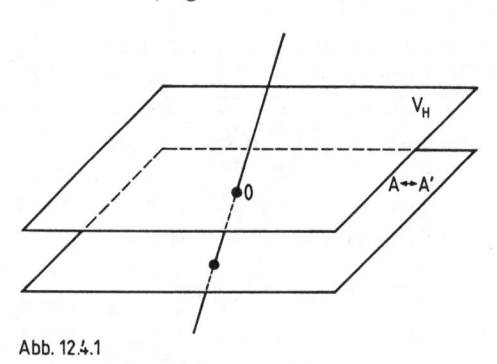

Abb. 12.4.1

Affine und projektive Koordinaten

Wir untersuchen den Zusammenhang zwischen affinen Koordinaten in A und projektiven Koordinaten in $\mathbb{P}$. Es sei $(Q_0, \ldots, Q_n)$ ein Koordinatensystem im affinen Raum A, vgl. 4.7.21. Dann ist $\overrightarrow{Q_0Q_1}, \ldots, \overrightarrow{Q_0Q_n}$ eine Basis von V_H, also ist $\mathfrak{x}_{Q_0}, \overrightarrow{Q_0Q_1}, \ldots, \overrightarrow{Q_0Q_n}$ Basis von V. Wir definieren ein Koordinatensystem

12.4 Der affine Raum als Teilraum des projektiven Raumes   475

$(Q'_0, \ldots, Q'_n; E')$ im projektiven Raum wie folgt, vgl. Abb. 12.4.2:

$$Q'_0 = Q_0, \ Q'_i = [\overrightarrow{Q_0Q_i}] \quad \text{für } i = 1, \ldots, n, \ E' = [\mathfrak{r}_{Q_0} + (\overrightarrow{Q_0Q_1} + \ldots + \overrightarrow{Q_0Q_n})].$$

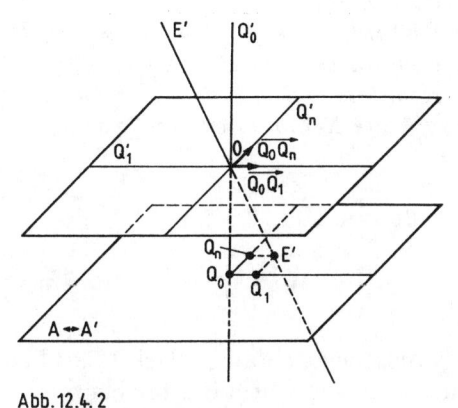

Es folgt $Q'_1, \ldots, Q'_n \in H$. Ferner ist E' der Punkt in A mit den affinen Koordinaten $(1, \ldots, 1)$, und es ist $\overrightarrow{Q_0E'} = \overrightarrow{Q_0Q_1} + \ldots + \overrightarrow{Q_0Q_n}$. Der Vektor

$$\overrightarrow{Q_0E'} + \mathfrak{r}_{Q_0} \stackrel{12.4.3}{=} (\mathfrak{r}_{E'} - \mathfrak{r}_{Q_0}) + \mathfrak{r}_{Q_0} = \mathfrak{r}_{E'}$$

repräsentiert E', so daß $\mathfrak{r}_{Q_0}, \overrightarrow{Q_0Q_1}, \ldots, \overrightarrow{Q_0Q_n}$ Repräsentanten von $Q'_0, \ldots, Q'_n$ sind mit

$$[\mathfrak{r}_{Q_0} + \overrightarrow{Q_0Q_1} + \ldots + \overrightarrow{Q_0Q_n}] = E'.$$

Abb. 12.4.2

Ist $P \in \mathbb{P}$ mit Koordinatenvektor $x' = (x'_0, \ldots, x'_n)^t \in K^{n+1}$, d.h.

$$P = [x'_0 \mathfrak{r}_{Q_0} + x'_1 \overrightarrow{Q_0Q_1} + \ldots + x'_n \overrightarrow{Q_0Q_n}],$$

so folgt

$$P \in H \iff x'_0 \mathfrak{r}_{Q_0} + x'_1 \overrightarrow{Q_0Q_1} + \ldots + x'_n \overrightarrow{Q_0Q_n} \in V_H \iff x'_0 = 0.$$

Also ist die uneigentliche Hyperebene H in diesem Koordinatensystem durch die Gleichung $x'_0 = 0$ bestimmt. Für $x'_0 \neq 0$ sind wegen

$$Q_0 + \left(\frac{x'_1}{x'_0}\overrightarrow{Q_0Q_1} + \ldots + \frac{x'_n}{x'_0}\overrightarrow{Q_0Q_n}\right) = \left[\mathfrak{r}_{Q_0} + \frac{x'_1}{x'_0}\overrightarrow{Q_0Q_1} + \ldots + \frac{x'_n}{x'_0}\overrightarrow{Q_0Q_n}\right] = P$$

$x'_1/x'_0, \ldots, x'_n/x'_0$ die affinen Koordinaten von P.
Hat umgekehrt $P \in A$ die affinen Koordinaten $x_1, \ldots, x_n \in K$, so folgt

$$\overrightarrow{Q_0P} = x_1\overrightarrow{Q_0Q_1} + \ldots + x_n\overrightarrow{Q_0Q_n} \text{ mit } \overrightarrow{Q_0P} = \mathfrak{x}_P - \mathfrak{x}_{Q_0} \implies$$
$$\mathfrak{x}_P = \mathfrak{x}_{Q_0} + x_1\overrightarrow{Q_0Q_1} + \ldots + x_n\overrightarrow{Q_0Q_n}.$$

Daher sind $(1, x_1, \ldots, x_n)$ die projektiven Koordinaten von P. Damit ist bewiesen:

12.4.4 Satz *Zu jedem affinen Koordinatensystem $(Q_0, \ldots, Q_n)$ in A mit Koordinaten $x_1, \ldots, x_n$ gibt es ein projektives Koordinatensystem $(Q'_0, \ldots, Q'_n; E')$ in $\mathbb{P}$ mit Koordinaten $x'_0, x'_1, \ldots, x'_n$ und folgenden Eigenschaften:*
(a) *Die uneigentliche Hyperebene wird bezüglich $(Q'_0, \ldots, Q'_n; E')$ durch die Gleichung $x'_0 = 0$ beschrieben.*
(b) *Hat $P \in A$ die Koordinaten $(x_1, \ldots, x_n)$ bezüglich $(Q_0, \ldots, Q_n)$, so sind $(1, x_1, \ldots, x_n)$ Koordinaten von P bezüglich $(Q'_0, \ldots, Q'_n; E')$.*
(c) *Hat $P \in A$ die Koordinaten $(x'_0, \ldots, x'_n)$ bezüglich $(Q'_0, \ldots, Q'_n; E')$, so sind $(x'_1/x'_0, \ldots, x'_n/x'_0)$ die Koordinaten von P bezüglich $(Q_0, \ldots, Q_n)$.*

□

Es folgen zwei Anwendungen von 12.4.4.

Anwendungen

Sei $X \subset \mathbb{P}$ ein projektiver Teilraum. Nach 12.2.14 können wir X durch ein Gleichungssystem der folgenden Form beschreiben:

$$(*) \quad \begin{aligned} a_{00}x'_0 + a_{01}x'_1 + \ldots + a_{0n}x'_n &= 0 \\ &\vdots \\ a_{k0}x'_0 + a_{k1}x'_1 + \ldots + a_{kn}x'_n &= 0. \end{aligned}$$

Die Menge $X \cap A$ der eigentlichen Punkte von X ist die Menge der Punkte in A, deren affine Koordinaten das Gleichungssystem

$$(**) \quad \begin{aligned} a_{00} + a_{01}x_1 + \ldots + a_{0n}x_n &= 0 \\ &\vdots \\ a_{k0} + a_{k1}x_1 + \ldots + a_{kn}x_n &= 0 \end{aligned}$$

lösen (Division durch x'_0). Nach 5.1.16 ist das ein affiner Teilraum X_0 von A. Umgekehrt: Ist $X_0 \subset A$ ein affiner Teilraum, so läßt er sich durch ein Gleichungssystem $(**)$ beschreiben; dann definiert $(*)$ einen projektiven Teilraum X von $\mathbb{P}$ mit $X_0 = A \cap X$. Das ergibt die erste Aussage von

12.4 Der affine Raum als Teilraum des projektiven Raumes

12.4.5 Satz *Ist $X \subset \mathbb{P}$ ein projektiver Teilraum, so ist $X_0 := X \cap A \subset A = \mathbb{P} - H$ ein affiner Teilraum. Umgekehrt gibt es zu jedem affinen Teilraum $X_0 \subset A$ einen projektiven Teilraum $X \subset \mathbb{P}$ mit $X_0 = X \cap A$. Dabei ist X im Fall $X_0 \neq \emptyset$ eindeutig bestimmt und $\dim X_0 = \dim X$.*

B e w e i s   Wir müssen nur noch die letzte Aussage beweisen. Sei $P \in X_0$ und $W_0 \subset V_H$ der dem affinen Raum $X_0 \subset A$ zugrundeliegende lineare Teilraum von V_H. Zur Definition von V_H vgl. den Anfang von 12.4. Wir zeigen, daß

$$X = \mathbb{P}([\mathfrak{x}_P] + W_0), \text{ d.h. } V_X = [\mathfrak{x}_P] + W_0 \subset V$$

der gesuchte projektive Teilraum ist; daraus folgt alles. ([ ] bezeichnet wieder die lineare Hülle.) Es ist

(1) $\qquad X_0 = P + W_0 = \{P + \mathfrak{x} : \mathfrak{x} \in W_0\} = \{[\mathfrak{x}_P + \mathfrak{x}] : \mathfrak{x} \in W_0\};$

dabei deutet der letzte Ausdruck X_0 als Teilmenge des projektiven Raumes. Aus $X_0 \subset X$ folgt $[\mathfrak{x}_P] + W_0 \subset V_X$.

Wir wollen nun zeigen: $[\mathfrak{x}_P] + W_0 \supset V_X$. Sei $0 \neq \mathfrak{y} \in V_X$, d.h. $[\mathfrak{y}] \in X$. Aus $V = [\mathfrak{x}_P] + V_H$ ist $\mathfrak{y} = a\mathfrak{x}_P + \mathfrak{z}$ für ein $a \in K$ und ein $\mathfrak{z} \in V_H$.

Ist $a \neq 0$, so ist $\mathfrak{y} \notin V_H$, also $[\mathfrak{y}] \in A$, d.h. $[\mathfrak{y}] \in A \cap X = X_0$. Aus $X_0 = \{[\mathfrak{x}_P + \mathfrak{x}] : \mathfrak{x} \in W_0\} = [\mathfrak{x}_P] + W_0$ folgt $\mathfrak{y} \in [\mathfrak{x}_P] + W_0$. Sei $a = 0$, d.h. $\mathfrak{y} \in V_H$. Da $\mathfrak{x}_P, \mathfrak{y} \in V_X$, ist $\mathfrak{x}_P + \mathfrak{y} \in V_X$, also $[\mathfrak{x}_P + \mathfrak{y}] \in A \cap X = X_0$. Somit gilt nach (1) $\mathfrak{y} \in W_0$ und damit $\mathfrak{y} \in [\mathfrak{x}_P] + W_0$. Deshalb ergibt sich $[\mathfrak{x}_P] + W_0 \supset V_X$. □

Als zweite Anwendung von 12.4.4 vergleichen wir die Projektivitäten $\mathbb{P} \to \mathbb{P}$ mit den Affinitäten $A \to A$. Eine Projektivität $f: \mathbb{P} \to \mathbb{P}$ wird im Koordinatensystem $(Q'_0, \ldots, Q'_n; E')$ von 12.4.4 durch Gleichungen der folgenden Form beschrieben:

$$\begin{aligned} y'_0 &= c_{00}x'_0 + c_{01}x'_1 + \ldots + c_{0n}x'_n \\ &\vdots \\ y'_n &= c_{n0}x'_0 + c_{n1}x'_1 + \ldots + c_{nn}x'_n \end{aligned} \quad ; \text{ kurz}: y' = Cx'.$$

Dabei ist x' bzw. y' ein Koordinatenvektor von $P \in \mathbb{P}$ bzw. $f(P) \in \mathbb{P}$; die Matrix C ist regulär.

12.4.6 Hilfssatz *Folgende Eigenschaften von $f: \mathbb{P} \to \mathbb{P}$ sind äquivalent:*
(a) *f bildet uneigentliche Punkte auf uneigentliche Punkte ab, d.h. $f(H) \subset H$.*
(b) *$f(A) = A$.*
(c) *$c_{01} = \ldots = c_{0n} = 0$.*

12 Projektive Geometrie

Beweis Die Gleichung von H ist $x'_0 = 0$. Aus $f(H) \subset H$ folgt $c_{01} = \ldots - c_{0n} = 0$, und umgekehrt. Weil f bijektiv ist, folgt $f(H) = H$, und deshalb bildet f eigentliche Punkte auf eigentliche Punkte ab, d.h. $f(A) = A$. □

12.4.7 Definition und Satz *Ist $f \colon \mathbb{P} \to \mathbb{P}$ eine Projektivität, die die uneigentliche Hyperebene in sich überführt, d.h. $f(H) = H$, so ist die Beschränkung $\bar{f} \colon A \to A$ von f auf A, d.h. $\bar{f}(P) = f(P)\ \forall P \in A$ eine Affinität. Hat f im Koordinatensystem $(Q'_0, \ldots, Q'_n; E')$ von $\mathbb{P}$ eine Darstellung der Form*

$$(*)\qquad \begin{aligned} y'_0 &= x'_0 \\ y'_1 &= c_{10}x'_0 + c_{11}x'_1 + \ldots + c_{1n}x'_n \\ &\ \vdots \\ y'_n &= c_{n0}x'_0 + c_{n1}x'_1 + \ldots + c_{nn}x'_n \end{aligned}$$

so ist die Darstellung von $\bar{f}$ im Koordinatensystem $(Q_0, \ldots, Q_n)$ von A

$$(**)\qquad \begin{aligned} y_1 &= c_{10} + c_{11}x_1 + \ldots + c_{1n}x_n \\ &\ \vdots \\ y_n &= c_{n0} + c_{n1}x_1 + \ldots + c_{nn}x_n. \end{aligned}$$

Umgekehrt gibt es zu jeder Affinität $g \colon A \to A$ genau eine Projektivität $f \colon \mathbb{P} \to \mathbb{P}$ mit $g = \bar{f}$; ist $(**)$ die Darstellung von g, so ist $(*)$ die Darstellung von f. Sie heißt projektive Erweiterung von g.

Beweis Bis auf die Eindeutigkeit von f zu vorgegebenem g folgt alles unmittelbar aus 12.4.4 sowie aus 12.2.21, 22. Weil die Matrix von f nur bis auf einen Faktor $\neq 0$ aus K eindeutig bestimmt ist, ist f durch g eindeutig bestimmt. Geometrisch ergibt es sich direkt so: Eine beliebige Parallelenschar von Geraden in A, also ein Punkt $P \in H$, wird durch g in eine eindeutig bestimmte andere übertragen, d.h. das Bild $f(P)$ von $P \in H$ ist eindeutig bestimmt. □

12.4.8 Bemerkung Durch $g \mapsto f$ wird ein injektiver Homomorphismus Aff $A \to$ Proj $(\mathbb{P})$ definiert. Wir können daher die affine Gruppe von A als Untergruppe der projektiven Gruppe von $\mathbb{P}$ auffassen und das Gruppendiagramm in 6.5.36 nach oben um

Projektive Gruppe
∪
Affine Gruppe

erweitern. Damit gehört auch die projektive Geometrie in das in 13.1 beschriebene Erlanger Programm.

12.4 Der affine Raum als Teilraum des projektiven Raumes

Aufgaben

12.4.A1 Im $\mathbb{R}^3$ sei die Ebene $E = \{(x_1, x_2, x_3)^t\colon 3x_1 + 2x_2 - x_3 + 5 = 0\}$ und die Gerade $g = \{(\lambda, -\lambda, \lambda)^t\colon \lambda \in \mathbb{R}\}$ gegeben. Berechnen Sie mit Hilfe der zugehörigen (homogenen) Koordinaten jenen uneigentlichen Punkt, der – projektiv betrachtet – als Schnittpunkt von E und g angesehen werden kann.

12.4.A2 In $\mathbb{P} = \mathbb{P}(\mathbb{R}^3)$ sei das kanonische Koordinatensystem gegeben:

$$P_0 = [(1, 0, 0)^t], P_1 = [(0, 1, 0)^t], P_2 = [(0, 0, 1)^t], E = [(1, 1, 1)^t].$$

Bezüglich $\{P_0, P_1, P_2; E\}$ habe die projektive Abbildung $f\colon \mathbb{P} \to \mathbb{P}$ die Matrix

$$\begin{pmatrix} 1 & -1 & 0 \\ 1 & 1 & 0 \\ 2 & 0 & -2 \end{pmatrix}.$$

Bestimmen Sie die Fixpunkte von f. In welche Gerade wird die uneigentliche Gerade $x_0 = 0$ abgebildet? Welche Gerade wird in die uneigentliche Gerade abgebildet?

12.4.A3 Die lineare Abbildung $g\colon \mathbb{R}^3 \to \mathbb{R}^3$ sei bezüglich der Standardbasis gegeben durch die Matrix

$$\begin{pmatrix} 1 & 0 & 0 \\ 0 & \cos\alpha & \sin\alpha \\ 0 & -\sin\alpha & \cos\alpha \end{pmatrix}$$

und es sei $f\colon \mathbb{P}(\mathbb{R}^4) \to \mathbb{P}(\mathbb{R}^4)$ die projektive Erweiterung von g (vgl.12.4.7). Bestimmen Sie die Fixpunkte von f, die in der uneigentlichen Ebene liegen, und beschreiben Sie sie mit Begriffen der affinen Geometrie des $\mathbb{R}^3$.

12.4.A4 In $\mathbb{P}^2(\mathbb{R})$ sei $g := \{\lambda(a, 0, 0)^t + \mu(0, b, b)^t\colon \lambda, \mu \in \mathbb{R}, \lambda^2 + \mu^2 \neq 0\}$, $a, b \neq 0$, als uneigentliche Gerade ausgezeichnet. Untersuchen Sie, ob die folgenden, durch ihre Matrizen gegebenen Abbildungen Projektivitäten sind, die eine Affinität auf dem affinen Raum $A = \mathbb{P}^2(\mathbb{R}) - g$ induzieren:

(a) $\begin{pmatrix} 3 & 2 & 0 \\ 0 & 3 & 0 \\ 0 & 2 & 1 \end{pmatrix}$, (b) $\begin{pmatrix} 2 & 2 & 1 \\ 4 & 0 & 6 \\ 4 & 6 & 0 \end{pmatrix}$.

12.4.A5 Sei $\mathbb{P} = \mathbb{P}(V)$ ein projektiver Raum und $H = \mathbb{P}(W)$ eine Hyperebene in $\mathbb{P}$. Sei $\lambda \neq 0 \in V^*$ eine lineare Funktion mit $W = \text{Kern } \lambda$. Dann bestimmt λ eine affine Struktur auf $E := \mathbb{P} - H$.
(a) $A = \lambda^{-1}(\{1\})$ ist ein affiner Unterraum von V, der nicht durch 0 geht. Für $v \in A$ setze $\alpha(v) := [v] \in \mathbb{P}$. Zeigen Sie: α bildet A bijektiv auf E ab und ist eine affine Abbildung mit linearem Anteil id_W.
(b) Seien $P_0, \ldots, P_m \in A$ und seien $a_0, \ldots, a_m \in K$ mit $\sum_{i=0}^{m} a_i = 1$. Zeigen Sie: Obwohl die affine Struktur von E von der Wahl der Funktion λ abhängt, hängt die

480   12 Projektive Geometrie

baryzentrische Kombination $\sum_{i=0}^{m} a_i P_i$, $\sum_{i=0}^{m} a_i = 1$, $a_i \geq 0$ für $0 \leq i \leq m$, nicht von der Wahl von λ ab, d.h. für alle linearen Funktionen λ mit Kern $\lambda = W$ ergibt diese baryzentrische Kombination, gebildet mit der durch λ definierten Struktur auf E, den gleichen Punkt von $\mathbb{P}$.

12.4.A6 Sei $\mathbb{P}$ ein projektiver Raum und K eine Hyperebene in $\mathbb{P}$, und sei A der affine Raum $\mathbb{P} - K$.
(a) Sei H eine affine Hyperebene in A, $P \in A$ und H' die Parallele zu H durch P. Wenn $(x_0, x_1, \ldots, x_n)$ homogene Koordinaten auf $\mathbb{P}$ sind, so daß K durch die Gleichung $x_0 = 0$ und H durch $a_0 x_0 + a_1 x_1 + \ldots + a_n x_n = 0$ definiert werden, und P die homogenen Koordinaten $(y_0, y_1, \ldots, y_n)$ hat, wie lautet dann die Gleichung von H' in homogenen Koordinaten?
(b) Sei f eine Affinität von E und $F: \mathbb{P} \to \mathbb{P}$ die projektive Erweiterung von f ($F|E = f$). Dann bildet F auch K in sich ab. Im allgemeinen kann $F|K$ eine beliebige Projektivität von K sein. Für welche Affinitäten von E ist $F|K = \mathrm{id}_K$?

12.4.A7 Sei $\mathbb{P}$ ein projektiver Raum. Aus den Dimensionssätzen folgt, daß eine Gerade in $\mathbb{P}$ jede Hyperebene, in der sie nicht ganz enthalten ist, in genau einem Punkt trifft. Seien H und K zwei Hyperebenen in $\mathbb{P}$ und sei P ein Punkt, der weder in H noch in K liegt. Wir definieren eine Abbildung $f: H \to K$ wie folgt: Für jedes $Q \in H$ sei g_K die eindeutig bestimmte projektive Gerade durch P und Q, und sei $f(Q)$ der Schnittpunkt von g_Q mit K. Die so entstehende Abbildung heißt eine *Perspektivität*. Zeigen Sie:
(a) Jede Perspektivität zwischen Hyperebenen von $\mathbb{P}$ ist eine projektive Abbildung.
(b) Eine projektive Abbildung $f: H \to K$ zwischen Hyperebenen von $\mathbb{P}$ ist genau dann eine Perspektivität, wenn $\mathrm{Fix} f = H \cap K$.

12.4.A8 Ein *vollständiges Viereck* in einer projektiven Ebene $\mathbb{P}$ über einem Körper K besteht aus vier Punkten A, B, C, D in allgemeiner Lage (genannt die *Eckpunkte* des vollständigen Vierecks) sowie aus den sechs Geraden, die jeweils zwei von den Eckpunkten miteinander verbinden. Diese sechs Geraden heißen die *Seiten* des vollständigen Vierecks. Jede Seite verbindet zwei der Eckpunkte; die *gegenüberliegende Seite* ist diejenige, die die anderen beiden Eckpunkte verbindet. Es gibt drei Paare von sich gegenüberliegenden Seiten, und jedes solches Paar hat einem eindeutigen Schnittpunkt. Die drei Schnittpunkte von gegenüberliegenden Seiten heißen die *Diagonalpunkte* des vollständigen Vierecks (vgl. 12.1.13 und Abb. 12.1.7 bzw. 12.5.8 und Abb. 12.5.4).

Beweisen Sie: Die Diagonalpunkte eines vollständigen Vierecks sind genau dann kollinear, wenn $\mathrm{Char} K = 2$. (Hinweis: Betrachten Sie diese Situation in einem geeigneten affinen Teilraum von $\mathbb{P}$.)

12.4.A9 Sei $\mathbb{P}$ eine projektive Gerade über dem Körper K und sei $Q \in \mathbb{P}$; dann ist $g = \mathbb{P} - \{Q\}$ eine affine Gerade über K. Die Einschränkung auf g der Projektivitäten von $\mathbb{P}$ mit Q als Fixpunkt sind genau die Affinitäten von g. Wir können aber auch beliebige Projektivitäten von $\mathbb{P}$ auf g einschränken, wobei diese Einschränkungen in der Regel nicht alle Punkte von g nach g abbilden, sondern einen Punkt eventuell nach Q.

(a) Sei x eine affine Koordinate auf g, d.h. $x = x_1/x_0$ für die projektiven Koordinaten $(x_0, x_1)^t$. Was ist in dieser Koordinate die allgemeine Formel für die Einschränkung einer Projektivität von $\mathbb{P}$ auf g ? (Wenn die Projektivität einen Punkt von g nach Q abbildet, wird der Formelausdruck für den entsprechenden Wert von x nicht definiert sein.)

(b) Der Fall $K = \mathbb{C}$ ist in der komplexen Analysis wichtig. In diesem Fall nennen wir eine Teilmenge C von $\mathbb{P}$ einen projektiven Kreis, wenn es einen Punkt $Q \notin C$ und eine affine Koordinate z auf $\mathbb{P} - \{Q\}$ sowie eine reelle Zahl $r > 0$ gibt, so daß in dieser Koordinate C gegeben wird durch die Gleichung $|z| = r$. Für jedes $Q' \in \mathbb{P}$ können wir die komplexe affine Gerade $\mathbb{P} - \{Q'\}$ auch als affine Ebene über den Teilkörper $\mathbb{R} \subset \mathbb{C}$ betrachten. Zeigen Sie: Eine Teilmenge C von $\mathbb{P}$ ist genau dann ein projektiver Kreis, wenn für ein beliebiges (und dann für jedes) $Q' \in C$ gilt: $C - \{Q'\}$ ist eine reelle affine Gerade in der reell affinen Ebene $P - \{Q'\}$.

(c) Jede Projektivität einer komplexen projektiven Geraden g bildet Kreise in Kreise ab.

12.4.A10 Sei $\mathbb{P}$ eine projektive Ebene und q eine Gerade in $\mathbb{P}$; sei E die affine Ebene $\mathbb{P} - q$. Eine Projektivität von $\mathbb{P}$ heiße *affin*, wenn sie E nach E abbildet. Seien A, B, C nicht-kollineare Punkte in E und seien M_A, M_B, M_C die Mittelpunkte der affinen Strecken BC bzw. AC bzw. AB. Die drei *projektiven* Geraden AB, BC, CA nennen wir die *Seiten* des Dreieckes ABC und die drei projektiven Geraden AM_A, BM_B, CM_C nennen wir die *Seitenhalbierenden*. Sei f eine Projektivität von $\mathbb{P}$, die die Seiten des Dreieckes ABC abbildet in die Seiten eines anderen Dreiecks $A'B'C'$ mit Eckpunkten in E. Beantworten Sie die folgenden Fragen jeweils durch einen Beweis oder durch Angabe eines Gegenbeispiels:

(a) Muß f affin sein?

(b) Wenn f außerdem die Seitenhalbierenden von ABC in die Seitenhalbierenden von $A'B'C'$ abbildet, muß f affin sein?

(c) Wenn f insgesamt die Seiten und Seitenhalbierenden von ABC in die Seiten und Seitenhalbierenden von $A'B'C'$ abbildet (aber eventuell manche Seiten in Seitenhalbierende und umgekehrt), muß f affin sein?

12.5 Das Doppelverhältnis

Sei g eine Gerade in $\mathbb{P} = \mathbb{P}(V)$, und seien P_1, P_2, P_3 paarweise verschiedene Punkte auf g. Dann ist $(P_1, P_2; P_3)$ ein projektives Koordinatensystem auf

g, und jeder weitere Punkt P_4 auf g ist eindeutig durch seine homogenen Koordinaten $y_1, y_2 \in K$ bestimmt. Die Punkte P_1, P_2, P_3 haben die homogenen Koordinaten $(1,0)^t$ bzw. $(0,1)^t$ bzw. $(1,1)^t$. Speziell gilt: $y_1 \neq 0 \iff P_4 \neq P_2$.

12.5.1 Definition und Satz *Die Zahl* $\mathrm{Dv}(P_1, P_2, P_3, P_4) = y_2/y_1 \in K$ *heißt das Doppelverhältnis der Punkte* P_1, P_2, P_3, P_4. *Es ist definiert für je vier Punkte* P_1, P_2, P_3, P_4 *einer Geraden, von denen* P_1, P_2, P_3 *paarweise verschieden sind und* $P_2 \neq P_4$ *ist. Zu* P_1, P_2, P_3 *auf* g *und* $a \in K$ *gibt es genau einen Punkt* P_4 *auf* g *mit* $\mathrm{Dv}(P_1, P_2, P_3, P_4) = a$. *Speziell gilt:*

$$\mathrm{Dv}(P_1, P_2, P_3, P_4) = 0 \iff P_4 = P_1,$$
$$\mathrm{Dv}(P_1, P_2, P_3, P_4) = 1 \iff P_4 = P_3.$$
□

Seien $A = [\mathfrak{a}] \neq B = [\mathfrak{b}]$ zwei weitere Punkte auf g. Für $1 \leq i \leq 4$ ist $P_i = [\mathfrak{p}_i]$ für Vektoren $\mathfrak{p}_i$ der Form $\mathfrak{p}_i = a_i \mathfrak{a} + b_i \mathfrak{b}$. Wir suchen $s, t \in K$ mit $\mathfrak{p}_3 = s\mathfrak{p}_1 + t\mathfrak{p}_2$. Weil $\mathfrak{a}, \mathfrak{b}$ linear unabhängig sind, folgt $a_3 = sa_1 + ta_2$, $b_3 = sb_1 + tb_2$ und daraus

$$s = \frac{\begin{vmatrix} a_3 & a_2 \\ b_3 & b_2 \end{vmatrix}}{\begin{vmatrix} a_1 & a_2 \\ b_1 & b_2 \end{vmatrix}}, \quad t = \frac{\begin{vmatrix} a_1 & a_3 \\ b_1 & b_3 \end{vmatrix}}{\begin{vmatrix} a_1 & a_2 \\ b_1 & b_2 \end{vmatrix}}.$$

Hier ist der Nenner wegen $P_1 \neq P_2$ von 0 verschieden. Dann sind $\mathfrak{q}_1 = s\mathfrak{p}_1$ und $\mathfrak{q}_2 = t\mathfrak{p}_2$ Repräsentanten von P_1 bzw. P_2 mit $[\mathfrak{q}_1 + \mathfrak{q}_2] = P_3$. Wir suchen $y_1, y_2 \in K$ mit $y_1 \mathfrak{q}_1 + y_2 \mathfrak{q}_2 = \mathfrak{p}_4$. Dann sind y_1, y_2 die homogenen Koordinaten von P_4 im Koordinatensystem $(P_1, P_2; P_3)$ auf g, d.h. $\mathrm{Dv}(P_1, P_2, P_3, P_4) = y_2/y_1$. Wir erhalten

$$y_1 s a_1 + y_2 t a_2 = a_4, \quad y_1 s b_1 + y_2 t b_2 = b_4,$$

und daraus – wegen $P_2 \neq P_3 \neq P_1$ gilt $s \neq 0 \neq t$ –

$$y_1 = \frac{\begin{vmatrix} a_4 & a_2 \\ b_4 & b_2 \end{vmatrix}}{s \begin{vmatrix} a_1 & a_2 \\ b_1 & b_2 \end{vmatrix}}, \quad y_2 = \frac{\begin{vmatrix} a_1 & a_4 \\ b_1 & b_4 \end{vmatrix}}{t \begin{vmatrix} a_1 & a_2 \\ b_1 & b_2 \end{vmatrix}}.$$

Es folgt:

12.5.2 Satz *Für* $P_i = [a_i \mathfrak{a} + b_i \mathfrak{b}]$, $1 \leq i \leq 4$, *gilt:*

$$\mathrm{Dv}(P_1, P_2, P_3, P_4) = \frac{\begin{vmatrix} a_1 & a_4 \\ b_1 & b_4 \end{vmatrix}}{\begin{vmatrix} a_1 & a_3 \\ b_1 & b_3 \end{vmatrix}} : \frac{\begin{vmatrix} a_2 & a_4 \\ b_2 & b_4 \end{vmatrix}}{\begin{vmatrix} a_2 & a_3 \\ b_2 & b_3 \end{vmatrix}}.$$
□

Betrachten wir den 1-dimensionalen komplexen projektiven Raum $\bar{\mathbb{C}}$, vgl. 12.2.24, so erhalten wir für $z_j \in \bar{\mathbb{C}}$:

$$\mathrm{Dv}(z_1, z_2, z_3, z_4) = \frac{z_4 - z_1}{z_3 - z_1} : \frac{z_4 - z_2}{z_3 - z_2};$$

dabei rechne man mit ∞ als ein z_j „vernünftig". Hier handelt es sich um das Doppelverhältnis, welches auch in der Funktionentheorie benutzt wird.

An dem Ausdruck in 12.5.2 lassen sich folgende Formeln leicht verifizieren:

12.5.3 Satz

(a) *Es seien P_1, P_2, P_3, P_4 paarweise verschiedene Punkte einer Geraden, und es sei $\mathrm{Dv}(P_1, P_2, P_3, P_4) = a \in K$. Dann ist $a \neq 0, 1$ und*

$$\mathrm{Dv}(P_2, P_1, P_4, P_3) = \mathrm{Dv}(P_3, P_4, P_1, P_2) = \mathrm{Dv}(P_4, P_3, P_2, P_1) = a,$$

$$\mathrm{Dv}(P_2, P_1, P_3, P_4) = \frac{1}{a}, \quad \mathrm{Dv}(P_3, P_2, P_1, P_4) = 1 - a,$$

$$\mathrm{Dv}(P_2, P_3, P_1, P_4) = \frac{1}{1-a}, \quad \mathrm{Dv}(P_1, P_3, P_2, P_4) = \frac{a}{a-1},$$

$$\mathrm{Dv}(P_3, P_1, P_2, P_4) = \frac{a-1}{a}.$$

Damit kann man das Doppelverhältnis für alle 24 Permutationen der Punkte berechnen.

(b) *Ist P_0 ein weiterer Punkt der Geraden, so gilt*

$$\mathrm{Dv}(P_1, P_0, P_3, P_4) \cdot \mathrm{Dv}(P_0, P_2, P_3, P_4) = \mathrm{Dv}(P_1, P_2, P_3, P_4).$$

B e w e i s von (b). Nehmen wir als A und B des Beweises von 12.5.1 die Punkte P_3, P_4, so wird die linke Seite zu

$$\frac{\begin{vmatrix} a_1 & 0 \\ b_1 & 1 \end{vmatrix} \cdot \begin{vmatrix} 1 & a_0 \\ 0 & b_0 \end{vmatrix}}{\begin{vmatrix} a_1 & 1 \\ b_1 & 0 \end{vmatrix} \cdot \begin{vmatrix} 0 & a_0 \\ 1 & b_0 \end{vmatrix}} \cdot \frac{\begin{vmatrix} a_0 & 0 \\ b_0 & 1 \end{vmatrix} \begin{vmatrix} 1 & a_2 \\ 0 & b_2 \end{vmatrix}}{\begin{vmatrix} a_0 & 1 \\ b_0 & 0 \end{vmatrix} \begin{vmatrix} 0 & a_2 \\ 1 & b_2 \end{vmatrix}} = \frac{a_1 \cdot b_0}{(-b_1) \cdot (-a_0)} \cdot \frac{a_0 \cdot b_2}{(-b_0)(-a_2)},$$

die rechte zu

$$\frac{\begin{vmatrix} a_1 & 0 \\ b_1 & 1 \end{vmatrix} \begin{vmatrix} 1 & a_2 \\ 0 & b_2 \end{vmatrix}}{\begin{vmatrix} a_1 & 1 \\ b_1 & 0 \end{vmatrix} \begin{vmatrix} 0 & a_2 \\ 1 & b_2 \end{vmatrix}} = \frac{a_1 \cdot b_2}{(-b_1) \cdot (-a_2)}. \qquad \square$$

12 Projektive Geometrie

Ist $f\colon \mathbb{P} \to \mathbb{P}$ eine Projektivität, so liegen mit P_1, P_2, P_3, P_4 auch die vier Bildpunkte $f(P_1), f(P_2), f(P_3), f(P_4)$ auf einer projektiven Geraden. Deshalb ist für beide Systeme das Doppelverhältnis erklärt. Es ist das Doppelverhältnis invariant gegenüber Projektivitäten:

12.5.4 Satz $\mathrm{Dv}(f(P_1), f(P_2), f(P_3), f(P_4)) = \mathrm{Dv}(P_1, P_2, P_3, P_4)$.

B e w e i s   Sei $g\colon V \to V$ ein zu $f\colon \mathbb{P} \to \mathbb{P}$ gehöriger Automorphismus. Ist – wie in 12.5.2 – $\mathfrak{p}_i = a_i \mathfrak{a} + b_i \mathfrak{b}$, so ist $g(\mathfrak{p}_i) = a_i g(\mathfrak{a}) + b_i g(\mathfrak{b})$. Somit folgt die Behauptung aus 12.5.2. □

Wie wir gesehen haben, ist das Teilverhältnis von drei Punkten auf einer Geraden invariant gegenüber Affinitäten. Das macht es für die affine Geometrie so wichtig; die affinen Koordinaten eines Punktes sind letztlich Teilverhältnisse gewisser Punkte auf einer Geraden. Das Teilverhältnis hat sich in 12.1.24 nicht als projektive Invariante erwiesen, erst das Doppelverhältnis. Die projektiven Koordinaten eines Punktes entsprechen auch gewissen Doppelverhältnissen, wie wir in 12.5.12 ff an Beispielen sehen werden.

Das Doppelverhältnis von Geraden

Aus der Dualität 12.3.1 ergibt sich, daß wir für vier Geraden g_1, g_2, g_3, g_4 einer projektiven Ebene, die durch einen Punkt gehen, ebenfalls ein Doppelverhältnis $\mathrm{Dv}(g_1, g_2, g_3, g_4)$ erklären können. Dieses läßt sich aus den Geradenkoordinaten genauso berechnen wie das Doppelverhältnis von vier Punkten aus den Koordinaten. Dieser Ansatz läßt sich natürlich auf beliebige Dimensionen und vier Hyperebenen, die einen gemeinsamen $(n-2)$-dimensionalen Durchschnitt haben, verallgemeinern. Wie das Doppelverhältnis von Geraden mit dem von Punkten zusammenhängt, zeigt der folgende Satz:

12.5.5 Satz *Es seien h_1, h_2, h_3, h_4 Geraden einer projektiven Ebene, die einen gemeinsamen Punkt S besitzen und von denen die ersten drei verschieden sind; ferner sei g eine nicht durch S laufende Gerade. Es sei $P_i = g \cap h_i$, vgl. Abb. 12.5.1. Dann ist*

$$\mathrm{Dv}(h_1, h_2, h_3, h_4) = \mathrm{Dv}(P_1, P_2, P_3, P_4).$$

12.5 Das Doppelverhältnis   485

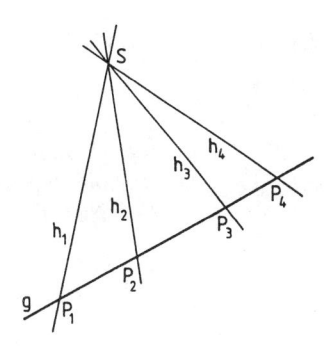

Abb. 12.5.1

B e w e i s   Wir wählen die Punkte S, P_1, P_2 als Grundpunkte eines Koordinatensystems der projektiven Ebene sowie einen Punkt Q auf der Geraden h_3 als Einheitspunkt. Dann ist offenbar $P_3 \neq Q \neq S$. Die Punkte S, P_1, P_2 haben die Koordinaten $(1,0,0)^t$, $(0,1,0)^t$, $(0,0,1)^t$. Die Gerade h_1 habe die Koordinaten (u_1, u_2, u_3), d.h. h_1 besteht aus den Punkten mit den homogenen Koordinaten $(x_1, x_2, x_3)^t$, die die Gleichung $u_1 x_1 + u_2 x_2 + u_3 x_3 = 0$ erfüllen. Da S und P_1 auf h_1 liegen, folgt $u_1 = u_2 = 0$. Deshalb ist $(0,0,1)$ ein Koordinatenvektor von h_1. Analog haben h_2 und g die Koordinatenvektoren $(0,1,0)$ bzw. $(1,0,0)$. Da h_3 neben S den Einheitspunkt mit den Koordinaten $(1,1,1)^t$ enthält, hat h_3 die Koordinaten $(0, 1, -1)$. Da P_3 auf g und h_3 liegt, erfüllen seine Koordinaten $(x_1, x_2, x_3)^t$ die Gleichungen

$$1 \cdot x_1 + 0 \cdot x_2 + 0 \cdot x_3 = 0, \quad 0 \cdot x_1 + 1 \cdot x_2 - 1 \cdot x_3 = 0;$$

also hat P_3 die Koordinaten $(0,1,1)^t$. Deshalb können wir die beiden letzten Koordinaten eines Punktes $(y_1, y_2, y_3)^t$ auf g als die Koordinaten auf der projektiven Geraden g zum projektiven Koordinatensystem $(P_1, P_2; P_3)$ deuten. Nun habe P_4 die Koordinaten $(0, y_2, y_3)$. Dann ist nach 12.5.1

$$\mathrm{Dv}(P_1, P_2, P_3, P_4) = \frac{y_3}{y_2}.$$

Um das Doppelverhältnis der Geraden h_1, h_2, h_3, h_4 auszurechnen, nehmen wir h_1 und h_2 als 'Grundgeraden' und h_3 als 'Einheitsgerade' des Geradenbüschels zu S. Wir repräsentieren h_1 durch den Vektor $\mathfrak{p}_1^* = (0, 0, -1)$, h_2 durch $\mathfrak{p}_2^* =$

$(0,1,0)$ und h_3 durch $\mathfrak{p}_3^* = (0,1,-1) = \mathfrak{p}_1^* + \mathfrak{p}_2^*$. Da S und P_4 auf h_4 liegen, hat h_4 die Koordinaten $\mathfrak{p}_4^* = (0, y_3, -y_2) = y_2 \mathfrak{p}_1^* + y_3 \mathfrak{p}_2^*$. Deshalb ist

$$\mathrm{Dv}(h_1, h_2, h_3, h_4) = \frac{y_3}{y_2} = \mathrm{Dv}(P_1, P_2, P_3, P_4). \qquad \Box$$

12.5.6 Korollar Vgl. Abb. 12.5.2. *Es seien g, g' zwei Geraden einer projektiven Ebene und P_i bzw. P_i' jeweils vier Punkte auf den Geraden. Wenn sich die Geraden $h_i = [P_i, P_i']$, $i = 1, 2, 3, 4$, in einem Punkte S schneiden, so ist*

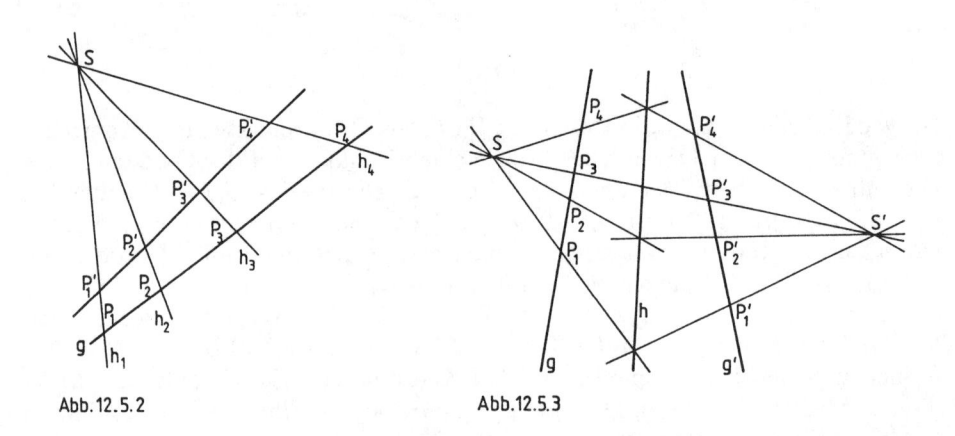

$$\mathrm{Dv}(P_1, P_2, P_3, P_4) = \mathrm{Dv}(P_1', P_2', P_3', P_4'). \qquad \Box$$

Abb. 12.5.2   Abb. 12.5.3

Dieses Korollar gibt schon einen Hinweis, wie wir Doppelverhältnisse von einer Geraden auf eine andere übertragen können. Allgemeiner entsteht die Aufgabe:

12.5.7 Konstruktion *Gegeben seien vier Punkte P_1, P_2, P_3, P_4 auf einer Geraden g sowie drei Punkte P_1', P_2', P_3' auf einer Geraden g'. Es soll ein Punkt P_4' mit Lineal konstruiert werden, so daß $\mathrm{Dv}(P_1, P_2, P_3, P_4) = \mathrm{Dv}(P_1', P_2', P_3', P_4')$ ist.*

Wenn sich die Geraden $[P_i, P_i']$, $1 \leq i \leq 3$, in einem Punkt S schneiden, kann P_4' wie in der Abb. 12.5.2 dargestellt gefunden werden. Wenn diese Geraden keinen gemeinsamen Schnittpunkt haben, so kann P_4' in Abb. 12.5.3, die eine verdoppelte Abb. 12.5.2 ist, gefunden werden. Dabei wählen wir S und S' auf der Verbindungsgeraden von P_3 und P_3'. Durch die Schnittpunkte der Geraden

$[S, P_1]$ und $[S', P'_1]$ bzw. $[S, P_2]$ und $[S', P'_2]$ wird h definiert. Der gesuchte Punkt P'_4 ist der Schnittpunkt der Geraden durch S' und $h \cap [S, P_4]$ mit der Geraden $[P'_1, P'_2]$.

Harmonische Punkte

Wir betrachten eine reelle projektive Ebene $\mathbb{P}^2$ (d.h. der zugehörige Vektorraum V ist ein Vektorraum über $\mathbb{R}$) und kommen zurück zu der in 12.1.13 behandelten Situation.

12.5.8 Definition Ein *vollständiges Viereck* in $\mathbb{P}^2$ besteht aus vier Punkten A, B, C, $D \in \mathbb{P}^2$ in allgemeiner Lage und deren sechs Verbindungsgeraden. Die restlichen drei Schnittpunkte P, Q, R dieser Geraden heißen *Diagonalpunkte* des Vierecks, deren Verbindungsgeraden heißen *Diagonalen*. Vgl. Abb. 12.5.4. Sind P, Q zwei Diagonalpunkte des Vierecks und sind X, Y die Schnittpunkte der Geraden $[P, Q]$ mit den Seiten des Vierecks, die nicht durch P und Q gehen, so heißen die Punkte P, Q, X, Y (in dieser Reihenfolge) *harmonische Punkte*.

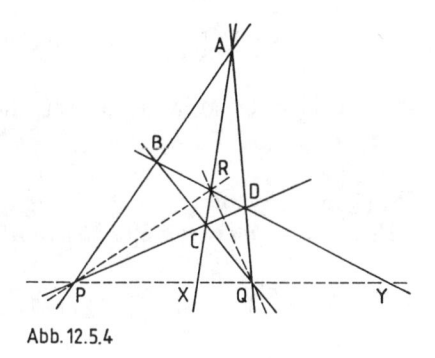

Abb. 12.5.4

Wir sagen kurz: Vier paarweise verschiedene Punkte einer Geraden sind harmonische Punkte, wenn sich über ihnen ein vollständiges Viereck errichten läßt.

12.5.9 Satz *Es seien P, Q, X, Y paarweise verschiedene Punkte einer Geraden. Dann gilt:*
$$P, Q, X, Y \text{ harmonisch} \iff \mathrm{Dv}(P, Q, X, Y) = -1.$$

B e w e i s „$\implies$": Gibt es ein vollständiges Viereck über P, Q, X, Y, so folgt aus 12.5.6:
$$\mathrm{Dv}(P, Q, X, Y) = \mathrm{Dv}(B, D, R, Y) \quad \text{„durch Projektion von } A\text{",}$$

12 Projektive Geometrie

$$\mathrm{Dv}(B,D,R,Y) = \mathrm{Dv}(Q,P,X,Y) \quad \text{„durch Projektion von } C\text{".}$$

Es folgt $c := \mathrm{Dv}(P,Q,X,Y) = \mathrm{Dv}(Q,P,X,Y)$, daraus $c = \frac{1}{c}$ nach 12.5.3. Also ist $c^2 = 1$, d.h. $c = \pm 1$. Es liefert $c = 1$ nach 12.5.1 den Widerspruch $X = Y$.

„$\Longleftarrow$": Sei A ein Punkt nicht auf $[P,Q]$ und B ein von A und P verschiedener Punkt auf $[A,P]$. Sei

$$C := [A,X] \cap [B,Q], \quad D := [A,Q] \cap [P,C], \quad Y' := [P,Q] \cap [B,D].$$

Dann sind P,Q,X,Y' harmonische Punkte, also $\mathrm{Dv}(P,Q,X,Y') = -1$. Weil auch $\mathrm{Dv}(P,Q,X,Y) = -1$ ist, folgt $Y = Y'$ aus 12.5.1. □

Mit 12.5.1 und 12.5.3 ergeben sich aus diesem Satz die beiden folgenden Korollare:

12.5.10 Korollar *Zu je drei paarweise verschiedenen Punkten P,Q,X einer Geraden g gibt es genau einen Punkt Y auf g, so daß die Punkte P,Q,X,Y harmonisch sind.* □

12.5.11 Korollar *Mit P,Q,X,Y sind X,Y,P,Q harmonische Punkte.* □

Es sei $g_0 \subset \mathbb{P}^2$ eine feste Gerade. Wir betrachten die affine Ebene $A = \mathbb{P}^2 - g_0$, vgl. 12.4.2.

12.5.12 Satz *Sind $P_1, P_2, P_3 \in A$ paarweise verschiedene eigentliche Punkte einer Geraden g und ist P_4 der uneigentliche Punkt von g, so ist*

$$\mathrm{Dv}(P_1, P_2, P_3, P_4) = \mathrm{Tv}(P_3, P_1, P_2).$$

Dabei ist Tv *wie in 6.5.18 das Teilverhältnis.*

Beweis $a = \mathrm{Tv}(P_3, P_1, P_2) \Longleftrightarrow P_3 + a\overrightarrow{P_3 P_1} = P_2$. Für $i = 1, 3$ sei $\mathfrak{p}_i = \mathfrak{r}_{P_i}$ ein Repräsentant von P_i wie in 12.4.1. Nach 12.4.1,2 ist $\mathfrak{p}_4 := \overrightarrow{P_3 P_1} = \mathfrak{p}_1 - \mathfrak{p}_3$ Repräsentant von P_4, und $\mathfrak{p}_2 := \mathfrak{p}_3 + a\overrightarrow{P_3 P_1} = \mathfrak{p}_3 + a\mathfrak{p}_4$ ist Repräsentant von P_2. Aus den Gleichungen $\mathfrak{p}_1 = \mathfrak{p}_3 + \mathfrak{p}_4$ und $\mathfrak{p}_2 = \mathfrak{p}_3 + a\mathfrak{p}_4$ folgt nach 12.5.2, wenn dort $\mathfrak{a} = \mathfrak{p}_3$, $\mathfrak{b} = \mathfrak{p}_4$ gesetzt wird:

$$\frac{\begin{vmatrix} 1 & 0 \\ 1 & 1 \end{vmatrix} \cdot \begin{vmatrix} 1 & 1 \\ 0 & a \end{vmatrix}}{\begin{vmatrix} 1 & 1 \\ 1 & 0 \end{vmatrix} \cdot \begin{vmatrix} 0 & 1 \\ 1 & a \end{vmatrix}} = \frac{1 \cdot a}{(-1) \cdot (-1)} = a.$$

□

12.5 Das Doppelverhältnis

12.5.13 Definition Sei $P_1 \neq P_2 \in A$. Der Punkt P_3 auf $[P_1, P_2]$ heißt *Mittelpunkt* der Strecke von P_1 und P_2, wenn $\mathrm{Tv}(P_3, P_1, P_2) = -1$ ist. Vgl. Abb. 12.5.5.

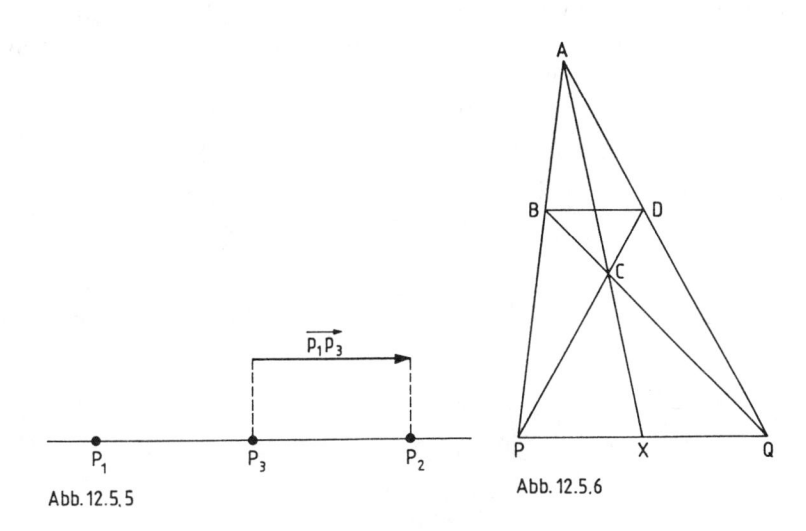

Abb. 12.5.5

Abb. 12.5.6

Mittelpunkte lassen sich also in affinen Räumen ohne Metrik definieren. Wenn A ein euklidischer Raum ist wie in 6.4.1, so ist P_3 genau dann Mittelpunkt von P_1 und P_2, wenn $d(P_1, P_3) = d(P_2, P_3) = \frac{1}{2} d(P_1, P_2)$ ist.

Aus 12.5.12 ergibt sich als affiner Spezialfall von 12.5.9 der folgende bekannte Satz der affinen Geometrie:

12.5.14 Satz (Vgl. Abb. 12.5.6.) $A, B, C, D \in E$ *seien nichtkollineare, d.h. nicht auf einer Geraden liegende, Punkte. Sei* $P = [A, B] \cap [C, D]$, $Q = [A, D] \cap [B, C]$, $X = [A, C] \cap [P, Q]$. *Wenn* $[B, D]$ *und* $[P, Q]$ *parallel sind, so ist* X *der Mittelpunkt der Strecke mit den Endpunkten* P *und* Q.

B e w e i s Mit Y als uneigentlichen Punkt der Geraden $[P, Q]$ entsteht Abb. 12.5.4. Die Behauptung folgt nun aus 12.5.12. □

Projektive Koordinaten und das Doppelverhältnis

Wie schon nach 12.5.4 erwähnt, können mit Hilfe gewisser Doppelverhältnisse in einfacher Weise die projektiven Koordinaten eines Punktes bestimmt werden.

12.5.15 Sei das projektive Koordinatensystem in der Ebene durch die Punkte P_1, P_2, P_3 und den Einheitspunkt E gegeben, vgl. Abb. 12.5.7. Um einen beliebigen Punkt X festzulegen, verbinden wir die Punkte P_i, $i = 1, 2, 3$, untereinander und jeweils mit E und mit X. Dann gehen von jedem der Punkte P_i vier Geraden aus, von denen drei fest sind, während die vierte mit dem Punkt X veränderlich ist. Diese Geraden bestimmen folgende drei Doppelverhältnisse:

$$m_1 = \mathrm{Dv}([P_1, P_3], [P_1, P_2], [P_1, E], [P_1, X]),$$
$$m_2 = \mathrm{Dv}([P_2, P_1], [P_2, P_3], [P_2, E], [P_2, X]),$$
$$m_3 = \mathrm{Dv}([P_3, P_2], [P_3, P_1], [P_3, E], [P_3, X]).$$

Auf diese Weise erhält jeder Punkt X drei Werte m_1, m_2, m_3, während umgekehrt jeder Punkt eindeutig durch zwei beliebige dieser Werte festgelegt ist (als Schnittpunkt zweier Geraden).

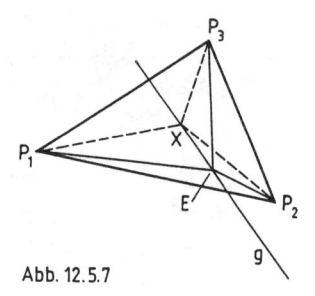

Abb. 12.5.7

Die drei Doppelverhältnisse sind also durch eine Gleichung miteinander verknüpft. Sie besitzt die folgende Gestalt: $m_1 \cdot m_2 \cdot m_3 = 1$. Um das einzusehen, betrachten wir die Gerade $g = [E, X]$ und wenden 12.5.3 (b) auf die Schnittpunkte der drei oben beschriebenen Geraden mit g an:

$$m_1 = \mathrm{Dv}(P_3, P_2, E, X), \ m_2 = \mathrm{Dv}(P_1, P_3, E, X), \ m_3 = \mathrm{Dv}(P_2, P_1, E, X).$$

Also ist $m_1 m_2 = \mathrm{Dv}(P_1, P_2, E, X) = \mathrm{Dv}(P_2, P_1, E, X)^{-1} = m_3^{-1}$.

12.5.16 Hilfssatz *Die Beziehung, welche die drei Doppelverhältnisse mit den projektiven Punktkoordinaten $x_1 : x_2 : x_3$ verknüpft, lautet:*

$$m_1 = \frac{x_3}{x_2}, \ m_2 = \frac{x_1}{x_3}, \ m_3 = \frac{x_2}{x_1}.$$

B e w e i s Sind E' und X' die Schnittpunkte der Geraden durch P_1 und E bzw. X mit der Geraden durch P_2 und P_3, so gilt nach 12.5.5

$$m_1 = \mathrm{Dv}(P_3, P_2, E', X').$$

Fassen wir P_3, P_2 als Grundpunkte und E' als Einheitspunkt auf der Geraden $[P_3, P_2]$ auf, so bekommt X' die Koordinaten (x_3, x_2). Nach 12.5.1 ist

$$\operatorname{Dv}(P_3, P_2, E', X') = \frac{x_2}{x_3};$$

daß 12.5.1 anwendbar ist, folgt z.B. aus 12.2.12. Analog ergeben sich die beiden anderen Formeln. □

Aufgaben

12.5.A1 Eine injektive Abbildung $f\colon \mathbb{P}^1 \to \mathbb{P}^1$ eines eindimensionalen projektiven Raumes ist genau dann eine Projektivität, wenn sie das Doppelverhältnis ungeändert läßt.

12.5.A2 Sind A, B, C, D paarweise verschieden Punkte einer Geraden in einer reellen projektiven Ebene $\mathbb{P}^2$, so sind A, B, C, D genau dann harmonische Punkte, wenn $\operatorname{Dv}(A, B, C, D) = \operatorname{Dv}(B, A, C, D)$.

12.5.A3 Auf einer Geraden im $\mathbb{P}^2(\mathbb{R})$ seien drei verschiedene Punkte A, B, C gegeben. Konstruieren Sie nur mit Lineal Punkte D_1, D_2 mit

$$\operatorname{Dv}(A, B, C, D_1) = -1, \quad \operatorname{Dv}(A, B, C, D_2) = 2.$$

12.6 Quadratische Formen und Kegelschnitte

Wir kommen auf die Klassifikation der Hyperflächen 2. Ordnung zurück, die wir in 11.1 mit Methoden der affinen und euklidischen Geometrie behandelt haben. Wir wollen sie jetzt mit projektiven Hilfsmitteln behandeln und zeigen, daß die Theorie sehr viel übersichtlicher als im euklidischen oder affinen Fall wird. Wir beschränken uns in diesem Paragraphen auf den Fall, daß der Grundkörper K der Körper $\mathbb{R}$ der reellen Zahlen ist.

Quadratische Formen

12.6.1 Definition Sei V ein n-dimensionaler Vektorraum über $\mathbb{R}$, $n \in \mathbb{N}^*$. Eine bilineare Funktion $f\colon V \times V \to \mathbb{R}$ heißt *Bilinearform*. Sie heißt *symmetrisch*, wenn $f(\mathfrak{x},\mathfrak{y}) = f(\mathfrak{y},\mathfrak{x})$ $\forall \mathfrak{x},\mathfrak{y} \in V$. Eine Funktion $F\colon V \to \mathbb{R}$ heißt *quadratische Form* auf V, wenn es eine symmetrische Bilinearform f auf V mit $F(\mathfrak{x}) = f(\mathfrak{x},\mathfrak{x})$ $\forall \mathfrak{x} \in V$ gibt; dann heißt F die zu f gehörende quadratische Form.

12.6.2 Satz *Die symmetrische Bilinearform f ist durch die quadratische Form F eindeutig bestimmt, denn es ist*

$$f(\mathfrak{x},\mathfrak{y}) = \frac{1}{2}\left[F(\mathfrak{x}+\mathfrak{y}) - F(\mathfrak{x}) - F(\mathfrak{y})\right] \quad \forall \mathfrak{x},\mathfrak{y} \in V. \qquad \Box$$

Ab jetzt sei f eine symmetrische Bilinearform und F die zugehörige quadratische Form.

12.6.3 Definition und Satz *Sei $\mathfrak{v}_1,\ldots,\mathfrak{v}_n \in V$ eine Basis und $a_{ij} = f(\mathfrak{v}_i,\mathfrak{v}_j)$. Dann heißt $A = (a_{ij})$ die Matrix von f bzw. F bezüglich $\mathfrak{v}_1,\ldots,\mathfrak{v}_n$. Es ist A eine symmetrische Matrix. Für $\mathfrak{x} = \sum_{i=1}^n x_i \mathfrak{v}_i$, $\mathfrak{y} = \sum_{i=1}^n y_i \mathfrak{v}_i \in V$ gilt*

$$f(\mathfrak{x},\mathfrak{y}) = \sum_{i,j=1}^n a_{ij} x_i y_j = \mathfrak{x}^t A \mathfrak{y} \quad \text{und} \quad F(\mathfrak{x}) = \sum_{i,j=1}^n a_{ij} x_i x_j = \mathfrak{x}^t A \mathfrak{x}.$$

Sei B eine $(n \times n)$-Matrix über $\mathbb{R}$. Genau dann ist B die Matrix von f bzw. F bezüglich einer (anderen) Basis von V, wenn $B = T^t A T$ ist für eine reguläre Matrix T. $\qquad \Box$

12.6.4 Definition und Satz *Der lineare Teilraum $\{\mathfrak{x} \in V : f(\mathfrak{x},\mathfrak{y}) = 0 \; \forall \mathfrak{y} \in V\}$ von V heißt* Nullraum *oder* Ausartungsraum *von f bzw. F. Sei k seine Dimension. Dann heißt $r = n - k$ der* Rang *von f bzw. F. Ist A die Matrix von f bezüglich einer Basis von V, so ist $r = \text{Rang}\,A$. Im Fall $k = 0$, d.h. $r = n$, heißt f bzw. F nicht-ausgeartet, andernfalls ausgeartet.*

B e w e i s von „$r = \text{Rang}\,A$". Ist A die Matrix von f bezüglich der Basis $\mathfrak{v}_1,\ldots,\mathfrak{v}_n \in V$, so besteht der Nullraum aus allen Vektoren $\mathfrak{x} \in V$ mit

$$0 = f(\mathfrak{x},\mathfrak{v}_j) = \sum_{i=1}^n a_{ij} x_i = 0 \quad \text{für } j = 1,\ldots,n,$$

hat also nach dem Satz 5.1.5 (b) über lineare Gleichungssysteme die Dimension $n - \text{Rang}\,A$. $\qquad \Box$

12.6.5 Definition und Satz *Zwei quadratische Formen F und G auf V heißen* äquivalent, *wenn es einen Automorphismus $h\colon V \to V$ gibt mit $G(\mathfrak{x}) = F(h(\mathfrak{x}))$*

12.6 Quadratische Formen und Kegelschnitte

$\forall \mathfrak{x} \in V$. *Das ist eine Äquivalenzrelation. Äquivalente quadratische Formen haben denselben Rang.* □

Formen mit gleichem Rang müssen nicht äquivalent sein. So sind $F(\mathfrak{x}) = x_1^2 + x_2^2$ und $G(\mathfrak{x}) = x_1^2 - x_2^2$ Formen auf $\mathbb{R}^2$ vom Rang 2, die nicht äquivalent sind; denn es ist stets $F(\mathfrak{x}) \geq 0$, während $G(\mathfrak{x}) < 0$ sein kann.

12.6.6 Definition Ist $F(\mathfrak{x}) \geq 0 \ \forall \mathfrak{x} \in V$, so heißt F *positiv semidefinit*. Ist sogar $F(\mathfrak{x}) > 0 \ \forall \ 0 \neq \mathfrak{x} \in V$, so heißt F *positiv definit*; entsprechend werde *negativ semidefinit* und *negativ definit* erklärt. Nimmt F sowohl positive wie negative Werte an, so heißt F *indefinit*. Ist $U \subset V$ ein linearer Teilraum, so ist die Beschränkung $F|U: U \to \mathbb{R}$ eine quadratische Form auf U. Wenn es lineare Teilräume U positiver Dimension gibt, so daß $F|U$ positiv definit ist, so heißt das Maximum s der Dimensionen dieser Teilräume der *Index* oder *Trägheitsindex* von F. Wenn es solche Teilräume nicht gibt, ist 0 der Index von F. Als *Signatur* von F bezeichnet man $s - (r - s)$.

Der Index von $F(\mathfrak{x}) = x_1^2 + x_2^2$ ist 2, der Index von $G(\mathfrak{x}) = x_1^2 - x_2^2$ ist 1; die Signaturen sind 2 bzw. 0. Das folgt aus

12.6.7 Satz *Sei $\mathfrak{v}_1, \ldots, \mathfrak{v}_n \in V$ eine Basis und $0 \leq s \leq r \leq n$. Dann wird durch*

$$F(\mathfrak{x}) = x_1^2 + \ldots + x_s^2 - x_{s+1}^2 - \ldots - x_r^2 \quad \text{für } \mathfrak{x} = \sum_{i=1}^n x_i \mathfrak{v}_i$$

eine quadratische Form auf V vom Rang r und Index s definiert.

B e w e i s Rang $F = r$ ist klar. Für $s = 0$ ist $F(\mathfrak{x}) \leq 0 \ \forall \mathfrak{x} \in V$, also ist der Index gleich 0. Sei $s > 0$. Auf dem durch $x_{s+1} = \ldots = x_n = 0$ gegebenen s-dimensionalen Teilraum von V ist F positiv definit, also $s \leq \text{Index } F$. Angenommen, es ist $s < \text{Index } F$. Dann existiert ein Teilraum $W \subset V$ mit $\dim W > s$, so daß $F|W$ positiv definit ist. Sei U der durch $x_1 = \ldots = x_s = 0$ definierte Teilraum der Dimension $n - s$. Auf U ist F negativ semidefinit. Wegen

$$\dim(U \cap W) = \dim U + \dim W - \dim(U + W) > n - s + s - n = 0$$

ist $U \cap W \neq \emptyset$. Für $0 \neq \mathfrak{x} \in U \cap W$ ergibt sich der Widerspruch $F(\mathfrak{x}) \leq 0$ und $F(\mathfrak{x}) > 0$. □

12.6.8 Offenbar gilt für die quadratische Form in 12.6.7:
F positiv definit $\iff s = r = n$ \qquad ($\implies F$ ist nicht ausgeartet).
F positiv semidefinit $\iff s = r \leq n$.

F negativ definit $\iff s = 0, r = n$ ($\implies F$ ist nicht ausgeartet).
F negativ semidefinit $\iff s = 0, r \leq n$.
F indefinit $\iff 0 < s < r \leq n$.

Das Hauptergebnis über quadratische Formen (über dem Grundkörper $\mathbb{R}$) ist:

12.6.9 Trägheitssatz von Sylvester *Zwei quadratische Formen auf V sind genau dann äquivalent, wenn sie gleichen Rang und Index haben.*

B e w e i s   Seien F, G äquivalente quadratische Formen auf V mit zugehörigen symmetrischen Bilinearformen f, g. Es gibt einen Automorphismus $h\colon V \to V$ mit $G(\mathfrak{x}) = F(h(\mathfrak{x}))\ \forall \mathfrak{x} \in V$. Aus 12.6.2 folgt $g(\mathfrak{x}, \mathfrak{y}) = f(h(\mathfrak{x}), h(\mathfrak{y}))\ \forall \mathfrak{x}, \mathfrak{y} \in V$. Daher bildet h den Nullraum von G isomorph auf den Nullraum von F ab, woraus Rang G = Rang F folgt. Ist $U \subset V$ ein linearer Teilraum, auf dem G positiv definit ist, so ist F positiv definit auf $h(U)$, und umgekehrt. Daher ist Index G = Index F.

Seien F, G Formen von gleichem Rang r und gleichem Index. Im Fall $r = 0$ ist $F(\mathfrak{x}) = 0 = G(\mathfrak{x})\ \forall \mathfrak{x} \in V$, so daß F und G äquivalent sind. Im Fall $r > 0$ seien $\lambda_1, \ldots, \lambda_r$ die von 0 verschiedenen Eigenwerte der Matrix A von F bezüglich einer Basis von V. Nach 7.3.5 gibt es eine reguläre (sogar eine orthogonale) Matrix T mit

$$T^t A T = \begin{pmatrix} \lambda_1 & & & & & \\ & \ddots & & & & \\ & & \lambda_r & & & \\ & & & 0 & & \\ & & & & \ddots & \\ & & & & & 0 \end{pmatrix}.$$

Nach 12.6.3 ist $T^t A T$ die Matrix von F bezüglich einer geeigneten Basis $(\mathfrak{x}'_1, \ldots, \mathfrak{x}'_n)$ von V. Bezüglich dieser Basis hat F die Darstellung

$$F(\mathfrak{x}) = \lambda_1 {x'_1}^2 + \ldots + \lambda_r {x'_r}^2 \quad \text{für } \mathfrak{x} = \sum_{i=1}^n x'_i \mathfrak{x}'_i.$$

Wir numerieren die Basisvektoren so, daß $\lambda_1, \ldots, \lambda_s > 0$ und $\lambda_{s+1}, \ldots, \lambda_r < 0$ für ein s mit $0 \leq s \leq r$, und führen eine neue Basis von V ein durch

$$\mathfrak{x}_i = \begin{cases} \frac{1}{\sqrt{\lambda_i}} \mathfrak{x}'_i & \text{für } 1 \leq i \leq s, \\ \frac{1}{\sqrt{-\lambda_i}} \mathfrak{x}'_i & \text{für } s < i \leq r, \\ \mathfrak{y}_i & \text{für } r+1 \leq i \leq n. \end{cases}$$

Bezüglich dieser Basis ist

$$F(\mathfrak{x}) = x_1^2 + \ldots + x_s^2 - x_{s+1}^2 - \ldots - x_r^2 \quad \text{für } \mathfrak{x} = \sum_{i=1}^n x_i \mathfrak{x}_i.$$

Ebenso finden wir eine Basis $\mathfrak{y}_1, \ldots, \mathfrak{y}_n \in V$ mit

$$G(\mathfrak{y}) = y_1^2 + \ldots + y_t^2 - y_{t+1}^2 - \ldots - y_r^2 \quad \text{für } \mathfrak{y} = \sum_{i=1}^n y_i \mathfrak{y}_i$$

für ein t mit $0 \leq t \leq r$. Nach 12.6.7 ist $s = \operatorname{Index} F = \operatorname{Index} G = t$. Durch $\mathfrak{y}_i \mapsto \mathfrak{x}_i$ wird ein Automorphismus $h\colon V \to V$ mit $G(\mathfrak{x}) = F(h(\mathfrak{x}))$ $\forall \mathfrak{x} \in V$ definiert. Also sind F und G äquivalent. □

12.6.10 Korollar *Eine quadratische Form vom Rang r und Index s ist äquivalent zu der quadratischen Form in 12.6.7.* □

Hyperflächen im projektiven Raum

Im folgenden benutzen wir quadratische Formen, um geometrische Gebilde, ebenfalls Hyperflächen 2. Ordnung genannt, im projektiven Raum zu definieren. Sei V ein $(n+1)$-dimensionaler Vektorraum über $\mathbb{R}$, $n \in \mathbb{N}^*$, und sei $\mathbb{P} = \mathbb{P}(V)$ der zu V gehörende projektive Raum, also $\dim \mathbb{P} = n$.

12.6.11 Definition Ist F eine quadratische Form auf V, so heißt die Teilmenge

$$Q_F = \{P = [\mathfrak{x}] \in \mathbb{P} : F(\mathfrak{x}) = 0\} \subset \mathbb{P}$$

eine Hyperfläche zweiter Ordnung in $\mathbb{P}$ (auch Quadrik oder quadratisches Gebilde). Zwei Teilmengen $M, M' \subset \mathbb{P}$ — speziell zwei Hyperflächen — heißen projektiv-äquivalent, wenn es eine Projektivität $h\colon \mathbb{P} \to \mathbb{P}$ gibt mit $h(M) = M'$.

Da $F(\mathfrak{x}) = 0$ gleichbedeutend mit $F(a\mathfrak{x}) = 0$, $a \neq 0$, ist, erweist sich die Bedingung $F(\mathfrak{x}) = 0$ als unabhängig von der Wahl des Repräsentanten $\mathfrak{x}$ eines Punktes von $\mathbb{P}$. Unser Ziel ist, die Klassen projektiv-äquivalenter Hyperflächen zu bestimmen. Die Hauptschwierigkeit liegt darin, daß verschiedene quadratische Formen F, G auf V dieselbe Hyperfläche $Q_F = Q_G$ bestimmen können. Wir ordnen im folgenden den Hyperflächen durch geometrische Eigenschaften bestimmte Invarianten zu, mit denen wir unterscheiden können, ob zwei Hyperflächen projektiv-äquivalent sind oder nicht.

12 Projektive Geometrie

12.6.12 Satz und Definition *Ist Q eine Hyperfläche und g eine Gerade in $\mathbb{P}$, so tritt einer der folgenden Fälle ein:*

(a) $g \cap Q = \emptyset$ *oder* $g \cap Q$ *besteht aus genau zwei Punkten.*

(b) $g \cap Q$ *besteht aus genau einem Punkt P; dann heißt g* Tangente an Q *im Berührungspunkt P.*

(c) $g \subset Q$; *auch dann heißt g Tangente an Q, und alle Punkte von g heißen Berührungspunkte von g.*

B e w e i s   Sei F die quadratische Form, welche Q definiert, d.h. $Q = Q_F$, und sei f die zu F gehörende Bilinearform. Seien $P_i = [\mathfrak{x}_i] \in g$, $i = 1, 2$, verschiedene Punkte auf der Geraden g, also $g = \{P = [a\mathfrak{x}_1 + b\mathfrak{x}_2] : a, b \in \mathbb{R}\}$. Genau dann liegt $P \in g$ auf Q, wenn gilt:

$$0 = F(a\mathfrak{x}_1 + b\mathfrak{x}_2) = a^2 F(\mathfrak{x}_1) + 2ab f(\mathfrak{x}_1, \mathfrak{x}_2) + b^2 F(\mathfrak{x}_2).$$

Fall I: $P_1 \notin Q$, also $F(\mathfrak{x}_1) \neq 0$. Aus $P \in g \cap Q$ folgt $b \neq 0$. Für $x = a/b$ liegt $P = [x\mathfrak{x}_1 + \mathfrak{x}_2]$ dann auf Q, wenn gilt

$$0 = x^2 F(\mathfrak{x}_1) + 2x f(\mathfrak{x}_1, \mathfrak{x}_2) + F(\mathfrak{x}_2).$$

Wegen $F(\mathfrak{x}_1) \neq 0$ ist das eine quadratische Gleichung für x, die keine oder genau zwei (Fall (a)) oder genau eine (Fall (b)) Lösung hat.

Fall II: $P_1 \in Q$. Für $P_1 \neq P \in g$ (d.h. $b \neq 0$) ist dann $P \in Q$ äquivalent zu $0 = 2x f(\mathfrak{x}_1, \mathfrak{x}_2) + F(\mathfrak{x}_2)$; wieder ist $x = a/b$. Im Fall $f(\mathfrak{x}_1, \mathfrak{x}_2) \neq 0$ hat diese Gleichung genau eine Lösung, so daß (a) eintritt. Wenn $f(\mathfrak{x}_1, \mathfrak{x}_2) = 0$ ist, hat sie keine Lösung, wenn $F(\mathfrak{x}_2) \neq 0$ ist, so daß (b) vorliegt, während alle $x \in \mathbb{R}$ diese Gleichung lösen, wenn auch noch $F(\mathfrak{x}_2) = 0$ ist. Nun gilt $g \subset Q$. □

Im vorangehenden Beweis haben wir das folgende Kriterium erhalten; damit haben wir ohne Differentialrechnung die Tangentengleichung für Ellipsen (s. 11.3.7) und Hyperbeln (s. Beweis von 11.4.5) wieder nachgewiesen.

12.6.13 *Sei $[\mathfrak{x}_1] \in Q_F$. Es ist $[[\mathfrak{x}_1], [\mathfrak{x}_2]] \subset \mathbb{P}$ dann und nur dann Tangente an Q_F, wenn $f(\mathfrak{x}_1, \mathfrak{x}_2) = 0$ ist.* □

12.6.14 Satz und Definition *Sei $Q = Q_F$ eine Hyperfläche in $\mathbb{P}$ und $P_1 \in Q$. Dann tritt einer der folgenden Fälle ein:*

(a) *Die Menge aller Tangenten an Q mit dem Berührungspunkt P_1 bildet eine Hyperebene von $\mathbb{P}$; sie heißt* Tangentialhyperebene *von Q in P_1.*

(b) *Jede Gerade durch P_1 ist eine Tangente an Q; dann heißt P_1 ein* Doppelpunkt *von Q.*

Q besitzt genau dann Doppelpunkte, wenn die quadratische Form F ausgeartet ist. Die Menge der Doppelpunkte von Q ist ein projektiver Teilraum der Dimension $n - \text{Rang } F$.

Zu einem Beispiel für einen Doppelpunkt vgl. Abb. 12.6.1.

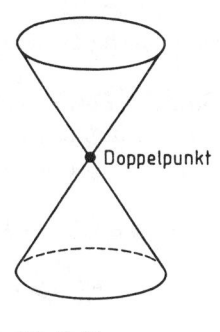

Abb. 12.6.1

B e w e i s Sei g eine Gerade durch $P_1 = [\mathfrak{x}_1]$ und $P_2 = [\mathfrak{x}_2] \neq P_1$. Nach 12.6.13 gilt:

$$g \text{ ist Tangente} \iff f(\mathfrak{x}_1, \mathfrak{x}_2) = 0.$$

Für festes $\mathfrak{x}_1$ ist $\mathfrak{x}_2 \mapsto f(\mathfrak{x}_1, \mathfrak{x}_2)$ eine lineare Abbildung $V \to \mathbb{R}$, deren Kern die Dimension $n + 1$ oder n hat. Daher ist die Menge aller Punkte $P_2 \in \mathbb{P}$, für die $[P_1, P_2]$ Tangente an Q ist, ein projektiver Teilraum der Dimension n oder $n-1$. Also tritt (a) oder (b) ein. Es gilt:

P_1 Doppelpunkt $\iff f(\mathfrak{x}_1, \mathfrak{x}_2) = 0 \; \forall \mathfrak{x}_2 \in V \iff \mathfrak{x}_1$ liegt im Nullraum von f.

Letzterer hat die Dimension $n + 1 - \text{Rang } f$, da $\dim V = n + 1$, und deshalb bilden Doppelpunkte einen projektiven Teilraum der Dimension

$$n - \text{Rang } f = n - \text{Rang } F. \qquad \square$$

12.6.15 Korollar *Sind für die quadratischen Formen F und G die Hyperflächen Q_F und Q_G projektiv äquivalent, so ist $\text{Rang } F = \text{Rang } G$.*

B e w e i s Eine Projektivität $h: \mathbb{P} \to \mathbb{P}$ mit $h(Q_F) = Q_G$ bildet offenbar Tangenten an Q_F in Tangenten an Q_G und folglich Doppelpunkte von Q_F in Doppelpunkte von Q_G ab. $\qquad \square$

Insbesondere folgt $\operatorname{Rang} F = \operatorname{Rang} G$ aus $Q_F = Q_G$, so daß wir definieren können:

12.6.16 Definition Der Rang von F heißt *Rang der Hyperfläche Q_F*.

Eine analoge Definition für den Index ist nicht möglich, da z.B. $Q_F = Q_G$ für die Formen $F(\mathfrak{x}) = x_0^2 + x_1^2$ und $G(\mathfrak{x}) = -x_0^2 - x_1^2$ vom Index 2 bzw. 0 ist. Dennoch hat der Index eine geometrische Bedeutung:

12.6.17 Satz *Sei F eine quadratische Form auf V vom Rang r und Index s. Ferner sei $m \geq -1$ die größte Zahl, so daß es einen projektiven Teilraum $U \subset \mathbb{P}$ der Dimension m gibt mit $U \cap Q_F = \emptyset$. Dann ist $m = \max(s, r-s) - 1$.*

B e w e i s   Nach Definition des Indexes gibt es einen Unterraum U_+ mit

$$U_+ \subset V,\ \dim U_+ = s \text{ und } F(\mathfrak{x}) > 0 \text{ für } 0 \neq \mathfrak{x} \in U_+.$$

Dann ist

$$\mathbb{P}(U_+) \subset \mathbb{P},\ \dim \mathbb{P}(U_+) = s - 1 \text{ und } \mathbb{P}(U_+) \cap Q_F = \emptyset.$$

Es folgt $m \geq s - 1$. Aus 12.6.7 folgt: Es gibt einen Unterraum U_- mit

$$U_- \subset V,\ \dim U_- = r - s \text{ und } F(\mathfrak{x}) < 0 \text{ für } 0 \neq \mathfrak{x} \in U.$$

Dann ist $\mathbb{P}(U_-) \subset \mathbb{P}$, $\dim \mathbb{P}(U_-) = r - s - 1$ und $\mathbb{P}(U_-) \cap Q_F = \emptyset$. Daraus folgt

$$m \geq r - s - 1.$$

Sei nun $m > s - 1$, und sei $U \subset \mathbb{P}$ projektiver Teilraum mit $\dim U = m$ und $U \cap Q_F = \emptyset$. Für $V_U \subset V$ ist dann $\dim V_U > s$ und $F(\mathfrak{x}) \neq 0$ für alle $0 \neq \mathfrak{x} \in V_U$.

Wir benutzen jetzt den folgenden Hilfssatz, dessen Beweis wir nachstellen.

12.6.18 Hilfssatz *Für $0 \neq \mathfrak{x} \in V_U$ gilt $F(\mathfrak{x}) > 0$ oder $F(\mathfrak{x}) < 0$.*

Die Aussage $F(\mathfrak{x}) > 0 \ \forall\ 0 \neq \mathfrak{x} \in V_U$ widerspricht der Definition des Index; denn $\dim V_U > s$ steht dann im Widerspruch zur Definition 12.6.6 des Indexes als Maximum. Also ist $F|V_U$ negativ definit. Wegen 12.6.7, 9 ist $r - s$ die größte Dimension, zu der es einen Teilraum von V gibt, auf dem F negativ definit ist. Daher ist $\dim V_U \leq r - s$, also

$$m = \dim U = \dim V_U - 1 \leq r - s - 1.$$

Analog folgt $m = s - 1$ aus $r - s - 1 < m$, also die Behauptung. □

B e w e i s von 12.6.18. Sei $\dim V_U = k$. Nach 12.6.9 gibt es eine Basis $\mathfrak{v}_1, \ldots, \mathfrak{v}_k$ von V_U und Zahlen a, b mit $0 \leq a \leq b \leq k$, so daß

$$F(\mathfrak{x}) = x_1^2 + \ldots + x_a^2 - x_{a+1}^2 - \ldots - x_b^2 \quad \text{für} \quad \mathfrak{x} = \sum_{i=1}^{k} x_i \mathfrak{v}_i \in V_U.$$

Aus $b < k$ folgt $F(\mathfrak{v}_k) = 0$, obwohl $\mathfrak{v}_k \neq 0$ ist, im Widerspruch zur Annahme, daß $U \cap Q_F = \emptyset$ ist. Also ist

$$F(\mathfrak{x}) = x_1^2 + \ldots + x_a^2 - x_{a+1}^2 - \ldots - x_k^2.$$

Im Fall $0 < a < k$ ist $F(\mathfrak{v}_1 + \mathfrak{v}_{a+1}) = 0$, also ergibt sich der Widerspruch $[\mathfrak{v}_1 + \mathfrak{v}_{a+1}] \in Q_F \cap U = \emptyset$. Deshalb ist $a = 0$ oder $a = k$, d.h. $F|V_U$ ist negativ oder positiv definit. (Ein anderer Beweis ergibt sich unmittelbar aus dem Zwischenwertsatz.) □

Projektive Klassifikation der Hyperflächen

Nun sind wir in der Lage, projektive Hyperflächen zu klassifizieren. Aus 12.6.17 ergibt sich

12.6.19 Definition und Satz *Sei F eine quadratische Form vom Rang r und Index s. Dann heißt die Zahl*

$$d = \begin{cases} s & \text{im Fall } s \geq r - s \\ r - s & \text{im Fall } s < r - s \end{cases}$$

der Index der Hyperfläche Q_F. Es ist $d - 1$ die größte Zahl m, so daß es einen m-dimensionalen projektiven Teilraum $U \subset \mathbb{P}$ mit $U \cap Q_F = \emptyset$ gibt. Projektiv äquivalente Hyperflächen haben den gleichen Index. □

Wir wählen in $\mathbb{P}$ ein projektives Koordinatensystem $(P_0, \ldots, P_n; E)$ und bezeichnen mit $x = (x_0, \ldots, x_n)^t \in \mathbb{R}^{n+1}$ den Koordinatenvektor von $P \in \mathbb{P}$, d.h. $P = [x_0 \mathfrak{p}_0 + \ldots + x_n \mathfrak{p}_n]$ wie in 12.2.10. Sei $A = (a_{ij})$ die Matrix der quadratischen Form F auf V bezüglich der Basis $\mathfrak{p}_0, \ldots, \mathfrak{p}_n \in V$. Für $P = [\mathfrak{x}] = [x_0 \mathfrak{p}_0 + \ldots + x_n \mathfrak{p}_n]$ gilt

$$F(\mathfrak{x}) = 0 \iff 0 = F(x_0 \mathfrak{p}_0 + \ldots + x_n \mathfrak{p}_n) = \sum a_{ij} x_i x_j = x^t A x.$$

Es folgt:

12.6.20 Hilfssatz *In jedem Koordinatensystem von $\mathbb{P}$ werden die Hyperflächen durch Gleichungen der Form $\sum_{i,j=0}^{n} a_{ij} x_i x_j = x^t A x = 0$ mit symmetrischen Matrizen A beschrieben und jede solche Gleichung definiert eine Hyperfläche.*
□

12.6.21 Satz (Projektive Klassifikation der Hyperflächen) *Sei $0 \leq r \leq n+1$ und $\frac{r}{2} \leq d \leq r$. Dann wird durch die „Normalform"*

$$x_0^2 + \ldots + x_{d-1}^2 - x_d^2 - \ldots - x_{r-1}^2 = 0$$

eine Hyperfläche vom Rang r und Index d beschrieben. Jede Hyperfläche vom Rang r und Index d ist zu dieser projektiv-äquivalent. Deshalb sind zwei Hyperflächen in $\mathbb{P}$ genau dann projektiv-äquivalent, wenn sie gleichen Rang und Index haben.

B e w e i s   Die erste Aussage folgt aus 12.6.7, die zweite aus 12.6.9. □

Im Fall $r = 0$ ist die Gleichung in 12.6.21 als $0 = 0$ zu lesen; sie wird von allen Punkten in $\mathbb{P}$ erfüllt (das ist der Fall $A = 0$ in 12.6.20). Aus 12.6.21 erhalten wir noch eine andere geometrische Deutung des Index:

12.6.22 Satz *Sei Q eine Hyperfläche vom Index d. Dann ist $n - d$ die größte ganze Zahl k, so daß es einen projektiven Teilraum $U \subset \mathbb{P}$ der Dimension k gibt mit $U \subset Q$.*

B e w e i s   Aus 12.6.19 und der Dimensionsformel 12.2.4 folgt $k \leq n - d$. Es genügt, wenn wir $k \geq n - d$ für die Normalform in 12.6.21 beweisen. Wegen $r \leq 2d$ ist $\ell = r - d \leq d$. Die d Gleichungen

$$x_0 = x_d, \; x_1 = x_{d+1}, \ldots, x_\ell = x_r, \; x_{\ell+1} = 0, \ldots, x_{d-1} = 0$$

beschreiben nach 12.2.14 einen projektiven Teilraum $U \subset \mathbb{P}$ mit $\dim U = n - d$ und $U \subset Q$. □

12.6.23 Beispiele
(a) Die zum Fall $r = d = n+1$ gehörende Hyperfläche $x_0^2 + \ldots + x_n^2 = 0$ ist die leere Menge. Die zur Form $F(\mathfrak{x}) = 0 \; \forall \mathfrak{x} \in V$, d.h. zu $r = d = 0$, gehörende Hyperfläche ist der ganze Raum $\mathbb{P}$. (Diese Fälle lassen wir im folgenden weg.)
(b) Auf einer projektiven Geraden, d.h. $n = 1$, sind die Hyperflächen:

$r = 2, d = 1$: $x_0^2 - x_1^2 = 0$,   2 Punkte.
$r = 1, d = 1$: $x_0^2 = 0$,   1 Punkt.

(c) In einer projektiven Ebene, d.h. $n = 2$, sind die Hyperflächen:

$r = 3$, $d = 2$: $\quad x_0^2 + x_1^2 - x_2^2 = 0$, $\quad$ Diese Hyperfläche heißt
$\qquad\qquad\qquad\qquad\qquad\qquad\qquad$ „echter Kegelschnitt".
$r = 2$, $d = 2$: $\quad x_0^2 + x_1^2 = 0$, $\qquad\quad$ 1 Punkt.
$r = 2$, $d = 1$: $\quad x_0^2 - x_1^2 = 0$, $\qquad\quad$ 2 Geraden.
$r = 1$, $d = 1$: $\quad x_0^2 = 0$, $\qquad\qquad\quad\;$ 1 Gerade.

(d) *Die Anzahl a_n der Klassen projektiv-äquivalenter Hyperflächen eines n-dimensionalen projektiven Raumes ist*

$$a_n = \begin{cases} \frac{(n+2)(n+4)}{4} & \text{für gerades } n \neq 0, \\ \frac{(n+3)^2}{4} & \text{für ungerades } n. \end{cases}$$

Zählen wir nämlich bei gegebenem n die Paare (r, d), so erhalten wir für das höchste r, nämlich $r = n + 1$, $\frac{n+3}{2}$ Fälle für n ungerade bzw. $\frac{n+2}{2}$ Fälle für n gerade, und dieses sind gerade diejenigen Möglichkeiten, die bei a_{n-1} nicht vorkommen, also

$$a_n = a_{n-1} + \begin{cases} \frac{n+3}{2} & \text{für } n \text{ ungerade} \\ \frac{n+2}{2} & \text{für } n \text{ gerade.} \end{cases}$$

12.6.24 Affine Klassifikation der Hyperflächen Wir sind jetzt in der Lage, einen einfachen Beweis von 11.1.13 mit Hilfsmitteln der projektiven Geometrie zu geben. Sei $\mathbb{P}$ wie bisher und $H \subset \mathbb{P}$ eine Hyperebene. Nach 12.4 ist $A = \mathbb{P} - H$ ein n-dimensionaler affiner Raum über $\mathbb{R}$. Wir wählen ein affines Koordinatensystem $(Q_0, \ldots, Q_n)$ in A (mit Koordinaten $x_1, \ldots, x_n$) und ein projektives Koordinatensystem $(Q_0', \ldots, Q_n'; E')$ in $\mathbb{P}$ (mit Koordinaten $x_0', \ldots, x_n'$), so daß 12.4.4 gilt.

Jede Hyperfläche in A ist nach 11.1.12 affin-äquivalent zu einer Hyperfläche, die durch eine der Gleichungen des folgenden Typs beschrieben wird:

(I) $\quad x_1^2 + \ldots + x_d^2 - x_{d+1}^2 - \ldots - x_r^2 = 1 \qquad$ mit $0 \leq d \leq r$,

(II) $\quad x_1^2 + \ldots + x_d^2 - x_{d+1}^2 - \ldots - x_r^2 = -x_{r+1} \qquad$ mit $\frac{r}{2} \leq d \leq r$,

(III) $\quad x_1^2 + \ldots + x_d^2 - x_{d+1}^2 - \ldots - x_r^2 = 0 \qquad$ mit $\frac{r}{2} \leq d \leq r$.

Verschiedene dieser Gleichungen beschreiben affin nicht-äquivalente Hyperflächen.

B e w e i s   Wir setzen $x_i = x'_i/x'_0$ und multiplizieren mit $x_0'^2$:

(I') $\qquad x_1'^2 + \ldots + x_d'^2 - x_{d+1}'^2 - \ldots - x_r'^2 = x_0'^2$,

(II') $\qquad x_1'^2 + \ldots + x_d'^2 - x_{d+1}'^2 - \ldots - x_r'^2 = x_0' x_{r+1}'$ mit $r \leq 2d$,

(III') $\qquad x_1'^2 + \ldots + x_d'^2 - x_{d+1}'^2 - \ldots - x_r'^2 = 0$ mit $r \leq 2d$.

Jede dieser homogenen Gleichungen stellt eine Hyperfläche $Q' \subset \mathbb{P}$ dar, so daß die entsprechende Gleichung in den $x_1, \ldots, x_n$ eine Hyperfläche $Q = Q' \cap A$ in A beschreibt. Die uneigentliche Hyperebene H hat die Gleichung $x_0' = 0$. Der Durchschnitt $Q' \cap H$ ist daher die Menge aller Punkte mit Koordinaten 0, $x'_1, \ldots, x'_n$, für die

(∗) $\qquad x_1'^2 + \ldots + x_d'^2 - x_{d+1}'^2 - \ldots - x_r'^2 = 0$

gilt. Es ist H ein projektiver Raum der Dimension $n-1$, und die $x'_1, \ldots, x'_n$ sind die homogenen Koordinaten der Punkte von H bezüglich eines geeigneten Koordinatensystems von H. Daher ist $Q' \cap H$ nach (∗) eine Hyperfläche in H.

In der Tabelle 12.6.1 geben wir den Rang und Index von Q' und $Q' \cap H$ für die verschiedenen Fälle an. Aus ihr können wir entnehmen, daß zwei Hyperflächen Q_0 und Q_1 in A dann und nur dann affin äquivalent sind, wenn sie von gleichem Typ (I), (II) oder (III) sind und gleiches r und d besitzen. *Sind nämlich Q'_0, Q'_1 die Q_0 und Q_1 entsprechenden Hyperflächen in $\mathbb{P}$, so sind Q_0 und Q_1 genau dann affin äquivalent, wenn sowohl die Hyperflächen Q'_0, Q'_1 in $\mathbb{P}$ als auch die Hyperflächen $Q'_0 \cap H$, $Q'_1 \cap H$ in H projektiv äquivalent sind.* Das folgt daraus, daß sich jede Affinität von $\mathbb{P} - H$ nach 12.4.7 auf genau eine Weise zu einer Projektivität von $\mathbb{P}$ fortsetzen läßt. Letztere überführt dann H in sich.

Damit ist auch 11.1.13 bewiesen. □

Typ	Rang Q'	Ind Q'	Rang $(Q' \cap H)$	Ind $(Q' \cap H)$
I	$r+1$	$\max\{d, r-d+1\}$	r	$\max\{d, r-d\}$
II	$r+2$	$d+1$	r	d
III	r	d	r	d

Tabelle 12.6.1

12.6.25 Kreis, Hyperbel und Parabel Wir betrachten in einer projektiven Ebene $\mathbb{P}^2$ über $\mathbb{R}$ (bei festem Koordinatensystem) den nichtausgearteten (echten) Kegelschnitt $\mathcal{K}$ mit der Gleichung

(1) $\qquad x_0^2 + x_1^2 - x_2^2 = 0$.

Die Gerade g mit der Gleichung $x_2 = 0$ schneidet $\mathcal{K}$ nicht. In der affinen Ebene $E = \mathbb{P}^2 - g$ werden durch $\bar{x}_1 = x_0/x_2$, $\bar{x}_2 = x_1/x_2$ affine Koordinaten eingeführt. Dann ist $\mathcal{K} \cap E$ die Menge der Punkte in E mit $\bar{x}_1^2 + \bar{x}_2^2 = 1$, also ein Kreis.

Die Gerade g' mit der Gleichung $x_0 = 0$ schneidet K in den Punkten $(0, 1, 1)^t$ und $(0, 1, -1)^t$. In der affinen Ebene $E' = \mathbb{P}^2 - g'$ werden durch $\bar{x}_1 = x_1/x_0$, $\bar{x}_2 = x_2/x_0$ affine Koordinaten eingeführt. Nun ist $\mathcal{K} \cap E'$ die Menge der Punkt in E' mit $\bar{x}_1^2 - \bar{x}_2^2 = 1$, also eine Hyperbel.

Die Gerade g'' mit der Gleichung $x_1 = x_2$ hat mit $\mathcal{K}$ nur den Punkt $(0, 1, 1)^t$ gemeinsam, ist also eine Tangente an K. Durch $x_0 = x_0''$, $x_1 = x_1'' + x_2''$, $x_2 = x_2''$ werden in $\mathbb{P}^2$ neue projektive Koordinaten eingeführt, in denen g'' bzw. K die Gleichung $x_1'' = 0$ bzw. $x_0''^2 + x_1''^2 + 2x_1''x_2'' = 0$ hat. Durch $\bar{x}_1 = x_0''/x_1''$, $\bar{x}_2 = x_2''/x_1''$ werden in der affinen Ebene $E'' = \mathbb{P}^2 - g''$ affine Koordinaten eingeführt und $\mathcal{K} \cap E''$ ist die Menge der Punkte mit $\bar{x}_1^2 = -2\bar{x}_2 - 1$, also eine Parabel.

Damit sind wir wieder bei dem nach 12.1.18 angesprochenen Fragenkreis. Kreis, Hyperbel und Parabel sind affine Spezialfälle des einzigen nicht-ausgearteten Kegelschnitts $\mathcal{K}$ der projektiven Ebene $\mathbb{P}^2$. Sie entstehen aus $\mathcal{K}$, indem aus E eine Gerade herausgenommen wird, die K nicht schneidet bzw. in zwei Punkten schneidet bzw. berührt.

Aufgaben

12.6.A1 Entscheiden Sie, ob die folgenden quadratischen Formen auf $\mathbb{R}^3$ positiv definit sind:
(a) $F_1(\mathfrak{x}) = x_1 x_2 - x_2 x_3$, (b) $F_2(\mathfrak{x}) = 2x_1^2 + 2x_2^2 + 2x_3^2 - 2x_1 x_2 - 2x_2 x_3 - 2x_1 x_3$

12.6.A2 Sei F eine nicht-ausgeartete quadratische Form auf einem n-dimensionalen reellen Vektorraum V. Sei $\mathfrak{x} \neq 0$ ein Vektor aus V mit $F(\mathfrak{x}) = 0$. Zeigen Sie:
Zu jedem $a \in \mathbb{R}$ gibt es ein $\mathfrak{y} \in V$ mit $F(\mathfrak{y}) = a$.

12.6.A3 Auf $\mathbb{R}^4$ sei die folgende quadratische Form gegeben:

$$F(\mathfrak{x}) = x_1^2 + 4x_1x_2 - 4x_1x_3 + 2x_1x_4 + 5x_2^2 - 2x_2x_3 + 4x_2x_4 + 17x_3^2 - 8x_3x_4 + x_4, \quad \mathfrak{x} \in \mathbb{R}^4$$

Bestimmen Sie die Matrix A von F, den Rang von F, den Index von F und geben Sie eine Matrix T an, die A in Diagonalgestalt überführt. Bestimmen Sie außerdem den Typ der durch F bestimmten Hyperfläche Q des $\mathbb{P}(\mathbb{R}^4)$. Liegen Geraden auf Q?

12.6.A4
(a) Jede quadratische Form $F: V \to \mathbb{R}$ erfüllt die Gleichung

$(*) \qquad F(\mathfrak{x} + \mathfrak{y}) + F(\mathfrak{x} - \mathfrak{y}) = 2(F(\mathfrak{x}) + F(\mathfrak{y})) \quad \forall \mathfrak{x}, \mathfrak{y} \in V.$

(b) Der $\mathbb{R}^n$ und $\mathbb{R}$ seien mit der euklidischen Topologie versehen. Zeigen Sie: Jede stetige Funktion $F: \mathbb{R}^n \to \mathbb{R}^n$, die für alle $\mathfrak{x}, \mathfrak{y} \in \mathbb{R}^n$ die Gleichung $(*)$ erfüllt, ist eine quadratische Form auf $\mathbb{R}^n$.

12.6.A5 Sei P ein n-dimensionaler projektiver Raum über $\mathbb{R}$. Eine Hyperfläche Q_F sei gegeben durch die quadratische Form F mit der zugehörigen Bilinearform f. Zeigen Sie: Eine Gerade $[X, Y]$ mit $X = [\mathfrak{x}], Y = [\mathfrak{y}]$ ist genau dann Tangente an Q_F, wenn $f(\mathfrak{x}, \mathfrak{y})^2 - F(\mathfrak{x})F(\mathfrak{y}) = 0$ gilt.

12.6.A6 In der reellen affinen Ebene $\mathbb{R}^2$ definieren die Punkte $P_0 = (0,0)^t, P_1 = (1,0)^t, P_2 = (0,1)^t$ ein Koordinatensystem. Bezüglich dieses Koordinatensystems werde durch die Gleichungen

$$(x_1 + x_2)^2 + (x_2 - 3)^2 - 1 = 0, \quad (x_1 - 1)(x_2 + 2) - 1 = 0, \quad x_1 - x_2^2 = 0$$

ein Kreis, eine Parabel und eine Hyperbel gegeben. Erweitern Sie $\mathbb{R}^2$ zu einer projektiven Ebene und geben Sie Projektivitäten an, die den Kreis in die Hyperbel bzw. Parabel überführen.

12.6.A7 Sei G die Gruppe aller Projektivitäten von $\mathbb{P}^2$, die eine feste Gerade g und die quadratische Form $F((x_0, x_1, x_2)^t) = x_0^2 + x_1^2 + x_2^2$ invariant lassen. Zeigen Sie, daß die zu G gehörige Matrizengruppe isomorph zu $\mathbb{R}^* \times O(2)$ ist.

12.6.A8 Im $\mathbb{R}^3$ seien ein Ellipsoid Q_1 und ein Paraboloid Q_2 (entstanden durch Rotation einer Parabel um ihre Achse) gegeben. Sind Q_1 und Q_2 projektiv äquivalent?

12.6.A9 Seien A, B, C, D vier nicht in einer Ebene liegende Punkte eines dreidimensionalen, reellen, projektiven Raumes. Bestimmen Sie (bei passender Wahl des Koordinatensystems) die Gleichungen der Hyperflächen, welche die Geraden $[A, B], [B, C], [C, D], [D, A]$ enthalten. In wie viele Klassen projektiv äquivalenter Flächen läßt sich die Menge dieser Hyperflächen einteilen?

12.7 Kegelschnitte und Polaritäten in der projektiven Ebene

Für projektive Räume hatten wir eine Dualität erklärt, und zwar entstand sie nach Vorgabe eines projektiven Koordinatensystems unter Verwendung der zugehörigen Koordinaten, vgl. 12.3. Natürlich gibt es deshalb viele „Dualitätsabbildungen", nämlich zu jedem Koordinatensystem eine. Es bleibt offen, ob es nicht auch ganz andere „Dualitätsbeziehungen" gibt, die ebenfalls die geometrischen Eigenschaften einer Dualität 12.3.2–6 besitzen. In diesem Paragraphen behandeln wir diese Frage für die Dimension 2 und geben eine vollständige Antwort.

Geradenbüschel und Kegelschnitte

Sei $(P_0, P_1, P_2; E)$ ein projektives Koordinatensystem der projektiven Ebene $\mathbb{P}$ (über einem beliebigen Körper einer Charakteristik $\neq 2$). In 12.3 wurde die Dualitätsabbildung δ dadurch erklärt, daß dem Punkt P mit den Koordinaten $(a_0, a_1, a_2)^t = \mathfrak{a}$ die Gerade g mit den Geradenkoordinaten $\mathfrak{a}^t$ zugeordnet wurde, d.h. g enthält die Punkte mit den Koordinaten $\mathfrak{x} = (x_0, x_1, x_2)^t$, welche die Gleichung $\mathfrak{a}^t\mathfrak{x} = a_0 x_0 + a_1 x_1 + a_2 x_2 = 0$ erfüllen.

12.7.1 Analog wie auf einer Geraden drei Punkte ein Koordinatensystem darstellen, ergeben drei Geraden eines Geradenbüschels ein Koordinatensystem für das Büschel. Dabei besteht ein *Geradenbüschel* aus allen Geraden, die durch einen Punkt laufen. Vor 12.5.5 haben wir das Doppelverhältnis auch für Geraden eines Büschels erklärt und in 12.5.5 gezeigt, daß $\text{Dv}(h_1, h_2, h_3, h_4) = \text{Dv}(Q_1, Q_2, Q_3, Q_4)$ ist, wenn Q_i der Schnittpunkt von h_i mit einer Geraden g, die nicht dem Büschel angehört, ist. Nun seien zwei Geradenbüschel mit den Zentren A, A' gegeben und in ihnen seien ,Koordinatensysteme' g_0, g_∞, g_1 bzw. g'_0, g'_∞, g'_1 gewählt. Mit g_δ bezeichnen wir die Gerade g des Büschels, für die $\text{Dv}(g_0, g_\infty, g_1, g) = \delta$ ist. Diese Bezeichnung ist nach 12.5.1 mit der Benennung von g_0, g_∞, g_1 verträglich. Analog sei g'_δ im zweiten Büschel erklärt. Für $g_\delta \neq g'_\delta$ sei $Q_\delta = g_\delta \cap g'_\delta$.

12.7.2 Satz *Die Bezeichnungen seien wie in 12.7.1 erklärt. Die Punkte Q_δ liegen entweder auf einer Geraden oder einem echten Kegelschnitt C. Im ersten Fall sagen wir, daß die Geradenbüschel (g_δ) und (g'_δ) in perspektiver Lage sind.*

B e w e i s   Wir rechnen in irgendeinem Koordinatensystem. Zu ihm mögen die Geraden g_i die Koordinaten $\mathfrak{u}_i^t$, die Geraden g'_i die Koordinaten $\mathfrak{u}'_i{}^t$ haben, wobei wir so normieren, daß

$$\mathfrak{u}_1^t = \mathfrak{u}_0^t + \mathfrak{u}_\infty^t, \quad \mathfrak{u}'_1{}^t = \mathfrak{u}'_0{}^t + \mathfrak{u}'_\infty{}^t$$

$$\mathfrak{u}_\delta^t = \lambda_0 \mathfrak{u}_0^t + \lambda_\infty \mathfrak{u}_\infty^t, \quad \mathfrak{u}'_\delta{}^t = \lambda_0 \mathfrak{u}'_0{}^t + \lambda_\infty \mathfrak{u}'_\infty{}^t \quad \text{mit } \lambda_0 : \lambda_\infty = 1 : \delta.$$

Die Koordinaten $\mathfrak{x}$ des Schnittpunktes $Q_\delta = g_\delta \cap g'_\delta$ sind durch die Gleichungen

$$\mathfrak{u}_\delta^t \cdot \mathfrak{x} = 0, \quad \mathfrak{u}'_\delta{}^t \cdot \mathfrak{x} = 0, \quad \mathfrak{x} \neq 0$$

bestimmt. Dieses ist gleichbedeutend damit, daß das System

$$\lambda_0 \cdot \mathfrak{u}_0^t \mathfrak{x} + \lambda_\infty \cdot \mathfrak{u}_\infty^t \mathfrak{x} = 0, \quad \lambda_0 \cdot \mathfrak{u}'_0{}^t \mathfrak{x} + \lambda_\infty \cdot \mathfrak{u}'_\infty{}^t \mathfrak{x} = 0 \quad \text{mit } \lambda_0 : \lambda_\infty = 1 : \delta$$

eine nicht-triviale Lösung $(\lambda_0, \lambda_\infty)$ hat. Das ist aber genau dann der Fall, wenn

$$\begin{vmatrix} \mathfrak{u}'_0{}^t \mathfrak{x} & \mathfrak{u}'_\infty{}^t \mathfrak{x} \\ \mathfrak{u}'_0{}^t \mathfrak{x} & \mathfrak{u}'_\infty{}^t \mathfrak{x} \end{vmatrix} = 0$$

ist. Hier handelt es sich um eine quadratische Gleichung für x_0, x_1, x_2, deren Koeffizienten nicht alle verschwinden. Die Lösungsmenge ist also eine Hyperfläche 2. Ordnung (beachten Sie, daß wir homogene Koordinaten betrachten), auf der mit Q_0 und Q_∞ mindestens zwei Punkte liegen. Also handelt es sich entweder um ein Geradenpaar, eine Doppelgerade oder einen echten Kegelschnitt, vgl. die Tabelle 11.1.2. Liegen aber drei der Punkte auf einer Geraden, so nach 12.6.12 alle. Nun befinden sich die Geradenbüschel in perspektiver Lage, und die Lösung ist eine Doppelgerade.

□

Die perspektive Lage trat in dualer Form in Aufgabe 12.4.A7 auf.

12.7.3 Definition Gegeben seien die Geradenbüschel zu den Punkten A und A' und eine Zuordnung der Geraden des einen zu denen des anderen. Bleibt dabei das Doppelverhältnis erhalten, so sagen wir, daß *die Geradenbüschel von A und A' projektiv aufeinanderbezogen sind*.

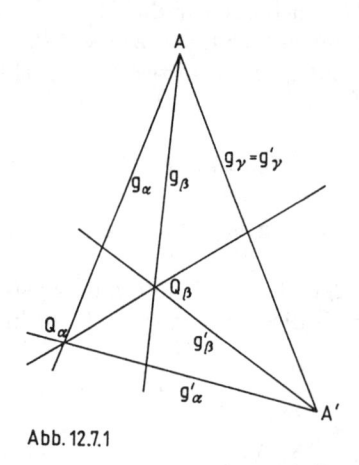

Abb. 12.7.1

In Satz 12.7.2 haben wir nur die Werte δ betrachtet, für die $g_\delta \neq g'_\delta$ ist. Ist $g_\gamma = g'_\gamma$ für ein γ, so ist g_γ die Verbindungsgerade $[A, A']$, denn diese ist die einzige Gerade, die beiden Büscheln angehört. Also kann es höchstens einen Wert γ geben mit $g_\gamma = g'_\gamma$, und es trägt die Verbindungsgerade in beiden Büscheln den Wert γ. Wir nehmen nun zwei Zahlen α, β, die von γ verschieden sind. Dann sind die Punkte Q_α und Q_β verschieden und liegen nicht auf der Geraden $[A, A']$, d.h. die Gerade $[Q_\alpha, Q_\beta]$ schneidet die Gerade $[A, A']$. Deshalb gibt es drei Paare (g_α, g'_α), (g_β, g'_β), (g_γ, g'_γ) von Geraden gleichen δ-Wertes aus den beiden Büscheln mit Schnittpunkten auf einer Geraden, vgl. Abb. 12.7.1, und

12.7 Kegelschnitte und Polaritäten in der projektiven Ebene

die Büschel befinden sich in perspektiver Lage. Wenn die Büschel sich nicht in perspektiver Lage befinden, so hat die Verbindungsgerade $[A, A']$ in den beiden Büscheln verschiedenen δ-Werte: $[A, A'] = g_\delta \neq g'_\delta$. Dann ist $Q_\delta = g_\delta \cap g'_\delta = A'$, also liegt A' auf dem Kegelschnitt. Damit haben wir gezeigt:

12.7.4 Korollar *Die Geradenbüschel zu A und A' seien projektiv aufeinander bezogen.*
(a) *Die folgenden Aussagen sind äquivalent:*
 (1) *Die Geradenbüschel zu A und A' befinden sich in perspektiver Lage.*
 (2) *Die Verbindungsgerade $[A, A']$ trägt in beiden Büscheln dieselbe δ-Koordinate.*
 (3) *Für ein δ ist $g_\delta \cap g'_\delta$ kein Punkt.*
(b) *Wenn sich die Geradenbüschel nicht in perspektiver Lage befinden, so liegen die Zentren A, A' der Büschel auf dem Kegelschnitt C, auf dem sich auch die Schnittpunkte $g_\varepsilon \cap g'_\varepsilon$ befinden.* □

Dieses läßt sich umkehren:

12.7.5 Satz *Es sei C ein echter Kegelschnitt, A, A' zwei Punkte auf C. Wir ordnen einer Geraden durch A diejenige Gerade durch A' zu, die denselben zweiten Schnittpunkt mit C hat. Der Tangente an C in A wird die Gerade $[A, A']$ zugeordnet und dem $[A, A']$ die Tangente an C in A. Bei dieser Zuordnung bleibt das Doppelverhältnis erhalten, also sind die Geradenbüschel von A und A' projektiv aufeinander bezogen.*

B e w e i s   Wir wählen auf C drei beliebige Punkte P_0, P_∞, P_1, die von A und A' verschieden sind. Die Gerade $g_0 = [A, P_0]$, $g_\infty = [A, P_\infty]$, $g_1 = [A, P_1]$ nehmen wir als Koordinatensystem für das Geradenbüschel bei A, analog $g'_0 = [A', P_0]$, $g'_\infty = [A', P_\infty]$, $g'_1 = [A', P_1]$ für A'. Dann liegen nach 12.7.4 die Schnittpunkte $g_\delta \cap g'_\delta$ auf einem Kegelschnitt C'. Es haben C und C' fünf Punkte gemeinsam. Wir zeigen nun, daß ein nicht-entarteter Kegelschnitt durch fünf Punkte eindeutig bestimmt ist. Daraus folgt also die Behauptung.

Da sich je vier Punkte in allgemeiner Lage durch eine Projektivität ineinander überführen lassen, vgl. 12.2.23, dürfen wir annehmen, daß die ersten vier Punkte die affinen Koordinaten $(0,0), (1,0), (0,1), (1,1)$ haben. Ein beliebiger Kegelschnitt C_0 ist durch eine Gleichung

$$a_{11}x_1^2 + 2a_{12}x_1x_2 + a_{22}x_2^2 + 2a_1x_1 + 2a_2x_2 + b = 0$$

für die affinen Koordinaten gegeben. Liegen $(0,0), (1,0), (0,1)$ auf C_0, so folgt $b = 0$, $a_{11} + 2a_1 = 0$, $a_{22} + 2a_2 = 0$. Aus $(1,1) \in C_0$ folgt $a_{12} = 0$. Der Kegelschnitt erfüllt also eine Gleichung

$$0 = a_{11}(x_1^2 - x_1) + a_{22}(x_2^2 - x_2).$$

508   12 Projektive Geometrie

Ein fünfter Punkt hat mindestens eine Koordinate $\neq 0, 1$ und legt deshalb einen der Parameter a_{ii} fest. Da aber die Koeffizienten nur bis auf einen gemeinsamen Faktor bestimmt sind, ist der Kegelschnitt durch die fünf Punkte eindeutig bestimmt. □

Damit haben wir die Eindeutigkeitsaussage des folgenden Satzes schon gezeigt; die Existenzaussage folgt aus 12.7.2.

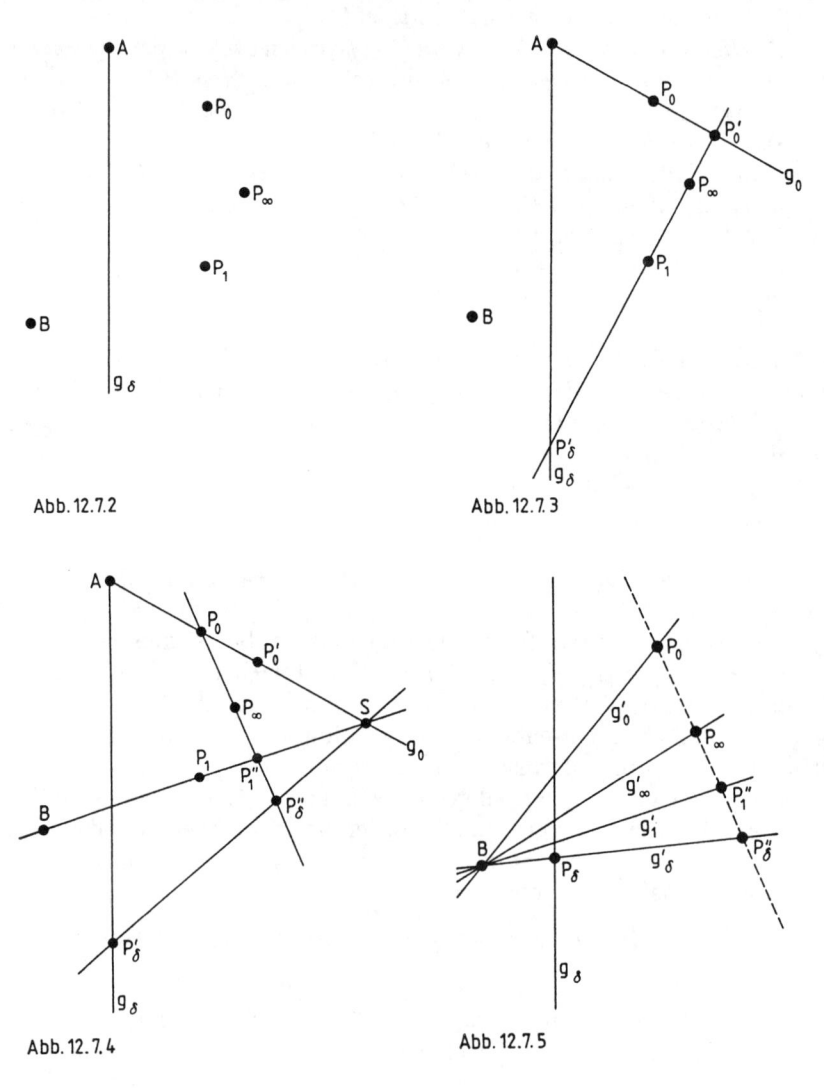

Abb. 12.7.2

Abb. 12.7.3

Abb. 12.7.4

Abb. 12.7.5

12.7 Kegelschnitte und Polaritäten in der projektiven Ebene 509

12.7.6 Satz *Es seien A, P_0, P_∞, P_1, B unabhängige Punkte von $\mathbb{P}$. Dann gibt es genau einen Kegelschnitt C, der die Punkte enthält. Es läßt sich C punktweise konstruieren, wie in Abb. 12.7.2–5 gezeigt wird.* □

Gegeben: A, P_0, P_∞, P_1, B, $g_0 = [A, P_0]$, $g_1 - [A, P_1]$, $g_\infty = [A, P_\infty]$, g_δ;
gesucht: $P_\delta = C \cap g_\delta$ mit $\mathrm{Dv}(P_0, P_\infty, P_1, P_\delta) = \mathrm{Dv}(g_0, g_\infty, g_p, g_\delta)$.

Aus Abb. 12.7.5 entnehmen wir, daß $P_\delta = g_\delta \cap g'_\delta$ der gesuchte Punkt ist.

12.7.7 Satz von Pascal *Es seien $A_1, \ldots, A_6$ Punkte auf einem Kegelschnitt C. Dann liegen die Schnittpunkte der Sehnen $[A_1, A_2] \cap [A_4, A_5]$, $[A_2, A_3] \cap [A_5, A_6]$, $[A_3, A_4] \cap [A_6, A_1]$ auf einer Geraden.*

B e w e i s   Wir übernehmen die Benennung von 12.7.6 und aus Abb. 12.7.2–5 und setzen

$$A_1 =: A, \; A_2 =: P_0, \; A_3 := P_\infty, \; A_4 := P_1, \; A_5 = B \text{ und } A_6 = P_\delta.$$

Dann ist

$$[A, P_0] \cap [P_1, B] = S, \; [P_0, P_\infty] \cap [B, P_\delta] = P''_\delta, \; [P_\infty, P_1] \cap [P_\delta, A] = P'_\delta.$$

Diese drei Punkte liegen auf einer Geraden, vgl. Abb. 12.7.4. □

12.7.8 Affine Spezialisierungen des Satzes von Pascal finden sich in Abb. 12.7.6–8; dort sind mit gleicher Anzahl von Strichen bezeichnete Geraden parallel.

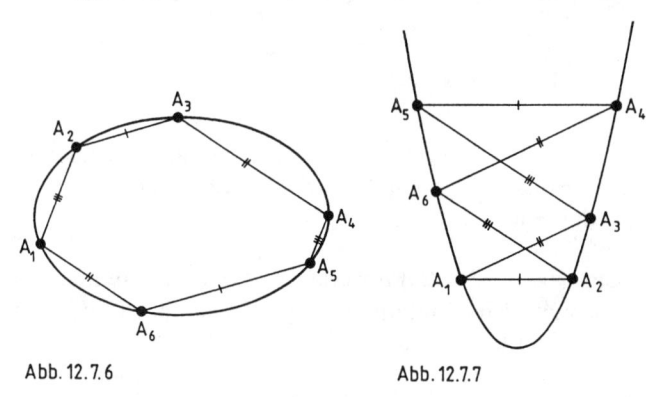

Abb. 12.7.6   Abb. 12.7.7

Aus dem (affinen) Pascal-Satz für die Hyperbel läßt sich der Satz von Pappus, vgl. Abb. 12.1.2, wie folgt gewinnen: Wir nehmen im rechtwinkligen Koordinatensystem die Hyperbel $\mathcal{H}$, gegeben durch $y = 1/x$. Wir betrachten zwei

12 Projektive Geometrie

Punkte (x_1, y_1), $(x_2, y_2) \in \mathcal{H}$ und ihre Verbindungsgeraden a. Dann ist die Verbindungsgerade a' von $(x_1, 0)$ und $(0, y_2)$ parallel zu a; denn die Steigungen sind $y_2/(-x_1)$ bzw. $(y_2 - y_1)/(x_2 - x_1)$, und es ist

$$\frac{y_2 - y_1}{x_2 - x_1} + \frac{y_2}{x_1} = \frac{x_1 y_2 - x_1 y_1 + y_2 x_2 - y_2 x_1}{(x_2 - x_1) x_1} = 0, \text{ da } x_1 y_1 = x_2 y_2 = 1,$$

vgl. Abb. 12.7.9. Nun ergibt sich der Satz von Pappus aus dem Satz von Pascal für Hyperbeln, vgl. auch Abb. 12.7.8.

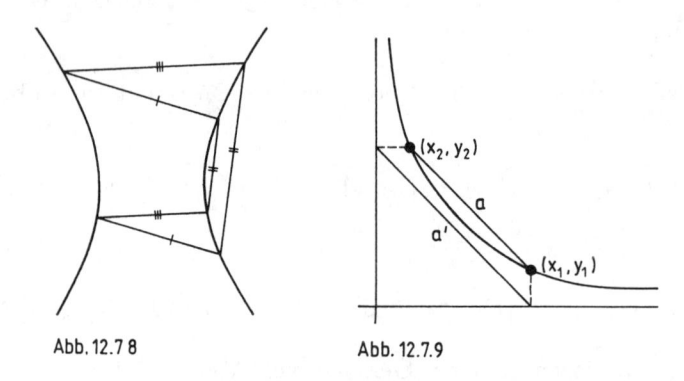

Abb. 12.7 8

Abb. 12.7.9

Mit Hilfe des Satzes von Pascal läßt sich auch eine punktweise Konstruktion des Kegelschnittes durch fünf Punkte gewinnen, vgl. 12.7.6 und 12.7.A1.

Polaritäten

12.7.9 Definition Eine *Korrelation* der projektiven Ebene ordnet Punkten Geraden und Geraden Punkte zu, so daß das Bild eines Punktes auf einer Geraden das Bild der Geraden enthält.

Die Dualitäten, die wir in 12.3 mittels Koordinatensystemen gewonnen haben, sind Korrelationen. Eine andere wichtige Konstruktion von Korrelationen werden wir im folgenden behandeln:

12.7.10 Sei $\mathcal{C}$ ein echter Kegelschnitt (in Abb. 12.7.10 als Ellipse dargestellt). Einem Punkt $P \in \mathbb{P}^2$ werde eine Gerade g gemäß der Skizzen in Abb. 12.7.10 zugeordnet. (Dieses verallgemeinert die Betrachtungen von 11.3.13-16 über Pol-Polaren-Beziehungen der affinen Ebene.) Es heißt g *Polare* zu P und P *Pol* von g, und man spricht von einer *Polarität*. Natürlich bleibt noch zu zeigen, daß im

12.7 Kegelschnitte und Polaritäten in der projektiven Ebene 511

dritten Falle die Gerade g unabhängig von den gewählten Geraden durch P ist. Dazu geben wir eine Definition der Polarität mit Hilfe von Koordinaten.

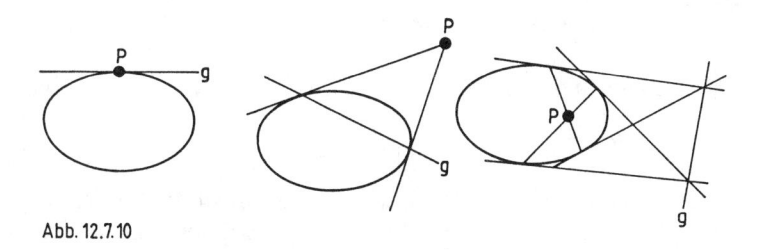

Abb. 12.7.10

12.7.11 Satz *Gegeben sei ein Koordinatensystem zu $\mathbb{P}^2$, und der Kegelschnitt $\mathcal{C}$ werde durch die quadratische Form $Q(\mathfrak{x}) = \sum_{i,k=0}^{2} a_{ik} x_i x_k = \mathfrak{x}^t A \mathfrak{x}$ definiert; hier ist $A = A^t$ und $\det A \neq 0$.*

Hat der Punkt P die Koordinaten $\mathfrak{x}$, so werde ihm die Gerade g mit den Koordinaten $\mathfrak{u} = \mathfrak{x}^t A$ zugeordnet, d.h. $g = \{[\mathfrak{y}] \in \mathbb{P}^2 : \sum_i u_i y_i = 0\}$ und $u_k = \sum_i x_i a_{ik}$. Der Geraden g mit Geradenkoordinaten $\mathfrak{u}$ werde der Punkt P mit den Koordinaten $A^{-1}\mathfrak{u}^t$ zugeordnet.

Dieses definiert eine Korrelation und zwar die Polarität, die in 12.7.10 geometrisch beschrieben ist. Insbesondere ist diese Polarität unabhängig vom Koordinatensystem.

B e w e i s   Da $\mathfrak{u}\mathfrak{x} = 0$ zu $\mathfrak{x}^t A A^{-1} \mathfrak{u}^t = 0$ äquivalent ist, handelt es sich wirklich um eine Korrelation. Nun betrachten wir einen Koordinatenwechsel $\mathfrak{x} = B\mathfrak{x}'$. Wegen $\mathfrak{x}^t A \mathfrak{x} = \mathfrak{x}'^t B^t A B \mathfrak{x}'$ wird der Kegelschnitt in den neuen Koordinaten durch die quadratische Form zur Matrix $A' = B^t A B$ definiert. Die Gerade mit dem Koordinatenvektor $\mathfrak{u}$ erhält die neuen Koordinaten $\mathfrak{u}B$, denn $\mathfrak{u}\mathfrak{x} = 0 \iff \mathfrak{u}B\mathfrak{x}' = 0$. Die Polaritäten bezüglich der Koordinatensysteme verhalten sich wie folgt:

$$\mathfrak{x} \leadsto \mathfrak{x}^t A = \mathfrak{x}'^t B^t A \qquad \text{zum alten KO,}$$

$$\mathfrak{x}' \leadsto \mathfrak{x}'^t A' = \mathfrak{x}'^t B^t A B = (\mathfrak{x}'^t B^t A) B \qquad \text{zum neuen KO.}$$

Also wird P bezüglich beider Koordinatensysteme dieselbe Gerade zugeordnet.

Wir dürfen nun das Koordinatensystem so wählen, daß $\mathcal{C}$ Kreisform annimmt, d.h. durch $-x_0^2 + x_1^2 + x_2^2 = 0$ beschrieben wird. Dann ist die Matrix

$$A = \begin{pmatrix} -1 & 0 & 0 \\ 0 & 1 & 0 \\ 0 & 0 & 1 \end{pmatrix},$$

und die Polare g zum Punkt P mit den Koordinaten $\mathfrak{x}$ hat die Koordinaten $\mathfrak{x}^t A$. Nun gilt:

$$P \in \mathcal{C} \iff \mathfrak{x}^t A \mathfrak{x} = 0 \iff P \text{ liegt auf seiner Polaren.}$$

Repräsentiert $\mathfrak{y}$ einen anderen Punkt von $\mathcal{C}$, der auch auf der Polaren von P liegt, so gilt
$$\mathfrak{y}^t A \mathfrak{y} = 0 \quad \text{und} \quad \mathfrak{x}^t A \mathfrak{y} = 0.$$

Da es sich um homogene Koordinaten handelt, dürfen wir annehmen, daß die 0-te Koordinate von $\mathfrak{x}$ und $\mathfrak{y}$ gleich 1 ist. Aus $A^t = A$ und den obigen Gleichungen folgt
$$(\mathfrak{x} - \mathfrak{y})^t A (\mathfrak{x} - \mathfrak{y}) = 0 \implies (x_1 - y_1)^2 + (x_2 - y_2)^2 = 0,$$

also $\mathfrak{x} = \mathfrak{y}$. Dieses zeigt, daß die Polare von P die Tangente an $\mathcal{C}$ in P ist. Da es sich um eine Polarität handelt, ergeben sich daraus die übrigen Konstruktionen von 12.7.10. □

12.7.12 Korollar *Liegt der Punkt P auf seiner Polaren g, so befindet sich P auf dem Kegelschnitt $\mathcal{C}$, und g ist Tangente an $\mathcal{C}$.* □

12.7.13 Korollar *Eine quadratische Gleichung für die Geradenkoordinaten liefert die Tangenten eines Kegelschnittes. Das ist das Duale eines Kegelschnittes.* □

12.7.14 Zum Abschluß dualisieren wir den Satz von Brianchon, vgl. 12.3.10: Sind $t_1, \ldots, t_6$ Tangenten an einen echten Kegelschnitt $\mathcal{C}$ und ist $B_i = t_i \cap t_{i+1}$ ($i = 1, \ldots, 5$), $B_6 = t_6 \cap t_1$, dann laufen $[B_1, B_4], [B_2, B_5], [B_3, B_6]$ durch einen Punkt B. Sei A_i der Pol zu t_i, also $A_i = t_i \cap \mathcal{C}$. Dann sind $g_i = [A_i, A_{i+1}]$, $g_6 = [A_6, A_1]$ die Polaren zu den B_i und $g_1 \cap g_4, g_2 \cap g_5$ und $g_3 \cap g_6$ die Polaren zu $[B_1, B_4], \ldots$, und deshalb liegen sie alle auf der Polaren zu B, vgl. Abb. 12.7.11. Dieses zeigt, daß die *Sätze von Pascal* 12.7.7 und *Brianchon* 12.3.10 *dual („polar") zueinander sind.*

Aufgaben

12.7.A1 Gegeben seien die folgenden Punkte des $\mathbb{R}^2$:
$$P_1 = (2, 0), P_2 = (-2, 0), P_3 = (2\sqrt{2}, 3), P_4 = (-2\sqrt{2}, 3), P_5 = (2\sqrt{2}, -3)$$
Konstruieren Sie mit Lineal zwei weitere Punkte des durch $P_1, \ldots, P_5$ gegebenen Kegelschnittes. Entscheiden Sie, welcher Kegelschnitt vorliegt.

12.7.A2 Bestimmen Sie die euklidische Normalform des Kegelschnittes aus 12.7.1.

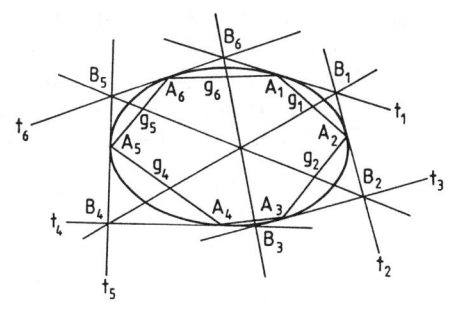

12.7 Kegelschnitte und Polaritäten in der projektiven Ebene

Abb. 12.7.11

12.7.A3 Sei $\mathbb{P}^2$ der 2-dimensionale, reelle, projektive Raum und Q eine Hyperfläche gegeben durch $F : \mathbb{R}^3 \to \mathbb{R}$ mit
$$F((x_1, x_2, x_3)^t) = 2x_1x_2 + 2x_1x_3 - x_2x_3 - x_3^2 \quad \text{für } (x_1, x_2, x_3)^t \in \mathbb{R}^3.$$
Berechnen Sie die Polare zu den Punkten P_1 und P_2 mit den homogenen Koordinaten $(-1, 1, 1)$ und $(1, 1, -1)$ sowie den Pol zu ihrer Verbindungsgeraden.

12.7.A4 Sei Q ein echter Kegelschnitt in $\mathbb{P}^2$ und g eine Gerade, die Q in A und B, $A \neq B$ schneidet. Zeigen Sie, daß für zwei weitere Punkte $P, R \in g$ gilt: R ist vierter harmonischer Punkt zu A, B, P genau dann, wenn R auf der Polaren (bzgl. Q) von P liegt. Konstruieren Sie ein vollständiges Viereck zu A, B, P, R.

12.7.A5 Sei Q eine Hyperfläche im projektiven Raum $\mathbb{P}$, gegeben durch die Bilinearform f. Ein Punkt $X = [\mathfrak{x}]$ heißt konjugiert zu einem Punkt $Y = [\mathfrak{y}]$ bezüglich Q, wenn Y auf der Polaren zu X liegt. (Hier nehmen wir eine Übertragung des Begriffs Polare von der Dimension 2 auf beliebige Dimensionen vor.) Zeigen Sie:
(a) X ist genau dann konjugiert zu Y, wenn $f(\mathfrak{x}, \mathfrak{y}) = 0$.
(b) Die Menge aller zu einem festen Punkt konjugierten Punkte bildet eine Hyperebene.

13 Geometrien

In den vorangehenden Abschnitten haben wir schon verschiedene Geometrien kennengelernt: affine, euklidische und projektive Geometrie, z.T. auf derselben Menge. Im folgenden werden wir ein allgemeines Prinzip zur Gewinnung von Geometrien kennenlernen, das *Erlanger Programm*, und werden es benutzen, um neue Geometrien (mit Länge und Winkeln) zu gewinnen.

13.1 Erlanger Programm

Zum Eintritt in die philosophische Fakultät der kgl. Friedrich-Alexander-Universität zu Erlangen brachte Felix Klein 1872 sein Programm über neuere geometrische Forschung heraus, das unter dem Namen "Erlanger Programm" bekannt geworden ist. Während bis dahin zu einem gegebenen räumlichen Gebilde mit bestimmten geometrischen Eigenschaften, d.h. zu einer Geometrie, Transformationen bestimmt wurden, die diese Eigenschaften invariant lassen, bestand Kleins Idee darin, Geometrie als Theorie der Invarianten unter einer festgelegten Gruppe von Abbildungen zu erklären:

"Geometrische Eigenschaften sind durch ihre Unveränderlichkeit gegenüber den Transformationen der Hauptgruppe charakterisiert."

Es ist eine Mannigfaltigkeit und in derselben eine Transformationsgruppe gegeben; man soll die der Mannigfaltigkeit angehörigen Gebilde hinsichtlich solcher Eigenschaften untersuchen, die durch die Transformationen der Gruppe nicht geändert werden.

13.1.1 Projektive Ebene Das einfachste Beispiel ist die projektive Ebene (über $\mathbb{R}$) selbst. Die definierende Gruppe ist die Gruppe Proj $\mathbb{P}^2$ der Projektivitäten.

In der projektiven Geometrie gelten folgende Aussagen:

(a) *Liegen drei Punkte auf einer Geraden, so liegen auch ihre Bildpunkte auf einer Geraden.*

(b) *Durch je zwei verschiedene Punkte geht genau eine Gerade, je zwei verschiedene Geraden schneiden sich in genau einem Punkt.*

(c) *Es gelten die Sätze von Desargues und Pappus.*

(d) *Das Doppelverhältnis* $\mathrm{Dv}(P_0, P_1, P_2, P_3)$ *bleibt unter Projektivitäten invariant.*

13.1.2 Affine Ebene Als weiteres Beispiel sei die schon bekannte affine Geometrie angeführt.

(a) Sei $g \in \mathbb{P}^2$ eine beliebige Gerade. Die definierende Gruppe sei:

$$\mathcal{G}_1 := \{f \in \operatorname{Proj} \mathbb{P}^2 : f(g) = g\}.$$

Dann gilt: $\mathcal{G}_1 \cong \operatorname{Aff} A$, wobei $A = \mathbb{P}^2 - g$. Es ist g die uneigentliche Gerade bzgl. der affinen Ebene A. Aus der projektiven Geometrie lassen sich also beliebig viele affine Geometrien ableiten, die alle isomorph sind.

(b) In dieser Geometrie gelten gewisse Aussagen der projektiven Geometrie, d.h. zwei verschiedene Punkte bestimmen genau eine Gerade, mit drei Punkten liegen auch ihre Bildpunkte auf einer Geraden, das Doppelverhältnis bleibt invariant. Auch die Sätze von Pappus und Desargues gelten. Jedoch schneiden sich in dieser Geometrie nicht alle Geraden. Es gilt vielmehr das

Parallelenaxiom: *Zu jeder Geraden $h \in A$ und jedem Punkt $P \in A - h$ existiert genau eine Gerade $h' \in A$ mit $P \in h'$, die h nicht schneidet. Dann heißt h' die Parallele zu h durch P. Bei einer Abbildung aus Aff A werden parallele Geraden wieder in parallele Geraden abgebildet.*

(c) Sei ein Koordinatensystem in $\mathbb{P}^2$ so vorgegeben, daß

$$g = \{(0, x_1, x_2)^t \neq (0,0,0)^t : x_i \in \mathbb{R}\}$$

ist. Dann läßt sich $f \in \operatorname{Aff} A$ darstellen durch

$$f(\begin{pmatrix} x_0 \\ x_1 \\ x_2 \end{pmatrix}) = \begin{pmatrix} a_{00} & 0 & 0 \\ a_{10} & a_{11} & a_{12} \\ a_{20} & a_{21} & a_{22} \end{pmatrix} \begin{pmatrix} x_0 \\ x_1 \\ x_2 \end{pmatrix}, \quad a_{ij} \in \mathbb{R}.$$

Der Vektor $(a_{10}/a_{00}, a_{20}/a_{00})^t$ entspricht der Translation des Koordinatenursprunges. Es handelt sich um eine Translation, wenn

$$\frac{1}{a_{00}} \begin{pmatrix} a_{11} & a_{12} \\ a_{21} & a_{22} \end{pmatrix} = \begin{pmatrix} 1 & 0 \\ 0 & 1 \end{pmatrix}$$

ist. Die Translationen bilden einen Normalteiler $T \cong \mathbb{R}^2$, und es ist $\operatorname{GL}(2, \mathbb{R}) \cong \operatorname{Aff}(A)/T$.

Geometrie der Ähnlichkeitsabbildungen

Es sei ein Koordinatensystem in $\mathbb{P}^2$ vorgegeben, und sei g die „uneigentliche" Gerade in $\mathbb{P}^2$

$$g = \{(0, x_1, x_2)^t \neq (0,0,0) : x_i \in \mathbb{R}\} = \{x \in \mathbb{P}^2 : ux = 0, u = (u_0, 0, 0)\},$$

mit $u_0 \neq 0$. Weiter sei eine quadratische Form Q gegeben durch $Q(x) = x_1^2 + x_2^2$. Die charakterisierende Gruppe sei

$$\mathcal{G}_2 := \{f \in \operatorname{Proj} \mathbb{P}^2 : f(g) = g;\ Q(f(x)) = \lambda Q(x)\ \forall x \in g,\ \lambda > 0\};$$

dann ist $\mathcal{G}_2 \subset \operatorname{Aff} A$ mit $A = \mathbb{P}^2 - g$. Die Elemente von $\mathcal{G}_2$ heißen *Ähnlichkeitsabbildungen*.

Da $\mathcal{G}_2 \subset \operatorname{Aff} A$, gilt nach 13.1.2 (c) für $f \in \mathcal{G}_2$:

$$f(\begin{pmatrix} x_0 \\ x_1 \\ x_2 \end{pmatrix}) = \begin{pmatrix} a_{00} & 0 & 0 \\ a_{10} & a_{11} & a_{12} \\ a_{20} & a_{21} & a_{22} \end{pmatrix} \begin{pmatrix} x_0 \\ x_1 \\ x_2 \end{pmatrix} = \begin{pmatrix} x_0' \\ x_1' \\ x_2' \end{pmatrix}.$$

Da $Q(f(x)) = \lambda Q(x)$ sein soll, stellt sich an die Koeffizienten a_{ij} noch die Bedingung:

$$\lambda (x_1^2 + x_2^2) = {x_1'}^2 + {x_2'}^2.$$

Sei $\lambda = \mu^2$ mit $\mu > 0$. Koeffizientenvergleich ergibt:

(1) $a_{11}^2 + a_{21}^2 = \mu^2$, $\quad (a_{11}/\mu)^2 + (a_{21}/\mu)^2 = 1$,
(2) $a_{12}^2 + a_{22}^2 = \mu^2$, $\quad (a_{12}/\mu)^2 + (a_{22}/\mu)^2 = 1$,
(3) $a_{11}a_{12} + a_{21}a_{22} = 0$, $\quad a_{11}a_{12}\mu^{-2} + a_{21}a_{22}\mu^{-2} = 0$.

Sei $\cos\varphi = a_{11}/\mu$, $\sin\varphi = a_{21}/\mu$, $\sin\psi = a_{12}/\mu$, $\cos\psi = a_{22}/\mu$. Nach (3) gilt:

$$\cos\varphi \sin\psi + \sin\varphi \cos\psi = 0 \iff \operatorname{tg}\varphi = -\operatorname{tg}\psi \iff \psi = \begin{cases} -\varphi \\ \pi - \varphi \end{cases}.$$

Die Abbildungsmatrizen sind also von der Form

$$\begin{pmatrix} a_{00} & 0 & 0 \\ a_{10} & \mu\cos\varphi & \mu\sin\varphi \\ a_{20} & -\mu\sin\varphi & \mu\cos\varphi \end{pmatrix} \quad \text{bzw.} \quad \begin{pmatrix} a_{00} & 0 & 0 \\ a_{10} & \mu\cos\varphi & \mu\sin\varphi \\ a_{20} & \mu\sin\varphi & -\mu\cos\varphi \end{pmatrix}.$$

Dabei ist $a_{00} \neq 0$, da aus $f(g) = g$ folgt: $x_0 \neq 0 \iff x_0' \neq 0$. Damit gilt in projektiven Koordinaten:

13.1.3
$$x_0' = a_{00}x_0,$$
$$x_1' = a_{10}x_0 + \mu\cos\varphi \cdot x_1 + \mu\sin\varphi \cdot x_2,$$
$$x_2' = a_{20}x_0 \mp \mu\sin\varphi \cdot x_1 \pm \mu\cos\varphi \cdot x_2$$

und in affinen Koordinaten $\xi_i = x_i/x_0$, $i = 1, 2$,

13.1.4
$$\xi_1' = \frac{a_{10}}{a_{00}} + \frac{\mu \cos \varphi}{a_{00}} \xi_1 + \frac{\mu \sin \varphi}{a_{00}} \xi_2,$$
$$\xi_2' = \frac{a_{20}}{a_{00}} \mp \frac{\mu \sin \varphi}{a_{00}} \xi_1 \pm \frac{\mu \cos \varphi}{a_{00}} \xi_2.$$

13.1.5 Definitionen (die z.T. fragwürdig sind, wie wir gleich sehen werden)

(a) *„Skalarprodukt"* von Vektoren: Seien
$$C = (c_1/c_0, c_2/c_0)^t \quad \text{und} \quad B = (b_1/b_0, b_2/b_0)^t$$
zwei Punkte in $A = \mathbb{P}^2 - g$. Dann wird der Vektor $\mathfrak{c}$ von C nach B durch
$\mathfrak{c} = \begin{pmatrix} b_1 b_0^{-1} - c_1 c_0^{-1} \\ b_2 b_0^{-1} - c_2 c_0^{-1} \end{pmatrix}$ definiert. Es seien zwei Vektoren $\mathfrak{a} = \begin{pmatrix} a_1 \\ a_2 \end{pmatrix}$, $\mathfrak{b} = \begin{pmatrix} b_1 \\ b_2 \end{pmatrix}$
gegeben. Dann wird ein „Skalarprodukt" definiert durch $\langle \mathfrak{a}, \mathfrak{b} \rangle = a_1 b_1 + a_2 b_2$.

(b) *„Abstand":* Der „Abstand" d zwischen zwei Punkten X, Y bzw. die Länge der Strecke zwischen diesen Punkten ist definiert durch

$$d(X,Y) := \sqrt{\left(\frac{x_1}{x_0} - \frac{y_1}{y_0}\right)^2 + \left(\frac{x_2}{x_0} - \frac{y_2}{y_0}\right)^2}$$

für $X = (x_0, x_1, x_2)^t$, $Y = (y_0, y_1, y_2)^t$. Natürlich ist $d^2(X, Y) = \langle \mathfrak{x}, \mathfrak{x} \rangle$, wobei $\mathfrak{x}$ der Vektor von X nach Y ist.

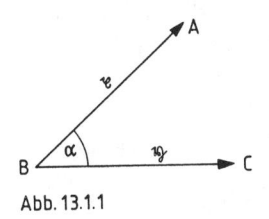

Abb. 13.1.1

(c) *Winkel:* Vgl. Abb. 13.1.1. Sei $\mathfrak{x}$ der Vektor von B nach A, $\mathfrak{y}$ der Vektor von B nach C. Dann ist der von den Vektoren eingeschlossene Winkel $\alpha = \triangleleft(B; A, C)$ definiert durch

$$\cos \alpha := \frac{\langle \mathfrak{x}, \mathfrak{y} \rangle}{\|\mathfrak{x}\| \cdot \|\mathfrak{y}\|}, \quad \text{wobei } \|\mathfrak{u}\| := \sqrt{\langle \mathfrak{u}, \mathfrak{u} \rangle}.$$

Die Begriffe „Skalarprodukt" und „Abstand" sind in dieser Geometrie ohne Sinn, da sie nicht invariant unter den Ähnlichkeitsabbildungen sind; jedoch sind Winkel invariant. Durch Nachrechnen ergibt sich nämlich

13.1.6 Satz *Sei $f \in G_2$. Dann ist:*

(a) $$d(f(X), f(Y)) = \left|\frac{\mu}{a_{00}}\right| d(X, Y),$$

(b) $$\sphericalangle(f(B); f(A), f(C)) = \sphericalangle(B; A, C).$$

$\square$

13.1.7 Die Geometrie der Ähnlichkeitsabbildungen besitzt alle geometrischen Eigenschaften der affinen Geometrie. Außerdem bleiben unter Ähnlichkeitsabbildungen die eben definierten Winkel invariant. Die Gruppe der Ähnlichkeitsabbildungen wird zum Beispiel durch Translationen t, Drehstreckungen d und eine Spiegelung s erzeugt. Für die jeweiligen Abbildungsmatrizen ergibt sich:

$$t_{(a_{10}, a_{20})} \rightsquigarrow \begin{pmatrix} 1 & 0 & 0 \\ a_{10} & 1 & 0 \\ a_{20} & 0 & 1 \end{pmatrix},$$

$$d_{\left(\varphi, \frac{a_{00}}{\mu}\right)} \rightsquigarrow \begin{pmatrix} a_{00} & 0 & 0 \\ 0 & \mu\cos\varphi & \mu\sin\varphi, \\ 0 & -\mu\sin\varphi & \mu\cos\varphi \end{pmatrix},$$

$$s \rightsquigarrow \begin{pmatrix} 1 & 0 & 0 \\ 0 & 1 & 0 \\ 0 & 0 & -1 \end{pmatrix}.$$

13.1.8 Satz *Die Winkelsumme im Dreieck ist gleich π.*

B e w e i s Aus Abb. 13.1.2 folgt:

$$\alpha + \beta + \gamma = \arccos \frac{\langle \mathfrak{b}, -\mathfrak{b} \rangle}{\|\mathfrak{b}\| \cdot \|\mathfrak{b}\|} = \pi.$$

$\square$

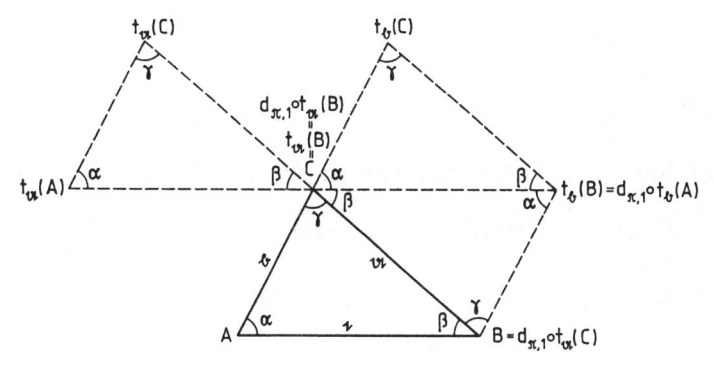

Abb. 13.1.2

Euklidische Geometrie

Die euklidische Geometrie ergibt sich aus der Geometrie der Ähnlichkeitsabbildungen, wenn der unter 13.1.5 (b) definierte Abstand invariant bleibt, d.h. für die definierende Gruppe muß nach 13.1.6 (a) gelten:

$$\mathcal{G}_3 := \left\{ f \in \operatorname{Proj} \mathbb{P}^2 : f(x) = \begin{pmatrix} \pm\mu & 0 & 0 \\ a_{10} & \mu\cos\varphi & \mu\sin\varphi \\ a_{20} & \mp\mu\sin\varphi & \pm\mu\cos\varphi \end{pmatrix} \begin{pmatrix} x_0 \\ x_1 \\ x_2 \end{pmatrix} \right\}.$$

In affinen Koordinaten gilt nach 13.1.4:

13.1.9 $\quad f\left(\begin{pmatrix} \xi_1 \\ \xi_2 \end{pmatrix}\right) = \pm \begin{pmatrix} a_{10}/\mu \\ a_{20}/\mu \end{pmatrix} \pm \begin{pmatrix} \cos\varphi & \sin\varphi \\ \mp\sin\varphi & \pm\cos\varphi \end{pmatrix} \begin{pmatrix} \xi_1 \\ \xi_2 \end{pmatrix}, \ f \in \mathcal{G}_3,$

d.h. $f(\xi) = \mathfrak{r} + A \cdot \xi$ mit $A \in O(2)$.

13.1.10 In der euklidischen Geometrie liegen die unter 13.1.2, 13.1.7 und 13.1.8 genannten Eigenschaften vor, d.h. insbesondere auch das Parallelenaxiom. Eine zusätzliche Invariante ist der in 13.1.5 (b) definierte Abstand, der erst in dieser Geometrie Sinn erhält; nach 13.1.6 (a) gilt

$$d(f(X), f(Y)) = d(X, Y).$$

Die Abbildungen $f \in \mathcal{G}_3$ heißen *Bewegungen der euklidischen Ebene*. Sie sind Translationen, Drehungen, Spiegelungen und Gleitspiegelungen.

Elliptische Geometrie

13.1.11 Definition Sei $Q(x) = x_0^2 + x_1^2 + x_2^2$. Die definierende Gruppe sei

$$\mathcal{G}_4 = \{f \in \operatorname{Proj} \mathbb{P}^2 : Q(f(x)) = \lambda Q(x), \lambda > 0\}.$$

Dann heißt $(\mathbb{P}^2, \mathcal{G}_4)$ die *elliptische Ebene*. Wir schreiben jetzt $\mathbb{E}$ für die Punktmenge $\mathbb{P}^2$.

13.1.12 Beschreibung von $\mathcal{G}_4$ Betrachten wir die projektiven Koordinaten als Koordinaten im $\mathbb{R}^3$, so wird $\operatorname{Proj} \mathbb{P}^2$ zu $\operatorname{GL}(3, \mathbb{R})/\{\lambda \cdot \mathrm{id} : 0 \neq \lambda \in \mathbb{R}\}$. Dann gilt für $\mathcal{G}_4$:

$$\mathcal{G}_4 \cong \mathcal{G}' := \{f \in \operatorname{GL}(3, \mathbb{R}) : Q(f(x)) = Q(x)\}/\{\mathrm{id}, -\mathrm{id}\} = O(3)/\{E, -E\}.$$

13.1.13 Konstruktion von $(\mathbb{P}^2, \mathcal{G}_4)$ Wir können ein Modell der elliptischen Geometrie an einer Sphäre S_r^2 vom Radius r konstruieren. Dabei ist der Radius für die betrachtete Geometrie ohne Bedeutung, da die zu verschiedenen Sphären definierten Geometrien isomorph sind. (Bedeutung gewinnt der Radius erst beim Übergang zwischen verschiedenen Geometrien). Die Gruppe $\mathcal{G}_4$ entspricht den Drehungen $O(3)$ der S_r^2, und deshalb sind die im folgenden angegebenen Größen invariant unter $\mathcal{G}_4$.

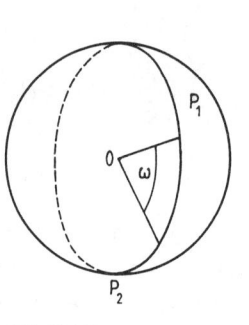

Abb. 13.1.3 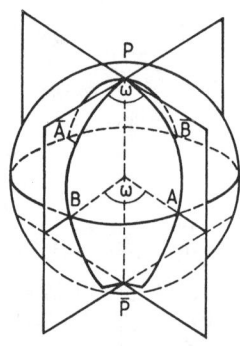   Abb. 13.1.4 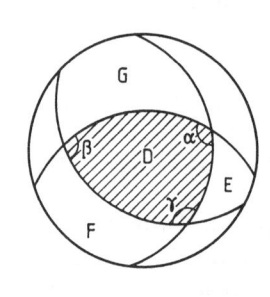   Abb. 13.1.5

Punkte der elliptischen Ebene sind dann die Punkte der S_r^2, die mit ihrem Diametralpunkt identifiziert sind. Geraden sind die Bilder euklidischer Großkreise. Je zwei Geraden schneiden sich. Der elliptische Abstand zweier Punkte P_1 und P_2 wird definiert durch $d_e(P_1, P_2) := |\omega| \cdot r$, wobei ω den kleineren Mittelpunktswinkel zwischen P_1 und P_2 bezeichnet, vgl. Abb. 13.1.3. Winkel in der elliptischen Geometrie werden als euklidische Winkel gemessen. Damit entspricht die elliptische Geometrie bis auf Identifizierungen fast der sphärischen, die wir in 13.4 kurz besprechen werden.

13.1.14 Flächeninhalt Die Oberfläche der S_r^2 beträgt $4\pi r^2$; deshalb erklären wir den Flächeninhalt $\mu(\mathbb{E})$ der elliptischen Ebene in diesem Modell durch $\mu(\mathbb{E}) = 2\pi r^2$. Um die natürliche Additionsregel des Flächeninhaltes zu erreichen, gilt für ein Zweieck Z zum Winkel ω: $\mu(Z) = 2\omega r^2$, vgl. Abb. 13.1.4. Daraus läßt sich der Flächeninhalt eines Dreieckes D berechnen, vgl. Abb. 13.1.5:

$$\mu(D \cup E) = 2\beta r^2, \ \mu(D \cup G) = 2\gamma r^2, \ \mu(D \cup F) = 2\alpha r^2, \ \mu(D \cup E \cup F \cup G) = 2\pi r^2,$$

also $\mu(D) = r^2(\alpha + \beta + \gamma - \pi)$.

13.1.15 Satz *Ein elliptisches Dreieck mit den Winkeln α, β, γ hat den Flächeninhalt*

$$\mu(\text{Dreieck}) = r^2(\alpha + \beta + \gamma - \pi).$$

Mittels ähnlicher Betrachtungen folgt für ein n-Eck mit den Winkeln $\alpha_1, \ldots, \alpha_n$:

$$\mu(n\text{-Eck}) = r^2(\alpha_1 + \ldots + \alpha_n - (n-2)\pi). \qquad \square$$

Da der Flächeninhalt eines elliptischen Dreiecks größer als Null, aber auch kleiner als der Flächeninhalt der gesamten elliptischen Ebene sein muß, folgt

13.1.16 Korollar *Die Winkelsumme eines elliptischen Dreiecks ist größer als π und kleiner als 3π.* $\qquad \square$

In der elliptischen Ebene läßt sich eine Pol-Polarenbeziehung wie in 12.7.10 durch eine geometrische Bedingung definieren:

13.1.17 Definition Ein Punkt P der elliptischen Ebene heißt *Pol* einer Geraden g, wenn P Schnittpunkt zweier auf g senkrecht stehender Geraden ist. Die Gerade g heißt *Polare* zu P.

13.1.18 Satz
(a) *Jede Gerade g hat genau einen Pol P. Insbesondere schneiden sich alle auf g senkrecht stehenden Geraden in einem Punkt.*

(b) *Jeder Punkt P hat genau eine Polare g.*
(c) *Ist Q ein Punkt verschieden vom Pol der Geraden g, so gibt es ein eindeutig bestimmtes Lot von Q auf g.*

B e w e i s   OBdA sei g der Äquator der S_r^2. Dann schneiden sich alle zu g senkrechten Großkreise im Nord- und Südpol. Sie bestimmen denselben Punkt der elliptischen Ebene, den Pol zu g. Ferner stehen alle durch den Nordpol laufenden Großkreise senkrecht zum Äquator, und der Äquator ist der einzige Großkreis, der diese Eigenschaft besitzt.
(c) folgt aus (a) und der Definition 13.1.17. □

Hyperbolische Geometrie

Sei $Q(x) = -x_0^2 + x_1^2 + x_2^2$. Der durch $Q(x) = 0$ gegebene Kegelschnitt $\mathcal{K}$ in $\mathbb{P}^2$ ist bei Wahl von geeigneten affinen Koordinaten homöomorph zum Einheitskreis $S^1 = \{(\xi_1, \xi_2): \xi_1^2 + \xi_2^2 = 1\}$, vgl. Abb. 13.1.6. Sei

$$\mathbb{H} := \{x \in \mathbb{P}^2 : Q(x) < 0\}, \; M := \{x \in \mathbb{P}^2 : Q(x) > 0\}.$$

Dann ist $\mathbb{P}^2 \cong \bar{\mathbb{H}} \cup \bar{M}$, und $S^1 = \bar{\mathbb{H}} \cap \bar{M}$, wobei $\bar{\mathbb{H}}$ und $\bar{M}$ die Abschlüsse bezeichnen. Es ist $\bar{\mathbb{H}}$ homöomorph zu einer Scheibe D^2 und $\bar{M}$ zu einem Möbiusband.

13.1.19 Definition Die definierende Gruppe sei

$$\mathcal{H} := \{f \in \text{Proj } \mathbb{P}^2 : Q(f(x)) = \lambda(Q(x)), \, \lambda > 0\};$$

dabei ist $\lambda > 0$, da „innere" Punkte nicht in „äußere" übergehen sollen. Dann heißt $(\mathbb{H}, \mathcal{H})$ *hyperbolische Geometrie der Ebene* bzw. *Kleinsches Modell der hyperbolischen Ebene*.

In diesem Modell der hyperbolischen Ebene $\mathbb{H}$, vgl. Abb. 13.1.7, sind die Punkte von $\mathbb{H}$ die Punkte der offenen Einheitskreisscheibe, hyperbolische Geraden sind die Durchschnitte von affinen Geraden mit der Kreisscheibe. Die Schnittpunkte der affinen Geraden mit dem Einheitskreis heißen die *Enden der hyperbolischen Geraden*. Zu einer Geraden $g \subset \mathbb{H}$ und einem Punkt $P \notin g$ gibt es unendlich viele Geraden in $\mathbb{H}$ durch P, die g nicht schneiden.

13.1.20 Satz
  (a) $O(2) \subset \mathcal{H}$.
  (b) *Je zwei Punkte auf einer Geraden durch den Koordinatenursprung sind durch eine Transformation aus $\mathcal{H}$ ineinander überführbar, wobei die Gerade unter Festhalten der Randpunkte in sich übergeht.*

(c) $\mathcal{H}$ *operiert 3-fach transitiv auf* $\partial \mathbb{H} = \mathcal{K}$.
(d) $\mathcal{H}$ *operiert transitiv auf* $\mathbb{H}$.

B e w e i s (a) $O(2) \subset \mathcal{H}$, da die S^1 und $\mathbb{H}$ von $O(2)$ in sich überführt werden.

(b) OBdA betrachten wir die Gerade durch die Punkte L und R mit den projektiven Koordinaten $(1, -1, 0)^t$ und $(1, 1, 0)^t$. Eine Abbildung g zur Matrix

$$A = \begin{pmatrix} 1 & x & 0 \\ x & 1 & 0 \\ 0 & 0 & \pm\sqrt{1-x^2} \end{pmatrix}$$

liegt in $\mathcal{H}$, überführt die Gerade in sich und erfüllt

$$g(L) = [AL] = [(1-x, x-1, 0)^t] = L \quad \text{und}$$
$$g(R) = [AR] = [1+x, x+1, 0)^t] = R.$$

Wegen $A(1,0,0)^t = (1, x, 0)^t$ kann auf jeden beliebigen Punkt der Geraden abgebildet werden.

(c) Zu zeigen ist: Sind P_1, P_2, P_3 und R_1, R_2, R_3 Tripel von Punkten auf $\mathcal{K}$, so gibt es genau ein $f \in \mathcal{H}$ mit $f(P_i) = R_i$, $i = 1, 2, 3$.

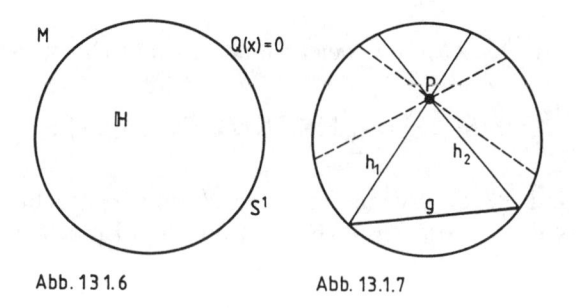

Abb. 13.1.6   Abb. 13.1.7

Wegen (a) können wir durch eine Drehung P_1 in R_1 überführen. Durch einen Koordinatenwechsel wird aus $\mathcal{K}$ eine affine Parabel Π, wobei R_1 nach unendlich geht. Sei Π durch $\eta_1 - \eta_2^2 = 0$ gegeben, so bilden die Affinitäten der Form

$$g(\eta) = \begin{pmatrix} \lambda^2 & 2\lambda\gamma \\ 0 & \lambda \end{pmatrix} \eta + \begin{pmatrix} \gamma^2 \\ \gamma \end{pmatrix}$$

die Parabel Π auf sich ab. Jeder Punkt von Π läßt sich durch eine dieser Transformationen in den Nullpunkt überführen (Nachrechnen!).

Als Konsequenz ergibt sich bei Rückkehr zu den ursprünglichen Koordinaten, daß je zwei vorgegebene Punkte in zwei andere vorgegebene Punkte überführbar sind. OBdA seien diese Punkte $(1, -1, 0)^t$ und $(1, 1, 0)^t$, vgl.

524   13 Geometrien

Abb. 13.1.8. Wegen (b) können wir je zwei Punkte auf der Geraden g durch $(1, -1, 0)^t$ und $(1, 1, 0)^t$ ineinander überführen, wobei g und damit auch ihr Pol (vgl. 12.7.11) invariant bleiben. Die Geraden durch den Pol und P_3 bzw. R_3 bestimmen zwei Punkte S_1 und S_2 auf der Geraden g. Also ist S_1 in S_2 überführbar. Dadurch geht P_3 in R_3 über, wobei $(1, -1, 0)^t$ und $(1, 1, 0)^t$ fest bleiben. Ferner läßt sich R_3 durch eine Spiegelung an g in R_3' überführen.

Die Eindeutigkeit ergibt sich aus 12.2.23.   □

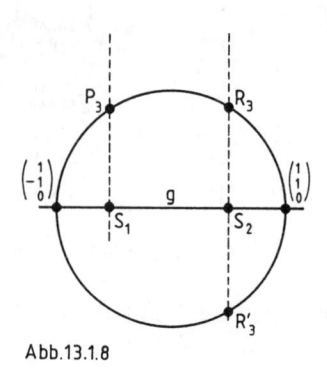

Abb.13.1.8

13.1.21 Definition Der *Abstand* zweier Punkte P_1 und $P_2 \in \mathbb{H}$ ist definiert durch

$$d(P_1, P_2) = \frac{1}{2} \mid \log \mathrm{Dv}(P_0, P_\infty, P_1, P_2) \mid;$$

dabei sind P_0 und P_∞ die Enden der durch P_1 und P_2 gegebenen Gerade, also die Schnittpunkte der projektiven Geraden mit dem Einheitskreis $\mathcal{K}$, vgl. Abb. 13.1.9.

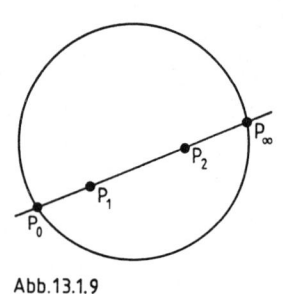

Abb.13.1.9

Das Auftreten des Doppelverhältnisses ist plausibel, da das Doppelverhältnis die einzige bekannte projektive numerische Invariante ist, und vom Abstand Invarianz zu fordern ist. Der Logarithmus bewirkt, daß der so definierte Abstand für $P_1 = P_2$ Null wird, die Additivität der Abstände für drei Punkte auf einer Geraden gilt und ein Vertauschen von P_0 und P_∞ bzw. P_1 und P_2 keine Wirkung zeigt.

Mit dem Faktor $\frac{1}{2}$ hat es folgende Bewandnis: Betrachten wir für $0 < |\varepsilon| < 1$ die Punkte

$$P_1 = (1,0,0)^t, \ P_2 = (1,\varepsilon,0)^t, \ P_0 = (1,-1,0)^t, \ P_\infty = (1,1,0)^t,$$

die auf einer Geraden liegen. Für den hyperbolischen Abstand $d(P_1, P_2)$ folgt (vgl. 12.5.2):

$$d(P_1,P_2) = \frac{1}{2}\left|\log \frac{\begin{vmatrix}1 & 1\\-1 & \varepsilon\end{vmatrix}}{\begin{vmatrix}1 & 1\\-1 & 0\end{vmatrix}} \cdot \frac{\begin{vmatrix}1 & 1\\0 & 1\end{vmatrix}}{\begin{vmatrix}1 & 1\\\varepsilon & 1\end{vmatrix}}\right| = \frac{1}{2}\left|\log \frac{1+\varepsilon}{1-\varepsilon}\right|.$$

Der euklidische Abstand zwischen P_1 und P_2 ist gleich $|\varepsilon|$. Es gilt:

$$\lim_{\varepsilon \to 0} \left(\left|\frac{1}{\varepsilon}\right| \cdot \frac{1}{2}\left|\log \frac{1+\varepsilon}{1-\varepsilon}\right|\right) = 1, \ \text{d.h.} \ \lim_{\varepsilon \to 0} \left|\frac{d(P_1,P_2)}{|\varepsilon|}\right| = 1.$$

Der Faktor $\frac{1}{2}$ bewirkt also, daß in einer Umgebung des Koordinatenursprungs euklidischer und hyperbolischer Abstand asymptotisch gleich sind.

Wie der Abstand soll auch der Winkel eine Invariante sein. Er wird vom Doppelverhältnis $\mathrm{Dv}(g_\infty, h_\infty, g, h)$ abhängen, wobei g_∞ bzw. h_∞ die Gerade durch den Schnittpunkt $g \cap h$ und den Pol von g bzw. h ist. Die Additivität soll erfüllt sein. Wir lassen uns durch folgende Betrachtungen anregen: Die Winkel im Koordinatenursprung sollen mit den euklidischen Winkeln übereinstimmen. Vgl. Abb. 13.1.10; dort ist die Gerade g_* parallel zu g_∞. Es gilt:

$$\mathrm{Dv}(h_\infty, g_\infty, h, g) = \mathrm{Dv}(H_\infty, G_\infty, H, G) = \frac{H_\infty - H}{H_\infty - G} : \frac{G_\infty - H}{G_\infty - G}$$

$$= \frac{H_\infty - H}{H_\infty - G} = \frac{1}{\cos^2 \varphi};$$

hier ist G_∞ der uneigentliche Punkt von g_∞ (und g_*). Daraus folgt:

$$\varphi = \measuredangle(0; H, G) = \arccos \sqrt{\frac{1}{\mathrm{Dv}(h_\infty, g_\infty, h, g)}}.$$

Abb. 13.1.10

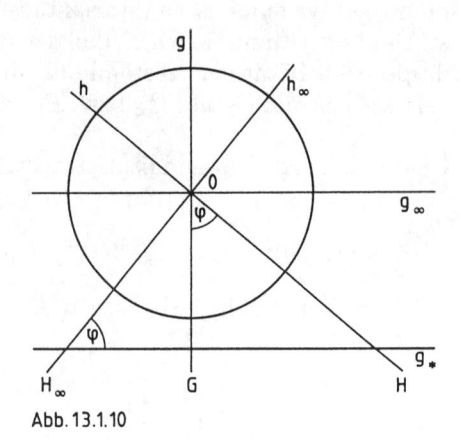

Diese Formel wird zur Definition des Winkels zwischen den beliebigen Geraden g und h benutzt:

13.1.22 Definition $\measuredangle(g,h) := \arccos\sqrt{\dfrac{1}{\mathrm{Dv}(h_\infty, g_\infty, h, g)}}.$

Es folgt

13.1.23 Satz $g \perp h \iff \mathrm{Dv}(h_\infty, g_\infty, h, g) = \infty \iff h$ *enthält den Pol zu* g.
□

In der letzten Aussage werden h und g als Geraden in $\mathbb{P}^2$ aufgefaßt, und es wird die durch $Q(x) = -x_0^2 + x_1^2 + x_2^2$ definierte Polarität genommen. Ein anderes Modell der hyperbolischen Geometrie wird in 13.3 vorgestellt. Dort werden auch interessante Seiten dieser Geometrie im Gegensatz zur euklidischen Geometrie herausgestellt, vgl. 13.3.12.

Relativistische Geometrie

Wir betrachten im Raum-Zeit-Gefüge zwei gegeneinander nicht-beschleunigte Bezugssysteme S und S', die *Inertialsysteme* heißen, d.h. Systeme, die sich mit konstanter Relativgeschwindigkeit, also gleichförmig, gegeneinander bewegen. Dann gilt nach Betrachtungen der klassischen Mechanik (Newton)

$\mathfrak{v}' = \mathfrak{v} + \mathfrak{v}_R$, wenn $\mathfrak{v}'$ bzw. $\mathfrak{v}$ die Geschwindigkeit eines Punktes im jeweiligen System und $\mathfrak{v}_R$ die Geschwindigkeit des Nullpunktes von $\mathcal{S}$ im System $\mathcal{S}'$ bezeichnen. Untersuchen wir nun einen Lichtstrahl in Richtung der Relativbewegung, so ergibt sich für den Lichtgeschwindigkeitsvektor $\mathfrak{c}' = \mathfrak{c} + \mathfrak{v}_R$, also $c' = |\mathfrak{c}'| = |\mathfrak{c} + \mathfrak{v}_R| > |\mathfrak{c}| = c$, d.h. die Lichtgeschwindigkeit in $\mathcal{S}'$ ist größer als in $\mathcal{S}$. Dies widerspricht dem

13.1.24 Einsteinschen Postulat *Die Lichtgeschwindigkeit (im Vakuum) ist für alle gleichförmig bewegten Bezugssysteme gleich groß.*

Einstein forderte die Gleichheit der Lichtgeschwindigkeit, um die überraschenden Ergebnisse, die sich z.B. beim Michelson Versuch (s. Lehrbücher der Physik, z.B. Greiner: Theoretische Mechanik I) ergaben, zu erklären. Als Ziel ergibt sich also, Transformationen zwischen Inertialsystemen zu finden, die dem Einsteinschen Postulat genügen. Die zugehörige Geometrie nennen wir *Geometrie der speziellen Relativitätstheorie*, kurz *relativistische Geometrie*.

13.1.25 Folgerungen aus dem Einsteinschen Postulat Ein Ereignis, das an einem bestimmten Ort zu einer bestimmten Zeit stattfindet, werde in $\mathcal{S}$ durch die Koordinaten (x_1, x_2, x_3, ct), in $\mathcal{S}'$ durch $(x'_1, x'_2, x'_3, c't')$ beschrieben. Zur Zeit $t = t' = 0$ sollen die beiden Koordinatenursprünge zusammenfallen. Ein in demselben Moment im Ursprung aufleuchtendes Licht breitet sich in beiden Systemen in Form einer Kugelwelle aus. Für deren Wellenfront gilt:

(1) $\qquad$ in $\mathcal{S}$: $\qquad x_1^2 + x_2^2 + x_3^2 = c^2 t^2$

(2) $\qquad$ in $\mathcal{S}'$: $\qquad {x'_1}^2 + {x'_2}^2 + {x'_3}^2 = c'^2 t'^2$

wobei nach dem Postulat von Einstein $c = c'$ ist. Bei der linearen Transformation, die die Mengen

$$\{(x_1, x_2, x_3, ct): \sum_{i=1}^{3} x_i^2 - c^2 t^2 = 0\}, \{(x'_1, x'_2, x'_3, ct'): \sum_{i=1}^{3} {x'_i}^2 - c^2 {t'}^2 = 0\},$$

also zwei durch quadratische Formen gegebene Gebilde, ineinander abbildet, müssen dann auch die quadratischen Formen bis auf eine Konstante ineinander überführt werden:

$$x_1^2 + x_2^2 + x_3^2 - c^2 t^2 = a({x'_1}^2 + {x'_2}^2 + {x'_3}^2 - c^2 {t'}^2).$$

Der Faktor a kann nicht negativ sein, da für $\mathfrak{x}_R \to 0$ die gestrichenen Koordinaten stetig in die ungestrichenen Koordinaten übergehen. Da $x_1^2 + x_2^2 + x_3^2 - c^2 t^2$

den „Abstand" des Raumpunktes (x_1, x_2, x_3) von der Lichtsphäre zum Zeitpunkt mißt und die Systeme gleichberechtigt sind, muß $a = 1$ sein. Also machen wir den Ansatz:

13.1.26 $\qquad x_1^2 + x_2^2 + x_3^2 - c^2 t^2 = {x_1'}^2 + {x_2'}^2 + {x_3'}^2 - c^2 t'^2.$

Die die relativistische Geometrie definierende Gruppe $\mathcal{L}$ von Abbildungen muß also die Form $x_1^2 + x_2^2 + x_3^2 - c^2 t^2$ invariant lassen.

Im folgenden seien die räumlichen Drehteile der Abbildungen, d.h. die Abbildungen, die $x_1^2 + x_2^2 + x_3^2 = x^2$ invariant lassen, vernachlässigt. Dieses entspricht einer Beschränkung auf eine Raum-Koordinate. Es bleibt die Form $x^2 - c^2 t^2$ zu untersuchen. Sei z.B. $x^2 - c^2 t^2 = -1$ invariant. Durch Einführung von homogenen Koordinaten y', x', t' wird x zu x'/y' und t zu t'/y', und die quadratische Form $x^2 - c^2 t^2 = -1$ geht in $x'^2 + y'^2 - c^2 t'^2 = 0$ über, deren Invarianz die Bedingung für die hyperbolische Ebene ist. Diesem projektiven Abstecher folgen wir jedoch nicht.

Für die Koordinaten-Transformationen $f \in \mathcal{L}$ muß

$$x' = \alpha x + \beta t, \quad t' = \gamma x + \delta t \quad \text{mit}$$
$$x^2 - c^2 t^2 = x'^2 - c^2 t'^2 = \alpha^2 x^2 + 2\alpha\beta xt + \beta^2 t^2 - c^2 \gamma^2 x^2 - 2c^2 \gamma \delta xt - c^2 \delta^2 t^2$$

gelten. Ein Koeffizientenvergleich ergibt

$$(*) \qquad \begin{aligned} \alpha^2 - c^2 \gamma^2 &= 1, \\ \beta^2 - c^2 \delta^2 &= -c^2 \iff \frac{\beta^2}{-c^2} + \delta^2 = 1, \\ \alpha\beta - c^2 \gamma \delta &= 0, \end{aligned}$$

d.h. $(\alpha, ic\gamma)^t$ und $(\beta/ic, \delta)^t$ sind orthonormale Vektoren, also

$$\alpha = \pm \delta \quad \text{und} \quad \beta/c = \pm \gamma c, \quad \text{oBdA sei} \quad \alpha = \delta \quad \text{und} \quad \beta/c = \gamma \cdot c.$$

Dann gilt für den Betrag v der Relativgeschwindigkeit $\mathfrak{v}_R$ als Geschwindigkeit von $(0, t)$ in $\mathcal{S}'$:

$$|\mathfrak{v}_R| = v = \frac{x'}{t'} = \frac{\beta}{\delta} \implies \beta = v\delta = v\alpha;$$

also $\gamma = v\alpha c^{-2}, \delta = \alpha$. Aus $(*)$ folgt

$$1 = \alpha^2 - c^2 \gamma^2 = \alpha^2 - c^2 \frac{v^2 \alpha^2}{c^4} = \alpha^2 \left(1 - \frac{v^2}{c^2}\right).$$

Deshalb ist $1 - v^2 c^{-2} > 0$, d.h. $v < c$ für alle möglichen v. Sei $\rho = v/c$, das Verhältnis von Relativgeschwindigkeit zu Lichtgeschwindigkeit. Dann ist $\alpha = \pm \frac{1}{\sqrt{1-\rho^2}}$, o.B.d.A. $\alpha = \frac{1}{\sqrt{1-\rho^2}}$ sowie $\beta = \frac{v}{\sqrt{1-\rho^2}}$. Damit gilt für die Koordinaten-Transformation:

13.1.27 $\quad x' = \dfrac{x + vt}{\sqrt{1-\rho^2}}, \ t' = \dfrac{\frac{v}{c^2}x + t}{\sqrt{1-\rho^2}}; \quad x = \dfrac{x' - vt'}{\sqrt{1-\rho^2}}, \ t = \dfrac{-\frac{v}{c^2}x' + t'}{\sqrt{1-\rho^2}}.$

Diese Transformationen stehen in Einklang mit dem Einsteinschen Postulat; sie heißen *Lorentz-Transformationen*, benannt nach dem holländischen theoretischen Physiker H.A. Lorentz (1853–1928), der die Lorentz-Transformationen als erster aus dem Michelson-Versuch ableitete, aber nicht ihre Allgemeingültigkeit und damit das philosophisch Neue forderte.

Wir untersuchen nun die Addition von Geschwindigkeiten. Seien $\mathfrak{w} = d\mathfrak{x}/dt$, $\mathfrak{w}' = d\mathfrak{x}'/dt'$ die Geschwindigkeiten in $\mathcal{S}$ bzw. $\mathcal{S}'$. Dann gilt (für $\mathfrak{v}_R$ in x_1-Richtung):

$$w'_1 = \frac{dx'_1}{dt'} = \frac{\frac{dx_1}{dt} + v}{\sqrt{1-\rho^2}} \frac{dt}{dt'} = \frac{w_1 + v}{\sqrt{1-\rho^2}} \frac{dt}{dt'},$$

$$\frac{dt'}{dt} = \frac{vc^{-2}w_1 + 1}{\sqrt{1-\rho^2}}, \quad \frac{dt}{dt'} = \frac{\sqrt{1-\rho^2}}{1 + vw/c^2},$$

$$w'_{2,3} = \frac{dx'_{2,3}}{dt'} = \frac{dx_{1,3}}{dt}\frac{dt}{dt'} = w_{2,3}\frac{dt}{dt'}.$$

13.1.28 Additionstheoreme von Geschwindigkeiten

$$w'_1 = \frac{w_1 + v}{1 + vw_1/c^2}, \quad w'_{2,3} = \frac{w_{2,3}\sqrt{1-\rho^2}}{1 + vw_1/c^2}. \qquad \square$$

Dieses Ergebnis (Lorentz) steht im Gegensatz zur klassischen Betrachtung von Bewegungen in Inertialsystemen (Newton), wo sich Geschwindigkeiten vektoriell addieren.

13.1.29 Relativistisches Raum-Zeit-Kontinuum Die Bewegung eines Massenpunktes im Raum-Zeit-Kontinuum, als Funktion von Zeit (t) und Raum (x_1, x_2, x_3) beschrieben, ist in einem 4-dimensionalen Raum darstellbar, vgl. Abb. 13.1.11. Es bezeichnet $ds^2 = dx^2 + dy^2 + dz^2 - c^2 dt^2$ das Längenelement, das unter Lorentz-Transformationen invariant bleibt; es ist nicht mehr positiv definit. Es lassen sich folgende Fälle unterscheiden:

530   13 Geometrien

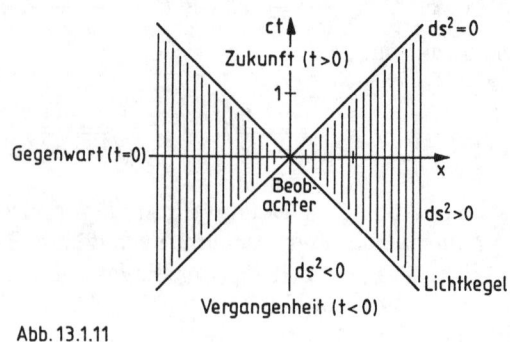

Abb. 13.1.11

(a) $ds^2 > 0$. Hier ist der räumliche Anteil des Längenelements größer als der zeitliche. Ein Beobachter im Koordinatenursprung kann keine Information über Ereignisse aus diesem Bereich erhalten bzw. dorthin geben; die Informationsübertragung müßte sonst mit einer Geschwindigkeit größer als Lichtgeschwindigkeit erfolgen.

(b) $ds^2 = 0$. Dies ist der Bereich des (vierdimensionalen) Lichtkegels, der Bereich der größtmöglichen Signalgeschwindigkeit, mit der Informationen zum Ursprung gelangen.

(c) $ds^2 < 0$. Hier überwiegt der zeitliche Anteil von ds. Ereignisse aus diesem Bereich sind für einen Beobachter als Vergangenheit oder Zukunft „erfahrbar".

13.1.30 Lorentz-Transformationen und das Raum-Zeit-Kontinuum Wir betrachten wieder den zweidimensionalen Unterraum. Für die Koordinaten x, ct und x', ct' gilt nach 13.1.27

$$x' = \frac{x + \rho ct}{\sqrt{1 - \rho^2}}, \quad ct' = \frac{\rho x + ct}{\sqrt{1 - \rho^2}}, \quad \rho = \frac{v}{c}.$$

Die gestrichenen Koordinatenachsen sind die t'-Achse $x' = 0$, d.h. $x + \rho ct = 0$, und die x'-Achse $ct' = 0$, d.h. $ct + \rho x = 0$.

Wichtig sind noch die Einheiten. Da $s^2 = s'^2 = x^2 - c^2 t^2 = x'^2 - c^2 t'^2$ unter Lorentz-Transformationen invariant ist, stellt $x^2 - c^2 t^2 = 1$ den invarianten Einheitsmaßstab in allen Systemen dar, d.h. die Einheitsmaßstäbe auf den Achsen werden durch gleichseitige Hyperbeln, die den Lichtkegel als Asymptoten haben, ausgeschnitten, vgl. Abb. 13.1.12.

Abb. 13.1.12

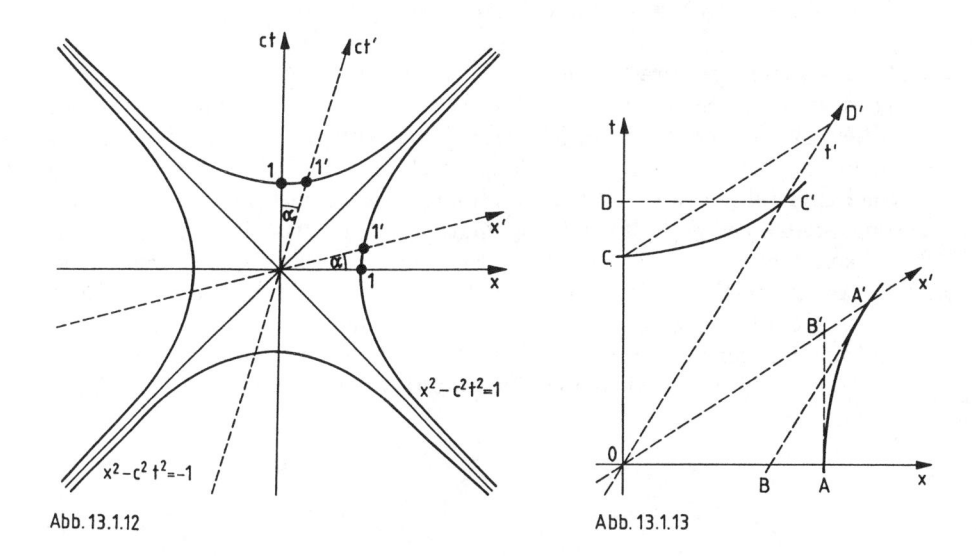

Abb. 13.1.13

13.1.31 Längenkontraktion und Zeitdilatation Beide Phänomene lassen sich im Raum-Zeit-Diagramm darstellen, vgl. Abb. 13.1.13.

Der im Inertialsystem $\mathcal{S}$ ruhende Einheitsmaßstab OA ändert dauernd seine Zeitkoordinate. Die Bewegungen der Punkte O und A lassen sich im Raum-Zeit-Diagramm als parallele Geraden zur t-Achse darstellen. Mißt ein in $\mathcal{S}'$ ruhender Beobachter diesen Einheitsmaßstab, so muß er die Raum-Zeit-Koordinaten zu einem für ihn festen, aber beliebigen Zeitpunkt t' messen. Die Gerade für $t' = 0$ schneidet die Geraden, die die Raum-Zeit-Koordinaten der Punkte O bzw. A wiedergeben, in O und B'. Der Beobachter in $\mathcal{S}'$ mißt den Einheitsmaßstab OA von $\mathcal{S}$ also kürzer als seinen eigenen Einheitsmaßstab OA'. Entsprechende Beobachtungen macht ein in $\mathcal{S}$ ruhender Beobachter mit dem Einheitsmaßstab OA' von $\mathcal{S}'$, d.h. jeder Beobachter stellt eine *Längenverkürzung (Lorentzkontraktion)* in einem relativ zu ihm bewegten System fest. Es ergibt sich, wenn die x'-Achse nach 13.1.30 durch $O = ct + \rho x$ gegeben ist:

$$\Delta x' = \frac{\Delta x + pc\Delta t}{\sqrt{1-\rho^2}} = \frac{\Delta x - \rho^2 \Delta x}{\sqrt{1-p^2}} = \Delta \cdot \sqrt{1-p^2}.$$

Wird die Einheitszeitspanne OC, die von einer im $\mathcal{S}$-System ruhenden Uhr ($x = 0$) gemessen wird, von einer im $\mathcal{S}'$-System ruhenden Uhr ($x' = 0$) gemessen, so ergibt sich eine Zeitspanne OD', die größer ist als die Einheitszeitspanne

OC' des $\mathcal{S}'$-Systems. Dieses ebenfalls gegenseitig beobachtbare Phänomen heißt *Zeitdilatation*. Aus 13.1.30 ergibt sich $\Delta t' = \Delta t/\sqrt{1-\rho^2}$.

13.1.32 Das Zwillings-Paradoxon Von zwei Zwillingen A und B startet B zu einem bestimmten Zeitpunkt mit einer Rakete von der Erde, während sein Zwillingsbruder A auf der Erde zurückbleibt. Nach kurzer Beschleunigungsphase fliege die Rakete mit einer Relativgeschwindigkeit von $v = 0,8 \cdot c$ von der Erde fort. Nach drei Jahren Bordzeit wird die Rakete abgebremst und in umgekehrter Richtung wieder zur Erde hin beschleunigt. Auch der Rückflug erfolge wieder mit der konstanten Relativgeschwindigkeit von $v = 0,8c$. Nach jeweils einem Jahr Bordzeit sendet der Zwilling in der Rakete ein Funktelegramm zur Erde.

Wie Abb. 13.1.14 zeigt, dauert die Reise für den Zwilling B nur 6 Jahre, während für den zurückgebliebenen Zwilling A inzwischen 10 Jahre vergangen sind. Bei seiner Rückkehr ist folglich Zwilling B weniger gealtert als Zwilling A.

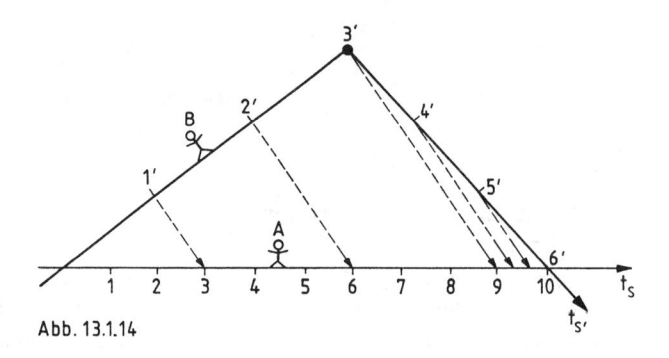

Abb. 13.1.14

Als paradox, d.h. widersinnig, erscheint diese merkwürdige Situation, wenn so argumentiert wird: Jeder der beiden Zwillinge kann den jeweils anderen als bewegt ansehen, also müßte jeder bei ihrem gemeinsamen Wiedersehen den anderen jünger als sich selbst vorfinden. Dies ist ein logischer Widerspruch.

Diese Argumentation nimmt an, daß die Situation der Zwillinge symmetrisch und austauschbar ist, eine Annahme, die aber offensichtlich nicht richtig ist. Der Zwilling B hat ja in seinem Leben einige Beschleunigungen durchgemacht, während Zwilling A die ganze Zeit ein Inertialbeobachter war. Und selbstverständlich können die Zwillinge durch Versuche auch leicht entscheiden, welcher von ihnen Inertialbeobachter geblieben ist und welcher beschleunigt wurde.

Altert Zwilling B wirklich vier Jahre weniger als sein Zwillingsbruder A? Da als „Uhr" jede natürliche periodische Erscheinung genommen werden kann, auch der Pulsschlag, muß die Frage wohl bejaht werden. Die Körperfunktion des Zwilling B laufen wie seine physikalische Uhr langsamer ab. Warum auch sollte die Physik organischer Prozesse sich von der Physik des nichtorganischen Materials, das an diesen Prozessen beteiligt ist, unterscheiden! Wir können sagen, Zwilling B lebt langsamer als sein niemals beschleunigter Zwillingsbruder A.

Deutlich soll hier noch einmal auf den Unterschied zwischen Zwillingsparadoxen und Zeitdilatation hingewiesen werden: Das Ergebnis beim Zwillingsparadoxon ist asymmetrisch, die Zeitdilatation ist ein symmetrischer Effekt. In unserer früheren Diskussion der Zeitdilatation sagten wir, daß eine einzelne bewegte S'-Uhr langsamer geht als die relativ zueinander ruhenden S-Uhren, an denen sie vorbeikommt. Um diese Feststellung treffen zu können, waren demnach außer der bewegten S'-Uhr noch mindestens zwei synchronisierte Uhren des Systems S notwendig. Symmetrisch war die Situation insofern, als auch eine einzelne Uhr von S langsamer geht als zwei synchronisierten Uhren des Systems S'.

Die Situation beim Zwillings-Paradoxon ist anders. Wenn der Zwilling in der Rakete immer mit konstanter Geschwindigkeit geradeaus fliegen würde, käme er nie mehr zur Erde zurück. Und jeder Zwilling würde versichern, daß die Uhren des anderen verglichen mit seinen eigenen synchronisierten Systemuhren langsamer laufen. Um wieder zur Erde zurückzukehren, muß der Zwilling in der Rakete seine Geschwindigkeit ändern. Beim Zwillings-Paradoxon können wir die Uhr des Zwillings B mit der Uhr des unbeschleunigten Zwillings A zweimal am gleichen Ort unmittelbar miteinander vergleichen. Beide Uhren geben die Eigenzeit des jeweiligen Zwillings an. Beim Wiedersehen der Zwillinge differieren die beiden Uhren deshalb, weil die Zeit eine wegabhängige Größe ist.

Aufgaben

13.1.A1 Sei g eine Gerade in $\mathbb{P}^2$ und H die Untergruppe aller Projektivitäten, die die Punkte aus g festlassen. Beschreiben Sie die zu H gehörende Geometrie. (Welches ist die „vernünftige" Punktmenge? Geraden? Invarianten? Wirkung von H?).

13.1.A2 Die Lorentz-Transformationen bilden eine Gruppe. (Es genügt, die Bewegung entlang einer Achse des Koordinatensystems zu betrachten).

13.1.A3
(a) Ist der Abstand zwischen zwei Ereignissen raumähnlich, d.h. $|x_1 - x_2|^2 \geq c^2 \cdot (t_1 - t_2)^2$, dann existiert ein Lorentz-System, in dem beide Ereignisse gleichzeitig stattfinden.
(b) Geben Sie eine Lorentz-Transformation an, so daß im neuen System die Ereignisse $(4c, 0, 0, 3c)^t$ und $(2c, 0, 0, 2c)^t$ gleichzeitig stattfinden.

13.2 Gebrochen-lineare Transformationen

Für die Behandlung eines anderen Modelles der nicht-euklidischen Ebene benötigen wir spezielle Abbildungen der Ebene, nämlich winkeltreue (konforme) Selbstabbildungen. Vorweg behandeln wir eine Identifikation von $\bar{\mathbb{C}}$ mit der Einheitssphäre. Dieser Fragenkreis war schon in Beispiel 12.2.24 angesprochen worden.

Stereographische Projektion

Zur Erinnerung, vgl. 12.2.24: Es ist $\bar{\mathbb{C}} = \mathbb{C} \cup \{\infty\}$ und der Punkt ∞ hat als Umgebungen die Mengen $\{z \in \mathbb{C} : |z| > r\} \cup \{\infty\}$, $r > 0$. Ferner ist $S^2 \subset \mathbb{R}^3$ die Einheitssphäre.

13.2.1 Definition der stereographischen Projektion In $\mathbb{R}^3$ werde ein rechtwinkliges Koordinatensystem eingeführt, die Koordinaten werden mit (ξ, η, ζ) bezeichnet. Die x- und y-Achse der Ebene $\mathbb{C}$ werde mit der ξ- bzw. η-Achse identifiziert. Als $N = \textit{Nordpol}$ werde der Punkt mit Koordinaten $(0, 0, 1)$ bezeichnet. Einem Punkt $P \in S^2 - \{N\}$ werde der Punkt $P' \in \mathbb{C} = \{(x, y, 0) : x, y \in \mathbb{R}\}$ zugeordnet, in dem die Gerade durch N und P die Äquatorebene $\mathbb{C}$ schneidet, vgl. Abb. 13.2.1. Diese Abbildung heißt *stereographische Projektion* der Sphäre auf die Ebene (vom Nordpol).

Ist $P' = (x, y)$ das Bild von $P = (\xi, \eta, \zeta)$ unter der stereographischen Projektion vom Nordpol $N = (0, 0, 1)$ auf die Äquatorebene, so gilt:

$$\frac{\xi}{x} = \frac{\eta}{y} = \frac{1-\zeta}{1} = \frac{s}{\ell} \quad \text{mit } \ell = \sqrt{x^2 + y^2 + 1} = |NP'| \quad \text{und } s = |NP|.$$

Ist φ der Winkel zwischen der ζ-Achse und der Geraden NP, so gilt $\ell = 1/\cos\varphi$, $s = 2\cos\varphi$, also $s\ell = 2$. Daraus folgt:

$$\frac{s}{\ell} = \frac{2}{1 + x^2 + y^2} = \frac{2}{1 + z\bar{z}} \quad \text{mit } z = x + iy.$$

13.2 Gebrochen-lineare Transformationen

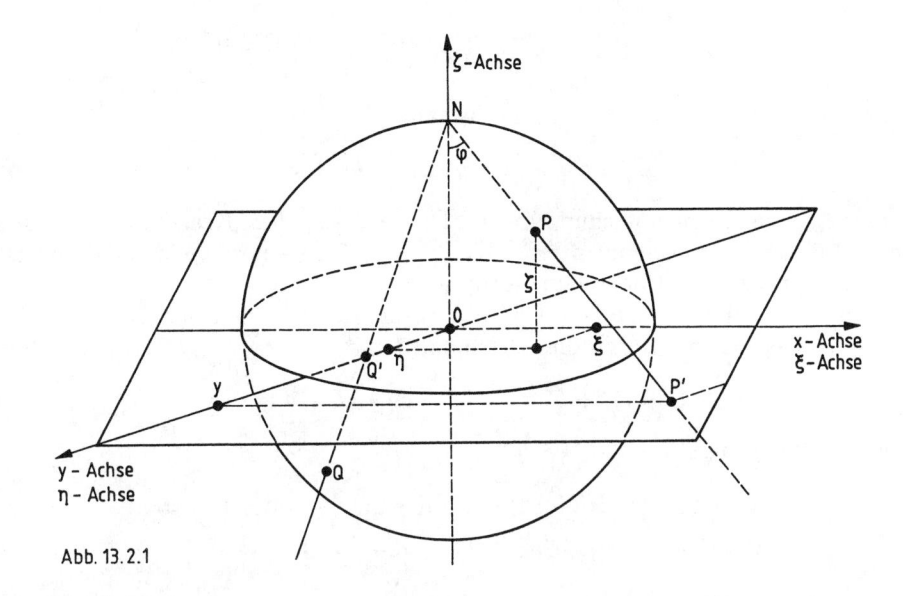

Abb. 13.2.1

Das ergibt die Formeln:

13.2.2

(a) $\xi = \dfrac{2x}{1+x^2+y^2} = \dfrac{z+\bar{z}}{1+z\bar{z}}; \quad \eta = \dfrac{2y}{1+x^2+y^2} = \dfrac{1}{i} \cdot \dfrac{z-\bar{z}}{1+z\bar{z}};$

$\zeta = \dfrac{x^2+y^2-1}{1+x^2+y^2} = \dfrac{z\bar{z}-1}{1+z\bar{z}}; \quad 1-\zeta = \dfrac{2}{1+z\bar{z}}.$

(b) $x = \dfrac{\xi}{1-\zeta}, \quad y = \dfrac{\eta}{1-\zeta}.$

13.2.3 Satz *Die stereographische Projektion liefert eine Bijektion der Menge der Kreise auf S^2 auf das System $\mathcal{K}$ der Kreise und Geraden in $\mathbb{C}$, indem einem Kreis auf S^2 seine Bildmenge in $\mathbb{C}$ zugeordnet wird. Wir werden die Kreise und Geraden in $\mathbb{C}$ als (allgemeine) „Kreise" bezeichnen.*

Beweis (i) Die allgemeine „Kreis"gleichung in $\mathbb{C}$ lautet

$$\alpha\left(x^2+y^2\right) + \beta x + \gamma y + \delta = 0 \text{ mit } \alpha^2 + \beta^2 + \gamma^2 > 0;$$

bei $\alpha = 0$ liegt eine Gerade vor. Aus 13.2.2 (b) folgt

$$\frac{1}{1-\zeta}[\alpha(1+\zeta) + \beta\xi + \gamma\eta + \delta(1-\zeta)] = 0.$$

Wegen $P \in S^2 - \{N\}$ ist $\zeta \neq 1$ und deshalb gilt

$$\beta\xi + \gamma\eta + (\alpha - \delta)\zeta + (\alpha + \delta) = 0.$$

Dieses ist eine Ebenengleichung im $\mathbb{R}^3$. Deshalb ist jeder „Kreis" in $\bar{\mathbb{C}}$ das Bild des Schnittes einer Ebene im $\mathbb{R}^3$ mit S^2, also Bild eines Kreises auf S^2. Ist $\alpha = 0$, so enthält die Ebene den Nordpol.

(ii) Ein beliebiger Kreis auf S^2 ist Schnitt der S^2 mit einer Ebene des $\mathbb{R}^3$ und wird beschrieben durch die Gleichungen

$$\xi^2 + \eta^2 + \zeta^2 = 1, \quad a\xi + b\eta + c\zeta + d = 0.$$

Aus 13.2.2 (a) folgt

$$2ax + 2by + c(x^2 + y^2) - c + d + d(x^2 + y^2) = 0 \implies$$
$$(d+c)(x^2 + y^2) + 2ax + 2by + d - c = 0.$$

Dieses ist eine allgemeine Kreisgleichung in $\mathbb{C}$. □

13.2.4 Satz *Die stereographische Projektion überführt die Drehungen von S^2 in gebrochen-lineare Transformationen (zu deren Definition siehe Beispiel 12.2.24 und 13.2.5).*

B e w e i s Jede Drehung von S^2 ist Produkt von Drehungen um die ζ- und um die ξ-Achse. Eine Drehung um die ζ-Achse entspricht einer Drehung um 0 in $\mathbb{C}$. Eine Drehung um die ξ-Achse hat die Form:

$$\xi' = \xi, \quad \eta' = \eta\cos\varphi - \zeta\sin\varphi, \quad \zeta' = \eta\sin\varphi + \zeta\cos\varphi.$$

Dann folgt:

$$z' = x' + iy' = \frac{\xi' + i\eta'}{1 - \zeta'} = \frac{(\xi + i\eta\cos\varphi - i\zeta\sin\varphi)}{1 - \eta\sin\varphi - \zeta\cos\varphi}$$

$$= \frac{z + \bar{z} + (z - \bar{z})\cos\varphi - i(z\bar{z} - 1)\sin\varphi}{1 + z\bar{z} + i(z - \bar{z})\sin\varphi + (1 - z\bar{z})\cos\varphi} \qquad \text{(nach 13.2.2 (a))}$$

$$= \frac{z\bar{z}\frac{i}{2}\sin\varphi - z\frac{1}{2}(\cos\varphi + 1) + \bar{z}\frac{1}{2}(\cos\varphi - 1) - \frac{i}{2}\sin\varphi}{z\bar{z}\frac{1}{2}(\cos\varphi - 1) - z\frac{i}{2}\sin\varphi + \bar{z}\frac{i}{2}\sin\varphi - \frac{1}{2}(1 + \cos\varphi)}$$

$$= \frac{(z\cos\frac{\varphi}{2} + i\sin\frac{\varphi}{2})(iz\sin\frac{\varphi}{2} - \cos\frac{\varphi}{2})}{(zi\sin\frac{\varphi}{2} + \cos\frac{\varphi}{2})(i\bar{z}\sin\frac{\varphi}{2} - \cos\frac{\varphi}{2})} = \frac{\cos\frac{\varphi}{2} \cdot z + i\sin\frac{\varphi}{2}}{i\sin\frac{\varphi}{2} \cdot z + \cos\frac{\varphi}{2}}. \qquad □$$

Gebrochen-lineare Transformationen

13.2.5 Definition Eine *gebrochen-lineare Transformation* ist eine Abbildung $f\colon \bar{\mathbb{C}} \to \bar{\mathbb{C}}$ mit $f(z) = \frac{az+b}{cz+d}$ für $a, b, c, d \in \mathbb{C}$, $ad - bc = 1$. Die gebrochen-linearen Transformationen werden nach ihren Fixpunktverhalten klassifiziert. Für sie gilt:

$$z = \frac{az+b}{cz+d} \implies z_{1,2} = \frac{a-d}{2c} \pm \frac{1}{2c} \cdot \sqrt{(a+d)^2 - 4}.$$

Gebrochen-lineare Transformationen haben also höchstens zwei Fixpunkte. Hiernach werden die gebrochen-linearen Transformationen eingeteilt in
(a) *elliptische*, wenn $a + d \in \mathbb{R}$ und $|a + d| < 2$;
(b) *parabolische*, wenn $a + d = \pm 2$;
(c) *hyperbolische*, wenn $a + d \in \mathbb{R}$ und $|a + d| > 2$;
(d) *loxodromische*, wenn $a + d \notin \mathbb{R}$.

13.2.6 Satz *Die gebrochen-linearen Transformationen bilden mit der Hintereinanderausführung als Operation eine Gruppe. Sie wird mit* $\mathrm{PSL}(2, \mathbb{C})$ *bezeichnet.*

B e w e i s Durch Nachrechnen ergibt sich, daß die Hintereinanderausführung zweier gebrochen-linearer Transformationen wieder gebrochen-linear ist. Das neutrale Element ist gegeben durch $z \mapsto \frac{1 \cdot z + 0}{0 \cdot z + 1}$ und das inverse von $f(z) = \frac{az+b}{cz+d}$ durch $f^{-1}(z) = \frac{dz-b}{-cz+a}$. Da es sich um Abbildungen handelt, ist das assoziative Gesetz erfüllt. $\square$

Der folgende Satz wird ohne Beweis nur angegeben.

13.2.7 Definition und Satz *Eine winkeltreue und orientierungserhaltende Abbildung* $\bar{\mathbb{C}} \to \bar{\mathbb{C}}$ *heißt* konform.
(a) *Jede gebrochen-lineare Transformation ist ein konformer Homöomorphismus von* $\bar{\mathbb{C}}$ *auf sich, und jeder konforme Homöomorphismus* $f\colon \bar{\mathbb{C}} \to \bar{\mathbb{C}}$ *ist eine gebrochen-lineare Transformation.*
(b) *Jeder konforme Homöomorphismus der Ebene* $\mathbb{C}$ *auf sich ist eine lineare Transformation der Form* $f(z) = az + b$, $a \neq 0$. *Jede lineare Transformation dieser Form ist ein konformer Homöomorphismus von* $\mathbb{C}$ *auf sich.*
(c) *Jeder konforme Homöomorphismus des Inneren des Einheitskreises* $\mathbb{H} = \{z \in \mathbb{C} : |z| < 1\}$ *auf sich ist eine gebrochen-lineare Transformation der Form*

$$f(z) = \frac{pz+q}{\bar{q}z+\bar{p}}, \quad p\bar{p} - q\bar{q} = 1.$$

Jede Abbildung dieser Art ist ein konformer Homöomorphismus von $\mathbb{H}$ *auf* $\mathbb{H}$. *Diese Transformationen bilden eine Gruppe, bezeichnet mit* $\mathcal{M}$.

(d) *Jeder konforme Homöomorphismus f der oberen Halbebene $\mathbb{H}_* = \{z = x + iy : x, y \in \mathbb{R}, y > 0\}$ auf sich hat die Form*

$$f(z) = \frac{az+b}{cz+d}, \quad a,b,c,d \in \mathbb{R}, ad - bc = 1.$$

Jede Abbildung dieser Art ist ein konformer Homöomorphismus von $\mathbb{H}_*$. Die Gruppe dieser Abbildungen wird mit $\mathrm{PSL}(2, \mathbb{R})$ oder $\mathcal{M}_*$ bezeichnet.

Beweise finden sich in Lehrbüchern der Funktionentheorie. Daß die gebrochen-linearen Abbildungen die angegebenen Eigenschaften haben, werden wir im folgenden noch sehen. Daß es die einzigen Abbildungen mit diesen Eigenschaften sind, können wir mit unseren Mitteln nicht beweisen.

13.2.8 Lemma *Jede gebrochen-lineare Transformation ist aus Funktionen der folgenden Art zusammengesetzt:*

(a) $z \mapsto z + b$, $\quad b \in \mathbb{C}$, $\qquad$ *(Translation);*
(b) $z \mapsto az$, $\quad a \in \mathbb{R}, a > 0$, $\qquad$ *(Streckung);*
(c) $z \mapsto az$, $\quad a \in \mathbb{C}, |a| = 1$, $\qquad$ *(Drehung);*
(d) $z \mapsto -z^{-1}$, $\qquad$ *(Drehung der Ordnung 2).*

B e w e i s   Sei $f(z) = (az+b)/(cz+d)$. Ist $c = 0$, so ist $f(z) = (az+b)/d$. Wie wir sofort sehen werden, setzt sich diese Transformation aus Funktionen der Arten (a), (b) und (c) zusammen. Somit können wir im folgenden $c \neq 0$ annehmen. Für $f_1(z) = z - c^{-1}d$ vom Typ (a) erhalten wir

$$f \circ f_1(z) = \frac{a(z - c^{-1}d) + b}{c(z - c^{-1}d) + d} = \frac{az + b'}{cz} = a' + \frac{b''}{z}.$$

Sei $f_2(z) = -z^{-1}$, also vom Typ (d). Damit erhalten wir $f \circ f_1 \circ f_2(z) = a' - b''z$. Wir setzen nun $f_3(z) = -b''^{-1}z$. Hier handelt es sich um ein Produkt je einer Abbildung vom Typ (b) und (c). Es folgt:

$$f \circ f_1 \circ f_2 \circ f_3(z) = a' - b''(-b''^{-1}z) = a' + z.$$

Zum Schluß erhalten wir mit der Transformation $f_4(z) = z - a'$ vom Typ (a)

$$f \circ f_1 \circ f_2 \circ f_3 \circ f_4(z) = a' + (z - a') = z.$$

Wir können also für jede gebrochen-lineare Transformation ihr Inverses aus den obigen Funktionen zusammensetzen und, da $\mathrm{PSL}(2, \mathbb{C})$ ein Gruppe ist, die Transformation selbst. $\square$

13.2.9 Satz

(a) *Gebrochen-lineare Transformationen erhalten Doppelverhältnisse, Winkel und Orientierung.*

(b) *Gebrochen-lineare Transformationen erhalten verallgemeinerte Kreise, d.h. euklidische Kreise oder euklidische Geraden, die durch den Punkt ∞ geschlossen werden. M.a.W. bilden diese Transformationen $\mathcal{K}$ auf sich ab.*

B e w e i s (a) Es genügt, die Behauptung für die vier im Lemma 13.2.8 genannten Abbildungen zu zeigen. Wir sehen unmittelbar, daß das Doppelverhältnis bei den Abbildungen 13.2.8 (a) – (c) erhalten bleibt. Ebenso leicht läßt es sich durch Einsetzen und einfache Umrechnungen für 13.2.8 (d) zeigen. Klar ist auch für die Abbildungen 13.2.8 (a) – (c), daß Winkel und Orientierung erhalten bleiben. Die Abbildung 13.2.8 (d) entspricht der Drehung der Kugeloberfläche S^2 mit Rotationsachse durch $-i$ und i um 180^0, vgl. 13.2.4. Somit ist die Behauptung auch in diesem Fall klar.

(b) ist für die Abbildungen 13.2.8 (a-c) klar. Für $z \mapsto -1/z$ kann es an der allgemeinen Kreisgleichung $\alpha(x^2 + y^2) + \beta x + \gamma y + \delta = 0$ nachgeprüft werden. Deshalb gilt (b) für alle gebrochen-lineare Transformationen. □

Da die stereographische Projektion winkeltreu am Südpol ist, ergibt sich aus 13.2.4 und 13.2.9 (a)

13.2.10 Korollar *Die stereographische Projektion $S^2 \to \bar{\mathbb{C}}$ ist winkeltreu.* □

13.2.11 Satz *Es seien $z_1, z_2, z_3 \in \bar{\mathbb{C}}$ drei verschiedene Punkte. Dann gilt:*
(a) *Es gibt genau eine Abbildung $f \in \mathrm{PSL}(2, \mathbb{C})$ mit $f(z_1) = 0$, $f(z_2) = 1$ und $f(z_3) = \infty$.*
(b) *Es gibt genau einen „Kreis" $K \subset \mathcal{K}$, so daß $\{z_1, z_2, z_3\} \subset K$.*

B e w e i s (a) Zunächst zeigen wir, daß es eine solche Abbildung gibt. Falls $z_3 \neq \infty$, wenden wir $f_1(z) = -(z-z_3)^{-1}$ an. Die Abbildung $f_2(z) = (z-z_1)/(z_2-z_1)$ überführt dann $\infty \mapsto \infty$, $z_1 \mapsto 0$, $z_2 \mapsto 1$. Die Abbildung $f_2 \circ f_1$ bzw. f_2 für $z_3 = \infty$ hat die gewünschten Eigenschaften. Die Eindeutigkeit zeigt sich wie folgt: Hält $f(z) = (az+b)/(cz+d)$ die Punkte $0, \infty, 1$ als Fixpunkte fest, so ist $b = c = 0$ und $a = d$, also: $f(z) = z$. Die gesuchte Abbildung war also schon die Identität.

(b) Wir bilden zunächst die Punkte z_1, z_2, z_3 gemäß (a) auf $1, 0, \infty$ ab. Nach 13.2.9 (b) bleiben hierbei „Kreise" erhalten. Es gibt nun aber nur einen „Kreis" $K \subset \mathcal{K}$, der $0, 1, \infty$ enthält, nämlich die durch den Punkt ∞ geschlossene reelle Achse. Es sei hier nur noch vermerkt, daß die Koeffizienten von f reell gewählt werden können, wenn $z_1, z_2, z_3 \in \mathbb{R}$ sind. □

13.2.12 Lemma *Für $z_1, z_2, z_3, z_4 \in \bar{\mathbb{C}}$ gilt:*
(a) $\mathrm{Dv}(z_1, z_2, z_3, z_4) \in \bar{\mathbb{R}} \iff \exists K \in \mathcal{K}: \{z_1, z_2, z_3, z_4\} \subset K$.
(b) $\mathbb{R} \ni \mathrm{Dv}(z_1, z_2, z_3, z_4) > 0 \iff$ *Auf dem Kreis $K \subset \mathcal{K}$, der z_1, z_2, z_3, z_4 enthält, trennen sich die Paare z_1, z_2 und z_3, z_4 gegenseitig nicht.*

B e w e i s Wenn zwei der z_1, z_2, z_3, z_4 übereinstimmen, so ist das Doppelverhältnis $1, 0$ oder ∞, und (a) gilt nach Satz 13.2.11. Seien nun z_1, z_2, z_3, z_4 verschieden, so gibt es nach 13.2.11 ein $f \in \mathrm{PSL}(2, \mathbb{C})$ mit

$$f(z_3) = 0, f(z_2) = 1, f(z_4) = \infty.$$

Da gebrochen-lineare Transformationen das Doppelverhältnis erhalten, gilt:

$$\mathrm{Dv}(z_1, z_2, z_3, z_4) = \mathrm{Dv}(f(z_1), 1, 0, \infty)) = \frac{f(z_1) - 0}{f(z_1) - \infty} \Big/ \frac{1 - 0}{1 - \infty} = f(z_1).$$

Da f nach Satz 13.2.9 Kreise erhält, liegt also z_1 auf dem durch z_2, z_3, z_4 bestimmten Kreis, wenn $f(z_1) \in \bar{\mathbb{R}}$ gilt, da $f(z_2), f(z_3), f(z_4)$ auf der von ∞ geschlossenen reellen Achse liegen. Somit gilt (a). Ferner gilt $f(z_1) > 0$ genau dann, wenn $f(z_1)$ und $f(z_2) = 1$ auf der geschlossenen reellen Achse nicht durch $0 = f(z_3)$ und $\infty = f(z_4)$ getrennt werden. Aus Satz 13.2.9 folgt nun (b). □

Aus obigem Lemma erhalten wir, daß die gebrochen-linearen Transformationen Kreise vertauschen, und daß jeder Kreis auf $\bar{\mathbb{R}}$ abgebildet werden kann, d.h.

13.2.13 Korollar *Die Gruppe $\mathrm{PSL}(2, \mathbb{C})$ operiert transitiv auf $\mathcal{K}$.* □

13.2.14 Satz
(a) *Nach 13.2.11 gibt es zu drei verschiedenen Punkten $x_1, x_2, x_3 \in \bar{\mathbb{R}}$ genau ein $f \in \mathrm{PSL}(2, \mathbb{C})$, so daß $f(x_1) = 0, f(x_2) = 1$ und $f(x_3) = \infty$. Es liegt f genau dann in $\mathrm{PSL}(2, \mathbb{R})$, wenn $f(x_1), f(x_2)$ und $f(x_3)$ auf $\bar{\mathbb{R}}$ dieselbe Richtung wie x_1, x_2, x_3 definieren.*
(b) *Für $f \in \mathrm{PSL}(2, \mathbb{C})$ gilt: $f(\mathbb{H}_*) = \mathbb{H}_* \iff f \in \mathrm{PSL}(2, \mathbb{R})$.*
(c) *Für $z_1, z_2 \in \mathbb{H}_*$ gibt es ein $f \in \mathrm{PSL}(2, \mathbb{R})$ mit $f(z_1) = z_2$.*
(d) *Ist $f \in \mathrm{PSL}(2, \mathbb{R})$ mit $f(z_i) = z_i$ für $z_1, z_2 \in \mathbb{H}_*, z_1 \neq z_2$, so ist $f = \mathrm{id}$.*

B e w e i s (a) Der erste Teil folgt sofort durch Einsetzen der $x_i, i = 1, 2, 3$, wie nach dem Beweis von 13.2.11 schon vermerkt. Der zweite Teil ist klar („rechte Hand-Regel").
(b) „$\Rightarrow$": Die obere Halbebene wird also auf sich abgebildet. Ebenso werden dann auch die untere Halbebene und die reelle Achse jeweils auf sich abgebildet. Wir setzen nun $x_1 = f(0), x_2 = f(1)$ und $x_3 = f(\infty)$. Nach (a) liegen x_1, x_2, x_3

13.3 Das Poincarésche Modell der nicht-euklidischen Ebene

und $0, 1, \infty$ auf $\bar{\mathbb{R}}$ und definieren dieselbe Richtung. Außerdem gibt es nach (a) ein $g \in \mathrm{PSL}(2, \mathbb{R})$ mit $g(0) = f(0)$, $g(1) = f(1)$, $g(\infty) = f(\infty)$. Da es nach 13.2.11 nur eine Abbildung dieser Art gibt, folgt: $f = g$.

„$\Leftarrow$" findet sich in 13.2.7 (d).

(c) Wir können $z_2 = i$ und $z_1 = x + iy$ annehmen, wobei $y > 0$ ist. Setzen wir nun $a = \sqrt{y}$, so ist die Transformation

$$f(z) = \frac{\frac{1}{a}z - \frac{x}{a}}{a} = \frac{1}{y}(z - x)$$

aus $\mathrm{PSL}(2, \mathbb{R})$, und es ist $f(z_1) = i$.

(d) Für drei verschiedene Punkte $z_1, z_2, z_3 \in \bar{\mathbb{C}}$ ist nach 13.2.11 genau ein „Kreis" bestimmt, auf dem die drei Punkte liegen. Setzen wir nun voraus, daß der „Kreis" die reelle Achse senkrecht schneidet, so reichen zwei Punkte aus, um den „Kreis" zu bestimmen. Also ist durch $z_1, z_2 \in \mathbb{H}_*$ ein Kreis mit dem Mittelpunkt auf $\mathbb{R}$ oder eine auf $\mathbb{R}$ senkrecht stehende Gerade bestimmt. Weil f Winkel erhält, $\bar{\mathbb{R}}$ auf sich abbildet, nach Voraussetzung z_1, z_2 festhält und weil es nur einen „Kreis" dieser Art gibt, müssen auch die Schnittpunkte des Kreises oder der Geraden mit der reellen Achse Fixpunkte sein. Nach 13.2.5 ist f die Identität. □

13.3 Das Poincarésche Modell der nicht-euklidischen Ebene

Im folgenden beschreiben wir das Poincarésche Modell der nicht-euklidischen Ebene, welches der Funktionentheorie nahesteht.

Grundbegriffe der nicht-euklidischen Ebene

13.3.1 Definition

(a) Die *Punkte* der *hyperbolischen* oder *nicht-euklidischen Ebene* sind die Punkte des Inneren des Einheitskreises $\mathbb{H} = \{z \in \mathbb{C} : |z| < 1\}$. Die *Geraden* der hyperbolischen Ebene sind (offene) Halbkreise oder (euklidische) Strecken, die senkrecht auf dem Einheitskreis stehen. Die Grenzpunkte einer solchen Geraden auf dem Einheitskreis werden *Enden der Geraden* genannt. Zwei verschiedene Punkte von $\mathbb{H}$ bestimmen genau eine Gerade. Vgl. Abb. 13.3.1.

Abb. 13.3.1

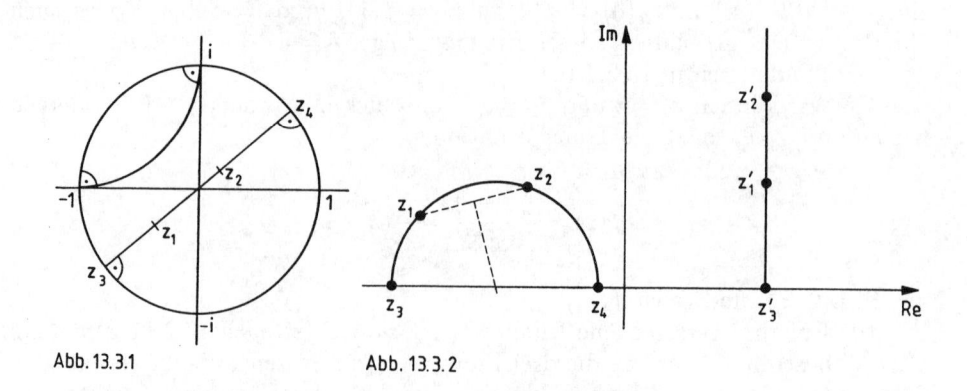

Abb. 13.3.2

(b) Für zwei Punkte $z_1, z_2 \in \mathbb{H}$, $z_1 \neq z_2$, seien z_3 und z_4 die Enden der hyperbolischen Geraden durch z_1 und z_2. Wir nehmen an, die Punkte sind in der Reihenfolge z_3, z_1, z_2, z_4 angeordnet. Dann wird der *Abstand* $d(z_1, z_2)$ definiert durch

$$d(z_1, z_2) = \log \frac{z_1 - z_4}{z_2 - z_4} : \frac{z_1 - z_3}{z_2 - z_3}.$$

Für $z_1 = z_2$ sei $d(z_1, z_2) = 0$.

(c) Die *hyperbolischen Winkel* sind gleich den euklidischen Winkeln. $\mathbb{H}$ (bzw. $\mathbb{H}_*$) mit den definierten Geraden, Längen und Winkeln heißt *Poincarésches Modell* der nicht-euklidischen Ebene.

13.3.2 Satz
(a) *Der Homöomorphismus $z \mapsto w = (z - i)/(z + i)$ überführt die obere Halbebene $\mathbb{H}_* = \{z = x + iy : x, y \in \mathbb{R}, y > 0\}$ konform nach $\mathbb{H}$.*
(b) *Durch die Umkehrabbildung $w \mapsto z = (iw + i)/(-w + 1)$ läßt sich $\mathbb{H}$ mit $\mathbb{H}_*$ identifizieren.*

Beweis (a) Zu zeigen ist: Für alle $z \in \mathbb{H}_*$ gilt $|w| < 1$. Das folgt aus

$$z \in \mathbb{H}_* \iff |z - i| < |z + i|;$$

denn die obere Halbebene besteht gerade aus den Punkten, die von i einen kleineren (euklidischen) Abstand haben als von $-i$.

Um (b) einzusehen, genügt es wegen 13.2.11 zu verifizieren, daß unter $w \mapsto z$ die Punkte $i, -i, 1$ auf S^1 in die Punkte $-1, 1, \infty$ auf $\mathbb{R}$ abgebildet werden, während $z \mapsto w$ gerade den umgekehrten Effekt hat. □

13.3 Das Poincarésche Modell der nicht-euklidischen Ebene

Manchmal ist es günstiger, das Modell $\mathbb{H}_*$ zu Beweisen und Überlegungen heranzuziehen; wir können und werden frei von einem Modell ins andere überwechseln. *Eine hyperbolische Gerade in $\mathbb{H}_*$ ist entweder Parallele* (im euklidischen Sinne) *zur imaginären Achse oder ein Halbkreis, dessen Mittelpunkt auf der reellen Achse liegt.* Daraus folgt, vgl. Abb. 13.2.2:

13.3.3 Korollar *Durch zwei verschiedene Punkte der hyperbolischen Ebene geht genau eine Gerade.* □

Die Bewegungen der hyperbolischen Ebene sollen winkeltreu sein.

13.3.4 Satz
(a) *Die Gruppe der orientierungserhaltenden Bewegungen der hyperbolischen Ebene ist die Gruppe* $\mathrm{PSL}(2,\mathbb{R})$ *der Abbildungen*

$$w = \frac{az+b}{cz+d}, \quad a,b,c,d \in \mathbb{R}, \ ad-bc=1$$

für das Modell $\mathbb{H}_*$, und sie besteht aus der Gruppe $\mathcal{M}$ der gebrochen-linearen Transformationen

$$w = \frac{pz+q}{\bar{q}z+\bar{p}}, \quad p,q \in \mathbb{C}, \ p\bar{p} - q\bar{q} = 1$$

für das Modell $\mathbb{H}$.
(b) *Die orientierungsumkehrenden Bewegungen sind gegeben durch:*

$$w = \frac{a\bar{z}+b}{c\bar{z}+d}, \quad a,b,c,d \in \mathbb{R}, \ ad-bc=-1 \quad \text{für } \mathbb{H}_*;$$

$$w = \frac{p\bar{z}+q}{\bar{q}\bar{z}+\bar{p}}, \quad p,q \in \mathbb{C}, \ p\bar{p}-q\bar{q}=1 \quad \text{für } \mathbb{H}.$$

B e w e i s   (a) Gegeben sei eine orientierungserhaltende Bewegung f von $\mathbb{H}$. Nach 13.2.9 (a) erhalten die gebrochen-linearen Transformationen Doppelverhältnisse und Winkel, ferner wegen 13.2.9 (b) werden nicht-euklidische Geraden in ebensolche überführt. Ferner folgt aus 13.2.14 (d), daß sich jeder Punkt von $\mathbb{H}$ durch eine Transformation aus $\mathcal{M}$ nach 0 abbilden läßt. Durch eine Drehung um 0, also eine gebrochen-lineare Transformation der Form 13.2.8 (b), die in $\mathcal{M}$ liegt, läßt sich ein zweiter Punkt aus $\mathbb{H}$ in einen Punkt des Intervalles $]0,1[$ auf der reellen Achse drehen. Nach Multiplikation mit gebrochen-linearen Transformationen erhalten wir also eine Bewegung f_0, die 0 und einen weiteren Punkt auf der reellen Achse fix läßt. Da f_0 längentreu in $\mathbb{H}$ ist und nicht-euklidische

Geraden in ebensolche überführt, läßt f_0 jeden Punkt der reellen Achse fest und überführt, da es orientierungserhaltend ist, die obere (untere) Halbkugel in sich. Wegen der Winkeltreue werden auch alle Lote auf der reellen Achse in sich überführt und wegen der Längentreue bleibt deshalb jeder Punkt auf einem Lot fest. Von jedem Punkt von $\mathbb{H}$ aber läßt sich ein eindeutig bestimmtes Lot auf die Gerade $\mathbb{R} \cap \mathbb{H}$ fällen, wie sich am einfachsten am Modell $\mathbb{H}_*$ und der oberen imaginären Halbachse zeigen läßt: Das Lot ist dann auf dem Kreis um den 0-Punkt durch den Punkt das Segment zwischen dem betrachteten Punkt und der imaginären Achse. Deshalb folgt: $f_0 = \mathrm{id}$.

(b) Die Behauptung für orientierungsumkehrende Bewegungen folgt durch Vorschalten der orientierungsumkehrenden Bewegung $z \mapsto -\bar{z}$ bzw. $z \mapsto \bar{z}$. $\square$

Die Bezeichnung $\mathcal{M}$ soll widerspiegeln, daß diese Transformationen auch *Möbius-Transformationen* genannt werden.

Längen und Inhalte

Als nächstes untersuchen wir die Eigenschaften des Abstandes von Punkten und schließen Betrachtungen über den Inhalt an. Als reizvolles Resultat erhalten wir eine Inhaltsformel für Polygone ähnlich der in der elliptischen Geometrie (13.1.15), in der nur die Winkel eingehen.

13.3.5 Satz *Sei $z_1, z_2 \in \mathbb{H}$ und $t = \frac{|z_2 - z_1|}{|1 - \bar{z}_1 z_2|}$. Dann gilt:*

$$d(z_1, z_2) = \log \frac{1+t}{1-t}.$$

Somit kann der Abstand zwischen z_1 und z_2 allein durch z_1 und z_2 ausgedrückt werden.

B e w e i s Wie wir leicht nachrechnen, überführt $f(z) = (z-a)/(1-\bar{a}z)$ mit $a \in \mathbb{C}$ die Zahlen $1, -1$ und i in Punkte auf den Einheitskreis, d.h. $|f(1)| = |f(-1)| = |f(i)| = 1$. Für $\lambda = \frac{|z-z_1|(1-\bar{z}_1 z_2)}{(z_2-z_1)|1-\bar{z}_1 z_2|}$ gilt $|\lambda| = 1$. Daraus folgt, daß die linear gebrochene Transformation $g(z) = \lambda \cdot [(z-z_1)/(1-\bar{z}_1 z)]$ eine Bewegung von $\mathbb{H}$ ist. Es gilt

$$g(z_1) = 0, \quad g(z_2) = \frac{|z_2 - z_1|}{|1 - \bar{z}_1 z_2|} = t;$$

offenbar ist $t \in \mathbb{R}$, $t \geq 0$. Wegen 13.2.9 erhält g das Doppelverhältnis, d.h.

$$d(z_1, z_2) = d(0, t) = \log[\mathrm{Dv}(-1, 0, t, 1)] = \log \frac{0-1}{t-1} : \frac{0+1}{t+1} = \log \frac{1+t}{1-t}. \quad \square$$

13.3 Das Poincarésche Modell der nicht-euklidischen Ebene   545

13.3.6 Satz *Sind $z_0, z_1, z_2 \in \mathbb{H}$, so gilt die* Dreiecksungleichung
$$d(z_1, z_2) \leq d(z_1, z_0) + d(z_0, z_2).$$

Gleichheit ergibt sich, wenn z_1, z_0, z_2 in dieser Anordnung auf einer Geraden liegen.

B e w e i s   O.E. sei $z_0 = 0$. Nach 13.3.5 gilt
$$d(z_1, z_2) = \log \frac{1+t}{1-t} \qquad \text{mit } t = \frac{|z_2 - z_1|}{|1 - \bar{z}_1 z_2|},$$
$$d(z_1, z_0) = \log \frac{1+|z_1|}{1-|z_1|}, \quad d(z_0, z_2) = \log \frac{1+|z_2|}{1-|z_2|}.$$

Nun ist
$$\frac{1+t}{1-t} = \frac{(1+t)^2}{1-t^2} = \frac{(|1-\bar{z}_1 z_2| + |z_2 - z_1|)^2}{|1-\bar{z}_1 z_2|^2 - |z_1 - z_2|^2}$$
$$= \frac{(|1-\bar{z}_1 z_2| + |z_2 - z_1|)^2}{(1-\bar{z}_1 z_2)(1-z_1 \bar{z}_2) - (z_2 - z_1)(\bar{z}_2 - \bar{z}_1)}$$
$$\leq \frac{(1 + |\bar{z}_1 z_2| + |z_2| + |z_1|)^2}{1 + |z_1|^2 |z_2|^2 - |z_1|^2 - |z_2|^2} \qquad (\text{da } |a-b| \leq |a| + |b|)$$
$$= \frac{(1 + |z_1||z_2| + |z_1| + |z_2|)^2}{(1-|z_1|^2)(1-|z_2|^2)} = \frac{1+|z_1|}{1-|z_1|} \cdot \frac{1+|z_2|}{1-|z_2|} \qquad \Longrightarrow$$
$$\log \frac{1+t}{1-t} \leq \log \frac{1+|z_1|}{1-|z_1|} + \log \frac{1+|z_2|}{1-|z_2|}.$$

Gleichheit gilt, wenn die Strecke zwischen z_1 und z_2 die $0 = z_0$ enthält. □

13.3.7 Satz

(a) *Die Punkte mit gleichem (nicht-euklidischem) Abstand r von einem Punkt p bilden einen euklidischen Kreis.*

(b) *Sei ℓ eine hyperbolische Gerade in $\mathbb{H}$ mit den Enden z_1 und z_2, und es sei $r > 0$. Die Punkte mit dem Abstand r von ℓ liegen auf der Vereinigung von zwei euklidischen Kreisen c_1 und c_2, die z_1 und z_2 enthalten.*

B e w e i s   (a) Durch eine Bewegung von $\mathbb{H}$ bringen wir p nach 0. Für $z = \rho e^{i\varphi}$ mit $\rho < 1$ gilt:
$$r = d(z, 0) = \log \left[\frac{z + e^{i\varphi}}{0 + e^{i\varphi}} : \frac{z - e^{i\varphi}}{0 - e^{i\varphi}}\right] = \log \frac{1+\rho}{1-\rho} = r(\rho).$$

546   13 Geometrien

Die Punkte des euklidischen Abstands ρ von 0 haben also die hyperbolische Distanz $r = r(\rho)$ von 0, siehe Abb. 13.3.3.

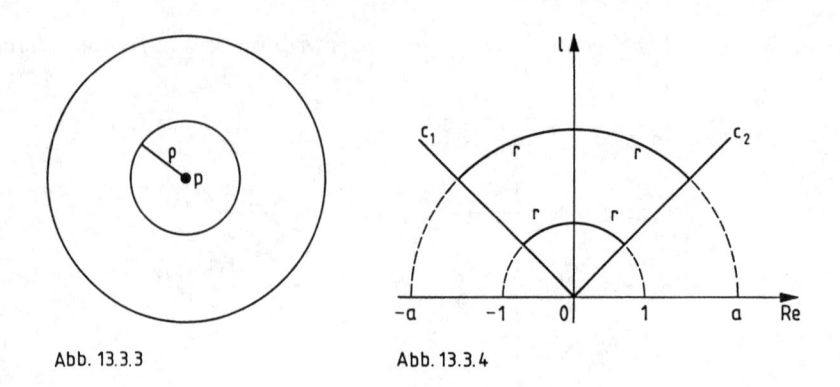

Abb. 13.3.3   Abb. 13.3.4

(b) Falls wir statt $\mathbb{H}$ das Modell $\mathbb{H}_*$ nehmen und annehmen, daß ℓ die imaginäre Achse ist, folgt der Satz sofort; die nicht-euklidischen Kreise sind in diesem Fall Teile von Geraden durch 0, vgl. Abb. 13.3.4. □

Der nicht-euklidische Mittelpunkt p ist jedoch i.a. nicht auch der euklidische Mittelpunkt! Das ist nur der Fall, falls $p = 0$ ist.

13.3.8 Bemerkung Die konstruierte Geometrie der Ebene hat die Grundeigenschaften der euklidischen Ebene, die Schnittpunktverhalten, Kongruenz, Winkel usw. beschrieben. Die einzige Ausnahme bildet das Parallelenaxiom: *In der euklidischen Geometerie gibt es zu jeder Geraden ℓ und zu jedem Punkt $p \notin \ell$ genau eine Gerade ℓ' durch p, die ℓ nicht schneidet.* Alle Punkte von ℓ' haben den gleichen Abstand von ℓ. In der hyperbolischen Ebene ist die Situation anders. Durch p gibt es zwei verschiedene Geraden ℓ_1 und ℓ_2, die ℓ nicht schneiden und ein Ende mit ℓ gemeinsam haben. Alle Geraden durch p, in dem Winkel, der ℓ nicht enthält, schneiden ℓ nicht, vgl. Abb. 13.3.5. Die Frage, ob das Parallelenaxiom aus den anderen Axiomen hergeleitet werden kann, hat lange Zeit Mathematiker, Philosophen, ja sogar Theologen leidenschaftlich beschäftigt.

13.3.9 Satz *Zwei Geraden in $\mathbb{H}$ schneiden sich entweder oder haben ein gemeinsames Ende oder ein gemeinsames Lot,* vgl. Abb. 13.3.6.

B e w e i s   Für den Beweis benutzen wir $\mathbb{H}_*$ und nehmen an, daß ℓ_1 die imaginäre Achse ist. Haben ℓ_1 und ℓ_2 weder einen Schnittpunkt noch ein gemeinsames Ende, können wir ℓ_2 durch eine Bewegung in die Gerade mit den Enden 1 und a mit $1 < a \in \mathbb{R}$ überführen. Die Senkrechten zu ℓ_1 durch die Punkte iy,

13.3 Das Poincarésche Modell der nicht-euklidischen Ebene 547

$1 < y < a$, schneiden ℓ_2. Für $y \to a$ strebt der positive Winkel zwischen ℓ_2 und der Senkrechten gegen 0, für $y \to 1$ gegen π, vgl. Abb. 13.3.7. Da der Winkel stetig von y abhängt, gibt es eine Senkrechte ℓ zu ℓ_1, die auch senkrecht zu ℓ_2 ist. □

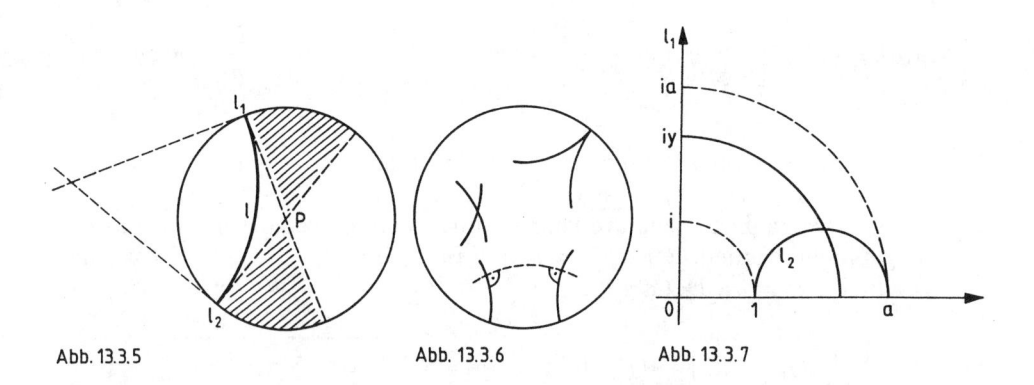

Abb. 13.3.5   Abb. 13.3.6   Abb. 13.3.7

13.3.10 Satz *In $\mathbb{H}_*$ wird die infinitesimale Länge (Bogenelement) durch $|dz|/y$, die infinitesimale Fläche (Flächenelement) durch $dxdy/y^2$ gegeben; hier ist $z = x + iy$. In $\mathbb{H}$ sind es $2|dz|/(1-|z|^2)$ und $4dxdy/(1-|z|^2)^2$. Dabei ist $|dz|/y$ durch folgende Eigenschaft definiert: Ist $s: I \to \mathbb{H}_*$ eine Kurve, so ist ihre Länge gleich dem Integral*

$$\int_0^1 \frac{|ds(t)|}{y(t)} = \int_0^1 \left|\frac{ds(t)}{dt}\right| \frac{1}{y(t)} dt.$$

B e w e i s   Zuerst zeigen wir, daß das Differential invariant bzgl. Bewegungen ist. Dabei genügt es zu zeigen, daß es für die erzeugenden Transformationen $f_1(z) = z + b$ mit $b \in \mathbb{R}$, $f_2(z) = az$ mit $a \in \mathbb{R}_+$, $f_3(z) = -\frac{1}{z}$ und $f_4(z) = -\bar{z}$ gilt. Z.B. ist

$$\frac{|df_2(z)|}{\operatorname{Im} f_2(z)} = \frac{a|dz|}{a \operatorname{Im} z} = \frac{|dz|}{y}$$

oder für

$$w = f_3(z) = -\frac{1}{z}, \ w = u + iv, \ u = \frac{-x}{x^2+y^2}, \ v = \frac{y}{x^2+y^2}$$

gilt
$$\frac{dudv}{v^2} = \frac{1}{v^2}\left| \begin{matrix} \partial u/\partial x & \partial v/\partial x \\ \partial u/\partial y & \partial v/\partial y \end{matrix} \right| = \frac{dxdy}{y^2}.$$

Um die Länge eines Abschnitts einer Geraden zu bestimmen, können wir die Endpunkte durch eine Bewegung nach i und ai, $a > 1$, bringen. Dann gilt:

$$d(ai,i) = \log\left[\frac{ai-0}{i-0} : \frac{ai-\infty}{i-\infty}\right] = \log a, \quad \int_1^a \frac{|dz|}{y} = \int_1^a \frac{dy}{y} = \log a. \quad \square$$

13.3.11 Satz *Das Segment ist die kürzeste Verbindung zwischen zwei Punkten.*

B e w e i s   Die fraglichen Punkte können durch eine Bewegung nach i und ai, $a > 1$, gebracht werden. Sei $z(t) = x(t) + iy(t)$, $0 \leq t \leq 1$, eine Kurve mit $z(0) = i$ und $z(1) = ai$. Dann gilt:

$$\int_0^1 \frac{|dz(t)|}{y(t)} = \int_0^1 \left|\frac{dz(t)}{dt}\right| \frac{1}{y(t)} dt = \int_0^1 \frac{1}{y(t)} \sqrt{\left(\frac{dx}{dt}\right)^2 + \left(\frac{dy}{dt}\right)^2} dt$$
$$\geq \int_0^1 \frac{1}{y(t)} \left|\frac{dy}{dt}\right| dt \geq \int_0^1 \frac{1}{y(t)} \cdot \frac{dy(t)}{dt} dt$$
$$= \log y(1) - \log y(0) = \log a = d(i, ai).$$

Dabei gilt Gleichheit dann und nur dann, wenn die Kurve $z(t)$ auf der imaginären Achse monoton von i nach ai verläuft. $\quad \square$

13.3.12 Satz *Für ein Dreieck $\triangle$ in $\mathbb{H}_*$ mit den Winkeln α, β, γ gilt*

$$\mu(\triangle) = \pi - \alpha - \beta - \gamma.$$

Sei P ein Polygon mit eventuell einigen Ecken auf $\bar{\mathbb{R}}$. Im letzteren Fall haben die nebeneinanderliegenden Seiten denselben Endpunkt. Seien $\alpha_1, \ldots, \alpha_n$ die Winkel; dabei wird der Winkel zwischen zwei Halbgeraden mit denselben Enden als 0 angesetzt. Dann ist der Flächeninhalt von P gleich

$$\mu(P) = (n-2)\pi - \sum_{i=1}^n \alpha_i = \sum_{i=1}^n (\pi - \alpha_i) - 2\pi.$$

B e w e i s   Zuerst wird der Satz für Dreiecke bewiesen. Wir beginnen mit einem Dreieck, das mindestens zwei Enden als Eckpunkte hat. Dann ist eine Seite eine

13.3 Das Poincarésche Modell der nicht-euklidischen Ebene

Gerade. Durch eine Bewegung können die Enden nach 1 und ∞ gebracht werden, d.h. die Gerade nach $\{z = x + iy : x = 1, y > 0\}$. Eine andere Seite sei Teil des Einheitskreises. Sei $e^{i\gamma} = a + ib$ die dritte Ecke und α der dortige Winkel, vgl. Abb. 13.3.8. Dann gilt:

$$-\sin\left(\frac{\pi}{2} - \alpha\right) = a = \cos\gamma \quad \text{und}$$

$$\int\int_\Delta \frac{dxdy}{y^2} = \int_a^1 \int_{\sqrt{1-x^2}}^\infty \frac{dy}{y^2} dx = \int_a^1 \frac{1}{\sqrt{1-x^2}} dx$$

$$= -\int_{\arccos a}^{\arccos 1} d\varphi = \gamma = \pi - \alpha \quad \text{(nach Substitution } x = \cos\varphi\text{)}.$$

Wenn zwei Ecken aus $\mathbb{H}_*$ sind und eine ein Ende ist, dann ergibt sich die Formel aus Abb. 13.3.9:

$$\mu(\Delta) = \pi - \alpha - [\pi - (\pi - \beta)] = \pi - (\alpha + \beta).$$

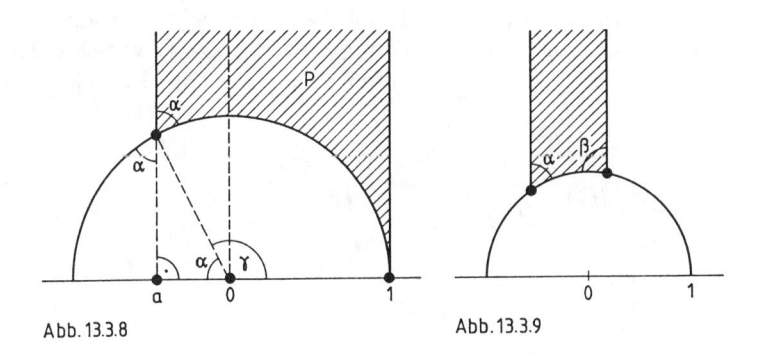

Abb. 13.3.8   Abb. 13.3.9

Wenn alle Ecken aus $\mathbb{H}_*$ sind, so ergibt sich aus Abb. 13.3.10

$$\mu(\Delta) = \pi - (\alpha + \alpha' + \beta') + \pi - (\gamma + \gamma' + \beta'') - [\pi - (\alpha' + \gamma')] = \pi - (\alpha + \beta + \gamma).$$

Das allgemeine Ergebnis folgt durch Induktion: Wir verbinden zwei Ecken des n-Eckes P und erhalten zwei Polygone P' und P'' mit n' bzw. n'' Ecken mit $n' + n'' = n + 2$. Wegen $\mu(P) = \mu(P') + \mu(P'')$ folgt nun die Formel aus der für P' und P''. □

Abb.13.3.10

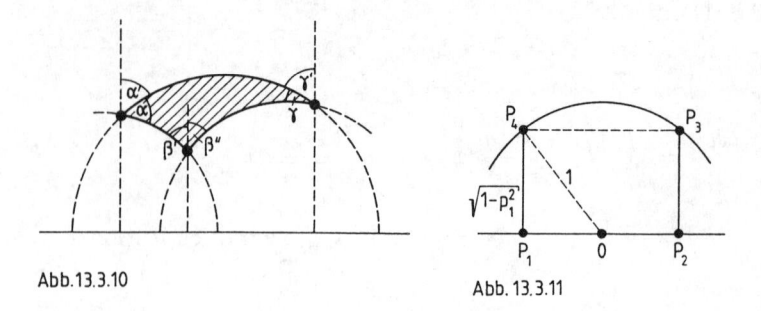

Abb. 13.3.11

13.3.13 Satz *Hat ein Vieleck P eine Seite auf $\bar{\mathbb{R}}$, so ist $\mu(P) = \infty$.*

B e w e i s   In diesem Fall enthält P ein „Viereck" Q mit Eckpunkten p_1, p_2, p_3, p_4, so daß die Seite $p_1 p_2$ auf $\mathbb{R}$, die Seiten $p_1 p_4$ und $p_2 p_3$ auf Geraden mit gleichem Ende liegen, vgl. Abb. 13.3.11. Weiter können wir voraussetzen, daß die Winkel in p_3 und p_4 gleich sind. Durch eine Bewegung verschieben wir Q so, daß $p_1 = -p_2$, $p_2 > 0$ und der Abschnitt $p_3 p_4$ auf dem Einheitskreis liegt. Dann gilt:

$$\mu(P) \geq \mu(Q) = \int\int_Q \frac{dxdy}{y^2} \geq \int_0^{\sqrt{1-p_1^2}} \frac{1}{y^2} \left(\int_{p_1}^{p_2} dx \right) dy$$

$$= -\frac{p_2 - p_1}{y} \Big|_0^{\sqrt{1-p_1^2}} = \infty. \qquad \Box$$

Typen der Bewegungen der nicht-euklidischen Ebene

Wie für die euklidische Ebene lassen die Bewegungen der nicht-euklidischen Ebene übersichtliche geometrische Beschreibungen zu, denen wir uns jetzt zuwenden.

13.3.14 Satz

(a) *Eine von der Identität verschiedene Bewegung f von $\mathbb{H}$, die einen Fixpunkt p (in $\mathbb{H}$) hat, ist elliptisch, und p ist der einzige Fixpunkt in $\mathbb{H}$. Es ist eine Drehung in der hyperbolischen Ebene, d.h. f erhält Kreise von gleichem Abstand von p, die auch euklidische Kreise sind. Zwei Drehungen von $\mathbb{H}$ sind*

13.3 Das Poincarésche Modell der nicht-euklidischen Ebene

konjugiert in der Gruppe der (orientierungserhaltenden) Bewegungen, wenn sie denselben Drehwinkel (mit Richtung) haben.

(b) *Zu jedem $r \geq 0$ gibt es Punkte q mit $d(q, f(q)) = r$.*

B e w e i s   Indem wir f mit einer geeigneten gebrochen-linearen Transformation konjugieren, können wir erreichen, daß 0 bei f fix ist. Dann hat f die Form $f(z) = e^{i\varphi}z$; es handelt sich hier um eine euklidische und gleichzeitig nicht-euklidische Drehung. Für sie sind die behaupteten Eigenschaften offenbar wahr. □

B e m e r k u n g   Wir heben noch einmal hervor, daß die nicht-euklidischen Kreise um p_0 zwar auch euklidische Kreise sind, aber p_0 nicht als euklidischen Mittelpunkt haben, wenn $p \neq 0$ ist.

13.3.15 Satz

(a) *Je zwei parabolische Bewegungen sind konjugiert in der Gruppe aller Bewegungen; in der Gruppe der orientierungserhaltenden Bewegungen gibt es zwei Konjugationsklassen, die durch irgendeine parabolische Bewegung und ihre Inverse repräsentiert werden.*

(b) *Sei f eine parabolische Bewegung der nicht-euklidischen Ebene, so gibt es zu jedem $r > 0$ ein z mit $d(f(z), z) = r$.*

B e w e i s   Wir nehmen das Modell $\mathbb{H}_*$ und setzen voraus, daß ∞ Fixpunkt von f ist, d.h. $f(z) = z + b$, $b \neq 0$. Durch Konjugation mit $z \mapsto \frac{b}{2}z$ für $b > 0$ erhalten wir die Transformation $z \mapsto z + 2$; analog für $b < 0$ ergibt die Konjugation mit $z \mapsto -\frac{b}{2}$ die Abbildung $z \mapsto z - 2$. Konjugation mit $z \mapsto -\bar{z}$ überführt die eine dieser Transformationen in die andere. Da ∞ der einzige Fixpunkt von $z \mapsto z + 2$ bzw. $z \mapsto z - 2$ ist und die erste Transformation auf $\mathbb{R}$ im mathematisch positiven, die zweite im negativen Sinne verschiebt, können die beiden Transformationen in der Gruppe der orientierungserhaltenden Abbildungen nicht konjugiert sein.

Da Bewegungen Abstände erhalten, genügt es wegen (a) zu zeigen, daß (b) für eine spezielle parabolische Bewegung gilt. Sei $f(z) = z + 2$, $z = -1 + iy$. Es ist $f(z) = 1 + iy$, und es folgt, vgl. Abb. 13.3.12:

$$d(f(z), z) = \log \frac{\left(1 + iy + \sqrt{1 + y^2}\right)\left(-1 + iy - \sqrt{1 + y^2}\right)}{\left(-1 + iy + \sqrt{1 + y^2}\right)\left(1 + iy - \sqrt{1 + y^2}\right)} \implies$$

$$\lim_{y \to 0} d(f(z), z) = +\infty, \quad \lim_{y \to \infty} d(f(z), z) = 0.$$

Daraus folgt (b), da $d(f(z), z)$ stetig von y abhängt. □

552   13 Geometrien

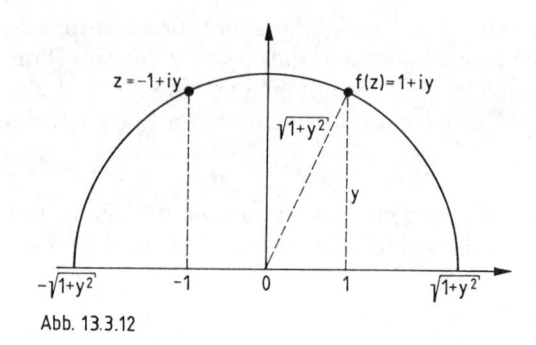

$z = -1+iy$ $f(z) = 1+iy$
$\sqrt{1+y^2}$
y
$-\sqrt{1+y^2}$ -1 0 1 $\sqrt{1+y^2}$

Abb. 13.3.12

13.3.16 Satz *Ist f eine hyperbolische Bewegung mit den Fixpunkten z_1 und z_2, so heißt die nicht-euklidische Gerade A mit den Enden z_1 und z_2 Achse von f.*

(a) Die Funktion $d(f(z), z)$ ist konstant für Punkte mit gleichem Abstand von A. Als Funktion dieses Abstandes ist sie stetig und streng monoton wachsend.

(b) $d(f(z), z)$ ist minimal, wenn z auf der Achse liegt. Dieser Abstand heißt Schiebungslänge *und wird mit L_f bezeichnet. Zwei hyperbolische Transformationen sind genau dann konjugiert, wenn sie die gleiche Schiebungslänge haben.*

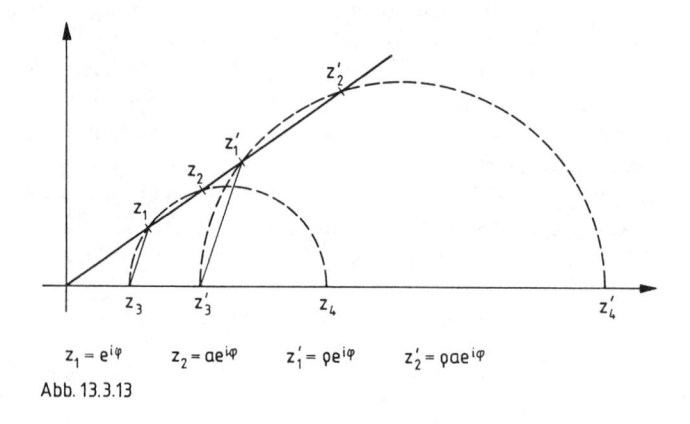

z_2'
z_1'
z_2
z_1
z_3 z_3' z_4 z_4'

$z_1 = e^{i\varphi}$ $z_2 = ae^{i\varphi}$ $z_1' = \varrho e^{i\varphi}$ $z_2' = \varrho a e^{i\varphi}$

Abb. 13.3.13

Beweis   Aus geometrischen Gründen ist klar, daß $d(f(z), z)$ stetig von z abhängt. Daß die Funktion $d(f(z), z)$ konstant ist für Punkte mit gleichem

13.3 Das Poincarésche Modell der nicht-euklidischen Ebene

Abstand von A und stetig vom Abstand abhängig ist, ergibt sich aus folgenden Berechnungen: Wir nehmen das Modell $\mathbb{H}_*$ und die imaginäre Achse als A, d.h. die Fixpunkte von f sind 0 und ∞. Für die Bezeichnungen im folgenden vgl. Abb. 13.3.13 und 13.3.14. Es ist $f(z) = az$ mit $a \in \mathbb{R}$, $a > 0$, $a \neq 1$. Die Punkte gleichen Abstands von A sind nach 13.3.7 die euklidischen Halbgeraden

$$\{z = \rho e^{i\varphi} : \rho \in \mathbb{R}, \rho > 0\}, \ \{z = \rho e^{-i\varphi + i\pi} : \rho \in \mathbb{R}, \rho > 0\} \ \text{für} \ 0 < \varphi \leq \frac{\pi}{2}.$$

Multiplikation mit a erhält sie. Der Abstand ist

$$d(z, A) = \log\left[\frac{i\rho - \rho}{\rho e^{i\varphi} - \rho} : \frac{i\rho + \rho}{\rho e^{i\varphi} + \rho}\right] = \log\left[\frac{i-1}{e^{i\varphi} - 1} : \frac{i+1}{e^{i\varphi} + 1}\right],$$

hängt also nicht von ρ ab, vgl. Abb. 13.3.14. Für (a) ist also zu zeigen:

$$d\left(e^{i\varphi}, ae^{i\varphi}\right) = d\left(\rho \cdot e^{i\varphi}, \rho \cdot ae^{i\varphi}\right).$$

Mit Hilfe des (euklidischen) Strahlensatzes folgt, daß die nicht-euklidische Gerade durch $\rho e^{i\varphi}$ und $\rho a e^{i\varphi}$ die Enden $z_3' = \rho \cdot z_3$ und $z_4' = \rho \cdot z_4$ hat, wenn z_3 und z_4 die Enden der Geraden durch $e^{i\varphi}$ und $ae^{i\varphi}$ sind. Beim Einsetzen in das Doppelverhältnis kürzt sich ρ heraus.

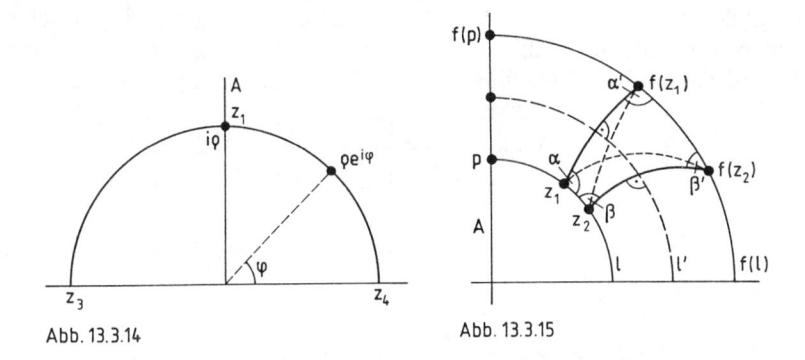

Abb. 13.3.14   Abb. 13.3.15

Durch Übergang zum Limes sehen wir, daß $d(a \cdot \rho \cdot e^{i\varphi}, \rho \cdot e^{i\varphi}) \to \infty$ für $\varphi \to 0$; denn dann resultiert die nicht-euklidische (unendlich lange) Gerade mit den Enden ρ und $a\rho$.

Falls $d(f(z), z)$ nicht streng monoton mit dem Abstand von A wächst, gibt es zwei Punkte z_1, z_2 mit

$$d(z_1, A) < d(z_2, A), \ d(f(z_1), z_1) = d(f(z_2), z_2).$$

Wir können annehmen, daß z_1 und z_2 auf derselben hyperbolischen Geraden ℓ orthogonal zu A liegen, und zwar in derselben Halbgeraden. Sei $p = \ell \cap A$. Dann liegt die Situation von Abb. 13.3.15 vor. Dort bedeute ℓ' die hyperbolische Gerade, die den Mittelpunkt des Abschnitts $\overline{pf(p)}$ enthält und senkrecht auf A steht. Die Spiegelung an ℓ' bringt p nach $f(p)$, überführt A in sich und darum ℓ nach $f(\ell)$, denn Spiegelungen erhalten Geraden, Winkel und Abstände. Also vertauscht die Spiegelung z_1 und $f(z_1)$ sowie z_2 und $f(z_2)$, und das Viereck z_1, $z_2, f(z_2), f(z_1)$ geht in sich selbst über. Deshalb ist

$$d(z_1, f(z_2)) = d(z_2, f(z_1)), \quad \alpha = \alpha' \text{ und } \beta = \beta',$$

wobei $\alpha, \alpha', \beta, \beta'$ die Winkel in $z_1, f(z_1), z_2, f(z_2)$ sind. Die Dreiecke $(z_1, f(z_1), f(z_2))$ und $(z_2, f(z_2), f(z_1))$ sind kongruent, da

$$d(z_1, f(z_1)) = d(f(z_2), z_2) \quad \text{(nach Voraussetzung)},$$
$$d(f(z_1), f(z_2)) = d(f(z_1), f(z_2)) \text{ und } d(f(z_2), z_1) = d(f(z_1), z_2)$$

ist. Also existiert eine Bewegung, bei der $z_1 \mapsto z_2, f(z_1) \mapsto f(z_2)$ und $f(z_2) \mapsto f(z_1)$ übergehen. Bewegungen erhalten die Winkel, und es folgt $\alpha' = \beta'$, d.h. alle vier Winkel sind gleich. Da die Fläche des Vierecks $(p, z_1, f(z_1), f(p))$ positiv ist und gleich $2\pi - 2\frac{\pi}{2} - 2(\pi - \alpha) = 2\alpha - \pi$ ist, folgt $\alpha > \frac{\pi}{2}$. Dann aber hat das Viereck $(z_1, z_2, f(z_2), f(z_1))$ die Fläche $2\pi - 4\alpha < 0$.

Somit ist die Annahme falsch und der Abstand $d(z, f(z))$ hängt doch streng monoton von $d(z, A)$ ab. Damit ist (a) bewiesen.

Um (b) einzusehen, berechnen wir die Schiebungslänge von $f(z) = az$:

$$L_f = \begin{cases} \log[az : z] = \log a & \text{falls } a > 1, \\ \log[z : az] = \log \frac{1}{a} & \text{falls } a < 1. \end{cases}$$

Also haben $f(z) = az$ und $g(z) = z/a$ die gleiche Schiebungslänge. Konjugation von f mit $z \mapsto -1/z$ ergibt

$$g^*(z) = -\frac{1}{f(-1/z)} = -\frac{1}{-a/z} = \frac{z}{a} = g(z).$$

Deshalb sind Transformationen mit gleicher Schiebungslänge konjugiert. □

13.3.18 Satz *Ist f eine hyperbolische Bewegung und hat z die Eigenschaft, daß $z, f(z)$ und $f^2(z)$ auf einer Geraden ℓ liegen, so ist ℓ die Achse von f.* □

13.3 Das Poincarésche Modell der nicht-euklidischen Ebene 555

Vergleich beider Modelle der nicht-euklidische Ebene

Punkte im Kleinschen Modell $\mathbb{H}_K$ wie auch im Poincaréschen Modell $\mathbb{H}_P$ (Einheitskreismodell) sind Punkte im Innern des Einheitskreises S^1. Geraden im Kleinschen Modell sind Stücke von projektiven Geraden, Geraden im Poincaréschen Modell sind Stücke von euklidischen Geraden durch den Kreismittelpunkt bzw. Abschnitte von Kreisen, die senkrecht auf dem Einheitskreis stehen. Wir wollen den Übergang von einem zum anderen Modell so vornehmen, daß Mittelpunktsgeraden erhalten bleiben, ebenso wie die Endpunkte der Geraden. Dieses legt die folgende Abbildung nahe:

13.3.19 Konstruktion Ist $P \neq 0$ ein Punkt aus $\mathbb{H}_K$, so sei m der (euklidische) Durchmesser durch P (also eine Gerade in beiden Modellen) und g eine weitere Gerade im Kleinschen Modell durch P. Dann sei g' die Gerade im Poincaréschen Modell mit denselben Enden auf S^1 wie g, und es sei $P' = m \cap g'$ das Bild von P. Vgl. Abb. 13.3.16.

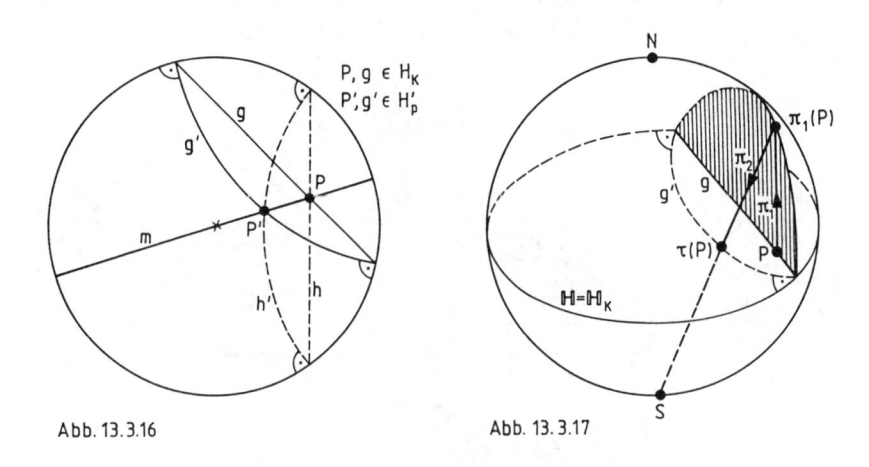

Abb. 13.3.16   Abb. 13.3.17

Es bleibt die Wohldefiniertheit von $P \mapsto P'$ zu zeigen, d.h. die Unabhängigkeit von der Wahl von g. Es ist S^1 gleich dem Äquator der Einheitssphäre $S^2 \subset \mathbb{R}^3$ und $\mathbb{H}$ gleich der eingespannten Scheibe. Die Punkte von S^1 und $\mathbb{H}_K$ projizieren wir vertikal auf die obere Halbkugel. Diese projizieren wir stereographisch vom „Südpol" aus zurück in die Äquatorebene. Das ergibt Abbildungen π_1 bzw. π_2, vgl. Abb. 13.3.17.

13.3.20 Satz *Die zusammengestzte Abbildung $\tau = \pi_2 \circ \pi_1 \colon \mathbb{H} \to \mathbb{H}$ vermittelt eine Isometrie zwischen den Kleinschen und dem Poincaréschen Modell der*

556   13 Geometrien

nicht-euklidischen Ebene; d.h. τ überführt die Geraden im Sinne des Kleinschen Modelles in solche des Poincaréschen und τ erhält Längen und Winkel.

B e w e i s   Die Abbildung $\tau = \pi_2 \circ \pi_1$ läßt S^1 punktweise fest und überführt $\mathbb{H}$ in sich. Eine Gerade aus $\mathbb{H}_K$ geht unter π_1 in einen Halbkreis senkrecht zur Äquatorebene, also auch zu S^1 über. Dieser wird von π_2 auf einen Halbkreis in der Äquatorebene senkrecht zu S^1 abgebildet, da π_2 als stereographische Projektion kreis- und winkeltreu ist, vgl. 13.2.3 und 13.2.10. Das Bild ist also eine Gerade g' in $\mathbb{H}_P$ mit den gleichen Endpunkten wie g.

Mittelpunktsgeraden bleiben unter τ erhalten. Da π_1 und π_2 bijektiv sind, ist τ eine bijektive Abbildung von $\mathbb{H}_K$ nach $\mathbb{H}_P$, die die Geraden von $\mathbb{H}_K$ in Geraden von $\mathbb{H}_P$ überführt. Es handelt sich dabei um die am Anfang von 13.3.19 beschriebene Abbildung, die deshalb wohldefiniert ist.

Im folgenden bezeichnen $|AB|$ den euklidischen Abstand zweier Punkte A, B. Zum Nachweis der Längentreue benutzen wir

13.3.21 Hilfssatz *Seien P und P' wie in 13.3.9 und r bzw. r' ihre (euklidischen) Abstände vom Nullpunkt, also $r = \overline{OP}$ und $r' = \overline{OP'}$. Dann gilt*

$$r = \frac{2r'}{1 + (r')^2}.$$

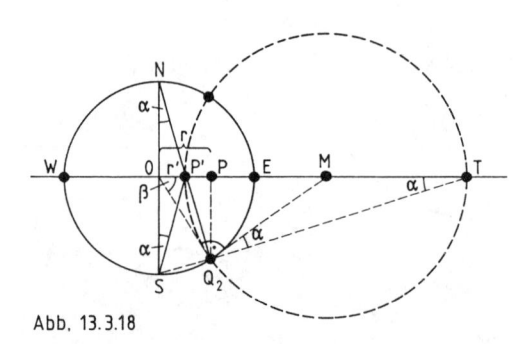

Abb. 13.3.18

B e w e i s   Zum Beweis vgl. Abb. 13.3.18. Der Punkt M ist der Schnittpunkt der Tangente an S^1 im Punkte Q_2 mit der Geraden durch O, P, P'. Deshalb sind die mit α bezeichneten Winkel gleich und der Winkel $\sphericalangle OQ_2M$ ist ein rechter. Nun folgt

$$\cos \beta = \frac{\overline{OP}}{\overline{OQ_2}} = \frac{\overline{OQ_2}}{\overline{OM}} \quad \Longrightarrow \quad r = \frac{1}{\overline{OM}},$$

$$\operatorname{ctg}\alpha = \frac{\overline{OT}}{\overline{OS}} = \frac{\overline{NO}}{\overline{OP'}} \quad \Rightarrow \quad \overline{OT} = \frac{1}{r'} \quad \text{mit } r' = |OP'|,$$

$$|OM| = |OP'| + |P'M| = r'' = |MT| = r' + \frac{1}{2}\left(\frac{1}{r} - r'\right) = \frac{1}{2} \cdot \frac{(r')^2 + 1}{2r'}. \quad \square$$

Damit gilt für die Doppelverhältnisse (hier $E = 1, W = -1$, vgl. Abb. 13.3.18):

$$\operatorname{Dv}(O, P, E, W) = \frac{0-1}{0+1} : \frac{r-1}{r+1} = \frac{1+r}{1-r} = \frac{(1+r')^2}{(1-r')^2},$$

$$\operatorname{Dv}(O, P', E, W) = \frac{0-1}{0+1} : \frac{r'-1}{r'+1} = \frac{1+r'}{1-r'}.$$

Daraus folgt für die Abstände in den beiden Modellen der nicht-euklidischen Ebene:

$$\left|\overline{OP}\right|_K = \frac{1}{2}\log\operatorname{Dv}(O, P, E, W) = \log\operatorname{Dv}(O, P', E, W) = \left|\overline{OP}\right|_P.$$

Aus der Invarianz des Doppelverhältnisses ergibt sich die Gleichheit der Abstände für zwei beliebige Punkte P und Q aus $\mathbb{H}_K$ bzw. $\tau(P)$ und $\tau(Q)$ aus $\mathbb{H}_P$. Ferner gilt $\tau \circ \mathcal{H} \circ \tau^{-1} = \mathcal{M}$. Die Winkelmessung bei O stimmt in beiden Modellen offenbar überein; wegen der Invarianz bei gebrochen-linearen Transformationen sind Winkel invariant bei τ. $\quad \square$

Aufgaben

13.3.A1
(a) Die Winkelsumme im hyperbolischen Dreieck ist kleiner als π.
(b) Im Poincaréschen Modell der hyperbolischen Ebene gibt es zu drei Winkeln α, β, γ mit $\alpha + \beta + \gamma < \pi$ bis auf Konvergenz genau ein Dreieck.

13.3.A2 Beweisen Sie Satz 3.3.18.

13.4 Sphärische Trigonometrie und Navigation

Wir beginnen mit Sätzen der sphärischen Trigonometrie und behandeln als Anwendung Navigationsaufgaben.

Sphärische Trigonometrie

Im folgenden betrachten wir die Einheitssphäre. Ein *Großkreis* ist der Schnitt von S^2 mit einer Ebene, die den Nullpunkt enthält. In Dreiecken usw. sind die Seiten Bögen auf Großkreisen, die Winkel und Längen stimmen mit den „euklidischen" (im $\mathbb{R}^3$) überein.

13.4.1 Satz *In einem rechtwinkligen Dreieck mit den Seiten a, b, c und den Winkeln $\alpha, \beta, \frac{\pi}{2}$ gelten die folgenden Formeln:*
(a) $\sin c = \sin a : \sin \alpha$, $\sin c = \sin b : \sin \beta$;
(b) $\cos c = \cos a \cdot \cos b$;
(c) $\cos c = \cot \alpha \cdot \cot \beta$;
(d) $\cos \alpha = \operatorname{tg} b : \operatorname{tg} c$, $\cos \beta = \operatorname{tg} a : \operatorname{tg} c$;
(e) $\operatorname{tg} \alpha = \operatorname{tg} a : \sin b$, $\operatorname{tg} \beta = \operatorname{tg} b : \sin a$;
(f) $\cos \beta = \sin \alpha \cdot \cos b$, $\cos \alpha = \sin \beta \cdot \cos a$.

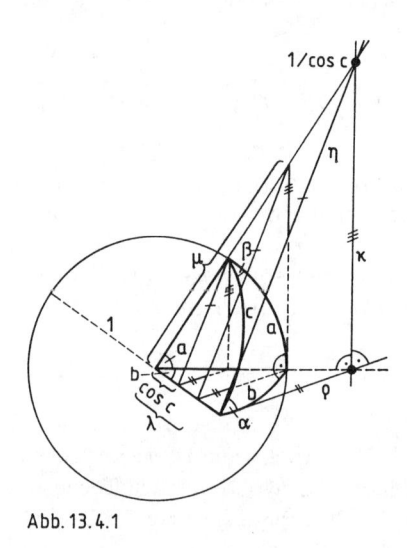

Abb. 13.4.1

Beweis Aus Abb. 13.4.1 ergeben sich die folgenden Gleichungen. Dabei ist aber zu beachten, daß einige Formeln mittels Längen, also „positive" Größen, erhalten werden, und es sind entweder Vorzeichenbetrachtungen anzuschließen oder die entsprechende Figuren für große Winkel ($> \frac{\pi}{2}$) und negative Zahlen zu bilden. In Abb. 13.4.1 sind rechte Winkel wie üblich markiert.

Zu (a): $\eta = \operatorname{tg} c$, $\sin a = \dfrac{\kappa}{\frac{1}{\cos c}} = \kappa \cos c$,

$$\sin\alpha = \frac{\kappa}{\eta} = \frac{\kappa}{\operatorname{tg} c};$$

daraus ergibt sich die erste Formel für $0 \le a, c, \alpha \le \pi/2$. Bleibt etwa α fest und wird a vergrößert, so wächst auch c monoton, und die Formel bleibt richtig, wenn a und — damit — c größer als $\pi/2$ sind. Analog können wir bei festem c und a schließen. Die zweite Formel entsteht durch Umbenennen.

Zu (b): $$\cos c : 1 = \lambda : \mu = \frac{\cos b}{1} : \frac{1}{\cos a}.$$

Zu (c):
$$\cot \alpha = \frac{\rho}{\kappa} = \frac{\operatorname{tg} b}{\kappa} = \frac{\sin b}{\cos b} \cdot \frac{\cos c}{\sin a} \quad \text{(aus Abb. 13.4.1)},$$
$$\cot \beta = \frac{\sin a}{\cos a} \cdot \frac{\cos c}{\sin b} \quad \text{(in Analogie)},$$
$$\cot \alpha \cdot \cot \beta = \frac{\cos^2 c}{\cos b \cdot \cos a} = \cos c. \quad \text{(wegen (b))}.$$

Das gilt wiederum für positive Größen, und wir müssen nun wieder Vorzeichenbetrachtungen wie eben anschließen.

Zu (d):
$$\frac{1}{\cos^2 \alpha} = 1 + \operatorname{tg}^2 \alpha \stackrel{(c)}{=} 1 + \frac{\cot^2 \beta}{\cos^2 c},$$
$$\cot^2 \beta = \frac{1}{\sin^2 \beta} - 1 \stackrel{(a)}{=} \frac{\sin^2 c}{\sin^2 b} - 1 = \frac{\sin^2 c - \sin^2 b}{\sin^2 b},$$
$$\frac{1}{\cos^2 \alpha} = \frac{\sin^2 b \cdot \cos^2 c + \sin^2 c - \sin^2 b}{\cos^2 c \cdot \sin^2 b} = \frac{-\sin^2 b \cdot \sin^2 c + \sin^2 c}{\cos^2 c \cdot \sin^2 b}$$
$$= \frac{\cos^2 b \cdot \sin^2 c}{\cos^2 c \cdot \sin^2 b} = \frac{\operatorname{tg}^2 c}{\operatorname{tg}^2 b}.$$

Daraus entsteht die erste Formel aus (d) durch Wurzelziehen, sofern alle Winkel genügend klein sind, d.h. $\cos \alpha, \operatorname{tg} b, \operatorname{tg} c$ positiv sind. Es schließen sich nun wieder Fallbetrachtungen an.

Zu (e):
$$\operatorname{tg} \alpha = \frac{\sin \alpha}{\cos \alpha} = \frac{\sin a}{\sin c} \cdot \frac{\operatorname{tg} c}{\operatorname{tg} b} \quad \text{(wegen (a) und (d))}$$
$$= \frac{\sin a \cdot \cos b}{\cos c \cdot \sin b} = \frac{\sin a}{\cos a \cdot \sin b} = \frac{\operatorname{tg} a}{\sin b} \quad \text{(wegen (b))}.$$

Zu (f):
$$\frac{\cos \beta}{\sin \alpha} = \frac{\operatorname{tg} a}{\operatorname{tg} c} \cdot \frac{\sin c}{\sin a} \quad \text{(wegen (a) und (d))}$$
$$= \frac{\cos c}{\cos a} = \cos b \quad \text{(wegen (b))}. \quad \square$$

Wir wenden uns nun den Sinus- und Cosinus-Sätzen in allgemeinen Dreiecken der Sphäre zu.

13.4.2 Satz *In einem Dreieck mit den Seiten a, b, c und Winkeln α, β, γ, vgl. Abb. 13.4.2, gelten die folgenden Aussagen:*

(a) $\sin a : \sin b : \sin c = \sin \alpha : \sin \beta : \sin \gamma$ \qquad *(Sinussatz);*
(b) $\cos a = \cos b \cdot \cos c + \sin c \cdot \sin b \cdot \cos \alpha$ \qquad *(1. Cosinussatz);*
(c) $\cos \alpha = \cos \beta \cdot \cos \gamma + \sin \gamma \cdot \sin \beta \cdot \cos a$ \qquad *(2. Cosinussatz);*
(d) $\sin b \cdot \cot c = \sin \alpha \cdot \cot \gamma + \cos b \cdot \cos \alpha;$
(e) $\sin \beta \cdot \cot \gamma = \sin a \cdot \cot c + \cos \beta \cdot \cos a.$

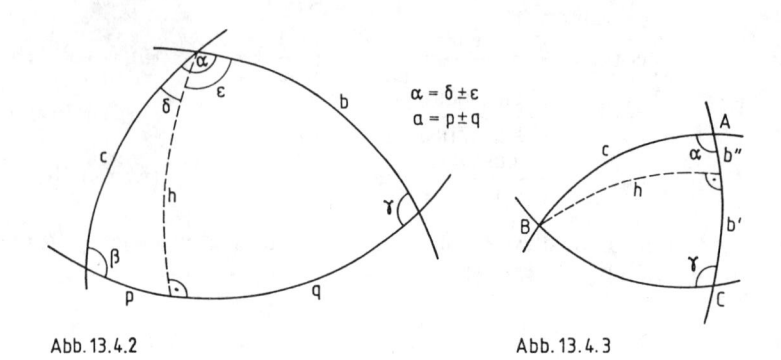

Abb. 13.4.2 \qquad\qquad Abb. 13.4.3

Beweis Zu (a): Aus 13.4.1 (a) folgt

$$\sin h : \sin \beta = \sin c = \sin p : \sin \delta, \quad \sin h : \sin \gamma = \sin b = \sin q : \sin \varepsilon \quad \Longrightarrow$$

$$\sin \beta : \sin \gamma = \sin b : \sin c.$$

Zu (b): 13.4.1 (d) und (a) ergeben

$$\cos \alpha = \cos(\delta \pm \varepsilon) = \cos \delta \cdot \cos \varepsilon \mp \sin \delta \cdot \sin \varepsilon$$

$$= \frac{\operatorname{tg} h}{\operatorname{tg} c} \cdot \frac{\operatorname{tg} h}{\operatorname{tg} b} \mp \frac{\sin p}{\sin c} \cdot \frac{\sin q}{\sin b},$$

$$\sin c \cdot \sin b \cdot \cos \alpha = \operatorname{tg}^2 h \cdot \cos c \cdot \cos b \mp \sin p \cdot \sin q$$

$$\cos a = \cos(p \pm q) = \cos p \cdot \cos q \mp \sin p \cdot \sin q$$

$$= \frac{\cos c}{\cos h} \cdot \frac{\cos b}{\cos h} \mp \sin p \cdot \sin q \quad \text{nach 13.4.1 (b),}$$

$$-\sin c \cdot \sin b \cdot \cos \alpha + \cos a = -\operatorname{tg}^2 h \cdot \cos c \cdot \cos b + \frac{\cos c \cdot \cos b}{\cos^2 h}$$

$$= \cos c \cdot \cos b \cdot \left(-\operatorname{tg}^2 h + \frac{1}{\cos^2 h}\right)$$

$$= \cos c \cdot \cos b.$$

(c) folgt aus (b) durch dualisieren.
Zu (d) vgl. Abb. 13.4.3:
$$\cot \gamma = \sin b' \cdot \cot h \qquad \text{nach 13.4.1 (e)},$$

$$\sin \alpha = \frac{\sin h}{\sin c} \qquad \text{nach 13.4.1 (a)},$$

$$\sin \alpha \cdot \cot \gamma = \frac{\sin b' \cdot \cos h}{\sin c} = \frac{\sin b' \cdot \cos c}{\cos b'' \cdot \sin c} \qquad \text{nach 13.4.1 (b)}$$

$$= \cot c \cdot \frac{\sin b'}{\cos b''}.$$

Mit Hilfe der Additionstheoreme der Sinus- und Cosinusfunktion und 13.4.1 (d) ergibt sich
$$\frac{\sin b'}{\cos b''} = \sin b - \cos b \cdot \cos \alpha \cdot \frac{1}{\cot c}.$$

(e): folgt aus (d) durch Dualisieren. □

Terrestrische Navigation

Als nächstes stellen wir Anwendungen der sphärischen Trigonometrie in der Seefahrt vor, nämlich die terrestrische und die Astro-Navigation.

13.4.3 Das Koordinatensystem der Erde, vgl. Abb. 13.4.4. Auf der Erde werden folgende Großkreise ausgezeichnet:
(a) *Längskreise* (oder *Meridiane*) = Großkreise durch Nord- und Süd-Pol,
(b) *Äquator*.

Ein Ort x auf der Erdkugel wird durch seine *geographische Breite* φ, $0 \leq \varphi \leq 90^0$, nördlich (N) oder südlich (S) des Äquators, und seine *geographische Länge* λ, $0 \leq \lambda \leq 180^0$, östlich (E) oder westlich (W) des Meridians von Greenwich, eindeutig bestimmt, vgl. Abb. 13.4.4. Ferner wird 1^0 in 60 sogenannte *Minuten* geteilt, $1^0 = 60'$, und eine Minute in 60 *Sekunden*, $1' = 60''$. Meistens werden aber Sekunden nicht verwandt, sondern Minuten mit Dezimalstellen verwandt, z.B. $54^023,7'N$. Linien gleicher geographischer Breite sind – bis auf den Äquator – keine Großkreise, sie werden *Breitenparallele* oder *Breitenkreise* genannt. Zum Beispiel hat der Leuchtturm von Kiel die Breite $54^030'N$ und die Länge $10^016'E$.

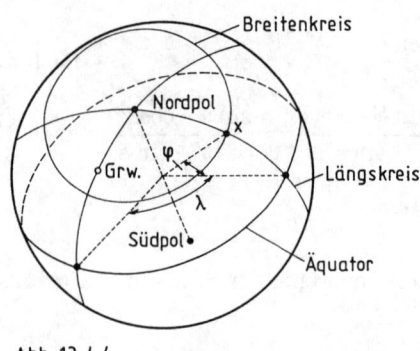

Abb. 13.4.4

13.4.4 Großkreisnavigation (a) Der Weg, den ein Schiff auf See nimmt, wird durch seinen *Kurs* α bestimmt. Hierbei handelt es sich um den Winkel zwischen der Richtung des Schiffs und der Nordrichtung ($0 \leq \alpha \leq 360^0$, von Nord über Ost, Süd, West bis Nord), vgl. Abb. 13.4.5.

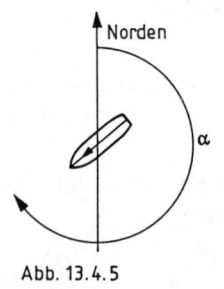

Abb. 13.4.5

Ein Schiff, welches einen konstanten Kurs fährt, bewegt sich i.A. nicht auf dem Teil eines Großkreises (man betrachte z.B. einen Breitenkreis $\neq$ Äquator). Da die Entfernung auf einem Großkreis die kürzeste ist, wird auf Langstrecken versucht, die Kurslinie durch ständige Kurskorrekturen einem Großkreis anzunähern.

(b) Berechnungen: Wir wollen von x nach y auf einem Großkreis fahren und interessieren uns für Distanz a und Anfangs- ($= 360^0 - \gamma$) und Endkurs ($= \beta$); vgl. Abb. 13.4.6.

13.4 Sphärische Trigonometrie und Navigation

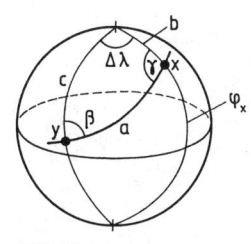

Abb. 13.4.6

Dort ist $b = 90^0 - \varphi_x$, $c = 90^0 - \varphi_y$, wobei φ_x und φ_y die Breiten von x und y sind; $\Delta\lambda$ ist die Differenz der geographischen Längen.

(1) Bestimmung von a mit Hilfe von 13.4.2 (b):

$$\cos a = \cos b \cdot \cos c + \sin c \cdot \sin b \cdot \cos \Delta\lambda.$$

(2) Anmerkung: Es ist a der Winkel, dessen Bogenlänge der Entfernung auf der Einheitskugel entspricht. Auf der Erde entspricht einer Minute auf einem Großkreis die Entfernung 1 sm (*Seemeile*)= 1,852 km.

(3) Bestimmung von β und γ mit 13.4.2 (d); wir setzen $\alpha = \Delta\lambda$:

$$\cot \gamma = \frac{\sin b \cdot \cot c}{\sin \Delta\lambda} - \cos b \cdot \cot \Delta\lambda,$$

$$\cot \beta = \frac{\sin c \cdot \cot b}{\sin \Delta\lambda} - \cos c \cdot \cot \Delta\lambda.$$

13.4.5 Funknavigation (a) Zum Navigieren werden Karten benötigt. Nun läßt sich die Kugelfläche nicht gleichzeitig winkel- und längentreu in die Ebene abbilden, und es muß versucht werden, eine möglichst günstige Projektion zu nehmen. Die meisten Seekarten sind sogenannte *Mercatorprojektionen* der Erde, in denen Längen- und Breitenkreis sowie Kurslinien (das sind Linien mit konstantem Kurswinkel ψ) als Geraden dargestellt werden. Bei konstantem Abstand der Längskreise werden dazu die Abstände der Breitenkreise so gewählt, daß die Verzerrung in Längs- und Querrichtung konstant ist. Ein vom Äquator verschiedener Breitenkreis hat eine kürzere Länge als der Äquator. Ist seine Länge gleich ℓ', sein Radius gleich R' und sind ℓ, R die entsprechenden Größen für den Äquator, so gilt nach Abb. 13.4.7

$$\frac{\ell}{\ell'} = \frac{R}{R'} = \frac{1}{\cos \varphi}.$$

Abb. 13.4.7   Abb. 13.4.8

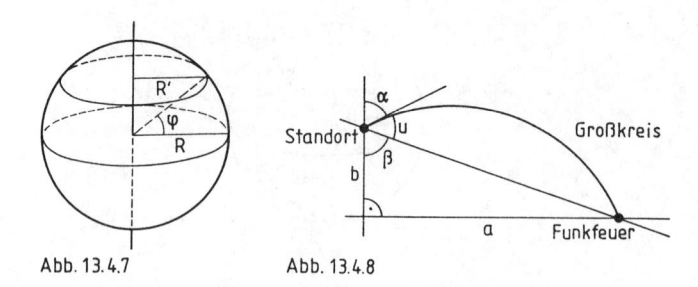

Daher liegen auf der Erde die Längskreise in der Nähe der Pole dichter zusammen als am Äquator. In der Projektion ist aber der Abstand der Längskreise konstant, und der Abstand der Breitenkreise muß zum Pol hin zunehmen. Nach den obigen Berechnungen ist auf der Breite φ der Abstand zweier aufeinanderfolgender Breitenminuten gleich dem $1/\cos\varphi$-fachen Abstands zweier Längenminuten. Vgl. Abb. 13.4.9.

Funkwellen bewegen sich auf der Erde entlang Großkreisen, die in der Mercatorprojektion zu polwärtsgekrümmten Linien werden. Wollen wir durch die Peilung von Funkfeuern die Position eines Schiffes bestimmen, muß die Peilung um einen Wert u berichtigt werden, damit sie in die Mercatorkarte eingetragen werden kann; vgl. Abb. 13.4.8. Hierzu müssen wir die Position des Funkfeuers und — angenähert — die eigene kennen.

(b) *Berechnungen:* Es ist $u = 180^0 - \alpha - \beta$.

(1) α wird wie in 13.4.4 bestimmt.

(2) β kann aus dem ebenen Dreieck angenähert wie folgt bestimmt werden: $a/b = \mathrm{tg}\,\beta$. Hierbei ist b der Breitenunterschied $\Delta\varphi$, den wir gemäß Anmerkung 13.4.4 (2) in eine Distanz umrechnen und nach dem oben gesagten mit $1/\cos\varphi_m$ multiplizieren (φ_m = mittlere Breite des Standortes und des Funkfeuers); ferner ist a der in Seemeilen umgerechnete Längenunterschied.

(c) *Bemerkung.* An einigen Stellen haben wir ungenau gerechnet. Dieses ist aber für die Praxis wenig bedeutend, da andere Einflüsse auf den Kurs stärker Auswirkungen haben, wie z.B. Ungenauigkeit beim Messen, Strömungen im Wasser, Ebbe-Flut Bewegungen.

Die Aufgaben 13.4.A5-8 lassen sich mit den Methoden der terrestrischen Navigation behandeln.

Abb. 13.4.9

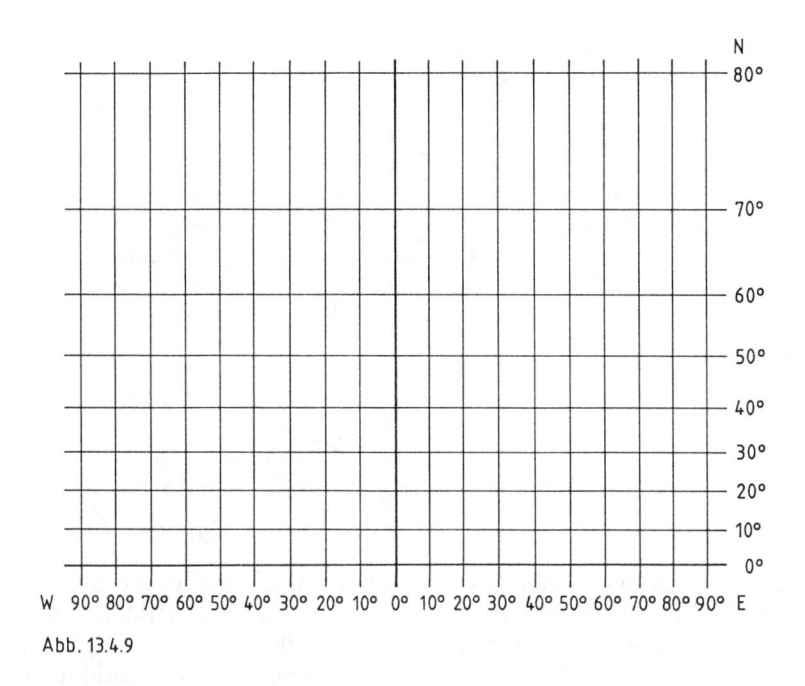

Astronavigation

Hierbei geht es darum, mit Hilfe der (bekannten) Positionen von Sonne, Mond, Planeten oder Sternen die Positionen des Schiffes zu ermitteln.

13.4.6 Zwei Koordinatensysteme der Himmelskugel

(a) Die Himmelskugel ist eine gedachte, die Erde konzentrisch umgebende Kugel, auf die alle Himmelskörper projiziert werden. Sie erhält Koordinaten, ähnlich den geographischen: Der geographischen Breite entspricht die *Deklination* δ, die den Winkelabstand des Gestirns vom Himmelsäquator angibt. Der geographischen Länge entspricht der *Sternenwinkel* β. Sein Bezugs-Meridian ist der Längskreis durch den *Frühlingspunkt* ♈, in dem die Sonnenbahn im Frühling den Äquator kreuzt ($0 \leq \beta \leq 360^0$), von ♈ zum Stern ∗ in Richtung West, Süd und Ost; vgl. Abb. 13.4.10. Um einen Bezug zwischen Erd- und Himmelskoordinatensystem herzustellen, wird der *Greenwich-Stundenwinkel* t des Frühlingspunktes tabelliert, also der Winkel zwischen dem Meridian von Greenwich und dem Meridian durch den Frühlingspunkt; vgl. Abb. 13.4.11. Er ist nicht konstant und hängt von der Uhrzeit ab.

Abb. 13.4.10

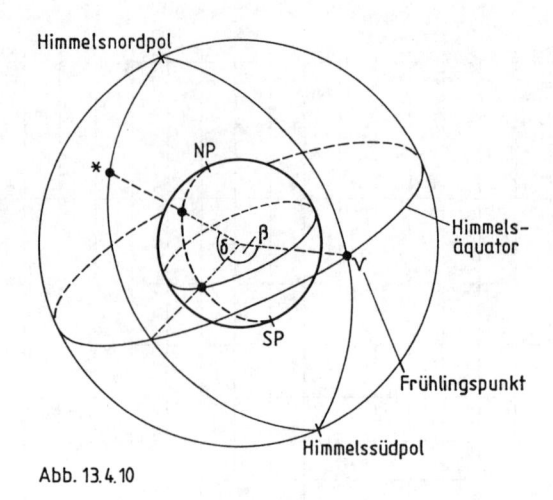

(b) Um aus den Beobachtungen des Himmels auf den eigenen Standort schließen zu können, wird noch ein weiteres Koordinatensystem des Himmels eingeführt, das den Beobachter in den Mittelpunkt stellt, vgl. Abb. 13.4.12. Der Punkt genau über dem Beobachter heißt der *Zenit* und übernimmt die Rolle des Nordpols. Ihm gegenüber liegt der *Nadir*. Der Äquator wird durch den *wahren Horizont* ersetzt, der im wesentlichen mit dem uns bekannten Horizont auf See übereinstimmt. Der Breite entspricht nun die Höhe h des Gestirns. (Sie kann mit einem Sextanten bestimmt werden.) Der Länge entspricht das *Azimut Az*, wobei der Bezugslängskreis durch Zenit und Himmelsnordpol geht: $0 \leq Az \leq 360^0$, von Nord über Ost, Süd, West nach Nord.

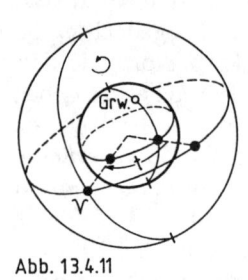

Abb. 13.4.11

Abb. 13.4.12

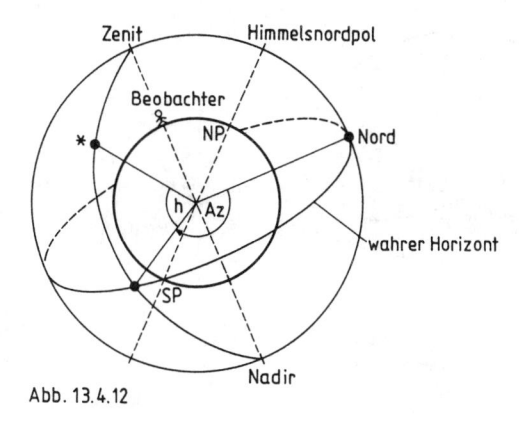

13.4.7 Das nautisch-sphärische Grunddreieck Wir stellen uns nun die Himmelskugel auf die Erde projiziert vor und betrachten das durch die drei Punkte Beobachter (B), Gestirn (∗), Nordpol (NP) gegebene Dreieck, vgl. Abb. 13.4.13, wo sich auch die Bezeichnungen der Dreiecksseiten befinden. Der Winkel T ist mit dem Greenwich-Stundenwinkel t, dem Sternenwinkel β und der Länge λ verknüpft durch $T = (t + \beta) - \lambda$ (oder analog), vgl. Abb. 13.4.14, wo die Erde von oben gesehen wird, so daß der Nordpol der Mittelpunkt der Kreise wird. Dabei wird das Vorzeichen von λ geändert wenn B sich östlich von Greenwich befindet.

Messen wir Az und h und ermitteln δ, β sowie t aus einer Tabelle – hierzu muß der Zeitpunkt bekannt sein, so können wir φ und T, also auch λ, mit Hilfe der Formeln aus 13.4.2 ermitteln. Tatsächlich läßt sich aber Az in der Praxis nicht messen, so daß ein anderes Verfahren angewandt wird, was in 13.4.9 beschrieben wird. Zunächst einige

13.4.8 Spezialfälle Zunächst werden Entartungen des nautisch-sphärischen Grunddreiecks untersucht.

(a) *Nordsternbreite:* Der beobachtete Stern liegt „genau" im Himmelsnordpol. Dann gilt $90^0 - h = 90^0 - \varphi$ also $h = \varphi$.

(b) *Mittagsbreite:* Hier steht der Stern genau südlich vom Beobachter; alles findet auf der Nordhalbkugel statt. Dann gilt:

$$90^0 - \varphi + 90^0 - h = 90^0 - \delta, \quad \text{also } \varphi = 90^0 - h + \delta.$$

568   13 Geometrien

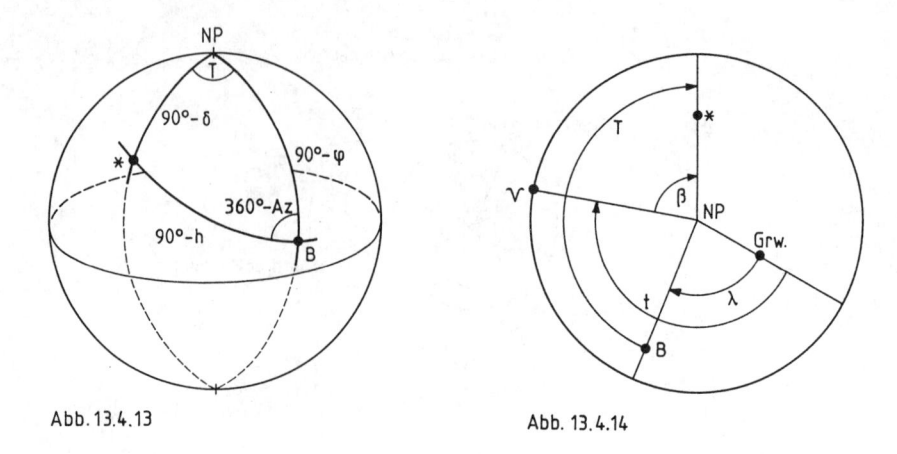

Abb. 13.4.13

Abb. 13.4.14

(c) *Chronometerlänge:* Durch den folgenden Trick (∗) kann der Zeitpunkt, zu dem das Gestirn genau südlich vom Beobachter steht, bestimmt werden und λ aus $T = 0$ erhalten werden, also: $\lambda = t+\beta$ (oder analog). Dieser Trick ist nötig, da zum Kulminationszeitpunkt die Bahn sehr flach und der Kulminationspunkt schwer auszumachen ist. Nötig für diese Messung ist eine genau gehende Uhr.

(∗) Mit Hilfe des Sextanten werden zwei Zeitpunkte festgestellt, an dem das Gestirn dieselbe Höhe hat, einmal vor und einmal nach der Kulmination, vgl. Abb. 13.4.15. Die wahre Kulminationszeit ergibt sich dann als $\frac{1}{2}(t_1 + t_2)$.

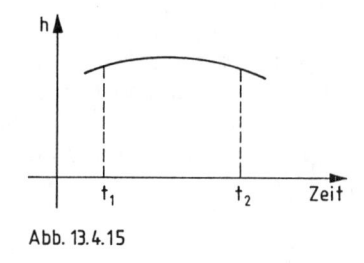

Abb. 13.4.15

(d) *Polynesische Navigation:* Für den zu fahrenden Kurs werden Zenitsterne ausgewählt ($h = 90^0$, d.h. ∗ = B), und es wird versucht zu erreichen, daß der ausgewählte Stern im Zenit (also senkrecht über dem Beobachter) steht.

13.4.9 Wie es wirklich gemacht wird

(a) Bei der Messung eines Gestirns wird jeweils nur die Höhe, nicht aber das Azimut bestimmt. Um einen Standort festzulegen, müssen dann minde-

13.4 Sphärische Trigonometrie und Navigation

stens zwei Gestirne gemessen werden. Dieses geschieht auch so; jedoch wird zur weiteren Berechnung wie folgt vorgegangen:

Für jede Einzelmessung wird ein wahrscheinlicher (gegißter) Ort (φ_G, λ_G) angenommen und (für die bekannten Koordinaten des Gestirns) das Azimut Az und die Höhe h berechnet. Sieht man das Gestirn mit einer bestimmten Höhe h, so befindet wir uns auf einem Kreis auf der Erdkugel um den Bildpunkt des Gestirns mit dem Radius $90^0 - h$, der *Höhengleiche*.

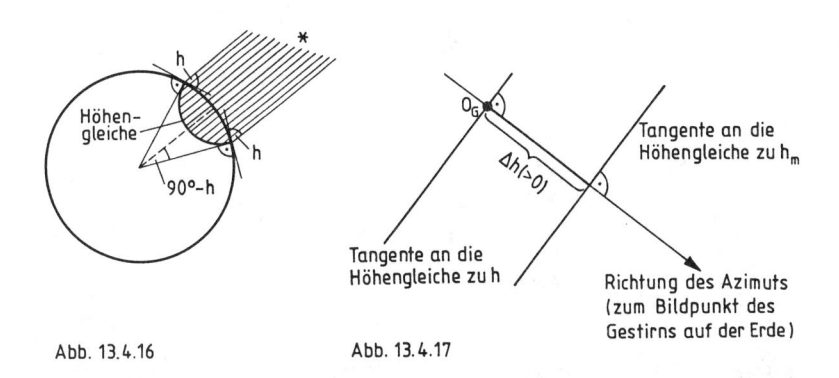

Abb. 13.4.16   Abb. 13.4.17

Differieren gemessene und berechnete Höhe h_m bzw. h, so ist der Radius des Kreises, auf dem wir uns befinden, größer ($\Delta h := h_m - h < 0$) oder kleiner ($\Delta h = h_m - h > 0$) als der des Kreises durch φ_G und λ_G (vgl. Abb. 13.4.16). Da es sich um sehr große Kreise auf der Erdoberfläche handelt, können wir sie im Bereich des wahrscheinlichen und des wahren Ortes durch ihre Tangenten approximieren. Dann haben wir die Situation von Abb. 13.4.17. Gemäß 13.4.4 (2) gehört zu der Winkeldifferenz Δh ein Abstand in sm. Die Tangente an die Höhengleiche zu h_m ist eine *Standlinie*, eine Linie, auf der wir uns befinden. Die zweite Messung liefert eine weitere Standlinie und ihr Schnitt mit der ersten den Standort.

(b) *Berechnungen:* In Abb. 13.4.18 ist bekannt: $90^0 - \delta$, $90^0 - \varphi_G$, T; es wird gesucht: $90^0 - h$, Az. Aus 13.4.2 (d) folgt

$$\cot(360^0 - Az) = \frac{\sin(90^0 - \varphi_G) \cdot \operatorname{ctg}(90^0 - \delta)}{\sin T} - \cos(90^0 - \varphi_G) \cdot \cot T \implies$$

$$\cot(Az) = \frac{\cos \varphi_G \cdot \operatorname{tg} \delta}{\sin T} + \sin \varphi_G \cdot \cot T.$$

Aus 13.4.2 (b) ergibt sich

$$\cos(90^0 - h) = \cos(90^0 - \delta)\cos(90^0 - \varphi_G) + \sin(90^0 - \delta)\sin(90^0 - \varphi_G)\cos T,$$

also

(0) $$\sin h = \sin\delta \sin\varphi_G + \cos\delta \cos\varphi_G \cdot \cos T.$$

Bestimmen Sie Formeln für h und Az für andere Lagen von Stern und Beobachter!

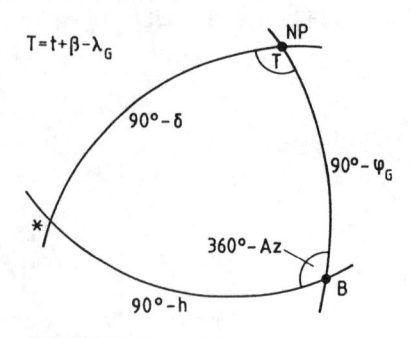

Abb. 13.4.18

(c) *Beispiel:* Am gegißten Ort $\varphi_G = 30^0 54' N$ und $\lambda_G = 119^0 05' W$ messen wir die Höhe der Venus im Westen und die Höhe des Sterns Atair im Südosten. Wir erhalten die gemessenen Höhen $h_{m_1} = 16^0 42,5'$ bzw. $h_{m_2} = 58^0 33,5'$. Dem nautischen Jahrbuch entnehmen wir folgende Gestirnskoordinaten:

Venus: $T = 60^0 12, 1'$, $\delta = 14^0 11, 8'$; Atair: $T = 336^0 05, 2'$, $\delta = 8^0 48, 1' N$.
Wo befinden wir uns zum Zeitpunkt der Messung?

Lösung:
(1) *Venus:*

$$\cot(Az) = \frac{\cos\varphi_G \cdot \mathrm{tg}\,\delta}{\sin T} + \sin\varphi_G \cdot \cot T \implies$$
$$Az = 61^0 26, 4' \quad \text{(mittels Taschenrechner)}.$$

Da $\cot(180^0 + \alpha) = \cot\alpha$ gilt, ist arc cot nicht eindeutig, und wir müssen die Information „Venus im Westen" ausnutzen:

$$Az = 180^0 + 61^0 26, 4' = 241^0 26, 4'.$$

Wegen (0) ist

$$\sin h = \sin\delta \sin\varphi_G + \cos\delta \cos\varphi_G \cos T \quad \text{und das ergibt}$$
$$h = 16^0 42, 3' \quad \text{(laut Taschenrechner)} \implies$$
$$\Delta h = h_m - h = 16^0 42, 5' - 16^0 42, 3' = 0, 2' \stackrel{\triangle}{=} 0, 2 \text{ sm}.$$

(2) *Atair:*

$$\cot(Az) = \frac{\cos\varphi_G \cdot \tan\delta}{\sin T} + \sin\varphi_G \cdot \cot T \implies$$
$$Az = -50°17,7' \quad \text{(laut Taschenrechner)}.$$

Da Atair bei der Messung im Südosten steht, erhalten wir (s.o.):

$$Az = 180° - 50°17,7' = 129°42,4'.$$

Aus (0):

$$\sin h = \sin\delta \cdot \sin\varphi_G + \cos\delta \cdot \cos\varphi_G \cdot \cos T \quad \text{ergibt sich}$$
$$h = 58°37,3' \quad \text{also } \Delta h = h_m - h = -3,8' \stackrel{\triangle}{=} 3,8 \text{ sm}.$$

(3) *Zeichnerische Auswertung:* Wir benutzen eine Blanco-Mercatorkarte für die entsprechende geographische Breite φ_G (hier $\approx 31°$), vgl. Abb. 13.4.19.

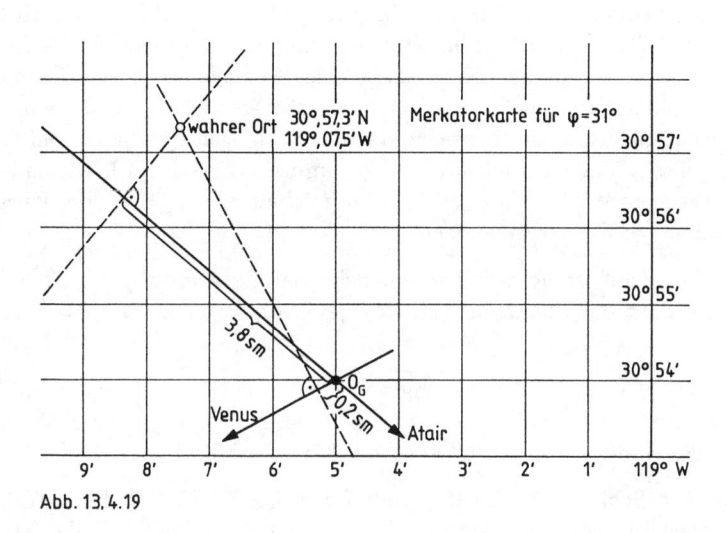

Abb. 13.4.19

Aufgaben

13.4.A1 Bestimmen Sie den Mittelpunkt, die Berührpunkte und den (sphärischen) Radius des Inkreises eines vorgegebenen Kugeldreiecks.

13.4.A2 Zeigen Sie: Zerlegt eine von der Spitze eines sphärischen Dreiecks ABC gezogene Strecke $CT = t$ die Basis AB in die beiden Abschnitte $AT = u$ und

$BT = v$, so gilt die Relation $\sin(u+v)\cos(t) = \sin(u)\cos(a) + \sin(v)\cos(b)$.
Leiten Sie daraus eine Formel zur Berechnung der Seitenhalbierenden ab.

13.4.A3 In einem sphärischen Dreieck ABC möge der Punkt Z auf dem durch A und B gehenden Großkreis liegen sowie Y auf der Dreiecksseite zwischen A und C und X auf der Dreiecksseite zwischen B und C. Es sei $\gamma = \frac{\sin BX}{\sin CX} \cdot \frac{\sin CY}{\sin AY} \cdot \frac{\sin AZ}{\sin BZ}$.
Zeigen Sie: $\gamma = 1 \iff$ Die drei Punkte X, Y, Z liegen auf einem Großkreis.

13.4.A4
(a) Die Seitenhalbierenden eines Kugeldreiecks schneiden sich in einem Punkt.
(b) Die Winkelhalbierenden eines Kugeldreiecks schneiden sich in einem Punkt.
(c) Die Höhen eines Kugeldreiecks schneiden sich in einem Punkt.

13.4.A5 Für welche Kurswinkel α fährt ein Schiff mit konstantem Kurs auf einem Großkreis? Hängt die Antwort von den geographischen Koordinaten des Schiffes ab?

13.4.A6 Wie sieht die Kurve allgemein aus, auf der sich ein Schiff mit konstantem Kurs bewegt? (Ohne Beweis)

13.4.A7 Ein Schiff soll von Lissabon ($\varphi = 38°42'N, \lambda = 9°12'W$) nach Rio ($\varphi = 22°54'S, \lambda = 43°12'W$) auf einem Großkreis fahren. Berechnen Sie die Entfernung, sowie Anfangs- und Endkurs. Nach wie vielen Seemeilen muß der Kurs das erste Mal um $1°$ geändert werden? Hier kommt eine Ungenauigkeit hinein; denn für obige Berechnungen haben wir angenommen, daß das Schiff sich ständig auf dem Großkreis fortbewegt, also ständig Korrekturen vorgenommen werden. Nach wieviel Seemeilen und unter welchem Winkel wird der Äquator geschnitten? Läßt sich der Kurs auf dem Seewege auf einem Großkreis nehmen?

13.4.A8 Ein Schiff steht nördlich von Schottland auf etwa $\varphi = 59°20'N; \lambda = 4°50'W$ und peilt das Funkfeuer von Reykjavik ($\varphi = 64°20'N; \lambda = 22°W$). Wie groß ist u?

13.4.A9 Wie groß ist die Entfernung von Köln nach Kaliningrad (= Königsberg), wenn $\varphi = 50°56'33''$ die Breite, $\lambda = 6°57'46''$ die Länge von Köln und $\psi = 54°42'50''$ die Breite und $\kappa = 20°30'4''$ die Länge von Kaliningrad sind?

13.4.A10 Ein Schiff fährt von Kapstadt ($\varphi = 33,93°N, \lambda = 18,47°O$) auf dem Großkreis nach Enderbyland (Antarktis) ($\lambda = 54,67°O$). Die Reise dauert 125,45 h, wenn die Durchschnittsgeschwindigkeit von 20 km/h eingehalten wird.
(a) Unter welchem Kurswinkel kommt das Schiff an?
(b) Welche geographische Breite hat der Ankunftsort in Enderbyland? (1 sm=1,85 km)

13.4.A11
(a) Die Höhe eines Gestirns mit den Koordinaten $\delta = 38°45,4'N, \beta = 80°59,9'$ wird mit $h = 49°09,6'$ gemessen. Zufällig kann der Beobachter auch das $Az = 54°29,2'$ genau bestimmen. Für den Beobachtungszeitpunkt entnimmt er einer Tafel für t den

Wert $t = 221^0 44, 5'$. Wo befindet sich der Beobachter? (Lösung: $\varphi = 58^0 47' N$, $\lambda = 01^0 33' E$).

(b) Ein Beobachter befindet sich wahrscheinlich auf $\varphi_G = 34^0 52' N$, $\lambda_G = 48^0 50' W$ und mißt die Höhe $h_m = 39^0 57, 0'$ eines Gestirns ($\delta = 45^0 58, 3' N, \beta = 281^0 18, 9'$). Für den Beobachtungszeitpunkt entnimmt er $t = 61^0 26, 6'$ aus einer Tafel. Bestimme die berechnete Höhe und das Azimut. Wie groß ist die Höhendifferenz in Seemeilen?

(c) Was ist die Beziehung zwischen Azimut Az und Kurswinkel ψ?

13.5 Über die elliptische Ebene

Die wichtigsten Eigenschaften der elliptischen Ebene sind schon in dem vorangehenden Abschnitt als solche der Sphäre behandelt worden. Deshalb folgt nun ein recht kurzer Paragraph, in dem wir nur einige zusätzliche Merkmale anführen. Hierbei wiederholen wir noch einige Eigenschaften, die schon in dem Abschnitt über projektive Ebenen besprochen worden sind.

Pol-Polaren-Beziehungen

Hier kommen wir auf den Begriff von 13.1.17 zurück.

13.5.1 Definition

(a) Die elliptische Ebene werde mit $\mathcal{E}$ bezeichnet; zur Definition von Geraden, Abständen, Winkeln, Pol usw. vgl. 13.1.11-18. Ist P der Pol der Geraden g, so schreiben wir wieder $P = Pol(g)$ und $g = Pol(P)$. Die Gruppe $\mathcal{G}_4$ heißt *Gruppe der Bewegungen von* $\mathcal{E}$ und werde mit $\mathcal{B}$ bezeichnet; die Elemente von $\mathcal{B}$ heißen *Bewegungen von* $\mathcal{E}$.

(b) Läßt eine Bewegung eine Gerade g punktweise fest und ist sie nicht die Identität, so heißt sie *Spiegelung* an g und wird mit σ_g bezeichnet. Eine Bewegung, die einen Punkt $P \in \mathcal{E}$ festhält, heißt *Drehung um* P. Überführt die Drehung jede Gerade durch P wieder in sich, ist aber nicht die Identität, so heißt die Bewegung eine *Punktspiegelung* und wird mit σ_P bezeichnet.

Da Bewegungen (elliptische) Geraden in Geraden abbilden und Abstände erhalten, überführen Drehungen um einen Punkt P jeden (elliptischen) Kreis um P in sich und „dreht" die Geraden durch P um einen festen Winkel. Für eine Punktspiegelung ist dieser Winkel natürlich gleich π; sie ist durch P eindeutig bestimmt.

13.5.2 Satz

(a) *Es seien P_1, P_2, P_3 drei verschiedene Punkte, so daß niemals die Polare eines P_i einen der beiden anderen Punkte enthält. Hält eine Bewegung f jeden der drei Punkte fest, so ist sie die Identität.*

(b) *Zu jeder Geraden g gibt es genau eine Spiegelung an g, und diese ist gleich der Punktspiegelung am Pol P von g, d.h.: $\sigma_g = \sigma_{Pol(g)}, \quad \sigma_P = \sigma_{Pol(P)}$.*

(c) *Jede Spiegelung hat die Ordnung 2, und jede Involution ist eine Spiegelung.*

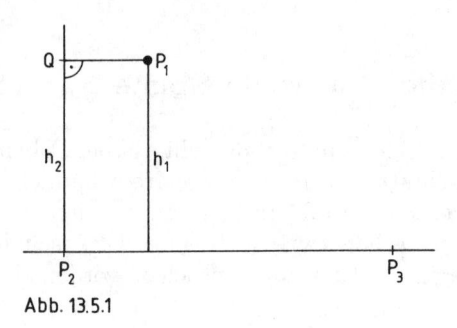

Abb. 13.5.1

B e w e i s (a) Vgl. Abb. 13.5.1. Das Lot h_1 von P_1 auf die Gerade P_2P_3 ist nach 13.1.18 (c) eindeutig bestimmt. Deshalb überführt f diese Senkrechte in sich und damit auch ihren Schnittpunkt mit P_2P_3. Der Schnittpunkt sei von P_2 verschieden. (Überlegen Sie sich, weshalb das keine Einschränkung der Allgemeinheit bedeutet.) Sei h_2 die Senkrechte auf P_2P_3 durch P_2; offenbar gilt $f(h_2) = h_2$. Nach Annahme ist h_2 nicht die Polare von P_1. Deshalb ist das Lot von P_1 auf h_2 eindeutig bestimmt und damit auch der Fußpunkt Q, der unter f fix ist. Dann sind P_1, P_2, P_3, Q vier Punkte in allgemeiner Lage, die unter f fix bleiben; deshalb ist die Projektivität f nach 12.2.23 die Identität.

(b) Wir nehmen ein projektives Koordinatensystem, in dem die $\mathcal{E}$ definierende quadratische Form in der Normalform $Q(x) = x_0^2 + x_1^2 + x_2^2$ vorliegt, vgl. 13.1.11. Die Abbildung

$$\sigma : \mathcal{E} \to \mathcal{E}, \quad (x_0, x_1, x_2)^t \mapsto (x_0, x_1, -x_2)^t$$

erhält offenbar die quadratische Form, ergibt also eine Bewegung von $\mathcal{E}$, und läßt die Gerade $x_2 = 0$ punktweise fest, ist aber nicht die Identität von $\mathcal{E}$, ist also eine Spiegelung an dieser Geraden. Da es zu je zwei Geraden eine Transformation aus $\mathcal{B}$ gibt, die die eine in die andere überführt, gibt es zu jeder Geraden mindestens eine Spiegelung an ihr.

Zum Beweis der Eindeutigkeit zeigen wir, daß es neben σ nur die Identität gibt, die die Gerade $x_3 = 0$ punktweise festhält. Sei f eine solche Projektivität, gegeben durch die Matrix A. Wir dürfen annehmen, daß $A \in O(3)$ ist. Da Pol $(g) = (0,0,1)^t$ unter f festbleibt, ist $A = \begin{pmatrix} A' & 0 \\ 0 & \pm 1 \end{pmatrix}$ mit $A' \in O(2)$. Da $g = \{(x_0, x_1, 0)^t\}$ punktweise fest bleibt, gilt

$$a_{00}x_0 + a_{01}x_1 = \pm x_0, \quad a_{10}x_0 + a_{11}x_1 = \pm x_1,$$

also $A' = \begin{pmatrix} \pm 1 & 0 \\ 0 & \pm 1 \end{pmatrix}$, d.h. $A = \begin{pmatrix} \varepsilon & & 0 \\ & \varepsilon & \\ 0 & & \eta \end{pmatrix}$ mit $\varepsilon, \eta \in \{1, -1\}$. Ist $\varepsilon = \eta$, so liegt die identische Abbildung vor, sonst die Spiegelung σ.

(c) Offenbar impliziert (b), daß Spiegelungen die Ordnung 2 haben. Sei nun ι eine Involution und $P \in \mathcal{E}$. Ist $\iota(P) \neq P$, so überführt ι die Gerade durch P und $\iota(P)$ in sich. Deshalb ist ihr Pol Fixpunkt von ι. Wir dürfen also mit einem Punkt P mit $P = \iota(P)$ beginnen. Wir wählen nun einen weiteren Punkt Q „nahe" bei P, d.h. er liegt dichter an P als an der Polaren $Pol(P)$. Ist Q ebenfalls fix unter ι, so bleiben alle Punkte der Geraden durch P, Q fest, und es liegt die Spiegelung an dieser Geraden vor. Andernfalls ist der Schnittpunkt der Geraden $Q\iota(Q)$ mit $Pol(P)$ ein Fixpunkt, ebenfalls der Mittelpunkt R der „kleinen" Strecke zwischen Q und $\iota(Q)$. Falls dieser von P verschieden ist, bleibt die Gerade PR punktweise fest, und es wird an ihr gespiegelt (vgl. Abb. 13.5.2). Andernfalls wird entweder an der Senkrechten auf dieser Geraden in P gespiegelt, oder es liegt eine Punktspiegelung an P vor. □

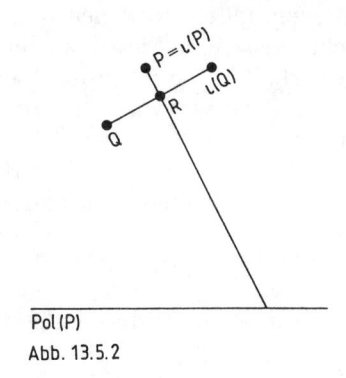

Abb. 13.5.2

13.5.3 Satz *Eine von der Identität verschiedene Bewegung von $\mathcal{E}$ ist entweder eine Spiegelung — und besitzt eine Gerade von Fixpunkten und deren Pol als isolierten Fixpunkt — oder hat genau einen Fixpunkt. Im letzteren Falle handelt es sich um eine Drehung um diesen Punkt um einen Winkel ungleich π.*

Beweis Sei φ eine Bewegung, die keine Spiegelung ist. Die Funktion $\mathcal{E} \to \mathbb{R}$, $X \mapsto d(X, \varphi(X))$ ist stetig auf dem kompakten Raum $\mathcal{E}$ und nimmt deshalb ihr Minimum in einem Punkt P an. Falls P kein Fixpunkt ist, betrachten wir die Punkte $P, \varphi(P), \varphi^2(P)$. Liegen diese drei Punkte auf einer Geraden, so wird diese von φ in sich überführt, und deshalb ist ihr Pol ein Fixpunkt, im Widerspruch zur Annahme, daß bei P das Minimum angenommen wird. Liegen sie nicht auf einer Geraden, so ist der Abstand der Mittelpunkte der beiden Strecken $[P, \varphi(P)]$ und $[\varphi(P), \varphi^2(P)]$ kleiner als $d(P, \varphi(P))$, erneuter Widerspruch.

Also verschwindet das Minimum und P ist Fixpunkt. Da φ keine Spiegelung sein soll, bleibt keine Richtung fest, und es „dreht" φ um P. Nach 13.5.2 (c) erfolgt die Drehung um einen Winkel ungleich π, was zur Folge hat, daß es keinen weiteren Fixpunkt in $\mathcal{E}$ gibt. □

13.5.4 Korollar *Jede Bewegung von $\mathcal{E}$ besitzt einen Fixpunkt, um den sie sich wie eine Drehung verhält. Jede Bewegung von $\mathcal{E}$ ist das Produkt von zwei Spiegelungen.* □

13.6 Projektive Maßbestimmungen

Durch Überwechseln ins Komplexe können wir der projektiven Geometrie das euklidische Maß aufprägen, indem wir einen Kegelschnitt auszeichnen. Bestimmen wir auf die gleiche Weise eine Metrik zu einem beliebigen (nicht ausgearteten) Kegelschnitt, so erhalten wir eine große Zahl neuartiger „Maße". Die zugrundeliegende Hyperfläche 2. Grades wird *Fundamentalgebilde* genannt. Zwei Punkte y, z, deren Entfernung definiert werden soll, bestimmen mit den beiden fundamentalen Punkten (= Schnittpunkte ihrer Verbindungsgeraden mit den Fundamentalgebilden) ein reelles Doppelverhältnis. Als Entfernung wird dann definiert:

$$E = c \cdot \log \mathrm{Dv},$$

wobei die „Entfernungskonstante" c für die Maßbestimmung charakteristisch ist.

Analoge Überlegungen können wir auch für Geraden- und Ebenenbüschel anstellen. Für den Winkel ω gilt dann

$$\omega = c' \log \mathrm{Dv}$$

mit einer Winkelkonstanten c', die aber unabhängig von c ist.

Trigonometrische Formeln

In der nicht-euklidischen Geometrie müssen an vielen Stellen die trigonometrischen Funktionen durch die im folgenden definierten hyperbolischen Funktionen ersetzt werden. Wir geben auch ihre wichtigsten Eigenschaften an.

13.6.1 Definition

$$\sinh x = \frac{e^x - e^{-x}}{2}, \quad \cosh x = \frac{e^x + e^{-x}}{2},$$

$$\operatorname{tgh} x = \frac{\sinh x}{\cosh x} = \frac{e^x - e^{-x}}{e^x + e^{-x}}, \quad \coth x = \frac{\cosh x}{\sinh x} = \frac{e^x + e^{-x}}{e^x - e^{-x}}.$$

Wegen $\cos x = \frac{e^{ix} + e^{-ix}}{2}$ und $\sin x = \frac{e^{ix} - e^{-ix}}{2i}$ gilt

$$\cosh x = \cos ix, \ \sinh x = -i \sin ix.$$

Da die vorliegenden Funktionen in $\mathbb{C}$ in Potenzreihen entwickelbar sind, ergeben sich die folgenden Formeln aus denen für sin, cos oder durch Nachrechnen.

13.6.2 Additionstheoreme

$$\sinh(x + y) = \sinh x \cdot \cosh y + \sinh y \cdot \cosh x,$$
$$\cosh(x + y) = \cosh x \cdot \cosh y + \sinh x \cdot \sinh y,$$
$$\operatorname{tgh}(x + y) = \frac{\operatorname{tgh} x + \operatorname{tgh} y}{1 + \operatorname{tgh} x \cdot \operatorname{tgh} y},$$
$$\coth(x + y) = \frac{1 + \coth x \cdot \coth y}{\coth x + \coth y},$$
$$1 = \cosh^2 x - \sinh^2 x,$$
$$\frac{d}{dx} \sinh x = \cosh x, \quad \frac{d}{dx} \cosh x = \sinh x,$$
$$\frac{d}{dx} \operatorname{tgh} x = \frac{1}{\cosh^2 x}, \quad \frac{d}{dx} \coth x = -\frac{1}{\sinh^2 x}.$$

13.6.3 Satz *Für die Hyperbel $\xi^2 - \eta^2 = 1$ kann $\xi = \cosh x$, $\eta = \sinh x$ gesetzt werden, und die Gleichung ist für alle $x \in \mathbb{R}$ erfüllt. Dann ist $|x|$ gleich dem doppelten Inhalt des Hyperbelsektors, vgl. Abb. 13.6.1.*

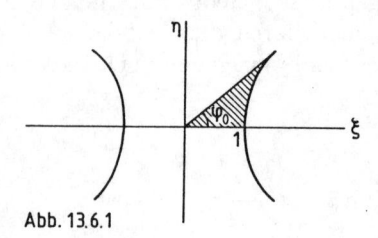

Beweis Setze $\xi = r\cos\varphi$, $\eta = r\sin\varphi$ mit $\xi^2 - \eta^2 = 1$. Dann gilt für den Inhalt F des Hyperbelsektors:

$$F = \int_0^\varphi \int_0^{r(\psi)} r \, dr \, d\psi = \frac{1}{2}\int_0^\varphi r(\psi)^2 d\psi = \frac{1}{2}\int_0^\varphi \frac{d\psi}{\cos^2\psi - \sin^2\psi}$$
$$= \frac{1}{2}\int_0^\varphi \frac{d(\mathrm{tg}(\psi))}{1 - \mathrm{tg}^2\psi} = \frac{1}{4}\log\left(\frac{1+\mathrm{tg}\,\varphi}{1-\mathrm{tg}\,\varphi}\right).$$

Also ist

$$e^{4F} = \frac{1+\mathrm{tg}\,\varphi}{1-\mathrm{tg}\,\varphi} \implies \mathrm{tg}\,\varphi = \frac{e^{4F}-1}{e^{4F}+1} = \mathrm{tgh}\,2F$$

und

$$r^2 = \frac{1}{\cos^2\varphi - \sin^2\varphi} = \frac{1+\mathrm{tg}^2\varphi}{1-\mathrm{tg}^2\varphi} = \frac{1+\mathrm{tgh}^2 2F}{1-\mathrm{tgh}^2 2F}$$
$$= \frac{\cosh^2 2F + \sinh^2 2F}{\cosh^2 2F - \sinh^2 2F} = \cosh^2 2F + \sinh^2 2F.$$

Wegen $\cos^2\varphi = 1/(1+\mathrm{tg}^2\varphi)$ ist

$$\xi = r\cos\varphi = \sqrt{(\cosh^2 2F + \sinh^2 2F)\frac{1}{1+\mathrm{tgh}^2 2F}} = \cosh 2F,$$
$$\eta^2 = \xi^2 - 1 = \sinh^2 2F.$$

Da $\xi = \cosh x$ ist, folgt $|x| = 2F$. □

Eine weitere Möglichkeit zur Berechnung ist die folgende; dabei bezeichnet

Ar cosh(ξ) die Umkehrfunktion von cosh(ξ) (mit positiven Werten).

$$F = \frac{1}{2}\xi\sqrt{\xi^2 - 1} - \int_1^\xi \sqrt{x^2 - 1}\,\mathrm{d}x,$$

$$\int_1^\xi \sqrt{x^2 - 1}\,\mathrm{d}x = x\sqrt{x^2 - 1}\Big|_1^\xi - \int_1^\xi x\frac{1}{2}\frac{2x}{\sqrt{x^2 - 1}}\,\mathrm{d}x$$

$$= \xi\sqrt{\xi^2 - 1} - \int_1^\xi \frac{x^2 - 1}{\sqrt{x^2 - 1}}\,\mathrm{d}x - \int_1^\xi \frac{\mathrm{d}x}{\sqrt{x^2 - 1}} \implies$$

$$\int_1^\xi \sqrt{x^2 - 1}\,\mathrm{d}x = \frac{1}{2}\xi\sqrt{\xi^2 - 1} - \frac{1}{2}\operatorname{Ar cosh}\Big|_1^\xi \implies$$

$$F = \frac{1}{2}\operatorname{Ar cosh}\xi.$$

Dies erklärt auch die Bezeichnung „Ar cosh", entstanden aus Area = Fläche.

Über die Abstandsbestimmung

Die Abstandsbestimmung zweier Punkte in der Ebene oder im Raum wird natürlich zurückgeführt auf die Abstandsbestimmung auf einer Geraden. Deshalb stellen wir diese voran.

13.6.4 Abstandsbestimmung auf einer projektiven Gerade g Es wird eine nichtausgeartete Hyperfläche 2. Grades (auch *fundamentaler Kegelschnitt* genannt) als Fundamentalgebilde festgelegt:

$$Q(x,x) = \sum_{i,k=0}^{1} a_{ik}x_i x_k = a_{00}x_0^2 + 2a_{01}x_0 x_1 + a_{11}x_1^2 = 0 \quad \text{mit}$$

$$a_{01} = a_{10}, \quad D = a_{01}^2 - a_{00}a_{11} \neq 0.$$

Diese Gleichung bestimmt auf g ein Punktepaar x', x'', das die homogenen Koordinaten (x_0', x_1'), (x_0'', x_1'') besitzt, so daß

$$\frac{x_1'}{x_0'} = -\frac{a_{01}}{a_{11}} + \frac{1}{a_{11}}\sqrt{a_{01}^2 - a_{00}a_{11}},$$

$$\frac{x_1''}{x_0''} = -\frac{a_{01}}{a_{11}} - \frac{1}{a_{11}}\sqrt{a_{01}^2 - a_{00}a_{11}}.$$

Die beiden Punkte y, z auf g, deren Entfernung bestimmt werden soll, mögen die Koordinaten (y_0, y_1) und (z_0, z_1) haben. Ihre Entfernung wird dann durch

$$E(y,z) = c \cdot \log \mathrm{Dv}(y,z,x',x'') = c \log \frac{\begin{vmatrix} y_0 & x_0'' \\ y_1 & x_1'' \end{vmatrix} \cdot \begin{vmatrix} z_0 & x_0' \\ z_1 & x_1' \end{vmatrix}}{\begin{vmatrix} y_0 & x_0' \\ y_1 & x_1' \end{vmatrix} \cdot \begin{vmatrix} z_0 & x_0'' \\ z_1 & x_1'' \end{vmatrix}}$$

gegeben, wobei c eine positive Konstante ist.

Wir wollen nun $\mathrm{Dv}(y,z,x',x'')$ aus den Koordinaten von y und z berechnen. Da x', x'' auf der durch y und z bestimmten Geraden liegen, gilt:

$$\rho' x_i' = y_i + \mu' z_i = \mu' y_i' + \mu' z_i \quad \text{für} \quad y_i' = \frac{y_i}{\mu'},$$
$$\rho'' x_i'' = y_i + \mu'' z_i = \mu'' y_i'' + \mu'' z_i \quad \text{für} \quad y_i'' = \frac{y_i}{\mu''};$$

dabei sind $\rho', \rho'', \mu', \mu'' \in \mathbb{R}$. Nach 12.5.1 gilt $\mathrm{Dv}(y,z,x',x'') = \mu''/\mu'$. Da x' und x'' auch auf dem Fundamentalgebilde liegen, erfüllen μ' und μ'' die Gleichung

$$0 = \sum a_{ik}(y_i + \mu z_i)(y_k + \mu z_k)$$
$$= \sum a_{ik} y_i y_k + 2\mu \sum a_{ik} y_i z_k + \mu^2 \sum a_{ik} z_i z_k$$
$$= Q(y,y) + 2\mu Q(y,z) + \mu^2 Q(z,z);$$

hier ist $Q(y,z) = \sum a_{ik} y_i z_k$ die zu A gehörige Bilinearform. Also ist

$$\mu' = \left[-Q(y,z) + \sqrt{Q^2(y,z) - Q(y,y)Q(z,z)} \right] \cdot \frac{1}{Q(z,z)},$$
$$\mu'' = \left[-Q(y,z) - \sqrt{Q^2(y,z) - Q(y,y)Q(z,z)} \right] \cdot \frac{1}{Q(z,z)},$$

und es folgt

13.6.5 Hilfssatz

(a) $$E(y,z) = c \cdot \log \frac{Q(y,z) + \sqrt{Q^2(y,z) - Q(y,y)Q(z,z)}}{Q(y,z) - \sqrt{Q^2(y,z) - Q(y,y)Q(z,z)}}.$$

(b) *Für den Radikanden ergibt sich*

$$Q^2(y,z) - Q(y,y) \cdot Q(z,z) = (y_0 z_1 - y_1 z_0)^2 (a_{01}^2 - a_{00} a_{11}). \qquad \square$$

Analoge Überlegungen für das Geradenbündel ergeben:

13.6.6 Korollar *Hat die Gleichung des fundamentalen Kegelschnittes für die Geraden die Gestalt*

$$R(u,u) = \sum_{i,k=0}^{1} \alpha_{ik} u_i u_k = 0$$

mit $\alpha_{ik} = \alpha_{ki}$ *und* $\alpha_{21}^2 - \alpha_{00}\alpha_{11} \neq 0$, *so gilt für den Winkel zwischen den Geraden* v, w:

$$W(v,w) = c' \cdot \log \frac{R(v,w) + \sqrt{R^2(v,w) - R(v,v)R(w,w)}}{R(v,w) - \sqrt{R^2(v,w) - R(v,v)R(w,w)}}.$$ □

Wie es naheliegt, geschieht nun die Übertragung auf Punkte in einer Ebene mit fundamentalem Kegelschnitt dadurch, daß die quadratische Form auf die Gerade durch die betrachteten Punkte eingeschränkt wird. Die Formel 13.6.5 (a) für $E(y,z)$ läßt sich unmittelbar verallgemeinern.

Eine Besonderheit tritt auf, wenn die Gerade g den Kegelschnitt von Q berührt; dann ist $E(y,z) = 0$ und wir sagen, *die Gerade durch* y *und* z *ist isotrop*.

Als nächstes wenden wir dieses Ergebnis auf spezielle Kegelschnitte an und zwar auf

$$Q(x,x) = \varepsilon x_0^2 + x_1^2 + x_2^2, \ \varepsilon \in \{1, -1\}.$$

Wir benutzen die Formel

(1) $$\log a = 2i \arccos \frac{a+1}{2\sqrt{a}}.$$

Sie ergibt sich so: Durch Ableiten nach a erhalten wir rechts

$$-2i \frac{1}{\sqrt{1 - \frac{(a+1)^2}{4a}}} \cdot \frac{2a - (a+1)}{\sqrt{a} \cdot 4a} = -\frac{1}{\eta a},$$

wobei $\eta \in \{1, -1\}$ der Wahl des Vorzeichens bei den Wurzelzeichen entspricht. Da für $a = 1$ die Gleichung (1) gilt, ergibt sich nun, daß für einen Ast des arccos die Gleichung (1) überall gilt — natürlich mit $\eta = -1$.

Durch Rechnen entsteht aus 13.6.5 (a)

$$
(2) \quad E(y,z) = 2ic \arccos \frac{Q(y,z)}{\sqrt{Q(y,y)Q(z,z)}}
$$
$$
= 2ic \arcsin \frac{\sqrt{-Q^2(y,z) + Q(y,y)Q(z,z)}}{\sqrt{Q(y,y)Q(z,z)}}.
$$

Wenn keine gemischten Glieder in der quadratischen Form auftreten, d.h. für

$$Q(z,y) = \varepsilon y_0 z_0 + y_1 z_1 + y_2 z_2 \quad \text{mit} \quad \varepsilon \in \{1,-1\},$$

entsteht die übersichtlichere Formel

$$
(3) \quad E(y,z) = 2ic \arccos \frac{\varepsilon y_0 z_0 + y_1 z_1 + y_2 z_2}{\sqrt{\varepsilon y_0^2 + y_1^2 + y_2^2} \cdot \sqrt{\varepsilon z_0^2 + z_1^2 + z_2^2}}.
$$

Elliptische und hyperbolische Maßbestimmung

Wir betrachten zunächst die *elliptische Maßbestimmung* auf einer projektiven Geraden zur quadratischen Form $x_0^2 + x_1^2$. Dann sind die Fundamentalpunkte $(x_0, x_1) = (1,i)$ oder $(1,-i)$. Ferner sollen reelle Punkte einen reellen Abstand haben und die Schwarzsche Ungleichung gelten:

$$-1 \leq \frac{y_0 z_0 + y_1 z_1}{(y_0^2 + y_1^2)(z_0^2 + z_1^2)} \leq 1.$$

Deshalb wird in (3) $c = ic_e$ mit $0 \neq c_e \in \mathbb{R}$ gesetzt. Analog wird in der projektiven Ebene definiert:

$$
(4) \quad E_e(y,z) = -2c_e \arccos \frac{y_0 z_0 + y_1 z_1 + y_2 z_2}{\sqrt{y_0^2 + y_1^2 + y_2^2}\sqrt{z_0^2 + z_1^2 + z_2^2}}.
$$

Der Abstand ist durch diese Formel nur bis auf Vorzeichen und Vielfache von $2\pi c_e$ definiert. Die Längenbestimmung entspricht der auf einer Sphäre vom Radius $r = 2c_e$, vgl. 13.1.13.

Analog setzen wir für die *hyperbolische Ebene* $c = c_h \neq 0$. Betrachten wir zunächst nur die Gerade, so ist die quadratische Form $-x_0^2 + x_1^2$ und die Punkte $x' = (1,1)$ und $x'' = (-1,1)$ machen das Fundamentalgebilde aus. Das Doppelverhältnis $\mathrm{Dv}(y,z,x',x'')$ ist positiv (bzw. negativ), wenn das Punktepaar y,z durch x' und x'' nicht getrennt (bzw. getrennt) wird. Dann also ist der Abstand von Punkten der „hyperbolischen Geraden" reell. Die Entfernung wird deshalb in der hyperbolischen Ebene gegeben durch

(5) $$E_h(y,z) = 2ic_h \arccos \frac{-y_0 z_0 + y_1 z_1 + y_2 z_2}{\sqrt{-y_0^2 + y_1^2 + y_2^2}\sqrt{-z_0^2 + z_1^2 + z_2^2}}.$$

Setzen wir $c_e = -ic_h$, so geht die eine Geometrie in die andere über. Dies ermöglicht das

13.6.7 Übertragen von Formeln von einer Geometrie in die andere

Wir setzen $c = ic_e$ und

$$Q(x,y) = 4c_e^2 x_0 y_0 + x_1 y_1 + x_2 y_2 = -4c^2 x_0 y_0 + x_1 y_1 + x_2 y_2.$$

Betrachten wir ein Dreieck mit Ecken ξ, η, ζ, vgl. Abb. 13.6.2, so ergibt sich für die Seitenlänge A:

$$A = 2ic \arccos \frac{-4c^2 \xi_0 \eta_0 + \xi_1 \eta_1 + \xi_2 \eta_2}{\sqrt{-4c^2 \xi_0^2 + \xi_1^2 + \xi_2^2}\sqrt{-4c^2 \eta_0^2 + \eta_1^2 + \eta_2^2}} =: F(\xi, \eta, \zeta; c),$$

wobei F eine analytische Funktion in den Parametern ist, insbesondere in der Variabeln c. Analog entstehen analytische Funktionen

$$B = G(\xi, \eta, \zeta; c), \quad \alpha = f(\xi, \eta, \zeta; c), \quad \beta = g(\xi, \eta, \zeta; c).$$

Im Falle $c = ic_e$ erhalten wir aus der trigonometrischen Formel 13.4.2 (a)

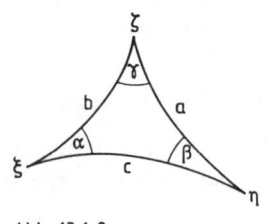

Abb. 13.6.2

(6) $$\sin \frac{1}{2ic} F(\xi, \eta, \zeta; c) : \sin \frac{1}{2ic} G(\xi, \eta, \zeta; c) = \sin f(\xi, \eta, \zeta; c) : \sin g(\xi, \eta, \zeta; c).$$

Hier handelt es sich um eine Gleichung zwischen analytischen Funktionen in c, allerdings nur für rein imaginäre Argumente c. Aus dem Identitätssatz für analytische Funktionen folgt jedoch, daß sie auch für die anderen komplexen Zahlen gilt (vgl. Bücher zur Funktionentheorie).

Nun betrachten wir $c = c_h$ und lassen ξ, η, ζ ungeändert. Die Formeln

$$\cosh \varphi = \cos i\varphi, \quad \sinh \varphi = -i \sin i\varphi$$

aus 13.6.1 verwandeln (6) in

(7) $$\sinh \frac{1}{2c_h} F(\xi, \eta, \zeta; c_h) : \sinh \frac{1}{2c_h} G(\xi, \eta, \zeta; c_h)$$
$$= \sinh f(\xi, \eta, \zeta; c_h) : \sinh(\xi, \eta, \zeta; c_h),$$

d.h. in der hyperbolischen Ebene gilt

(8) $$\sinh \frac{A}{2c_h} : \sinh \frac{B}{2c_h} = \sin \alpha : \sin \beta \qquad \text{(Sinussatz)}.$$

Analog erhalten wir den Cosinussatz

(9) $$\cosh \frac{A}{2c_h} = \cosh \frac{B}{2c_h} \cdot \cosh \frac{C}{2c_h} - \sin \frac{B}{2c_h} \cdot \sin \frac{C}{2c_H} \cdot \cos \alpha$$

Speziell entsteht im rechtwinkligen Dreieck das Analogon des Satzes von Pythagoras aus 13.4.2 (c):

(10) $$\cosh \frac{C}{2c_h} = \cosh \frac{A}{2c_h} \cdot \cosh \frac{B}{2c_h} \qquad (\gamma = \frac{\pi}{2})$$

usw.

Die euklidische Geometrie als Grenzfall

Die euklidische Geometrie läßt sich aus der elliptischen durch den Grenzübergang $c_e \to \infty$ gewinnen, was auch den anschaulichen Erwartungen entspricht.

13.6.8 Wir wenden diesen Übergang einmal auf den Sinus-Satz an:

$$\sin \frac{A}{2c_e} : \sin \frac{B}{2c_e} = \left(\frac{A}{1!2c_e} - \frac{A^3}{3!2^3 c_e^3} + \cdots \right) : \left(\frac{B}{1!2c_e} - \frac{B^3}{3!2^3 c_e^3} + \cdots \right)$$
$$= \left[A + \frac{1}{c_e^2}(-\frac{A^3}{3!2^2} + \frac{A^5}{5!2^4 c_e^2} - \cdots) \right] : \left[B + \frac{1}{c_e^2}(\cdots) \right]$$
$$\to A : B \qquad \text{für } c_e \to \infty.$$

Aus dem Sinussatz der elliptischen Ebene entsteht im Limes damit

$$A : B = \sin\alpha : \sin\beta,$$

also die bekannte euklidische Formel, die sich auch unmittelbar aus der geometrischen Definition des Sinus ergibt, vgl. Abb. 13.6.3.

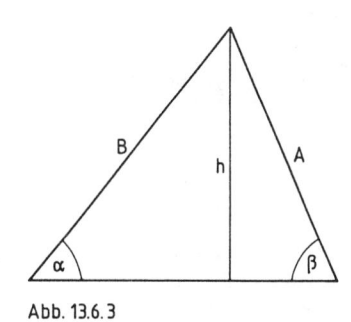

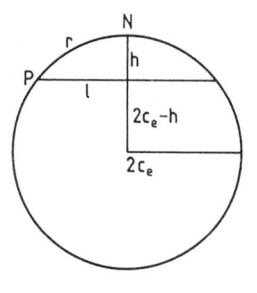

Abb. 13.6.3   Abb. 13.6.4

13.6.9 Als weiteres Beispiel betrachten wir Kreisumfang und -winkel.

(a) Vgl. Abb. 13.6.4. In der Sphäre vom Radius $2c_e$ gilt

$$\ell = 2c_e \sin\frac{r}{2c_e},$$

wobei r der Bogen auf der Sphäre ist (= Radius eines Kreises) und ℓ den euklidischen Abstand des Endpunktes P von r von der Nord-Süd-Achse bezeichnet. Dabei gibt $r/2c_e$ den Winkel beim Mittelpunkt der Sphäre zwischen den Radien nach N und P an. Bezeichnet L die Länge und J den Inhalt des Kreises der elliptischen Ebene vom Radius r, so gilt

(11) $$L = 4\pi c_e \sin\frac{r}{2c_e} \quad \text{und} \quad J = 4\pi c_e \cdot h.$$

Wegen $\cos(r/2c_e) = (2c_e - h)/2c_e$ gilt $h = 4c_e \sin^2(r/4c_e)$, also

(12) $$J = 16\pi c_e^2 \sin^2\frac{r}{4c_e}.$$

(b) Um zur hyperbolischen Geometrie zu gelangen, ersetzen wir c_e durch $-ic_h$ und erhalten

(13) $$L = 4\pi c_h \sinh\frac{r}{2c_h},$$

(14) $$J = 16\pi c_h^2 \sinh^2\frac{r}{4c_h}.$$

13 Geometrien

(c) Bei dem Grenzübergang $c_e \to \infty$ erhalten wir aus (11) und (12) die Formeln für die euklidische Ebene:

$$\begin{aligned}
L &= \lim_{c_e \to \infty} 4\pi c_e \sin \frac{r}{2c_e} = \lim_{c_e \to \infty} 4\pi c_e \left(\frac{r}{1!2c_e} - \frac{r^3}{3!2^3 c_e^3} + \ldots \right) \\
&= \lim_{c_e \to \infty} 4\pi \left(\frac{r}{1 \cdot 2} - \frac{r^3}{3!2^3 c_e^2} + \ldots \right) \\
&= 2\pi r; \\
J &= \lim_{c_e \to \infty} 16\pi c_e^2 \sin^2 \frac{r}{4c_e} = \lim_{c_e \to \infty} 16\pi c_e^2 \left(\frac{r}{4c_e} - \frac{r^3}{(4c_e)^3 \cdot 3!} + \ldots \right)^2 \\
&= \lim_{c_e \to \infty} 16\pi c_e^2 \left(\frac{r^2}{16 c_e^2} + \frac{r^4}{c_e^4}(\ldots) \right) \\
&= \pi r^2.
\end{aligned}$$

Diese Formeln ergeben sich ebenfalls beim Grenzübergang $c_h \to \infty$ aus (13) und (14).

14 Über Grundlagen der Geometrie

Bisher haben wir *analytische Geometrie* (im klassischen Sinne dieses Ausdrucks) betrieben, d.h. geometrische Aussagen wurden mit Hilfe von Zahlen gewonnen, indem wir den Vektorraumbegriff zugrunde gelegt haben. Geometrische Sachverhalte ließen sich dann mittels Koordinaten auf Berechnungen zurückführen. Natürlich haben wir mehrfach die so gewonnenen Ergebnisse nur mit geometrischen Begriffen ausgesprochen und direkt verwendet, was dann dem Vorgehen ein geometrisches Bild gab. Grundlegend jedoch waren die Körperaxiome, also ein algebraischer Begriff.

In der Betrachtung der Grundlagen der Geometrie wird andersherum vorgegangen: Es werden geometrische Axiome formuliert, aus ihnen Zahlen gewonnen und schließlich gezeigt, daß die Geometrie sich aus diesen Zahlen wiedergewinnen läßt. Dabei stellt sich heraus, daß gewisse geometrische Figuren speziellen Körpergesetzen entsprechen. Da die Zahl der nötigen geometrischen Axiome recht groß ist, liegt es nahe, zu untersuchen, was mit weniger Axiomen zu erreichen ist. In (über)starkem Maße haben diese Betrachtungen die Geometrie in den 50/60-iger Jahren bestimmt und bei vielen Mathematikern in Verruf gebracht, bis eine allgemeine Zuwendung zu „geometrischen" Betrachtungsweisen dazu führte, daß der Begriff „Geometrie" von sehr vielen mathematischen Richtungen für sich in Anspruch genommen wird.

Wir wollen als nächstes *eine Grundlegung der Geometrie* der euklidischen Ebene vornehmen, wobei wir zunächst dem berühmten Ansatz von Hilbert folgen, später dann — in Anlehnung an Reidemeister — den Höhenschnittpunktsatz in den Mittelpunkt stellen. Die Lektüre des Buches *D. Hilbert, Grundlagen der Geometrie, Teubner-Verlag* sei ausdrücklich empfohlen.

14.1 Axiome der euklidischen Ebene

In diesem Abschnitt stellen wir ein System von Axiomen für die euklidische Ebene auf und geben einfache Folgerungen an, die wir aber nur z.T. aus den Axiomen explizit herleiten werden. Vorweg einige allgemeine Bemerkungen über die Axiomatik.

Wird ein mathematischer Bereich axiomatisiert, so werden an das Axiomensystem die folgenden Forderungen gestellt:

14.1.1 Grundforderungen an Axiomensysteme
    (a) *Das Axiomensystem soll* widerspruchsfrei *sein.*
    (b) *Das Axiomensystem soll* vollständig *sein.*

14 Über Grundlagen der Geometrie

(c) *Die Axiome sollen* unabhängig *sein.*

Die dritte Forderung ist eher von ästhetischer Art; dagegen ist die Erfüllung der ersten beiden Kriterien „unerläßlich", sofern überhaupt — speziell was die Widerspruchsfreiheit anbelangt — prinzipiell möglich. Oftmals wird z.B. die Widerspruchsfreiheit durch ein Modell auf die Widerspruchsfreiheit des Peanoschen Axiomensystemes für die natürlichen Zahlen zurückgeführt. Vom Standpunkt der Logik aus liegt hier sicherlich ein bedenkliches Verfahren vor, aber um überhaupt zu einer handhabbaren mathematischen Theorie zu gelangen, läßt sich eine solche Rückführung nicht vermeiden.

14.1.2 Definition Gegeben seien zwei Systeme von Dingen: Die Dinge des ersten Systemes heißen *Punkte* und werden mit $A, B, C, \ldots$ bezeichnet; die des zweiten Systemes heißen *Geraden* und werden mit $a, b, c \ldots$ bezeichnet. Die Punkte und Geraden heißen die Elemente der *ebenen Geometrie* oder der *Ebene*. Zwischen den Punkten und Geraden bestehen gewisse Beziehungen, die mit Worten wie „liegen", „zwischen", „kongruent" benannt werden. Eine genaue Fassung und für die mathematischen Zwecke vollständige Beschreibung dieser Beziehungen erfolgt durch die *Axiome der Geometrie*. Die Axiome fallen in fünf Gruppen:

— drei Axiome der *Verknüpfung*: 14.1.3 (a-c);
— vier Axiome der *Anordnung*: 14.1.4 (a-d);
— fünf Axiome der *Kongruenz*: 14.1.8 (a-e);
— das *Parallelenaxiom*: 14.1.10;
— zwei Axiome der Stetigkeit: 14.1.11 (a-b).

14.1.3 Axiome der Verknüpfung

(a) *Zu zwei verschiedenen Punkten gibt es genau eine Gerade, die mit den beiden Punkten verknüpft ist.*

Wir sagen dann auch, daß die Gerade die Punkte enthält, daß die Punkte auf der Geraden liegen o.ä.. Sind A, B zwei verschiedene Punkte, so wird die Gerade durch A und B mit AB bezeichnet.

(b) *Auf jeder Geraden liegen mindestens zwei Punkte.*

(c) *Es gibt drei Punkte, die nicht auf einer Geraden liegen.*

14.1.4 Axiome der Anordnung *Für Punkte auf einer Geraden ist eine Relation „zwischen" definiert, welche den folgenden Regeln genügt:*

(a) *Liegt ein Punkt B zwischen einem Punkt A und einem Punkt C, so sind A, B, C drei verschiedene Punkte einer Geraden, und es liegt dann B auch zwischen C und A;* vgl. Abb. 14.1.1 (a).

(b) *Zu zwei Punkten A und C gibt es mindestens einen Punkt B auf der Geraden AC, so daß C zwischen A und B liegt;* vgl. Abb. 14.1.1 (b).

14.1 Axiome der euklidischen Ebene

(c) *Unter drei Punkten auf einer Geraden gibt es nur einen, der zwischen den beiden anderen liegt.*

Außer diesen *linearen Anordnungsaxiomen* brauchen wir noch ein *ebenes Anordnungsaxiom*. Zur Formulierung stellen wir noch einige Begriffe bereit.

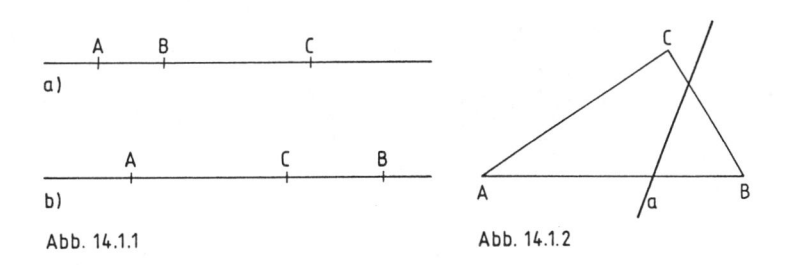

Abb. 14.1.1

Abb. 14.1.2

Definition. Sind A und B zwei Punkte auf einer Geraden a, so heißt das Paar A, B eine *Strecke* (auf a); wir bezeichnen sie mit $\overline{AB}$ oder $\overline{BA}$. Liegt ein Punkt C zwischen A und B, so sagen wir, daß C ein Punkt der Strecke $\overline{AB}$ ist bzw. daß er *innerhalb* der Strecke $\overline{AB}$ liegt, und schreiben $C \in \overline{AB}$. Wir sagen auch, daß die Strecke $\overline{AB}$ durch *Hintereinanderlegen der Strecken* $\overline{AC}$ und $\overline{CB}$ entsteht. Die Punkte A, B heißen *Endpunkte* der Strecke $\overline{AB}$. Alle übrigen Punkte auf a heißen *außerhalb* der Strecke $\overline{AB}$ gelegen. Beachten Sie: Mit $\overline{AB}$ wurde die „offene" Strecke zwischen A und B genommen.

(d) Pasch-Axiom: *Es seien A, B, C drei nicht auf einer Geraden gelegene Punkte und a sei eine Gerade, die keinen der Punkte A, B, C enthält. Liegt ein Punkt der Strecke $\overline{AB}$ auf a, so auch ein Punkt auf einer der Strecken $\overline{AC}$ oder $\overline{BC}$;* vgl. Abb. 14.1.2.

Aus den bisherigen Axiomen ergeben sich die folgenden Aussagen, die wir z.T. beweisen, um einen Eindruck von der genauen Vorgehensweise zu geben.

14.1.5 Satz

(a) *Zu zwei Punkten A, C gibt es mindestens einen Punkt D auf der Geraden AC, der zwischen A und C liegt.*

(b) *Unter drei verschiedenen Punkten A, B, C einer Geraden gibt es stets einen, der zwischen den beiden anderen liegt.*

(c) *Vier Punkte auf einer Geraden lassen sich so mit den Symbolen A, B, C, D bezeichnen, daß B zwischen A und C, aber auch zwischen A und D liegt und C zwischen A und D sowie zwischen B und D.*

590   14 Über Grundlagen der Geometrie

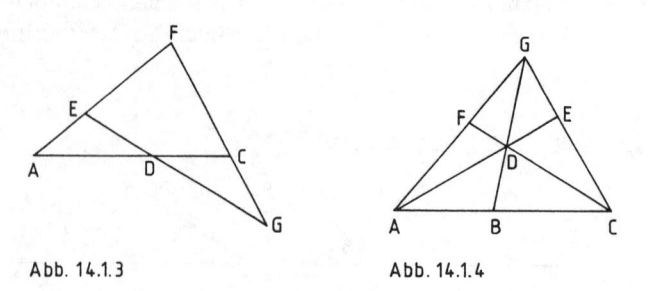

Abb. 14.1.3   Abb. 14.1.4

Beweis   (a) Vgl. Abb. 14.1.3. Nach Axiom 14.1.3 (c) gibt es einen Punkt E, der nicht auf der Geraden AC liegt. Weiter gibt es nach 14.1.4 (b) auf AE einen Punkt F, so daß E ein Punkt der Strecke $\overline{AF}$ ist. Nach demselben Axiom und wegen Axiom 14.1.4 (c) gibt es auf FC einen Punkt G, der nicht auf der Strecke $\overline{FC}$ liegt. Wegen des Pasch-Axiomes 14.1.4 (d) muß die Gerade EG die Strecke $\overline{AC}$ in einem Punkt D schneiden.

(b) Vgl. Abb. 14.1.4. Es liege weder A zwischen B und C noch C zwischen A und B. Wegen 14.1.3 (c) finden wir einen nicht auf der Geraden AC liegenden Punkt D und können ihn nach 14.1.4 (b) mit B verbinden. Auf der Verbindungslinie wählen wir einen Punkt G, so daß D zwischen B und G liegt. Wenden wir das Pasch-Axiom 14.1.4 (d) auf das Dreieck BCG und die Gerade AD an, so finden wir, daß sich die Geraden AD und CG in einem zwischen C und G liegenden Punkt E schneiden. Auf dieselbe Weise folgt, daß sich die Geraden CD und AG in einem zwischen A und G gelegenen Punkt F schneiden. Wird nun 14.1.4 (d) auf das Dreieck AEG und die Gerade CF angewandt, ergibt sich, daß D zwischen A und E liegt; mittels Anwendung des gleichen Axioms auf das Dreieck AEC und die Gerade BG erhalten wir die Behauptung, daß B zwischen A und C liegt.

(c) ergibt sich durch Fallunterscheidungen auf einem längeren Weg; einen Beweis finden Sie in Hilberts Buch, Satz 5.   □

Durch Induktion folgt als Verallgemeinerung von (c), daß sich beliebig viele Punkte einer Geraden „der Reihe nach" anordnen lassen. Eine Konsequenz von 14.1.5 (a) ist, daß es auf einer Geraden zwischen irgendzwei Punkten unendlich viele Punkte gibt. Eine weitere Konsequenz der bisher gestellten Axiome ist

14.1.6 Satz *Jede Gerade a trennt die nicht auf ihr liegenden Punkte der Ebene in zwei Gebiete der folgenden Art: Sind A und B Punkte aus verschiedenen Gebieten, so enthält die Strecke $\overline{AB}$ einen Punkt von a; liegen die Punkte A, A'*

in demselben Gebiet, so trifft die Strecke $\overline{AA'}$ die Gerade a nicht. □

Mit den bisherigen Begriffen können wir Streckenzüge erklären und wir können analog zu 14.1.6 zeigen, daß jeder einfach geschlossene Streckenzug die Ebene zerlegt.

14.1.7 Definition Es seien A, A', O, B vier Punkte einer Geraden a, so daß O zwischen A und B, aber nicht zwischen A und A' liegt, vgl. Abb. 14.1.5. Dann sagen wir, daß *die Punkte A, A' in der Geraden a auf derselben Seite vom Punkte O liegen.* Die Menge der auf einer Seite von O gelegenen Punkte der Geraden a heißt ein von O ausgehender *Halbstrahl*.

Es folgt: *Jeder Punkt O auf einer Geraden a teilt diese in genau zwei Halbstrahlen.* Diese Halbstrahlen heißen auch die *Seiten* der Geraden a von O.

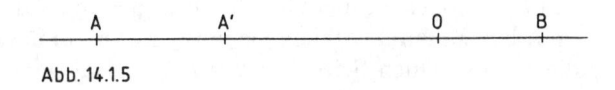

Abb. 14.1.5

Wir kommen nun zu der nächsten Axiomengruppe.

14.1.8 Axiome der Kongruenz Für Strecken besteht eine Beziehung, die mit *kongruent* oder *gleich* bezeichnet wird und den Gesetzen 14.1.8 (a-e) genügt.

(a) Möglichkeit der Streckenabtragung: *Sind A, B zwei Punkte einer Geraden a und A' ein Punkt auf einer Geraden a', die auch gleich a sein kann, so gibt es auf einer vorgegebenen Seite der Geraden a' von A' einen Punkt B', so daß die Strecke $\overline{AB}$ der Strecke $\overline{A'B'}$ kongruent ist; in Zeichen $\overline{AB} \equiv \overline{A'B'}$.* Zur Erinnerung: die Reihenfolge der Punkte bei der Angabe einer Strecke wurde nicht berücksichtigt, deshalb sind die Formeln

$$\overline{AB} \equiv \overline{A'B'}, \quad \overline{AB} \equiv \overline{B'A'}, \quad \overline{BA} \equiv \overline{A'B'}, \quad \overline{BA} \equiv \overline{B'A'}$$

gleichbedeutend. Die Eindeutigkeit der Streckenabtragung wird hier nicht gefordert, sie wird im Anschluß an Axiom (e) bewiesen.

(b) *Wenn zwei Strecken einer dritten kongruent sind, so sind sie auch untereinander kongruent. In Zeichen:*

$$\overline{A'B'} \equiv \overline{AB}, \; \overline{A''B''} \equiv \overline{AB} \quad \Longrightarrow \quad \overline{A'B'} \equiv \overline{A''B''}.$$

Aus den beiden Axiomen (a) und (b) ergibt sich, daß eine Strecke $\overline{AB}$ zu sich selbst kongruent ist, indem wir die Strecke auf irgendeinem Halbstrahl abtragen und eine kongruente Strecke $\overline{A'B'}$ erhalten:

$$\overline{AB} \equiv \overline{A'B'}, \; \overline{AB} \equiv \overline{A'B'} \quad \Longrightarrow \quad \overline{AB} \equiv \overline{AB}.$$

Durch Anwendung von (b) ergibt sich die *Symmetrie* und *Transitivität* der Streckenkongruenz. Wegen der Symmetrie können wir sagen, daß zwei Strecken *untereinander kongruent* sind.

(c) Addierbarkeit von Strecken: *Sind $\overline{AB}$ und $\overline{BC}$ zwei disjunkte Strecken auf einer Geraden a und $\overline{A'B'}$ und $\overline{B'C'}$ zwei disjunkte Strecken auf einer Geraden a', so gilt:*

$$\overline{AB} \equiv \overline{A'B'}, \quad \overline{BC} \equiv \overline{B'C'} \quad \Longrightarrow \quad \overline{AC} \equiv \overline{A'C'}.$$

Definition von Winkeln. Es seien h, k zwei Halbstrahlen mit gleichem Endpunkt O, die verschiedenen Geraden angehören mögen. Das Paar h, k heißt *Winkel* und wird mit $\sphericalangle(h, k)$ oder $\sphericalangle(k, h)$ bezeichnet. Die Halbstrahlen h, k heißen *Schenkel* und der Punkt O heißt *Scheitel des Winkels*. (Gestreckte und überstumpfe Winkel sind bei der Definition ausgenommen.)

Die Halbstrahlen h, k mögen zu den Geraden $\bar{h}, \bar{k}$ gehören. Die Halbstrahlen h, k zusammen mit dem Scheitel O teilen die übrigen Punkte in zwei Gebiete ein: Alle Punkte, die auf derselben Seite von $\bar{k}$ wie h und auf derselben Seite von $\bar{h}$ wie k liegen, heißen im *Innern* des Winkels $\sphericalangle(h, k)$ gelegen, alle anderen Punkte heißen im *Äußeren* oder *außerhalb* von $\sphericalangle(h, k)$ gelegen.

Aus den Axiomen der Verknüpfung und Anordnung ergeben sich leicht die folgenden Eigenschaften: Das Innere und das Äußere eines Winkels sind nicht leer. Verbindet eine Strecke zwei Punkte des Inneren eines Winkels, so verläuft die Strecke ganz im Inneren. Sind H, K Punkte von h bzw. k, so liegt $\overline{HK}$ im Innern des Winkels. Ein von O ausgehender Halbstrahl verläuft entweder ganz im Innern oder ganz im Äußeren des Winkels. Verläuft er im Inneren, so trifft er die Strecke $\overline{HK}$.

Winkel stehen in gewissen Beziehungen zueinander, die ebenfalls mit den Worten *kongruent* oder *gleich* benannt und durch das Symbol „$\equiv$" bezeichnet werden. Es wird gefordert:

(d) *Es sei ein Winkel $\sphericalangle(h, k)$ sowie eine Gerade a' und eine bestimmte Seite von a' in der Ebene gegeben. Ferner sei h' ein Halbstrahl der Geraden a', der vom Punkte O' ausgeht. Dann gibt es* einen und nur einen *von O' ausgehenden Halbstrahl k', so daß $\sphericalangle(h, k) \equiv \sphericalangle(h', k')$ ist und alle Punkte des Inneren von $\sphericalangle(h', k')$ auf der gegebenen Seite von a' liegen. Es gilt stets $\sphericalangle(h, k) \equiv \sphericalangle(h, k)$.*

Die Richtungen von Winkeln werden ebensowenig wie die von Strecken berücksichtigt. Ein Winkel mit dem Scheitel B, auf dessen beiden Schenkeln je ein Punkt A und C liegt wird auch als $\sphericalangle ABC$ oder $\sphericalangle B$ bezeichnet; ferner benutzen wir für Winkel kleine griechische Buchstaben.

(e) *Wenn für zwei Dreiecke ABC und A'B'C' die Kongruenzen*

$$\overline{AB} \equiv \overline{A'B'}, \quad \overline{AC} \equiv \overline{A'C'}, \quad \sphericalangle BAC \equiv \sphericalangle B'A'C'$$

gelten, so ist auch die Kongruenz $\sphericalangle ABC \equiv \sphericalangle A'B'C'$ *erfüllt.*

Dabei besteht ein Dreieck aus drei Strecken, und wir setzen voraus, daß seine Ecken nicht auf einer Geraden liegen. Durch Bezeichnungswechsel ergibt sich, daß unter den Voraussetzungen von (e) auch $\sphericalangle ACB \equiv \sphericalangle A'C'B'$ gilt.

Jetzt können wir die *Eindeutigkeit der Streckenabtragung* aus der Eindeutigkeit der Winkelabtragung gewinnen, vgl. Abb. 14.1.6. Angenommen, die Strecke $\overline{AB}$ sei von einem von A' ausgehenden Halbstrahl auf zwei Weisen bis B' bzw. B'' abtragbar. Ist C ein Punkt außerhalb der Geraden $\overline{A'B'}$, so gilt:

$$\overline{A'B'} \equiv \overline{A'B''}, \quad \overline{A'C'} \equiv \overline{A'C'}, \quad \sphericalangle B'A'C' \equiv \sphericalangle B''A'C';$$

also folgt aus 14.1.8 (e) $\sphericalangle B'C'A' \equiv \sphericalangle B''A'C'$. Wegen (d) ist $B' = B''$.

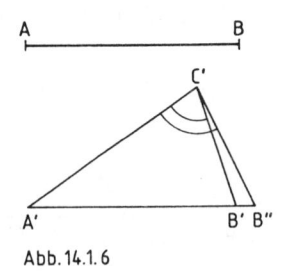

Abb. 14.1.6

14.1.9 Folgerungen aus den Axiomen der Kongruenz

(a) **Definition.** Zwei Winkel, die den Scheitel und einen Schenkel gemeinsam haben, und deren nicht gemeinsame Schenkel eine Gerade bilden, heißen *Nebenwinkel*. Zwei Winkel mit gemeinsamem Scheitel, deren Schenkel je eine Gerade bilden, heißen *Scheitelwinkel*. Ist ein Winkel einem seiner Nebenwinkel kongruent, so heißt er *rechter Winkel*. Die Dreiecke ABC und $A'B'C'$ heißen *kongruente Dreiecke*, in Zeichen $ABC \equiv A'B'C'$, wenn die folgenden Kongruenzen erfüllt sind:

$$\overline{AB} \equiv \overline{A'B'}, \quad \overline{AC} \equiv \overline{A'C'}, \quad \overline{BC} \equiv \overline{B'C'}, \quad \sphericalangle A \equiv \sphericalangle A', \quad \sphericalangle B \equiv \sphericalangle B', \quad \sphericalangle C \equiv \sphericalangle C'.$$

Die folgenden Sätze lassen sich nun recht einfach aus den bisher gegebenen Axiomen herleiten.

(b) **Satz.** *In einem Dreieck mit zwei kongruenten Seiten sind auch die ihnen gegenüberliegenden Winkel kongruent, oder kurz: im gleichschenkligen Dreieck sind die Basiswinkel gleich.* (Dieses folgt aus 14.1.8 (e) und (d).)

(c) **Erster Kongruenzsatz für Dreiecke.** *Ein Dreieck ABC ist einem Dreieck $A'B'C'$ kongruent, falls gilt:*

$$\overline{AB} \equiv \overline{A'B'}, \quad \overline{AC} \equiv \overline{A'C'}, \quad \sphericalangle A \equiv \sphericalangle A'.$$

Zum Beweis siehe 14.3.1.

(d) **Zweiter Kongruenzsatz für Dreiecke.** *Ein Dreieck ABC ist einem Dreieck $A'B'C'$ kongruent, falls gilt:*

$$\overline{AB} \equiv \overline{A'B'}, \quad \sphericalangle A \equiv \sphericalangle A', \quad \sphericalangle B \equiv \sphericalangle B'.$$

(e) **Satz.** *Ist ein Winkel $\sphericalangle ABC$ kongruent dem Winkel $\sphericalangle A'B'C'$, so sind auch die Nebenwinkel $\sphericalangle CBD$ und $\sphericalangle C'B'D'$ kongruent;* vgl. Abb. 14.1.7.

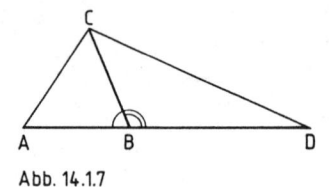

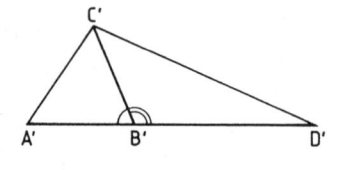

Abb. 14.1.7

(f) Aus (e) ergibt sich unmittelbar die *Kongruenz der Scheitelwinkel* und daraus die *Existenz rechter Winkel*, vgl. 14.3.3. Ferner erhalten wir, daß die „Summe" von Winkeln bei Übergang zu kongruenten Winkeln wieder zu einem kongruenten Winkel führt. Für Winkel können wir dann einen Größenvergleich einführen. Damit gewinnen wir dann die Aussage, daß je zwei rechte Winkel zueinander kongruent sind.

Jetzt können wir auch von *der* Senkrechten auf einer Geraden durch einen gegebenen Punkt sprechen.

14.1.10 Parallelenaxiom *Ist a eine Gerade und A ein Punkt außerhalb von a, so gibt es höchstens eine Gerade, die durch A läuft und a nicht schneidet.*

14.1.11 Axiome der Stetigkeit

(a) **Archimedisches Axiom.** *Sind $\overline{AB}$ und $\overline{CD}$ irgendwelche Strecken, so gibt es eine Anzahl n, so daß das n–malige Hintereinander-Abtragen der Strecke $\overline{CD}$ von A aus auf den durch B gehenden Halbstrahl über den Punkt B hinausführt.*

(b) **Axiom der linearen Vollständigkeit.** *Das System der Punkte einer Geraden mit seinen Anordnungs- und Kongruenzbeziehungen ist keiner Erweiterung*

14.1 Axiome der euklidischen Ebene

fähig, bei der die zwischen den ursprünglichen Elementen bestehenden Beziehungen sowie auch die aus den Axiomen 14.1.3, 4, 8 folgenden Grundeigenschaften der linearen Anordnung und Kongruenz sowie 14.1.11 (a) erhalten bleiben.

Es sei hier nur vermerkt, daß in (b) die Forderung, daß (a) erfüllt ist, nötig ist, um die Vollständigkeit zu gewährleisten.

14.1.12 Zur Widerspruchsfreiheit Um sie für dieses Axiomensystem (ohne die Vollständigkeitsforderung 14.1.11 (b)) einzusehen, ziehen wir ein „algebraisches" Modell heran. Und zwar nehmen wir als Punkte Paare (x, y) von „euklidischen" Zahlen x, y, d.h. solchen, die durch iteratives Wurzelziehen aus rationalen Zahlen gewonnen werden. Sie bilden einen Unterkörper von $\mathbb{R}$. Eine Gerade ist die Menge aller Punkte, die einer linearen Gleichung

$$ax + by + c = 0 \quad \text{mit } (a, b) \neq (0, 0)$$

genügen. Die Definition von „*liegt auf*" ist klar. Liegen die Punkte (x_i, y_i), $i = 1, 2, 3$, auf einer Geraden, so sagen wir, daß (x_2, y_2) *zwischen* den beiden anderen liegt, wenn x_2 oder y_2 aus den offenen Intervallen stammen, die durch x_1, x_3 bzw. y_1, y_3 bestimmt sind. Zwei Strecken mit den Endpunkten (x_i, y_i) bzw. (x'_i, y'_i) heißen kongruent, wenn

$$(x_1 - x_2)^2 + (y_1 - y_2)^2 = (x'_1 - x'_2)^2 + (y'_1 - y'_2)^2$$

ist. Die Kongruenz der Winkel können wir mittels der Steigung von Geraden ausdrücken, und wir stellen fest, daß die Axiome 14.1.3,4,8,10 und 11 (a) erfüllt sind. Deshalb ergibt jeder Widerspruch in den geometrischen Axiomen einen Widerspruch in den euklidischen Zahlen und damit, da diese sich rein algebraisch definieren lassen, einen in der Algebra.

Nehmen wir statt der euklidischen Zahlen die reellen, so erhalten wir ein Modell, daß alle Axiome, also auch das Vollständigkeitsaxiom 14.1.11 (b), erfüllt.

Die Vollständigkeit des Axiomensystems werden wir nicht beweisen, sondern nur aus den Axiomen 14.1.3,4,8,10 eine analytische Geometrie begründen. Diese Begründung ist elementar, da keinerlei Stetigkeitseigenschaften benutzt werden. Eine andere Begründung aus allen Axiomen kann so geschehen, daß die Streckenaddition wie im folgenden eingeführt und die Multiplikation aus der Addition entwickelt wird. Dabei werden die Stetigkeitsaxiome 14.1.11 wesentlich benutzt.

14.2 Begründung der analytischen Geometrie

Wir möchten nun eine analytische Geometrie für eine Ebene, die den Axiomen aus dem vorigen Abschnitt genügt, aufbauen. Dazu definieren wir eine Streckenrechnung. Beim Beweis der Rechenregeln werden Sätze der elementaren Geometrie (z.B. der Höhenschnittpunktsatz) vorausgesetzt, die noch nicht aus den Axiomen hergeleitet sind. Wir werden diese Sätze durch Anfügen eines „(*)" an ihre Nummer markieren.

Im folgenden betrachten wir eine Ebene $\mathcal{E}$, die die Axiome 14.1.3,4,8,10 erfüllt.

Definition der Streckenrechnung

14.2.1 Beschreibung der Elemente Die Elemente, zwischen denen wir eine Addition und Multiplikation erklären wollen, seien die Kongruenzklassen von Strecken s, formale Negative $-s$ der Kongruenzklassen und die Klasse 0 der „Strecken", deren Anfang- und Endpunkt zusammenfallen: $0 = \overline{AA}$ für $A \in \mathcal{E}$. Die Menge dieser Elemente bezeichnen wir mit $\mathcal{K}$.

Wir behandeln zunächst die Addition von Strecken und erweitern erst später dieses auf die „negativen" Strecken.

14.2.2 Erklärung der Addition für Strecken Sind s_1 und s_2 zwei Strecken, so sei s eine Strecke, die durch Hintereinanderlegen von s_1 und s_2 entsteht. Dann heißt die Kongruenzklasse von s die *Summe der Kongruenzklassen* von s_1 und s_2, geschrieben $s = s_1 + s_2$. Aus Axiom 14.1.8 (c) folgt, daß diese Definition unabhängig von der Wahl der repräsentierenden Strecken s_1, s_2 ist, weshalb wir uns die ungenaue Schreibweise erlauben können.

14.2.3 Satz *Die erklärte Addition ist assoziativ und kommutativ.*

B e w e i s   Nach Axiom 14.1.8 (a) können wir auf einer Geraden a die Strecke s_1 von einem Punkt A aus abtragen; vom Endpunkt B dieser Strecke läßt sich die Strecke s_2 in den Halbstrahl von a abtragen, der A nicht enthält. Von dem anderen Endpunkt C von s_2 läßt sich dann s_3 in den Halbstrahl von a abtragen, der B nicht enthält. Sei D der andere Endpunkt von s_3. Offenbar können wir die Strecke $\overline{AD}$ gewinnen, indem wir einerseits von A zuerst die Strecke $\overline{AC} = s_1 + s_2$ und danach von C die Strecke $\overline{CD} = s_3$ abtragen oder andererseits zunächst von A die Strecke $\overline{AB} = s_1$ und danach die Strecke $\overline{BD} = s_2 + s_3$ abträgt; also gilt $(s_1 + s_2) + s_3 = s_1 + (s_2 + s_3)$.

Um die Kommutativität einzusehen, tragen wir wieder gemäß 14.1.8 (a) auf einer Geraden a die Strecke s_1 als $\overline{AB}$ ab und schließen s_2 auf dem Halbstrahl von B auf a an, der A nicht enthält. Der andere Endpunkt sei C. Dann ist $\overline{AC} = \overline{AB} + \overline{BC} = s_1 + s_2$. Ferner tragen wir auf einer Geraden a' von einem Punkt A' die Strecke s_2 und fügen in deren anderen Endpunkt B' die Strecke s_1 hinzu, die in C' enden möge. Dann ist $\overline{A'C'} = \overline{A'B'} + \overline{B'C'} = s_2 + s_1$ und nach 14.1.8 (c) gilt:

$$\overline{AB} \equiv \overline{B'C'} = \overline{C'B'}, \quad \overline{BC} \equiv \overline{B'A'} = \overline{A'B'} \quad \Longrightarrow$$
$$\overline{AB} + \overline{BC} = \overline{AC} \equiv \overline{C'A'} = \overline{A'C'} = \overline{A'B'} + \overline{B'C'}. \qquad \square$$

14.2.4 Definition einer Ordnung Vgl. Abb. 14.2.3. Seien s, s' zwei Strecken. Wir tragen sie auf einer Geraden von einem Punkt O aus in denselben Halbstrahl ab und erhalten die Endpunkte A bzw. A', also $s = \overline{OA}$, $s' = \overline{OA'}$. Liegt dann A zwischen O und A', so heißt s kleiner als s', in Zeichen: $s < s'$. Dann ist

$$s' = \overline{OA'} = \overline{OA} + \overline{AA'} = s + \overline{AA'};$$

hieraus folgt, daß die Definition von „$<$" nicht von den Vertretern der Kongruenzklasse abhängt.

Für $s < s'$ können wir s von s' *subtrahieren*: $s' - s := \overline{AA'}$.

Durch die (übliche) abstrakte Definition können wir nun alles auf die „negativen" Elemente erweitern: Für Strecken s, s' gelte

$$s > s' \quad \Longrightarrow \quad s' - s := -(s - s'); \; s + (-s') := s - s';$$
$$s - (-s') := s + s'; \; (-s) \pm s' := -(s \mp s');$$
$$s \pm 0 := s =: 0 \pm s; \; (-s) \pm 0 := -s =: 0 \pm (-s)$$
$$(-s) < s'; \; 0 < s; \; (-s) < 0;$$

Damit haben wir:

14.2.5 Satz *Die Menge $\mathcal{K}$ der Strecken und ihrer Negativa, versehen mit der obigen Addition, ist eine abelsche Gruppe.* $\qquad \square$

14.2.6 Vorbereitungen Wir wählen eine Gerade g und auf ihr einen Punkt O. Dann tragen wir von O aus alle Strecken s nach „rechts", d.h. in einen fest gewählten Halbstrahl, ab, und alle Elemente $-s$ nach „links", d.h. in den anderen durch O auf g bestimmten Halbstrahl. Somit können wir die Elemente von $\mathcal{K}$ mit den Punkten auf g identifizieren. Dann zeichnen wir in O die Senkrechte h zu g; die beiden Geraden g und h heißen *Achsen*. Den Punkten von h können wir nach Wahl eines „oberen" Halbstrahles ebenfalls Elemente aus $\mathcal{K}$ eindeutig zuordnen. Von einem beliebigen Punkte $Q \in \mathfrak{e}$ fällen wir die Lote auf die beiden Achsen und können damit Q ein Paar (x, y) von Elementen aus $\mathcal{K}$ zuordnen, welche wir dann als die *Koordinaten von Q* bezeichnen. Die Geraden g und h heißen auch $x-$ und $y-Achse$ und zusammen *Koordinatensystem*.

Damit diese Konstruktionen überhaupt durchführbar sind und das Koordinatensystem die üblichen Eigenschaften hat, müssen folgende Aussagen richtig sein:

14.2.7 (∗) **Aussage**
  (a) *Es lassen sich „ rechte Winkel" und „senkrecht" erklären.*
  (b) *Zu einer gegebenen Geraden g und einem gegebenem Punkt P gibt es eine und nur eine Gerade h, die durch P läuft und senkrecht auf g steht.*

Beides wird in 14.3.3 aus 14.1.9 (e) hergeleitet. Im folgenden verwenden wir Begriffe wie *Lot, Höhe*, die mit dem Begriff „senkrecht" zusammenhängen, um sie formal einzuführen. Aus 14.2.7 (b) und dem Parallelenaxiom 14.1.10 folgt:

14.2.8 Satz *Zwei Geraden, die beide auf einer dritten senkrecht stehen, sind parallel, und sind umgekehrt zwei Geraden parallel, so stehen beide auf einer dritten senkrecht.* □

Um mit Hilfe der Elemente von $\mathcal{K}$ zu erklären, wann ein Punkt auf einer Geraden liegt, benötigen wir eine Multiplikation. Sie erklären wir im folgenden. *Dabei kommt eine Willkür in der Wahl der „Eins",* welche ja in der additiven Gruppe nicht ausgezeichnet ist, sondern wegen der Existenz einer Ordnung nur die Bedingung $0 < 1$ erfüllen muß.

14.2.9 Erklärung der Multiplikation Wir wählen jetzt einen beliebigen, aber festen Punkt auf der rechten Seite der x-Achse als 1; jetzt können wir auch eine Eins auf der oberen y-Achse erklären, wie auch die Punkte -1 auf den beiden Achsen. Nun geben wir die folgende *Multiplikationsvorschrift für $a \cdot b$* für beliebige $a, b \in \mathcal{K}$ vor: Wir tragen a und b auf der x-Achse ab und bekommen die Punkte mit Koordinaten $(a, 0)$ und $(b, 0)$. Dann verbinden wir $(a, 0)$ mit $(0, -1)$ durch die Gerade h und fällen von $(b, 0)$ das Lot auf h. Der Schnittpunkt desselben mit der y-Achse sei der Punkt $(0, c)$. Dann setzen wir $c := a \cdot b$; vgl. Abb. 14.2.1. Zu dieser Definition müssen wir voraussetzen, das das Lot die y-Achse schneidet. Sonst aber wäre es nach 14.2.8 parallel zur y-Achse und stände deshalb senkrecht auf der x-Achse. Dann wäre h parallel zur x-Achse, und das kann nicht sein, da sie die x-Achse in $(a, 0)$ schneidet und nicht gleich der x-Achse ist.

14.2 Begründung der analytischen Geometrie   599

Die Eindeutigkeit der Multiplikation folgt aus den Verknüpfungsaxiomen und der Eindeutigkeit des Lotes, geliefert durch 14.2.7.

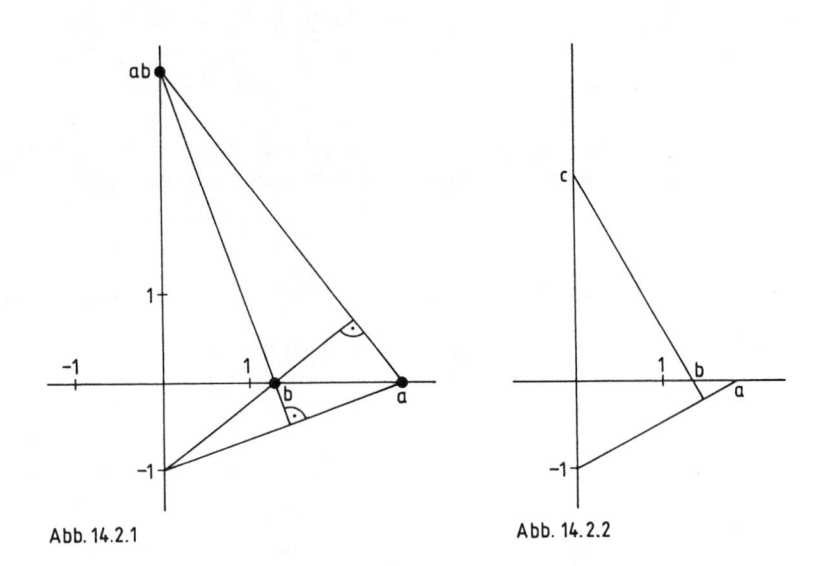

Abb. 14.2.1

Abb. 14.2.2

Wir wollen nun die Körperaxiome für $\mathcal{K}$ verifizieren. Zunächst:

14.2.10 Kommutativität der Multiplikation *Für $a, b \in \,\|\,$ gilt $a \cdot b = b \cdot a$.*

B e w e i s Dieses ergibt sich aus dem Höhenschnittpunktsatz 14.2.11, wie wir Abb. 14.2.1 entnehmen können. □

14.2.11 (∗) **Höhenschnittpunktsatz** *Die drei Höhen eines Dreiecks laufen durch einen Punkt.*

Sein Beweis findet sich in 14.3.4.

14.2.12 Satz *Die Division durch ein von 0 verschiedenes Element von $\mathcal{K}$ ist eindeutig ausführbar.*

B e w e i s Sind in $\mathcal{K}$ Elemente $a \neq 0$ und c gegeben, so zeigt Abb. 14.2.2, daß es genau ein $b \in \,\|\,$ gibt mit $a \cdot b = c$. □

Als a^{-1} bezeichnen wir die Zahl mit $a \cdot a^{-1} = 1$.

14.2.13 Rechenregeln $a \cdot 0 = 0$; $a \cdot 1 = a$ *für alle* $a \in \mathcal{K}$.

B e w e i s Die erste Regel ergibt sich unmittelbar aus der Definition der Multiplikation. Um die Zweite einzusehen, zeigen wir zunächst nur $1 \cdot 1 = 1$; hierzu vgl. Abb. 14.2.3, aus der wir auch die Bezeichnungen übernehmen. Zu zeigen ist dort, daß der Winkel $\sphericalangle (0,1)(1,0)(0,-1)$ ein rechter ist. Aus dem *Satz über Stufenwinkel an Parallelen* folgt, daß die mit α bezeichneten Winkel kongruent sind. Aus dem *Satz über Gegenseiten im Parallelogramm* ergibt sich

$$\overline{O(0,1)} \equiv \overline{F(1,0)} \quad \Longrightarrow \quad \overline{O(0,-1)} \equiv \overline{F(1,0)}.$$

Da die Winkel bei O und F rechte sind, ergibt sich nach dem zweiten Kongruenzsatz

$$O(0,-1)(1,0) \equiv F(1,0)D.$$

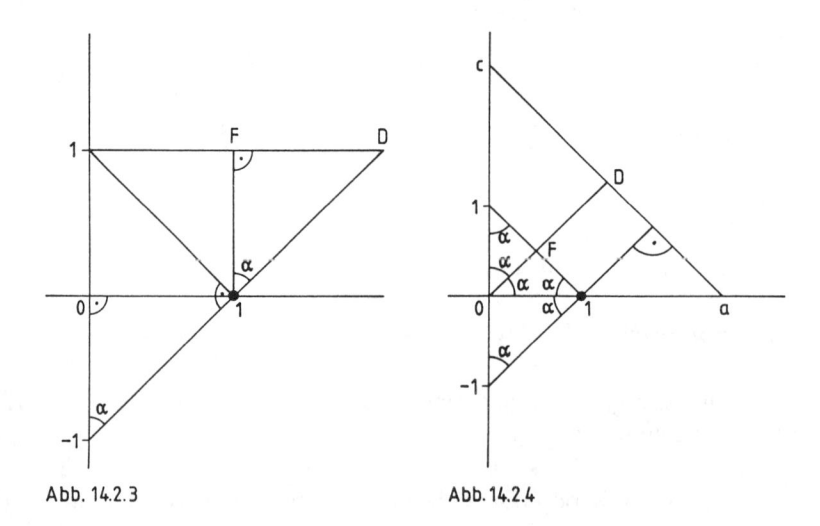

Abb. 14.2.3 Abb. 14.2.4

Mit Hilfe des Satzes über die Gegenseiten im Parallelogramm und des ersten Kongruenzsatzes folgt

$$(0,1)O(1,0) \equiv (1,0)F(0,1).$$

Aus der Eindeutigkeit des Streckenabtragens und dem zweiten Kongruenzsatz 14.1.9 (d) ergibt sich

$$(0,-1)(1,0)(0,1) \equiv (0,1)(1,0)D.$$

14.2 Begründung der analytischen Geometrie   601

Da nach 14.1.9 (f) ein Winkel, der seinem Nebenwinkel kongruent ist, ein rechter ist, ergibt sich die Behauptung $1 \cdot 1 = 1$.

In Abb. 14.2.4 ergibt sich zusätzlich wegen $\overline{(0,1)O} \equiv \overline{(1,0)O}$ auch

$$\sphericalangle O(0,1)(1,0) \equiv \sphericalangle O(1,0)(0,1).$$

Mittels des ersten Kongruenzsatzes und der Sätze über Winkel an Parallelen folgt, daß alle mit α bezeichneten Winkel in Abb. 14.2.4 kongruent sind. Nach dem zweiten Kongruenzsatz gilt

$$OD(0,c) \equiv OD(a,0), \text{ also } c = a, \text{ d.h. } a \cdot 1 = a. \qquad \square$$

In diesem Beweis haben wir zwei unbewiesene Aussagen, kursiv gesetzt, benutzt; sie wollen wir noch einmal aufzählen (dabei wird (c) erst später benutzt):

14.2.14 (∗) **Benutzte Sätze** (a) Satz über Stufenwinkel an Parallelen.
(b) Satz über Gegenseiten in einem Parallelogramm.
(c) Satz über die Wechselwinkel von Parallelen.

Die Beweise finden sich in 14.3.6.

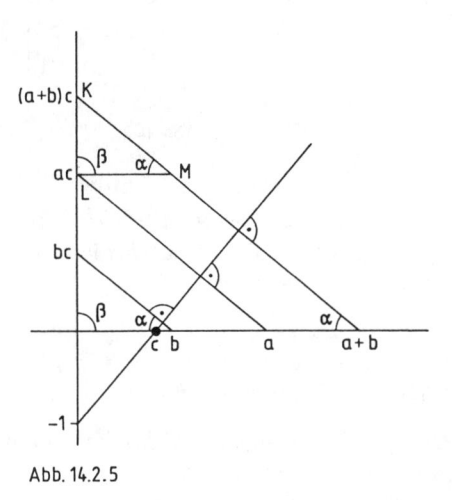

Abb. 14.2.5

14.2.15 Beweis des Distributivgesetzes Hierzu benutzen wir Abb. 14.2.5. Aus dem Satz über Gegenseiten im Parallelogramm (erfaßt in 14.2.14 (b)) folgt

$\overline{LM} \equiv b$. Wegen des Satzes über Stufenwinkel (erfaßt in 14.2.14 (a)) sind die mit α bzw. β bezeichneten Winkel untereinander kongruent. Nach dem zweiten Kongruenzsatz (erfaßt in 14.1.9 (d)) ist $\overline{KL} \equiv bc$, und das ist die Behauptung des Distributivgesetzes. □

14.2.16 Aufstellen der Geradengleichung Ist eine Gerade g nicht zur y-Achse parallel, so folgt aus Abb. 14.2.6, daß $a \cdot x + y$ eine Konstante c ist, wobei die Zahl c der Schnittpunkt von g mit der y-Achse ist. Ist die Gerade parallel zur y-Achse, so ist x konstant. Allgemein wird also eine Gerade durch eine lineare Gleichung $ax + by = c$ beschrieben. Ist $b \neq 0$, so heißt $-a \cdot b^{-1}$ die *Steigung* von g; dann beschreibt $ab^{-1} \cdot x + y = cb^{-1}$ dieselbe Gerade. Ist $b = 0$, so sprechen wir von *unendlicher Steigung*. Es folgt unmittelbar, daß *zwei Geraden parallel sind, wenn sie gleiche Steigung haben.* Aus den Axiomen 14.1.3 (a,b) und dem Parallelenaxiom ergeben sich die beiden folgenden Regeln:

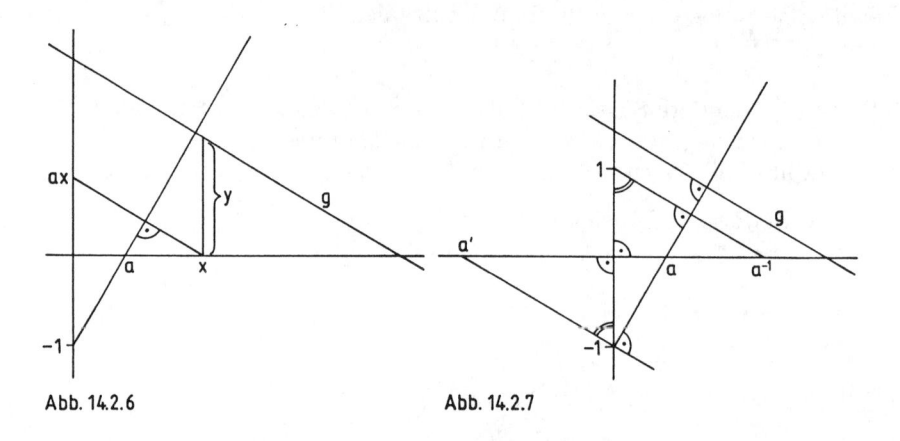

Abb. 14.2.6   Abb. 14.2.7

(a) *Genügen die Koordinaten zweier verschiedener Punkte der Gleichung $a \cdot x + b \cdot y = c$ mit $(a, b, c) \neq (0, 0, 0)$, so beschreibt diese Gleichung die Gerade durch die beiden Punkte.*

(b) *Läuft eine Gerade durch den Punkt Q und hat sie die Steigung $-a$, so wird die Gerade durch die Gleichung $a \cdot x + y = c$ beschrieben, wenn die Koordinaten von Q dieser Gleichung genügen.*

Wie verhalten sich die Steigungen a, a' zweier aufeinander senkrechter Geraden? Da alle Geraden, die auf einer Geraden g senkrecht stehen, zueinander parallel sind, können wir irgendeine dieser Schar nehmen. Vgl. Abb. 14.2.7. Wir nehmen das Lot vom Punkte $(0, -1)$ auf g. Die Geraden $(a', 0)(0, -1)$ und $(0, 1)(a^{-1}, 0)$ sind parallel. Nach dem Satz über Wechselwinkel an Parallelen (vgl. 14.2.14 (c)) sind die Winkel bei $(0, -1)$ und $(0, 1)$ kongruent. Nach dem zweiten Kongruenzsatz 14.1.9 (d) gilt

$$O(0,1)(a^{-1},0) \equiv O(0,-1)(a',0), \text{ also } \overline{(a^{-1},0)O} \equiv \overline{(a',0)O}.$$

Da die Geraden $\overline{(a',0)(0,-1)}$ und $\overline{(0,1)(a^{-1},0)}$ verschieden sind, ist $a' \neq a^{-1}$, und es folgt:

(c) *Für die Steigungen a, a' zweier aufeinander senkrechter Geraden gilt:* $a' = -a^{-1}$.

14.2.17 Beweis des assoziativen Gesetzes der Multiplikation Ihn führen wir in zwei Schritten und zeigen zunächst die Kürzung $a^{-1} \cdot (a \cdot b) = b$; vgl. hierzu Abb. 14.2.8 (a). Dort erfüllen die Geraden CF und AB die Gleichungen

$$-x + y = -b \quad \text{bzw.} \quad x + y = ab,$$

wie sich aus den Regeln 14.2.16 (a) und (b) ergibt. Nach 14.2.16 (c) liegt bei F ein rechter Winkel vor. Wegen des Höhenschnittpunktsatzes 14.2.11 steht BM senkrecht auf AC. Die Gleichung von BM ist $ax + y = ab$. Die Gerade AC hat deshalb die Steigung $-a^{-1}$ und die Gleichung $-a^{-1}x + y = -b$. Da die Gerade durch A läuft, gilt $-a^{-1} \cdot (ab) + 0 = -b$, woraus die Behauptung folgt.

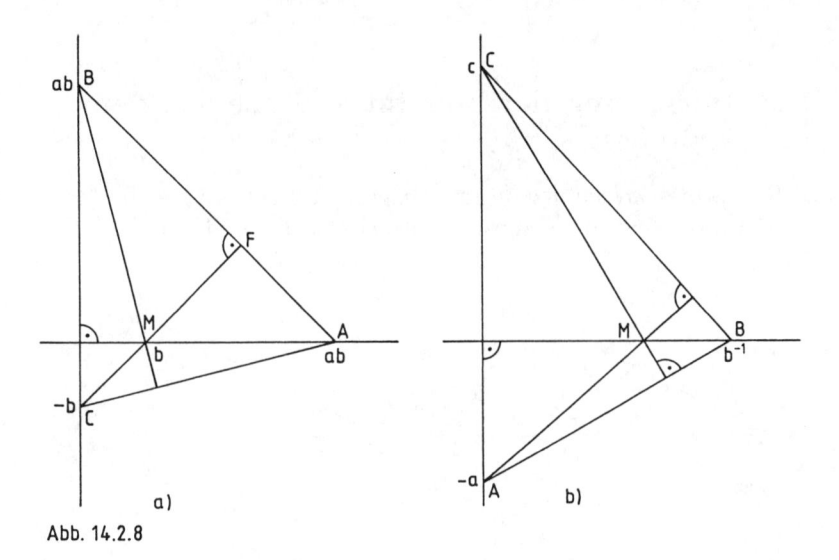

Abb. 14.2.8

Zum Beweis des allgemeinen Assoziativgesetzes ziehen wir Abb. 14.2.8 (b) heran. Dort werden die links angegeben Geraden durch die rechts stehenden

604   14 Über Grundlagen der Geometrie

Gleichungen beschrieben:

$$CB: \quad y = -(cb) \cdot x + c;$$
$$AB: \quad y = (ab) \cdot x - a;$$
$$CM: \quad y = -(ab)^{-1} \cdot x + c;$$
$$AM: \quad y = (cb)^{-1} \cdot x - a.$$

Um M zu bestimmen, setzen wir in den beiden letzten Gleichungen $y = 0$. Wegen des Höhenschnittpunktsatzes gibt es genau eine Lösung x_0 der beiden Gleichungen

$$0 = -(ab)^{-1} \cdot x_0 + c \quad \Longrightarrow \quad x_0 = (ab) \cdot c;$$
$$0 = (cb)^{-1} \cdot x_0 - a \quad \Longrightarrow \quad x_0 = (cb) \cdot a.$$

Deshalb gilt

$$(a \cdot b) \cdot c = (c \cdot b) \cdot a = a \cdot (b \cdot c). \qquad \square$$

Damit haben wir für die Streckenrechnung alle Körperaxiome nachgewiesen.

14.3 Herleitung der benutzten Sätze aus den Axiomen

14.3.1 *Beweis des ersten Kongruenzsatzes* 14.1.9 (c); vgl. Abb. 14.3.1. Nach Axiom 14.1.8 (e) sind die Kongruenzen $\sphericalangle B \equiv \sphericalangle B'$ und $\sphericalangle C \equiv \sphericalangle C'$

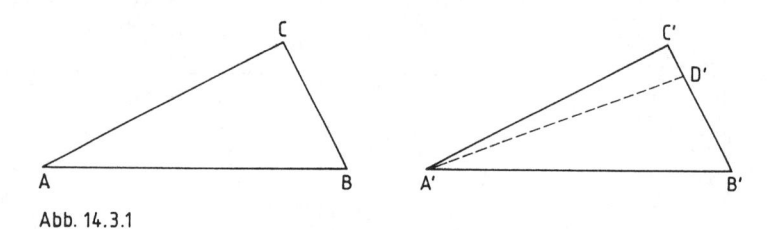

Abb. 14.3.1

erfüllt, und daher muß nur noch die Gültigkeit der Kongruenz $\overline{BC} \equiv \overline{B'C'}$ nachgewiesen werden. Nehmen wir im Gegenteil an, $\overline{BC}$ wäre nicht kongruent $\overline{B'C'}$, und bestimmen auf $B'C'$ den Punkt D' so, daß $\overline{BC} \equiv \overline{B'D'}$ wird, so besagt Axiom 14.1.8 (e), angewandt auf die beiden Dreiecke ABC und $A'B'D'$, daß $\sphericalangle BAC \equiv \sphericalangle B'A'D'$ ist. Es wäre also $\sphericalangle BAC$ sowohl zu $\sphericalangle B'A'D'$ als auch zu $\sphericalangle B'A'C'$ kongruent; dies ist nicht möglich, da nach Pasch-Axiom 14.1.8 (d) jeder Winkel an einen gegebenen Halbstrahl nach einer gegebenen Seite in einer Ebene nur auf eine Weise abgetragen werden kann. Damit ist bewiesen, daß das Dreieck ABC dem Dreieck $A'B'C'$ kongruent ist. □

Ebenso leicht kann der zweite Kongruenzsatz 14.1.9 (d) bewiesen werden.

14.3.2 *Beweis von* 14.1.9 (e) Wir wählen die Punkte A', C', D' auf den durch B' gehenden Schenkeln derart, daß

$$\overline{AB} \equiv \overline{A'B'}, \quad \overline{CB} \equiv \overline{C'B'}, \quad \overline{DB} = \overline{D'B'}$$

wird. Aus dem 1. Kongruenzsatz 14.1.9 (c) folgt dann, daß das Dreieck ABC dem Dreieck $A'B'C'$ kongruent ist, d.h. es gelten die Kongruenzen

$$\overline{AC} \equiv \overline{A'C'} \quad \text{und} \quad \sphericalangle BAC \equiv \sphericalangle B'A'C'.$$

Da außerdem nach 14.1.8 (c) die Strecke $\overline{AD}$ der Strecke $\overline{A'D'}$ kongruent ist, so folgt wiederum aus 14.1.9 (c), daß das Dreieck CAD dem Dreieck $C'A'D'$ kongruent ist, d.h. es gelten die Kongruenzen

$$\overline{CD} \equiv \overline{C'D'} \quad \text{und} \quad \sphericalangle ADC \equiv \sphericalangle A'D'C',$$

und hieraus folgt bei Betrachtung der Dreiecke BCD und $B'C'D'$ nach Axiom 14.1.8 (e):

$$\sphericalangle CBD \equiv \sphericalangle C'B'D'. \qquad □$$

14.3.3 *Existenz rechter Winkel* Sei h ein Halbstrahl und S der Scheitel von h. Wir legen irgendeinen Winkel $\sphericalangle(h, k)$ in S an h; dabei ist k ein Halbstrahl. Weiter tragen wir in S an h in die andere Halbebene einen zu $\sphericalangle(h, k)$ kongruenten Winkel an und erhalten einen Halbstrahl k', was wegen Axiom 14.1.8 (d) möglich ist. Auf k wählen wir einen Punkt A und wählen auf k' einen Punkt A', so daß $\overline{AS} \equiv \overline{A'S}$; dieses ist nach 14.1.8 (a) möglich. Da die Punkte A, A' in verschiedenen Halbebenen liegen, hat die Strecke $\overline{AA'}$ mit der Geraden, auf der h liegt, einen Punkt T gemeinsam. Dann sind drei Fälle möglich:

1) Der Schnittpunkt ist S; dann sind k und k' die beiden Halbstrahlen einer Geraden durch S, und $\sphericalangle(h, k)$ ist zu seinem Nebenwinkel kongruent, ist also ein rechter; vgl. Abb. 14.3.2 (a).

Abb. 14.3.2

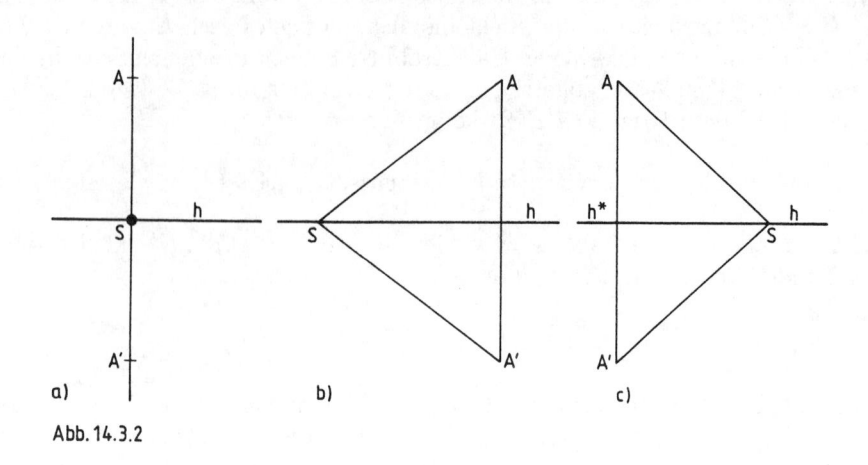

2) $T \in h$; vgl. Abb. 14.3.2 (b). Wegen

$$\overline{SA} \equiv \overline{SA'}, \quad \overline{ST} \equiv \overline{ST}, \quad \sphericalangle AST \equiv \sphericalangle A'ST$$

gilt $AST \equiv A'ST$ und deshalb $\sphericalangle STA \equiv \sphericalangle STA'$; dieses zeigt, daß diese Winkel bei T rechte sind.

3) T ist ungleich S und liegt nicht auf h; vgl. nun Abb.14.3.2 (c). Dann betrachten wir den anderen Halbstrahl h^* auf der durch h definierten Geraden. Aus 14.1.9 (e) folgt, daß auch $\sphericalangle(h^*, k) \equiv \sphericalangle(h^*, k')$ ist. Nun folgt wieder $\sphericalangle STA \equiv \sphericalangle STA'$, d.h. $\sphericalangle STA$ ist ein rechter Winkel. □

Damit läßt sich nun auch 14.2.7 gewinnen.

14.3.4 *Beweis des Höhenschnittpunktsatzes aus den anderen benutzten Sätzen*
Vgl. Abb. 14.3.3. Wir nehmen an, daß die Gerade AM auf BC und BM auf AC senkrecht stehen; dann lautet die Behauptung: *CM ist senkrecht auf AB*. Wir zeichnen nun durch A die Parallelen zu BC und analog bei B und C. Unter den neuen Geraden gibt es kein Paar paralleler; denn aus dem Parallelenaxiom folgt: *Sind die Geraden h, h' parallel zu g und ist $h \neq h'$, so sind h und h' parallel*; andernfalls gingen durch den Schnittpunkt von h und h' zwei Parallelen zu g. Deshalb bestimmen die neuen Geraden ein Dreieck $A'B'C'$. Nach dem Satz über Gegenseiten im Parallelogramm 14.2.14 (b) gilt

$$\overline{AB'} \equiv \overline{BC} \quad \text{und} \quad \overline{AC'} \equiv \overline{BC};$$

14.3 Herleitung der benutzten Sätze aus den Axiomen   607

also ist A Mittelpunkt von $\overline{B'C'}$. Somit ist der Höhenschnittpunktsatz auf den Satz, daß *sich die Mittelsenkrechten eines Dreiecks in einem Punkte schneiden*, zurückgeführt.

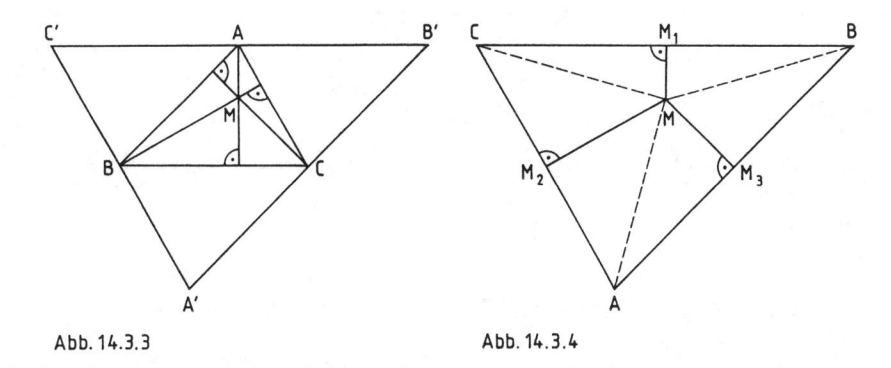

Abb. 14.3.3   Abb. 14.3.4

Wir beweisen diese Aussage jetzt unter der Voraussetzung, daß die Mittelsenkrechten existieren (was uns genügt) und übernehmen die Bezeichnung aus Abb. 14.3.4. Es stehen die Geraden MM_1 und MM_2 senkrecht auf CB bzw. AC. Wegen

$$\overline{CM_2} \equiv \overline{AM_2}, \quad \overline{MM_2} \equiv \overline{MM_2}, \quad \sphericalangle AM_2M \equiv \sphericalangle CM_2M$$

sind die Dreiecke CM_2M und AM_2M nach dem ersten Kongruenzsatz kongruent. Also ist $\overline{AM} \equiv \overline{CM}$. Analog folgt $\overline{CM} \equiv \overline{BM}$ und daraus $\overline{AM} \equiv \overline{BM}$. Das Dreieck AMB ist also gleichschenklig und deshalb gilt nach dem ersten Kongruenzsatz $AM_3M \equiv BM_3M$, also $\sphericalangle AM_3M \equiv \sphericalangle BM_3M$. Somit ist $\sphericalangle AM_3M$ zu seinem Nebenwinkel kongruent, ist also nach 14.1.9 (a) ein rechter. □

14.3.5 Satz *Sind A, B, C drei Punkte, die nicht auf einer Geraden liegen, so ist γ nicht zum Nebenwinkel φ von β kongruent; vgl. Abb. 14.3.5.*

B e w e i s   Wir nehmen an, daß $\varphi \equiv \gamma$. Wähle auf AB einen Punkt D, so daß B zwischen A und D liegt und $\overline{BD} \equiv \overline{AC}$ ist. Dann ist nach dem ersten Kongruenzsatz $ACB \equiv DBC$ und deshalb $\beta \equiv \psi$. Wegen des Satzes über die Nebenwinkel 14.1.9 (e) ist β auch jedem Nebenwinkel von γ kongruent, d.h. ψ ist ein Nebenwinkel von γ und D liegt auf der Geraden AC, somit auch $B \in AC$; Widerspruch. □

Abb. 14.3.5   Abb. 14.3.6   Abb. 14.3.7

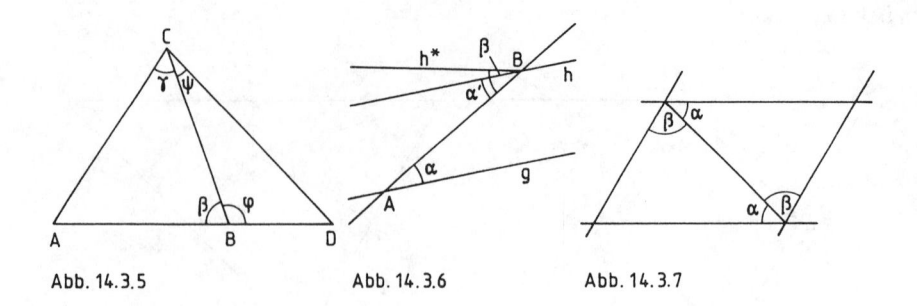

14.3.6 Beweis der Sätze über Parallele (aus 14.2.14)

Vgl. Abb. 14.3.6. Auf einer Geraden seien zwei Punkte A, B gegeben. In A tragen wir an dem Halbstrahl, der nach B zeigt, einen Winkel α ab und in B an den nach A zeigenden Halbstrahl einen zu α kongruenten Winkel α', der in die andere Halbebene als α zeigt. Wegen 14.3.5 sind die entstehenden Geraden g, h parallel.

Ist nun β ein nicht zu α kongruenter Winkel und tragen wir ihn von B analog wie α' ab, so sind die Winkel α' und β nicht kongruent, also die entstehenden Geraden h, h^* sind verschieden; vgl. Abb. 14.3.6. Wegen des Parallelenaxiomes ist h^* nicht parallel zu g. Damit haben wir: *Wechselwinkel an Parallelen sind kongruent.* Daraus ergeben sich die anderen Winkelsätze.

Aus dem zweiten Kongruenzsatz folgt: Die Gegenseiten in einem Parallelogramm sind kongruent; vgl. Abb. 14.3.7. □

Aufgaben

14.3.A1 Seien A und A' Punkte auf einer Geraden g, ferner werde von A an den Halbstrahl von g, der A enthält, ein Winkel α abgetragen. Denselben Winkel tragen wir an den Halbstrahl von g ab, der in A' beginnt, A nicht enthält und auf derselben Seite von g wie der erste Winkel liegt. Dann sind die beiden erhaltenen Geraden parallel.

14.4 Über den Satz des Pythagoras und ähnliche Dreiecke

14.4.1 Allgemeine Voraussetzung In diesem Paragraphen setzen wir, wenn nicht anders gesagt, voraus, daß *die Geometrie den Axiomen* 14.1.3, 4, 8, 10 *genügt*.

Die Streckenrechnung hat uns zu einem geordneten Körper verholfen; insbesondere hat er deshalb die Charakteristik 0 und kann auch nicht der Körper der komplexen Zahlen sein. Kann er z.B. rational sein? Wir wollen in diesem Abschnitt zeigen, daß in einer Geometrie, die den Axiomen 14.1.3,4,8,10 genügt, der Satz des Pythagoras gilt. Sind nun a, b beliebige Strecken, so nehmen wir sie als Katheten eines rechtwinkligen Dreiecks. Es gibt dann eine Strecke c, die Hypotenuse dieses Dreiecks ist. Deshalb ist die Gleichung $x^2 = a^2 + b^2$ in dem gewonnenen Körper stets lösbar. Also kommt der Körper der rationalen Zahlen nicht in Frage.

Um den Satz des Pythagoras zu beweisen, benötigen wir Sätze über ähnliche Dreiecke und leiten diese zunächst her. Dafür ist die folgende Deutung der Multiplikationsregel 14.2.6 bequem.

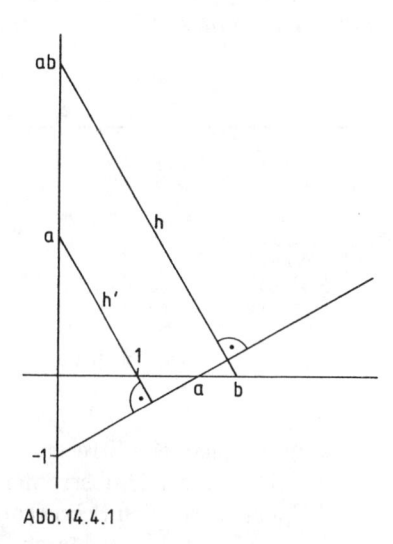

Abb. 14.4.1

14.4.2 Multiplikationsregel *Um das Produkt $a \cdot b$ zweier Zahlen zu bilden, tragen wir auf der x-Achse 1 und b, auf der y-Achse a und 1 ab. Dann ziehen wir durch $(b, 0)$ die Parallele h zu der Verbindung h' von $(1, 0)$ und $(0, a)$. Der Schnittpunkt von h mit der y-Achse ist $(0, ab)$.* Hierzu vgl. Abb. 14.4.1.

610   14 Über Grundlagen der Geometrie

Gegeben seien zwei rechtwinklige Dreiecke, die außerdem noch in einem weiteren Winkel übereinstimmen. Die Katheten, die an diesen Winkeln anstoßen, seien a bzw. a'. Wir tragen jetzt a und a' auf der (positiven) x-Achse, die beiden anderen Katheten b und b' auf der (positiven) y-Achse ab, und erhalten nach dem ersten Kongruenzsatz zwei Dreiecke, die kongruent zu den gegebenen sind. Nach 14.3.5 bzw. 14.3.A1 sind dann auch die Hypotenusen parallel und es stimmen die beiden restlichen Winkel überein. Durch eine Verfeinerung von Abb. 14.4.1 erhalten wir ein $c \in \mathcal{K}$ mit

$$a \cdot c = b \quad \text{und} \quad a' \cdot c = b'.$$

Daraus bekommen wir unter alleiniger Verwendung der Rechenregeln für einen Körper:

14.4.3 Definition und Satz *Zwei Dreiecke heißen ähnlich, wenn ihre entsprechenden Winkel kongruent sind. Für ähnliche rechtwinklige Dreiecke (mit der naheliegenden Bezeichnung) gilt: $b' : a' = b : a$.*   □

14.4.4 Satz *Strecken und Winkel lassen sich halbieren. Der Mittelpunkt einer Strecke bzw. die Winkelhalbierende eines Winkels ist eindeutig bestimmt*

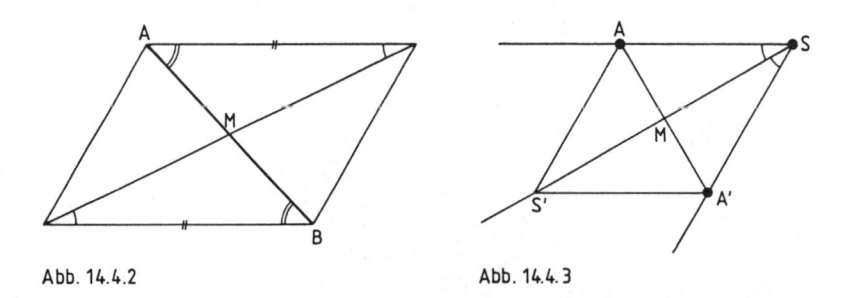

Abb. 14.4.2   Abb. 14.4.3

B e w e i s   Sei $\overline{AB}$ eine beliebig vorgegebene Strecke. Dann bilden wir ein Parallelogramm wie in Abb.14.4.2, indem wir Halbstrahlen mit gleichen Winkeln bei A und B an die Gerade AB legen. Für den Schnittpunkt M der Diagonalen des Parallelogramms folgt, daß $\overline{AM} \equiv \overline{BM}$ ist. Durch einen indirekten Schluß folgt die Eindeutigkeit des Mittelpunktes.

Es sei ein Winkel mit Scheitel S gegeben, vgl. Abb. 14.4.3. Auf seinen Schenkeln wählen wir zwei Punkte A, A' mit $\overline{SA} \equiv \overline{SA'}$ und bilden zu ihnen das Parallelogramm $ASA'S'$. Dann sind die Dreiecke $SA'S'$ und SAS' nach 14.3.7 gleichschenklig; daraus sowie aus den Sätzen über Winkel an Parallelen folgt $\sphericalangle ASS' \equiv \sphericalangle A'SS'$. Ist jetzt irgendeine Winkelhalbierende gegeben (wieder

14.4 Über den Satz des Pythagoras und ähnliche Dreiecke

nehmen wir Abb. 14.4.3), so folgt aus dem ersten Kongruenzsatz, daß M der Mittelpunkt der Strecke $\overline{AA'}$ ist, also eindeutig bestimmt ist. □

14.4.5 Satz *Für ähnliche rechtwinklige Dreiecke gilt:*
$$c : a = c' : a', \quad c : b = c' : b'.$$

Beweis Vgl. Abb. 14.4.4. Dort sei S der Schnittpunkt von AC mit der Winkelhalbierenden von $\sphericalangle CBA$ und F sei der Fußpunkt des Lotes von S auf AB. Er unterteilt die Strecke c in zwei Strecken p, q, $c = p+q$. (Eventuell sind p oder q negativ zu nehmen.) Nach dem zweiten Kongruenzsatz ist $BSF \equiv BSC$, also $\overline{SC} \equiv \overline{SF} =: r$. Aus dem Distributivgesetz folgt
$$\frac{c}{r} = \frac{p}{r} + \frac{q}{r}.$$
Nehmen wir ein zu BCA ähnliches Dreieck $B'C'A'$ und führen entsprechende Bezeichnungen ein, so ist nach 14.4.2
$$\frac{p}{r} = \frac{p'}{r'}, \quad \frac{q}{r} = \frac{q'}{r'} \implies \frac{c}{r} = \frac{c'}{r'}.$$
Genauso folgt $r : a = r' : a'$. Daraus folgt die Behauptung. □

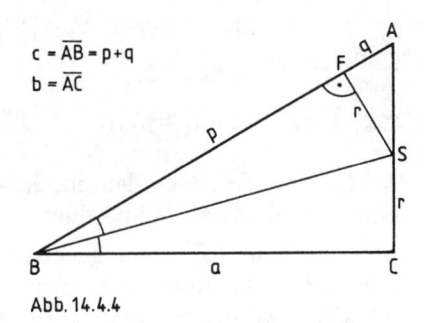

$c = \overline{AB} = p+q$
$b = \overline{AC}$

Abb. 14.4.4

14.4.6 Satz des Pythagoras *In einem rechtwinkligen Dreieck gilt $c^2 = a^2 + b^2$.*

Beweis In ABC fällen wir das Lot von C auf die Hypotenuse c und erhalten den Fußpunkt F; vgl. Abb. 14.4.5. Dann sind die Dreiecke FAC und CAB bzw. BFC und BCA ähnlich, und deshalb ergibt 14.4.5:
$$p : b = b : c, \text{ also } p = b^2 c^{-1}, \text{ sowie } q : a = a : c, \text{ also } q = a^2 c^{-1}.$$
Aus $c = p + q$ folgt $c^2 = a^2 + b^2$. □

14 Über Grundlagen der Geometrie

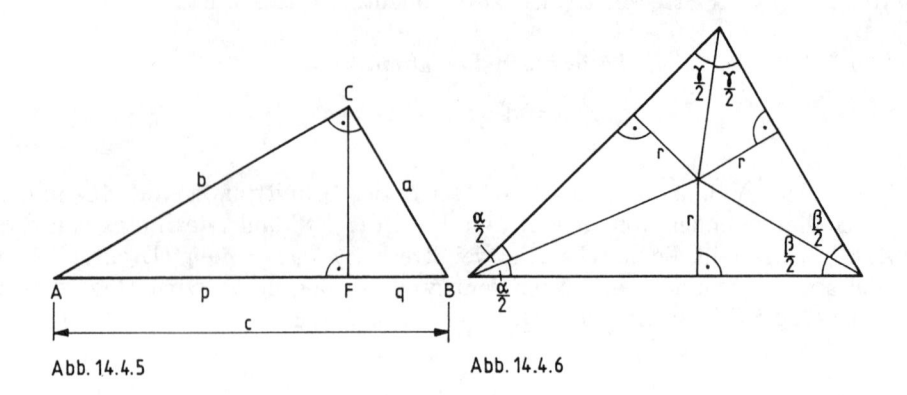

Abb. 14.4.5   Abb. 14.4.6

Als nächstes wollen wir den Satz über das Seitenverhältnis in allgemeinen ähnlichen Dreiecken beweisen. Unter Verwendung des Satzes über den Schnittpunkt der Winkelhalbierenden eines Dreiecks können wir ihn auf das Resultat 14.4.5 über die Verhältnisse in ähnlichen rechtwinkligen Dreiecken zurückführen, vgl. Abb. 14.4.6.

Wir schlagen hier einen anderen Weg ein. Es sei eine Gerade gegeben durch $y = ax$. Auf ihr wählen wir zwei Punkte (x_1, y_1), (x'_1, y'_1). Ist dann $x'_1 = \lambda x_1$, so folgt aus den Körperregeln

$$y'_1 = ax'_1 = a\lambda x_1 = \lambda y_1.$$

Deshalb können je zwei Punkten auf einer Geraden durch O — nach Auszeichnung eines der beiden — eine Verhältniszahl λ zuordnen.

Jetzt seien zwei Geraden durch den Ursprung gegeben. Auf ihnen nehmen wir je zwei Punkte P_1, P_λ bzw. Q_1, Q_μ, wobei λ bzw. μ die Verhältniszahlen sind; vgl. Abb. 14.4.7. Ferner seien (x_1, y_1) und (x_1, y_2) die Koordinaten von P_1 bzw. Q_1. *Wir wollen zeigen:*

$$Q_1 P_1 \parallel Q_\mu P_\lambda \iff \mu = \lambda.$$

Seien nämlich R, S die Punkte mit den Koordinaten (x_2, y_1) bzw. $(\mu x_2, \lambda y_1)$. Wenn $Q_1 P_1 \| Q_\mu P_\lambda$, so sind die schraffierten rechtwinkligen Dreiecke $Q_1 R P_1$ und $Q_\mu S P_\lambda$ ähnlich und auf sie läßt sich 14.4.5 anwenden, und es folgt:

$$\frac{y_1 - y_2}{x_1 - x_2} = \frac{\lambda y_1 - \mu y_2}{\lambda x_1 - \mu x_2}.$$

14.4 Über den Satz des Pythagoras und ähnliche Dreiecke   613

Hieraus ergibt sich $0 = (\lambda-\mu)(x_1y_2-x_2y_1)$. Falls die Geraden durch O verschieden sind, ist der rechte Faktor ungleich 0 und somit ist $\mu = \lambda$. Da zu gegebenem Q_1 und λ genau ein Punkt Q_λ existiert, der mit Q_1 die Verhältniszahl λ hat, ergibt sich ferner, daß $Q_1P_1 \| Q_\mu P_\lambda$ ist für $\mu = \lambda$.

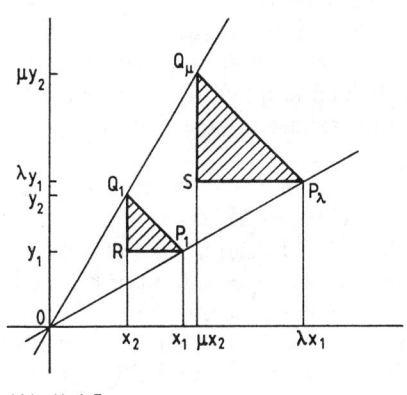

Abb. 14.4.7

Daraus ergibt sich in der Geometrie der Satz des Desargues in der Form von Abb. 14.4.8; ferner erhalten wir unter Verwendung der Ergebnisse über Winkel an Parallelen den Satz über die Seitenverhältnisse in ähnlichen Dreiecken:

14.4.7 Satz *Sind die Dreiecke ABC und $A'B'C'$ ähnlich, so gilt bei der üblichen Bezeichnung der Seiten:*
$$a' : a = b' : b = c' : c.$$
□

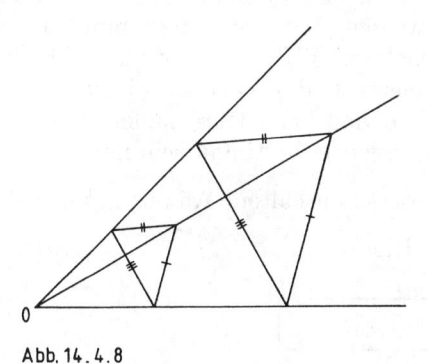

Abb. 14.4.8

15 Umsetzung der Algorithmen in ein einfaches Algebrasystem*

In diesem Kapitel wird die Programmierung einiger ausgewählter Algorithmen aus den vorangegangenen Kapiteln behandelt. Die einzelnen Algorithmen können zu einem einfachen Algebrasystem — nennen wir es LA — kombiniert werden. Die folgenden Überlegungen und Aufgaben sind unabhängig von einer Programmiersprache, jedoch empfiehlt es sich, angesichts unseres Zieles für die Implementierung eine objektorientierte Programmiersprache (wie z. B. Turbo PASCAL oder C++) zu verwenden.

Im folgenden wird der in C++ gebräuchliche Begriff „Klasse" verwendet, der zu dem bei Turbo PASCAL verwendeten Begriff „Objekt" weitgehend äquivalent ist. Eine Klasse ist ein Datentyp, der aus Datenfeldern und Methoden besteht. Variablen vom Typ einer bestimmten Klasse heißen „Instanzen" dieser Klasse. Auf den Instanzen einer bestimmten Klasse operieren die Methoden dieser Klasse. Methoden, die eine Instanz initialisieren, heißen „Konstruktoren", und Methoden, die eine Instanz löschen, heißen „Destruktoren".

Ein im Rahmen eines Proseminars an der Ruhr-Universität Bochum unter Turbo PASCAL entwickeltes Algebrasystem namens LA ist im World Wide Web via http://www.ruhr-uni-bochum.de/la-projekt/ samt Quelltext verfügbar.

15.1 Struktogramme

Um die Algorithmen unabhängig von einer Programmiersprache formulieren zu können, werden in diesem Kapitel Struktogramme für die Darstellung der Algorithmen verwendet. Jedes Struktogramm kann aus den vier Grundelementen Block, Alternative, WHILE-Schleife und REPEAT-Schleife aufgebaut werden. Diese Grundelemente dürfen beliebig ineinander geschachtelt werden — mit der Einschränkung, daß beim Durchlaufen des Struktogramms von oben nach unten der Weg eindeutig bestimmt sein muß.

In einem Block (Rechteck) enthaltene Anweisungen sind abzuarbeiten:

Grundelement 1 — Block

```
| Anweisung                              |
```

---

* Dieser Anhang wurde von Bernt Karasch verfaßt. Grundlage dieses Anhangs ist ein Proseminar, das im Sommersemester 1995 an der Ruhr-Universität Bochum unter seiner Leitung stattfand.

Eine Alternative besteht aus einer Bedingung, die erfüllt oder nicht erfüllt ist. Falls sie erfüllt ist, muß der Block unter dem Y, andernfalls der Block unter dem N abgearbeitet werden:

Grundelement 2 — Alternative

Y	Bedingung	N
Anweisung 1, falls Bedingung erfüllt ist		Anweisung 2, falls Bedingung nicht erfüllt ist

Eine WHILE-Schleife besteht aus einer Bedingung und einem Block:

Grundelement 3 — WHILE-Schleife

Bedingung
Anweisung

1. Schritt: Wenn die Bedingung nicht erfüllt ist, muß die Verarbeitung unterhalb dieses Grundelementes fortgesetzt werden.
2. Schritt: Wenn die Bedingung erfüllt ist, muß die Anweisung abgearbeitet werden. Danach wird die Verarbeitung mit dem 1. Schritt fortgesetzt.

Eine REPEAT-Schleife besteht aus einem Block und einer Bedingung:

Grundelement 4 — REPEAT-Schleife

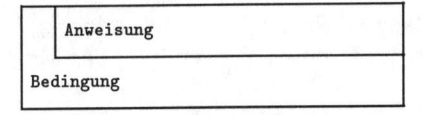

Anweisung
Bedingung

1. Schritt: Die Anweisung muß abgearbeitet werden.
2. Schritt: Wenn die Bedingung erfüllt ist, muß die Verarbeitung unterhalb dieses Grundelementes fortgesetzt werden. Andernfalls ist die Verarbeitung mit dem 1. Schritt fortzusetzen.

15.2 Zahlen

Die grundlegende Klasse des Algebrasystems ist sicherlich ein Klasse, die eine Zahl darstellt. Leider sind in der Regel durch den Compiler bestimmte Grenzen für die verschiedenen Zahltypen vorgegeben. Im wesentlichen gibt es zwei Möglichkeiten, diese Grenzen zu überwinden: Man schreibe Methoden, die mit beliebiger Genauigkeit rechnen (natürlich beschränkt durch den vorhandenen Speicher), oder man nehme Typumwandlungen vor, wenn eine Zahl innerhalb ihres ursprünglichen Zahltyps durch den Compiler nicht mehr darstellbar ist. Wenn beispielsweise die Summe zweier ganzer noch durch den Compiler exakt darstellbarer Zahlen selbst nicht mehr durch den Compiler darstellbar ist, kann man — auf Kosten der Genauigkeit — diese Summe als Fließkommazahl abspeichern. Aus Gründen der Einfachheit soll im folgenden die zweite Methode verwendet werden, um Bereichsüberläufe bei den Zahltypen zu vermeiden.

15.2.1 Ganze Zahlen

Fast jeder Compiler besitzt einen oder mehrere Zahltypen für ganze Zahlen (z. B. COMP in Turbo PASCAL). Für LA sollte der Zahltyp gewählt werden, der die größte Teilmenge von $\mathbb{Z}$ darstellen kann.

(a) Erstellen Sie eine Klasse Ganze_Zahl_Typ. Diese Klasse soll als einziges Datenfeld in der Variablen Zahl die jeweilige ganze Zahl enthalten. Dabei ist der Typ dieser Variablen in Abhängigkeit vom Compiler geeignet zu wählen. Implementieren Sie die Konstruktoren init (Initialisierung einer Instanz mit einer angegebenen ganzen Zahl) und init_copy (Initialisierung einer Instanz durch Kopieren einer angegebenen Instanz) und den Destruktor wipe. Implementieren Sie Methoden für die Grundrechenarten (add, sub, mult, divi (ganzzahlige Division), modu (Divisionsrest)) und die Methoden neg (Multiplikation mit -1), mache_Eins (Zahl:=1), mache_Null (Zahl:=0), mache_abs (Zahl:=|Zahl|). Implementieren Sie folgende Methoden, die einen Wahrheitswert liefern sollen: ist_Eins, ist_Null, ist_negativ, ist_positiv, ist_kleiner, ist_gleich. Testen Sie Ihre Klasse Ganze_Zahl_Typ.

(b) Programmieren Sie für die Klasse Ganze_Zahl_Typ die Methoden kgV und ggT (vgl. 2.2.10). Die Methode kgV können Sie unter Verwendung der Methode ggT implementieren.

ggt — Berechnung des größten gemeinsamen Teilers von $u, v \in \mathbb{Z}$

$u := \|u\|; \quad v := \|v\|;$
$v \neq 0$
$\quad t := u - [u/v] * v; \quad u := v; \quad v := t;$
ggT $:= u;$

$[x]$ ist die größte ganze Zahl, die kleiner oder gleich x ist.

(c) Programmieren Sie für die Klasse Ganze_Zahl_Typ die Methode Bezout, die zu zwei gegebenen natürlichen Zahlen a und b ganze Zahlen s und t liefert, so daß ggT$(a,b) = sa + tb$ gilt (vgl. 2.2.11). Implementieren Sie die Methode Bezout iterativ und rekursiv, und vergleichen Sie den Speicherplatzbedarf und die Laufzeit der beiden Methoden.

Bezout_i — iterative Berechnung der Faktoren $s, t \in \mathbb{Z}$

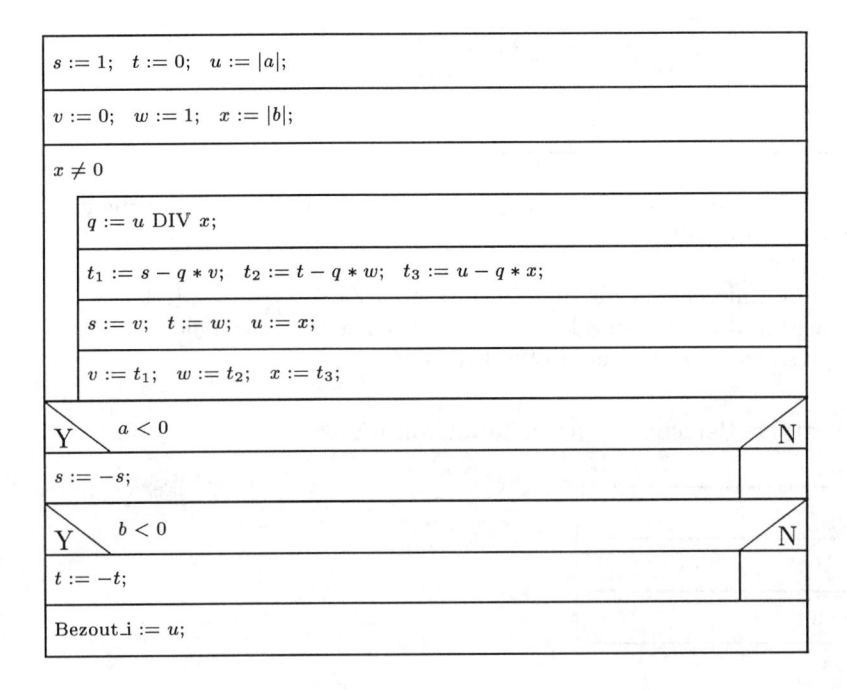

```
┌─────────────────────────────────────────────────────────────────┐
│ s := 1;  t := 0;  u := |a|;                                     │
├─────────────────────────────────────────────────────────────────┤
│ v := 0;  w := 1;  x := |b|;                                     │
├─────────────────────────────────────────────────────────────────┤
│ x ≠ 0                                                           │
│  ┌───────────────────────────────────────────────────────────┐  │
│  │ q := u DIV x;                                             │  │
│  ├───────────────────────────────────────────────────────────┤  │
│  │ t₁ := s − q∗v;  t₂ := t − q∗w;  t₃ := u − q∗x;            │  │
│  ├───────────────────────────────────────────────────────────┤  │
│  │ s := v;  t := w;  u := x;                                 │  │
│  ├───────────────────────────────────────────────────────────┤  │
│  │ v := t₁;  w := t₂;  x := t₃;                              │  │
│  └───────────────────────────────────────────────────────────┘  │
├──────────Y────────────── a < 0 ─────────────────────N───────────┤
│ s := −s;                                                        │
├──────────Y────────────── b < 0 ─────────────────────N───────────┤
│ t := −t;                                                        │
├─────────────────────────────────────────────────────────────────┤
│ Bezout_i := u;                                                  │
└─────────────────────────────────────────────────────────────────┘
```

Bezout_r — rekursive Berechnung der Faktoren $s, t \in \mathbb{Z}$

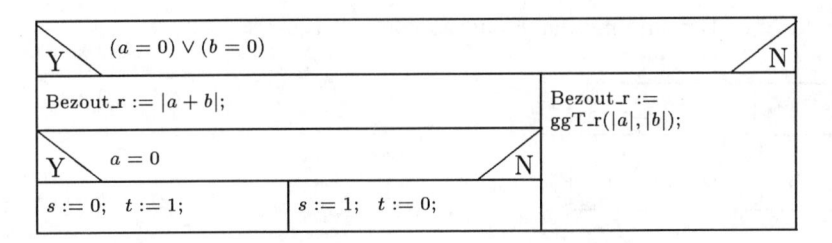

```
┌──────Y──────── (a = 0) ∨ (b = 0) ────────────N──────────────────┐
│ Bezout_r := |a + b|;              │ Bezout_r :=                 │
│                                   │ ggT_r(|a|, |b|);            │
├──────Y──── a = 0 ────N─────────┐  │                             │
│ s := 0; t := 1; │ s := 1; t := 0;│                              │
└─────────────────┴────────────────┴──────────────────────────────┘
```

mit:

15 Umsetzung der Algorithmen in ein einfaches Algebrasystem

ggT_r — rekursive Berechnung des größten gemeinsamen Teilers von a und b

$q := b \text{ DIV } a;\quad r := b \text{ MOD } a;$	
Y $\quad r = 0$	N
ggT_r := a;	ggT_r := ggT_r(a, r);
$s := 0$;	$h := s$;
$t := 1$;	$s := t$;
	$t := t * (-q) + h$;

a DIV b ist dabei eine andere Schreibweise für $[a/b]$; b MOD a ist äquivalent zu $b - [b/a]$.

(d) Programmieren Sie für die Klasse Ganze_Zahl_Typ die Methode Fakultät iterativ und rekursiv (vgl. 2.2.3). Vergleichen Sie den Speicherplatzbedarf und die Laufzeit der beiden Methoden.

fak_i — iterative Berechnung der Fakultät von $n \in \mathbb{N}$

$h := 1$;
$n \neq 0$
$\quad h := h * n$;
$\quad n := n - 1$;
fak_i := h;

fak_r — rekursive Berechnung der Fakultät von $n \in \mathbb{N}$

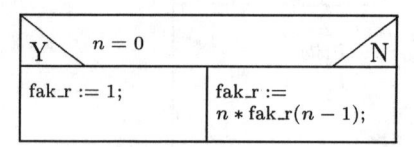

Y $\quad n = 0$	N
fak_r := 1;	fak_r := $n *$ fak_r$(n - 1)$;

15.2.2 Endliche Zahlkörper

Unser Algebrasystem soll auch mit Zahlen aus den Körpern $\mathbb{Z}_p$, p prim, rechnen können (vgl. 3.3.5). Die Restklassen lassen sich offenbar mit einem Zahltyp für ganze Zahlen darstellen. Zusätzlich muß jede Instanz ein Datenfeld enthalten, das p speichert.

Erstellen Sie eine Klasse Z_p_Typ. Implementieren Sie alle Methoden aus 15.2.1, sofern sie für Z_p_Typ sinnvoll sind. Implementieren Sie zusätzlich eine Methode inv, die das multiplikative Inverse liefert. Überprüfen Sie in den Konstruktoren, ob es sich bei p um eine Primzahl handelt, und melden Sie einen Fehler, wenn die beiden Operanden nicht aus demselben Zahlkörper stammen. Testen Sie Ihre Klasse Z_p_Typ.

15.2.3 Reelle Zahlen

Wie für ganze Zahlen besitzt fast jeder Compiler einen oder mehrere Zahltypen für Fließkommazahlen (z. B. EXTENDED in Turbo PASCAL). Für LA sollte der Zahltyp gewählt werden, der die größte Teilmenge von $\mathbb{R}$ darstellen kann.

Erstellen Sie eine Klasse Reelle_Zahl_Typ. Implementieren Sie alle Methoden aus 15.2.1, sofern sie für Reelle_Zahl_Typ sinnvoll sind. Implementieren Sie zusätzlich die Methode ist_ganz. Testen Sie zwei Fließkommazahlen k_1, k_2 nicht auf Gleichheit, sondern überprüfen Sie, ob $|k_1 - k_2| < \epsilon$ gilt. Wählen Sie ϵ dabei in Abhängigkeit von dem für die näherungsweise Darstellung reeller Zahlen gewählten Fließkommatyp. Melden Sie Bereichsüberschreitungen als Fehler. Testen Sie Ihre Klasse Reelle_Zahl_Typ.

15.3 Zahlstrukturen

Mit Hilfe der oben definierten Klassen lassen sich nun Klassen für Strukturen aus mehreren Zahlen (komplexe Zahlen, Brüche, Polynome, Matrizen) implementieren. Dabei soll keine Beschränkung hinsichtlich der Klasse des Real- und Imaginärteils, des Zählers und des Nenners, der Polynomkoeffizienten und der Matrixelemente existieren. Um dieses Ziel zu erreichen, führen wir eine Klasse Element_Typ ein, deren Instanzen den Typ ganze Zahl, reelle Zahl, Element eines endlichen Körpers, komplexe Zahl, Bruch, Boolescher Wert, Ausdruck, Polynom oder Matrix haben können.

15.3.1 Definition der Klasse Element_Typ

Erstellen Sie eine Klasse Element_Typ mit zwei Datenfeldern. Das erste Datenfeld Bereich enthält den Typ, das zweite Datenfeld einen Zeiger auf das entsprechende Element. Implementieren Sie alle Methoden aus 15.2.1, indem Sie in den Methoden von Element_Typ in Abhängigkeit vom Datenfeld Bereich die entsprechenden Methoden der anderen Klassen aufrufen. Die noch fehlenden Klassen Komplexe_Zahl_Typ, Bruch_Typ, Boole_Typ, Ausdruck_Typ, Polynom_Typ und Matrix_Typ werden in den folgenden Unterabschnitten definiert.

15.3.2 Komplexe Zahlen

Erstellen Sie eine Klasse Komplexe_Zahl_Typ mit zwei Datenfeldern. Das erste Datenfeld enthält den Realteil, das zweite Datenfeld den Imaginärteil der komplexen Zahl. Realteil und Imaginärteil sind dabei Instanzen der Klasse Element_Typ. Implementieren Sie die naheliegenden Methoden, und testen Sie Ihre Klasse Komplexe_Zahl_Typ.

15.3.3 Brüche

Erstellen Sie eine Klasse Bruch_Typ mit zwei Datenfeldern. Das erste Datenfeld enthält den Zähler, das zweite Datenfeld den Nenner des Bruchs. Zähler und Nenner sind dabei Instanzen der Klasse Element_Typ. Implementieren Sie die naheliegenden Methoden (auch die Methode kürze), und testen Sie Ihre Klasse Bruch_Typ.

15.3.4 Boolesche Werte

Erstellen Sie eine Klasse Boole_Typ mit einem Datenfeld, das den Wert der Instanz (TRUE oder FALSE) speichert. Implementieren Sie die Methoden init, init_copy, wipe, und, oder, neg und gib_Boole (für den Zugriff auf das Datenfeld).

15.3.5 Ausdrücke

Erstellen Sie eine Klasse Ausdruck_Typ mit einem Datenfeld, das einen beliebigen Ausdruck (Zeichenkette) speichert. Implementieren Sie die Methoden init, wipe und gib_Ausdruck (für den Zugriff auf das Datenfeld). Diese Klasse wird später für die Ergebnisausgabe bei der linearen Optimierung und für symbolische Algebra benutzt.

15.3.6 Polynome

Es gibt im wesentlichen zwei Methoden, Polynome zu implementieren. Die erste Methode benutzt ein Feld, dessen Elemente die Koeffizienten des Polynoms enthalten. Diese Methode ist offenbar nur dann sinnvoll, wenn nur wenige Koeffizienten verschwinden und die Grade der auftretenden Polynome sich nicht wesentlich unterscheiden. Wenn nur eine der beiden Bedingungen verletzt ist, enthalten die Felder sehr viele Nullen (Speicherplatzverschwendung). Effizienter hinsichtlich des Speicherplatzes ist die Speicherung eines Polynoms als (einfach verkettete) lineare Liste seiner Monome. Dabei enthält jedes Monom seinen Grad und seinen Koeffizienten. Speicherplatz für verschwindende Koeffizienten wird — auf Kosten erhöhter Rechenzeit — nicht verschwendet. Die Polynomaddition wird zweckmäßigerweise auf die Addition der einzelnen Monome der beiden zu addierenden Polynome zurückgeführt:

add_Monom(Grad : Ganze_Zahl_Typ; Koeff : Element_Typ) — Monomaddition

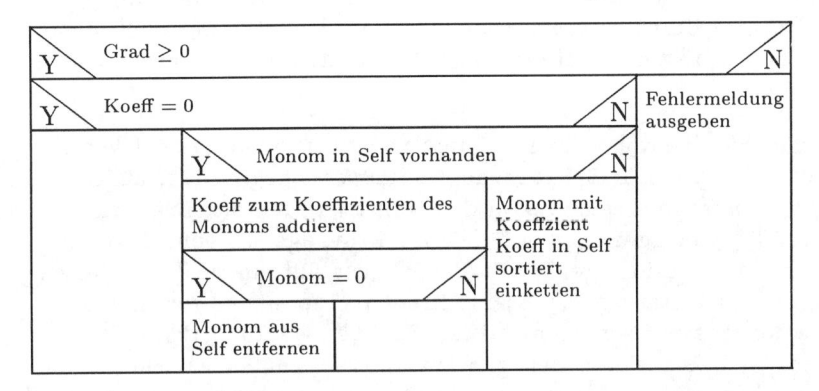

Y	Grad $\geq$ 0				N
Y	Koeff = 0			N	Fehlermeldung ausgeben
		Y	Monom in Self vorhanden	N	
		Koeff zum Koeffizienten des Monoms addieren		Monom mit Koeffzient Koeff in Self sortiert einketten	
		Y	Monom = 0	N	
		Monom aus Self entfernen			

Mit „Self" wird dabei die Instanz der zu erstellenden Klasse Polynom_Typ bezeichnet, auf die die Methode add_Monom angewandt wird.

add_Polynom(Summand : Polynom_Typ) — Polynomaddition

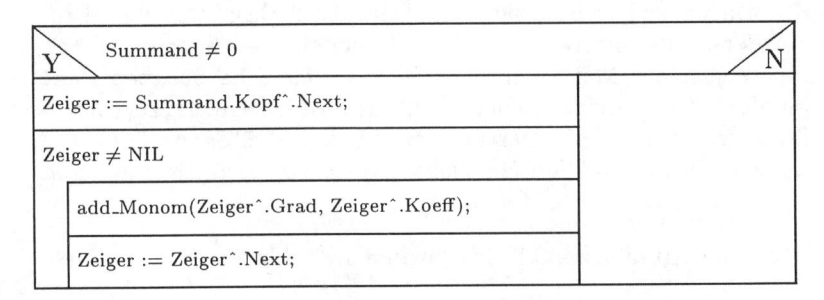

Y	Summand $\neq$ 0	N
Zeiger := Summand.Kopf^.Next;		
Zeiger $\neq$ NIL		
add_Monom(Zeiger^.Grad, Zeiger^.Koeff);		
Zeiger := Zeiger^.Next;		

(a) Erstellen Sie eine Klasse Polynom_Typ unter Verwendung (einfach verketteter) linearer Listen. Implementieren Sie die naheliegenden Methoden, und testen Sie Ihre Klasse Polynom_Typ.

(b) Programmieren Sie die Methode Polynomdivision. Erstellen sie unter Verwendung dieser Methode die Methoden ggT und kgV für Polynome (vgl. 7.1.7).

15.3.7 Vektoren und Matrizen

Wie Polynome lassen sich Matrizen (und somit auch Vektoren) im wesentlichen auf zwei verschiedene Weisen implementieren. Die Darstellung als (mehrfach) verkettete Liste spart bei dünn besetzten Matrizen zwar Speicherplatz, die Verwendung von Listen erhöht aber den Aufwand beim Zugriff auf ein Matrixelement beträchtlich. Aus Laufzeitgründen empfiehlt sich die Darstellung der Matrizen im Rechner durch zweidimensionale Datenfelder. Die Matrixelemente sollen keinen Beschränkungen unterliegen. Selbst Matrizen in Matrizen sollen zulässig sein.

(a) Erstellen Sie eine Klasse Matrix_Typ. Sehen Sie folgende Datenfelder für diesen Typ vor: Zeilenzahl, Spaltenzahl, auf_Dreiecksgestalt, auf_Diagonalgestalt, Einträge. Setzen Sie in den Konstruktoren auf_Dreiecksgestalt und auf_Diagonalgestalt auf FALSE. Einträge ist vom Typ Einträge_Typ_Ptr, wobei Einträge_Typ_Ptr ein Zeiger auf ein Feld ist, dessen Elemente Zeiger auf Instanzen der Klasse Element_Typ sind. Programmieren Sie die Methoden setze_ij_gleich(Zeile, Spalte, Wert), gib_ij(Zeile, Spalte, Wert), gib_AnzZeilen und gib_AnzSpalten, mit denen Sie auf die Datenfelder der Klasse Matrix_Typ zugreifen können. Implementieren Sie alle Methoden aus Abschnitt 15.2.1, sofern sie für Matrix_Typ sinnvoll sind. Testen Sie Ihre Klasse Matrix_Typ.

(b) Programmieren Sie die Methode mache_Dreieck, die die Matrix auf Dreiecksgestalt bringen soll, sofern sie noch keine Dreiecksgestalt hat. Programmieren Sie dazu zunächst die folgenden Methoden: vertausche_Zeilen (vertauscht zwei Zeilen der Matrix miteinander), vertausche_Spalten (vertauscht zwei Spalten der Matrix miteinander), multipliziere_Zeile (multipliziert eine Zeile der Matrix mit einer Instanz der Klasse Element_Typ) und addiere_Zeilenvielfaches (addiert ein Vielfaches einer Zeile zu einer anderen Zeile).

Alle Variablen, deren Namen mit Hilfs beginnen, sind Instanzen der Klasse Element_Typ.

15.3 Zahlstrukturen

mache_Dreieck(VAR Rang: Ganze_Zahl_Typ) — Matrix auf Dreiecksgestalt bringen

```
┌─────────────────────────────────────────────────────────────────────────────┐
│ Hilfs_Eintrag.init; MaxRang := min(Spaltenzahl, Zeilenzahl); Rang := MaxRang;│
├─────────────────────────────────────────────────────────────────────────────┤
│                            Rang ≥ 1                                         │
│  Y ─────────────────────────────────────────────────────────────────── N    │
├──────────────────────────────────────────────────────────┬──────────────────┤
│ Diagonale := 1;                                          │ auf_–            │
├──────────────────────────────────────────────────────────┤ Dreiecks–        │
│ NOT auf_Dreiecksgestalt                                  │ gestalt :=       │
│  ┌───────────────────────────────────────────────────┐   │ TRUE;            │
│  │       suche_Pivot_Element(Diagonale, Zeile, Spalte)│  │                  │
│  │  Y ──────────────────────────────────────────── N │   │                  │
│  ├────────────────────────────────────────────┬──────┤   │                  │
│  │       Zeile > Diagonale                    │Rang :=│  │                  │
│  │  Y ─────────────────────────────────── N   │Diago- │  │                  │
│  ├────────────────────────────────────────────┤nale−1;│  │                  │
│  │ vertausche_Zeilen(Diagonale, Zeile);       │auf_Drei│ │                  │
│  ├────────────────────────────────────────────┤ecksge-│  │                  │
│  │       Spalte > Diagonale                   │stalt  │  │                  │
│  │  Y ─────────────────────────────────── N   │:=TRUE;│  │                  │
│  ├────────────────────────────────────────────┴──────┤   │                  │
│  │ vertausche_Spalten(Diagonale, Spalte);            │   │                  │
│  ├───────────────────────────────────────────────────┤   │                  │
│  │ Zeile := Diagonale + 1;                           │   │                  │
│  ├───────────────────────────────────────────────────┤   │                  │
│  │ Zeile ≤ Zeilenzahl                                │   │                  │
│  │  ┌──────────────────────────────────────────────┐ │   │                  │
│  │  │       Self[Zeile, Diagonale] ≠ 0             │ │   │                  │
│  │  │  Y ─────────────────────────────────── N     │ │   │                  │
│  │  ├──────────────────────────────────────────────┤ │   │                  │
│  │  │ gib_ij(Zeile, Diagonale, Hilfs_Eintrag);     │ │   │                  │
│  │  ├──────────────────────────────────────────────┤ │   │                  │
│  │  │ multipliziere_Zeile(Zeile, Self[Diagonale,   │ │   │                  │
│  │  │                     Diagonale]);             │ │   │                  │
│  │  ├──────────────────────────────────────────────┤ │   │                  │
│  │  │ Hilfs_Eintrag.neg;                           │ │   │                  │
│  │  ├──────────────────────────────────────────────┤ │   │                  │
│  │  │ addiere_Zeilenvielfaches(Hilfs_Eintrag,      │ │   │                  │
│  │  │                          Diagonale, Zeile);  │ │   │                  │
│  │  ├──────────────────────────────────────────────┤ │   │                  │
│  │  │ Zeile := Zeile + 1;                          │ │   │                  │
│  │  └──────────────────────────────────────────────┘ │   │                  │
│  ├───────────────────────────────────────────────────┤   │                  │
│  │       Diagonale = Rang                            │   │                  │
│  │  Y ─────────────────────────────────────────── N  │   │                  │
│  ├──────────────────────────┬────────────────────────┤   │                  │
│  │ auf_Dreiecksgestalt :=   │ Diagonale := Diagonale │   │                  │
│  │ TRUE;                    │ + 1;                   │   │                  │
│  └──────────────────────────┴────────────────────────┘   │                  │
├──────────────────────────────────────────────────────────┴──────────────────┤
│ Rang := MaxRang;                                                            │
├─────────────────────────────────────────────────────────────────────────────┤
│ (Rang > 0) ∧ (Self[Rang, Rang] = 0)                                         │
│  ┌────────────────────────────────────────────────────────────────────────┐ │
│  │ Rang := Rang − 1;                                                      │ │
│  └────────────────────────────────────────────────────────────────────────┘ │
├─────────────────────────────────────────────────────────────────────────────┤
│ Hilfs_Eintrag.wipe;                                                         │
└─────────────────────────────────────────────────────────────────────────────┘
```

15 Umsetzung der Algorithmen in ein einfaches Algebrasystem

mit:

suche_Pivot_Element(Diagonale: Ganze_Zahl_Typ; VAR Zeile, Spalte: Ganze_Zahl_Typ): Boole_Typ — Pivotelement suchen

Spalte := Diagonale − 1;
Spalte := Spalte + 1; Zeile := Diagonale − 1;
Zeile := Zeile + 1;
gefunden := (Self[Zeile, Spalte] ≠ 0);
gefunden ∨ (Zeile = Zeilenzahl)
gefunden ∨ ((Zeile = Zeilenzahl) ∧ (Spalte = Spaltenzahl))
suche_Pivot_Element := gefunden

Self$[x, y]$ bezeichnet dabei das Matrixelement in Zeile x und Spalte y der Matrix, auf die die entsprechende Methode angewandt wird.

(c) Programmieren Sie eine Methode, die eine Menge von Vektoren auf lineare Unabhängigkeit testet (Hinweis: Stellen Sie die Vektoren als Spalten einer Matrix dar, und benutzen Sie das Ergebnis der letzten Aufgabe; vgl. 4.3.4).

(d) Programmieren Sie eine Methode `gib_Determinante`, die zu einer gegebenen quadratischen Matrix die Determinante liefert (Hinweis: Erweitern Sie die Methode `mache_Dreieck` entsprechend). Melden Sie einen Fehler, wenn die Matrix nicht quadratisch ist. Schreiben Sie dazu für die Klasse `Matrix_Typ` die Methode `ist_quadratisch`.

(e) Programmieren Sie für die Determinantenberechnung den Entwicklungssatz von Laplace (5.3.21) oder den daraus abgeleiteten Spezialfall 5.3.9. Wählen Sie dabei die freien Parameter möglichst optimal hinsichtlich des Speicherplatzbedarfs und der Laufzeit (z. B. Entwicklung nach der Zeile bzw. Spalte mit den meisten verschwindenden Einträgen). Vergleichen Sie den Speicherplatzbedarf und die Laufzeit der verschiedenen Methoden zur Determinantenberechnung.

(f) Programmieren Sie die Methode `gib_charPoly`, die das charakteristische Polynom einer Matrix liefert (Hinweis: Subtrahieren Sie die mit dem Polynom x multiplizierte Einheitsmatrix; vgl. 7.2.2).

(g) Programmieren Sie die beiden besprochenen Methoden zur Matrixinvertierung (vgl. 5.3.15 und Aufgabe 5.1.A4(c)). Schreiben Sie zunächst die Methode `streiche(Matrix, Zeile, Spalte)`, die aus einer gegebenen Matrix eine angegebene Zeile und Spalte streicht und das Ergebnis in Self ablegt. Fügen Sie dann das Datenfeld `Perm_Zeilen` zu der Klasse `Matrix_Typ` hinzu. In diesem Datenfeld werden die durch die Methode vertausche_Zeilen erfolgten Zeilenvertauschungen aufgezeichnet. Die dazu erforderlichen Methoden sind init_Perm_Zeilen (Initialisierung ohne Zeilenvertauschungen) und gib_Perm_Zeile (liefert die ursprüngliche Zeilennummer vor den Vertauschungen). Ferner muß noch die Methode vertausche_Zeilen leicht modifiziert werden (analog für die Spalten). Vergleichen Sie den Speicherplatzbedarf und die Laufzeit der beiden Methoden.

inv — Invertieren mit Determinanten

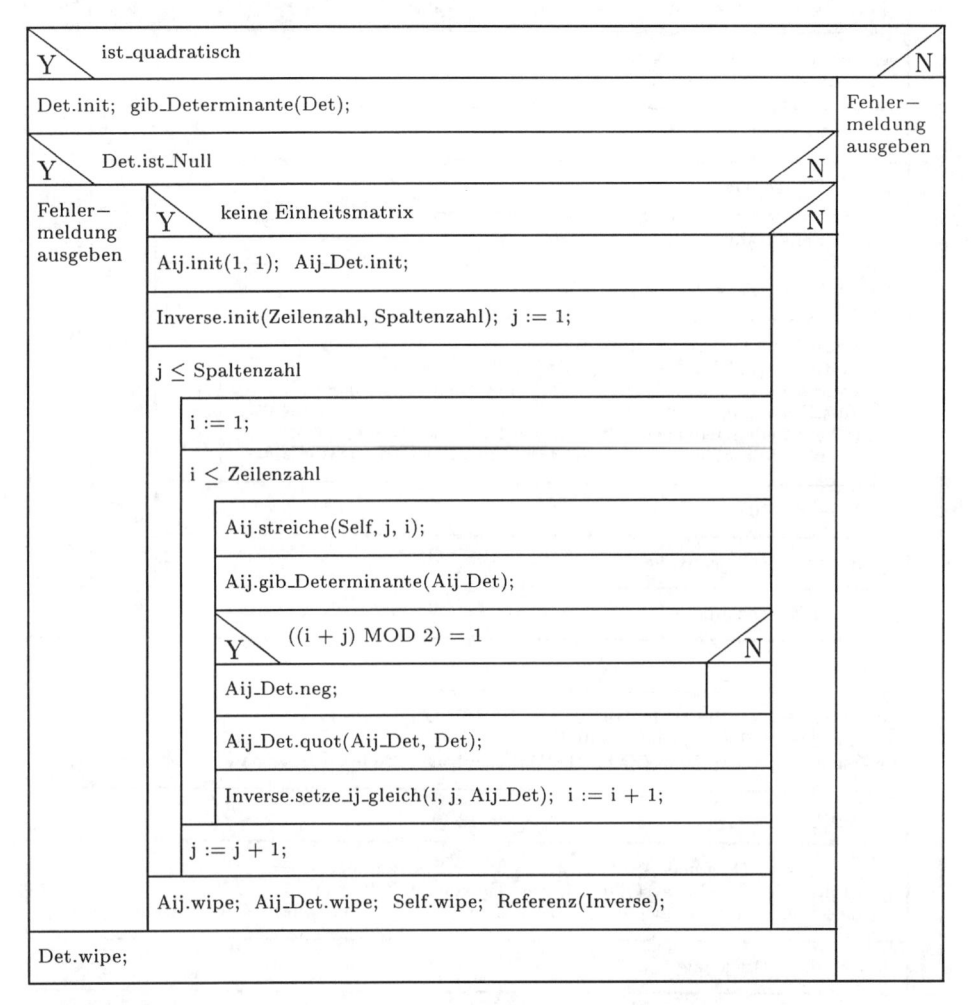

Y \ ist_quadratisch \ N			
Det.init; gib_Determinante(Det);			Fehler— meldung ausgeben
Y \ Det.ist_Null \ N			
Fehler— meldung ausgeben	Y \ keine Einheitsmatrix \ N		
	Aij.init(1, 1); Aij_Det.init;		
	Inverse.init(Zeilenzahl, Spaltenzahl); j := 1;		
	$j \leq$ Spaltenzahl		
		i := 1;	
		$i \leq$ Zeilenzahl	
			Aij.streiche(Self, j, i);
			Aij.gib_Determinante(Aij_Det);
			Y \ $((i + j) \bmod 2) = 1$ \ N
			Aij_Det.neg;
			Aij_Det.quot(Aij_Det, Det);
			Inverse.setze_ij_gleich(i, j, Aij_Det); i := i + 1;
		j := j + 1;	
	Aij.wipe; Aij_Det.wipe; Self.wipe; Referenz(Inverse);		
Det.wipe;			

quot ist die Divisionsmethode der Klasse Element_Typ. Die Methode Referenz der Klasse Matrix_Typ identifiziert Self mit dem angegebenen Argument.

15 Umsetzung der Algorithmen in ein einfaches Algebrasystem

inv_sim — Invertieren durch simultane Umformungen

```
┌─────────────────────────────────────────────────────────────────────────────┐
│ Inverse.init(Zeilenzahl, Spaltenzahl);  Inverse.mache_Eins;                 │
│ Inverse.init_Perm_Zeilen;  Hilfs_Eintrag.init;  Diagonale := 1;             │
├─────────────────────────────────────────────────────────────────────────────┤
│ NOT auf_Dreiecksgestalt                                                     │
│  ┌───────────────────────────────────────────────────────────────┬────────┐ │
│  │       suche_Spalten_Pivot_Element(Diagonale, Zeile, Spalte)   │        │ │
│  │  Y ╱                                                        ╲ N        │ │
│  ├───────────────────────────────────────────────────────────────┤ Feh-   │ │
│  │              Zeile > Diagonale                                │ ler-   │ │
│  │  Y ╱                                                        ╲ N mel-   │ │
│  ├───────────────────────────────────────────────────────────────┤ dung   │ │
│  │ vertausche_Zeilen(Diagonale, Zeile);                          │ aus-   │ │
│  │ Inverse.vertausche_Zeilen(Diagonale, Zeile);                  │ ge-    │ │
│  ├───────────────────────────────────────────────────────────────┤ ben,   │ │
│  │           Diagonale < Zeilenzahl                              │ Spei-  │ │
│  │  Y ╱                                                        ╲ N cher   │ │
│  ├───────────────────────────────────────────────────────────────┤ frei-  │ │
│  │ Zeile := Diagonale + 1;                                       │ ge-    │ │
│  ├───────────────────────────────────────────────────────────────┤ ben,   │ │
│  │ Zeile ≤ Zeilenzahl                                    auf_-   │ inv_-  │ │
│  │  ┌───────────────────────────────────────────────────┐Dreiecks│ sim    │ │
│  │  │        Self[Zeile, Diagonale] ≠ 0                 │ge-     │ be-    │ │
│  │  │   Y ╱                                           ╲ N stalt  │ en-    │ │
│  │  ├───────────────────────────────────────────────────┤ :=     │ den    │ │
│  │  │ gib_ij(Zeile, Diagonale, Hilfs_Eintrag);          │ TRUE;  │        │ │
│  │  │ multipliziere_Zeile(Zeile, Self[Diagonale, Diagonale]);    │        │ │
│  │  │ Inverse.multipliziere_Zeile(Zeile, Self[Diagonale, Diagonale]);     │ │
│  │  │ Hilfs_Eintrag.neg;                                │        │        │ │
│  │  │ addiere_Zeilenvielfaches(Hilfs_Eintrag, Diagonale, Zeile); │        │ │
│  │  │ Inverse.addiere_Zeilenvielfaches(Hilfs_Eintrag, Diagonale, Zeile);  │ │
│  │  ├───────────────────────────────────────────────────┘        │        │ │
│  │  │ Zeile := Zeile + 1;                                        │        │ │
│  │  └────────────────────────────────────────────────────────────┘        │ │
│  ├─────────────────────────────────────────────────────────────────────────┤ │
│  │ Diagonale := Diagonale + 1;                                             │ │
│  └─────────────────────────────────────────────────────────────────────────┘ │
├─────────────────────────────────────────────────────────────────────────────┤
│ Diagonale := Zeilenzahl;                                                    │
├─────────────────────────────────────────────────────────────────────────────┤
│ Diagonale ≥ 1                                                               │
│  ┌───────────────────────────────────────────────────────────────────────┐ │
│  │ gib_ij(Diagonale, Diagonale, Hilfs_Eintrag);  Hilfs_Eintrag.inv;      │ │
│  │ multipliziere_Zeile(Diagonale, Hilfs_Eintrag);                        │ │
│  │ Inverse.multipliziere_Zeile(Diagonale, Hilfs_Eintrag); Zeile := Diagonale − 1; │
│  ├───────────────────────────────────────────────────────────────────────┤ │
│  │ Zeile ≥ 1                                                             │ │
│  │  ┌─────────────────────────────────────────────────────────────────┐  │ │
│  │  │ gib_ij(Zeile, Diagonale, Hilfs_Eintrag);  Hilfs_Eintrag.neg;    │  │ │
│  │  │ addiere_Zeilenvielfaches(Hilfs_Eintrag, Diagonale, Zeile);      │  │ │
│  │  │ Inverse.addiere_Zeilenvielfaches(Hilfs_Eintrag, Diagonale, Zeile); Zeile := Zeile − 1; │
│  │  └─────────────────────────────────────────────────────────────────┘  │ │
│  ├───────────────────────────────────────────────────────────────────────┤ │
│  │ Diagonale := Diagonale − 1;                                           │ │
│  └───────────────────────────────────────────────────────────────────────┘ │
└─────────────────────────────────────────────────────────────────────────────┘
```

Hilfs_Eintrag.wipe; wipe; Zeile := 1;
Zeile ≤ Inverse.Zeilenzahl
Inverse.vertausche_Zeilen(Zeile, Inverse.gib_Perm_Zeile(Zeile)); Zeile := Zeile + 1;
Referenz(Inverse);

mit:

suche_Spalten_Pivot_Element(Diagonale: Element_Typ; VAR Zeile, Spalte: Element_Typ): Boole_Typ — Spalten-Pivot-Element suchen

Zeile := Diagonale − 1; Spalte := Diagonale;
Zeile := Zeile + 1;
gefunden := (Self[Zeile, Spalte] ≠ 0);
gefunden ∨ (Zeile = Zeilenzahl);
suche_Spalten_Pivot_Element := gefunden;

(h) Programmieren Sie eine Methode, die das Schmidtsche Orthonormalisierungsverfahren durchführt (vgl. 6.1.12).

(i) Dünn besetzte Matrizen benötigen sehr viel Speicherplatz. Überlegen Sie, wie man dünn besetzte Matrizen effizienter im Speicher ablegen kann, ohne die Laufzeit dramatisch zu erhöhen. Implementieren Sie entsprechende Methoden der Klasse Matrix_Typ.

15.4 Lineare Gleichungssysteme

Lineare Gleichungssysteme $Ax = b$ lassen sich in einer Instanz der Klasse Matrix_Typ abspeichern. Um die Operationen zu vereinfachen, werden die beiden Matrizen A und b zu einer einzigen Matrix verschmolzen, indem b rechts an A angefügt wird.

15.4.1 Lösen linearer Gleichungssysteme

(a) Programmieren Sie das Gaußsche Eliminationsverfahren als Prozedur löse_LGS (vgl. 5.1.8). Der affine Lösungsraum soll dabei als Matrix zurückgegeben werden.

löse_LGS(Vorgabe: Element_Typ; VAR Lösung: Element_Typ) — Gaußsches Eliminationsverfahren

LGS.init_copy(Vorgabe); LGS.init_Perm_Spalten; LGS.deklariere_als_LGS; Hilfs_Koeff.init;
LGS.mache_Dreieck; LGS.gib_Rang(Rang);
Zeile := LGS.gib_AnzZeilen; hat_Lösung := TRUE;
hat_Lösung ∧ (Zeile > Rang)
LGS.gib_ij(Zeile, LGS.gib_AnzSpalten, Hilfs_Koeff);   hat_Lösung := Hilfs_Koeff.ist_Null; Zeile := Zeile − 1;

Y ╲ hat_Lösung ╱ N

AnzVariablen := LGS.gib_AnzSpalten − 1; forme_in_Einheitsuntermatrix_um;	LGS nicht lösbar
Dim_Lösungsraum := AnzVariablen − Rang;	
Lösung.wipe; Lösung.init(AnzVariablen, Dim_Lösungsraum + 1);	
Spalte := LGS.gib_AnzSpalten; Zeile := 1;	
Zeile ≤ Rang	
LGS.gib_ij(Zeile, Spalte, Hilfs_Koeff); Hilf := LGS.gib_Perm_Spalte(Zeile); Lösung.setze_ij_gleich(Hilf, 1, Hilfs_Koeff); Zeile := Zeile + 1;	
Dim := 1;	
Dim ≤ Dim_Lösungsraum	
Spalte := Rang + Dim; Zeile := 1;	
Zeile ≤ Rang	

LGS.gib_ij(Zeile, Spalte, Hilfs_Koeff);
      Lösung.setze_ij_gleich(LGS.gib_Perm_Spalte(Zeile), Dim + 1, Hilfs_Koeff);
      Zeile := Zeile + 1;	

Hilfs_Koeff.mache_Eins; Hilfs_Koeff.neg;	
Lösung.setze_ij_gleich(LGS.gib_Perm_Spalte(Rang + Dim), Dim + 1, Hilfs_Koeff);	
Dim := Dim + 1;	
Hilfs_Koeff.wipe; LGS.wipe;

15.5 Lineare Optimierung

Die Methode `deklariere_als_LGS` setzt das neue Datenfeld `ist_LGS` der Klasse `Matrix_Typ` auf TRUE. Die Definition von `MaxRang` in `mache_Dreieck` (vgl. 15.3.7(b)) muß dann wie folgt geändert werden:

`MaxRang := min(Spaltenzahl-ORD(ist_LGS), Zeilenzahl);`

Die Abbruchbedingung der äußeren REPEAT-Schleife in der Unterprozedur `suche_Pivot_Element` von `mache_Dreieck` muß ebenfalls angepaßt werden:

gefunden ∨ ((Zeile=Zeilenzahl) ∧ (Spalte=Spaltenzahl-ORD(ist_LGS))

Dabei nimmt ORD für FALSE den Wert 0 und für TRUE den Wert 1 an.

Die Methode `gib_Rang` liefert via `mache_Dreieck` den Rang der Matrix, und die Methode `forme_in_Einheitsuntermatrix_um` ist folgendermaßen definiert:

`forme_in_Einheitsuntermatrix_um` — Umformung in Einheitsuntermatrix

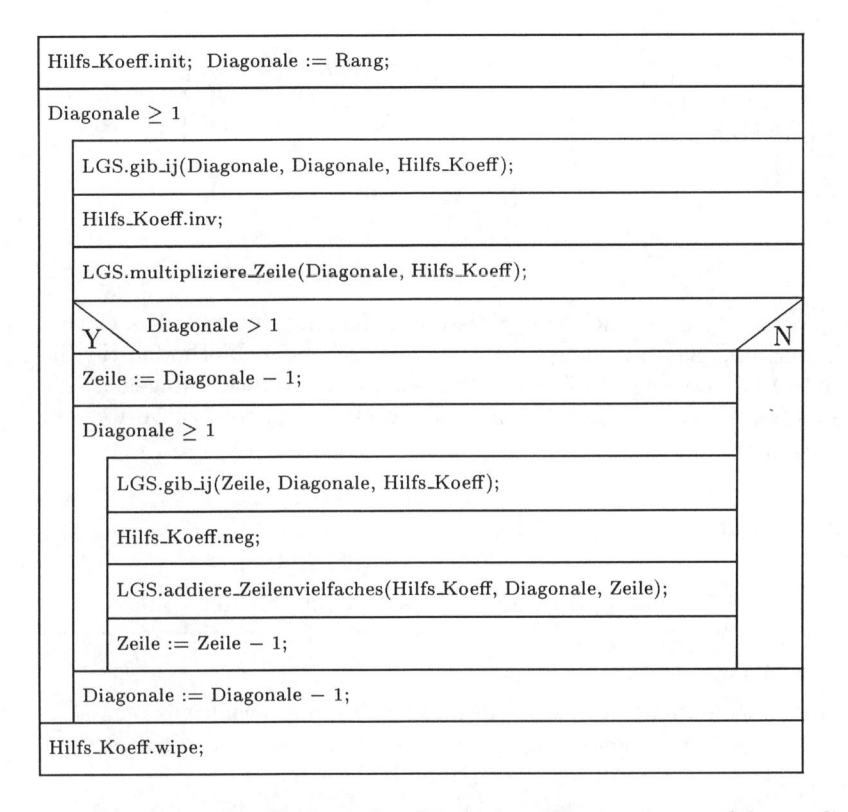

Hilfs_Koeff.init; Diagonale := Rang;
Diagonale ≥ 1
LGS.gib_ij(Diagonale, Diagonale, Hilfs_Koeff);
Hilfs_Koeff.inv;
LGS.multipliziere_Zeile(Diagonale, Hilfs_Koeff);
Y \ Diagonale > 1 / N
Zeile := Diagonale − 1;
Diagonale ≥ 1
LGS.gib_ij(Zeile, Diagonale, Hilfs_Koeff);
Hilfs_Koeff.neg;
LGS.addiere_Zeilenvielfaches(Hilfs_Koeff, Diagonale, Zeile);
Zeile := Zeile − 1;
Diagonale := Diagonale − 1;
Hilfs_Koeff.wipe;

(b) Verwenden Sie statt des Gaußschen Eliminationsverfahrens die Cramersche Regel zur Lösung linearer Gleichungssysteme (vgl. 5.4.1), und vergleichen Sie den Speicherplatzbedarf und die Laufzeit der beiden Methoden.

15.5 Lineare Optimierung

Wie bei linearen Gleichungssystemen können auch normierte lineare Optimierungsprobleme $Ax = b$, $x \geq 0$, mit zu maximierender Zielfunktion $z = c^t x$ in Instanzen der Klasse Matrix_Typ abgespeichert werden.

Die Lösung des LOPs soll in einer Matrix zurückgegeben werden. In der ersten Zeile der Ergebnismatrix soll das Maximum der Zielfunktion und in der zweiten Spalte der Ergebnismatrix soll die zugehörige Basislösung stehen. Die entsprechenden Lösungsmatrizen zu Beispiel 8.3.15 und Beispiel 8.3.16 haben somit folgende Gestalt:

$$\begin{pmatrix} \text{Maximum:} & 18 \\ \text{Basislösung:} & 9 \\ 0 & 0 \end{pmatrix} \quad \text{und} \quad \begin{pmatrix} \text{Maximum:} & 17200 \\ \text{Basislösung:} & 40 \\ 0 & 160 \\ 0 & 0 \\ 0 & 0 \end{pmatrix}$$

Natürlich könnte man auch eine Klasse LOP_Lösung_Typ mit den Datenfeldern Maximum und Basislösung und den entsprechenden Methoden für die Rückgabe der LOP-Lösung einführen. Hier spricht aber nichts dagegen, die schon vorhandene Klasse Matrix_Typ für die Ergebnisrückgabe zu verwenden und Arbeit zu sparen.

15.5.1 Simplexverfahren

(a) Programmieren Sie die Prozedur löse_LOP, die mit dem Simplexverfahren ein gegebenes normiertes LOP ($Ax = b$, $x \geq 0$, Zielfunktion $z = c^t x$ zu maximieren) löst (vgl. 8.3.6).

(b) Unter Umständen kann man während des Simplexverfahrens beim Basiswechsel in einen Zyklus geraten (vgl. 8.3.13). Erweitern Sie die Prozedur löse_LOP so, daß sie auch in diesen Fällen eine Lösung liefert.

(c) Programmieren Sie eine Prozedur, die ein gegebenes normiertes LOP ($Ax = b$, $x \geq 0$, Zielfunktion $z = c^t x$ zu maximieren) dualisiert und die optimale Lösung des dualisierten LOPs berechnet (vgl. 8.4.2).

15.5 Lineare Optimierung

löse_LOP(A,b,c: Element_Typ; VAR Lösung: Element_Typ) — Lösung eines LOPs mit dem Simplexverfahren

Y	(A, b, c) ist normiertes LOP		N
SimplexTableau.init(A.gib_AnzZeilen + 1, A.gib_AnzSpalten + 1);		Fehlermeldung ausgeben, **löse_LOP beenden**	

Basis.init(A.gib_AnzZeilen, A.gib_AnzZeilen + 1); Lauf := 1;

Lauf ≤ A.gib_AnzZeilen

  BV[Lauf] := A.gib_AnzSpalten − A.gib_AnzZeilen + Lauf; Lauf := Lauf + 1;

Hilf.init; bilde_Simplextableau;

j_min_zj_cj := suche_j_min_zj_cj;

Y	j_min_zj_cj > 0	N

Pivot := suche_Pivot_Element(j_min_zj_cj);

Y	Pivot > 0	N
SimplexTableau.gib_ij(Pivot, 1, Hilf);		Zielfunktion nach oben unbeschränkt! Speicher freigeben und **löse_LOP beenden**
Y (j_min_zj_cj > A.gib_AnzZeilen) ∧ Hilf.ist_Null N		
Zyklus-Behandlung nicht implementiert! Speicher freigeben und **löse_LOP beenden**		
BV[Pivot] := j_min_zj_cj; bilde_Simplextableau;		

j_min_zj_cj = 0;

HilfLösung.init(A.gib_AnzZeilen + 1, 2); Hilf.wipe; Hilf.init('Maximum:');
HilfLösung.setze_ij_gleich(1, 1, Hilf);
SimplexTableau.gib_ij(SimplexTableau.gib_AnzZeilen, 1, Hilf);
HilfLösung.setze_ij_gleich(1, 2, Hilf); Hilf.wipe; Hilf.init('Basislösung:');
HilfLösung.setze_ij_gleich(2, 1, Hilf); Lauf := 1;

Lauf ≤ A.gib_AnzZeilen

Y	BV[Lauf] ≤ A.gib_AnzSpalten − A.gib_AnzZeilen	N
SimplexTableau.gib_ij(Lauf,1,Hilf); HilfLösung.setze_ij_gleich(BV[Lauf]+1,2,Hilf);		
Lauf := Lauf + 1;		

Lösung.setze_gleich(HilfLösung); HilfLösung.wipe; Hilf.wipe; SimplexTableau.wipe; Basis.wipe;

mit folgenden Unterprozeduren:

`bilde_Simplextableau` — Simplextableau erstellen

j := 1;
j ≤ A.gib_AnzZeilen
Basis.kopiere_Spalte(j, A, BV[j]); j := j + 1;
LGS_Lösung.init; Hilf1.init; Hilf2.init; Hilf3.init;
Basis.kopiere_Spalte(Basis.gib_AnzSpalten, b, 1);
löse_LGS(Basis, LGS_Lösung);
SimplexTableau.kopiere_Spalte(1, LGS_Lösung, 1); j := 1;
j ≤ A.gib_AnzSpalten
Basis.kopiere_Spalte(Basis.gib_AnzSpalten, A, j);
löse_LGS(Basis, LGS_Lösung);
SimplexTableau.kopiere_Spalte(j + 1, LGS_Lösung, 1); j := j + 1;
j := 1;
j ≤ SimplexTableau.gib_AnzSpalten
Hilf1.mache_Null; i := 1;
i ≤ A.gib_AnzZeilen
SimplexTableau.gib_ij(i, j, Hilf2); c.gib_ij(1, BV[i], Hilf3);
Hilf2.mult(Hilf2, Hilf3); Hilf1.add(Hilf1, Hilf2); i := i + 1;
Y \ j > 1 / N
c.gib_ij(1, j − 1, Hilf3); Hilf1.sub(Hilf1, Hilf3);
SimplexTableau.setze_ij_gleich(SimplexTableau.gib_AnzZeilen, j, Hilf1);
j := j + 1;
Hilf3.wipe; Hilf2.wipe; Hilf1.wipe; LGS_Lösung.wipe;

15.6 Das Algebrasystem LA

suche_j_min_zj_cj: Ganze_Zahl_Typ — $\min_j(z_j - c_j)$ suchen

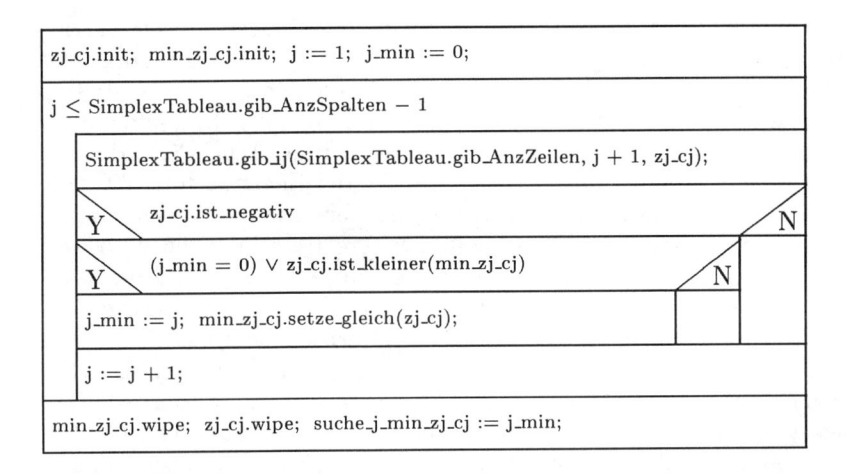

zj_cj.init; min_zj_cj.init; j := 1; j_min := 0;
j ≤ SimplexTableau.gib_AnzSpalten − 1
SimplexTableau.gib_ij(SimplexTableau.gib_AnzZeilen, j + 1, zj_cj);
Y — zj_cj.ist_negativ — N
Y — (j_min = 0) ∨ zj_cj.ist_kleiner(min_zj_cj) — N
j_min := j; min_zj_cj.setze_gleich(zj_cj);
j := j + 1;
min_zj_cj.wipe; zj_cj.wipe; suche_j_min_zj_cj := j_min;

suche_Pivot_Element(Spalte: Ganze_Zahl_Typ): Ganze_Zahl_Typ — Pivotelement suchen

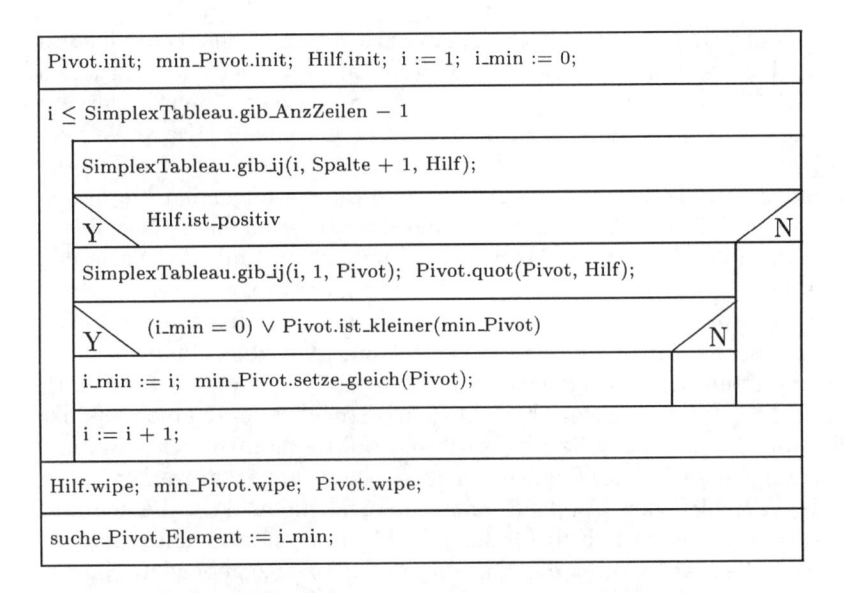

Pivot.init; min_Pivot.init; Hilf.init; i := 1; i_min := 0;
i ≤ SimplexTableau.gib_AnzZeilen − 1
SimplexTableau.gib_ij(i, Spalte + 1, Hilf);
Y — Hilf.ist_positiv — N
SimplexTableau.gib_ij(i, 1, Pivot); Pivot.quot(Pivot, Hilf);
Y — (i_min = 0) ∨ Pivot.ist_kleiner(min_Pivot) — N
i_min := i; min_Pivot.setze_gleich(Pivot);
i := i + 1;
Hilf.wipe; min_Pivot.wipe; Pivot.wipe;
suche_Pivot_Element := i_min;

Die Methode kopiere_Spalte(Zielspalte, Quelle, Quellspalte) der Klasse Matrix_Typ kopiert die Spalte mit der Nummer Quellspalte aus der Matrix Quelle in die Spalte mit der Nummer Zielspalte in der Matrix Self.

15.6 Das Algebrasystem LA

Nach der Implementierung aller in diesem Abschnitt beschriebenen Klassen ist das Grundgerüst für ein Algebrasystem errichtet. In diesem Zustand ist das Algebrasystem allerdings nur für Programmierer interessant, die die erstellten Klassen in ihren Programmen verwenden können. Um das Algebrasystem auch Nicht-Programmierern zugänglich zu machen, ist weitere Arbeit erforderlich: Eine Oberfläche muß programmiert werden, mit der der Benutzer interaktiv die verschiedenen Methoden des Algebrasystems aufrufen kann. Um nicht immer wieder die Ergebnisse der Berechnungen für weitere Berechnungen eintippen zu müssen, muß das Algebrasystem Variablen verwalten können, und um komplexere Operationen bei der Eingabe nicht in Einzeloperationen zerlegen zu müssen, muß das Algebrasystem einen Ausdruckinterpreter enthalten.

Die noch fehlenden Elemente werden in den folgenden Unterabschnitten lediglich skizziert, um den Rahmen dieses Kapitels nicht zu sprengen. Als Beispiel für eine vollständige Implementierung sei daher erneut auf das im World Wide Web verfügbare Algebrasystem LA verwiesen (http://www.ruhr-uni-bochum.de/la-projekt/).

15.6.1 Variablen

(a) Programmieren Sie eine Klasse Variable_Typ mit den Datenfeldern Name (enthält den Variablennamen), Inhalt (enthält den Wert der Variablen als Instanz der Klasse Element_Typ) und Nächste (enthält einen Zeiger auf eine Instanz der Klasse Variable_Typ. Programmieren Sie eine Klasse Variablenliste_Typ, deren einziges Datenfeld aus einem Zeiger auf eine Instanz der Klasse Variable_Typ besteht. Programmieren Sie die folgenden Methoden der Klasse Variablenliste_Typ: init (erzeugt eine zweielementige Variablenliste mit der Variablen X mit dem Wert x als Polynom und mit der Variablen I mit dem Wert i als komplexe Zahl), wipe, hole_Variable_namens (liefert den Wert der Variablen mit dem anzugebenden Variablennamen aus der Variablenliste Self), mache_Variable_namens (kettet eine Variable mit dem anzugebenden Namen und dem anzugebenden Wert in die Variablenliste Self ein), lösche_Variable (löscht eine Variable mit dem anzugebenden Namen aus der Variablenliste Self), schreibe_Variablenliste (gibt eine Liste der Variablen auf einem anzugebenden Ausgabemedium aus), speichere_Variablenliste (speichert die Variablen der Liste auf einem anzugebenden Ausgabemedium, so daß die Ausgabe wieder als Eingabe für das Algebrasystem benutzt werden kann), schreibe_Variable (gibt die Variable mit dem anzugebenden Namen optisch ansprechend auf einem anzugebenden Speichermedium aus).

(b) Erweitern Sie die Methode schreibe_Variable der Klasse Variablenliste_Typ, so daß diese Methode die Variable auch als TeX-Quelltext ausgeben kann.

15.6.2 Ausdruckinterpreter

Überlegen Sie sich für die verschiedenen in einem Ausdruck zulässigen Operatoren sinnvolle Namen (z. B. A=Matrix(1,3,4,5,6) für die Wertzuweisung der 1×3-Matrix (4,5,6) an die Variable mit dem Namen A). Programmieren Sie anschließend eine Klasse Ausdruck_Interpreter_Typ mit der Methode werte_Ausdruck_aus. Als Eingabeparameter erhält diese Methode den auszuwertenden Ausdruck und eine Instanz der Klasse Variablenliste_Typ, die die zu Beginn der Auswertung gültigen Variablen enthält. Als Resultat werden eine Variablenliste mit den nun gültigen Variablen und aus dieser Liste ein Name einer Variablen zurückgegeben, die das Ergebnis der Auswertung enthält.

15.6.3 Benutzeroberfläche

Der Ausdruckinterpreter allein erfüllt noch nicht unsere Bedingung, daß ein Nicht-Programmierer das Algebrasystem benutzen kann. Es fehlt noch eine Schnittstelle, die die Eingaben des Benutzers entgegennimmt, sie an den Ausdruckinterpreter weiterleitet und das Ergebnis der Auswertung sichtbar macht.

Programmieren Sie eine Benutzeroberfläche, die überprüft, ob die Benutzereingaben Kommandos an die Oberfläche selbst oder an den Ausdruckinterpreter sind, die dann die entsprechenden Befehle ausführt und die anschließend das Ergebnis der Auswertung auf dem Bildschirm darstellt. Sehen Sie folgende Befehle der Benutzeroberfläche vor (optionale Parameter sind mit [...] umschlossen):

? [<Ausdruck>] oder print [<Ausdruck>]
  Variablenliste bzw. den Wert des Ausdrucks ausgeben.
clear [<Variablenname1> [<Variablenname2> [<Variablenname3> ...]]]
  Alle Variablen bzw. die angegebene(n) Variable(n) löschen.
cls
  Bildschirm löschen.
exit bzw. quit
  Benutzeroberfläche beenden.
help [<Befehlsname>]
  Hilfetext ausgeben.
load [<Kommandodateiname>]
  Anweisungen in der Datei LA.VAR bzw. in der angegebenen Datei abarbeiten.
save [-TeX] [<Dateiname>]
  Variablen in LA.VAR bzw. in <Dateiname> (im TeX-Format) abspeichern.
mode [raw|TeX]
  Ausgabeformat umschalten.
protocol [on [<Dateiname>]|off|raw|TeX]
  Protokoll der LA-Sitzung ein- bzw. ausschalten, Protokolldatei festlegen und Protokollformat wählen.

Literaturverzeichnis

Zur Linearen Algebra und Geometrie gibt es sehr viel Literatur. Im vorliegende Buch finden sich kaum Verweise, weil nur wenige nötig waren. In der folgenden Liste sind – vor allem deutsch geschriebene – Bücher aufgeführt, die (historisch) als grundlegend gelten oder die in bestimmten Teilgebieten weiterführend sind.

Die Bücher des Literaturverzeichnisses sind gemäß ihres Inhaltes in Gruppen zusammengefaßt.

Lineare Algebra und Geometrie:

Brieskorn, E.: *Lineare Algebra und Analytische Geometrie, I, II*. Braunschweig-Wiesbaden: Vieweg-Verlag 1983, 1985

Gabriel, P.: *Matrizen, Geometrie, Lineare Algebra.* Basel-Boston-Berlin: Birkhäuser 1996

Klingenberg, W.: *Lineare Algebra und Geometrie.* Berlin-Heidelberg-New York: Springer-Verlag 1984

Koecher, M.: *Lineare Algebra und Analytische Geometrie.* Berlin-Heidelberg-New York: Springer-Verlag 1985

Kowalsky, H.-J.: *Lineare Algebra.* Berlin-New York: W. de Gruyter 1972

Schreier, O.; Sperner, E.: *Einführung in die Analytische Geometrie und Algebra, I, II.* Leipzig-Berlin: B.G. Teubner 1931 (Ursprüngliche Form der folgenden Bücher.)

Sperner, E.: *Einführung in die Analytische Geometrie und Algebra, I, II.* Göttingen: Vandenhoeck & Ruprecht 1963

Lineare und Multilineare Algebra, Algebra:

Bourbaki, N.: *Éléments de Mathématiques: Algèbre.* Paris: Hermann 1971

Fischer, G.: *Lineare Algebra.* Braunschweig: Vieweg-Verlag 1986

Gantmacher, F.R.: *Matrizenrechnung.* Berlin: VRB Deutscher Verlag Wiss. 1970

Greub, W.: *Lineare Algebra.* Berlin-Heidelberg-New York: Springer-Verlag 1976

Greub, W.: *Multilineare Algebra.* Berlin-Heidelberg-New York: Springer-Verlag 1967

Halmos, P.R.: *Finite-dimensional vector spaces.* Princeton-Toronto-London: van Norstrand Comp. 1958

Herstein, I.N.: *Algebra.* Physik Verlag: Weinheim 1978

Jänich, K.: *Lineare Algebra.* Berlin-Heidelberg-New York: Springer-Verlag 1996

Lingenberg, R.: *Lineare Algebra.* Mannheim-Wien-Zürich: B.I.-Wissenschaftsverlag 1969

Lipschutz, S.: *Linear Algebra.* Schaum's Outline. London: McGraw-Kill 1977

Reichardt, H.: *Vorlesungen über Vektor-und Tensorrechnung.* Berlin: VEB Deutscher Verlag Wiss. 1957

Scheja, G.; Storch, U.: *Lehrbuch der Algebra, Teil 1.* Stuttgart: B.G. Teubner 1980

Storch, U.; Wiebe, H.: *Lehrbuch der Mathematik II: Lineare Algebra.* Mannheim-Wien-Zürich: BI-Wissenschaftsverlag 1990

Strang, G.: *Linear Algebra and its Applications.* New York-San Francisco-London: Academic Press 1976

van der Waerden, B.L.: *Algebra I.* Berlin-Heidelberg-New York: Springer-Verlag

Numerische Methoden, Lineare Optimierung:

Collatz, L.; Wetterling, W.: *Optimierungsaufgaben.* Berlin-Heidelberg-New York: Springer-Verlag 1971

Jeltsch, R.: *Vorlesung Numerische Mathematik I für Ingenieure, Teil A.* Aachen: Vorlesungsskriptum 1985

Kiełbasiński, A.; Schwetlick, H.: *Numerische lineare Algebra.* Verlag Harri Deutsch: Thun-Frankfurt a.M. 1988

Geometrie (allgemein):

Artin, E.: *Geometric Algebra.* New York: Interscience Publ. 1957

Benz, W.: *Vorlesungen über Geometrie der Algebren.* Berlin-Heidelberg-New York: Springer-Verlag 1973

Benz, W.: *Geometrische Transformationen.* Mannheim-Leipzig-Wien-Zürich: BI Wissenschaftsverlag 1992

Berger, M.: *Géométrie.* Paris: CEDIC et F. Nathan 1977

Efimov, N.W.: *Höhere Geometrie I, II.* Braunschweig: Vieweg-Verlag 1970

Ewald, G.: *Geometrie.* Göttingen: Vandenhoeck & Ruprecht 1971

Heffter, L.: *Grundlagen und analytischer Aufbau der Projektiven, Euklidischen, Nichteuklidischen Geometrie.* Leipzig-Berlin: B.G. Teubner 1940

Knörrer, H.: *Geometrie.* Braunschweig-Wiesbaden: Vieweg-Verlag 1996

Koecher, M.; Krieg, A.: *Ebene Geometrie.* Berlin-Heidelberg-New York: Springer-Verlag 1993

Reidemeister, K.: *Analytische Geometrie.* Vorlesungsskriptum Göttingen 1958/59

Reinhardt, W.; Soeder, H.: *dtv-Atlas zur Mathematik, Band I: Grundlagen, Algebra und Geometrie.* München: Deutscher Taschenbuch Verlag 1978

Schreiber, P.: *Theorie der geometrischen Konstruktionen.* Berlin: VEB Deutscher Verlag Wiss. 1975

Analytische Geometrie:

Blaschke, W.: *Analytische Geometrie.* Basel-Stuttgart: Birkhäuser 1954

Fischer, G.: *Analytische Geometrie.* Braunschweig: Vieweg-Verlag 1985

Pickert, G.: *Analytische Geometrie.* Leipzig: Akadem. Verlagsgesellschaft 1976

Projektive Geometrie:

Baer, R.: *Linear Algebra and Projective Geometry.* New York: Academic Press 1952

Blaschke, W.: *Projektive Geometrie.* Basel-Stuttgart: Birkhäuser 1954

Herrmann, H.: *Übungen zur Projektiven Geometrie.* Basel: Birkhäuser 1952

Lense, J.: *Analytische Projektive Geometrie.* München-Wien: R. Oldenbourg 1965

Lenz, H.: *Vorlesungen über Projektive Geometrie.* Leipzig: Akademische Verlagsgesellschaft 1965

Pickert, G.: *Projektive Ebenen.* Berlin-Heideberg-New York: Springer-Verlag 1975

Nichteuklidische Geometrie:

Gans, D.: *An Introduction to Non-Euclidean Geometry.* New York-London: Academic Press 1973

Liebmann, H.: *Nichteuklidische Geometrie.* Berlin-Leipzig: G.J. Göschen Verlag 1912

Grundlagen der Geometrie:

Bachmann, F.: *Aufbau der Geometrie aus dem Spiegelungsprinzip.* Berlin-Heidelberg-New York: Springer-Verlag 1973

Hilbert, D.: *Grundlagen der Geometrie.* Stuttgart: B.G. Teubner 1962

Reidemeister, K.: *Grundlagen der Geometrie.* Berlin: Springer-Verlag 1930

Sonstiges:

Greiner, W.: *Theoretische Physik: Mechanik I,II.* Thun-Frankfurt/M.: Harry Deutsch Verlag 1984

Heuser, H.: *Lehrbuch der Analysis I, II.* Stuttgart: B.G. Teubner 1980/81

Weyl, H.: *Raum-Zeit-Materie.* Berlin-Heidelberg-New York: Springer-Verlag 1988 (1. Aufl. 1918)

Index

Wenn zu einem Stichwort mehrere Seitennummern genannt werden, findet sich auf der kursiv geschriebenen Seite eine Definition des Stichworts. Seitennummern in Schreibmaschinenschrift geben an, daß sich das Stichwort in Kapitel 15 befindet.

1-Norm 190
1. Cosinussatz 560
1. Sylow-Satz 394
2. Cosinussatz 560
2. Sylow-Satz 396

Abbildung *29*, 34, 537
— adjungierte lineare 270
— affine 17, *229f.*
— alternierende 340
— bilineare 124
— duale *122*, *127*, 144
— gebrochen-lineare 454
— Hintereinanderschaltung 18, *46*
— identische 49
— induzierte lineare 19f.
— konforme 465
— lineare *104*, 113ff., 272
— natürliche 123
— nicht-singuläre 124
— orthogonale 206ff.
— projektive 463
— reguläre 113, 157
— schiefsymmetrische 340
— unitäre 206ff.
— universelle *326*, *341*
Abbildungsnorm 247
abelsch *55*, 371
Abschluß 297
Abstand 1, *220*, 222, 524, 542
abzählbar 42
Achse *552*, 597
Additionstheorem 577
Additionstheoreme von Geschwindigkeiten 529
affin-äquivalent 241
affine Ebene *440ff.*, 514f.
affine Geometrie 241
Affinität 18, *229ff.*, 231, 477f.
— ausgeartete 231
— Determinante 239
— nicht-ausgeartete 231
— reguläre *231*, 409
ähnlich *241*, *267*, *610*
Ähnlichkeit 237

Ähnlichkeitsgeometrie 241
Algebra 115, *348*
— äußere 348
— normierte 247
Algorithmus 37
Allgemeine Klammerregel 47
Allgemeine Vertauschungsregel 48
Alternative 614
alternierende Gruppe *63*, 364
Anfangsbedingung 252
Anfangspunkt 137
Anfangswertproblem 252
Annihilator 276
antisymmetrisch 43, 212
Äquator 561
äquivalent 492
Äquivalenzklasse 29
Äquivalenzrelation *29*, 59
Archimedisches Axiom 594
assoziativ 25, *46*
Assoziativgesetz 12, 78
Astronavigation 565
Asymptote 1, 430
Ausartungsraum 492
Ausdruck 620
ausgeartet 492
Automorphismengruppe, äußere 385
Automorphismus 52
— innerer 384
Axiom 32
— der Anordnung 588
— der Kongruenz 588, 591
— der linearen Vollständigkeit 594
— der Stetigkeit 588, 594
— der Verknüpfung 588
Axiomensystem 587
Azimut 566

Bahn 385
— Länge 385
Banachalgebra 247
Banachraum 245
Bandmatrix 184
Basis 92

— duale 122, *125*
— kanonische 93
— orthonormierte 202, 212
— von $V_1 \otimes \ldots \otimes V_n$ 333
Basisaustauschsatz 96
Basislösung 305
Basismatrix 305
Basistransformation 102, 126
Basisvariable 306
Basiswechsel 102, 210
Bereich, zulässiger 293, 303
Berührungspunkt 496
Beschleunigung 412
beschränkt 246, 296
Beschränkung 46
Besselsche Ungleichung 205
Betrag 12, *199*
Betti-Zahl 369, *375*
Bewegung *236*, 409, 573
Bewegungen
— der euklidischen Ebene 393, 520
— der nicht-euklidischen Ebene 550ff.
— orientierungserhaltende 543
— orientierungsumkehrende 543
— parabolische 551
Bewegungsgruppe 236
Bezout, Lemma von 38, 69, 259, 617
bijektiv 34
Bild 362
bilinear 323
Bilinearform, symmetrische 491
Bilinearität 197
Binomialkoeffizient 40, 394
Block 614
Bogenelement 547
Breite, geographische 561
Breitenkreis 561
Breitenparallele 561
Brennpunkt *417*, *430*
Brennstrahl *417*, *430*
Bruch 620

Cantorsches Diagonalverfahren 43
Cauchy-Folge 245
Cauchy-Schwarzsche Ungleichung 13, 199
Charakteristik eines Körpers 72
charakteristisches Polynom 219, *265*, 624
Cholesky-Verfahren 188
Cholesky-Zerlegung 186
Chronometerlänge 568
Cosinus-Satz 204, 560

Cramersche Regel 4, 5, 177, 179, 629

Dachprodukt 342
— äußeres 342
Definition, induktive 33
Dehnung 20
Dehnungsfaktor 20
Deklination 565
Desarguessche Eigenschaft 444, 470
Destruktor 614
Determinante 3, *157*, 161ff., 624
Determinantenfunktion 153ff.
Diagonale 487
diagonalisierbar 267
Diagonalmatrix 217, *267*
Diagonalpunkt 480, *487*
Diagramm, kommutatives 123
Diät-Problem 292
Diedergruppe 364, *399*
— unendliche 393
Differentialgleichung 251ff.
— gewöhnliche lineare 251ff.
— homogene 251
— inhomogene 252
Differentialoperator 252
Dimension *98*, *134*, *457*
Dimensionsformel 99, 100, 107, 135
Distributivgesetz 12, *66*, *78*
Division mit Rest 37, 257
Doppelkegel 406
Doppelpunkt 497
Doppelverhältnis 482
Drehimpuls 413
Drehimpulsvektor 413
Drehung 7, 20, 209, 237, 520, 538, 573
— der Ordnung 2 538
Dreieck 224ff., 610ff.
— kongruentes 593
Dreiecksmatrix 121
Dreiecksungleichung 13
dual *125*, 292, 318, 468
Dualität 468
— schwache 319
Dualitätsprinzip 470
Dualitätssatz 319
Durchmesser, konjugierter 428
Durchschnitt 24

Ebene 134
— affine *440*, 514f.
— elliptische *520*, 573ff.
— hyperbolische 541

— Parameterdarstellung 15
— projektive *442*, *457*, 514
— reelle projektive 449
Ecke, entartete 309
Eigenraum 266
Eigenvektor 264
Eigenwert 264
Eindeutigkeit der Streckenabtragung 593
einfach transitiv 385
Einheits-
— ball 295
— matrix 119, 159
— punkt *137*, *459*
— sphäre 1
— vektor 199
— wurzel 203
einseitig 454
Einsteinsches Postulat 527
Element 23
— erzeugendes 56
— größtes 43
— kleinstes 43
— maximales 43
— minimales 43
— neutrales 48
elementare Umformung 145
Ellipse 6, 406, 411, 415, 416ff.
— Durchmesser 423
— Mittelpunkt 418
— Scheitelgleichung 418
— Tangentengleichung 418
— Verschiebungsform 418
— Winkelsatz 421
Ellipsenschieber 424
Ellipsoid 10
Enden einer Geraden 522, *541*
endlich erzeugt 371
endlich-dimensional 98
Endomorphismus 52
— induzierter 280
Endpunkte 589
Energie
— kinetische 412
— potentielle 412
Energiesatz 413
Entfernung 576
Entfernungskonstante 576
Entwicklungssatz 165ff., 624
— von Laplace 173, 624
epimorph 52
Epimorphismus 52

Erlanger Programm 241, 514
Erzeugendensystem 371
euklidische Norm 243
Euklidischer Algorithmus 37, 260ff., 616
— für Polynome 261, 622
exakt 385
Existenz rechter Winkel 594
extrem 296
Extrempunkt 296
Exzentrizität 415

f-invariant 264
Faktorgruppe 362
Faktorraum 88
Fakultät 33, 618
Fehler
— absoluter 190
— relativer 190
Fehlstellung 63
Fläche 451
— 2. Ordnung 10, 407
— infinitesimale 547
Flächenelement 547
Flächeninhalt 521
Form
— äquivalente 492
— normierte 302
— quadratische 491ff., 516
Frühlingspunkt 565
Fundamentalgebilde 576
Fundamentalsatz der Algebra 262
Funknavigation 563
Funktion 29
— hyperbolische 577
— konkave 298
— konvexe 298
— lineare 122
— rationale 71

Gärtnerkonstruktion 417
Gaußsches Eliminationsverfahren 145, 180f., 627
Gebilde, quadratisches *402*, *495*
Geometrie
— affine 241
— der Ähnlichkeitsabbildungen 515ff.
— Axiome der 588
— ebene 588
— euklidische 241, 519f.
— hyperbolische 522ff.
— relativistische 527
— der speziellen Relativitätstheorie 527

geordnetes Paar 28
Gerade *134*, 588
— Parameterdarstellung 14
— projektive 457
— Steigung 602
— uneigentliche 442
— windschiefe 411
Geradenbüschel 505
Geradengleichung 602
gerichtete Strecke 10
Geschwindigkeit 412
gleichmächtig 42
Gleichung
— 2. Grades 7
— homogene 82
— quadratische 402
Gleichungssystem 2
— homogenes 142, 462
— lineares 74, 461, 627
Gleitspiegelung 520
Graph 30
Grassmann-Algebra 348
Greenwich-Stundenwinkel 565
Grenzennorm 191
Grenzwert 245
Großkreis 558
Großkreisnavigation 562
größter gemeinsamer Teiler 36, *258*, 616, 622
Grunddreieck, nautisch-sphärisches 567
Grundpunkte 459
Gruppe *54*, 207, 389
— abelsche *55*, 369, 371ff.
— allgemeine lineare 116
— alternierende *63*, 364
— endliche 55
— n-te symmetrische 61
— orthogonale 207
— projektive 463
— spezielle orthogonale 208
— symmetrische 55, 364
— unendliche 55
— unitäre 207
— zyklische 56

Halbachse
— große 416
— kleine 416
— Länge 416
Halbraum 295
Halbstrahl 591
Hauptachse *405*, *416*

Hauptachsentransformation 8
Hauptsatz für lineare Gleichungssysteme 144
Hauptscheitelpunkt 417
Hausdorff 451
Heiratsproblem 35
hermitesch 198
Hilbertscher Folgenraum 197, 244
Himmelskugel 565
Hintereinanderausführung 53, 114
Hintereinanderschaltung 18
Höhe 598
Höhe h eines Gestirns 566
Höhengleiche 569
Höhenschnittpunktsatz 599
homomorph 51
Homomorphismus *51*, *72*, *104*
— trivialer 52
Hülle
— affine 134
— konvexe 297
— lineare 84
— projektive 457
Hyperbel 1, 7, 10, 412, 415, 430ff., 451, 502
— Asymptoten der 430
— Brennpunkt 430
— Mittelpunkt 432
— Scheitelgleichung 432
— Ursprungsform 431
— Verschiebungsform 432
— Winkelsatz 432
Hyperboloid 10
— einschaliges 410
Hyperebene *134*, 137, 150, 236, 457
— projektive *457*, *462*
— uneigentliche 473
Hyperfläche
— 2. Ordnung *402*, *495*
— affine Klassifikation 501
— Index 499
— projektive Klassifikation 500
— Rang 498

Identität 49
Impuls 412
indefinit 493
Index *60*, 493
Induktion
— transfinite 44
— vollständige 32
Induktions-
— anfang 32

— prinzip 33
— schritt 32
— voraussetzung 33
induktiv geordnet 43
Inertialsystem 526
Infimum 43
Inhalt *238*, 355, 357
Inhaltssatz 434
injektiv 34
Innkreis 228
Instanz 614
Inverses 49
Inversion 63
invertierbar 49
irrational 39
Isometrie 236
isomorph 52
Isomorphiesatz 365f.
Isomorphismus 52

Jacobi-Identität 354
Jordansche Normalform 283

K-Modul 79
kanonisches Erzeugendensystem 371
Kardinalzahlen 42
Kegel 405
Kegelschnitt 406
— echter 500, 505
— fundamentaler 579
Kern 363
Klasse 614
Kleiner Fermatscher Satz *61*, 70
Kleinsches Modell 522, 555
Koeffizient 78
Koeffizientenkörper 78
Koeffizientenmatrix 3
kollinear 235
kommutativ 25, *47*, *54*, 371
kommutatives Diagramm 123
Kommutativgesetz 12, *78*
Kommutator 391
Kommutatorgruppe 391
Komplement, orthogonales *126*, *203*
Komplexifizierung von V 215
Konditionszahl 192
konform 537
kongruent 57, 241, 591
Kongruenz 236
—der Scheitelwinkel 594
Kongruenzklassen, Summe 596
Kongruenzsatz 594

Konjugation 386
Konjugationsklassen 387
konjugiert 387
Konstruktor 614
konvergent 244
— absolut 245
Konvergenz
— gleichmäßige 245
— punktweise 247
konvex 295
Koordiantenvektor, projektiver 459
Koordinaten 1, *101*, *137*, 149ff., 231, 459ff., 598
— homogene 459
— projektive 459
Koordinatenachse 137
Koordinateneinheitswürfel 238
Koordinatensystem 1, *137*, *459*, 505, 598
— affines 476
— cartesisches 235
— projektives 476
Koordinatensysteme der Himmelskugel 565
Koordinatentransformation 6, 102, 138f., 234, 461
Koordinatenvektor *137*, *231*, 459
Körper 67
— Charakteristik 72
— der komplexen Zahlen 68
— der Quaternionen 68
— der rationalen Funktionen 71
Korrelation 510
Kostenfunktion 293
Kraft 412
Kreis 222, 451, 502
— Parameterdarstellung 14
Kreislinien 221
Kreisscheibe 228
Kroneckersymbol 91
Kugel
— abgeschlossene 244
— offene 244
Kulmination 568
Kurs 562
Kurve 2. Ordnung 7
Kürzungsregel 257

Lage, allgemeine 458
Lagrange-Identität 354
Länge
— geographische 561
— infinitesimale 547

Längenkontraktion 531
Längskreis 561
Leitlinie 415
Lemma von Bezout 38, 69, 259, 617
Lichtgeschwindigkeit 527
Lichtsphäre 528
Limes 245
linear
— abhängig 90
— geordnet 43
— unabhängig 12, *90*, 624f.
Linearkombination 83
Linksrestklasse 60
— von g nach H 360
Lipschitz-stetig 246
Liste
— (mehrfach) verkettete 622
— lineare 621
LOP 293, 302, 630
Lorentz-Transformationen 529
Lösung, optimale 293
Lot *221*, 598
— Fußpunkt 221
— gemeinsames 224
Lotraum 203
LR-Zerlegung 181

Maßbestimmung
— elliptische 582
— hyperbolische 582
— projektive 576ff.
Masse 412
Matrix 3, *110*, 116ff., 138f., 143, 212, 231, 267, 273, 622
— adjungierte 167, 271
— der affinen Abbildung 17
— ähnliche 234
— Bandbreite 184
— Determinante *161*, 624
— der dualen Abbildung 128f.
— hermitesche 274
— inverse 162, 169f., 624
— konjugiert-komplexe 207
— -norm 191
— orthogonale 208, 268
— Produkt 18f., 160
— quadratische 159f.
— Rang 171, 629
— reguläre 138, 169, 233, 461
— Spalte 158
— Summe 159
— transponierte 129, 159
— Zeile 158
Maximierungsaufgabe 292
Maximierungsproblem 318
Maximum 43
Maximumsnorm *190*, 243
Menge 23
— der Automorphismen von $(M, \circ)$ 53
— extreme 296
— leere 23, 134
— mit Verknüpfung 45
Mengendifferenz 28
Mercatorprojektion 563
Meridian 561
Methode 614
Metrik 244
Minimalpolynom 275ff.
Minimierungsaufgabe 292
Minimierungsproblem 318
Minimum 43
Minute 561
Mittagsbreite 567
Mittellinie 224
Mittelpunkt 489
Möbiusband 453
Modell
— Kleinsches 522, 555
— Poincarésches 542, 555
Modul 74
modulo 57
monomorph 52
Monomorphismus 52
multilinear *153*, *323*
Multiplikation
— Erklärung der 598
— skalare 11, *78*, 159

n-fach linear *153*, *323*
n-fache Linearform 323
n-Fakultät 33, 618
n-te Diedergruppe 399
Nadir 566
Navigation, polynesische 568
Nebenachse 416
Nebenbedingung 293
Nebenscheitelpunkt 417
Nebenwinkel 593
negativ definit 493
negativ semidefinit 493
Newtonsches Gesetz 412
nicht orientierbar 454

nicht-ausgeartet 492
nicht-euklidische Ebene 541
nicht-kompakt 451
nichtkollinear 489
Nordpol 452, 534
Nordsternbreite 567
Norm 12, 190, *199*, *242*
— euklidische *190*, 243
Normalform 405, 500
— Eindeutigkeit 283
— Jordansche 283
— praktische Bestimmung 282
Normalisator 388
Normalteiler 361
Normen, äquivalente 191
Null-
— element 12, *78*
— matrix 119, 159
— polynom 70
— punkt 1
— raum 492
— stelle 258
— teiler 69
— teilerfrei 69
— vektor 11
numerische Lösung linearer Gleichungssysteme 179ff.

Objekt 614
offen 244, *452*
offene Strecke 295
Operation 73, 130
— effektive 131
— transitive 131
— triviale 386
operieren 385
Optimierungsproblem
— duales 318, 630
— lineares 293, 302, 630
— normiertes 302
Orbit 385
Ordnung *43*, 55f., *61*, 597
— unendliche 61
Orientierung *239*, *355*
orthogonal *126*, *200*, 221
Orthogonalsystem 200
Orthonormalsystem 200
Ortsvektor 14

p-
— fach lineare Abbildung F 340
— Gruppe 392

— Sylowgruppen 396
Paare dualer Räume 124ff.
Parabel 10, 406, 415, 435ff., 451, 502
— Brennpunkt 436
— Durchmesser 436
— Längensatz 438
— Leitlinie 436
— Lotsatz 437
— Scheitelgleichung 436
— Verschiebungsform 436
— Winkelsatz 437
Paraboloid 10
Parabolspiegel 439
parallel 3, *136*, *440*
Parallelenaxiom 515, 546, 588, 594
Parallelenschar 443
Parallelepiped *238*, 357
Parallelflach *238*, 357
Parallelogramm 355
Parallelogrammgleichung 205
Pasch-Axiom 589
Permutation *34*, 62ff., 340
— gerade 63
— Länge 62
— ungerade 63
— zyklische 62
Permutationsgruppe 55
Perspektivität 480
Pivot 315
Pivotelement 182, 315
Planetenbahn 415
Poincarésches Modell 542, 555
Pol *425*, 510, 521
Polare *425*, 510, 521
Polarität 510
Polyeder
— beschränktes 296
— konvexes 296
— Randseite 296
Polynom 70, 256, 621
— charakteristisches 219, *265*, 624
— Grad 71, 256
— irreduzibles 257, 262
— konstantes 71
— Nullstelle 71
— prim 256
— Wurzel 71
Polynomring 70, 256
positiv definit *186*, 197, 493
positiv semidefinit *186*, 493
Potenzmenge 43, *44*, 46, 66

Primfaktorzerlegung 262f.
Primkörper 70
Produkt
— cartesisches 28
— direktes *50*, 55, 79, *87*, 366f.
— inneres 196
— von Matrizen 18f., 160
— skalares 78
Projektion 105, 288
projektiv aufeinanderbezogen 506
projektiv-äquivalent 495
projektive Ebene *442*, *457*, 514
Projektivität 454f., *462ff.*
Punkt *130*, 588
— in allgemeiner Lage 458
— benachbarter 306
— eigentlicher 473
— harmonischer 445, *487f.*
— innerer 295, 297
— vierter harmonischer 445
— unabhängiger 458
— uneigentlicher 443, *473*
Punktspiegelung 574

Quadratsummennorm 249
Quadrik *403*, *495*
Quotientenraum 88

Radius einer Sphäre 222
Randpunkt 295, 297
Randseite 296
Rang *106*, *143*, *368*, 492
Raum
— affiner 130
— dualer 122
— euklidischer 220ff.
— linearer 78
— metrischer 220
— normierter 243
— projektiver 457
— zweifach dualer 122
Raum-Zeit-Kontinuum 529
Realteil 197
Rechenregeln für das äußere Produkt 349
rechter Winkel 593
Rechtsrestklasse 60
— von g nach H 360
Rechtssystem 355
reelle projektive Ebene 449
reflexiv 29
Regel von Sarrus 162
Reihe, unendliche 244

Relation 29
relativ prim 258
Relativ-Topologie 452
Repräsentant eines Punktes 458
Restklasse 88
— von a modulo 57
Restklassenaddition 57
Richtkreis 422
Richtung 443
Ring 67
Ringhomomorphismus 274

Sarrus, Regel von 162
Sattelfläche 10, 411
Satz
— von Brianchon 472, 512
— von Desargues 441, 446, 458
— über Ellipsenschieber 424
— über Gegenseiten im Parallelogramm 600
— von Hamilton-Cayley 281
— von Pappus 509
— von Pappus-Pascal 441, 446, 471
— von Pascal 509
— von Pythagoras 204, 611
— von Thales 224
Scheitelwinkel 593
Scherensatz 447
Scherung 21
Schiebungslänge 552
Schiefkörper *68*, 446
schiefsymmetrisch 154
Schlupfvariable 302
Schmidtsches Orthonormalisierungsverfahren 201, 627
Schranke
— obere 43
— untere 43
Seemeile 563
Sekunde 561
Selbstabbildung 157
selbstadjungiert 273
selbstdual *125*, 197
Self 621, 624
senkrecht 14, *200*, 221, 598
Sequenz 385
— exakte 365
Signatur 493
Signum 63
Simplextableau 313
Simplexverfahren 305ff., 630
Sinussatz 560, 584

Skalar 78
Skalarprodukt 12, 16, *196*, 353
— kanonisches 196
Sonderfälle, affine 444
Spaltenpivotisierung 182
Spaltenrang 143
Spaltensummenmaximumsnorm 191
Spaltensummennorm 248
Spaltenvektor 110
Spatprodukt 354
Spektralradius 191
Sphäre 221
sphärische Trigonometrie 558ff.
Spiegelung 17, 208, 236, 519, 573
Spur 204, 269
Stabilisator 362, *386*
Stabilitätsuntergruppe 386
Standlinie 569
Stauchung 20
— maximale 193
stereographische Projektion 534
Sternenwinkel 565
sternförmig 301
Strecke *221, 295*, 589
— gerichtete 10
— Inneres 295
— Länge 221
Strecken, Hintereinanderlegen von 589
Streckenabtragung 591
Streckenrechnung 596
Streckung *237*, 538
— maximale 191
— minimale 193
Streckungsfaktor 237
Streckungszentrum 237
Struktogramm 614
Stufenwinkel 600
Südpol 452
Summe
— direkte *51*, 55, 79, *87*, 366
— innere direkte 87
— von Vektoren 12, 78
Summennorm 190
Supremum 43
Supremumsnorm 243
surjektiv 34
Sylow-Faktoren 379
Sylow-Zerlegung 378
Symmetrie 197
symmetrisch *29*, 186, 273
symmetrische Differenz 31

symmetrische Gruppe 55, 364
System, transponiertes 147f.

Tangente *223*, 418, 496
Tangentialhyperebene *223, 496*
Teiler, größter gemeinsamer 36, *258*, 616, 622
teilerfremd 258
Teilmenge 24
Teilraum
— affiner *133*, 148f.
— euklidischer 220
— invarianter *264*, 275
— linearer 81
— projektiver *457*, 462
teilt 23
Teilverhältnis *235*, 455, 488,
Tensorprodukt 326ff.
— von Abbildungen 336ff.
— Basis 334
— Existenz 330
TEX 634
Topologie 244
— kanonische 450
Torsionsuntergruppe 371
Trägheitsindex 493
Trägheitssatz von Sylvester 494
transfinite Induktion 44
Transformation
— elliptische 537
— gebrochen-lineare *465*, 536
— hyperbolische 537
— loxodromische 537
— Möbius- 544
— parabolische 537
Transformationsmatrix 7, 139, 282
transitiv *29*, 385
Transitivitätsgebiet 385
Translation 18, *130, 230*, 520, 538
translationsinvariant 244
transponiert 79
Transposition 62
triviale Operation 386

U-äquivalent 241
U-invariant 240
überabzählbar 42
Übergangsmatrix 7, 139
Umformung, elementare 145
Umgebung, ε- 244
Umkreis 228
Unabhängigkeit, lineare 624
unendlich fern 451

unendlich-dimensional 98
unendliche Diedergruppe 393
unendliche Reihe 245
unitär 207
Untergruppe 55
— von a erzeugte 56
— invariante 361
Unterkörper 70
Unterraum 81
— aufgespannter 84
— Summe 85
unzerlegbar 372
Ursprung 1
Ursprungsform 417

Vandermondesche Determinante 168
Vektor 10, *78*, 622
— Komponenten 15
— Länge 12, *199*
— normierter 199
—Parameterdarstellung 14
— Summe 12, 78
— Produkt 352ff.
Vektorraum *78*, 274
— euklidischer 197
— inneres Produkt auf einem 198
— unitärer 198
— zerfällt 274
— zugrundeliegender 130, 457
Vereinigung 24
— disjunkte 28
Verknüpfung 45
Verknüpfungstafel 46
Verschiebung 130
Vertauschung 62
Verträglichkeitsbedingung 191
Vielfaches 50
Viereck, vollständiges 480, *487*
vollständig 245
vollständiges Viereck 480, *487*
Volumen *238*, 357
volumentreu 239
Vorzeichen 63

wahrer Horizont 566
Wert 30
— Boolescher 620
Widerspruchsbeweis 39
windschief 224, 466
Winkel 12, *203*, 209, 221, 517, 542, *592*
— rechter 598
— Scheitel 592

— Schenkel 592
Winkelhalbierende 228
wohldefiniert 58
wohlgeordnet 43
Wohlordnung 43

Zahl
— ganze 23, 616
— komplexe 68, 620
— konjugiert-komplexe 198
— natürliche 23
— reelle 23, 619
Zahlkörper 619
Zeilenrang 143
Zeilensummenmaximumsnorm 191
Zeilensummennorm 248
Zeitdilatation 531
Zenit 566
Zentralisator 388
Zentralkraft 413
Zentrum 385
zerlegbar 350, *372*
Zerlegung 278
Zerlegungssatz 373
Zielfunktion 293
Zornsches Lemma 44, 94, 96f.
zugrundeliegender Vektorraum 130, 457
Zwillings-Paradoxon 532
Zyklus *62*, 309, 630

Die folgenden Einträge verweisen auf Stichwörter in Kapitel 15:

addiere_Zeilenvielfaches 622
add_Monom 621
add_Polynom 621
add 616
auf_Diagonalgestalt 622
auf_Dreiecksgestalt 622
Ausdruck_Interpreter_Typ 635
Ausdruck_Typ 620
Bereich 620
Bezout_i 617
Bezout_r 617
Bezout 616
bilde_Simplextableau 632
Boole_Typ 620
Bruch_Typ 620
deklariere_als_LGS 628
divi 616
Einträge_Typ_Ptr 622
Einträge 622

Element_Typ 619f., 622
Fakultät 618
fak_i 618
fak_r 618
forme_in_Einheitsuntermatrix_um 629
Ganze_Zahl_Typ 616
ggT_r 617
ggT 616, 622
gib_AnzSpalten 622
gib_AnzZeilen 622
gib_Ausdruck 620
gib_Boole 620
gib_charPoly 624
gib_Determinante 624
gib_ij 622
gib_Perm_Zeile 625
gib_Rang 629
hole_Variable_namens 634
Inhalt 634
init_copy 616, 620
init_Perm_Zeilen 625
init 616, 620, 634
inv_sim 625
inv 619, 625
ist_Eins 616
ist_ganz 619
ist_gleich 616
ist_kleiner 616
ist_LGS 628
ist_negativ 616
ist_Null 616
ist_positiv 616
ist_quadratisch 624
kgV 616, 622
Komplexe_Zahl_Typ 620
kopiere_Spalte 633
kürze 620
lösche_Variable 634
löse_LGS 627
löse_LOP 630
mache_abs 616
mache_Dreieck 622, 624, 628
mache_Eins 616
mache_Null 616
mache_Variable_namens 634
Matrix_Typ 620, 622
MaxRang 628
modu 616
multipliziere_Zeile 622
mult 616
Nächste 634

Name 634
neg 616, 620
oder 620
ORD 629
Perm_Zeilen 624
Polynomdivision 622
Polynom_Typ 620, 621
quot 625
Reelle_Zahl_Typ 619
Referenz 625
REPEAT-Schleife 615
schreibe_Variablenliste 634
schreibe_Variable 634
setze_ij_gleich 622
Spaltenzahl 622
speichere_Variablenliste 634
streiche 624
sub 616
suche_j_min_zj_cj 632
suche_Pivot_Element 624, 629, 633
suche_Spalten_Pivot_Element 627
und 620
Variablenliste_Typ 634
Variable_Typ 634
vertausche_Spalten 622
vertausche_Zeilen 622, 625
werte_Ausdruck_aus 635
WHILE-Schleife 615
wipe 616, 620, 634
Zahl 616
Zeilenzahl 622
Z_p_Typ 619

Symbole

$\sum$	48	$\triangle$	31
$\sum_{\sigma \in S_n}$	161	$\Delta(p,q,r)$	228
$\sum_{j \in J} U_j$	85	$\delta(H)$	468
$\sum_{i=1}^n a_i$	48	$\delta(P)$	468
$\sum_{j \in J} U_j$	85	δ_{ij}	91
$\sum_{k=0}^\infty f_k$	245	$\lambda_{\max}$	193
$\prod$	48	$\lambda_{\min}$	193
$\prod_{i=1}^n a_i$	48	$\mu(\triangle)$	548
$\prod_{i \in I} G_i$	366	$\mu(\mathbb{E})$	521
$\prod_{i \in I} M_i$	51	σ_P	573
$\prod_{i \in I} V_i$	87	$|A|$	3, 42
$\bigoplus_{i \in I} G_i$	366	$A :\iff B$	22
$\bigoplus_{i \in I} M_i$	51	$A \iff B$	22
$\bigoplus_{i \in I} V_i$	87	$A \implies B$	22
$\oplus$	87	$A \not\implies B$	22
$\bigotimes^p V$	340	$\dot{A}(t)$	252
$\bigcap_{i \in I} A_i$	25	(A, y)	144
$\bigcup_{i \in I} A_i$	25	$\bar{a}$	57
$\emptyset$	23	$\bar{a} \cdot \bar{b}$	68
$\in$	23	aA	159
$\subset$	24	$A + B$	159
$\supset$	24	$\overline{A + B}$	207
$\cap$	24	AB	160
$\cup$	24	$\overline{AB}$	589
$\setminus$	28	$a \equiv b \bmod m$	57
$\times$	28	a'	49
$\triangleleft(h,k)$	592	A^*	207
$\triangleleft(p;q,r)$	221	$A_0 \| A_1$	234
$\triangleleft(\mathfrak{x}, f(\mathfrak{x}))$	209	A^{-1}	162
$\triangleleft(\mathfrak{x}, \mathfrak{y})$	203	$(a_i)_{i \in I}$	51
$<$	55	(a_{ij})	118, 158
$\|$	136	A_n	63, 364
$\|\cdot\|$	243	$A_p(V,W)$	341, 343
$\|\cdot\|_1$	190	A^t	79
$\|\cdot\|_2$	190	$\bar{A}^t$	270
$\|\cdot\|_\infty$	190, 205	A_x	29
$\circ$	11	$(\text{Abb}\, X, \circ)$	46
$\sim_R$	29	$(\text{Abb}\, X, \circ)^*$	49
$\to$	244	adj A	271
$-$	28	Aff A	478, 515
$:=$	22	Aff(A)	231
$\equiv$	591	Aut G	384
$\forall$	22	Aut$(M, \circ)$	52, 54
$\exists$	22	$a\mathfrak{x}$	11, 78
$\not\exists$	22	$a \cdot \mathfrak{x}$	78

Az	566	$f^*\colon W^* \to V^*$	127
$B(X)$	243	f_*	*229*
Bild f	*106*, 362	f_a	*229*
$\mathcal{C}$	505	$f\|g$	*257*
$\bar{\mathbb{C}}$	534	$\|G\|$	*55*
$C(I)$	80	$[G, G]$	*391*
c_B^t	306	$[G : H]$	*60*
c_N^t	306	G/N	*361*
$C^{(n)}(I)$	80, 243	$g \circ f$	18
card(A)	*42*	$[g_1, g_2]$	*391*
char K	72	$\mathcal{G}_1$	515
cond$_{\|\ \|}(A)$	*192*	$\mathcal{G}_2$	516
cosh x	432, 577	$\mathcal{G}_3$	519
coth x	577	$\mathcal{G}_4$	520, 573
$\mathbb{D}_\infty$	392	G_a	56
$\mathbb{D}_n$	399, 400	$g(A)(\mathfrak{x})$	*275*
$\frac{d}{dt}$	412	gf	18
$d(p, E_0)$	222	ggT(m, n)	*36*
$d(p, q)$	220	gH	*360*
$d(P_1, P_2)$	524	GL$(3, \mathbb{R})$	454
$d(z_1, z_2)$	542	GL$_n(K)$	*169*
$D(\mathfrak{x}_1, \ldots, \mathfrak{x}_n)$	153	GL(V)	*116*, 231
det A	3, 161	grad f	71, 256
det(BA)	19	$\mathbb{H}$	522, 537
det f	*156*, 239	$\mathcal{H}$	522
dim A	*134*	$\mathbb{H}_*$	538
dim V	98	h_*	*238*
dim$_K V$	98	$h_1 \otimes \ldots \otimes h_n$	336
Dv(h_1, h_2, h_3, h_4)	484	Hg	*360*
Dv(P_1, P_2, P_3, P_4)	482	$I(P)$	357
$\mathcal{E}$	573	$I(q_0, \ldots, q_n)$	238
$E(y, z)$	580	id$_X(x)$	*49*
e^A	248	Im z	197
$E_e(y, z)$	582	inf B	43
$E_h(y, z)$	583	Inn G	385
$E_{i,j}^n$	*119*	$K(x)$	71, 385
$\mathfrak{e}_i$	91	$\|K(x)\|$	385
$\mathfrak{e}_j$	*84*	$K[x]$	70, 256
E_n	119, *159*	K^A	*80*
End$(M, \circ)$	53	K^n	*79*, 94, 98, 132
$\mathfrak{F}$	412	$\mathcal{K}_U$	228
$\hat{f}$	251	Kern f	*106*, 362
$f(A)$	274	$\mathcal{L}(E)$	246
$f(G)$	362	$\mathcal{L}(E, F)$	246
$f(V)$	106	$L(E, F)$	246
$f(\mathfrak{x})$	*20*	$L(V, W)$	80, *108*
$\langle f(\mathfrak{x}), \eta \rangle$	270	$L(V, V)$	115
$\|f\|^{(n)}$	244	$L(V_1, \ldots, V_n; W)$	*324*
$\|f\|_\infty$	243	ℓ^2	197
$f\colon E \to E$	17	ℓ^r	243, 244

L_f	552
$\mathcal{M}$	248, 537, 543
$[M]$	*84*, 135
$\bar{M}$	297
$\mathring{M}$	297
$M(m,n;\mathbb{R})$	204
$M^\perp$	203
$\mathcal{M}_*$	538
$(M,\circ)^*$	*49*
$\max B$	43
$\min B$	43
$m\mid n$	23
$m\mathbb{Z}$	56
N	534
$\mathbb{N}$	23
$N \triangleleft G$	361
$N(U)$	388
$\mathbb{N}^*$	*24*
$n!$	*33*
$\binom{n}{k}$	40
$\mathcal{O}$	244
$O(n)$	*208*, 365, 370, 389, *393*
$\mathrm{Out}\, G$	*385*
$\mathbb{P}$	442, 457
$p(A)^l(\mathfrak{x}_r)$	277
$\mathbb{P}(V)$	457
$\mathcal{P}(X)$	44, *47*
$(\mathcal{P},\mathcal{G},f)$	*440*, 442
$P \mapsto P'$	17
$p+\overrightarrow{pq}=q$	131
$p+V_0$	133
$p+\mathfrak{x}$	*130*
$\mathbb{P}^2$	442, 452
$\mathrm{Pol}(g)$	*425*
$\mathrm{Pol}(Q)$	*425*
$\overrightarrow{PQ}$	*10*
$\overrightarrow{pq}$	*131*
$\mathrm{Proj}(\mathbb{P})$	*463*
$\mathrm{Proj}\,\mathbb{P}^2$	514
$\mathrm{PSL}(2,\mathbb{C})$	465, 537
$\mathrm{PSL}(2,\mathbb{R})$	538, 543
$\mathbb{Q}$	23
Q_F	495
$\mathbb{Q}(\sqrt{2})$	77
$\mathbb{R}$	23
$\mathbb{R}_+$	52
$\mathbb{R}^I$	80
$\mathbb{R}_I[x]$	243
R_m	56
$\mathbb{R}[x]$	204

$\mathrm{Rang}\, f$	*106*
$\mathrm{Re}\, z$	197
$S(X)$	55, 61
S_n	*61*, 364
S_p	378
$S_r(p)$	*222*
S_x	*386*
$S^{-1}AS$	267
$\mathrm{sgn}\,\sigma$	*63*
$\sinh t$	432
$\sinh x$	577
sm	563
$SO(n)$	*207*, 365
$\mathrm{Stab}_G(Y)$	362
$SU(n)$	*207*, 365
$\sup B$	43
$T(A)$	*231*
T_n	*61*
$\mathrm{tgh}\, x$	577
$\mathrm{Tor}\, G$	371
$\mathrm{Tv}(p,q,r)$	*235*
$\mathrm{Tv}(P_3,P_1,P_2)$	488
$U(n)$	*207*, 365
$U^\perp$	*126*
$U^{\perp\perp}$	*127*
$U_\varepsilon(f)$	244
$[U_1,\ldots,U_k]$	457
V	78
$\wedge V$	348
$\wedge^p V$	342
V^*	*124*
V'	*122*
V''	*122*
V_λ	266
V_E	*12*, *79*, *125*
$V_\mathbb{P}$	457
V/U	*88*
$V_1\otimes\ldots\otimes V_n$	328, 333
W	80, 93, 95
$\mathcal{X}$	395
$\langle X \rangle$	368
$\mathfrak{x}$	*11*
$-\mathfrak{x}$	11
$[\mathfrak{x}]$	457
$\|\mathfrak{x}\|$	*12*
$\|x\|_\infty$	243
$X \ni x$	23
$X \not\ni y$	23
$\langle \mathfrak{x}, f^*(\mathfrak{y}) \rangle$	270
$\langle \mathfrak{x}, \mathfrak{y} \rangle$	13, 197

$x \mapsto y$	29
$\mathfrak{x} + U$	88
$\mathfrak{x} + \mathfrak{y}$	12, 78
$\mathfrak{x} \perp \mathfrak{y}$	200
$\mathfrak{x} \times \mathfrak{y}$	352
xRy	29
$[\mathfrak{x}_1, \ldots, \mathfrak{x}_m]$	83
$\mathfrak{x}_1 \otimes \ldots \otimes \mathfrak{x}_n$	328
$\mathfrak{x}_1 \wedge \ldots \wedge \mathfrak{x}_p$	342
$[\{\mathfrak{x}_i : i \in I\}]$	84
x_B	305
x_N	305
$y \notin X$	23
$\mathbb{Z}$	23
$Z(G)$	385
$Z(U)$	388
$\bar{z}$	197
$\mathbb{Z}_2$	57
$\mathbb{Z}_m$	57
$(\mathbb{Z}_p - \{\bar{0}\}, \cdot)$	69
$(\mathbb{Z}_{p-1}, +)$	382